▼ 复宁海正学中学天趣文学社

来函收悉，欣慰不已。家乡荷花，出污不染，校史可念，校训可敬，文脉可继，后生可畏。虎年虎威，同庆春节。

清正厚德为人本
笃学求真一世任
年少有志当凌云
江山故土多才人
神州当歌新时代
自强奋进踏征程
待到中华振兴日
务告老翁同欢庆

郑颖人　二〇二二年春节

注释：清正厚德，笃学求真是正学中学的校训。

▼ 追梦破坏力学

淡泊明志无牵挂
潜心科教平常事
破坏力学先辈愿
多少英士苦寻思
日日追梦从无悔
耄耋终圆平生志
莫道夕阳近黄昏
正是精彩绝伦时

郑颖人 二〇二二年春节

注释：当前工程力学只有弹性和塑性力学，早在上世纪九十年代，我国著名土力学专家沈珠江院士就提出今后一定还会有破坏力学。清华大学力学系也曾建立了破坏力学国家实验室，所以破坏力学是工程力学界先辈的夙愿，也是我终身的心愿。

岩土力学数值分析与工程应用
——郑颖人论文选集

郑颖人　主编

人民交通出版社股份有限公司
北　京

图书在版编目(CIP)数据

岩土力学数值分析与工程应用：郑颖人论文选集／郑颖人主编. — 北京：人民交通出版社股份有限公司，2022.12

ISBN 978-7-114-18353-9

Ⅰ. ①岩… Ⅱ. ①郑… Ⅲ. ①岩土力学—数值分析—文集②岩土工程—文集 Ⅳ. ①TU4-53

中国版本图书馆 CIP 数据核字(2022)第 222480 号

书　　名：岩土力学数值分析与工程应用——郑颖人论文选集
著　作　者：郑颖人
责任编辑：吴有铭　丁　遥
责任校对：席少楠　卢　弦
责任印制：刘高彤
出版发行：人民交通出版社股份有限公司
地　　址：(100011)北京市朝阳区安定门外外馆斜街 3 号
网　　址：http://www.ccpcl.com.cn
销售电话：(010)59757973
总　经　销：人民交通出版社股份有限公司发行部
经　　销：各地新华书店
印　　刷：北京市密东印刷有限公司
开　　本：880×1230　1/16
印　　张：44.5
字　　数：1378 千
版　　次：2022 年 12 月　第 1 版
印　　次：2022 年 12 月　第 1 次印刷
书　　号：ISBN 978-7-114-18353-9
定　　价：260.00 元

(有印刷、装订质量问题的图书，由本公司负责调换)

前言

FOREWORD

郑颖人团队从事岩土工程专业工作六十余年，发表论文六百余篇，著作二十一部。本次选集选用论文一百篇，主要是有关岩土本构关系和数值极限分析的论文，也有一些研究重庆地区急需解决的问题的论文。

一、有关岩土本构关系的论文。（1）基于材料弹性阶段应力应变成比例，1985 年首次在国际上提出由应变表述的屈服条件。（2）提出了广义塑性力学，指出传统塑性力学与岩土塑性力学变形机制不同，岩土一般有三个塑性势面，也可简化为两个，当考虑主应力轴旋转时有五个势面，并在国内最早提出了它的求解方法。唯有钢材只有一个势面，符合传统塑性力学理论。（3）基于能量理论，提出了一种新的岩土常规三轴屈服条件及其相应计算方法。（4）明确指出传统塑性力学把屈服条件与破坏条件等同的观念有误，创建了工程材料任意点的破坏（损伤）条件和整体破坏条件，明确了材料受力从弹性、塑性到破坏的全过程。

二、有关岩土数值极限分析的论文。对于材料承载力不足而破坏的工程问题，需要应用基于强度理论的极限分析方法。这种方法更具有实用价值，特别适用于岩石、土体、混凝土（相当于无缝岩石）和钢筋混凝土。1960 年后，有限元法出现，解决了塑性计算中的数学问题，使用常微分方程取代偏微分方程，使塑性计算成为可能；同时随着计算机的出现与发展，其精确、快速的计算功能，解决了非线性迭代计算难题。此外，岩土工程的设计计算还需要有一个判断岩土工程是否破坏的判据。为此，我们应用和提出了如下判据：（1）2002 年在国内首次应用辛克维兹提出的强度折减法与荷载增量法，求解出工程的稳定安全系数，相关论文引用率极高，成为全国引用率最高的论文。（2）2015 年，首次提出了基于工程材料的力学参数求解材料极限应变的计算方法，由此获得破坏条件，从而提出了数值极限分析新方法，简称极限应变法。该方法可求得工程材料起裂安全系数与稳定安全系数。（3）2003 年三峡库区第二期边滑坡工程治理开始，要求快速解决库岸滑坡治理的实际问题。需要知道水库库岸浸润线的位置，由此可求出孔隙水压力，通过计算和试验两种手段短期内问题得到顺利解决。后来又用流固耦合的有限元法进行计算，两者计算结果基本一致。

（4）重庆是个山城，山体滑坡严重，先后为我国国家标准《建筑边坡工程技术规范》和《滑坡防治设计规范》编制了边滑坡稳定性分析及其防治的计算条文。（5）按照边滑坡强度储备定义，首次提出了折线形滑动面滑坡的传递系数隐式解求解方法，并纳入上述两个规范，国内相关规范都进行了相应改动。

三、工程应用成果。（1）提出了埋入式抗滑桩桩长设计方法。传统抗滑桩按滑带计算推力，推力大，且无法计算桩长。采用强度折减数值极限分析方法，可算桩长，既能满足稳定系数的要求，又可避免越顶破坏，具有桩短、推力小、弯矩小的优点，可节省费用30%~50%。成功应用于重庆、新疆等地二十几个工程，并被纳入我国国家标准《滑坡防治设计规范》与韩国迈达斯软件。（2）应用加筋土治理高陡边坡。2010年对广西河池机场坡高60m、坡陡70°的高陡边坡采用加筋土进行治理，按荷载增量法设计计算，至今效果良好，还节省了大量工程费用，工程规模国际领先。此后水利部长江水利委员会采用同样方法，成功修建了张家界机场50多米高的加筋土高陡边坡。（3）在三峡库区滑坡预警中应用，妥善解决了长江断航难题。2008年长江水位初次上升时，云阳凉水井滑坡岸上部分变形迅速增大，经工程地质专家鉴定，认为即将滑坡，由重庆市国土部门提议，国务院批准长江停航一天，但滑坡并未发生，国土部门要求中国科学院与重庆市高新岩土工程勘察设计院进行监测，郑颖人团队进行分析研究。应用粘弹塑性数值计算方法，对该滑坡在不同安全系数下进行位移计算，获得了位移监测曲线与数值计算位移曲线。如果监测曲线与计算曲线重合，就能确定当时的滑坡稳定系数。据此可知凉水井滑坡稳定系数为1.04~1.05，而且变形不大，表明滑坡尚在中长期预警期内，得出短期不会滑坡的结论，为国家解决了长江停航难题。（4）在隧道工程中的应用。经当时国际岩石力学学会会长冯夏庭的推荐，2012年在国际岩石力学学会的导报中，发表了用强度折减法求解隧道稳定系数的设计计算方法。近年来，这种方法逐渐在国内得到应用，也在澳大利亚等国得到应用，尤其在大跨度隧道建设中取得了重大成果。

论文选集中，前十篇论文为高引用率论文，其余为多年来各位硕博士生具有代表性的论文。因版面格式失真，一些优秀的硕博士生论文在出版时未能采用，在此深为抱歉。

在作者年届九旬之际，能出版这部论文选集，感到非常高兴。本书的出版得到重庆市科学技术协会和人民交通出版社的大力支持，谨向上述两个单位和相关同志表示衷心感谢。

本论文选集的内容和观点难免存在一些不当和错误之处，恳请同行们批评指正。

目 录
CONTENTS

用有限元强度折减法求边坡稳定安全系数 ………… 赵尚毅　郑颖人　时卫民　王敬林(1)

有限元强度折减法在土坡与岩坡中的应用 ………… 郑颖人　赵尚毅　张鲁渝　邓卫东(5)

有限元强度折减系数法计算土坡稳定安全系数的精度研究

…………………………………………………… 张鲁渝　郑颖人　赵尚毅　时卫民(12)

极限分析有限元法讲座——Ⅱ有限元强度折减法中边坡失稳的判据探讨

………………………………………………………………… 赵尚毅　郑颖人　张玉芳(19)

用有限元强度折减法进行边坡稳定分析 ………………… 郑颖人　赵尚毅　张鲁渝(24)

用有限元强度折减法进行节理岩质边坡稳定性分析 …… 赵尚毅　郑颖人　邓卫东(30)

剪胀型土剪胀特性的大数据深度挖掘与模型研究 ………… 杨骏堂　刘元雪　郑颖人　何少其(37)

岩石工程中屈服准则应用的研究 ……………………………………… 徐干成　郑颖人(47)

有限元极限分析法发展及其在岩土工程中的应用

　　　　　　　　　　　郑颖人　赵尚毅　邓楚键　刘明维　唐晓松　张黎明(54)

有限元强度折减法研究进展 …………………………… 郑颖人　赵尚毅　宋雅坤(77)

隧洞粘弹塑性分析及其在锚喷支护中的应用 ………………………… 郑颖人　刘怀恒(83)

应变空间中的岩土屈服准则与本构关系 ……………………………… 陈长安　郑颖人(89)

锚喷支护洞室的弹塑性边界元——有限元耦合计算法 …… 郑颖人　徐干成　高效伟(97)

地下硐室的现场量测与适时支护 ………………………… 高效伟　何祖光　郑颖人(107)

黄土的破坏条件 ………………………………………… 邢义川　刘祖典　郑颖人(113)

近代非线性科学与岩石力学问题 ……………………………………… 郑颖人　刘兴华(121)

浅埋地下洞室上修建高层住宅的地基处理技术 ………… 郑颖人　赵燕明　刘东升(124)

弹塑性有限厚条法及工程应用 ………………………………………… 林银飞　郑颖人(132)

软粘土地基的强夯机理及其工艺研究 … 郑颖人　李学志　冯遗兴　周良忠　陆　新　何红云(138)

强夯加固软粘土地基的理论与工艺研究 ………… 郑颖人　陆　新　李学志　冯遗兴(148)

遗传算法在岩土工程可靠度分析中的应用 ……………… 徐　军　邵　军　郑颖人(153)

塑性力学中的分量理论——广义塑性力学 …………………………… 郑颖人　孔　亮(157)

广义塑性力学的加卸载准则与土的本构模型——广义塑性力学讲座(3)
.... 郑颖人 陈瑜瑶 段建立(163)

广义塑性力学中的屈服面与应力-应变关系 .... 郑颖人 段建立 陈瑜瑶(167)

边坡稳定性分析的有限元法 .... 赵尚毅 时卫民 郑颖人(171)

采用快速遗传算法进行岩土工程反分析 .... 高 玮 郑颖人(176)

平面应变条件下土坡稳定有限元分析 .... 张鲁渝 时卫民 郑颖人(179)

基于极限平衡理论的局部最小安全系数法 .... 杨明成 郑颖人(183)

基于广义塑性理论上界法的有限元法及其应用 .... 王敬林 邓楚键 郑颖人 陈瑜瑶(188)

岩质边坡破坏机制有限元数值模拟分析 .... 郑颖人 赵尚毅 邓卫东(192)

滑坡稳定性评价方法的探讨 .... 时卫民 郑颖人 唐伯明(202)

岩土塑性力学的新进展——广义塑性力学 .... 郑颖人(207)

基于广义塑性力学的土体次加载面循环塑性模型(Ⅰ):理论与模型
.... 孔 亮 郑颖人 姚仰平(217)

木寨岭隧道软弱围岩段施工方法及数值分析 .... 胡文清 郑颖人 钟昌云(222)

库水位下降时渗透力及地下水浸润线的计算 .... 郑颖人 时卫民 孔位学(226)

用有限元强度折减法求滑(边)坡支挡结构的内力 .... 郑颖人 赵尚毅(234)

不平衡推力法与Sarma法的讨论 .... 郑颖人 时卫民 杨明成(241)

库水位下降情况下滑坡的稳定性分析 .... 时卫民 郑颖人(248)

边坡稳定不平衡推力法的精度分析及其使用条件 .... 时卫民 郑颖人 唐伯明 张鲁渝(253)

有限元强度折减法在元磨高速公路高边坡工程中的应用 ... 郑颖人 张玉芳 赵尚毅 齐明柱(258)

长坑道中化爆冲击波压力传播规律的数值模拟 .... 李秀地 郑颖人 李列胜 郑云木(264)

极限分析有限元法讲座Ⅲ——增量加载有限元法求解地基极限承载力
.... 邓楚键 孔位学 郑颖人(268)

地基承载力的有限元计算及其在桥基中的应用 .... 孔位学 郑颖人 赵尚毅 唐伯明(273)

基于M-C准则的D-P系列准则在岩土工程中的应用研究 .... 邓楚键 何国杰 郑颖人(279)

边(滑)坡工程设计中安全系数的讨论 .... 郑颖人 赵尚毅(284)

基于Drucker-Prager准则的边坡安全系数定义及其转换 ...... 赵尚毅 郑颖人 刘明维 钱开东(288)

基于有限元强度折减法确定滑坡多滑动面方法 .... 刘明维 郑颖人(293)

应用PLAXIS有限元程序进行渗流作用下的边坡稳定性分析
.... 唐晓松 郑颖人 邬爱清 林成功(299)

有限元强度折减法在三维边坡中的应用研究 .... 宋雅坤 郑颖人 赵尚毅 雷文杰(303)

材料屈服与破坏的探索 .... 高 红 郑颖人 冯夏庭(309)

滑坡加固系统中沉埋桩的有限元极限分析研究 .... 雷文杰 郑颖人 冯夏庭(317)

有限元强度折减法在公路隧道中的应用探讨 .... 张黎明 郑颖人 王在泉 王建新(324)

标题	作者	页码
土坡渐进破坏的双安全系数讨论	唐 芬　郑颖人　赵尚毅	(330)
膨胀力变化规律试验研究	丁振洲　郑颖人　李利晟	(336)
库水作用下的边(滑)坡稳定性分析	郑颖人	(341)
岩土材料屈服与破坏及边(滑)坡稳定分析方法研讨——"三峡库区地质灾害专题研讨会"交流讨论综述	郑颖人	(346)
岩土材料能量屈服准则研究	高 红　郑颖人　冯夏庭	(359)
抗滑短桩的适用条件研究	雷 用　许 建　郑颖人	(366)
沉埋桩加固滑坡体模型试验的机制分析	雷文杰　郑颖人　王恭先　冯夏庭　马惠民	(372)
关于土体隧洞围岩稳定性分析方法的探索	郑颖人　邱陈瑜　张 红　王谦源	(381)
考虑岩土体流变特性的强度折减法研究	陈卫兵　郑颖人　冯夏庭　赵尚毅	(394)
不同计算方法计算滑坡推力与桩前抗力的比较与分析	梁 斌　郑颖人　宋雅坤	(399)
加筋土挡墙稳定性分析研究	宋雅坤　郑颖人　张玉芳　马 华　赵尚毅	(403)
捆绑式抗滑桩优越性初步研究	王 凯　郑颖人　王其洪　易朋莹　李沁羽　魏有勇　何 涛	(409)
地震边坡破坏机制及其破裂面的分析探讨	郑颖人　叶海林　黄润秋	(415)
岩质隧洞围岩稳定性分析与强度参数的探讨	杨 臻　郑颖人　张 红　王谦源　宋雅坤	(425)
深基坑土钉和预应力锚杆复合支护方式的探讨	董 诚　郑颖人　陈新颖　唐晓松	(434)
黄土隧洞安全系数初探	张 红　郑颖人　杨 臻　王谦源	(439)
利用有限元强度折减法进行渗流条件下的基坑整体稳定性分析	董 诚　郑颖人　唐晓松	(449)
多排埋入式抗滑桩在武隆县政府滑坡中的应用	赵尚毅　郑颖人　李安洪　邱文平　唐晓松　徐 俊	(455)
一种基于复变量求导法的岩土体抗剪强度参数反演新方法	刘明维　郑颖人　张玉芳	(460)
隧道近接桩基的安全系数研究	王 成　徐 浩　郑颖人	(468)
边坡地震稳定性分析探讨	郑颖人　叶海林　黄润秋　李安洪　许江波	(473)
土石混合料大型直剪试验的颗粒离散元细观力学模拟研究	贾学明　柴贺军　郑颖人	(481)
隧洞破坏机理及深浅埋分界标准	郑颖人　徐 浩　王 成　肖 强	(490)
岩质边坡锚杆支护参数地震敏感性分析	叶海林　黄润秋　郑颖人　杜修力　李安洪	(497)
地震隧洞稳定性分析探讨	郑颖人　肖 强　叶海林　许江波	(503)
双排抗滑桩在三种典型滑坡的计算与受力规律分析	杨 波　郑颖人　赵尚毅　李安洪	(511)
考虑蠕变特性的滑坡稳定状态分析研究	谭万鹏　郑颖人　王 凯	(519)
基于强度折减法的桩基础有限元极限分析方法	董天文　郑颖人	(523)
有限元与极限分析法计算桩后推力的分析与比较	许江波　郑颖人　赵尚毅　冯夏庭　叶海林	(527)
隧道围岩结构地震动稳定性分析的动力有限元强度折减法	程选生　郑颖人　田瑞瑞	(533)

广义塑性力学多重屈服面模型隐式积分算法及其 ABAQUS 二次开发
································· 冯 嵩 郑颖人 孔 亮 冯夏庭(541)
节理岩体隧道的稳定分析与破坏规律探讨——隧道稳定性分析讲座之一
································· 郑颖人 王永甫 王 成 冯夏庭(548)
地面钻井套管耦合变形作用机理 ············ 孙海涛 郑颖人 胡千庭 林府进(556)
岩土数值极限分析方法的发展与应用 ······································· 郑颖人(563)
水岩相互作用对岩石劣化的影响研究 ········ 刘新荣 傅 晏 郑颖人 梁宁慧(583)
考虑主应力轴旋转的土体本构关系研究进展 ··· 董 彤 郑颖人 刘元雪 阿比尔的(590)
地震作用下双排抗滑桩支护边坡振动台试验研究
······················· 赖 杰 郑颖人 刘 云 李秀地 阿比尔的(599)
基于颗粒流原理的岩石类材料细观参数的试验研究 ··· 丛 宇 王在泉 郑颖人 冯夏庭(606)
岩土类材料应变分析与基于极限应变判据的极限分析 ··· 阿比尔的 冯夏庭 郑颖人 辛建平(616)
单排与三排微型抗滑桩大型模型试验研究 ········ 辛建平 唐晓松 郑颖人 张 冬(625)
混凝土材料剪切强度的试验研究 ········ 丛 宇 孔 亮 郑颖人 阿比尔的 王在泉(632)
抗滑桩和锚杆联合支护下边坡抗震性能振动台试验研究
······················· 赖 杰 郑颖人 刘 云 李秀地 阿比尔的(638)
隧洞稳定性影响因素的敏感性分析 ···················· 李炎延 郑颖人 康 楠(646)
普氏压力拱理论的局限性 ··································· 郑颖人 邱陈瑜(654)
桩基础承载力室内试验与数值计算研究 ··············· 刘祥沛 董天文 郑颖人(662)
考虑主应力轴方向的砂土各向异性强度准则与滑动面研究
································· 董 彤 郑颖人 孔 亮 柘 美(672)
钢材破坏条件与极限分析法在钢结构中的应用探索 ····· 郑颖人 王 乐 孔 亮 阿比尔的(679)
岩质隧道围岩稳定分析与分级研讨 ···························· 郑颖人 阿比尔的(690)

用有限元强度折减法求边坡稳定安全系数
Analysis on safety factor of slope by strength reduction FEM

赵尚毅,郑颖人,时卫民,王敬林

(后勤工程学院 军事土木工程系,重庆 400041)

摘　要:利用有限单元法,通过强度折减来求边坡稳定安全系数。通过强度折减,使系统达到不稳定状态时,有限元计算将不收敛,此时的折减系数就是安全系数。安全系数的大小与所采用的屈服准则有关,本文对几种常用的屈服准则进行了比较,导出了各种准则互相代换的关系,并采用莫尔—库仑等面积圆屈服准则代替莫尔—库仑准则,算例表明由此求得的边坡稳定安全系数与传统方法的计算结果十分接近。

关键词:边坡安全系数;有限元;屈服准则

中图分类号:TU 432　　　**文献标识码**:A　　　**文章编号**:1000-4548(2002)03-0343-04

作者简介:赵尚毅(1969—),男,四川洪雅人,后勤工程学院博士生,从事岩土边坡工程的研究。

ZHAO Shang-yi, ZHENG Ying-ren, SHI Wei-min, WANG Jing-lin

(Logistical Engineering University, Chongqing 400041, China)

Abstract: An analysis on safety factor of slope through $c-\varphi$ reduction algorithm by finite elements is presented. When the system reaches instability, the numerical non-convergence occurs simultaneously. The safety factor is then obtained by $c-\varphi$ reduction algorithm. The factor is related to the yield criterion. This paper presented a comparison of several yield criterions in common use and deduced the substitutive relationship of them. For convenience the Mohr-Coulomb criterion is replaced by Mohr-Coulomb equivalent area circle criterion, which was proposed by professor Xu Gancheng and Zheng Yingren in 1990. Through a series of case studies, the safety factor of FEM is fairly close to the result of traditional limit equilibrium method. The applicability of the proposed method was clearly exhibited.

Key words: slope safety factor; finite elements; yield criterions

1　引　言

目前,研究边坡稳定性的传统方法主要有:极限平衡法,极限分析法,滑移线场法等。这些建立在极限平衡理论基础上的各种稳定性分析方法没有考虑土体内部的应力应变关系,无法分析边坡破坏的发生和发展过程,没有考虑土体与支挡结构的共同作用及其变形协调,在求安全系数时通常需要假定滑裂面形状为折线、圆弧、对数螺旋线等。而有限单元法不但满足力的平衡条件,而且考虑了材料的应力应变关系,使得计算结果更加精确合理。在有限元法中通过强度折减,使系统达到不稳定状态,有限元计算不收敛,此时的折减系数就是安全系数,这种方法在国外80年代就采用,但由于力学概念不十分明确,而且要受到计算程序及计算精度的影响,因而这种方法至今没有在国内流行。随着计算机技术的发展,尤其是岩土材料的非线性弹塑性有限元计算技术的发展,出现了许多适合于岩土材料的大型通用有限元软件,其前、后处理的功能越来越强大,为利用有限元法进行边坡稳定分析创造了条件。本文引用有限元强度折减系数法[1],通过计算发现求得的安全系数大小与程序采用的屈服准则密切相关,不同的准则得出不同的安全系数。

传统的极限平衡法采用莫尔—库仑准则,但因莫尔—库仑准则的屈服面为不规则的六角形截面的角锥体表面,存在尖顶和棱角,给数值计算带来困难。为与传统方法比较,本文采用了徐干成、郑颖人(1990)提出的莫尔—库仑等面积圆屈服准则代替莫尔—库仑准则[2],并导出各准则间的换算关系,由此可将求得的安全系数折算成莫尔—库仑等面积圆屈服准则下的安全系数。

2　有限元法进行边坡稳定分析的优点

如果使有限元法保持足够的计算精度,那么有限元法较传统的方法具有如下优点:

(1)能够对具有复杂地貌、地质的边坡进行计算。

(2)考虑了土体的非线性弹塑性本构关系,以及变形对应力的影响。

(3)能够模拟土坡的失稳过程及其滑移面形状。如图1～4,滑移面大致在水平位移突变的地方及塑性变形发展严重的部位,呈条带状。

(4)能够模拟土体与支护的共同作用。

(5)求解安全系数时,可以不需要假定滑移面的形状,也无需进行条分。

注:本文摘自《岩土工程学报》(2002年第21卷第3期)。

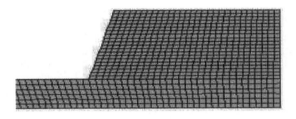

图 1　有限元网格划分
Fig. 1　Finite element mesh

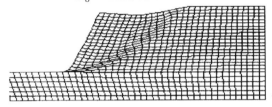

图 2　变形后的网格图
Fig. 2　Deformed mesh

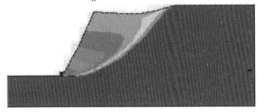

图 3　水平方向位移等值云图
Fig. 3　Continuous contours of horizontal displacement

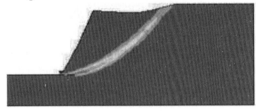

图 4　变形后的塑性区
Fig. 4　Continuous contours of plastic strain

3　常用的屈服准则

本文计算采用的是理想弹塑性模型。目前流行的有限元软件 ANSYS，以及美国 MSC 公司的 MARC、PA-TRAN、NASTRAN 均采用了广义米赛斯准则[3]，在国外被称为德鲁克－普拉格准则（D－P 准则）。

$$F = \alpha I_1 + \sqrt{J_2} = k \tag{1}$$

式中　I_1，J_2 分别为应力张量的第一不变量和应力偏张量的第二不变量。

这是一个通用表达式，通过变换 α，k 的表达式就可以在有限元中实现不同的屈服准则。α，k 是与岩土材料内摩擦角 φ 和黏聚力 c 有关的常数。对于不同的圆（图5），有不同的 α，k。

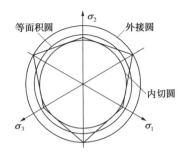

图 5　π 平面上不同 α，k 的屈服曲线
Fig. 5　The yield surface on the deviatoric plane

(1) 当 α，k 满足下列表达式时

$$\left.\begin{aligned}\alpha &= \frac{2\sin\varphi}{\sqrt{3}(3-\sin\varphi)} \\ k &= \frac{6c\cos\varphi}{\sqrt{3}(3-\sin\varphi)}\end{aligned}\right\} \tag{2}$$

屈服面在 π 平面上为不等角度的六边形的外接圆。

(2) 当 α，k 满足下列表达式时

$$\left.\begin{aligned}\alpha &= \frac{\sin\varphi}{\sqrt{3(3+\sin^2\varphi)}} \\ k &= \frac{\sqrt{3}c\cos\varphi}{\sqrt{3+\sin^2\varphi}}\end{aligned}\right\} \tag{3}$$

屈服面在 π 平面上为不等角度的六边形的内切圆，在国内特指此圆为 D－P 准则，用此准则时，塑性区最大。

(3) 当 α，k 满足下列表达式时

$$\left.\begin{aligned}\alpha &= \frac{\sin\varphi}{\sqrt{3}(\sqrt{3}\cos\theta_\delta - \sin\theta_\delta\sin\varphi)} \\ k &= \frac{\sqrt{3}c\cos\varphi}{\sqrt{3}\cos\theta_\delta - \sin\theta_\delta\sin\varphi}\end{aligned}\right\} \tag{4}$$

式中

$$\theta_\delta = \arcsin\left\{\left\{-\frac{2}{3}A\sin\varphi + \left[\frac{4}{9}A^2\sin^2\varphi - 4\left(\frac{\sin^2\varphi}{3}+1\right)\cdot\left(\frac{A^2}{3}-1\right)\right]^{\frac{1}{2}}\right\}\bigg/\left[2\left(\frac{\sin^2\varphi}{3}+1\right)\right]\right\}, A = \sqrt{\frac{\pi(9-\sin^2\varphi)}{6\sqrt{3}}}$$

这是徐干成、郑颖人（1990）提出的莫尔-库仑等面积圆屈服准则[2]，它的面积等于不等角六边形莫尔-库仑屈服准则，它比当前采用的逼近不等角的近似屈服曲线有更高的计算精度。

4　安全系数的定义

上述屈服准则表示为

$$F = \frac{\alpha}{\omega}I_1 + \sqrt{J_2} = \frac{k}{\omega} \tag{5}$$

式中　ω 为达到极限状态时的安全系数。

计算时，首先选取初始折减系数，折减土体强度参

数,将折减后的参数作为输入,进行有限元计算,若程序收敛,则土体仍处于稳定状态,然后再增加折减系数,直到不收敛为止,此时的折减系数即为边坡的稳定安全系数 ω,此时的滑移面即为实际滑移面,这种方法称为土体强度折减系数法。

传统的边坡稳定极限平衡方法采用莫尔-库仑屈服准则,安全系数定义为沿滑动面的抗剪强度与滑动面上实际剪力的比值,用公式表示如下:

$$\omega = \frac{\int_0^l (c + \sigma \tan\varphi) \mathrm{d}l}{\int_0^l \tau \mathrm{d}l} \quad (6)$$

将式(6)两边同除以 ω,式(6)则变为

$$1 = \frac{\int_0^l (\frac{c}{\omega} + \sigma \frac{\tan\varphi}{\omega}) \mathrm{d}l}{\int_0^l \tau \mathrm{d}l} = \frac{\int_0^l (c' + \sigma \tan\varphi') \mathrm{d}l}{\int_0^l \tau \mathrm{d}l} \quad (7)$$

式中 $c' = \frac{c}{\omega}$;$\tan\varphi' = \frac{\tan\varphi}{\omega}$。

式(7)左边等于1,表明当强度折减 ω 以后,坡体达到极限状态。可以看出,有限元强度折减法在本质上与传统方法是一致的。

5 屈服条件的转换

采用不同的屈服条件得到的边坡稳定安全系数是不同的,但这些屈服条件可以互相转换。下面提出如何将按实际所采用的屈服准则求得的安全系数转换成莫尔-库仑条件下的安全系数。

以外接圆屈服准则为例,外接圆屈服准则表示为 $\alpha_1 I_1 + \sqrt{J_2} = k_1$,或 $f_1 = \sqrt{J_2} = -\alpha_1 I_1 + k_1$,其中 $\alpha_1 = \frac{2\sin\varphi}{\sqrt{3}(3-\sin\varphi)}$,$k_1 = \frac{6c\cos\varphi}{\sqrt{3}(3-\sin\varphi)}$。

莫尔-库仑等面积圆屈服准则表示为 $f_2 = \sqrt{J_2} = -\alpha_2 I_1 + k_2$,其中 $\alpha_2 = \frac{\sin\varphi}{\sqrt{3}(\sqrt{3}\cos\theta_\delta - \sin\theta_\delta\sin\varphi)}$,$k_2 = \frac{\sqrt{3}c\cos\varphi}{\sqrt{3}\cos\theta_\delta - \sin\theta_\delta\sin\varphi}$。表达式中的符号含义同前。

因为 $\eta = \frac{\alpha_1}{\alpha_2} = \frac{k_1}{k_2} = \sqrt{\frac{2\pi}{3\sqrt{3}} \times \frac{3+\sin\varphi}{3-\sin\varphi}} = f(\varphi)$,即 $\alpha_1 = \eta\alpha_2$,$k_1 = \eta k_2$,$f_1 = -\alpha_1 I_1 + k_1 = -\eta\alpha_2 I_1 + \eta k_2 = \eta(-\alpha_2 I_1 + k_2)$,则 $\frac{f_1}{f_2} = \frac{\eta(-\alpha_2 I_1 + k_2)}{-\alpha_2 I_1 + k_2} = \eta$。

显然 η 与 φ 有关,当给定土体的内摩擦角 φ 时,可以计算两种屈服准则的屈服强度的比值,当 φ 取不同的值时,可以得到不同的 η 值,见表1。

求得二准则之间的屈服强度之比 η 后,即能将实际采用准则求得的安全系数换算成莫尔-库仑等面积圆屈服准则条件下的安全系数。

表1 不同内摩擦角时的 η 值
Table 1 η value obtained by different internal friction angle

$\varphi/(°)$	0	10	20	30	40
η	1.100	1.165	1.233	1.301	1.367
$\varphi/(°)$	50	60	70	80	90
η	1.428	1.480	1.521	1.546	1.555

6 算 例

均质边坡,坡高 $H=20$ m,土容重 $\gamma=25$ kN/m³,黏聚力 $c=42$ kPa,内摩擦角 $\varphi=17°$,求坡角 β 分别为 $30°,35°,40°,45°,50°$ 时边坡的安全系数。计算结果见表2。

表2 安全系数计算结果
Table 2 Safety factor obtained by FEM and traditional limit equilibrium method

坡角 β /(°)	安全系数			
	有限元法		简化 Bishop 法	Spencer 法
	①	②		
30	1.78	1.47	1.394	1.463
35	1.62	1.34	1.259	1.318
40	1.48	1.22	1.153	1.212
45	1.36	1.12	1.062	1.115
50	1.29	1.06	0.992	1.038

注:①采用外接圆屈服准则;②采用莫尔-库仑等面积圆屈服准则。

从表中计算结果可以看出,采用外接圆屈服准则计算的安全系数比传统的方法大许多,采用莫尔-库仑等面积圆屈服准则计算的结果与传统极限平衡方法(Spencer法)计算的结果十分接近,说明采用莫尔-库仑等面积圆屈服准则来代替莫尔-库仑不等角六边形屈服准则是可行的,这样使计算大为方便。而采用外接圆屈服准则计算的安全系数要比莫尔-库仑等面积圆屈服准则计算的结果大 η 倍。

7 工程应用

某边坡工程位于重庆市奉节县新城区阴里平居住小区东侧进场公路旁边,由于修建公路时开挖而形成,坡度陡,坡高大于 10 m,坡角大于碎石土的内摩擦角,属不稳定坡体。若遇大暴雨,土体受到雨水浸泡,力学强度降低,该边坡可能发生滑塌,因此必须对其进行支护。根据施工设计,对该边坡进行分级支护,采用锚杆挡墙结构形式。

计算按照平面应变问题处理,土体用平面单元 plane2 模拟,锚杆用梁单元 beam3 单元模拟。网格划分见图6。计算范围:坡顶侧延伸到 +380 m 标高处,坡底向下延伸20m,向公路对面延伸30m。边界条

件;左右两侧水平约束,下部 X、Y 方向约束,上部边界为自由边界。屈服准则:采用外接圆屈服准则。输入参数:黏聚力 $c=10.0$ kPa,内摩擦角 $\varphi=30°$,泊松比 $\nu=0.3$,土的饱和容重为 23.0 kN/m³,变形模量 23 MPa;钢筋弹性模量 2.0×10^5 MPa,抗拉强度 310 MPa,泊松比 $\nu=0.2$。

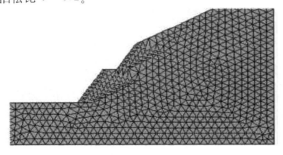

图 6　网格划分图

Fig.6　Finite element mesh

(1)用强度折减系数法进行有限元分析,模型中不加锚杆(将锚杆单元杀死),通过计算得边坡安全系数为 1.1。坡体达到极限状态时的塑性区变形情况如图 7 所示。

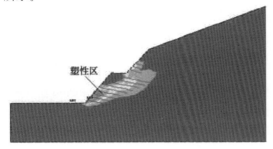

图 7　不加锚杆 $\omega=1.1$ 时的塑性区

Fig.7　The plastic strain zone without anchor

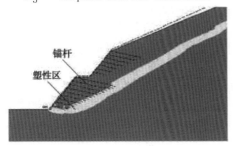

图 8　加锚杆 $\omega=1.5$ 时的塑性区

Fig.8　The plastic strain zone with anchor

(2)模型中加上锚杆时,通过计算安全系数 1.5,此时的塑性区变形情况见图 8。从图中可以看出滑移面形状是不规则的,加锚杆后的塑性区出现在锚杆加固区的后边缘,滑移面向后移动了。

应当说明,采用有限元强度折减法计算边坡稳定安全系数是可行的,但是应给出对有限元计算精度的要求。同时,应对不同的坡高、坡度以及不同的 c,φ 值进行验算,明确强度折减法的误差。

8　结　　论

通过以上分析,可以得出如下的结论:

(1)有限单元法不需要作任何假定,计算模型不仅满足力的平衡方程,而且满足土体的应力应变关系,计算结果更可靠。该方法能分析各种复杂形状的边坡,不需假设滑动面,而且能对坡体支护前后进行分析,能够反映土体与支护的共同作用及其变形协调。

(2)有限元法中的强度折减理论,其折减系数本身就是传统意义上的稳定系数,通过强度折减来分析结构的稳定性,直到临界状态为止,此时的折减系数就是所要求的稳定系数,通过分析可以直观地显示出坡体的实际滑动面。

(3)计算模型的建立,包括计算范围、边界条件、网格划分密度等应满足有限元计算的精度要求。如果网格划分太粗,将会造成很大的误差。

(4)所求安全系数的大小与所采用的屈服准则有关。莫尔—库仑屈服准则是目前边坡分析中被广泛采用的屈服准则,但是莫尔—库仑准则的屈服面存在尖顶和棱角,给数值计算带来困难。通过本文计算表明,采用莫尔—库仑等面积圆屈服准则进行计算,不但满足屈服准则的通用表达式 $F=\alpha I_1+\sqrt{J_2}=k$,使有限元数值计算变得方便,而且计算结果与传统的莫尔—库仑屈服准则计算结果比较接近。

参考文献:

[1] Griffiths D V, Lane P A. Slope stability analysis by finite elements[J]. Geotechnique, 1999, **49**(3):387—403.

[2] 徐干成,郑颖人. 岩土工程中屈服准则应用的研究[J]. 岩土工程学报, 1990, **12**(2):93—99.

[3] 郑颖人,龚晓南. 岩土塑性力学基础[M]. 北京:中国建筑工业出版社,1989.

有限元强度折减法在土坡与岩坡中的应用

郑颖人[1]　赵尚毅[1]　张鲁渝[1]　邓卫东[2]

(1　后勤工程学院军事土木工程系　重庆　400041)　(2　交通部重庆公路研究所　400074)

摘　要　通过对边坡非线性有限元模型进行强度折减,使边坡达到不稳定状态时,非线性有限元静力计算将不收敛,此时的折减系数就是稳定安全系数,同时可得到边坡破坏时的滑动面,而传统条分法无法获得节理岩质边坡的滑动面与稳定安全系数,该方法开创了求节理岩质边坡滑动面与稳定安全系数的先例。本文对此法的计算精度以及影响因素进行了分析,通过算例表明采用徐干成、郑颖人(1990)提出的莫尔—库仑等面积圆屈服准则求得的稳定安全系数与简化 Bishop 法的误差为 3% ~ 8%, Spencer 法的误差为 1% ~ 4%,证实了其实用于工程的可行性。

关键词　边坡稳定分析,有限元强度折减法,屈服准则

APPLICATION OF STRENGTH REDUCTION FEM IN SOIL AND ROCK SLOPE

ZHeng Yingren[1]　ZHao Shangyi[1]　Zhang Luyu[1]　Deng Weidong[2]

(Logistical Engineering University, ChongQing　400041　China)

Abstract　In this paper, the slope stability analysis was carried out by nonlinear FEM strength reduction method. With the C-φ reduction, the slope nonlinear FEM model reaches instability, the numerical non-convergence occurs simultaneously. The safety factor is then obtained by C-φ reduction algorithm. At the same time, the critical failure surface is found automatically. The traditional limit equilibrium method can't get the safety factor and failure surface of jointed rock slope. Strength Reduction FEM (SRFEM) presents a powerful alternative approach for slope stability analysis, especially to jointed rock slope. This paper analyzes the precision and error. Through a series of case studies, the results show average error of safety factor between SRFEM and traditional limit equilibrium method (Bishop simplified method) is 3% ~ 8%, the error between SRFEM and Spencer's method is 1% ~ 4%. The applicability of the proposed method was clearly exhibited.

Key words　slope stability analysis, strength reduction FEM, yield criterions

1　引　言

西部开发是我国实现地区平衡发展和可持续发展的重大战略举措,然而我国西部地区山高坡陡、沟壑纵横,城市建筑依山而立,公路、铁路翻山越岭,复杂多变的地形地貌决定了我国西部开发将面临大量滑(边)坡工程,滑坡与边坡事故日益增多。例如 2001 年,重庆市云阳县就发生 2 次大型滑坡,重庆市武隆边坡失稳坍塌造成 79 人死亡。重庆市近 20 年来累计发生地质灾害 3.33 万处,仅 2000 年就发生 6 371 处,受灾 19.33 万人,倒塌房屋 8.68 万间,直接经济损失 7.67 亿元。重庆市已经成为地质灾害的重灾区,尤其是随着三峡库区蓄水和新兴城市的建设,有可能诱发更大的地质灾害,隐患无穷。

现在,国务院已经决定拨款 40 亿元,用于三峡库区地质灾害治理,仅重庆三峡库区计划的地质灾害治理工程就有 142 个。频发的地质灾害以及大量灾害治理资金的投入,使得滑(边)坡稳定性问题成为西部开发中的热点与难点问题。

边坡稳定分析是经典土力学最早试图解决而至今仍未圆满解决的课题,各种稳定分析方法在国内外水平大致相当。对于均质土坡,传统方法主要有:极限平衡法,极限分析法,滑移线场法等,就目前工程应用而言,主要还是极限平衡法,但需要事先知道滑动面位置和形状。对于均质土坡,可以通过各种优化方法来[1]搜索危险滑动面,但对于岩质边坡,由于实际岩体中含有大量不同构造、产状和特性的不连续结构面(比如层面、节理、裂隙、软弱夹层、岩脉和断层破碎带等),给岩质边坡的稳定分析带来了巨大的困难,传统极限

注:本文摘自《中国岩石力学与工程学会第七次学术大会论文集》(2002.9)。

平衡方法尚不能搜索出危险滑动面以及相应的稳定安全系数，而目前的各种数值分析方法，一般只是得出边坡应力、位移、塑性区，而无法得到边坡危险滑动面以及相应的安全系数。随着计算机技术的发展，尤其是岩土材料的非线性弹塑性有限元计算技术的发展，有限元强度折减法近来在国内外受到关注，对于均质土坡已经得到了较好的结论，但尚未在工程中实用，本文采用有限元强度折减法[1]，对均质土坡进行了系统分析，证实了其实用于工程的可行性，对节理岩质边坡得到了坡体的危险滑动面和相应的稳定安全系数。该方法可以对贯通和非贯通的节理岩质边坡进行稳定分析，同时可以考虑地下水、施工过程对边坡稳定性的影响，可以考虑各种支挡结构与岩土材料的共同作用，为节理岩质边坡稳定分析开辟了新的途径。

2 有限元强度折减法原理

在有限元静力稳态计算中，如果模型为不稳定状态，有限元计算将不收敛，基于此原理，在非线性有限元边坡稳定分析中，通过降低岩土材料的抗剪强度（内聚力和内摩擦角），使系统达到不稳定状态，有限元静力计算将不收敛，此时的折减系数就是边坡稳定安全系数。

$$C' = C/F_{trial}, \varphi' = \arctan(\tan\varphi/F_{trial})$$

随着计算机技术的发展，计算机计算速度大大提高，尤其是岩土材料的非线性弹塑性有限元计算技术的发展，出现了许多适合于岩土材料的大型通用有限元软件，其前后处理的功能越来越强大，为利用有限元法进行边坡稳定分析创造了条件。

3 有限元强度折减法精度分析

有限元强度折减法为边坡稳定分析开辟了新的途径，但是其可靠性以及计算精度是一个十分重要的问题，下面对其影响因素以及计算精度作一分析。

3.1 屈服准则的选用

安全系数大小与程序采用的屈服准则密切相关，不同的准则得出不同的安全系数。目前流行的大型有限元软件ANSYS，以及美国MSC公司的MARC、PATRAN、NASTRAN均采用了广义米赛斯准则：

$$F = aI_1 + \sqrt{J_2} = k$$

式中：I_1、J_2 分别为应力张量的第一不变量和应力偏张量的第二不变量；a、k 是与岩土材料内摩擦角 φ 和内聚力 c 有关的常数，不同的 a、k 在 π 平面上代表不同的圆（图1）。这是一个通用表达式，通过变换 a、k 的表达式就可以在有限元中实现不同的屈服准则，各准则的参数换算关系见表1。

表1 各准则参数换算表

编号	准则种类	a	k
DP1	外角点外接 D-P 圆	$\dfrac{2\sin\phi}{\sqrt{3}(3-\sin\phi)}$	$\dfrac{6\cos\phi}{\sqrt{3}(3-\sin\phi)}$
DP2	内角点外接 D-P 圆	$\dfrac{2\sin\phi}{\sqrt{3}(3+\sin\phi)}$	$\dfrac{6c\cos\phi}{\sqrt{3}(3+\sin\phi)}$
DP3	内切 D-P 圆	$\dfrac{\sin\phi}{\sqrt{3}\sqrt{3+\sin^2\phi}}$	$\dfrac{3c\cos\phi}{\sqrt{3}\sqrt{3+\sin^2\phi}}$
DP4	等面积 D-P 圆	$\dfrac{2\sqrt{3}\sin\phi}{\sqrt{2\sqrt{3}\pi(9-\sin^2\phi)}}$	$\dfrac{6\sqrt{3}c\cos\phi}{\sqrt{2\sqrt{3}\pi(9-\sin^2\phi)}}$

传统的极限平衡法采用莫尔—库仑准则，但是由于莫尔—库仑准则的屈服面为不规则的六角形截面的角锥体表面，存在尖顶和菱角，给数值计算带来困难。为了与传统方法进行比较，本文采用了徐干成、郑颖人(1990)提出的莫尔—库仑等面积屈服准则(DP4)代替传统莫尔—库仑准则[2]。

大量算例分析表明（表2、图2）：DP4 准则与简化 Bishop 法所得稳定安全系数最为接近，通过对误差进行统计分析可知，当选用 DP4 准则时，误差的平均值为 5.7%，最大误差小于 8%，且离散度很小（图3），而 DP1 的平均误差为 29.5%，同时采用 DP2、DP3 准则所得计算结果的离散度非常大，因此在数值分析中可用 DP4 准则代替摩尔—库仑准则。

表2 不同屈服准则所得最小安全系数

	$H = 20m$	$\beta = 45°$	$C = 42kPa$		
$\varphi(°)$	0.1	10	25	35	45
DP1	0.525	1.044	1.769	2.254	3.051
DP2	0.525	0.930	1.332	1.530	1.887
DP3	0.454	0.848	1.279	1.499	1.870
DP4	0.477	0.896	1.396	1.689	2.182
简化 Bishop 法	0.494	0.846	1.316	1.623	2.073
(DP1-Bishop)/Bishop	0.063	0.234	0.344	0.355	0.472
(DP2-Bishop)/Bishop	0.063	0.099	0.012	-0.080	-0.090
(DP3-Bishop)/Bishop	-0.081	0.002	-0.028	-0.099	-0.098
(DP4-Bishop)/Bishop	-0.034	0.059	0.061	0.041	0.053

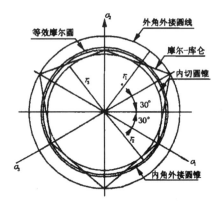

图1 各屈服准则在 π 平面上的曲线

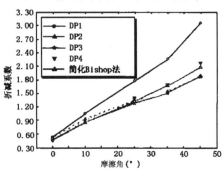

图2 Φ—折减系数曲线

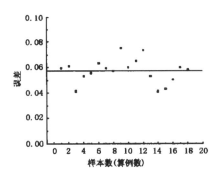

图3 DP4准则的计算误差

3.2 不同流动法则的影响

有限元计算中,采用关联还是非关联流动法则,取决于Ψ值(剪胀角):$\Psi=\phi$,为关联流动法则,$\Psi\neq\phi$,为非关联流动法则。总体说来,采用非关联流动法则所得破坏荷载比同一类型材料而采用关联流动法则所得破坏荷载小,如忽略剪胀角($\Psi=0$),将会得到较为保守的结果。值得注意的是:当$\Psi=0$时,正好与郑颖人等提出的广义塑性力学理论相符,这时对应的塑性势面与q轴垂直。

本文对采用不同流动法则的算例进行了初步分析,表3的计算结果表明:对同一边坡,不论采用关联还是非关联流动法则,计算结果相差不大。这是因为它们只与坡体的体积变形有关,而在边坡稳定分析中,坡体常常为无约束天然坡体,体积变形对坡体稳定影响并不明显。然而,从破坏时位移大小与塑性区的分布来看,还是会有一些差异,有时并不能简单的忽略这种差异。本文所有的算例均取$\Psi=0$,即满足非关联流动法则,算例结果显示出较好的精度。

表3 不同流动法则的影响

	$\beta=45°,C=40$kPa,$H=20$m,DP4准则		
材料参数	$\phi=10°$	$\phi=17°$	$\phi=25°$
非关联	0.871	1.105	1.363
关联	0.887	1.137	1.425
相对误差	0.018	0.029	0.045

3.3 有限元本身引起的误差

如前所述,岩土材料本构模型的选择合理与否会对有限元强度折减法的计算精度造成较大影响,除此之外,有限元法模型本身也是误差的主要来源之一。

计算边界范围的大小在有限元法中对计算结果的影响比在传统极限平衡法中表现的更为敏感,在极限平衡法中只要所求滑移面在边界之内就不会对计算结果有影响,安全系数只与划分的土条有关,而与土条外的区域无关,有限元法则不然,边界的大小直接影响到应力应变的分布。

为了得到能使计算结果趋于稳定的边界范围,本文分别对左端、右端、底端三条边界范围的取值大小进行了分析(表4、图4)。计算时,令三个边距中的一个变化,其余二个不变。由图4可知,左边界对计算结果的影响最不敏感,不同的取值相差不到1%;底端边界次之,最大相差在1%左右;右端边界对计算精度的影响最大,达到5%。经对比分析得:当坡角到左端边界的距离为坡高的1.5倍,坡顶到右端边界的距离为坡高的2.5倍,且上下边界总高不低于2倍坡高时,计算精度最为理想。另外如果网格划分太粗,将会造成很大的误差,计算时必须考虑适当的网格密度。

表4 不同边界条件下的稳定安全系数

相对边距比	0	0.5	1.0	1.5	2.0	2.5	3.0
L/H	1.129	1.124	1.124	1.120	1.122	1.121	1.129
R/H	1.097	1.078	1.121	1.122	1.122	1.120	1.123
B/H	1.106	1.117	1.120	1.131	1.124	1.132	1.131

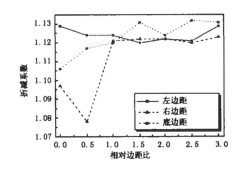

图4 边界距离与坡高比—折减系数曲线

表4中所有模型均选用DP4屈服准则。L为坡脚到左端边界的距离(左边距);R为坡顶到右端边界的距离(右边距);B为坡脚到底端边界的距离(底边距);H为坡高。

4 均质土坡稳定分析算例

均质土坡,坡高$H=20$m,粘聚力$c=42$kPa,土容重$\gamma=25$kN/m³,内摩擦角$\varphi=17°$,求坡角$\beta=30°$、$35°$、$40°$、$45°$、$50°$时边坡的稳定安全系数。

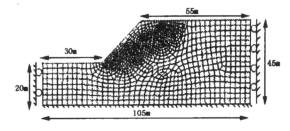

图5 有限元单元网格划分

如图5,按照平面应变建立有限元模型,边界条件为左右两侧水平约束,下部固定,上部为自由边界,计算结果见表5。

表5 用不同方法求得的稳定安全系数

方法 \ 坡角/°	30	35	40	45	50
FEM(DP1)	1.78	1.62	1.48	1.36	1.29
FEM(DP4)	1.47	1.34	1.22	1.12	1.06
简化Bishop法	1.39	1.26	1.15	1.06	0.99
Spencer法	1.46	1.32	1.21	1.12	1.04

从表5计算结果可以看出,采用莫尔—库仑等面积圆屈服准则(DP4)计算的结果与传统极限平衡方法(Spencer法)计算的结果十分接近,说明采用莫尔—库仑等面积圆屈服准则来代替莫尔—库仑不等角六边形屈服准则是可行的。

另外,通过四组计算方案(改变内摩擦角φ、内聚力C、坡角β、坡高H的值)共计106个算例的比较分析表明,用莫尔—库仑等面积圆屈服准则求得的安全系数与Bishop法的误差为3%~8%,与Spencer法的误差为1%~4%,说明了有限元强度折减法完全可以实用于土坡工程。

5 岩质边坡稳定分析

岩体中的结构面,根据结构面的贯通情况,可以将结构面分为贯通性、半贯通性、非贯通性三种类型。根据结构面的胶结和充填情况,可以将结构面分为硬性结构面(无充填结构面)和软弱结构面。由于岩体结构的复杂性,要十分准确地反映岩体结构的特征并使之模型化是不可能的,也没有必要使问题复杂化,基于这种考虑,对于一个实际工程来说,往往根据现场地质资料,根据结构面的长度、密度、贯通率、展布方向等着重考虑2~3组对边坡稳定起主要控制作用的节理组或其他主要结构面(如图6)。

图6 节理岩质边坡

5.1 有限元模型及其安全系数的求解

岩体是弱面体,起控制作用的是结构面强度,对于软弱结构面,可采用低强度实体单元模拟,按照连续介质处理;对于无充填的硬性结构面可以采用无厚度的接触单元来模拟,安全系数的求解与均质土坡相同。结构面单元的设置会影响计算精度,一般可先以较大间距设置结构面,求出滑动面大概位置后再在滑动面附近将结构面加密,增加结构面单元以提高计算精度。

(1)软弱结构面。如图7,软弱结构面采用低强度实体单元模拟,按照连续介质处理,材料本构关系采用理想弹塑性模型,屈服准则为广义米赛斯准则。

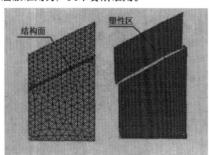

图7 有限元模型以及变形后产生的塑性区

在广义米赛斯屈服准则中引入强度折减系数 ω,此时屈服准则表示为:

$$F = \frac{\alpha}{\omega}I_1 + \sqrt{J_2} = \frac{k}{\omega}$$

式中: ω 为达到极限状态时的安全系数。

计算时,首先选取初始折减系数 ω,将结构面强度参数进行折减,将折减后的参数作为输入,进行有限元计算,若程序收敛,则土体仍处于稳定状态,然后再增加折减系数,直到不收敛为止,此时系统处于极限状态,此时的折减系数 ω 即为坡体的稳定安全系数。

(2)硬性结构面。如图8所示的无充填的硬性结构面,不能按照传统连续介质原理进行处理,本文采用美国ANSYS程序提供的无厚度接触单元来模拟硬性结构面的不连续性。

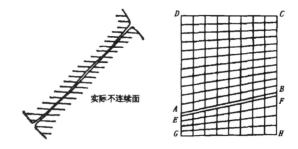

图8 无充填的硬性结构面以及有限元模型

如图8所示,接触单元是覆盖在分析模型接触面上的一层单元,程序通过覆盖在两个接触物体表面的接触单元来定义接触表面。在两个接触的边界中,把其中一个边界作为"目标"面,而把另外一个面作为"接触"面,目标面和接触面都可以是柔性体,两个面合起来叫做"接触对"。接触单元与下面的基本变形体单元(可以是弹塑性实体单元)有同样的几何特性,程序会根据接触单元下面的变形体单元的材料特性来确定接触刚度值,两个接触面的接触摩擦行为服从库仑定律:

$$\tau = c + \sigma \times tg\varphi \quad \sigma \geqslant 0$$

在两个接触面开始互相滑动之前,在他们的接触面上会产生小于其抗剪强度的剪应力,这种状态叫做稳定粘合状态,一旦剪切应力超过滑面上的抗剪切强度,两个面之间将产生滑动。安全系数的求解原理同上,即:

$$F_s = \frac{c}{c'} = \frac{tg(\varphi)}{tg(\varphi')}$$

表6为图7所示的软弱结构面稳定安全系数计算结果。计算参数为 $c = 0, \varphi = 15°$,结构面倾角15°。

表6 计算结果

计算方法	安全系数
有限元法(外接圆屈服准则)	1.24
有限元法(莫尔—库仑等面积圆屈服准则)	0.98
极限平衡方法(解析解)	1.0
极限平衡方法(Spencer法)	1.0

计算结果表明,采用外接圆屈服准则求得的稳定安全系数比传统方法大许多,采用徐干成、郑颖人(1990)提出的莫尔—库仑等面积圆屈服准则的计算结果与传统的莫尔—库仑屈服准则(Spencer法)计算结果比较接近,文献[3]对此做了比较分析。

表7为图8所示的硬性结构面安全系数计算结果,计算参数为 $c = 0, \varphi = 15°$,结构面倾角15°。

表7 计算结果

计算方法	安全系数
有限元法接触单元强度折减	1.001
极限平衡方法(解析解)	1.0
极限平衡方法(Spencer)	1.0

通过计算对比发现,对于直线形滑动面,采用接触单元时用有限元强度折减系数法得到的计算结果与理论解析解十分接近,误差仅为0.1%,说明采用接触单元来模拟岩体材料的不连续性是可行的。

5.2 折线型滑动面边坡稳定分析

图9所示为两个直线滑面组成折线型滑体 ABMCD,这种折线性滑坡类型是一种常见的滑坡类型。岩体重度 $\gamma = 20 \text{kN/m}^3$,弹性模量 $E = 10^9 \text{Pa}$,滑块 ABCD 面积 433m²,滑面 AB = 20m,倾角 $\Psi_1 = 15°$,AD = 25m,DC = 19.32m,BC = 19.82m,滑块 BCM 面积 196.5m²,滑面 BM = 28.03m,倾角 $\Psi_2 = 45°$,CM = 19.82m,CM 面上施加有线性变化的面荷载。$P_M = 400 \text{kPa}$,$P_C = 0$。

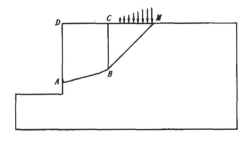

图9 折线型平面滑动岩质边坡

计算方法同上,在滑动面 AB、BM 上布置接触单元(图10)。计算时采用作者编制的二分法计算程序,通过该程序来对强度参数进行二分法折减,快速逼近其极限状态,从而很快求得稳定安全系数。图11为坡体达到极限状态后的破坏滑动图。

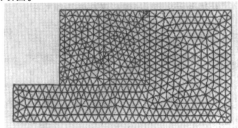

图10 有限元网格模型

图11 坡体达到极限状态后的破坏滑动图

为了和传统方法作比较,本文同时利用中国水利水电科学研究院开发的边坡稳定分析程序 STAB95 中的 Spencer 法进行计算,计算对比结果见表8。

表8 不同方法求得的稳定安全系数

	有限元强度折减法	Spencer法
$C = 160\text{kPa},\varphi = 0°$	1.00	0.99
$C = 160\text{kPa},\varphi = 30°$	2.11	2.11
$C = 320\text{kPa},\varphi = 10°$	2.33	2.33
$C = 160\text{kPa},\varphi = 45°$	2.09	1.98
$C = 0\text{kPa},\varphi = 45°$	3.08	2.94

从折线型滑动面的计算结果可以看出,当内摩擦角在30°以下时,精度较高,当内摩擦角增大时,与传统方法(Spencer法)相比误差增大。

另外,单元划分过程中,在两个滑动面的交汇处形成了尖角,在尖角处形成较大的应力集中,求解时会产生病态方程,为了避免这些建模问题,需要在实体模型上,使用线的倒角来使尖角光滑化,或者在曲率突然变化的区域使用更细的网格。

5.3 具有一组平行节理面的岩质边坡算例

如图12所示,一组软弱结构面倾角40°,间距10m,岩体和结构面采用平面6节点三角形单元模拟,岩体以及结构面材料物理力学参数取值见表9。采用不同方法的计算结果见表10,其中极限平衡方法计算结果是在滑动面确定的情况下算出的。

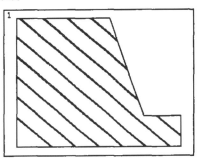

图12 几何模型

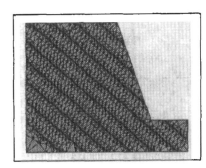

图13 有限元模型

表9 计算采用物理力学参数

材料名称	重度/kN·m³	弹性模量/Pa	泊松比	内聚力/MPa	内摩擦角度/°
岩体	25	1E+10	0.2	1.0	38
结构面	17	1E+7	0.3	0.12	24

通过有限元强度折减计算,当有限元计算不收敛时,程序自动找出了滑动面,如图14~15。在一组平行的结构面中,只出现了一条滑动面,其余结构面没有出现塑性区和滑动。

图 14 坡体达到极限状态时形成的滑动面

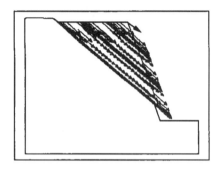

图 15 坡体破坏时的运动矢量图

表 10 计算结果

计算方法	安全系数
有限元法(外接圆屈服准则)	1.26
有限元法(莫尔-库仑等面积圆屈服准则)	1.03
极限平衡方法(解析解)	1.06
极限平衡方法(Spencer)	1.06

5.4 具有两组节理面的岩质边坡算例

如图 16 所示,两组方向不同的节理,贯通率 100%,第一组软弱结构面倾角 30°,平均间距 10m,第二组软弱结构面倾角 75°,平均间距 10m,岩体以及结构面计算物理力学参数见表 11。

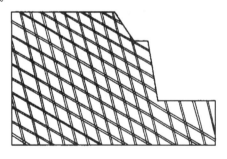

图 16 几何模型

表 11 物理力学参数计算取值

材料名称	重度 /kN·m³	弹性模量 /Pa	泊松比	内聚力 /MPa	内摩擦角度/°
岩体	25	1E+10	0.2	1.0	38
第一组节理	17	1E+7	0.3	0.12	24
第二组节理	17	1E+7	0.3	0.12	24

按照二维平面应变问题建立有限元模型,计算步骤同上,通过有限元强度折减,求得的滑动面如图 17(a)所示,它是最先贯通的塑性区。塑性区贯通并不等于破坏,当塑性区贯通后塑性发展到一定程度,岩体发生整体破坏,同时出现第二、三条贯通的塑性区,如图 17(b),程序还可以动画模拟边坡失去稳定的过程,从动画演示过程可以看出边坡的破坏过程也就是塑性区逐渐发展,最后贯通形成整体破坏的过程。求得的稳定安全系数见表 12,其中极限平衡方法计算结果是根据最先贯通的那一条滑动面求得的。

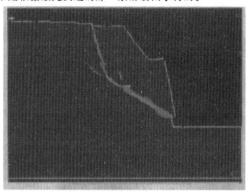

(a)首先贯通的滑动面

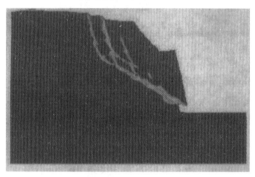

(b)滑动面继续发展

图 17 极限状态后产生的滑动面和塑性区

表 12 计算结果

计算方法	安全系数
有限元法(外接圆屈服准则)	1.62
有限元法(莫尔-库仑等面积圆屈服准则)	1.33
极限平衡方法(Spencer)	1.36

6 结 论

(1)有限元强度折减法不需要对滑动面形状和位置作假定,通过强度折减使边坡达到不稳定状态时,非线性有限元静力计算将不收敛,此时的折减系数就是稳定安全系数,同时可得到边坡破坏时的滑动面。本文对其计算精度进行了分析,算例表明采用徐干成、郑颖人(1990)提出的莫尔-库仑等面积圆屈服准则求得的稳定安全系数与简化 Bishop 法的误差为 3%~8%,与 Spencer 法的误差为 1%~4%,证实了其实用于工程的可行性。

(2)目前对复杂节理岩质边坡的稳定分析尚没有好的办法,传统的极限平衡方法无法得到岩质边坡的滑动面及其稳定安全系数,而各种数值分析方法只能算出应力、位移、塑性区等,无法判断边坡的稳定安全系数以及相应的滑移面。本文利用非线性有限元强度折减系数法由程序自动求得边坡的危险滑动面以及相应的稳定安全系数,通过算例分析表明了此法的可行性,为岩质边坡稳定分析开辟了新的途径。

(3)屈服条件的选择、计算模型的建立,包括计算范围、边界条件、网格划分密度、收敛标准等应满足有限元计算的精度要求。如果使有限元计算保持足够的计算精度,那么有限元法较传统的方法具有如下优点:①能够对具有复杂地貌、地质的边坡进行计算;②考虑了土体的非线性弹塑性本构关系,以及变形对应力的影响;③能够模拟土坡的失稳过程及其滑移面形状。如图18、图19,由图可见滑移面大致在水平位移突变的地方,也是在塑性区塑性发展最充分的地方,呈条带状;④能够模拟土体与支护的共同作用,图20为无锚杆(锚杆单元被杀死)时边坡稳定安全系数为1.1,图21为有锚杆支护时安全系数为1.5,且塑性区后移;⑤求解安全系数时,可以不需要假定滑移面的形状,也无需进行条分。

图18 水平方向位移等值云图

图19 均质土坡达到极限状态时的形成的滑动面

图20 不加锚杆 $\omega=1.1$ 时的塑性区

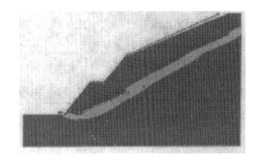

图21 加锚杆 $\omega=1.5$ 时的塑性区

作者简介 郑颖人,男,1933年生,浙江镇海人。教授,博士生导师,从事岩土本构关系理论与数值分析及地下工程稳定性研究。

参 考 文 献

1. Griffiths D V and lane P A. Slope stability analysis by finite elements. Geotechnique,1999,49(3):387~403
2. 徐干成,郑颖人. 岩土工程中屈服准则应用的研究. 岩土工程学报,1990,(2)
3. 赵尚毅,郑颖人,时卫民,等. 用有限元强度折减法求边坡稳定安全系数. 岩土工程学报,2002,(3)

有限元强度折减系数法计算土坡稳定安全系数的精度研究

张鲁渝[1]，郑颖人[1]，赵尚毅[1]，时卫民[1]

(1. 后勤工程学院 军事土木工程系，重庆 400041)

摘要：有限元强度折减系数法在边坡稳定分析中的应用正逐渐受到人们的重视。本文较为全面地分析了土体屈服准则的种类、有限元法自身计算精度以及 H（坡高）、β（坡角）、C（粘聚力）、Φ（摩擦角）对折减系数法计算精度的影响，并给出了提高计算精度的具体措施。通过对 106 个算例的比较分析，表明折减系数法所得稳定安全系数比简化 Bishop 法平均高出约 5.7%，且离散度极小，这不仅验证了文中所提措施的有效性，也说明了将折减系数法用于分析土质边坡稳定问题是可行的。

关键词：强度折减系数；边坡稳定；屈服准则；误差分析

中图分类号：TU43　　　　**文献标识码**：A

自弗伦纽期于 1927 年提出圆弧滑动法以来，至今已出现数十种土坡稳定分析方法，有极限平衡法、极限分析法、有限元法等。不少研究表明，各种方法所得稳定安全系数都比较接近，可以说，这些方法已经达到了相当高的精度。近年来，由于计算机技术的长足发展，基于有限元的折减系数法在边坡稳定分析中的应用备受重视。与极限平衡法相比，它不需要任何假设，便能够自动地求得任意形状的临界滑移面以及对应的最小安全系数，同时它还可以真实的反映坡体失稳及塑性区的开展过程。到目前为止，已有很多学者对折减系数法进行了较为深入的研究[1,2,3]，并在一些算例中得到了与极限平衡法十分接近的结果。但总体说来，此法仍未在工程界得到确认和推广，究其原因在于影响该法计算精度的因素很多，除了有限元法引入的误差外，还依赖于所选用的屈服准则。

此论文的目的有两点：(1) 力图全面分析屈服条件和有限元法本身对折减系数法计算精度的影响，并提出应选用何种屈服准则以及提高有限元法计算精度的具体措施；(2) 结合工程实例，分析对边坡稳定安全系数影响最大的 4 个主要参数（H 坡高、β 坡角、C 粘聚力、Φ 摩擦角）对折减系数法计算精度的影响。从以往的计算结果来看，严格法（Spencer）所得稳定安全系数比简化 Bishop 法平均高出约 2%~3%，而通过 106 个算例的比较分析，表明：折减系数法所得稳定安全系数比简化 Bishop 法平均高出约 5.7%，且误差离散度极小，可以认为是正确的解答[4]。这有力地说明了将有限元折减系数法用于分析土坡稳定问题是可行的，但必须合理地选用屈服条件以及严格地控制有限元法的计算精度，同时也表明：有限元折减系数法所得安全系数稍微偏高，其原因有待进一步研究。

1 折减系数法的基本原理

Bishop 等将土坡稳定安全系数 F 定义为沿整个滑移面的抗剪强度与实际抗剪强度之比，工程中广为采用的各种极限平衡条分法便是以此来定义坡体稳定安全系数。有限元强度折减系数法的基本思想

注：本文摘自《水利学报》(2003 年第 1 期)。

与此一致，两者均可称之为强度储备安全度。因后者无法直接用公式计算安全系数，而需根据某种破坏判据来判定系统是否进入极限平衡状态，这样不可避免地会带来一定的人为误差。尽管如此，仍发展了一些切实可行的平衡判据，如：限定求解迭代次数，当超过限值仍未收敛则认为破坏发生；或限定节点不平衡力与外荷载的比值大小；或利用可视化技术，当广义剪应变等值线自坡角与坡顶贯通则定义坡体破坏[3]。文中平衡判据取：当节点不平衡力与外荷载的比值大于 10^{-3} 时便认为坡体破坏。

有限元折减系数法的基本原理是将土体参数 C、Φ 值同时除以一个折减系数 F_{trial}，得到一组新的 C'、Φ' 值，然后作为新的材料参数带入有限元进行试算，当计算正好收敛时，也即 F_{trial} 再稍大一些（数量级一般为 10^{-3}），计算便不收敛，对应的 F_{trial} 被称为坡体的最小安全系数，此时土体达到临界状态，发生剪切破坏，具体计算步骤可参考文献[2]，文中如无特别说明，计算结果均指达到临界状态时的折减系数。

$$c' = \frac{1}{F_{trial}} c \tag{1}$$

$$\phi' = \arctan\left(\frac{1}{F_{trial}} \tan \phi\right) \tag{2}$$

2 屈服准则的影响

用折减系数法求解实际边坡稳定问题时，通常将土体假设成理想弹塑性体，其中本构模型常选用摩尔—库仑准则（M—C）、Drucker-Prager 准则以及摩尔—库仑等面积圆[5]准则。

摩尔—库仑准则可用不变量 I_1，J_2，θ_σ 表述成如下形式：

$$\frac{1}{3} I_1 \sin \phi + \left(\cos \theta_\sigma - \frac{1}{\sqrt{3}} \sin \theta_\sigma \sin \phi\right) \sqrt{J_2} - c\cos\phi = 0 \tag{3}$$

Drucker-prager 准则：

$$\alpha_\phi I_1 + \sqrt{J_2} = k \tag{4}$$

式中：I_1 为应力张量第一不变量；J_2 为应力偏量第二不变量；θ_σ 是应力洛德角。

M—C 准则较为可靠，它的缺点在于三维应力空间中的屈服面存在尖顶和棱角的不连续点，导致数值计算不收敛，所以有时也采用抹圆了的 M—C 修正准则[6]，它是用光滑连续曲线来逼近摩尔—库仑准则，此法虽然方便了数值计算，但不可避免地会引入一定的误差；而 D—P 准则在偏平面上是一个圆，更适合数值计算。通常取 M—C 准则的外角点外接圆、内角点外接圆或其内切圆作为屈服准则，以利数值计算。各准则的参数换算关系见表 1。

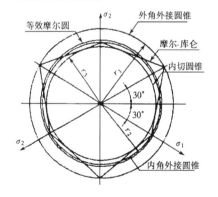

图 1 各屈服准则在 π 平面上的曲线

由徐干成、郑颖人（1990）提出的摩尔-库仑等效面积圆准则[5]实际上是将 M—C 准则转化成近似等效的 D—P 准则形式。该准则要求偏平面上的摩尔—库仑不等边六角形与 D—P 圆面积相等。计算表明它与摩尔—库仑准则十分接近。

见图 1，r_1 为外角外接圆半径；r_2 为内角外接圆半径；r_3 为内切圆半径；摩尔—库仑准则构成的六角形面积为

$$s_{morl} = 6 \times \frac{1}{2} \times r_1 \times r_2 \times \sin \frac{\pi}{3} = \frac{3\sqrt{3}}{2} r_1 r_2 \tag{5}$$

对半径为 r 的圆面积 $S = \pi r^2$，令 $S = S_{morl}$ 得

$$r = \sqrt{\frac{3\sqrt{3}}{2\pi}} r_1 r_3 = \frac{\sqrt{3}}{\sqrt{2\sqrt{3}\pi(9-\sin^2\phi)}} \sqrt{2}(6c\cos\phi - 2I_1\sin\phi) \tag{6}$$

$$\frac{r}{\sqrt{2}} = \sqrt{J_2} = \frac{6\sqrt{3}c\cos\phi}{\sqrt{2\sqrt{3}\pi(9-\sin^2\phi)}} - \frac{2\sqrt{3}\sin\phi}{\sqrt{2\sqrt{3}\pi(9-\sin^2\phi)}} I_1 \tag{7}$$

式（7）与式（4）对应项相等，可得

$$\alpha_\phi = \frac{2\sqrt{3}\sin\phi}{\sqrt{2\sqrt{3}\pi(9-\sin^2\phi)}},\quad k = \frac{6\sqrt{3}c\cos\phi}{\sqrt{2\sqrt{3}\pi(9-\sin^2\phi)}} \tag{8}$$

表 1　各准则参数换算

编号	准则种类	α_ϕ	k
DP1	外角点外接 D-P 圆	$\dfrac{2\sin\phi}{\sqrt{3}(3-\sin\phi)}$	$\dfrac{6c\cos\phi}{\sqrt{3}(3-\sin\phi)}$
DP2	内角点外接 D-P 圆	$\dfrac{2\sin\phi}{\sqrt{3}(3+\sin\phi)}$	$\dfrac{6c\cos\phi}{\sqrt{3}(3+\sin\phi)}$
DP3	内切 D-P 圆	$\dfrac{\sin\phi}{\sqrt{3}\sqrt{3+\sin^2\phi}}$	$\dfrac{3c\cos\phi}{\sqrt{3}\sqrt{3+\sin^2\phi}}$
DP4	等面积 D-P 圆	$\dfrac{2\sqrt{3}\sin\phi}{\sqrt{2\sqrt{3}\pi(9-\sin^2\phi)}}$	$\dfrac{6\sqrt{3}c\cos\phi}{\sqrt{2\sqrt{3}\pi(9-\sin^2\phi)}}$

注：表中 α_ϕ、k 是与 D-P 有关的材料参数。

表 2　不同屈服准则所得最小安全系数

	$\phi/°$				
	0.1	10	25	35	45
DP1	0.525	1.044	1.769	2.254	3.051
DP2	0.525	0.930	1.332	1.530	1.887
DP3	0.454	0.848	1.279	1.499	1.870
DP4	0.477	0.896	1.396	1.689	2.182
简化 Bishop 法	0.494	0.846	1.316	1.623	2.073
(DP1−Bishop)/Bishop	0.063	0.234	0.344	0.355	0.472
(DP2−Bishop)/Bishop	0.063	0.099	0.012	−0.080	−0.090
(DP3−Bishop)/Bishop	−0.081	0.002	−0.028	−0.099	−0.098
(DP4−Bishop)/Bishop	−0.034	0.059	0.061	0.041	0.053

注：$H=20\text{m}$；$\beta=45°$；$C=42\text{kPa}$。

算例分析表明（表 2、图 2）：DP4 准则与简化 Bishop 法所得稳定安全系数最为接近。对有效算例（$\Phi\neq 0$）的误差进行统计分析可知，当选用 DP4 准则时，误差的平均值为 5.7%，且离散度很小（图 3）。而 DP1 的平均误差为 29.5%，同时采用 DP2、DP3 准则所得计算结果的离散度非常大，均不可用。因此在数值分析中可用 DP4 准则代替摩尔-库仑准则。

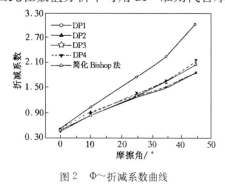

图 2　Φ～折减系数曲线

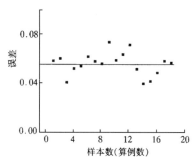

图 3　DP4 准则的计算误差

3 不同流动法则的影响

有限元计算中，采用关联还是非关联流动法则，取决于 ψ 值（剪胀角）：$\psi=\phi$，为关联流动法则；$\psi\neq 0$，为非关联流动法则。总体说来，采用非关联流动法则所得破坏荷载比同一类型材料而采用关联流动法则所得破坏荷载小，如忽略剪胀角（$\psi=0$），将会得到较为保守的结果。值得注意的是：当 $\psi=0$ 时，正好与郑颖人等提出的广义塑性力学理论相符[7]，这时对应的塑性势面与 q 轴垂直。

笔者对采用不同流动法则的算例进行了初步分析，表3的计算结果表明：对同一边坡，不论采用关联流动法则还是非关联流动法则，计算结果相差不大。这是因为它们只与坡体的体积变形有关，而在边坡稳定分析中，坡体常常为无约束天然坡体，体积变形对坡体稳定影响并不明显。然而，从破坏时位移大小及塑性区的分布来看，还是会有一些差异，有时并不能简单的忽略这种差异[8]。文中所有的算例均取 $\psi=0$，即满足非关联流动法则，算例结果显示出较好的精度。

表3 不同流动法则的影响

	$\phi=10°$	$\phi=17°$	$\phi=25°$
非关联	0.871	1.105	1.363
关联	0.887	1.137	1.425
相对误差	0.018	0.029	0.045

$\beta=45°$；$C=40\text{kPa}$；$H=20\text{m}$；DP4 准则。

4 有限元法引入的误差

如前所述，本构模型的选择合理与否会对有限元折减系数法的计算精度造成较大影响，除此之外，有限元法本身也是误差的主要来源之一。

4.1 网格的疏密 网格疏密对单元精度的影响甚至大于单元类型的影响，对于精度较低的单元，可通过加密网格来达到较高的精度。表4列出了不同疏密的网格对计算结果的影响，由表4可知，对于折减系数法，有限元网格不能太稀，否则结果将不可用。通过大量算例证实，对于4节点矩形单元，当单元密度达到每 10m^2 不少于3个节点时，计算精度较为理想，如果再增加节点，计算精度应还能提高，但此时耗费的机时也将成倍增长。

表4 网格疏密对计算结果的影响

	节点数		
	577	1111	2250
DP4	0.661	0.618	0.593
简化 Bishop 法	0.583	0.583	0.583
(DP4−Bishop)/Bishop	0.134	0.060	0.017

注：$H=20\text{m}$；$\beta=45°$；$\phi=45°$；$c=10000\text{Pa}$。

4.2 边界范围 边界范围的大小在有限元法中对计算结果的影响比在传统极限平衡法中表现的更为敏感，在极限平衡法中只要所求滑移面在边界之内就不会对计算结果有影响，安全系数只与划分的土条有关，而与土条外的区域无关，有限元法则不然，边界的大小直接影响到应力－应变的分布。

表5 边界条件对折减系数的影响

	相对边距比						
	0	0.5	1.0	1.5	2.0	2.5	3.0
L/H	1.129	1.124	1.124	1.120	1.122	1.121	1.129
R/H	1.097	1.078	1.121	1.122	1.122	1.120	1.123
B/H	1.106	1.117	1.120	1.131	1.124	1.132	1.131

注：表中所有模型均选用 DP4 屈服准则。L 为坡脚到左端边界的距离（左边距）；R 为坡顶到右端边界的距离（右边距）；B 为边坡到底端边界的距离（底边距）；H 为坡高。

为了得到能使计算结果趋于稳定的边界范围，分别对左端、右端、底端三条边界范围的取值大小进行了分析（表5、图4），计算时，令3个边距中的1个变化，其余2个不变。由图4可知：左边界对计算结果的影响最不敏感，不同的取值相差不到1%，底端边界次之，最大相差在1%左右，右端边界对计算精度的影响最大，达到 5%。经对比分析得：当坡角到左端边界的距离为坡高的 1.5 倍，坡顶到右端边界的距离为坡高的 2.5 倍，且上下边界总高不低于 2 倍坡高时，计算精度最为理想。

5 可行性研究

5.1 模型的建立及研究方案

某一处于施工阶段的土质边坡，不考虑孔隙水压力的影响，土坡天然容重 $\gamma=25\text{kN/m}^3$。坡体底边界为固定约束，左右边界为水平约束，其它边界为自由端。计算程序采用商业有限元软件 Ansys，计算单元采用平面 4 节点矩形单元，当坡高保持不变时（20m），节点 1111 个，对于坡高 H 与坡度 β 变化的情况，为保证足够的精度，必须重新划分单元。同时还应在临界滑移面可能区域对单元网格进行局部加密，见图 5。有限元计算所需参数共 6 个，见表 6，其中所有算例均取 $\psi=0$。为避免个别特例在计算结果上存在的巧合，文中对影响坡体稳定安全系数的 4 个主要参数（坡高 H、坡角 β、粘聚力 C、摩擦角 Φ）进行了对比分析，计算方案如下：保持 4 个参数中的 3 个为常量，只取 1 个参数为变量，共 4 组计算方案，计算结果见表 2、表 7、表 8、表 9。

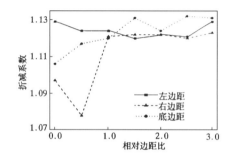

图 4 边界距离与坡高比～折减系数曲线

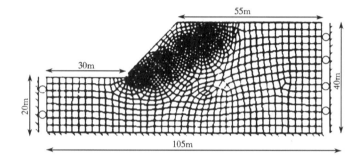

图 5 有限元单元网格划分

表 6 有限元计算参数

Drucker-Prager 准则	
弹性模量 E/kPa	1000
帕松比 ν	0.3
土体密度 γ/(kN/m³)	25
摩擦角 ϕ/°	变量
粘聚力 C/Pa	变量

表 7 c 为变量时的最小安全系数（节点数 1111 个）

	C/kPa				
	0.1	20	40	60	90
DP4	0.304	0.793	1.101	1.379	1.781
简化 Bishop 法	0.254	0.752	1.036	1.302	1.685
(DP4−Bishop)/Bishop	0.197	0.055	0.063	0.059	0.057

注：$H=20\text{m}$；$\beta=45°$；$\phi=17°$。

表 8 H 为变量时的最小安全系数（节点数≥1190 个）

	H/m				
	10	20	30	40	50
DP4	1.733	1.128	0.923	0.820	0.735
简化 Bishop 法	1.612	1.064	0.867	0.764	0.698
(DP4−Bishop)/Bishop	0.075	0.060	0.065	0.073	0.053

注：$\beta=45°$；$c=42\text{kPa}$；$\phi=17°$。

表 9 β 为变量时的最小安全系数（节点数≥1210 个）

	坡角 β/°				
	30	35	40	45	50
DP4	1.455	1.323	1.214	1.128	1.044
简化 Bishop 法	1.398	1.269	1.156	1.064	0.987
(DP4−Bishop)/Bishop	0.041	0.043	0.050	0.060	0.058

注：$H=20\text{m}$；$c=42\text{kPa}$；$\phi=17°$。

表 2、表 7、表 8、表 9 列出了各种情况下的最小安全系数。作为对比，文中还给出了极限平衡法（简化 Bishop 法）的计算结果，考虑到算例坡体土质均匀，可采用圆弧滑移面，在此情况下简化 Bishop 法已具有足够的精度[4]。误差定义详见各表。

5.2 结果分析

屈服准则对计算精度的影响很明显。在相同网格密度下，DP4 的计算精度明显好于 DP1、DP2、DP3（图 2）。因为各种方案所显示的规律相同，所以文中只给出了方案 1 的详细解答（表 2），而其它方案只给出 DP4 的计算结果。

Φ值的大小对计算精度的影响是明显的。如图 2 所示，Φ 值增大，误差也呈增大的趋势。在文中所给出的 4 个屈服准则中，DP4 精度最高，其与简化 Bishop 法最接近，平均误差为 5.7%。

C、$β$、H 对计算精度的影响不明显，图 6 分别给出了不同 C、$β$、H 值对计算结果的影响，它们对结果的影响约在 1% 左右。

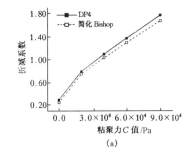
(a)
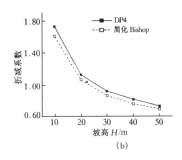
(b)
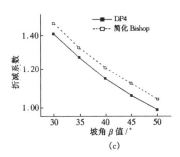
(c)

图 6 C、H、$β$ ~ 折减系数曲线

值得注意的是：当 Φ、C 分别为零时，DP4 的误差较大，这是因 D—P 类本构只适用于摩擦型材料，当 $φ=0$ 时，计算是不收敛的，在这里笔者代入 $φ=0.1$ 以近似 $φ=0$；当 C 为零时，处理方法同 Φ。因计算误差较大，所以此时折减系数法将不再适用。

需要指出的是，极限平衡法采用的圆弧滑动面也会对计算精度造成一定的影响，特别是当 $β$ 很大时，如果采用任意滑动面的 Spencer 法，则计算精度还能提高。

6 结论

（1）通过 4 组计算方案共计 106 个算例的比较分析，表明：折减系数法所得稳定安全系数比简化 Bishop 法平均高出约 5.7%，且误差离散度极小。这有力地说明了将有限元折减系数法用于分析土坡稳定问题是可行的，但必须合理地选用屈服条件并严格地控制有限元法的计算精度。（2）边界范围的大小在有限元法中对计算结果的影响比在传统极限平衡法中表现的更为敏感，当坡角到左端边界的距离为坡高的 1.5 倍，坡顶到右端边界的距离为坡高的 2.5 倍，且上下边界总高不低于 2 倍坡高时，计算精度最为理想。（3）Φ 值的大小对有限元折减系数法的计算精度有较大影响，且随 Φ 值增大误差随之增大，增大幅度因准则类型不同而不同，其中准则 DP4 计算误差随 Φ 值增大影响相对较小。C、$β$、H 对计算精度的影响不明显，约在 1% 左右。（4）有限元法的优点不仅仅在于求出折减系数，如果此法可行，那么对于具有复杂地貌、地质的边坡则可自动求出任意形状的临界滑移面，并能模拟出土坡失稳及施工开挖的自然过程，这是传统极限平衡法无法做到的。因此本文对该法的可行性分析是重要且必要的。目前的工作是个基础，如何在有限元折减系数法中考虑多种土层边坡、孔隙水的影响、非自重外荷以及岩质边坡中存在的大量节理等仍需做深入研究。

参 考 文 献：

[1] Jiang G L, Magnan J P. Stability analysis of embankments: comparison of limit analysis with methods of slices [J]. Geotechnique 1997, 47 (4): 857—872.

[2] Griffiths D V, Lane P A. Slope stability analysis by finite elements [J]. Geotechnique, 1999, 49 (3): 387—403.

[3] 连镇营，韩国城，孔宪京. 强度折减有限元法开挖边坡的稳定性 [J]. 岩土工程学报，2001, 23 (4): 407—411.

[4] 龚晓南. 土工计算机分析 [M]. 北京：中国建筑工业出版社，2000.

[5] 徐干成，郑颖人. 岩土工程中屈服准则应用的研究 [J]. 岩土工程学报，1990, (2): 93—99.

[6] Menétrey Ph, Willam K. A triaxial failure criterion for concrete and its generalization [J]. ACI Journal, 1995, 92 (3): 311—318.

[7] 郑颖人,孔亮. 塑性力学中的分量理论——广义塑性力学 [J]. 岩土工程学报,2000,22 (3):269—274.

[8] Zienkiewicz O C, Humpheson C, Lewis R W. Associated and non-associated visco-plasticity and plasticity in soil mechanics [J]. Geotechnique, 1975, 25 (4): 671—689.

[9] Lechman J B, Griffiths D V. Analysis of the progression of failure of earth slopes by finite elements [C]. Int Anal conference of slope stability 2000, 250—265.

[10] Wong F S. Uncertainties in FE modeling of slope stability [J]. Computer & Structures, 1984, 19: 771—791.

[11] Dawson E M, Roth W H, Drescher A. Slope stability analysis by strength reduction [J]. Geotechnique, 1999, 49 (6): 835—840.

[12] Z-SOIL. PC 2001 User manual [Z]. Zace Services Ltd Report 1985—2001. Lausanne: Elmepress International.

The feasibility study of strength-reduction method with FEM for calculating safety factors of soil slope stability

ZHANG Lu-yu[1], ZHENG Ying-ren[1], ZHAO Shang-yi[1], SHI Wei-ming[1]

(1. Logistical Engineering University, Chongqing 400041, China)

Abstract: The shear strength reduction method (SRM) with FEM on analysis of slope stability is increasingly applied. All-round analyses were made for the influence on computation precision caused by different soil yield criterions, FEM accuracy, slope height, cohesion and friction angle. Measures to improve the precision were put forward. Computation and comparison were made for 106 cases. The results show that the safety factors calculated with SRM were averagely exceeding those with Bishop simplified method at 5.7% and the scatter was small. The proposed measures for improving precision in valid and the method of FEM-SRM to analyzing slope stability can be applied.

Key words: strength reduction method with FEM; slope stability; yield criterions; error analysis

极限分析有限元法讲座——
II 有限元强度折减法中边坡失稳的判据探讨

赵尚毅[1]，郑颖人[1]，张玉芳[2]

（1.后勤工程学院 土木工程系，重庆 400041；2.铁科院深圳铁科岩土工程公司，广东 深圳 518034）

摘　要：边坡失稳，滑体滑出，滑体由稳定静止状态变为运动状态，同时产生很大的且无限发展的位移，这就是边坡破坏的特征。有限元中通过强度折减使边坡达到极限破坏状态，滑动面上的位移和塑性应变将产生突变，且此位移和塑性应变的大小不再是一个定值，有限元程序无法从有限元方程组中找到一个既能满足静力平衡又能满足应力-应变关系和强度准则的解，此时，不管是从力的收敛标准，还是从位移的收敛标准来判断有限元计算都不收敛。塑性区从坡脚到坡顶贯通并不一定意味着边坡破坏，塑性区贯通是破坏的必要条件，但不是充分条件，还要看是否产生很大的且无限发展的塑性变形和位移，有限元计算中表现为塑性应变和位移产生突变。在突变前计算收敛，突变之后计算不收敛，表征滑面上土体无限流动，因此可把有限元静力平衡方程组是否有解，有限元计算是否收敛作为边坡破坏的依据。

关　键　词：边坡稳定分析；有限元强度折减法；失稳判据

中图分类号：O 319.56　　　　**文献标识码**：A

Study on slope failure criterion in strength reduction finite element method

ZHAO Shang-yi[1], ZHENG Ying-ren[1], ZHANG Yu-fang[2]

(1 Department of Civil Engineering, Logistical Engineering University, Chongqing 400041, China;
2 Shenzhen TieKe Geotechnical Engineering Co. Ltd., Shenzhen 518034, China)

Abstract: Slope collapse and the slide body come into moving state from stable static state simultaneously, and are accompanied by a dramatic increase in displacement of slide body. Furthermore, the displacement is not a definite value, but an infinite increase. This is the definition of overall collapse of a slope. In finite element model, the slope reaches instability with the strength reduction, value of the nodal displacement just after slope failure has a sudden change compared to the one before failure. This actually means that no stress distribution can be achieved to satisfy both the yield criterion and global equilibrium. Slope failure and numerical non-convergence take place at the same time. An element stress reaching the yield criterion state not always means that infinite "plastic flow" occurred. It is determined by boundary condition. The plastic zone developed from slope toe to top not means the overall collapse occurred. On the other hand, the distribution of plastic zone was influenced by many factors such as Poisson's ratio, flow rule, etc. So non-convergence in finite element program can be taken as a suitable evaluating criterion of slope failure. Through a series of case studies, the applicability of the proposed method was clearly exhibited.

Key words: slope stability analysis; strength reduction FEM; criterion of slope failure

1　引　言

随着计算机软硬件及非线性弹塑性有限元计算技术的发展，采用理论体系更为严密的有限元法分析边坡的稳定性已经成为可能。边坡稳定分析的有限元强度折减法利用不断降低岩土体强度，使边坡达到极限破坏状态，从而直接求出滑动面位置与边坡强度储备安全系数，使有限元法进入实用阶段。有限元强度折减法分析边坡稳定性的一个关键问题是如何根据有限元计算结果来判别边坡是否达到极限破坏状态。目前的失稳判据主要有两类：

（1）以有限元数值计算不收敛作为边坡失稳的标志[1~4]。

（2）以广义塑性应变或者等效塑性应变从坡脚到坡顶贯通作为边坡破坏的标志[5~8]。

文献[6]认为，数值计算不收敛作为边坡失稳破坏依据具有一定的人为任意性，提出"采用塑性应变作为失稳评判指标，根据塑性区的范围及其连通

注：本文摘自《岩土力学》(2005 年第 26 卷第 2 期)。

状态确定潜在滑动面及其相应的安全系数，以此评价边坡的稳定性"。笔者认为，以有限元计算是否收敛作为边坡破坏的依据是合理的。塑性区从坡脚到坡顶贯通并不一定意味着破坏，塑性区贯通是破坏的必要条件，但不是充分条件，还要看是否产生很大的且无限发展的塑性变形和位移。有限元计算中表现为塑性应变和位移产生突变。在突变前计算收敛，突变之后，计算不收敛，表征滑面上土体无限流动。

2 边坡破坏的特征

图1为岩质边坡失稳后形成的直线滑动破坏形式，图2为均质土坡失稳后形成的圆弧滑动破坏形式。可见边坡失稳，滑体滑出，滑体由稳定静止状态变为运动状态，同时产生很大的位移和塑性应变，且此位移和塑性应变不再是一个定值，而是处于无限塑性流动状态，这就是边坡破坏的特征。

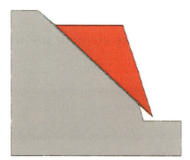

图 1 岩质边坡失稳后形成的直线滑动
Fig. 1 The failure phenomenon of plane sliding rock slope

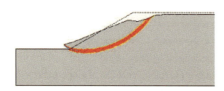

图 2 均质土坡失稳后形成的圆弧滑动破坏
Fig. 2 The failure phenomenon of soil slope

3 边坡失稳在有限元计算中的表现

有限元的计算迭代过程就是寻找外力和内力达到平衡状态的过程，整个迭代过程直到一个合适的收敛标准得到满足才停止。

图3为理想弹塑性有限元模型中边坡滑面节点水平位移(坡顶UX1、坡中UX2、坡脚UX3)随着重力荷载的逐步增加而逐渐增大的曲线走势图。可见，随着荷载的逐渐增加，当达到极限破坏状态后，节点的水平位移同步产生突变，而且，如果有限元程序继续迭代下去，该节点的水平位移和塑性应变还将继续无限发展下去，程序无法从有限元方程组中找到一个既能满足静力平衡又能满足应力-应变关系和强度准则的解，此时，不管是从力的收敛标准，还是从位移的收敛标准来判断有限元计算都不收敛。

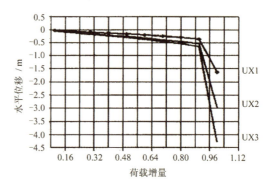

图 3 滑面上节点水平位移 X 随荷载的增加而发生突变
Fig. 3 Sudden changes of displacements of X by load step

图4为非稳定边坡有限元计算迭代计算过程中力和位移的收敛曲线走势图。可见，随着迭代次数的增加，位移的收敛曲线是逐渐向上发展的，位移收敛曲线逐渐远离位移收敛标准线，位移随着迭代次数的增加而越来越大，不管怎么迭代有限元计算都不收敛。

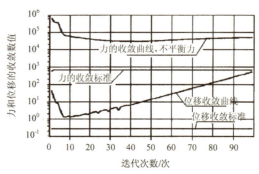

图 4 非稳定边坡迭代过程中力和位移的收敛曲线走势图
Fig. 4 Graphical solution tracking of iterative process

图5为稳定边坡有限元迭代计算过程中力和位移的收敛曲线走势图，从图可以看出，当边坡稳定时，力和位移的收敛曲线是逐渐向下发展的，其量值随着迭代次数的增加而逐渐减小，最后达到收敛。

4 关于塑性与破坏

对于一个理想弹塑性单元来说，当其应力达到屈服状态后，如果周围没有约束，其塑性应变大小就没有限制。但是，对于边坡整体而言，如果该单元体周围的物体还处于弹性阶段或者有其它边界约束条件，它将限制这个单元的塑性应变的发展，使

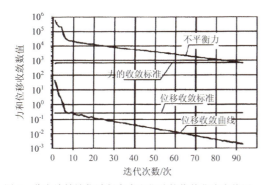

图 5 稳定边坡迭代过程中力和位移的收敛曲线走势图
Fig. 5 Graphical solution tracking of iterative process

它不能任意增长，此时单元处于一种塑性极限平衡状态。单元进入塑性并不一定意味着就要产生无限的塑性流动，只有滑面上所有点的应变都超过某一值后才会发生滑动。

图 6 中倾角为 30°的直线软弱结构面由低强度平面单元构成，粘聚力 c 为 700 Pa，内摩擦角为 30°，泊松比为 0.2。采用 ANSYS 程序的外接圆 DP 屈服准则按照平面应变计算，结果表明有限元计算是收敛的，系统处于稳定状态，但从塑性分布看，塑性区是贯通的。

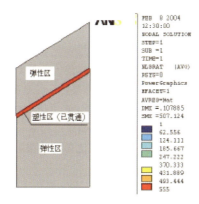

图 6 稳定边坡的塑性区分布
Fig. 6 The distribution of plastic zone of stable slope

研究表明，泊松比 v 对边坡的塑性区分布范围有影响，v 的取值越小，边坡的塑性区范围越大。图 7～9 为泊松比 v 分别取 0，0.3，0.499 时的塑性区分布范围(图中有色部分为塑性区)。该边坡的计算参数为：坡高 20 m，坡角 45°，γ =25 kN/m³，c = 42 kPa，φ =17°。当强度折减系数 ω =1.34（对应于外接圆 DP 屈服准则）时，有限元计算收敛；当 ω = 1.35 时，有限元计算不收敛。

由图 7 可见，当 ω = 1.34，v =0 时，边坡的绝大部分单元都处于塑性极限平衡状态，显然，此时

边坡的塑性区已经贯通，但是边坡处于稳定状态，有限元计算是收敛的。

计算表明，v 的取值对安全系数计算结果的影响不明显，v =0.1 和 v =0.49 计算得到的安全系数是一样的。这也说明了采用区塑性区分布从坡脚到坡顶是否贯通作为边坡破坏的依据是不妥的。

图 7 v = 0 时的塑性区分布
Fig. 7 Distribution of plastic zone with Poisson's ratio v =0

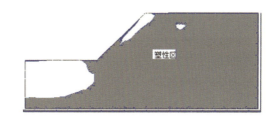

图 8 v = 0.3 时的塑性区分布
Fig. 8 Distribution of plastic zone with Poisson's ratio v =0.3

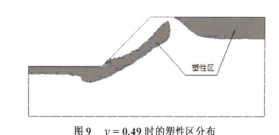

图 9 v = 0.49 时的塑性区分布
Fig. 9 Distribution of plastic zone with Poisson's ratio v =0.49

在隧道等地下工程的弹塑性有限元计算中，经常见到大片的塑性区，但这些进入塑性的单元并没有产生无限制的塑性流动，而是处于塑性极限平衡状态。

可见塑性区贯通并不一定意味着破坏，塑性区贯通是破坏的必要条件，但不是充分条件，还要看是否产生很大的且无限发展的塑性变形和位移，有限元计算中表现为塑性应变和位移产生突变，在突变前计算收敛，突变之后计算不收敛，表征滑面上土体无限流动，因此可把有限元静力平衡方程组是否有解，有限元计算是否收敛作为边坡破坏的依据。

一些文献认为，有限元中引起计算不收敛的因素很多，以数值计算不收敛作为边坡失稳破坏依据

具有一定的人为任意性。关于这个问题笔者认为，进行有限元计算首要保证模型的建立要正确，如果模型建得不对或采用的有限元程序本身有缺陷，由此而引起有限元数值计算不收敛，在此条件下的计算结果本身就不可靠，以此为基础的计算结果不管用什么方法来评价边坡的稳定性都是无效的。

关于"计算迭代次数以及力和位移的收敛标准值的设定具有人为性"问题，笔者认为迭代次数、力和位移的收敛标准值以及单元网格划分密度等属于计算精度问题。只要设定一个合适的值是能够保证计算精度的。比如，对于一般的均质土坡平面应变问题，在ANSYS程序中将迭代次数设定为1 000次，将力和位移的收敛系数设定为0.000 01完全可以保证足够的计算精度。当然，也可以将迭代次数设定得更高，比如5 000次，但是，这样得到的计算精度与1 000次相同，故既没有必要，又浪费时间。

当然，如果设定的迭代次数太少，比如只有10次或者将力和位移的收敛标准值设得很大，这样得到的计算结果显然也不可靠。

综上所述，只要保证有限元模型正确，程序可靠，计算参数设置合理，均质土坡理想弹塑性有限元静力计算是否收敛与边坡是否失稳存在着一一对应的关系。

5 有限元算例验证

某一均质土坡，坡高 $H = 20$ m，粘聚力 $c = 42$ kPa，土的重度 $\gamma = 20$ kN/m³，内摩擦角 $\varphi = 17°$，求坡角 $\beta = 30°$，$35°$，$40°$，$45°$，$50°$ 时边坡的稳定安全系数以及对应的滑动面。

5.1 有限元模型建立

如图10 示，按照平面应变建立模型，边界条件为左右两侧水平约束，下部固定，上部为自由边界，采用非关联流动法则。

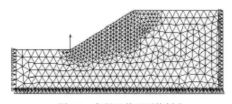

图10 有限元单元网格划分
Fig. 10 FEM mesh

5.2 ANSYS计算过程中的参数设置

为了和传统方法作比较，在 ANSYS 程序的 DP 准则中强度折减安全系数的计算统一采用 c/ω，$\tan(\varphi)/\omega$ 的折减形式，采用非关联流动法则进行计算，力和位移的收敛标准系数均取为 0.000 01，最大迭代次数为 1 000 次。一次性施加重力荷载，即荷载增量步设置为 1 步。有限元求解器选用 ANSYS 程序提供的稀疏矩阵求解器（Sparse Matrix Direct Solver），选用全牛顿-拉普森迭代方法（Full Newton-Raphson）。

5.3 安全系数计算结果

表1 为各屈服准则采用非关联流动法则（膨胀角 $\psi = 0$）时的安全系数计算结果，传统极限平衡条分法安全系数计算采用的软件为加拿大的边坡稳定分析程序 SLOPE/W。

表中，DP1 为外接圆 DP 准则，DP2 为摩尔-库仑等面积圆 DP 准则，DP3 为平面应变条件下的摩尔-库仑匹配 DP 准则，S 指 Spencer 法。

表1 用不同方法求得的稳定安全系数
Table 1 Safety factors by different methods

方法	不同坡角(°)下稳定安全系数				
	30	35	40	45	50
FEM(DP1)	1.91	1.74	1.62	1.50	1.41
FEM(DP2)	1.64	1.49	1.38	1.27	1.19
FEM(DP3)	1.56	1.42	1.31	1.21	1.12
Spencer 法	1.55	1.41	1.30	1.20	1.12
(DP1-S)/S	0.23	0.23	0.25	0.25	0.26
(DP2-S)/S	0.05	0.06	0.06	0.06	0.06
(DP3-S)/S	0.01	0.01	0.01	0.01	0.00

从表1 可以看出，采用平面应变条件下的摩尔-库仑匹配 DP 准则（DP3）求得的安全系数与传统 Spencer 法求得的安全系数非常接近，误差在 1 % 左右，而采用摩尔-库仑等面积圆 DP 准则（DP2）的计算结果比 Spencer 法计算的结果大约 6 %。外接圆 DP 准则条件下的安全系数比传统的极限平衡方法大约25 %。

6 结 论

（1）边坡失去稳定，滑体滑出，滑体由稳定静止状态变为运动状态，同时产生很大的位移和塑性应变，且此位移和塑性应变不再是一个定值，而是处于无限塑性流动状态，这是边坡破坏的特征。

（2）通过有限元强度折减，使边坡达到破坏状态时，滑动面上的位移将产生突变，产生很大的且无限制的塑性流动，有限元程序无法从有限元方程组中找到一个既能满足静力平衡，又能满足应力-应变关系和强度准则的解，此时，不管是从力的收敛标准，还是从位移的收敛标准来判断，有限元计算都不收敛。因此，可以将滑面上节点的塑性应变或者位移出现突变作为边坡整体失稳的标志，以有限元静力平衡方程组是否有解、有限元计算是否收敛作为边坡失稳的判据。

（3）边坡塑性区从坡角到坡顶贯通并不一定意味着边坡整体破坏，塑性区贯通是破坏的必要条件，但不是充分条件，还要看塑性应变是否具备继续发展的边界条件，就像水池中的水，由于水没有抗剪强度，但由于池壁的约束，水仍然不会流动，而是处于极限平衡状态。

参 考 文 献

[1] Griffiths D V, lane P A. Slope stability analysis by finite elements[J]. **Geotechnique**, 1999, 49(3): 387－403.

[2] Dawson E M. Roth W H, Drescher A. Slope stability analysis by strength reduction[J]. **Geotechnique**, 1999, 49(6): 835－840.

[3] 赵尚毅, 郑颖人, 时卫民, 等. 用有限元强度折减法求边坡稳定安全系数[J]. 岩土工程学报, 2002, 24(3): 343－346.
ZHAO Shang-yi, ZHENG Ying-ren, SHI Wei-ming. Slope safety factor analysis by strength reduction FEM[J]. **Chinese Journal of Geotechnical Engineering**, 2002, 24(3): 343－346.

[4] 赵尚毅, 郑颖人, 邓卫东. 用有限元强度折减法进行节理岩质边坡稳定性分析[J]. 岩石力学与工程学报. 2003, 22(2): 254－260.
ZHAO Shang-yi, ZHENG Ying-ren, DENG Wei-dong. Jointed rock slope stability analysis by strength reduction FEM[J]. **Chinese Journal of Rock Mechanics and Engineering**, 2003, 22(2): 254－260.

[5] 连镇营, 韩国城, 孔宪京. 强度折减有限元法研究开挖边破的稳定性[J]. 岩土工程学报, 2001, 23(4): 406－411.
LIAN Zhen-ying, HAN Guo-cheng, KONG Xian-jing. Stability analysis of excavation by strength reduction FEM. **Chinese Journal of Geotechnical Engineering**. 2001, 23(4): 406－411.

[6] 栾茂田, 武亚军, 年廷凯. 强度折减有限元法中边坡失稳的塑性区判据及其应用[J]. 防灾减灾工程学报, 2003, 23(3): 1－8.
LUAN Mao-tian, WU Yan-jun, NIAN Ting-kai. A criterion for evaluating slope stability based on development of plastic zone by shear strength reduction FEM[J]. **Journal of Disaster Prevention and Mitigation Engineering**, 2003, 23(3): 1－8.

[7] 郑宏, 李春光, 李焯芬, 等. 求解安全系数的有限元法[J]. 岩土工程学报, 2002, 24(5): 323－328.
ZHENG Hong, LI Chun-guang, LI Zuo-fen, et al. Finite element method for solving the factor of safety[J]. **Chinese Journal of Geotechnical Engineering**, 2002, 24(5): 323－328.

[8] 周翠英, 刘祚秋, 董立国, 等. 边坡变形破坏过程的大变形有限元分析[J]. 岩土力学, 2003, 24(4): 644－652.
ZHOU Cui-ying, LIU Zuo-qiu, DONG Li-guo, et al. Large deformation FEM analysis of slopes failure[J]. **Rock and Soil Mechanics**, 2003, 24(4): 644－652.

用有限元强度折减法进行边坡稳定分析

郑颖人,赵尚毅,张鲁渝

(后勤工程学院军事土木工程系,重庆 400041)

[摘要] 通过对边坡非线性有限元模型进行强度折减,使边坡达到不稳定状态时,非线性有限元静力计算将不收敛,此时的折减系数就是稳定安全系数,同时可得到边坡破坏时的滑动面。传统条分法无法获得岩质边坡的滑动面与稳定安全系数。该方法开创了求岩质边坡滑动面与稳定安全系数的先例。文章对此法的计算精度以及影响因素进行了分析。算例表明采用摩尔-库仑等面积圆屈服准则求得的稳定安全系数与简化 Bishop 法的误差为 3%～8%,与 Spencer 法的误差为 1%～4%,证实了其实用于工程的可行性。

[关键词] 边坡稳定分析;有限元强度折减法;屈服准则

[中图分类号] TU457　　[文献标识码] A　　[文章编号] 1009-1742(2002)10-0057-05

1 引言

西部开发是我国实现地区平衡发展和可持续发展的重大战略举措。然而,我国西部地区山高坡陡、沟壑纵横,城市建筑依山而立,公路、铁路翻山越岭,复杂多变的地形地貌决定了我国西部开发将面临大量滑(边)坡工程,滑坡与边坡事故日益增多。例如 2001 年,重庆市云阳县就发生两次大型滑坡,重庆市武隆边坡失稳坍塌造成 79 人死亡。重庆市近 20 年来累计发生地质灾害 3.33 万处,仅 2000 年就发生 6371 处,受灾 19.33 万人,倒塌房屋 8.68 万间,直接经济损失 7.67 亿元。重庆市已经成为地质灾害的重灾区,尤其是随着三峡库区蓄水和新兴城市的建设,有可能诱发更大的地质灾害,隐患无穷。现在,国务院已经决定拨款 40 亿元,用于三峡库区地质灾害治理,仅重庆三峡库区计划的地质灾害治理工程就有 143 个。频发的地质灾害以及大量灾害治理资金的投入,使得滑(边)坡稳定性问题成为西部开发中的热点与难点问题。

边坡稳定分析是经典土力学最早试图解决而至今仍未圆满解决的课题,各种稳定分析方法在国内外水平大致相当。对于均质土坡,传统方法主要有:极限平衡法、极限分析法和滑移线场法等。就目前工程应用而言,主要还是极限平衡法,但需要事先知道滑动面位置和形状。对于均质土坡,可以通过各种优化方法来搜索危险滑动面。但是,对于岩质边坡,由于实际岩体中含有大量不同构造、产状和特性等不连续结构面(比如层面、节理、裂隙、软弱夹层、岩脉和断层破碎带等),给岩质边坡的稳定分析带来了巨大的困难。传统极限平衡方法尚不能搜索出危险滑动面以及相应的稳定安全系数。而目前的各种数值分析方法,一般只是得出边坡应力、位移、塑性区,也无法得到边坡危险滑动面以及相应的安全系数。随着计算机技术的发展,尤其是岩土材料的非线性弹塑性有限元计算技术的发展,有限元强度折减法近来在国内外受到关注,对于均质土坡已经得到了较好的结论,但尚未在工程中实用。笔者采用有限元强度折减法[1],对均质土坡进行了系统分析,证实了用于工程的可行性,得到了节理岩质边坡坡体的危险滑动面和相应的稳定安全系数。该方法可以对贯通和非贯通的节理岩质边坡进行稳定分析,同时可以考虑地下水、

注:本文摘自《中国工程科学》(2002 年第 4 卷第 10 期)。

施工过程对边坡稳定性的影响，可以考虑各种支挡结构与岩土材料的共同作用，为岩质边坡稳定分析开辟了新的途径。

2 有限元强度折减系数法基本原理

有限元强度折减系数法的基本原理是将坡体强度参数：粘聚力 c 和内摩擦角 φ 值同时除以一个折减系数 F_{trial}，得到一组新的 c'、φ' 值，然后作为新的资料参数输入，再进行试算，当计算不收敛时，对应的 F_{trial} 被称为坡体的最小稳定安全系数，此时坡体达到极限状态，发生剪切破坏，同时可得到坡体的破坏滑动面。

$$c' = c/F_{trial}, \quad \varphi' = \arctan(\tan\varphi/F_{trial})$$

3 有限元强度折减系数法精度分析

3.1 屈服准则的选用

安全系数大小与程序采用的屈服准则密切相关，不同的准则得出不同的安全系数。目前流行的大型有限元软件 ANSYS，以及美国 MSC 公司的 MARC、PATRAN、NASTRAN 均采用了广义米赛斯准则：

$$F = \alpha I_1 + \sqrt{J_2} = k,$$

式中 I_1、J_2 分别为应力张量的第一不变量和应力偏张量的第二不变量。α、k 是与岩土材料内摩擦角 φ 和内聚力 c 有关的常数，这是一个通用表达式，通过变换 α、k 的表达式就可以在有限元中实现不同的屈服准则，各准则的参数换算关系见表1。传统的极限平衡法采用摩尔—库仑准则，但是由于摩尔—库仑准则的屈服面为不规则六角形截面的角锥体表面，存在尖顶和菱角，给数值计算带来困难。为了与传统方法进行比较，本文采用了徐干成、郑颖人（1990）提出的摩尔—库仑等面积圆屈服准则（DP4）代替传统摩尔—库仑准则[2]。

表1　各准则参数换算表

Table 1　The relationship of different yield criterions

编号	准则种类	α	k
DP1	外角点外接 D-P 圆	$\dfrac{2\sin\varphi}{\sqrt{3}(3-\sin\varphi)}$	$\dfrac{6c\cos\varphi}{\sqrt{3}(3-\sin\varphi)}$
DP2	内角点外接 D-P 圆	$\dfrac{2\sin\varphi}{\sqrt{3}(3+\sin\varphi)}$	$\dfrac{6c\cos\varphi}{\sqrt{3}(3+\sin\varphi)}$
DP3	内切 D-P 圆	$\dfrac{\sin\varphi}{\sqrt{3}\sqrt{3+\sin^2\varphi}}$	$\dfrac{3c\cos\varphi}{\sqrt{3}\sqrt{3+\sin^2\varphi}}$
DP4	等面积 D-P 圆	$\dfrac{2\sqrt{3}\sin\varphi}{\sqrt{2}\sqrt{3}\pi(9-\sin^2\varphi)}$	$\dfrac{6\sqrt{3}c\cos\varphi}{\sqrt{2}\sqrt{3}\pi(9-\sin^2\varphi)}$

算例分析表明（表2）：DP4 准则与简化 Bishop 法所得稳定安全系数最为接近。通过对误差进行统计分析可知，当选用 DP4 准则时，误差的平均值为 5.7%，最大误差小于 8%，且离散度很小，而 DP1 的平均误差为 29.5%，同时采用 DP2、DP3 准则所得计算结果的离散度也非常大。因此，在数值分析中可用 DP4 准则代替摩尔—库仑准则。

表2　不同屈服准则所得最小安全系数

Table 2　Safety factor by different method

	$h = 20$ m　$\beta = 45°$　$c = 42$ kPa				
$\varphi/(°)$	0.1	10	25	35	45
DP1	0.525	1.044	1.769	2.254	3.051
DP2	0.525	0.930	1.332	1.530	1.887
DP3	0.454	0.848	1.279	1.499	1.870
DP4	0.477	0.896	1.396	1.689	2.182
简化 Bishop 法	0.494	0.846	1.316	1.623	2.073
(DP1−Bishop)/Bishop	0.063	0.234	0.344	0.355	0.472
(DP2−Bishop)/Bishop	0.063	0.099	0.012	−0.080	−0.090
(DP3−Bishop)/Bishop	−0.081	0.002	−0.028	−0.099	−0.098
(DP4−Bishop)/Bishop	−0.034	0.059	0.061	0.041	0.053

3.2 有限元计算精度分析

边界范围的大小在有限元法中对计算结果的影响比传统极限平衡法表现得更为敏感，当坡角到左端边界的距离为坡高的 1.5 倍，坡顶到右端边界的距离为坡高的 2.5 倍，且上下边界总高不低于 2 倍坡高时，计算精度最为理想。另外如果网格划分太粗，将会造成很大的误差，计算时必须考虑适当的网格密度。

4 均质土坡稳定分析

均质土坡，坡高 $h = 20$ m，土容重 $\gamma = 25$ kN/m³，粘聚力 $c = 42$ kPa，内摩擦角 $\varphi = 17°$，求坡角 $\beta = 30°、35°、40°、45°、50°$ 时边坡的稳定安全系数。

如图1，按照平面应变建立有限元模型，边界条件为左右两侧水平约束，下部固定，上部为自由边界，计算结果见表3。

从表3看出，采用外接圆屈服准则计算的安全系数比传统的方法大许多，而采用摩尔—库仑等面积圆屈服准则计算的结果与传统极限平衡方法（Spencer 法）计算的结果十分接近，说明采用摩尔—库仑等面积圆屈服准则来代替摩尔—库仑不等角六边形屈服准则是可行的。

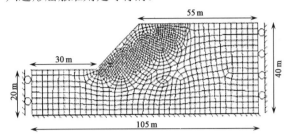

图 1　有限元单元网格划分
Fig. 1　FEM model

表 3　用不同方法求得的稳定安全系数
Table 3　Safety factor by different method

方法	坡角/(°)				
	30	35	40	45	50
DP1	1.78	1.62	1.48	1.36	1.29
DP4	1.47	1.34	1.22	1.12	1.06
简化 Bishop 法	1.39	1.26	1.15	1.06	0.99
Spencer 法	1.46	1.32	1.21	1.12	1.04

另外，通过 4 组计算方案（改变内摩擦角 φ、粘聚力 c、坡角 β、坡高 h 的值）共计 106 个算例的比较分析表明，用摩尔—库仑等面积圆屈服准则求得的安全系数与 Bishop 法的误差为 3%~8%，与 Spencer 法的误差为 1%~4%，说明了有限元强度折减法完全可以实用于土坡工程。

5　岩质边坡稳定分析

根据岩体中结构面的贯通情况，可以将结构面分为贯通性、半贯通性、非贯通性三种类型。根据结构面的胶结和充填情况，可以将结构面分为硬性结构面（无充填结构面）和软弱结构面。由于岩体结构的复杂性，要十分准确地反映岩体结构的特征并使之模型化是不可能的，也没有必要使问题复杂化。基于这种考虑，对于一个实际工程来说，往往根据现场地质资料，根据结构面的长度、密度、贯通率，展布方向等，着重考虑 2~3 组对边坡稳定起主要控制作用的节理组或其他主要结构面。

岩体是弱面体，起控制作用的是结构面强度，对于软弱结构面，可采用低强度实体单元模拟，按照连续介质处理；对于无充填的硬性结构面可以采用无厚度的接触单元来模拟，安全系数的求解与均质土坡相同。结构面单元的设置会影响计算精度，一般可先以较大间距设置结构面，求出滑动面大概位置后再在滑动面附近将结构面加密，增加结构面单元以提高计算精度。

5.1　具有一组平行节理面的岩质边坡算例

如图 2 和图 3 所示，一组软弱结构面倾角 40°，间距 10 m，岩体和结构面采用平面 6 节点三角形单元模拟。岩体以及结构面材料物理力学参数取值见表 4。采用不同方法的计算结果见表 5，其中极限平衡方法计算结果是在滑动面确定的情况下算出的。

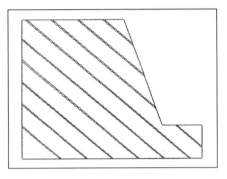

图 2　几何模型
Fig. 2　Geometry model

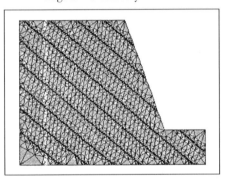

图 3　有限元模型
Fig. 3　FEM model

表 4　计算采用的物理力学参数
Table 4　Material properties

材料名称	容重 /kN·m⁻³	弹性模量/Pa	泊松比	内聚力/MPa	内摩擦角/(°)
岩体	25	1E+10	0.2	1.0	38
结构面	17	1E+7	0.3	0.12	24

通过有限元强度折减计算，当有限元计算不收敛时，程序自动找出了滑动面，如图 4。在一组平行的结构面中，只出现了一条滑动面，其余结构面

没有出现塑性区和滑动。

表 5 计算结果
Table 5 Safety factor by different method

计算方法	安全系数
有限元法（外接圆屈服准则）	1.26
有限元法（等面积圆屈服准则）	1.03
极限平衡方法（解析解）	1.06
极限平衡方法（Spencer）	1.06

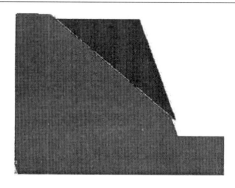

图 4 坡体达到极限状态时形成的滑动面
Fig.4 The failure surface at limited state

5.2 具有两组节理面的岩质边坡算例

如图 5 所示，两组方向不同的节理，贯通率 100%，第一组软弱结构面倾角 30°，平均间距 10 m；第二组软弱结构面倾角 75°，平均间距 10 m，岩体以及结构面计算物理力学参数见表 6。

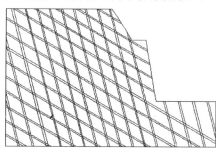

图 5 几何模型
Fig.5 Geometry model

按照二维平面应变问题建立有限元模型，在单元划分的过程中，在两个滑动面的交汇处形成了尖角，在建模时应在曲率突然变化的区域使用更细的网格以保证计算的准确性，或者将尖角抹圆。计算步骤同上，通过有限元强度折减，求得的滑动面如图 6a 所示，它是最先贯通的塑性区。塑性区贯通并不等于破坏，当塑性区贯通后塑性发展到一定程度，岩体发生整体破坏，同时出现第二、三条贯通的塑性区，如图 6b。程序还可以动画模拟边坡失去稳定的过程，从动画演示过程可以看出边坡的破坏过程也就是塑性区逐渐发展、最后贯通形成整体破坏的过程。求得的稳定安全系数见表 7。其中，极限平衡方法计算结果是根据最先贯通的那一条滑动面求得的。

表 6 物理力学参数计算取值
Table 6 Material properties

材料名称	容重 /kN·m⁻³	弹性模量 /Pa	泊松比	内聚力 /MPa	内摩擦角 /(°)
岩体	25	1E+10	0.2	1.0	38
第一组节理	17	1E+7	0.3	0.12	24
第二组节理	17	1E+7	0.3	0.12	24

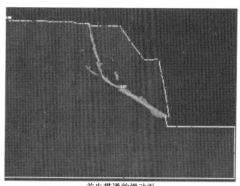

图 6 极限状态后产生的滑动面和塑性区
Fig.6 Failure surface and plastic zone

表 7 计算结果
Table 7 Safety factor by different method

计算方法	安全系数
有限元法（外接圆屈服准则）	1.62
有限元法（等面积圆屈服准则）	1.33
极限平衡方法（Spencer）	1.36

6 结论

1) 有限元强度折减法不需要对滑动面形状和位置做假定，通过强度折减使边坡达到不稳定状态时，非线性有限元静力计算将不收敛，此时的折减系数就是稳定安全系数，同时可得到边坡破坏时的滑动面。本文对其计算精度进行了分析，算例表明采用徐干成、郑颖人（1990）提出的摩尔－库仑等面积圆屈服准则求得的稳定安全系数与简化 Bishop 法的误差为 3%~8%，与 Spencer 法的误差为 1%~4%，证实了其实用于工程的可行性。

2) 目前对复杂节理岩质边坡的稳定分析尚没有好的办法，传统的极限平衡方法无法得到岩质边坡的滑动面及其稳定安全系数，而各种数值分析方法只能算出应力、位移、塑性区等，无法判断边坡的稳定安全系数以及相应的滑移面。本文利用非线性有限元强度折减系数法由程序自动求得边坡的危险滑动面以及相应的稳定安全系数。通过算例分析表明了此法的可行性，为岩质边坡稳定分析开辟了新的途径。

3) 屈服条件的选择、计算模型的建立，包括计算范围、边界条件、网格划分密度和收敛标准等，应满足有限元计算的精度要求。如果使有限元计算保持足够的计算精度，那么有限元法较传统的方法具有如下优点：

a. 能够对具有复杂地貌、地质的边坡进行计算；

b. 考虑了土体的非线性弹塑性本构关系，以及变形对应力的影响；

c. 能够模拟土坡的失稳过程及其滑移面形状。如图 7、图 8，可见滑移面大致在水平位移突变的地方，也是在塑性区塑性发展最充分的地方，呈条带状；

d. 能够模拟土体与支护的共同作用，图 9 为无锚杆（锚杆单元被杀死）时边坡稳定安全系数为 1.1，图 10 为有锚杆支护时安全系数为 1.5，且塑性区后移。

e. 求解安全系数时，可以不需要假定滑移面的形状，也无需进行条分。

图 7 水平方向位移等值云图

Fig. 7 Continuous contours of X displacement

图 8 均质土坡达到极限状态时形成的滑动面

Fig. 8 The failure surface at limited state of soil slope

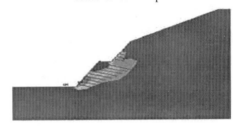

图 9 不加锚杆 $\omega=1.1$ 时的塑性区

Fig. 9 The plastic strain zone without support

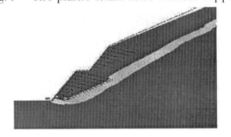

图 10 加锚杆 $\omega=1.5$ 时的塑性区

Fig. 10 The plastic strain zone with support

参考文献

[1] Griffiths D V, lane P A. Slope stability analysis by finite [J]. elements. Geotechnique, 1999, 49 (3): 387~403

[2] 徐干成，郑颖人. 岩土工程中屈服准则应用的研究 [J]. 岩土工程学报, 1990, 2: 93~99

Slope Stability Analysis by Strength Reduction FEM

Zheng Yingren, Zhao Shangyi, Zhang Luyu

(*Logistical Engineering University, Chongqing 400041, China*)

[**Abstract**] An analysis method for slope safety factor through $c-\varphi$ reduction algorithm by finite elements is presented. When the system reaches instability, the numerical non-convergence occurs simultaneously. The safety factor is then obtained by $c-\varphi$ reduction algorithm. The same time, the critical failure surface is found automatically. The traditional limit equilibrium method can't get the safety factor and failure surface of jointed rock slope. Strength Reduction FEM (SRFEM) presents a powerful alternative approach for slope stability analysis, especially to jointed rock slope. This paper analyzes the precision and error caused by different soil yield criterions、FEM itself、slope height、slope angle、cohesion and friction angle thoroughly. Through a series of case studies, the results show average error of safety factor between Strength Reduction FEM and traditional limit equilibrium method (Bishop simplified method) is 3 ‰ ~8 ‰, the error between SRFEM and Spencer's method is 1 ‰ ~4 ‰. The applicability of the proposed method was clearly exhibited.

[**Key words**] slope stability analysis; strength reduction by FEM; yield criterions

用有限元强度折减法进行节理岩质边坡稳定性分析

赵尚毅 郑颖人 邓卫东

(后勤工程学院土木工程系 重庆 400041) (交通部重庆公路科学研究所 重庆 400067)

摘要 通过对节理岩质边坡非线性有限元模型进行强度折减,使边坡达到不稳定状态时,有限元静力计算将不收敛,此时的折减系数就是稳定安全系数,同时可得到边坡破坏时的滑动面以及破坏过程,而传统条分法无法获得节理岩质边坡的滑动面与稳定安全系数。该方法为节理岩质边坡稳定分析开辟了新的途径,通过算例表明了此法的可行性。

关键词 岩土力学,节理岩质边坡稳定性分析,有限元强度折减法

分类号 TU 457   **文献标识码** A   **文章编号** 1000-6915(2003)03-0254-07

STABILITY ANALYSIS ON JOINTED ROCK SLOPE BY STRENGTH REDUCTION FEM

Zhao Shangyi[1], Zheng Yingren[1], Deng Weidong[2]

(^{1}*Department of Civil Engineering*,*Logistical Engineering University*,*Chongqing 400041 China*)
(^{2}*Chongqing Research Institute of Highway Science*,*The Ministry of Communications*,*Chongqing 400067 China*)

Abstract Stability analysis is made on the jointed rock slope by nonlinear FEM strength reduction method. With the c-φ reduction, the nonlinear FEM model of jointed rock slope reaches instability and the numerical non-convergence occurs simultaneously. The safety factor is then obtained by c-φ reduction algorithm. At the same time the critical failure surface and overall failure progress are found automatically. This presents a new approach for jointed rock slope stability analysis as the traditional limit equilibrium method can't get the safety factor and failure surface of jointed rock slope. Through a series of case studies, the applicability of the proposed method is clearly exhibited.

Key words rock and soil mechanics,stability analysis of jointed rock slope,strength reduction of FEM

1 前 言

岩质边坡工程的稳定分析历来是工程界和学术界最为关注的重大课题,由于实际岩体中含有大量不同构造、产状和特性的不连续结构面(比如层面、节理、裂隙、软弱夹层、岩脉和断层破碎带等),这就给岩质边坡的稳定分析带来了巨大的困难。岩体是弱面体,其强度主要由结构面控制,传统的用于土质边坡稳定分析的滑动面搜索方法不能用于岩质边坡。如何建立能合理描述具有不连续性的岩体结构力学行为,引起了许多学者的广泛关注,并提出了多种数值分析方法,如刚性元法、等效连续模型、离散单元法(DEM)、块体理论、DDA 等,但是,这些模型一般只是得出边坡应力、位移、塑性区,而无法得到边坡危险滑动面以及相应的稳定安全系数。如何求出复杂岩质边坡滑动面以及稳定安全系数,目前尚没有好的办法。

本文采用低强度弹塑性夹层单元来模拟岩体软弱结构面,用接触单元模拟不连续的硬性结构面,

注:本文摘自《岩石力学与工程学报》(2003 年第 22 卷第 2 期)。

建立节理岩质边坡非线性有限元模型,利用有限元强度折减法来对节理岩质边坡进行稳定性分析,不但找出节理岩质边坡的滑动面,同时求出了相应的稳定安全系数,为节理岩质边坡稳定分析开辟了新的途径。

2 有限元强度折减系数法原理

在有限元静力稳态计算中,如果模型为不稳定状态,有限元计算将不收敛,基于此原理,在非线性有限元边坡稳定性分析中,通过降低结构面的强度(粘聚力和内摩擦角),使系统达到不稳定状态,有限元静力计算将不收敛,此时的折减系数就是边坡稳定安全系数。随着计算机技术的发展,计算机计算速度大大提高,尤其是岩土材料的非线性弹塑性有限元计算技术的发展,出现了许多适合于岩土材料的大型通用有限元软件,其前后处理的功能越来越强大,为利用有限元法进行边坡稳定性分析创造了条件。有限元强度折减法近来在国内外受到关注,在土坡稳定分析中已逐渐得到认可[1~4],图1为用有限元强度折减法求得的均质土坡滑动面,图2为土坡达到极限状态时的水平方向位移等值云图。

图1 用有限元强度折减法得到的均质土坡滑动面
Fig.1 Failure surface of soil slope by FEM

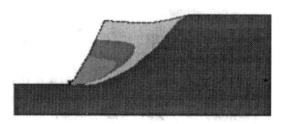

图2 水平方向位移等值云图
Fig.2 Continuous contours of horizontal displacement

需要说明的是,进行强度折减非线性有限元分析,要有一个过硬的非线性有限元程序和收敛性能良好的本构模型。因为收敛失败可能表明边坡已经处于不稳定状态,也可能仅仅是有限元模型中某些数值问题造成计算不收敛。文[3]对有限元强度折减法的影响因素以及计算精度进行了详细分析,证实了该方法实用于土坡工程的可能性。对于节理岩质边坡目前尚无研究,本文目的正是为了解决这一问题。为了研究简单起见,这里只研究贯通的节理岩体。

本文计算采用的软件为美国 ANSYS 公司的大型有限元软件 ANSYS 5.61——University High Option 商业版。该软件是目前世界上唯一一个通过 ISO 9001 质量体系认证的有限元分析软件,为非线性强度折减有限元分析的可靠性和计算精度提供了有力的保证。

3 岩体结构面分类及其特征

工程岩土中的结构面,根据结构面的贯通情况,可以将结构面分为贯通性、半贯通性、非贯通性 3 种类型。根据结构面的胶结和充填情况,可以将结构面分为硬性结构面(无充填结构面)和软弱结构面。

由于岩体结构的复杂性,要十分准确地反映岩体结构的特征并使之模型化是不可能的,也没有必要使问题复杂化。基于这种考虑,对于一个实际工程来说,往往根据现场地质资料,根据结构面的长度、密度、贯通率、展布方向等,着重考虑 2~3 个起主要控制作用的节理组或其他主要结构面(图3)。而对于节理裂隙纵横交错、分布密集的岩体,通常可以采用岩体结构概化等效连续模型处理。

图3 节理岩质边坡
Fig.3 Jointed rock slope

4 有限元模型及其安全系数的求解

以往人们在进行岩质边坡稳定性分析时,往往采用岩体强度,而不是采用结构面强度。实际上,岩体结构面的强度参数要比岩石的强度低得多,因此,对于岩质边坡来说,起控制作用的是结构面强度。

(1) 软弱结构面。如图4,软弱结构面采用低强度实体单元模拟,按照连续介质处理,材料本构

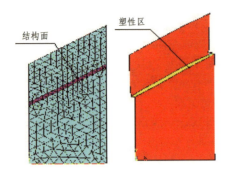

图 4 有限元模型以及变形后产生的塑性区

Fig.4 FEM model and plastic zone of deformed model

关系采用理想弹塑性模型，屈服准则为广义米赛斯准则：

$$F = \alpha I_1 + \sqrt{J_2} = k$$

式中：I_1，J_2 分别为应力张量的第一不变量和应力偏张量的第二不变量；α，k 为与岩土材料内摩擦角 φ 和粘聚力 c 有关的常数。这是一个通用表达式，通过变换 α，k 的表达式就可以在有限元中实现不同的屈服准则。

在广义米赛斯屈服准则中引入强度折减系数 ω，此时屈服准则表示为

$$F = \frac{\alpha}{\omega} I_1 + \sqrt{J_2} = \frac{k}{\omega}$$

式中：ω 为达到极限状态时的安全系数。

计算时，首先，选取初始折减系数 ω，将结构面强度参数进行折减，将折减后的参数作为输入，进行有限元计算，若程序收敛，则土体仍处于稳定状态；然后，再增加折减系数，直到不收敛为止，此时系统处于极限状态，此时的折减系数 ω 即为坡体的稳定安全系数，同时，还可以得到危险滑动面[5, 6]。

(2) 硬性结构面。如图 5 所示的无充填的硬性结构面，不能按照传统连续介质原理进行处理，本文采用 ANSYS 程序提供的无厚度接触单元来模拟硬性结构面的不连续性。

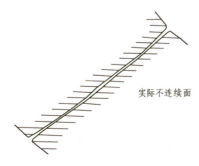

图 5 无充填的硬性结构面

Fig.5 Jointed rock mass

如图 6 所示，接触单元是覆盖在分析模型接触面上的一层单元，程序通过覆盖在两个接触物体表面的接触单元来定义接触表面。在两个接触的边界中，把其中一个边界作为"目标"面，而把另外一个面作为"接触"面，目标面和接触面都可以是柔性体，两个面合起来叫做"接触对"。接触单元与下面的基本变形体单元(可以是弹塑性实体单元)有同样的几何特性，程序会根据接触单元下面的变形体单元的材料特性来确定接触刚度值，两个接触面的接触摩擦行为服从库仑定律：

$$\tau = c + \sigma \tan \varphi$$

$$\sigma \geq 0$$

在两个接触面开始互相滑动之前，在他们的接触面上会产生小于其抗剪强度的剪应力，这种状态叫做稳定粘合状态，一旦剪切应力超过滑面上的抗剪强度，两个面之间将产生滑动。安全系数的求解原理同上，即

$$F_s = \frac{c}{c'} = \frac{\tan \varphi}{\tan \varphi'}$$

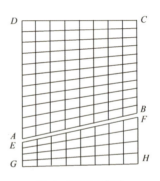

图 6 有限元模型

Fig.6 FEM model

5 屈服准则的选用

安全系数大小与程序采用的屈服准则密切相关，不同的准则得出不同的安全系数。传统的极限平衡法采用莫尔-库仑准则，但是由于莫尔-库仑准则的屈服面为不规则的六角形截面的角锥体表面，存在尖顶和棱角，给数值计算带来困难。为了与传统方法进行比较，本文采用了文[7]提出的莫尔-库仑等面积圆屈服准则代替莫尔-库仑准则，它比当前采用的逼近不等角的近似屈服曲线有更高的计算精度，其 α，k 满足下列表达式：

$$F = \alpha I_1 + \sqrt{J_2} = k$$

$$\alpha = \frac{\sin\varphi}{\sqrt{3}\left(\sqrt{3}\cos\theta_\delta - \sin\theta_\delta \sin\varphi\right)}$$

$$k = \frac{\sqrt{3}c\cos\varphi}{\sqrt{3}\cos\theta_\delta - \sin\theta_\delta \sin\varphi}$$

$$\theta_\delta = \sin^{-1}\left\{\frac{-\frac{2}{3}A\sin\varphi}{2\left(\frac{\sin^2\varphi}{3}+1\right)} + \frac{\left[\frac{4}{9}A^2\sin^2\varphi - 4\left(\frac{\sin^2\varphi}{3}+1\right)\left(\frac{A^2}{3}-1\right)\right]^{\frac{1}{2}}}{2\left(\frac{\sin^2\varphi}{3}+1\right)}\right\}$$

$$A = \sqrt{\frac{\delta(9-\sin^2\varphi)}{6\sqrt{3}}}$$

表 1 为图 4 所示的软弱结构面稳定安全系数计算结果。计算参数为 $c=0$，$\varphi=15°$，结构面倾角 $15°$。

表 1　图 4 的计算结果
Table 1　Calculation results for Fig.4 by different methods

计算方法	安全系数
有限元法(外接圆屈服准则)	1.24
有限元法(莫尔-库仑等面积圆屈服准则)	0.98
极限平衡方法(解析解)	1.00
极限平衡方法(Spencer 法)	1.00

计算发现，采用外接圆屈服准则求得的稳定安全系数比传统方法大许多，采用文[7]提出的莫尔-库仑等面积圆屈服准则的计算结果与传统的莫尔-库仑屈服准则计算结果比较接近，文[1]对此做了比较分析。

表 2 为图 6 所示的硬性结构面安全系数计算结果，计算参数为 $c=0$，$\varphi=15°$，结构面倾角 $15°$。通过计算对比发现，对于直线形滑动面，采用接触单元时用有限元强度折减法得到的计算结果与理论解析解十分接近，误差仅为 0.1%，说明采用接触单元来模拟岩体材料的不连续性是可行的。

6　折线型滑动面边坡稳定性分析

图 7 所示为两个直线滑面组成的折线型滑体 ABMCD，这种折线型滑坡类型是一种常见的滑坡

表 2　图 6 的计算结果
Table 2　Calculation results for Fig.6 by different methods

计算方法	安全系数
有限元法接触单元强度折减	1.001
极限平衡方法(解析解)	1.000
极限平衡方法(Spencer 法)	1.000

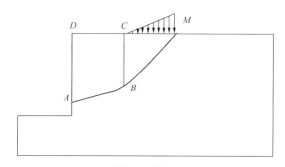

图 7　折线型平面滑动岩质边坡
Fig.7　Plane sliding rock slope

类型。岩体重度 $\gamma = 20$ kN/m^3，弹性模量 $E = 10^9$ Pa。滑块 ABCD 面积 433 m^2，滑面 $AB = 20$ m，倾角 $\psi_1 = 15°$，$AD = 25$ m，$DC = 19.32$ m，$BC = 19.82$ m；滑块 BCM 面积 196.5 m^2，滑面 $BM = 28.03$ m，倾角 $\psi_2 = 45°$，$CM = 19.82$ m。CM 面上施加有线性变化的面荷载，$P_M = 400$ kPa，$P_C = 0$。

计算方法同上，在滑动面 AB，BM 上布置接触单元(图 8)。计算时，采用作者编制的二分法计算程序，通过该程序来对强度参数进行二分法折减，快速逼近其极限状态，从而很快求得稳定安全系数。图 9 为坡体达到极限状态后的破坏滑动图。

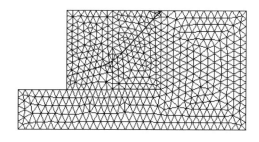

图 8　有限元网格模型
Fig.8　FEM model

为了和传统方法作比较，本文同时利用中国水利水电科学研究院开发的边坡稳定分析程序 STAB 95 中的 Spencer 法进行计算，计算结果对比如表 3 所示。

从折线型滑动面的计算结果可以看出，当内摩

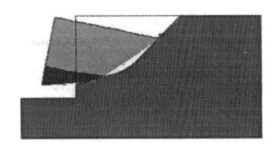

图9 坡体达到极限状态后的破坏滑动图

Fig.9 Failure progress at limited state

表3 不同方法求得的稳定安全系数

Table 3 Safety factors by different methods

参数	有限元强度折减法	Spencer 法
$c = 160$ kPa, $\varphi = 0°$	1.00	0.99
$c = 160$ kPa, $\varphi = 30°$	2.11	2.11
$c = 320$ kPa, $\varphi = 10°$	2.33	2.33
$c = 160$ kPa, $\varphi = 45°$	2.09	1.98
$c = 0$ kPa, $\varphi = 45°$	3.08	2.94

擦角在30°以下时，精度较高，当内摩擦角增大时，与传统方法(Spencer 法)相比，误差增大。

另外，在单元划分的过程中，在两个滑动面的交汇处形成了尖角，在尖角处形成较大的应力集中，求解时会产生病态方程。为了避免这些建模问题，需要在实体模型上，使用线的倒角来使尖角光滑化，或者在曲率突然变化的区域使用更细的网格。

7 具有一组平行节理面的岩质边坡算例

如图10，11所示，一组软弱结构面倾角40°，间距10 m，岩体和结构面采用平面6节点三角形单元模拟，岩体以及结构面材料物理力学参数取值见表4。采用不同方法的计算结果见表5，其中，极限平衡方法计算结果是在滑动面确定的情况下算出的。

表4 计算采用的物理力学参数

Table 4 Material parameters for calculation

材料名称	重度 /kN·m⁻³	弹性模量 /Pa	泊松比	粘聚力 /MPa	内摩擦角 /(°)
岩体	25	1E+10	0.2	1.00	38
结构面	17	1E+7	0.3	0.12	24

通过有限元强度折减，当有限元计算不收敛时，程序自动找出了滑动面，如图12。在一组平行的结

表5 图10，11的计算结果

Table 5 Calculation results for Fig.10 and 11 by different methods

计算方法	安全系数
有限元法(外接圆屈服准则)	1.26
有限元法(莫尔-库仑等面积圆屈服准则)	1.03
极限平衡方法(解析解)	1.06
极限平衡方法(Spencer 法)	1.06

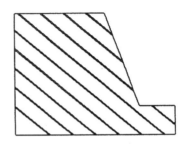

图10 几何模型

Fig.10 Geometry model

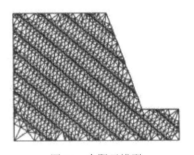

图11 有限元模型

Fig.11 FEM Model

图12 坡体达到极限状态时形成的滑动面

Fig.12 The failure surface at limited state

构面中，只出现了一条滑动面，其余结构面没有出现塑性区和滑动，图13为坡体坡坏时的运动矢量图。

8 具有二组节理面的岩质边坡算例

如图14所示，二组方向不同的节理，贯通率

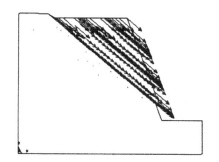

图 13 坡体破坏时的运动矢量图
Fig.13 Displacement vector at failure

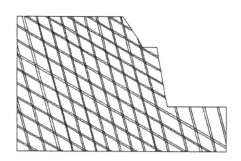

图 14 几何模型
Fig.14 Geometry model

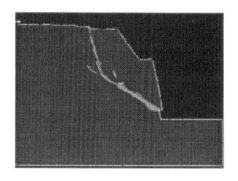

(a) 首先贯通的滑动面

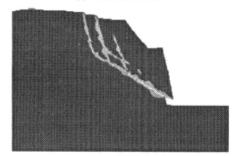

(b) 滑动面继续发展

图 15 极限状态后产生的滑动面和塑性区
Fig.15 Failure surface and plastic zone

100%，第一组软弱结构面倾角30°，平均间距10 m；第二组软弱结构面倾角75°，平均间距10 m。岩体以及结构面计算物理力学参数见表6。

表 6 物理力学参数计算取值
Table 6 Material parameters for calculation

材料名称	重度 /kN·m^{-3}	弹性模量 /Pa	泊松比	粘聚力 /MPa	内摩擦角 /(°)
岩体	25	$1×10^{10}$	0.2	1.00	38
第一组节理	17	$1×10^{7}$	0.3	0.12	24
第二组节理	17	$1×10^{7}$	0.3	0.12	24

按照二维平面应变问题建立有限元模型，计算步骤同上。通过有限元强度折减，求得的滑动面如图15(a)所示，它是最先贯通的塑性区，塑性区贯通并不等于破坏，当塑性区贯通后继续发展到一定程度，岩体发生整体破坏，同时出现第二条贯通的塑性面，如图15(b)。求得的稳定安全系数见表7，其中，极限平衡方法计算结果是根据最先贯通的那一条滑动面求得的。

9 结 论

(1) 目前，对复杂节理岩质边坡的稳定性分析尚没有好的办法，传统的极限平衡方法无法得到节理岩质边坡的滑动面及其稳定安全系数，而各种数值分析方法只能算出应力、位移、塑性区等，无法判断边坡的稳定安全系数以及相应的滑移面。本文采用非线性有限元强度折减系数法分析了节理岩质边坡的稳定性，利用此法可以由程序自动求得滑动面以及相应的稳定安全系数，为节理岩质边坡稳定性分析开辟了新的途径。

表 7 图 15 的计算结果
Table 7 Calculation results for Fig.15 by different methods

计算方法	安全系数
有限元法(外接圆屈服准则)	1.62
有限元法(莫尔-库仑等面积圆屈服准则)	1.33
极限平衡方法(Spencer法)	1.36

(2) 该方法可以对贯通和非贯通的节理岩质边坡进行稳定性分析，同时可以考虑地下水、施工过程对边坡稳定性的影响，可以考虑各种支挡结构与岩土材料的共同作用，也为岩质边坡稳定性分析开辟了新的途径。

(3) 有限元模型的建立，包括计算范围、边界条件、网格划分密度以及收敛标准等，应满足有限元计算的精度要求。如果网格划分太粗,将会造成较大的误差。

(4) 所求安全系数的大小与所采用的屈服准则有关。莫尔-库仑屈服准则是目前边坡分析中被广泛采用的屈服准则,但是莫尔-库仑准则的屈服面存在尖顶和棱角,给数值计算带来困难。通过本文计算表明,采用文[7]提出的莫尔-库仑等面积圆屈服准则进行计算,不但满足广义米赛斯屈服准则的通用表达式 $F = \alpha I_1 + \sqrt{J_2} = k$,使有限元数值计算变得方便,而且计算结果与传统的莫尔-库仑屈服准则计算结果十分接近。

参 考 文 献

1 赵尚毅, 郑颖人, 时卫民等. 用有限元强度折减法求边坡稳定安全系数[J]. 岩土工程学报, 2002, 24(3): 343～346

2 Griffiths D V, lane P A. Slope stability analysis by finite elements[J]. Geotechnique, 1999, 49(3): 387～403

3 张鲁渝, 郑颖人, 赵尚毅等. 有限元强度折减系数法计算土坡稳定安全系数的精度研究[J]. 水利学报, 待刊

4 王在泉. 边坡动态稳定预测预报及工程应用研究[J]. 岩石力学与工程学报, 1998, 17(2): 117～122

5 朱大勇, 钱七虎, 周早生等. 岩体边坡临界滑动场计算方法及其在露天矿边坡设计中的应用[J]. 岩石力学与工程学报, 1999, 18(5): 567～572

6 许东俊, 陈从新, 刘小巍等. 岩质边坡滑坡预报研究[J]. 岩石力学与工程学报, 1999, 18(4): 369～372

7 徐干成, 郑颖人. 岩土工程中屈服准则应用的研究[J]. 岩土工程学报, 1990, 12(2): 93～99

剪胀型土剪胀特性的大数据深度挖掘与模型研究

杨骏堂，刘元雪*，郑颖人，何少其

(陆军勤务学院岩土力学与地质环境保护重庆市重点实验室，重庆 401311)

摘　要：土的剪胀性是建立本构模型的重要基础，而当前建立的剪胀模型揭示其共同规律不够，这也是现有的本构模型不能良好反映土体变形机制的重要原因。基于Hadoop+Spark计算平台，提出了一种全局优化性强，收敛性快，计算稳定的（distributed levenberg marquardt regression）DLMR大数据特征深度挖掘算法。利用剪胀型土的大量剪胀特性试验数据，根据该算法和剪胀型土的基本力学特性，得到了剪胀型土的剪胀大数据特征，发现了剪胀率与应力、应变以及应力增量存在明显的非线性特征，并分别建立了它们之间的相关性函数。在此基础上，构建了可以反映剪胀型土剪胀特性共同规律的剪胀模型。通过模型的比较，本文模型明显优于修正剑桥模型下剪胀模型的改进式和Rowe模型。通过模拟不同应力路径下剪胀型土的常规三轴压缩试验数据，表明本文模型能够良好反映不同应力路径下的剪胀性。

关键词：剪胀型土；剪胀率；大数据；深度挖掘；本构模型

中图分类号：TU433　　**文献标识码**：A　　**文章编号**：1000－4548(2020)03－0513－10

作者简介：杨骏堂(1991—)，男，博士研究生，主要从事大数据与岩土本构关系等方面的研究。E-mail: yangjt@aliyun.com。

Deep mining of big data and model tests on dilatancy characteristics of dilatant soils

YANG Jun-tang, LIU Yuan-xue, ZHENG Ying-ren, HE Shao-qi

(Army Logistics University of PLA, Chongqing Key Laboratory of Geomechanics and Geoenvironment Protection, Chongqing 401311, China)

Abstract: The dilatancy of soils is an important basis for constitutive models, and the current dilatancy models do not fully reveal their common laws, which is also an important reason why the existing constitutive models cannot well reflect the deformation mechanism of soils. Based on the Hadoop and Spark computing platform, a distributed Levenberg Marquardt regression (DLMR) algorithm for deep mining of big data with strong global optimization, fast convergence and computational stability is proposed. Based on a large number of experimental data of dilatancy characteristics of dilatant soils, according to the DLMR algorithm and the basic mechanical properties of soils, the big data characteristics of dilatancy of dilatant soils are obtained. It is found that there are obvious nonlinear characteristics between dilatancy ratio and stress, strain and stress increment, and the correlation functions between them are established respectively. On this basis, a dilatancy model which can reflect the common law of dilatancy characteristics of dilatant soils is constructed. Through model comparison, it is shown that the proposed model is superior to the dilatancy model of modified Cambridge model and Rowe model. By simulating the triaxial compression experimental data of dilatant soils under different stress paths, it is shown that the new model can well reflect the dilatancy under different stress paths.

Key words: dilatant soil; dilatancy ratio; big data; deep mining; constitutive model

0　引　言

土作为多孔多相材料，其体积会随着剪切作用，发生膨胀或压缩，这种性质被称作剪胀（剪缩）性[1]。剪胀性是土区别于其他材料的重要特性[2]，是建立本构模型的基础[3]。国外学者针对土的剪胀性开展了大量研究。1885年Reynolds[4]提出砂土的剪胀特性与粒子之间的跨越现象有关。1962年Rowe[5]提出应力剪胀理论，认为剪胀是由内部几何约束引起的，并得到了广泛的应用。随着研究的深入，学者们发现砂土的剪胀率还与其材料状态[6]密切相关。Been等[7]提出了描述粗粒土剪胀变形的状态参数，Cubrinovski等[8]通过试验分析，发现塑性剪应变会影响剪胀率的变化。Li等[9]将剪胀性与材料的当前状态紧密联系起来。Antonio等[10]利用改进后的应力剪胀理论建立了各向同性的弹塑性模型。Fern等[11]将改进后的应力剪胀理

注：本文摘自《岩土工程学报》（2020年第42卷第3期）。

论推广到非饱和土的研究中。Patil 等[12]对静态压实粉砂的剪胀性进行了全面的分析，并揭示了峰值应力比与剪胀率的关系。国内学者同时也取得了丰富的研究成果。李广信等[13]认为，土的剪胀变化是土颗粒从低能状态向高能状态的变化过程，其大部分剪胀会随着卸荷而恢复。张建民[14]认为砂土存在可逆性剪胀是相对滑移机制和平均定向率的可逆变化共同作用的结果。刘元雪等[15]提出土体的可恢复性剪胀可部分归因于土的各向异性引起的弹性剪胀。迟明杰等[16]基于细观力学的思想，对砂土剪胀机理开展了探索，并得到了新的剪胀模型。熊焕等[17]利用非共轴因子的优化剪胀方程，使得 Rowe 剪胀模型适用于主应力轴旋转等更加复杂的加载条件。孙逸飞等[18]基于分数阶梯度律，从理论层面提出了分数阶状态依赖剪胀方程。陆勇等[19]通过引入应力路径相关因子来修正塑性应变增量中与应力路径相关的部分，从而使得模型硬化参量能够反映密实砂土在常压下的剪胀特性。刘斯宏等[20]假定堆石料存在唯一的临界状态面，对剪胀模型与硬化参数进行了修正。Li 等[21]在对粉质黏土的三轴试验中，发现了剪胀率与塑性剪应变之间存在明显的非线性特征。

学者们从能量、状态参数和微观组构等角度来解释剪胀机理，并建立了大量模型，但这些模型的通用性却不尽人意。这个事实表明，对土的剪胀性问题的复杂性，并未找到它的症结所在。笔者认为主要是当前建立的剪胀模型并未对土的剪胀特性的共同规律进行深入研究所致。

土的剪胀性问题比较复杂。根据土在剪切作用下的体积变化过程，将其分为剪缩型土和剪胀型土。剪缩型土在剪切作用下，只发生压缩变形；剪胀型土在剪切作用下，先发生压缩变形，达到相变状态后，再发生膨胀变形。它们的力学机制与计算模型大不相同，剪缩型土的剪胀特性将另文研究，因此本文只研究剪胀型土的剪胀特性与计算模型。近年来，大数据深度挖掘技术在岩土工程的规律发现与特征提取上表现了突出的能力[22-24]，表明了大数据技术在土的剪胀性研究上是可行的。本文的主要目的是利用大数据深度挖掘技术，建立一个能反映剪胀型土的剪胀性共同规律的剪胀模型。首先基于 Hadoop+Spark 的大数据计算平台，对大量剪胀型土的剪胀性试验数据进行特征挖掘，建立了剪胀率与其各影响因素之间的相关性函数。在此基础上，根据其基本力学特性，建立了剪胀模型。通过模型的检验，验证了模型的科学性和合理性。

1 一种分布式处理的 DLMR 算法

在本文研究中，需要对剪胀性大数据特征进行深度挖掘，重点是在剪胀率与其影响因素之间开展大数据回归分析。通过调研可知，传统回归算法存在着收敛性慢，计算不稳定以及在处理大规模数据时效率低下等问题。为了解决以上问题，本文提出了一种基于 Hadoop+Spark 大数据平台的（distributed levenberg marquardt regression）DLMR 算法。

1.1 Levenberg-Marquardt（LM）算法

在进行回归分析时，多采用 Gradient Descent（GD）法和 Gauss-Newton（GN）法，但 GD 法在远离极小值时下滑很快，而在接近极小值时下滑却很慢，并且在靠近极小值时呈 Z 型下降，容易导致误差变大。GN 法在某些情况下，其后续迭代值会出现大于前序迭代值的情况，从而造成回归失败。在 LM[25]算法中，当学习参数 λ 很小时，步长等于 GN 法步长，当 λ 很大时，步长约等于 GD 法的步长，LM 算法结合了 GD 法和 GN 法的优点，同时解决了收敛性慢等问题。因此在对数据进行回归处理时，LM 算法能够表现出良好的性能。

1.2 基于 Hadoop+Spark 的分布式计算平台

Hadoop 是一个用于分布式计算的大数据处理平台，主要由分布式文件存储系统（HDFS）和 MapReduce 框架构成。在本文研究中，海量试验数据被存储在 HDFS 中，一方面实现了试验数据的分布式存储，保证了数据的安全性；另一方面也为后续的分布式计算提供了数据平台，提高了数据挖掘的效率。Spark 与其他大数据架构的最大区别是基于内存而进行数据计算，因此可高效地在内存中直接对目标数据进行复杂批量处理。Spark[26]的架构组成如图 1 所示。

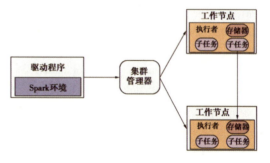

图 1 Spark 的架构组成

Fig. 1 Architectural composition of Spark

其中，Cluster Manager 可视作 Master 主节点，负责控制整个集群，并监控 Worker 的工作。Worker Node 视作从节点，负责控制具体的计算节点以及 Executor。Driver 负责运行某个 Application 的函数。Executor 视作执行器，是某个 Application 运行在 Worker Node 上的一个进程。基本原理是将目标数据划分为若干块，再交由 Cluster Manager 分配给各 Worker Node 节点计算，完成运算后，再进行组合，从而得到最终结果。在传统回归算法中，每次迭代都必须要遍历所有数据，导致计算效率低下。采用 Hadoop+Spark 的分布式计算平台可让集群中的多个工作节点共同参与到运算过程中，从而大大提高计算稳定性和运行效率。

1.3 基于 Hadoop+Spark 的 LM 算法

在本文中引入了 LM 算法的思想，又因为回归问题可转化为非线性最小二乘问题，所以在进行迭代运算时，首先用信赖域的方法计算惩罚因子 μ，并将其置于迭代步长中。本文算法的迭代公式如下所示：

$$x^{k+1} = x^k + h_{lm}, \quad (1)$$
$$h_{lm} = -(\boldsymbol{J}_r^T \boldsymbol{J}_r + \mu \boldsymbol{I})^{-1} \boldsymbol{J}_r^T r, \quad (2)$$

式中，h_{lm} 为迭代步长，$\boldsymbol{J}_r$ 为雅可比矩阵。

在描述本文提出的算法之前，再对部分记号进行说明。$\boldsymbol{J}^k = \nabla F(x^k)$ 表示函数 F 在 x^k 处的雅可比矩阵，将 $\boldsymbol{J}^k$ 的列分成 t 组 $\boldsymbol{J}_1^k, \boldsymbol{J}_2^k, \cdots, \boldsymbol{J}_t^k$，其中 $\boldsymbol{J}_i^k$ 是 $m \times n_i$ 的矩阵。又记 $x_1 \in R^{n_1}, x_2 \in R^{n_2}, \cdots, x_t \in R^{n_t}$。设 $\boldsymbol{J}_i^k$ 是由 $\boldsymbol{J}^k$ 的第 $j_1, j_2, \cdots, j_i$ 列构成，记 $\overline{x_i}$ 表示用 x_i 的元素代替 n 维零向量相应于 $j_1, j_2, \cdots, j_i$ 的零元素所形成的 n 维向量。结合 1.1 和 1.2 节内容，可将 LM 算法在 Hadoop+Spark 的分布式计算平台下实现，步骤如下所示：①首先定初始值 $x^1, k = 1, i = 1, r^1 = F(x^k)$；②计算 $\boldsymbol{J}_i^k = \nabla F(x^k)_i, i = 1, 2, \cdots, t$；③ 计算 s_i^k，$\min\{\|\boldsymbol{J}_i^k s_i + r^{k+(i-1)/t}\|_2; s_j \in R^{n_i}\}, i = 1, 2, \cdots, t$；④计算 $w_i, i = 1, 2, \cdots, t$；⑤ 计算 $r^{k+1} = r^k + \sum w_i \boldsymbol{J}_i^k s_i^k$；⑥ 计算 $x^{k+1} = x^k + \sum w_i \overline{s_i}$；⑦当迭代完成或满足收敛条件时，运算结束，得到最优的回归训练参数，否则令 $k = k + 1$，转到步骤②，重复进行。通过对本文算法分析可知，步骤②、③和④具有完全的可并行性，另在步骤⑤和⑥中，可让 t 个工作节点分别计算 r^{k+1} 和 x^{k+1} 的分量，所以本文提出的分布式 DLMR 算法具有良好的并行性。另在本文研究中，集群平台的环境配置如表 1 所示。

表 1 基于 Hadoop 的 Spark 大数据计算平台环境配置
Table 1 Environment configuration of Spark big data computing platform based on Hadoop

软件名称	版本
Hadoop	2.6.2
Spark	1.5.2
Scala	2.10.4
Java	jdk1.7.0_79
Ubuntu	14.04

2 基于剪胀性的大数据特征和 DLMR 算法的剪胀模型

2.1 剪胀性大数据的来源

剪胀性数据的可靠性和规模性是保证本文研究的重要条件，因此在对数据进行筛选时需要严格按照如下标准施行。

（1）由于本文针对的是剪胀型土的研究，所以选择的土样本的体应变 ε_v 随轴向应变 ε_1 的变化趋势需要符合图 2 中曲线所示。

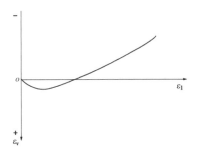

图 2 剪胀型土 ε_v 与 ε_1 的关系
Fig. 2 Relationship between ε_v and ε_1 of dilatant soil

（2）应力路径对土的剪胀特性的影响比较复杂。课题组考虑到常规三轴压缩试验在实际应用中较为普遍，数据丰富并且较易获取；另一方面常规三轴压缩试验的应力路径较为简单。因此在本文研究中要求试验数据必须来源于常规三轴压缩试验的土样本。

（3）在提取试验数据点时，必须按照实际的试验点进行提取。其中在剪缩阶段的试验点要求不少于 10 个，在剪胀阶段的试验点要求不少于 15 个。

前期，课题组已从国内外具有重要影响的学术刊物中搜集了约 500 篇关于土的剪胀性的文献资料，主要来源期刊见表 2。

表 2 文献主要来源表
Table 2 Main sources of literatures

中文期刊	外文期刊
《岩土工程学报》	《GEOTECHNIQUE》
《岩石力学与工程学报》	《SOILS FOUND》
《岩土力学》	《INT J GEOMECH》
《土木工程学报》	《J GEOTECH GEOENVIRON》

为了保证本文研究中数据来源的可靠性，同时避免数据提取中存在的误差影响，将课题组分为两个小组，严格按照上述的数据筛选标准分别进行核查，最终得到 155 个剪胀型土样本，并从中提取计算出相关的试验数据如表 3 所示，其中剪胀率 d，为塑性体应变增量 $\mathrm{d}\varepsilon_v^p$ 与塑性剪应变增量 $\mathrm{d}\varepsilon_s^p$ 的比值，可作为评价剪胀性的重要指标，当 $d > 0$ 时，土体为剪缩变形；当 $d < 0$ 时，土体为剪胀变形。

2.2 剪胀率的影响因素

剪胀率 d 是评价土的剪胀性的重要指标，因此对剪胀率影响因素的研究显得尤为必要。对于剪胀型土，Roscoe 等[27]认为 d 与应力比 q/p 有关。Cubrinovski

表 3 部分土样本的数据

Table 3 Data of some soil samples

样本编号	实验序列点	d	p	q	dp	dq	ε_v^p	ε_s^p	…
S-1	1	0.67	715.12	795.28	40.23	120.69	0.0026	0.0039	
	2	0.44	745.43	886.28	30.32	90.96	0.0048	0.0089	
	⋮	⋮	⋮	⋮	⋮	⋮	⋮	⋮	
	24	−0.02	820.84	1112.52	−2.51	−7.53	0.0056	0.0931	
	⋮								
CN-5	1	0.85	283.51	400.53	38.38	115.14	0.0007	0.0008	
	2	0.63	333.14	549.44	49.63	148.90	0.0012	0.0016	
	⋮	⋮	⋮	⋮	⋮	⋮	⋮	⋮	
	28	−0.09	417.40	802.21	−5.90	−17.72	−0.0164	0.0631	

等[8]指出 d 会受到塑性剪应变 ε_s^p 的影响。考虑到塑性体应变 ε_v^p 也是描述土的剪胀性的一个重要参数，所以表明 d 与 ε_v^p，ε_s^p 均存在相关关系。岩土材料不同于其他材料，其变形过程不仅取决于当前应力状态，还与应力增量状态有关。综上分析，本文利用 155 个剪胀型土样本的剪胀性大数据，分别计算了 d 与应力、应变以及应力增量之间的相关系数，结果如图 3 所示。

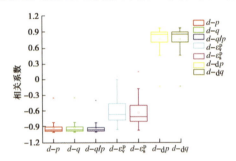

图 3 剪胀率与不同影响因素之间的相关系数

Fig. 3 Correlation coefficient between dilatancy ratio and different influencing factors

从图 3 可知，d 与 p，q 的相关系数均值约为-0.9，d 与 q/p 的相关系数均值高达-0.92，表明 d 与 p，q，q/p 均为高度负相关；d 与 ε_v^p，ε_s^p 的相关系数均值分别为-0.61，-0.65，表明 d 与 ε_v^p，ε_s^p 呈负相关；d 与 dp，dq 的相关系数均值约为 0.75，表明 d 与 dp，dq 呈正相关。考虑到 p，q，q/p 均为应力型影响因素，p 和 q 又处于同一量级，d 与 q/p 的相关性更强，且远高于 ε_v^p，ε_s^p，dp，dq，所以在本文中选择 q/p 作为 d 的主要影响因素，而将 ε_v^p，ε_s^p，dp，dq 作为 d 的附加影响因素进行研究。

2.3 剪胀率与各影响因素之间的相关性函数

在本节中，基于剪胀型土的剪胀性大数据特征，根据其基本力学特性和本文提出的 DLMR 算法，分别建立了剪胀率与影响因素之间的相关性函数。

（1）剪胀率与主要影响因素之间的相关性函数

研究土的剪胀性的最佳方法是绘制 d 随应力比（q/p 可记作 η）变化的曲线。剪胀型土的变化过程如图 4 所示，可分为 3 个特征阶段和 3 个特征点。图中的 M_d 表示剪胀应力比，它与 $\varepsilon_v-\varepsilon_1$ 坐标系中的 ε_{vmax} 相对应，即表明土体在达到 M_d 之前，一直处于剪缩变形；当达到 M_d 时，体积压缩变形达到最大；经过 M_d 之后，土体开始膨胀变形，即 M_d 为土体由剪缩状态转换为剪胀状态的特征点。M_f 则表示峰值应力比，它与 $(\sigma_1-\sigma_3)-\varepsilon_1$ 坐标系中的 $(\sigma_1-\sigma_3)_{max}$ 相对应，即土体所能达到的最大应力比。

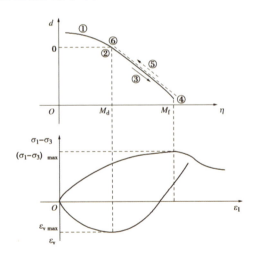

图 4 剪胀型土的剪胀率随应力比的变化

Fig. 4 Change of dilatancy ratio with stress ratio of dilatant soil

从图 4 可知：①剪缩阶段，此时 $0<\eta<M_d$，$d>0$，土体为剪缩变形；②相变转换特征点，此时 $\eta=M_d$，$d=0$；③剪胀阶段，此时 $M_d<\eta<M_f$，$d<0$，土体为剪胀变形；④峰值应力比点，此时 $\eta=M_f$，$d<0$，土体为剪胀变形；⑤软化阶段，此时 $M_d<\eta<M_f$，$d<0$，土体为剪胀变形；⑥临界特征点，$d=0$。考

虑到剪胀型土样本的 η 范围差别较大，所以基于峰值应力比 M_f 对 η 进行归一化处理，如下式：

$$\overline{\eta} = \frac{\eta}{M_f}, \quad (3)$$

$\overline{\eta}$ 表示归一化后的 η，根据如图 5 所示的 d 与 $\overline{\eta}$ 的大数据特征，再依据上述①～⑥的变形阶段，参考修正剑桥模型和统一硬化理论[28]，可提出相关性函数如下式：

$$f(\eta) = d_\eta = \frac{\overline{M_d} - \overline{\eta}}{n_2 \overline{\eta}^{-n_3}} \exp(\overline{M_f} - \overline{\eta}), \quad (4)$$

式中，d_η 表示主要影响因素 η 所对应的剪胀率，$\overline{M_d}$ 为 $\overline{\eta}$ 所对应的剪胀应力比，$\overline{M_f}$ 为 $\overline{\eta}$ 所对应的峰值应力比。通过本文提出的 DLMR 算法，即可得到如图 5 所示的拟合曲线。此时参数为：$n_1=3.610$，$n_2=1.251$，$n_3=0.027$，拟合度为 0.764。

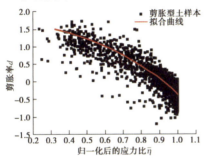

图 5 d 与 $\overline{\eta}$ 的大数据特征
Fig. 5 Big data characteristics of d and $\overline{\eta}$

（2）剪胀率与附加影响因素之间的相关性函数

在上节中，已研究了 η 对 d 的影响，并得到了 d 与 η 的相关性函数。本节中利用式（5）即可得到附加因素 ε_v^p，ε_s^p，dp，dq 对剪胀率的影响。

$$d_{re} = \frac{d}{d_\eta} - 1, \quad (5)$$

式中，d_{re} 表示纯考虑应力比的剪胀率误差，也是附加影响因素对剪胀率影响的比例。本节主要研究 d_{re} 与附加影响因素之间的相关关系。

a）d_{re} 与 ε_v^p 的相关性函数

考虑到剪胀型土样本的 ε_v^p 范围差别较大，本文将 ε_v^p 归一化后再进行研究，归一化方法如下式所示：

$$\overline{\varepsilon_v^p} = \frac{\varepsilon_v^p - \varepsilon_{v\,cs}^p}{\varepsilon_{v\,pts}^p - \varepsilon_{v\,cs}^p}, \quad (6)$$

式中，$\varepsilon_{v\,cs}^p$ 表示临界状态（critical state）时的 ε_v^p，$\varepsilon_{v\,pts}^p$ 表示相变转换状态（phase transformation state）时的 ε_v^p，$\overline{\varepsilon_v^p}$ 表示归一化后的 ε_v^p，d_{re} 与 $\overline{\varepsilon_v^p}$ 的大数据特征关系如图 6 所示。

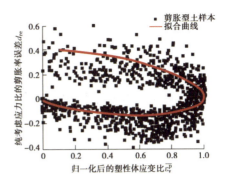

图 6 d_{re} 与 $\overline{\varepsilon_v^p}$ 的大数据特征
Fig. 6 Big data characteristics of d_{re} and $\overline{\varepsilon_v^p}$

从图 6 可知，在剪缩阶段，d_{re} 随着 $\overline{\varepsilon_v^p}$ 的增大逐渐减小，达到相变特征状态时 $\overline{\varepsilon_v^p}$ 达到最大，有 $\overline{\varepsilon_v^p}=1$，$d_{re}$ 趋于 0。在剪胀阶段，d_{re} 随着 $\overline{\varepsilon_v^p}$ 的减小而先减小后增大，达到临界状态时有 $\overline{\varepsilon_v^p}=0$，$d_{re}$ 趋于 0。由于 d_{re} 与 $\overline{\varepsilon_v^p}$ 的特征关系可近似为椭圆曲线。因此可建立如下椭圆方程：

$$\frac{[(\overline{\varepsilon_v^p}-1)\cos n_7 + d_{re}\sin n_7 + 1 - n_4]^2}{n_5^2} + \frac{(d_{re}\cos n_7 - \overline{\varepsilon_v^p}+1)^2}{n_6^2} = 1 \quad (0 \leq \overline{\varepsilon_v^p} \leq 1), \quad (7)$$

式中，n_5 表示椭圆的长半轴长，n_6 为短半轴长。n_4 和 n_7 分别表示平移和旋转参数。同时，式（7）可表示为式（8）的形式，即为 d_{re} 与 $\overline{\varepsilon_v^p}$ 之间的相关性函数：

$$f_1(\overline{\varepsilon_v^p}) = d_{re} = f(\overline{\varepsilon_v^p}, n_4, n_5, n_6, n_7). \quad (8)$$

通过本文提出的 DLMR 算法，即可得到如图 6 中的拟合曲线，此时参数为 $n_4=0.437$，$n_5=0.425$，$n_6=0.241$，$n_7=0.183$，拟合度为 0.653。

b）d_{re} 与 $\overline{\varepsilon_s^p}$ 的相关性函数

根据剪胀型土的基本力学特性可知，塑性剪应变 ε_s^p 在剪切作用下逐渐增大。考虑到 ε_s^p 在临界状态下仍然会继续增大，所以本文将初始临界状态（initial critical state）时的 ε_s^p 记作 $\varepsilon_{s\,ics}^p$。又因为剪胀型土样本的 ε_s^p 范围差别较大，因此基于 $\varepsilon_{s\,ics}^p$ 对 ε_s^p 进行归一化处理，$\overline{\varepsilon_s^p}$ 表示归一化后的 ε_s^p，如下式所示：

$$\overline{\varepsilon_s^p} = \frac{\varepsilon_s^p}{\varepsilon_{s\,ics}^p}, \quad (9)$$

d_{re} 与 $\overline{\varepsilon_s^p}$ 的大数据特征关系如图 7 所示。

从图 7 可知，在剪缩阶段，d_{re} 随着 $\overline{\varepsilon_s^p}$ 的增大而减小；在剪胀阶段，d_{re} 随着 $\overline{\varepsilon_s^p}$ 的增大先减小，再逐渐增大，因此可提出 d_{re} 与 $\overline{\varepsilon_s^p}$ 的相关性函数如下式所示：

$$f_2(\overline{\varepsilon_s^p}) = d_{re} = n_8 + n_9 \exp(\overline{\varepsilon_s^p}) + n_{10} \ln(\overline{\varepsilon_s^p}). \quad (10)$$

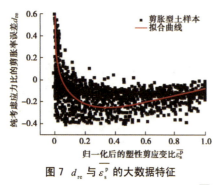

图 7 d_{re} 与 $\overline{\varepsilon_s^p}$ 的大数据特征

Fig. 7 Big data characteristics of d_{re} and $\overline{\varepsilon_s^p}$

通过本文提出的 DLMR 算法，即可得到如图 7 中所示的拟合曲线。此时参数为：n_8=-0.701，n_9=0.232，n_{10}=-0.137，拟合度为 0.668。

c) d_{re} 与 dp，dq 的相关性函数

考虑到剪胀型土样本中 dp 和 dq 范围差别较大，因此选择先期固结压力 p_c 分别对其进行归一化处理，如下式所示：

$$\overline{\mathrm{d}p} = \frac{\mathrm{d}p}{p_c} , \quad (11)$$

$$\overline{\mathrm{d}q} = \frac{\mathrm{d}q}{p_c} 。 \quad (12)$$

式中，$\overline{\mathrm{d}p}$ 和 $\overline{\mathrm{d}q}$ 分别表示归一化后的 dp 和 dq。d_{re} 与 $\overline{\mathrm{d}p}$，$\overline{\mathrm{d}q}$ 的大数据特征关系如图 8（a），（b）所示。

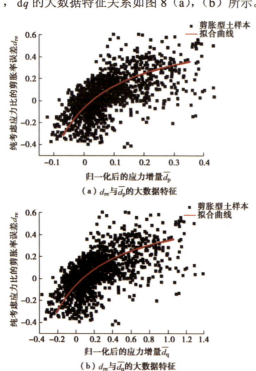

（a）d_{re} 与 $\overline{\mathrm{d}p}$ 的大数据特征

（b）d_{re} 与 $\overline{\mathrm{d}q}$ 的大数据特征

图 8 d_{re} 与应力增量的大数据特征

Fig. 8 Big data characteristics of d_{re} and stress increment

从图 8（a），（b）可知，d_{re} 分别随着 $\overline{\mathrm{d}p}$，$\overline{\mathrm{d}q}$ 的增加而逐渐变大，因此可提出 d_{re} 分别与 dp，dq 的相关性函数如下式所示：

$$f_3(\mathrm{d}p) = d_{re} = \frac{n_{11} + \overline{\mathrm{d}p}}{n_{12} + n_{13}\overline{\mathrm{d}p}} , \quad (13)$$

$$f_4(\mathrm{d}q) = d_{re} = \frac{n_{14} + \overline{\mathrm{d}q}}{n_{15} + n_{16}\overline{\mathrm{d}q}} 。 \quad (14)$$

通过本文提出的 DLMR 算法，即可得到如图 8（a），（b）中所示的拟合曲线。此时式（13）中参数为 n_{11}=-0.028，n_{12}=0.671，n_{13}=1.353，拟合度为 0.635。此时式（14）中参数为：n_{14}=-0.075，n_{15}=1.238，n_{16}=1.431，拟合度为 0.638。

2.4 剪胀型土的剪胀模型

从 2.3 节的结论可知，基于大量剪胀型土样本试验数据建立的剪胀率与各影响因素之间的相关性函数拟合度均较低，这表明了剪胀率不能只考虑单一因素的影响，而是需要综合考虑主要因素和附加因素的影响。d_{re} 与 ε_v^p，ε_s^p，dp，dq 之间的相关性函数实际上包含了所有附加影响因素的影响，因此在总的剪胀计算模型中需要根据它们的相关性差异进行加权处理。

本文计算了 d_{re} 与各附加影响因素之间的相关系数，如表 4 所示，其中 $r_{\varepsilon_v^p}$，$r_{\varepsilon_s^p}$，r_{dp}，r_{dq} 分别表示 d_{re} 与 ε_v^p，ε_s^p，dp，dq 之间的相关系数。

表 4 d_{re} 与各附加影响因素之间的相关系数

Table 4 Correlation coefficient between d_{re} and additional factors

$r_{\varepsilon_v^p}$	$r_{\varepsilon_s^p}$	r_{dp}	r_{dq}
-0.65	-0.69	0.63	0.63

由此可计算出各附加因素对 d_{re} 影响的权重值，如下式所示：

$$w_{\varepsilon_v^p} = \frac{|r_{\varepsilon_v^p}|}{|r_{\varepsilon_v^p}|+|r_{\varepsilon_s^p}|+|r_{dp}|+|r_{dq}|} = 0.250 , \quad (15)$$

式中，$w_{\varepsilon_v^p}$ 表示 ε_v^p 对 d_{re} 的影响权重值。同理可求得 $w_{\varepsilon_s^p}$=0.266，w_{dp}=0.242，w_{dq}=0.242。

综上，本文根据剪胀型土的基本力学特性，结合主要影响因素和附加影响因素的相关性函数，综合建立了如下式所示的剪胀模型：

$$d = f(\eta)[1 + w_{\varepsilon_v^p} f_1(\varepsilon_v^p) + w_{\varepsilon_s^p} f_2(\varepsilon_s^p) + w_{dp} f_3(\mathrm{d}p) + w_{dq} f_4(\mathrm{d}q)] 。 \quad (16)$$

式中，$f(\eta)$ 表示主要影响因素 η 与 d_η 的相关性函数；$f_1(\varepsilon_v^p)$，$f_2(\varepsilon_s^p)$，$f_3(\mathrm{d}p)$，$f_4(\mathrm{d}q)$ 分别表示附加影响因素 ε_v^p，ε_s^p，dp，dq 与 d_{re} 的相关性函数。同时，式（16）可转换为式（5）的形式，即 $d = d_\eta(1+d_{re})$。本文剪胀模型中的各参数值分别从 2.3 节建立的各相关性函数中通过 DLMR 算法获得，如表 5 所示。

从式（16）可知，当土处于相变特征状态时，本

表5 剪胀模型的参数值

Table 5 Parameter values of dilatancy model

主要影响因素参数			附加影响因素参数												
n_1	n_2	n_3	n_4	n_5	n_6	n_7	n_8	n_9	n_{10}	n_{11}	n_{12}	n_{13}	n_{14}	n_{15}	n_{16}
3.610	1.251	0.027	0.437	0.425	0.241	0.183	−0.701	0.232	−0.137	−0.028	0.671	1.353	−0.075	1.238	1.431

文模型有 $f(\eta)=0$，从而有 $d=0$；当处于临界状态时，本文模型有 $f(\eta)=0$，同样可得到 $d=0$。此外，本文模型与剪胀型土样本所有试验数据的剪胀率拟合度为 0.932，明显高于各类影响因素的相关性函数拟合度。综上分析，结果表明了本文模型不仅能够良好地模拟剪胀型土的剪胀率变化的共同规律，同时也进一步证明了考虑主要因素和附加因素综合影响的剪胀模型是更为科学合理的。

3 模型的检验

3.1 模型的比较

目前，应用广泛的剪胀模型主要有修正剑桥模型下剪胀模型的改进式，如式（17）所示，本文中记作模型1；Rowe 模型，如式（18）所示，本文中记作模型2。

$$d = \frac{M_d^2 - \eta^2}{2\eta}, \quad (17)$$

$$d = 1 - \frac{R}{R_u}, \quad (18)$$

式中，R 为大小主应力比，R_u 为极限主应力比。模型1是姚仰平等[29]针对修正剑桥模型，利用剪胀应力比 M_d 替换 M 得到。SHIVEL[30]利用式（17）建立了本构模型，并取得了一定的研究成果。模型2是由 Rowe 建立的剪胀模型，可较好地描述砂土的剪胀特性。本文提出的剪胀模型是在大量剪胀性试验数据的分析处理基础上，再根据其基本力学特性和 DLMR 算法建立的，所以它不同于一般统计学意义上的计算模型，而是具有一定理论意义和应用背景的计算模型。为了验证本文模型的适用性和准确性，重新选择了一组未参与之前模型建立的试验数据作为测试数据。一般地，用于建立模型的训练数据（155 个剪胀型土样本）和测试数据的数量之比为 7∶3，所以测试数据包含了 66 个新的剪胀型土样本。作为测试数据的剪胀型土样本同样也来源于表2中的期刊文献资料，并且测试数据的选择标准和过程也与训练数据组相同。因此利用测试数据分别在模型1，模型2以及本文模型下进行比较，结果如图9～11所示。

在图9中，模型1与测试数据的剪胀率拟合度为 0.665。虽然模型1在修正剑桥模型的基础上，引入了剪胀应力比 M_d，使其能大致描述剪胀型土的剪胀变化过程，但通过模型1计算得到的剪胀率在其剪缩阶段数值偏小，表明模型1低估了其剪缩性，而在剪胀阶段数值偏大，表明模型1高估了其剪胀性。

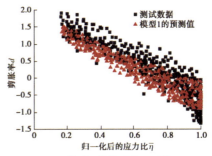

图9 模型1的剪胀率预测值

Fig. 9 Predicted values of dilatancy ratio of model 1

在图10中，模型2与测试数据的剪胀率拟合度为 0.605。相较于模型1，模型效果有所降低，这是由于模型2在描述粗粒土的剪胀特性时，会过大地估计其剪胀变形。

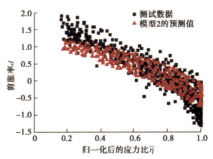

图10 模型2的剪胀率预测值

Fig. 10 Predicted values of dilatancy ratio of model 2

在图11中，本文模型（见式（16）和表5）与测试数据组的剪胀率拟合度为 0.934。相较于模型1和模型2，其模型效果明显提高。笔者认为主要原因是本文模型考虑了剪胀率的主要因素和附加因素的综合影响，因此解决了模型1和模型2在剪缩阶段剪缩性被低估，在剪胀阶段剪胀性被高估的问题。

综上分析，本文模型可良好地描述剪胀型土的剪胀变化特性，这也是本文在剪胀型土的剪胀性大数据基础上进行特征深度挖掘与研究的原因所在。

3.2 模型的验证

为了验证本文模型的适用性，选择了未参与本文统计的文献[31～33]中样3种不同应力路径下的试验数据。不同应力路径下3种剪胀模型的预测效果如图

12所示。

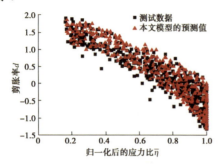

图 11 本文模型下的剪胀率预测值

Fig. 11 Predicted value of dilatancy ratio of proposed model

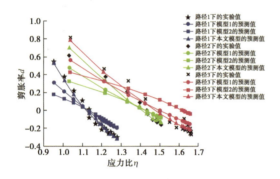

图 12 不同应力路径下 3 种剪胀模型的拟合效果图

Fig. 12 Fitting effects of three models for dilatancy ratio under different stress paths

从图 12 和表 6 可知，模型 1 和模型 2 虽然可以大致描述剪胀率变化的情况，但在剪缩阶段，两种模型都低估了其剪缩性，而在剪胀阶段，两种模型均高估了其剪胀性。此外，模型 1 和模型 2 的预测值与试验值之间的欧氏距离较大，说明预测值与试验值误差较大。本文模型（式（16）和表 5）计算的欧式距离基本保持在相对较小的范围内，说明本文模型与试验值误差较小。总地来说，本文模型不仅能够良好地描述各阶段和特征状态下的剪胀率变化情况，而且在不同应力路径下对于剪胀型土的剪胀变化特性均有较强的适应性。

为了量化不同应力路径下剪胀模型的拟合效果，试验值与 3 种剪胀模型的预测值之间的欧氏距离如表 6 所示。

表 6 不同应力路径下的 3 种模型预测与试验值的欧式距离

Table 6 Euclidean distances of predicted values and experimental data of three models under different stress paths

类型	路径 1	路径 2	路径 3
本文模型	0.131	0.153	0.191
模型 1	0.423	0.336	0.412
模型 2	0.581	0.424	0.721

4 讨 论

本文利用大数据深度挖掘技术，得到了剪胀型土的剪胀性大数据特征，并建立了剪胀率与各影响因素的相关性函数。在此基础上，构建了新的剪胀模型。

（1）在一般剪胀性的计算模型中，认为应力比是剪胀率的唯一影响因素。本文通过对大量剪胀型土剪胀性试验数据的特征挖掘，发现剪胀率不仅与应力有关，还与应变和应力增量有关，这就是一般剪胀模型不合理的根本原因。由各相关性函数综合建立的剪胀模型的拟合度明显高于单个影响因素的拟合度，进一步表明了剪胀型土的剪胀率仅仅考虑单个因素的影响是远远不够的，必须考虑主要因素和附加因素的综合影响。

（2）利用大数据技术研究土的剪胀特性是课题组在土的本构关系与大数据的交叉领域中初步的探索。希望能从中获取关于剪胀性的变化规律，加深对土体基本力学特性的认识。本文提出的剪胀模型较合理地考虑了剪胀率各类影响因素的综合影响，下一步还需要探索模型中拟合参数的物理意义。

5 结 论

（1）提出了一种基于 Hadoop+Spark 的分布式 DLMR 回归算法。该算法结合了 LM 算法，并在 Spark 分布式框架下解决了大量剪胀型土的剪胀性试验数据回归分析时的全局优化性差、收敛性慢、计算不稳定的问题。

（2）通过大数据深度挖掘技术，揭示了应力、应变以及应力增量对剪胀型土的剪胀性影响的大数据特征。通过本文提出的 DLMR 算法分别得到了剪胀率与各影响因素之间的相关性函数。根据剪胀型土的基本力学特性，建立了可以反映其剪胀特性共同规律的剪胀模型。

（3）本文模型和剪胀型土样本所有试验数据的剪胀率拟合度为 0.932，明显优于修正剑桥模型下剪胀模型的改进式和 Rowe 模型，并且还可以较好地反映不同应力路径下本文未统计的试验样本的剪胀特性。

参考文献：

[1] 董晓丽, 赵成刚. 剪胀性饱和砂土弹塑性模型[J]. 应用力学学报, 2016, **33**(4): 541－546. (DONG Xiao-li, ZHAO Chen-gang. The dilatancy saturated dense sand elastic-plastic model[J]. Chinese Journal of Applied Mechanics, 2016, **33**(4): 541－546. (in Chinese))

[2] PRADHAN T B S, TATSUOKA F, SATO Y. Experimental

stress-dilatancy relations of sand subjected to cyclic loading[J]. Soils and Foundations, 1987, **29**(1): 45–64.

[3] MATSUOKA H, SAKAKIBARA K. A constitutive model for sands and clays evaluating principal stress rotation[J]. Soils and Foundations, 1987, **27**(4): 73–88.

[4] REYNOLDS O. On the dilatancy of media composed of rigid particles in contact with experimental illustrations[J]. Philosophical Magazine, 1885, **20**(127): 469–481.

[5] ROWE P W. The stress-dilatancy relation for static equilibrium of an assembly of particles in contact[J]. Proceedings of the Royal Society A: Mathematical, Physical and Engineering Sciences, 1962, **269**(1339): 500–527.

[6] 殷志祥, 高哲, 张建成, 等. 考虑颗粒破碎引起级配演变的道砟边界面本构模型[J]. 岩土力学, 2017, **38**(9): 2669–2675. (YIN Zhi-xiang, GAO Zhe, ZHANG Jiang-cheng, et al. Boundary surface model for railway ballast considering gradation evolution caused by particle breakage[J]. Rock and Soil Mechanics, 2017, **38**(9): 2669–2675. (in Chinese))

[7] BEEN K, JEFFERIES M G. A state parameter for sands[J]. Géotechnique, 1985, **22**(6): 99–112.

[8] CUBRINOVSKI M, ISHIHARA K. Modeling of sand behavior based on state concept[J]. Soils and Foundations, 1998, **38**(3): 115–127.

[9] LI X S, DAFALIAS Y F. Dilatancy for cohesionless soils[J]. Géotechnique, 2000, **50**(4): 449–460.

[10] ANTONIO D S, CLAUDIO T. Stress–dilatancy based modelling of granular materials and extensions to soils with crushable grains[J]. International Journal for Numerical and Analytical Methods in Geomechanics, 2005, **29**(4): 73–101.

[11] FERN E J, ROBERT D J, SOQA K. Modeling the stress-dilatancy relationship of unsaturated silica sand in triaxial compression tests[J]. Journal of Geotechnical and Geoenvironmental Engineering, 2016, **142**(11): 04016055.

[12] PATIL U D, HOYOS L R, PUPPALA A J, et al. Modeling stress–dilatancy behavior of compacted silty sand under suction-controlled axisymmetric shearing[J]. Geotechnical and Geological Engineering, 2018, **36**(6): 3961–3977.

[13] 李广信, 郭瑞平. 土的卸载体缩与可恢复剪胀[J]. 岩土工程学报, 2000(2): 158–161. (LIN Guang-xin, GUO Rui-ping. Volume-contraction in unloading of shear tests and reversible dilatation of soils[J]. Chinese Journal of Geotechnical Engineering, 2000(2): 158–161. (in Chinese))

[14] 张建民. 砂土的可逆性和不可逆性剪胀规律[J]. 岩土工程学报, 2000, **22**(1): 15–20. (ZHANG Jiang-min. Reversible and irreversible dilatancy of sand[J]. Chinese Journal of Geotechnical Engineering, 2000, **22**(1): 15–20. (in Chinese))

[15] 刘元雪, 施建勇. 土的可恢复性剪胀的一种解释[J]. 岩土力学, 2002, **23**(3): 304–308. (LIU Yuan-xue, SHI Jian-yong. A kind of explanation of reversible dilatancy of soils[J]. Rock and Soil Mechanics, 2002, **23**(3): 304–308. (in Chinese))

[16] 迟明杰, 赵成刚, 李小军. 砂土剪胀机理的研究[J]. 土木工程学报, 2009, **42**(3): 99–104. (CHI Ming-jie, ZHAO Cheng-gang, LI Xiao-jun. Stress-dilation mechanism of sands[J]. China Civil Engineering Journal, 2009, **42**(3): 99–104. (in Chinese))

[17] 熊焕, 郭林, 蔡袁强. 主应力轴变化下非共轴对砂土剪胀特性影响[J]. 岩土力学, 2017, **38**(1): 133–140. (XIONG Huan, GUO Lin, CAI Yuan-qiang. Effect of non-coaxiality on dilatancy of sand involving principal stress axes rotation[J]. Rock and Soil Mechanics, 2017, **38**(1): 133–140. (in Chinese))

[18] 孙逸飞, 陈成. 无状态变量的状态依赖剪胀方程及其本构模型[J]. 岩土力学, 2019, **40**(5): 1–10. (SUN Yi-fei, CHEN Cheng. A state-dependent stress-dilatancy equation without state index and its associated constitutive model[J]. Rock and Soil Mechanics, 2019, **40**(5): 1–10. (in Chinese))

[19] 陆勇, 周国庆, 顾欢达. 高低压下不同力学特性的砂土统一模型[J]. 岩土力学, 2018, **39**(2): 614–620. (LU Yong, ZHOU Guo-qing, GU Huan-da. Unified model of sand with different mechanical characteristics under high and low pressures[J]. Rock and Soil Mechanics, 2018, **39**(2): 614–620. (in Chinese)).

[20] 刘斯宏, 沈超敏, 毛航宇, 等. 堆石料状态相关弹塑性本构模型[J]. 岩土力学, 2019, **40**(8): 1–9. (LIU Si-hong, SHEN Chao-min, MAO Hang-yu, et al. State-dependent elastoplastic constitutive model for rockfill materials[J]. Rock and Soil Mechanics, 2019, **40**(8): 1–9. (in Chinese))

[21] LI Q, LING X, HU J, et al. Experimental investigation on dilatancy behavior of frozen silty clay subjected to long-term cyclic loading[J]. Cold Regions Science and Technology, 2018, **153**(1): 156–163.

[22] 朱合华, 武威, 李晓军, 等. 基于 iS3 平台的岩体隧道信息精细化采集、分析与服务[J]. 岩石力学与工程学报, 2017, **36**(10): 2350–2364. (ZHU He-hua, WU Wei, LI Xiao-jun, et al. High-precision Acquisition, analysis and service of rock tunnel information based on iS3 platform[J]. Chinese Journal of Rock Mechanics and Engineering, 2017,

36(10): 2350 – 2364. (in Chinese))

[23] 黄宏伟, 李庆桐. 基于深度学习的盾构隧道渗漏水病害图像识别[J]. 岩石力学与工程学报, 2017, 36(12): 2861 – 2871. (HUANG Hong-wei, LI Qing-tong. Image recognition for water leakage in shield tunnel based on deep learning[J]. Chinese Journal of Rock Mechanics and Engineering, 2017, 36(12): 2861 – 2871. (in Chinese))

[24] 黄发明, 殷坤龙, 蒋水华, 等. 基于聚类分析和支持向量机的滑坡易发性评价[J]. 岩石力学与工程学报, 2018, 37(1): 156 – 167. (HUANG Fa-ming, YIN Kun-long, JAING Shui-hua, et al. Landslide susceptibility assessment based on clustering analysis and support vector machine[J]. Chinese Journal of Rock Mechanics and Engineering, 2018, 37(1): 156 – 167. (in Chinese))

[25] 李松洋, 白瑞林, 李杜. 基于 PMPSD 的工业机器人几何参数标定方法[J]. 计算机工程, 2018, 44(1): 17 – 22. (LI Song-yang, BAI Rui-lin, LI Du. Method of geometric parameters calibration for industrial robot based on PMPSD[J]. Computer Engineering, 2018, 44(1): 17 – 22. (in Chinese))

[26] 宋哲理, 王超, 王振飞. 基于 MapReduce 的多级特征选择机制[J]. 计算机科学, 2018, 45(S2): 468 – 473. (SONG Zhe-li, WANG Chao, WANG Zhen-fei. Multi-level feature selection mechanism based on MapReduce[J]. Computer Science, 2018, 45(S2): 468 – 473. (in Chinese))

[27] ROSCOE K H, BURLAND J B. On the generalized stress-strain behavior of wet clay[J]. Journal of Terramechanics, 1970, 7(2): 107 – 108.

[28] 姚仰平, 侯伟, 罗汀. 土的统一硬化模型[J]. 岩石力学与工程学报, 2009, 28(10): 2135 – 2151. (YAO Yang-ping, HOU Wei, LUO Ding. Unified hardening model for soils[J]. Chinese Journal of Rock Mechanics and Engineering, 2009, 28(10): 2135 – 2151. (in Chinese))

[29] 姚仰平, 黄冠, 王乃东, 等. 堆石料的应力－应变特性及其三维破碎本构模型[J]. 工业建筑, 2011, 41(9): 12 – 17. (YAO Yang-ping, HUANG Guan, WANG Nai-dong. Stress-strain characteristic and three-dimensional constitutive model of rockfill considering crushing[J]. Industrial Construction, 2011, 41(9): 12 – 17. (in Chinese))

[30] SHIVELY H L. A state dependent constitutive model for rockfill materials[J]. International Journal of Geomechanics, 2014, 15(5): 969 – 970.

[31] CHEN C, ZHANG J. Constitutive modeling of loose sands under various stress paths[J]. International Journal of Geomechanics, 2013, 13(1): 1 – 8.

[32] YAMAMURO J A, ABRANTES A E. Behavior of medium sand under very high strain rates[J]. Geotechnical Special Publication, 2005(143): 61 – 70.

[33] PENUMADU D, ZHAO R. Triaxial compression behavior of sand and gravel using artificial neural networks (ANN)[J]. Computers and Geotechnics, 1999, 24(3): 207 – 230.

岩石工程中屈服准则应用的研究

徐干成　郑颖人

(空军工程学院，西安)

一、前　言

以莫尔-库仑(Morh-Coulomb)定律为基础的摩擦型屈服准则是在实践中久经考验，至今在岩石工程中仍被广泛采用的一个屈服准则。鉴于莫尔-库仑准则在计算上存在的困难，目前国内编制的岩土平面弹塑性有限元程序[1,2]，对理想塑性情况大都采用德鲁克-普拉格(Drucker-Prager)屈服准则。但是这一准则在 π 平面上与莫尔-库仑不等角六边形出入较大，难以保证在计算中有足够的精度。近年来，随着岩土塑性理论的发展，使用的屈服准则日益增多，特别是辛克维兹-潘迪(Zienkiewicz and Pande)[3]等人提出的二次型屈服准则被采用，但在 π 平面上都是用修圆公式去逼近莫尔-库仑六边形，实际结果与莫尔-库仑准则也有较大出入。本文就目前理想塑性材料的常用十多种屈服准则表达形式写成类似于广义冯·米赛斯(Von Mises)条件的统一表达式，按德鲁克-普拉格屈服准则采用的方法编制了统一表达式的平面弹塑性有限元程序，从而使程序计算工作大大简化。对于莫尔-库仑准则，在 π 平面上采用广义冯·米赛斯圆屈服曲线去逼近莫尔-库仑六边形直边。同时文章还提出了 π 平面上与莫尔-库仑准则不等角六边形等面积的屈服准则，且用工程实例对塑性区进行了验证，得到了与莫尔-库仑准则很为接近的结果。

二、屈服准则的统一表达式

辛克维兹-潘迪[3]曾提出了屈服准则的一般形式为

$$F = \beta \sigma_m^2 + \alpha_1 \sigma_m - k + \overline{\sigma}_+^2 = 0 \qquad (1)$$

文献[4]将上述屈服准则的一般形式加以推广，写出了屈服准则的统一表达式，即

$$F = \beta \sigma_m^2 + \alpha_1 \sigma_m - k + \overline{\sigma}_+^n = 0 \qquad (2)$$

式中　　$\sigma_m = \dfrac{I_1}{3}$，$\overline{\sigma}_+ = \dfrac{\sqrt{J_2}}{g(\theta_\sigma)}$。

注：本文摘自《岩土工程学报》(1990年第12卷第2期)。

但这样的表达式不便于弹塑性本构方程的程序实现,如将各屈服准则写成广义冯·米赛斯条件形式,则可采用德鲁克-普拉格准则相同的方法编制程序[5],对于莫尔-库仑、辛克维兹-潘迪和屈瑞斯加(Tresca)准则,在 π 平面上为非圆形的屈服曲线,可用广义冯·米赛斯圆曲线去逼近,从而获得足够的精度,统一表达式为

$$F = a' I_1 + \sqrt{J_2'} - k' = 0 \qquad (3)$$

式中 a',k' 是应力不变量的函数,其值列于表1,表中 $\mathrm{tg}\overline{\phi} = \dfrac{6\sin\phi}{\sqrt{3}(3-\sin\phi)}$,

$\overline{c} = \dfrac{6c\cos\phi}{\sqrt{3}(3-\sin\phi)}$。

对于 π 平面上的莫尔-库仑屈服曲线有

$$g'(\theta_\sigma) = \dfrac{3-\sin\phi}{2\sqrt{3}(\cos\theta_\sigma - \dfrac{1}{\sqrt{3}}\sin\theta_\sigma\sin\phi)} \qquad (4)$$

为避免 $\theta_\sigma = \pm\dfrac{\pi}{6}$ 的奇异点,可采用辛克维兹-潘迪的修圆公式

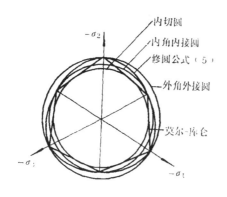

$$g''(\theta_\sigma) = \dfrac{2K}{(1+K)-(1-K)\sin 3\theta_\sigma},$$

$$K = \dfrac{3-\sin\phi}{3+\sin\phi} \qquad (5)$$

π 平面上各屈服曲线形状如图1。

子午平面上屈服曲线有零次型、一次型和二次型,二次型屈服曲线可以是双曲线,抛物线和椭圆,如图2。

图1 π 平面上屈服曲线比较

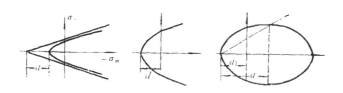

图2 子午面上屈服曲线比较

三、计算各屈服函数的弹塑性矩阵

材料进入塑性后的应力、应变关系为

$$\{d\sigma\} = [D_{ep}]\{d\varepsilon\} = ([D_e]-[D_p])\{d\varepsilon\} \qquad (6)$$

表 1

	屈服条件		a'	k'	J_2'
π 平面上曲线形状	广义米赛斯	外接圆	$\dfrac{2\sin\phi}{\sqrt{3}(3-\sin\phi)}$	$\dfrac{6c\cos\phi}{\sqrt{3}(3-\sin\phi)}$	J_2
		内接圆	$\dfrac{2\sin\phi}{\sqrt{3}(3+\sin\phi)}$	$\dfrac{6c\cos\phi}{\sqrt{3}(3+\sin\phi)}$	J_2
		内切圆	$\dfrac{\sin\phi}{\sqrt{3}\sqrt{3+\sin^2\phi}}$	$\dfrac{\sqrt{3}c\cos\phi}{\sqrt{3+\sin^2\phi}}$	J_2
		等面积圆	$\dfrac{\sin\phi}{\sqrt{3}(\sqrt{3}\cos\theta_\sigma^* - \sin\theta_\sigma^*\sin\phi)}$	$\dfrac{\sqrt{3}c\cos\phi}{\sqrt{3}\cos\theta_\sigma^* - \sin\theta_\sigma^*\sin\phi}$	J_2
	米赛斯		0	c	J_2
	广义屈瑞斯加	对应外接圆	$\dfrac{\sin\phi}{\cos\theta_\sigma(\sqrt{3}-\sin\phi)}$	$\dfrac{3c\cos\phi}{\cos\theta_\sigma(\sqrt{3}-\sin\phi)}$	J_2
		对应内接圆	$\dfrac{\sin\phi}{\cos\theta_\sigma(\sqrt{3}+\sin\phi)}$	$\dfrac{3c\cos\phi}{\cos\theta_\sigma(\sqrt{3}+\sin\phi)}$	J_2
		对应内切圆	$\dfrac{\sin\phi}{2\cos\theta_\sigma\sqrt{3+\sin^2\phi}}$	$\dfrac{3c\cos\phi}{2\cos\theta_\sigma\sqrt{3+\sin^2\phi}}$	J_2
	屈瑞斯加		0	$\dfrac{c}{\cos\theta_\sigma}$	J_2
	莫尔-库仑		$\dfrac{1}{3}\mathrm{tg}\bar\phi\, g'(\theta_\sigma)$	$\bar c\, g'(\theta_\sigma)$	J_2
	辛克维兹-潘迪		$\dfrac{1}{3}\mathrm{tg}\bar\phi\, g''(\theta_\sigma)$	$\bar c\, g''(\theta_\sigma)$	J_2
子午面上曲线形状	双曲线		$\dfrac{1}{3}\mathrm{tg}\bar\phi\, g''(\theta_\sigma)$	$\bar c\, g''(\theta_\sigma)$	$J_2 + \left[\dfrac{a\,\mathrm{tg}\bar\phi}{g''(\theta_\sigma)}\right]^2$
	抛物线		$\dfrac{1}{3a}\dfrac{[g''(\theta_\sigma)]^2}{\sqrt{J_2}}$	$\dfrac{d}{a}\dfrac{[g(\theta_\sigma)]^2}{\sqrt{J_2}}$	J_2
	椭圆		$\left[\mathrm{tg}^2\bar\phi\dfrac{I_1}{9} - \dfrac{2}{3}(a-a_1)\mathrm{tg}^2\bar\phi\right]$ $\times\dfrac{[g''(\theta_\sigma)]^2}{\sqrt{J_2}}$	$\mathrm{tg}\bar\phi(2a-\bar c\,\mathrm{tg}\bar\phi)$ $\times\bar c\dfrac{[g''(\theta_\sigma)]^2}{\sqrt{J_2}}$	J_2

式中 $[D_e]$，$[D_p]$，$[D_{ep}]$ 分别为弹性、塑性和弹塑性矩阵。

$$[D_e] = \frac{E}{(1+\nu)(1-2\nu)} \begin{pmatrix} 1-\nu & \nu & 0 & \nu \\ \nu & 1-\nu & 0 & \nu \\ 0 & 0 & \frac{1-2\nu}{2} & 0 \\ \nu & \nu & 0 & 1-\nu \end{pmatrix}$$

$$[D_p] = \frac{[D_e]\left\{\frac{\partial F}{\partial(\sigma)}\right\}\left\{\frac{\partial F}{\partial(\sigma)}\right\}^T[D_e]}{A + \left\{\frac{\partial F}{\partial(\sigma)}\right\}^T[D_e]\left\{\frac{\partial F}{\partial(\sigma)}\right\}} \qquad (7)$$

对于理想塑性情况，上式中硬化参数 $A = 0$。

$$\frac{\partial F}{\partial(\sigma)} = C_1 \frac{\partial \sigma_m}{\partial(\sigma)} + C_2 \frac{\partial \sqrt{J_2}}{\partial(\sigma)} + C_3 \frac{\partial J_3}{\partial(\sigma)} \qquad (8)$$

其中 $C_1 = \dfrac{\partial F}{\partial \sigma_m}$，$C_2 = \dfrac{\partial F}{\partial \sqrt{J_2}}$，$C_3 = \dfrac{\partial F}{\partial J_3}$

$$\frac{\partial \sqrt{J_2}}{\partial(\sigma)} = \frac{1}{2\sqrt{J_2}}[S_x \ S_y \ 2\tau_{xy} \ S_z]^T, \quad \frac{\partial \sigma_m}{\partial(\sigma)} = \frac{1}{3}[1 \ 1 \ 0 \ 1]^T$$

$$\frac{\partial J_3}{\partial(\sigma)} = [S_y S_z + \frac{1}{3}J_2 \quad S_z S_x + \frac{1}{3}J_2 \quad -2S_z\tau_{xy} \quad S_x S_y - \tau_{xy}^2 + \frac{1}{3}J_2]^T$$

将以上各式代入式（7）得塑性矩阵，其中 F_x，F_y，F_{xy}，F_z 等表示屈服函数 F 对 σ_x，σ_y，τ_{xy}，σ_z 的偏导数。

$$[D_p] = \frac{1}{A_0} \begin{pmatrix} A_1^2 & A_1 A_2 & A_1 A_3 & A_1 A_4 \\ A_2 A_1 & A_2^2 & A_2 A_3 & A_2 A_4 \\ A_3 A_1 & A_3 A_2 & A_3^2 & A_3 A_4 \\ A_4 A_1 & A_4 A_2 & A_4 A_3 & A_4^2 \end{pmatrix} \qquad (9)$$

式中 $A_0 = (\lambda + 2G)(F_x^2 + F_y^2 + F_z^2) + GF_{xy}^2 + 2\lambda(F_y F_z + F_z F_x + F_x F_y)$

$A_1 = F_x(\lambda + 2G) + F_y \lambda + F_z \lambda$，$A_2 = F_x \lambda + F_y(\lambda + 2G) + F_z \lambda$

$A_3 = F_{xy} G$，$A_4 = F_x \lambda + F_y \lambda + F_z(\lambda + 2G)$

四、π 平面上等面积圆屈服准则的概念与计算结果分析

由屈服准则统一表达式（2）可知，屈服函数可以写成

$$F = F(\sigma_m, \overline{\sigma}_+) \tag{10}$$

当θ_σ取定值时，即确定了子午线的形状，σ_m一定时，即确定了π平面上屈服曲线的形状。如图1所示，广义冯·米赛斯准则在π平面上的屈服曲线为圆曲线，选择的参数不同对应有莫尔-库仑不等角六边形的外角外接圆，内角内接圆和内切圆（德鲁克-普拉格准则）。π平面上圆屈服曲线的$g(\theta_\sigma)$不随θ_σ而变，非圆形屈服曲线的$g(\theta_\sigma)$将随θ_σ而变，如莫尔-库仑、辛克维兹-潘迪以及广义屈瑞斯加准则等。但可以想见，对于非圆形屈服曲线，可找出一个面积与非圆屈服曲线围成的面积相等的圆屈服曲线，按此圆屈服曲线算得的结果与非圆屈服曲线的真实值最为接近，我们称此圆屈服曲线为非圆屈服曲线的等面积圆屈服准则。

对于莫尔-库仑准则，按照两者面积相等的原理有

$$\theta_\sigma^* = \sin^{-1}\left[\frac{-\frac{2A}{3}\sin\phi + \sqrt{\frac{4A^2}{9}\sin^2\phi - 4\left(\frac{\sin^2\phi}{3} + 1\right)\left(\frac{A^2}{3} - 1\right)}}{2\left(\frac{\sin^2\phi}{3} + 1\right)}\right]$$

$$A = \sqrt{\frac{\pi(9 - \sin^2\phi)}{6\sqrt{3}}} \tag{11}$$

根据本文提出的统一屈服准则表达式（3）可得

$$\alpha' = \frac{\sin\phi}{\sqrt{3}(\sqrt{3}\cos\theta_\sigma^* - \sin\theta_\sigma^*\sin\phi)}$$

$$k' = \frac{\sqrt{3}c\cos\phi}{\sqrt{3}\cos\theta_\sigma^* - \sin\theta_\sigma^*\sin\phi}$$

然后按照德鲁克-普拉格准则采用的方法编制程序，不但编制程序简单，而且可以获得足够的精度。

为了比较计算结果，下面给出三个计算实例。

[例1] 一圆形洞室，承受地应力作用，岩体参数为

$E = 775\text{MPa}$，$v = 0.2$，$c = 0.43\text{MPa}$，$\phi = 30°$。将计算区域划分成126个八节点等参元，共150个节点，各屈服准则的塑性区结果示于图3。

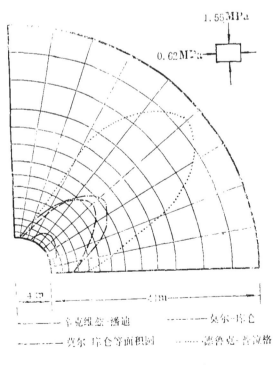

图3　圆形洞室的塑性区分布

由图3可以看出，莫尔-库仑屈服准则的塑性区大大小于德鲁克-普拉格准则的塑性区，从π平面上看，莫尔-库仑不等角六边形与德鲁克-普拉格圆曲线出入较大，且两者差别随着摩擦角ϕ的增大而增大，因此两者结果差别很大是显然的；本文提出的莫尔-库仑等面积圆准则的塑性区与真实莫尔-库仑准则结果很为接近，说明采用莫尔-库仑等面积圆准则不但程序处理简单，而且可获得较高的精度。此外，π平面上采用辛克维兹-潘迪修圆公式的塑性区比莫尔-库仑准则塑性区小得多，实际上在π平面上这两者的屈服曲线出入也较大，因此两者塑性区相差较大也是很显然的。

[例2] 计算拉西瓦水电站地下厂房的塑性区。地下厂房包括主机房（250m×29m×67m），主变压器室（220m×23m×44m）和尾水调压室（113m×20m×56.5m），岩体为坚硬完整的花岗岩，材料参数为：$E=3100$MPa，$\nu=0.21$，$c=3.92$MPa，$\phi=58°$，实测地应力为：$\sigma_x=-14.48$MPa，$\sigma_y=-14.92$MPa，$\tau_{xy}=2.68$MPa，计算区域划分成12组425个等参元，共436个节点。图4示出了各屈服准则塑性区计算结果。由计算结果可知，各屈服准则计算得到的塑性区大小规律与例1基本相同，即德鲁克-普拉格准则的塑性区比莫尔-库仑准则塑性区大得多，莫尔-库仑等面积圆准则与莫尔-库仑准则的塑性区很为接近，同样地，辛克维兹-潘迪修圆公式的塑性区比莫尔-库仑准则塑性区结果小许多。

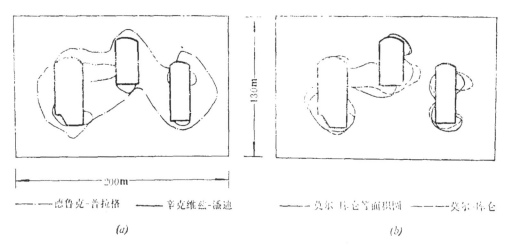

图4 拉西瓦水电站地下厂房塑性区分布

[例3] 陕西省宝鸡峡引渭灌溉工程。工程位于高边坡地段，材料计算参数如表2所示，土质为黄土、古土壤及钙核结构土。将斜坡土体划分为135个八节点等参元，共472个节点，土

表2

土类别	E(MPa)	ν	γ(kN/m³)	c(MPa)	ϕ(°)
Q_1^1	454	0.3	18.91	0.11	31.65
Q_1^2	454	0.3	18.91	0.11	30.39
Q_2^1	411	0.28	17.82	0.088	27.46
Q_2^2	205	0.25	16.95	0.064	23.54
Q_3	98	0.21	17.15	0.059	26.50

体承受自重作用，德鲁克-普拉格及莫尔-库仑等面积圆准则的塑性区结果示于图5。由图可见，德鲁克-普拉格准则的塑性区较莫尔-库仑等面积圆准则结果大许多。

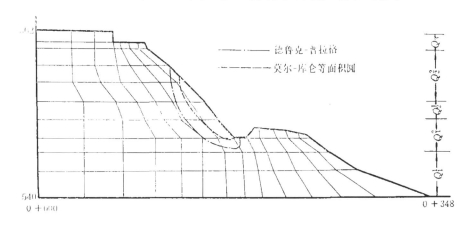

图5　宝鸡峡灌溉工程边坡的塑性区分布

五、结论与建议

1. 德鲁克-普拉格准则获得的塑性区结果较莫尔-库仑或莫尔-库仑等面积圆准则结果大许多，如例2，对于地应力不大和坚硬、完整性很好的花岗岩体，各洞室之间出现塑性区贯通现象是不符合实际的，因而德鲁克-普拉格准则的结果过于保守。

2. 为了避免莫尔-库仑屈服曲线角点处理的困难，辛克维兹-潘迪准则应用越来越广泛，但从计算实例看，辛克维兹-潘迪准则塑性区结果偏于危险。

3. 由于本文提出的莫尔-库仑等面积圆准则的塑性区结果与莫尔-库仑准则结果很为接近，而且编制程序时只需将德鲁克-普拉格准则的参数稍作变换即得莫尔-库尔等面积圆准则的程序，其计算精度与真实莫尔-库仑准则相当。因而，文章建议，在实际工程计算中应推广应用莫尔-库仑等面积圆屈服准则。

参 考 文 献

[1] 石宏达、郑颖人等，应用岩土统一屈服准则的弹塑性有限元程序，空军工程学院学报，1985年第1期。

[2] 殷有泉等，二维弹塑性静力分析程序(NOLM83)理论文本，北京大学，1984年。

[3] Zienkiewicz, O. C., Pande, G. N., Finite Elements in Geomechanics, ed. by Gudehus, G., ASME, 1978, pp.175—190.

[4] 郑颖人、陈长安，理想塑性岩土的屈服准则与本构关系，岩土工程学报，1984年第5期，pp. 13—22。

[5] Owen, D.R.J., Hinton, E., Finite Elements in Plasticity, Theory and Practice, Pineridge Press Ltd., 1980, pp.215—268.

有限元极限分析法发展及其在岩土工程中的应用

郑颖人[1]，赵尚毅[1]，邓楚键[1]，刘明维[1]，唐晓松[1]，张黎明[2]

(1. 中国人民解放军后勤工程学院，重庆 400041；2. 青岛理工大学，山东青岛 266000)

[摘要] 有限元极限分析法兼有数值分析法与经典极限分析法两者的优点，特别适用于岩土工程的分析与设计。20世纪初，国内岩土工程界应用国际上通用程序，大力发展有限元极限分析法并拓宽其在岩土工程中的应用。在基本理论研究、提高计算精度、拓宽应用范围及工程实际应用等方面取得了很大成绩。重点介绍作者及其合作者的一些研究成果。主要包括岩土工程安全系数定义、方法原理、整体失稳判据、强度准则的推导、选用及提高计算精度等方面的研究。应用范围从二维扩大到三维，从均质土坡、土基扩大到有节理的岩质边坡与岩基，从稳定渗流扩大到不稳定渗流、从边坡与地基工程扩大到隧道、还用于寻找边（滑）坡中的多个潜在滑面，进行岩土与结构共同作用的支挡结构设计，计算机仿真地基承载板载荷试验等应用项目，以逐渐达到革新岩土工程设计方法的目的。

[关键词] 极限分析法；有限元法；岩土工程；边坡；地基；隧道

[中图分类号] TU45　　**[文献标识码]** A　　**[文章编号]** 1009－1742（2006）12－0039－23

1 前言

自20世纪20年代以来，岩土工程的极限分析方法（主要指滑移线场法、上下限分析法与极限平衡法）获得蓬勃发展，并广泛应用于工程实际。这些方法有的需要作一些人为假设，有的求解范围十分有限，限制了这种方法的发展与应用。而有限元法数值方法适应性强，应用范围宽，但无法求出工程设计中十分有用的稳定安全系数 F 与极限承载力，从而制约了有限元数值分析方法在岩土工程中的应用。

1975年，英国科学家 Zienkiewicz 提出在有限元中采用增加荷载或降低岩土强度的方法来计算岩土工程的极限荷载和安全系数[1]。20世纪80年代、90年代曾用于边坡和地基的稳定分析[2]，但是由于当时缺少严格可靠、功能强大的大型有限元程序以及强度准则的选用和具体操作技术掌握不够等原因，导致计算精度不足，而没有得到岩土工程界的广泛采纳。

20世纪末前后，国际上又发表了多篇文章[3~6]，研究了有限元强度折减法求解均质土坡的稳定安全系数 F，由于一些算例得到的结果与传统方法求解结果比较接近，逐渐得到学术界认可，有些国外学者认为有限元强度折减法使边坡稳定分析进入了一个新的时代。尤其是1999年美国科罗拉多矿业学院的 D·V·Griffith 等人用自编有限元程序对均质土坡进行稳定分析[3~5]，与其他程序不同之处是该程序能够模拟水位和孔隙水压力的影响，还可进行库水下降情况下边坡的稳定分析。

1997年宋二祥介绍和研究了有限元强度折减法在土坡中的应用[7]。21世纪初，国内学者开始致力于有限元强度折减法在边坡稳定分析中应用的研究[7~15]，文献 [8~10] 是国内较早的研究文章。首先进行了该法基本理论和提高计算精度的研究，

注：本文摘自《中国工程科学》(2006 年第 8 卷第 12 期)。

随着计算精度的提高，这种方法受到国内岩土工程界和设计部门的广泛关注。一方面扩大了有限元极限分析法的应用范围，另一方面也开始被一些工程设计部门实际采用。目前，有限元极限分析法正进入方兴未艾的发展阶段。

国际上采用有限元强度折减法求解边坡的滑面与安全系数，用有限元增量加载（超载）法求地基的极限承载力，前者研究较多，并取得了可喜的成果，而后者还研究不多。将上述两种方法统称为有限元极限分析法，因为它们本质上都是采用数值分析手段求解的极限分析法。

国际上采用自编数值分析程序居多，其应用范围限于二维平面土坡与土基的分析。而国内趋向于采用国际大型通用程序，不仅计算方便，而且程序可靠，功能强大，计算精度高，表述清晰并便于工程应用。同时，将该方法的应用范围大为扩大，从均质的土坡、土基扩大到具有结构面的岩坡与岩基；从二维扩大到三维；还扩展到寻找边（滑）坡中多个潜在滑面；进行岩土与结构共同作用的支挡结构设计；用于计算机仿真地基承载板载荷试验，尤其是首次扩展到求隧道的稳定安全系数。更可喜的是有些工程设计部门已经采用这一方法进行边坡稳定分析与支挡结构设计，为有限元极限分析法开拓了灿烂的应用前景。

近来，我国在有限元极限分析法方面的发展极为迅速，国内许多学者作了有效的工作。目前，有限元极限分析法的发展刚处于起步阶段，离达到改革岩土工程设计方法的目的还有很大距离。所以，希望能与国内同仁们一道，为发展这一学科分支与革新岩土工程设计方法作出贡献。

2 有限元极限分析法的原理

2.1 有限元极限分析法中安全系数的定义

有限元极限分析法中安全系数的定义依据岩土工程出现破坏状态的原因不同而不同。一类如边（滑）坡工程多数由于岩土受环境影响，岩土强度降低，导致边（滑）坡失稳破坏。这类工程宜采用强度贮备安全系数（也称强度安全系数），即可通过不断降低岩土强度使有限元计算最终达到破坏状态为止。强度降低的倍数就是强度贮备安全系数，因而这种有限元极限分析法称为有限元强度折减法。其实，无论何种岩土工程，凡是采用有限元强度折减法来求安全系数的都是强度贮备安全系数。

另一类，如地基工程由于地基上荷载不断增大而导致地基失稳破坏，这类工程采用荷载增大的倍数作为超载安全系数，称为有限元增量加载（超载）法。同样，凡是采用这一方法求解的安全系数的都是超载安全系数。显然，上述两种方法求得的安全系数是不同的，即不同的安全系数定义得到的安全系数是不同的，采用同一安全系数算出的支挡结构上的推力也是不同的。

2.2 有限元极限分析法原理[11, 12]

1) 有限元强度折减法[13] 对于岩土中广泛采用的莫尔—库仑材料，强度折减安全系数 ω 可表示为

$$\tau = (c + \sigma \tan\varphi)/\omega = c' + \sigma \tan\varphi' \quad (1)$$
$$c' = c/\omega, \ \tan\varphi' = (\tan\varphi)/\omega。$$

有限元计算中不断降低边坡中岩土抗剪强度直至达到破坏状态为止。程序根据有限元计算结果自动得到破坏滑动面，并获得强度贮备安全系数。

然而，岩土材料有 2 个强度指标 c 与 $\tan\varphi$，却采用一个强度贮备安全系数，这意味着两个指标按同一比例下降，而实际岩土并非这样。这是强度贮备安全系数的不足。

2) 有限元增量加载法[14] 在实际工程中，岩土破坏往往是一个渐进的破坏过程，岩土体是由初始的线弹性状态逐渐过渡到塑性流动，直至达到极限破坏状态。采用增量加载的方式求解地基的极限承载力就是这一思路下的产物。随着荷载的逐步增加，岩土体由弹性逐渐过渡到塑性，最后达到极限破坏状态，对应的荷载就为所要求的极限荷载。这方法称为有限元增量加载法或有限元超载法。

2.3 有限元极限分析法的优越性

有限元极限分析法具有数值方法与经典极限分析法两者的优点，既具有数值方法适应性广的优点，又具有极限分析法贴近岩土工程设计，实用性强的优点。

1) 用有限元强度折减法求解边坡安全系数时，不需要假定滑面的形状和位置，也无需进行条分，而是由程序自动求出滑面与强度贮备安全系数。

2) 用有限元超载法求解地基极限承载力时，不必假定破坏面位置并给出理论解答，而由程序自动给出破坏机构与极限承载力。

3) 具有数值分析法的各种优点，能够对复杂地貌、地质条件的各种岩土工程进行计算，不受工程的几何形状、边界条件以及材料不均匀等的

限制。

4) 能考虑应力一应变关系,提供应力、应变、位移和塑性区等力和变形的全部信息。

5) 能够考虑岩土体与支护结构的共同作用,模拟施工开挖过程和渐进破坏过程[15]。

有限元极限分析法可以利用国际上通用程序的强大功能,把计算结果准确、清晰地表达出来,实用、方便,必将导致岩土工程设计方法的重大改革,因而是一种颇有前途的计算方法。

3 基本理论

3.1 关于有限元极限分析法中岩土工程(边坡、地基、隧道)整体失稳的判据

有限元极限分析法中,无论是采用强度折减法还是超载法都需知道岩土工程整体失稳的判据[16]。

岩土体的整体失稳破坏是指岩土体沿滑面(破裂面)发生滑落或坍塌,整个滑面达到极限平衡状态,并且土坡整体不能继续承载;同时,滑面上的应变与位移发生突变,岩土体沿滑面快速滑动直至滑落、坍塌。然而,人们至今仍对岩土体的整体失稳破坏没有统一的认识,一般认为边坡整个滑面上都达到极限平衡状态,就是整体失稳破坏,因而建议把滑面上塑性区贯通作为整体失稳的判据。不过,也有一些人认为,即使滑面上每点都达到极限应力状态,但由于边界条件的约束,土体没有足够的位移时仍不会发生滑动破坏。按此观点,把滑面上每点都达到极限平衡作为整体破坏条件不够全面,滑面上塑性区贯通只是破坏的必要条件,而非充分条件,它表征着渐进破坏的开始。认为只有整个滑面上每点的应变也都达到极限应变才会发生滑动。显然,这一观点符合整体失稳破坏的实际情况。边坡失稳,滑体由稳定静止状态变为运动状态,滑面节点位移和塑性应变将产生突变,此时位移和塑性应变将以高速无限发展,直到滑体滑出。这一现象符合边坡破坏的概念,可把滑面上节点塑性应变或位移突变作为边坡整体失稳的标志。与此同时,笔者也发现在上述情况下,静力平衡有限元计算也正好表现出计算不收敛,因此也可将有限元静力计算是否收敛作为边坡失稳的判据。这也表明目前国际上惯用的以计算机不收敛作为破坏判据是合适的。当然,这一判据不适用于由于计算失误而引起的计算机不收敛。

图1a为有节理岩石边坡达到整体破坏状态后产生的直线滑动破坏形式,可见破坏后边坡由稳定状态转变为运动状态,滑体产生很大的位移,而且无限发展。图1b为边坡滑动面上单元节点水平位移(坡顶UX1、坡中UX2、坡脚UX3)随着荷载的逐步增加而逐渐增大的曲线走势图。由图1可见,随着荷载的逐渐增加,当达到破坏状态后,节点的水平位移产生了突变。如有限元程序继续迭代下去,该节点的水平位移和塑性应变还将继续无限发展下去。但有限元程序已无法从有限元方程组中找到一个既能满足静力平衡又能满足应力一应变关系和强度准则的解,此时不管是从力的收敛标准,还是从位移的收敛标准来判断,有限元计算都不收敛。

a. 滑体滑出

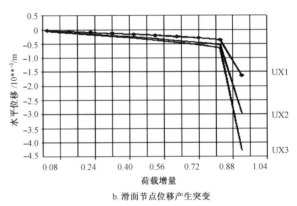

b. 滑面节点位移产生突变

图 1 边坡失稳后的特征

Fig.1 The failure phenomenon of plane sliding rock slope

3.2 本构关系与屈服准则(强度准则)的选取

3.2.1 本构关系与莫尔－库仑准则[9,17~20] 有限元极限分析法一般选用理想弹塑性模型,因为岩土工程的稳定问题都是力和强度问题,而不是位移问题,因而对本构关系的选择不十分严格,可选用最简单的理想弹塑性模型,不考虑岩土的硬化与软化。但对强度准则的选取则有严格的要求,以前该法计算精度不高,多数是由于强度准则选取不当所致。岩土材料常用的准则是莫尔－库仑准则,其表达式为

$$\sigma_1(1+\sin\varphi) - \sigma_3(1-\sin\varphi) = 2\cos\varphi,\text{或}$$

$$(I_1 \sin \varphi)/3 + (\cos \theta_\sigma - 3^{-1/2} \sin \theta_\sigma \sin \varphi) J_2^{1/2} = c\cos \varphi \quad (2)$$

莫尔—库仑准则在 π 平面上的图形为不等角六边形，如图 2 所示，存在尖顶给数值计算带来困难。所以计算程序中采用莫尔—库仑准则时常要作一些近似处理，或采用与莫尔—库仑准则相应的广义米赛斯准则。

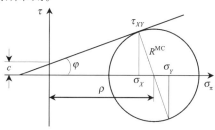

图 2 二维应力空间的莫尔—库仑屈服条件

Fig.2 The Mohr-Coulomb yield criterions in 2D stress space

3.2.2 广义米赛斯准则（Drucker-Prager） 广义米赛斯准则是在米赛斯准则的基础上，考虑平均压应力而将米赛斯条件推广成为如下形式

$$\alpha I_1 + J_2^{1/2} = k \quad (3)$$

$$I_1 = \sigma_1 + \sigma_2 + \sigma_3,$$

$$J_2 = [(\sigma_1 - \sigma_2)^2 + (\sigma_1 - \sigma_3)^2 + (\sigma_2 - \sigma_3)^2]/6,$$

式中 I_1，J_2 分别为应力张量的第一不变量和应力偏张量的第二不变量，α，k 是与岩土材料内摩擦角 φ 和粘聚力 c 有关的系数。不同的 α，k 在 π 平面上代表不同的圆（图 3），各准则的 α，k 见表 1。

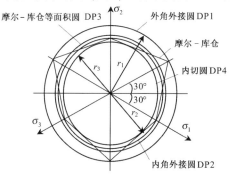

图 3 各屈服准则在 π 平面上的曲线

Fig.3 The yield surface on the deviator plane

式（3）是 1952 年 Drucker-Prager 提出的，因此广义米赛斯准则也称为 Drucker-Prager（D-P）准则。广义米赛斯准则在主应力空间的屈服面为一圆锥面，在 π 平面上为圆形，不存在尖顶处的数值计算问题，因此目前国际上流行的大型有限元软件 ANSYS 以及美国 MSC 公司的 MARC，NASTRAN 等均采用了广义米赛斯准则。

表 1 各准则 α，k 参数表

Table 1 The relationship of different yield criterions

编号	准则种类	α	k
DP1	外角点外接圆	$(2\sin \varphi)/\sqrt{3}(3-\sin \varphi)$	$(6c\cos \varphi)/\sqrt{3}(3-\sin \varphi)$
DP2	内角点外接圆	$(2\sin \varphi)/\sqrt{3}(3+\sin \varphi)$	$(6c\cos \varphi)/\sqrt{3}(3+\sin \varphi)$
DP3	莫尔—库仑等面积圆	$2\sqrt{3} \sin \varphi/(\sqrt{3\pi}(9-\sin^2 \varphi))^{1/2}$	$6\sqrt{3} c\cos \varphi/(\sqrt{3\pi}(9-\sin^2 \varphi))^{1/2}$
DP4	平面应变关联法则下莫尔—库仑匹配圆	$(\sin \varphi)/\sqrt{3(3+\sin^2 \varphi)^{1/2}}$	$(3c\cos \varphi)/\sqrt{3(3+\sin^2 \varphi)^{1/2}}$
DP5	平面应变非关联法则下莫尔—库仑匹配圆	$(\sin \varphi)/3$	$c\cos \varphi$

3.2.3 莫尔—库仑准则的几种特殊情况 当内摩擦角 $\varphi=0$ 时，式（2）可写成

$$J_2^{1/2} \cos \theta_\sigma - C = 0 \quad (4)$$

此即屈瑞斯卡条件，它在 π 平面上的图形是外接米赛斯圆的六边形。

如式（4）θ_σ 再等于零，即得米赛斯条件

$$J_2^{1/2} - C = 0 \quad (5)$$

注意此 C 与米赛斯原式中 C 不同，差二次方，因含义不同。

当 θ_σ 为常数时，屈服函数不再与 θ_σ 或应力偏量第三不变量 J_3 有关。它在 π 平面上为一个圆，这时式（2）可写成

$$\alpha I_1 + J_2^{1/2} - k = 0 \quad (6)$$

这就是广义米赛斯条件。

在式（2）中取不同的 θ_σ 值，即有不同的 α，k 值，由此可得到大小不同的圆锥形屈服面。当取 $\theta_\sigma = \pi/6$ 时可得

$$\alpha = (2\sin \varphi)/3^{1/2}(3 - \sin \varphi),$$
$$k = (6c\cos \varphi)/3^{1/2}(3 - \sin \varphi) \quad (7)$$

它在 π 平面上的屈服曲线是通过莫尔—库仑不等角六角形外角点的外接圆。

当取 $\theta_\sigma = -\pi/6$ 时可得

$$\alpha = (2\sin \varphi)/3^{1/2}(3 + \sin \varphi),$$
$$k = (6c\cos \varphi)/3^{1/2}(3 + \sin \varphi) \quad (8)$$

它在 π 平面上的屈服曲线是通过莫尔—库仑不等角

六角形内角点的外接圆。

将式（2）对 θ_σ 微分，并使之等于零，这时 F 取极小，可得

$$\mathrm{tg}\,\theta_\sigma = -(\sin\varphi)/3^{1/2} \quad (9)$$

取此 θ_σ 值时，可得：

$$\alpha = (\sin\varphi)/3^{1/2}(3+\sin^2\varphi)^{1/2},$$
$$k = (3c\cos\varphi)/3^{1/2}(3+\sin^2\varphi)^{1/2} \quad (10)$$

式（10）为平面应变条件下采用关联流动法则时的 Drucker－Prager 准则，称为平面应变关联流动法则下莫尔－库仑匹配准则，在 π 平面上的屈服曲线是通过莫尔－库仑不等角六边形的内切圆。

当取 $\theta_\sigma = 0$ 时，可得

$$\alpha = (\sin\varphi)/3,\; k = c\cos\varphi \quad (11)$$

此即为平面应变非关联法则下莫尔－库仑匹配准则，它就是平面应变下真实的莫尔－库仑准则。在 π 平面上的屈服曲线为一稍大于内切圆的圆。公式的推导过程参见文献 [21]。在平面应变条件下，可得 $\theta_\sigma = 0$，而 $\theta_\sigma = 0$ 时，能得到式（11）。

徐干成、郑颖人（1990）提出的莫尔－库仑等面积圆 DP3 准则在 π 平面上的面积等于不等角六边形莫尔－库仑准则的面积，图3可见，莫尔－库仑准则构成的六角形面积可用正弦定理求得[17]

$$S_{\mathrm{mor1}} = 3r_1 r_2 \sin\pi/3 = 3\sqrt{3}\, r_1 r_2/2,$$

式中 r_1，r_2 为外角圆与内角圆的半径。对于半径为 r 的圆锥面积为：$S = \pi r^2$，令 $S = S_{\mathrm{mor1}}$ 可得

$$r = (3\sqrt{3}\, r_1 r_2/2\pi)^{1/2} =$$
$$6^{1/2}(6c\cos\varphi - 2I_1\sin\varphi)/(2\sqrt{3}\pi(9-\sin^2\varphi))^{1/2},$$
$$r/2^{1/2} = J_2^{1/2} =$$
$$6\sqrt{3}\, c\cos\varphi/(2\sqrt{3}\pi(9-\sin^2\varphi))^{1/2} -$$
$$2\times 3^{1/2}I_1\sin\varphi/(2\times 3^{1/2}\pi(9-\sin^2\varphi))^{1/2}。$$

由此可得莫尔－库仑等面积圆屈服准则的表达式

$$\alpha = 2\sqrt{3}\sin\varphi/(2\sqrt{3}\pi(9-\sin^2\varphi))^{1/2},$$
$$k = 6\sqrt{3}\, c\cos\varphi/(2\sqrt{3}\pi(9-\sin^2\varphi))^{1/2} \quad (12)$$

3.2.4 有限元极限分析法中强度准则的选用 莫尔－库仑准则应用最为广泛，但也存在诸多缺点，例如莫尔－库仑准则没有考虑中间主应力的影响，它在三维应力空间中不是一个连续函数，它在主应力空间中由6个屈服函数构成。莫尔－库仑准则的屈服面为不规则的六角形截面的角锥体表面，在 π 平面上的图形为不等角六边形，存在尖顶和菱角，给数值计算带来困难。

广义米赛斯准则（Drucker－Prager 准则）在主应力空间的屈服面为一圆锥，在 π 平面上为圆形，不存在尖顶处的数值计算问题，因此目前国际上许多流行的大型有限元软件均采用了广义米赛斯准则。美国大型有限元软件 ANSYS 采用的是莫尔－库仑不等角六边形外角点外接圆 DP1 屈服准则。研究表明，采用该准则与传统莫尔－库仑屈服准则的计算结果有较大误差，不管是评价边坡稳定性，还是地基极限承载力等等，在实际工程中如果采用该准则是偏于不安全的。依据理论分析和计算实例，对屈服准则的选用提出如下建议：

1) 对于平面应变问题，可采用与传统 Mohr－Coulomb 准则相匹配的 DP4 与 DP5 准则，它们有很高计算精度，其计算误差一般在 1%～2%。

当采用 DP5 准则时，应使用非关联法则，此时，理论上应取膨胀角 $\psi = \varphi/2$，实际应用中也可在 $0 \sim \varphi/2$ 取值。当采用 DP4 准则时，应采用关联流动法则，膨胀角取 $\psi = \varphi$。

2) 对于三维空间问题，可采用莫尔－库仑等面积圆 DP3 准则，也可获得较好的计算结果。

3.2.5 不同 D－P 准则条件下安全系数的转换[22]

求解岩土工程安全系数一般采用有限元强度折减法。因而，对于 D－P 准则也采用 c/ω，$\tan\varphi/\omega$ 的安全系数定义。

D－P 准则中 α，k 有多种表达形式，采用不同的屈服条件得到的边坡稳定安全系数是不同的，但这些屈服条件是可以互相转换的。目前国际上的通用程序最多也只有外角点外接圆、内角点外接圆、内切圆3种 D－P 准则，因而实施屈服条件的转换是十分必要的。

设 c_0，φ_0 为初始强度参数，在外角点外接圆屈服准则条件下的安全系数为 ω_1，在莫尔－库仑等面积圆屈服准则条件下的安全系数为 ω_2，经过变换可以得到

$$\omega_2 = \{[3\sqrt{3}(3(\cos^2\varphi_0\,\omega_1^2 + \sin^2\varphi_0)^{1/2} -$$
$$\sin\varphi_0)^2 - 8\sin\varphi_0]/18\pi\cos^2\varphi_0\}^{1/2} \quad (13)$$

式（13）即为外角点外接圆 DP1 屈服准则和莫尔－库仑等面积圆 DP3 准则之间的安全系数转换关系式。只要求得了外角点外接圆屈服准则条件下的安全系数 ω_1，利用该表达式就可以直接计算出莫尔－库仑等面积圆准则条件下的安全系数 ω_2。表2为不同参数条件下两种准则之间安全系数的实际转换数据。

表 2 不同参数条件下两种 D-P 准则之间的安全系数转换数据示例

Table 2 Safety factor by different D-P yield criterions

等面积圆 DP3 准则的安全系数 ω_2		外角点外接圆 DP1 准则安全系数 ω_1									
		1	1.1	1.2	1.3	1.4	1.5	1.6	1.7	1.8	1.9
内摩擦角 $\varphi_0/(°)$	0	0.909	1.000	1.091	1.182	1.273	1.364	1.455	1.546	1.637	1.728
	10	0.854	0.945	1.036	1.127	1.218	1.310	1.401	1.492	1.583	1.674
	15	0.822	0.914	1.006	1.097	1.188	1.280	1.371	1.462	1.553	1.644
	20	0.786	0.879	0.971	1.063	1.155	1.247	1.339	1.430	1.521	1.613
	25	0.742	0.837	0.931	1.024	1.117	1.210	1.302	1.394	1.486	1.578
	30	0.685	0.784	0.881	0.977	1.072	1.166	1.259	1.352	1.445	1.537

采用同样的方法可以得到外角点外接圆 DP1 屈服准则（非关联流动法则）和平面应变莫尔—库仑匹配 DP5 准则（非关联流动法则）之间的安全系数转换关系式。设 c_0，φ_0 为初始强度参数，在外角点外接圆屈服准则（非关联流动法则）条件下的安全系数为 ω_1，在平面应变莫尔—库仑匹配准则 DP5（非关联流动法则）条件下的安全系数为 ω_2，经过变换得到

$$\omega_2 = \{[(3(\cos^2\varphi_0\,\omega_1^2 + \sin^2\varphi_0)^{1/2} - \sin\varphi_0)^2 - 12\sin^2\varphi_0]/12\cos^2\varphi_0\}^{1/2} \quad (14)$$

这样，只要求得外接圆屈服准则条件下的安全系数 ω_1，利用该表达式就可直接计算出平面应变莫尔—库仑匹配 DP5 准则条件下的安全系数 ω_2。

3.3 提高有限元极限分析法计算精度的条件[23]

为了达到计算精度，一般需满足如下条件：

1) 要有一个成熟可靠、功能强的有限元程序，尤其是选用国际上公认的通用程序，这些程序安全可靠、功能与通用性强。

2) 有可供实用的岩土本构模型和强度准则。笔者已经较好地解决了这个问题。

3) 计算范围、边界条件、网格划分等要满足有限元计算精度要求。这对有经验的计算人员不是难事，但一些缺少计算经验的计算人员常因这方面处理不当而导致计算精度不足。通过了边坡算例分析提出了下面的计算范围与网格划分的处理。

边界范围的取值在有限元法中对计算结果有较大影响。当坡角到左端边界的距离为坡高的 1.5 倍，坡顶到右端边界的距离为坡高的 2.5 倍，且上下边界总高不低于 2 倍坡高时，计算精度较为理想。

计算时必须考虑适当的网格密度，如果网格划分太粗，将会造成很大的误差。究竟单元大小取多大为宜，一般根据具体的问题来解决。可以先执行一个认为合理的网格划分的初始分析，再在可能出现滑面的危险区域利用 2 倍的网格重新分析并比较两者的结果。如果这两者给出的结果几乎相同，则认为前次划分的网格密度是合适的。网格划分过程中，还可以对重要部位进行局部加密，不重要的地方，可以稀疏一些，需要注意的是从密集到稀疏最好要有一个平缓的过渡，单元大小不要突然急剧变化，如图 4 所示。

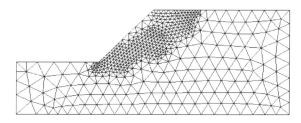

图 4 网格加密

Fig.4 FEM model with local grid refinement

用有限元计算岩土工程稳定问题时，不仅需要有几何参数、土容重 γ 与抗剪强度等参数，还需要填入泊松比 ν、弹性模量 E 等变形参数。研究表明 ν 对边坡的塑性区分布范围有影响，ν 的取值越小，边坡的塑性区范围越大。但是计算表明，ν 的取值对安全系数计算结果的影响极小。E 对边坡的变形和位移的大小有影响，但是对于稳定安全系数基本无影响。由此可见，只需按经验来选取 E，ν，即使选取有所不当，也不会影响稳定分析的结果。当然，如果计算变形与位移，必须尽量选准 E，ν。

4 有限元强度折减法在均质边（滑）坡中应用

4.1 在二维边坡中的应用[9, 24~26]

一个平面应变情况下的算例。均质土坡，坡高 $H=20$ m，土容重 $\gamma=20$ kN/m^3，粘聚力 $c=42$ kPa，内摩擦角 $\varphi=17°$，求坡角 $\beta=30°$，$35°$，$40°$，$45°$，$50°$时边坡的稳定安全系数以及对应的滑动面。

4.1.1 有限元模型的建立和计算 计算采用大型有限元 ANSYS 5.61 软件。按照平面应变建立有限元模型，边界条件为左右两侧水平约束，下部固定，上部为自由边界，如图 5 所示。

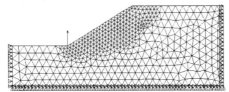

图 5 β=30°时的有限元模型
Fig.5 FEM model

为了和传统方法作比较，强度折减安全系数的计算统一采用 c/ω，$\tan\varphi/\omega$ 的折减形式，力和位移的收敛标准系数均取 0.000 01，最大迭代次数为 1 000 次。一次性施加全部重力荷载，即荷载增量步设置为 1 步。

4.1.2 安全系数计算结果及其分析 表 3 为各屈服准则采用非关联流动法则时的安全系数，表 4 为各屈服准则采用关联流动法则时的安全系数。平面应变莫尔－库仑匹配 D-P 准则在关联和非关联流动法则条件下分别采用不同的表达式 DP5 与 DP4，而对于莫尔－库仑等面积圆 DP3 准则和外角点外接圆 DP1 准则均采用同一种表达形式，只是使用关联与非关联法则时，两者采用的膨胀角不同。传统极限平衡条分法计算采用加拿大的边坡稳定分析软件 SLOPE/W。

在平面应变条件下不管是采用非关联的莫尔－库仑匹配 DP5 准则还是采用关联的莫尔－库仑匹配 DP4 准则，求得的安全系数与传统极限平衡条分法中的 Spencer 法的计算结果十分接近，误差在 2% 以内，这是因为平面应变莫尔－库仑匹配 D-P 准则实际上就是在平面应变条件下的莫尔－库仑准则。

对于平面应变问题，莫尔－库仑等面积圆 DP3

表 3 采用非关联法则时不同准则条件下的稳定安全系数
Table 3　Safety factor by different method with associated flow rule

坡角/(°)	30	35	40	45	50
DP1	1.91	1.74	1.62	1.50	1.41
DP3	1.64	1.49	1.38	1.27	1.19
DP5（非关联流动法则）	1.56	1.42	1.31	1.21	1.12
极限平衡 Spencer 法（S）	1.55	1.41	1.30	1.20	1.12
(DP1－S)/S	0.23	0.23	0.25	0.25	0.26
(DP3－S)/S	0.05	0.06	0.06	0.06	0.06
(DP5－S)/S	0.01	0.01	0.01	0.01	0.00

表 4 采用关联流动法则时不同准则条件下的安全系数
Table 4　Safety factor by different method with deviatoric flow rule

坡角/(°)	30	35	40	45	50
DP1	1.93	1.77	1.65	1.54	1.44
DP2	1.66	1.51	1.40	1.30	1.21
DP4（关联流动法则）	1.56	1.42	1.32	1.22	1.13
极限平衡 Spencer 法（S）	1.55	1.41	1.30	1.20	1.12
(DP1－S)/S	0.25	0.26	0.27	0.28	0.29
(DP3－S)/S	0.07	0.07	0.08	0.08	0.08
(DP4－S)/S	0.01	0.01	0.01	0.02	0.01

屈服准则，当使用非关联流动法则时，计算结果与传统极限平衡方法中的 Spencer 法计算结果误差在 6% 左右；当使用关联流动法则时，误差在 7% 左右。而外角点外接圆 DP1 准则条件下的安全系数比传统的极限平衡条分法中的 Spencer 法大 25% 以上。

4.1.3 边坡临界滑动面的确定 根据边坡破坏的特征，边坡破坏时滑面上节点位移和塑性应变将产生突变，滑动面在水平位移和塑性应变突变的地方，因此可在 ANSYS 程序的后处理中通过绘制边坡水平位移或者等效塑性应变等值云图来确定滑动面。下面给出一个算例，除用上述两种方法确定滑动面外，并与传统确定滑面的方法进行比较，算例表明，上述 3 种方法确定的滑面是一致的。坡角 β=30°时的滑动面形状和位置见图 6 至图 8，其中边坡变形显示比例设为 0。

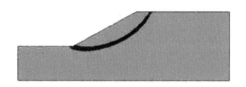

图 6 用等效塑性应变等值云图表示的滑动面位置和形状

Fig.6 The failure surface by FEM

图 7 用水平位移等值云图表示的滑动面位置和形状

Fig.7 The failure surface by FEM

图 8 用加拿大边坡稳定分析软件 SLOPE/W 得到的滑动面形状

Fig.8 The failure surface by SLOPE/W

4.1.4 有地下水渗流作用时有限元强度折减法[27]

国内对渗流作用下边坡稳定性的分析的研究刚刚开始,一般采用国际通用软件,但是各种软件在分析方法以及显示功能等方面有所不同。

1) 应用 ADINA 有限元程序求解渗流作用时边坡稳定安全系数。利用 ADINA 有限元程序进行渗流作用下的边坡稳定性分析,可以通过有限元强度折减法分析坡体在不同浸润面时的边坡稳定性来实现。

为分析坡体内含浸润面时的边坡稳定性,必须考虑坡体内孔隙水压力对土体受力与变形的影响。在 ADINA 程序中,岩土材料(骨架)可采用任何一种线性、非线性岩土材料或用户自定义的材料;而孔隙水的属性则由多孔介质属性进行定义,其主要参数为各个方向的渗透系数。因此,利用 ADINA 程序分析坡体内含浸润面时的边坡稳定性是可行的。

影响坡体内浸润面位置的因素很多,包括边界水头条件。当其他条件不变时,不同的边界水头条件对应坡体内不同的浸润面位置。因此,通过边界水头条件来控制坡体内的浸润面位置。但由于 ADINA 渗流程序中,无法显示出浸润面的位置,因而先利用渗流方程和温度方程相同的原理,在温度场中求解 seepage 材料,采用热传导单元求解不同边界(水头边界)条件下的浸润面的形状,并把它显示出来。

在实际工程中,如果已知坡体内的浸润面位置,则可以通过假设不同的水头边界对应已知的浸润面位置得到真正的水头边界,然后按孔隙水压力的形式施加在计算模型上进行稳定性分析;如果不知道坡体内的浸润面位置,则可以通过水头边界模拟浸润面的位置,然后按孔隙水压力的形式施加在计算模型上进行稳定性分析。这样就能通过有限元强度折减法求解边坡的安全系数和滑面位置。

算例:均质边坡,坡高 $H=20$ m,粘聚力 $c=42$ kPa,土容重 $\gamma=20$ kN/m^3,内摩擦角 $\varphi=17°$,渗透系数 $k=4\times10^{-3}$ cm/s。在两侧边界上都施加水头荷载 $H_d=20$ m。该算例所对应的浸润面计算模型和稳定性分析计算模型分别如图 9 和图 10 所示。

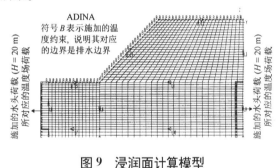

图 9 浸润面计算模型

Fig.9 The calculation model of phreatic surface

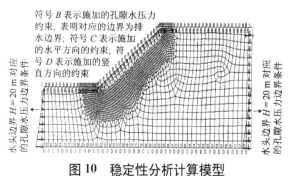

图 10 稳定性分析计算模型

Fig.10 The calculation model of slope stability analysis

通过 ADINA 程序温度场模块的求解，可以得到坡体内浸润面的位置如图 11 所示。

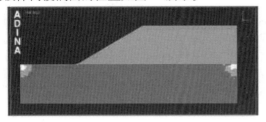

图 11 浸润面位置示意图

Fig. 11 The graph of phreatic surface

由于 ADINA 程序在考虑渗流作用时，其孔隙水压力是以节点力的形式进行计算的，因此它可以充分考虑孔隙水压力在各个方向上的影响，故在浸润面位置确定的情况下，可以把其所对应的水头荷载按孔隙水压力荷载的形式施加在稳定性分析的计算模型上。虽然计算模型中不能显示浸润面的位置，但由于计算模型上施加的约束与荷载条件和利用温度场计算时的约束与荷载条件相同，因此计算模型中浸润面的位置也应该和利用温度场计算出的浸润面位置相同。然后，采用有限元强度折减法进行安全系数的求解。

由于渗流作用下产生的孔隙水压力使计算模型的每个结点都产生了不同程度的塑性应变，因此在 ADINA 程序所绘制的等效塑性应变云图比较紊乱，无法显示滑面的位置。通过计算得到边坡的安全系数为 1.550。

为了验证 ADINA 有限元程序分析的准确性，通过传统条分法 GEO-SLOPE 程序的 SLOPE/W 和 SEEP/W 耦合以及直接在 SLOPE/W 程序中考虑浸润面的位置对该算例的安全系数分别进行了验算，该方法采用的是 Spencer 法，计算得到的安全系数分别是 1.523 和 1.525。通过与 ADINA 程序安全系数的计算结果进行对比，其误差都在 2% 以内。

2）应用 PLAXIS 有限元程序求库水下降时边坡稳定安全系数[27]。PLAXIS 程序是荷兰开发的岩土工程有限元软件，应用性非常强，能够模拟复杂的工程地质条件，尤其适合于变形和稳定性分析。

PLAXIS 程序中孔隙水压力的渗流计算是以有限元原理为基础的，通过定义土体的渗透系数、划分网格、定义边界条件，建立水力计算模型进行计算。PLAXIS 程序假设孔隙水在多孔介质中的运动符合 Darcy 定律，并设有排水力学条件与不排水力学条件的计算功能，前者土体内将不产生超孔隙水压力，而后者超孔隙水压力不消散。

结合 PLAXIS 程序在渗流计算方面的强大功能，就目前工程上比较关心的库水位下降对边坡稳定性的影响进行了分析，并对水位下降速率（r_{wd}）的影响进行了研究。

算例：均质边坡，坡高 $H=20$ m，$c=24$ kPa，坡角 arctan 1/2，土容重 $\gamma_{dry}=15$ kN/m³，$\gamma_{wet}=18$ kN/m³，$\varphi=20°$，$\nu=0.35$，$E=2\,000$ kPa。

在渗流计算模型中认为坡体后部地下水补给充足，坡体后部边界水头值保持 $H_a=30$ m 不变，坡体前部 H_b 水位从初始水位 40 m 开始下降。

有限元模型和渗流计算模型的网格划分示意图和渗流计算的模型示意图如图 12、图 13 所示。

由于水位的下降是从初始水位 40 m 开始的，因此，在初始水位时坡体已经经过长期的浸泡，坡体内的超孔隙水压力 p_{ep} 已经完全消散，所以土体在初始水位时是符合排水条件下的力学行为。

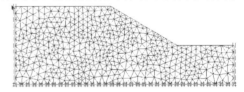

图 12 有限元模型和渗流计算模型的网格划分示意图

Fig. 12 The grid of finite element module and seepage calculation module

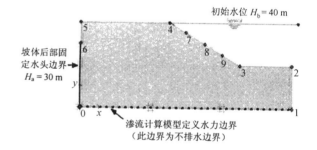

图 13 渗流计算模型示意图

Fig. 13 The module of seepage calculation

为了分析水位下降速率对边坡稳定性的影响，是通过在程序中设置固结天数的方法实现的。即如果水位从 30 m 处按 1 m/d 的速率下降，则程序设置不排水的力学条件：水位从 30 m 下降到 29 m，孔隙水压力不消散。然后稳定 1 d 再下降,在 1 d 的时间内程序进行固结计算,从而使产生的超孔隙水压力消散 1 d。同样,如果水位下降的速率为 2 m/d,则水位从 30 m 下降到 28 m 后稳定 2 d 再下降,在 2 d 的时间内也进行固结计算,从而使产生的超孔隙水压力消散 2 d。

上述可见,在 PLAXIS 程序中如果单纯地考虑水位的变化是无法考虑时间因素的,所以采用结合固结计算的方法来考虑时间因素,即把水位下降到一定高度所经过的时间通过固结计算的时间来体现。因此,对于不同的水位下降速率,即水位下降到一定高度所经历的不同时间,就可以通过设置水位下降到一定高度后,再进行不同时间的固结计算来体现。

对水位分别按 1 m/d,2 m/d 和 4 m/d 不同速率下降时的边坡稳定性进行研究,计算结果见表 5 (渗透系数 $k_x = k_y = 4 \times 10^{-2}$ m/d)。

表 5 坡体前部不同水位下降速率
对应的安全系数计算结果表

Table 5 The calculation results of the safety coefficient at different water declining rates in the former part

r_{wd}/m·d^{-1}	安全系数(当坡体前部水位高度 H_b/m)						$P_{ep\ min}$/kN·m^{-2}
	40	36	32	28	24	20	
1	2.42	1.91	1.59	1.39	1.28	1.23	1.36
2	2.42	1.90	1.58	1.35	1.23	1.20	1.36
4	2.42	1.87	1.53	1.34	1.20	1.15	1.36

表 5 可见,水位下降速率越快,边坡的稳定性越差。见图 14 至图 18 的浸润面和滑面位置示意图。

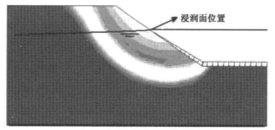

图 14 水位按 1 m/d 下降到 32 m 时浸润面和滑面位置示意图(安全系数为 1.59)

Fig.14 The graph of phreatic and sliding surfaces when the water level drops to 32 m at 1 m/d

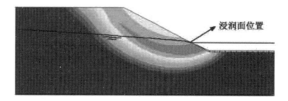

图 15 水位按 1 m/d 下降到 24 m 时浸润面和滑面位置示意图(安全系数为 1.28)

Fig.15 The graph of phreatic and sliding surfaces when the water level drops to 24 m at 1 m/d

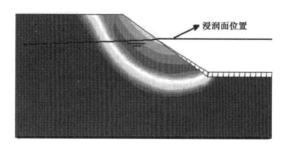

图 16 水位按 4 m/d 下降到 32 m 时浸润面和滑面位置示意图(安全系数为 1.53)

Fig.16 The graph of phreatic and sliding surfaces when the water level drops to 32 m at 4 m/d

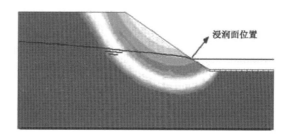

图 17 水位按 4 m/d 下降到 24 m 时浸润面和滑面位置示意图(安全系数为 1.20)

Fig.17 The graph of phreatic and sliding surfaces when the water level drops to 24 m at 4 m/d

从图 19 中可以看出,水位下降速率越快,边坡安全系数下降的幅度也越大,说明在水位下降过程中,水位下降速率越快对边坡的稳定性越不利。

为了进一步说明水位下降过程中由于坡体内地下水位下降的滞后效应所产生的超孔隙水压力对边坡稳定性的影响,计算了该算例在完全排水条件下所对应的边坡安全系数,即假设水位下降到每一高度时,坡体内的超孔隙水压力都得到了充分消散,计算结果见表 6。可以看出,水位下降过程中坡体

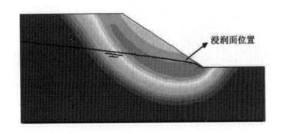

图 18 坡体内超孔隙水压力消散至最小值时的浸润面和滑面位置示意图

Fig.18 The graph of phreatic and sliding surfaces when the excess pore water pressure dissipates to the minimum

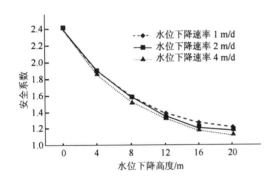

图 19 不同的水位下降速率所对应的水位和安全系数的关系曲线

Fig.19 The curve of water level and safety coefficient at different water declining rate

内产生的超孔隙水压力对边坡安全系数计算结果的影响十分明显，超孔隙水压力的产生对边坡稳定性十分不利。

表 6 是否考虑坡体内超孔隙水压力的安全系数计算结果表

Table 6 The calculation result of safety factor whether considering the excess pore water

p_{ep}的影响	安全系数（当坡体前部水位高度 H_b/m）						$p_{ep\ min}$
$r_{wd}=1$ m/d	40	36	32	28	24	20	/kN·m^{-2}
考虑	2.42	1.91	1.59	1.39	1.28	1.23	1.36
不考虑	2.42	2.08	1.77	1.52	1.45	1.37	1.37

4.2 在三维边坡中的应用[28]

在边坡稳定分析领域，二维方法是常用的手段，但在岩土工程中很多边坡问题都属于三维边坡问题。有关边坡稳定三维极限平衡方法，已有众多研究成果。Duncan 曾列表总结了 20 篇文献资料[29]，列举了这些方法的特点和局限性。

4.2.1 简化为平面应变问题的空间模型 建立一个可以简化为平面应变问题的空间模型，计算模型如图 20 所示，坡高 20 m，坡角 45°，坡角到左端边界的距离为坡高的 1.5 倍，坡顶到右端边界的距离为坡高的 2.5 倍，且总高为 2 倍坡高，在 z 方向取 30 m。计算采用 ANSYS－5.61 程序，有限元模型的边界条件为底面固定约束，坡体侧面约束相应的水平位移。采用 SOLID45 号实体单元和关联流动法则。土坡计算参数为 $\gamma=25$ kN/m^3，$c=42$ kPa，φ 为变量。

图 20 均质土坡计算模型

Fig.20 The model of soil slope

计算结果表明（见表 7），在三维边坡计算中采用莫尔—库仑等面积圆屈服准则 DP3 是可行的，它所得到的计算结果与二维情况下得到的结果基本一致。

表 7 不同屈服准则得到的安全系数

Table 7 Safety factor by different method

	$H=20$ m	$\beta=45°$	$c=42$ kPa		
$\varphi/(°)$	0.1	10	25	35	45
DP1	0.523	1.072	1.696	2.105	2.497
DP2	0.522	0.938	1.303	1.473	1.494
DP3（三维）	0.475	0.920	1.390	1.680	1.925
DP3（平面）	0.455	0.915	1.388	1.665	1.914

4.2.2 有限元强度折减法与三维极限平衡法比较 通过典型算例对比三维极限平衡法与有限元强度折减法的计算结果，验证有限元强度折减法应用于三维边坡的可行性。

图 21 为 Zhang Xing 提供的椭球滑面三维极限平衡法算例[30]，国内都选择该算例来检验各自的三维极限平衡法程序的合理性。计算参数见图 22，椭球的长宽比为 1∶3，按原例要求，在对称轴平面

用一圆弧模拟滑裂面,在 z 方向,则以椭球面形成滑面,即滑面是给定的,在滑面四周约束土体的位移。对此算例采用不同的屈服准则计算,见表 8。

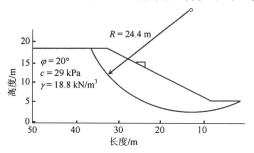

图 21 椭球体滑面算例

Fig.21 An example with an ellipsoid failure surface

表 8 Zhang Xing 算例用不同屈服准则得到的稳定安全系数

Table 8 Safety factor by different method about the example of Zhang Xing

屈服准则	DP1	DP2	DP3	Zhang Xing
安全系数	2.489	2.217	2.150	2.122
误差/%	17	5	1	

可见,采用 DP3 准则计算所得的稳定安全系数与 Zhang Xing 求得的稳定安全系数非常接近,表明在分析三维边坡时采用莫尔-库仑等面积圆屈服准则是适宜的。封底图 1 为其计算不收敛时的 x 方向的位移云图。

在 Zhang Xing 原例中约束了滑面周围土体的位移,这种假定不符合实际情况。实际情况下滑面周边的土体并未约束,笔者对这种情况进行了计算。$w/l=3$ 椭球滑面计算所得安全系数为 2.165,也与给定滑面情况下的安全系数 2.15 十分接近。

目前,虽然已有很多三维极限平衡法的分析程序,但三维极限平衡法与二维相比作出了更多的假定,而且需要给定滑面。而有限元强度折减法不需要作任何假定,计算结果更可靠,它为三维边坡稳定性分析开辟了新的途径。

大型水电站岩石高边坡大都属于三维边坡。目前,有些设计部门正尝试将有限元强度折减法用于水电站的三维边坡的稳定分析。

4.3 在确定滑坡多个滑面中的应用[31]

4.3.1 概述 确定滑坡滑动面位置和形状的传统方法主要是在现场钻探的基础上,通过技术人员的分析判断提出滑带位置。这种判断方法存在如下问题:a. 当只有少量钻孔发现滑带特征时,依据少量滑带位置来判定整个滑带有时可能出现差错;b. 当滑坡体处于蠕变阶段,滑面尚未形成,更无法通过勘查找出滑面;c. 即使查明了滑带和剪出口,还可能存在一些次级滑面和次生剪出口。目前的判断方法容易造成滑面遗漏。因为次生滑面的遗漏而导致工程失败,已有了多次的教训。

4.3.2 寻找滑坡中的多个滑面 对一个复杂滑坡算例,通过依次约束已知滑面剪出口的方式,搜索出低于设定稳定安全系数的所有滑动面,可纠正错划、漏划现象,从而全面、准确地确定出复杂滑坡内的多个滑动面,为滑坡治理方案提供科学依据。

1) 模型和计算参数 滑坡断面如图 22 所示,滑坡材料的物理力学参数见表 9。

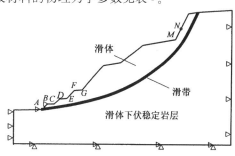

图 22 滑坡治理示意图

Fig.22 Managing landslide

表 9 材料物理力学参数

Table 9 Material properties

材料名称	$\gamma/kN \cdot m^{-3}$	E/MPa	ν	c/kPa	$\varphi/(°)$
滑体	20.7	30	0.3	28	22.2
滑带	20	30	0.3	25	19.4
滑体下伏稳定岩层	23.7	1 600	0.2	200	32.0

滑体、滑带和下伏稳定岩层均采用 6 结点二次三角形平面单元模拟。首先用有限元强度折减法计算,表明滑面位于滑带上,滑坡的稳定安全系数为 1.00,而用极限平衡法(spencer)算得滑坡稳定安全系数为 1.002。

2) 通过约束剪出口寻找其他潜在滑面 滑坡治理的过程实际上是滑动面变化与稳定安全系数提高的动态过程。对于复杂滑坡,必须考虑多个次生滑动面的出现,只有所有次生滑动面的稳定安全系数都达到设计规定,该滑坡从工程意义上来说才是安全的。算例中规定滑坡的稳定安全系数为1.20，为了寻求可能出现的多个次级滑动面的位置及滑动次序，在有限元计算中采用约束坡体剪出口附近某一地段的水平位移来表示对该部分的治理。依次对未达到设定稳定安全系数的所有剪出口进行约束，求出相应滑面与稳定安全系数，直至稳定安全系数达到设计规定值。表10列出了所有可能的滑面及滑面滑动先后顺序、剪出口位置与稳定安全系数，图22至图26列出了各滑面位置。

表10 约束部位与滑坡稳定安全系数间的关系

Table 10 Parts restrained and safety factors of landslide

序号	约束部位	滑面产生次序	剪出口位置	稳定安全系数	备注
1	天然滑坡	1	A 以上	1.000	
2	ABC	2	C 以上	1.023	
3	+CDE	3	E 以上	1.052	滑坡设定稳定安全系数1.20
4	+EFG	4	M 以上	1.135	
5	+MN	5	G 以上	1.203	

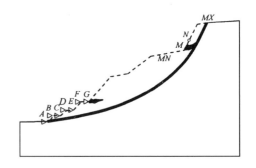

图25 增加约束 EFG 段滑坡极限状态的滑动面（F=1.135）

Fig.25 Landslide critical surface under restraining EFG part (F=1.135)

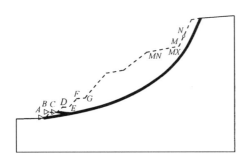

图23 约束 ABC 段滑坡极限状态的滑动面（F=1.023）

Fig.23 Landslide critical surface under restraining ABC part (F=1.023)

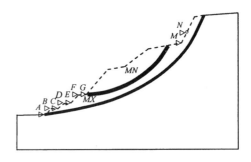

图26 增加约束 MN 段滑坡极限状态的滑动面（F=1.203）

Fig.26 Landslide critical surface under restraining MN part (F=1.203)

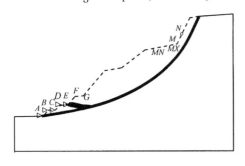

图24 增加约束 CDE 段滑坡极限状态的滑动面（F=1.052）

Fig.24 landslide critical surface under restraining CDE part (F=1.052)

由此可见，复杂滑坡可能存在多个剪出口和滑动面，而这些滑动面都未达到设计规定的稳定安全系数。显然，上述支护方案均不能达到工程治理的目的。因而合理的滑坡支护方案必须寻求出所有小于设计规定的稳定安全系数的滑动面与剪出口，抑制所有滑动面的贯通和剪出口的剪出，才能达到治理滑坡的目的。

5 在岩质边坡中的应用[13, 24, 32, 33]

5.1 概述

岩质边坡的稳定分析历来是至为关注的重大课题，由于实际岩体中含有大量不同构造、产状和特性的不连续结构面（如层面、节理、裂隙、软弱夹层、岩脉和断层破碎带等），这就给岩质边坡的稳定分析带来了巨大的困难。岩质边坡的稳定性主要由岩体结构面控制，传统的用于土质边坡稳定分析的滑动面搜索方法很难用于岩质边坡。

岩体中的结构面，根据其贯通情况，可以将结构面分为贯通性、非贯通性两种类型。根据结构面的强弱和充填情况，可以将结构面分为硬性结构面和软弱结构面。由于岩体结构的复杂性，要十分准确地反映岩体结构的特征十分困难。基于这种考虑，对于一个实际工程来说，往往根据现场地质资料，根据结构面的长度、密度、贯通率、展布方向等，着重考虑2～3组对边坡稳定起主要控制作用的节理组或其他结构面。

5.2 岩质边坡结构面模型

1) **软弱结构面有限元模拟** 软弱结构面和岩体均采用平面实体单元模拟，按照连续介质处理，只是结构面与岩体选用的参数不同而已。岩体以及结构面材料本构关系采用理想弹塑性模型，强度折减过程与均质土坡相同，即通过对岩体以及结构面强度参数同时进行折减使边坡达到极限破坏状态，此时可得到边坡的强度储备安全系数。

2) **硬性结构面有限元模拟** 无充填的硬性结构面可采用无厚度接触单元来模拟，程序通过覆盖在两个接触物体表面的接触单元来定义接触关系。两个接触面之间不抗拉，可以脱离，可以滑动。两个接触面的接触摩擦行为服从库仑定律：

$$\tau = c + \sigma\tan\varphi,$$
$$\sigma \geq 0 \quad (规定压为正)。$$

5.3 求两组贯通结构面边坡的滑面及安全系数

如图27所示，两组方向不同的结构面，贯通率100%，第一组软弱结构面倾角30°，平均间距10 m，第二组软弱结构面倾角75°，平均间距10 m，岩体以及结构面计算物理力学参数见表11。

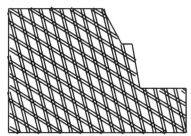

图27 由有两组贯通的平行结构面控制的岩质边坡几何模型

Fig. 27 Geometry model

岩体以及结构面均采用平面应变单元模拟，只是物理力学参数不同，计算步骤同上，通过有限元强度折减得到的破坏过程如图28所示，图28a是岩质边坡最先产生的破坏形式，接着出现第二条、第

表11 物理力学参数计算取值

Table 11 Material properties

材料名称	$\gamma/kN \cdot m^{-3}$	E/MPa	ν	c/MPa	$\varphi/(°)$
岩体	25	10^4	0.2	1.0	38
第一组结构面	17	10	0.3	0.12	24
第二组结构面	17	10	0.3	0.12	24

三条次生滑动面（图28b），求得的稳定安全系数见表12，其中极限平衡方法计算结果是根据最先贯通的那一条滑动面求得的。计算表明，采用DP1准则计算结果偏大，采用DP3准则计算结果与极限平衡法算得的结果相近。

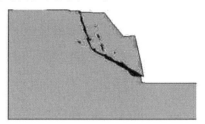

a. 首先贯通的滑动面

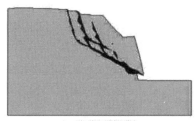

b. 滑动面继续发展

图28 极限状态后产生的破坏形式

Fig. 28 Failure progress of rock slope

表12 岩质边坡稳定安全系数计算结果

Table 12 Safety factor by different method

计算方法	安全系数
有限元法（外角点外接圆DP1准则）	1.49
有限元法（莫尔—库仑等面积圆DP3准则）	1.21
极限平衡方法（spencer）	1.17

5.4 具有非贯通结构面岩质边坡的稳定分析

对于具有非贯通结构面岩质边坡，也可以采用有限元强度折减法来模拟其破坏机制。如图29a所示，结构面AB，CD，FG倾角均为45°，$AB=21.21$ m，$CD=14.14$ m，$CE=35$ m，$AD=10$ m，$\angle BAD=135°$，$AF=20$m，$FD=22.36$m，计算采

用的参数见表13。计算机自动使结构面从A与D之间贯通,如图29b所示,对应的安全系数为2.7。

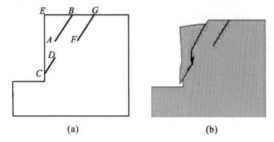

图29 具有3条非贯通结构面岩质边坡破坏模式
Fig.29 Failure progress of rock slope with structural plane

表13 物理力学参数计算取值
Table 13 Material properties

材料名称	$\gamma / kN \cdot m^{-3}$	E / Pa	ν	c / MPa	$\varphi / (°)$
岩体	25	10^{10}	0.2	1.0	30
结构面	18	10^7	0.3	0.06	18

研究表明,在岩体及结构面参数相同的情况下,结构面之间的贯通破坏机制受结构面几何位置、倾角、结构面之间岩桥的倾角、岩桥长度等因素的影响。结构面及岩桥位于受剪力最大的地方容易贯通;在垂直边坡中,结构面倾角愈接近$45°+\varphi/2$就愈容易贯通;岩桥长度愈短愈容易贯通。无论何种状态的非贯通结构面,计算机都可自动获得首先贯通的结构面及其安全系数。计算中,岩体结构面的贯通率是一个重要参数。

6 用有限元法进行边(滑)坡支挡结构的设计[34~37]

6.1 概述

用传统方法进行边(滑)坡支挡结构设计,通常,先采用极限平衡法确定支护结构上的推力(岩土侧压力),但要求事先准确确定破坏滑动面的位置与形状,并采用合理的方法计算,这样才能准确算出岩土压力,还要明确岩土压力如何分布在支挡结构上。传统计算方法中,作用在支挡结构上的岩土压力分布是假定的,一般假设为矩形、三角形或梯形分布。假定不同的分布形式对支挡结构内力计算有很大差异,因而传统算法会有较大误差。然后,采用弹性地基梁法计算抗滑桩结构的内力,弹性地基梁法作了人为假设,而且地基系数也难以准

确确定。采用有限元法可以严格按照弹塑性理论计算,并充分考虑岩土与支挡结构的共同作用,不需要对边(滑)坡推力的分布作任何假定,还可以直接计算出支挡结构内力。尤其当采用锚桩支护等复杂结构时,有限元法可以准确地进行结构优化计算,而传统方法是在假定桩上推力分布的基础上进行优化,因而优化计算的可信度很低。

用有限元法进行支护结构的设计计算,一般包括4个步骤:a. 对抗滑桩上的推力进行验算;b. 获得抗滑桩上的推力分布形式;c. 计算抗滑桩的内力;d. 进行结构优化设计。

6.2 工程算例

6.2.1 工程概况 国道主干线重庆—湛江公路在贵州境内的崇溪河至遵义高速公路,高工天滑坡位于第五合同段K26+150—K26+260段,路基开挖时,下切滑体5~6 m,即引起滑坡复活,而且还在不断发展,形成多级的滑面,发育在土层和强风化带内。如果按照设计开挖切脚,必将引起岩体滑动。根据设计,该滑坡的治理采用抗滑桩加预应力锚索的支挡措施,每根锚索设计锚固力800 kN,每根桩上纵向布置两排锚索,每排3根,共6根,计算采用的典型断面如图30所示。

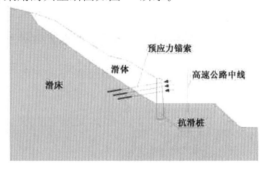

图30 计算采用的典型断面
Fig.30 The analysis cross section of landslide

6.2.2 有限元模型的建立 计算采用的软件为美国ANSYS公司的大型有限元软件ANSYS$^{(R)}$ 5.61商业版。有限单元网格划分见图31,计算按照平面应变问题建立模型,岩土体采用8节点平面单元PLANE183模拟,抗滑桩用梁单元BEAM3单元模拟,桩的断面积、惯性矩等可以在其对应的实常数中定义,该单元可以输出轴力、弯矩、剪力等。

当抗滑桩与锚杆(索)联合使用或者单独使用作为边(滑)坡的支护结构时,采用有限元计算充分考虑了锚杆(索)、桩与岩土介质的共同作用。

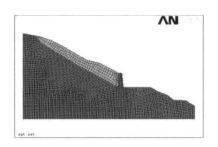

图 31 滑坡有限元模型示意图
Fig.31 Sketch of finite element mesh

一般锚杆不施加预应力，属于被动式支护，可采用杆单元模拟。而锚索一般是施加预应力的，属主动式支护，其施加的预应力，一般就是锚索的设计锚固力。传统的做法是在锚索的两锚固点，施加一对压力代表锚固力。这种情况下，锚索的作用力与岩土介质的变形无关。为了更好模拟锚索作用，也可采用杆单元来模拟锚索，锚索的预应力可以通过设置初应变来获得，初应变要根据设计锚固力来反算。施加预应力锚索后，随着滑体强度参数的降低，锚索的受力会逐渐增大，当锚索受力大于锚索设计抗拉强度时，锚索失效。桩与滑体之间的接触关系分别采用两种方案：方案一采用 ANSYS 程序提供的接触单元来模拟桩与土的接触行为；方案二为桩与土共节点但材料性质不同的连续介质模型。

根据设计，每根锚索设计锚固力 800 kN，每根桩上布置两排锚索，而该平面应变模型在纵向只布置了一排锚索，所以将锚索锚固力乘以 2，即 1 600 kN。锚索倾角 $10°$，在有限元模型中，在锚索的外锚头节点的水平方向施加 $-1\,600\cos 10°$ kN，在竖直方向施加 $-1\,600\sin 10°$ kN。抗滑桩截面为 $3\,m \times 4\,m$。

锚索纵向间距为 4 m，而本次平面应变计算纵向只有 1 m，也就是说每根桩要承担 4 m 宽的滑体的剩余下滑力，因此在有限元模型中可将土体重量乘以 4，同时为了确保原有稳定安全系数不发生变化，将岩土体的粘聚力也乘以 4，即保证 γ/c 不发生变化。

6.2.3 材料本构模型及计算参数 岩土材料本构模型采用理想弹塑性模型，屈服准则采用平面应变摩尔—库仑匹配准则 DP4，计算参数见表 14。

6.2.4 开挖和支护过程的模拟 开挖和支护采用单元的"死活"来实现。所谓单元"杀死"，就是将单元刚度矩阵乘以一个很小的因子（10^{-6}），死单元的荷载将为 0，从而不对荷载向量生效，同

表 14 计算采用物理力学参数
Table 14 Material properties

材料名称	γ/kN·m^{-3}	E/MPa	ν	c/kPa	φ/(°)
滑体	21	30	0.30	25.5	24.5
滑床	24	10^5	0.25	200	30.0
桩（C25 砼）	24	29×10^3	0.20	考虑为弹性材料	

样，死单元的质量也设置为 0，单元的应变在"杀死"的同时也将设为 0。与上面的过程相似，桩的施加采用单元的"出生"来模拟，并不是将单元增加到模型中，而是重新激活它们，其刚度、质量、单元荷载等将恢复其原始的数值，重新激活的单元没有应变记录，所有单元都要事先划分好。根据现场实际施工过程，有限元计算分 4 步：

1) 计算未开挖前的初始应力场；
2) 施工桩，激活桩单元，同时施加锚固力；
3) 开挖，杀死要开挖的土体单元；
4) 取边坡稳定安全系数 1.2，滑体强度参数折减 1.2 倍后计算。

6.2.5 滑坡推力计算与验算 滑坡推力安全系数采用强度贮备系数的定义，即将滑体强度参数折减 1.2 倍后计算滑坡水平推力。利用 ANSYS 软件提供的路径分析功能，沿桩从滑面到顶部设置路径，将水平应力映射到路径上，然后沿路径对水平应力进行积分，就可以得到总的滑坡水平推力，计算结果见表 15。

表 15 不同方法计算得到的滑坡水平推力（kN）
Table 15 Landslide thrust force by different method

接触单元 FEM	连续介质 FEM	极限平衡法	
		不平衡推力法	Spencer 法
6 770	6 440	6 944	6 400

从表 15 看出，采用连续介质有限元模型的计算结果与接触单元模型中桩土粗造接触模型的计算结果比较接近，说明如果桩土之间没有明显的滑动时可以采用连续介质模型来模拟桩和土的接触关系，这样操作方便。总体看来，有限元法计算的推力与传统极限平衡方法计算结果比较接近，因而可采用有限元法中连续介质模型来计算支挡结构的内力。

6.2.6 滑坡推力分布 通过有限元法得到的滑坡推力分布如图 32 所示，推力呈弓形分布。当坡面

倾角较大时，实测的推力分布一般也呈拱形分布。

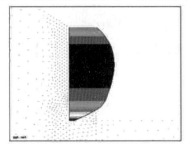

图 32　用有限元法得到的滑坡推力分布
Fig.32　Landslide thrust pressure distribution by FEM

6.2.7　抗滑桩弯矩和剪力　采用上述方法计算得到施加锚固力后桩的最大弯矩为11 900 kN－m，最大剪力为2 650 kN，弯矩和剪力分布分别见封底图2、封底图3。

从表16看出，传统方法中采用不同的滑坡推力分布图式的计算结果有很大的差别，有限元计算结果与传统方法中滑坡推力分布假定为矩形时的计算结果相对接近；三角形分布计算结果偏于危险。另外通过锚索施加锚固力后，桩的弯矩和剪力都大大减小，可见锚索和抗滑桩联合使用显著地改变了桩的悬臂受力状态，可以使桩的截面积显著减小，大大地节约工程材料。

表 16　不同方法计算结果对比
Table 16　Internal force of pile by different method

方法		传统方法		有限元法
		①	②	
无预应力锚索	剪力/kN	6 276	8 323	6 560
	弯矩/kN·m	42 062	58 082	48 100
有预应力锚索	剪力/kN	875	1 756	2 650
	弯矩/kN·m	5 346	11 310	11 900

注 ①为传统抗滑桩计算中假定滑坡推力分布为三角形，②假定为矩形

6.2.8　支挡后安全系数　该滑坡采用预应力锚索加固后，如果锚索和桩不出问题，随着滑体强度参数的降低，就会出现如图33所表示的滑动面，滑动面出现在桩顶，滑体越过桩顶滑出。此时算出的稳定系数为1.39，大于安全系数1.2，表明滑体不会出现"越顶"破坏。传统方法中往往忽视这一验算，有可能出现"越顶"破坏。

6.2.9　锚固力优化　下面分别计算不同锚固力时

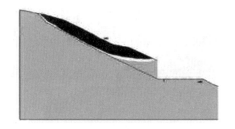

图 33　加固后的滑动面
Fig.33　The failure surface with anti-slide pile

桩的弯矩，以进行锚桩结构的优化，计算结果见表17。

表 17　采用不同锚固力时桩的弯矩
Table 17　Bending moments of pile with different cable force

编号	每孔锚索锚固力/kN	桩的弯矩/kN·m		
		有限元法	传统方法①	传统方法②
1	600	19 700	7 853	22 683
2	800	11 900	5 346	11 310
3	900	4 550	14 516	5 583
4	950	2 650	17 249	2 967
5	1 000	3 410	19 982	4 532
6	1 100	7 300	25 447	8 110
7	1 200	11 700	30 913	13 575

注 ①为传统计算中假定滑坡推力分布为三角形，②假定为矩形

图34为不同锚固力时桩的弯矩变化曲线，从计算结果看出，锚固力并不是越大越好，存在一个极值。从桩的弯矩变化曲线的走势看，当锚固力变化时，有限元计算结果与传统方法中滑坡推力分布假定为矩形时计算结果的变化趋势接近，而三角形分布假定的计算结果则差异很大。当每根锚索的锚固力为900 kN或950 kN时，有限元计算结果为4 550 kN·m或2 650 kN·m，与传统方法计算结果5 583 kN·m或2 967 kN·m比较接近，而且内力值小，因此经过比较分析认为每孔锚固力采用900 kN或950 kN为宜。

锚索的锚固力大小对桩的内力有较大影响，设计中可以通过不同方案对比进行优化设计，使结构更趋经济安全。由于锚固力会有衰减，很难准确确定锚固力，桩设计中必须考虑这点。

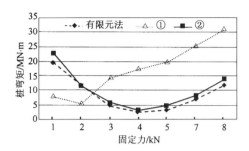

图 34　不同锚固力时桩的弯矩曲线

Fig.34　Relationship curve of bending moments with different anchor cable force

7　有限元超载法在土基上应用[14, 38, 39]

7.1　在光滑刚性条形地基上的极限承载力

光滑刚性条形地基的极限承载力问题的基本理论基础源于 Prandtl 解，对一个承受均匀垂直荷载的半无限、无重量地基，其极限承载力可以通过极限分析求得其精确解为

$$q_u = c\cos\varphi[\exp(\pi\tan\varphi)\tan^2(\pi/4+\varphi/2)-1]$$
(15)

在 $\varphi=0$ 的情况下 $q_u = (\pi+2)c$

下面通过算例用有限元超载法求解极限承载力，并验证其正确性。

有限元模型如图 35 所示。强度参数 $c=10$，$\varphi=0°\sim30°$，采用平面应变摩尔—库仑匹配 DP4 准则（关联流动法则）进行求解。不同强度参数条件下的极限荷载的计算结果见表 18。

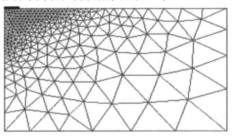

图 35　有限元网格划分

Fig.35　FEM meshing

从表 18 看出，采用极限分析有限元法得到的极限承载力与 Prandtl 解非常接近。计算也可以采用非关联流动法则的平面应变摩尔—库仑匹配 DP5 准则，两者计算结果也十分接近。

表 18　极限承载力计算结果

Table 18　The results of bearing capacity　　kPa

$\varphi/(°)$	Prandtl 理论解	有限元法	相对误差/%
0	51.42	52.19	1.50
5	64.89	65.96	1.66
10	83.45	84.98	1.83
15	109.77	111.90	1.94
20	148.35	151.75	2.29
25	207.21	212.08	2.35
30	301.40	310.00	2.85

图 36 为极限状态后的基础附近局部的位移矢量图（$\varphi=0$），图 37 为极限状态后的基础附近局部的等效塑性应变等值云图。图 38 为 Prandtl 解的破坏机构图（表 19）。表 20 为 Prandtl 破坏机构的有限元解。由表 19、表 20 可见，极限分析有限元法求解的破坏形式与 Prandtl 解的破坏形式非常一致。

图 36　位移矢量图

Fig.36　Displacement vector

图 37　极限状态时的破坏滑动面

Fig.37　The failure surface in limit status

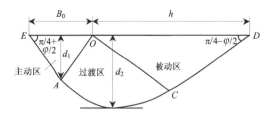

图 38　Prandtl 破坏机构图

Fig.38　Prandtl failure mechanism

图 39 为 $\varphi=0$ 时地基中心点在增量加载全过程中的荷载—位移响应，可以看出，在地基的增量加载过程中，随着荷载的逐渐施加，地基顶部的位移也逐渐增大。当地基局部进入塑性状态后，位移增大得越来越快，当地基处于极限塑性状态时，位移将发生突变。

表 19　Prandtl 破坏机构有关参数（$B_0=1$）
Table 19　Some parameters about Prandtl failure mechanism（$B_0=1$）

$\varphi/(°)$	0	5	10	15	20	25	30
d_1/m	0.50	0.55	0.60	0.65	0.71	0.79	0.87
d_2/m	0.71	0.79	0.89	1.01	1.16	1.35	1.59
h/m	1.00	1.25	1.57	1.99	2.53	3.27	4.29

表 20　Prandtl 破坏机构的有限元解
Table 20　FEM results of Prandtl failure mechanism（$B_0=1$）

$\varphi/(°)$	0	5	10	15	20	25	30
d_1/m	0.49	0.53	0.60	0.65	0.70	0.75	0.89
d_2/m	0.70	0.80	0.90	1.05	1.19	1.35	1.62
h/m	0.98	1.25	1.50	1.92	2.51	3.15	4.20

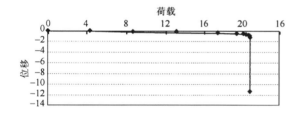

图 39　地基在增量加载全过程中荷载—位移响应
Fig.39　The load-displacement response of foundation in step-loading process

7.2　求解有重地基的极限承载力

对土重的地基，其极限承载力在理论上无精确的解答。学者们提出了各种经验公式，主要有汉森、太沙基，梅耶霍夫，魏锡克等关于土重地基的极限承载力 N_γ 的经验公式，表 21 为增量加载有限元法与各经验公式对比，可见魏锡克经验式较为准确。

7.3　节理岩石地基极限承载力求解

对复杂情况下的地基，如复杂几何边界、复杂边界荷载、含有结构面等非均质地基，传统诸多方法均不宜采用，而极限分析有限元法能方便应用。

表 21　N_γ 的有限元解与各经验公式对比
Table 21　N_γ got by FEM contrast to some classical empirical formulas

$\varphi/(°)$	5	10	15	20	25
汉森、太沙基	0.089	0.467	1.418	3.537	8.109
梅耶霍夫	0.069	0.366	1.129	2.870	6.765
魏锡克	0.449	1.224	2.647	5.386	10.876
FEM	0.502	1.557	3.422	6.249	12.325

地基岩块参数为 $c_1=1.0$ MPa，$\varphi_1=40°$。节理基本参数为 $c_2=0.1$ MPa，$\varphi_2=10°$。地基宽度为 B，节理通过地基正下方 $2B$ 深处，倾角为 $30°$。节理用实体单元，屈服准则选用平面应变摩尔—库仑匹配 DP4 准则（关联流动法则）。有限元计算结果 $q_u=18.14$ MPa，若此地基中不存在节理，则其极限承载力的计算结果为 77.75 MPa，可见节理的存在大大衰减了地基的极限承载力。图 40 为极限状态后的基础附近局部的等效塑性应变等值云图，图 41 为极限状态后的基础附近局部的位移矢量图。文献[39]列出了基础附近不同位置，不同强度，不同倾角结构面对地基极限承载力的影响。

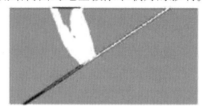

图 40　极限状态时的破坏滑动面
Fig.40　The failure surface in limit status

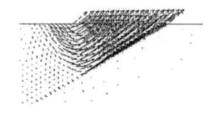

图 41　位移矢量图
Fig.41　Displacement vector

7.4　地基承载板载荷试验有限元数值仿真模拟

载荷试验是目前世界各国用以确定地基承载力的最主要方法，在地基处理效果检验中被广泛地采用,然而载荷试验在实际操作过程中也存在不少问题,如尺寸效应、费用高、工期长等。新兴的有限元等数值方法克服了以往耗时量大、操作复杂等缺点,有望逐渐成为岩土工程领域有效的实用方法之一。

土体的抗剪强度参数 c, φ 值是数值模拟中的关键参数,可通过现场直接剪切试验、室内直接剪切试验或室内三轴剪切试验来确定。图 42 及表 22 为某工程地基某一载荷试验点 $p-s$ 试验结果。在压力 380 kPa 前, $p-s$ 曲线近似直线;曲线出现第一拐点之后, $p-s$ 曲线呈逐渐增加到 960 kPa。在压力加到 1.06 MPa 时,承压板周边土体出现明显隆起,表明地基土体已达到破坏,终止试验,此时,曲线呈下凹型。因此,该点地基土的极限承载力按规范取为 960 kPa,对应的沉降为 29.16 mm,比例界限取为 380 kPa。由于比例极限小于 0.5 倍的极限承载力,故取承载力特征值为 380 kPa。

表 22　试点压力-位移关系
Table 22　The relation about $p-s$

压力/kPa	150	270	380	500	610
位移/mm	2.69	5.14	8.12	12.41	16.38
压力/kPa	730	840	960	1 060	
位移/mm	20.74	24.98	29.16	33.20	

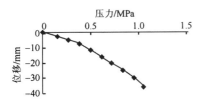

图 42　试点 $p-s$ 曲线
Fig. 42　$p-s$ relation

该试点的相关参数: $\gamma=22$ kN/m³, $c=32.5$ kPa, $\varphi=30.2°$。泊松比 $\nu=0.27$, 土体的变形模量 $E=17$ MPa。下面用增量加载有限元对载荷试验的过程进行模拟,有限元模型及网格剖分如图 43 所示,屈服准则选择平面应变摩尔-库仑匹配 DP4 准则(关联流动法则),应用理想弹塑性本构模型进行求解。

应用增量加载模拟载荷试验过程,共分 12 个载荷步,具体情况见表 23 所示。通过有限元求得其极限荷载值为 1.14 MPa。

表 24 及图 44 为载荷试验 $p-s$ 的有限元模拟结果,可以看出,计算结果与试验结果基本一致,

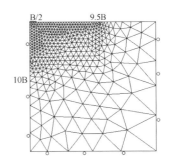

图 43　有限元模型及网格剖分
Fig. 43　FEM model and meshing

表 23　增量加载过程
Table 23　The step-loading process

载荷步数	1	2	3	4	5	6
荷载增量/Mpa	0.15	0.12	0.11	0.12	0.11	0.12
载荷步数	7	8	9	10	11	12
荷载增量/MPa	0.11	0.12	0.10	0.07	0.01	0.01

在压力 380 kPa 前两曲线吻合的很好,至 960 kPa 这一段两曲线稍微有点出入,而 960 kPa 后两曲线又吻合的很好。这说明只要 E, ν, c, φ 等强度参数比较接近实际情况,载荷试验中沉降计算也与实测比较接近。

表 24　试点压力-位移有限元计算结果
Table 24　The FEM results of $p-s$

压力/kPa	150	270	380	500	610	730
位移/mm	2.68	5.02	7.82	11.23	14.80	18.86
压力/kPa	840	960	1 060	1 130	1 140	1 150
位移/mm	23.30	28.71	34.11	40.52	44.24	80.64

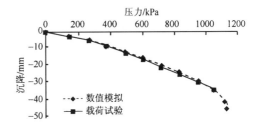

图 44　有限元模拟的 $p-s$ 曲线与载荷试验的对比
Fig. 44　The $p-s$ relation got by FEM contrast to plate loading test

8 有限元强度折减法在公路隧道中的应用[40]

8.1 引言

对隧道的稳定性评价一直缺乏一个合适的评判指标,传统的有限元法无法算出隧道工程的安全系数和围岩破坏面,仅凭应力、位移、拉应力区和塑性区大小很难确定隧道的安全度。当前工程上尚没有隧道稳定安全系数的概念,一般按照经验对隧道围岩的稳定性进行分级。极限分析有限元法在边坡稳定分析中取得了成功,笔者尝试将极限分析有限元法应用于求解隧道的稳定安全系数。从实际观察到的情况看,隧道受剪破坏的安全系数可分为两种:a. 把围岩视作等强的均质体,引起隧道整体失稳,其相应的是整体安全系数;b. 分别考虑围岩体的岩块强度与结构面强度,引起隧道周边局部失稳,一般发生在节理裂隙岩体中,其相应的是局部安全系数。笔者做一种探索性的尝试,只限于研究受剪破坏的整体安全系数,可采用有限元强度折减法求隧道安全系数与潜在破坏面。

8.2 用有限元强度折减法求公路隧道的整体安全系数与潜在破坏面

8.2.1 工程概况
某半圆拱形公路隧道尺寸为 9.4 m×8.5 m (宽×高),埋深 50 m,洞室所处位置岩体完整性较好,主要为花岗岩,根据国标《工程岩体分级标准》GB 50218—94,分别属于 Ⅱ,Ⅲ,Ⅳ 类围岩。

计算准则采用摩尔-库仑等面积圆屈服准则 DP3,按照平面应变问题来处理,边界范围取底部及左右两侧各 4 倍洞室跨度。岩体力学参数见表 25,下标"上"、"下"分别表示围岩的上、下限值。

表 25 岩体物理力学参数

Table 25 Rock parameters with different rock mass

围岩类别	E/GPa	ν	γ/kN·m^{-3}	φ/(°)	c/MPa
Ⅱ$_上$	30	0.22	2 700	60	2.0
Ⅱ$_下$	20	0.25	2 700	50	1.5
Ⅲ$_下$	10	0.30	2 500	39	0.7
Ⅳ$_下$	5	0.35	2 400	27	0.35

8.2.2 计算结果与分析
隧道围岩破坏状态下塑性区分布如封底图 4 至封底图 9 所示,整体安全系数 w_1 见表 26。隧道稳定安全系数是指隧道整体安全系数,即把非等强度的真实岩体视为均质等强的岩体,据此求出安全系数。隧道中算出的塑性区往往是一大片,不像边坡岩土体中存在明显的剪切带,因而要找出围岩内的破坏面比较困难。但破坏时滑面上必将发生塑性应变和位移的突变。据此,只要找出围岩塑性应变发生突变时,将塑性区各断面中塑性应变值最大点的位置连成线,就可得到围岩的潜在破坏面。封底图 4 至封底图 6 给出了不同参数下围岩的塑性区及破坏面,破坏面为黑色点滑线。该线就在图中表示应变最大的黑色云图的周边。

从封底图 4 至封底图 9 塑性应变等值云图及其标尺可以看出,达到破坏状态时,Ⅱ$_下$类围岩的塑性区范围最大,但是破坏范围很小,安全系数最高;Ⅲ$_下$类围岩塑性区范围次之,破坏范围较小,安全系数较低;Ⅳ$_下$类围岩塑性区范围最小,但是破坏范围最大,安全系数最小。这说明破坏状态下质量较好的岩体如Ⅱ类围岩,塑性区即使出现一大片也可能保持整体稳定,而且破坏区也只是局部一小部分;相反,质量较差的岩石如Ⅳ类围岩,塑性区范围并不很大就出现失稳,而且破坏区连成了一片,安全系数最低(见表 26)。由此表明,单纯根据塑性区范围大小来评判隧道的安全性是值得商榷的。上述参数中泊松比 ν 与剪切强度 c,φ 值都会影响塑性区大小,岩质好的Ⅱ类围岩破坏时的塑性区大于岩质差的Ⅲ类、Ⅳ类围岩的塑性区很多,主要是因为Ⅱ类围岩的泊松比小于Ⅲ类、Ⅳ类围岩的缘故。

表 26 不同围岩类别条件下的安全系数

Table 26 The safety factor with different rock mass

围岩类别	埋深/m	泊松比	安全系数
Ⅱ$_下$	50	0.25	4.23
Ⅲ$_下$	50	0.30	2.61
Ⅳ$_下$	50	0.35	1.85
Ⅲ$_下$	50	0.25	2.63
Ⅳ$_下$	50	0.25	1.87
Ⅱ$_下$	150	0.25	2.05
Ⅲ$_下$	150	0.30	1.52
Ⅳ$_下$	150	0.35	1.19

不同围岩类别条件下的安全系数见表 26。由表 26 可见,不同泊松比的条件下安全系数变化不大,但计算表明塑性区有较大变化,说明不能仅凭塑性

区大小来评判围岩的稳定性。

将上述隧道的埋深变为 150 m，各类围岩的安全系数见表26，与上覆岩体厚度为50 m相比，上覆岩体厚度对隧道的塑性区分布范围和安全系数有较大影响，同类围岩上覆岩体厚度越大，安全系数越小。这说明隧道的稳定性与埋深有很大关系，许多深层煤巷出现很大的地压就是例证。

参考文献

[1] Zienkiewicz O C, Humpheson C, Lewis R W. Associated and non-associated visco-plasticity and plasticity in soil mechanics [J]. Geo technique, 1975, 25(4): 671~689

[2] Matsui T, San K-C. Finite element slope stability analysis by shear strength reduction technique [J]. Soils and Foundations, 1992, 32(1): 59~70

[3] Griffiths D V, Lane P A. Slope stability analysis by finite elements [J]. Geotechnique, 1999, 49(3): 387~403

[4] Lane P A, Griffiths D V. Assessment of stability of slopes under drawdown condition [J]. Geotech Geoenv Eng ASCE, 2000, 126(5): 443~450

[5] Smith I M, Griffiths D V. Programming the Finite Element Method, 3rd Edition [M]. John Wiley and Sons Chichester, New York, 1998

[6] Dawson E M, Roth W H, Drescher A. Slope stability analysis by strength reduction [J]. Geotechnique, 1999, 49(6): 835~840

[7] 宋二祥. 土工结构安全系数的有限元计算[J]. 岩土工程学报, 1997, 19(2): 1~7

[8] 连镇营, 韩国城, 孔宪京. 强度折减有限元法研究开挖边破的稳定性[J]. 岩土工程学报, 2001, 23(4): 407~411

[9] 赵尚毅, 郑颖人, 时卫民, 等. 用有限元强度折减法求边坡稳定安全系数[J]. 岩土工程学报, 2002, 24(3): 343~346

[10] 郑宏, 李春光, 李焯芬, 等. 求解安全系数的有限元法[J]. 岩土工程学报, 2002, 24(5): 626~628

[11] 郑颖人, 赵尚毅. 岩土工程极限分析有限元法及其应用[J]. 土木工程学报, 2005, 38(1): 91~99

[12] 郑颖人, 赵尚毅, 孔位学, 邓楚键. 岩土工程极限分析有限元法[J]. 岩土力学, 2005, 26(1): 163~168

[13] 郑颖人, 赵尚毅, 张鲁渝. 用有限元强度折减法进行边坡稳定分析[J]. 中国工程科学, 2002, 10(4): 57~61

[14] 邓楚键, 孔位学, 郑颖人. 地基极限承载力增量加载有限元求解[J]. 岩土力学, 2005, 26(3): 500~504

[15] 赵尚毅, 郑颖人, 唐树名. 深挖路堑边坡施工顺序对边坡稳定性影响有限元数值模拟分析[J]. 地下空间, 2003, 23(4): 370~375

[16] 赵尚毅, 郑颖人, 张玉芳. 有限元强度折减法中边坡失稳的判据探讨[J]. 岩土力学, 2005, 26(2): 332~336

[17] 时卫民, 郑颖人. 摩尔—库仑屈服准则的等效变换及其在边坡分析中的应用[J]. 岩土工程技术, 2003, (3): 155~159

[18] 邓楚键, 何国杰, 郑颖人. 基于M-C准则的D-P系列准则在岩土工程中的应用研究[J]. 岩土工程学报, 2006, (6): 735~739

[19] 郑颖人, 沈珠江, 龚晓南著. 岩土塑性力学原理[M]. 北京: 中国建筑工业出版社, 2002

[20] 郑颖人, 孔亮. 广义塑性力学及其运用[J]. 中国工程科学, 2005, 7(11): 21~36

[21] 张鲁渝, 时卫民, 郑颖人. 平面应变条件下土坡稳定有限元分析[J]. 岩土工程学报, 2002, 24(4): 487~490

[22] 赵尚毅, 郑颖人. 基于Drucker-Prager准则的边坡安全系数转换[J]. 岩石力学与工程学报, 2006, (增1): 270~273

[23] 张鲁渝, 郑颖人, 赵尚毅. 有限元强度折减系数法计算土坡稳定安全系数的精度研究[J]. 水利学报, 2003, (1): 21~27

[24] 郑颖人, 赵尚毅. 有限元强度折减法在土坡与岩坡中的应用[J]. 岩石力学与工程学报, 2004, 23(19): 3381~3388

[25] 郑颖人, 赵尚毅, 宋雅坤. 有限元强度折减法研究进展[J]. 后勤工程学院学报, 2005, 21(3): 1~6

[26] Zhao Shangyi, Zheng Yingren. Slope safety factor analysis using ANSYS [A]. ANSYS Conference Proceedings [C]. USA, 2002

[27] 唐晓松, 郑颖人, 邬爱清, 等. 应用PLAXIS有限元程序进行渗流作用下的边坡稳定性分析[J]. 长江科学院院报, 2006, 5485(4): 8~11

[28] 宋雅坤, 郑颖人, 赵尚毅. 有限元强度折减法在三维边坡中的应用与研究[J]. 地下空间与工程学报, 2006, (5): 822~827

[29] Duncan J M. State of the art: limit equilibrium and finite element analysis of slopes [J]. Journal of Geotechnical Engineering, 1996, 122(7): 577~596

[30] Zhang X. Three-dimensinoal stability analysis of concave slope in plan view [J]. ASCE Journal of Geotechnique Engineering, 1998, 114: 658~671

[31] 刘明维, 郑颖人. 基于有限元强度折减法确定多滑面方法研究[J]. 岩石力学与工程学报, 2006, 25(8): 1544~1549.

[32] 赵尚毅，郑颖人，邓卫东. 用有限元强度折减法进行节理岩质边坡稳定性分析[J]. 岩石力学与工程学报，2003，22(2)：254～260

[33] 郑颖人，赵尚毅，邓卫东. 岩质边坡破坏机制有限元数值模拟分析[J]. 岩石力学与工程学报，2003，22(12)：1943～1952

[34] 郑颖人，赵尚毅. 用有限元强度折减法求滑(边)坡支挡结构的内力[J]. 岩石力学与工程学报，2004，23(20)：3552～3558

[35] 郑颖人，赵尚毅. 滑(边)坡支挡结构设计中的一些问题[A]. 第八次全国岩石力学与工程学术会议论文[C]. 北京：科学出版社，2004. 40～51

[36] 郑颖人，张玉芳，赵尚毅，等. 有限元强度折减法在元磨高速公路高边坡中的应用[J]. 2005，24(21)：3812～3817

[37] 郑颖人，雷文杰，赵尚毅，等. 抗滑桩设计中的两个问题[J]. 公路交通科技，2005，22(6)：45～51

[38] 孔位学，郑颖人，赵尚毅，等. 桥基岩体承载力安全系数的有限元计算[J]. 土木工程学报，2005，38(4)：95～100

[39] 邓楚键，孔位学，郑颖人. 节理岩石地基极限承载力的有限元分析[J]. 工业建筑，2005，35(12)：51～54

[40] 郑颖人，胡文清，王敬林. 强度折减有限元法及其在隧道与地下洞室工程中的应用[A]. 中国土木工程学会第十一届隧道及地下工程分会第十三届年会论文集[C]. 北京，2005

Development of Finite Element Limit Analysis Method and Its Applications in Geotechnical Engineering

Zheng Yingren[1], Zhao Shangyi[1], Deng Chujian[1], Liu Mingwei[1], Tang Xiaosong[1], Zhang Liming[2]

(1. Department of Civil Engineering, Logistical Engineering University, Chongqing 400041, China;
2. Department of Science and Information Engineering, Qingdao Technological University, Qingdao, Shandong 266033, China)

[Abstract] Finite element limit analysis method has the advantage of combining numerical analysis method with traditional limit equilibrium methods. It is particularly applicable to the analysis and design of geotechnical engineering. In the early 20th century, finite element limit analysis method has been developed vigorously in domestic geotechnical engineering using international common finite element procedures. It made great achievements in basic theory research, computational precision improvement, and broadening the application fields in the practical projects. In order to gradually achieon innovation in geotechnical design methods, this paper presented some research results of the authors and their collaborators. These mainly include geotechnical safety factor definitions, method principles, the overall failure criterion, deduction and selection of yield criterion, and the measure to improve the computational precision, etc. The application fields have been broadened from two-dimensional to three-dimensional, from soil slope to jointed rock slope and foundation, from stable seepage to nonstable seepage, from slope and foundation to tunnel. This method has also been used for searching sliding surface of complex landslide, retaining structure design considering the interaction between soil and structure, simulating foundation bearing plates load tests, and so on.

[Key words] limit analysis method; finite element method; geotechnical engineering; slope; foundations; tunnel

有限元强度折减法研究进展

郑颖人,赵尚毅,宋雅坤

(1. 后勤工程学院 军事建筑工程系,重庆 400041)

摘 要 介绍笔者近年来在有限元强度折减法分析边坡稳定性方面的一些进展,主要包括有限元中边坡破坏的判据,屈服准则的影响和选用,有限元强度折减法在土坡与岩坡中的应用,有限元强度折减法在支挡结构与岩土介质共同作用方面的应用,最后介绍了三维有限元强度折减法的一些研究进展。通过这些工作,使有限元强度折减法的计算精度得到很大提高,并扩大了有限元强度折减法的应用范围。

关键词 有限元强度折减法;边坡稳定分析;ANSYS;研究进展

中图分类号:O 319.56   **文献标识码**:A

边坡稳定分析的有限元强度折减法通过不断降低边坡岩土体抗剪切强度参数使其达到极限破坏状态为止,程序自动根据弹塑性有限元计算结果得到破坏滑动面,同时得到边坡的强度储备安全系数,使边坡稳定分析进入了一个新的时代[1-5]。这种方法早在20世纪70年代就提出来了,但可惜长期以来此法没有得到岩土工程届的广泛认可,其原因大致有如下3个方面:

(1)计算力学还在起步阶段,缺少严密可靠的大型商用程序,有限元前后处理技术水平较低,采用有限元法对岩土工程建模分析需要很长的时间,计算成本高,阻止了有限元强度折减法的应用。当前,这一情况有了根本的改变。

(2)有限元中边坡破坏的力学机理不清楚,边坡达到极限破坏状态的判据没有统一的认识。

(3)由于对这种方法的具体操作技巧掌握不够,计算得到的安全系数误差太大,结果可信度低,因而没有得到广泛认可。

1999年美国科罗拉多矿业学院的 Griffith 等人采用有限元强度折减法与传统方法得到的稳定安全系数比较接近[1,2],再次引起了国内外学者广泛关注,表明采用此法分析边坡稳定性是可行的。国内学者和笔者在提高计算精度方面做了大量工作,使该方法的计算精度得到较大提高,并将此法应用于岩质边坡和支挡结构的计算,扩大了有限元强度折减法的应用范围。

1 有限元强度折减安全系数的定义

对于摩尔-库仑材料,强度折减安全系数可表示为:

$$\tau' = \frac{\tau}{\omega} = \frac{c + \sigma \tan\varphi}{\omega} = \frac{c}{\omega} + \sigma\frac{\tan\varphi}{\omega} = c' + \sigma\tan\varphi' \quad \text{所以有}: c' = \frac{c}{\omega}, \tan\varphi' = \frac{\tan\varphi}{\omega}$$

此强度折减形式安全系数定义与边坡稳定分析的极限平衡条分法安全系数定义形式是一致的。传统方法安全系数定义有明确的物理意义,安全系数定义根据滑动面的抗滑力(矩)与下滑力(矩)之比得到。

2 有限元中边坡破坏的判据

采用有限元强度折减法分析边坡稳定性的一个关键问题是如何根据有限元计算结果来判别边坡是否

注:本文摘自《后勤工程学院学报》(2005年第3期)。

处于整体破坏状态。目前,土体破坏的标准有如下几种:

(a)以有限元静力平衡计算不收敛作为边坡整体失稳的标志[1,2][6~10]。

(b)以塑性区(或者等效塑性应变)从坡脚到坡顶贯通作为边坡整体失稳的标志[11~13]。

(c)土体破坏标志应当是滑动土体无限移动,此时土体滑移面上应变和位移发生突变且无限发展。

经笔者研究,上述土体破坏3种标准有如下关系:土体滑动面塑性区贯通是土体破坏的必要条件,但不是充分条件。土体整体破坏的标志应是滑体出现无限移动,此时滑移面上的应变或者位移出现突变,因此,这种突变可作为破坏的标志。此外有限元计算会同时出现计算不收敛。可见,上述(a)(c)两种判据是一致的。因而可将有限元数值计算是否收敛或者滑面上节点塑性应变和位移突变作为土体破坏的依据。

图1为岩质边坡失稳后形成的直线滑动破坏形式。可见,边坡失稳,滑体滑出,滑体由稳定静止状态变为运动状态,同时产生很大的位移和塑性应变,且此位移和塑性应变不再是一个定值,而是处于无限塑性流动状态,这就是边坡破坏的特征。

将重力荷载分为10个子步逐步施加,可得到边坡滑动面上单元节点水平位移(坡顶UX1、坡中UX2、坡脚UX3)随着荷载的逐步增加而逐渐增大的曲线走势图(图2),从图中可以明显地看出,随着荷载的逐渐增加,当达到破坏状态后,节点的水平位移突然增大,产生了突变,而且如果有限元程序继续迭代下去,该节点的水平位移和塑性应变还将继续无限发展下去,有限元计算不收敛。

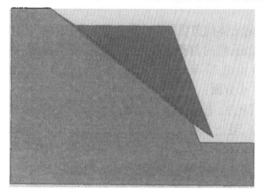

图1 岩质边坡失稳后形成的直线滑动

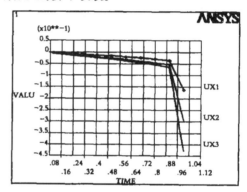

图2 滑面上节点水平位移随荷载的增加而发生突变

3 屈服准则的影响和选用

边坡的稳定分析主要关心的是力和强度问题,对于本构关系的选择不必十分严格,因此在有限元强度折减法中可采用理想弹塑性本构模型,但要选择合适的强度准则。采用不同的屈服准则会得到不同的安全系数。

目前,岩土工程中广泛采用 Mohr-Coulomb 屈服准则,但是该准则在三维应力空间中不是一个连续函数,而是由六个分段函数构成,在三维空间的屈服面为不规则的六角形截面的角锥体表面,给数值计算带来困难。

Drucker-Prager 屈服准则在主应力空间的屈服面为光滑圆锥,在π平面上为圆形,不存在尖顶处的数值计算问题,目前国际上流行的许多大型有限元软件,比如 ANSYS 以及美国 MSC 公司的 MARC、NASTRAN 等均采用了 Drucker-Prager 准则:

$$F = \alpha I_1 + \sqrt{J_2} = k$$

式中 I_1、J_2 分别为应力张量的第一不变量和应力偏张量的第二不变量。α、k 是与岩土材料内摩擦角 φ 和粘聚力 c 有关的常数,不同的 α、k 在 π 平面上代表不同的园(图3),各准则的参数换算关系见表1。

目前,美国大型有限元软件 ANSYS 采用的是摩尔-库仑不等角六边形外接圆 D-P 屈服准则。研究表明,采用该准则与传统摩尔-库仑屈服准则的计算结果有较大误差,不管是评价边坡稳定性,还是地基极限承载力等等,在实际工程中如果采用该准则是偏于不安全的。为了和传统工程中 Mohr-Coulomb 准

则条件下的安全系数(或者极限承载力)接轨,笔者提出如下观点:

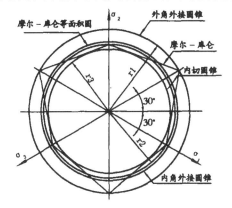

图3 各屈服准则在π平面上的曲线

表1 各准则参数换算表

编号	准则种类	α	k
DP1	外角点外接DP	$\dfrac{2\sin\varphi}{\sqrt{3}(3-\sin\varphi)}$	$\dfrac{6\cos\varphi}{\sqrt{3}(3-\sin\varphi)}$
DP2	摩尔-库仑等面积圆DP	$\dfrac{2\sqrt{3}\sin\varphi}{\sqrt{2\sqrt{3}\pi(9-\sin^2\varphi)}}$	$\dfrac{6\sqrt{3}\cos\varphi}{\sqrt{2\sqrt{3}\pi(9-\sin^2\varphi)}}$
DP3	平面应变摩尔库仑匹配DP(非关联ψ=0)	$\dfrac{\sin\varphi}{3}$	$c\cos\varphi$
DP4	平面应变摩尔库仑匹配DP(关联)	$\dfrac{\sin\varphi}{\sqrt{3}\sqrt{3+\sin^2\varphi}}$	$\dfrac{3c\cos\varphi}{\sqrt{3}\sqrt{3+\sin^2\varphi}}$
DP5	内角点外接DP	$\dfrac{2\sin\varphi}{\sqrt{3}(3+\sin\varphi)}$	$\dfrac{6c\cos\varphi}{\sqrt{3}(3+\sin\varphi)}$

(1)对于平面应变条件下的强度问题,可采用与传统 Mohr-Coulomb 准则相匹配的 D-P 准则。
采用非关联流动法则时(膨胀角ψ=0): $\alpha=\sin\varphi/3, k=c\cos\varphi$
采用关联流动法则时(膨胀角ψ=φ): $\alpha=\sin\varphi/\sqrt{3(3+\sin^2\varphi)}, k=3c\cos\varphi/\sqrt{3(3+\sin^2\varphi)}$

(2)对于三维空间问题,可采用摩尔-库仑等面积圆 D-P 准则,该准则要求偏平面上的摩尔-库仑不等角六角形与 D-P 圆的面积相等,其α、k 的表达式如下:

$$\alpha=2\sqrt{3}\sin\varphi/\sqrt{2\sqrt{3}\pi(9-\sin^2\varphi)}, k=6\sqrt{3}c\cos\varphi/\sqrt{2\sqrt{3}\pi(9-\sin^2\varphi)}$$

4 有限元强度折减法在边(滑)坡中的应用[1-11]

4.1 在土坡中的应用

均质土坡,坡高 H=20m,粘聚力 c=42kPa,土容重 γ=20kN/m³,内摩擦角 φ=17°,求坡角 β=30°、35°、40°、45°、50°时边坡的安全系数以及对应的临界滑动面。

4.1.1 安全系数计算结果

表2为各屈服准则采用非关联流动法则时的安全系数计算结果,传统极限平衡条分法安全系数计算采用的软件为加拿大的边坡稳定分析程序 SLOPE/W。表中 DP1 为外接圆 DP 准则,DP2 为摩尔-库仑等面积圆 DP 准则,DP3 为平面应变条件下的摩尔匹配 DP 准则(非关联流动法则),S 指 Spencer 法。

从表2可以看出,采用平面应变条件下的摩尔匹配 DP 准则(DP3)求得的安全系数与传统 Spencer 法求得的安全系数非常接近,误差在1%左右,而采用摩尔-库仑等面积圆 DP 准则

表2 用不同方法求得的稳定安全系数

方法	坡角(°)				
	30	35	40	45	50
FEM(DP1)	1.91	1.74	1.62	1.50	1.41
FEM(DP2)	1.64	1.49	1.38	1.27	1.19
FEM(DP3)	1.56	1.42	1.31	1.21	1.12
Spencer法	1.55	1.41	1.30	1.20	1.12
(DP1-S)/S	0.23	0.23	0.25	0.25	0.26
(DP2-S)/S	0.05	0.06	0.06	0.06	0.06
(DP3-S)/S	0.01	0.01	0.01	0.01	0

(DP2)的计算结果比 Spencer 法计算的结果大约6%,外接圆 DP 准则(DP1)条件下的安全系数比 Spencer 的计算结果大约25%。

4.1.2 边坡临界滑动面的确定

根据边坡破坏的特征,边坡整体破坏时滑面上节点位移和塑性应变将产生突变,滑动面位置在水平位移和塑性应变突变的地方,因此可在 ANSYS 程序的后处理中通过绘制边坡水平位移或者等效塑性应变等值云图来确定滑动面。图4、5为坡角 β=45°时的滑动面形状和位置,为了便于比较将变形显示比例设置为0。

4.2 在滑坡支挡结构计算中的应用

国道主干线重庆至湛江公路(贵州境)崇溪河至遵义高速公路高工天滑坡路基开挖时,下切滑体才5

~6m,即引起滑坡复活,而且还在不断发展,形成多级的滑面,发育在土层和强风化带内。如果按照设计开挖切脚,必将引起岩体滑动。根据设计,本滑坡的治理采用抗滑桩加预应力锚索的支挡措施,每根锚索设计锚固力800kN,每根桩上纵向布置两排锚索,每排3根,共6根,计算采用的典型断面如图6。

图4　用塑性应变剪切带表示的滑动面　　　　**图5　用Slope/w中的Spencer法得到的滑动面形状**

计算采用的软件为美国ANSYS公司的大型有限元软件ANSYS[R] 5.61商业版,按照平面应变问题建立模型,岩土体采用8节点平面单元PLANE183模拟,抗滑桩用梁单元BEAM3单元模拟。锚索锚固力通过施加一对集中力来模拟。

利用ANSYS软件提供的路径分析功能,沿桩从滑面到顶部设置路径,将水平应力映射到路径上,然后沿路径对水平应力进行积分,就可以得到总的滑坡水平推力。从计算结果(表3)看出,采用连续介质有限元模型的计算结果与接触单元模型中桩土粗造接触模型的计算结果比较接近,说明如果桩土之

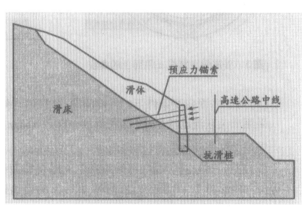

图6　计算采用的典型断面

间没有明显的滑动时可以采用连续介质模型来模拟桩和土的接触关系,这样操作方便。传统的极限平衡法采用了严格条分法中的Spencer法,也采用了国内常用的非严格条分法中的传递系数法。总体看来,用有限元法计算的推力与传统极限平衡方法计算结果比较接近,因而可采用有限元法中连续介质模型来计算支挡结构的内力。

传统的极限平衡方法可以求出岩土介质作用在支挡结构上的推力,而不知道推力的分布。对推力分布作不同的假设求得的支挡结构内力有很大差异,从而降低了计算的精度。强度折减有限元法的应用,有助于考虑岩土介质与支挡结构

表3　不同方法计算得到的滑坡水平推力　　　kN

接触单元FEM		连续介质FEM	极限平衡法	
桩土光滑接触	桩土粗造接触		不平衡推力法	Spencer法
7650	6770	6930	6944	6400

的共同作用,获得支挡结构上真实的推力分布状况,它们是在土体处于极限平衡状态下获得的。图7为采用有限元强度折减法得到的滑坡推力分布,土压力呈弓形分布。

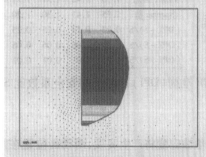 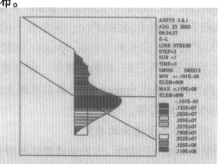

图7　用有限元法得到的滑坡推力分布　　　　**图8　预应力锚索桩的弯矩分布**

图8为该滑坡采用预应力锚索抗滑桩加固后桩的弯矩分布。

表4为采用不同方法得到的桩的内力计算结果,从表4看出,传统方法中采用不同的滑坡推力分布图式的计算结果有很大的差别,有限元计算结果与传统方法中滑坡推力分布假定为矩形时的计算结果相对接近,三角形分布计算结果偏于危险。另外,通过锚索施加锚固力后,桩的弯矩和剪力都大大减小,可见锚

索和抗滑桩联合使用显著地改变了桩的悬臂受力状态,可以使桩的截面积、桩在滑动面以下的埋置深度显著较小,大大地节约工程材料。

5 三维有限元强度折减法研究进展

目前,采用有限元强度折减法分析边坡稳定性大都是基于平面应变条件的二维有限元模型,对于三维问题研究较少。但在岩土工程中很多边坡问题都属于三维问题,本文采用三维有限元强度折减法,对三维均质土坡进行了分析,并通过两个算例证实了其应用于三维边坡稳定性分析的可行性。

表4 不同方法计算结果对比

类别		传统方法 ①	传统方法 ②	有限元法
无预应	剪力/kN	627 6	832 3	656 0
力锚索	弯矩/kN·m	420 62	580 82	481 00
有预应	剪力/kN	875	175 6	265 0
力锚索	弯矩/kN·m	534 6	113 10	119 00

注:表中①为传统抗滑桩计算的地基系数法中假定滑坡推力分布为三角形;②为矩形。

算例1 如图9所示,坡高20 m,坡角45°,坡角到左端边界的距离为坡高的1.5倍,坡顶到右端边界的距离为坡高的2.5倍,且总高为2倍坡高,在Z方向取30 m。有限元模型的边界条件为底面为固定约束,坡体侧面相约束相应的水平位移。土体单元采用SOLID45号实体单元。流动法则采用关联流动法则。土坡计算参数为: $c = 42$ kPa, $\gamma = 25$ kN/m^3, φ 为变量。

图9 三维均质土坡计算模型

表5 不同屈服准则得到的安全系数

	$H = 20$m	$\beta = 45°$	$c = 42$kPa		
φ(°)	0.1	10	25	35	45
DP1	0.523	1.072	1.696	2.105	2.497
DP2	0.522	0.938	1.303	1.473	1.494
DP3(三维)	0.475	0.920	1.390	1.680	1.925
DP3(平面)	0.455	0.915	1.388	1.665	1.914

计算结果表明(表5),在三维边坡计算中采用摩尔-库仑等面积圆屈服准则是可行的,它所得到的计算结果与二维情况下的结果基本一致。

算例2 是通过典型算例对比三维极限平衡法与有限元强度折减法的计算结果,验证有限元强度折减法应用于空间问题的可行性。

图10~11为Zhang Xing[14]发表文章提供的椭球滑面算例,国内外很多学者都选择本例题来检验各自的三维极限平衡法程序的合理性。计算参数如图10所示,按原例要求,在对称轴平面用一圆弧模拟滑裂面,在Z方向,则以椭球圆面形成滑面。即滑面是给定的,在滑面四周约束土体的位移。对此算例采用不同的屈服准则计算,计算结果见表6。

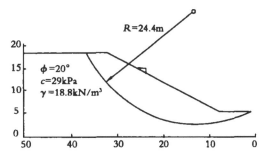

图10 椭球体滑面算例

表6 不同屈服准则条件下的安全系数

屈服准则	DP1	DP2	DP3	Zhang Xing
安全系数	2.489	2.217	2.150	2.122
误差	17%	5%	1%	

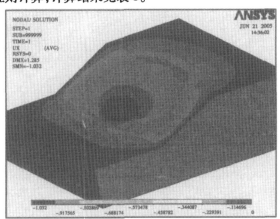

图11 三维椭球滑面有限元模型示意图

可见,采用DP3准则计算所得的安全系数非常接近,误差仅有1%。而在平面情况下采用DP3准则时,误差的平均值为5%左右。因此等面积圆屈服准则在分析三维边坡时更能符合实际情况。

参考文献

[1] Griffiths D V, Lane P A. Slope stability analysis by finite elements[J]. Geotechnique, 1999,49(3): 387-403.
[2] Dawson E M, Roth W H, Drescher A. Slope stability analysis by strength reduction [J]. Geotechnique,1999,49(6):835-840.
[3] 宋二祥,高翔,邱玥. 基坑土钉支护安全系数的强度参数折减有限元法[J]. 岩土工程学报,2005,27(3):258-263.
[4] Ugai K. A method of calculation of total factor of safety of slopes by elastic-plastic FEM [J]. Soils and Foundations. JGS, 1989, 29 (2): 190-195.
[5] Ugai K, Leshchinsky D. Three-dimensional limit equilibrium method and finite element analysis: a comparison of results [J]. Soil and Foundation. 1995; 35(4): 1-7.
[6] 赵尚毅,郑颖人,时卫民,等. 用有限元强度折减法求边坡稳定安全系数[J],岩土工程学报,2002,24(3):343-346.
[7] 郑颖人,赵尚毅. 有限元强度折减法在土坡与岩坡中的应用[J]. 岩石力学与工程学报,2004,23(19):3381-3388.
[8] 赵尚毅. 有限元强度折减法及其在土坡与岩坡中的应用[D]. 重庆:后勤工程学院,2004.
[9] 郑颖人,赵尚毅. 用有限元强度折减法求滑(边)坡支挡结构的内力[J]. 岩石力学与工程学报,2004,23(20):3552-3558.
[10] 赵尚毅,时为民,郑颖人. 边坡稳定性分析的有限元法[J]. 地下空间,2001,21(5):450-454.
[11] 郑宏,李春光,李焯芬,等. 求解安全系数的有限元法[J]. 岩土工程学报,2002,24(5):323-328.
[12] 连镇营,韩国城,孔宪京. 强度折减有限元法研究开挖边坡的稳定性[J]. 岩土工程学报,2001,23(4):406-411.
[13] 栾茂田,武亚军,年廷凯. 强度折减有限元法中边坡失稳的塑性区判据及其应用[J]. 防灾减灾工程学报,2003,23(3):1-8.
[14] Zhang X. Three-dimensional stability analysis of concave in plan view[J]. J of Geotech Eng., ASCE,1988,114:658-671.

Advance of Study on the Strength Reduction Finite Element Method

ZHENG Ying-ren, ZHAO Shang-yi, SONG Ya-kun

(Dept. of Architectural & Civil Engineeering, LEU, Chongqing, 400041, China)

ABSTRACT In this paper the advance of study on the shear strength reduction finite element method is introduced, including the slope failure criterion in strength reduction finite element method, the influence and selection of yield criterions, the application of strength reduction FEM in soil and rock slope, calculation the stabilizing structure inner force of landslide slopes using strength reduction FEM, 3D-Strength reduction FEM. As a result, the computation precision of strength reduction of FEM is improved and it's application is extended.

Keywords Shear Strength Reduction FEM; slope stability analysis; ANSYS; study advance.

隧洞粘弹 塑性分析及其在锚喷支护中的应用

郑颖人　刘怀恒

【提要】 本文第一部分讨论了隧洞粘弹-塑性围岩中应力和位移公式的推导。围岩位移区分为塑性位移和蠕变位移。在推演过程中，粘弹性区采用鲍埃丁—汤姆逊模型；塑性区采用了莫尔—库仑塑性准则。

第二部分研究了锚杆和喷混凝土的设计方法。对锚杆的作用作了如下分析：其一，锚杆通过受拉对围岩壁提供附加支护抗力；其二，通过受剪提高围岩的 c、ϕ 值。由此导出了锚杆作用下洞壁支护抗力 p_i 与塑性区半径 R_0^i 的关系式。

一、隧洞围岩粘弹-塑性分析

在粘弹性地层中开挖隧洞，由于应力集中可能使隧洞附近部分围岩进入塑性状态，即围岩处于粘弹-塑性状态（图1）。计算中，粘弹性区采用鲍埃丁—汤姆逊模型，塑性区采用塑性流动模型。

设隧洞围岩粘弹性区处于平面变形状态，轴对称情况下有：

$$\varepsilon_z = 0, \quad \tau_{r\theta} = 0, \quad \sigma_z = \frac{1}{2}(\sigma_r + \sigma_\theta) \quad (1)$$

鲍埃丁—汤姆逊模型的物性方程为

$$\left. \begin{array}{l} s_r + \tau \dfrac{\partial}{\partial t} s_r = 2G_\infty e_r + 2G_0 \tau \dfrac{\partial}{\partial t} e_r \\ s_\theta + \tau \dfrac{\partial}{\partial t} s_\theta = 2G_\infty e_\theta + 2G_0 \tau \dfrac{\partial}{\partial t} e_\theta \end{array} \right\} \quad (2)$$

$$s - p_0 = 3K \quad (3)$$

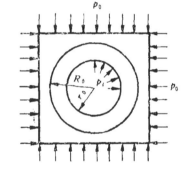

图1　隧洞围岩力学模型

式中　G_0、G_∞——地层的瞬时与长期剪切模量；
　　　K——体积变形模量；
　　　τ——松弛时间；

$$\left. \begin{array}{l} s_r = \sigma_r - s, \quad s_\theta = \sigma_\theta - s \\ e_r = \varepsilon_r - e, \quad e_\theta = \varepsilon_\theta - e \\ s = \dfrac{1}{3}(\sigma_r + \sigma_\theta + \sigma_z) = p_0, \quad e = \dfrac{1}{3}(\varepsilon_r + \varepsilon_\theta) \end{array} \right\} \quad (4)$$

式（3）采用流变学中惯用的假设，认为材料的体积变形具有弹性性质，并考虑到隧洞是在地层先加载情况下开挖的。

注：本文摘自《土木工程学报》（1982年第15卷第4期）。

在轴对称情况下，不会引起围岩粘弹性区的体积变形，即有

$$e = \frac{1}{3}(\varepsilon_r + \varepsilon_\theta) = \frac{1}{3}\left(\frac{\partial u}{\partial r} + \frac{u}{r}\right) = 0 \tag{5}$$

解方程（5）得：

$$u = \frac{1}{r}A(t) \tag{6}$$

式中 $A(t)$ 为待定的，仅为时间的函数。

由围岩的弹塑性分析可知，无论塑性区的大小如何，以及洞周有无支护抗力，弹性区与塑性区界面上的应力为一常数，这一结论同样适用于粘弹性区与塑性区的界面。令所求点 $r = \alpha R_0$（α 为比例系数），对于随塑性区半径 R_0 而变的点，其应力状态将不随时间而变，因此式（2）中应力速率一项为零，并考虑 $e = 0$，$\frac{de}{dt} = 0$，再令 $\tau G_0 = \eta_{ret} G_\infty$，则式（2）变为

$$\sigma_r - p_0 = 2G_\infty \varepsilon_r + 2(\eta_{ret} G_\infty)\frac{d\varepsilon_r}{dt}$$
$$\sigma_\theta - p_0 = 2G_\infty \varepsilon_\theta + 2(\eta_{ret} G_\infty)\frac{d\varepsilon_\theta}{dt} \tag{7}$$

式中 $\eta_{ret} = G_0 \tau / G_\infty$ 表示延迟时间。

考虑 r 和 R_0 均为 t 的函数，由式（6）得

$$\begin{aligned}
\varepsilon_r &= \frac{\partial u}{\partial r} = -\frac{A(t)}{r^2(t)} \\
\varepsilon_\theta &= \frac{u}{r} = \frac{A(t)}{r^2(t)} \\
\frac{d\varepsilon_r}{dt} &= \frac{dA(t)}{r^2(t)} + \frac{2}{r(t)}A(t)\frac{dr(t)}{dt} \\
\frac{d\varepsilon_\theta}{dt} &= \frac{dA(t)}{r^2(t)} - \frac{2}{r(t)}A(t)\frac{dr(t)}{dt}
\end{aligned} \tag{8}$$

以式（8）中第一、第三式代入式（7）中第一式，并考虑 $r = R_0$，$\sigma_r = \sigma_{R_0} = p_0(1-\sin\phi) - c\cos\phi$（由围岩弹塑性分析导出的弹塑性区边界上的径向应力），得

$$\frac{dA(t)}{dt} + \left(\frac{1}{\eta_{ret}} - \frac{2}{R_0(t)}\frac{dR_0(t)}{dt}\right)A(t) = \frac{MR_0^2(t)}{4G_\infty \eta_{ret}} \tag{9}$$

式中

$$M = 2(p_0 - \sigma_{R_0}) = 2(p_0 \sin\phi + c\cos\phi)$$

考虑到 $t = 0$，$A(0) = \frac{MR_0^2(0)}{4G_0}$，式（9）的解为

$$A(t) = \frac{MR_0^2(t)}{4}\left\{\frac{1}{G_\infty}\left[1 - \exp\left(-\frac{t}{\eta_{ret}}\right)\right] + \frac{1}{G_0}\exp\left(-\frac{t}{\eta_{ret}}\right)\right\} \tag{10}$$

代入式（6）和（7），得

$$\begin{aligned}
u_r^c &= \frac{MR_0^2(t)}{4r}\left\{\frac{1}{G_\infty}\left[1 - \exp\left(-\frac{t}{\eta_{ret}}\right)\right] + \frac{1}{G_0}\exp\left(-\frac{t}{\eta_{ret}}\right)\right\} \\
\sigma_r^c &= p_0 - \frac{M}{2}\frac{R_0^2(t)}{r} = p_0 - \frac{M}{2}\frac{1}{\alpha^2} \\
\sigma_\theta^c &= p_0 + \frac{M}{2}\frac{R_0^2(t)}{r} = p_0 + \frac{M}{2}\frac{1}{\alpha^2}
\end{aligned} \tag{11}$$

由式（11）可见，r 点上的应力随时间而变，而对 r 随 $R_0(t)$ 而变的点，其应力不随时

间而变,但位移随时间变化。对于无支护隧洞,R_0 为一常数,此时任意 r 点上的应力不随时而变。

式(3)等号两边均为零,显见是满足的。

引用平衡方程,莫尔—库仑塑性条件及弹塑性界面上应力协调条件,即可求得塑性区应力方程,洞壁支护抗力 $p_i(t)$ 和塑性区半径 $R_0(t)$ 的关系式[1]:

$$\sigma_r^p = \left(p_i(t) + c\,\mathrm{ctg}\phi\right)\left(\frac{r}{r_0}\right)^{\frac{2\sin\phi}{1-\sin\phi}} - c\,\mathrm{ctg}\phi$$

$$\sigma_\theta^p = \left(p_i(t) + c\,\mathrm{ctg}\phi\right)\left(\frac{1+\sin\phi}{1-\sin\phi}\right)\left(\frac{r}{r_0}\right)^{\frac{2\sin\phi}{1-\sin\phi}} - c\,\mathrm{ctg}\phi \quad (12)$$

$$p_i(t) = (p_0 + c\,\mathrm{ctg}\phi)(1-\sin\phi)\left(\frac{r_0}{R_0(t)}\right)^{\frac{2\sin\phi}{1-\sin\phi}} - c\,\mathrm{ctg}\phi$$

或

$$R_0(t) = r_0\left[\frac{(p_0+c\,\mathrm{ctg}\phi)(1-\sin\phi)}{p_i(t)+c\,\mathrm{ctg}\phi}\right]^{\frac{1-\sin\phi}{2\sin\phi}} \quad (13)$$

在弹塑性围岩中,设塑性区体积变形为零,作者曾导出塑性区的位移为[1]

$$u_r^p = \frac{MR_0}{4Gr} \quad (14)$$

若考虑塑性区体积变形,则可导得

$$u_r^p = \frac{MR_0}{4Gr}(2-2u) + \frac{1-2u}{2G}r(p_0 + c\,\mathrm{ctg}\phi)\left[\left(\frac{r}{R_0}\right)^{\frac{2\sin\phi}{1-\sin\phi}}(1-\sin\phi) - 1\right] \quad (15)$$

比较式(14)和(15),可见当泊松比 μ 趋近 0.5 时,两式结果一致。通常认为塑性区 $\mu \to 0.5$,因此仍按塑性区体积变形为零的条件,推演粘弹-塑性围岩中的位移公式。类似式(6)塑性区位移为

$$u_r^p = \frac{A(t)}{r} \quad (16)$$

考虑粘弹-塑性界面上位移协调条件,即 $u_{R_0}^e = u_{R_0}^p$,则得

$$A(t) = \frac{MR_0^2(t)}{4G_\infty}\left[1-\exp\left(-\frac{t}{\eta_{ret}}\right)\right] + \frac{MR_0^2(t)}{4G_0}\exp\left(-\frac{t}{\eta_{ret}}\right) \quad (17)$$

$$u_r^p = \frac{MR_0^2(t)}{4G_\infty r}\left[1-\exp\left(-\frac{t}{\eta_{ret}}\right)\right] + \frac{MR_0^2(t)}{4G_0 r}\exp\left(-\frac{t}{\eta_{ret}}\right) \quad (18)$$

式(18)与式(11)中第一式形式上相似,但式(18)中 $r < R_0$,而式(11)第一式中 $r > R_0$。

二、围岩与支护的共同作用

令隧洞开挖时刻 $t=0$,支护时刻 $t=t_1$,围岩中塑性区最终形成时刻 $t=t_2$。从 0 到 t_2 时刻是围岩塑性区的形成阶段,在这一阶段中,考虑粘弹性区的蠕变和塑性区发展过程。t_2 以后是围岩的蠕变阶段,考虑塑性区的退化。

1. 塑性区形成阶段

现场实测表明,塑性区由小到大逐渐形成,表明塑性区应力重分布有一时间过程。在这一阶段中,塑性区半径 $R_0(t)$,洞壁位移 $u_{r_0}(t)$ 和支护抗力 $p_i(t)$ 都随时间增大,直至 $t=t_2$

时塑性区形成，$R_0(t_2)=R_0$，$u_{r0}(t_2)=u_{r0}^p$，$p_i(t_2)=p_i^p$。

塑性区形成时刻 u_{r0}，R_0 和 p_i^p 的计算与围岩弹塑性分析相仿，按式（18）有

$$u_{r_i}^p = \frac{MR_0^2}{4G_\infty r_0}\left[1-\exp\left(-\frac{t_2}{\eta_{ret}}\right)\right]+\frac{MR_0^2}{4G_0 r_0}\exp\left(-\frac{t_2}{\eta_{ret}}\right) \quad (19)$$

$$R_0 = \left[\frac{r_0 u_{r_i}^p}{\frac{M}{4G_\infty}\left[1-\exp\left(-\frac{t_2}{\eta_{ret}}\right)\right]+\frac{M}{4G_0}\exp\left(-\frac{t_2}{\eta_{ret}}\right)}\right]^{\frac{1}{2}} \quad (20)$$

$$p_i^p = -c\,\mathrm{ctg}\phi+(p_0+c\,\mathrm{ctg}\phi)$$
$$\times(1-\sin\phi)\left[\frac{M}{4G_\infty}\left[1-\exp\left(-\frac{t_2}{\eta_{ret}}\right)\right]+\frac{M}{4G_0}\exp\left(-\frac{t_2}{\eta_{ret}}\right)\atop u_{r0}^p\right]^{\frac{\sin\phi}{1-\sin\phi}} \quad (21)$$

洞壁位移 u_{r0}^p 由下述两部分组成：

$$u_{r0}^p = u_0+u_s^p = u_0+\frac{p_i^p}{K_c} \quad (22)$$

式中 u_0——支护前洞壁位移，实际计算中可采用封底拱时的洞壁位移值；u_s^p——塑性区形成时衬砌外缘位移；$K_c=\dfrac{2G_c(r_0^2-r_i^2)}{r_0[(1-2\mu_c)r_0^2+r_i^2]}$——衬砌刚度；$r_i$——衬砌内半径；$G_c$，$\mu_c$——衬砌剪切模量和泊松比。

将式（22）代入（21）式，即能求出 p_i^p。实际工程计算中，由于围岩塑性变形时间 t_2 常比围岩粘弹性变形时间短得多，因而可设 $t_2=0$，此时按式（21）算得的结果与围岩弹塑性分析相同。

2. 蠕变位移阶段

在这一阶段只有蠕变变形而无塑性变形。从理论上讲，在蠕变阶段围岩塑性区有所缩小，这是由于蠕变使围岩支护抗力增大，从而使塑性区减小。一些实测的结果表明，塑性区形成后，在具有蠕变的地层中塑性区有缩小的趋势[5]。

由于蠕变引起的支护抗力 p_i^c 随时间增大，围岩受力状态得到改善，塑性区退化而使塑性区半径缩小。因此蠕变阶段的洞壁蠕变位移 $u_{r0}^c(t)$ 为

$$u_{r0}^c(t) = r_0\left[\frac{(p_0+c\,\mathrm{ctg}\phi)(1-\sin\phi)}{p_i^p+p_i^c(t)+c\,\mathrm{ctg}\phi}\right]^{\frac{1-\sin\phi}{\sin\phi}}$$
$$\left\{\frac{M}{4G_\infty}\left[1-\exp\left(-\frac{t}{\eta_{ret}}\right)\right]+\frac{M}{4G_0}\exp\left(-\frac{t}{\eta_{ret}}\right)\right\}\Big|_{t_2}^{t} \quad (23)$$

工程计算中常取 $t\to\infty$，则式（23）变为

$$u_{r0}^c = \frac{p_i^c}{K_c}$$
$$= \frac{Mr_0}{4G_\infty}\left[\frac{(p_0+c\,\mathrm{ctg}\phi)(1-\sin\phi)}{p_i^p+p_i^c+c\,\mathrm{ctg}\phi}\right]^{\frac{1-\sin\phi}{\sin\phi}}-u_{r0}^p \quad (24)$$

考虑到 $p_i=p_i^p+p_i^c$，$u_{r0}=u_{r0}^c+u_{r0}^p$，则式（24）写成

$$u_{r0} = \frac{Mr_0}{4G_\infty}\left[\frac{(p_0+c\,\mathrm{ctg}\phi)(1-\sin\phi)}{p_i+c\,\mathrm{ctg}\phi}\right]^{\frac{1-\sin\phi}{\sin\phi}} \quad (25)$$

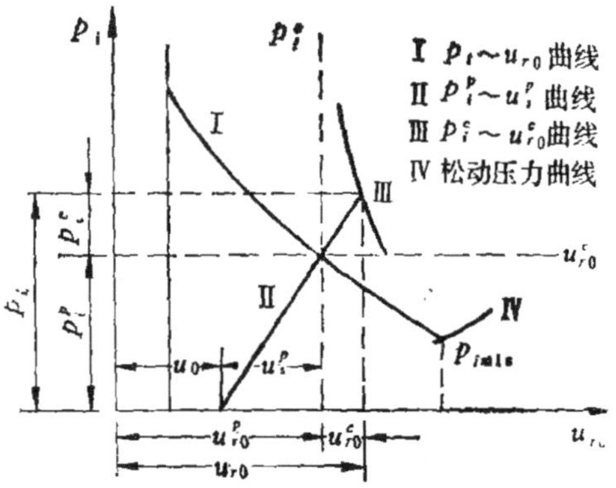

图2 粘弹-塑性围岩 $p_i\sim u_{r0}$ 曲线

Ⅰ $p_i\sim u_{r0}$ 曲线
Ⅱ $p_i^p\sim u_s^p$ 曲线
Ⅲ $p_i^c\sim u_{r0}^c$ 曲线
Ⅳ 松动压力曲线

并有 $t \to \infty$ 时最终的塑性区半径

$$R_0(t_\infty) = R'_0 = r_0 \left[\frac{(p_0 + c\,\mathrm{ctg}\phi)(1-\sin\phi)}{p_i + c\,\mathrm{ctg}\phi} \right]^{\frac{1-\sin\phi}{2\sin\phi}}$$

$$= r_0 \left[\frac{(p_0 + c\,\mathrm{ctg}\phi)(1-\sin\phi)}{K_c\left(\frac{M(R'_0)^2}{4G_\infty r_0} - u_0\right) + c\,\mathrm{ctg}\phi} \right]^{\frac{1-\sin\phi}{2\sin\phi}} \tag{26}$$

由式（25）即能求出 P_i 及 P_i^c（图 2）

三、粘弹-塑性围岩中锚喷支护的计算

设在隧洞四周均匀地布置径向锚杆，当锚杆长度至少大于松动区厚度时，可认为锚杆一方面通过受拉限制了围岩径向位移，相当于洞壁四周增加了支护抗力 σ_b，另一方面通过受剪提高了围岩的 c、ϕ 值。因此，有锚杆情况下，围岩塑性区半径和位移都将比无锚杆时减小。

设计中，通常取 $t \to \infty$，则有锚杆情况下最终的塑性区半径 $(R_0^b)'$ 为

$$(R_0^b)' = r_0 \left[\frac{(p_0 + c_1\,\mathrm{ctg}\phi_1)(1-\sin\phi_1)}{p_i + \sigma_b + c_1\,\mathrm{ctg}\phi_1} \right]^{\frac{1-\sin\phi_1}{2\sin\phi_1}}$$

$$= r_0 \left[\frac{(p_0 + c_1\,\mathrm{ctg}\phi_1)(1-\sin\phi_1)}{K_c\left(\frac{M[(R_0^b)']^2}{4G_\infty r_0} - u_0\right) + \sigma_b + c_1\,\mathrm{ctg}\phi_1} \right]^{\frac{1-\sin\phi_1}{2\sin\phi_1}} \tag{27}$$

式中 σ_b——由于锚杆受拉提供的附加支护抗力；

c_1、ϕ_1——围岩锚固后塑性区平均粘结力和内摩擦角。

锚杆拉力按锚杆与围岩共同变形原则计算，即

$$Q = \frac{(u_{\text{前}} - u_{\text{后}})E_b f}{L} \tag{28}$$

$$u_{\text{前}} = \frac{M[(R_0^b)']^2}{4G_\infty r_0} - u_0^b \tag{29}$$

$$u_{\text{后}} = \frac{M[(R_0^b)']^2}{4G_\infty (r_0 + L)} - u_0^b \frac{r_0}{r_0 + L} \tag{30}$$

由此

$$\sigma_b = \frac{Q}{ei} \tag{31}$$

式中 L——锚杆的有效长度，E_b、f——锚杆弹性模量和截面积；$u_{\text{前}}$、$u_{\text{后}}$——锚杆前端和后端的位移；u_0^b——锚杆加固前的洞壁位移；e、i——锚杆纵、横向间距。

计算时应先设 σ_b，按式（27）求出 $(R_0^b)'$，如所设 σ_b 满足式（31），则所设正确，否则应重设。并按下式计算作用在衬砌上的支护抗力 p_i：

$$p_i = K_c\left(\frac{M[(R_0^b)']^2}{4G_\infty r_0} - u_0\right) \tag{32}$$

四、算 例

设半径 $r_0 = 3.5$ 米的黄土隧道，覆盖层厚度 38 米，黄土容重 $\gamma = 1.8$ 吨/米^3，塑性区平均粘结力 $c = 0.8$ 公斤力/厘米^2，内摩擦角 $\phi = 30°$。瞬时剪切模量 $G_0 = 770$ 公斤力/厘米^2，长期

剪切模量 $G_\alpha = 670$ 公斤力/厘米², 支护前实测位移 $u_r = 1.65$ 厘米。喷混凝土厚度 5 厘米（初次喷层厚度）, $E_c = 1.8 \times 10^5$ 公斤力/厘米², $\mu_c = 0.167$。当计算中采用 $t \to \infty$, $t_2 = 0$ 时, 获得的计算结果列于下表：

u_s —— 衬砌外缘位移

R_0 (m)	R_0^b (m)	p_i^p (kgf/cm²)	p_i^c (kgf/cm²)	p_i (kgf/cm²)	u_{r_0} (cm)	u_s (cm)
4.716	4.473	0.839	0.291	1.13	1.75	0.1

本算例数据基本上采用了腰岘河黄土隧道的实际数据[5]。算例结果表明, 当衬砌开挖和仰拱封底后, 衬砌再发生的位移是不大的。这与当前国内一些铁路锚喷试验隧道所量测的结果是一致的。本文没有考虑塑性区的粘塑过程, 也没有考虑塑性区的发展过程, 这方面的工作有待今后进一步研究。

参考文献

[1] 郑颖人："圆形洞室围岩压力理论探讨",《地下工程》1979 年第 3 期。
[2] 刘宝琛："喷混凝土支护作用的机理",《有色金属》1977 年第 3 期。
[3] 郑颖人、刘怀恒、顾金才："均质地层中锚喷支护理论与设计",《岩土工程学报》1981 年第 1 期。
[4] 朱维申："粘弹—塑性岩体中衬砌与围岩共同作用问题",《力学学报》, 1981 年第 1 期。
[5] 钟世航："喷射混凝土支护对黄土隧道周围土体自承能力的促成作用",《地下工程》1981, 4 期。

VISCOELASTIC-PLASTIC ANALYSIS OF TUNNELS AND ITS APPLICATION TO ANCHORING AND SHOTCRETE LINING

Zheng Yingren   Liu Huaiheng

Abstract

This paper deals with in the first part the formula derivation of the stress and displacement of viscoelastic-plastic strata surrounding the tunnel, where the displacement is distinguished as plastic displacement and creep displacement. In the derivation of the formulas, Poyting-Thomas model is presented for the viscoelastic zone, while the Mohr-Coulomb Yield Criteria is presented for the plastic zone.

In the second part of this paper, the design approaches of rock anchoring and shotcrete lining are investigated, where the effect of rock anchoring is characterized firstly to provide surrounding strata with an auxiliary support resistance by tensioning and secondly, to increase the value of c and ϕ of the surrounding strata by shearing. Thus the relationship between the radial stress of the tunnel wall p_i and the radius of plastic zone R_0^b under the action of rock anchoring is derived.

应变空间中的岩土屈服准则与本构关系

陈 长 安   郑 颖 人

(空军工程学院，1984年4月21日收到)

摘　要

本文从 Ильюшин 公设出发评述了在应变空间中研究岩土弹塑性问题的必要性和特点．建立了应力不变量与弹性应变不变量之间的关系式，实现了应力屈服面到应变屈服面的转换，导出和讨论了十二个以应力表达的屈服准则的应变表达式．应用正交法则导出了十二个与上述应变屈服准则相联系的理想塑性材料的本构关系．本文工作的结果可供实际应用，并有助于应变空间塑性理论的进一步研究．

主 要 符 号 表

$\varepsilon = [\varepsilon_{11}\ \varepsilon_{22}\ \varepsilon_{33}\ \varepsilon_{23}\ \varepsilon_{31}\ \varepsilon_{12}]^T$

$\sigma = [\sigma_{11}\ \sigma_{22}\ \sigma_{33}\ \sigma_{23}\ \sigma_{31}\ \sigma_{12}]^T$

D 弹性矩阵

I_1, I_3 应力张量第一和第三不变量

J_2 应力偏张量第二不变量

$\theta_\sigma, \theta_\varepsilon^e$ 应力空间和弹性应变空间 Lode 角

K_α 不可逆内变量

I_{1e}' 弹性应变张量第一不变量

J_{2e}', J_{3e}' 弹性应变偏张量第二和第三不变量

c 粘结力

$\gamma_c = 2(1+\mu)c/E$

e_{ij}^e 弹性应变偏张量分量

$C = D^{-1}$

ε^p 塑性应变

$\varepsilon^e = \varepsilon - \varepsilon^p$ 弹性应变

一、引　言

岩土类材料的弹塑性问题的传统研究方法是在应力空间中进行的．但是，Dafflias、Zienkiewicz、殷有泉和曲圣年等人的一系列工作表明[1,2,3]：合理的岩土本构关系应该在应变空间中表述．岩土塑性理论的应变空间表述比应力空间表述有着明显的优越性[2,4,5]：

（一）以 Drucker 公设为出发点的应力空间表述的塑性理论只适用于稳定材料．在岩土工程中，为了考虑到材料的非稳定性质，应该以 Ильюшин 公设为出发点建立应变空间表述的弹塑性理论．应变空间表述的塑性理论具有广泛的统一性，可用时适用于材料的稳定和非稳定阶段；（二）非线性问题有限元分析中，使用位移法是与应变空间表述相一致的；（三）实验技术中直接测量的量一般为应变或位移，应变空间表述减少了实验数据处理的困难．

注：本文摘自《应用数学和力学》(1985 年第 6 卷第 7 期)。

二、应变空间中的屈服准则

一般认为屈服面存在一条对称中心轴，应力屈服面对称中心轴与等倾线重合。称过中心轴的平面与屈服面的交线为子午线，垂直于中心轴的平面叫 π 平面，π 平面与屈服线的截线叫屈服线。屈服线一般沿中心轴作几何相似的变化，大多数屈服面可写成如下形式[6]：

$$f(I_1, J_2, \theta_\sigma) = f_1(I_1) + f_2(\bar{\sigma}_+) = 0 \tag{2.1}$$

其中 $\bar{\sigma}_+ = \sqrt{J_2}/g(\theta_\sigma)$，且有 $g(\pi/6) = 1$。θ_σ 为常数时式 (2.1) 确定了子午线的形状，$f_2(\bar{\sigma}_+)$ 确定屈服线形状。

利用广义虎克定律 $\boldsymbol{\sigma} = \mathbf{D}\boldsymbol{\varepsilon}^e = \mathbf{D}(\boldsymbol{\varepsilon} - \boldsymbol{\varepsilon}^p)$

可求得应力不变量与弹性应变不变量之间的转换公式：

$$I_1 = \frac{E}{1-2\mu} I'_{1e}; \tag{2.2}$$

$$J_2 = \left(\frac{E}{1+\mu}\right)^2 J'_{2e} \tag{2.3}$$

$$\theta_\sigma = \theta^e_\varepsilon \tag{2.4}$$

$$I_3 = \left(\frac{E}{1+\mu}\right)^3 J'_{3e} - \frac{1}{3} \frac{E}{1-2\mu} \left(\frac{E}{1+\mu}\right)^2 I'_{1e} J'_{2e} + \frac{1}{27} \left(\frac{E}{1+\mu}\right)^3 I'^3_{1e} \tag{2.5}$$

从不变量之间的转换式 (2.2)、(2.3)、(2.4)、(2.5) 出发，将应力屈服面 (2.1) 转换为应变屈服面：

$$F(I'_{1e}, J'_{2e}, \theta^e_\varepsilon) = f\left(\frac{E}{1-2\mu} I'_{1e}, \left(\frac{E}{1+\mu}\right)^2 J'_{2e}, \theta^e_\varepsilon\right) = f_1\left(\frac{E}{1-2\mu} I'_{1e}\right) + f_2(\bar{\varepsilon}_+) = 0 \tag{2.6}$$

其中 $\bar{\varepsilon}_+ = E\sqrt{J'_{2e}}/(1+\mu)g(\theta^e_\varepsilon)$，$g(\pi/6) = 1$

应力空间等向强化屈服面中心为 $\boldsymbol{\sigma} = 0$ 处，转换到应变空间后中心为 $\mathbf{D}(\boldsymbol{\varepsilon} - \boldsymbol{\varepsilon}^p) = 0$，即 $\boldsymbol{\varepsilon} = \boldsymbol{\varepsilon}^p$ 处。后继应变屈服面将以塑性应变状态点为中心作平动，这一点可由下列事实解释：材料产生不可逆塑性变形后完全卸载其应变状态必然是 $\boldsymbol{\varepsilon} = \boldsymbol{\varepsilon}^p$。应力空间理想塑性屈服面在应变空间中表现为形状、大小不变，但总是随塑性变形发展而平动的随动"强化"屈服面。

各种屈服线与子午线的组合可构成各种屈服面。下面将常用的十二种应力屈服面 $f=0$ 转换为应变屈服面 $F=0$。为简便计，只就其初始屈服面讨论几何意义。

(一) Mises 型

$$f = \sqrt{J_2} - c = 0, \quad F = \sqrt{J'_{2e}} - \gamma_e/2 = 0 \tag{2.7}$$

式 (2.7) 表示一个以等倾线为轴的圆柱面，屈服现象与 I'_{1e} 无关。

(二) 广义 Mises 型

$$f = aI_1 + \sqrt{J_2} - k = 0, \quad F = \frac{aE}{1-2\mu} I'_{1e} + \frac{E}{1+\mu} \sqrt{J'_{2e}} - k = 0 \tag{2.8}$$

式 (2.8) 表示以等倾线为轴的圆锥面，屈服时 $\sqrt{J'_{2e}}$ 与 I'_{1e} 成线性关系。选取不同的 a、k 值可得到对 Mohor-Coulomb 型屈服面的三种不同的逼近：

1) 外角圆锥

$$f=\frac{2\sin\phi}{\sqrt{3}(3-\sin\phi)}I_1+\sqrt{J_2}-\frac{6c\cos\phi}{\sqrt{3}(3-\sin\phi)}=0$$
$$F=\frac{2\sin\phi}{\sqrt{3}(3-\sin\phi)}\frac{1+\mu}{1-2\mu}I'_{1e}+\sqrt{J'_{2e}}-\frac{3\gamma_c\cos\phi}{\sqrt{3}(3-\sin\phi)}=0 \quad (2.9)$$

2) 内角圆锥

$$f=\frac{2\sin\phi}{\sqrt{3}(3+\sin\phi)}I_1+\sqrt{J_2}-\frac{6c\cos\phi}{\sqrt{3}(3+\sin\phi)}=0$$
$$F=\frac{2\sin\phi}{\sqrt{3}(3+\sin\phi)}\frac{1+\mu}{1-2\mu}I'_{1e}+\sqrt{J'_{2e}}-\frac{3\gamma_c\cos\phi}{\sqrt{3}(3+\sin\phi)}=0 \quad (2.10)$$

3) 内切圆锥

$$f=\frac{\sin\phi}{\sqrt{9+3\sin^2\phi}}I_1+\sqrt{J_2}-\frac{3c\cos\phi}{\sqrt{9+3\sin^2\phi}}=0$$
$$F=\frac{\sin\phi}{\sqrt{9+3\sin^2\phi}}\frac{1+\mu}{1-2\mu}I'_{1e}+\sqrt{J'_{2e}}-\frac{3}{2}\gamma_c\frac{\cos\phi}{\sqrt{9+3\sin^2\phi}}=0 \quad (2.11)$$

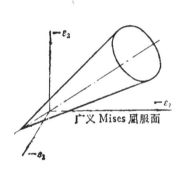

图 1

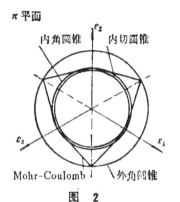

图 2

(三) Tresca 型

$$f_i=\sqrt{J_2}\cos(\theta_\sigma-(i-1)\pi/3)-c=0$$
$$F_i=\sqrt{J'_{2e}}\cos(\theta^e_\varepsilon-(i-1)\pi/3)-\gamma_c/2=0 \quad (2.12)$$

其中 $|\theta_\sigma-(i-1)\pi/3|\leqslant\pi/6$，$|\theta^e_\varepsilon-(i-1)\pi/3|\leqslant\pi/6$ $(i=1,2,3,4,5,6)$ 式 (2.12) 表示以等倾线为轴的正六角柱面，屈服现象与 I'_{1e} 无关。

(四) 广义 Tresca 型

$$f_i=\sqrt{J_2}\cos(\theta_\sigma-(i-1)\pi/3)+f_1 I_1-c=0$$
$$F_i=\sqrt{J'_{2e}}\cos\left(\theta^e_\varepsilon-\frac{i-1}{3}\pi\right)+f_1\frac{1+\mu}{1-2\mu}I'_{1e}-\frac{1}{2}\gamma_e=0 \quad (2.13)$$

其中 $|\theta_\sigma-(i-1)\pi/3|\leqslant\pi/6$，$|\theta^e_\varepsilon-(i-1)\pi/3|\leqslant\pi/6$ $(i=1,2,3,4,,6)$，式 (2.13) 表示以等倾线为轴的正六角棱锥面，屈服时 I'_{1e} 与 $\sqrt{J'_{2e}}$ 成线性关系。

(五) Mohr-Coulomb 型

Mohr-Coulomb 型屈服面由六个平面围成：$f_i=0$ $(i=1,2,3,4,5,6)$

$$f_i=\frac{1}{3}\sin\phi I_1+\left[\cos\left(\theta_\sigma-\frac{i-1}{3}\pi\right)-\frac{(-1)^{i-1}}{\sqrt{3}}\sin\phi\sin\left(\theta_\sigma-\frac{i-1}{3}\pi\right)\right]\sqrt{J_2}$$
$$-c\cos\phi=0$$

$$F_i = \frac{1}{3}\sin\phi \frac{1+\mu}{1-2\mu} I'_{1e} + \left[\cos\left(\theta^e_i - \frac{i-1}{3}\pi\right)\right.$$
$$\left. - \frac{(-1)^{i-1}}{\sqrt{3}}\sin\phi\sin\left(\theta^e_i - \frac{i-1}{3}\pi\right)\right]\sqrt{J'_{2e}} - \frac{1}{2}\gamma_c\cos\phi = 0 \qquad (2.14)$$

其中 $|\theta_\sigma - (i-1)\pi/3| \leqslant \pi/6$, $|\theta^e_i - (i-1)\pi/3| \leqslant \pi/6$.

Mohr-Coulomb 屈服面经实验证明在低围压时较好地符合实际情况。式(2.14)表示以等倾线为轴的不等角六角棱锥面，料料屈服时最大剪应变与球应变成线性关系。在形式上，对 $F_1 = 0$ 而言有：

1) $\phi = 0$ 且 $\theta^e_i = 0$ 时，成为 Mises 型 (2.7)；
2) $\theta^e_i =$ 常数时，成为广义 Mises 型。$\theta^e_i = \pi/6$，$-\pi/6$ 和 $-\mathrm{arc\,tg}(\sin\phi/\sqrt{3})$ 时，成为外角、内角和内切圆锥型 (2.9)、(2.10)、(2.11)；
3) $\phi = 0$ 时，成为 Tresca 型 (2.12)。

（六） Zienkiewicz 型[6,7]

对 Mohr-Coulomb 屈服面进行两方面的改造，一方面将有奇异点的屈服线换成光滑曲线，另一方面将子午线由直线换为二次曲线。

对屈服线进行改造，在式(2.1)、(2.6)中要求：

$$g\left(\frac{\pi}{6}\right) = 1, \quad g\left(-\frac{\pi}{6}\right) = K = \frac{3-\sin\phi}{3+\sin\phi}, \quad \left.\frac{dg(\theta)}{d\theta}\right|_{\theta = \pm\frac{\pi}{6}} = 0$$

可得过 Mohr-Coulomb 屈服线六个顶点的光滑曲线。本文在 Gudehus 和 Argyris 工作的基础上建议取

$$g(\theta) = 2K/[1 + K - (1-K)\sin 3\theta + a\cos^2 3\theta]$$

其中 a 在 $0.2 \sim 0.4$ 间取值。

对子午线的改造按子午线形状分为三种情况：

1) 双曲型

$$\left.\begin{aligned}&f = -\mathrm{tg}^2\phi\, I_1^2/9 + 2c\,\mathrm{tg}\,\phi\, I_1/3 + (a^2\mathrm{tg}^2\phi - c^2) + \bar{\sigma}_+^2 = 0\\&F = -\frac{1}{9}\left(\frac{E}{1-2\mu}\right)^2 \mathrm{tg}^2\phi\, I'^2_{1e} + \frac{2c}{3}\mathrm{tg}\,\phi\, \frac{E}{1-2\mu} I'_{1e} + (a^2\mathrm{tg}^2\phi - c^2) + \bar{\varepsilon}_+^2 = 0\end{aligned}\right\} \quad (2.15)$$

2) 抛物型

$$f = \frac{1}{3a} I_1 - \frac{d}{a} + \bar{\sigma}_+^2 = 0; \quad F = \frac{1}{3a}\left(\frac{E}{1-2\mu}\right) I'_{1e} - \frac{d}{a} + \bar{\varepsilon}_+^2 = 0 \qquad (2.16)$$

3) 椭圆型

$$\left.\begin{aligned}&f = \mathrm{tg}^2\phi[I_1^2/9 + 2(c\,\mathrm{ctg}\,\phi - a)I_1/3 + c\,\mathrm{ctg}\,\phi(c\,\mathrm{ctg}\,\phi - 2a)] + \bar{\sigma}_+^2 = 0\\&F = \mathrm{tg}^2\phi\left[\frac{1}{9}\left(\frac{E}{1-2\mu}\right)^2 I'^2_{1e} + \frac{2}{3}(c\,\mathrm{ctg}\,\phi - a)\frac{E}{1-2\mu} I'_{1e}\right.\\&\left. + c\,\mathrm{ctg}\,\phi(c\,\mathrm{ctg}\,\phi - 2a)\right] + \bar{\varepsilon}_+^2 = 0\end{aligned}\right\} \quad (2.17)$$

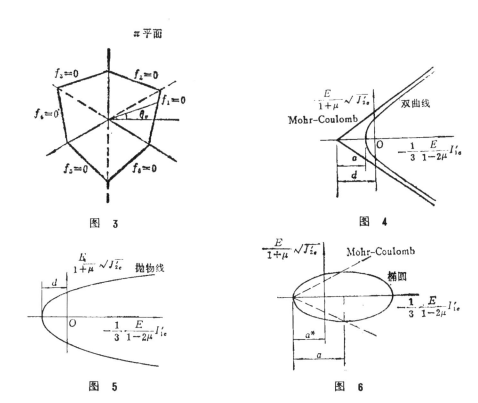

图 3

图 4

图 5

图 6

（七） Lade-Duncan 型

Lade 和 Duncan 通过实验提出一个无粘结力土的屈服准：

$$f = I_1^3 - kI_3 = 0$$

通过转换得

$$F = \left(\frac{1}{k} - \frac{1}{27}\right)\left(\frac{1+\mu}{1-2\mu}\right)^3 I_{1e}^{\prime 3} + \frac{1}{3}\frac{1+\mu}{1-2\mu} I_{1e}^{\prime} J_{2e}^{\prime} - J_{3e}^{\prime} = 0 \qquad (2.18)$$

式(2.18)是三次齐次式，表示一个与图 7 相似的锥面。

（八） 指数型

为更好地反映土在高围压时的性态，提出子午线为以 Mises 线为极限的指数曲线，这里屈服线仍采用圆。需要的话，也可很方便地采用由 $g(\theta)$ 决定的屈服线。

$$\left. \begin{array}{l} f = \sqrt{J_2} - C + A\exp(BI_1) = 0 \\ F = \dfrac{E}{1+\mu}\sqrt{J_{2e}^{\prime}} - C + A\exp\left(\dfrac{E}{1-2\mu}BI_{1e}^{\prime}\right) = 0 \end{array} \right\} \qquad (2.19)$$

其中 A、B、C 为材料常数。

三、应变空间表述的弹塑性本构关系

本文采用由 Ильюшин 公设导出的加载准则[1]：

$$L_2 = \left(\frac{\partial F}{\partial \varepsilon}\right)^T d\varepsilon$$

$L_2 > 0$，$L_2 = 0$，$L_2 < 0$ 分别表示加载、中性变载和卸载。

假定材料弹塑性不耦合，屈服面上光滑点（奇异点处本构关系见参考文献[4]）的弹塑性本构关系为：

$$d\boldsymbol{\sigma}=\left[\mathbf{D}-\frac{H(L_2)}{A_2}\frac{\partial F}{\partial \boldsymbol{\varepsilon}}\left(\frac{\partial F}{\partial \boldsymbol{\varepsilon}}\right)^T\right]d\boldsymbol{\varepsilon} \qquad (3.1)$$

其中 $A_2=-\left[\left(\frac{\partial F}{\partial \boldsymbol{\varepsilon}^P}\right)^T \mathbf{C}\frac{\partial F}{\partial \boldsymbol{\varepsilon}}+\frac{\partial F}{\partial K_a}\left(\frac{\partial K_a}{\partial \boldsymbol{\varepsilon}^P}\right)^T \mathbf{C}\frac{\partial F}{\partial \boldsymbol{\varepsilon}}\right]$，$H(L)=\begin{cases}1 & \text{当 } L>0 \text{ 时} \\ 0 & \text{当 } L\leqslant 0 \text{ 时}\end{cases}$

这里认为 F 为显含 $\boldsymbol{\varepsilon}$、$\boldsymbol{\varepsilon}^P$ 和 K_a 的函数，即

$$F=F(\boldsymbol{\varepsilon},\ \boldsymbol{\varepsilon}^P,\ K_a)=0$$

对于理想塑性材料，将 $\frac{\partial F}{\partial K_a}=0$ 和 $\frac{\partial F}{\partial \boldsymbol{\varepsilon}^P}=-\frac{\partial F}{\partial \boldsymbol{\varepsilon}}$ 代入(3.1)得

$$d\boldsymbol{\sigma}=\left[\mathbf{D}-\frac{H(L_2)}{A_2'}\frac{\partial F}{\partial \boldsymbol{\varepsilon}}\left(\frac{\partial F}{\partial \boldsymbol{\varepsilon}}\right)^T\right]d\boldsymbol{\varepsilon},\ A_2'=\left(\frac{\partial F}{\partial \boldsymbol{\varepsilon}}\right)^T \mathbf{C}\frac{\partial F}{\partial \boldsymbol{\varepsilon}} \qquad (3.2)$$

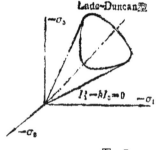

图 7

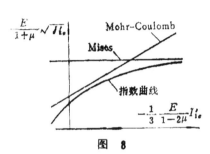

图 8

将应变屈服函数表为：

$$F=F(I_{1e}',\ \sqrt{J_{2e}'},\ J_{3e}')$$

对 $\boldsymbol{\varepsilon}$ 求矢量导数，得

$$\frac{\partial F}{\partial \boldsymbol{\varepsilon}}=\beta_1\frac{\partial I_{1e}'}{\partial \boldsymbol{\varepsilon}}+\beta_2\frac{\partial \sqrt{J_{2e}'}}{\partial \boldsymbol{\varepsilon}}+\beta_3\frac{\partial J_{3e}'}{\partial \boldsymbol{\varepsilon}} \qquad (3.3)$$

其中 $\beta_1=\frac{\partial F}{\partial I_{1e}'}$，$\beta_2=\frac{\partial F}{\partial \sqrt{J_{2e}'}}$，$\beta_3=\frac{\partial F}{\partial J_{3e}'}$

由 I_{1e}'、J_{2e}'、J_{3e}' 的定义可求得

$$\frac{\partial I_{1e}'}{\partial \boldsymbol{\varepsilon}}=[1, 1, 1, 0, 0, 0]^T \qquad (3.4)$$

$$\frac{\partial \sqrt{J_{2e}'}}{\partial \boldsymbol{\varepsilon}}=\frac{1}{2\sqrt{J_{2e}'}}[e_{11}^e, e_{22}^e, e_{33}^e, 2e_{23}^e, 2e_{31}^e, 2e_{12}^e]^T \qquad (3.5)$$

$$\frac{\partial J_{3e}'}{\partial \boldsymbol{\varepsilon}}=[e_{22}^e e_{33}^e-(e_{23}^e)^2,\ e_{33}^e e_{11}^e-(e_{31}^e)^2,\ e_{11}^e e_{22}^e-(e_{12}^e)^2,\ 2(e_{12}^e e_{13}^e-e_{11}^e e_{23}^e),$$
$$2(e_{21}^e e_{23}^e-e_{22}^e e_{13}^e),\ 2(e_{31}^e e_{32}^e-e_{33}^e e_{12}^e)]^T+J_{2e}'[1,1,1,0,0,0]^T/3 \qquad (3.6)$$

有了系数 β_1、β_2、β_3 就可利用(3.2)和(3.3)求出本构关系具体形式。采用本文导出的十二种应变屈服准则，求得结果见表1。

对平面应变情形，$\varepsilon_{33}=\varepsilon_{23}=\varepsilon_{31}=0$，我们约定将遇到的矩阵（或矢量）的第3、4、5行和3、4、5列去掉，即可沿用上述理论和公式在简化的情况下进行计算。

表 1

	β_1	β_2	β_3
Mises 型	0	1	0
外角圆锥型	$\dfrac{2\sin\phi}{\sqrt{3}(3-\sin\phi)}\dfrac{1+\mu}{1-2\mu}$	1	0
内角圆锥型	$\dfrac{2\sin\phi}{\sqrt{3}(3+\sin\phi)}\dfrac{1+\mu}{1-2\mu}$	1	0
内切圆锥型	$\dfrac{\sin\phi}{\sqrt{9+3\sin^2\phi}}\dfrac{1+\mu}{1-2\mu}$	1	0
Tresca 型	0	$\cos\left(\theta_\varepsilon^c - \dfrac{i-1}{3}\pi\right)$	$\dfrac{\sqrt{3}}{2J_{2\varepsilon}'}\dfrac{\sin\left(\theta_\varepsilon^c - \dfrac{i-1}{3}\pi\right)}{\cos 3\theta_\varepsilon^c}$
广义 Tresca 型	$f_1\dfrac{1+\mu}{1-2\mu}$	$\cos\left(\theta_\varepsilon^c - \dfrac{i-1}{3}\pi\right)\left[1 + \mathrm{tg}\,3\theta_\varepsilon^c\,\mathrm{tg}\left(\theta_\varepsilon^c - \dfrac{i-1}{3}\pi\right)\right]$	$\dfrac{\sqrt{3}}{2J_{2\varepsilon}'}\dfrac{\sin\left(\theta_\varepsilon^c - \dfrac{i-1}{3}\pi\right)}{\cos 3\theta_\varepsilon^c}$
Mohr-Coulomb 型	$\dfrac{1}{3}\sin\phi\,\dfrac{1+\mu}{1-2\mu}$	$\cos\left(\theta_\varepsilon^c - \dfrac{i-1}{3}\pi\right)\left\{1 + \mathrm{tg}\,3\theta_\varepsilon^c\,\mathrm{tg}\left(\theta_\varepsilon^c - \dfrac{i-1}{3}\pi\right)\right.$ $\left.+\dfrac{(-1)^{i-1}}{\sqrt{3}}\sin\phi\left[\mathrm{tg}\,3\theta_\varepsilon^c - \mathrm{tg}\left(\theta_\varepsilon^c - \dfrac{i-1}{3}\pi\right)\right]\right\}$	$\dfrac{\sqrt{3}}{2J_{2\varepsilon}'}e\cos 3\theta_\varepsilon^c$ $+\dfrac{(-1)^{i-1}}{\sqrt{3}}\sin\phi\cos\left(\theta_\varepsilon^c - \dfrac{i-1}{3}\pi\right)$
双曲型	$-\dfrac{2}{9}\mathrm{tg}^2\phi\left(\dfrac{E}{1-2\mu}\right)^2 I_{1\varepsilon}' + \dfrac{2\sigma}{3}\mathrm{tg}\,\phi\,\dfrac{E}{1-2\mu}$	$\left(\dfrac{E}{1+\mu}\right)^2\dfrac{\sqrt{J_{2\varepsilon}'}}{Kg(\theta_\varepsilon^c)}[1+K+2(1-K)\sin 3\theta_\varepsilon^c]$ $+a(1+5\sin^2 3\theta_\varepsilon^c)]$	$\left(\dfrac{E}{1+\mu}\right)^2\dfrac{3\sqrt{3}}{2Kg(\theta_\varepsilon^c)}\dfrac{1}{\sqrt{J_{2\varepsilon}'}}[1-K$ $+2a\sin 3\theta_\varepsilon^c]$
抛物型	$\dfrac{1}{3a}\dfrac{E}{1-2\mu}$	同 上	同 上
椭圆型	$\mathrm{tg}^2\phi\left[\dfrac{2}{9}\left(\dfrac{E}{1-2\mu}\right)^2 I_{1\varepsilon}' + \dfrac{2}{3}\dfrac{E}{1-2\mu}\right.$ $\left.\cdot(c\,\mathrm{ctg}\,\phi - a)\right]$	同 上	同 上
Lade-Duncan 型	$\left(\dfrac{1}{k} - \dfrac{1}{27}\right)\left(\dfrac{1+\mu}{1-2\mu}\right)^3 3I_{1\varepsilon}'^2 + \dfrac{1}{3}\dfrac{1+\mu}{1-2\mu}J_{2\varepsilon}'$	$\dfrac{2}{3}\dfrac{1+\mu}{1-2\mu}I_{1\varepsilon}'\sqrt{J_{2\varepsilon}'}$	-1
指数型	$AB\dfrac{E}{1-2\mu}\exp\left[B\dfrac{E}{1-2\mu}I_{1\varepsilon}'\right]$	$\dfrac{E}{1+\mu}$	0

四、结 语

对具有非稳定性质的岩土类材料而言，应变空间表述的弹塑性理论是更为合适的，因而具有广泛的前景。在进一步的研究中，如建立硬化、软化和弹塑性耦合性质材料的本构关系时，将体现出更多的优越性。

本文将应力屈服面转换为应变屈服面，从而得到了应变空间表述的十二种屈服面及其弹塑性本构关系，对理想塑性材料可供实际应用。为解决岩土弹塑性问题提供了一种更合理的新途径。本文表明后继应变屈服面是随动"强化"的，但这并没有增大计算难度。本文对建立应变空间表述的塑性理论进行了初步尝试，将有助于对应变空间的进一步研究。

本文承俞茂镠副教授和陆美宝讲师的热情帮助，特此致以深切谢意。

参 考 文 献

[1] Dafalls, Y., Elasto—plastic Coupling with a Thermodynamic Strain Space Formulation of Plasticity, *Int. J. Nonlinear Mech.*, 12 (1977), 327—337.

[2] 曲圣年、殷有泉，塑性力学的Drucker公设和Ильюшин公设，力学学报，5(1981)，465—473.

[3] 殷有泉、曲圣年，弹塑性耦合和广义正交法则，力学学报，1(1982)，63—70.

[4] 殷有泉、曲圣年，岩石和混凝土一类材料的结构的有限单元分析中的本构关系，北京大学学报，1(1981)37—46.

[5] 王仁、殷有泉，工程岩石类介质的弹性本构关系，力学学报，4(1981)，317—325

[6] Zienkiewicz, O. C., G. N. Pande, *Finite Elements in Geomechanics*, ed. by Gudehus, G., ASME, (1978), 179—190.

[7] Zienkiewicz, O. C., C. Humpheson, *Viscoplasticity: A Generalized Model for Description of soil Behavior*, in Numerical Methods in Geotechnical Engineering, Ed. by C. S. Desai and J. T. Christian, (1977), 116—147.

Geotechnical Yield Criteria and Constitutive Relations in Strain Space

Chen Chang-an Zheng Ying-ren

(The Air Force College of Engineering, Xi'an)

Abstract

Based on Ilyushin's postulate, this paper deals with the necessity and features of researching the geotechnical elastoplastic theory in strain space. In the paper, we established the relations between stress invariants and elastic strain invariants, brought about the transformation from the stress yield surfaces into the strain yield surfaces derived and discussed the strain expressions from 12 yield criteria expressed by stress. By normality rule, we also derived 12 constitutive relations for ideal plastic materials associated with the above expressions. The results presented here can be applied to practice and are helpful to the study of the plastic theory in strain space.

锚喷支护洞室的弹塑性边界元
——有限元耦合计算法

郑颖人　徐干成　高效伟

(西安空军工程学院)

摘　要

本文阐述了具有喷层支护的地下洞室在围岩压力作用下弹塑性边界元和有限元耦合法的计算原理，导出了计算公式，并编制了相应的计算机程序，对具有喷层支护的地下洞室进行了稳定性分析，将喷层考虑为有限元区域，用边界元法对围岩进行塑性分析，通过围岩与喷层接触面上的谐调条件建立了统一的积分方程组，利用"近似中点刚度法"对理想弹塑性岩体进行了增量迭代计算，从而求出围岩和喷层中的应力和位移。

一、引　言

在地下工程的分析计算中，以前大多采用有限单元法，特别是弹塑性洞室问题，已拥有一些较完善的计算机程序。众所周知，采用有限元分析如地下洞室这样的无限体问题，需要将所研究的区域假定一个任意的外边界，从而给计算带来误差，如果采用边界元法分析地下洞室问题，则可以避免有限元法需假定一个任意外边界的缺点。此外，较之用有限元法解决具有喷层支护洞室这样的无限域问题，用边界元法解非线性围岩问题具有准备数据简单，降低维数的优点，虽然，用边界元法解非线性围岩问题也需在域内划分网格，但这仅仅是为了计算体积分方便而进行划分，有限元法在域中划分单元是该方法原理本身所至，因而二者比较，边界元法进行网格迭代也较有限元简单。目前利用边界元法分析弹塑性地下洞室问题还不多见，尤其是尚未见到用弹塑性边界元与有限元耦合法来分析具有喷层支护的地下洞室问题。

本文运用边界元和有限元耦合法来分析具有喷层的弹塑性地下洞室问题，将喷层用有限元模拟，用边界元法分析围岩的弹塑性区域，并编制了程序，给出了算例，结果表明计算是可行的。

二、边界元弹塑性问题的基本方程

在弹塑性问题中，基本方程为

$$\dot{\varepsilon}_{ij} = \dot{\varepsilon}_{ij}^e + \dot{\varepsilon}_{ij}^p \tag{2.1}$$

注：本文摘自《工程力学》(1989年第6卷第1期)。

$$\dot{\sigma}_{ij,i} + \dot{b}_j = 0 \tag{2.2}$$

$$\dot{t}_i - \dot{\sigma}_{ij}n_j = 0 \tag{2.3}$$

n_j 为边界上外法线方向余弦。

如果我们将塑性应变 $\dot{\varepsilon}_{ij}^p$ 看作初应变，然后应用 Hook's 定律，则

$$\dot{\sigma}_{ij} = \sigma_{ij}^e - \dot{\sigma}_{ij}^p = 2G\dot{\varepsilon}_{ij} + \frac{2G}{1-2\nu}\dot{\varepsilon}_{ll}\delta_{ij} - \dot{\sigma}_{ij}^p \tag{2.4}$$

将式 (2.4) 代入 (2.2)，(2.3) 并考虑式 (2.1) 得

$$\dot{u}_{j,ll} + \frac{1}{1-2\nu}\dot{u}_{l,lj} = -\frac{\dot{b}_j}{G} \tag{2.5}$$

及

$$\frac{2G\nu}{1-2\nu}\dot{u}_{l,l}n_i + G(\dot{u}_{i,j} + \dot{u}_{j,i})n_j = \dot{t}_i \tag{2.6}$$

式中 $\dot{b}_j$ 和 $\dot{t}_i$ 分别是假想体力和面力，即

$$\dot{b}_j = -\dot{\sigma}_{ij,i}^p + \dot{b}_j \tag{2.7}$$

$$\dot{t}_i = \dot{\sigma}_{ij}^p + \dot{t}_i \tag{2.8}$$

由式 (2.5)，(2.6) 可见，除 $\dot{b}_j$ 和 $\dot{t}_i$ 是假想体力和面力外，他们与弹性问题的 Navier 方程相同，因此我们可以从弹性问题的边界积分方程导出弹塑性问题的边界积方程。

弹性问题中，增量形式的边界积分方程为

$$C_{ij}\dot{u}_j + \int_\Gamma T_{ij}^*\dot{u}_j d\Gamma = \int_\Gamma U_{ij}^*\dot{t}_j d\Gamma + \int_\Omega U_{ij}^*\dot{b}_j d\Omega \tag{2.9}$$

对于光滑边界，$C_{ij} = \delta_{ij}/2$。在式 (2.9) 中，将 $\dot{b}_j$ 和 $\dot{t}_i$ 看作假想的，然后分部积分得

$$C_{ij}\dot{u}_j + \int_\Gamma T_{ij}^*\dot{u}_j d\Gamma = \int_\Gamma U_{ij}^*\dot{t}_j d\Gamma + \int_\Omega U_{ij}^*\dot{b}_j d\Omega + \int_\Omega \varepsilon_{ijk}^* \dot{\sigma}_{jk}^p d\Omega \tag{2.10}$$

体内位移为

$$\dot{u}_i = \int_\Gamma U_{ij}^*\dot{t}_j d\Gamma - \int_\Gamma T_{ij}^*\dot{u}_j d\Gamma + \int_\Omega U_{ij}^*\dot{b}_j d\Omega + \int_\Omega \varepsilon_{ijk}^* \dot{\sigma}_{jk}^p d\Omega \tag{2.11}$$

式中 U_{ij}^*，T_{ij}^* 和 ε_{ijk}^* 称为基本解。

对于二维平面应变问题，

$$U_{ij}^* = \frac{-1}{8\pi G(1-\nu)}[(3-4\nu)\ln r \delta_{ij} - r_{,i}r_{,j}] \tag{2.12}$$

$$T_{ij}^* = \frac{-1}{4\pi(1-\nu)r}\left\{[(1-2\nu)\delta_{ij} + 2r_{,i}r_{,j}]\frac{\partial r}{\partial n}\right.$$

$$\left. -(1-2\nu)(r_{,i}n_j - r_{,j}\cdot n_i)\right\} \tag{2.13}$$

$$\varepsilon_{jki}^* = \frac{-1}{8\pi(1-\nu)Gr}\left\{(1-2\nu)(r_{,k}\delta_{ij} + r_{,j}\delta_{ik})\right.$$

$$\left. -r_{,i}\delta_{jk} + 2r_{,i}r_{,j}r_{,k}\right\} \tag{2.14}$$

$r = r(s, g)$ 为荷载作用点 S 和场内点 q 之间的距离。

为了获得式（2.10）及（2.11）中的体积分和面积分，需将边界离散成面单元，将区域内部预计出现塑性应变的区域划分成一系列内部网格，通过线性插值函数将面力和表面位移表示为节点值，则式（2.10）和（2.11）可以写成

$$[H][\dot{U}] = [G][\dot{T}] + [D][\dot{\sigma}^p] \tag{2.15}$$

$$[\dot{U}T] = [GT][\dot{T}] + [HT][\dot{U}] + [DT][\dot{\sigma}^p] \tag{2.16}$$

式中 $[\dot{U}]$、$[\dot{T}]$ 为边界节点的位移和面力矩阵，$[\dot{U}T]$ 为内部节点的位移矩阵，$[\dot{\sigma}^p]$ 为内部网格中初应力矩阵，其余的为系数矩阵。

三、计算初应力的系数矩阵

对于两维平面应变问题，式（2.15）和（2.16）中的系数矩阵 $[D]$ 和 $[DT]$ 均由各内部网格的元素组成，对于第 l 个网格，其元素可写为

$$d^l = \int_{\Omega_l} \varepsilon^* N d_\Omega \tag{3.1}$$

式中 Ω_l 为网格的体积，N 是插值函数，对如图 1 的坐标系，ε^* 为

$$\varepsilon^* = \begin{bmatrix} \varepsilon^*_{111} & \varepsilon^*_{221} & 2\varepsilon^*_{121} \\ \varepsilon^*_{112} & \varepsilon^*_{222} & 2\varepsilon^*_{122} \end{bmatrix} \tag{3.2}$$

相应的初应力为

$$\dot{\sigma}^p = [\dot{\sigma}^p_{11} \quad \dot{\sigma}^p_{22} \quad \dot{\sigma}^p_{12}]^T \tag{3.3}$$

本文采用三角形网格，故式（3.1）成为

$$d^l = \int_{\Omega_l} \varepsilon^* d\Omega \tag{3.4}$$

ε^* 中的元素可写为

$$\varepsilon^*_{jkl} = \frac{1}{r} \Psi_{jkl} \tag{3.5}$$

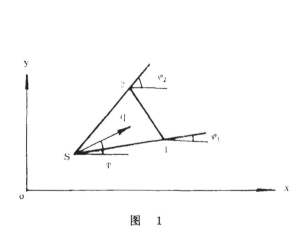

图 1　　　　　图 2

将式 (3.5) 代入 (3.4) 考虑到 $d\Omega = rdrd\phi$ 有

$$d_{jki}^l = \int_{\Omega_l} \Psi_{jki} dr d\phi \tag{3.6}$$

下面讨论两种情况:

(1) 当奇异点 (s) 与其中一三角形角点重合时, 式 (3.6) 成为 (图1)

$$d_{jki}^l = \int_{\phi_1}^{\phi_2} \int_0^{R(\phi)} \Psi_{jki} dr d\phi = \int_{\phi_1}^{\phi_2} R(\phi) \Psi_{jki} d\phi \tag{3.7}$$

式中 $R(\phi) = \dfrac{-2A}{b_s \cos\phi + a_s \sin\phi}$, $a_s = X_\beta - X_\alpha$, $b_s = y_\alpha - y_\beta$, $A = \dfrac{1}{2}(b_1 a_1 - b_2 a_1)$, 对于 $\alpha = 2$、3、1 和 $\beta = 3$、1、2 时 $s = 1$、2、3。

(2) 当奇异点 (s) 不与其中一三角形角点重合时, 式 (3.6) 成为 (图2)

$$d_{jki}^l = \int_{\phi_1}^{\phi_2} \int_{R_2(\phi)}^{R_3(\phi)} \Psi_{jki} dr d\phi + \int_{\phi_2}^{\phi_3} \int_{R_1(\phi)}^{R_3(\phi)} \Psi_{jki} dr d\phi \tag{3.8}$$

其中

$$R_a(\phi) = \dfrac{2A|\gamma_a|}{b_a \cos\phi + a_a \sin\phi} \tag{3.9}$$

$\gamma_a = \dfrac{1}{2A}(2A_a^0 + b_a x_s + a_s y_s)$, $2A_a^0 = x_\beta y_t - x_t y_\beta$, t, α, β 之间的关系与 s, α, β 之间关系相同。

注意到 $\dfrac{\partial r}{\partial x} = \cos\phi$, $\dfrac{\partial r}{\partial y} = \sin\phi$ 以及式 (3.5), 我们可以将式 (3.7) 和 (3.8) 用下面的其中一种形式写出,

$$I_1 = \int \dfrac{\cos\phi (k + 2\cos^2\phi)}{b\cos\phi + a\sin\phi} d\phi, \quad I_2 = \int \dfrac{\sin\phi (k + 2\cos^2\phi)}{b\cos\phi + a\sin\phi} d\phi$$

式中 k 为常数, 积分后得

$$I_1 = \dfrac{1}{(a^2 + b^2)} \left[b\left(k + \dfrac{3a^2 + b^2}{a^2 + b^2}\right)\phi + \cos\phi(a\cos\phi + b\sin\phi) \right.$$
$$\left. - \dfrac{a^3}{a^2 + b^2} \ln a^2 + a\left(k + \dfrac{2a^2}{a^2 + b^2}\right) \ln(b\cos\phi + a\sin\phi) \right]$$

$$I^2 = \dfrac{1}{(a^2 + b^2)} \left[a\left(k + \dfrac{a^2 - b^2}{a^2 + b^2}\right)\phi + \cos\phi(a\sin\phi - b\cos\phi) \right.$$
$$\left. + \dfrac{a^2 b}{a^2 + b^2} \ln a^2 - b\left(k + \dfrac{2a^2}{a^2 + b^2}\right) \ln(b\cos\phi + a\sin\phi) \right]$$

将积分限代入后, 我们可得 [D] 和 [DT] 中所有元素的解析表达式。

四、弹塑性洞室的边界元、有限元耦合公式

开挖洞室之前, 围岩在初应力场 (σ_{ij}^0) 作用下处于平衡状态, 由于开挖, 岩体中产生释放应力 (σ'_{ij}), 总应力为

$$\sigma_{ij} = \sigma_{ij}^0 + \sigma'_{ij} \tag{4.1}$$

式中 σ_{ij}^0 为未知初应力。

洞壁释放的表面力为

$$[T] = [F] - [P] \tag{4.2}$$

$[F]$ 是喷层支承力，以有限元模拟喷层有

$$-[F] = [K][\dot{U}] \tag{4.3}$$

式中 $[\dot{U}]$ 是加喷层后洞壁的位移。式（4.2）中 $[P]$ 是与 $[\sigma_{ij}^0]$ 相应的面力

$$[P] = [M][\sigma_{ij}^0] \tag{4.4}$$

$[M]$ 是一与边界点法线方向余弦有关的矩阵。

将式（4.2），（4.3），（4.4）代入式（2.15）（2.16），解联立方程有

$$[\dot{U}] = [X][\dot{\sigma}^P] + [\dot{Y}]$$
$$[\dot{U}T] = [XT][\dot{\sigma}^P] + [\dot{Y}T] \tag{4.5}$$

式中 $[X] = [A][D]$，$[\dot{Y}] = -[A][G][\dot{P}]$，

$[XT] = [DT] - ([GT][K] - [HT])[A][D]$，$[\dot{Y}T] = ([GT][K] - [HT])[A][G][\dot{P}] - [GT][\dot{P}]$

$[A] = ([H] + [G][K])^{-1}$。

五、弹塑性应力、应变的一般关系

为了获得屈服后的应力、应变关系，我们将方程（2.4）写为

$$d\sigma_{ij} = C_{ijkl}(d\varepsilon_{kl} - d\varepsilon_{kl}^p) \tag{5.1}$$

根据正交流动法则有

$$d\varepsilon_{kl}^p = d\lambda \frac{\partial F}{\partial \sigma_{kl}} \tag{5.2}$$

F 为屈服函数，对各向同性硬化材料可写为

$$F(\sigma_{ij}, k) = f(\sigma_{ij}) - \Psi(k) = 0 \tag{5.3}$$

k 为硬化参数，即表示总塑性功

$$dk = \sigma_{ij} d\varepsilon_{ij}^p \tag{5.4}$$

当材料屈服时，应力满足方程（5.3）微分得

$$dF = a_{ij} d\sigma_{ij} - \frac{d\Psi}{dk} \sigma_{ij} d\varepsilon_{ij}^p = 0 \tag{5.5}$$

式中

$$a_{ij} = \frac{\partial F}{\partial \sigma_{ij}}$$

联立方程（5.1），（5.2），（5.6）求得

$$d\lambda = \frac{1}{\gamma'} a_{ij} C_{ijkl} d\varepsilon_{kl} \tag{5.7}$$

式中

$$\gamma' = a_{ij} C_{ijkl} a_{kl} + H' \tag{5.8}$$

$$H' = \frac{d\Psi}{dk}\sigma_{ij}a_{ij} \tag{5.9}$$

将式 (5.7) 代入 (5.2) 然后将式 (5.2) 代入) 5.1) 得增量形式的应力应变关系

$$d\sigma_{ij} = C^{ep}_{ijkl}d\varepsilon_{kl} \tag{5.10}$$

$$C^{ep}_{ijkl} = C_{ijkl} - \frac{1}{\gamma'}C_{ijmn}a_{mn}a_{rs}C_{rskl} \tag{5.11}$$

将式 (5.2) 代入 (5.11) 和 (5.9) 则

$$C^{ep}_{ijkl} = C_{ijkl} - \frac{(2G)^2}{\gamma'}\left(\frac{\nu}{1-2\nu}a_{nn}\delta_{ij} + a_{ij}\right)\left(\frac{\nu}{1-2\nu}a_{nn}\delta_{kl} + a_{kl}\right) \tag{5.12}$$

$$\gamma' = 2G\left[\frac{\nu}{1-2\nu}(a_{nn})^2 + a_{ij}a_{ij}\right] + \frac{d\Psi}{dk}\sigma_{ij}a_{ij} \tag{5.13}$$

上式中，如果 i，j 表示矩阵的行，k、l 表示列，并按 11，22，33，23，31，12 的次序取值，我们可得弹塑性矩阵 $[D_{ep}]$。对于平面应变问题来说，可推得 $[D_{ep}]$ 如下：

$$[d\sigma] = [D_{ep}][d\varepsilon] \tag{5.14}$$

其中 $[d\sigma] = [d\sigma_{11}, d\sigma_{22}, d\sigma_{12}, d\sigma_{33}]^T$，$[d\varepsilon] = [d\varepsilon_{11}, d\varepsilon_{22}, d\varepsilon_{12}]^T$

$$[D_{ep}] = \frac{2G}{1-2\nu}\begin{bmatrix} 1-\nu & \nu & 0 \\ \nu & 1-\nu & 0 \\ 0 & 0 & 1-2\nu \\ \nu & \nu & 0 \end{bmatrix} - \frac{2G}{A}\begin{bmatrix} s_1s_1 & s_1s_2 & s_1s_3 \\ s_2s_1 & s_2s_2 & s_2s_3 \\ s_3s_1 & s_3s_2 & s_3s_3 \\ s_4s_1 & s_4s_2 & s_4s_3 \end{bmatrix} \tag{5.15}$$

其中

$$A = \frac{\nu}{1-2\nu}(a_{11}+a_{22}+a_{33})^2 + a_{11}^2 + a_{22}^2 + a_{33}^2$$
$$+ 2(a_{12}^2 + a_{23}^2 + a_{31}^2) + \frac{H'}{2G}$$

$$s_1 = \frac{1-\nu}{1-2\nu}a_{11} + a_{22} + a_{33} \qquad s_1 = \frac{1-\nu}{1-2\nu}a_{22} + a_{11} + a_{33}$$

$$s_3 = a_{12} \qquad s_4 = \frac{1-\nu}{1-2\nu}a_{33} + a_{11} + a_{22}$$

如果屈服函数可表示成 $f(I_1, \sqrt{I_2'})$ 形式，则

$$a_{ij} = \beta_1\delta_{ij} + \beta_2\frac{\tau_{ij}}{\sqrt{I_2'}} \tag{5.16}$$

$$\beta_1 = \frac{\partial f}{\partial I_1} \qquad \beta_2 = \frac{\partial f}{\partial\sqrt{I_2'}} \tag{5.17}$$

六、数值执行及中点刚度近似法

本文采用"中点刚度近似法"进行弹塑性问题的迭代计算，与切线刚度法和初始刚度法相比这种方法可使计算收敛进一步加快。

由图 3 可见

$$[d\sigma]_{i+1} = [D_{ep}]_t [d\varepsilon]_{i+1} \qquad (6.1)$$

式中$[D_{ep}]_t$是$[D_{ep}]_i$和$[D_{ep}]_{i+1}$之间的一个值，由于t点的坐标值未知，故需通过迭代计算获得$[d\sigma]_{i+1}$，t点坐标不同可产生不同的迭代方法，如"切线刚度法"，"初始刚度法"等，这些方法对收敛性来说均不理想，如果能近似计算出中点刚度$[D_{ep}]_{i+\frac{1}{2}}$，则收敛速度会变快些。

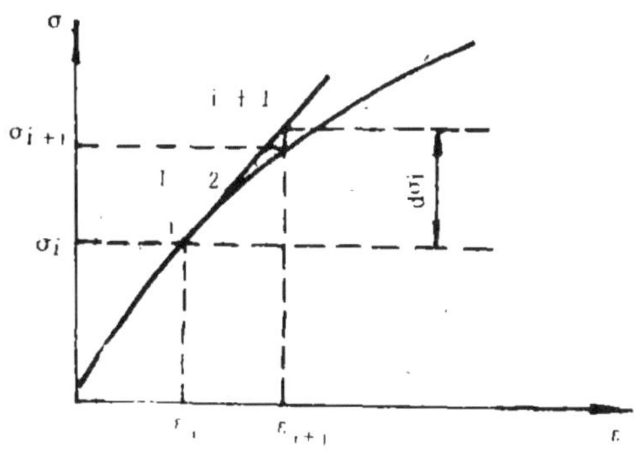

将$[D_{ep}]_t$展开成Taylor级数并取前两次

$$[D_{ep}]_t = [D_{ep}]_i + \frac{\partial}{\partial \varepsilon}[D_{ep}]_i [\delta \varepsilon]$$

$$= [D_{ep}]_i + [D_{ep}]_i' \qquad (6.2)$$

图 3

将式（6.2）代入（6.1）有

$$[d\sigma]_{i+1} = [d\sigma]_i + [d\sigma]_i' \qquad (6.3)$$

其中$[d\sigma]_i = [D_{ep}]_i [d\varepsilon]_{i+1}$，$[d\sigma]_i' = [D_{ep}]_i' [d\varepsilon]$

对于$f(I_1, \sqrt{I_2'})$，则$[d\sigma]_i'$成为

$$d\sigma_{ij}' = \frac{G\beta_2'^2 \dot{W}^2}{4\gamma' I_2'^2} \tau_{ij} + \frac{G\beta_1' \beta_2' \dot{W}}{4\gamma' I_2'^{3/2}}(\dot{W}\delta_{ij} + j_1' \tau_{ij})$$
$$- \frac{G\beta_2'^2}{4\gamma' I_2'}(\dot{W} \dot{e}_{ij} + 2j_2' \tau_{ij}) - \frac{G\beta_1' \beta_2'}{2\gamma' \sqrt{I_2'}}(2j_2' \delta_{ij} + j_1' \dot{e}_{ij}) \qquad (6.4)$$

其中，

$$j_1' = d\varepsilon_{ij} \qquad j_2' = \frac{1}{2}\dot{e}_{ij}\dot{e}_{ij} \qquad \dot{W} = \tau_{ij} d\varepsilon_{ij}$$

$$\dot{e}_{ij} = d\varepsilon_{ij} - \frac{1}{3}\varepsilon_{kk}\delta_{ij} \qquad \beta_1' = \frac{E}{1-2\nu}\beta_1$$

$$\beta_2' = 2G\beta_2 \qquad \tau_{ij} = \sigma_{ij} - \frac{1}{3}\sigma_{kk}\delta_{ij}$$

本文采用Drucker-Prager准则，即

$$f(I_1, \sqrt{I_2'}) = aI_1 + \sqrt{I_2'} - K = 0$$

式中 $\qquad a = \dfrac{\text{tg}\,\phi}{(9+12\text{tg}^2\phi)^{1/2}} \qquad K = \dfrac{3C}{(9+12\text{tg}^2\phi)^{1/2}}$

相应地有

$$\beta_1 = \frac{\partial f}{\partial I_1} = a \qquad \beta_2 = \frac{\partial f}{\partial \sqrt{I_2'}} = 1$$

$$\beta_1' = \frac{aE}{1-2\nu} \qquad \beta_2' = 2G$$

有了上述公式，便可进行数值执行了，每一级荷载的全部迭代过程如下：

（1）如果不是第一次迭代，令$[\sigma^p] = 0$否则令

$[\dot{Y}] = 0$，$[\dot{Y}_T] = 0$，由式（4.5）计算各节点的位移$[\Delta u]$。

(2) 由$[\Delta u]_i$求单元应变$[\Delta \varepsilon^e]_{ij}$和应力增量$[\Delta \sigma^e]_{ij}$

(3) 由$[\Delta \varepsilon]_{ij}$求真实应力增量$[\Delta \sigma]_{ij}$

(4) 计算初始应力增量$[\Delta \sigma^p]_{ij} = [\Delta \sigma^e]_{ij} + [\Delta \sigma]_{ij}$，检查是否收敛。

(5) 累计位移和真空应力

$$[u]_i = [u]_i + [\Delta u]_i$$

$$[\sigma]_{ij} = [\sigma]_{ij} + [\Delta \sigma]_{ij}$$

(6) 从第(2)步开始继续计算下一个网格，直到所有网格都计算为止。

(7) 回到第(1)步作新的迭代。

迭代直到每一网格都收敛为止，然后再加下一级荷载，重新开始上述七个步骤，直到荷载加完为止。

七、算　例

(a) 图4为一圆形地下洞室，半径为2^m，岩石的计算参数为

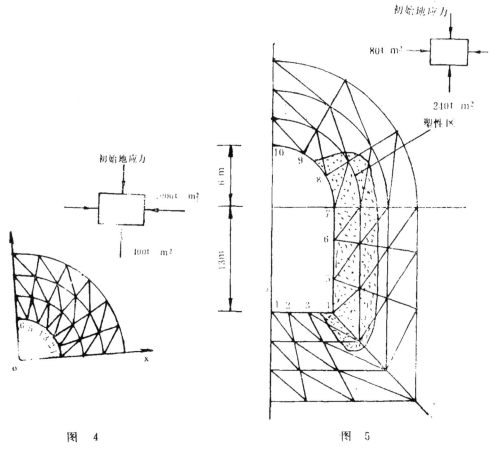

图　4　　　　　　　　　图　5

$$E_1 = 10^6 t/m^2 \quad \nu_1 = 0.2$$

喷层的计算参数为

$$E_2 = 2.6 \times 10^6 \text{t/m}^2 \qquad \nu_2 = 0.167$$

喷层厚度为 15cm

计算的边界单元中点位移和应力列于表1。

表 1

单元号	类型 σ或μ	σ_s(t/m²)	σ_n(t/m²)	$u_s(10^{-4}\text{m})$	$u_n(10^{-4}\text{m})$
1	△	0	0	−35.90	56.20
	∗	49.35	−230.75	−30.40	3.30
2	△	0	0	−98.00	91.70
	∗	134.43	−206.42	−83.10	39.70
3	△	0	0	−133.90	153.20
	∗	183.54	−164.70	−113.50	102.60
4	△	0	0	−133.90	224.10
	∗	183.62	−116.36	−113.50	175.20
5	△	0	0	−95.00	285.10
	∗	134.38	−74.44	−83.10	238.10
6	△	0	0	−35.90	321.10
	∗	49.31	−50.31	−30.50	274.40

注：△不具有喷层，∗具有喷层。

（b）研究一直墙拱洞室，如图5所示，计算参数为，
$$E = 5 \times 10^4 \text{t/m}^2 \qquad \nu = 0.3 \qquad C = 30\text{t/m}^2$$
$\varphi = 31°$，计算结果列于表2，3。

表2 边界结点位移 (10^{-4}m)

节点号	x(m)	y(m)	u_x	u_y
1	0.0	−13.0	0.00	712.20
2	2.0	−13.0	6.00	664.00
3	4.0	−13.0	−6.40	580.00
4	6.0	−13.0	−92.80	349.70
5	6.0	−8.71	−300.00	94.51
6	6.0	4.40	−368.10	−28.00
7	6.0	0.00	−288.01	−189.58
8	5.23	3.00	−160.00	−405.00
9	3.00	5.23	−60.00	−558.40
10	0.00	0.00	0.00	−621.70

表 3　体内特定点的应力（t/m²）

单元号	x(m)	y(m)	σ_{max}	σ_{min}
1	1.0	-13.5	20.00	-15.52
2	3.0	-13.5	10.20	-68.20
3	5.0	-13.5	-42.53	-280.40
4	7.0	-11.0	-47.00	-415.50
5	7.0	-8.6	-0.40	-275.00
6	7.0	-5.4	-2.00	-289.00
7	6.2	2.5	-22.60	-373.61
8	4.0	4.0	-17.46	-262.00
9	1.0	6.8	-7.22	-126.00

参 考 文 献

[1] J.C.F.Telles, The Bonndany Elemont Method Applied to Inelastic Problems, Springes, 1983.

[2] S.L. Crouch, A.M. Starfied; Boundary Element Method In Solid Mechanics, 1983.

[3] 樊泽宝：地下洞室围岩应力弹塑性分析的数值方法，重庆建筑工程学院研究生论文，1983、7。

ELASTOPLASTIC ANALYSIS OF UNDERGROUND OPENING OF SHOTCRETE-SUPPORTING BY COUPLING METHOD OF B.E. AND F.E.

Zheng Yingren　Xu Gancheng　Gao Xiaowei

(Xi'an Air Engng. Insiitute)

Abstract

In this paper calculating principles of elastoplastic analysis of underground opening supporteel by shotcrete under initial field stress by coupling method of B.E. and F.E. are presented, and the calculating formulae are derived. The programme of a computer is compiled according to the principles and formulae as mentioned in this paper. The stability of underground opening has been analyzed in the computing example. The shotcrete is imitated by F.E. and the rock domain in which non-zero inelastic slrains are expected to develop is handled by B.E. The general integral equation systems are establisheel by making use of continuity conditions of the interface between shotcrete and rock mass. For an perfectly elastoplasic case the displacements and slresses in rock mass and shotcrete are obtained by iterative computation.

地下硐室的现场量测与适时支护

高效伟　　　何祖光　　　郑颖人

（宁夏大学）　（石嘴山矿务局）　（空军工程学院）

摘要　工程量测是地下工程的核心，它不仅可作为技术设计和施工设计的依据，而且还可指导施工确定支护时机、判断围岩稳定性和安全预报。本文针对巷道断面量测位移速率的非线性拟合曲线，分析了巷道开挖后，围岩的变形特性，介绍了确定最佳支护时间的原理和方法，并对正在建设的宁夏石嘴山三号井进行了计算分析，得出最佳支护时间，显示了该方法简单易行的优点，对实际工程具有较大的应用价值。

关键词　硐室量测，位移速率，围岩变形特性，最佳支护时间

1 引 言

地下岩体在开挖前处于平衡状态。由于巷道的开凿，破坏了原有的平衡，应力进行重新分布，使巷道周围发生应力集中，围岩变形。在实际工程中，较易得到的变形信息是硐周的位移及其变化率，只要进行定期的测量即可获得足够多的数据。如何利用量测位移及其速率反过来为工程施工服务，是近年来工程界出现的重要课题，受到了越来越多的学者的重视。位移反分析计算法就是有效地利用量测位移的一种既经济又实用的方法[1,2]。对于位移速率的利用目前还不多见。但事实上，位移的速率在工程中具有重要的利用价值，因为位移速率体现了围岩变形的具体过程及变形的瞬时性质，反映了硐室开挖后，岩体内部能量释放的快慢以及围岩承受压力的程度，因而是选择支护方式的重要依据。文献[3,4]系统地分析了位移速率在开挖后的几个变化阶段，并指出了进行适时支护的方法。文献[3]将位移速率与时间的变化关系假设为某种显式函数式，这在数学处理上简单易行，但在应用方面却受到了限制，因为换一个掘进硐室，其所设函数就不一定适用。另外，文献[3]中的位移函数中的一些参数必须由实验确定，这给及时的工程应用带来了麻烦。本文提出了一种新的确定位移速率函数的方法。鉴于正交函数多项式能够模拟相当广泛的一类函数的特点，本文用不同时刻测量到的位移速率值，通过正交函数多项式进行曲线拟合（也可用其它函数，例如文献[3]中所用的函数），选择最佳支护时间。本文所述方法，应用方便，不需要任何试验，只需要实测硐周位移速率值，借助于最小容量的微机即可实现，因而对实际工程具有较大的应用价值。

2 硐室量测数据的曲线拟合

地下硐室的某断面开挖后，可通过布点测量而获得一组不同时刻的硐周位移速率值。但

注：本文摘自《煤炭学报》(1991年第16卷第4期)。

仅从数值上不易直观地看出围岩的变形规律，特别是有些数据往往带有一定的误差，给分析带来更大的困难。为了在全部测量数据中抓主要因素，找出位移速率$\dot{u}$与时间t的变化规律，最方便和最实用的方法是进行曲线拟合[5,6]。设位移速率$\dot{u}$与时间t的函数关系式为

$$\dot{u} = f(t, b_i), \tag{2.1}$$

式中，b_i——为m个待定参数$(i=1,2,\cdots,m)$。

一般情况下，式(2.1)为非线性函数关系式。而对于n对测量数据$(\dot{u}_k, t_k)(k=1,2,\cdots,n)$，为了确定参数$b_i$，作下列目标函数，即

$$Q = \sum_{k=1}^{n} [\dot{u}_k - f(t_k, b_i)]^2. \tag{2.2}$$

显然，能使Q取极小值的一组$b_i(i=1,2,\cdots,m(m\leqslant n))$，即为能反映全部测量数据总趋势的最佳参数值。我们采用"线性化"的间接方法确定b_i。

先给b_i一个初始近似值，记为$b_i^{(0)}$，并记初值与真值之差为Δ_i，则有

$$b_i = b_i^{(0)} + \Delta_i \qquad (i=1,2,\cdots,m), \tag{2.3}$$

这样，确定b_i的问题转化为确定修正值Δ_i的问题。为了确定b_i，在$b_i^{(0)}$附近对f作泰勒级数展开，并略去Δ_i的高次项，得

$$f(t_k, b_i) = f_{k0} + \sum_{j=1}^{m} \frac{\partial f_{k0}}{\partial b_j} \Delta_j, \tag{2.4}$$

式中，$f_{k0} = f(t_k, b_i^{(0)})$；

$$\frac{\partial f_{k0}}{\partial b_j} = \frac{\partial f(t, b_i)}{\partial b_j} \bigg|_{\substack{t=t_k \\ b_i = b_i^{(0)}}}. \tag{2.5}$$

当$b_i^{(0)}$给定时，它们都是自变量t的函数，可直接算出。将式(2.4)代入式(2.2)得

$$\begin{aligned} Q &= \sum_{k=1}^{n} [\dot{u}_k - f(t_k, b_i)]^2 \\ &= \sum_{k=1}^{n} \left[\dot{u}_k - \left(f_{k0} + \sum_{j=1}^{m} \frac{\partial f_{k0}}{\partial b_j} \Delta_j \right) \right]^2. \end{aligned} \tag{2.6}$$

注意到上式各量都是b_i取初始值$b_i^{(0)}$时的值，与Δ_i无关，并参考式(2.3)，则可根据最小二乘法原理得

$$\frac{\partial Q}{\partial b_i} = \frac{\partial Q}{\partial \Delta_i} = 2 \left\{ \sum_{j=1}^{m} \Delta_j \sum_{k=1}^{n} \frac{\partial f_{k0}}{\partial b_i} \frac{\partial f_{k0}}{\partial b_j} - \sum_{k=1}^{n} \frac{\partial f_{k0}}{\partial b_i} (\dot{u}_k - f_{k0}) \right\} = 0, \tag{2.7}$$

记

$$\begin{cases} a_{ij} = \sum_{k=1}^{n} \dfrac{\partial f_{k0}}{\partial b_i} \dfrac{\partial f_{k0}}{\partial b_j} & (i,j=1,2,\cdots,m), \\ a_{iu} = \sum_{k=1}^{n} \dfrac{\partial f_{k0}}{\partial b_i} (\dot{u}_k - f_{k0}) & (i=1,2,\cdots,m). \end{cases} \tag{2.8}$$

于是得到$\Delta_i(i=1,2,\cdots,m)$的m个联立方程组

$$\begin{cases} a_{11}\Delta_1 + a_{12}\Delta_2 + \cdots + a_{1m}\Delta_m = a_{1u}, \\ a_{21}\Delta_1 + a_{22}\Delta_2 + \cdots + a_{2m}\Delta_m = a_{2u}, \\ a_{m1}\Delta_1 + a_{m2}\Delta_2 + \cdots + a_{mm}\Delta_m = a_{mu}. \end{cases} \tag{2.9}$$

当数据点 $(\dot{u}_k, t_k)(k=1,2,\cdots,n)$ 和初始近似值 $b_i^{(0)}(i=1,2,\cdots,m)$ 给定后，系数 a_{ij}（对称的）及右端 a_{iu} 均可计算出来。因此，由此方程组可解出 Δ_i，进而得到 b_i 的值为 $b_i = b_i^{(0)} + \Delta_i (i=1,2,\cdots,m)$。

当 $|\Delta_i|$ 较大时，可令当前的 b_i 值代替原来的近似值 $b_i^{(0)}$，重复计算 a_{ij}，a_{iu}，并解方程组 (2.9) 得到新的 Δ_i（进而得到 b_i）。重复这一过程，直到 $|\Delta_i|$ 值小到满足精度为止。

用上述方法，由实测数据 $(\dot{u}_k, t_k)(k=1,2,\cdots,n)$，将式 (2.1) 中的待定系数 $b_i(i=1,2,\cdots,m)$ 确定后，也就确定了函数关系 $\dot{u} = f(t, b_i)$，然后可绘出其图形来。所有这些过程用手工计算非常繁琐，要借助于计算机，即使最小容量的PC-1500也能很快完成全部工作。式 (2.1) 的函数关系 $\dot{u} = f(t, b_i)$ 的形式，可针对测量数据的规律选取。例如指数函数、正交函数多项式、幂级数多项式等。由于正交函数多项式能模拟相当广泛的一类函数，所以一般情况下 $\dot{u} = f(t, b_i)$ 可取为正交函数多项式。但对于规律性比较明显的测试数据，取一般的幂级数多项式也足以解决问题。如取 $(m-1)$ 次幂级多项式，则有

$$\dot{u} = f(t, b_i) = b_1 + b_2 t + b_3 t^2 + b_m t^{m-1}$$
$$= \sum_{j=1}^{m} b_j t^{j-1}. \tag{2.10}$$

其导数为

$$\frac{\partial f_{k0}}{\partial b_i} = t^{i-1} \quad (i=1,2,\cdots,m). \tag{2.11}$$

3 石嘴山三矿的量测数据及其曲线拟合

我们在宁夏石嘴山三号井甲水仓设立了巷道试验段，并进行了布点量测。试验段处于细砂岩与砂质页岩中，在二号煤与三下煤之间测量巷道的开挖日期为1989年11月16日，布点时间为11月17日，其断面形状及布点方位见图3.1。各点间的收敛位移速率 $\dot{u}$（日变量）在不同时间 t（从布点算起）的测量结果见表3.1（线段收缩为负）。

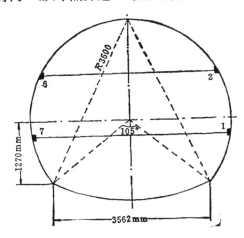

图 3.1 量测断面及布点方位

Fig. 3.1 Measured cross-section and orientation of measuring points

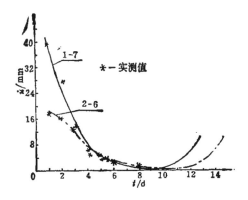

图 3.2 1-7，2-6测点的拟合曲线

Fig. 3.2 1-7, 2-6 measuring points fitting curve

表 3.1 位移速率 $\dot{u}$ 与时间 t 的量测结果

Table 3.1 Measured convergence rate $\dot{u}$ and t

测 点	时 间 t/d						
	1	2	3	4	5	6	8
	位 移 速 率 $\dot{u}/mm$						
1~7	−39.0	−27.0	−13.1	−5.0	−4.5	−2.0	−2.0
2~6	−18.0	−17.0	−14.1	−7.0	−5.5	−2.0	−1.5

我们分别采用正交函数多项式以及幂级数多项式作为位移速率函数对表3.1中的数据进行了曲线拟合。由于量测结果较有规律，所以两种位移速率函数的拟合曲线非常吻合。图3.2绘出位移速率的拟合曲线。在计算时，程序可自动选择正交函数多项式和幂级数的最佳次数，并能将拟合曲线绘制出来。

4 围岩变形的综合分析及支护

从巷道收敛位移速率的拟合曲线以及其它文献（文献3,4,7）中的试验结果可以看出，围岩的变形一般可分为三个阶段（图4.1）。

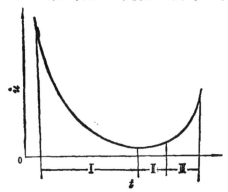

图 4.1 围岩变形的三个阶段示意图

Fig. 4.1 Three stages of rock deformation

阶段Ⅰ为岩体应力调整阶段。巷道开挖后出现了临空面，破坏了原始应力平衡状态，应力发生调整，引起围岩变形。由于岩体强度低，表层岩石的变形能急剧释放，围岩向巷道内迅速位移。以后，深部岩石的变形能也逐步释放，但是由于岩体本身抵抗变形的能力越来越强，传递到表层的位移速度逐渐减小。所以，这个阶段为变形速率递减阶段。

阶段Ⅱ为岩体相对稳定阶段。围岩完成应力调整后，达到新的力学平衡状态，变形基本稳定，巷道断面的收敛位移速率达到了极小值。

阶段Ⅲ为破坏阶段。由于地质、矿物和工程等因素的作用，变形在进入第Ⅱ阶段后，围岩仍有蠕变发生。经过较长时间微量变形的积累，总位移量达到并超过临界值，围岩就会逐渐破坏，此时，巷道周边的切向压应力超过岩石的强度极限，出现松动、掉块、片帮，巷道失去自稳。这个阶段为变形速率剧增阶段。

掌握三个变形阶段的时间对进行合理支护非常重要。破碎岩体的破坏多在应力调整阶段即第Ⅰ阶段，而软弱岩体只要初次支护及时、适当，则破坏多在施工完毕数月甚至数年之后。因而，对于破碎岩体工程，应在基本稳定前夕（第Ⅱ阶段之前）一次支护完毕，而对于软弱岩体工程，应采取分次支护方式；控制第Ⅰ阶段的大变形，实现第Ⅱ阶段的长期相对稳定，推迟或防止第Ⅲ阶段的出现。由此可见，掌握第Ⅱ阶段的起始变形时间对进行合理及时的支护尤为重要。

5 最佳支护时间的选择

据上述分析可知，破碎岩体的最佳支护时间在变形的第Ⅱ阶段前夕，而软弱岩体的最佳支护时间在变形的第Ⅱ阶段。我们可以在位移速率的拟合曲线图形上找出第Ⅱ阶段的时间，也可以通过计算得到。从图4.1可以看出，第Ⅱ阶段处于$\dot{u}\text{-}t$曲线的极小值处。因此，利用本文第2节所述公式，在通过曲线拟合求出式（2.1）中的参数b_i后，可通过求解下列方程而求出第Ⅱ阶段的时间，即

$$\frac{\partial \dot{u}}{\partial t} = \frac{\partial f}{\partial t} = 0. \tag{5.1}$$

如果是采用幂级数多项式拟合函数式（2.10），则上式变为

$$b_2 + 2b_3 t + 3b_4 t^2 + \cdots + (m-1)b_m t^{m-2} = 0. \tag{5.2}$$

式（5.1）或（5.2）的求解可在拟合程序中进行。表5.1列出了石嘴山三号井甲水仓试验段巷道在第Ⅱ阶段的起始值$t_\text{Ⅱ}$。

我们取量测线段1-7和2-6的$t_\text{Ⅱ}$值的平均值为最佳支护时间，即在开挖后的第11天为最佳支护时间。此结果被实际工程所证实，因为施工组在上述时间对巷道进行了挂金属网、打可伸缩性长锚杆等支护，直到现在巷道仍完好无损。

表 5.1 石嘴山三号井甲水仓试验巷道的 $t_\text{Ⅱ}$ 值

Table 5.1 $t_\text{Ⅱ}$ values of test gallery of No.1 sump, Shizuishan No.3 mine

测量点	1-7	2-6	平均值
$t_\text{Ⅱ}$/d	9.3	11.2	10.25

表 6.1 文献〔3〕中的量测数据及其计算结果

Table 6.1 Measured data and calculated results obtained from reference literature No.3

断面号码	时间 t/d	位移速度 $\dot{u}$/mm	最佳支护时间/d 文献〔3〕的结果	本文计算结果
西水仓 01	2	400		
	3	190	5.07	5.05
	4	80		
西水仓 02	2	360		
	3	130	4.69	4.23
	4	40		
西水仓 03	2	360		
	3	140	4.71	4.51
	4	40		
西水仓 04	2	520		
	3	87	5.25	4.47
	4	70		
西水仓 05	2	280		
	3	120	4.72	4.36
	4	80		
西水仓 06	2	380		
	3	160	5.04	4.68
	4	100		

6 与其它方法的比较

为了验证本文所述方法的有效性,我们对文献[3]中的量测结果进行了计算分析,表6.1列出了文献[3]中对某矿区西水仓各断面的量测数据,以及本文采用幂级数作为位移速率函数的计算结果和文献[3]中的计算结果。

经比较可以看出,本文的计算结果比文献[3]中的结果稍有保守,但相差不是很大。在应用方面,本文所述方法要比文献[3]中的方法易行和通用,不需要对围岩的岩性参数进行实验测定,只要有硐周位移速率的量测值即可进行计算。此外,本文所述方法可用于各种形式的位移速率函数,所以对一般的地下硐室都是有效的。

参 考 文 献

1. Zhang Decheng, Gao Xiaowei and Zheng Yingren. Back analysis method of elastoplastic BEM in strain space. Proc 6th Int Conf Numerical Methods in Geomechanics, INNSBRUCK, April, 1988
2. 杨林德,黄伟,王聿. 初始地应力位移反分析计算的有限单元法. 同济大学学报,1985(4)
3. 樊文熙,张庭樾. 岩石塑性流变与适时支护. 力学与实践,1988(2)
4. 汪钟德. 软岩巷道围岩变形破坏特征和锚喷支护. 见:煤炭科技副刊. 软岩巷道掘进与支护论文选编专集,1985
5. 清华大学,北京大学编. 计算方法,上册. 北京:科学出版社,1974
6. 刘德贵等. FORTRAN算法汇编,第二分册. 北京:国防工业出版社,1983
7. 郑颖人等. 地下工程锚喷支护设计指南. 北京:中国铁道出版社,1988

IN-SITU MEASUREMENT OF UNDERGROUND OPENINGS AND OPTIMUM SUPPORTING TIME

Gao Xiaowei

(*Ningxia University*)

He Zuguang

(*Shizuishan Mining Administration*)

Zheng Yingren

(*Air Force Engineering Institute*)

Abstract

Engineering measurement is an essential part of underground project. It provides not only data for technical and constructional design, but also guidelines for determination of optimal supporting time, for assessment of stability of rocks and prediction of safety. The paper describes the principles and a method for determining the optimal supporting time by using a non-linear fitting curve of measured convergence rate on the basis of deformation characteristics of rocks after opening is excavated. The measured data from Shizuishan No. 3 mine, Ningxia province are calculated and the optimal supporting time is obtained. This method is simple and convenient, and is of great value to underground projects.

Keywords: measurement of opening, convergence rate, deformation characteristics of rocks, optimal supporting time

黄土的破坏条件

邢义川　　刘祖典　　郑颖人

（西北水利科学研究所）（陕西机械学院）（空军工程学院）

提　要

本文基于黄土破坏特性提出了一个新的破坏条件。该条件在P-Q平面上仍采用莫尔库仑条件，但$\phi_1 > \phi_0$；在π平面上无尖角；公式计算曲线与几种土试验实测值吻合很好。根据黄土试验资料对黄土几种典型破坏条件进行了评述，供黄土工程三维数值计算参考。

一、前　言

材料在复杂应力状态下的强度理论，是固体力学以及材料和结构强度中的重要基础，对于各种工程数值计算也十分重要。岩土工程上应用最广的仍是莫尔库仑条件。它的生命力在于适用范围广；能预见材料由弹性状态过渡到塑性状态，以及残余变形的出现；也可预测没有显著变形的脆性破坏的可能性；在上述情况下，允许材料对拉伸和压缩的抗力不同。其表达式为

$$\tau = \sigma \mathrm{tg}\phi + c \tag{1}$$

或

$$(\sigma_1 - \sigma_3) = (\sigma_1 + \sigma_3 + 2\sigma_c)\sin\phi \tag{2}$$

式中：c、ϕ为土的抗剪强度参数，称为凝聚力和内摩擦角；τ、σ为剪切面上的剪应力和正应力；σ_1、σ_3为大、小主应力；$\sigma_c = c \cdot \mathrm{ctg}\phi$。

由式（2）可见，莫尔库仑条件忽略了σ_2对土体破坏的影响，因此不能真实反映土的破坏情况。且在π平面上的图形为不等边六边形，存在角点，给三维数值计算带来不便。近年来，不少人鉴于莫尔库仑条件的不足，提出了各式各样的破坏条件。文献[1]将变形能与莫尔库仑条件结合提出了一个变形能条件：

$$\sin\phi_b = \frac{\sin\phi_0}{\sqrt{1-b+b^2}}, \tag{3}$$

式中：ϕ_0为常规三轴压缩内摩擦角；ϕ_b为不同b时的内摩擦角；ϕ_1为当$\sigma_2 = \sigma_1$时，$b = 1$的内摩擦角；$b = (\sigma_2 - \sigma_3)/(\sigma_1 - \sigma_3)$，$b = 0 \cdots 1$。

式（3）物理概念明确，公式简单．但假定为$\phi_1 = \phi_0$，在应用于黄土时，如果ϕ_0与ϕ_1差别不大时，适应性较好；如果ϕ_0与ϕ_1差别较大时，就会有一定出入。辛克维支-潘德及古德黑斯曾提出了一个$\phi_0 \neq \phi_1$条件，表达式为：

$$\alpha\sigma_m^2 + \beta\sigma_m + r + (\overline{\sigma}/g(\theta))^2 = 0, \tag{4}$$

注：本文摘自《水利学报》（1992年第1期）。

$$g(\theta)=\frac{2K}{(1+K)-(1-K)\sin 3\theta},\qquad(5)$$

式中，θ 为应力洛德角；α，β，γ 为系数；$g(\theta)$ 为 π 平面上的形状函数 $\bar{\sigma}=(1/\sqrt{6})[(\sigma_1-\sigma_2)^2+(\sigma_2-\sigma_3)^2+(\sigma_3-\sigma_1)^2]^{1/2}$；$K=(3-\sin\phi)/(3+\sin\phi)$。

文献[2]证明式（5）当 $\phi>22.02°$ 时将出现凹面，同时又提出了一个改进的破坏条件。李广信通过砂土真三轴试验提出了 $g(\theta)$ 在 π 平面上是双圆弧的条件[1]。该条件用两个圆弧拟合，适应性强，精度较高，但须分段表示，公式较繁，用起来不大方便。

由于破坏条件的重要性，人们不断的探索建立既符合土的性质又简单的破坏条件。

二、黄土的破坏条件

（一）黄土破坏条件的建立

由于莫尔库仑破坏条件广泛运用于岩土工程，所以我们根据黄土的破坏特性，从莫尔库仑条件出发来进行研究。

莫尔库仑破坏条件的另一种表达形式可以写成：

$$q=\frac{-3\sin\phi}{\sqrt{3}\cos\theta-\sin\theta\sin\phi}p+\frac{3c\cos\phi}{\sqrt{3}\cos\theta-\sin\theta\sin\phi}。\qquad(6)$$

实践表明，1.黄土的强度在 P-Q 平面上基本符合莫尔库仑条件；2.常规三轴挤长内摩擦角大于常规三轴压缩内摩擦角，即 $\phi_1>\phi_0$。而且 ϕ_1 与 ϕ_0 的差值随着 Q_1、Q_3、Q_2、Q_4 黄土逐渐增大；这种差值原状土要大于重塑土。从本文原状黄土试验结果看 ϕ_1 比 ϕ_0 大 8.9%；击实黄土实验结果 ϕ_1 比 ϕ_0 大 2%。

根据黄土上述特点建立破坏条件：在 P-Q 平面上仍采用莫尔库仑条件，且 $\phi_1>\phi_0$；π 平面上满足形状函数一切条件（见本文对形状函数检验）。然后在式（6）的基础上将黄土的破坏条件写成：

$$q=\frac{1}{(\sin\theta+\sqrt{3}\cos\theta)K_1+K_2}p+\frac{c\cdot\mathrm{ctg}\phi_0}{(\sin\theta+\sqrt{3}\cos\theta)K_1+K_2},\qquad(7)$$

式中 K_1、K_2 为土性常数。

1. 用形状函数表示 由边界条件确定式（7）中土性常数 K_1、K_2；将 $\theta=-30°$ 和 $\theta=30°$ 分别代入式（7）得

$$q_0=\frac{P+\sigma_c}{K_1+K_2},\qquad(8)$$

$$q_1=\frac{P+\sigma_c}{2K_1+K_2}\qquad(9)$$

$\sigma_c=c\cdot\mathrm{ctg}\phi_0$ 联立（8）、（9），解出

$$\begin{cases}K_1=\left(\dfrac{1}{q_1}-\dfrac{1}{q_0}\right)(P+\sigma_c),\\[4pt]K_2=\left(\dfrac{2}{q_0}-\dfrac{1}{q_1}\right)(P+\sigma_c),\end{cases}\qquad(10)$$

再将式（10）代入式（7）消去 $(P+\sigma_c)$ 得

---

[1] 李广信，土的三维本构关系的探讨与模型验证．清华大学工学博士论文，1985年3月。

$$q = \frac{1}{(\sin\theta + \sqrt{3}\cos\theta)\left(\frac{1}{q_1} - \frac{1}{q_0}\right) + \left(\frac{2}{q_0} - \frac{1}{q_1}\right)}, \quad (11)$$

式中：q_0 为常规三轴压缩广义剪应力；q_1 为常规三轴挤长广义剪应力。

令 $q_1/q_0 = K$；将式（11）整理得：

$$q = g(\theta)q_0, \quad g(\theta) = \frac{K}{(2K-1) + (1-K)(\sin\theta + \sqrt{3}\cos\theta)} \quad (12)$$

2. 用内摩擦角表示

根据图 1 令：$\eta = \frac{1}{2}(\sigma_1 - \sigma_3)$，$\rho = \frac{1}{2}(\sigma_1 + \sigma_3)$。

则 $\mu = \frac{\sigma_2 - \rho}{\eta}$；$P = \frac{1}{3}(\sigma_1 + \sigma_2 + \sigma_3) = \rho + \frac{\mu\eta}{3}$；$q = [3 + \mu^2]^{1/2}\eta$。

式（7）可写成：$q = \frac{1}{(\sin\theta + \sqrt{3}\cos\theta)K_1 + K_2}(P + \sigma_c)$。

令：$\frac{1}{(\sin\theta + \sqrt{3}\cos\theta)K_1 + K_2} = K_f$；

则：$\frac{q}{p + \sigma_c} = \frac{[3+\mu^2]^{1/2}\eta}{\rho + \frac{\mu\eta}{3} + \sigma_c} = K_f$。

通过整理，由图 1 可得：

$$\frac{\eta}{\rho + \sigma_c} = \frac{K_f}{[3+\mu^2]^{1/2} - \frac{\mu}{3}K_f} = \sin\phi_\theta。$$

代 $\mu = \sqrt{3}\,tg\theta$ 入上式得：

$$\sin\phi_\theta = \frac{K_f}{\sqrt{3}\,\text{Sec}\theta - \frac{\sqrt{3}}{3}tg\theta K_f}$$

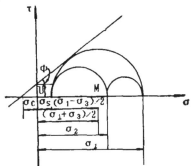

注：图中U应为C，σ_s 应为 σ_3

图 1

$$= \frac{\cos\theta}{\sqrt{3}\,[(\sin\theta + \sqrt{3}\cos\theta)K_1 + K_2] + \frac{\sqrt{3}}{3}\sin\theta} \quad (A)$$

由边界条件确定（A）中 K_1、K_2。

当 $\theta = -30°$ 时，$\sin\phi_0 = \frac{1/2}{K_1 + K_2 - \frac{1}{6}}$ （B）

当 $\theta = 30°$ 时，$\sin\phi_1 = \frac{1/2}{2K_1 + K_2 + \frac{1}{6}}$ （C）

联解式（B）和式（C）得：

$$K_1 = \frac{1}{2\sin\phi_1} - \frac{1}{2\sin\phi_0} - \frac{1}{3}; \quad K_2 = \frac{1}{\sin\phi_0} - \frac{1}{2\sin\phi_1} + \frac{1}{2}。$$

K_1、K_2 代入式（A）通过整理得

$$\sin\phi_\theta =$$

$$\frac{2/\sqrt{3}\,\sin\phi_0\sin\phi_1\cos\theta}{(\sin\phi_0 - \sin\phi_1)(\sin\theta + \sqrt{3}\cos\theta - 1) + \sin\phi_0\sin\phi_1(1 - 2/\sqrt{3}\cos\theta) + \sin\phi_1}$$

(13)

式(12)和式(13)为本文破坏条件的不同表达式。

(二)形状函数$g(\theta)$

根据形状函数满足的条件对式(12)中$g(\theta)$进行检验:

1. 外凸条件检验 为了方便取$f(\theta)=1/g(\theta)$,由解析几何$g(\theta)$外凸必须满足
$$(f(\theta)+f''(\theta))/f'(\theta)\geqslant 0。$$

由$[f(\theta)]_{\theta=-30°}=1>0$;$[f(\theta)]_{\theta=30°}=1/K>0$;恒有$f'(\theta)>0$。

取$R_t=f(\theta)+f''(\theta)$;则应有$R_t\geqslant 0$。

$$f'(\theta)=\frac{(\cos\theta-\sqrt{3}\sin\theta)(1-K)}{K},f''(\theta)=\frac{-(\sin\theta+\sqrt{3}\cos\theta)(1-K)}{K},$$

即 $$R_t=\frac{(2K-1)+(\sin\theta+\sqrt{3}\cos\theta)(1-K)-(\sin\theta+\sqrt{3}\cos\theta)(1-K)}{K}$$

$$=\frac{2K-1}{K}\geqslant 0$$

$K\geqslant 1/2$。该式是本文$g(\theta)$的外凸条件。$K=(3-\sin\phi)/(3+\sin\phi)\geqslant 1/2$,

即 $\phi\leqslant 90°$,只要$\phi\leqslant 90°$,就可保证曲线外凸。

2. 边界条件检验

$\theta=-30°$时,$g(\theta)=1$,$\partial g(\theta)/\partial\theta=0$。

$\theta=30°$时,$g(\theta)=K$,$\partial g(\theta)/\partial\theta=0$。

3. 两种极端情况检验

$\phi=0°$,即$K=1.0$时,$g(\theta)=1$。最简单的凸曲线是圆。

$\phi=90°$,即$K=1/2$时,$g(\theta)=1/(\sin\theta+\sqrt{3}\cos\theta)$,该式轨迹为一直线。

式(12)中的$g(\theta)$满足形状函数一切条件。

三、试验研究和破坏条件验证

(一)真三轴试验

1. 土样指标 土样取自宝鸡峡87+700km处的原边断面上,土样属于Q_3^l黄土,土样内有肉眼可见的大孔隙,钙质结核严重。该土分类为中粉质壤土,干密度为1.54g/cm³,塑性指数为15.0,平均粒径0.0162mm。

2. 真三轴试验

(1)试验仪器是日本谷藤机械工业株式会社生产的TS-526型多能三轴仪。试样尺寸88.9×88.9×35.6mm;

(2)试样制备:原状样采用削样的方法,严格控制尺寸和形状,各试样干密度之间的差值控制在常规三轴试验规范的允许范围内。重塑样是把土粉碎,晾干,过2mm筛,配制与原状样相同的含水量,然后分三层静压而成;

(3)试验方法采用非饱和土的等压固结排气排水剪切,采用应变式加载,剪切速率为0.028mm/min,固结标准为6h,同时满足轴向变形在1h内不变为准。在每次试验中保持σ_3不变,当σ_1增大时,用Pc-1500计算机计算调节σ_2,使$b=(\sigma_2-\sigma_3)/(\sigma_1-\sigma_3)$在试验中保持常数。

3. 试验成果 对原状和重塑黄土该应力路径试验做了$b=0,0.2,0.4,0.6,0.8,1$;相

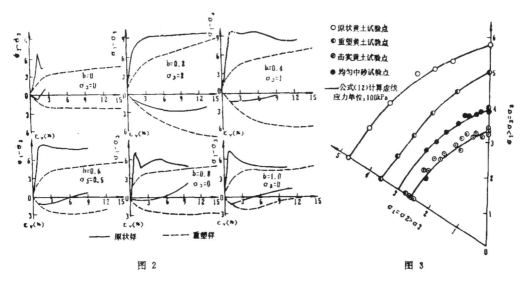

图 2　　　　　　　　图 3

应的$\sigma_3=0,200,100,50,0,0$(kPa)。应力应变关系曲线见图2。

图2曲线有下列特点:(1)原状样的曲线硬化和软化随固结压力不同而异,重塑样都是硬化型曲线;而且终值与原状样残余值接近;(2)$b=0,0.8,1.0$三条曲线$\sigma_1-\sigma_3$峰值随b增大而增大。残余值$b=0.8$最大;(3)原状样在ε_1与ε_v关系曲线上最大剪缩量随b的增大有所增大,剪胀量随b的增大有所减小。

(二)破坏条件的验证

1. π平面上验证　图2中原状黄土取峰值强度,重塑黄土取轴向应变$\varepsilon_1=15\%$的强度。将其投影到$P=300$kPa的π平面上,然后与式(12)计算曲线对比见图3。

方开泽曾用$50\times50\times50$mm立方试样对西安击实黄土做过一些三主应力试验[1],成果见该文表6"西安击实黄土试验成果总表"。唐仑也曾用$60\times60\times130$mm方柱形试样做过一些中砂三主应力试验,成果见文献[3]的表1、2。分别将文献[1]中表6和文献[3]中表2的试验点应力也投影到$P=300$kPa的π平面上与式(12)计算曲线对比,见图3。

由图3可见,试验点与曲线吻合很好。说明本文提出的破坏条件对黄土和砂土是适合的,是否符合其它土类还需由试验资料验证。

2. 常见的几种破坏条件的比较

(1)ϕ_b值比较:把要讨论的破坏条件写成$\sin\phi_b$形式,见表1。

以原状黄土真三轴试验成果$\phi_0=30°$为起点计算不同$b=(\sigma_2-\sigma_3)/(\sigma_1-\sigma_3)$时,各强度相应$\phi_b$值,并点绘图4。

由图4,本文提出的破坏条件ϕ_b在屈雷斯加和变形能条件之间变化。在$b=0-0.4$之间大于屈雷斯加条件与变形能条件接近。在$b=0.4-1$之间大于变形能条件,小于屈雷斯加条件,并与两者值相差都较大。ϕ_b最大值在$b=0.7$处,$\phi_{b\max}$与ϕ_0相比大21%,可见土工数值分析采用莫尔库仑条件还有一定潜能。

(2)π平面上比较:将图3中原状黄土的破坏条件曲线,根据对称性,将$(-1)^{i-1}[\theta-(i-1)\pi/3]$,$i=1,2,\cdots6$代替式(12)中$\theta$,拓广到整个$\pi$平面上。并与米塞斯、屈雷

---

1) 方开泽,土的力学强度理论,西北水利科学研究所,1981年8月。

表 1 不同破坏条件 $\sin\varphi_b$ 表

破坏条件	$\sin\varphi_b$
莫尔库仑	$\sin\varphi_0$
米塞斯	$\sin\varphi_0 \Big/ \left[\sqrt{1-b+b^2}+\dfrac{1}{3}(1-2b-\sqrt{1-b+b^2})\sin\varphi_0\right]$
屈雷斯加	$\sin\varphi_0 \Big/ \left(1-\dfrac{2}{3}b\sin\varphi_0\right)$
变形能	$\sin\varphi_0 \Big/ \sqrt{1-b+b^2}$
本文	$1\Big/\left[\sqrt{1-b+b^2}\left(\dfrac{2}{\sin\varphi_0}-\dfrac{1}{\sin\varphi_1}-1\right)+(1+b)\left(\dfrac{1}{\sin\varphi_1}-\dfrac{1}{\sin\varphi_0}\right)+1\right]$

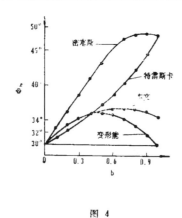
图 4

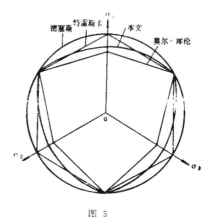
图 5

斯加和莫尔库仑条件比较,见图 5。可见,本文破坏条件在 π 平面上无尖角。

四、几种典型条件对黄土的适应性

近期提出的岩土破坏条件形形色色,典型的有 1. 史述照,杨光华的改进的条件[2], 2. 李广信的双圆弧条件, 3. 方开泽的变形能条件, 4. Williams 和 Warnke 条件, 5. 本文条件。这些条件是否可以应用于黄土,这些条件之间有那些差别,下面进行讨论。

(一) 各破坏条件表达式

表 2 中 τ_π 为 π 平面剪应力; τ_0 为 $\theta=-30°$ 时剪应力; θ_0 为两圆弧切点。

(二) 各条件π平面上比较

将原状黄土试验值 $\tau_0=5.727\times100\text{kPa}$, $\tau_1=4.7\times100\text{kPa}$,击实黄土试验值 $\tau_0=3.29\times100\text{kPa}$, $\tau_1=2.6\times100\text{kPa}$ 代入各破坏条件,见图 6 所示。

图 6 曲线表明:(1)当 $-30°\leqslant\theta\leqslant0°$, 本文条件与变形能条件很接近;当 $0°\leqslant\theta\leqslant30°$,本文条件与双圆弧条件很接近;(2) 当 φ_1 与 φ_0 相差较小(击实黄土)时;各条件试验点吻合都较好;当 φ_1 与 φ_0 相差较大时(原状

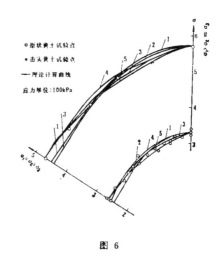
图 6

表 2　各破坏条件表达式表

序号	名　称	表　达　式
1	改进的条件	$\tau_x = g(\theta)\tau_0$ $g(\theta) = \dfrac{2}{[(1+K)+1.125(1-K)^2]-[(1-K)-1.125(1-K)^2]\sin 3\theta}$
2	双圆弧条件	$\tau_x = g(\theta)\tau_0$, $\theta_0 = \mathrm{tg}^{-1}\dfrac{4K^2-4K^3+K-3}{\sqrt{3}(4K^2+3K+1)}$ $g_1(\theta) = \dfrac{1}{K(2K-1)}[\sqrt{(1-K^2)(2K^2+1)^2\cos^2(30°-\theta)+K^2(2K-1)(2-2K+3K^2-3K^3)}$ $-(1-K)(2K^2+1)\cos(30°-\theta)]$, 当 $\theta > \theta_0$ 时, $g(\theta) = g_1(\theta)$ $g_2(\theta) = \dfrac{1}{1+2K-2K^2}$ $\times[\sqrt{(1-K^2)(2K^2+K+2)^2\cos^2(30+\theta)+(1+2K-2K^2)(4K^2-4K^3+4K-3)}$ $+(1-K)(2K^2+K+2)\cos(30°+\theta)]$, 当 $\theta < \theta_0$ 时, $g(\theta) = g_2(\theta)$
3	变形能条件	$\tau_x = \sqrt{\dfrac{2}{3}}(\sigma_1+\sigma_2+2\sigma_c)\sin\varphi_0$
4	Willams和Warnke条件	$\tau_x = g(\theta)\tau_0$ $g(\theta) = \dfrac{(1-K^2)(\sqrt{3}\cos\theta+\sin\theta)+(2K-1)[2+\cos 2\theta-\sqrt{3}\sin 2\theta)(1-K^2+5K^2-4K)]^{1/2}}{(1-K^2)(2+\cos 2\theta-\sqrt{3}\sin 2\theta)+(1-2K)^2}$
5	本文条件	$\tau_x = g(\theta)\tau_0$, $g(\theta) = \dfrac{K}{(2K-1)+(1-K)(\sin\theta+\sqrt{3}\cos\theta)}$

黄土），本文提出的条件与试验值之差最大在2%左右，双圆弧条件与试验值之差最大在4%左右，变形能条件和改进的条件与试验值相差6—8%左右，最大差值在 $\theta = 30°$ 处。

五、结　论

1. 本文提出的破坏条件考虑了 σ_2 的影响，且 $\varphi_1 > \varphi_0$。由原状黄土资料计算的 $\varphi_{b\max}$ 比 φ_0 大21%；且 $\varphi_{b\max}$ 在 $b=0.7$ 处；

2. 该条件符合原状黄土、重塑黄土、击实黄土和均匀中砂，是否符合其它土类和岩石还需通过试验资料验证；

3. 该条件的 $g(\theta)$ 满足形状函数一切条件，且在 π 平面上无尖角，给土的数值分析带来很大方便；

4. 该条件只需在常规三轴压缩试验基础上加做一个常规三轴挤长试验就可确定公式中全部参数；

5. 通过分析比较建议：黄土工程三维数值计算时，可采用本文条件和双圆弧条件。在 φ_1 与 φ_0 值差别不大时，几种破坏条件都可采用。

参　考　文　献

[1] 方开泽. 土的破坏准则. 华东水利学院学报, 1986年第2期.
[2] 史述照、杨光华. 岩体常用屈服函数的改进. 岩土工程学报, 1987年第4期.
[3] 唐　仑. 关于砂土的破坏条件. 岩土工程学报, 1981年第2期.

[4] 邢义川、刘祖典、郑颖人，黄土的弹塑性模型试验研究.第三届全国岩土力学数值分析与解析方法讨论会论文集，1988年11月．

A failure criterion of loess

Xing richuan

(*Northwest Hydrotechnical Science Research Institute*)

Liu Zudian

(*Shaan Xi Institute of Mechanical Engineering*)

Zheng Yingren

(*Institute of Air Force Engineering*)

Abstract

A new failure criterion is suggested based on fuilure behaviour of loess. Mohr-Coulomb criterion is used on P-Q plane, but $\phi_1 > \phi$, and there is no angularity on π plane in the criterion. The result of its calculation is in good agreement with experimental reasult of several soils. Some typical criteria are commented based on the result of loess testing, which may be serred as references for three-dimensional calculation of loess engineering.

近代非线性科学与岩石力学问题

郑颖人　刘兴华

(后勤工程学院，重庆，630041)

1　岩石力学发展面临的问题

岩石力学是一门年轻的学科，目前使用的理论主要是连续介质力学和地质力学。近年来，不连续介质岩体力学迅速发展，岩石损伤、断裂、固流耦合等力学问题也有一定进展。然而，岩石是一种十分复杂的地球介质，其复杂性、模糊性和不确定性，使得传统的力学方法难以很好地应用。表现在计算中荷载和力学参数难以确定，缺少公认的力学模型和计算方法，计算结果准确度低，工程应用"信誉不高"。走出这一困谷的办法一般有两条途径：一是对经典力学加以改造和扩展，使它适应岩石的特性；二是进行思维变革和科学更新，建立起适合于岩石力学特殊性的基础理论。面对 21 世纪岩石力学与工程的发展战略，后者应当引起岩石力学界的重视。

2　岩石损伤、变形、破坏的非线性本质特性

非线性是岩石（体）力学行为的本质特征，主要表现在：①岩石在初始变形阶段，线性特征占主导地位；但当变形进入塑性、断裂、破坏后，非线性因素占主导地位；就会在系统中出现分叉、突变等非线性复杂力学行为；②岩石力学与工程属于自然化工程，属天、地、生科学范畴，规模大，系统复杂，原始条件和环境信息不确定。通常，岩体的变形、损伤、破坏及其演化过程包含了互相耦合的多种非线性过程，因而决定论的和平衡态的传统力学方法难以描述系统的力学行为；③岩石材料的高度无序分布，岩体内地应力随时空而变，岩石成份与构造的复杂性与多相性，岩体工程开挖和施工工艺的影响，构成了岩石力学具有高度的非线性；④岩石（体）的变形、损伤、破坏过程是一个动态的非线性不可逆演化过程，各种参数处于变化之中。由此可见，岩石（体）比起其他材料（例如金属、混凝土乃至土体），其力学行为的非线性和动态演化的特征显得更为显著和强烈。

3　借助现代非线性科学，建立岩石非线性静力和动力系统理论

岩体系统是高度非线性复杂大系统，并处于动态不可逆演化之中。因此，要对它的力学行为进行予测和控制，必须借助当代非线性科学，建立适合于岩石力学与工程特点的岩石非线性静力和动力系统理论，作为 21 世纪岩石力学理论发展的突破口。

注：本文摘自《岩土工程学报》(1996 年第 18 卷第 1 期)。

70 年代前后发展起来的非线性科学理论的主要代表有：耗散结构理论，协同论，分叉、分形、浑沌和神经网络等理论。这些非线性理论正成为解决非线性复杂大系统问题的有力工具，也是研究岩石非线性系统理论的数理基础。发展非线性岩石力学理论的总体思路应是：以现代非线性科学为基础，结合岩体自身特点和工程特点，建立相应的非线性力学模型（包括分析模型和数值模型），走定性与定量相结合的发展道路。具体技术思路应包括：① 全方位观察，获取原始数据；② 提取关键变量；③ 建立适应工程特点和岩体特点的各类模型，包括系统模型和局部模型，概念模型和数学模型，以及依据理论基础划分的各种模型，如分叉模型、分形模型、浑沌模型、神经网络模型等；④ 求解方法以及模型验证和修改等方面。

4 当前的主要发展方向

（1）分叉与突变理论在岩体稳定理论中的应用

岩体稳定性研究是一个复杂而又重大的课题，研究的总体目标是：系统的稳定性评价，稳定性的发展趋势及失稳予测。在某些岩体工程中，不管是人工的还是天然的，其变形是动态的，系统内部的力学参数也是动态变化的。因而可将岩体系统视为一个非线性动力系统。系统的宏观稳定与不稳定的行为就是系统的平稳解的稳定性问题。系统的失稳就是系统中的某些参数发生了改变，从而打破了原有的平衡态，进入新的平衡态。非线性科学中的分叉理论正是处理非线性系统的力学性态（多解性、稳定性）对参数依赖性的理论；或者说，分叉理论是研究自然现象在某些关节点（分叉点）发生质变的机理，它既可以获得系统丧失稳定性时的临界参数，还可以对系统分叉以后的特性进行追综估计。突变理论主要研究非线性系统如何从连续渐变状态走向系统行为的突变。突变理论和分叉理论是密切相关的，它们的共同理论基础是奇异性理论。分叉理论是研究平衡点与平衡点之间的过渡和转化（静态分叉）、平衡点与周期解之间的过渡与转化（Hopf 分叉）、周期解与混沌之间的过渡与转化（倍周期分叉）等的理论。突变理论的实质就是静态分叉问题。在系统状态的数学描述上，突变理论中采用势函数描述状态；而在分叉理论中采用运动微分方程描述状态。分叉和突变理论已在岩石力学中广泛应用，如用于试样加压失稳、煤岩体失稳、煤柱失稳、浅源地震、滑坡、冲击地压、剪切带等方面。笔者曾讨论了分叉理论与岩石系统失稳准则的关系[1]，表明分叉理论有望成为建立岩体非线性失稳准则的理论基础。

（2）浑沌理论及应用

"浑沌"是指自然界中存在的一种貌似随机、毫无规则而实则存在一定统计规律的过程。其基本特性是：① 系统的行为具有随机性、轨道永不重复；② 系统的行为对初始条件的敏感依赖性；③ 分维性：系统的运动轨道在相空间中是一分形吸引子；④ 标度性。

浑沌是非线性数学、力学研究的一个热点，它也是非线性系统的根本特征之一。分形法和流形法是处理浑沌的有力工具。岩体系统中存在大量的非稳定数据和离散的非均匀数据，如位移、声发射、地震的时序记录数据等，均有可能用浑沌模型予以很好的描述，并能揭示出更深刻的岩体力学机制与规律。笔者曾提出用浑沌动力学方法处理岩爆信息的方法[2]。另外，浑沌理论中的流形计算方法已开始用于有限元的网格分析，它将混乱的图形进行图形的数学处理，借助于图形的反映处理可以得出它的图形数学表达式。

（3）岩体断裂、损伤的细观非线性力学问题岩石（体）的损伤、破坏是一类非平衡、非线性的动态演化过程，并且其破坏结果对初始损伤及结构分布有敏感依赖性。从细观上讲，岩石的损伤、演化致破坏这个过程应建立相应的非线性动力学演化模型来加以描述，才能反映这种过程的本质特性。因此，把岩石的破坏与远离平衡条件下的非线性动力系统理论联系起来，可能成为岩石破坏理论的突破口。文献［3］研究了金属材料细观损伤演化的分叉、浑沌现象。文献［4］中提出了材料细观损伤演化诱发突变的破坏模式，这对岩石细观动力学的研究有借鉴意义。近年，谢和平系统地研究了分形力学，对岩石材料的损伤与断裂取得了令人瞩目的成果；并在岩石力学领域内广泛应用分形力学，如用于岩石孔隙、岩爆、地震、节理粗糙度、地表沉陷、放顶煤开采等方面。

（4）岩石环境工程的非线性动力学理论

主要研究地震、滑坡、泥石流等岩石环境灾害形成的非线性动力学演化机制，从而达到减灾防灾的目的。这里包含着多相介质在裂隙中的流动、岩体渗流等引起的岩体结构破坏的动力学机制。

（5）基于非线性理论的岩石计算力学方法

包含两方面的内容：第一，数值计算方法的研究。包括系统力学行为及其转化的分叉点的跟踪计算，尤其是在分叉点附近系统出现奇变的计算方法，以及非线性动力系统的反分析方法等；第二，仿真计算。在计算机上模拟岩体的非线性发展过程或行为机制。

经典岩石力学虽然面临很多困难，但至今仍起着支柱作用，通过自身的不断完善和发展，将来会起更大作用。把近代非线性理论引入到岩石力学与工程中，是由于它本身是一高度非线性巨大系统，也是在更高层次上对岩石力学的发展，它们之间并不矛盾，而是互相补充。鉴于笔者的水平和视野有限，可能存在着一些不准确的论述甚至错误的观点，请专家们指正。

参 考 文 献

1　郑颖人，刘兴华．近代非线性理论与岩石力学问题．见：第三届华东地区岩土力学学术讨论会及 21 世纪的岩土力学专题讨论会论文集，1995．
2　刘兴华，郑颖人等．岩爆活动的分形特性及其动力系统模型的重建．见：第三届全国青年岩石力学与工程学术会议论文集，西南交通大学出版社，成都．1995．
3　董　聪等．微裂纹演化过程中的分岔与浑沌现象的描述及若干问题探讨．力学进展，1994，**24**（1）．
4　夏蒙棼等．统计细观损伤力学和损伤演化诱致突变．力学进展，1995，**25**（1，2）．
5　谢和平．分形力学研究进展．见：3M-Ⅵ会议论文集，苏州大学，1995．

浅埋地下洞室上修建高层住宅的地基处理技术

郑颖人　赵燕明　刘东升

(后勤工程学院　重庆　630041)

摘要　介绍自贡市在具有浅埋地下洞室的山坡上修建 10 层高楼的地基处理方法。地下洞室净跨 8 m，洞顶上作为地基的覆盖层岩质条件较差，灰岩与泥岩相间，厚度仅为 2～5 m，覆跨比 0.25～0.62。通过工程地质方法的分析及上部结构与岩石地基共同作用的数值计算，确定将覆盖层厚度用混凝土填高到 6 m，使覆跨比增至 0.75，并在岩石与地下洞室衬砌之间进行灌浆处理。楼房修建过程中及修建完成后，一直在进行地基沉降量测，实测数据与计算吻合，确保了工程安全。

关键词　地基处理，开洞地基，覆跨比

1　引言

随着我国城市建设的发展，在建好的浅埋地下铁道、地下建筑上面建筑高层建筑的问题变得十分突出。依照以往的做法，为确保上部建筑与地下工程的安全，在原有的地下工程上面再建一个规模较大的跨越结构，以承受上部建筑的荷载，保护已建的地下工程。然而这样的做法并不是经济合理的，因为它没有充分利用原有地下结构和其上岩层的承载能力，且工程费用高，施工时间长。因此，我们提出一种充分利用原有地下结构及其上覆岩层自承力的新的设计思想，并提出相应的设计方法，以确保设计安全和经济合理。并在四川省自贡市兴建的一项试验工程中取得了成功。

2　工程概况

自贡市龙凤花园 4 号住宅，系商品住宅开发片区中的一幢，建筑面积约 3 000 m^2。地处釜溪河北岸，南邻解放立交桥，西接龙凤公园，位于龙凤山隧道南端的浅埋段顶面。上部结构为 10 层薄壁异型框架，独立钢筋混凝土岩石锚杆基础。地下洞室毛跨 10.5 m，净跨 8 m，高 6 m，衬砌结构为 0.5～0.8 m 厚的 C20 混凝土。地层为侏罗系中下统自流井大安寨段，倾向东南 145°～155°，倾角 50°左右。岩性为石灰岩、泥质灰岩、泥岩、钙质泥岩、砂岩等多种软硬不同的岩层组成，并且有较发育的节理裂隙等不利条件。隧道顶部岩层厚度，剥除基岩强风化层后约 4～7 m，局部地段小于 4 m。图 1 和图 2 示出了结构的柱网布置及地质剖面。

注：本文摘自《岩石力学与工程学报》(1996 年第 15 卷第 4 期)。

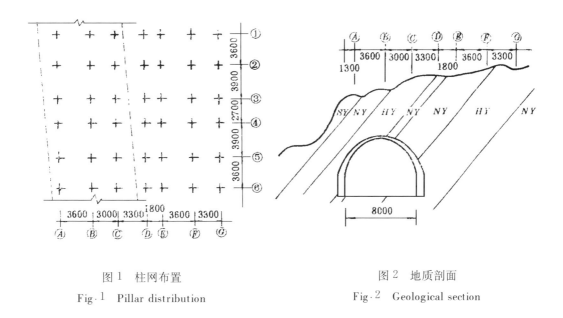

图 1 柱网布置
Fig.1 Pillar distribution

图 2 地质剖面
Fig.2 Geological section

根据地层实际构成情况，勘察部门确定，洞顶岩层不能作为地基持力层。原设计单位为此提出了挖孔桩与水平大梁和钢筋混凝土与岩层复合拱等两个跨越式地基处理方案，其预算造价分别为 46 万元和 43 万元，且施工难度较大，工期较长。建设方遂向重庆地基基础专委会咨询，我们被委托对基础及地基处理部分进行重新设计。

3 地基处理方案

根据地质条件分析，洞顶岩层虽系多岩性互层岩体，但以灰岩为主，岩层倾角也较为有利，区域内没有大的断层、滑坡等不良地现象，岩体是稳定的。据调查，洞顶上方岩石回填不密实，地下支护结构基本不受力。因而我们认为地下结构与上覆岩层还有一定承载余力可以利用。问题是洞顶上方某些部位的有效岩层厚度太薄，在上部建筑荷载作用下可能导致岩层失稳和地下结构破坏；同时由于地基不均匀沉降导致上部框架结构失稳。根据以上分析，我们的设计思想是：加强洞周岩体与支护结构的紧密接触，以发挥支护结构的承载作用；增大洞顶岩层厚度到某一合适的数值，达到既不危及上部建筑与地下结构的安全，又充分利用岩层与地下结构的承载能力的目的。为达到上述目的，一是对洞室衬砌后的空隙区注浆，以确保衬砌和围岩紧密接触；二是通过工程地质类比方法与理论计算方法确定上覆岩层的合理厚度，当实际岩层厚度不足时加填混凝土达到此厚度。

4 上覆岩层合理厚度的确定

4.1 工程地质类比法

多年来，国内对上覆岩层最小安全埋深积累有经验数据。表 1 为国家标准《锚杆喷射混凝土支护技术规范》（GBJ86—85）列出的围岩分级Ⅲ、Ⅳ、Ⅴ类浅埋洞室采用锚喷支护的覆跨比条件,表 2 为铁道部隧道局根据围岩塌落统计提出的判别深浅埋隧道的覆跨比标准。

表1 浅埋洞室采用锚喷支护条件
Table 1 Thickness-span ratio standard on shallow tunnel

围岩类别(按国标划分)	覆跨比	毛洞跨度	水文地质条件
Ⅲ	0.5~1	≤10	无地下水
Ⅳ	1~2	≤10	无地下水
Ⅴ	2~3	≤5	无地下水

表2 判别深浅埋隧道的覆跨比标准
Table 2 Minimum of safe thickness-span ratio

铁路隧道围岩类别	Ⅵ	Ⅴ	Ⅳ	Ⅲ	Ⅱ	Ⅰ
相当国标围岩类别	Ⅰ	Ⅱ	Ⅲ	Ⅳ	Ⅴ	Ⅵ
覆跨比标准	0.15~0.3	0.3~0.5	0.5~1	1.5~2.5	2.5~3.5	4~6

我们对重庆已建人防工程进行了统计,当Ⅵ类围岩覆跨比在 0.41~0.75 时,结构是安全的。所以,我们在《重庆市轨道交通朝沙线工程的结构型式与合理埋深专题研究》报告中,提出Ⅱ、Ⅲ、Ⅳ类围岩的最小安全覆跨比标准分别为 0.3~0.5,0.5~1,1~2。

本工程洞室上覆岩层为多岩性互层体,但以灰岩为主,各种岩性硬、软相差悬殊,砂岩、灰岩质地较硬,而泥灰岩、泥岩质地很软,尤其是泥岩(拱顶处存在 1 条宽 1~1.5 m 的泥岩带)。岩层受到不同程度风化,层面较发育,但倾角较有利,不存在严重不良工程地质现象。因而,我们判断洞室围岩属中等稳定的Ⅲ类围岩(国家《锚杆喷射混凝土支护技术规范》)。因此,我们选择了合理覆跨比为 0.75,由此初步确定合理深度为 6 m。应当说明,通常所指的围岩自稳条件与这里研究的情况有所不同,即岩层上面没有太大的荷载,而地下衬砌不参加承载。所以在地下衬砌不参加承载,而岩层上面有较大荷载作用下确定上覆岩层合理深度,需要通过理论计算确定。

4.2 理论计算

理论计算采用了两种算法与程序。

(1) 根据上部建筑产生的荷载,计算地基的受力与位移,以明确地下结构与上复岩层能否承载,地表的不均匀沉降是否过大,导致上部结构失稳。

根据该建筑地质勘察报告,地基岩石的力学参数按表 3 选用。上部建筑的荷载按均布形式作用于基底表面,其集度为 200 kN/m^3。开洞地基按平面应变模型计算,采用有限元平面非线性分析程序进行计算,考虑岩石的弹塑性及低抗拉特性。

计算主要考查不同覆跨比条件下,开洞地基结构体系的稳定性态(包括强度与变形两方面)。主要比较拱顶地表下沉、塑性区大小与位置及拱顶拉裂区。计算结果见表 4。

表3 地基岩石力学参数

Table 3　Mechanical parameters of rock

介质	代号	E/MPa	μ	c/MPa	Φ/°	R_t/MPa	γ/kN·m^{-2}
泥岩	NY	300	0.3	0.01	30	0.3	6
砂岩	SY	1 200	0.25	2.5	44	1.0	24
衬砌回填层		1 000	0.3	1.0	30	0.3	24
灰岩	HY	1 200	0.25	1.5	43	0.6	25
钙质泥岩	NY	310	0.28	0.11	33	0.4	26
C20混凝土	C	25 500	0.2	1.35	35	3.0	24

(表中参数取地质报告范围中的低值)

表4 最小安全覆跨比标准

Table 4　Calculating results by FEM

覆跨比	拱顶地表下沉/m	拱顶下沉/mm	塑性区单元数	支护结构受拉区单元数	拉裂区单元数	地表沉降最大局部倾斜	相邻柱最大沉降差/mm
0.375	5.01	4.25	2	3	0	0.40%	1.03
0.5	3.87	3.56	2	2	0	0.34%	0.87
0.625	3.93	3.30	1	2	0	0.33%	0.85
0.75	3.99	3.06	0	10	0	0.32%	0.84

(覆跨比为0.375时,系纯岩石覆盖层;覆跨比大于0.375时,拱顶3 m以上为混凝土填平区)

　　超浅埋地下洞室顶板岩体作为建筑物地基在上部建筑荷载作用下是否处于稳定状态,主要有两方面的控制标准:一是开洞地基的强度条件,主要看是否有连通的塑性区存在及拱顶是否有拉裂区出现或严格控制两者的出现;二是受开洞影响时,地基表面是否出现较大的不均匀沉降(对上部框架结构按沉降差控制,对上部砌体结构按局部倾斜控制)。本工程因未做详细钻探,原有地下工程也没有详细设计及施工资料,不定因素较多,且国内外未见类似的处理方法报道。为安全起见,洞室围岩严格控制塑性区及拉裂区的出现。变形条件按国家《地基基础设计规范》有关沉降差的限制标准控制。结果表明,当洞室覆跨比取0.75时,两方面条件均满足。因此,我们所提出的地基处理方案是有理论依据的。此外,由变形计算结果还可以看出,由于混凝土材料的弹模相对较高,混凝土填平层的出现使得地表下沉和拱顶下沉均有较大的降低。随着填平层的增厚,拱顶地表下沉并不随着减少,而是反而有所增大,但拱顶下沉和不均匀沉降却随之降低。这表明,增厚垫层前,顶板岩体中的拱效应已经出现,增大填平层厚度使这种拱效应变得更加突出了。这从衬砌结构拱部的受拉区减小也可得到反映。

　　(2) 根据上部框架结构与开洞地基的共同作用,算得地基表面的不均匀沉降,以验证上部结构是否安全。

开洞地基上框架结构的内力和位移不仅与上部结构所受荷载大小以及上部结构的刚度有关，而且与地基的整体刚度有关。在对上部结构进行位移和内力分析时，不应将上部结构与地基分开来进行考虑。这是因为洞室的存在对地基的整体刚度有较大的消弱，从而对上部结构的位移和内力也产生相应的影响。在这种情况下，应视结构、地基、洞室为一整体，考虑三者之间的相互作用和共同工作。为此，利用杆系结构有限元分析上部框架结构，利用边界元法分析开洞地基，在结构与地基交界面上引入位移和力的协调条件联接上部结构和下部地基，从而对整个结构系统进行分析求解。基于这一共同工作原理，本文作者研制了相应的计算程序 FEBEM，并用以求解该项工程问题。

共同工作计算简图如图 3 所示，上部结构的材料性质及梁柱尺寸按设计要求确定，楼面荷载取 $20kN/m^3$，对地基岩体通过加权平均求其等效弹模。加固前为 1 250 MPa，加固后为 4 500 MPa。现利用上部结构与地基共同工作的 FEBEM 程序分别就地基加固前和加固后的情况进行计算，并用平面框架 FRAME 程序就刚性支座的情况进行计算，部分计算结果列于表 5～7 中。

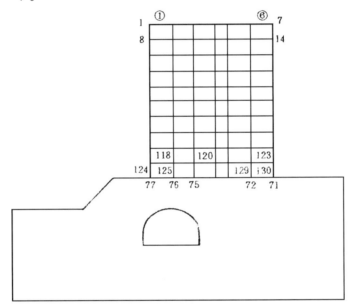

图 3　共同工作计算简图

Fig.3　Diagram for interaction between superstructure and substructure

地基加固前上部结构支座沉降如表 5 所示。由于地下洞室的存在，降低了地基的局部刚度，从而使离洞室较近的支座(75，76 号节点) 沉降最大。边柱下支座的沉降相对较小，这是因为边柱轴力相对较小，且受洞室刚度削弱的影响也较小的缘故。加固后，地基的整体刚度得到增强，上部结构支座的整体沉降也大为减小，但最大沉降发生的位置仍在离洞较近的 75，76 号节点处，这仍与该两点上柱子轴力较大、离洞室位置较近有关。

地基刚度大小对上部结构内力的影响主要反映在结构下部几层内力的影响上，所以对底层内力的影响最为突出。这是由于地基刚度变化所产生的上部结构基础沉降差主要是由结构下部几层的刚度来平衡，因而使这几层结构的内力有较大的变化。对上部几层，这种影响十分微小可以不予考虑。

加固后结构底层柱轴力的变化总体上呈中柱轴力增加，边柱轴力减小的趋势，这是因为地基刚度的增加减小了支座沉降的盆形趋势。从表5～表7的计算结果可以看出，随着地基刚度的增加，地基整体沉降和沉降差减小，从而使得上部结构的位移和内力都向刚性支座情况下上部结构的位移和内力靠近。这种现象一方面反映了计算结果的正确性，另一方面也说明了传统的刚性支座假设只能在地基刚度较大时才能适用。对软弱地基或开洞地基，刚性支座的计算结果会产生较大的误差，上部结构位移和内力大小均与刚性支座计算结果很接近，从而可认为原上部结构基于刚性支座模型所进行的设计是安全的。

按以上分析，当有效深度在 6 m 以上时，桩基直接置于中风化岩层上，有效深度不足 6 m 时，清除表土层和强风化岩层后用混凝土填平至 6 m，桩基置于混凝土表面上。

表 5　基础沉降量
Table 5　Ground settlement　　　　　　　　　　　　　　cm

节点号	71	72	73	74	75	76	77
加固前	0.55	0.82	1.04	1.15	1.33	1.32	1.00
加固后	0.15	0.23	0.29	0.32	0.37	0.37	0.28
刚性支座	0.00	0.00	0.00	0.00	0.00	0.00	0.00

表 6　底层柱轴力变化
Table 6　Axial force of first floor columns　　　　　　　kN

	124	125	126	127	128	129	130
加固前	176.58	209.52	184.97	201.13	219.53	147.93	203.86
加固后	163.18	219.04	189.12	197.91	222.65	140.70	210.91
刚性支座	157.60	223.11	190.78	196.49	224.02	147.93	213.79

表 7　底层梁弯矩变化
Table 7　Bending moment of first floor beams　　　　　kN·m

	116		119		120		121		122		123	
	左	右	左	右	左	右	左	右	左	右	左	右
加固前	15.31	−1.04	5.94	−4.66	5.06	−7.07	0.51	−5.74	5.69	−8.89	2.47	−11.43
加固后	10.61	−4.06	5.67	−5.38	5.99	−6.29	2.28	−3.93	6.74	−7.88	4.75	−8.62
刚性支座	8.70	−6.41	5.58	−5.67	6.30	−5.79	3.00	−3.19	7.14	−7.49	5.67	5.67

5　地基的设计与施工

5.1　压力注浆

在整个房基范围内，对洞室衬砌后的空隙区实施压力注浆。共设计99个注浆孔，施工中缩减为 79 孔，注浆间距在 1.5～3 m 之间。先在②和⑥轴线以外做注浆帷幕，待其初凝后再实施由两端向中间推进的顺序注浆，终止压力为 0.2 MPa。采用从地表到衬砌空隙区钻孔注浆，既要求衬砌后回填层砂浆密实，并达到浆砌片石的力学指标；又要求改善层面与结构面的粘结状况，提高岩层的整体性。注浆效果 采用全范围声波测试及局部取芯试验。检测表明，注浆效果良好，回填区片石已被高标号水泥砂浆致密胶结，岩层整体性提高。

5.2 混凝土填平处理

按前述混凝土填平处理原则，填平范围为 $A-D$ 轴线与④-⑥轴线之间。混凝土填平设计厚度为 1～2 m，个别地段超过 2 m。施工时彻底清除表土层和强风化层，软弱岩层部位可局部加深清除，不强求场地平整，但必须保证混凝土设计厚度。为加强混凝土垫层的整体性和下面岩层软硬不一而引起的不均匀沉降的能力，在混凝土垫层底部一定标高处设置一道 Φ20@300×Φ16@1 000 的构造钢筋网，其中④，⑤，⑥轴线下 1 800 范围内横向钢筋加密为 Φ20@190。此外，为防止混凝土的温度伸缩，在混凝土层的顶部和中部设置两层构造钢筋网。

5.3 基础结构与地基的连接

基础结构形式为柱下独立钢筋混凝土基础。从混凝土垫层顶部做起，底板尺寸为 1 800×1 800，上部以 800×800 短柱伸至地坪标高，并以拉梁纵横拉结；下部以 8 根 Φ22 锚杆锚入混凝土垫层以下 2 m 深的基岩中(中柱基础下锚杆为 4 根)，它还起到防止混凝土垫层与基岩的滑移作用。混凝土垫层顶面至拉梁顶间为架空，以减小作用在地基上的荷载。

5.4 边坡处理

由于地形条件，基岩 A 轴线外侧需设边坡挡墙，挡墙采用板肋式钢筋混凝土锚杆挡墙结构，以维护边坡稳定。挡墙结构板厚为 200，肋宽 1 800，肋厚因位置不同而变化，并分别以两排共 8 根 Φ28 锚杆与基岩拉结。

6 现场监控量测

为确保工程安全，决定在施工期及使用期前 3 年内对该房进行定期检查和地表沉降量测。施工期中和施工结束以后，对工程地基、结构及边坡进行了全面检查，未发现有裂缝及任何位移沉降等异常现象。

地表沉降测点布置见图 4。每修建两层后量测一次。施工结束以后，测到的最终位移为 1～3 mm。最大沉降在地下洞室上方地表面测点 Z4-4。量测结果与计算结果基本吻合，表明工程是安全的，设计是成功的。

7 结语

本工程对开洞地基的处理改变了以往采用跨越结构的传统做法，体现了充分利用地下

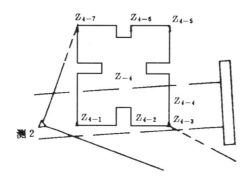

图 4 沉降观测点布置

Fig. 4 Distribution of observation points

结构本身及洞顶岩层自承能力的新构想，缩短了工期。本工程设计方法先进、实用，既有开创性，又有科学依据。一方面基于已建工程实践，采用工程类比法，提出了维护岩体自稳的新的经验数据；另一方面，应用最新的力学手段，采用了上部结构与开洞地基共同作用的数值分析方法，终于使这项探索性的工程尝试获得了成功。

参 考 文 献

1　后勤工程学院科研报告. 《重庆轻轨交通朝－沙线工程的结构形式与合理埋深专题研究》. 1993
2　郑颖人等. 地下工程锚喷支护设计指南. 北京：铁道工业出版社，1988
3　赵燕明. 上部结构－带形基础－开洞地基相互作用问题的简化计算. 后勤工程学院学报，1993，(2)：64－73
4　Liu Dongshenq & Zheng Yingren. Analysis of interaction between frame structrue and soil with cavern by coupling FEM and BEM. In: Proceedings of the Eighth Internatlonal Conference on Computer Methods and Advances in Geomechanics. 1994, 381－386

TREATMENT ON SUBGRADE UNDER TEN-STOREY BUIDLING WITH SHALLOW UNDERGROUND OPENING

Zheng Yingren　Zhao Yanming　Liu Dongsheng

(Logistics Engineering College of P·L·A·, Chongqing　630041)

Abstract　The practice on disposing to the subgrade under ten-story buiding with shallow underground opening is introduced. The net span of the opening is 8 m. The covered rock mass over the opening is not good in quality, and it's thickness is only 2～5 m. The thickness-span ratio of overburden is 0.25～0.62. In the light of the analysis by engineering geology method and numerical calculatn on th interaction between the superstructure and rock ground, the improvement for subgrade is made as follows:

(1) make up the overburden thickness to 6 m with concrete and raise the thickness-span ratio up to 0.75;

(2) grout whithin the rock mass around the opening.

In and after the course of the building construction, the ground settlement has been measured, and the measured data are consistent with calculaton values, which ensures the safety of the engineering.

Key words　ground treatment, ground with opening, thickness-span ratio

弹塑性有限厚条法及工程应用

林银飞　　郑颖人

(空军工程学院,西安 710038)　(后勤工程学院,重庆 630041)

提　要　本文采用大单元内划分小网格的方法判断塑性区范围，在弹性区及塑性区内选用统一的解析函数级数。以修正常刚度增量法为迭代方法，给出了塑性系数矩阵及塑性刚度矩阵的推导过程。假设小网格内的应力为常量，使求解过程方便化。编制了弹塑性有限厚条法在地下工程三维弹塑性围岩稳定性分析中的应用程序，并对圆形及椭圆形截面洞室进行了稳定分析。

关键词　弹塑性，有限厚条法，地下工程

一、引　言

半解析元法[1]自张佑启(Y.K.CHEUNG)教授率先以有限厚条法的形式提出以来，经过各国学者及工程师的研究和发展，已在板壳结构、组合结构、道桥结构、防护工程结构等领域得到广泛的应用。其单元的形式有解决三维问题的有限棱柱法、有限层法、有限厚条法等。随着半解析元法的不断发展应用，人们对该方法的本身也提出了许多改进措施[2]。对于半解析元法的非线性问题，国内外学者陆续进行了这方面的研究工作。但对于弹塑性半解析元的研究和应用，目前尚未普遍开展。弹塑性分析与非线性弹性分析不同，需要在加载的过程中不断判别塑性区的出现，并进行塑性区应力修正和残余应力的计算。

注：本文摘自《工程力学》(1997 年第 14 卷第 2 期)。

二、单元划分及位移函数选择

本文所研究的单元为有限厚条元,其形状是由具有一定曲率半径的圆柱面和通过其曲率中心且具有一定夹角的两节面组成的,如图 1 所示.该单元的解析方向分别为径向和轴向,切向为离散方向.通过曲率半径大小和曲率中心位置的变化以及单元的细分,具有一定厚度任意截面形状的带孔结构均可以按此单元拟合,并进行该结构在孔内荷载作用下的内力分析.由于孔内荷载对单元的位移影响沿着厚度方向逐渐衰弱,在长度方向又如相同支承条件下的梁.本文所研究的单元在其厚度方向(R 方向)和长度方向(Z 方向)分别选取幂函数 $F_m(r)=r^{-m}$ 和梁的振型函数为解析级数.

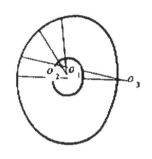
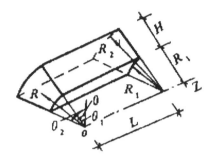

(a)单元平面形状　　(b)典型单元

图 1　单元的划分　　　　　　　　　图 2　大单元划分小网格

典型单元的位移表达式为:

$$u = \sum_{m=1}^{p}\sum_{n=1}^{q}(F_m(r)G_n(z)N_1 u_{1mn} + F_m(r)G_n(z)N_2 u_{2mn})$$

$$v = \sum_{m=1}^{p}\sum_{n=1}^{q}(F_m(r)G_n(z)N_1 v_{1mn} + F_m(r)G_n(z)N_2 v_{2mn}) \quad (1)$$

$$w = \sum_{m=1}^{p}\sum_{n=1}^{q}(F_m(r)G'_n(z)N_1 w_{1mn} + F_m(r)G'_n(z)N_2 w_{2mn})$$

其中:u,v,w 分别表示位移在径向、切向和轴向的分量,p,q 分别表示幂函数 $F_m(r)$ 和梁振型函数 $G_n(z)$ 所取的项数.

$$G'_n = \frac{dG_n(z)}{d(\beta_n z)} \quad (2)$$

$$N_1 = 1 - \frac{\theta - \theta_1}{\theta_2 - \theta_1}; N_2 = \frac{\theta - \theta_1}{\theta_2 - \theta_1}$$

θ、θ_1、θ_2 见图 1 所示.$u_{1mn}, v_{1mn}, w_{1mn}, u_{2mn}, v_{2mn}, w_{2mn}$ 分别表示节面 1 和节面 2 在 $F_m(r)$、$G_n(z)$ 分别取第 m,n 项时的位移参数.

三、弹塑性分析推导

在弹塑性分析中，应力$\{\sigma\}$与应变$\{\varepsilon\}$的关系矩阵$[D]$与各点的应力水平有关.

$$\{\sigma\} = [D]\{\varepsilon\} \tag{3}$$

且

$$[D] = [D_e] - [D_p] \tag{4}$$

$[D_e]$——弹性系数矩阵，由弹性理论求得，$[D_p]$——塑性系数矩阵，其推导过程如下：

设材料的流动法则通式为：

$$G = G(\{\sigma\}, h) \tag{5}$$

则塑性应变增量$\{d\varepsilon^p\}$为：

$$\{d\varepsilon^p\} = \lambda\{\frac{\partial G}{\partial \sigma}\} \tag{6}$$

λ——待定标量因子，G——塑性势函数.

在塑性状态下，全部应变增量$\{d\varepsilon\}$由弹性应变增量$\{d\varepsilon^e\}$和塑性应变增量$\{d\varepsilon^p\}$之和组成的，即

$$\{d\varepsilon\} = \{d\varepsilon^e\} + \{d\varepsilon^p\} \tag{7}$$

$$\{d\varepsilon\} = [D_e]^{-1}\{d\sigma\} \tag{8}$$

式(6)、(8)代入式(7)可得：

$$\{d\sigma\} = [D_e]\{d\varepsilon\} - [D_e]\{\frac{\partial G}{\partial \sigma}\}\lambda \tag{9}$$

对屈服准则通式

$$F = \alpha I_1 + J_2^{1/2} - k = 0 \tag{10}$$

求微分可得：

$$\{\frac{\partial F}{\partial \sigma}\}^T\{d\sigma\} - A\lambda = 0 \tag{11}$$

$$\lambda = \frac{\{\frac{\partial F}{\partial \sigma}\}^T [D_e]\{d\varepsilon\}}{A + \{\frac{\partial F}{\partial \sigma}\}^T [D_e]\{\frac{\partial G}{\partial \sigma}\}} \tag{12}$$

式(12)代入式(9)得：

$$\{d\sigma\} = ([D_e] - [D_p])\{d\varepsilon\} \tag{13}$$

其中

$$[D_p] = \frac{[D_e]\{\frac{\partial G}{\partial \sigma}\}\{\frac{\partial F}{\partial \sigma}\}[D_e]}{A + \{\frac{\partial F}{\partial \sigma}\}^T[D_e]\{\frac{\partial G}{\partial \sigma}\}} \tag{14}$$

A——应变硬化参数；$A=0$表示理想弹塑性；$A>0$和$A<0$分别表示材料的应变硬化和应变

软化.

由最小能量原理可得刚度方程$[S]\{\delta\} = \{F\}$，其中$[S]$--单元刚度矩阵，$\{\delta\}$-节点位移参数$\{F\}$-荷载向量. 且$[S] = \int_{Vol}[B]^T[D][B]dv$是应力水平$\{\sigma\}$的函数. $\{F\} = \int_{Area}[N]^T\{F_s\}dA$ $\{F\}$为作用于单元内侧面上的荷载.

由于刚度矩阵是应力水平$\{\sigma\}$的函数. 其方程的求解必须采用迭代法. 本文采用修正常刚度增量法, 先以弹性分析为基础进行单元刚度$[S]$的计算和总刚度的组集, 再逐级施加荷载进行位移、内力、应力以及塑性区判断和残余应力计算.

四、迭 代 过 程

（1）把荷载分成若干级增量, 即$\{F\} = \sum_{i=1}^{n}\{\Delta F_i\}$; 逐级施加荷载, 求解该级荷载作用下的方程$[K_0]\{\Delta\delta_i\} = \{\Delta F_i\} + \{\Delta P_i\} + \{\Delta P_i'\}$ 其中$[K_0]$为弹性总刚度矩阵, $\{\Delta\delta_i\}$为第i级荷载增量下的位移参数增量.

（2）计算该级荷载作用下的位移增量$\{\Delta f_i\}$, 应变增量$\{\Delta\varepsilon_i\}$和应力增量$\{\Delta\sigma_i\}$以及该级荷载作用下的积累位移$\{f_i\}$, 积累应变$\{\varepsilon_i\}$和积累应力$\{\sigma_i\}$.

（3）塑性区判别及残余荷载$\{\Delta P_i\}$和$\{\Delta P_i'\}$计算. 在厚条单元内细分网格如图 2 所示. 在小网格内可认为$\{\Delta\sigma_i\}$沿r,θ,z方向为不变, 当小网格足够小时, 这种假设是合适, 并可使得塑性区判断准确, 残余荷载$\{\Delta P_i\}$和$\{\Delta P_i'\}$计算方便.

$$[K_p] = \int_{Vol}[B]^T[D_p][B]dv$$

$$\{\Delta P_i'\} = \sum[K_p]\{\Delta\delta_{i-1}\}$$

其中$\{\Delta\delta_{i-1}\}$为第$(i-1)$级荷载增量作用下的广义位移参数增量.

$$\{\Delta P_i\} = \sum\int_{Vol}[B]\{\Delta\sigma^0\}dv$$

其中

$$[\Delta\sigma^0] = \{\Delta\sigma_{i-1}'\} - \{\Delta\sigma_{i-1}''\}$$

$$\{\Delta\sigma_{i-1}'\} = ([D_e] - [D_p'])[B]\{\Delta\delta_{i-1}\}$$

$$\{\Delta\sigma_{i-1}''\} = ([D_e] - [D_p])[B]\{\Delta\delta_{i-1}\}$$

$[D_p']$为$\{\sigma_{i-2}\}$的函数, $[D_p]$为$\{\sigma_{i-1}\}$的函数.

五、工 程 应 用

实例1 某圆形地下洞室, 内半径为3.1m, 洞深50m, 围岩的粘结力$C=450$kN/m、内摩擦角$\varphi = 0$, 弹性模量$E = 1\times10^5$kN/m^2, 泊桑比$\mu = 0.3$, 竖向原始应力$P_y=540$kN/m^2, 水平原

始应力 $P_x = P_z = \eta P_y$，η 为侧压系数。由于掌子面围岩的影响，$G_n(z)$ 取一端自由一端固定的梁振型函数。采用 Drucker-Prager 屈服准则，其计算所得的塑性区大小及形状见图 3 所示。当 $\eta = 1, \eta = 0.5$ 时，其塑性区在远离掌子面处分别与文献[3]、文献[4]相吻合，并表现空间形状。

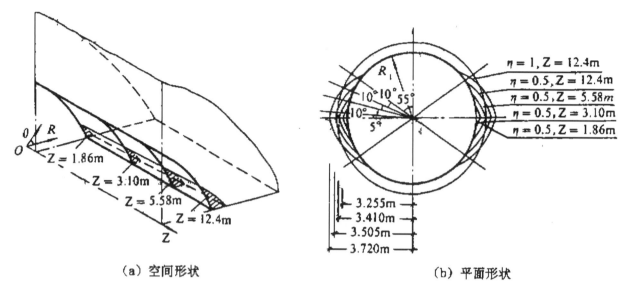

（a）空间形状　　　　　　　　　（b）平面形状

图 3　塑性区范围

实例 2　某椭圆形洞室，其截面轮廓线的方程为：

$$F(x,y) = 1 - \frac{x^2}{a^2} - \frac{y^2}{b^2} = 0$$

其中 $a=3.1\text{m}, b=3.8\text{m}$，竖向原始应力 $P_y = 480\text{kN}/\text{m}^2$，水平原始应力 $P_x = P_z = P_y$，围岩的粘结力 $C=470\text{kN/m}$，内摩擦角 $\varphi = 18°$，开挖深度 $L=18\text{m}$。利用对称性，取 1/4 围岩进行单元划分，所计算的塑性区大小及形状如图 4 所示。在洞室顶部，由于开挖轮廓线的曲率半径较小而出现应力集中，该部位出现较厚的塑性区。随着曲率半径的增大，塑性区逐渐变薄。

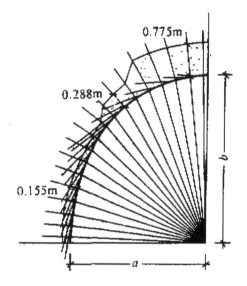

图 4　$z=1.04\text{m}$ 截面上的塑性区

参 考 文 献

1　Y K CHEUNG 著，谢秀松等译．结构分析的有限厚条法（第二版）．人民教育出版社，1983
2　曹志远等．岩土工程数值分析的半解析元方法．第一届全国计算岩土力学研讨会文集，1987

3 徐秉业,陈森灿.塑性理论简明教程.清华大学,1981
4 于学馥,郑颖人等.地下工程围岩稳定性分析.煤炭工业出版社,1983

ELASTO-PLASTIC FINITE THICK STRIP ELEMENT METHOD AND ITS ENGINEERING APPLICATION

Lin Yinfei Zheng Yingren

(The Air Force Institute of Engineering, Xian 710038) (The Logistics Institute of Engineering, Chongqing 630041)

Abstract In this paper, a method dividing a big element into smaller meshes is adopted to judge the ranges of plastic zones. The analytical function series is unified in both elastic and plastic zones. The method of modified stiffness increment is used in iteration, and the plastic coefficient matrix and plastic stiffness matrix are given in derivation. The element stresses in the mesh are regarded as constants that makes the solution process simpler. The program is developed to analyze the stability of three-dimentional underground opening, and the stability of circular and elliptic openings are also analyzed.

Key words elasto-plastic problem, finite thick strip element, underground opening

软粘土地基的强夯机理及其工艺研究

郑颖人[1] 李学志[2] 冯遗兴[3] 周良忠[1] 陆 新[1] 何红云[2]

([1]后勤工程学院建筑工程系 重庆 400041) ([2]中国人民解放军八五六一工程建设指挥部)
([3]西伦土木结构事务所 深圳 518053)

摘要 鉴于软粘土地基强夯成功率与功效低的情况,在分析软粘土强夯机理特点的基础上,提出了适用于软粘土地基的强夯工艺。通过对某工程3种强夯方案的试验,证明所提出的论点是正确的,并保证了该项大型工程的成功。

关键词 软粘土,强夯,机理,工艺
分类号 TU441.6

1 前言

强夯法加固软弱地基,是利用强夯降低土的压缩性,消除主固结沉降,提高土的强度与承载力。强夯法加固地基具有效果明显、经济易行、设备简单和节约三材等明显优点,因而得到了广泛应用[1]。然而,强夯法对地基土质有一定的要求。一般认为此法特别适合于粗颗粒非饱和土,含水量不大的杂填土与湿陷性黄土。低饱和度粘性土与粉土也可采用,对于饱和粘性土,如有工程经验或试验证明加固有效时方可应用。对于软粘土,一般教科书或工程标准中都有明确规定不宜采用或不能采用[2,3]。然而事实表明强夯法加固软粘土地基,只要方法适合,也能达到预期的加固效果[4]。本文是以某工程地基强夯加固为例,研究了软粘土地基强夯加固机理,并探讨了其工艺特点。

2 软粘土地基的强夯机理

2.1 饱和土或高饱和度土的强夯机理

不同的土具有不同的强夯机理。不同的强夯工艺也会使强夯机理改变。按目前的强夯工艺,我们把饱和土强夯机理概述如下:

(1) 能量转换与夯坑受冲剪阶段:动能转换成动应力;坑壁冲剪破坏,下部土体压密;夯坑周围水平位移,土体侧向挤出;坑周剪坏;表面隆起,坑周垂直状裂缝发展。

注:本文摘自《岩石力学与工程学报》(1998年第17卷第5期)。

（2）土体液化与破坏阶段：影响范围内孔隙水压力迅猛提高，孔隙水压力亦达到最高点；土体结合水变成自由水；土体可能出现液化，土结构破坏；液化区强度降到最低点，高孔隙水压力区强度降低。

（3）固结压密阶段：水与气体由坑周裂隙及毛细管排出；土体固结沉降；无粘性土固结沉降迅速完成，软粘土固结有一定的时间效应。

（4）触变固化阶段：水、气继续排出，孔隙水压力逐渐消散；土体自由水变成结合水；液化区强度恢复并有所提高，非液化区强度较大幅度增长。

2.2 软粘土地基的强夯特点

软粘土一般指淤泥或淤泥质土，它与其他土类相比，强夯机理上有其特殊性。无粘性土与一般粘土的固结压密时间短，孔隙水压力消散与强度恢复都较快。反之，软粘土孔隙水压上升高、消散慢，固结过程较长。应当说，软粘土颗粒细、触变性较好，但由于孔压消散慢，因而，触变固化过程也很慢。尤其是上部土体结构严重破坏时，扰乱了排水途径，渗透下降，孔隙水压消散极慢而接近橡皮土状态。所谓橡皮土状态就是水不能排出，孔压高，土体强度很低，夯击产生的变形为剪切变形，土体不能压密，这时强夯效率丧失。因而在软粘土上强夯，强夯效率低，易出现橡皮土。

除上述缺点外，软粘土地基要求在动力作用下完成主固结沉降，以免工程完成后出现过大的剩余沉降。我们认为，地基的有效加固深度（指土体强度得到提高的深度）可用来作为判断是否完成固结沉降的标准，不能用强夯产生的地面沉降量来估算是否完成固结沉降。当强夯有效深度大于软土层厚度时，可认为已完成主固结沉降。或者当有效深度大于工程影响深度时也可认为完成主固结沉降。

因而在软粘土的强夯机理中，必须增加如何消散孔压和增加有效深度这两点考虑。然而两者有所矛盾，增加加固深度，要求增加能量，而增加能量就会增大孔压，所以必须采取下面措施来解决这对矛盾。

（1）采用适当排水措施，如纵向排水板、横向排水软管、砂垫层等形成排水系统以加速排水，消散孔压。实践表明，上述措施有助于孔压消散，但不能完全排除橡皮土的出现。

（2）采用由轻到重、少击多遍、逐渐加载的施工工艺，才能确保上部土体结构不产生严重的塑性破坏或液化。如第一遍夯击时应采用低能量夯击，因为此时软土强度低，采用过大夯击能会使土体结构严重破坏，容易液化与出现橡皮土。夯击击数少、遍数多也是为了逐渐加载，在确保土体结构不被破坏条件下增大能量，提高有效加固深度。这与以前强夯工艺完全不同：常用强夯工艺先重后轻，上部土体结构完全破坏，企图以此增大加固深度。对软粘土强夯工艺应先轻后重，多遍加载，这样就既能提高强夯功效，防止橡皮土出现，又能增加加固深度。

（3）改变收锤标准，确保土体结构不被破坏。根据工程经验，建议采用如下新的收锤标准：坑周没有明显隆起，明显隆起标志着坑周已经破坏，如第一击时已明显隆起就要降低夯击能；没有明显的侧向位移，若出现后一击夯沉量大于前一击夯沉量，表明土体结构破坏；控制每遍总夯沉量，每遍总夯沉量若超过 60~80 cm，表明软粘土体结构破坏。

（4）严格控制前后两遍夯击的间隔时间。对软粘土地基，前后两遍夯击的间隔时间应当更为严格，因为橡皮土的产生是由于超孔隙水压未充分消散前加载所致。但由于强夯功效与成本原因，间隔时间也不可能太长。

上述几点可认为是软粘土强夯机理中的特殊点。图 1 表示饱和无粘性土、粘性土与软粘土在加固机理上的不同。

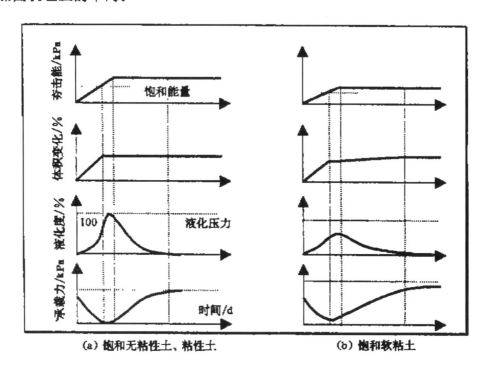

图 1　夯击一遍的情形

Fig. 1　Situation after one tamping

3　某工程软粘土地基的强夯试验研究

3.1　地质概况

某工程地基在 0.5 m 以下即为软粘土层，厚 4~4.5 m，含水量大于 37%，孔隙比大于 1。承载力一般为 60~70 kPa，其下为砂质粉土。试验具体要求为：(1) 提高地基的承载力至 120 kPa；(2) 完成 4~4.5 m 厚软粘土的主固结沉降，以减少工程建成后的剩余沉降，要求淤泥质土层都得到明显加固；(3) 表层土达到 93% 以上的密实度。

3.2　三种方案

在本次试验中前后共采用了低能量(520 kN·m/m²)、中能量(810 kN·m/m²)与高能量(1 410 kN·m/m²)三种方案，前两种方案按本文提出的强夯工艺执行，后一种方案为现行强夯工艺。

3.2.1　低能量强夯方案

此为 60 m×80 m 试验区的强夯方案，前后共分 4 个小区进行试验。Ⅰ区，强夯(不插板)，堆 1.5 m 厚粉细砂；Ⅱ区，强夯(不插板)，堆 1.5 m 厚粉细砂；Ⅲ区，强夯(不插板)，堆 0.5 m 砂垫层，1.0 m 厚土层，铺设软式透水管；Ⅳ区，强夯+塑料排水板(深 9.0 m，间距 2.0 m),堆 1.5 m 厚粉细砂,铺设软式透水管。

Ⅰ区:第 1 遍、第 2 遍以 4.0 m×3.5 m 梅花形布点,夯击能量 600 kN·m,1 击;第 3 遍、第 4 遍以 4.0 m×3.5 m 梅花形布点,夯击能量为 1 600 kN·m,3 击;第 5 遍以 2.0 m 点距和行距搭夯,夯击能量为 300 kN·m。Ⅱ,Ⅲ,Ⅳ区:第 1 遍以 3.0 m×2.6 m 梅花形布点,跳夯,夯击能量为 600 kN·m(Ⅳ区 900 kN·m),1 击;第 2 遍 4.5 m×3.9 m 梅花形布点,跳夯,夯击能量为 1 600 kN·m,3 击;第 3 遍以 2.0 m 点距和行距搭夯,夯击能量为 300 kN·m。测试结果见表 1。

表 1 第 1 方案测试结果
Table 1 Testing results of the first scheme

分区	静力触探 p_s 值提高倍数	超孔隙水压力最大值/kPa	孔压消散时间/d	原地面平均沉降量/cm	承载力平板载荷/kPa	明显有效加固深度/m①	有效加固深度/m	密实度(距地表 20 cm)/%②
Ⅰ	1.2~4	深层 32;浅层 20	3	12	240	4.2	6.5	96.6
Ⅱ	1.2~4			20		3.8	6.2	94.8
Ⅲ	1.2~3	深层 42;浅层 25	6			3.5	4.6	
Ⅳ	2~4.3	深层 26;浅层 24	1	24	200	4.0	6.7	94.8
最优	Ⅳ	Ⅳ	Ⅳ	Ⅳ	Ⅰ	Ⅰ	Ⅳ	Ⅰ

注:① 明显有效加固深度指任何测孔中静力触探 p_s 值都有明显提高的深度;
② 静力触探 p_s 值有提高的平均深度。

图 2 示出了第 1 方案(Ⅳ区)、第 2 方案与第 3 方案静力触探的试验结果(强夯后半月测试)。

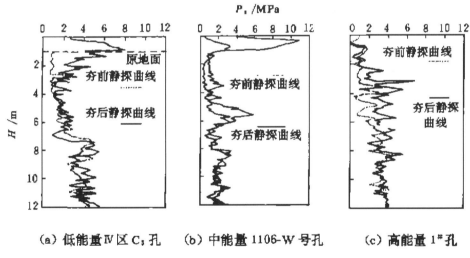

(a) 低能量Ⅳ区 C_1 孔　　(b) 中能量 1106-W 号孔　　(c) 高能量 1#孔

图 2 夯前夯后静探对比曲线
Fig.2 Contrasting SPT curves before and after DC

强夯期间Ⅰ区与Ⅳ区的超孔隙水压力监测数据如图 3 所示。

由表 1 可见,Ⅳ区方案总体效果最好,因为采用了排水措施,Ⅰ区方案其次,Ⅰ区采用跳夯,虽然其他指标不错,但夯沉量太小,软粘土没有充分固结,因而不是理想方案。Ⅲ区效果最差,因为土层排水效果不佳,孔压消散慢。由图 3 可见孔隙水压力经过 3 天左右

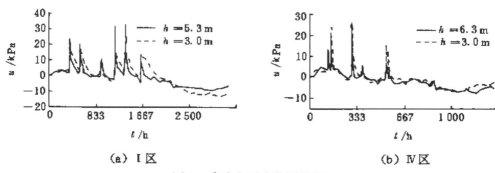

(a) I区　　　　　　　　(b) IV区

图3　孔隙水压力监测数据

Fig. 3　Monitoring data of pore water pressure

时间后基本消散。

低能量强夯方案试验可导出如下结论：(1)低能量强夯方案能有效加固0～3 m的填砂与软粘土，而3～5 m软粘土加固效果不佳，表明强夯能量与加固遍数不够，增加加固深度需要足够能量；(2)按照先轻后重、少击多遍强夯原则，6 m内土体强度逐级加固，表层2 m加固效果特别好，因而地基承载力和密实度都提高；(3)按照先轻后重、少击多遍强夯原则，孔隙水压提高小，消散快，尤其有排水措施时，一天即能绝大部分消散，因而不会出现橡皮土，强夯能量获得充分利用，不需要消耗破坏坑周土结构能量，而且先后两遍夯击间隔时间可以较短；(4)虽然原地面沉降量达到理论固结沉降量的1.2倍，但由于深层淤泥没有得到充分加固，估计此土层尚未消除主固结沉降，不能满足工程要求，需要增加夯击能量与夯击遍数；(5) IV方案各项指标均好，表明强夯软粘土地基排水措施是必要的。

总之，采用先轻后重、少击多遍、逐遍加固的强夯工艺能有效地提高强夯功效，防止出现橡皮土，但低能量方案有效加固深度不够，不足以完全消除软粘土层的固结沉降。

3.2.2　中能量强夯方案

为了弥补上述方案的不足，在原IV区方案的基础上增加夯击能量和增加一遍夯击。即在夯击第1遍(500 kN·m夯能，1击)和第2遍(800 kN·m夯能，3击)后，再增加第3遍夯击(1 600 kN·m夯能，3击)，第4遍为满夯(540 kN·m夯能，1击)。测试结果见表2。

中能量试验方案结论：(1)增加夯击能和第3遍夯击后，有效加固深度明显提高，达5.5～6.0 m，在0～6 m范围内静力触探p_s值提高1～3倍，表明软粘土层加固效果明显，

表2　第2方案测试结果

Table 2　Testing results of the second scheme

项　目	指　标
静力触探p_s值提高倍数	0～4 m内增加1～3倍，4～6 m内增加0.5～1倍
超孔隙水压力最大值/kPa	3 m浅层为20～25，5 m深层为40～60
孔压消散时间/d	2
原地面平均沉降量/cm	有软粘土层一般为31，无软粘土层为18
承载力平板载荷试验/kPa	170～240
明显有效加固深度/m	6
有效加固深度/m	8
密实度(距地表20 cm处)/%	94

已基本消除了主固结沉降，满足了工程要求。(2)采用排水措施和先轻后重、少击多遍、逐遍加固强夯工艺，既能消散孔隙水压力，防止橡皮土出现，又能有效加大强夯能量，增加有效加固深度。

3.2.3 高能量方案（采用先重后轻强夯工艺）

场地 21 m×21 m，地基内插排水板，上面填砂层，夯点间距 3.5 m，呈正方形，共 36 个夯点，分 4 遍夯击。第 1,2 遍各夯 9 点，间距 7 m，夯击能 1 610 kN·m，各夯 5 击；第 3 遍 18 点，间距 5 m，夯击能 1 610 kN·m，5 击；第 4 遍为满夯，间距 1.6 m，共 169 点，夯击能 1 000 kN·m，2 击。第 1 遍高能量夯击是为了加大加固深度，使有效加固深度达到设计要求，第 4 遍满夯是为了将夯点间的及表层松散土实施补压密，以提高加固的均匀性。每一夯点的夯击数通过单点夯击试验确定。先后两遍相隔时间要求使孔压消散 70%，夯坑压缩量与坑周土隆起量相近或夯坑深太大时应及时收锤，由此确定击数为 5 击。试验结果见表 3，孔隙水压力监测情况见图 4。

表 3 第 3 方案测试结果
Table 3　Testing results of the third scheme

项 目	指 标
静力触探 p_s 值提高倍数	0～2 m 内无增长，无硬壳层；2～4 m 内增长 0.8～1.5 倍；4～6 m 内增长 0.5 倍；夯坑内 2～6 m 内增长 1～4 倍
超孔隙水压力最大值/kPa	2 m 浅层为 40～60；4 m 深层为 40～50；8 m 深层 20～25
孔压消散时间/d	15(2 m 深层处消散 50%，4 m 深层处消散 40%)，均达不到 70%
原地面平均沉降量/cm	24～28（按夯击面沉降量预估）
承载力平板载荷试验/kPa	138
明显有效加固深度/m	平均 4.4（从夯击面计，深达 6.5）
有效加固深度/m	5.8（从夯击面计，深达 8）

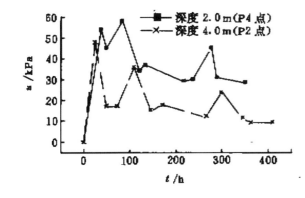

图 4　孔隙水压力监测数据
Fig. 4　Monitoring data of pore water pressure

高能量试验方案结论：(1)坑内与坑外 p_s 值增长差异大，加固不均，表层 2.2 m 以上土层严重破坏，强度恢复极其缓慢。夯坑内 2.2～6 m 强度提高大，但夯坑外提高较小，不如第 1,2 种方案。(2)表层强度增加小，满夯效果差，不利于工程，承载力增加也不多，预估密实度也不会达到要求。原地面沉降量小于 30 cm，2.2 m 以上淤泥土层未得到加固，因而并不能说明主固结沉降已完成。(3)孔隙水压力大（尤其是浅层），消散慢，半月以后也达不到消散 70% 的要求。浅层消散很少，出现液化，强夯功效差，甚至已出现橡皮土。(4)间歇时间过短，强夯效果不佳。如间歇期 4 d，夯击面下沉量为 20 cm，为总下沉量的 34.4%，间歇期为 2 d，下沉量为 12.6 cm，为总下沉量的 23.5%。总之，按现行强夯工艺加固软粘土，孔压上升大，消散慢，能耗大，部分能量用于破坏上部土体结构，承载力提高不大，且易形成橡皮土。仅夯坑内压实较好，加固厚度虽不很大，但加固深度下移，基本满足工程要求。

对上述低能、中能及高能3种方案进行比较：(1) 低能量方案工艺合理，孔隙水压力上升小，消散快，一般表层处孔压小，深层大，故表层不易液化，强夯效率高，土体0～3 m内加固效果好，承载力高。但强夯能量小，有效加固深度不够，因而预估3～5 m内软粘土尚未完全固结，需要增加夯击能量与遍数。(2) 中能量方案具有低能量方案的优点，同时增加了夯击能量与遍数，增加了加固深度，满足了工程要求。(3) 高能量强夯方案试验表明，此强夯工艺不适合软粘土的加固，这种强夯方法孔压增量大，但消散慢，一般表层孔压大，深层小，夯能损耗大，易出现橡皮土。而且，上部土体结构严重破坏，强度低，承载力小。因此，这种方案还不能完全消除主固结沉降。

4 软粘土地基强夯定量分析

4.1 强夯动力固结模型及数值模拟方法简述

强夯是一高能量的瞬间加荷过程，目前尚缺乏准确的动力固结本构关系加以描述。另外，进行数值计算之前，必须准确测试许多土性参数和施工参数，如土的动力压缩模量、夯锤整个动载加荷过程所经历的时间、锤底应力的分布规律、夯锤加载的加速度变化规律等。而现场是难以准确测试这些参数的。笔者根据大量工程实践和测试数据提出了新的强夯物理模型，并在Biot固结理论的基础上，结合土动力学理论提出了进行数值计算的数学模型。这一模型充分考虑了强夯过程中土的非线性应力-应变关系以及呈紊流状态孔隙水引起的动水压力变化，并引用试夯结果反分析土性参数。运用以上的模型，开发了相应的强夯数值分析程序DCMFDM。运用这一程序曾对数个强夯工程进行了计算模拟，计算结果与实测值能较好地吻合，证明了其良好的性能。下面运用DCMFDM对上述的3种强夯试验方案通过计算进行定量分析。

4.2 某机场3种强夯方案定量计算分析

为了验证上述软粘土的强夯机理，同时确定对软粘土的强夯参数选定原则，下面分别对3种强夯方案进行全过程数值模拟。

仍然仅以单一夯点为计算对象，各遍各击之夯能加载于同一夯点上，所以上述3种强夯方案中，为了简化，可以不计诸如布点方式、点距、行距等参数对计算结果的影响；但在一定计算面积内，将此区域覆盖的所有夯点数作为单点计算的总击数，这样可以在不影响研究问题本质的前提下减少计算步骤，节省计算时间。但计算结果无疑与实测值有一定的差距，如计算所得的总夯坑深必定比实测值大，因为计算中的各遍各击均加载于同一夯点。另外，本次计算中对液化区域的处理办法是：一旦判断出现液化区，则将此区域的强度强制降为零，而且后续夯击对此区域无任何作用，经过间歇期进行下一轮强夯时，再将此区域的强度恢复为液化前的强度值。采用这种方式处理，此区域的部分计算结果也会与实际值有一定的差距，尤其是坑周的隆起值，计算值将比实测值小，这是因为此区域液化后，继续夯击虽然不能提高其强度，但可使之形成橡皮土，大量的土体变形必加大坑周的隆起量，而计算中忽略了由橡皮土的变形带来的隆起，这一隆起值一般比较大。这种处理方式与第 3 种方案的实际情况也有一定的出入，因为在高能量方案中，进行下一夯击时，往往上一夯击中液化的土体强度尚未恢复。

按照上面 3 种强夯方案，用 DCMFDM 程序计算了强夯中液化的发生情况（表 4）及明显有效深度（图 5）、夯沉量（图 6）与隆起值（图 7）。强夯时土体是否出现液化，按孔隙水压力是否大于动应力来定。

表 4 3 种强夯方案的液化总结表

Table 4 Summary of liquefaction for the three schemes

阶段	第1遍 1击	第1遍 2击	第1遍 3,4,5击	第2遍 1击	第2遍 2击	第2遍 3击	第2遍 4,5击	第3遍 1击	第3遍 2击	第3遍 3击	第3遍 4,5击	满夯 1击	满夯 2击
液化 （方案1）	×			×	√	√		×					
液化 （方案2）	×			×	×	×		×	×	√		×	
液化 （方案3）	×	√	√	×	√	√	√	×	√	√	√	×	×

注：×——未液化； √——液化。

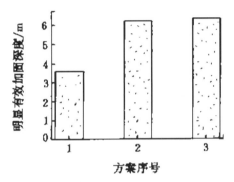

图 5 3 种方案明显有效加固深度对比图

Fig.5 Effective improved depth of three schemes

从以上图表中可以看出：

(1) 3 种强夯法的液化情况

3 种方案中施加总夯能的大小顺序为：第 3 种方案＞第 2 种方案＞第 1 种方案。但按第 3 种方案进行施工时，第 1 遍、第 2 遍、第 3 遍的第 2 击均开始出现液化；而第 1 种方案虽然总体能量最低，但第 2 遍的第 2 击施加能量较大，也开始出现液化；第 2 种方案总体施加能量虽然比第 1 种方案要高许多，但由于这部分能量是由另外附加的一遍夯击施加，而不是简单地在某一遍上增加击数，因而，在第 3 遍的第 1，2 击均无液化发生，这意味着这一遍的能量较其他种方案有着较高的利用率。这也表明能量的施加必须由小到大，少击多遍，才能减少液化。

(2) 3 种强夯法的有效加固深度

图 5 显示的 3 种强夯方法的有效加固深度差异与能量的利用情况一致。第 3 种方案能量利用率最低，其总施加能量最高，而第 1 种方案中虽然能量利用率较高但总夯能相差较大，第 2 种方案在一定程度上克服了以上缺点，所以第 2 种强夯法的有效加固深度最大；第 1 种强夯的有效加固深度最小；第 3 种方案与第 2 种方案的加固深度相差无几。

(3) 3 种强夯法的夯沉量与隆起量

结合图 6，7 可知，第 1 种方案中的夯沉量随击数的增加递减，而坑周隆起值较小，这是良好加固效果、无严重结构破坏的外观体现，但夯沉量甚小，这是夯能不够的体现。第 2 种方案由于增加了一遍施工，于是弥补了第 1 方案中夯沉量不足的缺点，加固深度相应得到了提高。第 3 种方案中，随击数的增加，尤其是第 2 击后，夯沉量虽也不同程度地递减，但隆起值反而大幅度增加，这正是土体结构破坏的外观体现。

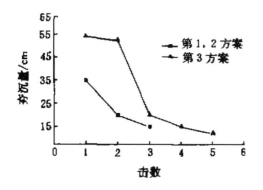

图6 3种方案第2遍锤底中心土夯沉量对比图

Fig. 6 Settlement under tamper after the second pass of three scheme

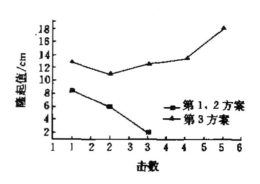

图7 3种方案第2遍坑周隆起量对比图

Fig. 7 Swell around pit of the second pass of three schemes

综合以上分析可得到以下结论：对于软粘土，提高加固深度的有效途径是采用少击多遍、逐级加固的原则。能量过小，不足以消除软粘土的主固结沉降，加固深度也不够。能量过大时，不但不能使土体强度提高，反而会使之液化，成为橡皮土。施加能量过于集中时，能量的有效利用系数低。

5 软粘土强夯工艺参数的选用原则

根据以上研究，针对软粘土的强夯机理和特点，其工艺参数的选用应遵循以下原则：

（1）改善土体的排水条件。试验表明，改善土层的排渗路径、排渗边界条件，强夯过程中孔隙水压力的消散速度就会大大加快，如果使孔压的增长与消散同步进行，就会降低孔压的峰值，增大土的抗液化能力。

（2）由小到大，逐级加能，少击多遍，逐级加固。计算和试验都表明，上述方法可确保上部土层结构不被破坏，防止孔压高速累积与加速消散孔压，从而减少大面积液化和防止橡皮土的产生。同时只要施加足够能量，也能达到加深有效加固深度，完成主固结沉降的目的。夯击击数应以保证土体结构不被破坏与不出现液化来定，一般不多于3击。遍数应以达到有效加固深度来定，一般不小于3遍。

（3）建立有效加固深度、施加能量与夯击遍数的合理关系。软粘土的有效加固深度一般应基于达到承载力设计要求与完成主固结沉降和减小次固结沉降来定。有效加固深度与施加的能量有关，还与能量的施加方法(夯击遍数)有关。因而在软粘土中强夯应首先通过试验建立有效加固深度、夯击能级与夯击遍数间的合理关系。本文提出的程序能提供这一预测。

（4）改变收锤标准，确保土体结构不被破坏。依据当前的理论与经验，本文在前面提出了一些收锤标准。但这些标准有待改进和量化，以进一步完善强夯工艺参数。

参 考 文 献

1 王国胜，骆胜辉. 强夯法在碎石填土地基处理中的应用. 岩石力学与工程学报，1997，16(2)：188～192
2 地基处理手册编写委员会. 地基处理手册. 北京：中国建筑工业出版社，1989

3 叶书麟. 地基处理. 北京：中国建筑工业出版社，1988
4 冯遗兴，叶漫霖，吴西伦等. 动力固结法加固软土地基. 见：第五届全国岩土力学数值分析与解析方法讨论会论文集. 武汉：武汉测绘科技大学出版社，1994，555～558

STUDY ON THE DCM MECHANISMS AND ENGINEERING TECHNIQUES OF SOFT CLAY FOUNDATION

Zheng Yingren[1] Li Xuezhi[2] Feng Yixing[3] Zhou Liangzhong[1] Lu Xin[1] He Hongyun[2]

([1] *Logistical Eng. Uni., Chongqin 400041*)

([2] *PLA 8561 Eng., Office Construction*) ([3] *Xilun Civil Eng. & Struct. Inst., Shenzhen 518053*)

Abstract It is well known that the dynamic compaction efficiency for soft clay foundation is low. Based on the analysis on the DCM mechanism for soft clay, a DCM engineering technique, which is just suitable for soft clay foundation, is proposed. All conclusions proposed here are proved by contrast experiments including three schemes.

Key words soft clay, DCM, mechanisms, engineering technique

强夯加固软粘土地基的理论与工艺研究
Research on theory and technology of improving soft clay with DCM

郑颖人 陆 新
(后勤工程学院军事土木工程系,重庆,400041)

李学志 冯遗兴
(八五六一工程建设指挥部,上海,200092) (西伦土木结构事务所,深圳,518053)

文 摘 分析了用传统的强夯工艺加固软粘土地基失败的原因,通过试验提出了软粘土地基强夯机理及适用于软粘土地基的强夯新工艺,并在某大型工程中取得了成功。本文较详细地介绍了研究结果及工艺研究成果。

关键词 软粘土,强夯,地基处理,工艺

中图法分类号 TU 441.6

作者简介 郑颖人,男,1933年生,毕业于北京石油学院,现为后勤工程学院教授,博士生导师,从事岩土工程教学与研究工作。

Zheng Yingren Lu Xin
(Logistical Engineering University, Chongqing, 400041)

Li Xuezhi Feng Yixing
(Construction Office of 8561 Engineering, Shanghai, 200092) (Xilun Civil Engineering & Structure Institute, Shengzhen, 518053)

Abstract In this paper, the cause responsible for the failure of soft clay improved with traditional method of DCM is analyzed. The mechanism of soft clay improved with DCM and the technology suited to soft clay is introduced. The mechanism and technology has been applied to a large engineering project successfully. The results of tests and the technology are also introduced in detail in this paper.

Key words soft clay, DCM, ground improvement, technology

1 前 言

强夯法加固软弱地基,是利用强夯降低土的压缩性,消除主固结沉降,提高土的强度与承载力。强夯法加固地基具有效果明显、经济易行、设备简单、节约三材等明显优点,因而得到了广泛应用。然而,强夯法对地基土质有一定的要求。一般认为此法特别适合于粗颗粒非饱和土,含水量不大的杂填土与湿陷性黄土。低饱和粘性土与粉土也可采用。对于饱和粘性土,如有工程经验或试验证明加固有效时方可应用。对于软粘土,一般教科书或工程标准中都有明确规定不宜采用或不能采用,因为存在一些失败工程的例子。事实表明强夯法加固软粘土地基,只要方法适合,也能达到预期的加固效果。本文是以某工程地基强夯加固为例,研究了软粘土地基的加固机理,并探讨了其工艺特点。

2 软粘土地基强夯失败的表现与原因

当前在软粘土地基上强夯失败的例子很多,其突出表现为施工过程中出现橡皮土,此时土体抗剪强度丧失,不能承载,需要以高昂的代价挖除或处理橡皮土。同时不能再起到压密作用,导致强夯失败。其次,表现为软粘土地基上没有完成主固结沉降,工后沉降很大,如天津80年代某工程,采用强夯砂井排水法加固软粘土地基,夯后仍有大量剩余沉降,强夯失败。在我们的现场试验中还发现按现行强夯工艺,地基表层2m左右土体强度没有恢复与提高(见图4)。由上表明按现行强夯方法,在软粘土地基上强夯不仅难以达到加固目的,还会造成更大的损失。

我们发现,当前软粘土地基上强夯失败的原因主要在于现行强夯工艺不适应软粘土的特性。软粘土孔隙比大、含水量高、渗透性差、强度低,而在强夯动力作用下,要求瞬时内从土体孔隙中排出大量水,但由于时间短、渗透性差,水来不及排出,从而导致土中孔隙水压增高,且短时间内难以消散,因而土体抗剪强度大大降低,在这种情况下继续夯击,就必然会出现橡皮土。可见,孔隙水压力居高不下是出现橡皮土的直接原因。

其次,软粘土具有结构性与结构强度,在现行强夯工艺下,地基表层土结构遭受破坏,不仅损失结构强度还会大幅度地降低渗透性。沈珠江在文献[1]中指出,天然粘土多具架空结构,大孔隙之间形成透水通道,因此在高孔隙比的同时必具有较强透水性。不少试验资料表明,在结构破坏以前,天然粘土的固结系数可以达到同样条件下重塑土的10~15倍。就渗透系数来说,天然土的渗透系数可能达到重塑土的2~4倍。

上述观点也得到本次试验的证实。图1示出表层

注:本文摘自《岩土工程学报》(2000年第22卷第1期)。

土体结构破坏后的孔隙水压力监测曲线,图 2 示出表层土体结构未破坏的孔隙水压力监测曲线。由图可见,土体结构破坏后不仅孔压高,其峰值达 60 kPa,且历时半个月才消散 50%。而土体结构未破坏时,孔压峰值只有 20～30 kPa,两天内就基本消散(图 2)。再次表明,土结构破坏后渗透性大幅度降低。

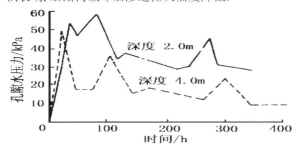

图 1 表层土体结构破坏时孔隙水压力监测曲线
(高夯能、多击数、插塑料排水板)
Fig. 1 Pore water pressure curve monitored in structural damage topsoil(high ram energy, multi-blow count, in plastic drain)

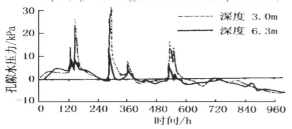

图 2 表层土结构未破坏时孔隙水压力监测曲线
(低夯能、少击数、插塑料排水板)
Fig. 2 Pore water pressure curve monitored in undamaged topsoil(low ram energy, less-blow count, in plastic drain)

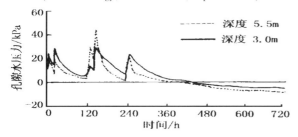

图 3 表层土结构未破坏时孔隙水压力监测曲线
(低夯能、少击数、不插塑料排水板)
Fig. 3 Pore water pressure curve monitored in undamaged of topsoil(low ram energy, less-blow count, no plastic drain)

综上所述,产生橡皮土的直接原因是孔压高、消散慢。而它的进一步原因是与强夯动力作用过大、软粘土含水量高、渗透性差及软粘土结构性遭受破坏有关。这都与强夯工艺直接有关,按现行强夯工艺,一开始就采用高夯击能,单击能通常为 1000～6000 kN·m,每遍击数为 5～15 击,有的甚至达到 20 击。收锤标准为最后两击累计沉降差小于 5～10 cm,只考虑夯击能的利用而置土体结构是否破坏而不顾。此外,也未规定采用人工排水。这些规定,不能改善土的渗透性,还会增大强夯的动力效应与破坏土体结构性,使孔压增高、消散延缓,因而必须建立适用于软粘土地基强夯的新工艺。

3 软粘土地基强夯新工艺的研究

适用于软粘土地基的强夯新工艺包括如下内容,并通过试验与工程实践得到证实,证明强夯新工艺能有效抑制孔隙水压力的升高,加速孔隙水压力的消散,确保不出现橡皮土,并达到预期效果。

3.1 适合软基强夯的合理排水体系研究

软土地基强夯容易产生橡皮土,其中一个原因是排水问题没有解决好,以往国内许多工程没有采用人工排水体系,主要认为排水体系在强夯中被破坏,强夯后排水体系的作用将大大降低,因而并无多大效果。我们经过研究论证,认为在淤泥质土基强夯时,插设塑料排水板对减小及消散孔隙水压力是非常有利的,并且进行了试验,试验结果也证明了人工排水体系效果非常明显,试验结果如表 1。

表 1 试验区排水体系－强夯效果对比表
Table 1 Contrast results of drain system－DCM effect in test area

	试 验 区 段	T_{1-2}	T_{1-3}	T_{1-4}
排水措施	插塑料排水板	无	无	有
	在原地面上堆填垫层	1.5m厚的砂	1.5m厚粘性土	1.5m厚的砂
	在原地面开挖砂盲沟	无	无	有
	铺 ø50 软式透水管	无	无	有
强夯效果	静力触探 p_s 值提高倍数	1.2～4	1.2～3	2～4.3
	超孔隙水压力最大值/kPa	—	浅层25,深层42	浅层24,深层25
	孔压消散时间/d	3	5	1
	有效加固深度/m	3.8	3.5	4.2
	原地表平均沉降量/cm	20		24

从表 1 可看出,有塑料排水板的试验区段的超孔隙水压力峰值低、消散快,加固深度大,因而人工排水设施是十分必要的,试验证明,竖向塑料排水板,在强夯施工中发挥了重要的作用,效果明显,同样砂垫层比土垫层的排水效果好得多。我们在强夯实验时,在水平向还铺设了软式透水管,软式透水管在施工初期是有一定效果的,但到后来,大能量夯击时被破坏,后期效果不太理想,因此在大面积施工时,为了改善横向排水,将由塑料排水板排至地表,夯坑中的水及时用泵抽走。

从强夯试验区的孔隙水压力测试结果看,最大孔隙水压力的峰值 u_{max} 一般发生在第二遍夯完后。对插设了塑料排水板的试验区块,$u_{max} = 25～30$ kPa 左右,且孔隙水压力的消散时间不到 2 d(见图 2)。对没有插设塑料排水板的试验区块,$u_{max} = 30 \sim 40$ kPa,且孔隙水压力的消散时间在 3~5 d(见图 3)。这说明插设塑料排水板不仅可以减小孔隙水压力的增长,而且还可以缩短孔隙水压力的消散时间,这对增强强夯效果和缩短强夯施工工期是非常有利的。

3.2 软粘土地基强夯加固工艺指导原则研究

(1) 单击夯击能的选取以"先轻后重,逐级加能,轻重适度"的原则

现行的强夯工艺是先用大能量加固深层土体,再用小能量加固浅层土体,这对于含水量小、渗透性大、强度较高的土体是适合的。如果将此种方法用在软粘土地基上,必然会造成渗透性小的淤泥质土基孔压升高过大、消散变慢,同时使得大范围内土体宏观结构破坏、促进液化、降低渗透性、进一步延缓孔隙水压力消散、强度降低,且难以恢复。图 1 按现行强夯工艺施工时孔隙水压力监测曲线,其峰值达 60 kPa,且历时半个月才消散 50% 左右,一个月尚未完全消散,图 4 是按现行强夯工艺测得的 p_s 曲线,表层 2 m 范围内土体宏观结构基本破坏,强度丧失,也难以恢复,因而大大降低了加固效果。

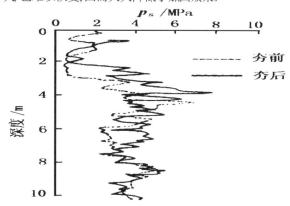

图 4　按现行强夯工艺试验的 p_s 曲线

Fig. 4　Test curve p_s for traditional DCM technology

我们认为,适用于淤泥质土基的强夯工艺,其单击夯击能应当是先轻后重,逐级加能,轻重适度。因为淤泥质土的渗透性低、含水量高、强度低,为了减少强夯对软粘土的动力效应与土体宏观结构破坏,一开始先以较小的夯能将浅层土率先排水固结,使其强度增长,在表层形成"硬壳层";有了这个"硬壳层"以后,就能承受更大的一些夯击能,就可以分级加大夯击能量,使动能向深层传递,促使深层软粘土排水固结。这就像滚雪球一样,让"硬壳层"逐渐加厚,加固深度逐渐增大。所谓"逐级加能,轻重适度",即每级加能,既要保证土体不被夯坏、孔压消散快,又要加大夯能,达到最佳强夯效果,因此每级加能幅度都要适度。本工程中,除满夯外,夯能分级为 500,800,1600~1800 kN·m。图 2 是用新工艺强夯时孔隙水压力监测曲线,孔压峰值只有 25~30 kPa,不到 2 d 就可以消散,图 5 是按新工艺强夯的 p_s 曲线,表层土体加固效果最好,符合一般工程要求。

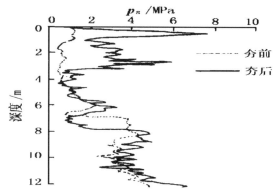

图 5　按强夯新工艺试验的 p_s 曲线

Fig. 5　Test curve p_s for new DCW technology

(2) 对软粘土地基进行强夯加固,应采用"少击多遍"的夯击方式

采用强夯法加固淤泥质土基时,单击夯击能的控制很重要,单点击数的控制也同样重要。因为击数多了不仅会使土体破坏,使孔压消散变慢,会夯成橡皮土。所以对于软粘土地基进行强夯必须严格控制每遍的击数。尤其是头几遍,单点击数一定不能多,一般为 1~3 击。

所谓"多遍",就是软基的强夯加固过程通过分遍夯击,并逐级加大夯击能来完成。因而它与现行强夯工艺不同,不是一次夯到位,而是逐步加强,逐步加深,是一个逐层加固的过程,直至达到工程设计要求。本工程要求完成主固结沉降,要求夯沉量大于主固结沉降量,同时要求加固深度大于淤泥质土层的层底深度,使淤泥质土层完全得到固结,以减少工程完工后的剩余沉降。本工程的强夯加固达到了上述要求。

为达到强夯加固要求,应施加足够能量。所不同的是,按现行强夯工艺,是先重夯,后轻夯,一次夯到位,按强夯新工艺,必须先轻夯,后重夯,逐级加能,逐层加固到位,因而新强夯工艺要求多遍夯击。本工程除满夯外,一般为 3~4 遍。第一次强夯试验时,采用低能量夯击能,夯击遍数为 2 遍,结果加固深度不够;于是在试夯试验时,改用中能量夯击能,夯击遍数增加到 3 遍,且最后一遍的夯能由 1500 kN·m 加大到 1800 kN·m,强夯结果满足了工程设计要求(见图 5)。

对于软粘土地基,两遍夯击的间歇时间,一般取决于孔压消散情况及工序安排。用新强夯工艺施工,孔隙水压力一般 1~3 d 即可消散完,这就不会影响施工进度,又不会出现橡皮土,保证了本工程在 45 万 m^2

软粘土地基上强夯施工未出现橡皮土。

(3) 满夯与信息化施工

由于新强夯工艺,可以始终保证表层土强度最高,因而对满夯夯击能的要求较低。但通过满夯可以增大表层土的压实度与均匀度,因而满夯一遍是需要的。

大型工程的面积很大,不同地段地质剖面的情况不尽相同,加上填砂质量、含水量及天气状况变化,强夯应因时因地及时调整施工参数。本工程中采用观察、孔隙水压力量测及轻便触探等手段进行监测,及时调整施工参数。

3.3 软粘土地基强夯加固的收锤标准

所谓"收锤标准",是指强夯时每一夯点最佳击数的确定。按现行强夯工艺,一般以最后二击平均夯沉量小于 5~10 cm 来控制,击数一般为 5~15 击之间,有时可达 20 击,用此方法来加固软粘土地基,土体显然被破坏。由于软粘土强度很低,所以击数的控制应十分严格,对于软粘土地基,首先是要考虑不破坏上层土体,抑制液化,降低孔压,并要求表层土首先形成硬壳层。对于强度很低,孔压很高的软粘土地基,夯击次数就应严格控制,以保证土体宏观结构不被破坏。因此现行强夯工艺中的收锤标准是不适用的,必须提出新的"收锤标准",对软粘土地基"收锤标准"的原则是既要达到充分密实,又要不破坏土体结构,即击数增到土体结构快破坏时,立即停锤。依据土体即将破坏时的标志,结合工程经验,采用如下的收锤标准[2]:①坑周不出现明显的隆起。如果坑周出现明显隆起,标志着坑周土体已经破坏,如第一击时就已明显隆起,则要降低夯击能。②不能有过大的侧向位移。如果有过大的侧向位移,则表明土体已经破坏。③后一击夯沉量应小于前一击的夯沉量。如果是后一击夯沉量大于前一击的夯沉量,说明土体侧向位移较大,表明土体结构破坏。④夯坑深度不能太大。按工程经验,本工程采用每遍总夯沉量不超过 60 cm。

4 软粘土地基强夯加固机理研究

(1) 按现行规范实施的软粘土地基强夯加固机理

强夯加固机理与强夯效果,不仅随地基土性而异,还随强夯新工艺不同而有区别,在一般技术文献中,将饱和土的强夯过程划分为能量转换、液化破坏、压密固结和触变固化四个阶段。图 6(a) 表示饱和无粘性土按现行规范强夯时的变化过程及其机理[3],图 6(b) 表示软粘土按现行规范强夯时的变化过程及其机理,图 6(c) 表示软粘土按新工艺强夯时的变化过程及其机理。

图 6(b) 所示的软粘土地基按现行规范时的强夯机理,与图 6(a) 所示饱和无粘性土地基按现行规范实施强夯时的机理,有相似之处,也有不同之处。它们在高能量夯击下都达到了液化与坑壁四周土体破坏,但软粘土地基孔压消散时间远大于无粘性土,甚至长达数月,这是产生橡皮土的根本原因。其次,软粘土地基的压密固结过程时间较长,在夯后还需要一定时间才能完成主固结沉降。再之,软粘土地基触变固化的时间较长,在液化与土体破坏区域内,由于结构强度丧失,触变固化作用不大,强度难以恢复提高。

(2) 按新工艺实施的软粘土地基强夯加固机理

按新工艺实施的软粘土地基强夯加固机理如图 6(c) 所示,其发展过程分为如下四个阶段:

a) 能量转换与夯坑冲剪破坏阶段

按照我们制定的新强夯工艺,单击夯击能与夯击次数受到严格控制,施加的夯能大大减少,一般为现行强夯工艺的夯能的一半左右,因为它不需要为破坏土

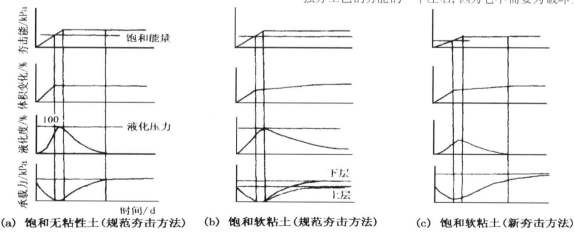

图 6 饱和无粘性土和软粘土强夯机理示意图

Fig. 6 Mechanism of DCM in saturated cohesionless soil & saturated soft clay

体结构而损耗大量能量。坑壁四周土体不再遭受严重破坏，故夯坑深度与侧向位移都受到约束，坑周表面也不再出现明显隆起。并杜绝了软基中强夯的丢锤现象。

b) 超孔隙水压力上升与消散阶段

按照新的强夯工艺，一方面采用人工排水，另一方面采用"由轻到重、逐级加能"及按新的收锤标准限制击数，从而孔隙水压力增量减小，消散加快，消散天数减少。如图1所示，按现行规范实施强夯，孔隙水压力最大值为 $40 \sim 60$ kPa，消散时间很长，一个月也消散不完(图1)；按新工艺实施强夯(图2)，孔压增量约为 $20 \sim 30$ kPa，孔压消散时间为 $1 \sim 3$ d。可见采用强夯新工艺后，不会出现上层土体结构破坏与液化。因而把液化破坏阶段改为孔压上升与消散阶段。

c) 固结压密阶段

软粘土地基中固结过程相对较慢，在强夯新工艺条件下，因采取了人工排水与新施工工艺，缩短了孔压消散时间，加快了固结过程。但固结时间比一般饱和粘性土长，夯后土体还会继续沉降，因而要求土基夯后不要立即进行后续工程的施工，以免产生过大的工后沉降。

d) 触变固化与强度提高阶段

由于超孔隙水压力的存在，土体中强度降低，但随着孔压消散，这种强度会恢复。在非液化区与土体未破坏区，由于土体压密，强度与变形模量将会大幅度提高，而在液化区与土体破坏区，软粘土强度提高缓慢，有的还不能提高。本次试验中，在表层2 m范围内土体强度均未提高，即为例证。采用新强夯工艺，消除了液化区与破坏区，因而表层土强度提高最多，强夯效果十分显著。强夯新工艺中，土体强度提高与加固深度的增加，还依赖于夯击能能级与强夯遍数的增加。由于前几遍夯击使表层土形成了含水量较低、强度较高的硬壳层，因此在后几遍高夯击能作用下仍然维持土体不被破坏与液化，因而既能防止橡皮土，又能增强强夯效果。

5 淤泥质土地基强夯加固与堆载预压效果的比较

堆载预压排水固结法，目前认为是加固处理淤泥质土基较为可靠的方法。1996年9月至1997年1月，我们在同一个淤泥质土场地上分为两个区进行了强夯加固试验与堆载预压试验。强夯采用新工艺，夯能 500 kN·m 的1击及夯能 1500 kN·m 的3击，两遍加一遍满夯。堆载预压 4 m 土高，历时四个月固结完成。当时测得强夯法试验区原地面沉降为 24 cm，堆载预压试验区为 $18 \sim 20$ cm。时隔一年半后，在两个试验区上又进行了静力触探检测，结果如图7所示。

由该图两条 p_s 曲线可知，强夯加固与堆载预压加固效果基本一致。可见，堆载预压效果只相当两遍强夯效果，本工程采用三遍强夯，加固效果优于堆载预压；还表明采用新工艺强夯法，有可能取代费用高、固结时间长的堆载预压法。

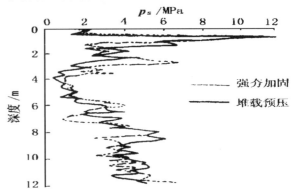

图7 强夯试验区与堆载预压区静力触探 p_s 曲线对比图

Fig. 7 Comparison between curves p_s for DCM & preloading

6 结 语

当前软粘土地基强夯失败的原因：一是由于软粘土具有含水量高、渗透性差、强度低的特性；二是由于软粘土结构性破坏，不仅降低了强度，还大幅度降低了渗透性；三是当前规范规定的强夯工艺不适应软粘土地基强夯特点，导致地基中孔隙水压力居高不下而形成橡皮土。针对上述原因，采取了适应强夯加固的有效排水系统，采用了适应软粘土地基的"先轻后重、逐级加能、少击多遍、逐层加固"的夯击方式，确立了以不破坏土体宏观结构为原则的收锤标准，形成了能够有效抑制孔压上升，加速孔压消散，防止土体液化，增强强夯效果，降低能耗的一整套强夯新工艺。指出不同土性与不同强夯工艺下有不同的强夯加固机理，由此提出了不同工艺条件下软粘土的强夯机理，为建立新强夯工艺提供了科学依据。采用新工艺强夯法，有可能取代费用高、固结时间长的堆载预压法，并具有更小的工后沉降，因而是一种很有前景的软基处理方法。

参 考 文 献

1 沈珠江. 软土工程特性和软土地基设计. 岩土工程学报, 1998, 20(1): 100~111
2 冯遗兴等. 动力固结法加固软土地基. 见：第五届全国岩土力学数值分析与解析方法讨论会论文集. 重庆, 1994
3 叶书麟. 地基处理. 北京：中国建筑工业出版社, 1988
4 郑颖人, 李学志, 陆新等. 软粘土地基强夯的理论及实践. 见：龚晓南等编. 高速公路软弱地基处理理论与实践. 上海：上海大学出版社, 1998. 23~31

遗传算法在岩土工程可靠度分析中的应用
Application of genetic algorithm to reliability analysis of geotechnical engineering

徐 军 邵 军 郑颖人

(后勤工程学院军事土木工程系，重庆，400041)

文 摘 基于可靠度指标的几何涵义，运用遗传算法原理，提出了计算岩土工程可靠指标和设计验算点的全局优化算法。该方法模拟了生物遗传进化的过程，克服了传统方法容易陷入局部最小值的缺点。对于功能函数的非线性和复杂性，避免了有时甚繁的求导数工作。通过实例证明了本文方法的有效性。

关键词 遗传算法，可靠指标，岩土工程，非线性功能函数

中图法分类号 TU 451　　**文献标识码** A　　**文章编号** 1000-4548(2000)05-0586-04

作者简介 徐 军，男，1973年生，1999年于后勤工程学院获硕士学位，现为该院岩土工程专业博士生，主要从事岩土工程可靠度基本理论及地下结构可靠度设计研究。

Xu Jun　Shao Jun　Zheng Yingren

(Logistical Engineering University, Chongqing, 400041)

Abstract Based on the geometric implication of the reliability index and genetic algorithm, a globe optimal algorithm is put forward to calculate the reliability index and the text point. It simulates genetic evolutionary process of organisms and avoids local minimum value. By this method, reliability of the nonlinear and complex performance function of geotechnical engineering can be got without derivation. Engineering examples show that this method is reliable and accurate.

Key words genetic algorithm, reliability index, geotechnical engineering, nonlinear performance function

1 引 言

在可靠度分析中，目前常用的方法有一次二阶矩法(FOSM)、Rackwitz—Fiessler法(简称JC法)[1]等。这些方法，对于极限状态方程是线性方程，各随机变量服从正态分布，得到的可靠指标和可靠度是精确的，否则就要采用线性化和当量正态化等方法，结果是近似的，甚至还会出现不收敛现象。鉴于此，一些学者开始寻求其他的数值方法。一种方法是同时取功能函数级数展开的一次项和二次项，提出了二次二阶矩法和基于四阶矩的最大熵密度法[2,3]。另一种方法是回到求解可靠指标的基本问题，即求解可靠指标属于求解极限状态曲面到原点最短距离的优化问题[4]。应该说用优化方法求解可靠指标是一种有效的途径，文献[4]用改进Powell法研制的可靠度优化分析方法较好地计算了可靠指标，但现有的大部分优化方法求解非常复杂，有时需要用到功能函数的二阶偏导数或者逆矩阵，有时还会陷入局部极小值。

本文基于可靠指标的几何涵义，采用新型优化算法——遗传算法(GA)，计算岩土工程的可靠度，并期望能够在不多的模拟次数中达到精度要求，并同时给出可靠指标和设计验算点，以适应岩土工程功能函数高次非线性和复杂性的情形。

注：本文摘自《岩土工程学报》(2000年第22卷第5期)。

2 遗传算法基本原理

近年来，遗传算法因其解题能力强和适用范围广，被应用于岩土工程中的许多实例计算问题[5,6]。基于Derwin的生物进化论和Mendel的遗传学论，GA用数学方法模拟生物进化过程，将对问题的求解转化为对一群"染色体"(一般用二进制码串表示)的一系列操作。通过群体的进化，最后收敛到一个最适应环境的染色体上，从而求得问题的最优解。

对于一个给定的优化问题，设目标函数为
$$F = f(x, y, z) \quad x, y, z \in \Omega, F \in \mathbf{R} \quad (1)$$
式中　x, y, z 为自变量；Ω 是解空间；F 是解的优劣程度；f 是映射函数。

欲求 (x^*, y^*, z^*)，不妨先求解其最小值，即
$$F = f(x^*, y^*, z^*) = \min_{(x,y,z)\in\Omega} f(x, y, z) \quad (2)$$
GA 的基本求解步骤为

(1) 编码(coding)

用一定比特数的0,1二进制码对自变量 x, y, z 等进行编码形成基因码链，每一码链代表一个体(样本)，它表示寻优问题的一个解。如有16种可能取值，则可以用4比特的二进制0000~1111来表示，将 x, y, z 等

的基因码组合一起形成码链。

(2)产生群体(population generation)

$t=0$时,随机产生n条基因码链组成一个初始群体,该群体代表寻优问题一些可能解的组合。由于它们是随机产生的,它们的质量一般不会很好。GA的任务就是要从这一初始群体出发,模拟进化过程,择优去劣,最后得出优秀的群体和个体,满足优化的要求。

(3)评价(evaluation)

按编码规则,将群体中的每一个体的基因码代入式(1),考查其符合解的优劣程度,为种群进化中的选种提供依据。

(4)选择(selection)

按一定概率从群体中选取M对个体,选择标准以F的优劣程度为准,将优选出的M对个体用以繁殖后代。这样,对个体就体现了"优胜劣汰"的原则,即只有较优的个体才有机会繁殖后代,产生下一代群体。

(5)杂交(crossover)

将随机选中的每对个体进行杂交。最简单的杂交方法是随机地选取一个截断点,将每对个体的个体基因码链在截断点切开,然后交换其尾部。例:

1000|10011110 → 100011000110
0110|11000110 → 011010011110

杂交体现了生物遗传过程中信息交换的思想。

(6)变异(mutation)

以一定概率从群体中随机选取若干个体,对选中的个体,随机选取某一位使其变异,即1化为0,或0化为1。例:

1100|0|1101110 → 1100|1|1101110

变异体现了生物遗传中偶然的基因突变现象。同自然界的生物遗传过程一样,变异的概率是很小的。遗传算法的搜索功能主要是由选择和杂交赋予的,变异算子则保证了遗传算法能够搜索到问题空间的每一个点,从而得到全局最优解。

上述6个步骤完成后,得到新的群体重新进行评价、选种、杂交、变异,如此反复循环,使群体逐渐逼近最优解。

3 可靠指标的几何涵义

从可靠度分析的一次二阶矩理论可知,对于独立正态分布的变量,在极限状态方程为线性时,可靠度指标在标准正态坐标系中等于原点到极限状态平面(或直线)的最短距离[1]。Shinozuka已经证明:如果失效面在某点至坐标原点的距离是失效面上所有各点至坐标原点的最短者,则该点就是最可能的失效点。可以证明该距离就是可靠度分析中的一个重要指标——可靠指标β。因此,设具有n个正态变量的极限状态方程为

$$z = g(x_1, x_2, \cdots, x_n) \quad (3)$$

将各正态变量标准化

$$u_i = \frac{x_i - m_{x_i}}{\sigma_{x_i}} \quad (4)$$

式中 m_{x_i},σ_{x_i}分别为变量的均值和标准差。

于是式(3)在标准正态空间的极限状态方程为

$$z = g(m_{x_1} + \sigma_{x_1} u_1, m_{x_2} + \sigma_{x_2} u_2, \cdots, m_{x_n} + \sigma_{x_n} u_n) \quad (5)$$

综上所述,可靠指标标准正态空间计算的数学模型为

$$\beta = \min(\sum_{i=1}^{n} u_i^2)^{\frac{1}{2}} \quad (6a)$$

$$g = g(u_1, u_2, \cdots, u_n) = 0 \quad (6b)$$

如果各个随机变量服从一般分布时,可以进行高斯变换,将一般分布当量成正态分布。高斯变换如下

$$u_i = \Phi^{-1}(F_i(x_i)) \quad (7)$$

式中 $F_i(\cdot)$为随机变量x_i的CDF;$\Phi(\cdot)$为标准正态分布的CDF。

4 可靠指标计算的遗传算法

对于可靠指标的计算问题,根据遗传算法的基本思想,本文基于可靠指标的几何涵义,提出用遗传算法计算可靠指标β最小值,计算过程如下:

(1)整理模型。此模型为一有约束的非线性规划模型,而GA一般对无约束的优化模型比较方便。同时为了使验算点落在失效边界上,可以令第i个变量用其它$n-1$个变量表示,一般选择变异较大的那个变量,由方程(3)可得

$$x_i = g'(x_1, \cdots, x_{i-1}, x_{i+1}, \cdots, x_n) \quad (8)$$

故式(6a)和式(6b)所表示的优化模型可表示为

$$\beta = \min[u_1^2 + \cdots + u_{i-1}^2 + u_i^2(g') + u_{i+1}^2 + \cdots + u_n^2] \quad (9)$$

由于x_i为已知分布特征的随机变量,对可靠度分析中碰到的正态分布、对数正态分布和极值I型分布可以由以下公式随机产生:

正态分布

$$x_i = u + \sigma \sqrt{-2 \cdot \ln \gamma_1} \sin(2\pi \gamma_2) \quad (10)$$

对数正态分布

$$\sigma_y = \sigma_{\ln x} = [\ln(1+v_x^2)]^{\frac{1}{2}} \quad (11a)$$

$$m_y = \ln m_x - \frac{1}{2}\sigma_{\ln x}^2 = \ln \frac{m_x}{\sqrt{1+v_x^2}} \quad (11b)$$

$$x_i = e^{y_i} \quad (11c)$$

极值I型分布
$$x_i = m_{x_i} - 0.5\sigma_x - 0.7797\sigma_x \ln(-\ln \gamma_i) \quad (12)$$
式中 m_{x_i}，σ_{x_i} 分别为变量的均值和标准差；ν_x 为变异系数，r_1 和 r_2 为 $[0,1]$ 上互相独立的均匀分布的随机数。

所以若对 γ_i 随机产生，则由式(10)～(12)可以确定 x_i，由式(7)可以确定 u_i，进一步由式(9)可以得到 β。故式(9)又可转化为如下的无约束优化模型
$$\beta = \min f(r_1, r_2, \cdots, r_m) \quad (13)$$
式中 r_i 为 $[0,1]$ 上的均匀随机数，m 由具体实例确定。

(2)确定编码方式

模型中有 m 个变量，且 r_i 为 $[0,1]$ 范围内，因此可以用一个 10 位的二进制串表示一个变量，这样在 $[0,1]$ 中我们可以得到 1024^m 个离散点，由于有 m 个变量，所以共需要 $10m$ 位二进制表示一个变量。然后在由 1024^m 个解组成的解空间中寻求最优解。

(3) $t=0$ 时，随机产生包括 100 个染色体的初始群体。

(4)对 100 个染色体进行解码，然后根据 β 对它们进行评价，若 100 个解中的最优解连续 10 代保持不变，则转入第(9)步，否则转入第(5)步。

(5)染色体的选种

选择过程以种群规模大小（PN）为基础，每一次都为新的种群选择一个染色体，且以每个染色体的适应度进行选择。定义基于序的评价函数为
$$\text{eval}(V_i) = a(1-a)^{i-1} \quad i = 1, 2, \cdots, PN \quad (14)$$
式中 a 取 0.05。

对每个染色体 V_i，计算累积概率 q_i
$$\left.\begin{array}{l} q_0 = 0 \\ q_i = \sum_{j=1}^{i} \text{eval}(V_j) \quad i = 1, 2, \cdots, PN \end{array}\right\} \quad (15)$$
从区间 $(0, q_{PN})$ 中产生随机数 t，若 $q_{i-1} < t \leq q_i$，则选择第 i 个染色体。

(6)以概率为 0.6 进行杂交，产生 100 个新染色体。

(7)以概率为 0.02 从 100 个染色体中选取 2 条染色体进行变异操作。

(8) $t = t+1$ 时转入第(4)步。

(9)得出最优解，计算终止，并由此得到 β，由式(10)～(12)可以确定验算点值。

5 工程算例分析

例1 （引自文献[7]例 4.2）
已知某工程极限状态方程为 $g = R - G - Q = 0$

永久荷载效应 G 服从正态分布，$u_G = 5.3$，$\sigma_G = 0.371$；可变荷载效应 Q 服从极值I型分布，$u_Q = 7.0$，$\sigma_Q = 2.03$；抗力 R 服从对数正态分布，$u_R = 30.92$，$\sigma_R = 5.26$。可靠度计算结果见表1。

表 1 例1可靠度计算
Table 1 Reliability calculation of example 1

计算方法	β	R^*	G^*	Q^*	迭代次数
JC 方法	3.582 7	21.457	5.379	16.078	—
本文方法	3.582 3	21.338	5.380	15.958	5

例2 （引自文献[8]例 9.3）
某正方形钢筋混凝土浅基础，置于地表以下 5 m 粉土上，物性指数凝聚力 c、内摩擦角 φ 和容重 γ 都服从正态分布，统计参数如下：
$$u_c = 90 \text{ kPa}, \quad \sigma_c = 30 \text{ kPa}$$
$$u_\varphi = 30°, \quad \sigma_\varphi = 3°$$
$$u_\gamma = 19 \text{ kN/m}^3, \quad \sigma_\gamma = 0.5 \text{ kN/m}^3$$

荷载效应 P 也为随机变量，服从正态分布，P 的均值和标准差分别为 25 000 kN 和 2 500 kN。文献[8]对浅基的承载力系数处理后，最后给出极限状态方程为
$$z = 117.2c - 64.8\gamma + (21.87c + 83.18\gamma)N_q - P - 114.7 = 0$$
式中 N_q 为浅基础的承载力系数之一，是 φ 的函数。根据误差传递公式可以算得 N_q 的均值和标准差分别为 18.4 和 6.45，可靠度计算结果如下：

文献[8]（JC）计算结果 $\beta = 2.03$，文献[4]计算结果 $\beta = 2.05$，采用文献[2]的广义随机空间验算点方法与本文遗传法的计算结果见表2。

表 2 例2可靠度计算
Table 2 Reliability calculation of example 2

计算方法	β	c^*/kPa	N_q	γ/(kN·m^{-3})	P^*/kN	迭代次数
文献[2]	2.045	68.284	6.164	18.989	25 598.32	—
本文方法	2.062	69.415	6.018	19.121	25 489.61	9

从计算结果对比可知，本文方法的结果与 JC 方法和文献[4]方法的结果几乎一致，验证了本文方法的准确性。同时，本文计算中直接对可靠指标求解，避免了 JC 方法需要在验算点处将功能函数展开成泰勒级数，取其线性部分的近似计算。优化计算对初始值的设置相当重要，初始值设置合理，可以大大减少计算时间；相反，工作量会成倍增加，甚至会计算失败，文献[4]根据经验给出了初始值的设置原则，而本文方法对初始解并无严格要求。

6 几点讨论

遗传算法控制参数的不同选取,直接对算法的性能产生较大影响。控制参数主要包括种群规模 PN、杂交率 P_c 和变异率 P_m。表3给出了对算例1在取不同种群规模时的可靠指标收敛情况,其中杂交率 $P_c=0.6$,变异率 $P_m=0.02$。由表3可以看出,种群规模过小将影响搜索范围,从而得不到最优解。从满足精度要求来看,种群经验取值为 $20\sim100$。

表3 种群规模对可靠指标的影响
Table 3 The effect of population number on reliability index

种群 PN	迭代次数	可靠指标收敛值
100	5	3.582 3
60	9	3.582 3
40	56	3.605 4
20	61	3.863 2

杂交和变异的操作是为了产生新的品种,扩大搜索范围,加快搜索进度,确保种群不陷入局部最优解。表4给出了对算例1在种群取 $PN=40$ 时的杂交率和变异率对可靠指标的收敛情况。由表4可以看出,杂交率和变异率越大,算法的探测能力越强,从而在种群体内具有足够的多样性,有助于找到全局最优解。

表4 杂交率和变异率对可靠指标影响
Table 4 The effect of crossover and mutation on reliability index

杂交率 P_c	变异率 P_m	迭代次数	β 收敛值
0.6	0.02	56	3.605 4
0.7	0.06	79	3.582 3
0.8	0.10	73	3.582 3

7 结 论

(1)遗传算法是基于生物进化的一种全局优化算法,它通过维持一组初始可行解,并对其反复应用遗传进化操作,最终将其导向最优解。其基本原理简单,编程方便,若要追求更高的精度,可以采用更多位的二进制串表示一个变量。

(2)从可靠指标的几何涵义出发,导出求解可靠指标的优化数学模型,然后用遗传算法求可靠指标。由于整个求算过程只用到目标函数值,这在解决实际问题带来很大方便,尤其对岩土工程功能函数的自身特点,该方法尤为适应。

(3)工程算例表明了本文方法的有效性和结果的准确性,因此本文所提出的方法具有一定的工程实际意义,又可以作为可靠性分析方法的补充和验证手段。

参 考 文 献

1 吴世伟·结构可靠度分析·北京:人民交通出版社,1990
2 赵国藩·工程结构可靠性理论与应用·大连:大连理工大学出版社,1996
3 章 光,朱维申,白世伟·计算近似失效概率的最大熵密度函数法·岩石力学与工程学报,1995,**14**(2):119~129
4 冷伍明,赵善悦·用不求导数的最优化计算可靠度指标·西南交通大学学报,1993,**20**(2):58~63
5 刘首文,冯尚友·遗传算法及其在水污染控制系统规划中的应用·武汉水利电力大学学报,1996,**29**(4):95~99
6 肖专文,张奇志·遗传进化算法在边坡稳定性分析中的应用·岩土工程学报,1998,**20**(1):44~46
7 余安东,叶润修·建筑结构的安全性与可靠性·上海:上海科学技术文献出版社,1988
8 Smith G N· Probability and Statistics in Civil Engineering·London: Collins,1986

塑性力学中的分量理论——广义塑性力学
Componental plastic mechanics——generalized plastic mechanics

郑颖人　　　　孔　亮
(后勤工程学院军事土木工程系,重庆,400041)　(宁夏大学物电系,银川,750021)

文摘　实验表明,经典塑性力学难以反映岩土材料的变形机制,原因在于经典塑性力学作了传统塑性势假设、关联流动法则假设与不考虑应力主轴旋转的假设。广义塑性力学放弃了这些假设,采用了分量理论,由固体力学原理直接导出塑性公式,它既适用于岩土材料,也适用于金属。

关键词　塑性力学,塑性势,屈服面,应力主轴旋转

中图法分类号　TU 452　　　文献标识码　A　　　文章编号　1000－4548(2000)03－0269－06

作者简介　郑颖人,男,1933年生,后勤工程学院教授,博士生导师。从事隧道力学、岩土塑性力学、地下工程与区域性土研究。

Zheng Yingren
(Department of Military Civil Engineering, Logistical Engineering University, Chongqing, 400041)
Kong Liang
(Department of Physics & Electrical Information Engineering, Ningxia University, Yinchuan, 750021)

Abstract　It's shown by experiments that the classic plastic mechanics is difficult to reflect the real deformation mechanism of geomaterials. The reason is that the classic plastic mechanics is based on the hypothesis of the traditional potential theory, the hypothesis of the associated flow rule and the hypothesis of not considering rotation of principal stress. The generalized plastic mechahics gives up all these hypotheses and gets all its plastic formulas from solid mechanics directly, so it can be used for both geomaterials and metals.

Key words　plastic mechanics, plastic potential, yield surface, rotation of principal stress

1　前　言*

岩土塑性力学的兴起促进了塑性力学的发展,由郑颖人、沈珠江、杨光华等诸多国内岩土力学界人士的工作,广义塑性力学已在我国悄然兴起。它是由于经典塑性力学不适应岩土类摩擦材料的变形机制而产生的。本文指出,经典塑性力学中作了如下3个假设:传统塑性势假设、正交流动法则假设、不考虑应力主轴旋转的假设,因而它只能适应金属而不能适应岩土类材料。广义塑性力学放弃上述假设,从固体力学原理角度导出塑性势、塑性势面与屈服面关系以及考虑了应力主轴的旋转。在不考虑应力主轴旋转情况下,广义塑性力学采用3个应力分量作为塑性势[1,2],由此得出3个分量塑性势面,它确定了3个塑性应变增量分量的方向。广义塑性力学要求屈服面与塑性势面必须相应,而不要求相等,通过试验获得与塑性势面相应的3个屈服面,它确定了3个塑性应变增量分量的大小。因而广义塑性力学可归结为塑性力学中的分量理论,是塑性力学中的一般方法。经典塑性力学是在某些假设条件下的简单情况,此时可不通过分量而直接求出塑性应变增量总量的方向与大小,是广义塑性力学的特殊情况。

实际上,国内外岩土界已在广泛应用多重屈服面模型与非关联流动法则,标志着广义塑性力学实际上已经在应用,本文只是将其发展成为系统理论。

2　经典塑性力学与岩土变形机制的矛盾

岩土属于摩擦材料,与金属有很大不同,除有塑性剪应变外,还有塑性体应变。当前采用的岩土本构关系多数从经典塑性理论脱胎而出,难以适应岩土变形机制,导致理论结果与土工试验结果有诸多矛盾。下述几点矛盾已逐渐成为国内外岩土力学界的共识。

(1)按照经典塑性力学中的传统塑性势理论,塑性应变增量方向唯一地取决于应力状态,而与应力增量无关。然而试验证实,岩土塑性应力增量的方向不仅与应力有关,还与应力增量密切有关,表明岩土不遵守传统塑性势理论。

(2)经典塑性力学要求服从关联流动法则,即要求塑性势面与屈服面相同。但试验证明,岩土材料并不遵守关联流动法则。应用关联流动法则,反而会使莫尔–库仑一类的屈服面出现远大于实际的剪胀现象。

注:本文摘自《岩土工程学报》(2000年第22卷第3期)。

(3)Matsouka 等人的试验证实,尽管主应力的大小相同,但如果应力主轴发生旋转,即主应力轴方向变化也会产生塑性变形。而按经典塑性力学却是算不出这种变形的,表明经典塑性力学没有考虑应力主轴旋转而难以适应实际岩土工程。

3 经典塑性力学中的 3 条假设

上述矛盾反映了经典塑性力学作了如下 3 条假设,这些假设能较好适应金属却难以适应岩土。

(1)传统塑性势假设。众所周知,传统塑性势是从弹性势借用过来的,并非由固体力学原理导出。因此它是一条假设。按传统塑性势公式,即可得出塑性主应变增量存在如下比例关系:

$$d\varepsilon_1^p : d\varepsilon_2^p : d\varepsilon_3^p = \frac{\partial Q}{\partial \sigma_1} : \frac{\partial Q}{\partial \sigma_2} : \frac{\partial Q}{\partial \sigma_3} \quad (1)$$

式中 Q 为塑性势函数。可推证塑性主应变增量与主应力增量有如下关系:

$$d\varepsilon_i^p = [A_p]_{3\times 3} d\sigma_i \quad (i=1,2,3) \quad (2)$$

由式(1)知,式(2)中矩阵[A_p]中的各行元素必成比例,即有

$$a_{1i} : a_{2i} : a_{3i} = \frac{\partial Q}{\partial \sigma_1} : \frac{\partial Q}{\partial \sigma_2} : \frac{\partial Q}{\partial \sigma_3} \quad (i=1,2,3)$$
(3)

且[A_p]的秩为 1,它只有一个基向量,表明这种情况存在一个势函数。由式(1)或(2)或传统塑性势理论,都可推知塑性应变增量的方向只与应力状态有关,而与应力增量无关,所以它的方向可由应力状态事先确定。

可见,传统塑性势假设,数学上表现为[A_p]中各行元素成比例及[A_p]的秩为 1,物理上表现为存在一个势函数,且塑性应变增量方向与应力具有唯一性。

(2)关联流动法则假设,即设屈服面与塑性势面相同。无论在德鲁克塑性公设提出之后还是之前,经典塑性力学中都一直引用这条假设。

试验表明,金属材料符合这一假设,岩土类材料不符合这一假设,这在国际上已经成为共识。关于德鲁克塑性公设的适用性国内外已有不少学者作过评述,笔者认为德鲁克公设本来是作为弹塑性稳定材料的定义提出来的,即对于稳定材料在每一应力循环中外载所作的附加应力功为非负,并非普遍客观定律。按功的定义,应力循环中外载所作的真实功[3]应为(图1)

$$W = \oint_{\sigma_{ij}^p} \sigma_{ij} d\varepsilon_{ij} \geq 0 \quad (4)$$

式(4)表明,应力循环中,外载所作的弹性功为零,塑性功为非负值,显然式(4)符合热力学定律。同时,也表明应力循环中实际所作的功与起点应力 σ_{ij}^0 无关。附加应力功是达到塑性时的应力 σ_{ij} 与起点应力 σ_{ij}^0 之差与应变的乘积,这不符合功的定义。可见附加应力功不是物理存在的真实功,只能理解为应力循环中外载所作的真实功与应力起点 σ_{ij}^0 所作的虚功之差,因而不能用热力学定律来保证它必为非负。是正是负与 σ_{ij}^0 的位置密切有关,也就是只有在一定条件下才能保证附加应力功为非负(图1)

$$\oint_{\sigma_{ij}^0} (\sigma_{ij} - \sigma_{ij}^0) d\varepsilon_{ij} \geq 0 \quad (5)$$

现用一张以往用来推论塑性应变增量与屈服面正交的图(图2)来说明附加应力功为非负的条件。

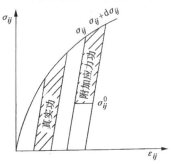

图 1　应力循环中外载所作真实功与附加应力功

Fig.1　Real work of load and work of appended stress in stress cycle

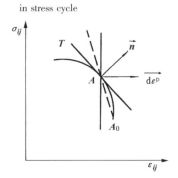

图 2　附加应力功为非负的条件

Fig.2　Conditions of non-negative appended stress work

设图 2 中加载面在 A 点的塑性应变增量为 $\overrightarrow{d\varepsilon^p}$,过 A 点作一条与 $\overrightarrow{d\varepsilon^p}$ 垂直的线称为势面线。A 点的法向矢量为 $\vec{n}$(假设加载面在该点光滑),作一个切平面 T 与 $\vec{n}$ 垂直。从图 2 可见,如 A_0 点落在势面线与屈服线之间区域内时,必有 $\overrightarrow{A_0 A} \cdot \overrightarrow{d\varepsilon^p} < 0$,即 $\overrightarrow{A_0 A}$ 与 $\overrightarrow{d\varepsilon^p}$ 的夹角大于 90°。反之,当 A_0 同时落在势面线与屈服线曲线之内的区域时,则能保证 $\overrightarrow{A_0 A} \cdot \overrightarrow{d\varepsilon^p} \geq 0$,即 $\overrightarrow{A_0 A}$ 与 $\overrightarrow{d\varepsilon^p}$ 的夹角小于或等于 90°。由上可见,只有当 A_0 点始终落在势面线与屈服曲线之内的区域时,即势面与屈服面相同时才能保证附加应力功为非负。

试验表明,金属的塑性势面与屈服面基本一致,适应德鲁克公设。岩土类材料的塑性势面与屈服面不一致,它不适应德鲁克公设。

(3)不考虑应力主轴旋转假设。经典塑性力学中假设应变主轴与应力主轴始终重合,即不考虑应力主轴旋转。这种情况下,屈服方程可以写成3个应力张量不变量的函数。当只有应力主轴旋转时,应力不变量不变,因此不会产生塑性变形。然而实际岩土工程,由于应力主轴旋转会产生不容忽视的塑性变形。

正是由于上述假设,使经典塑性力学难以反映岩土变形机制。因而放弃上述假设,建立基于固体力学原理的广义塑性力学十分必要。它能反映岩土变形机制而可成为岩土塑性力学的理论基础。

4 广义塑性势理论与传统塑性势理论的关系

广义塑性力学放弃了传统塑性势的假设,用固体力学原理直接导出广义塑性势。文献[4]采用张量定律导出了不考虑应力主轴旋转时,即设 σ 应力主轴与 $d\varepsilon^p$ 主轴、$d\sigma$ 主轴共轴时的广义塑性势

$$d\varepsilon_{ij}^p = \sum_{k=1}^{3} d\lambda_k \frac{\partial Q_k}{\partial \sigma_{ij}} \quad (6)$$

式中 Q_k 为3个线性无关的势函数,即取3个应力分量(3个应力张量不变量)作势函数;$d\lambda_k$ 为3个塑性系数。应力分量可以任取,如取 $(\sigma_1,\sigma_2,\sigma_3)$ 为正交直线坐标;(p,q,θ_σ) 为正交曲线坐标;$(I_1^\sigma,I_2^\sigma,I_3^\sigma)$ 为曲线坐标。

式(6)表明在一般情况下 $[A_p]$ 需要3个塑性势函数才能确定。当3个塑性主应变成比例时或 $[A_p]$ 的秩为1时,式(6)就变成传统塑性位势公式。

5 塑性势面与屈服面关系

塑性力学中,塑性势面主要用来确定塑性应变增量的方向。经典塑性力学中,塑性应变增量的总量方向,可由一个塑性势面唯一地确定。广义塑性力学中,塑性应变增量总量的方向无法事先知道,因为它不仅与应力状况有关,还与应力增量有关。因此它需要用3个分量塑性势面来确定3个塑性应变增量分量的方向。可见经典塑性力学采用总量势面,而广义塑性力学必须采用分量势面,这正是两者的区别。

广义塑性力学中,势函数可任取一种形式的应力不变量,通常取 p、q、θ_σ 三个不变量为势函数,即有 $Q_1 = p, Q_2 = q, Q_3 = \theta_\sigma$。则按式(6)有

$$d\varepsilon_{ij}^p = d\lambda_1 \frac{\partial p}{\partial \sigma_{ij}} + d\lambda_2 \frac{\partial q}{\partial \sigma_{ij}} + d\lambda_3 \frac{\partial \theta_\sigma}{\partial \sigma_{ij}} \quad (7)$$

由式(7)可得

$$d\lambda_1 = d\varepsilon_v^p, d\lambda_2 = d\gamma_q^p, d\lambda_3 = d\gamma_\theta^p \quad (8)$$

式中 $d\varepsilon_v^p$、$d\gamma_q^p$、$d\gamma_\theta^p$ 分别为塑性体应变增量,q 方向与 θ_σ 方向的塑性剪应变增量。

屈服面主要用来确定塑性应变增量的大小,即3个塑性系数 $d\lambda_k$。经典塑性力学中,用它来确定塑性应变增量总量的大小 $d\lambda$。而广义塑性力学中,需用3个分量屈服面来确定3个塑性应变增量分量的大小 $d\lambda_k$。按照一般力学概念及式(7)、(8),屈服面必须与塑性势面相对应,亦即每个分量屈服面必须分别与相应分量塑性势面相对应,因为每个分量屈服面只确定着相应势面塑性应变增量的大小,而与其它势面无关。例如塑性势面取 p,则对应的屈服面必须是以 ε_v^p 为硬化参量的等值面(称体积屈服面),由此方能求出 $d\lambda_1$。若 p、q、θ_σ 为塑性势面,则分别对应体积屈服面、q 方向剪切屈服面与 θ_σ 方向剪切屈服面;若取 σ_1、σ_2、σ_3 为塑性势面,则分别对应 ε_1^p、ε_2^p、ε_3^p 三个塑性主应变屈服面,并由它们分别确定 $d\lambda_1,d\lambda_2,d\lambda_3$,即3个塑性应变增量分量的大小。

若已知体积屈服面 f_v,q 方向与 θ_σ 方向的剪切屈服面 f_q 与 f_θ,即

$$\left.\begin{array}{l} f_v = f_v(\sigma_{ij},\varepsilon_v^p) \\ f_q = f_q(\sigma_{ij},\gamma_q^p) \\ f_\theta = f_\theta(\sigma_{ij},\gamma_\theta^p) \end{array}\right\} \quad (9)$$

式中 ε_v^p、γ_q^p、γ_θ^p 为塑性体应变,q 方向与 θ_σ 方向塑性剪应变,即分别为与屈服面含义相应的硬化参量。

当采用等向强化模型时,式(9)可转化为

$$\left.\begin{array}{l} \varepsilon_v^p = f_v(\sigma_{ij}) = f_v(p,q,\theta_\sigma) \\ \gamma_q^p = f_q(\sigma_{ij}) = f_q(p,q,\theta_\sigma) \\ \gamma_\theta^p = f_\theta(\sigma_{ij}) = f_\theta(p,q,\theta_\sigma) \end{array}\right\} \quad (10)$$

式(9)与式(10)是等同的,它们都能反映应力状态与加载历史的影响,但不能反映应力路径的影响。对式(10)两边进行微分得[2,5]

$$\left.\begin{array}{l} d\varepsilon_v^p = \frac{\partial f_v}{\partial p}dp + \frac{\partial f_v}{\partial q}dq + \frac{\partial f_v}{\partial \theta_\sigma}d\theta_\sigma = d\lambda_1 \\ d\gamma_q^p = \frac{\partial f_q}{\partial p}dp + \frac{\partial f_q}{\partial q}dq + \frac{\partial f_q}{\partial \theta_\sigma}d\theta_\sigma = d\lambda_2 \\ d\gamma_\theta^p = \frac{\partial f_\theta}{\partial p}dp + \frac{\partial f_\theta}{\partial q}dq + \frac{\partial f_\theta}{\partial \theta_\sigma}d\theta_\sigma = d\lambda_3 \end{array}\right\} \quad (11)$$

式(11)表明,塑性应变增量 $d\varepsilon_v^p$ 只由体积屈服面求出,而与剪切屈服面无关,反之亦然。同时还可看出,广义塑性力学中可考虑剪胀现象等交叉影响,如剪应力增量 dq 与 $d\theta_\sigma$ 都会产生体积变形。通过上述分析可见,屈服面与塑性势面总是相关的。但相关是指两者必

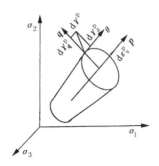

图 3 塑性应变增量的方向

Fig.3 Directions of plastic strain increment

须相应,而不一定相同。相应是一般原则,相同是特殊情况。例如经典塑性力学中不考虑塑性体变,子午平面上的塑性势面为 q 面,屈服面为 q 方向的剪切屈服面,两个面均为平行 p 的水平线,既相应又相同。相应是塑性理论要求,相同则是金属材料的特殊情况,因而可采用关联流动法则。而对岩土材料则要求两个面相应,不要求相同,一般采用非关联流动法则。还应指出,广义塑性力学中的分量塑性势面是已知的,而当前采用的非关联流动法则中,势面是主观给定的。

6 广义塑性力学中的应力 — 应变关系

广义塑性力学中的应力 — 应变关系,通常可先求弹塑性柔度矩阵 $[C_{ep}]$,然后求逆得弹塑性刚度矩阵 $[D_{ep}]$。但也可直接导出 $[D_{ep}]$ 的一般表达式,推导详见文献[6]。广义塑性力学中,应力 — 应变关系为

$$\{d\sigma\} = ([D] - [D]\left\{\frac{\partial Q}{\partial \sigma}\right\}_{6\times 3} \cdot [\alpha_{kl}]_{3\times 3}^{-1}\left\{\frac{\partial f}{\partial \sigma}\right\}_{3\times 6}^{T}[D])\{d\varepsilon\} \quad (12)$$

式中 $\left\{\frac{\partial Q}{\partial \sigma}\right\}_{6\times 3} = \left\{\frac{\partial Q_1}{\partial \sigma}, \frac{\partial Q_2}{\partial \sigma}, \frac{\partial Q_3}{\partial \sigma}\right\}$;$\left\{\frac{\partial f}{\partial \sigma}\right\}_{3\times 6}^{T}$
$= \left\{\frac{\partial f_1}{\partial \sigma}, \frac{\partial f_2}{\partial \sigma}, \frac{\partial f_3}{\partial \sigma}\right\}^{T}$;$[\alpha_{kl}]_{3\times 3}$ 矩阵中元素 $\alpha_{k1} = \left\{\frac{\partial f_k}{\partial \sigma}\right\}^{T}[D]\left\{\frac{\partial Q_1}{\partial \sigma}\right\} + \delta_{k1}A_k$,其中 $\delta_{k1} = \begin{cases} 1 & k=1 \\ 0 & k\neq 1 \end{cases}$,$A_k$
$= \frac{\partial f_k}{\partial H_{ak}}\left\{\frac{\partial H_{ak}}{\partial \varepsilon_k^p}\right\}^{T}\left\{\frac{\partial Q_k}{\partial \sigma}\right\}$ $(k = 1,2,3)$。

即有

$$[D_{ep}] = [D] - [D]\left\{\frac{\partial Q}{\partial \sigma}\right\}_{6\times 3} \cdot [\alpha_{kl}]_{3\times 3}^{-1}\left\{\frac{\partial f}{\partial \sigma}\right\}_{3\times 6}^{T}[D] \quad (13)$$

单屈服面情况下,式(13)即变化为传统塑性力学中的弹塑性矩阵表达式。这也说明传统塑性力学是广义塑性力学的一个特例。

7 包含应力主轴旋转在内的广义塑性位势理论

适用岩土的广义塑性力学应考虑应力主轴的旋转,即考虑剪切应力分量 $d\tau_{ij}$ 引起的应力主轴旋转。为此,文献[7]导出了 $d\tau_{ij}$ 与应力主轴旋转角增量 $d\alpha_i$ 的关系式

$$d\tau_{ij} = d\alpha_i(\sigma_i - \sigma_j) \quad (i,j = 1,2,3; i\neq j) \quad (14)$$

同时把应力增量分解为与应力主轴共轴的部分 $d\sigma_c$ 和使应力主轴旋转的部分 $d\sigma_r$,分裂式为

$$d\sigma = d\sigma_c + d\sigma_r = d\sigma_c + d\sigma_{r1} + d\sigma_{r2} + d\sigma_{r3}$$

$$= \begin{vmatrix} d\sigma_1 & 0 & 0 \\ 0 & d\sigma_2 & 0 \\ 0 & 0 & d\sigma_3 \end{vmatrix} + \begin{vmatrix} 0 & d\sigma_{r1} & d\sigma_{r3} \\ d\sigma_{r1} & 0 & d\sigma_{r2} \\ d\sigma_{r3} & d\sigma_{r2} & 0 \end{vmatrix}$$

$$= \begin{vmatrix} d\sigma_1 & 0 & 0 \\ 0 & d\sigma_2 & 0 \\ 0 & 0 & d\sigma_3 \end{vmatrix} +$$

$$\begin{vmatrix} 0 & d\alpha_1(\sigma_1-\sigma_2) & d\alpha_3(\sigma_1-\sigma_3) \\ d\alpha_1(\sigma_1-\sigma_2) & 0 & d\alpha_2(\sigma_2-\sigma_3) \\ d\alpha_3(\sigma_1-\sigma_3) & d\alpha_2(\sigma_2-\sigma_3) & 0 \end{vmatrix}$$

(15)

式中 $d\sigma_c$、$d\sigma_r$ 为共轴应力增量与旋转应力增量;$d\sigma_{r1}$、$d\sigma_{r2}$、$d\sigma_{r3}$ 分别为绕三、一、二轴旋转的应力增量,分别等于 $d\tau_{12}$、$d\tau_{23}$、$d\tau_{13}$。

包含应力主轴旋转在内的广义塑性位势也分解为两部分。共轴部分的塑性势公式,与未考虑应力主轴旋转的情况相同。旋转部分需用 6 个势函数(一般取应力分量作势函数),则位势理论可写成

$$d\varepsilon_{ij}^p = d\varepsilon_{ijc}^p + d\varepsilon_{ijr}^p = \sum_{k=1}^{3}d\lambda_k\frac{\partial Q_k}{\partial \sigma_{ij}} + \sum_{k=1}^{6}d\lambda_{kr}\frac{\partial Q_{kr}}{\partial \sigma_{ij}} \quad (16)$$

或写成

$$d\varepsilon_{ij}^p = d\varepsilon_{ijc}^p + d\varepsilon_{ijr1}^p + d\varepsilon_{ijr2}^p + d\varepsilon_{ijr3}^p$$

式中 $d\varepsilon_{ijc}^p$、$d\varepsilon_{ijr}^p$ 分别为共轴应力增量与旋转应力增量产生的塑性应变增量;$d\varepsilon_{ijr1}^p$、$d\varepsilon_{ijr2}^p$、$d\varepsilon_{ijr3}^p$ 分别为 $d\sigma_{r1}$、$d\sigma_{r2}$、$d\sigma_{r3}$ 产生的塑性应变增量;$d\lambda_k$、$d\lambda_{kr}$ 分别为共轴部分与旋转部分的塑性系数;Q_k、Q_{kr} 分别为共轴部分与旋转部分的塑性势函数;

$$d\varepsilon_{ijr1}^p = d\lambda_{1r1}\frac{\partial Q_{1r}}{\partial \sigma_{ij}} + d\lambda_{2r1}\frac{\partial Q_{2r}}{\partial \sigma_{ij}} + d\lambda_{3r1}\frac{\partial Q_{3r}}{\partial \sigma_{ij}} + d\lambda_{4r1}\frac{\partial Q_{4r}}{\partial \sigma_{ij}};$$

$$d\varepsilon_{ijr2}^p = d\lambda_{1r2}\frac{\partial Q_{1r}}{\partial \sigma_{ij}} + d\lambda_{2r2}\frac{\partial Q_{2r}}{\partial \sigma_{ij}} + d\lambda_{3r2}\frac{\partial Q_{3r}}{\partial \sigma_{ij}} + d\lambda_{5r2}\frac{\partial Q_{5r}}{\partial \sigma_{ij}};$$

$$d\varepsilon_{ijr3}^p = d\lambda_{1r3}\frac{\partial Q_{1r}}{\partial \sigma_{ij}} + d\lambda_{2r3}\frac{\partial Q_{2r}}{\partial \sigma_{ij}} + d\lambda_{3r3}\frac{\partial Q_{3r}}{\partial \sigma_{ij}} + d\lambda_{6r3}\frac{\partial Q_{6r}}{\partial \sigma_{ij}};$$

其中 $d\lambda_{1r1}$、$d\lambda_{2r1}$、$d\lambda_{3r1}$、$d\lambda_{4r1}$,$d\lambda_{1r2}$、$d\lambda_{2r2}$、$d\lambda_{3r2}$、$d\lambda_{5r2}$

$d\lambda_{1t3}$、$d\lambda_{2t3}$、$d\lambda_{3t3}$、$d\lambda_{6t3}$ 分别为与 $d\sigma_{r1}$、$d\sigma_{r2}$、$d\sigma_{r3}$ 有关的塑性系数,可采用实验数据拟合的方法得到。

8 基于广义塑性力学的几种土体模型的计算比较

按广义塑性性力学,分别建立 3 个分量塑性势面与相应的 3 个屈服面,构成了土体本构模型。如果略去洛德角方向的塑性应变增量分量,就将上述 3 屈服面模型简化为双屈服面模型。若进一步略去塑性体应变,就可简化成单屈服面模型。不过这种单屈服面模型与当前应用的莫尔－库仑屈服面模型不同,不采用正交流动法则,略去了体变,因而不会出现过大的剪胀现象。

当采用 p、q、θ_σ 作势函数,则相应屈服面为

$$\varepsilon_v^p = f_v(p, q)$$
$$\gamma_q^p = f_q(p, q, \theta_\sigma) \quad (17)$$
$$\gamma_\theta^p = f_\theta(q, \theta_\sigma)$$

式(17)中,在 f_v 中略去 θ_σ,f_θ 中略去 p 的影响。

对于不出现体胀的土,为了计算比较,本模型采用文献[8]中的体积屈服面

$$p + \frac{q^2}{M_1^2(p + p_r)} = \frac{h\varepsilon_v^p}{1 - t\varepsilon_v^p} P_a \quad (18)$$

q 方向的剪切屈服面也采用文献[8]中的抛物线形式,并考虑了洛德角的影响。

$$\gamma_q^p = \frac{aq}{Gg(\theta_\sigma)} \sqrt{\frac{q}{g(\theta_\sigma)M_2(p + p_r) - q}} \quad (19)$$

偏平面上 q 的形状函数 $g(\theta_\sigma)$ 采用了由 Gudehus 等人提出并由郑颖人修正的公式

$$g(\theta_\sigma) = \frac{2K}{(1 + K) - (1 - K)\sin 3\theta_\sigma + \alpha\cos^2 3\theta_\sigma} \quad (20)$$

当前岩土界尚未对 θ_σ 方向上的剪切屈服面进行过深入研究,一般都作了 $\gamma_\theta^p = 0$ 的假设而成为双屈服面模型。通常可略去 f_θ 中的 p 项,只研究偏平面上的 f_θ 屈服面。此屈服面可确定塑性应变增量方向相对应力增量方向的偏转角度。在弹性阶段,应变增量方向与应力增量方向一致;而在塑性阶段,应变增量的方向相对应力增量的方向有一定偏转,由试验知,其偏转角在5°～25°之间,一般为十余度(图4)。为了使计算简便,假定偏转角 α 为常值,本算例中,取图 5 中的平均值 $\alpha = 13°^{[9]}$。

由图 4 可见

$$d\gamma_\theta^p = \tan\alpha \cdot d\gamma_q^p = B \cdot d\gamma_q^p \quad (21)$$

积分得

$$\gamma_\theta^p = B\gamma_q^p + C = f_\theta(q, \theta_\sigma) \quad (22)$$

式中 $B = \tan\alpha = 0.23$,C 为积分常数。可见,γ_θ^p 与 γ_q^p 具有同样形状,只是大小不同。

算例为一平面应变问题,荷载为自重、均载 q_0 与偏载 q_1(图5),模型长 20 m、高 15 m。模型中所用到的参数可由常规三轴试验确定,其意义与殷宗泽双屈服面模型相同,具体确定方法详见文献[8]。在计算中采用了两种单屈服面、两种双屈服面和一种三屈服面的模型:

a) 屈服面为剪切屈服面 f_q,令 $\varepsilon_v^p = 0$,$\gamma_\theta^p = 0$,并不计 θ_σ,即不计 θ_σ 影响的单屈服面模型;

b) 屈服面为剪切屈服面 f_q,令 $\varepsilon_v^p = 0$,$\gamma_\theta^p = 0$,但计 θ_σ,即考虑 θ_σ 影响的单屈服面模型;

c) 屈服面为 f_q 与 f_v,令 $\gamma_\theta^p = 0$,并不计 θ_σ,即不计 θ_σ 影响的双屈服面模型;

d) 屈服面为 f_q 与 f_v,令 $\gamma_\theta^p = 0$,但计 θ_σ,即考虑 θ_σ 影响的双屈服面模型;

e) 屈服面为 f_v、f_q、f_θ,为完全符合广义塑性力学的三屈服面模型。

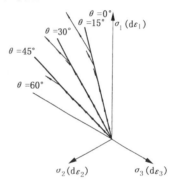

图 4 π 平面上塑性应变增量矢量(试验所得)

Fig.4 Strain increment vectors in π plane (results of test)

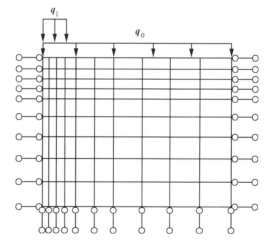

图 5 算例的单元剖分及边界条件示意图

Fig.5 Finite element mesh and boundary conditions

表 1　各种方案计算所得的地基表面沉降量
Table 1　Settlements of foundation calculated by the models　　　　　　　　　　　　　　　m

方案	屈服面与塑性势函数	均载作用下	所有荷载作用下				
			$x=0.5$	$x=2.5$	$x=6$	$x=11$	$x=17$
1	$f=f_q(p,q), Q=q$	0.19	0.94	0.73	0.35	0.22	0.17
2	$f=f_q(p,q,\theta_\sigma), Q=q$	0.20	1.11	0.86	0.37	0.22	0.17
3	$f_1=f_v(p,q), Q_1=p$ $f_2=f_q(p,q), Q_2=q$	0.25	1.13	0.90	0.45	0.29	0.23
4	$f_1=f_v(p,q), Q_1=p$ $f_2=f_q(p,q,\theta_\sigma), Q_2=q$	0.26	1.23	0.93	0.46	0.29	0.24
5	$f_1=f_v(p,q), Q_1=p$ $f_2=f_q(p,q,\theta_\sigma), Q_2=q$ $f_3=f_\theta(q,\theta_\sigma), Q_3=\theta_\sigma$	0.31	1.30	1.03	0.55	0.37	0.31

计算结果列于表 1。由表 1 可见,在均布荷载作用下地基表面处的沉降变形:q 方向上剪切变形引起的沉降占总沉降中的 64.5%;θ_σ 方向上剪切变形引起的沉降占总沉降的 16.1%;总剪切变形引起的沉降的 80.6%;体积变形引起的沉降占总沉降的 19.4%。采用剪切单屈服面模型时,变形计算误差可达 35.5%,当不计 θ_σ 影响时计算误差可增至 38.7%,采用双屈服面模型时,变形计算误差可达 16%,当不计 θ_σ 影响时计算误差可增至 19.4%。

当偏载与均载共同作用下,在最大变形处的沉降变形:q 方向剪切变形引起的沉降占总沉降中的 80.5%;θ_σ 方向上剪切变形引起的沉降占总沉降的 5.4%;总剪切变形引起的沉降占总沉降的 85.9%;体积变形引起的沉降占总沉降的 14.1%。采用剪切单屈服面模型时,变形计算误差可达 19.5%,当不计 θ_σ 影响时误差可增至 27.7%。采用双屈服面模型时,变形计算误差可达 5.4%;当不计 θ_σ 影响时,变形计算误差可增至 13.1%。

9　结　论

(1) 广义塑性力学消除了经典塑性力学中传统塑性势假设、正交流动法则假设与不考虑应力主轴旋转的假设。

(2) 广义塑性力学是基于分量塑性势面与分量屈服面的理论,能反映应力路径转折的影响,即应力增量对塑性应变增量方向的影响。

(3) 广义塑性力学中塑性势面是已知的,因而它不会产生当前非关联流动法则中任意假定塑性势面引起的误差。

(4) 广义塑性力学中要求屈服面与塑性势面对应,而不要求相等,避免了采用正交流动法则引起过大剪胀等不合理状况。由于它对屈服面硬化参量的选定有严格规定,保证了岩土材料在一定应力路径下求解的唯一性。

参　考　文　献

1　郑颖人,刘元雪. 塑性位势理论的发展及其在岩土本构模型中的应用. 见:庄逢甘主编. 现代力学与科技进步文集. 北京:清华大学出版社,1997.1115~1118

2　郑颖人,刘元雪. 岩土塑性力学的理论基础——广义塑性力学原理. 中国学术期刊文摘(科技快报),1998(11):1375~1377

3　王仁,黄文彬. 塑性力学引论. 北京:北京大学出版社,1988

4　杨光华. 岩土类工程材料本构方程的一个张量普遍形式定律. 见:水工结构工程理论与应用. 大连:大连海运出版社,1993.315~321

5　沈珠江. 土的弹塑性应力应变关系的合理形式. 岩土工程学报,1980,2(2):10~17

6　郑颖人,段建立. 广义塑性力学中的硬化定律与应力应变关系. 后勤工程学院学报,1998(1):15~20

7　刘元雪,郑颖人,陈正汉. 含主应力轴旋转的土体一般应力应变关系. 应用数学与力学,1998,19(5):407~414

8　殷宗泽. 一个土体的双屈服面应力-应变模型. 岩土工程学报,1988,10(4):64~71

9　Sun De An, Matsouka Hajime. An elasto-plastic model for $c-\varphi$ materiaes under complex loading. In: Yuan, ed. Computer Methods and Advances in Geomechanics. Rotterdem: Balkema, 1997. 887~892

广义塑性力学的加卸载准则与土的本构模型
——广义塑性力学讲座(3)

郑颖人,陈瑜瑶,段建立

(后勤工程学院 军事土木系,重庆 400041)

摘要:首先介绍了广义塑性力学的加卸载准则,该准则能准确判断各应变分量的加卸载状态,可以方便地应用于数值分析。然后提出了基于广义塑性力学的土本构模型。通过试验,给出了硬化压缩土和硬化剪胀土的屈服条件与计算参数,并由算例说明了其合理性。

关 键 词:广义塑性力学;加卸载准则;本构模型;屈服条件;计算参数
中图分类号:TU 452 **文献标识码**:A
作 者 简 介:郑颖人,男,1933 年生,教授,博士生导师,从事隧道力学、岩土塑性力学、地下工程与区域性土研究。

Loading-unloading criterions and constitutive models in generalized plastic mechanics

ZHENG Ying-ren, CHEN Yu-yao, DUAN Jian-li

(Logistics Engineering Institute, Chongqing 400041, China)

Abstract: The loading-unloading criteria in the generalized plastic mechanics are discussed firstly, which can be easily used to estimate loading-unloading state of component strain in numerical analysis. The constitutive models of soils based on generalized plastic mechanics are put forward. The yield conditions and calculation parameters of compressive strain hardening soils, and of dilative strain hardening soils are obtained through tests whose rationality is approved by the computed examples.

Key Words: generalized plastic mechanaics; loading-unloading criterion; constitutive model; yield conditions; calculation parameters

1 广义塑性力学的加卸载准则

在经典塑性力学中,通常根据屈服面状态来给出加卸载准则,在广义塑性力学中也可以由上述方法确定[1],但更常用的是按加卸载的定义直接作出加卸载判断。在经典塑性力学中,只需判断塑性应变总量是否增大,而在广义塑性力学中需分别判断各塑性应变分量是否增大,由此确定各塑性应变分量的加卸载状态。本文按加卸载的定义确定加卸载状态的方法。

1.1 应力型加卸载准则

土体有很多模型采用应力参量 p,q 作为判别加卸载准则的依据,如

$$\begin{aligned}
p &= p_{max} & dp &> 0 & &\text{加载} \\
p &\leqslant p_{max} & dp &< 0 & &\text{卸载} \\
q &= q_{max} & dq &> 0 & &\text{加载} \\
q &\leqslant q_{max} & dq &< 0 & &\text{卸载} \\
p &< p_{max} & dp &> 0 & &\text{弹性重加载} \\
q &< q_{max} & dq &> 0 & &\text{弹性重加载}
\end{aligned}$$

式中 p_{max},q_{max} 分别为应力历史上的最大值。

应力型加卸载准则的缺点是没有考虑到球应力 p 和广义剪应力 q 同时变化的情况。例如 $q = q_{max}, dp < 0$ 应为加载,而上式中没有提到。

1.2 应变型加卸载准则

除硬化剪胀土外,加载或者卸载时应变 ε 是单调变化的,加载时应变增大,卸载时应变减小。因此采用应变判断加卸载是比较合适的,尤其是以弹性应变增量进行判断,对于数值分析特别实用。

对于体应变,其判断准则为:

$$\begin{aligned}
\varepsilon_v &< \varepsilon_{vm} & d\varepsilon_v^e &< 0 & &\text{弹性卸载} \\
\varepsilon_v &< \varepsilon_{vm} & \varepsilon_v + d\varepsilon_v^e &< \varepsilon_{vm} & d\varepsilon\ e_v &> 0 & &\text{弹性加载} \\
\varepsilon_v &= \varepsilon_{vm} & d\varepsilon_v^e &= 0 & & & &\text{中性变载} \\
\varepsilon_v &= \varepsilon_{vm} & d\varepsilon_v^e &> 0 & & & &\text{塑性加载} \\
\varepsilon_v &< \varepsilon_{vm} & \varepsilon_v + d\varepsilon_v^e &> \varepsilon_{vm} & & & &\text{重加载}
\end{aligned}$$

上式中 $d\varepsilon_v^e = dp/K$,K 为弹性体积模量;ε_{vm} 为历史上

注:本文摘自《岩土力学》(2000 年第 2 卷第 4 期)。

的最大体应变。由图1可见硬化材料加载时，$d\varepsilon_v^e = \varepsilon_{v2}^e - \varepsilon_{v1}^e > 0$；反之，$d\varepsilon_v^e < 0$ 为卸载。

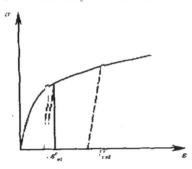

图1　加卸载示意图
Fig.1　Loading-unloading sketch map

同理可用来分析 q 方向与 θ_σ 方向的剪切屈服情况，由文献[2]可知 q 方向与 θ_σ 方向的塑性剪应变增量成比例，所以可认为两者有相同的加卸载规律。剪应变的加卸载准则如下：

$\gamma_q < \gamma_{qm}$	$d\gamma_q^e < 0$	弹性卸载
$\gamma_q < \gamma_{qm}$	$\gamma_q + d\gamma_q^e < \gamma_{qm}$	$d\gamma_q^e > 0$ 弹性加载
$\gamma_q = \gamma_{qm}$	$d\gamma_q^e > 0$	塑性加载
$\gamma_q = \gamma_{qm}$	$d\gamma_q^e = 0$	中性变载
$\gamma_q < \gamma_{qm}$	$\gamma_q + d\gamma_q^e > \gamma_{qm}$	重加载

1.3　考虑土体剪胀的加卸载准则

我们知道硬化剪胀土体积变形先是压缩后膨胀，体应变的等值面近似为 S 形[3]。相应的塑性因子 $d\lambda_1 = d\varepsilon_v^p$ 可能大于零，也可能小于零。这样，以前单纯利用应变历史上的最大应变值的判别方法就不成立了。体应变的加卸载准则需作如下变化：

（1）当 $\eta = \eta_m \geq \eta_{PT}$ 时

$\varepsilon_v = \varepsilon_{vm}$　$df_v = Adp + Bdq > 0$　卸载
$\varepsilon_v = \varepsilon_{vm}$　$df_v = Adp + Bdq < 0$　加载
$\varepsilon_v = \varepsilon_{vm}$　$df_v = Adp + Bdq = 0$　中性变载

（2）当 $\eta = \eta_M < \eta_{PT}$ 时

$\varepsilon_v = \varepsilon_{vm}$　$df_v = Adp + Bdq > 0$　加载
$\varepsilon_v = \varepsilon_{vm}$　$df_v = Adp + Bdq < 0$　卸载
$\varepsilon_v = \varepsilon_{vm}$　$df_v = Adp + Bdq = 0$　中性变载

2　土本构模型的现状

由于经典塑性力学不能很好的反映土体变形机制，岩土塑性力学主要进行了两个方面的改进：一方面是从 70 年代以来，提出了非关联流动法则，这在一定程度上克服了计算中的过大剪胀问题。但它在确定塑性势面时有很大的主观性，增大了计算的随意性。另一方面是采用多重屈服模型，尤其是双屈服面模型，并结合非关联流动法则，如 Lade 模型。其计算精度较经典塑性力学模型大有提高。但由于对多重屈服面和非关联流动法则没有形成完整的认识，以致使计算结果缺少唯一性，仍有较大误差，甚至出现定性的失误。

人们最初选用的是较为简单的屈服条件，如 Mohr-Coulomb 条件等。后来认识到对于静力模型，屈服面应是硬化参量的等值面。因此国内外岩土工作者都十分重视通过土工试验获取屈服条件。最早的土本构模型，是基于经典塑性力学的单屈服面模型，主要有理想弹塑性模型与帽盖模型（如修正剑桥模型）。理想弹塑性模型不能很好描述体积应变，而且会产生过大的剪胀，目前已很少用。修正剑桥模型虽然应用很广，但人们已认识到它不能很好描述剪应变，并提出了种种修正意见。

鉴于单屈服面模型存在的问题，双屈服面模型得到了广泛的应用。其中"南水"双屈服面模型符合广义塑性力学，是广义塑性力学的一种简化情况。

80 年代末出现了封闭型的单屈服面模型，如 Desai 系列模型和 Lade 新模型。这些模型将双屈服面合二为一，其优点是可以使计算简化，但在理论和精度上不如双屈服面模型。

3　基于广义塑性力学的土本构模型

3.1　建立土本构模型的原则

一个完善的土本构模型，需要符合土体变形机制与固体力学原理的建模理论。同时，还要有符合土体变形实际的屈服条件及其计算参数。广义塑性力学为土体建模提供了良好的理论基础，是建立本模型的依据。土体比金属复杂，土体屈服条件随土性和加载路径的不同而不同。因此应当通过土工试验，按照屈服面的定义作出屈服条件。

从应力-应变的角度，我们把土体分为硬化压缩土、硬化剪胀土及软化剪胀土 3 类。硬化压缩土具有应变硬化和体积压缩的特性，如正常固结粘土和松砂；硬化剪胀土具有应变硬化和先体缩后体胀的特性，如弱超固结土和中密砂；软化剪胀土具有应变软化和先体缩后体胀的特性，如超固结土和密砂。应变软化伴随着土体损伤，其本构模型需专门研究。本文通过试验并参考前人的工作，给出了硬化压缩土和硬化剪胀土的屈服条件及其计算参数。

3.2　目前国内外常用的一些屈服条件

表 1 是目前国内外常用的一些屈服条件，其中 Lade 模型是以塑性功为硬化参量的，其他都是以塑性应变为硬化参量的：

表 1 一些常用的屈服条件
Table 1 Some yield conditions often used

模 型	剪切屈服条件	体积屈服条件
修正剑桥模型		$f_v = p\left[1 + \left(\dfrac{\eta}{M}\right)^2\right] = p_c = \exp\left(\dfrac{v}{\lambda - k}\varepsilon_v^p\right)$
Lade	$f_q = (I_1^3/I_3 - 27)(I_1/p_a)^m = H(W^p)$	$f_v = I_1^2 + 2I_2 = p_a^2\left(\dfrac{W^c}{cp_a}\right)^{1/p}$
南水	$f_q = \dfrac{a\eta}{1 - b\eta}\ln\dfrac{p(1 + \mathrm{d}\eta^n)}{p_0} - \dfrac{q}{2G} = \gamma^p$	$f_v = c_c\ln\dfrac{p(1 + \mathrm{d}\eta^n)}{p_0} - c_s\ln\dfrac{p}{p_0} = \varepsilon_v^p$
殷宗泽	$f_q = \dfrac{aq}{G}\sqrt{\dfrac{q}{M_2^2(p + p_r) - q}} = \gamma^p$	$f_v = p + \dfrac{q^2}{M_1^2(p + p_r)} = \dfrac{h\varepsilon_v^p}{1 - t\varepsilon_v^p}p_a$

3.3 本构模型的屈服条件与计算参数

(1) 体积屈服条件

依据试验,硬化压缩土与硬化剪胀土具有不同的体积屈服条件。对硬化压缩土,我们采用重庆红粘土进行试验,得出这类体积屈服面接近椭圆形,因而可采用修正剑桥模型的屈服面,并采用殷宗泽的表达式。对硬化剪胀土,我们采用中密标准砂进行了试验,得出了S型的屈服面[3]。屈服面采用了分段曲线,在状态变化线上面采用直线,在状态变化线下面采用椭圆。表2列出了上述两种土的体积屈服条件。

表 2 本模型建议的体积屈服条件与计算参数
Table 2 Yield conditions and calculation parameters

土体状态	屈服条件表达式	计算参数
正常固结土;松砂 中密砂;弱超固结土 (状态变化线以下)	$p + \dfrac{q^2}{M_1^2(p + p_r)} = \dfrac{h\varepsilon_v^p}{1 - t\varepsilon_v^p}p_a$	$p_r = c\cos\varphi$ $M_1 = (1 + 0.25\beta^2)M,\ M = \dfrac{6\sin\varphi}{3 - \sin\varphi}$ h 为 $p_0/p_a - \varepsilon_v$ 曲线初始切线斜率 t 由 $1/t$ 确定,$\dfrac{1}{t}$ 为 ε_v 的渐近值
中密砂;弱超固结土 (状态变化线以上)	$kp - q = \dfrac{k - \eta_{PT}}{1 + \eta_{PT}^2/M_1^2}\dfrac{h\varepsilon_v^p}{1 - t\varepsilon_v^p}p_a$	k 为直线的斜率 η_{PT} 为状态变化线的斜率

(2) q 方向的剪切屈服条件

① 子午平面上 q 方向的剪切屈服条件 对硬化压缩土,通过对重庆红粘土的试验,得出子午平面上 q 方向的屈服条件接近双曲线和抛物线,本文采用抛物线拟合。对硬化剪胀土,以中密砂为例进行了试验,也采用抛物线进行拟合。

选用的抛物线方程为

$$H(\gamma^p) = q^2/p \tag{1}$$

式中 $H(\gamma^p) = a_0 + a_1\gamma^p + a_2\gamma^{p2}$,$a_0, a_1, a_2$ 为试验拟合参数。对于重庆红粘土,$a_0 = -9.6$,$a_1 = 4\,280$,$a_2 = -12\,587$。

② 偏平面上 q 方向的剪切屈服曲线 Lade, Masouka 及李广信等对砂进行过真三轴试验,都获得了曲边三角形的屈服曲线。我们对重庆红粘土进行了真三轴试验[2],屈服曲线的形状与之类似,形状函数拟合如下:

$$g(\theta_\sigma) = \dfrac{2K}{(1 + K) - (1 - K)\sin 3\theta_\sigma + \alpha_1\cos^2 3\theta_\sigma} \tag{2}$$

式中 K,α 系数可由试验数据得出。本次试验中 $K = 0.77$,$\alpha_1 = 0.45$。无试验数据时,$K = \dfrac{r_1}{r_c}$,r_1, r_c 为三轴受拉与三轴压缩时偏平面上的半径;α 取经验值 $0.4 \sim 0.5$。在 Mohr-Coulomb 条件下,$K = \dfrac{3 + \sin\varphi}{3 - \sin\varphi}$,$\alpha$ 近似为 0.3[1]。

本次试验获得的屈服曲线与 Lade 的屈服曲线十分相近。因而两类土都可采用式(2)为屈服条件。

(3) θ_σ 方向的剪切屈服条件

我们对重庆红粘土的真三轴试验[2],说明塑性应变增量方向与应力增量方向有所偏离,但偏离量不大。国内外的一些类似试验,也可得到同样结论。因而我们可以近似认为有:

$$\mathrm{d}\gamma_\theta^p = B\mathrm{d}\gamma_q^p = \tan\alpha\mathrm{d}\gamma_q^p \tag{3}$$

式中 $B = \tan\alpha$,α 可近似认为是常值,由试验确定,本次试验中为 $11°$,无试验数据时,可采用经验值 $10° \sim 15°$。

由式(3)积分,可知 γ_θ^p,γ_q^p 成比例,亦即 γ_θ^p 等值线与 γ_q^p 等值线具有相同形状,只是大小不同。即有

$$f_\theta = Bf_q \tag{4}$$

q 方向和 θ_σ 方向的剪切屈服条件汇总于表3所示。

表3 q,θ_σ 方向剪切屈服条件
Table 3 Yield conditions in q and θ_σ direction

土性	子午平面上 q 方向剪切屈服线	偏平面上 q 方向剪切屈服线	θ_σ 方向剪切屈服条件
应变硬化土	$H(\gamma^p) = q^2/p$ $H(\gamma^p) = a_0 + a_1\gamma^p + a_2\gamma^{p2}$	$f_q = \dfrac{q}{g(\theta_\sigma)}$ $g(\theta_\sigma) = \dfrac{2K}{(1+K)-(1-K)\sin3\theta_\sigma + a_1\cos^2 3\theta_\sigma}$	$f_\theta = Bf_q = \dfrac{Bq}{g(\theta_\sigma)}$

4 算 例

（1）硬化压缩土 此算例为一两侧及底部约束，顶部施加均布荷载 q_0，偏荷载 q_1 的平均应变问题。该模型长 20 m，高 15 m。荷载分 3 类，土体自重；顶部均载 $q_0 = 200$ kPa；偏载 $q_1 = 600$ kPa。土质为重庆红粘土，有限元离散如图2所示。

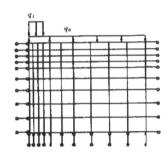

图2 单元及边界示意图
Fig.2 Mesh and boundary condition

按本文的三屈服面模型计算的沉降量如图3所示。

（2）硬化剪胀土 算例为一两侧及底部约束，顶部加载的平面问题(图2)。顶部均载 $q_0 = 5$ kPa，$q_1 = 350$ kPa，土质为中密砂。采用双屈服面模型，略去 Lode 角的影响。图4中实线与虚线表示考虑剪胀与不考虑剪胀时的纵向位移，由图可见，考虑剪胀时沉降量有所减少，但影响量不大。

5 结 语

（1）为适应岩土材料的变形机制，本文提出的土体模型以广义塑性力学作为建模依据。采用三屈服面或双屈服面模型。

（2）文中模型依据土工试验与屈服面定义建立屈服条件，提供计算参数，同时也参考了前人的工作。表2和表3列出了两类土体的屈服条件。

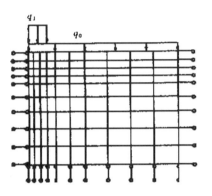

图3 纵向位移等值线
Fig.3 Isogram of vertical displacements

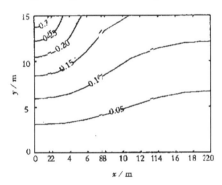

图4 纵向位移等值线
Fig.4 Isogram of vertical displacements

（3）计算参数的确定，对于重大工程或精度要求高的工程应通过试验确定，而对一般工程可采用经验值。

参 考 文 献

[1] 郑颖人，龚晓南. 岩土塑性力学基础[M]. 北京：中国建筑工业出版社，1989

[2] 郑颖人，段建立，陈瑜瑶. 广义塑性力学讲座[J]（第二讲）. 岩土力学，2000，21(3)：305~310

[3] 段建立. 砂土的剪胀性及其数值模拟研究[博士论文 D]. 重庆：后勤工程学院博士论文，2000.

广义塑性力学中的屈服面与应力-应变关系

郑颖人，段建立，陈瑜瑶

(后勤工程学院 军事土木系，重庆 400041)

摘要：详细讨论了广义塑性力学中屈服面和塑性势面的对应关系以及岩土材料的三类屈服面(即体积屈服面与 q 方向上及 θ_σ 方向上的剪切屈服面)的基本特征，尤其是提出了能考虑剪胀与剪缩的体积屈服面和应力 Lode 角 θ_σ 方向的剪切屈服面。指出在广义塑性力学中不必采用硬化定律，就能得出塑性应变增量与应力增量的关系，给出了求弹塑性矩阵的方法。

关 键 词：广义塑性力学；屈服面；塑性势面；应力-应变关系

中图分类号：TU 452　　**文献标识码**：A

作 者 简 介：郑颖人，男，1933 年生，教授，博士生导师，从事隧道力学、岩土塑性力学、地下工程与区域性土研究。

Theory of yield surface and stress-strain relation in generalized plastic mechanics

ZHENG Ying-ren, DUAN Jian-li, CHEN Yu-yao

(Logistics Engineering Institute, Chongqing 400016, China)

Abstract: The relation between the yield surface and the plastic potential surface based on the generalized plastic mechanics is discussed systematically, and the basic characters of the yield surface, especially of volumetric yield surface that can calculate dilatant volume strain and shear yield surface in stress Lode angel direction for the first time, are also discussed. The stress-strain relation is obtained without hardening law, and the elastoplastic stiffness matrix is deduced with two methods.

Key Words: generalized plastic mechanics; yield surface; plastic potential surface; stress-strain relation

1 广义塑性力学中的屈服面

在经典塑性力学中，塑性应变增量方向唯一地由势函数确定，与应力增量无关；在广义塑性力学中，三个塑性应变增量分量方向由三个塑性势函数确定，此时塑性应变增量方向不仅与应力状态有关，还会与应力增量有关。在经典塑性力学中，屈服面主要是用来确定塑性应变增量的大小，即确定塑性系数 $\mathrm{d}\lambda$；在广义塑性力学中，三个屈服面用来确定三个塑性应变增量分量的大小，即确定三个塑性系数 $\mathrm{d}\lambda_K$。正是因为屈服面用来确定相应势面上塑性应变增量的大小，因而屈服面与塑性势面必须保持对应，但不要求相同[1]。例如取 p, q, θ_σ 三个不变量为塑性势函数，则有

$$\mathrm{d}\varepsilon_{ij}^p = \mathrm{d}\lambda_1 \frac{\partial p}{\partial \sigma_{ij}} + \mathrm{d}\lambda_2 \frac{\partial q}{\partial \sigma_{ij}} + \mathrm{d}\lambda_3 q \frac{\partial \theta_\sigma}{\partial \sigma_{ij}} \quad (1)$$

式中　$\mathrm{d}\lambda_1 = \mathrm{d}\varepsilon_v^p, \mathrm{d}\lambda_2 = \mathrm{d}\gamma_q^p, \mathrm{d}\lambda_3 = \mathrm{d}\gamma_\theta^p$ 分别为塑性体应变增量，q 方向塑性剪切应变增量与 θ_σ 方向塑性剪应变增量。

在等向强化情况下，要确定 $\mathrm{d}\lambda_K$，就需要确定与三个塑性势面相应的屈服面，即体积屈服面，q 方向上及 θ_σ 方向上的剪切屈服面，略去小项得：

$$\left. \begin{array}{l} \varepsilon_v^p = f_v(p, q, \theta_\sigma) = f_v(p, q) \\ \gamma_q^p = f_q(p, q, \theta_\sigma) \\ \gamma_\theta^p = f_\theta(p, q, \theta_\sigma) \end{array} \right\} \quad (2)$$

微分上式，可得相应的塑性应变增量 $\mathrm{d}\lambda_K$。由上可知塑性势面和屈服面存在如下关系。

(1) 塑性势面可以取任何一种应力不变量，但必须保证各势面间线性无关。屈服面则不可任取，它必须与塑性势面相对应，并有明确的物理意义。在等向强化情况下，它们就是相应势面上塑性应变值的等值面。例如取 p 为势函数，则对应的屈服面必为塑性体变 ε_v^p 的等值面。广义塑性力学要求屈服面与塑性势面严格保持对应，但不要求相同，因而它符合非关联流

注：本文摘自《岩土力学》(2000 年第 21 卷第 3 期)。

动法则,但又不同于当前采用的非关联流动法则,一个屈服面不能够对应于任取的不同的塑性势面,亦即当前采用非关联流动法则任取塑性势面的做法是不合适的。

(2) 由于与屈服面对应的三个塑性势面线性无关,因而三个屈服面也是相互独立的。例如体积屈服面只能用来计算塑性体积变形,而与塑性剪切变形无关,反之亦然。因而广义塑性力学中不会由于剪切屈服面而产生过大的剪胀现象。

(3) 在广义塑性力学中,屈服面有严格的定义。对于同一种土,同样的应力路径,应采用同样的屈服面,此时求得解是唯一的。这与经典塑性力学一样,与当前应用的岩土本构模型则有较大的不同。

2 广义塑性力学中屈服面的基本特征

2.1 体积屈服面

屈服面必须来自实际。根据实验,岩土材料的体积屈服面在子午平面上主要有压缩型与压缩剪胀型二种,在偏平面上可近似为圆形。

(a) 压缩型 体积变形只有压缩,正常固结粘土和松砂等的体积屈服面,一般为这种形状,见图1(a)。这类体积屈服面是封闭形的,一端与 p 轴相接,另一端与极限线相接。其形状有子弹形、蛋形、椭圆形、直线形等。常用的是修正剑桥模型中的椭圆形曲线,其方程为

$$p\left[1+\left(\frac{\eta}{M}\right)^2\right]=p_c \quad (3)$$

式中 $\eta=q/p$;M为参数;p_c为屈服面与p轴的交点,是塑性体应变的函数。

(b) 压缩剪胀型 中密砂、弱超固结土等在三轴剪切时,体积变形先是压缩后膨胀,体应变的等值面近似为S形,见图1(b)。图1(b)中中密砂在排水状态下的体积屈服面。这是一种由颗粒材料引发的十分特殊的屈服面,塑性体应变可以部分恢复,对这种恢复目前尚无一致看法,我们认为它是在不同应力状态下产生的不同方向的塑性体应变。由图1(b)可见屈服面内处于弹性,在低剪应力状态下(即 $\eta=q/p$ 较低时),随着加荷体积压缩;而在高剪应力状态时,随着加荷出现强烈剪胀。在低剪应力状态时,体积一直在减小;在高剪应力状态时,体积始终在增大,表明体变虽有部分恢复,但仍然是塑性的,可以引用塑性理论。土体卸荷时剪胀的部分恢复问题目前还在研究中。这类屈服面具有明显的凹形,并存在着一条状态变化线,状态变化线以下的屈服面产生体缩,此时 $d\lambda_1=d\varepsilon_v^p$ 大于零,状态变化线以上的屈服面产生体胀,此时 $d\lambda_1=d\varepsilon_v^p$ 小于零,显然,它不符合经典塑性力学中 $d\lambda>0$ 的规定,

这正是颗粒材料的特点。广义塑性力学不再要求所有屈服面为凸形及 $d\lambda$ 大于零。

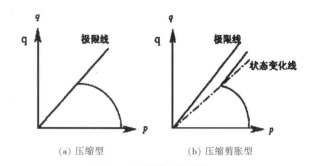

图 1 体积屈服面的类型
Fig.1 Volumetric yield surface

压缩剪胀型屈服面在实验中得出过,但以往从未被当作体积屈服面。可近似地认为状态变化线是条直线,屈服面可用分段函数拟合,状态变化线以下部分可采用压缩型体积屈服面,状态变化线以上部分可近似采用直线。

2.2 q 方向上的剪切屈服面

文献[2]给出了 q 方向上剪切屈服面的综合表达式,包括了14种常用屈服条件:

$$f_q=\beta p^2+\alpha p+\sigma_+^2-k=0 \quad (4)$$

式中 $\sigma_+=q/g(\theta_\sigma)$,$\alpha,\beta,k$ 为参数。

子午平面上的剪切屈服曲线不具有封闭形状,一般为外凸曲线。曾使用过直线、双曲线、抛物线、指数曲线等多种函数形式,其中双曲线、抛物线是比较常用的。在偏平面上剪切屈服曲线具有封闭形状,在6个60°扇形区具有相同形状,其形状为圆形、不等角六边形、曲边三角形等。有些屈服条件如Mohr-Coulomb准则(单剪理论)、双剪理论、Mises准则(三剪理论)等是理想化了的屈服条件,难以反映岩土的实际。因而宜采用真三轴实验拟合获得的屈服条件,Lade、Matsouka-Nakai、清华大学等都根据砂的实验提出过屈服条件。我们对重庆红粘土进行了真三轴实验,拟合得如下屈服条件:

$$g(\theta_\sigma)=\frac{2K}{(1+K)-(1-K)\sin 3\theta_\sigma+\alpha\cos^2 3\theta_\sigma} \quad (5)$$

其中 K,α 为系数,K 必须在 $0.5\sim 1$ 之间。拟合结果为 $K=0.69,\alpha=0.45$ 见图2。

2.3 θ_σ 方向剪切屈服面

在广义塑性力学提出之前,没有人研究过 θ_σ 方向上的剪切屈服条件。我们对重庆红粘土进行了一系列的真三轴试验,其中一组真三轴试验结果如图3(a)。从试验结果可以看出,应力水平低时,应力增量与塑性应变增量不发生偏离;应力水平高时,两者出现偏离,但偏离角相差不大。这个结果与文献[3]中水泥砂

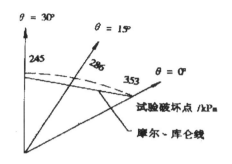

图 2 偏平面上重庆红粘土的试验结果
Fig. 2 Test results of Chongqing red clay in π plane

的试验结果图 3(b) 相近，也与其他国内外文献一致。实验表明，偏离角的变化不大，因而可近似认为偏离角是常量，即 q 方向塑性剪应变与 θ_σ 方向塑性剪应变近似成比例。这说明可以认为 θ_σ 方向上的剪切屈服面与 q 方向上的剪切屈服面相似，只是大小不同，略去 p 的影响，即有

$$\gamma_\theta^p = f_\theta(q, \theta_\sigma) = B f_q(q, \theta_\sigma) \tag{6}$$

式中 $B = \tan\alpha$，α 为偏离角。

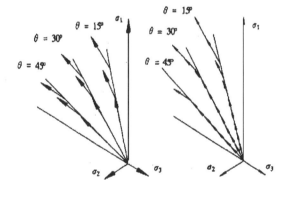

(a) 重庆红粘土   (b) 水泥砂土

图 3 π 平面上应变增量方向
Fig. 3 Direction of strain increment in π plane

3 广义塑性力学中的硬化定律

微分式(2)，可得：

$$\left.\begin{array}{l} \mathrm{d}\varepsilon_v^p = \dfrac{\partial f_v}{\partial p}\mathrm{d}p + \dfrac{\partial f_v}{\partial q}\mathrm{d}q \\[4pt] \mathrm{d}\gamma_q^p = \dfrac{\partial f_q}{\partial p}\mathrm{d}p + \dfrac{\partial f_q}{\partial q}\mathrm{d}q + \dfrac{\partial f_q}{\partial \theta_\sigma}\mathrm{d}\theta_\sigma \\[4pt] \mathrm{d}\gamma_\theta^p = \dfrac{\partial f_\theta}{\partial p}\mathrm{d}p + \dfrac{\partial f_\theta}{\partial q}\mathrm{d}q + \dfrac{\partial f_\theta}{\partial \theta_\sigma}\mathrm{d}\theta_\sigma \end{array}\right\} \tag{7}$$

略去上式中的第三式，就是双屈服面模型，再略去第二式中的最后一项，就是沈珠江的"南水"模型。可见，广义塑性力学中不必引用硬化定律。如果仿照经典塑性力学，采用多重屈服面硬化定律，同样可获得式(7)的结果。

4 广义塑性力学中的应力-应变关系

先求弹塑性柔度矩阵，然后求逆。在广义塑性力学中，有

$$\{\mathrm{d}\varepsilon\} = \{\mathrm{d}\varepsilon^e\} + \sum_{K=1}^{3}\{\mathrm{d}\varepsilon_K^p\} = ([C_e] + \sum_{K=1}^{3}[C_{pK}])\mathrm{d}\sigma = ([C_e] + [C_p])\mathrm{d}\sigma = [C_{ep}]\mathrm{d}\sigma \tag{8}$$

与单屈服面模型相似，多重屈服面模型有

$$[C_{pK}] = \frac{1}{A_K}\left\{\frac{\partial Q_K}{\partial \sigma}\right\}\left\{\frac{\partial f_K}{\partial \sigma}\right\}^{\mathrm T} \quad (K=1,2,3) \tag{9}$$

因此，有

$$[C_{ep}] = [C_e] + \frac{1}{A_1}\left\{\frac{\partial Q_1}{\partial \sigma}\right\}\left\{\frac{\partial f_1}{\partial \sigma}\right\}^{\mathrm T} + \frac{1}{A_2}\left\{\frac{\partial Q_2}{\partial \sigma}\right\}\left\{\frac{\partial f_2}{\partial \sigma}\right\}^{\mathrm T} + \frac{1}{A_3}\left\{\frac{\partial Q_3}{\partial \sigma}\right\}\left\{\frac{\partial f_3}{\partial \sigma}\right\}^{\mathrm T} \tag{10}$$

若取 $Q_1 = p$，$Q_2 = q$，$Q_3 = \theta_\sigma$，则有 $A_1 = A_2 = 1$，$A_3 = 1$。令 $f_1 = f_v(p,q)$，$f_2 = f_q(p,q,\theta_\sigma)$，$f_3 = f_\theta(q,\theta_\sigma)$，则上式可写成

$$[C_{ep}] = [C_e] + \left\{\frac{\partial p}{\partial \sigma}\right\}\left\{\frac{\partial f_v}{\partial \sigma}\right\}^{\mathrm T} + \left\{\frac{\partial q}{\partial \sigma}\right\}\left\{\frac{\partial f_q}{\partial \sigma}\right\}^{\mathrm T} + q\left\{\frac{\partial \theta_\sigma}{\partial \sigma}\right\}\left\{\frac{\partial f_\theta}{\partial \sigma}\right\}^{\mathrm T} \tag{11}$$

4.2 弹塑性矩阵 $[D_{ep}]$ 的一般表达式[4]

等向强化模型，有

$$f_K(\sigma_{ij}) = H_K(H_{\alpha K}) \quad (K=1,2,3) \tag{12}$$

上式中 $H_{\alpha K}$ 为第 K 个屈服面的硬化参量，微分上式得

$$\left\{\frac{\partial f_K}{\partial \sigma}\right\}^{\mathrm T}\mathrm{d}\sigma = \frac{\partial H_K}{\partial H_{\alpha K}}\left\{\frac{\partial H_{\alpha K}}{\partial \varepsilon_K^p}\right\}^{\mathrm T}\{\mathrm{d}\varepsilon_K^p\} \tag{13}$$

由广义塑性力学，有

$$\{\mathrm{d}\varepsilon_K^p\} = \mathrm{d}\lambda_K\left\{\frac{\partial Q_K}{\partial \sigma}\right\} \quad (K=1,2,3) \tag{14}$$

$$\{\mathrm{d}\sigma\} = [D]\left(\{\mathrm{d}\varepsilon\} - \sum_{K=1}^{3}\{\mathrm{d}\varepsilon_K^p\}\right) \tag{15}$$

式中 $[D]$ 为弹性矩阵。

由式(13)～(15)可求得

$$[D_{ep}] = [D] - [D]\left[\frac{\partial Q}{\partial \sigma}\right][\Phi]^{-1}\left[\frac{\partial f}{\partial \sigma}\right]^{\mathrm T}[D] \tag{16}$$

其中

$$\Phi_{KL} = \left\{\frac{\partial f_K}{\partial \sigma}\right\}^{\mathrm T}[D]\left\{\frac{\partial Q_L}{\partial \sigma}\right\} + \delta_{KL}A_K$$

$$A_K = \frac{\partial f_K}{\partial H_{\alpha K}}\left\{\frac{\partial H_{\alpha K}}{\partial \varepsilon_K^p}\right\}^{\mathrm T}\left\{\frac{\partial Q_K}{\partial \sigma}\right\}$$

在单屈服面情况下，式(16)即为经典塑性力学中的弹塑性矩阵：

$$[D_{ep}] = [D] - \frac{[D]\{\frac{\partial Q}{\partial \sigma}\}\{\frac{\partial f}{\partial \sigma}\}^T[D]}{\{\frac{\partial f}{\partial \sigma}\}^T[D]\{\frac{\partial Q}{\partial \sigma}\} + \frac{\partial f}{\partial H_\alpha}\{\frac{\partial H_\alpha}{\partial \varepsilon^p}\}^T\{\frac{\partial Q}{\partial \sigma}\}} \quad (17)$$

5 结 语

(1) 塑性势面可以选择,而屈服面是不可选择的,它必须与塑性势面相对应,即屈服面与塑性势面必须相关,但相关并不意味着相同。

(2) 相应于三个塑性势面的屈服面也是三个,各自独立。压缩剪胀型的体积屈服面呈 S 形,因为体应变可以部分恢复,所以 $d\lambda_1 = d\varepsilon_v^p$ 可以大于零,也可以小于零。

(3) 在偏平面上,应力水平低时,应变增量方向与应力增量方向一致;应力水平高时,稍有偏离,但偏离的角度不大。基于实用,可以近似认为偏离角是常量,则在同一偏平面上,θ_σ 方向上的剪切屈服面与 q 方向上的剪切屈服面相似。

(4) 广义塑性力学不必采用硬化定律,对屈服方程微分,即能获得塑性系数 $d\lambda_K$。

(5) 求解广义塑性力学中的应力-应变关系时,直接引用弹塑性矩阵一般表达式较为复杂,而采用弹塑性柔度矩阵求逆较为方便。

参 考 文 献

[1] 郑颖人. 广义塑性力学讲座(第一讲)[J]. 岩土力学, 2000, 21(2):188~192.

[2] 郑颖人, 龚晓南. 岩土塑性力学基础[M]. 北京:中国建筑工业出版社, 1989.

[3] Sun D A, Matsuoka H. An elastoplastic model for c-φ mateials under complex loading [A] Yuan J X. **9th Int. Conf. on Computer methods and advances in Gemechanics** [C]. Rotterdam: Balkema A. A., 1997(2):887~892.

[4] 郑颖人, 段建立. 广义塑性力学中的硬化定律与应力应变关系[J]. 后勤工程学院学报, 1998, 14(1):15~20.

边坡稳定性分析的有限元法

赵尚毅，时卫民，郑颖人

(后勤工程学院军事土木工程系，重庆 400041)

摘 要：本文把强度折减理论用于有限元法中，成功地解决了有限元在边坡稳定分析中的应用问题。有限元法不但满足力的平衡条件，而且考虑了材料的应力应变关系，计算时不需做任何假定，使得计算结果更加精确合理，而且可以很直观的得到坡体的实际滑移面。本文结合工程算例，对边坡加锚杆前后的稳定性进行了分析，并与传统的求稳定系数的方法进行了比较，表明有限元法解决边坡问题是可行的。

关键词：边坡；稳定性分析；有限元；共同作用

中图分类号：$TB115$；$TU457$　　　　**文献标识码**：A

1 引言

目前，研究边坡稳定性的传统方法主要有：极限平衡法，极限分析法，滑移线场法等，这些建立在极限平衡理论基础上的各种稳定性分析方法没有考虑土体内部的应力应变关系，无法分析边坡破坏的发生和发展过程，无法考虑变形对边坡稳定的影响，没有考虑土体与支挡结构的共同作用及其变形协调。在求安全系数时通常需要假定滑裂面形状为折线、圆弧、对数螺旋线等。有限单元法能考虑土的应力应变关系，本文试图对利用有限单元法来进行边坡稳定分析作进一步探讨。

2 有限元法进行边坡稳定分析的优点

当我们对边坡进行支挡处理后，比如锚杆加固后，要对它的安全性作出评估，这就需要考虑土体与锚杆的共同作用及其变形协调问题。传统的以极限平衡理论为基础的分析方法是不能解决此问题的。而有限单元法能考虑土的应力应变关系，比极限平衡法更为精确合理，而且能够考虑土体与锚杆的共同作用及其变形协调，其优点如下：

(1)考虑了土体的非线性弹塑性本构关系；

(2)能够模拟土体与其支挡结构的共同作用，从而能对支挡前后的土坡进行稳定性分析；

(3)能够动态模拟土坡的失稳过程及其滑移面形状。(如图1～图5)；

(4)能够对各种复杂结构的土坡进行分析(比如，分级支挡的非垂直边坡等)；

(5)求解安全系数时，可以不需要假定滑移面的形状，不需要假定土条之间的相互作用力

注：本文摘自《地下空间》(2001 年第 21 卷第 5 期)。

等。

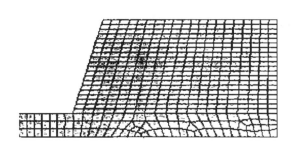
图 1 变形前的网格图

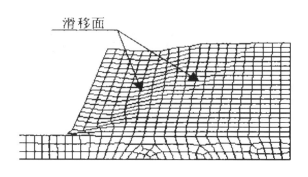
图 2 变形后的网格图

图 3 坡体水平方向位移等值线图

图 4 位移矢量图

3 强度屈服准则

本文以平面应变为例，根据摩尔-库仑强度理论，土体的剪切破坏与最大主应力 σ_1，最小主应力 σ_3 以及岩石的内聚力 c 和内摩擦角 φ 有关，当应力圆与破坏线相切时达到剪切破坏临界值，当应力圆与破坏线相交时土体将产生剪切破坏。

$$f = \frac{\sigma_1 + \sigma_3}{2}\sin\varphi - \frac{\sigma_1 - \sigma_3}{2} - c\cos\varphi$$

当 $f<0$，应力圆在破坏线下方，发生弹性变形；

当 $f=0$，应力圆与破坏线相切，达到剪切破坏临界值；

当 $f<0$，应力圆与破坏线相交，发生塑性剪切屈服。

图 5 塑性变形等值线图

4 安全系数的定义

教科书上一般把边坡的稳定系数定义为沿滑动面的抗剪强度与滑移面上的实际剪力的比值，用公式表示如下：

$$F = \frac{\int_0^l (c + \sigma \mathrm{tg}\varphi) dl}{\int_0^l \tau dl}$$

将上式两边同除以 F，上式变为：

$$1 = \frac{\int_0^l (\frac{c}{F} + \sigma \frac{\mathrm{tg}\varphi}{F}) dl}{\int_0^l \tau dl} = \frac{\int_0^l (c' + \sigma \mathrm{tg}\varphi') dl}{\int_0^l \tau dl}$$

式中：$c' = \frac{c}{F}$ $\varphi' = \mathrm{arctg}(\frac{\mathrm{tg}\varphi}{F})$

上式左边等于 1，表明当强度折减 F 以后，坡体进入临界状态。因此我们可以利用这个思想进行有限元分析。首先选取初始折减系数，将土体强度参数进行折减，将折减后的参数作为输入，进行有限元计算，若程序收敛，则土体仍处于稳定状态，然后再增加（或减小）折减系数，直到达到临界状态为止，此时折减系 F 即为坡体的稳定系数，此时的滑移面即为实际滑移面。

这种安全系数定义方法不需要假定滑移面的形状，需要对 F 取一系列的值来反复试算，直到程序不收敛收止。我们将这种方法称为土体强度参数折减系数法。其实质与传统方法是一样的，它的好处是系统处于极限状态时，土体和支挡结构的强度得以充分发挥。而传统的计算方法只是考虑了土体达到极限状态时的强度，没有充分考虑支挡结构的极限强度。

5 工程实例

某工程位于重庆市奉节县新城区阴里坪居住小区东侧进场公路旁边，由于修建公路时开挖而形成，坡度陡，坡高大于 10m，坡角大于碎石土的内摩擦角，属不稳定坡体，若遇大暴雨，土体受到雨水浸泡，力学强度降低，该边坡可能发生滑塌，因此必须对其进行支护。根据施工设计，对该边坡进行分级支护，采用锚杆挡墙结构形式。

计算按照平面应变问题处理，土体用平面单元 plane2 模拟，锚杆用梁单元 beam3 单元模拟。网格划分图见图 6。计算范围：坡顶侧延伸到 +380m 标高处，坡底向下延伸 20m，向公路对面延伸 30m。边界条件：左右两侧水平约束，下部竖向约束，上部边界为自由边界。屈服准则：采用 Drucker-prager 屈服准则。输入参数：内聚力 $C = 10.0 \mathrm{kPa}$，内摩擦角 $\varphi = 30°$，泊松比 $\mu = 0.4$，土的饱和重度为：$23.0 \mathrm{kN/m^3}$，土的膨胀角 $\varphi = 0°$，变形模量标准值 23MPa；钢筋弹性模量：$2.0 \times 10^5 \mathrm{MPa}$，抗拉强度 310MPa，泊松比 $\mu = 0.2$。

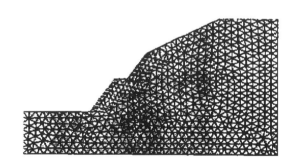

图 6　网格划分图

用强度折减系数进行有限元分析，模型中不加锚杆（将锚杆单元杀死）时，通过试算得安全系数 $F = 1.1$，此时的塑性区变形情况见图 7。

模型中加上锚杆时，通过计算得安全系数 $F = 1.4$，此时的塑性区变形情况见图 8。从图中可以看出塑性变表首先从坡脚开始，说明滑移面通过坡脚，同时从图 8 可以看出，塑性区绕锚杆的端部发展，说明锚杆起作用了。同时还可以得出锚杆的轴向力和弯矩，以验证锚杆的强度。

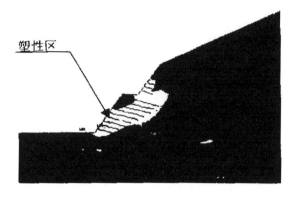
图 7 不加锚杆 K=1.1 时的塑性区等值线图

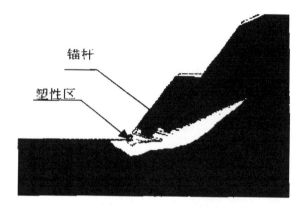
图 8 加锚杆 K=1.4 时的塑性区等值线图

6 与极限平衡方法的比较

利用有限单元法的计算数据,假定一滑动面,计算得滑动面上每一个节点的法向应力 σ 和剪切应力 τ,根据摩尔-库仑准则求得该点的抗滑力和下滑力,通过沿滑动面积分计算出滑动面上总的滑动力、滑动力矩和抗滑动力、抗滑动力矩。

$$\sigma = \frac{\sigma_x + \sigma_y}{2} + \frac{\sigma_x - \sigma_y}{2}\cos2\alpha - \tau_{xy}\sin2\alpha$$

$$\tau = \frac{\sigma_x - \sigma_y}{2}\sin2\alpha + \tau_{xy}\cos2\alpha$$

考虑整体力矩或整体力平衡,整个斜坡的安全系数为

$$F = \frac{\int_0^l (c + \sigma \mathrm{tg}\varphi)\mathrm{d}s}{\int_0^l (\frac{\sigma_x - \sigma_y}{2}\sin2\alpha + \tau_{xy}\cos2\alpha)\mathrm{d}s}$$

本次计算在有限元计算结果的基础上,编制了安全系数计算程序来搜索安全系数最小的滑移面(图9)。滑移面圆心位置变化时安全系数变化曲线(图10)

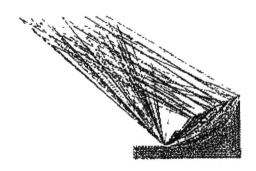
图 9 搜索安全系数最小的滑移面

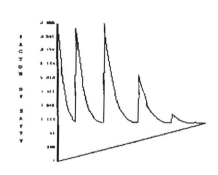
图 10 安全系数 F 变化曲线

采用极限平衡方法计算得不加锚杆时的安全系数 F=1.12。可见，两种方法的计算结果比较接近。但是在有锚杆时，不能利用此方法计算，因为锚杆的作用没有充分发挥出来（锚杆没有达到极限状态），因此用传统的极限平衡方法算得的稳定系数偏小，而用折减系数法就可以充分发挥锚杆的强度，计算的结果应是准确合理的。

7 结语

通过以上分析，我们可以得出如下的结论：

(1)有限单元法不需要做任何假定，计算模型不仅能满足了力的平衡方法，而且满足土体的应力应变关系，并且可以对边坡进行非线性弹塑性分析，计算结果更精确、更可靠。

(2)有限元法是传统方法的一种逆过程，有限元法是先假定稳定系数，然后去验算坡体是否稳定，直到其到临界状态为止，最后找到实际滑动面。

(3)有限元法中的折减强度理论，其折减系数本身就是传统意义上的稳定系数，通过强度折减来分析结构的稳定性，直到临界状态为止，此时的折减系数就是我们所求的稳定系数。通过分析计算能够直观的显示出坡体的实际滑动面。

(4)有限元法能够模拟土体与其支挡结构的共同作用，能对边坡支挡前后的边坡进行稳定性对比分析，这是极限平衡法所不能的；边坡加锚杆前后的分析表明，加锚杆后坡体的滑动面产生后移的趋势，塑性区出现在锚杆加固的边缘，形象直观地说明了锚杆的加固作用。

(5)本文中的应用实例表明，用有限元进行边坡稳定分析的方法是可行的，值得在工程中推广应用。

参考文献

[1] 崔政权. 边坡工程-理论与实际最新发展[M]. 北京：中国水利水电出版社，1999.
[2] D. V. Griffiths and P. A. lane. Slope stability analysis by finite elements[J]. Geotechnique, 49(3):387-403, 1999.
[3] 慰希成. 支挡结构设计手册[M]. 北京：中国建筑工业出版社，1995
[4] 美国 ANSYS 公司、ANSYS 高级技术分析指南，1998.
[5] 王国强、实用工程数值模拟技术在 ANSYA 上的实践[M]. 西安：西北工业大学出版社，2000、
[6] 重庆市奉节县新城区阴里坪居住小区 C 区高边坡地质勘察报告[R]. 重庆：重庆建筑大学兴城建筑总承包公司，2000.11.
[7] 张天宝. 土坡稳定分析和土工建筑物的边坡设计[M]. 成都：成都科技大学出版社，1987.
[8] 龚晓南、土工计算机分析[M]. 北京：中国建筑工业出版社，2000.
[9] 陈祖煜. 土质边坡稳定分析程序 STAB95 使用手册[M]. 北京：中国水利水电科学研究院，1994.
[10] 陈惠发. 极限分析与土体塑性[M]. 北京：人民交通出版社，1995.
[11] 陈祖煜. 土质边坡稳定分析的原理和方法[M]. 北京：中国水利水电科学研究所，2000
[12] 曾宪明，黄酒松. 土钉支护设计与施工手册[M]. 北京：中国建筑工业出版社，2000.

采用快速遗传算法进行岩土工程反分析
Back analysis in geotechnical engineering based on fast-convergent genetic algorithm

高 玮,郑颖人

(后勤工程学院 土木工程系,重庆 400016)

中图分类号:TP 183　　**文献标识码**:A　　**文章编号**:1000-4548(2001)01-0120-03

作者简介:高玮,1971年生,男,1998年于中国矿业大学获工学硕士学位,现为后勤工程学院土木工程系博士研究生,目前主要从事岩石力学、地下工程围岩稳定性分析及岩土工程位移预测、预报研究。

1 引 言

反分析法作为解决岩土工程介质本构模型及物性参数选求问题的有效方法,得到了迅速发展[1~3]。目前反分析法主要分为优化法和逆解法,其中优化法以其普实性得到了广泛应用。但实际应用中发现,传统优化方法存在结果依赖于初值的选取、难以进行多参数优化及优化结果易陷入局部极值等缺点。因此,为了更有效地进行反分析研究,有必要寻求更好的优化方法。近年来,一种源于自然进化的全局摸索优化算法——遗传算法[4],以其良好的性能引起了人们的重视,并已被引入岩土工程研究中[5]。把遗传算法引入岩土工程反分析研究是解决目前反分析缺点的一条有效途径。

2 岩土工程反分析的遗传算法研究

遗传算法是建立于遗传学及自然选择原理基础上的一种随机搜索算法,它采用达尔文生物进化的"物竞天择,适者生存"及门德尔基因遗传的基本原理,其优化搜索过程结合了自然选择及随机信息交换的思想,既能消除原解中的不适应因素,又能利用其已有的信息,是一种能实现全局优化的好方法。

目前已有人开始进行反分析的遗传算法研究[6],但这种初步研究,效率低下,计算费时。对此,笔者也曾提出过一个基于改进遗传算法的进化反演方法[7],但实际应用中发现,该算法计算效率仍较低。为了从本质上改善算法,我们从优化反分析的基本原理入手,寻求解决问题的途径。

根据优化反分析的基本原理,只要找到合适的求解正问题的数值方法,把正问题得到的计算解同观测值的误差作为进化的驱动力,则可实现岩土工程的进化反演。此过程可表示为图1所示。

作为随机优化的遗传算法,其计算量仅为适值函数的计算,因此,岩土工程遗传反分析的计算工作量主要是正问题的计算量。为了改善算法,本文采用一种改进的快速遗传算法[8]进行计算。以下详述岩土工程遗传反分析的算法。

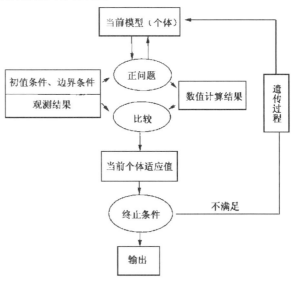

图1 反分析的遗传算法研究基本流程

Fig.1 Basic flow chart of the back analysis based on genetic algorithm

(1)实数编码方式

遗传算法的第一步就是将待优化的参数编码,每一个参数均被表示成位串形式。这里采用对反分析较优越的实数编码方式。具体编码方式[7]为:如本文实例中需反演的参数包括弹性模量、粘塑性参数在内的7个参数(E, γ, N, P_1, P_2, P_3, P_4, 参数具体含义见后),采用实数编码方式其被编码为向量 $A=(E, \gamma, N, P_1, P_2, P_3, P_4)$,其中向量 A 为一条染色体。这种编码可大大提高反分析的效率,具体见文献[7]。

注:本文摘自《岩土工程学报》(2001年第23卷第1期)。

(2)适值函数选择

适值函数能有效指导搜索沿着面向参数优化的方向发展,以逼近最佳参数组合,其选求是算法好坏的关键。

本文选择下列形式适值函数:

$$f = \frac{Num}{\sum_{k=1}^{Num}(e_j(k))^2} \quad (1)$$

式中 $e_j(k)$ 为反演结果的计算误差;Num 为计算样点的个数。

(3)种群数量

种群数量的选求也是保证算法好坏的关键,本文算法中取种群数量为 2,这样每代进化中只进行两次正问题计算,大大减少了计算工作量。

(4)选择操作

本算法无选择算子,但保留择优选择策略,即当前代中最优个体如不比上一代最优个体好,则用上代最优个体替换之。

(5)交叉算子

交叉算子是本算法的关键,其具体操作为:先在每个分量(参数)的取值范围内产生两个随机数 α、β(α+β=1),将两个父代中的每个分量由其取值范围内的两个随机数作仿射组合产生两个新个体。如对两个父代的分量 E_1、E_2,仿射组合产生的两个新个体的分量为 $αE_1+βE_2$ 及 $βE_1+αE_2$。并用两个新个体全部替换两个父代个体。

(6)变异算子

这里采用自适应性变异算子[7],设父代解向量中第 k 个向量 a_k 被随机选出,其变异后的值 a'_k 由下式确定:

$$a'_k = \begin{cases} a_k + \Delta(t, \max a_k - a_k) & \text{如 random}(2) = 0 \\ a_k - \Delta(t, a_k - \min a_k) & \text{如 random}(2) = 1 \end{cases} \quad (2)$$

式中 t 为进化代数;random(2)表示将随机均匀产生的正整数模 2 所得结果;$\Delta(t,y)$ 是一个在范围 $(0,y)$ 内取值的函数,其具体形式为

$$\Delta(t, y) = y(1 - r^{(1-\frac{t}{T})^b}) \quad (3)$$

式中 r 为[0,1]间的随机数;T 为最大进化代数;b 为一个系统参数,一般取为 2。

具体算法描述如下:

Subroutine Genetic Algorithms
  随机初始化种群 $p(0) = (Ind_1, Ind_2)$,$t = 0$
  计算 $p(0)$ 中个体的适应值
  Do while(未达到最大代数或误差门限)
    执行交叉操作
    执行变异操作
    计算 $p(t+1)$ 中个体的适值,$t = t+1$
    实施最优保留策略
  End do
End Subroutine Genetic Algorithms

3 工程实例

为了对本文反分析方法进行工程应用验证,这里采用文献[9]提供的实例进行研究。

某矿为研究巷道围岩稳定性,在一埋深 300 m 的方圆形巷道中布置收敛监测线,监测线布设成两个封闭三角形,共 6 条(具体测线布置见文献[9])。在观测断面掘出 3 d 后,布设观测面,并进行持续量测(具体量测原始成果见文献[9])。

反分析研究中采用一个闭环的三条测线的量测成果,为保证实测值同反分析计算的要求相符,并减少实测中的随机误差,具体反分析中采用实测值最小二乘预处理后的值(预处理方法见文献[9])。反分析研究所需三条测线实测值如下表 1 所示。

经初步判断,巷道围岩处于弹—粘塑性状态,其模型通式为

$$\dot{\varepsilon}_{ij} = \frac{\dot{S}_{ij}}{2G} + \frac{1-2\mu}{E}\dot{\sigma}_{kk}\delta_{ij} + \gamma <\Phi(F)> \frac{\partial Q}{\partial \sigma_{ij}} \quad (4)$$

式中 γ 为粘塑性流动参数;$<\Phi(F)>$ 定义为 $<\Phi(F)> = \begin{cases} \Phi(F) & F>0 \\ 0 & F \leq 0 \end{cases}$;Q 为塑性势函数;F 为塑性屈服函数。

由先验知识及为反分析方便,取 $Q=F$,F 取为广义 Mises 条件的通式 $F = P_1 I_1 + P_2 J_2^{P_3} + P_4$,函数 $\Phi(F)$ 取为 F^N。

由于泊松比 μ 一般变化不大,因此,μ 取实验值 0.25,不作为反演参数。同时,参数 c、φ 隐含于 $P_1 \sim P_4$ 这四个参数中。从而,需反演的参数为 $E, \gamma, P_1 \sim P_4, N$ 七个参数。

遗传反分析中的正问题计算采用有限元法,其具体情况见文献[9]。

遗传反分析开始时,先确定各参数的取值区间:$E \in [2\text{GPa}, 10\text{ GPa}]$,$\gamma \in [0.0001, 0.003]$,$N \in [1.0, 4.0]$,$P_1 \sim P_3 \in [0.0, 10.0]$,$P_4 \in [0.4, 1.1]$。

调用算法进行反演计算,得到各参数反演结果如下:$E = 5.9$ GPa,$\gamma = 0.00269$,$N = 2.27$,$P_1 = 0.16671$,$P_2 = 1.00031$,$P_3 = 0.49986$,$P_4 = 0.17363$。而由地质勘探及岩体物理力学性质试验得:$E = 6.3$ GPa,$\mu = 0.25$,$\varphi = 30°$,$c = 0.2$ MPa。可见,反演得到的 E 同实测差别不大,证明反演结果可信。由广义Mises条件

表 1 实测收敛位移值

Table 1 The measured results of the convergent displacement   mm

时间/月	0.1	0.2	0.3	0.4	0.5	0.6	0.7	0.8	0.9	1.0	1.1	1.2	1.3	1.4	1.5
测线 I	0.0	1.378	2.409	3.404	4.365	5.293	6.19	7.058	7.896	8.708	9.493	10.254	10.992	11.708	12.403
测线 II	0.0	3.921	6.661	9.272	11.757	14.12	16.365	18.49	20.51	22.417	24.219	25.918	27.519	29.023	30.436
测线 III	0.0	8.399	11.988	15.221	18.122	20.716	23.026	25.075	26.885	28.477	29.872	31.088	32.145	33.062	33.854
时间/月	1.6	1.7	1.8	1.9	2.0	2.1	2.2	2.3	2.4	2.5	2.6	2.7	2.8	2.9	3.0
测线 I	13.079	13.738	14.38	15.006	15.62	16.22	16.81	17.39	17.962	18.526	19.083	19.64	20.192	20.742	21.292
测线 II	31.759	32.997	34.152	35.228	36.229	37.157	38.016	38.809	39.539	40.211	40.827	41.39	41.904	42.372	42.798
测线 III	34.54	35.134	35.652	36.107	36.514	36.885	37.231	3.565	37.896	38.233	38.586	38.963	39.371	39.816	40.304
时间/月	3.1	3.2	3.3	3.4	3.5	3.6	3.7	3.8	3.9	4.0	4.1	4.2	4.3	4.4	4.5
测线 I	21.843	22.396	22.953	23.516	24.085	24.662	25.48	25.844	26.453	27.075	27.711	28.363	29.033	29.721	30.43
测线 II	43.184	43.535	43.853	44.142	44.405	44.654	44.866	45.071	45.263	45.446	45.623	45.798	45.973	46.152	46.338
测线 III	40.84	41.429	42.073	42.774	43.536	44.359	45.243	46.188	47.192	48.254	49.371	50.538	51.752	53.008	54.30
时间/月	4.6	4.7	4.8	4.9	5.0	5.1	5.2	5.3	5.4	5.5	5.6	5.7	5.8	5.9	6.0
测线 I	31.159	31.912	32.688	33.49	34.319	35.157	36.062	36.979	37.928	38.911	39.928	40.982	42.073	43.204	44.374
测线 II	46.535	46.746	46.974	47.222	47.495	47.795	48.125	48.489	48.891	49.333	49.818	50.351	50.935	51.572	52.266
测线 III	55.62	56.962	58.317	59.676	61.029	62.367	63.677	64.948	66.166	67.318	68.389	69.365	70.229	70.964	71.554

知,P_1,P_4 的波动范围为 $P_1 \in [0.16013, 0.231]$,$P_4 \in [0.1664, 0.24]$,可见,反演结果符合理论范围;P_2,P_3 的理论值分别为 1.0,0.5,可见,反演结果同理论相当吻合。说明反演得到的塑性参数均是可信地。进一步,由 c,φ 实测值可得,对广义 Mises 条件,其内角外接圆锥屈服面模式的塑性参数为 $P_1=0.166496$,$P_2=1.00$,$P_3=0.5$,$P_4=0.1714$。由择近原则,该巷道围岩的屈服模式应选广义 Mises 条件中的内角外接圆锥模式。

由文献[9]得到的 γ,N 分别为:$\gamma=0.001842$,$N=1.2$。这与本文结果不完全相同,但差别不大。考虑到本文反演得到的屈服模式同文献[9]有差异,因此,反演得到的 γ,N 也是可信的。

4 结　　论

本文提出的把快速遗传算法用于岩土工程反分析的方法是一条解决目前反分析缺点的好途径,它巧妙地把遗传算法融入反分析研究中。采用这种全局优化方法对岩土工程问题进行了高效的反分析研究,实践证明其为一种高效、可信的反分析方法。但它也存在严重依赖先验知识、计算量较大等问题,如何解决这些问题,是本方法下一步应解决的问题。

参考文献:

[1] 杨林德,等.岩土工程问题的反演理论与工程实践[M].北京:科学出版社,1996.
[2] 王芝银,李云鹏.地下工程位移反分析法及程序[M].西安:陕西科学技术出版社,1993.
[3] 吕爱钟,蒋斌松.岩石力学反问题[M].北京:煤炭工业出版社,1998.
[4] Srinivas M,Patnaik L M.Genetic algorithms:a survey[J].IEEE Computer,1994,**27**(6):17～26.
[5] 肖专文,张奇志,梁　力,等.遗传进化算法在边坡稳定性分析中的应用[J].岩土工程学报,1998,**20**(1):44～46.
[6] 王登刚,刘迎曦,李守巨.岩土工程位移反分析的遗传算法[J].岩石力学与工程学报,2000,**19**(增):979～982.
[7] 高　玮,郑颖人.岩体参数的进化反演[J].水利学报,2000,(8):1～5.
[8] 熊盛武,李元香,康立山,等.用演化算法求解抛物型方程扩散系数的识别问题[J].计算机学报,2000,**23**(3):261～265.
[9] 刘保国.岩体粘弹、粘塑性本构模型辨识及工程应用[D].上海:同济大学,1997.

平面应变条件下土坡稳定有限元分析
The slope stability analysis by FEM under the plane strain condition

张鲁渝，时卫民，郑颖人

(后勤工程学院军事土木工程系，重庆 400041)

摘 要：描述岩土材料常采用摩尔—库仑准则和德鲁克—普拉格准则，前者的计算结果较为可靠，后者则更便于数值计算。本文基于非关联流动法则，推导出平面应变条件下两种准则相互转化的关系式，建立了与摩尔—库仑准则精确匹配的 D-P 准则。边坡稳定有限元分析结果表明：与以往各 D-P 准则及摩尔—库仑等效面积圆准则相比，本文建议的匹配 D-P 准则能更好地反映摩尔—库仑准则的实际特性，同时，因采用 D-P 准则的表达形式，也方便了编程计算。

关键词：摩尔—库仑；德鲁克—普拉格；屈服准则；平面应变

中图分类号：TU 441；U 461.1　　**文献标识码**：A　　**文章编号**：1000-4548(2002)04-0487-04

作者简介：张鲁渝(1974—　)，男，重庆万县人，现于重庆后勤工程学院攻读博士，主要从事岩体本构及边坡稳定分析方面的研究。

ZHANG Lu-yu, SHI Wei-min, ZHENG Ying-ren

(Logistical Engineering University, ChongQing 400041, China)

Abstract: The Mohr—Coulomb and Drucker—Prager yield criteria are used widely in geotechnical engineering. Results of the former are reliable, and those of the latter are more efficient in the numerical calculation. This paper deduces the accurate equations which can transform one criterion to another under the plane strain condition. The analysis of an example of slope stability shows that the safe factors obtained from the Mohr—Coulomb criterion being a match for D-P yield criterion provided in this paper is more accurate than those from the other D-P and Mohr—Coulomb equivalent area circle criteria, moreover it is convenient to execute numerical calculation for D-P criterion.

Key words: Mohr—Coulomb; Drucker—Prager; plane strain; yield criterion

1 绪 言

边坡工程稳定性分析主要有极限平衡法、塑性极限分析法和有限元法。极限平衡法经过 70 多年的发展，已积累了丰富的使用经验，但由于方法本身没有考虑土体应力应变关系[1,2]，故不能求出坡体的真实受力；塑性极限分析法虽克服了上述不足，能够在一定程度上考虑土体的应力应变关系，但也只能给出假定滑移面上的应力场及速度场，且同样不能考虑坡体变形及其对稳定性的影响。实践表明：稳定与变形有着相当密切的关系，坡体失稳往往伴随有较大的垂直沉降与侧向变形[3]，有限元法的优势正在于此，它不仅可以求出土体中各点的应力应变，而且还能考虑土体的非线性本构关系。在世界范围内，基于有限元法的边坡稳定分析正得到越来越广泛的应用，它的逐步完善为准确分析此类问题提供了可能[4,5]。

有限元法的计算精度与屈服准则的合理选择直接相关。目前岩土材料常采用摩尔—库仑准则(M-C)和德鲁克—普拉格准则(D-P)。M-C 准则较好地反映了岩土材料拉压不等的特性，应用最为广泛，但也存在诸多缺点，例如，它在三维应力空间中的屈服面存在棱角奇异点而导致数值计算不收敛。为此前人对其做了大量的修正，总体上看，这些修正准则在 π 平面上的屈服面是抹圆了的六角形[6]，虽料好地解决了 M-C 准则棱角不收敛的问题，但它们的表达式往往过于复杂，不便应用。与 M-C 及其众多修正准则不同，D-P 准则在 π 平面上是一个圆，且表述简单，更利于数值计算。经典 D-P 准则可由 M-C 准则基于关联流动法则推出，在 π 平面上，经典 D-P 准则是 M-C 准则的内切圆，其它 D-P 类准则还有 M-C 外角外接圆、内角外接圆以及摩尔—库仑等效面积圆[7]。

在有限元边坡稳定分析中，笔者发现：上述几类 D-P 准则如果均按关联流动法则($\Psi = \phi$，Ψ 为剪胀角，ϕ 为内摩擦角) 求解，所得稳定系数(强度折减系数) 与极限平衡法相比，偏高甚多；如果均采用非关联流动法则($\Psi = 0$)，当 $\phi \leq 27°$，内切圆所得结果偏小，外接圆、内接圆仍偏大；当 $\phi > 27°$，内切圆、内接圆偏小，外接圆偏大。如采用摩尔—库仑等效面积圆准则并满足非关联流动法则，则可将安全系数的计算误差控制在 6% 左右，基本可以接受[8]，但仍稍偏高。鉴于此，本文推导了基于非关联流动法则的 D-P 准则，在平面应变条件下，该准则与 M-C 准则精确匹配，实质上它仍属广义 Mises 准则。算例分析结果表明：与前述各 D-P 类准则及等效面积圆准则相比，采用本文提出的基于非关联流动法则的 D-P 准则所得边坡稳定系数更接近极限平衡法。

注：本文摘自《岩土工程学报》(2000 年第 24 卷第 4 期)。

2 塑性增量本构理论

屈服准则、流动规则和硬化规律是塑性增量本构理论的三个主要组成部分[9]。计算塑性应变增量,首先需要确定材料的屈服条件并选取材料所服从的流动规则(关联流动还是非关联流动),以确定塑性势函数,最后还要决定材料的硬化规律。对于理想弹塑性材料其硬化参数为零。本文以理想弹塑性材料为研究对象。

2.1 屈服准则

(1) 摩尔—库仑准则(M—C)

摩尔—库仑准则在二维应力空间中可表示如下:

$$\left.\begin{array}{l} |\tau| = c + \sigma_n \tan\phi \\ R^{MC} = c\cos\phi + \rho\sin\phi = \sqrt{(\sigma_{11}-\sigma_{22})^2/4 + \tau_{12}^2} \\ \rho = (\sigma_{11} + \sigma_{22})/2 \end{array}\right\} \quad (1)$$

各符合的具体含义见图1,平面问题中,M—C准则符号约定以压为正。

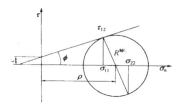

图 1 摩尔圆示意图
Fig. 1 Mohr circle

(2) 德鲁克—普拉格准则

在三维应力空间中 D—P 准则可定义为

$$F(\sigma) = aI_1 + \sqrt{J_2} - k = 0 \quad (2)$$

式中 I_1, J_2 分别为应力张量第一不变量、应力偏量第二不变量; a, k 是材料参数,当 $a = 0$ 时,即为米赛斯准则。

2.2 流动法则

对于关联流动法则,屈服函数与塑性势函数相同 $(F = Q)$,其流动矢量 r 可表示为(以张量表示):

$$r_{ij} = \frac{\partial F}{\partial \sigma} = a_\phi \delta_{ij} + \frac{1}{2\sqrt{J_2}} S_{ij}, \text{其中} \delta_{ij} = \begin{cases} 1 & i = j \\ 0 & i \neq j \end{cases}$$

对于非关联流动法则 $(F \neq Q)$,可取 Q 与 F 形式相同,只需将 a_Ψ 代替式(2)中 a_ϕ 即可,a_Ψ 为材料参数,是关于 Ψ 的函数,对于 D—P 准则有

$$r_{ij} = \frac{\partial Q}{\partial \sigma} = a_\Psi \delta_{ij} + \frac{1}{2\sqrt{J_2}} S_{ij} \quad (3)$$

3 塑性阶段 M—C 与 D—P 准则的转换

可这样理解转换:以平面应变为条件,并基于非关联流动法则,将 M—C 准则转化为等效的 D—P 准则。

理想塑性: $\varepsilon^e \ll \varepsilon^p \Rightarrow \varepsilon^e = 0, \varepsilon = \varepsilon^p$; 平面应变: $\varepsilon^p_{33} = \varepsilon^p_{13} = \varepsilon^p_{23} = 0$; 流动法则: $\varepsilon^p_{ij} = d\lambda r_{ij} = d\lambda \left(a_\Psi \delta_{ij} + \frac{1}{2\sqrt{J_2}} S_{ij} \right)$, $r_{ij} = \frac{\partial Q}{\partial \sigma_{ij}}$。其中 ε^e 为弹性应变, ε^p 为塑性应变, ε 为总应变增量, ε^p 为总塑性应变增量, ε^p_{ij} 为塑性应变增量的分量, $d\lambda$ 为常量系数, σ_{ij} 为应力各分量的张量表示。由以上各式可知: $S_{33} = -2a_\Psi \sqrt{J_2}$, 且 $S_{13} = \sigma_{13} = 0, S_{23} = \sigma_{23} = 0, S_{33} = \sigma_{33} - I_1/3, \sigma_{33} = I_1 - \sigma_{11} + \sigma_{22}, J_2 = [(\sigma_{11}-\sigma_{22})^2 + (\sigma_{33}-\sigma_{22})^2 + (\sigma_{11}-\sigma_{33})^2 + 6\sigma_{12}^2]/6$。进一步可得:

$$I_1 = \frac{3}{2}(\sigma_{11} + \sigma_{22}) - 3a_\Psi \sqrt{J_2} \quad (4)$$

$$J_2 = \frac{\{[(\sigma_{11}-\sigma_{22})/2]^2 + \sigma_{12}^2\}}{1-3a_\Psi^2} = \frac{(R^{MC})^2}{1-3a_\Psi^2} \quad (5)$$

式中 R^{MC} 为摩尔圆半径。将式(4),(5)代入式(2)可得

$$\frac{3}{2}a_\phi(\sigma_{11}+\sigma_{22}) + \frac{R^{MC}(1-3a_\phi a_\Psi)}{\sqrt{1-3a_\Psi^2}} - k = 0 \quad (6)$$

$$R^{MC} = \frac{\sqrt{(1-3a_\Psi^2)}}{(1-3a_\phi a_\Psi)} \left[\frac{-3a_\phi(\sigma_{11}+\sigma_{22})}{2} + k \right] \quad (7)$$

在上述推导中,符号约定以拉为正,即 σ_{11}, σ_{22} 为拉应力,故此处与式(1)对应的 $\rho = -(\sigma_{11}+\sigma_{22})/2$。

联立式(1),(7) 可得 $\sin\phi = 3a_\phi \frac{\sqrt{(1-3a_\Psi^2)}}{(1-3a_\phi a_\Psi)}$, $c\cos\phi = k\frac{\sqrt{(1-3a_\Psi^2)}}{(1-3a_\phi a_\Psi)}$,进一步推得 $a_\phi = \frac{\sin\phi}{3}(a_\Psi\sin\phi + \sqrt{1-3a_\Psi^2})^{-1}$, $k = c\cos\phi(a_\Psi\sin\phi + \sqrt{1-3a_\Psi^2})^{-1}$。

对于关联流动法则,有 $a_\Psi = a_\phi$,得

$$a_\phi = \frac{\tan\phi}{\sqrt{9+12\tan^2\phi}}, k = \frac{3c}{\sqrt{9+12\tan^2\phi}} \quad (8)$$

式(8)即为经典 D—P 准则所对应的参数。对于非关联流动法则,有 $a_\Psi = 0$,可得

$$a_\phi = \sin\phi/3, k = c\cos\phi \quad (9)$$

式(9)便为基于非关联流动法则的 D—P 准则参数。文中将满足上式的 D—P 准则称为摩尔匹配 D—P 准则,此时塑性势函数 Q 已退化为 Von Mises 条件。由 $a_\Psi = 0$ 可得 $\Psi = 0$,即塑性应变增量只与塑性剪应变分量有关,而与塑性体应变分量无关,也即塑性体应变为零。

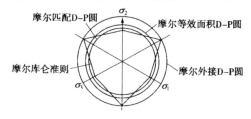

图 2 M—C 准则与 D—P 类准则在 π 平面上的曲线
Fig. 2 The curves of M—C and D—P criteria on the π plane

4 π平面上M-C与D-P的关系

在偏平面上,摩尔库仑准则与D-P准则有如下关系,见图2和表1,图2中省略了摩尔内角内接圆。

表1 各D-P准则参数换算表
Table 1 The parameters transformation of D-P criteria

D-P准则种类	a_ϕ	k
摩尔外角外接 D-P圆(DP1)	$\dfrac{2\sin\phi}{\sqrt{3}(3-\sin\phi)}$	$\dfrac{6c\cos\phi}{\sqrt{3}(3-\sin\phi)}$
摩尔内角外接 D-P圆(DP2)	$\dfrac{2\sin\phi}{\sqrt{3}(3+\sin\phi)}$	$\dfrac{6c\cos\phi}{\sqrt{3}(3+\sin\phi)}$
摩尔等面积 D-P圆(DP3)	$\dfrac{2\sqrt{3}\sin\phi}{\sqrt{2\sqrt{3}\pi(9-\sin^2\phi)}}$	$\dfrac{6\sqrt{3}c\cos\phi}{\sqrt{2\sqrt{3}\pi(9-\sin^2\phi)}}$
摩尔匹配 D-P圆(DP4)	$\sin\phi/3$	$c\cos\phi$

5 算例分析

有限元强度折减系数法正成为边坡稳定分析研究的新趋势[10]。它的基本原理是将土体材料参数c、ϕ值除以一折减系数F_{trial},得到一组新的c'、ϕ'值,然后代入有限元进行试算,当计算"正好"收敛时所对应的F_{trial}即为坡体稳定安全系数,所谓正好收敛是指F_{trial}再稍大一些(数量级一般为10^{-3}),计算便不收敛。与极限平衡法相比,强度折减系数法不需要任何假定,便可自动求得任意形状的临界滑移面及其对应的最小安全系数,同时它还可以真实反映坡体失稳及塑性区的开展过程。本文结合表1中各屈服准则,采用强度折减系数法,分别对同一边坡进行了稳定性分析,作为对比,本文还给出了极限平衡条分法(Spencer法)的计算结果,其采用的强度准则如式(1)。

某简单土质边坡,无孔隙水,土容重$\gamma=25\ \mathrm{kN/m^3}$,坡角为$45°$,坡体底边界为固定约束,左、右边界为水平约束,其它面为自由约束。单元选用平面四节点矩形单元,当坡高为20 m时,划分单元1044个,节点1111个,为保证足够的精度,需在可能滑移面区域对单元网格进行局部加密,网格划分如图3,有限元计算参数共6个,见表2。

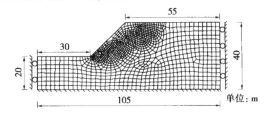

图3 单元网格划分
Fig. 3 The mesh of FE elements

表2 Drucker-Prager准则有限元计算参数
Table 2 The finite element parameters for Drucker-Prager criterion

E/kPa	ν	$\gamma/(\mathrm{kN\cdot m^{-3}})$	ϕ	c	Ψ
1000	0.3	25	变量	变量	0

为避免个别特例在计算结果上存在巧合,笔者对9种情况进行了对比计算,坡高H(m)、粘聚力c(kPa)和摩擦角ϕ(°)按表3变化,计算结果见表3。

如前文所述,极限平衡法(指Spencer法)虽没有考虑土体应力应变关系,不能求出坡体中每一点的真实受力,但因其满足全部平衡条件,故所得安全系数是合理的。对土质比较均匀、坡角不算陡的边坡,采用圆弧滑移面往往能得到足够的精度[8]。表3列出了各种情况下的最小安全系数,Spencer法在众多极限平衡法中公认较为精确,本文以该法计算结果为标准,表3误差定义为:分别求出各准则与Spencer法所得安全系数之差再与Spencer法所得结果相比。

由表3可知,与Spencer法相比,DP1~DP3所得结果均偏大,采用摩尔库仑等效面积圆准则计算出的安全系数误差在6%左右,基本可接受,但仍稍偏高。按本文建议的摩尔匹配D-P准则计算的误差除一种工况外其余8种工况下均为1%左右($\phi=0$时,结果误差较大)。结果异常与材料参数有关,因D-P准则只适用摩擦型材料,当$\phi=0$时,a_ϕ、k均为零,即材料本身没有强度,任何荷载均会导致失稳,这显然不妥,本文取$\phi=1\times10^{-6}$,来近似$\phi=0$的情况,因而误差较大。

从以上分析可知,当有限元计算模型的边界条件、

表3 安全系数计算结果
Table 3 The comparison of calculated safe factor

计算 工况	c/kPa($\phi=17°$, $H=20$ m)			$\phi/(°)$($c=42$ kPa, $H=20$ m)			H/m($\phi=17°$, $c=42$ kPa)		
	10	20	40	0	10	25	20	30	40
DP1	0.661	0.962	1.334	0.525	1.044	1.769	1.368	1.119	0.994
DP2	0.660	0.791	1.097	0.525	0.930	1.332	1.125	0.920	0.818
DP3	0.618	0.793	1.100	0.477	0.896	1.396	1.128	0.923	0.820
DP4	0.572	0.743	1.038	0.453	0.850	1.313	1.068	0.868	0.771
Spencer	0.579	0.746	1.035	0.501	0.846	1.317	1.062	0.866	0.762
(DP1-S)/S	0.142	0.289	0.289	0.048	0.234	0.343	0.288	0.293	0.305
(DP2-S)/S	0.140	0.060	0.060	0.048	0.099	0.011	0.059	0.063	0.073
(DP3-S)/S	0.067	0.063	0.063	-0.048	0.059	0.060	0.062	0.066	0.076
(DP4-S)/S	-0.012	-0.004	0.003	-0.096	0.005	-0.003	0.006	0.002	0.012

注:DP1~DP4具体意义见表1,S指Spencer法。

网格划分密度、单元种类的选择等均满足计算精度要求时,本文给出的屈服准则与摩尔库仑准则等效。此外,有限元法的优越性还体现在能自动给出最危险滑移面(广义塑性应变等值线图)。根据有限元法所确定的最危险滑移面可以得出：实际边坡的最危险滑移面往往不是一条可以用简单函数描述的曲线,而应是具有一定宽度的滑移带(如图 4,5)。计算结果还表明,对于有限元法,选用不同的屈服准则得到的塑性区形状相似,所不同的是塑性应变的大小,本文只给出了摩尔匹配 D-P 准则相应的塑性区。图 6,7 是采用 Spencer 法得出的最危险的滑移面。从图 4~7 可看出,无论是采用有限元法还是极限平衡法,对于均质边坡,两者得到的最危险滑移面相似。尽管如此,极限分析法更适于存在可能滑动边坡的稳定性分析,而对于那些滑动可能性不大,但变形要求高的边坡稳定性分析则必须采用有限元法[11]。

图 4 失稳时的塑性区($\phi = 17°, H = 20$ m, $c = 40$ kPa)
Fig. 4 The plastic zone of unstability

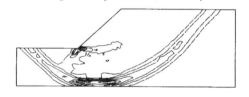

图 5 失稳时的塑性区($\phi = 0°, H = 20$ m, $c = 42$ kPa)
Fig. 5 The plastic zone of unstability

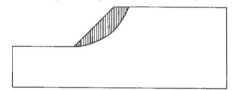

图 6 极限平衡法给出的滑移面(计算参数与图 4 相同)
Fig. 6 The slip surface by limit equilibrium method

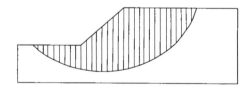

图 7 极限平衡法给出的滑移面(计算参数与图 6 相同)
Fig. 7 The slip surface by limit equilibrium method

6 结 论

(1) 本文基于非关联流动法则建立了与经典的摩尔-库仑准则相匹配的等效 D-P 准则,在平面应变的条件下,如果忽略体积变形,可得到 D-P 参数 a_ϕ, k。边坡稳定分析的算例表明：与各 D-P 准则及等效面积圆准则相比,该摩尔匹配 D-P 准则所得稳定系数更接近常规极限平衡法。

(2) 有限元法确定的最危险滑移面与极限平衡法不同,它往往不是一条可以用简单函数描述的曲线,而应是具有一定宽度的滑移带。

(3) 对于有限元法,选用不同的屈服准则并结合强度折减技术得出的塑性区形状很相似,不同的是塑性应变的大小。无论是采用有限元法还是极限平衡法,对于均质边坡,两者得到的最危险滑移面形状相似。

(4) 有限元法的优点不仅仅在于求出折减系数,如果选用的屈服准则合理,对于具有复杂地质地貌的边坡也可自动求出较为符合实际的临界滑移面,并能模拟土坡失稳及施工开挖的自然过程,这是传统极限平衡法无法做到的。当然就有限元法本身来说,其计算精度不仅受边界条件、网格划分密度、单元种类的影响,还与具体问题的分析方法及数值收敛性的处理有关,这些问题还有待进一步深入研究。

参考文献：

[1] James Michael Duncan. State of the art: limit equilibrium and finite-element analysis of slopes[J]. Journal of Geotechnical Engineering, 1996, **122**(7): 577-596.

[2] JIANG G-L, MAGNAN J-P. Stability analysis of embankments: comparison of limit analysis with methods of slices[J]. Geotechnique, 1997, **47**(4): 857-872.

[3] 钱家欢,殷宗泽. 土工计算原理[M]. 第 2 版. 北京：中国水利水电出版社,1996.

[4] Griffiths D V, Lane P A. Slope stability analysis by finite elements[J]. Geotechnique, 1999, **49**(3): 387-403.

[5] Dawson E M, Roth W H, Drescher A. Slope stability analysis by strength reduction[J]. Geotechnique, 1999, **49**(6): 835-840.

[6] 郑颖人,沈珠江. 广义塑性理论——岩土塑性力学原理[M]. 重庆：中国人民解放军后勤工程学院,1998.

[7] 徐干成,郑颖人. 岩土工程中屈服准则应用的研究[J]. 岩土工程学报,1990, **12**(2): 93-99.

[8] 龚晓南. 土工计算机分析[M]. 北京：中国建筑工业出版社,2000.

[9] 章根德. 土的本构模型及其工程应用[M]. 北京：科学出版社,1995.

[10] 连镇营,韩国城,孔宪京. 强度折减有限元法开挖边坡的稳定性[J]. 岩土工程学报,2001, **23**(4): 407-411.

[11] 崔政权,李宁. 边坡工程——理论与实践最新发展[M]. 北京：中国水利水电出版社,1999.

基于极限平衡理论的局部最小安全系数法
Local minimum factor-of-safety method based on limit equilibrium theory

杨明成[1,2]，郑颖人[2]

(1. 宁夏大学 固体力学研究所，宁夏 银川 750021；2. 后勤工程学院 土木工程系，重庆 400041)

摘　要：根据极限平衡原理和 Mohr-Coulomb 破坏准则，应用最优控制理论思想，并充分考虑运动许可条件，建立了能同时确定边坡临界滑动面和计算最小安全系数的局部最小安全系数法。该法既满足条块力和力矩的平衡，又符合边坡稳定问题的物理本质；既能保证所求解是运动许可的，又能保证不出现数值计算上的困难；不但可以确定临界滑动面和计算对应的最小安全系数，又可以确定条底及条块界面上法向力的作用点，从而消除了以往利用极限平衡法进行边坡稳定分析时对临界滑动面的形状以及条底和条块界面上法向力的作用点的人为假定。算例计算比较表明，本文所给方法是合理可靠的。

关键词：边坡稳定；极限平衡；临界滑动面；局部最小安全系数；运动许可

中图分类号：TU 43　　**文献标识码**：A　　**文章编号**：1000-4548(2002)05-0600-05

作者简介：杨明成(1966—)，男，宁夏同心人，副教授，现为后勤工程学院博士研究生，主要从事岩土工程及计算固体力学的研究。

YANG Ming-cheng[1,2], ZHEN Ying-ren[2]

(1. Institute of Solid Mechanics, Ningxia University, Yinchuan 750021, China; 2. Department of Civil Engineering, Logistical Engineering Institute, Chongqing 400041, China)

Abstract: Local minimum factor-of-safety method is developed in this paper based on the principle of limit equilibrium and Mohr-Coulomb failure criterion, using the idea of optimal control theory and considering kinematic admission conditions sufficiently. This new method satisfies force and moment equilibrium conditions of slices and is consistent with the mechanical and physical aspects of the slope stability problem. It ensures that solutions are kinematically admissible and that difficulties about numerical computation do not appear. It can determine critical slip surface and compute the minimum safety factor and can determine the positions of normal forces acting on base and interface of slices, and then it eliminates some relevant man-made assumptions that are used now in the limit equilibrium method of slope stability analysis. The computation and comparison of examples in literature indicate that the method in the paper is logical and reliable.

Key words: slope stability; limit equilibrium; critical slip surface; local minimum factor-of-safety; kinematical admissibility

1 引　言

迄今为至，在边坡稳定分析的工程实践中，几乎没有例外地采用极限平衡条分法。尽管数值方法得到了长足发展，所增加的工作量对于当前计算机能力而言是微不足道的，但也不能代替极限平衡条分法在工程中的应用地位。对于给定滑动面的边坡，为了使问题变得静定可解，各种极限平衡条分法都对条底上法向力的作用点以及条间推力的方向或作用线作了不同的假定[1]，从而使方法的严密性受到损害。另外，实际边坡的设计和稳定性评价，通常需要确定最危险滑动面(即临界滑动面)的形状和位置，求出边坡的最小安全系数。当潜在滑动面被假定为圆弧状时，临界滑动面(或称临界滑弧)可以不借助复杂的优化技术就能搜索出满意的结果[2]。但一般来讲，无论是由静力还是地震力引起的破坏，滑动面都是任意形状而不是严格的圆弧。尤其是形状复杂、材料性质多变的边坡，其临界滑动面的形状与圆弧的差别就越大。因此，在不引入以上人为假定的情况下，任意形状临界滑动面的确定以及对应最小安全系数的计算更具有理论价值和实际工程意义。

本文根据极限平衡原理和 Mohr-Coulomb 破坏准则，应用最优控制理论的思想，认为整体安全系数最小的滑动面，其每个条块的局部安全系数也应该是最小，并充分考虑运动许可条件，建立能同时确定边坡临界滑动面和计算最小安全系数的局部最小安全系数法，消除以往人们利用极限平衡条分法进行边坡稳定分析时对临界滑动面的形状，以及条底和条块界面上法向力的作用点的人为假定。

2 基本方程
2.1 条块力平衡方程

考虑图1(a)所示的可能滑动体的平衡，即将破坏时，滑动体处于极限平衡。将滑动体划分成 n 个垂直条块。条块 i 的受力分析如图1(b)所示。根据条块垂直和水平方向力的平衡，可以得到

注：本文摘自《岩土工程学报》(2002年第24卷第5期)。

$$T_i - T_{i-1} - W_i + (S_i - K_{ci}W_i)\sin\alpha_i + P_i\cos\alpha_i = 0 \quad (1)$$

$$E_i - E_{i-1} + (S_i - K_{ci}W_i)\cos\alpha_i - P_i\sin\alpha_i = 0 \quad (2)$$

式中 T_i 和 T_{i-1} 分别为作用在条块界面 i 和 $i-1$ 上的剪切力；E_i 和 E_{i-1} 分别为作用在条块界面 i 和 $i-1$ 上的法向力；W_i 为条块 i 的重力；S_i 和 P_i 分别为作用在条底 i 上的剪切力和法向力；α_i 为条底 i 的倾角；K_{ci} 为局部安全系数 F_i 为 1 时所对应的局部临界加速度。

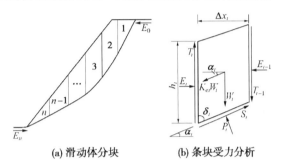

(a) 滑动体分块 (b) 条块受力分析

图 1 边坡体分块及条块受力分析

Fig. 1 Slices of a sliding mass and the forces acting on a slice

2.2 条块力矩的平衡方程

对条块左下角取矩得到

$$P_i D_{pi} + E_i (D_{e(i-1)} + \Delta x_i \tan\alpha_i) - T_{i-1}\Delta x_i - W_i D_{wi} + K_{ci}W_i D_{kwi}\cos\alpha_i - K_{ci}W_i D_{wi}\sin\alpha_i - E_i D_{ei} = 0 \quad (3)$$

式中 D_{pi}，D_{wi} 和 D_{ei} 分别为 P_i，W_i 和 E_i 对于条块左下角的力臂；D_{kwi} 为 $K_{ci}W_i$ 的水平分量对于条块左下角的力臂；$D_{e(i-1)}$ 为 E_{i-1} 作用点到条块右下角的距离；Δx_i 为条块 i 的宽度。

力矩平衡条件要求所有有效法向应力的作用点应在条块体的边界内，即 $0 \leqslant D_{pi} \leqslant l_i$，$0 \leqslant D_{ei} \leqslant h_i$，其中，$l_i$ 为条块 i 对应的条底长度，h_i 为条块界面 i 的高度。P_i 的作用点最好是在条底中间 1/2 的范围内，但不一定在条底的中心，在靠近滑动面的上端，离条底中心比离条底两端更近，在靠近坡脚的地方逐渐靠近条底的左端，对于具有反转角的条块来说，其位置有点向后移向中心[3]。而比较合理的 D_{ei} 的值，在一些极限平衡条分法中一般被认为是条块界面高度的 1/3[4]。对于无黏性土，D_{ei} 值应该而且肯定接近 $h_i/3$ 这个值；对于黏性土，理论上，在主动区 D_{ei} 值应该低于 $h_i/3$ 这个水平，而在被动区应该高于 $h_i/3$ 这个水平。这个结论是基于一般的土压力的考虑，例如，按照朗肯的主动和被动土压力分布。

2.3 剪力方程

假定在平行于条底的荷载 $K_{ci}W_i$ 的作用下，条间剪力和条底剪力同时得到了调动，使得条块界面与条底同时达到极限平衡。则滑动面上的剪力方程可以根据 Mohr-Coulomb 破坏准则给出：

$$S_i = \frac{c_i' l_i + (P_i - U_i)\tan\varphi_i'}{F_i} \quad (4)$$

式中 c_i'，$\tan\varphi_i'$ 为土体的有效抗剪强度参数；U_i 为作用在条底 i 上的孔隙水压力的合力。

将平行于条底的荷载 $K_{ci}W_i$ 沿着垂直方向和水平方向分解，其垂直分量为 $K_{ci}W_i\cos\delta_i$，水平分量为 $K_{ci}W_i\sin\delta_i$。其中 δ_i 为条底 i 与条块界面 i 之间的夹角。由方程(4)可知，滑动面上的调动剪力与 $\frac{1}{F_i}$ 成正比，而 $\frac{1}{F_i}$ 与临界加速度 K_{ci} 成线性关系[5]，根据前面的分析，条块界面 i 上的调动剪力应该与 $\frac{\cos\delta_i}{F_i}$ 成正比，因此，条间剪力方程可以表示成下面的形式：

$$T_i = \frac{[c_i' h_i + (E_i - P_{wi})\tan\varphi_i']\cos\delta_i}{F_i} \quad (5a)$$

式中 P_{wi} 表示作用在条块界面 i 上的水压力的合力。

当 $\delta_i + \alpha_i = 90°$ 时

$$T_i = \frac{[c_i' h_i + (E_i - P_{wi})\tan\varphi_i']\sin\alpha_i}{F_i} \quad (5b)$$

值得注意的是，方程(5)与文献[6]中给出的条间剪力方程类似。对于任意的条块 i，这两个方程的区别在于 $\cos\delta_i$ 项，该项是一个与滑动面相对于条块界面的形状有关的变量。由于这一项，方程(5)所定义的条间剪力的调动程度可以表示成 $\frac{\cos\delta_i}{F_i}$，这个调动程度与滑动面上仅仅为 $\frac{1}{F_i}$ 的调动程度不同，它反映了条块的几何形状对条间剪力的影响。

由于土体的不抗拉性，因此破坏条件要求所有有效法向应力必须为正，即 $P_i \geqslant U_i$，$E_i \geqslant P_{wi}$。

对于黏土边坡，某些安全系数值将会导致在靠近坡顶处出现负的条间法向力，这就是条块界面的破坏机理与剪切或滑动破坏的不同之处。根据材料的抗拉强度，可以修正这些边界上的有效法向力。对于那些有效法向力的值超过抗拉强度的情况，通过设置张裂缝，可以将条块界面上的有效法向力和剪切力看作是零，因为除了充水的裂缝有侧向水压力以外，一般张裂缝不能传递力，分析中也很容易考虑张裂缝充水状态下的水压力。张裂缝深度 z_c 的取值公式如下：

$$z_c = \frac{2c}{\gamma \tan(45° - \varphi/2)} \quad (6)$$

式中 γ，c 和 φ 分别为坡顶附近介质的容重、黏聚力和摩擦角。

方程(6)也可看成是条块宽度无穷小时的自稳高度，这样张裂缝自动纳入极限平衡理论体系。

3 运动许可条件

合理的边坡稳定性分析方法首先要满足所有平衡条件,其次是不违反破坏准则,还应该是运动许可的。这就要求滑动面上的剪力 S_i 的方向应与条块的滑动方向相反,对于处于极限平衡的可能滑动体来说,它的可能滑动方向应该向下,因此,剪切力 S_i 的方向就是图 1(b) 中所示的方向,即要求 $S_i > 0$。

同样,运动许可条件要求条块 $i-1$ 对条块 i 的摩擦力 T_{i-1} 的方向应与条块 i 相对于条块 $i-1$ 的运动方向相反,而边坡稳定性问题是一个典型的主动土压力问题,条块 i 相对于条块 $i-1$ 是一个摩擦墙,即条块 i 相对于条块 $i-1$ 应该向上运动,如图 2(a) 所示,这就要求条块 i 的速度 v_i 处于条块 $i-1$ 的速度 v_{i-1} 的上方,其相容速度关系如图 2(b) 所示。根据相关联流动法则,可以证明,如果材料遵守 Mohr-Coulomb 破坏准则,则条块 i 的速度与滑裂面的夹角为 φ_i。根据上面的分析有

$$\varphi_i - \alpha_i > \varphi_{i-1} - \alpha_{i-1} \tag{7}$$

当 $\varphi_i = \varphi_{i-1}$ 时

$$\alpha_{i-1} > \alpha_i \tag{8}$$

则 T_i 的方向就是图 1(b) 中所示的方向。

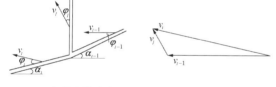

(a) 相邻条块速度　　(b) 速度相容关系

图 2　相邻条块的速度及相容关系

Fig. 2 The velocities of adjacent slices and the compatible relationship among these velocities

4 临界滑动面确定

根据上面所给的方程和许可条件,给出一种确定临界滑动面的局部最小安全系数法。将方程(4)和方程(5)中的 F_i 取为 1,代入方程(1)和方程(2),同时整理方程(3)得

$$\left.\begin{array}{l} A_{11}E_i + A_{12}P_i + A_{13}K_{ci} = A_{14} \\ A_{21}E_i + A_{22}P_i + A_{23}K_{ci} = A_{24} \\ A_{31}E_i + A_{32}P_i + A_{33}K_{ci} = A_{34} \end{array}\right\} \tag{9}$$

式中 $A_{11} = \tan\varphi_i' \sin\alpha_i$;$A_{12} = \cos(\varphi_i' - \alpha_i)/\cos\varphi_i'$;$A_{13} = -W_i \sin\alpha_i$;$A_{14} = T_{i-1} + W_i + (P_{wi} + U_i)\tan\varphi_i' \sin\alpha_i - c_i'(h_i + l_i)\sin\alpha_i$;$A_{21} = 1$;$A_{22} = \sin(\varphi_i' - \alpha_i)/\cos\varphi_i'$;$A_{23} = -W_i \cos\alpha_i$;$A_{24} = E_{i-1} + U_i \tan\varphi_i' \cos\alpha_i - c_i' l_i \cos\alpha_i$;$A_{31} = -D_{ei}$;$A_{32} = D_{pi}$;$A_{33} = W_i D_{kwi} \cos\alpha_i - W_i D_{wi} \sin\alpha_i$;$A_{34} = W_i D_{wi} + T_{i-1}\Delta x_i - E_{i-1}(D_{e(i-1)} + \Delta x_i \tan\alpha_i)$。

方程(9)是关于 E_i、P_i 和 K_{ci} 的线性方程组。当 α_i、D_{ei} 和 D_{pi} (通过试算)给定,通过求解该方程组,可以唯一地确定 E_i、P_i 和 K_{ci}。

临界滑动面是对应于安全系数最小的滑动面。根据控制论中的最优性原理,整体安全系数最小的控制,其局部安全系数必定是最小的,而安全系数最小和临界加速度最小是等价的[7]。局部最小安全系数法就是以局部临界加速度最小为控制条件,从边坡的入口开始,在 α_i、D_{ei} 和 D_{pi} 的变化范围内不断变化 α_i、D_{ei} 和 D_{pi} 的值,重复求解方程组(9),寻找出最小局部加速度 K_{ci} 所对应的 α_i、D_{ei} 和 D_{pi},即条底的倾角、条底及条块界面法向力的作用点,从而给出临界滑动面上的下一个点,即条块的左下角点,再以该点为起点重复以上过程,直到出口为止,就可以确定一条相对于该入口的危险滑动面。对每一个入口用同样的方法都可以得到一条对应的危险滑动面,这些危险滑动面中,整体临界加速度最小(即整体安全系数最小)的危险滑动面就是所要找的临界滑动面。该法既可以确定临界滑动面,又可以确定条底及条块界面法向力的作用点。

5 整体临界加速度 K_c 计算

当临界滑动面确定后,由临界滑动面及坡面和地表面所圈定的可能滑动体处于极限平衡状态。为计算该极限平衡状态对应的整体临界加速度 K_c,将方程(1)、(2) 中的局部临界加速度 K_{ci} 用整体临界加速度 K_c 替换,将方程(4)、(5) 中的 F_i 取为 1,代入方程(1)、(2)后,消去 S_i、T_i 和 T_{i-1},然后从得到的两方程中消去 P_i,得

$$E_i = E_{i-1}e_i - q_iK_c + a_i \tag{10a}$$

方程(10a)是递推关系,由此可以得到

$$E_n = E_{n-1}e_n - q_nK_c + a_n$$
$$E_n = E_{n-2}e_ne_{n-1} - (q_n + q_{n-1}e_n)K_c + (a_n + a_{n-1}e_n) \tag{10b}$$

进一步可以写成

$$E_n = E_0 e_n e_{n-1} e_{n-2} \cdots e_1 - K_c(q_n + q_{n-1}e_n + \cdots + q_1 e_n e_{n-1} \cdots e_2) + (a_n + a_{n-1}e_n + \cdots + a_1 e_n e_{n-1} \cdots e_2) \tag{11}$$

不存在任何外力的情况下, $E_n = E_0 = 0$,因此

$$K_c = \frac{a_n + a_{n-1}e_n + \cdots + a_1 e_n e_{n-1} e_{n-2} \cdots e_2}{q_n + q_{n-1}e_n + \cdots + q_1 e_n e_{n-1} e_{n-2} \cdots e_2} \tag{12}$$

式中

$$\left.\begin{array}{l}a_i = \dfrac{(W_i - X_i + X_{i-1})\sin(\varphi_i' - \alpha_i) + R_i\cos\varphi_i'}{\tan\varphi_i'\sin\alpha_i\sin(\varphi_i' - \alpha_i) - \cos(\varphi_i' - \alpha_i)} \\ q_i = \dfrac{W_i\cos\varphi_i'}{\tan\varphi_i'\sin\alpha_i\sin(\varphi_i' - \alpha_i) - \cos(\varphi_i' - \alpha_i)} \\ e_i = \dfrac{\tan\varphi_{i-1}'\sin\alpha_{i-1}\sin(\varphi_i' - \alpha_i) - \cos(\varphi_i' - \alpha_i)}{\tan\varphi_i'\sin\alpha_i\sin(\varphi_i' - \alpha_i) - \cos(\varphi_i' - \alpha_i)} \\ R_i = c_i' l_i - U_i\tan\varphi_i' \\ X_i = (c_i' h_i - P_{wi}\tan\varphi_i')\sin\alpha_i \\ \varphi_0' = \varphi_n' = 0, c_0' = 0\end{array}\right\}$$

(13)

只要 K_c 的值确定,就可以从 $E_0 = 0$ 开始,由方程(10a) 给出所有 E_i 的值,然后由方程(5) 给出所有 T_i,根据方程(4) 和(1) 可以得到法向力 P_i 为

$$P_i = (W_i - T_i + T_{i-1} + K_c W_i\sin\alpha_i - c_i' l_i\sin\alpha_i + U_i\tan\varphi_i'\sin\alpha_i)\cos\varphi_i'\sec(\varphi_i' - \alpha_i) \quad (14)$$

求出法向力 P_i,方程(4) 将给出所有剪切力 S_i。

6 整体安全系数 F 计算

对于临界加载系数 K_c 不等于零的边坡,可以同时减小所有滑动面和条块界面上的抗剪强度,直到由方程(12) 所计算出的加载系数 K_c 减小为零,即可计算出静力安全系数 F。在方程(13)中代入下列抗剪强度值 $\dfrac{c_i'}{F}, \dfrac{\tan\varphi_i'}{F}, \dfrac{c_{i-1}'}{F}$ 和 $\dfrac{\tan\varphi_{i-1}'}{F}$ 即可实现这个目的。也可以直接假定 F 的初始试算值为[8]

$$F = 1 + 3.3K_c \quad (15)$$

令 $K_c = 0$,由方程(10a),得

$$E_i = E_{i-1}e_i + a_i \quad (16)$$

将所给的抗剪强度值代入方程(13),从已经确定的临界滑动面的入口开始,一个条块一个条块地进行到滑动面的出口。对于特定的 F 试算值,将会有相应的边界力 E_n 值(如图1(a) 所示) 使边坡保持稳定。如果求得的 E_n 大于给定的边界值,F 下一次的试算值应该小于前一次的假定值;同样,如果求得的 E_n 小于给定的边界值,F 下一次的试算值应该大于前一次的假定值。求解方法就是这样一个逐次逼近的过程,最后得到的 E_n 值等于或接近给定的边界值。当然,在大多数情况下,这个给定边界力将是大小为零的力。

后一种方法的迭代速度很快,本文采用后种方法。

7 算例分析

为便于比较,对文献[9]介质容重为 18.5 kN/m^3 的两种不同坡率的边坡进行分析,一种是1:1的边坡,另一种是1:2的边坡。每种边坡的高度任意选为8m,

黏聚力 c 从 2.5 kPa 变化到 30 kPa,摩擦角 φ 从 10°变化到 20°,以考虑材料的强度参数对边坡稳定性的影响。边坡开挖底部其下面刚性层边界的深度为 6 m,地下水位线假定位于刚性层的下面。对每一种情况,分别用本文所给的局部最小安全系数法、文献[9]所给方法和简化 Bishop 法[2]确定临界滑动面并计算整体最小安全系数,计算结果见表1。

表1 边坡整体最小安全系数的比较
Table 1 Comparison of factors of safety for model slopes

边坡坡率	c /kPa	φ /(°)	边坡整体最小安全系数		
			本文方法	有限元法	简化 Bishop 法
1:1	25	20	1.80	1.87	1.71
	20	20	1.56	1.68	1.50
	15	20	1.30	1.46	1.29
	10	20	1.06	1.00	1.05
	30	15	1.93	1.85	1.75
	25	15	1.70	1.65	1.53
	20	15	1.47	1.45	1.32
	15	15	1.24	1.24	1.11
	10	15	0.97	1.00	0.92
	25	10	1.51	1.42	1.35
	20	10	1.38	1.23	1.15
	15	10	1.15	1.00	1.12
1:2	20	20	2.12	2.05	2.09
	15	20	1.80	1.85	1.82
	10	20	1.47	1.60	1.54
	5	20	1.15	1.23	1.21
	2.5	20	1.00	1.00	1.06
	25	15	2.21	1.87	2.05
	20	15	1.87	1.72	1.78
	15	15	1.57	1.54	1.53
	10	15	1.30	1.29	1.29
	5	15	0.96	1.00	0.99
	15	10	1.40	1.19	1.27
	10	10	1.13	1.00	1.15

表中简化 Bishop 法对应的整体最小安全系数是由文献[2]所给稳定图表确定的。有限元法对应的整体最小安全系数是由文献[9]所给局部最小安全系数法得到的,该法在有限元中采用 D-P 非线性应力-应变关系求解一点的有效应力状态,然后,根据 M-C 准则计算土的剪切强度 s,根据 Mohr 圆计算剪应力 τ,并定义局部安全系数为 $FS_L = s/\tau$,通过强度折减,认为局部安全系数小于或等于1的点为破坏点,将这些破坏点连接起来,就得到临界滑动面,而强度折减系数就是所要求的最小安全系数。

由表1可见,整体最小安全系数随材料剪切强度的增大而增大。当摩擦角 φ 保持不变时,由本文所给方法和简化 Bishop 法得到的整体最小安全系数之间的相对误差,随着黏聚力 c 的减小而减小。特别是对于临界 c 和 φ 值的组合,两种方法得到的结果吻合的很好,它们之间的相对误差有的甚至不到1%(例如坡率为1:1,c,φ 值分别为 10 kPa 和 20°的边坡)。这是由于当摩擦角 φ 保持不变时,黏聚力 c 越小,边坡的临界滑动面就越平缓,条块界面上的正应力从一个条块到另一个条块的变化并不大,使得绝大多数条块的条间

剪力的差接近于零。因此,考虑(如本文所给方法)或不考虑(如简化Bishop法)条间剪力对最终安全系数的计算影响不大。反之,这种影响是显而易见的,对于本文所研究的各种情况,除个别情况外,它们之间的相对误差在10%之内。以上结果说明由本文所给方法得到的整体最小安全系数是合理可靠的。

为了进一步说明本文所给局部最小安全系数法的有效性,对每一种坡率的两个处于临界状态的边坡,分别用本文所给方法和简化Bishop法[2]确定临界滑动面,并将结果表示在图3和图4中。

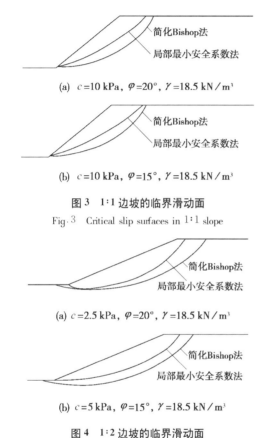

(a) $c=10$ kPa, $\varphi=20°$, $\gamma=18.5$ kN/m³

(b) $c=10$ kPa, $\varphi=15°$, $\gamma=18.5$ kN/m³

图3 1:1边坡的临界滑动面
Fig.3 Critical slip surfaces in 1:1 slope

(a) $c=2.5$ kPa, $\varphi=20°$, $\gamma=18.5$ kN/m³

(b) $c=5$ kPa, $\varphi=15°$, $\gamma=18.5$ kN/m³

图4 1:2边坡的临界滑动面
Fig.4 Critical slip surfaces in 1:2 slope

由图3和图4可以发现,用本文方法确定的临界滑动面的位置要比由简化Bishop法确定的临界滑动面的位置高,用本文方法确定的临界滑动面的入口要比由简化Bishop法确定的临界滑动面的入口离坡肩近,但是,两种方法所给的临界滑动面的出口点相当一致,特别是对于1:1的边坡,其出口几乎相同。

8 结　语

本文所给局部最小安全系数法既满足条块力和力矩的平衡,又符合边坡稳定问题的物理本质;既能保证所求解是运动许可的,又能保证不出现数值计算上的困难,不但可以确定临界滑动面及其对应的最小安全系数,又可以确定条底及条块界面上法向力的作用点,使得上机一次就能得到所需要的结果,大大提高了工作效率,这是传统方法所无法比拟的。该法在确定临界滑动面时不需要初始滑动面,能避开局部极值问题,它也不像简化Bishop法在确定临界滑动面时需要给出合适的滑弧中心位置,只需从入口开始就可以准确、迅速、方便地定出临界滑动面的位置及其相应的整体安全系数,这也是传统的试算法无法做到的。同时局部最小安全系数法不要求计算者有过多的计算经验,因此易于推广到工程中应用。计算结果表明,局部最小安全系数法是合理和可靠的。

参考文献:

[1] Duncan J M. State of the art: limit equilibrium and finite element analysis of slopes[J]. J of Geotech Eng, ASCE, 1996, **122**(7): 577−596.

[2] Huang Y H. 土坡稳定分析[M]. 北京:清华大学出版社, 1988.

[3] Zhang S, Chowdhury R N. Interslice shear force in slope stability analysis: a new approach [J]. Soils and Foundations, 1995, **35**(1): 65−74.

[4] Janbu K N. Slope stability computations[A]. Hirschfeld R C, Poulos S J. Embankment Dam engineering[M]. New York: John wiley and Sons, 1973. 47−86.

[5] Hoek E. General two-dimensional slope stability analysis[A]. Brown E T. Analytical and Computational Methods in Engineering Rock Mechanics[M]. London: Allen & Unwin, 1987. 95−128.

[6] Sarma S K. Stability analysis of embankment and slopes [J]. Geotech Eng Div, ASCE, 1979, **105**(12): 1511−1524.

[7] Sarma S K. A note on the stability analysis of slopes[J]. Geotechnique, 1987, **37**(1): 107−111.

[8] Sarma S K, Bhave M V. Critical acceleration versus static factor of safety in stability analysis of earth dams and embankments[J]. Geotechnique, 1974, **24**(4): 661−665.

[9] Huang S L, Yamasaki K. Slope failure analysis using local minimum factor-of-safety approch [J]. J of Geotech Eng, ASCE, 1993, **119**(12): 1974−1987.

基于广义塑性理论上界法的有限元法及其应用

王敬林[1]　邓楚键[1]　郑颖人[1]　陈瑜瑶[2]

([1]后勤工程学院土木工程系　重庆　400041)　([2]广州军区空军勘察设计院　广州　510000)

摘要　实验证明，岩土材料不适应关联流动法则，而应采用非关联流动法则。把广义塑性力学理论引入到极限分析的上界法，据此编制了有限元程序，并引入数学规划方法寻求问题的最小上界解。通过和经典解析解的比较可知，该方法是一种合理有效的方法。

关键词　非关联流动法则，上界法，有限元法

分类号　TU 43　　**文献标识码**　A　　**文章编号**　1000-6915(2002)05-0732-04

1　引　言

20 世纪 50 年代，Drucker 和 Prager 把应力场和速度场结合起来并提出极值理论，建立了极限分析理论。文[1]基于关联流动法则提出了岩土的上界法，此后，Sloan 又给出了相应该上界法的有限元法[2]。实验证明，岩土材料不适应关联流动法则，而应采用非关联流动法则(即广义塑性理论)。为此，本文在极限分析理论的基础上，提出了基于广义塑性理论的极限分析上界法，给出了该法的有限元方程，编制了有限元分析程序，并引入线性规划法，寻求问题的最小上界数值解。

2　基于广义塑性理论上界法的原理

虚功原理可以叙述为：任何一组与静力许可应力场 σ_{ij}^0 平衡的外荷载 F_i 与 T_i，对于任何机动许可的速度场 v_i^* (虚速度)所做的虚外功率等于静力场 σ_{ij}^0 对相应的虚应变率 $\dot{\varepsilon}_{ij}^*$ 所做的虚内功功率。对于剪切问题，用公式表示为

$$\int_V F_i v_i^* dV + \int_A T_i v_i^* dA = \int_V \sigma_{ij}^0 \dot{\varepsilon}_{ij}^* dV + \int_L (\tau - \sigma_n \tan\omega)\Delta V_t dL \quad (1)$$

式中：ω 为应力特征线与速度滑移线之间的夹角，当采用正交流动法则时，$\omega = \varphi$，此时存在过大的剪胀变形，当采用非正交流动法则时，$\omega = \dfrac{\varphi}{2}$，此时不会产生塑性体变[3]；$F_i$，$T_i$ 分别为作用在物体上的面力和体力；v_i^*，$\dot{\varepsilon}_{ij}^*$ 分别为速度场中的速度和应变率；σ_{ij} 为静力场中的应力；c，φ 为土体抗剪强度指标；ΔV_t 为速度间断线两侧切向速度变化量；τ，σ_n 分别为速度间断线 L 上的剪应力和正应力。

根据上述原理，可推导出上界定理为：在所有的与机动容许的塑性变形速度场相对应的荷载中，极限荷载为最小。采用正交流动法则时，有

$$\int_V F_i v_i^* dV + \int_A T_i v_i^* dA \leq \int_V \sigma_{ij}^* \dot{\varepsilon}_{ij}^* dV + \int_L c\Delta V_t dL \quad (2)$$

采用非正交流动法则时[4]，有

$$\int_V F_i v_i^* dV + \int_A T_i v_i^* dA \leq \int_V \sigma_{ij}^* \dot{\varepsilon}_{ij}^* dV +$$
$$\int_L c\Delta V_t dL + \int_L \sigma_n\left(\tan\varphi - \tan\dfrac{\varphi}{2}\right)\Delta V_t dL \quad (3)$$

式中：σ_{ij}^* 为由 $\dot{\varepsilon}_{ij}^*$ 按塑性变形法则求出的应力。本文以式(3)为基础进行分析计算。

3　基于广义塑性理论的上界有限元法

用上界法求解岩土工程实际问题时，需要求出内、外能消散率及相应的约束方程。

3.1　内能消散率的求解

常采用三角形单元，包括速度间断线上的能量消散率、三角形单元的能量消散率。

3.1.1　三角形单元的能量消散率

注：本文摘自《岩石力学与工程学报》(2002 年第 21 卷第 5 期)。

(1) 单元离散模式

把研究对象按三角形单元进行离散，见图 1。设定每一个节点具有两个速度分量，同时每一个单元有 m 个塑性变化率。

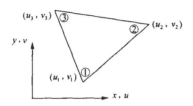

图 1　上界法的三角形单元
Fig.1　Triangular element of upper bound method

假设三角形区域内的速度场按线性分布，即

$$u = \sum_{i=1}^{3} N_i u_i \\ v = \sum_{i=1}^{3} N_i v_i \quad (4)$$

式中：u_i，v_i 分别为 x，y 坐标方向上的节点速度；N_i 为形状函数，表示为

$$\begin{cases} N_i = \dfrac{1}{2A}(a_i + b_i + c_i) \\ a_i = x_j y_k - y_j x_k,\ b_i = y_j - y_k,\ c_i = -x_j + x_k \\ (i = i,\ j,\ k) \end{cases}$$

式中：i，j，k 为三角形单元节点，按逆时针排列；A 为三角形单元面积；a_i，b_i，c_i 为系数。也可把式(4)写成如下形式：

$$[u\ \ v]^T = [\phi][u_i\ \ v_i\ \ u_j\ \ v_j\ \ u_k\ \ v_k]^T \quad (5)$$

式中：$[\phi] = [N_i E\ \ N_j E\ \ N_k E]$，$E$ 为 2×2 阶单位矩阵。

(2) 塑性势函数的线性化

在经典的分析中，常用莫尔-库仑屈服准则，并把它线性化，用一个外切正多边形来逼近莫尔应力圆[2, 5]，即用 $F_k = A_k \sigma_x + B_k \sigma_y + C_k \tau_{xy} - 2c \cos\varphi$ 来模拟。

$$F = (\sigma_x - \sigma_y)^2 + (2\tau_{xy})^2 - [2c\cos\varphi - (\sigma_x + \sigma_y)\sin\varphi]^2$$

式中：$A_k = \cos\alpha_k + \sin\varphi$；$B_k = -\cos\alpha_k + \sin\varphi$；$C_k = 2\sin\alpha_k$；$\alpha_k = 2k\pi/m$；$k = 1, 2, \cdots, m$。

广义塑性理论认为，塑性应变的流动方向是由塑性势面决定的，其大小由与塑性势面相对应的屈服面来确定。在极限分析中，常只考虑纯剪切情况，塑性势面为 Q 面[6]，即

$$Q = (\sigma_x - \sigma_y)^2 + (2\tau_{xy})^2 - \left(\sqrt{3}c\right)^2 \quad (6)$$

上式表明，在 π 平面内的塑性势函数可以表示为以 $(\sigma_x - \sigma_y)$ 为横轴，$2\tau_{xy}$ 为纵轴，$\sqrt{3}c$ 为半径，以原点为圆心的圆域，见图 2。由于三角形单元中采用线性速度场形式，所以，此塑性势函数也需要进行线性化，为此，可参照文[2, 5]的方法，用一个外切正多边形来逼近上述圆域。设正多边形的边数为 m，则第 k 边塑性势函数的线性表达式为

$$Q_k = A_k \sigma_x + B_k \sigma_y + C_k \tau_{xy} - \sqrt{3}c \quad (7)$$

式中：$A_k = \cos\alpha_k$，$B_k = -\cos\alpha_k$，$C_k = 2\sin\alpha_k$，$\alpha_k = 2k\pi/m$，$k = 1, 2, \cdots, m$。

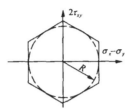

图 2　势函数线性化
Fig.2　Linearization of potential function

(3) 三角形单元内的能量消散率

三角形单元内的能量消散率为

$$w_e = \int_A (\sigma_x \varepsilon_x + \sigma_y \varepsilon_y + \tau_{xy} \gamma_{xy}) \mathrm{d}A \quad (8)$$

将表达式(7)代入上式整理得

$$w_e = 2A\cos\theta \sum_{k=1}^{p} \mathrm{d}\lambda_k \int_A c \mathrm{d}A \quad (9)$$

3.1.2 速度间断线上的能量消散率

速度间断线上的能量消散率为

$$w_L = \int_L c|\Delta u|\mathrm{d}L + \int_L \sigma_n \left(\tan\varphi - \tan\dfrac{\varphi}{2}\right)|\Delta u|\mathrm{d}L \quad (10)$$

求解 σ_n 时，单元剖分同图 4，采用莫尔-库仑屈服准则，设间断线与 x 轴成 α 角，则有

$$\sigma_n = \dfrac{\sigma_x + \sigma_y}{2} + \dfrac{\sigma_x - \sigma_y}{2}\cos 2\alpha - \tau_{xy}\sin 2\alpha \quad (11)$$

式(9)为某一个三角形单元的内能消散率，式(10)为某一条速度间断线上的内能消散率。将它拓展到整个计算区域，即将所有的单元和全部速度间断线上的内能消散率按式(9)、(10)两式合并，得

$$C_2^T X_2 + C_3^T X_3 \quad (12)$$

式中：C_2^T，C_3^T 为目标系数矩阵。

3.2 约束方程的求解

3.2.1 三角形单元内满足非关联流动法则约束方程

在用上界定理求解岩土问题时，假设：(1) 岩土为理想刚塑性体，且服从非关联流动法则；(2) 岩土屈服函数 F 与塑性势函数 Q 不相同。这时有

$$\dot{\varepsilon}_{ij} = \mathrm{d}\varepsilon_{ij}^p = \dfrac{\partial Q}{\partial \sigma_{ij}}\mathrm{d}\lambda \quad (13)$$

式中：$d\varepsilon_{ij}^p$ 为塑性应变增量，$d\lambda$ 为比例系数。将式(7)代入式(8)，得

$$\dot{\varepsilon}_{ij}=\frac{1}{2}(u_{i,j}+u_{j,i})=\frac{\partial Q}{\partial \sigma_{ij}}d\lambda \quad (14)$$

将式(5)代入式(14)的中间项，将表达式(7)代入式(14)右边项，经整理后写成矩阵形式如下：

$$\begin{bmatrix} \frac{\partial N_i}{\partial x} & 0 & \frac{\partial N_j}{\partial x} & 0 & \frac{\partial N_k}{\partial x} & 0 \\ 0 & \frac{\partial N_i}{\partial y} & 0 & \frac{\partial N_j}{\partial y} & 0 & \frac{\partial N_k}{\partial y} \\ \frac{\partial N_i}{\partial y} & \frac{\partial N_i}{\partial x} & \frac{\partial N_j}{\partial y} & \frac{\partial N_j}{\partial x} & \frac{\partial N_k}{\partial y} & \frac{\partial N_k}{\partial x} \end{bmatrix} \begin{Bmatrix} u_i \\ v_i \\ u_j \\ v_j \\ u_k \\ v_k \end{Bmatrix} -$$

$$\begin{bmatrix} A_1 & A_2 & \cdots & A_P \\ B_1 & B_2 & \cdots & B_P \\ C_1 & C_2 & \cdots & C_P \end{bmatrix} \begin{Bmatrix} d\lambda_1 \\ d\lambda_2 \\ \vdots \\ d\lambda_P \end{Bmatrix} = \begin{Bmatrix} 0 \\ 0 \\ 0 \end{Bmatrix} \quad (15)$$

式中：$d\lambda_k$ 为与屈服函数第 k 边相关联的比例系数。式(15)是某一个三角形单元非关联流动法则的约束方程，将计算区域内所有的单元按式(15)合并，得

$$A_{11}X_1-A_{12}X_2=0 \quad \text{且} \quad X_2 \geq 0 \quad (16)$$

3.2.2 速度间断线上满足非关联流动法则的约束方程

设速度间断线与水平线的夹角为 φ，节点 i，j 是速度间断线 L 上的两点，其速度分量为 u_i，v_i，u_j，v_j，见图3，有

$$\Delta u_{ij}=(u_j-u_i)\cos\varphi+(v_j-v_i)\sin\varphi \quad (17)$$
$$\Delta v_{ij}=(u_j-u_i)\sin\varphi+(v_j-v_i)\cos\varphi \quad (18)$$

为避免约束条件中出现绝对值的问题，令 $\Delta u_{ij}=u_{ij}^+-u_{ij}^-$，且 $u_{ij}^+ \geq 0$，$u_{ij}^- \geq 0$，代入式(12)得

$$u_{ij}^+-u_{ij}^-=(u_j-u_i)\cos\varphi+(v_j-v_i)\sin\varphi \quad (19)$$

假定变量在速度间断线上线性变化，则在速度间断线上，长为 l 的某一点速度为

$$u^+=u_{ij}^++\frac{l}{L}(u_{mn}^+-u_{ij}^+) \quad (20)$$
$$u^-=u_{ij}^-+\frac{l}{L}(u_{mn}^--u_{ij}^-) \quad (21)$$
$$\Delta u=u^+-u^-=(u_{ij}^+-u_{ij}^-)+\frac{l}{L}(u_{mn}^+-u_{mn}^-+u_{ij}^--u_{ij}^+) \quad (22)$$

为满足许可的条件，速度间断线两侧的法线速度分量和切线速度分量满足非关联流动法则，即

$$\Delta v=|\Delta u|\tan\frac{\varphi}{2} \quad (23)$$

由式(22)可知：切向速度 Δu 在单元中线性分布，在速度线上的某一点可能会改变方向，为此，

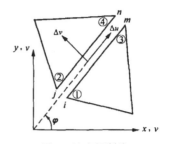

图3 速度间断线
Fig.3 Discontinuous velocity line

用 $s(u^+-u^-)$ 代替 $|\Delta u|$，$s=\pm 1$，并将表达式(23)应用于节点 i，j，得

$$\Delta v_{ij}=(u_j-u_i)\sin\varphi+(v_j-v_i)\cos\varphi = s(u^+-u^-)\tan\frac{\varphi}{2} \quad (24)$$

式(19)和式(24)构成速度间断线上的方程，写成矩阵形式如下：

$$\begin{bmatrix} -\cos\varphi & -\sin\varphi & \cos\varphi & \sin\varphi \\ \sin\varphi & -\cos\varphi & -\sin\varphi & \cos\varphi \end{bmatrix} \begin{Bmatrix} u_i \\ v_i \\ u_j \\ v_j \end{Bmatrix} -$$

$$\begin{bmatrix} 1 & -1 \\ \tan\frac{\varphi}{2} & -\tan\frac{\varphi}{2} \end{bmatrix} \begin{Bmatrix} u_{ij}^+ \\ u_{ij}^- \end{Bmatrix} = \begin{Bmatrix} 0 \\ 0 \end{Bmatrix} \quad (25)$$

将式(25)拓展到计算区域全部的速度间断线上，即将所有的速度间断线按式(25)合并，得

$$A_{21}X_1-A_{23}X_3=0 \quad \text{且} \quad X_3 \geq 0 \quad (26)$$

3.2.3 速度边界条件的约束方程

设节点 i 是速度边界上的一点，已知其速度为 $\bar{u}$，$\bar{v}$，速度边界线与水平线的夹角为 θ。对机动容许的速度场须满足下列等式：

$$\begin{bmatrix} \cos\theta & \sin\theta \\ -\sin\theta & \cos\theta \end{bmatrix} \begin{Bmatrix} u_i \\ v_i \end{Bmatrix} = \begin{Bmatrix} \bar{u} \\ \bar{v} \end{Bmatrix} \quad (27)$$

对计算区域所有边界条件按式(27)合并，可得

$$A_{31}X_1-A_3=0 \quad (28)$$

4 上界有限元法的线性规划方法

由式(12)，(16)，(26)，(28)可得到求解岩土工程极限荷载的数学模型：

$$\left.\begin{aligned} &\text{求最小值：} C_2^T X_2+C_3^T X_3 \\ &\text{约束条件：} A_{11}X_1-A_{12}X_2=0 \\ &\qquad\qquad A_{21}X_1-A_{23}X_3=0 \\ &\qquad\qquad A_{31}X_1-A_3=0 \\ &\qquad\qquad X_2 \geq 0, \quad X_3 \geq 0 \end{aligned}\right\} \quad (29)$$

式(29)为极限荷载问题的目标函数，可通过线性数学规划单纯形法求解。

5 实例分析

下面用本文的方法对光滑刚性条形基础下的承载力问题进行求解。对于抗剪强度指标为 c，φ 的均质各向同性地基，由极限分析可知，其承载力的精确解为[1]

$$q_f = cN_\theta = c\left[\exp(\pi\tan\varphi)\tan^2\left(\frac{1}{4}\pi + \frac{1}{2}\varphi\right) - 1\right]c\tan\varphi \quad (30)$$

当 $\varphi = 20°$ 时，$N_\theta = 14.824$。

图 4 所示的有限元网格用于计算光滑刚性条形基础下承载力，其地基为均质各向同性。由式(7)可知，m 的大小直接关系到计算工作量和计算精度。m 取得越大，线性化屈服条件就越接近原来的屈服方程式，但约束方程个数随之增加。表 1 为计算结果与 m 的关系。

由表 1 可知，当 m 较小时，m 的大小对计算结果影响较大，如 $m=6$ 时，计算结果与解析解的误差为 29.11%；当 m 较大时，m 的大小对计算结果影响较小，如 $m=18$ 时，误差值为 8.27%，如 $m=24$ 时，误差值为 2.60%。

表 1 上界荷载与 m 的关系（$\theta = 20°$）
Table 1 Relationship between upper load and m ($\theta = 20°$)

m	6	9	12	15	18	21	24
本文解答(非正交)/MPa	19.14	18.21	17.30	16.58	16.05	15.51	15.21
与解析解的比值/%	29.11	22.84	16.70	11.85	8.27	4.63	2.60

6 结语

(1) 岩土材料不适应关联流动法则，而应采用非关联流动法则，可以避免产生过大的剪胀现象。

(2) 基于广义塑性力学理论上界法的有限元法，克服了解析解中求解摩擦功带来的复杂运算。

(3) 通过和经典解析解的比较可知，本文方法是一种合理有效的方法。

参 考 文 献

1. Chen W F. Limit Analysis and Soil Plasticity[M]. New York: Elsevier Scientific Publishing Co., 1975
2. Sloan S W. Upper bound limit analysis using finite elements and linear programming[J]. International Journal for Numerical and Analytical Methods in Geomechanics, 1989, (13): 263~282
3. 郑颖人, 王敬林, 朱小康. 关于岩土材料滑移线理论中速度解的讨论[J]. 水利学报, 2001, (6): 1~7
4. 王敬林, 林丽, 郑颖人. 关于岩土材料极限分析上界法的讨论[J]. 岩石力学与工程学报, 2000, 19(增): 886~889
5. Sloan S W, Kleeman M W. Upper bound limit analysis using discontinuous velocity fields[J]. Comm. Methods in Apply. Mech. of Engrg., 1995, (127): 293~314
6. 郑颖人, 龚晓南. 岩土塑性力学基础[M]. 北京: 中国建筑工业出版社, 1989

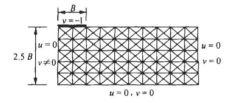

图 4 条形基础下有限元网格划分
Fig.4 FEM mesh under strip foundation

FINITE ELEMENT METHOD OF UPPER BOUND THEOREM BASED ON THE GENERALIZED PLASTIC THEORY AND ITS APPLICATION

Wang Jinglin[1], Deng Chujian[1], Zheng Yingren[1], Chen Yuyao[2]

([1]Department of Civil Engineering, Logistic Engineering University, Chongqing 400041 China)
([2]Air Force Survey and Design Institute of Guangzhou Military District, Guangzhou 510000 China)

Abstract The associated flow rule for trandional plastic theory is not in accordance with the geotechnical experiment and the non-associated flow rule should be adopted. The finite element method of upper bound theorem based on the generalized plastic theory and its application are presented. The linear programming method is applied to search the minimum upper bound solution. It is proved that the presented method is reasonable and practicable by comparison with classical solution.

Key words non-associated flow rule, upper-bound method, finite element method

岩质边坡破坏机制有限元数值模拟分析

郑颖人¹　赵尚毅¹　邓卫东²

(¹后勤工程学院土木工程系　重庆　400041)　(²交通部重庆公路科学研究所　重庆　400067)

摘要　岩质边坡的稳定性主要由其结构面控制,采用有限元强度折减法对岩质边坡破坏机制进行了数值模拟分析。计算表明,破坏"自然地"发生在岩体抗剪强度不能承受其受到的剪切应力的地带。分析表明,根据塑性力学破坏原理,采用有限元强度折减法有助于对岩质边坡破坏机制的理解。算例表明了此法的可行性。

关键词　岩石力学,岩质边坡破坏机制,有限元强度折减法,数值模拟

分类号　P 642.22, O 242.21　　**文献标识码**　A　　**文章编号**　1000-6915(2003)12-1943-10

NUMERICAL SIMULATION ON FAILURE MECHANISM OF ROCK SLOPE BY STRENGTH REDUCTION FEM

Zheng Yingren¹, Zhao Shangyi¹, Deng Weidong²

(¹*Logistical Engineering University*, *Chongqing*　400041　*China*)
(²*Chongqing Highway Science Research Institute*, *Chongqing*　400067　*China*)

Abstract　The stability of rock slope is mainly determined by its discontinuity and rock bridge. However, the failure mechanism of discontinuity and rock bridge has not been studied comprehensively. In this paper, the stability analysis of jointed rock slope is carried out by shear strength reduction finite element method. The elastic-perfectly plastic material is adapted in the finite element method. With the strength reduction, the nonlinear FEM model of jointed rock slope reaches instability, and the numerical non-convergence occurs simultaneously. The safety factor is then obtained by strength reduction algorithm. At the same time the critical failure surface and overall failure progress are found automatically. The numerical convergence or non-convergence is related to the yield criterion. Comparison is made of several yield criteria in common use. The Mohr-Coulomb criterion is undoubtedly the best-known criterion. But its yield surface is an irregular hexagonal cone in principal stress space. It brings difficulty to numerical analysis. For convenience the Mohr-Coulomb criterion is replaced by Mohr-Coulomb equivalent area circle yield criterion. Through a series of case studies, it is found that the safety factor obtained by strength reduction FEM with Mohr-Coulomb equivalent area circle criterion is fairly close to the result of traditional limit equilibrium method (Spencer's method). The result shows that the discontinuity coalescence pattern is influenced by its strength, length, location, and obliquity. The failure occurs 'naturally' through the zone in which the shear strength of rock is insufficient to resist the shear stresses. Through a series of case studies, the applicability of the proposed method is clearly exhibited. This study presents a new approach for stability analysis of jointed rock slope, and it is especially available to the complicated geological condition and supported slope.

Key words　rock mechanics, failure mechanism of rock slope, strength reduction FEM, numerical simulation

注:本文摘自《岩石力学与工程学报》(2003年第22卷第12期)。

1 前言

边坡稳定分析是经典土力学最早试图解决而至今仍未圆满解决的课题，各种稳定分析方法在国内外水平大致相当。对于均质土坡，传统方法主要有：极限平衡法，极限分析法，滑移线场法等，就目前工程应用而言，主要还是极限平衡法，但需要事先知道滑动面位置和形状。对于均质土坡，可以通过各种优化方法来搜索危险滑动面，但是对于岩质边坡，由于实际岩体中含有大量不同构造、产状和特性的不连续结构面(比如层面、节理、裂隙、软弱夹层、岩脉和断层破碎带等)，这就给岩质边坡的稳定分析带来了巨大的困难，传统极限平衡方法尚不能搜索出危险滑动面以及相应的稳定安全系数，而目前的各种数值分析方法，一般只是得出边坡应力、位移、塑性区，而无法得到边坡危险滑动面以及相应的安全系数。

随着计算机技术的发展，尤其是岩土材料的非线性弹塑性有限元计算技术的发展，有限元强度折减法近年来在国内外受到关注，用于分析均质土坡已经得到较好的结论，但尚未在工程中实用。文[1~6]采用有限元强度折减法，对均质土坡进行了系统分析，证实了其应用于工程实践的可行性。本文采用有限元强度折减法对由结构面控制的岩质边坡破坏机制进行数值模拟分析。

计算采用的软件为美国 ANSYS 公司的大型有限元软件 ANSYS 5.61-University High Option 商业版。该软件是目前世界上唯一一个通过 ISO9001 质量体系认证的有限元分析软件，其前、后处理以及各种非线性计算功能处于国际领先水平，为本文的边坡稳定非线性有限元数值分析的可靠性和计算精度提供了有力的保证。

2 计算原理

在有限元静力稳态计算中，如果模型本身不稳定，有限元静力计算将不收敛。基于此原理，在非线性有限元边坡稳定分析中，通过降低结构面和岩体的强度(粘聚力和内摩擦角)，使系统达到不稳定状态，有限元静力计算将不收敛，此时的折减系数就是边坡稳定安全系数，同时可以得到相应的危险滑动面。图1为用有限元强度折减法求得的均质土坡临界滑动面。

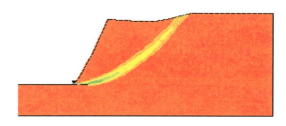

图1 用有限元强度折减法得到的均质土坡滑动面
Fig.1 The failure surface of soil slope by FEM

安全系数大小与程序采用的屈服准则密切相关，不同的准则得出不同的安全系数，目前流行的大型有限元软件 ANSYS，以及美国 MSC 公司的 MARC，PATRAN，NASTRAN 均采用了广义米赛斯准则：

$$F = \alpha I_1 + \sqrt{J_2} = k \qquad (1)$$

式中：I_1，J_2 分别为应力张量的第1不变量和应力偏张量的第2不变量；α，k 为与岩土材料内摩擦角 φ 和粘聚力 c 有关的常数，不同的 α，k 在 δ 平面上代表不同的圆(图2)。

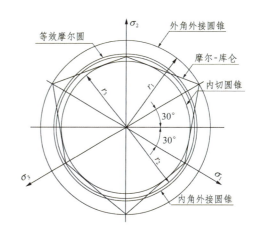

图2 各屈服准则在 π 平面上的曲线
Fig.2 Curves of different yielding criteria on π plane

式(1)是一个通用表达式，通过变换 α，k 的表达式就可以在有限元中实现不同的屈服准则，各准则的参数换算关系见表1。

传统的极限平衡法采用莫尔-库仑准则，但是由于莫尔-库仑准则的屈服面为不规则的六角形截面的角锥体表面，存在尖顶和棱角，给数值计算带来困难(图2)。

为了与传统方法进行比较，本文采用文[7]提出的莫尔-库仑等面积圆屈服准则(DP4)，来代替传统莫尔-库仑准则。

表 1 各准则参数换算表

Table 1 Conversion table of computing parameters for different criteria

编号	准则种类	α	k
DP1	外角点外接 D-P 圆	$\dfrac{2\sin\phi}{\sqrt{3}(3-\sin\phi)}$	$\dfrac{6c\cos\phi}{\sqrt{3}(3-\sin\phi)}$
DP2	内角点外接 D-P 圆	$\dfrac{2\sin\phi}{\sqrt{3}(3+\sin\phi)}$	$\dfrac{6c\cos\phi}{\sqrt{3}(3+\sin\phi)}$
DP3	内切 D-P 圆	$\dfrac{\sin\phi}{\sqrt{3}\sqrt{3+\sin^2\phi}}$	$\dfrac{3c\cos\phi}{\sqrt{3}\sqrt{3+\sin^2\phi}}$
DP4	等面积 D-P 圆	$\dfrac{2\sqrt{3}\sin\phi}{\sqrt{2\sqrt{3}\pi 9-\sin^2\phi}}$	$\dfrac{6\sqrt{3}c\cos\phi}{\sqrt{2\sqrt{3}\pi 9-\sin^2\phi}}$

通过大量算例分析表明，采用 DP4 准则所得稳定安全系数与简化 Bishop 法的误差为 4%～8%，与 Spencer 法的误差为 1%～4%，因此在数值分析中可用 DP4 准则代替莫尔-库仑准则。

3 岩体结构面分类及其特征

工程岩土中的结构面，根据其贯通情况，可以分为贯通性、非贯通性 2 种类型。根据结构面的胶结和充填情况，可以将结构面分为硬性结构面(无充填结构面)和软弱结构面。

由于岩体结构的复杂性，要十分准确地反映岩体结构的特征并使之模型化是不可能的，实际上，也没有必要使问题复杂化。基于这种考虑，对于一个实际工程来说，往往根据现场地质资料，即根据结构面的长度、密度、贯通率、展布方向等着重考虑 2～3 组起主要控制作用的节理组或其他主要结构面(图 3)。

图 3 节理岩质边坡

Fig.3 Jointed rock slope

4 有限元模型及安全系数的求解

以往人们在进行岩质边坡稳定分析时，往往采用岩体强度，而不是采用结构面强度。实际上岩体结构面的强度参数要比岩石的强度低得多，因此对于岩质边坡来说，起控制作用的是结构面强度[8~15]。

4.1 软弱结构面

如图 4 所示，岩体及软弱结构面采用平面应变实体单元模拟，按照连续介质处理，材料本构关系采用理想弹塑性模型，屈服准则为式(1)表示的广义米赛斯准则。

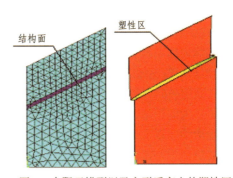

图 4 有限元模型以及变形后产生的塑性区

Fig.4 FEM model and plastic zone of deformed model

在广义米赛斯屈服准则中引入强度折减系数 ω，此时屈服准则表示为

$$F = \frac{\alpha}{\omega}I_1 + \sqrt{J_2} = \frac{k}{\omega} \qquad (2)$$

计算时，首先选取初始折减系数 ω，将岩体和结构面强度参数进行折减，将折减后的参数作为输入数据，进行有限元计算。若程序收敛，则坡体仍处于稳定状态。然后再增加折减系数，直到不收敛为止，此时系统处于极限状态，此时的折减系数 ω 即为坡体的稳定安全系数，与此同时还可以得到危险滑动面。

4.2 硬性结构面

如图 5 所示的无充填的硬性结构面，不能按照传统连续介质原理进行处理，本文采用 ANSYS 程序提供的无厚度接触单元来模拟硬性结构面的不连续性。

如图 6 所示，接触单元是覆盖在分析模型接触面上的一层单元，程序通过覆盖在 2 个接触物体表面的接触单元来定义接触表面。在 2 个接触的边界中，把其中 1 个边界作为"目标"面，而把另外 1 个面作为"接触"面，目标面和接触面都可以是柔性体，两个面合起来叫做"接触对"。接触单元与下面的基本变形体单元(可以是弹塑性实体单元)有同样的几何特性，程序会根据接触单元下面的变形体单元的材料特性来确定接触刚度值，2 个接触面的

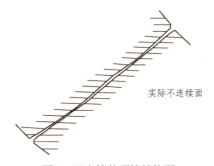

图 5　无充填的硬性结构面
Fig.5　Jointed rock mass without filling

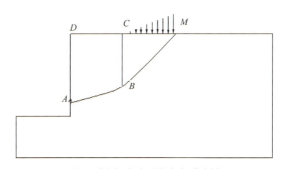

图 7　折线型平面滑动岩质边坡
Fig.7　Broken-line-like plane sliding rock slope

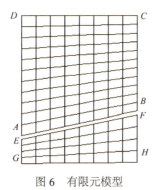

图 6　有限元模型
Fig.6　FEM model

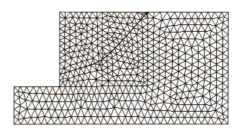

图 8　有限元网格模型
Fig.8　FEM mesh

接触摩擦行为服从库仑定律：

$$\left.\begin{array}{l}\tau = c + \sigma \tan\varphi \\ \sigma \geqslant 0\end{array}\right\} \quad (3)$$

在 2 个接触面开始互相滑动之前，在它们的接触面上会产生小于其抗剪强度的剪应力，这种状态叫做稳定粘合状态，一旦剪切应力超过滑面上的抗剪切强度，两个面之间将产生滑动。安全系数的求解原理同上，即

$$F_\mathrm{s} = \frac{c}{c'} = \frac{\tan\varphi}{\tan\varphi'} \quad (4)$$

5　折线型滑动面边坡稳定分析

图 7 所示为 2 个直线滑面组成折线型滑体 $ABMCD$，这种折线型滑坡类型是一种常见的滑坡类型。岩体重度 $\gamma = 20$ kN/m^3，弹性模量 $E = 10^9$ Pa，滑块 $ABCD$ 面积 433 m^2，滑面 $AB = 20$ m，倾角 $\psi_1 = 15°$，$AD = 25$ m，$DC = 19.32$ m，$BC = 19.82$ m，滑块 BCM 面积 196.5 m^2，滑面 $BM = 28.03$ m，倾角 $\psi_2 = 45°$，$CM = 19.82$ m，CM 面上施加有线性变化的面荷载。$P_M = 400$ kPa，$P_C = 0$。

计算方法同上，在滑动面 AB，BM 上布置接触单元(图 8)。计算时采用作者编制的二分法计算程序，通过该程序来对强度参数进行二分法折减，快速逼近其极限状态，从而很快求得稳定安全系数。图 9 为坡体达到极限状态后的破坏滑动图。

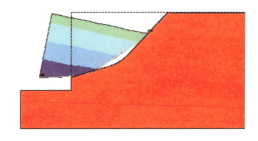

图 9　坡体达到极限状态后的破坏滑动图
Fig.9　Failure progress

为了和传统方法作比较，本文同时利用中国水利水电科学研究院开发的边坡稳定分析程序 STAB95 中的 Spencer 法进行计算，计算对比结果如表 2 所示。

表 2　不同方法求得的稳定安全系数
Table 2　Calculation results for Fig.9 by different methods

参数	有限元强度折减法	Spencer 法
$c = 160$ kPa，$\varphi = 0°$	1.00	0.99
$c = 160$ kPa，$\varphi = 30°$	2.11	2.11
$c = 320$ kPa，$\varphi = 10°$	2.33	2.33
$c = 0$ kPa，$\varphi = 45°$	2.09	1.98

从计算结果可以看出,当内摩擦角在 30°以下时,精度较高;当内摩擦角增大时,与传统方法(Spencer 法)相比,误差增大。

另外,在单元划分的过程中,在 2 个滑动面的交汇处形成了尖角,此处形成较大的应力集中,求解时会产生病态方程,为了避免这些建模问题,需要在实体模型上,使用线的倒角来使尖角光滑化,或者在曲率突然变化的区域使用更细的网格。

6 含一组平行节理面的岩质边坡算例

如图 10,11 所示,一组软弱结构面倾角 40°,间距 10 m,岩体和结构面采用平面 6 节点三角形单元模拟之,岩体以及结构面材料物理力学参数取值见表 3 所列。采用不同方法的计算结果见表 4 所列,其中极限平衡方法计算结果是在滑动面确定的情况下算出的。

表 4 计算结果
Table 4 Calculation results for Fig.11 by different methods

计算方法	安全系数
有限元法(外接圆屈服准则)	1.26
有限元法(莫尔-库仑等面积圆屈服准则)	1.03
极限平衡方法(解析解)	1.06
极限平衡方法(Spencer)	1.06

通过有限元强度折减,当有限元计算不收敛时,程序自动找出了滑动面,如图 12。在 1 组平行的结构面中,只出现了 1 条滑动面,其余结构面没有出现塑性区和滑动。图 13 为坡体坡坏时的运动矢量图。

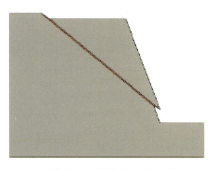

图 12 坡体达到极限状态时形成的滑动面
Fig.12 Failure surface for Fig.11

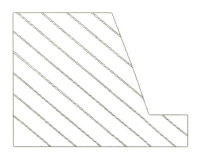

图 10 几何模型
Fig.10 Geometry model

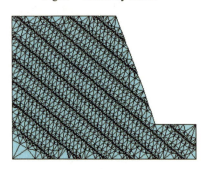

图 11 有限元模型
Fig.11 FEM model

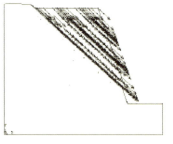

图 13 坡体破坏时的运动矢量图
Fig.13 Displacement vector at failure

7 含 2 组节理面的岩质边坡算例

如图 14 所示,2 组方向不同的节理面,贯通率100%,第 1 组软弱结构面倾角 30°,平均间距 10 m,第 2 组软弱结构面倾角 75°,平均间距 10 m,岩体以及结构面计算物理力学参数见表 5。

按照二维平面应变问题建立有限元模型,计算步骤同上,通过有限元强度折减,求得的滑动面如图 15(a)所示,它是最先贯通的塑性区;当塑性区贯

表 3 计算采用的材料参数
Table 3 Material parameters for calculation

材料名称	重度 /kN·m^{-3}	弹性模量 /MPa	泊松比	粘聚力 /MPa	内摩擦角 /(°)
岩体	25	10 000	0.2	1.0	38
结构面	17	10	0.3	0.12	24

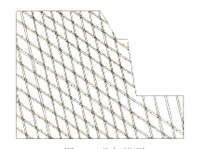

图 14 几何模型

Fig.14 Geometry model

表 5 物理力学参数计算取值

Table 5 Material parameters for Fig.14

材料名称	重度 /kN·m^{-3}	弹性模量 /MPa	泊松比	粘聚力 /MPa	内摩擦角 /(°)
岩体	25	10 000	0.2	1.00	38
第1组节理	17	10	0.3	0.12	24
第2组节理	17	10	0.3	0.12	24

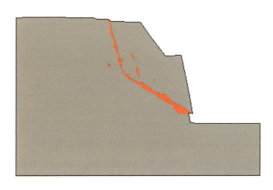

(a) 首先贯通的滑动面

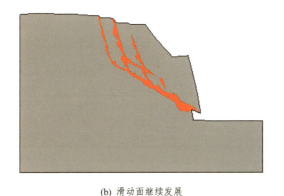

(b) 滑动面继续发展

图 15 极限状态后产生的滑动面和塑性区

Fig.15 Failure surface and plastic zone

通后继续发展到一定程度，岩体发生整体破坏，同时出现第 2 条贯通的塑性面，如图 15(b)。程序还可以动画模拟边坡失去稳定的过程，从动画演示过程可以看出边坡的破坏过程也就是塑性区逐渐发展，最后整体贯通的渐进破坏过程。求得的稳定安全系数见表 6，其中极限平衡方法计算结果是根据最先贯通的那一条滑动面求得的。

表 6 计算结果

Table 6 Calculation results for Fig.14

计算方法	安全系数
有限元法(外接圆屈服准则)	1.62
有限元法(莫尔-库仑等面积圆屈服准则)	1.33
极限平衡方法(Spencer)	1.36

8 非贯通节理岩质边坡算例

8.1 含 1 条非贯通节理面的岩质边坡算例

图 16 为一垂直岩质边坡，坡高 40 m，在距离坡脚 5 m 高处有一外倾软弱结构面，结构面倾角为 45°。图 16(a)贯通率 100%。图 16(b)，(c)，(d)为结构面不同位置示意图，贯通率按 86%和 70%两种情况分别计算，结构面宽度均为 0.3 m。本次分析对结构面参数分别按 3 种不同的取值进行计算，岩体以及结构面参数见表 7。采用不同方法的计算结果见表 8～10。

为了与传统方法对比，本文在有限元计算结果的基础上，通过沿着滑动面设置路径，将节点应力映射到路径上，然后分段沿着滑动面对下滑力和抗滑力进行积分，稳定安全系数 ω 为总的抗滑力除以总的下滑力。

计算结果表明与贯通率100%的安全系数相比，贯通率86%的稳定安全系数增大了1.8～2.8倍，贯通率70%的安全系数增大了3.0～4.7倍。另外即使结构面贯通率相同，但是结构面位置不同，求得的稳定安全系数也不同。非贯通区位于坡脚处安全系数最大，位于坡中次之，位于坡顶安全系数最小，这是因为坡脚处的受力最大。通过强度折减有限元计算，结构面最后均贯通形成直线滑动面，如图 17 所示。

8.2 含 2 条非贯通节理面岩质边坡算例

如图 18(a)所示，结构面 AB，CD 倾角均为45°，∠BAD = 135°，AB = 21.21 m，CD = 14.14 m，CE = 35 m，AD = 10 m，计算采用的参数见表 11 所列。滑动面如图 18(b)所示，此时的强度折减系数为 2.7。

8.3 含 3 条非贯通节理的岩质边坡算例

如图 19(a)，在图 18(a)的基础上增加与 AB 平行

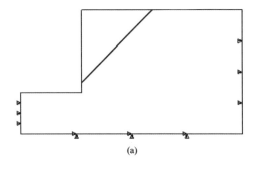
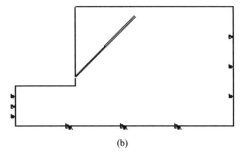
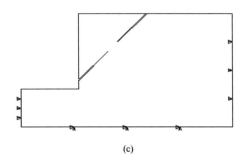
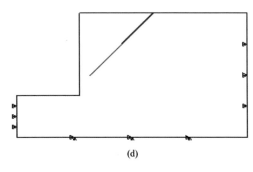

图 16 具有一条非贯通节理岩质边坡

Fig.16 Geometry model of jointed rock slope

表 7 计算采用物理力学参数

Table 7 Material parameters for Fig.16

材料名称		重度/kN·m^{-3}	弹性模量/MPa	泊松比	粘聚力/MPa	内摩擦角/(°)
岩体		25	10 000	0.2	1.20	30
结构面	①	17	10	0.3	0.04	16
	②	17	10	0.3	0.06	18
	③	17	10	0.3	0.10	20

注：①，②，③为结构面强度参数的 3 种不同取值。

表 8 贯通率 86%时的稳定安全系数

Table 8 Safety factor for persistence ratio of 86%

计算参数号	结构面位置	计算结果		
		有限元法	极限平衡法	相对误差
①	B	1.18	1.23	−0.037
	C	1.30	1.27	0.020
	D	1.35	1.32	0.023
②	B	1.30	1.35	−0.040
	C	1.42	1.38	0.032
	D	1.47	1.42	0.034
③	B	1.47	1.54	−0.039
	C	1.57	1.57	0.000
	D	1.65	1.60	0.030

注：①，②，③为结构面强度参数的 3 种不同取值。B，C，D 为图 16 中结构面的 3 种分布情形。

表 9 贯通率 100%时的稳定安全系数

Table 9 Safety factor for persistence ratio of 100%

结构面计算参数号	计算结果		
	有限元法	极限平衡法	相对误差
①	0.45	0.47	−0.03
②	0.58	0.60	−0.03
③	0.80	0.82	−0.02

注：①，②，③为结构面强度参数的 3 种不同取值(见表 7)。

表 10 贯通率 70%时的稳定安全系数

Table 10 Safety factor for persistence ratio of 70%

计算参数号	结构面位置	计算结果		
		有限元法	极限平衡法	相对误差
①	B	1.98	2.07	−0.042
	C	2.22	2.15	0.034
	D	2.29	2.20	0.042
②	B	2.09	2.18	−0.039
	C	2.32	2.24	0.035
	D	2.35	2.28	0.031
③	B	2.25	2.34	−0.039
	C	2.45	2.40	0.019
	D	2.51	2.43	0.035

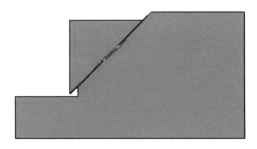

图 17 结构面贯通后形成的滑动面

Fig.17 Failure pattern for Fig.16

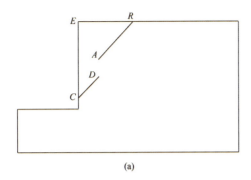

(a)

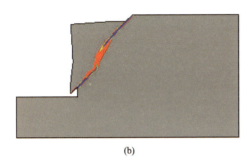

(b)

图 18 具有两条非贯通节理岩质边坡破坏情况

Fig.18 Failure pattern of rock slope with two discontinuities

表 11 物理力学参数计算取值
Table 11 Material parameters for Fig.18

材料名称	重度 /kN·m^{-3}	弹性模量 /10^7 MPa	泊松比	粘聚力 /MPa	内摩擦角 /(°)
岩体	25	1 000.0	0.2	1.0	30
结构面	18	1.0	0.3	0.06	18

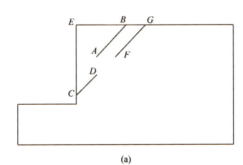

(a)

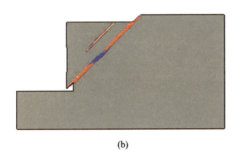

(b)

图 19 具有 3 条非贯通节构面岩质边坡破坏情况(1)

Fig.19 Failure pattern of rock slope with 3 joints (1)

结构面 FG, FG 与 CD 共线, FG = AB = 21.21 m, DF = 14.14 m, AF = AD = 10 m, ∠DAF = 90°, 计算采用的参数同表 11。此时结构面的贯通情况如图 19(b)所示。

将 FG 右移 5 m, 使 AF = 15 m, DF = 18.03 m, AD = 10 m, 如图 20(a)所示。通过强度折减发现, FG 与 CD 最先贯通, 如图 20(b), 此时的强度折减系数为 2.6。

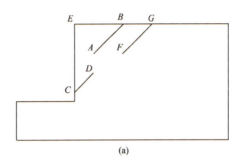

(a)

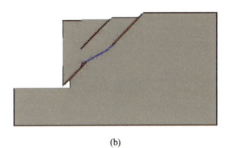

(b)

图 20 具有 3 条非贯通节构面岩质边坡破坏情况(2)

Fig.20 Failure pattern of rock slope with 3 joints (2)

若将 FG 再向右移动 5 m, 使 AF = 20 m, 此时 AD = 10 m, FD = 22.36 m, 如图 21(a)所表示, 此时结构面的贯通情况如图 21(b)所示, 对应的强度折减系数为 2.7。

通过对比计算发现, 在岩体及结构面参数相同的情况下, 结构面之间的贯通机制受结构面几何位置、倾角、结构面之间岩桥的倾角、岩桥长度等因素的影响。

在其他因素相同的情况下, 岩桥倾角与两端结构面倾角越接近时, 岩桥越容易贯通形成滑动面, 也就是说直线滑动面最容易贯通滑动。如图 22(a), 结构面 1 到 3 的距离最近, AD = 21.21 m, FD = 15.81 m, 但是滑动面却没有从 1 和 3 之间贯通, 而是 1 和 2 之间贯通, 如图 22(b)。这是因为 D, A 两点贯通成直线, 于是形成了滑动面。图 19 也说明了这个问题。

在其他因素相同的情况下, 岩桥长度越短时, 岩桥也越容易贯通形成滑动面。如图 23(a), 结构面

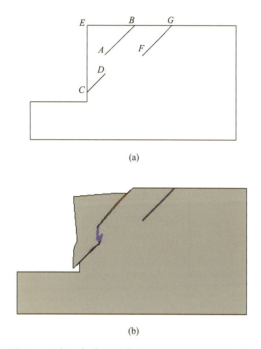

(a)

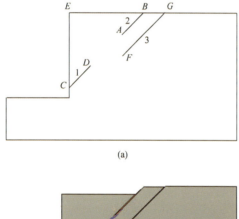

(b)

图 21 具有 3 条非贯通节构面岩质边坡破坏模式(3)
Fig.21 Failure pattern of rock slope with three joints (3)

(a)

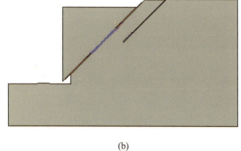

(b)

图 22 具有 3 条非贯通节构面岩质边坡破坏模式(4)
Fig.22 Failure pattern of rock slope with 3 joints (4)

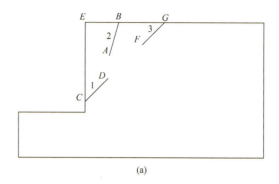

(a)

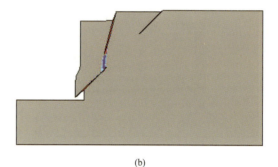

(b)

图 23 具有 3 条非贯通节构面岩质边坡破坏模式(5)
Fig.23 Failure pattern of rock slope with 3 joints (5)

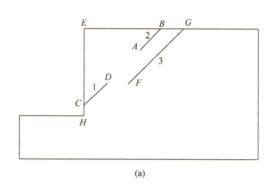

(a)

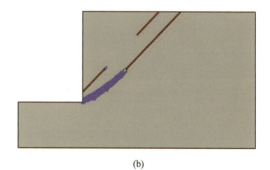

(b)

图 24 具有 3 条非贯通节构面岩质边坡破坏模式(6)
Fig.24 Failure pattern of rock slope with 3 joints (6)

AB 倾角 71.6°，AD 与 CE 平行，虽然结构面 1 和结构面 3 之间的岩桥倾角与结构面相同，但是结构面 1 和 2 之间的岩桥距离($AD=10$ m)比 1 和 3 的岩桥距离($FD=21.21$ m)小，因此，滑动面从结构面 1 和 2 之间贯通，如图 23(b)。

图 24 的计算表明，滑动面并没有从岩桥之间贯通，而是从坡脚开始，出现一个局部的圆弧滑动面并与结构面 3 贯通。虽然结构面 1 和 3 之间的岩桥长度最小，$FD=10$ m，但是其方向水平，与外倾结

构面 1,3 的夹角较大,形成的是折线滑动面。结构面 1 和 2 的滑动方向一致,且二者之间的距离(AD = 21.21 m)虽小于结构面 3 到坡脚的距离(FH = 25 m),但是,由于边坡坡脚处的受力最大,滑动面没有从 AD 通过,而是从坡脚处贯通破坏。破坏"自然地"发生在岩土体抗剪强度不能承受其受到的剪切应力的地带。

9 结 论

(1) 目前,对复杂岩质边坡的稳定分析尚没有好的办法,传统的极限平衡方法尚不能得到其破坏滑动面及其安全系数。工程岩体中的工作状态多为压剪切状态,具有很强的塑性流动特征,采用塑性力学破坏理论能较好地描述其变形破坏特征[8~10]。本文采用弹塑性有限元强度折减系数法分析了岩质边坡的稳定与破坏机理,利用此法可以由程序自动求得滑动面以及相应的稳定安全系数,以此为基础的弹塑性数值分析有助于对岩质边坡破坏机制的了解,为岩质边坡稳定分析开辟了新的途径。

(2) 采用有限元强度折减法所求安全系数的大小与所采用的屈服准则有关。通过计算表明,采用文[7]提出的莫尔-库仑等面积圆屈服准则进行计算,不但满足广义米赛斯屈服准则的通用表达式 $F = \alpha I_1 + \sqrt{J_2} = k$,使有限元数值计算变得方便,而且计算结果与传统的莫尔-库仑屈服准则计算结果十分接近。采用莫尔-库仑等面积圆屈服准则所得稳定安全系数与简化 Bishop 法的误差为 4%~8%,与 Spencer 法的误差为 1%~4%。

(3) 数值模拟分析表明,在结构面和岩桥之间发生的贯通破坏过程是一个从局部破坏逐步扩展到整体破坏的渐进破坏过程,破坏"自然地"发生在岩土体抗剪强度不能承受其受到的剪切应力的地带,直线和圆弧滑动剪切破坏是最容易形成的两种破坏形式。

(4) 该方法可以对贯通和非贯通的节理岩质边坡进行稳定分析,同时可以考虑地下水、施工过程对边坡稳定性的影响,可以考虑各种支挡结构与岩土材料的共同作用。与传统方法相比,有限元强度折减法显示出了较强的优越性。

参 考 文 献

1 赵尚毅,郑颖人,时卫民等. 用有限元强度折减法求边坡稳定安全系数[J]. 岩土工程学报,2002,24(3):343~346

2 Griffiths D V, Lane P A. Slope stability analysis by finite elements[J]. Geotechnique,1999,49(3):387~403

3 张鲁渝,郑颖人,赵尚毅等. 有限元强度折减系数法计算土坡稳定安全系数的精度研究[J]. 水利学报,2003,(1):21~27

4 赵尚毅,郑颖人,邓卫东. 用有限元强度折减法进行节理岩质边坡稳定性分析[J]. 岩石力学与工程学报,2003,22(2):254~260

5 郑颖人,赵尚毅,张鲁玉等. 有限元强度折减法在岩坡和土坡中的应用[A]. 见:中国岩石力学与工程学会编. 中国岩石力学与工程学会第七次学术大会论文集[C]. 北京:中国科学技术出版社,2002,39~41

6 郑颖人,赵尚毅。边坡稳定分析的一些进展[J]. 地下空间,2001,(4):262~271

7 徐干成,郑颖人. 岩土工程中屈服准则应用的研究[J]. 岩土工程学报,1990,(2):93~99

8 张林洪. 结构面抗剪强度的一种确定方法[J]. 岩石力学与工程学报,2001,20(1):114~117

9 何江达,张建海,范景伟. 霍克-布朗强度准 m,s 参数的断裂分析[J]. 岩石力学与工程学报,2001,20(4):432~435

10 朱维申,任伟中. 船闸边坡节理岩体锚固效应的模型试验研究[J]. 岩石力学与工程学报,2001,20(5):720~725

11 单衍景,崔俊芝,梁复刚. 基于结构面统计模型和应力场的岩体稳定性分析的期望滑移路径方法[J]. 岩石力学与工程学报,2002,21(2):151~157

12 赵吉东,尹健民,周维垣等. 节理岩体断裂损伤模型在三峡坝基岩体力学参数模拟和预测中的应用[J]. 岩石力学与工程学报,2002,21(2):176~179

13 杨 强. 岩体损伤力学发展现状和面临的问题[A]. 见:中国岩石力学与工程学会编. 中国岩石力学与工程学会第七次学术大会论文集[C]. 北京:中国科学技术出版社,2002,46~50

14 张有天,周维垣. 岩石高边坡的变形与稳定[M]. 北京:中国水利水电出版社,1999

15 朱维申,张玉军. 三峡船闸高边坡节理岩体稳定分析及加固方案初步研究[J]. 岩石力学与工程学报,1996,15(4):305~311

滑坡稳定性评价方法的探讨

时卫民[1]，郑颖人[1]，唐伯明[2]

(1. 后勤工程学院军事土木工程系 重庆 400041；2. 重庆市公路局 重庆 400067)

摘 要：以瑞典条分法为例，用流网的性质来确定土条边界上的静水压力，证明了渗透压力（或动水压力）与土条中的水重和周边静水压力是一对平衡力，澄清了对此问题的模糊认识，简化了计算方法。将其应用到不平衡推力法的公式推导中，通过分析，找到了目前规范方法中剩余推力偏大的内在原因，并结合算例进行了分析。

关 键 词：滑坡稳定；条分法；渗透力；不平衡推力；计算公式

中图分类号：P 642.22   **文献标示码**：A

Discussion on stability analysis method for landslides

SHI Wei-min[1], ZHENG Ying-ren[1], TANG Bo-ming[2]

(1. Military Civil Engineering Dpartment, Logistical Engineering University, Chongqing 400041, China; 2.Chongqing Highway Authority, Chongqing 400067, China)

Abstract: Based on the example of Sweden slice method, defined the boundary water pressure utilizing the flow nets property, it is proved that the seepage force is equilibrant with the water weight and the water pressure around the vertical slice, clarified the mistiness knowledge, simplified the calculation methods, deduced the formula of imbalance force method using seepage force, found out the inhesion reason that the imbalance force is large than normal, and analyzed by practical examples.

Key words: landslide stability; slice method; seepage force; imbalance force; calculation formula

1 引 言

滑坡灾害的研究有近百年的历史，有关滑坡方面的研究成果及文献资料每年有数千篇，但滑坡灾害及由其造成的损失却与日俱增，这不能不引起人们重新认识目前滑坡研究的思路和方法，也迫使人们揭示滑坡发生的机理，并在此基础上探索滑坡分析的新理论、新方法。目前在三峡库区的滑坡治理中存在着许多亟待解决的问题，有的是方法问题，有的是概念问题，比较突出的问题有两个，一是坡体中存在地下水和库水位降落情况下的稳定性分析问题，二是滑坡治理中设计推力的计算问题。对于第一个问题，目前的处理方法是略去土条侧向的水压力，只计算土条底部滑动面上的水压力，并做一些土重不同取法的规定，如浸润线以下库水位以上取饱和土重，库水位以下取浮重等[1]。这样的表述没有把周边水压力与渗透力之间的转换关系交代清楚，导致有些人员在进行稳定分析时既考虑静水压力，又考虑渗透压力，造成静水压力的重复考虑[2]。其实渗透压力（或动水压力）与土条中的水重和周边的静水压力是一对平衡力[3]。对于第二个问题，目前规范采用简化法[4]，该方法由于简化不当导致设计推力偏大。本文以最简单的瑞典条分法为例，用渗流网和渗透压力的概念证明了渗透压力（或动水压力）与土条中的水重和周边的静水压力是一对平衡力的结论，并将其应用到不平衡推力法的公式推导中，通过分析找到了目前规范简化法中剩余推力偏大的内在原因。

2 土条边界上静水压力的计算

从坡体中取出一个土条（图1），W_1 为浸润线以上土条的重力，W_2 为浸润线以下土条的饱和重力，W_2' 为浸润线以下土条的浮重，W_{2w} 为浸润线以下土条中水的重力。P_a 为 AB 边静水压力的合力，P_b 为 CD 边静水压力的合力，U 为 BC 边静水压力的合力，N 为土颗粒之间的接触压力（有效压力）。

注：本文摘自《岩石力学》（2003 年第 24 卷第 4 期）。

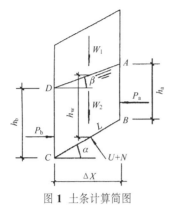

图 1 土条计算简图
Fig.1 Sketch of soil slice

为了确定 AB，CD 和 BC 边上的静水压力 P_a，P_b 和 U，可根据流线与等势线垂直的流网性质[5]来确定周边的静水压力。

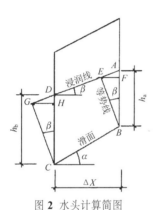

图 2 水头计算简图
Fig.2 Sketch of hydraulic grade

如图 2 做 BE 和 CG 垂直于浸润线（流线），再做 $GH \perp CD$，$EF \perp AB$，这样就得到 B 点的水头 BF，C 点的水头 CH，由几何关系可以得到：

$$\overline{BF} = h_a \cos^2 \beta , \quad \overline{CH} = h_b \cos^2 \beta$$

这样边界 AB 和 CD 上的静水压力的合力为：

$$P_a = \frac{1}{2}\gamma_w h_a^2 \cos^2 \beta , \quad P_b = \frac{1}{2}\gamma_w h_b^2 \cos^2 \beta$$

在滑面 BC 上的静水压力的合力为：

$$U = \frac{\gamma_w (h_a + h_b) L}{2} \cos^2 \beta$$

该力在竖向和水平方向的分量为：

$$U_y = \frac{\gamma_w (h_a + h_b) L}{2} \cos \alpha \cos^2 \beta$$

$$U_x = \frac{\gamma_w (h_a + h_b) L}{2} \sin \alpha \cos^2 \beta$$

土条中水的重量 $W_{2w} = \dfrac{\gamma_w (h_a + h_b) L}{2} \cos \alpha$

令 $h_w = \dfrac{(h_a + h_b)}{2}$，那么：

$$W_{2w} = \gamma_w h_w L \cos \alpha \tag{1}$$

$$P_a - P_b = \gamma_w h_w (h_a - h_b) \cos^2 \beta \tag{2}$$

$$U_x = \gamma_w h_w L \sin \alpha \cos^2 \beta \tag{3}$$

$$U_y = \gamma_w h_w L \cos \alpha \cos^2 \beta \tag{4}$$

为了分析的方便，在以下的分析时将 U 用 U_x，U_y 代替。

3 瑞典条分法计算公式的推导

瑞典条分法是最简单的一种方法，该法不考虑条间的作用力，本文以此为例推导坡体中具有地下水时的计算公式，该法对于其它条分法都适用。由图 1 的静力平衡得：

$$N = (W_1 + W_2 - U_y)\cos\alpha - (P_a - P_b + U_x)\sin\alpha$$

滑面 BC 上的下滑力 T

$$T = [(W_1 + W_2 - U_y)\sin\alpha + (P_a - P_b + U_x)\cos\alpha$$

滑面 BC 上的抗滑力：

$$R = [(W_1 + W_2 - U_y)\cos\alpha - (P_a - P_b + U_x)\sin\alpha]\tan\varphi + cl$$

滑体的安全系数可表示为：

$$F_s = \frac{\sum R}{\sum T}$$

将上式进行变换得：

$$F_s = \frac{\sum\{[(W_1 + W_2 - W_{2w})\cos\alpha + G]\tan\varphi + cl\}}{\sum\{[(W_1 + W_2 - W_{2w})\sin\alpha + Q\}} \tag{5}$$

式中 $G = (W_{2w} - U_y)\cos\alpha - (P_a - P_b + U_x)\sin\alpha$；

$Q = (W_{2w} - U_y)\sin\alpha + (P_a - P_b + U_x)\cos\alpha$

为了寻求土条周边的静水压力与渗透压力之间的关系，下面对分子、分母中的下面两项做进一步研究。

分子项：$(W_{2w} - U_y)\cos\alpha - (P_a - P_b + U_x)\sin\alpha$

分母项：$(W_{2w} - U_y)\sin\alpha + (P_a - P_b + U_x)\cos\alpha$

将式(1)，(2)，(3)，(4)代入上面两项，则：

$(W_{2w} - U_y)\cos\alpha - (P_a - P_b + U_x)\sin\alpha$

$= (\gamma_w h_w L \cos\alpha - \gamma_w h_w L \cos\alpha \cos^2\beta)\cos\alpha -$
$[\gamma_w h_w (h_a - h_b)\cos^2\beta + \gamma_w h_w L \sin\alpha \cos^2\beta]\sin\alpha$

$= \gamma_w h_w L \cos^2\alpha \sin^2\beta -$
$\gamma_w h_w \cos^2\beta (h_a - h_b + L\sin\alpha)\sin\alpha$

$$= \gamma_w h_w L \cos^2\alpha \sin^2\beta -$$
$$\gamma_w h_w \cos^2\beta \sin\alpha \Delta x \frac{h_a - h_b + L\sin\alpha}{\Delta x}$$
$$= \gamma_w h_w L \cos^2\alpha \sin^2\beta - \gamma_w h_w \cos^2\beta L \sin\alpha \cos\alpha \tan\beta$$
$$= \gamma_w h_w L \cos^2\alpha \sin^2\beta - \gamma_w h_w L \sin\alpha \cos\alpha \sin\beta \cos\beta$$
$$= \gamma_w h_w L \cos\alpha \sin\beta (\cos\alpha \sin\beta - \sin\alpha \cos\beta)$$
$$= \gamma_w h_w L \cos\alpha \sin\beta \sin(\beta - \alpha)$$
$$= D \sin(\beta - \alpha)$$
$$= -D \sin(\alpha - \beta)$$

$$(W_{2w} - U_y)\sin\alpha + (P_a - P_b + U_x)\cos\alpha$$
$$= (\gamma_w h_w L \cos\alpha - \gamma_w h_w L \cos\alpha \cos^2\beta)\sin\alpha +$$
$$[\gamma_w h_w (h_a - h_b)\cos^2\beta + \gamma_w h_w L \sin\alpha \cos^2\beta]\cos\alpha$$
$$= \gamma_w h_w L \sin\alpha \cos\alpha \sin^2\beta +$$
$$\gamma_w h_w \cos^2\beta (h_a - h_b + L\sin\alpha)\cos\alpha$$
$$= \gamma_w h_w L \sin\alpha \cos\alpha \sin^2\beta +$$
$$\gamma_w h_w \cos^2\beta \cos\alpha \Delta x \frac{h_a - h_b + L\sin\alpha}{\Delta x}$$
$$= \gamma_w h_w L \sin\alpha \cos\alpha \sin^2\beta + \gamma_w h_w \cos^2\beta L \cos^2\alpha \tan\beta$$
$$= \gamma_w h_w L \sin\alpha \cos\alpha \sin^2\beta + \gamma_w h_w L \cos^2\alpha \sin\beta \cos\beta$$
$$= \gamma_w h_w L \cos\alpha \sin\beta (\sin\alpha \sin\beta + \cos\alpha \cos\beta)$$
$$= \gamma_w h_w L \cos\alpha \sin\beta \cos(\beta - \alpha)$$
$$= D \cos(\alpha - \beta)$$

式中 $D = \gamma_w h_w L \cos\alpha \sin\beta$，其物理意义是土条中水的重量乘以水力坡降 $\sin\beta$，大小等于渗透压力（或动水压力）。

因此，式(5)也可表示为：
$$F_s = \frac{\sum\{[(W_1 + W_2 - W_{2w})\cos\alpha - D\sin(\alpha-\beta)]\tan\varphi + cl\}}{\sum\{(W_1 + W_2 - W_{2w})\sin\alpha + D\cos(\alpha-\beta)\}}$$

因为浸润线以下土的浮重 $W_2' = W_2 - W_{2w}$，所以上式又可表示为：
$$F_s = \frac{\sum\{[(W_1 + W_2')\cos\alpha - D\sin(\alpha-\beta)]\tan\varphi + cl\}}{\sum\{(W_1 + W_2')\sin\alpha + D\cos(\alpha-\beta)\}} \quad (6)$$

从式（6）可看出，在浸润线以下，稳定系数仅与渗透压力 D 和土条浮重有关。因此，当用渗透压力表述稳定系数时，对于浸润线以上取天然重量，对浸润线以下取土条浮重和渗透压力即可。这样可将计算简图1改用计算简图3代替，把土条周边上的水压力和水重用一个渗透力 D 代替，使问题变得简单。

4 不平衡推力法计算公式的推导

因不平衡推力法计算简单，且可以为治理提供推力，故为我国的交通、水利等工程界广泛采用，

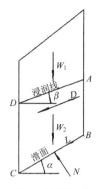

图 3 计算简图
Fig. 3 Sketch of soil slice

并作为规范执行。为了说明目前规范方法中存在的问题，下面先从理论上来推导不平衡推力法的计算公式。

假定条间力的作用方向与上一条的滑面方向平行，由此可得到图4所示的计算简图，在该图中用渗透压力 D_i 取代了土条中的水重及周边静水压力。由条块的静力平衡得：
$$N_i = (W_{1i} + W_{2i}')\cos\alpha_i -$$
$$D_i \sin(\alpha_i - \beta_i) + F_{i-1}\sin(\alpha_{i-1} - \alpha_i)$$
$$T_i = (W_{1i} + W_{2i}')\sin\alpha_i +$$
$$D_i \cos(\alpha_i - \beta_i) + F_{i-1}\cos(\alpha_{i-1} - \alpha_i) - F_i$$

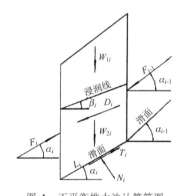

图 4 不平衡推力法计算简图
Fig.4 Sketch of imbalance force methods

由摩尔库仑准则得：
$$T_i = [c_i l_i + N_i \tan\varphi_i]/F_s$$

由上面的等式可得到：
$$F_i = [(W_{1i} + W_{2i}')\sin\alpha_i + D_i\cos(\alpha_i-\beta_i)] - \{c_i l_i +$$
$$[(W_{1i} + W_{2i}')\cos\alpha_i - D_i\sin(\alpha_i-\beta_i)]\tan\varphi_i\}/F_s +$$
$$F_{i-1}[\cos(\alpha_{i-1}-\alpha_i) - \sin(\alpha_{i-1}-\alpha_i)\tan\varphi_i/F_s] \quad (7)$$

令传递系数

$$\psi_{i-1} = \cos(\alpha_{i-1} - \alpha_i) - \sin(\alpha_{i-1} - \alpha_i)\tan\varphi_i / F_s \quad (8)$$

可得到:

$$F_i = [(W_{1i} + W_{2i}')\sin\alpha_i + D_i\cos(\alpha_i - \beta_i)] - \\ \{c_i l_i + [(W_{1i} + W_{2i}')\cos\alpha_i - \\ D_i\sin(\alpha_i - \beta_i)]\tan\varphi_i\}/F_s + F_{i-1}\psi_{i-1} \quad (9)$$

式 (9) 中右边第 1 项为本条的下滑力, 第 2 项为本条的抗滑力, 第 3 项为上一条传下来的不平衡推力。对于第一条, 最后一项为 0, 用上式逐条计算, 直到最后一条的剩余下滑力为 0, 由此确定稳定系数 F_s。

上述计算需要经过试算才能得到结果, 为了简化计算, 规范[3]采用了下面的近似算法。用公式表示如下:

$$F_i' = F_s[(W_{1i} + W_{2i}')\sin\alpha_i + D_i\cos(\alpha_i - \beta_i)] - \\ \{c_i l_i + [(W_{1i} + W_{2i}')\cos\alpha_i - \\ D_i\sin(\alpha_i - \beta_i)]\tan\varphi_i\} + F_{i-1}'\psi_{i-1}' \quad (10)$$

式中 $\psi_{i-1}' = \cos(\alpha_{i-1} - \alpha_i) - \sin(\alpha_{i-1} - \alpha_i)\tan\varphi \quad (11)$

为了比较式 (9) 与式 (10), 将式 (9) 两边乘以 F_s 得:

$$F_s F_i = F_s[(W_{1i} + W_{2i}')\sin\alpha_i + D_i\cos(\alpha_i - \beta_i)] \\ - \{c_i l_i + [(W_{1i} + W_{2i}')\cos\alpha_i \\ - D_i\sin(\alpha_i - \beta_i)]\tan\varphi_i\} + F_{i-1}\psi_{i-1}F_s \quad (12)$$

式(9)是坡体稳定分析通常采用的方法, 它反映的是材料强度的储备系数。式(10)是用增加坡体重力的方法得到的, 它反映的是超载系数。由于采用的方法不同, 计算得到的推力也就不同。当 $F_s = 1$ 时, 式 (9), (10) 是等价的。

由于坡体的稳定系数一般在 1 左右, 为了简化计算, 常常在计算上土条对本土条的推力时假定 $F_s \approx 1$, 这样就得到 $F_{i-1}'\psi_{i-1}' \approx F_s F_{i-1}\psi_{i-1}$, 将其代入式 (12) 得:

$$F_s F_i = F_s[(W_{1i} + W_{2i}')\sin\alpha_i + D_i\cos(\alpha_i - \beta_i)] \\ - \{c_i l_i + [(W_{1i} + W_{2i}')\cos\alpha_i \\ - D_i\sin(\alpha_i - \beta_i)]\tan\varphi_i\} + F_{i-1}'\psi_{i-1}' \quad (13)$$

由式(10), (13)就得到下面的近似等式:

$$F_i' \approx F_s F_i \quad (14)$$

由式 (14) 可以看出, 在相同安全系数的情况下, 用规范公式计算得到的剩余下滑力近似等于式(9)的 F_s 倍, 这也就是工程中计算的剩余下滑力偏大的内在原因。

5 算 例

图 5 所示的滑坡体, 已知滑体的天然重度为 20.8 kN/m³, 饱和重度为 21 kN/m³, 滑带土在天然状态下的 $c = 20$ kPa, $\varphi = 10°$; 饱和状态下的 $c = 15.6$ kPa, $\varphi = 9.27°$。计算中浸润线以下取滑带土饱和强度, 浸润线以上取滑带土天然强度, 经计算该滑坡的稳定系数为 0.932, 不同安全系数下剪出口的剩余推力见下表。

若其它条件不变, 改变滑带土的强度参数, 天然状态下: $c = 21$ kPa, $\varphi = 11°$; 饱和状态下: $c = 16.6$ kPa, $\varphi = 10.27°$。在此情况下计算的该滑坡的稳定系数为 1.023。不同安全系数下剪出口的剩余推力见下表。

表 1 不同安全系数下滑坡剪出口的剩余推力 (kN)
Table 1 Residual forces of shear export in various safety factors (kN)

稳定系数 F_s	安全系数 F_s	公式(10) F_i' / kN	公式(9) F_i / kN	$\dfrac{F_i'}{F_i}$
0.932	0.85	-53.3	-62.7	0.85
	0.90	-53.48	-59.43	0.90
	0.95	389.84	383.13	1.02
	1.00	1 378.08	1 378.08	1.00
	1.05	2 366.31	2 283.21	1.04
	1.10	3 354.45	3 110.16	1.08
	1.15	4 345.44	3 870.95	1.12
	1.20	5 337.08	4 571.86	1.17
1.023	0.85	-56.88	-66.91	0.85
	0.90	-57.05	-63.39	0.90
	0.95	-57.22	-60.23	0.95
	1.00	-57.39	-57.39	1.00
	1.05	502.83	506.56	0.99
	1.10	1 482.43	1 405.42	1.05
	1.15	2 462.02	2 230.26	1.10
	1.20	3 442.58	2 990.64	1.15

计算结果表明, 当安全系数小于坡体的稳定系数时, $F_i' = F_s F_i$; 当安全系数大于坡体的稳定系数时, $F_i < F_i' < F_s F_i$。在稳定系数附近, 两种方法计算得到的推力相差很小。由此可以看出用简化方法计算滑坡的稳定系数是可行的, 误差也不大; 但用它来确定支挡结构的推力就不合适了, 其结果相差比较大。该误差随坡体稳定系数的增大而减小, 随安全系数的增大而增大。

6 结 论

(1) 渗透压力 (或动水压力) 与土条中的水重和周边静水压力是一对平衡力, 计算中只能取其中之一。在浸润线以下, 建议用渗透压力和浮重的概念考虑问题, 这样处理可使问题简化。

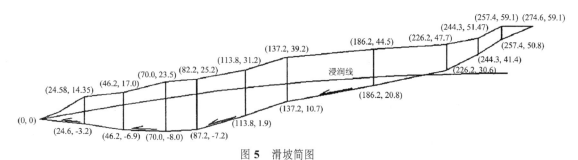

图 5 滑坡简图

Fig. 5 Sketch of landslide

(2)用规范中的不平衡推力法计算滑坡的稳定系数是可行的，但用于支挡结构的推力计算就不适用了，计算误差较大，该误差随坡体稳定系数的增大而减小，随安全系数的增大而增大。建议采用本文的公式 (9) 进行滑坡的稳定性评价和支挡结构的推力计算。

参 考 文 献

[1] 潘家铮. 建筑物的抗滑稳定和滑坡分析[M], 北京: 水利出版社, 1980, 11－15.

[2] 毛昶熙, 李吉庆, 段祥宝. 渗流作用下土坡圆弧滑动有限元计算[J], 岩土工程学报, 2001, 23(6): 746－752.

[3] 钱家欢, 殷宗泽. 土工原理与计算(第二版)[M], 北京: 中国水利水电出版社, 2000, 119－121.

[4] 中华人民共和国国家标准. (GB 50021-94)岩土工程勘察规范[S]. 1995, 69－71.

[5] 苑莲菊, 李振栓, 武胜忠等. 工程渗流力学及应用[M], 北京: 中国建材工业出版社, 2001, 25－29.

岩土塑性力学的新进展——广义塑性力学
New development of geotechnical plastic mechanics—generalized plastic mechanics

郑颖人

（后勤工程学院 军事土木工程系，重庆 400041）

摘　要：多数岩土工程都处于弹塑性状态，因而岩土塑性在岩土工程的设计中至关重要。本文首先简要回顾了岩土塑性的发展过程，分析了经典塑性力学用于岩土类材料存在的问题，指出其采用的3个不符合岩土材料变形机制的假设。放弃这3条假设，从固体力学原理直接导出广义塑性位势理论，从而将经典塑性力学改造成更一般的塑性力学——广义塑性力学。广义塑性力学采用了塑性力学中的分量理论，能反映应力路径转折的影响，克服了塑性应变增量方向与应力增量无关的错误；要求屈服面与塑性势面对应，而不要求相等，避免了采用正交流动法则引起过大剪胀等不合理现象，也不会产生当前非关联流动法则中任意假定塑性势面引起的误差。文中给出了广义塑性力学的屈服面理论、硬化定律和应力—应变关系，并在应力增量分解的基础上，建立了考虑应力主轴旋转的广义塑性位势理论，从而可求出应力主轴旋转产生的塑性变形。通过分析屈服面的物理意义，表明屈服条件是状态参数，它与应力状态、应力历史及材性等状态量有关；同时也是试验参数，只能由试验给出。通过实际应用，表明广义塑性力学不仅可以作为岩土材料的建模理论，而且还可以应用于诸如极限分析等土力学的诸多领域，具有广阔的应用前景。

关键词：岩土塑性力学；广义塑性力学；塑性势；屈服面；本构模型

中图分类号：TU 41　　**文献标识码**：A　　**文章编号**：1000－4548(2003)01－0001－10

作者简介：郑颖人(1933－　)，男，后勤工程学院教授，博士生导师，中国工程院院士，从事隧道力学、岩土塑性力学、地下工程、边坡工程与区域性土研究，发表论文250篇，专著7部，获国家、部委级科技进步奖7项。

ZHENG Ying-ren

（Department of Military Civil Engineering, Logistical Engineering University, Chongqing 400041, China）

Abstract: Geotechnical plasticity plays an important role in the design of geotechnical engineering because most of them are in an elasto-plastic state. In this paper, the development of geotechnical plasticity is reviewed and some problems of applying the classic plastic mechanics to geomaterials are analyzed, and then its three hypotheses unfitting to the deformation mechanism of geomaterials are pointed out. By giving up these three hypotheses, a generalized plastic potential theory can be obtained from solid mechanics directly, and then the traditional plastic mechanics can be changed to a more generalized plastic mechanics, namely generalized plastic mechanics (GPM). The GPM adopts the component theory as theoretical base, so it can reflect the influence of transition of stress path, and eliminate the mistake that the direction of plastic strain increments is independent of the stress increment; it requires that the yield surface must correspond to but not coincide with the plastic potential surfaces, then the unreasonable phenomena such as excessive dilatancy caused by the normality of flow rule, and the error caused by the arbitrarily assumed plastic potential surfaces can be avoided. The yield surface theory, hardening rules and stress-strain relations of GPM are given. Based on the decomposition of stress increments, a GPM including the rotation of principal stress axes can be established, and the plastic deformation caused by the rotation of principal stress axes can also be calculated. It is pointed out that the yield condition is a state parameter, which is relevant to stress state and stress history as well as the properties of material. On the other hand, the yield condition is also a test parameter, and it can only be given by test. After the practical application, it is shown that the GPM can not only be applied to the modeling theory of geomaterials but also to other fields of geomechanics such as limit analysis.

Key words: geotechnical plastic mechanics; generalized plastic mechanics; plastic potential; yield surface; constitutive model

0　前　言

多数岩土工程都处于弹塑性状态，因而岩土塑性在岩土工程的设计中至关重要。早在1773年Coulomb就提出了土体破坏条件，其后推广为Mohr – Coulomb条件。1857年Rankine研究了半无限体的极限平衡，提出了滑移面概念。1903年Kotter建立了滑移线方法。Fellenius(1929)提出了极限平衡法。以后Terzaghi、Sokolovskii又将其发展形成了较完善的岩土滑移线场方法与极限平衡法。1975年，W. F. Chen在极限分析法的基础上又发展了土的极限分析法，尤其是上限法。国内学者沈珠江也在上述领域作过不少工作。不过上述方法都是在采用正交流动法则的基础上进行的。滑移线法与极限分析法只研究力的平衡，未涉及

注：本文摘自《岩土工程学报》(2003年第25卷第1期)。

土体的变形与位移。上世纪 50 年代以后,人们致力于岩土本构模型的研究,力求获得岩土塑性的应力应变关系,再结合平衡方程与连续方程,从而求解岩土塑性问题。1957 年,Drucker 等人首先指出了平均应力与体应变会导致岩土材料的体积屈服,需在莫尔－库仑锥形空间屈服面上再加上一簇帽子屈服面。此后剑桥大学 Roscoe 等人提出了剑桥黏土的弹塑性本构模型,开创了岩土实用计算模型,一般认为剑桥模型的建立标志现代土力学的开端。自上世纪 60 年代至今岩土本构模型始终处于百家争鸣、百花齐放的阶段,没有统一的理论、屈服条件与计算方法。上世纪 70 年代就发现采用一个塑性势面和屈服面,很难使计算结果与实际吻合;采用正交流动法则既不符合岩土实际情况,还会产生过大的体胀。由此,双屈服面与多重屈服面模型[1-3],非正交流动法则,在岩土本构模型中应运而生。但由于没有从塑性理论上搞清问题,澄清认识,导致 40 年来这种混乱状态延续至今。

真正的土力学必须建立在符合土本身特性的本构模型的基础上,而本构模型的建立必须有符合岩土材料变形机制的建模理论。岩土塑性力学是一门新兴学科,也是建立岩土本构模型的基础。目前的岩土塑性力学以不符合岩土材料变形机制的传统塑性位势理论为理论基础,从而导致上述的诸多混乱状态。新发展的广义塑性位势理论既适应岩土类摩擦材料,也适应金属,可以作为岩土塑性力学的理论基础[1]。本文将针对岩土材料的变形特点,分析经典塑性力学用于岩土材料存在的问题,指出其采用的 3 个不符合岩土材料变形机制的假设。抛弃这些假设,从固体力学原理导出广义塑性位势理论,并对广义塑性力学的屈服面理论,硬化理论和应力－应变作系统的介绍。最后对广义塑性力学的实际应用与进一步的发展作了探讨。

1 经典塑性力学用于岩土材料存在的问题

1.1 岩土类材料的特点

岩土类材料是由颗粒材料堆积或胶结而成,属摩擦型材料。摩擦材料的特点是抗剪强度中含有摩擦项,它的抗剪强度随应力的增大而增大,因而岩土材料的屈服条件与金属材料明显不同。我们称此为岩土的压硬性,即随压应力的增大岩土的抗剪强度与刚度增大。

岩土为多相材料,岩土颗粒间有孔隙,因而在各向等压作用下,岩土颗粒中的水、气排出,就能产生塑性体变,出现屈服。而金属材料在各向等压作用下是不会产生塑性体变的。一般称此为岩土的等压屈服特性。

由于岩土是摩擦材料,岩土的体应变还与剪应力有关,即在剪应力的作用下岩土会产生塑性体变(剪胀或剪缩),一般称为岩土的剪胀性(含剪缩)。这在力学上表现为球张量与偏张量的交叉作用,即球应力会产生剪变(负值),这也是压硬性的一种表现;反之,剪应力会产生体变。显然,纯塑性金属材料是不具有这一特性的。

基于岩土是摩擦材料,因而必须采用摩擦型屈服条件,并考虑体变与剪胀性。现代岩土塑性力学必须反映这些特点,显示出岩土塑性的本色。

1.2 经典塑性力学用于岩土类材料出现的问题

岩土塑性力学脱胎于经典塑性力学,然而经典塑性力学只适应于金属材料,当用于岩土类摩擦材料时就会出现一些不符合实际的情况,理论计算结果与土工试验结果出现诸多矛盾[2]。因而,岩土塑性力学既要吸收经典塑性力学中采用的基本解题方法,又需要对经典塑性力学进行必要的改造,使之适应岩土材料的变形机制。大量的土工试验表明,岩土类材料具有如下几点变形机制,正在成为岩土工程界的共识:

(1)按照经典塑性力学中的传统塑性势理论,塑性应变增量的方向惟一地取决于应力状态,而与应力增量无关。Balashablamaniam、Anandarajah[4]、沈珠江[5]等人通过试验证实,岩土塑性应变增量的方向不仅与应力有关,还与应力增量密切相关,如图 1 所示。表明岩土材料不具有塑性应变增量方向与应力惟一性假设,亦即不遵守传统塑性势理论。岩土材料塑性应变增量的方向不仅取决于应力状态,而主要取决于应力增量。

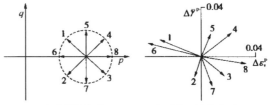

图 1 应力增量方向对岩土塑性应变增量方向的影响

Fig.1 Relationship between directions of stress increments and plastic strain increments

(2)Poorooshasb[6]、Frydman、Lade 等人所做的试验证实,岩土类材料不遵守关联流动法则和德鲁克公设。

(3)基于传统塑性位势理论的单屈服面模型,当采用莫尔－库仑一类剪切屈服面作屈服面时,如果采用关联流动法则,将会导致出现远大于实际的剪胀变形。

(4)Matsouka 等人的试验证实[7],尽管主应力的大小相同,但如果应力主轴发生旋转,即主应力轴方向变化也会产生塑性变形。而按经典塑性力学却是算不出这种变形的,表明经典塑性力学没有考虑应力主轴旋转而难以适应实际岩土工程。

显然，上述岩土变形机制与经典塑性力学相矛盾，这就诱发人们追思，经典塑性力学究竟存在哪些假设条件，为何不符合岩土变形机制。

传统塑性位势理论是经典塑性力学的核心，为

$$d\varepsilon_{ij}^p = d\lambda \frac{\partial Q}{\partial \sigma_{ij}}。 \quad (1)$$

式中 $d\varepsilon_{ij}^p$ 为塑性应变增量；Q 为塑性势函数；$d\lambda$ 为一非负的比例系数。式(1)表明，$d\varepsilon_{ij}^p$ 的方向始终与塑性势面正交。应用关联流动法则，屈服面就是塑性势面，因而塑性应变增量方向也与屈服面正交，由此得出塑性应变增量方向只与应力状态有关，而与应力增量无关的结论。根据式(1)，对三个主方向必有

$$d\varepsilon_1^p : d\varepsilon_2^p : d\varepsilon_3^p = \frac{\partial Q}{\partial \sigma_1} : \frac{\partial Q}{\partial \sigma_2} : \frac{\partial Q}{\partial \sigma_3}。 \quad (2)$$

式(2)是传统塑性位势理论的基本特征，即各塑性应变增量分量存在比例关系。由此还可推证塑性主应变增量与主应力增量的关系为

$$d\varepsilon_i^p = [A_p]_{3 \times 3} d\sigma_i。 \quad (3)$$

式中塑性矩阵$[A_p]$的元素 $a_{1i}, a_{2i}, a_{3i}(i = 1,2,3)$ 必存在如下关系：

$$a_{1i} : a_{2i} : a_{3i} = \frac{\partial Q}{\partial \sigma_1} : \frac{\partial Q}{\partial \sigma_2} : \frac{\partial Q}{\partial \sigma_3}。 \quad (4)$$

式(2)和式(4)表明，各塑性主应变增量或$[A_p]$中的各行元素成比例。这也说明只需要一个势函数就可求出三个塑性主应变或$[A_p]$，这正是传统塑性位势理论的特点。同时，由于塑性应变增量分量互成比例，因而塑性应变增量方向不随塑性应变增量分量大小而变，导致传统塑性位势理论与岩土材料变形机制的矛盾。

其次，无论在德鲁克公设提出之后还是之前，经典塑性力学一直沿用关联流动法则，即塑性势函数与屈服函数相同。实际土工试验表明，岩土材料不服从关联流动法则。下面考虑图2中的一个简单摩擦系统，也能一定程度上说明岩土类材料不符合正交流动法则[8]。图2中 Q 是位移矢量的方向，而 OC 相当于子午平面上的屈服面，所以位移矢量与屈服面并不正交，表明德鲁克公设不适用于岩土类材料。

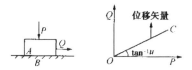

图2 岩土材料不适用正交流动法则示意图

Fig.2 Normality of flow rule is not applicable to geomaterials

德鲁克公设一直是关联流动法则的理论支柱，但自从岩土类材料不适应德鲁克公设被证实以后，各国学者对其适用性作了不少评述。笔者认为，德鲁克公设本来是作为弹塑性稳定材料的定义提出来的，但并非普遍的客观规律，因此不是所有客观材料的力学行为都必须满足此公设所导出的结论[9]，而是由材料的客观力学行为来判定它是否适用。大量的实践表明，金属材料适应德鲁克公设，而岩土材料不适应此公设。

再次，在经典塑性力学中，将屈服函数写成三个主应力或三个应力张量不变量的函数，这就忽略了应力增量中三个剪应力增量$d\tau_{ij}$所引起的塑性变形。即经典塑性力学中不考虑应力主轴的旋转，假设应力主轴与应力增量主轴始终共轴，只有主应力增量$d\sigma_1$、$d\sigma_2$、$d\sigma_3$，而$d\tau_{12} = d\tau_{23} = d\tau_{13} = 0$。实际岩土工程中，应力主轴会发生旋转，即存在主轴旋转的应力增量分量$d\tau_{ij}$，并由此产生相应的塑性变形。显然，不考虑应力主轴旋转也是经典塑性力学的一个假设，所以经典塑性力学无法算出应力主轴旋转产生的塑性变形。

1.3 经典塑性力学特有的三条假设

经典塑性力学属于连续介质力学范畴，一般具有各向同性、均质、连续、小变形等基本假设。此外，由上述可知，经典塑性力学还具有下面三条特有的假设：

(1) 假设应力空间中只存在一个满足式(1)的塑性势函数，导致塑性应变增量分量互成比例；塑性应变增量的方向只与应力有关，而与应力增量无关。

(2) 假设应力与应力增量主轴共轴，不考虑应力主轴旋转。

(3) 材料服从关联流动法则。

由于经典塑性力学存在上述假设，因而不适应岩土材料的变形机制。采用经典塑性力学不能反映塑性应变增量方向与应力增量的相关性，也不能合理反映岩土的剪胀与体缩，而出现过大体胀的不合理现象。同时，也无法计入由于应力主轴旋转所产生的塑性变形。显然，消除上述假设，就可能将经典塑性力学改造成更一般的塑性力学。为区别经典塑性力学，我们称它为广义塑性力学[10~13]，它既符合岩土类材料的变形机制，也能适应金属材料的变形机制。

2 不计应力主轴旋转的广义塑性位势理论

广义塑性力学放弃上述三条假设，从固体力学原理直接导出广义塑性位势理论，不再作上述人为的假设。杨光华(1991)在不计应力主轴旋转情况下(此时应力主轴、应力增量主轴及塑性应变增量主轴都共轴)，引入张量定律，从理论上导出了广义塑性位势理论[14]。应力和应变都是二阶张量，按张量定律可导得

$$\mathrm{d}\varepsilon_{ij}^{\mathrm{p}} = \sum_{k=1}^{3} \mathrm{d}\lambda_k \frac{\partial Q_k}{\partial \sigma_{ij}} (k=1,2,3). \quad (5)$$

我们把式(5)称为不计应力主轴旋转的广义塑性位势理论,它与传统塑性位势理论有如下区别:

(1)广义塑性位势理论有三个塑性势面,且三个塑性势面必须线性无关;而传统塑性位势理论只有一个塑性势面。

(2)广义塑性位势理论中,塑性应变增量方向由三个塑性应变增量分量来定,而三个分量既与塑性势面有关,又与屈服面及应力增量有关。传统塑性位势理论是其特例,此时塑性应变增量分量成比例,因而可采用一个塑性势函数,塑性应变增量方向由此势函数惟一地确定,而与应力增量无关。由此表明,传统塑性力学中可事先确定塑性应变增量总量的势面。而广义塑性力学中,因塑性应变增量总量方向与应力增量有关,无法事先确定塑性应变增量总量方向(即势面)。但可事先确定塑性应变增量的三个分量方向,亦即知道三个分量的势面。

(3)三个塑性因子 $\mathrm{d}\lambda_k(k=1,2,3)$ 不要求都大于或等于零。$\mathrm{d}\lambda_k$ 与屈服面有关,当屈服面与塑性势面同向,$\mathrm{d}\lambda_k > 0$;屈服面与塑性势面反向,则 $\mathrm{d}\lambda_k < 0$。岩土材料的体积屈服面既可与塑性势面同向(体缩),也可与塑性势面反向(体胀)。而传统塑性力学中只有一个塑性势面,因而 $\mathrm{d}\lambda$ 一定大于零或等于零。

式(5)中三个塑性势函数是可任选的,但必须保持线性无关,最符合这一条件并应用最方便的,是选用主应力空间中的三个坐标轴作塑性势函数,如选 $\sigma_1,\sigma_2,\sigma_3$ 或 p,q,θ_σ 不变量为势函数。这种情况下构造屈服函数也最为方便。这说明势函数可采用任何一种形式的三个张量不变量。

当取 $\sigma_1,\sigma_2,\sigma_3$ 的等值面为三个塑性势函数时,即有 $Q_1=\sigma_1,Q_2=\sigma_2,Q_3=\sigma_3$,则式(5)变为

$$\mathrm{d}\varepsilon_{ij}^{\mathrm{p}} = \mathrm{d}\lambda_1 \frac{\partial \sigma_1}{\partial \sigma_{ij}} + \mathrm{d}\lambda_2 \frac{\partial \sigma_2}{\partial \sigma_{ij}} + \mathrm{d}\lambda_3 \frac{\partial \sigma_3}{\partial \sigma_{ij}}, \quad (6)$$

式中 $\mathrm{d}\lambda_1、\mathrm{d}\lambda_2、\mathrm{d}\lambda_3$ 分别为相应上述三个势面的塑性因子,将 $\sigma_1=Q_1,\sigma_2=Q_2,\sigma_3=Q_3$ 代入式(6)或按其物理意义均能得到 $\mathrm{d}\lambda_1=\mathrm{d}\varepsilon_1^{\mathrm{p}},\mathrm{d}\lambda_2=\mathrm{d}\varepsilon_2^{\mathrm{p}},\mathrm{d}\lambda_3=\mathrm{d}\varepsilon_3^{\mathrm{p}}$,可见 $\mathrm{d}\lambda_k$ 具有明确的物理意义。

如果取 p,q,θ_σ 为塑性势函数,有

$$\mathrm{d}\varepsilon_{ij}^{\mathrm{p}} = \mathrm{d}\lambda_1 \frac{\partial p}{\partial \sigma_{ij}} + \mathrm{d}\lambda_2 \frac{\partial q}{\partial \sigma_{ij}} + \mathrm{d}\lambda_3 q \frac{\partial \theta_\sigma}{\partial \sigma_{ij}}. \quad (7)$$

同理有 $\mathrm{d}\lambda_1=\mathrm{d}\varepsilon_v^{\mathrm{p}},\mathrm{d}\lambda_2=\mathrm{d}\bar\gamma_q^{\mathrm{p}},\mathrm{d}\lambda_3=\mathrm{d}\bar\gamma_\theta^{\mathrm{p}}$,其中 $\mathrm{d}\varepsilon_v^{\mathrm{p}},\mathrm{d}\bar\gamma_q^{\mathrm{p}},\mathrm{d}\bar\gamma_\theta^{\mathrm{p}}$ 分别为塑性体应变增量、q 方向与 θ_σ 方向的塑性剪应变增量(图3)。

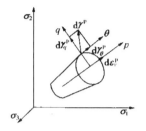

图3 塑性应变增量的方向

Fig.3 Directions of plastic strain increment

塑性应变增量可分解为塑性体应变增量与塑性剪应变增量

$$\mathrm{d}\varepsilon_v^{\mathrm{p}} = \sum_{k=1}^{3} \mathrm{d}\lambda_k \frac{\partial Q_k}{\partial p} = \mathrm{d}\lambda_1, \quad (8)$$

$$\mathrm{d}\bar\gamma^{\mathrm{p}} = \sum_{k=1}^{3}\left[\left(\mathrm{d}\lambda_k \frac{\partial Q_k}{\partial q}\right)^2 + \left(\mathrm{d}\lambda_k \frac{1}{q}\frac{\partial Q_k}{\partial \theta_\sigma}\right)^2\right]^{1/2}. \quad (9)$$

塑性剪应变可分为 q 方向上的塑性剪应变增量 $\mathrm{d}\bar\gamma_q^{\mathrm{p}}$,$\theta_\sigma$ 方向上的塑性剪应变增量 $\mathrm{d}\bar\gamma_\theta^{\mathrm{p}}$

$$\left.\begin{array}{l}\mathrm{d}\bar\gamma_q^{\mathrm{p}} = \sum_{k=1}^{3}\mathrm{d}\lambda_k \frac{\partial Q_k}{\partial q} = \mathrm{d}\lambda_2,\\ \mathrm{d}\bar\gamma_\theta^{\mathrm{p}} = \sum_{k=1}^{3}\mathrm{d}\lambda_k \frac{1}{q}\frac{\partial Q_k}{\partial \theta_\sigma} = \mathrm{d}\lambda_3,\\ \mathrm{d}\bar\gamma^{\mathrm{p}} = [(\mathrm{d}\bar\gamma_q^{\mathrm{p}})^2 + (\mathrm{d}\bar\gamma_\theta^{\mathrm{p}})^2]^{1/2} = [(\mathrm{d}\lambda_2)^2+(\mathrm{d}\lambda_3)^2]^{1/2}.\end{array}\right\} \quad (10)$$

从实际情况来看,无论是岩土或金属材料,$\mathrm{d}\bar\gamma_\theta^{\mathrm{p}}$ 一般不大,可认为 $\mathrm{d}\bar\gamma_\theta^{\mathrm{p}}=0$。如果再假定在 $\mathrm{d}\bar\gamma_q^{\mathrm{p}}$ 中忽略 θ_σ 的影响,就相当于忽略了洛德角的影响,即有

$$\mathrm{d}\varepsilon_{ij}^{\mathrm{p}} = \mathrm{d}\lambda_1 \frac{\partial p}{\partial \sigma_{ij}} + \mathrm{d}\lambda_2 \frac{\partial q}{\partial \sigma_{ij}} = \mathrm{d}\varepsilon_v^{\mathrm{p}} \frac{\partial p}{\partial \sigma_{ij}} + \mathrm{d}\bar\gamma_q^{\mathrm{p}} \frac{\partial q}{\partial \sigma_{ij}}. \quad (11)$$

这就是国内常用的"南水"双屈服面模型[15]。

对于金属材料,$\mathrm{d}\varepsilon_v^{\mathrm{p}}=0$,因而式(11)变为单屈服面模型,即有 $Q=Q_2=q$,此时,在子午平面上塑性应变增量方向在 q 方向上。

3 塑性势面与屈服面的关系

塑性力学中,塑性势面主要用来确定塑性应变增量的方向。经典塑性力学中,塑性应变增量的方向可由一个塑性势面惟一地确定;广义塑性力学中,塑性应变增量的方向无法事先知道,因为它不仅与应力状态有关,还与应力增量有关。但它可用3个分量塑性势面来确定3个塑性应变增量分量的方向。可见经典塑性力学中采用总量势面,而广义塑性力学必须采用分量势面,这正是两者的区别,广义塑性力学采用了塑性力学中的分量理论。

屈服面主要用来确定塑性应变增量的大小。经典塑性力学中确定塑性因子 $\mathrm{d}\lambda$;广义塑性力学中确定3

个塑性因子 $d\lambda_k$,亦即需要有 3 个与塑性势面相应的分量屈服面来确定 $d\lambda_k$。

塑性应变增量矢量的方向由塑性势面确定,而大小按其相应的屈服面确定。这就表明塑性势面与屈服面必须相关,但相关只要求两者必须相应,不要求必须相等。例如求塑性应变增量分量 $d\varepsilon_v^p$(塑性体应变),其塑性势面的法线方向必为 $d\varepsilon_v^p$ 方向(即应力 p 方向);与此相应的屈服面的硬化参量必为 $d\varepsilon_v^p$,屈服面必为 $f_v(\sigma_{ij},\varepsilon_v^p)$。按屈服面的定义,它就是 ε_v^p 的等值面,即 p 方向上的分量屈服面称为体积屈服面。同理,相应 q 方向上塑性势面的屈服面为 q 方向的剪切屈服面 $f_q(\sigma_{ij},\bar{\gamma}_q^p)$;相应 θ_σ 方向上塑性势面的屈服面为 θ_σ 方向的剪切屈服面 $f_\theta(\sigma_{ij},\bar{\gamma}_\theta^p)$。可见,塑性势一旦确定,其相应的硬化参量与屈服条件也就确定,它们有一一对应的关系。对于金属材料,塑性势面与屈服面不仅相应,而且相等,这是一种特例。

屈服面一般应由试验确定。在等向硬化模型情况下,体积屈服面、q 方向剪切屈服面与 θ_σ 方向剪切屈服面可表达为如下形式

$$H_v(\varepsilon_v^p) = f_v(\sigma_{ij}) = f_v(p,q,\theta_\sigma), \\ H_q(\bar{\gamma}_q^p) = f_q(\sigma_{ij}) = f_q(p,q,\theta_\sigma), \\ H_\theta(\bar{\gamma}_\theta^p) = f_\theta(\sigma_{ij}) = f_\theta(p,q,\theta_\sigma)。 \quad (12)$$

微分式(12),可得

$$d\varepsilon_v^p = \frac{1}{A_1}\frac{\partial f_v}{\partial p}dp + \frac{1}{A_1}\frac{\partial f_v}{\partial q}dq + \frac{1}{A_1}\frac{\partial f_v}{\partial \theta_\sigma}d\theta_\sigma = d\lambda_1, \\ d\bar{\gamma}_q^p = \frac{1}{A_2}\frac{\partial f_q}{\partial p}dp + \frac{1}{A_2}\frac{\partial f_q}{\partial q}dq + \frac{1}{A_2}\frac{\partial f_q}{\partial \theta_\sigma}d\theta_\sigma = d\lambda_2, \\ d\bar{\gamma}_\theta^p = \frac{1}{A_3}\frac{\partial f_\theta}{\partial p}dp + \frac{1}{A_3}\frac{\partial f_\theta}{\partial q}dq + \frac{1}{A_3}\frac{\partial f_\theta}{\partial \theta_\sigma}d\theta_\sigma = d\lambda_3。 \quad (13)$$

式中 $A_1 = \partial H_v/\partial \varepsilon_v^p$, $A_2 = \partial H_q/\partial \bar{\gamma}_q^p$, $A_3 = \partial H_\theta/\partial \bar{\gamma}_\theta^p$。

由上看出,塑性势面与屈服面存在如下关系:

(1)塑性势面可以任取,但必须保证各势面间线性无关,屈服面则不可任取,它必须与塑性势面相对应,并有明确的物理意义。例如取 σ_1 为势面,则对应的屈服面必为塑性主应变 ε_1^p 的等值面。可见,屈服面必然与塑性势面相关联,但关联并不意味着塑性势面与屈服面相同,而是必须保持屈服面与塑性势面相对应。在特殊情况下亦可相同,如服从米赛斯屈服条件的金属材料,屈服面与塑性势面同为圆筒形。

(2)取 $\sigma_1, \sigma_2, \sigma_3$ 或 p,q,θ_σ 为塑性势面,相应的屈服面最简单,并具有明确的物理意义,即为三个塑性主应变的等值面或为塑性体应变、q 方向塑性剪切应变与 θ_σ 方向塑性剪应变的等值面。

(3)由于三个塑性势面线性无关,则相应的三个屈服面也必然互相独立。例如体积屈服面与 q 方向上及 θ_σ 方向上的剪切屈服面都各自独立。这表明体积屈服面只能用来计算塑性体积变形,而与塑性剪切变形无关,反之亦然。因而广义塑性力学中不能应用关联流动法则,否则就违反了剪切屈服面与体积屈服面原有的含义。

(4)通常所说的剪胀,即指剪应力 dq,$d\theta_\sigma$ 所引起的体胀,亦即式(13)中第一式中间的第 2 项与第 3 项。

(5)对于采用米赛斯屈服条件的金属材料,式(13)中只保留 $(\partial f_q/\partial q) \cdot dq$ 一项,其余各项均为零。

4 岩土材料的加载条件(屈服条件)

广义塑性力学中,相应 3 个塑性势函数有 3 个屈服条件,即体积屈服条件、q 及 θ_σ 方向的剪切屈服条件。

4.1 体积屈服面

以 ε_v^p 为硬化参量的屈服面称为体积屈服面,即 ε_v^p 的等值面。笔者按土性及其状态不同,将体积屈服面分为压缩型、硬化压缩剪胀型与软化压缩剪胀型三类。

(1)压缩型体积屈服面

松砂、正常固结土等土体,受力后土体体积压缩。其体积屈服面常用的是椭圆型曲线(如图 4 所示),这就是常用的修正剑桥模型。其表达式为

$$p[1 + (\eta/M)^2] = p_c。 \quad (14)$$

式中 $\eta = q/p$;M 为极限状态线的斜率;p_c 为加载面与 p 轴的右交点。

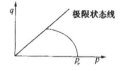

图 4 压缩型体积屈服面

Fig.4 Volumetric yield surface of compressive type

(2)硬化压缩剪胀型体积屈服面

中密砂、弱超固结土等土体,应力应变曲线处于应变硬化状态,土体体变先压缩后剪胀。这类屈服面一般应用不多,近年来国内外都有所进展。段建立、郑颖人通过对中密砂的试验[16],并按屈服面的定义,由试验拟合得出 S 形的屈服曲线(图 5)。图 5 中有条来自试验的状态变化线,在状态变化线下方为体积压缩,其体积屈服条件一般为类似剑桥模型的椭圆形屈服曲线;在状态变化线上方只产生体胀,由试验获得的屈服条件近似为一条直线。由此得出屈服曲线为两段屈服曲线组成的 S 形屈服曲线。在低剪应力状态下产生体缩,高剪应力状态下产生体胀,两段屈服曲线具有相反的法线方向。

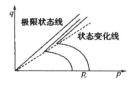

图 5 中密砂三轴不排水试验所得的体积屈服曲线
（硬化压缩剪胀型）

Fig.5 Volumetric yield surface of hardening compressive dilative type

（3）软化压缩剪胀型体积屈服面

密砂、超固结土、岩石等岩土体，应力应变曲线先处于应变硬化状态，后处于应变软化状态，其体变也是先压缩后剪胀。这类岩土的体积屈服面目前研究不多，Hvorslev 面可认为是软化压缩剪胀型体积屈服面（见图6）。由图可见，图上人为地把极限状态线与状态变化线合为一条，而实际试验是两条曲线，这是其不足之处。

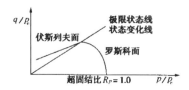

图 6 软化压缩剪胀型体积屈服面

Fig.6 Volumetric yield surface of softening compressive dilative type

4.2 剪切屈服面

剪切屈服面是以 $\bar{\gamma}^p$ 为硬化参量的屈服面，也就是等 $\bar{\gamma}^p$ 的一簇空间曲面。剪切屈服面的表达式一般可写成二次曲线

$$\Phi_\gamma(p,q,\theta_\sigma,\gamma^p) = \beta p^2 + \alpha_1 p + \bar{\sigma}_+^n - k \text{。} \quad (15)$$

式中 β,α_1,k 为与 $\bar{\gamma}^p$ 有关的系数；$n = 2$ 或 1；$\bar{\sigma}_+ = \sqrt{J_2}/g(\theta_\sigma)$；$g(\theta_\sigma)$ 为偏平面上 q 的形状函数。

从试验结果看，多数岩土的剪切屈服曲线在子午平面上是双曲线或抛物线。当加载面 Φ_γ 发展到与 $\bar{\gamma}^p$ 无关时，加载面就成为破坏面 F_γ，式（15）中的系数与 $\bar{\gamma}^p$ 无关。文献[1]给出了14种常用的破坏准则，给出了相应的 β,α_1,k 及 $g(\theta_\sigma)$。

4.3 θ_σ 方向与 q 方向的剪切屈服面

θ_σ 方向的剪切屈服面以 $\bar{\gamma}^p_\theta$ 为硬化参量，它用来求 θ_σ 方向的塑性应变增量 $d\bar{\gamma}^p_\theta$。由于以往岩土塑性力学中通常略去 θ_σ 方向的塑性变形，所以极少有人来研究 θ_σ 方向的剪切屈服面。直接通过试验拟合 θ_σ 方向的剪切屈服面有一定困难，但可通过真三轴试验得出塑性应变增量在 θ_σ 方向的偏离程度，由此求得 $d\bar{\gamma}^p_\theta$ 与 $d\bar{\gamma}^p$ 的关系，亦即求得剪切屈服面 F_γ 与 θ_σ 方向剪切屈服面的关系，由此求得 F_θ。

陈瑜瑶、郑颖人[17]通过对重庆红黏土的真三轴试验指出，应力水平低时塑性应变增量方向与应力增量方向不发生偏离，如同弹性情况一样；但应力水平高时，两者出现偏离(图7)，但偏离不大。这一试验结果与国外的一些试验结果[18]及国内李广信的试验结果[19]基本一致，表明土体在 θ_σ 方向存在塑性应力增量 $d\bar{\gamma}^p_\theta$。由此可近似认为偏离角是常量，即 q 方向的塑性剪应变与 θ_σ 方向的塑性剪应变近似成比例，即：

$$d\bar{\gamma}^p_\theta = \tan\alpha \cdot d\bar{\gamma}^p_q = \sin\alpha \cdot d\bar{\gamma}^p, \quad (16)$$

式中 α 为偏离角。

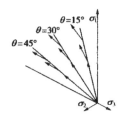

图 7 试验所得应力增量与塑性应变增量的偏离状况

Fig.7 Directions of plastic strain increments in π plane

上式意味着 $\Phi_\gamma,\Phi_q,\Phi_\theta$ 都成比例，由此可得

$$\Phi_\theta = \sin\alpha \cdot \Phi_\gamma = \tan\alpha \cdot \Phi_q, \quad (17)$$

$$\Phi_q = \cos\alpha \cdot \Phi_\gamma, \quad (18)$$

由式（17），（18）可得 θ_σ 方向与 q 方向的剪切屈服面。

在实际计算中，还有一种常用的近似方法，即把 α 角视为零，亦即略去 θ_σ 方向的塑性应变增量，而增大 q 方向的塑性应变增量，使 $d\bar{\gamma}^p_q = d\bar{\gamma}^p$。这是一种等代的方法，即采用 $\Phi_q = \Phi_\gamma,\Phi_\theta = 0$，从而使计算简化，目前采用的双屈服面就属这种情况。

5 广义塑性力学中的硬化定律

在传统塑性力学中，$d\lambda$ 与硬化参量的函数有关，即

$$d\lambda = \frac{1}{A}\frac{\partial \Phi}{\partial \sigma_{ij}}d\sigma_{ij}, \quad (19)$$

式中 A 称为硬化函数或硬化模量，它与硬化参量有关。建立硬化模量 A 的表达式称为硬化定律，应用何种硬化参量来建立硬化定律，就称为某种硬化参量的硬化定律。在等向强化情况下，引用相容性条件或一致性条件，可得

$$A = -\frac{\partial \Phi}{\partial H}\frac{\partial H}{\partial \varepsilon^p_{ij}}\frac{\partial Q}{\partial \sigma_{ij}} \text{。} \quad (20)$$

研究硬化定律，首先应当正确选择硬化参量，它应当表征材料的硬化程度，充分反映材料硬化的历史。金属材料不产生体积应变，因而可选用塑性剪应变 γ^p，塑性总应变 ε^p 或塑性功 W^p 作硬化参量。广义塑性力学采用分量塑性势面与分量屈服面，各屈服面都有各自的硬化参量，它们都可以各自表征各分量的硬

化历史。因而体积屈服面，剪切屈服面，q 方向与 θ_σ 方向剪切屈服面都应采用各自硬化参量的硬化定律。

（1）ε_v^p 硬化定律

设 $H = H(\varepsilon_v^p)$ 或 $H = \varepsilon_v^p$，则有

$$A = -\frac{\partial \Phi}{\partial \varepsilon_v^p}\frac{\partial \varepsilon_v^p}{\partial \sigma_{ij}}\frac{\partial Q}{\partial \sigma_{ij}} = -\frac{\partial \Phi}{\partial \varepsilon_v^p}\delta_{ij}\frac{\partial Q}{\partial \sigma_{ij}} = -\frac{\partial \Phi}{\partial \varepsilon_v^p}\frac{\partial Q}{\partial p}, \quad (21)$$

其矩阵形式为

$$A = -\frac{\partial \Phi}{\partial \varepsilon_v^p}\{\delta\}^T\frac{\partial Q}{\partial \sigma}。 \quad (22)$$

式中 $\{\delta\}^T = [1\ 1\ 1\ 0\ 0\ 0]$；广义塑性力学中，如 $\Phi = -\varepsilon_v^p$，$Q = p$，则 $A = 1$；如 $\Phi = -H(\varepsilon_v^p)$，$Q = p$，则 $A = \frac{\partial H}{\partial \varepsilon_v^p}$。

（2）$\bar{\gamma}_q^p$ 硬化定律

设 $H = H(\bar{\gamma}_q^p)$ 或 $H = \bar{\gamma}_q^p$，则有

$$A = -\frac{\partial \Phi}{\partial \bar{\gamma}_q^p}\frac{\partial Q}{\partial q}, \quad (23)$$

广义塑性力学中，如 $\Phi = -\bar{\gamma}_q^p$，$Q = q$，则 $A = 1$；如 $\Phi = -H(\bar{\gamma}_q^p)$，$Q = q$，则 $A = \frac{\partial H}{\partial \bar{\gamma}_q^p}$。

（3）$\bar{\gamma}_\theta^p$ 硬化定律

同理，设 $H = H(\bar{\gamma}_\theta^p)$，或 $H = \bar{\gamma}_\theta^p$，则有 $A = -\frac{\partial \Phi}{\partial \bar{\gamma}_\theta^p}\frac{\partial Q}{\partial \theta_\sigma}$。广义塑性力学中，如 $\Phi = -\bar{\gamma}_\theta^p$，$Q = \theta_\sigma$，则 $A = 1$；如 $\Phi = -H(\bar{\gamma}_\theta^p)$，$Q = \theta_\sigma$，则 $A = \frac{\partial H}{\partial \bar{\gamma}_\theta^p}$。

（4）ε_i^p 硬化定律

同理，广义塑性力学中，如 $\Phi = -\varepsilon_i^p$，$Q = \sigma_i$，则 $A = 1$；如 $\Phi = -H(\varepsilon_i^p)$，$Q = \sigma_i$，则 $A = \frac{\partial H}{\partial \varepsilon_i^p}$。

6 广义塑性力学的应力—应变关系

广义塑性力学中的应力—应变关系，通常可先求出弹塑性柔度矩阵 $[C_{ep}]$，然后求逆得到弹塑性刚度矩阵 $[D_{ep}]$。采用等值面硬化规律也可直接导出 $[D_{ep}]$ 的一般表达式，推导详见文献[12]。广义塑性力学中，应力—应变关系为

$$\mathrm{d}\sigma\} = \left([D] - [D]\left\{\frac{\partial Q}{\partial \sigma}\right\}_{6\times 3}[\alpha_{kl}]_{3\times 3}^{-1}\left\{\frac{\partial \Phi}{\partial \sigma}\right\}_{3\times 6}^T[D]\right)\{\mathrm{d}\varepsilon\}。 \quad (24)$$

式中 $\left\{\frac{\partial Q}{\partial \sigma}\right\}_{6\times 3} = \left\{\frac{\partial Q_1}{\partial \sigma}\ \frac{\partial Q_2}{\partial \sigma}\ \frac{\partial Q_3}{\partial \sigma}\right\}$；$\left\{\frac{\partial \Phi}{\partial \sigma}\right\}_{3\times 6}^T = \left\{\frac{\partial \Phi_1}{\partial \sigma}\ \frac{\partial \Phi_2}{\partial \sigma}\ \frac{\partial \Phi_3}{\partial \sigma}\right\}^T$；$[\alpha_{kl}]_{3\times 3}$ 矩阵中元素 $\alpha_{kl} = \left\{\frac{\partial \Phi_k}{\partial \sigma}\right\}^T[D]\left\{\frac{\partial Q_l}{\partial \sigma}\right\} + \delta_{kl}A_k$，其中 $\delta_{kl} = \begin{cases}1 & k=l\\ 0 & k\neq l\end{cases}$，$A_k = \frac{\partial \Phi_k}{\partial H_{ak}}\left\{\frac{\partial H_{ak}}{\partial \varepsilon_k^p}\right\}^T\left\{\frac{\partial Q_k}{\partial \sigma}\right\}$（$k=1,2,3$）。即有

$$[D_{ep}] = [D] - [D]\left\{\frac{\partial Q}{\partial \sigma}\right\}_{6\times 3}[\alpha_{kl}]_{3\times 3}^{-1}\left\{\frac{\partial \Phi}{\partial \sigma}\right\}_{3\times 6}^T[D]。 \quad (25)$$

单屈服面情况下，式（25）即变化为传统塑性力学中的弹塑性矩阵表达式。这也说明传统塑性力学是广义塑性力学的一个特例。

7 考虑应力主轴旋转的广义塑性位势理论[20,21]

适用岩土的广义塑性力学应考虑应力主轴的旋转，即考虑剪切应力分量 $\mathrm{d}\tau_{ij}$ 引起的应力主轴旋转。为此，文献[20]导出 $\mathrm{d}\tau_{ij}$ 与应力主轴旋转角增量 $\mathrm{d}\theta_i$ 的关系式

$$\mathrm{d}\tau_{ij} = \mathrm{d}\theta_i(\sigma_i - \sigma_j),\ (i,j=1,2,3;\ i\neq j)。 \quad (26)$$

同时把应力增量分解为与应力主轴共轴部分 $\mathrm{d}\sigma_c$ 和使应力主轴旋转的部分 $\mathrm{d}\sigma_r$，分解式为

$$\mathrm{d}\sigma = \mathrm{d}\sigma_c + \mathrm{d}\sigma_r = \mathrm{d}\sigma_c + \mathrm{d}\sigma_{r1} + \mathrm{d}\sigma_{r2} + \mathrm{d}\sigma_{r3}$$
$$= T\begin{bmatrix} \mathrm{d}\sigma_1 & \mathrm{d}\theta_1(\sigma_1-\sigma_2) & \mathrm{d}\theta_3(\sigma_1-\sigma_3) \\ \mathrm{d}\theta_1(\sigma_1-\sigma_2) & \mathrm{d}\sigma_2 & \mathrm{d}\theta_2(\sigma_2-\sigma_3) \\ \mathrm{d}\theta_3(\sigma_1-\sigma_3) & \mathrm{d}\theta_2(\sigma_2-\sigma_3) & \mathrm{d}\sigma_3 \end{bmatrix}T^T。 \quad (27)$$

式中 $\mathrm{d}\theta_1, \mathrm{d}\theta_2, \mathrm{d}\theta_3$ 分别表示旋转应力增量 $\mathrm{d}\sigma_{r1}$，$\mathrm{d}\sigma_{r2}, \mathrm{d}\sigma_{r3}$ 引起的绕第三、一、二主应力轴旋转的旋转角增量；T 为变换矩阵，即

$$[T] = \begin{bmatrix} l_1^2 & l_2^2 & l_3^2 & 2l_1l_2 & 2l_2l_3 & 2l_3l_1 \\ m_1^2 & m_2^2 & m_3^2 & 2m_1m_2 & 2m_2m_3 & 2m_3m_1 \\ n_1^2 & n_2^2 & n_3^2 & 2n_1n_2 & 2n_2n_3 & 2n_3n_1 \end{bmatrix}, \quad (28)$$

式中的矩阵元素分别为三主应力轴方向余弦的组合。

包含应力主轴旋转在内的广义塑性位势也可分解为两部分。共轴部分的塑性势公式，与未考虑应力主轴旋转的情况相同。旋转部分需用 6 个势函数（一般取应力分量作势函数），则位势理论可写成

$$\mathrm{d}\varepsilon_{ij}^p = \mathrm{d}\varepsilon_{ijc}^p + \mathrm{d}\varepsilon_{ijr}^p = \sum_{k=1}^3 \mathrm{d}\lambda_k \frac{\partial Q_k}{\partial \sigma_{ij}} + \sum_{kr=1}^6 \mathrm{d}\lambda_{kr}\frac{\partial Q_{kr}}{\partial \sigma_{ij}}。 \quad (29)$$

式中 $\mathrm{d}\varepsilon_{ijc}^p$ 为共轴应力增量 $\mathrm{d}\sigma_c$ 引起的塑性应变增量；$\mathrm{d}\varepsilon_{ijr}^p$ 为旋转应力增量 $\mathrm{d}\sigma_r$ 引起的塑性应变增量；$\mathrm{d}\lambda_{kr}$ 为与应力主轴旋转相关的 6 个塑性系数，可采用试验数据拟合的方法得到，但这方面的研究目前还不成熟。

表 1 不同力学状态下的应力—应变关系及其参数的影响因素
Table 1 Stress-strain relation and influencing factors of parameter under various mechanical states

力学状态	应力—应变关系	力学参数	参数的影响因素
线弹性	单轴情况下：$\varepsilon_i = (1/E)\sigma_i$	E（弹性模量）	材性
非线性弹性	单轴情况下：$\varepsilon_i = (1/E_t)\sigma_i$	E_t（切线弹性模量）	材性与应力状态
经典塑性	$d\varepsilon_{ij}^p = \dfrac{1}{A}\dfrac{\partial \Phi}{\partial \sigma_{ij}}d\sigma_{ij}; A = -\dfrac{\partial \Phi}{\partial \varepsilon_{ij}^p}\dfrac{\partial \Phi}{\partial \sigma_{ij}}$	Φ（加载面）	材性、应力状态与应力历史
广义塑性	分量应力—应变关系：$d\varepsilon_{ij}^p = \sum_{k=1}^{3}\dfrac{1}{A_k}\dfrac{\partial \Phi_k}{\partial \sigma_{ij}}d\sigma_{ij}; A_k = \dfrac{\partial \Phi_k}{\partial \varepsilon_{ij}^p}(k=1,2,3)$	Φ_k（分量加载面）	材性、应力状态与应力历史

8 岩土屈服条件的确定

力学的解题方法，首先是依据符合实际情况的假设，按照力学的一般原理形成力学理论，给出计算公式；其次依据试验获得计算所需的参数。在线弹性情况下，计算参数就是弹模与泊松比；而在塑性情况下，需要给出其屈服条件及其参数。岩土材料极其复杂，不同的土性常有不同的屈服条件。而目前岩土屈服条件的确定，多数是依据建模者的经验，屈服条件中的参数也只有部分依据试验获得。由于建模者的经验不同，提出了五花八门的本构模型，导致计算结果的不惟一性。

首先来分析屈服条件的物理意义。弹性力学基本方程与塑性力学基本方程的差别在于应力—应变关系。给出这一关系的目的，在于已知应力或应力增量的方向与大小的情况下获得应变或应变增量的方向与大小。表1中列出了不同力学状态下的应力—应变关系及其参数的影响因素，由此进一步明确屈服条件在塑性力学中的物理意义。

图8图示出了线弹性、非线性弹性、经典塑性与广义塑性的应力应变曲线。线弹性情况下是条直线，非线性弹性情况下是条曲线，由此即可确定 E 与 E_t；经典塑性情况下是一组曲线，广义塑性情况下是几组曲线，需要按屈服面定义将试验曲线转换为屈服曲线。

由表1可看出，无论是弹性还是塑性，弹性参数与屈服条件都是材料的状态参数，这就是屈服条件的物理含义。由图8可见，弹性参数与屈服条件都应由试验确定，尽量减少确定屈服条件的随意性。尤其是各地岩土的性质差异很大，只有用当地土获得屈服条件，才能提高计算的准确度。而且，目前土的常规三轴试验已经十分普遍，经济上也是合算的。文献[17]中给出了如何通过试验资料建立屈服面的思路，并以重庆红黏土与福建标准砂的试验结果为依据，拟合出了相应的体积屈服面与剪切屈服面。

9 广义塑性力学的实际应用

9.1 岩土建模方面

以广义塑性力学为理论基础，建立符合土体实际

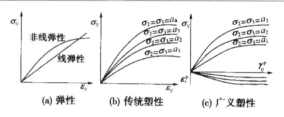

图 8 线弹性、非线弹性、传统弹塑性、广义弹塑性应力—应变关系

Fig.8 Linear elastic, non-linear elastic, classic plastic and generalized plastic stress – strain curves

变形特性的本构模型是广义塑性力学最主要的应用之一。文献[22]以广义塑性力学为建模理论，建立了一个能考虑应力洛德角影响的土体的三屈服面模型；文献[23]建立了一个基于广义塑性力学的硬化剪胀土模型；文献[17]以试验结果为依据，拟合出了重庆红黏土与福建标准砂的体积屈服面和剪切屈服面；文献[24]通过试验拟合，求得3个塑性主应变等值面为屈服面。

按广义塑性力学，分别建立3个分量塑性势面与相应的3个屈服面，构成了土体本构模型。如果略去洛德角方向的塑性应变增量分量，就将上述3屈服面模型简化为双屈服面模型。若进一步略去塑性体应变，就可简化为单屈服面模型。为了便于分析不同屈服面对土体变形的影响程度，表2给出了几种基于广义塑性力学的土体模型的计算结果。表2中屈服函数的具体表达式以及算例的详细情况参见文献[9]和[22]。

从表2可见，在均布荷载作用下地基表面处的沉降变形：q 方向上剪切变形引起的沉降占总沉降中的64.5%；θ_σ 方向上剪切变形引起的沉降占总沉降的16.1%；总剪切变形引起的沉降占总沉降的80.6%；体积变形引起的沉降占总沉降的19.4%。采用剪切单屈服面模型时，变形计算误差可达35.5%，当不计 θ_σ 影响时计算误差可增至38.7%，采用双屈服面模型时，变形计算误差可达16%，当不计 θ_σ 影响时计算误差可增至19.4%。当偏载与均载共同作用下，在最大变形处的沉降变形：q 方向剪切变形引起的沉降占总沉降中的80.5%；θ_σ 方向上剪切变形引起的沉降占总沉降的5.4%；总剪切变形引起的沉降占总沉降的85.9%；体积变形引起的沉降占总沉降的14.1%。采

表 2　几种基于广义塑性力学的土体模型及其计算所得的地基表面沉降量[9,22]

Table 2　Several soil models based on generalized plastic mechanics and the calculated settlements of foundation

m

方案	屈服函数与塑性势函数	均载作用下	所有荷载作用下				
			$x=0.5$	$x=2.5$	$x=6.0$	$x=11$	$x=17$
1	$f=f_q(p,q); Q=q$	0.19	0.94	0.73	0.35	0.22	0.17
2	$f=f_q(p,q,\theta_\sigma); Q=q$	0.20	1.11	0.86	0.37	0.22	0.17
3	$f_1=f_v(p,q), f_2=f_q(p,q); Q_1=p, Q_2=q$	0.25	1.13	0.90	0.45	0.29	0.23
4	$f_1=f_v(p,q), f_2=f_q(p,q,\theta_\sigma); Q_1=p, Q_2=q$	0.26	1.23	0.93	0.46	0.29	0.23
5	$f_1=f_v(p,q), f_2=f_q(p,q,\theta_\sigma), f_3=f_\theta(q,\theta_\sigma); Q_1=p, Q_2=q, Q_3=\theta_\sigma$	0.31	1.30	1.03	0.55	0.37	0.31

用剪切单屈服面模型时,变形计算误差可达 19.5%,当不计 θ_σ 影响时误差可增至 27.7%。采用双屈服面模型时,变形计算误差可达 5.4%;当不计 θ_σ 影响时,变形计算误差可增至 13.1%。

9.2 极限分析方面

当前岩土材料的滑移线理论都采用经典塑性理论中的关联流动法则,由此得出应力特征线与速度滑移线一致。而试验得知,岩土材料并不服从关联流动法则,因而应力特征线与速度滑移线不可能重合。广义塑性力学的出现,从理论上证明了塑性势面与莫尔-库仑屈服面之间成一定的角度,因而应按非关联流动法则来研究速度滑移线。文献[25]中导出了基于广义塑性力学(非关联流动法则)的速度滑移线方程,它与莫尔-库仑屈服条件无关,但应力特征线与莫尔库仑屈服条件有关,并证明了速度滑移线与应力特征线之间处处都成 $\varphi/2$ 角。对于金属材料,速度滑移线与应力特征线一致(如图 9 所示),它们与 x 轴或 y 轴的夹角均为 $\pi/4$,因而滑移线与特征线的夹角为 0。对于岩土材料,速度滑移线与莫尔-库仑特征线成 $\varphi/2$ 夹角。在图 10 所示的简单应力场中,速度滑移线是圆弧线,应力特征线是对数螺旋线,在同一点上滑移线与特征线比成 $\varphi/2$ 角。文中以平顶钝角楔体的 Prandtl 解为例,给出了基于非关联流动法则的速度解,并指出当 $\varphi=0$ 时,本解答与正交解一致,$\varphi\neq 0$ 时,则两者有较大差异。

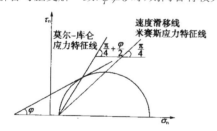

图 9　速度滑移线与应力特征线的关系

Fig.9 Relationship between velocity slip line and stress characteristic line

基于传统塑性理论的极限分析方法,广泛应用于金属材料并获得了成功,W.F.Chen[8]等人又将其推广应用到岩土工程领域。由于金属材料与岩土材料的特性不同,尽管导出的岩土材料极限分析上界法的最终

图 10　简单应力场中速度滑移线与应力特征线的关系

Fig.10 Relationship between velocity slip line and stress characteristic line in simple stress field

计算结果是合理的,但理论上却存在多种矛盾,如假设应力滑移线与速度滑移线相同,但在分析中却采用速度方向与应力滑移线成 φ 角;传统塑性理论中假设体积不变,但计算中却出现远大于实际的体积剪胀变形;实际土体破坏时,破坏面上同时存在着剪切力 τ_n 和正应力 σ_n,但在计算中却反映不出摩擦功;假设塑性势面与屈服面相同,而实验证明,对于岩土材料两者并不相同,这些矛盾影响着岩土塑性理论的进一步发展。文献[26]建立了基于广义塑性力学的极限分析上限法,尽管其计算结果与现行方法的计算结果一致,但它消除了现行上限法在理论上存在的种种矛盾。不过这种解法要求出摩擦力功,从而使求解的难度增大,它比较适用于上限法的数值方法。

另外,广义塑性力学还会对岩土动力模型,运动强化模型及各种新的岩土本构模型产生影响。甚至有些已被人们认可的方法也会受到影响而需进行某些改造。

10　结　论

(1)广义塑性力学消除了经典塑性力学中的传统塑性势假设、正交流动法则假设与不考虑应力主轴旋转的假设,从固体力学原理直接导出了广义塑性位势理论。

(2)广义塑性力学是基于分量塑性势面与分量屈服面的理论,能反映应力路径转折的影响,即应力增量对塑性应变增量的影响。

(3)广义塑性力学中的塑性势面是已知的,因而它不会产生当前非关联流动法则中任意假定塑性势面引起的误差。

（4）广义塑性力学中要求屈服面与塑性势面对应，而不要求相等，避免了采用正交流动法则引起过大剪胀等不合理现象。由于它对屈服面硬化参量的选定有严格的规定，保证了岩土材料在一定应力路径下求解的惟一性。

（5）广义塑性力学中，按土性及其状态不同，体积屈服面可分为压缩型、硬化压缩剪胀型与软化压缩剪胀型三类，并依据试验首次提出了压缩剪胀型土体的体积屈服面，可以科学地考虑土体的压缩与剪胀。剪切屈服面分为 q 方向及 θ_σ 方向的剪切屈服面，一般情况下可略去 θ_σ 方向的剪切屈服面而只考虑 q 方向的剪切屈服面。

（6）广义塑性力学采用分量塑性势面与分量屈服面，各屈服面都有各自与塑性势面相应的硬化参量。文中给出了广义塑性力学的硬化定律和应力—应变关系。

（7）在应力增量分解的基础上，建立了考虑应力主轴旋转的广义塑性位势理论，从而可求出应力主轴旋转产生的塑性变形。

（8）通过分析屈服面的物理意义，表明屈服条件是状态参数，它与应力状态、应力历史及材性等状态量有关；同时也是试验参数，只能由试验给出。

（9）广义塑性力学不仅可以作为岩土材料的建模理论，而且还可以应用于诸如极限分析等土力学的诸多领域，具有广阔的应用前景。

广义塑性力学反映了我国学者郑颖人及其学生、沈珠江、杨光华等诸多学者的研究成果，为岩土塑性力学打下了良好的理论基础，但目前仍处于起步阶段，研究范围只限于静力模型与应变硬化阶段，尚有大量的后续工作要做。文中难免还有一些不成熟乃至错误的地方，敬请各位批评指正。

参考文献：

[1] 郑颖人,沈珠江,龚晓南. 广义塑性力学——岩土塑性力学原理[M]. 北京：中国建筑工业出版社, 2002.

[2] 郑颖人,龚晓南. 岩土塑性力学基础[M]. 北京：中国建筑工业出版社, 1989.

[3] 殷宗泽. 一个土体的双屈服面应力—应变关系[J]. 岩土工程学报, 1988, 6(4): 24 – 40.

[4] Anandarajah A, Sobhan K, Kuganenthira N. Incremental stress – strain behavior of granular soil[J]. Journal of Geotechnical Engineering, 1995, 121(1): 57 – 68.

[5] 沈珠江. 理论土力学[M]. 北京：中国水利水电出版社, 2000.

[6] Poorooshasb H B. Description of flow of sand using state parameters[J]. Computers and Geotechnics, 1989, 7(8): 195 – 218.

[7] Matsuoka H, Sakakibara K. A constitutive model for sands and clays evaluating principal stress rotation[J]. Soils and Foundations, 1987, 27(14): 73 – 78.

[8] 陈惠发(美). 极限分析与土体塑性[M]. 北京：人民交通出版社, 1995.

[9] 郑颖人,孔亮. 塑性力学的分量理论——广义塑性力学[J]. 岩土工程学报, 2000, 22(3): 269 – 274.

[10] Zheng Yingren, Liu Yuanxue. Development of plastic potential theory and its application in constitutive models[A]. In: Yuan, ed. Computer Methods and Advances in Geomechanics[C]. Rotterdam: Balkema, 1997. 941 – 946.

[11] 郑颖人. 广义塑性力学讲座(1)——广义塑性力学理论[J]. 岩土力学, 2000, 21(2): 188 – 191.

[12] 郑颖人,段建立,陈瑜瑶. 广义塑性力学讲座(2)——广义塑性力学中的屈服面与应力应变关系[J]. 岩土力学, 2000, 21(3): 305 – 308.

[13] 郑颖人,陈瑜瑶,段建立. 广义塑性力学讲座(3)——广义塑性力学的加卸载准则与土的本构模型[J]. 岩土力学, 2000, 21(4): 426 – 429.

[14] 杨光华. 土的本构模型的数学理论及其应用：[博士学位论文][D]. 北京：清华大学水电系, 1999.

[15] 沈珠江. 土的弹塑性应力应变关系的合理形式[J]. 岩土工程学报, 1980, 2(2): 11 – 19.

[16] 段建立. 砂土的剪胀型及其数值模拟研究：[博士学位论文][D]. 重庆：后勤工程学院土木工程系, 2000.

[17] 郑颖人,陈瑜瑶. 岩土屈服条件的确定[A]. 栾茂田. 第七届全国岩土力学数值分析与解析方法讨论会论文集[C]. 大连：大连理工大学出版社, 2001. 1 – 7.

[18] Sun D A, Matsuoka H. An elasto-plastic model for $c - \varphi$ materials under complex loading[A]. In: Yuan, ed. Computer Methods and Advances in Geomechanics[C]. Rotterdam: Balkema, 1997. 887 – 892.

[19] 李广信. 土的三维本构关系的探讨与验证：[博士学位论文][D]. 北京：清华大学水电系, 1985.

[20] 刘元雪. 含应力主轴旋转的土体的应力应变关系：[博士学位论文][D]. 重庆：后勤工程学院土木工程系, 1997.

[21] 刘元雪,郑颖人,陈正汉. 含应力主轴旋转的土体的应力应变关系[J]. 应用数学和力学, 1998, 19(5): 407 – 414.

[22] 孔亮,郑颖人,王燕昌. 一个基于广义塑性力学的土体三屈服面模型[J]. 岩土力学, 2000, 21(2): 108 – 112.

[23] 段建立,郑颖人. 一种基于广义塑性力学的硬化剪胀土模型[J]. 岩土力学, 2000, 21(4): 360 – 362.

[24] Zheng Yingren, Yan Dejun. Mulit-yield surface model for soils on the basis of test fitting[J]. Computer Methods and Advances in Geotechnics, 1994, (1): 97 – 104.

[25] 郑颖人,王敬林. 关于岩土材料滑移线理论中速度解的讨论[J]. 水利学报, 2001, (6): 1 – 7.

[26] 王敬林,林丽,郑颖人. 关于岩土材料极限分析上限法的讨论[J]. 岩石力学与工程学报, 2001, 20(Supp.1): 886 – 889.

基于广义塑性力学的土体次加载面循环塑性模型(Ⅰ)：理论与模型

孔 亮[1,2]，郑颖人[2]，姚仰平[3]

(1. 宁夏大学 物电学院固体力学研究所，宁夏 银川 750021；2. 后勤工程学院土木工程系，重庆 400041；
3. 北京航空航天大学土木工程系，北京 100083)

摘 要：简要地介绍了次加载面理论的基本思想、假设及其物理解释。在广义塑性力学的框架内，引入次加载面的思想，把常规的椭圆-抛物线双屈服面模型，扩展为次加载面循环塑性模型，以反映循环荷载作用下土体的曼辛效应与棘轮效应。模型能考虑塑性应变增量对应力增量的相关性，既能反映土体的循环加载特性，又能反映正常固结土和超固结土的单调加载特性。

关 键 词：广义塑性力学；次加载面；循环塑性；本构模型

中图分类号：TU 43　　**文献标识码**：A

Subloading surface cyclic plastic model for soil based on generalized plasticity (Ⅰ): Theory and model

KONG Liang[1], ZHENG Ying-ren[2], YAO Yang-ping[1]

(1. Department of Physics & Electrical Information Engineering, Ningxia University, Yinchuang 750021, China; 2. Department of Civil Engineering, Logistical Engineering University, Chongqing 400041, China; 3. Department of Civil Engineering, Beijing University of Aeronautics and Astronautics, Beijing 100083, China)

Abstract: The fundamental ideas and assumptions and their physical interpretations of subloading surface theory are presented. In order to describe the Massing effect and ratcheting effect of soils under cyclic loading, the conventional ellipse-parabola two-surface model is extended to the subloading surface cyclic plastic model by incorporating the *Generalized plasticity* and subloading surface theory. It is concluded that the model is capable of describing the deformation behavior of soil under monotonic and cyclic loading.

Key words: *Generalized plasticity*; subloading surface; cyclic plasticity; constitutive model

1 前 言

常规的弹塑性本构方程假设屈服面内部是一个弹性域，无论应力如何改变都没有塑性变形产生，即只有纯弹性变形产生。它只能描述应力达到屈服状态的显著塑性变形，而不可能用来描述应力在屈服面内变化而产生的塑性变形，即它不能用来反映材料的循环加载特性。而另一方面，预测循环加载所引起的塑性变形是一个越来越重要的工程实际问题，如对承受振动荷载的机器的设计以及建筑物或土工结构物的抗震设计等。所以，对常规塑性理论扩展为能够描述应力在屈服面内变化引起的塑性变形是塑性理论发展不可避免的一步。为此，自 20 世纪 60 年代以来，在抛弃常规塑性方程假设的基础上，开展了对非常规弹塑性本构方程的研究，并提出了各种各样的模型，如多面模型、两面模型、边界面模型、次加载面模型等[1~3]。因为这些模型的主要目的是预测材料的循环加载特性，所以，把它们叫做循环塑性模型。

目前，所建立的循环塑性模型虽然各有其特点，为循环塑性模型的发展贡献了自己的想法，但它们都建立在经典塑性力学的基础上，并且，大多数模型

注：本文摘自《岩土力学》(2003 年第 24 卷第 2 期)。

多局限性，必然导致这些模型所预测的土体的循环加载特性有许多不符合实际的情况，比如，无法反映塑性应变增量对应力增量的相关性，从而不能较好地反映曼辛效应（滞回特性）、棘轮效应（塑性应变的积累性）等材料的主要循环加载特性。从最初的多面模型发展到后来的边界面模型以及次加载面模型，是在经典塑性力学的基础上对某些局部的缺陷进行修改而发展和完善的思路，没有从建模理论的角度考虑。所以，笔者认为，这就是这些模型仍有许多不尽人意的地方的根本原因。

广义塑性力学是经典塑性力学的扩展[4-7]，既适用于金属又适用于岩土材料，可作为岩土材料的建模基础。随着广义塑性力学研究的进一步深入，建立基于广义塑性力学的土体的循环塑性模型是一个迫在眉睫的课题。另一方面，在循环塑性模型研究中，日本学者 Hashiguchi 提出次加载面（subloading surface）的概念而建立了一套较完善的次加载面理论[8,9]，能较好地反映材料的循环加载特性。那么，把广义塑性力学与次加载面思想有机地结合将是一个有益的尝试。

鉴于次加载面理论的特点和新颖性，以及国内对这个理论还没有引入和研究过，本文首先简要介绍次加载面理论的基本思想、假设及其物理解释，然后，在广义塑性力学的基础上，引入次加载面理论的思想建立一个土体的循环塑性模型。

2 次加载面理论简介[8]

2.1 基本思想

假设在反映材料变形历史的正常屈服面（常规模型的屈服面）的内部存在一个与之保持几何相似的次加载面，它不管加载还是卸载状态下都始终通过当前应力点而扩大或缩小（如图1所示）。塑性模量用次加载面与正常屈服面大小的比值来表示，因此，不存在一个纯弹性域，塑性模量也连续变化。这样，就描述了在加载过程中连续的应力率-应变率的关系，弹性到塑性也光滑地转变。并且，加载准则不需要判断应力点是否位于屈服面上，因为，应力始终位于次加载面上。

2.2 假设

（1）在正常屈服面内存在一个叫"次加载面"的面，它不管加载（弹塑性）过程还是卸载（弹性）过程都始终通过当前应力点而扩大或缩小。

（2）次加载面与正常屈服面形状相似，并且位置也相似，保持相同的朝向而无相对旋转。这样，对于特定形状的正常屈服面和次加载面存在一个相似中心，相似中心的位置向量用 S_{ij} 表示。另外，据假设（1），相似中心必须位于正常屈服面的内部。

（3）相似中心在加载（弹塑性）过程中移动（更确切地讲是仅能），但在卸载（弹性）过程中不移动。

由于这个假设，相似中心可以认为是一个与常规塑性模型中等向硬化参量 F 和移动硬化参量 $\hat{\alpha}_{ij}$ 一样的塑性内状态变量。另一方面，次加载面的几何中心用 $\bar{\alpha}_{ij}$ 表示，它不是塑性内变量。因为，根据假设（1），在卸载（弹性）过程中它也在演化。$\bar{\alpha}_{ij}$ 可由 σ_{ij}，F，$\hat{\alpha}_{ij}$ 和 S_{ij} 的几何关系确定，因为，次加载面与正常屈服面几何相似且朝向相同。

（4）次加载面与正常屈服面的大小之比，叫做"NS-面尺寸比"（简写为"NSR"）并用 R 表示。NSR 的变化范围从 0 到 1。当塑性变形产生时，NSR 增大并接近 1；反过来，当 NSR 增加时，则有塑性变形产生。

由于该假设，当纯弹性变形产生时，NSR 减少或不变；反过来，当 NSR 减少或不变时，只有弹性变形产生。因此，次加载面充当加载面的角色，这就是为何叫"次加载面"的物理背景。另外，在加载准则中不需要判断应力是否位于次加载面上，因为，由假设（1）可知应力始终位于加载面上。而在传统模型中则需要判断应力是否位于屈服面上。

（5）当 NSR 等于 1，即应力点位于正常屈服状态，应力率-应变率的关系即为常规本构方程。这个假设导致次加载面模型是常规模型的扩展，而没有跳跃它。

2.3 假设的物理解释

上述假设的物理意义可用图2所示的单轴向加载情况来解释。图中 S 和 $\bar{\alpha}$ 分别是相似中心 S_{ij} 和次加载面中心 $\bar{\alpha}_{ij}$ 的轴向分量。由于初始各向同性的

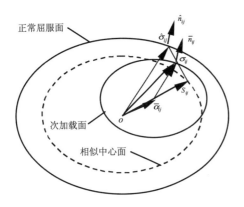

图 1 正常屈服面与次加载面示意图

Fig.1 Normal-yield surface and subloading surface

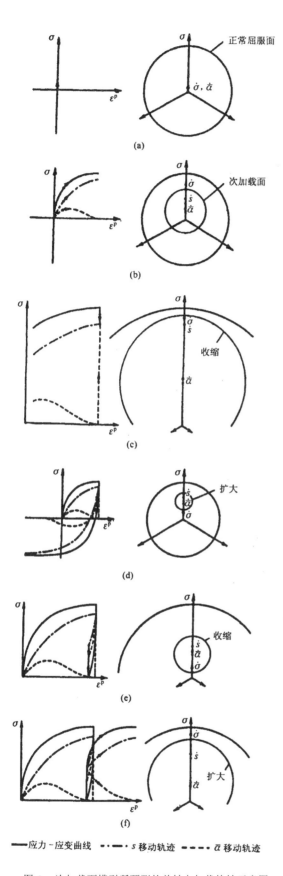

图 2 次加载面模型所预测的单轴向加载特性示意图
Fig.2 A schematic diagram of uniaxial loading behavior predicted by the subloading surface model

假设，在初始加载时，相似中心位于应力空间的坐标原点，次加载面只是一个点而无大小，如图 2（a）所示。随后，次加载面随应力的增加而逐渐扩大，导致塑性变形的产生，相似中心也随应力而移动，如图 2（b）所示。另一方面，在图 2（c）所示的卸载过程中，次加载面逐渐收缩，当应力减少到相似中心位置时收缩为一个点。这样，在这个过程中仅产生弹性变形，因此，相似中心不移动。但当应力超过相似中心的位置后，次加载面再次扩大而逐渐产生塑性变形，因此，相似中心开始移动，如图 2（d）所示。换言之，在应力消失之前就有塑性变形产生，这样，就可在一定程度上描述曼辛规则。另外，在图 2（e）所示的再加载过程中，次加载面逐渐收缩，当应力增加到相似中心位置时收缩为一点。这样，在这个过程中，只有弹性变形产生，相似中心不移动，类似于上面提到的初始卸载阶段。随后，次加载面扩大而产生塑性变形，相似中心随应力点而移动，以这种方式描述了封闭的滞回环，如图 2（f）所示。然而，在纯弹性变形阶段一个小的卸载后就立即重加载，则导致开放的滞回环（即在图 2（c）中，σ还没有减少到 S 时就增加）。

3 循环塑性模型的建立

3.1 正常屈服面

假定应力空间中正常屈服面用下面方程表示

$$f(\hat{\sigma}_{ij}) - F(H) = 0 \qquad (1)$$

式中　二阶张量$\hat{\sigma}_{ij}$是位于次加载面上当前应力σ_{ij}在正常屈服面上的对偶应力，它们具有相同的外法线方向；标量H是描述屈服面胀缩的内状态变量，即等向硬化参量。当应力σ_{ij}位于正常屈服面上时，$\hat{\sigma}_{ij}$即为σ_{ij}。

按照广义塑性理论应分别建立常规的体积屈服面、q方向上剪切屈服面与洛德角θ_σ方向上的剪切屈服面。但作为初次研究，暂不考虑θ_σ方向上的剪切屈服面，并且，略去洛德角θ_σ对体积屈服面与剪切屈服面的影响。正常的体积屈服面采用殷宗泽双屈服面模型[10]中的体积屈服面，其具体形式为

$$f_v(\hat{\sigma}_{vij}) = f_v(\hat{p}_v, \hat{q}_v) = \hat{p}_v + \frac{\hat{q}_v^2}{M_1^2(\hat{p}_v + p_r)} =$$
$$F_v(\varepsilon_v^p) = \frac{h\varepsilon_v^p}{1-t\varepsilon_v^p}p_a \qquad (2)$$

式中　下标v表示体积屈服面的变量；$\hat{\sigma}_{vij}$是当前应力σ_{ij}在正常体积屈服面上的对偶应力；p_r为破坏线q_f-p在p轴上的截距；ε_v^p为塑性体积应变；

M_1 为稍大于破坏线斜率 M 的参数；h, t 为土的参数，其意义详见文献[10]；p_a 为一个大气压。

$$\hat{p}_v = \frac{1}{3}(\hat{\sigma}_{v1} + \hat{\sigma}_{v2} + \hat{\sigma}_{v3}) = \frac{1}{3}\hat{\sigma}_{vii} \qquad (3)$$

$$\hat{q}_v = \frac{1}{\sqrt{2}}\sqrt{(\hat{\sigma}_{v1} - \hat{\sigma}_{v2})^2 + (\hat{\sigma}_{v2} - \hat{\sigma}_{v3})^2 + (\hat{\sigma}_{v3} - \hat{\sigma}_{v1})^2} =$$

$$\sqrt{\frac{3}{2}(\hat{\sigma}_{vij} - \hat{p}_v\delta_{ij})(\hat{\sigma}_{vij} - \hat{p}_v\delta_{ij})} \qquad (4)$$

式中 δ_{ij} 为 Kronecker 符号，即当 $i = j$ 时，$\delta_{ij}=1$；当 $i \ne j$ 时，$\delta_{ij} = 0$。在应力空间式（2）所表示的为一椭球面，在子午平面上是一椭圆，如图 3 所示。

正常的剪切屈服面也采用殷宗泽双屈服面模型中的抛物线剪切屈服面，其形式为

$$f_\gamma(\hat{\sigma}_{\gamma ij}) = f_\gamma(\hat{p}_\gamma, \hat{q}_\gamma) = \frac{a\hat{q}_\gamma}{G}\sqrt{\frac{\hat{q}_\gamma}{M_2(\hat{p}_\gamma + p_r) - \hat{q}_\gamma}} = F_\gamma(\gamma^p) = \gamma^p \qquad (5)$$

式中 下标 γ 表示剪切屈服面的变量；$\hat{\sigma}_{\gamma ij}$ 是当前应力 σ_{ij} 在正常剪切屈服面上的对偶应力；G 是弹性剪切模量；M_2 是比 M 略大的参数；a 为材料参数。

$$\hat{p}_\gamma = \frac{1}{3}(\hat{\sigma}_{\gamma 1} + \hat{\sigma}_{\gamma 2} + \hat{\sigma}_{\gamma 3}) = \frac{1}{3}\hat{\sigma}_{\gamma ii} \qquad (6)$$

$$\hat{q}_\gamma = \frac{1}{\sqrt{2}}\sqrt{(\hat{\sigma}_{\gamma 1} - \hat{\sigma}_{\gamma 2})^2 + (\hat{\sigma}_{\gamma 2} - \hat{\sigma}_{\gamma 3})^2 + (\hat{\sigma}_{\gamma 3} - \hat{\sigma}_{\gamma 1})^2} =$$

$$\sqrt{\frac{3}{2}(\hat{\sigma}_{\gamma ij} - \hat{p}_\gamma \delta_{ij})(\hat{\sigma}_{\gamma ij} - \hat{p}_\gamma \delta_{ij})} \qquad (7)$$

在应力空间式（5）所表示的为一旋转抛物面，在子午平面上是两条以 p 轴对称的抛物线，如图 4 所示。

3.2 次加载面

由次加载面理论的基本假设可知，在正常屈服面的内部存在一个与之保持几何相似的次加载面，它不管在加载还是卸载状态下都始终通过当前应力点而扩大或缩小，如图 1 所示。当前应力点用应力张量 σ_{ij} 表示，相似中心用张量 S_{ij} 表示。次加载面用类似于式（1）的形式表示为

$$f(\overline{\sigma}_{ij}) = RF \qquad (8)$$

其中

$$\overline{\sigma}_{ij} = \sigma_{ij} - \overline{\alpha}_{ij} \qquad (9)$$

式中 $\overline{\alpha}_{ij}$ 是次加载面的几何中心；次加载面与正常屈服面大小比率 R 可表示为

$$R = f(\overline{\sigma}_{ij})/F \qquad (10)$$

在本文的循环塑性模型中 R 起着重要的作用，表示正常屈服面内塑性模量的连续变化，进而预测光滑的应力-应变曲线。

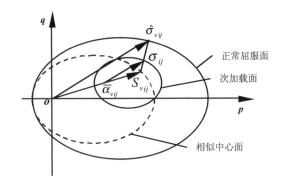

图 3 子午平面上的正常体积屈服面与次体积加载面

Fig.3 Volumetric normal-yield surface and subloading surface in meridian plane

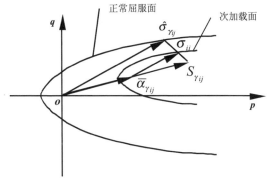

图 4 子午平面上的正常剪切屈服面与次剪切屈服面

Fig.4 Shear normal-yield surface and subloading surface in meridian plane

根据次加载面模型的假设有下面的几何关系（参照图 1）

$$\overline{S}_{ij} = RS_{ij} \qquad (11)$$

$$\overline{\sigma}_{ij} = R\hat{\sigma}_{ij} \qquad (12)$$

$$\overline{n}_{ij} = \hat{n}_{ij} \qquad (13)$$

式中

$$\overline{S}_{ij} = S_{ij} - \overline{\alpha}_{ij} \qquad (14)$$

$$\hat{n}_{ij} = \frac{\partial f(\hat{\sigma}_{ij})}{\partial \hat{\sigma}_{ij}} \bigg/ \left\|\frac{\partial f(\hat{\sigma}_{ij})}{\partial \hat{\sigma}_{ij}}\right\| \qquad (15)$$

$$\overline{n}_{ij} = \frac{\partial f(\overline{\sigma}_{ij})}{\partial \overline{\sigma}_{ij}} \bigg/ \left\|\frac{\partial f(\overline{\sigma}_{ij})}{\partial \overline{\sigma}_{ij}}\right\| \qquad (16)$$

上面出现的变量 σ_{ij}、F、S_{ij}、R、$\overline{\alpha}_{ij}$ 和 $\hat{\sigma}_{ij}$ 中，只有 3 个是独立的。把当前应力 σ_{ij} 和塑性内状态变量 F 和 S_{ij} 作为基本变量，其余变量都可以用基本变量进行表示。由上列诸式可得

$$\overline{\sigma}_{ij} = \sigma_{ij} - \overline{\alpha}_{ij} = \sigma_{ij} - (1-R)S_{ij} \qquad (17)$$

$$\hat{\sigma}_{ij} = \overline{\sigma}_{ij}/R = S_{ij} + (\sigma_{ij} - S_{ij})/R \qquad (18)$$

$$\overline{\alpha}_{ij} = (1-R)S_{ij} \quad (19)$$

将式（17）代入式（8）或将式（18）代入式（1）可计算出变量 R 的值。

由式（2），（8）可得次体积屈服面的表达式为

$$f_v(\overline{\sigma}_{vij}) = f_v(\overline{p}_v, \overline{q}_v) = \overline{p}_v + \frac{\overline{q}_v^2}{M_1^2(\overline{p}_v + p_r)} = R_v F_v(\varepsilon_v^p) \quad (20)$$

式中 R_v 为次体积屈服面与正常体积屈服面的大小比

$$\overline{p}_v = \frac{1}{3}(\overline{\sigma}_{v1} + \overline{\sigma}_{v2} + \overline{\sigma}_{v3}) = \frac{1}{3}\overline{\sigma}_{vii} \quad (21)$$

$$\overline{q}_v = \frac{1}{\sqrt{2}}\sqrt{(\overline{\sigma}_{v1}-\overline{\sigma}_{v2})^2 + (\overline{\sigma}_{v2}-\overline{\sigma}_{v3})^2 + (\overline{\sigma}_{v3}-\overline{\sigma}_{v1})^2} = \sqrt{\frac{3}{2}(\overline{\sigma}_{vij}-\overline{p}_v\delta_{ij})(\overline{\sigma}_{vij}-\overline{p}_v\delta_{ij})} \quad (22)$$

M_1, p_r 等模型参数同式（2）。在子午平面上式（20）所表示的是一个位于正常体积屈服面内，并与之保持相似的椭圆，如图 3 所示。

类似于式（17）～（19）有

$$\overline{\sigma}_{vij} = \sigma_{ij} - \overline{\alpha}_{vij} = \sigma_{ij} - (1-R_v)S_{vij} \quad (23)$$

$$\hat{\sigma}_{vij} = \overline{\sigma}_{vij}/R_v = S_{vij} + (\sigma_{ij} - S_{vij})/R_v \quad (24)$$

$$\overline{\alpha}_{vij} = (1-R_v)S_{vij} \quad (25)$$

式中 S_{vij} 为次体积屈服面与正常体积屈服面的相似中心；$\overline{\alpha}_{vij}$ 对于本文的体积屈服面应把它理解为坐标参考点，而不是通常次加载面理论中的几何中心（图3）。

由式（5），（8）可得次剪切屈服面的表达式为

$$f_\gamma(\overline{\sigma}_{\gamma ij}) = f_\gamma(\overline{p}_\gamma, \overline{q}_\gamma) = \frac{a\overline{q}_\gamma}{G}\sqrt{\frac{\overline{q}_\gamma}{M_2(\overline{p}_\gamma + p_\gamma)-\overline{q}_\gamma}} = R_\gamma F_\gamma(\gamma^p) \quad (26)$$

式中 R_γ 为次剪切屈服面与正常剪切屈服面的大小比

$$\overline{p}_\gamma = \frac{1}{3}(\overline{\sigma}_{\gamma 1} + \overline{\sigma}_{\gamma 2} + \overline{\sigma}_{\gamma 3}) = \frac{1}{3}\overline{\sigma}_{\gamma ii} \quad (27)$$

$$\overline{q}_\gamma = \frac{1}{\sqrt{2}}\sqrt{(\overline{\sigma}_{\gamma 1}-\overline{\sigma}_{\gamma 2})^2 + (\overline{\sigma}_{\gamma 2}-\overline{\sigma}_{\gamma 3})^2 + (\overline{\sigma}_{\gamma 3}-\overline{\sigma}_{\gamma 1})^2} = \sqrt{\frac{3}{2}(\overline{\sigma}_{\gamma ij}-\overline{p}_\gamma\delta_{ij})(\hat{\sigma}_{\gamma ij}-\overline{p}_\gamma\delta_{ij})} \quad (28)$$

M_2, p_γ, a 等模型参数同式（5）。在子午平面上式（26）所表示的曲线如图 4 所示。

类似于式（17）～（19）有

$$\overline{\sigma}_{\gamma ij} = \sigma_{ij} - \overline{\alpha}_{\gamma ij} = \sigma_{ij} - (1-R_\gamma)S_{\gamma ij} \quad (29)$$

$$\hat{\sigma}_{\gamma ij} = \overline{\sigma}_{\gamma ij}/R_\gamma = S_{\gamma ij} + (\sigma_{ij} - S_{\gamma ij})/R_\gamma \quad (30)$$

式中 $S_{\gamma ij}$ 为次剪切屈服面与正常剪切屈服面的相似中心；$\overline{\alpha}_{\gamma ij}$ 为次剪切屈服面的坐标参考点（图4）。

4 结 语

次加载面理论，假设正常屈服面的内部存在一个与之保持几何相似的次加载面，它不管在加载还是卸载状态下都始终通过当前应力点而扩大或缩小。塑性模量用次加载面与正常屈服面大小的比值来表示，不存在一个纯弹性域，塑性模量连续变化，从而，较适合用来描述材料的循环加载特性。本文引入次加载面的思想，应用广义塑性力学原理，把常规的椭圆－抛物线双屈服面模型扩展到次屈服状态，导出了相应的次体积屈服面与次剪切屈服面，建立了用来反映循环荷载作用下土体曼辛效应与棘轮效应的次加载面循环塑性模型。模型能考虑塑性应变增量对应力增量的相关性，既能反映土体的循环加载特性，又能反映正常固结土和超固结土的单调加载特性。本构方程与加卸载准则的推导、模型参数的确定方法以及模型的验证，由于篇幅所限，容后文介绍。

参 考 文 献

[1] 陈惠发[美]. 土木工程材料的本构方程（第二卷 塑性与建模）[M]. 武汉：华中科技大学出版社，2001.
[2] Hashiguchi K. Mechanical requirement and structures of cyclic plasticity[J]. **International Journal of Plasticity**, 1993, 9(6):721－748.
[3] Hashiguchi K. Fundamental requirements and formulation of elatisoplastic constitutive equations with tangential plasticity[J]. **International Journal of Plasticity**, 1993, 9(5): 525－549.
[4] 郑颖人, 孔亮. 塑性力学的分量理论—广义塑性力学[J]. 岩土工程学报, 2000, 22(3): 269－274.
[5] 郑颖人. 广义塑性力学讲座（1）—广义塑性力学理论[J]. 岩土力学, 2000, 21(2): 188－191.
[6] 郑颖人, 段建立, 陈瑜瑶. 广义塑性力学讲座（2）—广义塑性力学中的屈服面与应力应变关系[J]. 岩土力学, 2000, 21(3): 305－308.
[7] 郑颖人, 陈瑜瑶, 段建立. 广义塑性力学讲座（3）—广义塑性力学的加卸载准则与土的本构模型[J]. 岩土力学, 2000, 21(4): 426－429.
[8] Hashiguchi K. Subloading surface model in unconventional plasticity[J]. **Int J Solids Structure**, 1989, 25(8): 917－945.
[9] Hashiguchi K, Chen Z P. Elastoplastic constitutive equation of soils with the subloading surface and rotational hardening[J]. **Int J Numer Anal Meth Geomech**, 1998, 22: 197－227.
[10] 殷宗泽. 一个土体的双屈服面应力-应变关系[J]. 岩土工程学报, 1988, 6（4）: 24－40.

木寨岭隧道软弱围岩段施工方法及数值分析

胡文清,郑颖人,钟昌云

(后勤工程学院土木工程系,重庆 400016)

摘 要:以木寨岭隧道软弱围岩段的施工为例,详细介绍了在Ⅰ类软弱围岩条件下的隧道设计和施工技术特点,并对隧道采用 Mohr—Coulomb 等面积圆屈服准则进行了平面弹塑性有限元数值分析,结果得出在Ⅰ类软弱围岩条件下隧道采用双侧壁导坑法施工时底板仰拱与拱周支护随掌子面开挖同时支护形成封闭的承载圈,可以保证围岩稳定性的主要结论。

关键词:软弱围岩;Mohr—Coulomb;等面积圆屈服准则;双侧壁导坑法;数值分析

中图分类号:U455.4   **文献标识码**:A

1 工程概况

G212 线木寨岭隧道及引线工程是国道甘、川公路重要组成部分和困难地段,也是甘肃省路网主骨架"四纵四横四重点"中的关键线路,其中木寨岭隧道全长 1710 m,起讫里程 K0+500~K2+150,最大开挖跨度 12.40 m,高度 8.54 m,隧道建筑限界 10.67 m,高 7.07 m。隧道地表多为第四系(Q_4)地层覆盖,其底为灰色厚层石英砂岩夹少量灰黑色含炭板岩,再下为灰色中—厚层不等粒石英砂岩或灰色砾岩,隧道纵剖面基本分为三层结构:分别为强风化层即残坡积层、弱风化层和较新鲜基岩。

木寨岭隧道地处高地应力区,全长共通过 5 个断层带,分属Ⅰ、Ⅱ、Ⅲ类软弱围岩区,其中 K0+870~K0+960 段洞身围岩为板岩及砂板岩,处在 F2 断裂破碎带及其影响范围内,该地段岩石极破碎,板岩部分泥化,砂岩及砂板岩已呈角砾状,岩芯 RQD=0;地应力较高,裂隙水特别发育,大面积出现淋水现象,局部出水呈股状,结构较软弱,围岩承载力及整体强度较低,该段洞身属于Ⅰ类围岩。

初设开挖与支护方法为正台阶法施工,复合式锚喷支护。K0+880~K0+916 段施工时,由于受下盘上升的 F2 逆断层与隧道轴线大倾角相交的影响,在一定的外倾残余应力影响下,从而形成了 K0+880~K0+916 段在完成开挖与支护后,初期支护变形严重,下沉量大,其中 K0+912 断面拱顶累计下沉量达 1500 mm,周边收敛位移已超过 300 mm,局部钢拱架扭曲,多处出现横向及纵向裂缝,喷射混凝土被挤裂、压破,初期支护已处于临界破坏状态,而且现场实测资料显示围岩仍无收敛的趋势,为此必须修改原设计,并改变施工方法,以保证隧道施工及运营安全。

根据现场实际工程地质和水文地质条件以及实际观测资料,为确保 K0+870~K0+960 软弱围岩段的施工安全,尽量减小隧道开挖引起的围岩变形和破坏,本文提出采用双侧壁导坑法的施工方法,施工中严格按新奥法的原则进行施工,并对其进行了稳定性数值模拟分析。

2 双侧壁导坑法支护参数

双侧壁导坑法是具有跨度大、围岩差、埋深浅等特点隧道的施工行之有效的方法之一,它有开挖断面小、扰动范围小、支护快、封闭及时等特点,其方法称之为先墙后拱法[1]。先修筑边墙部位的支护,给拱部支护创造一个稳固的基础,防止了拱部下沉变形快的不良倾向,施工顺利安全快速,控沉效果好。

木寨岭隧道地处高地应力区,其中 K0+870~

注:本文摘自《地下空间》(2004 年第 24 卷第 2 期)。

K0+960段洞身围岩属于I类软弱围岩,在此种条件下采用双侧壁导坑法施工,围岩本身的支护参数的选取就显得十分重要。综合文献[2,3,4]关于支护参数的选取原则和方法,本工程的初期支护参数如下:

(1)超前支护:K0+914~K0+960段由于处在F2断裂破碎带及其影响范围内,岩体极其破碎,块间结合力微弱,开挖后受地下水影响,块间结合力基本丧失,自稳能力极差,为尽可能减小掌子面坍塌、减少松动荷载,控制软岩变形,施工时采用超前小导管支护,环向间距30cm,小导管长L=4.0m,搭接长度1.0m,沿开挖全断面对称并向外周以35°—45°扩张角打孔压浆加固围岩,严格注浆并保证小导管的搭接长度。(注:超前、径向小导管均采用Φ42×4热压无缝钢管,管壁交错布置6~8mm小孔,孔距25~40cm,注浆参数;水灰比0.5:1~1:1,注浆压力:0.6~1.0MPa);

(2)一次支护:开挖断面径向及掌子面小导管注浆加固,洞身支护参数:自进式中空注浆锚杆L=8.0m,间距0.5×0.5m,喷射CF25钢纤维混凝土厚25cm;双侧壁导坑临时支护为:自进式锚杆L=4m,间距0.5×0.5m,喷射CF25混凝土厚25cm;同时适当增大仰拱的弯曲度,使仰拱及衬砌的受力更加合理;

(3)二次衬砌:由于该软弱围岩段初支变形较快,为确保安全,二衬混凝土紧跟掌子面距离一般不超过20m,鉴于围岩未完全收敛,局部地段还有变形加快的趋势,在这种情况下,二衬混凝土要比设计承受初支传递的更多荷载,故对二衬采取了加强措施,将混凝土厚度设计为C25模注混凝土60cm厚,双层配筋Φ22间距20cm×20cm,二衬与初次支护之间用EVA复合防水板隔开。

图1显示了双侧壁导坑法施工的施工顺序。图中a、b、c是特征点分布位置。

3 平面应变弹塑性非线性有限元分析模型的建立

(1)计算模型。木寨岭隧道平面应变弹塑性非线性有限元分析模型如图2所示,其中混凝土衬砌用beam23单元模拟,锚杆单元用linkl模拟,围岩用单元plane42模拟。边界条件为左右水平约束,下部固定约束,上部取至地面,左右及下部边界取至洞径5倍范围[6~8]。对超前支护和锚注支护对围岩的加固作用按提高围岩c、Φ值10%考虑。

(2)计算准则。本次计算采用Mohr-Coulomb等面积圆屈服准则[5],其表达式为:

$$F = \alpha I_1 + \sqrt{J_2} = k$$

式中,I_1、J_2分别为应力张量的第一不变量和应力偏张量的第二不变量,其中,

$$I_1 = \sigma_1 + \sigma_2 + \sigma_3;$$

$$J_2 = \frac{1}{6}[(\sigma_1 - \sigma_2)^2 + (\sigma_2 - \sigma_3)^2 + (\sigma_3 - \sigma_1)^2]$$

α、k是与岩土材料内摩擦角φ和粘聚力c有关的常数,α、k满足下列表达式:

$$\alpha = \frac{2\sqrt{3}\sin\varphi}{\sqrt{2\sqrt{3}\pi(9-\sin^2\varphi)}}$$

$$k = \frac{6\sqrt{3}C\cos\varphi}{\sqrt{2\sqrt{3}\pi(9-\sin^2\varphi)}}$$

Mohr-Coulomb等面积圆屈服准则是与Mohr-Coulomb破坏准则准确匹配的岩土材料塑性屈服准则,应用Mohr-Coulomb等面积圆屈服准则可取得较为精确的结果。

(3)力学模型参数的确定

根据现场实际工程地质和水文地质条件以及实际观测资料,采用位移反分析法,可反演出围岩的物理力学参数。根据围岩参数反演的结果和现场提出的双侧壁法施工支护方案所得围岩及支护的物理力学参数如表1所示。

有限元计算的物理力学参数　　表1

材料	变形模量 E/GPa	泊松比 μ	密度 kg/m³	内摩擦角 Φ(°)	粘聚力 /MPa
I类围岩	0.2	0.45	1700	10	0.05
CF25喷射钢纤维混凝土	32.5	0.20	2700		
C25喷射混凝土	28.8	0.20	2500		
锚杆Φ32	210	0.27	7800		

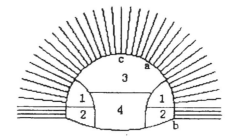

图1 I类软弱围岩双侧壁导坑法施工示意图

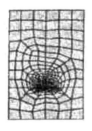

图 2　平面有限元模型

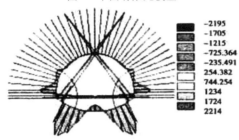

图 3　一次支护时的衬砌弯矩图(kN·m)

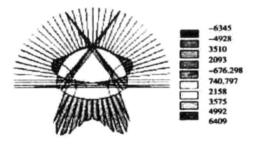

图 4　二衬后的衬砌弯矩分布图(kN·m)

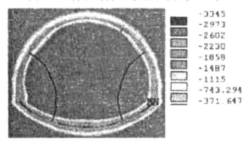

图 5　围岩与一次支护间压力(kN)

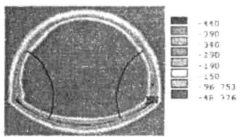

图 6　一次支护与二衬间压力(kN)

4　计算结果与分析

4.1　支护内力

支护内力的计算包括隧道衬砌的内力计算和锚杆轴力的计算,衬砌内力的计算主要包括弯矩和轴力。图 3 和图 4 显示了采用双侧壁开挖法时一次支护和二次支护后衬砌的弯矩分布情况,图 5 显示了围岩与初支间的压力,图 6 则显示了初支与二衬之间的压力,图 7 是锚杆在衬砌一次支护后的轴力分布情况,图 8 则显示了二衬后锚杆轴力的分布变化。

从图中可以看出,采用双侧壁导坑法开挖与支护完成后,一次衬砌及锚杆充分发挥了支护结构的支护作用,二衬支护完成后,锚杆的轴力减小,拱周衬砌的弯矩分布更加均匀,仰拱底部不再出现反弯矩,弯矩的值有较大的增加,拱脚出现较强的应力集中;同时围岩与一次支护间的压力较一次支护与二次支护间的压力大得多。以上结果体现了 I 类软弱围岩采用双侧壁导坑施工法并按新奥法的原则施工时,充分利用初期支护提高围岩的承载能力,使"初期支护—围岩"成为主要的承载结构,二次衬砌作为结构的安全储备的设计思路。

4.2　围岩与衬砌变形分析

图 1 显示了围岩开挖完成后衬砌变形特征点的位置。通过数值模拟分析可知,在围岩开挖与一次支护完成后,衬砌拱顶 c 处最大沉降值为 142.6 mm,拱腰 a 点水平最大内敛位移为 9.2mm,而拱脚 b 点水平外最大外敛位移为 22.6mm。因而隧道周边相对位移值符合 JTJ 042—94《公路隧道施工技术规范》的规定值,围岩开挖与初支完成后可达到稳定的状态。二衬后,衬砌拱顶 c 处最大沉降值为 134.6mm,拱腰 a 点水平最大内敛位移为 7.0mm,而拱脚 b 点水平最大外敛位移为 14.2mm,二衬进一步控制了围岩的变形,这也充分证明了二次衬砌作为结构的安全储备的作用。

4.3　围岩塑性区分布

图 9 显示了隧道开挖与支护完成后,围岩塑性区的分布情况。由图中可以看出,隧道开挖与支护后,围岩塑性区主要分布在拱腰局部范围和仰拱部位。在拱腰部位,围岩塑性区径向深度约为 1.5m 左右,切向宽度约 3.0m 左右,仰拱全断面出现塑性区且其值较大,最大值达 11.5mm,影响深度可达 6.0m 左右。

综合分析隧道开挖与完成后围岩支护结构的受力情况和围岩塑性区的分布情况,可以看出,I 类软弱围采用双侧壁导坑开挖后,围岩塑性区主要分布在仰拱部位,在拱腰出现局部塑性区,但影响

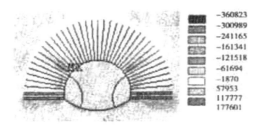

图 7　一次支护后的锚杆轴力分布图(kN)

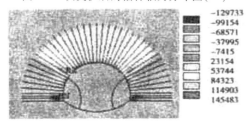

图 8　二衬后的锚杆轴力分布图(kN)

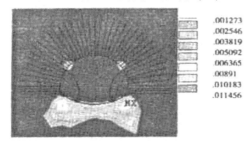

图 9　围岩塑性区分布图

范围不大;另一方面,围岩出现拱腰内敛、拱脚外敛的情况,在拱脚部位的锚杆承受轴向压力,因而其作用不是很大。

5　结论

(1)在Ⅰ类软弱围岩中施作大跨度隧道,应严格遵循新奥法施工的基本原则,一方面采用超前小导管注浆支护和一次支护采用自进式中空注浆锚杆等措施,主要加强对围岩体本身的加固处理,着重提高围岩本身的参数,衬砌采用钢纤维喷射混凝土等柔性支护措施,以适应Ⅰ类软弱围岩的较大变形;另一方面要加强现场监控量测,并对量测数据进行收集、分析,根据分析的结果确定施工方法和支护结构的合理性;

(2)针对木寨岭隧道 K0+870～K0+960 段Ⅰ类软弱围的具体情况,采用双侧壁导坑法施工方法,仰拱紧跟掌子面开挖即时支护,使仰拱和拱周支护一起形成一个封闭的承载圈,可有效地控制围岩的变形,尤其是对控制拱顶下沉和拱腰的收敛是极其有效的,能确保工程的进度、质量和安全;

(3)针对木寨岭隧道的具体情况,采取加大锚杆直径、减小锚杆间距和增大仰拱曲度,二次衬砌与仰拱即时施作,与初次支护共同承受围岩的变形压力的方法,可大幅度减小软弱围岩的变形,确保施工和运营安全;

(4)数值分析表明,Ⅰ类软弱围岩开挖后,出现拱周内敛,拱脚外敛的现象,在拱脚部位,锚杆主要承受压力而不是拉力,围岩塑性区主要分布在边墙角部和仰拱(底板)部位,且拱脚部位出现较大的应力集中现象。现场实践也表明,隧道开挖后,仰拱部位出现严重的鼓起和纵向开裂现象,是导致隧道失稳的主要原因。因而可根据数值分析的结果,调整支护参数,适当减小或取消拱脚部位的受力锚杆,增设锁脚锚杆,在底板全断面范围内加设受力锚杆等措施,确保一次支护后围岩的稳定;

(5)数值分析表明,二次衬砌的主要作用是改善衬砌的弯矩分布,作为结构的安全储备,因而工程实践中可适当减小二次衬砌的厚度和强度,以节约材料,降低工程造价。

参考文献:

[1]　方明山,赛铁兵,杨斌,等.砒霜坳隧道右线出口浅埋软弱围岩的施工方法[J].现代隧道技术,2001,38(3),44～50.
[2]　昝成忠,熊四华,姚勇,等.软弱围岩条件下的隧道设计与施工探讨[J].工程勘察,2002,第4期,42～44.
[3]　张延.软弱围岩中修建大跨度隧道的设计和施工[J].地下空间,No.1,2002,21～28.
[4]　张祉道.关于挤压性围岩隧道大变形的探讨和研究[J]现代隧道技术,No.2,2003,5～12.
[5]　张鲁渝,时卫民,郑颖人.平面应变条件下土坡稳定有限元分析[J].岩土工程学报,No.4,2002,487～490.
[6]　马万权,程崇国,张鹏勇.阳宗隧道试验段动态开挖过程的数值模拟[J].地下空间,2003,23(3),256－259.
[7]　王青海,李晓红,艾吉人,等.通渝隧道围岩变形和岩爆的数值模拟[J].地下空间,2003,23(3),291～295.
[8]　雷开祥,周晓军.渝怀铁路彭水隧道出口大跨段施工方案的数值分析[J].地下空间,2002,22(3),191－196.

库水位下降时渗透力及地下水浸润线的计算

郑颖人　时卫民　孔位学

(后勤工程学院军事土木工程系　重庆　400041)

摘要　研究表明，边坡中的地下水对坡体的稳定系数起着决定性的作用，然而在三峡库区滑坡的治理设计中，计算库水作用下坡体中的地下水位时，尚没有统一的方法，不同的单位根据以往的经验选用不同的方法，这些方法大都缺乏理论依据。为了完善库水下降情况下边坡的稳定性分析方法，根据包辛涅斯克(Boussinesq)非稳定渗流微分方程，通过拉普拉斯正变换和逆变换，得到了库水位下降时坡体内浸润线的简化计算公式，该公式考虑了渗透系数、下降速度、给水度、含水层厚度和下降高度的影响。以求得的浸润线为基础，用流网的流线与等势线垂直的性质来确定土条边界上的静水压力，证明了渗透力与土条中的水重和周边静水压力是一对平衡力，得到了条分法中渗透力的计算公式。算例分析表明，在库水下降过程中，存在一个对坡体稳定性最不利的水位，该水位在坡体总高度的下 1/3～1/4 位置。

关键词　岩土力学，库水下降，滑坡，浸润线，渗透力，稳定分析
分类号　TU 43，P 642.22　　**文献标识码**　A　　**文章编号**　1000-6915(2004)18-3203-08

CALCULATION OF SEEPAGE FORCES AND PHREATIC SURFACE UNDER DRAWDOWN CONDITIONS

Zheng Yingren，Shi Weimin，Kong Weixue

(*Department of Civil Engineering*，*Logistical Engineering University*，*Chongqing*　400041　*China*)

Abstract　It has been proved that the ground water plays a fateful role in the safety factor of slopes. However, in the stabilization design of the TGRZ slopes, the methods adopted for determining the ground water table and hydrodynamic forces during reservoir drawdown are mostly empirical and varied from one project to another. To improve the analysis methods of landslide stability under drawdown conditions, based on the Boussinesq's differential equation of unsteady-seepage, and Laplace's transform, a simplified formula is obtained of phreatic surface in landslide mass under drawdown conditions. The simplified formula takes into account the factors of hydraulic conductivity, velocity of drawdown, aquifer thickness and height of drawdown. According to the free surface in landslide mass, the boundary water pressure is defined utilizing the flow net property with orthogonal flow line and equipotent line. It is proved that the seepage force is in equilibrium with the water weight and the water pressure around the slice. The formula of seepage forces is established in slice methods. Finally the effect of above factors on landslide stability is discussed with examples. The result shows that there is a minimum safety factor when the reservoir level is at about 1/3～1/4 of the slope height.

Key words　rock and soil mechanics, drawdown, landslide, phreatic surface, seepage force, stability analysis

---

注：本文摘自《岩石力学与工程学报》(2004 年第 23 卷第 18 期)。

1 引言

三峡库区两岸存在着许多滑坡体,这些滑坡体在水库水位变化时可能复活,为了保证库岸坡体在库水位正常调度情况下的稳定,防止自然灾害的发生,国家投入大量资金进行治理。在三峡库区滑坡工程勘察、设计的评审中,发现一些需要澄清和解决的问题。第 1 是浸润线的确定缺乏依据。对于坡体来说,库水的下降对坡体最为不利,往往导致滑坡的发生。库水的下降属不稳定渗流问题,与库水的下降速度、坡体的渗透系数等因素有关,正确的方法是考虑这些因素来确定浸润线,然后依据浸润线来确定渗透压力,并进行稳定性分析。然而目前的大多数勘察单位在浸润线的确定上往往根据设计人员的经验,若人为确定一条线来进行稳定性分析,这样可能造成治理工程的不安全。第 2 是水压力的计算比较混乱。许多技术人员,概念上有些混淆,往往考虑了周边静水压力的同时,又把渗透力作为单独的力考虑进去,导致水压力的重复考虑。对于第 1 个问题,本文用包辛涅斯克(Boussinesq)非稳定渗流基本微分方程和边界条件,得到了库水位下降情况下浸润线的计算公式,并用多项式拟合的方法得到了便于工程使用的简化公式。对于第 2 个问题,为了更直观地予以解释清楚,便于工程技术人员的理解掌握,从最简单的瑞典条分法入手,用流网的性质来确定周边水压,在此基础上证明了渗透压力与土条中的水重和周边静水压力是一对平衡力的结论[1],并结合算例分析了各因素对稳定性的影响。

2 浸润线的确定

2.1 基本假定

(1) 含水层均质、各向同性,侧向无限延伸,具有水平不透水层;

(2) 库水降落前,原始潜水面水平;

(3) 潜水流为一维流;

(4) 库水位以 V_0 的速度等速下降;

(5) 库岸按垂直考虑。库水降幅内的库岸与大地相比小得多,为了简化将其视为垂直库岸。

在上述假设条件下的潜水非稳定性运动微分方程可由包辛涅斯克(Boussinesq)方程得到[2],即

$$\frac{\partial h}{\partial t} = \frac{K}{\mu}\frac{\partial}{\partial x}\left(H\frac{\partial h}{\partial x}\right) \tag{1}$$

这是一个二阶非线性偏微分方程,目前还没有求解析解的方法,通常采用简化方法,将其线性化。简化方法是将括号中的含水层厚度 H 近似地看作常量,用时段始、末潜水流厚度的平均值 h_m 代替,即可得到简化的一维非稳定渗流的运动方程为

$$\frac{\partial h}{\partial t} = a\frac{\partial^2 h}{\partial x^2}, \quad a = \frac{Kh_m}{\mu} \tag{2}$$

2.2 计算模型

计算简图如图 1 所示。初始时刻,即 $t = 0$ 时,由基本假定式(2)可知区内各点水位为 $h_{0,0}$。设距库岸 x 处在 t 时刻的地下水位变幅为

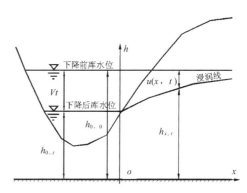

图 1 浸润线计算简图

Fig.1 Calculation sketch of phreatic surface

$$u(x, t) = h_{0,0} - h_{x, t} = \Delta h_{x, t} \tag{3}$$

该断面 $t = 0$ 时的水位变幅为

$$u(x, 0) = h_{0,0} - h_{x, 0} = 0$$

库水位以 V_0 速度下降,发生侧渗后,在 $x = 0$ 断面处,有 $u(0, t) = h_{0,0} - h_{0,t} = V_0 t$;在 $x = \infty$ 断面处,有 $u(\infty, t) = 0$。

令

$$u(x, t) = h_{0,0} - h_{x, t}$$

由式(3)可以把上述水位下降的半无限含水层中地下水非稳定渗流归结为下列数学模型:

$$\frac{\partial u}{\partial t} = a\frac{\partial^2 u}{\partial x^2} \quad 0<x<\infty, \ t>0 \tag{4}$$

$$u(x, 0) = 0 \quad 0<x<\infty \tag{5}$$

$$u(0, t) = V_0 t \quad t>0 \tag{6}$$

$$u(\infty, t) = 0 \quad t>0 \tag{7}$$

2.3 微分方程的求解

将上述式(4)~(7)表述的数学模型利用拉普拉斯(Laplace)积分变换和逆变换即可得到微分方程的解如下[3, 4]：

$$u(x, t) = V_0 t\left[(1+2\lambda^2)\mathrm{erfc}(\lambda) - \frac{2}{\sqrt{\delta}}\lambda e^{-\lambda^2}\right] \quad (8)$$

式中：$\lambda = \dfrac{x}{2\sqrt{at}} = \dfrac{x}{2}\sqrt{\dfrac{\mu}{Kh_\mathrm{m}t}}$，$\mathrm{erfc}(\lambda) = \dfrac{2}{\sqrt{\delta}}\int_\lambda^\infty e^{-x^2}\mathrm{d}x$ 为余误差函数。

令

$$M(\lambda) = (1+2\lambda^2)\mathrm{erfc}(\lambda) - \frac{2}{\sqrt{\delta}}\lambda e^{-\lambda^2} \quad (9)$$

将式(8)代入式(2)，得

$$h_{x,\,t} = h_{0,\,0} - V_0 t M(\lambda) \quad (10)$$

上式就是库水位等速下降时，坡体浸润线的计算公式。$M(\lambda)$ 可按式(9)算得，其变化曲线如图2所示。

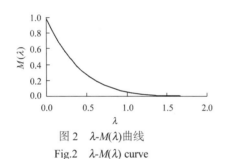

图2 $\lambda\text{-}M(\lambda)$曲线

Fig.2 $\lambda\text{-}M(\lambda)$ curve

从式(9)可以看出，直接用式(9)计算 $M(\lambda)$ 很复杂，需要积分才能求得，不便于工程应用。为了得到便于工程应用的表达式，笔者对图2所示的曲线进行了多项式拟合，得到的拟合公式如下：

$$M(\lambda) = \begin{cases} 0.109\,1\lambda^4 - 0.750\,1\lambda^3 + \\ \quad 1.928\,3\lambda^2 - 2.231\,9\lambda + 1 & (0\leqslant\lambda<2) \\ 0 & (\lambda\geqslant 2) \end{cases}$$

于是即可得到库水位等速下降时浸润线的简化计算公式，该公式与相同条件下有限元的计算结果很吻合，验证了该公式的正确性。其表达式为

$$h_{x,\,t} = \begin{cases} h_{0,\,t} - V_0 t(0.109\,1\lambda^4 - 0.750\,1\lambda^3 + \\ \quad 1.928\,3\lambda^2 - 2.231\,9\lambda + 1) & (0\leqslant\lambda<2) \\ h_{0,\,0} & (\lambda\geqslant 2) \end{cases}$$

(11)

式中：$\lambda = \dfrac{x}{2}\sqrt{\dfrac{\mu}{Kh_\mathrm{m}t}}$，其中，$K$ 为渗透系数(m/d)，h_m 为含水层的平均厚度(m)，μ 为给水度，t 为库水下降时间(d)；$h_{0,\,0}$ 为库水下降前的水位(m)。

2.4 含水层厚度的确定

在前面的分析中，为了求解式(1)，在将其线性化时，采用时段始、末潜水流厚度的平均值 h_m 代替式中的 H，并称其为潜水流的含水层厚度。这样的假定，对于下降高度比较小的情况是可以的，而对于下降高度比较大时误差就较大，为此可采用下面的方法来确定含水层的厚度。

(1) 不透水层为水平面的情况

渗流分析的研究成果显示，坡体中的浸润线可以简化为一条抛物线，这个假定在堤坝的分析中有应用。为了得到浸润线的平均高度，可用抛物线模型来确定潜水流的含水层厚度。

假定浸润线的抛物线方程为

$$y^2 = a + bx \quad (12)$$

假定库水的下降高度为 h，其影响范围为 R，由于一般坡体都有一定坡度，水从坡面溢出后沿坡面向下流动，因此可假定浸润线通过原点，这样就得到了图3的计算模型。

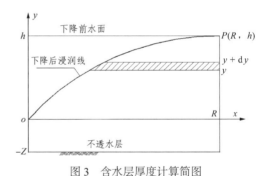

图3 含水层厚度计算简图

Fig.3 Calculation sketch of aquifer height

将 $o(0,\,0)$ 和 $P(R,\,h)$ 的坐标代入式(12)得

$$a = 0,\quad b = \frac{h^2}{R}$$

将其代入式(12)得

$$y^2 = \frac{h^2}{R}x \quad (13)$$

图中浸润线 oRP 的面积 A 可以用积分得到

$$A = \int_0^h\left(R - \frac{R}{h^2}y^2\right)\mathrm{d}y = \left(Ry - \frac{R}{3h^2}y^3\right)\bigg|_0^h = \frac{2}{3}Rh$$

将浸润线以下至不透水层之间的含水层转换成宽度为 R 的矩形，就可以得到其平均高度 h_m，即

$$h_m = \frac{2}{3}Rh\bigg/R + Z = \frac{2}{3}h + Z \qquad (14)$$

式中：h 为库水下降高度。从式(14)可以看出对于均质及水平不透水层的坡体，其含水层的平均厚度仅与下降高度和位置有关，这种情况下很容易确定含水层厚度，非常有利于工程应用。

(2) 不透水层为不规则面的情况

对于图 4 所示的不规则不透水层来说，其平均含水层厚度就没有上面那样简单。但这又是工程中经常遇到的情况。因此有必要对这种情况下含水层的确定提出便于工程应用的使用方法。

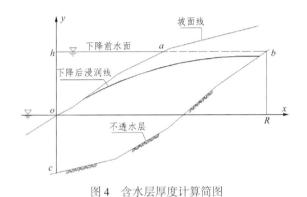

图 4　含水层厚度计算简图
Fig.4　Calculation sketch of aquifer thickness

对于三峡库区的地质条件来说，地层表面多为风化的土体和坍塌堆积体，内部是岩体。这样就形成了上部为碎石土，下部为岩体的地质结构。岩体与土相比，其渗透系数很小，可以忽略不计，可以把岩体与土的结合面视为不透水层。如图 4 所示的剖面，当库水下降时，其计算区域受到岩层(不透水层)的限制，并不像水平不透水层那样确定影响范围。对于这种情况我们采用下面的方法确定平均含水层厚度。

对于实际的滑坡体来说，由于都不是垂直坡体，一般都具有一定坡度。库水下降时，坡体中的溢出点多在坡面渗出，然后沿坡面流动；同时坡体中的浸润线一般都比较平缓。基于这种情况，可以在计算平均含水层厚度时用坡体中的初始水位线和坡面线来代替浸润线。这样就可以用下式计算平均含水层厚度，即

$$h_m = \frac{S_{oabc}}{R} \qquad (15)$$

式中：S_{oabc} 为图 4 中由坡面 oa，初始水面线 ab，基岩面 bc，以及库水下降后与坡面交点处的 oc 围成的曲边形的面积；oR 为初始水面与基岩面的交

线。通常情况下，地质剖面都用 CAD 绘制出来，在此图上确定曲边形的面积非常容易，因此，这种方法对工程技术人员来说是非常实用的。

2.5 给水度的确定

给水度是一个常用的十分重要的水文地质参数，它的大小应当通过实际测试的方法加以确定。给水度是指在单位饱和岩土体积中由于重力作用所能释放出的水量份额；或者定义为：在某个饱和岩土体积中，依靠重力所能释放的重力水的体积与该岩土体积之比。

在岩土中，孔隙未必全部充水，也并非全部的孔隙都能让水通过，能够通水的只是那些连通的孔隙，这种孔隙在水文地质学中称为有效孔隙，它只占全部孔隙的一部分。也就是说，在水文地质学或地下水动力学中的"有效孔隙率"是指能够充水并能让这些水在重力作用下获得释放的孔隙体积与包含这些孔隙的岩土体积之比。它的大小直接受制于岩土的物理性质，且与岩土的有效孔隙率在数值上相当，只是后者常用百分数表示。

文[5]根据国内外砂砾土和粘性土的试验资料，分析求得给水度的经验公式为

$$\mu = 1.137n(0.0001175)^{0.067(6+\lg k)} \qquad (16)$$

式中：n 为孔隙率；k 为渗透系数，单位为 cm/s。

因此若无试验资料时，可用式(16)来确定给水度的大小。

3　条分法中渗透力(动水压力)的计算

渗流作用下，水对土颗粒的拖拽力，称为渗透力，工程人员将其称为动水压力。渗透力的计算是评价渗流作用下坡体稳定的关键因素，因此其计算的正确与否直接影响评价结果。目前许多单位的技术人员，概念上有些混淆，往往考虑了周边静水压力的同时，又把渗透力作为单独的力考虑进去，导致水压力的重复考虑。在渗透力计算中，有的考虑孔隙比的影响，有的不考虑，究竟如何算，工程人员很迷惑。为了澄清这些模糊认识，可从作用在土条边界上水压力的分析入手，以最简单的瑞典法为例，来研究渗透力的计算方法。

3.1　土条边界上静水压力的计算

从坡体中取出一个土条，计算简图见图 5。图中 W_1 为土条中浸润线以上土体的重力，W_2 为土条

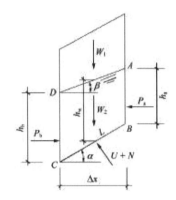

图 5 土条计算简图
Fig.5 Calculation sketch of soil slice

中浸润线以下土体的饱和重力，P_a 为 AB 边静水压力的合力，P_b 为 CD 边静水压力的合力，U 为 BC 边静水压力的合力，N 为土颗粒之间的接触压力(有效压力)，α 为土条底面与水平方向的夹角，β 为土条中浸润线与水平向的夹角。

为了确定 AB，CD 和 BC 边上的静水压力 P_a，P_b 和 U，可根据流线与等势线垂直的流网性质[2]来确定周边静水压力。如图 6 作 BE 和 CG 垂直于浸润线(流线)，再作 $GH \perp CD$，$EF \perp AB$，这样就得到 B 点的水头 BF，C 点的水头 CH，由几何关系可得

$$\overline{BF} = h_a \cos^2 \beta , \quad \overline{CH} = h_b \cos^2 \beta$$

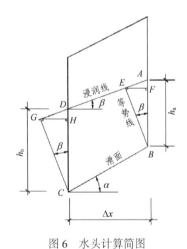

图 6 水头计算简图
Fig.6 Calculation sketch of hydraulic grade

这样边界 AB 和 CD 上的静水压力的合力为

$$P_a = \frac{1}{2} \gamma_w h_a^2 \cos^2 \beta , \quad P_b = \frac{1}{2} \gamma_w h_b^2 \cos^2 \beta$$

在滑面 BC 上的静水压力的合力为

$$U = \frac{\gamma_w (h_a + h_b) L}{2} \cos^2 \beta$$

该力在竖向和水平方向的分量分别为

$$U_y = \frac{\gamma_w (h_a + h_b) L}{2} \cos \alpha \cos^2 \beta$$

$$U_x = \frac{\gamma_w (h_a + h_b) L}{2} \sin \alpha \cos^2 \beta$$

土条中水的重量为

$$W_{2w} = \frac{\gamma_w (h_a + h_b) L}{2} \cos \alpha$$

式中：W_{2w} 为土条中浸润线以下水的重力。

令 $h_w = \frac{(h_a + h_b)}{2}$，即有

$$W_{2w} = \gamma_w h_w L \cos \alpha \tag{17}$$

$$P_a - P_b = \gamma_w h_w (h_a - h_b) \cos^2 \beta \tag{18}$$

$$U_x = \gamma_w h_w L \sin \alpha \cos^2 \beta \tag{19}$$

$$U_y = \gamma_w h_w L \cos \alpha \cos^2 \beta \tag{20}$$

为了分析方便，在以下的分析中，将 U 用 U_x，U_y 代替。

3.2 瑞典条分法计算公式的推导

瑞典条分法是最简单的一种方法，该法不考虑条间的作用力，本文以此为例推导坡体中具有地下水时的计算公式，该法对于其他条分法都适用。由图 5 的静力平衡得

$$N = (W_1 + W_2 - U_y)\cos \alpha - (P_a - P_b + U_x)\sin \alpha$$

滑面 BC 上的下滑力 T 为

$$T = (W_1 + W_2 - U_y)\sin \alpha + (P_a - P_b + U_x)\cos \alpha$$

滑面 BC 上的抗滑力 R 为

$$R = [(W_1 + W_2 - U_y)\cos \alpha - (P_a - P_b + U_x)\sin \alpha]\tan \varphi + cl$$

滑体的安全系数可表示为

$$F_s = \frac{\sum\{[(W_1 + W_2 - U_y)\cos \alpha - (P_a - P_b + U_x)\sin \alpha]\tan \varphi + cl\}}{\sum[(W_1 + W_2 - U_y)\sin \alpha + (P_a - P_b + U_x)\cos \alpha]} \tag{21}$$

工程中为了简化，通常令 $\beta = \alpha$，由此可得

$$P_a = P_b , \quad U_y \sin \alpha = U_x \cos \alpha$$

$$U_y\cos\alpha + U_x\sin\alpha = U$$

将这些等式代入式(21)，得

$$F_s = \frac{\sum\{[(W_1+W_2)\cos\alpha - U]\tan\varphi + cl\}}{\sum[(W_1+W_2)\sin\alpha]} \quad (22)$$

当土条处在库水位以下时，此时$\beta = 0$，可得

$$P_a - P_b + U_x = 0$$

$$U_y = W_{2w}$$

将这些等式代入式(21)，得

$$F_s = \frac{\sum\{[(W_1+W_2-W_{2w})\cos\alpha]\tan\varphi + cl\}}{\sum[(W_1+W_2-W_{2w})\sin\alpha]}$$

因为浸润线以下土的浮重$W_2' = W_2 - W_{2w}$，所以上式又可表示为

$$F_s = \frac{\sum\{[(W_1+W_2')\cos\alpha]\tan\varphi + cl\}}{\sum[(W_1+W_2')\sin\alpha]} \quad (23)$$

式(22)，(23)是教科书中经常使用的简化公式[6]，这说明式(21)是个通式。

3.3 土条周边水压力与渗透力的关系

为了寻求土条周边的静水压力与渗透力之间的关系，将式(21)进行变换，得

$$F_s = \frac{\sum\{[(W_1+W_2-W_{2w})\cos\alpha + Q]\tan\varphi + cl\}}{\sum[(W_1+W_2-W_{2w})\sin\alpha + S]} \quad (24)$$

其中，

$$Q = (W_{2w} - U_y)\cos\alpha - (P_a - P_b + U_x)\sin\alpha$$

$$S = (W_{2w} - U_y)\sin\alpha + (P_a - P_b + U_x)\cos\alpha$$

下面对式(24)的分子、分母中Q,S项作进一步研究[2]。

将式(17)~(20)代入上面两项，得

$$Q = (W_{2w} - U_y)\cos\alpha - (P_a - P_b + U_x)\sin\alpha = \\
(\gamma_w h_w L\cos\alpha - \gamma_w h_w L\cos\alpha\cos^2\beta)\cos\alpha - \\
[\gamma_w h_w(h_a-h_b)\cos^2\beta + \gamma_w h_w L\sin\alpha\cos^2\beta]\sin\alpha = \\
\gamma_w h_w L\cos\alpha\sin\beta(\cos\alpha\sin\beta - \sin\alpha\cos\beta) = \\
\gamma_w h_w L\cos\alpha\sin\beta\sin(\beta-\alpha) = -D\sin(\alpha-\beta)$$

$$S = (W_{2w} - U_y)\sin\alpha + (P_a - P_b + U_x)\cos\alpha = \\
(\gamma_w h_w L\cos\alpha - \gamma_w h_w L\cos\alpha\cos^2\beta)\sin\alpha + \\
[\gamma_w h_w(h_a-h_b)\cos^2\beta + \gamma_w h_w L\sin\alpha\cos^2\beta]\cos\alpha = \\
\gamma_w h_w L\cos\alpha\sin\beta(\sin\alpha\sin\beta + \cos\alpha\cos\beta) = \\
\gamma_w h_w L\cos\alpha\sin\beta\cos(\beta-\alpha) = D\cos(\alpha-\beta)$$

式中：$D = \gamma_w h_w L\cos\alpha\sin\beta$，其几何意义是土条中饱浸水面积、水的重度、水力坡降$\sin\beta$的乘积，其大小等于渗透压力(或动水压力)，其方向与水流方向一致，与水平向的夹角为β。

因此，式(24)也可表示为

$$F_s = \\
\frac{\sum\{[(W_1+W_2-W_{2w})\cos\alpha - D\sin(\alpha-\beta)]\tan\varphi + cl\}}{\sum[(W_1+W_2-W_{2w})\sin\alpha + D\cos(\alpha-\beta)]}$$

因为浸润线以下土的浮重$W_2' = W_2 - W_{2w}$，所以上式又可表示为

$$F_s = \frac{\sum\{[(W_1+W_2')\cos\alpha - D\sin(\alpha-\beta)]\tan\varphi + cl\}}{\sum[(W_1+W_2')\sin\alpha + D\cos(\alpha-\beta)]} \quad (25)$$

从式(25)可看出，在浸润线以下，稳定系数仅与渗透力D和土条浮重有关，这就证明了渗透压力与土条中的水重和周边静水压力是一对平衡力。因此当用渗透压力表述稳定系数时，对于浸润线以上取天然重量，对浸润线以下取土条浮重和渗透压力即可。这样可将计算简图5改用计算简图7代替，把土条周边的水压力和水重用一个渗透力D代替，使问题变得简单。

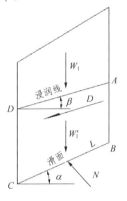

图7 计算简图

Fig.7 Computation sketch

4 影响坡体稳定性的因素分析

为了便于分析，令库水的下降高度$h_t = Vt$，那

么式(9)可写成下式：

$$h_{x,t} = h_{0,0} - h_t M(\lambda) \quad (26)$$

$$\lambda = \frac{x}{2}\sqrt{\frac{\mu V}{K h_m h_t}} \quad (27)$$

从上式可以看出，在库水位下降时影响坡体浸润线的因素有：渗透系数 K，给水度 μ，库水下降速度 V，含水层厚度 h_m 和下降高度 h_t。从图2可以看出，$M(\lambda)$ 为减函数，随 λ 的增大，$M(\lambda)$ 的值减小。也就是说，λ 越大，坡体中自由水面下降的速度越慢；反之，λ 越小，坡体中自由水面下降的速度越快。当 $\lambda = 0$ 时，$M(\lambda) = 1$，坡体中的自由水面与库水位同步下降。当 $\lambda = \infty$ 时，$M(\lambda) = 0$，坡体中的自由水面在库水位下降过程中不变动。从图2中可以看出，当 $\lambda > 2$ 时，$M(\lambda)$ 已接近于 0。

大家知道，当坡体中的水位越高时，对坡体的稳定性越不利。根据这个常识来分析各因素对稳定性的影响。从前面的分析可知，λ 越小，随库水的下降，坡体中自由水面下降得越快，也就是坡体中的水位降低得越快，对坡体稳定越有利；反之 λ 越大，则对坡体稳定性越不利。对坡体稳定性有利的因素也就是使 λ 减小的因素，这些因素是：(1) 降低给水度 μ；(2) 降低库水下降速度 V；(3) 增大渗透系数 K；(4) 增大含水层厚度 h_m。为了验证上述结论的正确性，下面用一个算例分析各因素对稳定性的影响。

如图8所示的滑坡体，已知其天然重度为 20.8 kN/m³；饱和重度为 21 kN/m³；滑带土的抗剪强度指标，天然状态下：$c = 20$ kPa，$\varphi = 10°$；饱和状态下：$c = 15.6$ kPa，$\varphi = 9.27°$。

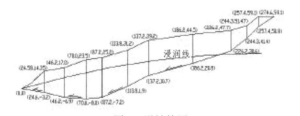

图8 滑坡简图
Fig.8 Sketch of landslide

计算中浸润线以下取滑带土饱和强度，浸润线以上取滑带土天然强度，坡脚处的库水位为 145 m。库水陡降时，不考虑坡体内孔隙水压力的消散，即假定坡体内的自由水面与降落前相同。库水缓降时，不考虑孔隙水的滞后作用，即假定坡体中的水面与库水位同步下降。

从式(26)，(27)可看出，库水下降高度 h_t 对坡体稳定性的影响比较难确定，得不到明确的定性关系。为了研究下降高度 h_t 对坡体稳定性的影响，对各因素情况下不同下降高度时的稳定系数进行了计算，曲线的水平坐标取库水位距坡底的高度 h_t 与坡体总高度 H 的比值(h_t/H)。

图9给出了库水下降速度 V、坡体渗透系数 K、给水度 μ 以及含水层厚度 h_m 在库水位下降过程中对坡体稳定性的影响曲线。从图9可以看出，滑坡的稳定系数随库水位的下降由大→小→大地变化。这个变化规律说明，在库水位的下降过程中，坡体的稳定系数存在一个最小值。产生这一结果的原因是在库水下降过程中，坡体中的浸润线也发生变化，这就引起式(25)中 W_2' 和 D 都在改变，由于这两个因素都与浸润线有关，所以就会出现这种情况。从图中可以看出这个最小值一般出现在 $h_t/H = 1/3 \sim 1/4$

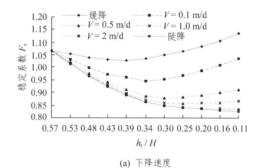

(a) 下降速度

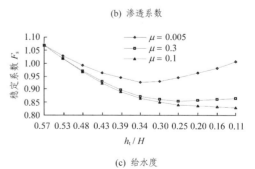

(b) 渗透系数

(c) 给水度

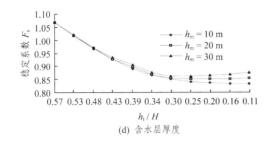

图9 库水下降高度对坡体稳定性的影响

Fig.9 Effect of reservoir drawdown height on landslide stability

左右，随其他影响因素略有变化。库水的陡降和缓降是坡体稳定的两个极端情况，缓降对坡体有利，陡降对坡体最不利。随下降速度的增加坡体稳定系数减小，陡降与缓降的稳定系数相差20%左右。

5 结 论

(1) 根据不稳定渗流基本方程和边界条件，得到了库水位下降时坡体内浸润线的计算公式，并对其进行了简化，更便于工程应用。

(2) 库水位下降时，影响坡体稳定的综合参数是λ，它与坡体的渗透系数K，给水度μ，库水下降速度V，含水层厚度h_m和下降高度h_t有关。λ越大，对坡体稳定越不利。

(3) 条分法分析坡体时，将水土合算，并用土条周边水压考虑问题的方法与水土分算，与用渗透力考虑问题的方法是等效的。当用土条周边水压力表述式(21)时，土条中浸润线以下部分取饱和重。当用渗透力表述式(25)时，土条中浸润线以下部分取浮重。

(4) 在库水位下降过程中，坡体存在一个最危险的水位，该水位的坡体稳定系数最小，此位置一般在滑体总高度的下1/3～1/4处，建议在工程中以此作为校核点。

(5) 库水的陡降和缓降是影响坡体稳定的两个极端情况。缓降对坡体有利；陡降对坡体最不利。随下降速度的增加，坡体稳定系数减小。陡降与缓降的稳定系数相差20%左右。

参 考 文 献

1 钱家欢，殷宗泽. 土工原理与计算(第二版)[M]. 北京：中国水利水电出版社，2000，119～121

2 苑莲菊，李振栓，武胜忠等. 工程渗流力学及应用[M]. 北京：中国建材工业出版社，2001，25～29，40～41

3 薛禹群. 地下水动力学原理[M]. 北京：地质出版社，1986，74～77

4 李俊亭，王愈吉. 地下水动力学[M]. 北京：地质出版社，1987，155～160

5 毛昶熙，段祥宝，李祖贻. 渗流数值计算与程序应用[M]. 南京：河海大学出版社，1999，10～11

6 潘家铮. 建筑物的抗滑稳定和滑坡分析[M]. 北京：水利出版社，1980，11～15

用有限元强度折减法求滑(边)坡支挡结构的内力

郑颖人 赵尚毅

(后勤工程学院土木工程系 重庆 400041)

摘要 滑(边)坡体的破坏属于破坏力学范畴,当滑面上每点都达到极限应力和极限应变状态时,材料进入破坏,此时岩土体抗剪强度得到充分发挥,这就是破坏力学中的破坏准则。通常当有支挡结构与岩土介质共同作用时,滑面上土体一般不处于极限平衡状态,而可能处于弹性平衡或者局部塑性极限平衡状态。这种受力状态不是设计情况下的受力状态。多年来,岩土工程设计一直采用极限状态设计方法,即传统方法中计算得到的支挡结构上的岩土侧压力是在坡体整体破坏且岩土体强度充分发挥时的岩土侧压力,也就是土体处于极限平衡状态且支挡结构有充分位移时作用在支挡结构上的岩土压力,按此设计既能保证坡体安全,又能最大限度地节省经费。因此,采用有限元强度折减法来考虑岩土介质与支挡结构的共同作用时也应遵循这一原则,即要求作用在支挡结构上的岩土侧压力与传统方法计算得到的岩土侧压力大体相当,在此条件下根据岩土介质与支挡结构的共同作用来确定支挡结构的内力。按照此原则,采用有限元强度折减法,不但得到了滑坡推力的大小和分布,而且通过有限元桩-土共同作用模型计算得到了抗滑桩的弯矩和剪力,并与传统方法进行了比较。算例表明采用有限元强度折减法来计算抗滑桩的内力是可行的,该方法增大了支挡结构设计的可靠性和经济性。

关键词 岩土工程,滑(边)坡的破坏力学,有限元强度折减法,桩-土共同作用

分类号 O 319.56   **文献标识码** A   **文章编号** 1000-6915(2004)20-3552-07

CALCULATION OF INNER FORCE OF SUPPORT STRUCTURE FOR LANDSLIDE/SLOPE BY USING STRENGTH REDUCTION FEM

Zheng Yingren, Zhao Shangyi

(Department of Civil Engineering, Logistical Engineering University, Chongqing 400041 China)

Abstract The failure of landslide/slope belongs to the category of failure mechanics. When the stress and strain of failure surfaces reach the limited state and the shear strengths are fully utilized, the slope failure occurs at the same time, which is the failure criterion of slope failure mechanics. Usually, the soil does not reach the limited state completely when there is interaction between soil and support structure, instead, some soil is in the elastic state and some soil is in plastic limited state. This stress state is not the design state. The design method of limited state is adopted in geotechnical engineering for many years, which utilizes the soil shear strength fully and assume the soil to reach the plastic limited state completely, so that a safe and economic structure is made. This principle should be followed when the internal forces of support structure is calculated by FEM, and the lateral earth pressure computed by FEM should be equal to the earth pressure by traditional limited equilibrium method. Under this condition, the interaction between the soil and support structure is considered. According to this principle, the shear strength reduction FEM is adopted to analyze the interaction between soil and support pile with prestressed cable. The thrust distribution in landslide and internal forces of support pile are obtained with the c-$\tan\varphi$ reduction. Through a series of case studies, the applicability of proposed method is clearly exhibited.

注:本文摘自《岩石力学与工程学报》(2004年第23卷第20期)。

Key words　geotechnical engineering，failure mechanics of landslide/slope，strength reduction FEM，soil-pile interaction

1　引　言

我国是一个多山的国家，是世界上地质灾害多发国家之一。随着我国经济建设的发展，尤其是西部大开发的实施，滑(边)坡防治工程迅速发展。例如，三峡库区地质灾害防治第 1 期工程，政府就投资 40 亿元；第 2 期工程不久也即将起动。高边坡防治工程已成为我国基础设施建设中的一个热点和难点问题。

在滑(边)坡防治工程中一个关键的问题是支挡结构的设计方法是否合理[1]，这就首先要求准确确定作用在支护结构上的岩土压力。关于滑坡推力计算的研究，目前已有较大进展。其次，还要明确岩土压力如何分布在支挡结构上，不同的分布形式会使支挡结构内力计算结果有重大差异。再次，还要明确支护结构内力计算是否合理，尤其是复合支护结构，如锚桩结构的计算，用现行传统计算方法很难解决好上述问题。通过边坡稳定的极限状态有限元分析方法——有限元强度折减法来计算支挡结构[2~4]，既可以考虑支护结构与岩土介质共同作用的关系，又可以直接算出结构内力，因而具有很大的优越性和应用前景。

2　滑(边)坡体的破坏力学

一般认为，滑(边)坡体的破坏现象是指岩土沿滑面(破裂面)发生快速滑落或坍塌的现象。滑(边)坡体的破坏属于破坏力学范畴，依据上述破坏现象，当滑面上每点都达到极限应力和极限应变状态时，滑坡体进入破坏，这就是破坏力学中的破坏准则。对于极限应变状态目前还研究不多，而对极限应力状态已有较多研究，如岩土材料中采用莫尔-库仑破坏准则，其极限剪应力为 $\tau = c + \sigma \tan\varphi$，在当前滑坡工程计算中，经典极限平衡理论中常以此作为破坏条件。

如果滑面上的力不以每点的应力表示，而以内力表示，那么当滑面上总的下滑力大于或等于抗滑力时，滑面就发生破坏。由此可见，破坏时整个滑面上都达到力的极限平衡状态，此时滑面上每点的岩土强度也都得到充分发挥。上述破坏力学中的破坏公式也可以用塑性力学公式表述，因为刚破坏时，破坏力学与塑性力学同时都可满足。挡土墙上的库仑土压力就是按破坏力学原理得到的，而朗金土压力是按挡土墙上各点力的塑性极限平衡求得的。虽然两者的出发点不同，只要墙上各点都满足极限平衡条件，两者就可得到同样大小的土压力。

3　滑(边)坡支挡结构的设计原则

众所周知，作为挡土结构设计的一个准则是要求土体处于极限平衡状态，岩土体抗剪强度得到充分发挥，此时，支挡结构承受主动土压力，按此设计即能保证坡体安全，又能最大限度地节省经费。这是工程界几十年来一直采用的方法。因此，采用有限元强度折减法来进行支挡结构设计时应遵循此原则。

通常，当有支挡结构与岩土介质共同作用时，滑面上土体一般不处于极限平衡状态，而可能处于弹性平衡或者局部塑性极限平衡状态。比如在计算挡土墙土压力时，如果土体没有侧向位移时，岩土体的抗剪强度即没有得到充分发挥，此时的岩土体没有处于破坏状态，用有限元法算出的作用在支挡结构上的岩土压力会大于主动土压力。这种受力状态不是设计情况下的受力状态，按此来计算支挡结构上的内力，会使设计偏于危险或偏于保守。因而，采用有限元法来进行支挡结构内力计算和设计时，必须先验算结构上作用的岩土压力是否为主动土压力，也就是按有限元法算出的作用在结构上的土压力应当与按传统极限平衡条分法算出的土压力(推力)相当，只有在这种情况下才可以考虑支护与结构的共同作用。要保证这一条件就要求做到两点：一是使滑面上土体处于极限平衡状态，即安全系数 $F = 1$；二是要求墙体具有足够位移，以使土体抗剪强度得到充分发挥。

4　用有限元法求抗滑桩内力

如前所述，采用有限元法计算支挡结构内力时，必须先验证滑面上土体是否已达到极限平衡状态，即安全系数 $F = 1$，还有支挡结构所受的推力是否与极限平衡方法求得的推力大致相等，在这种情况下在滑坡推力计算出来后就可用有限元法确定桩的推力分布，并根据岩土介质与支挡结构的共同作用计算桩的弯矩和剪力。传统方法中，桩上的推力分布是假定的。一般假设为矩形分布，有时假设为三角形或梯形分布。不同的假设对支护结构内力影响很大，用有限元法得到的推力分布比较接近实际[2~4]。

4.1 安全系数的考虑

关于滑坡推力安全系数的定义，通常采用荷载增大的分项系数作为安全贮备，这种方法通常在地面工程中采用，但这不适用于边(滑)坡的受力状况，边(滑)坡失稳多数由于土体强度降低而引起，因而采用强度降低系数作安全系数更符合边(滑)坡实际情况。

滑坡推力的标准值为

$$F_h = R_s - R_t \quad (1)$$

式中：R_s 为岩土体下滑力，R_t 为岩土体抗滑力。

由强度折减安全系数得到的滑坡推力设计值为

$$F_t = R_s - \frac{R_t}{\omega} \quad (2)$$

由荷载增大安全系数得到的滑坡推力设计值为

$$F_t' = R_s \times \omega - R_t = \omega\left(R_s - \frac{R_t}{\omega}\right) = \omega F_t \quad (3)$$

由上式可见，荷载增大安全系数的滑坡推力设计值为强度折减安全系数推力设计值的 ω 倍，这也就是为什么采用式(3)计算滑坡推力时 ω 值增加不大而推力增加很大的原因。因此在边(滑)坡支挡结构设计中，以采用土体强度储备安全系数 ω 为宜，即将岩土体强度参数折减 ω，有

$$c' = \frac{c}{\omega}, \quad \tan\varphi' = \frac{\tan\varphi}{\omega}$$

然后以折减后的参数来计算滑坡推力。

4.2 算例

国道主干线重庆—湛江公路，其贵州境内的崇溪河—遵义路段发生的高工天滑坡，位于第5合同段 K26+150～K26+260 段。该路基开挖时，下切滑体才 5～6 m，即引起滑坡复活，而且还在不断发展，形成多级滑面，发育在土层和强风化带内。如果按照设计开挖切脚，必将引起岩体滑动。根据设计，该滑坡的治理采用抗滑桩加预应力锚索的支挡措施，每根锚索设计锚固力 800 kN，每根桩上纵向布置 2 排锚索，每排 3 根，共 6 根，计算采用的典型断面如图 1 所示。

计算采用的软件为美国 ANSYS 公司的大型有限元软件 ANSYS(R) 5.61 商业版。有限单元网格划

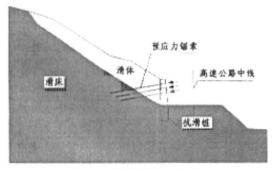

图 1 计算采用的典型断面

Fig.1 Typical cross section of landslide for calculation

分见图 2，计算按照平面应变问题建立模型，岩土体采用 8 节点平面单元 PLANE183 模拟，抗滑桩用梁单元 BEAM3 单元模拟，桩的截面积、惯性矩等可以在其对应的实常数中定义，该单元可以输出轴力、弯矩、剪力等。

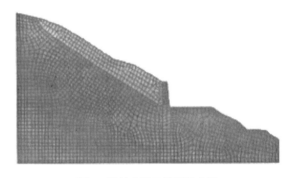

图 2 滑坡有限元模型示意图

Fig.2 Sketch of finite element mesh for landslide

当抗滑桩与锚杆(索)联合使用或者单独使用作为滑(边)坡的支护结构时，采用有限元计算充分考虑了锚杆(索)、桩与岩土介质的共同作用。一般对锚杆不施加预应力，属于被动式支护，可采用杆单元模拟。而对锚索一般是施加预应力的，属主动式支护，其施加的预应力，一般就是锚索的设计锚固力。传统的做法是在锚索的两锚固点，施加一对压力代表锚固力。在这种情况下，锚索的作用力与岩土介质的变形无关。为了更好地模拟锚索作用，也可采用杆单元来模拟锚索，锚索的预应力可以通过设置初应变来获得，初应变根据设计锚固力来反算。施加预应力锚索后，随着滑体强度参数的降低，锚索的受力会逐渐增大，当锚索受力大于锚索设计抗拉强度时，锚索失效。

桩与滑体之间的接触关系分别采用两种方案，

方案一采用 ANSYS 程序提供的接触单元来模拟桩与土的接触行为,方案二采用桩与土共节点但材料性质不同的连续介质模型。

根据设计,每根锚索设计锚固力 800 kN,每根桩上布置 2 排锚索,而本平面应变模型在纵向只布置 1 排锚索,所以将锚索锚固力乘以 2,即 800 kN × 2 = 1 600 kN。锚索倾角 10°,在有限元模型中,在锚索外锚头节点的水平方向施加−1 600 cos10° kN,在竖直方向施加−1 600 sin10° kN。抗滑桩截面尺寸为 3 m×4 m,锚索纵向间距为 4 m。而本次平面应变计算纵向只有 1 m,也就是说每根桩要承担 4 m 宽的滑体的剩余下滑力,因此在有限元模型中可将土体重量乘以 4,同时为了确保原有稳定安全系数不发生变化,将岩土体的粘聚力也乘以 4,即保证 r/c 不发生变化。

4.3 材料本构模型及计算参数

岩土材料本构模型采用理想弹塑性模型,屈服准则采用莫尔-库仑等面积圆屈服准则,计算采用的参数见表 1。

表 1 计算采用物理力学参数
Table 1 Physicomechanical parameters for calculation

材料名称	重度 /kN·m^{-3}	弹性模量 /MPa	泊松比	粘聚力 /kPa	内摩擦角 /(°)
滑体	21	30	0.30	25.5	24.5
滑床	24	10^5	0.25	200.0	30.0
桩(C25 混凝土)	24	29×10^3	0.20	考虑为弹性材料	

4.4 开挖和支护过程的模拟

开挖和支护采用单元的"死活"来实现。所谓单元"杀死",就是将单元刚度矩阵乘以一个很小的因子(10^{-6}),死单元的荷载将为 0,从而不对荷载向量生效。同样,死单元的质量也设置为 0,单元的应变在"杀死"的同时也将设为 0。与上面的过程相似,桩的施加采用单元的"出生"来模拟,并不是将单元增加到模型中,而是重新激活它们,其刚度、质量、单元荷载等将恢复其原始的数值,重新激活的单元没有应变记录,所有单元都要事先划分好。根据现场实际施工过程,有限元计算分 4 步:

(1) 计算未开挖前的初始应力场;
(2) 施工桩,激活桩单元,同时施加锚固力;
(3) 开挖,杀死要开挖的土体单元;
(4) 滑体强度参数折减 1.2 倍后计算。

4.5 滑坡推力大小

利用 ANSYS 软件提供的路径分析功能,沿桩从滑面到顶部设置路径,将水平应力映射到路径上,然后沿路径对水平应力进行积分,就可以得到总的滑坡水平推力,计算结果见表 2。表 2 中,不平衡推力法滑坡推力计算采用的软件为上海同济大学软圣科技发展有限公司开发的《抗滑桩辅助设计系统》。因为该软件中安全系数的定义是采用增大荷载的方式,因此采用不平衡推力法计算时,将安全系数设置为 1.0,但是以滑面的强度参数折减 1.2 倍后反算出来的参数作为输入。这样,不同方法中滑坡推力计算都采用强度折减法来考虑安全系数,便于比较。

表 2 不同方法计算得到的滑坡水平推力
Table 2 Horizontal thrust of landslide by different methods kN

接触单元 FEM		连续介质 FEM	极限平衡法	
桩土光滑接触	桩土粗糙接触		不平衡推力法	Spencer 法
7 650	6 770	6 930	6 944	6 400

从表 2 看出,采用连续介质有限元模型的计算结果与接触单元模型中桩-土粗糙接触模型的计算结果比较接近,说明如果桩-土之间没有明显的滑动时,可以采用连续介质模型来模拟桩和土的接触关系,这样操作方便。传统的极限平衡法采用严格条分法中的 Spencer 法,也有采用国内常用的非严格条分法中的不平衡推力法(传递系数法)。总体看来,用有限元法计算的推力与传统极限平衡方法计算的结果比较接近,因而可采用有限元法中连续介质模型来计算支挡结构的内力。

4.6 用边坡稳定分析的条分法计算滑坡推力

如图 3 所示,在滑坡的坡脚上方(坡高 1/3 处)施加一个水平力,然后计算滑坡的稳定性,如果此时的安全系数刚好为 1.0,说明此时施加的水平力刚好等于滑坡水平推力。计算采用的软件为加拿大 GEO-SLOPE 公司的边坡稳定分析软件 SLOPE/W,安全系数的计算均为 Spencer 法。桩的间距为 4 m,计算时将滑体重度乘以 4,粘聚力也乘以 4,计算得到的滑坡水平推力为 6 400 kN。

边坡稳定分析的严格条分法既适用于圆弧滑动面,也适用于非圆弧滑动面,采用此法既可以分析滑(边)坡的稳定性,又可以计算滑坡推力,而且有很高的计算精度。因此可采用此法来计算挡土墙的土压力以及滑坡推力。

4.7 滑坡推力分布

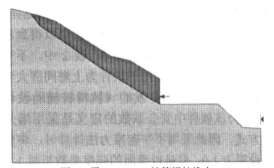

图3 用 SLOPE/W 计算滑坡推力
Fig.3 Landslide thrust calculated by SLOPE/W

通过有限元法得到的滑坡推力分布如图 4 所示。研究表明挡土墙(或桩)后的填土倾斜时，土压力呈弓形分布；当墙后填土水平时，土压力大致呈三角形分布，土压力的最大值出现在下半部。图 5 为土体有一定侧向变形时，墙后填土水平时粘性土的土压力分布。

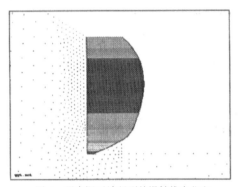

图4 用有限元法得到的滑坡推力分布
Fig.4 Distribution of landslide thrust by FEM

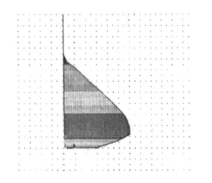

图5 粘性土土压力分布($c = 20$ kPa，$\varphi = 10°$)
Fig.5 Earth pressure distribution in clay with $c = 20$ kPa, $\varphi = 10°$

4.8 抗滑桩弯矩和剪力

采用上述方法计算得到只设置抗滑桩时，桩的最大弯矩为 48 100 kN·m，最大剪力为 6 560 kN，图 6，7 分别为桩的弯矩和剪力分布图。

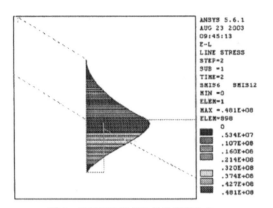

图6 只设置抗滑桩时桩的弯矩分布
Fig.6 Distribution of bending moments in the pile without cable

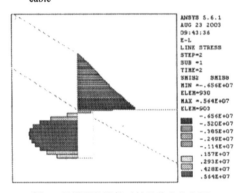

图7 只设置抗滑桩时桩的剪力分布图
Fig.7 Distribution of shear force in the pile without cable

施加锚固力后，桩的最大弯矩为 11 900 kN·m，最大剪力为 2 650 kN，弯矩和剪力分布分别见图 8，图 9。

表 3 为采用不同方法的计算结果，其中传统方法计算采用的软件为上海同济大学软圣科技发展有限公司开发的《抗滑桩辅助设计系统》，有限元模型采用的是连续介质模型。由表 3 看出，传统方法中采用不同的滑坡推力分布图式的计算结果有很大的差别。有限元计算结果与传统方法中滑坡推力分布

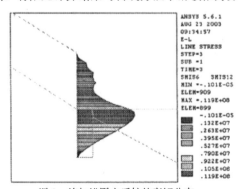

图8 施加锚固力后桩的弯矩分布
Fig.8 Distribution of bending moments in the pile with cable

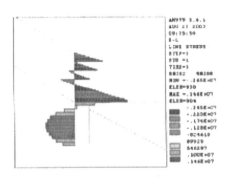

图9 施加锚固力后桩的剪力分布

Fig.9 Distribution of shear force in the pile with cable

表3 不同方法计算结果对比

Table 3 Internal forces of pile by different methods

方法		无预应力锚索		有预应力锚索	
		剪力/kN	弯矩/kN·m	剪力/kN	弯矩/kN·m
传统方法	①	6 276	42 062	875	5 346
	②	8 323	58 082	1 756	11 310
有限元法		6 560	48 100	2 650	11 900

注：表中的①为传统抗滑桩计算的地基系数法中假定滑坡推力分布为三角形，②为矩形。

假定为矩形时的计算结果相对接近；假定为三角形分布时的计算结果偏于危险；矩形分布时则偏于保守。另外，通过锚索施加锚固力后，桩的弯矩和剪力都大大减小，可见锚索和抗滑桩联合使用，显著地改变了桩的悬臂受力状态，可以使桩的截面积、桩在滑动面以下的埋置深度，均显著较小，大大地节约了工程材料。

4.9 支挡后安全系数

该滑坡采用预应力锚索加固后，如果锚索和桩不出问题，随着滑体强度参数的降低，出现如图10所表示的滑动面。滑动面出现在桩顶，滑体越过桩顶滑出，此时的强度折减系数为1.39，这是传统方法容易忽视的地方。

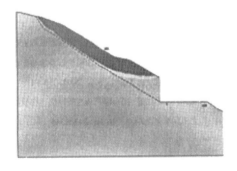

图10 加固后的滑动面

Fig.10 The failure surface with anti-slide pile

4.10 锚固力优化

分别计算不同锚固力时桩的内力，计算结果见表4，图11为不同锚固力时桩的弯矩变化曲线分布。由计算结果看出，锚固力并不是越大越好，它有一个极小值。从曲线的走势变化看，有限元计算结果与传统方法中滑坡推力分布假定为矩形时的计算结果的变化趋势接近，而假定为三角形分布的计算结果则差异很大。但是从具体数值看，有限元计算结果与传统方法中矩形分布的计算结果也有差异，比如当锚固力为1 000 kN时，有限元计算结果为3 410 kN·m，而传统方法计算结果为4 532 kN·m。当每根锚索的锚固力为950 kN时，有限元计算结果(2 650 kN·m)与传统方法计算结果(2 967 kN·m)比较接近。因此经过比较分析认为锚固力采用950 kN为宜。

表4 采用不同锚固力时桩的弯矩

Table 4 Bending moments of pile with different cable forces

序号	锚固力/kN	桩的弯矩/kN·m		
		有限元法	传统方法	
			①	②
1	600	19 700	7 853	22 683
2	800	11 900	5 346	11 310
3	900	4 550	14 516	5 583
4	950	2 650	17 249	2 967
5	1 000	3 410	19 982	4 532
6	1 100	7300	25 447	8 110
7	1 200	11 700	30 913	13 575

注：表中的①为传统抗滑桩计算的地基系数法中假定滑坡推力分布为三角形，②为矩形。

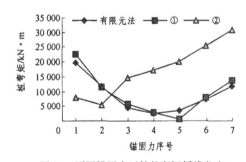

图11 不同锚固力时桩的弯矩折线分布

Fig.11 Distribution of bending moments with different cable forces

由上述分析可见，锚索的锚固力对桩的内力有较大影响，设计中可以通过不同方案对比，对设计参数(不同锚固力和锚固位置等)进行优化。在实际工程中同时采用传统极限平衡方法和有限元法来进行分析可以增加设计的可靠性,降低设计风险;同时可通过方案对比,对设计参数进行优化,以使结构更趋经济安全。

5 结 论

(1) 要合理地确定滑(边)坡支挡结构的设计方法,首先,要求准确确定作用在支护结构上的岩土压力;其次,还要明确岩土压力如何分布在支挡结构上,不同的分布形式会使支挡结构内力计算结果有重大差异;最后,还要明确支护结构内力计算是否合理,尤其是复合支护结构,如锚桩结构的计算,用现行传统计算方法很难解决好上述问题。而采用极限状态有限元法——有限元强度折减法来计算支挡结构,既可以考虑支护结构与岩土介质共同作用的关系,又可以直接算出结构内力,因而具有很大的优越性和应用前景。

(2) 滑(边)坡体的破坏属于破坏力学范畴,依据破坏现象,当滑面上每点都达到极限应力状态和极限应变状态,材料进入破坏,这就是破坏力学中的破坏准则。岩土体的破坏是一个渐变过程,破坏开始时整个滑面上都达到力的极限平衡状态,此时滑面上每点的岩土强度也都得到充分的发挥。随着滑面上塑性变形的增大,土体逐渐破坏,直至滑面上每点都达到塑性极限应变状态,滑面发生滑移破坏。

(3) 岩土工程设计多年来一直采用极限状态设计方法,即传统方法中计算得到的岩土侧压力是在坡体滑移破坏且岩土体强度充分发挥时的岩土侧压力,按此设计,既能保证坡体安全,又能最大限度地节省经费。这是工程界几十年来一直采用的方法,因此,采用有限元强度折减法来进行支挡结构设计应遵循此原则。

通常,当有支挡结构与岩土介质共同作用时,土体一般不处于极限平衡状态,而可能处于弹性平衡或者局部塑性极限平衡状态。这种受力状态不是设计情况下的受力状态,按此来计算支挡结构上的内力,会使设计偏于危险或偏于保守。因此,要采用有限元法来进行支挡结构内力计算和设计,须验算结构上作用的岩土压力是否是主动土压力,也就是按有限元法算出的作用在结构上的土压力,应当与按传统极限平衡条分法算出的推力大体相当,只有在这种情况下,才可以考虑支护与结构的共同作用。

(4) 按传统方法进行抗滑桩设计计算时,桩上的推力分布是假定的。一般假设为矩形分布,有时假设为三角形或梯形分布。不同的假设对支护结构内力影响很大,因而传统算法有较大误差。用有限元法得到的推力分布比较接近实际。有限元分析表明当桩后岩土体表面向上倾斜时,土压力呈弓形分布;当挡土墙后的填土水平时,土压力大致呈三角形分布,土压力的最大值出现在下半部。

(5) 关于滑坡推力安全系数的定义,通常采用荷载增大的分项系数作为安全贮备,这种方法通常在地面工程中采用,但这不适用于滑(边)坡受力状况,滑(边)坡工程中岩土体重量增大的情况不多,而且增大数值不大。常遇的情况是岩土体强度降低而导致坡体失稳,因而采用强度降低系数作安全系数更符合滑(边)坡实际情况,也符合国际惯例。

(6) 本文按照上述原则采用有限元强度折减法,通过桩-土共同作用有限元模型计算得到了抗滑桩的弯矩和剪力,并与传统方法进行了比较,算例表明采用有限元强度折减法来计算抗滑桩的内力是可行的。在实际工程中同时采用传统极限平衡方法和有限元法来进行分析可以增加设计的可靠性。设计中通过方案对比,对设计参数(锚固力、锚固位置等等)进行优化,以使结构更趋经济和安全。随着计算机软件和硬件技术的飞速发展,该方法有着良好的发展前景。

参 考 文 献

1　铁道部第二勘察设计院. 抗滑桩设计与计算[M]. 北京:中国铁道出版社,1983

2　Griffiths D V, Lane P A. Slope stability analysis by finite elements[J]. Geotechnique, 1999, 49(3): 387~403

3　郑颖人,赵尚毅,张鲁渝. 有限元强度折减法在岩坡和土坡中的应用[A]. 见:中国岩石力学与工程学会. 中国岩石力学与工程学会第七次学术大会论文集[C]. [s. l.]: [s. n.], 2002, 39~41

4　赵尚毅,郑颖人,时卫民等. 用有限元强度折减法求边坡稳定安全系数[J]. 岩土工程学报, 2002, 24(3): 343~346

不平衡推力法与 Sarma 法的讨论

郑颖人　时卫民　　　　　杨明成

(后勤工程学院土木工程系　重庆　400041)　　(宁夏大学土木与水利工程学院　银川　750021)

摘要　不平衡推力法是我国独创的边坡稳定性分析方法，在滑坡的分析治理中得到了广泛应用，然而对其精度的分析却廖廖无几。目前在与其他方法的对比分析中，发现在某些情况下其误差非常大，如果不加限制地使用该方法，可能会给工程带来巨大的隐患。针对该方法存在的问题，通过理论分析和算例比较，认为折线形滑面的计算精度与滑面控制点处滑面倾角的变化密切相关，通过控制该变化角度可以控制其精度，工程中建议将滑面控制点处的倾角变化小于 10°作为该方法的使用条件，超过该限制应对滑面进行处理使它满足使用条件或采用其他的分析方法。针对 Sarma 法所给条间剪力方程存在的问题，给出了一个新的条间剪力方程。新的条间剪力方程不但符合边坡稳定性问题的合理性要求，且能正确表示任意条块的条间剪力。基于新的条间剪力方程对 Sarma 法进行了改进。改进后的 Sarma 法认为条块界面和滑动面上的剪切强度具有不同折减系数。算例分析表明，改进后的 Sarma 法优于 Sarma 法，应用它能够得到更合理的安全系数值，即使条块形状是变化的，也能够给出一致的安全系数值，而且能够保证迭代过程稳定收敛。

关键词　边坡稳定性，Sarma 法，条间剪力方程，改进，不平衡推力法，精度分析，使用条件

分类号　TU 413.6^{+}2　　　　**文献标识码**　A　　　　**文章编号**　1000-6915(2004)17-3030-07

DISCUSSION ON IMBALANCE THRUST FORCE METHOD AND SARMA'S METHOD

Zheng Yingren[1], Shi Weimin[1], Yang Mingcheng[2]

([1]*Department of Civil Engineering，Logistical Engineering University，Chongqing　400041　China*)

([2]*School of Civil and Hydraulic Engineering，Ningxia University，Yinchuan　750021　China*)

Abstract　Imbalance thrust force method (ITFM) is originally developed approach for slope stability analysis in China，which has been widely used in the field of landslide stability analysis. But few papers are interested in the accuracy of results obtained by ITFM. It has been proved that the error by ITFM is high enough not to be negligible，and the hidden danger will take place in practice if misusing it. By theoretical analysis and comparison of examples，it is considered that the accuracy of ITFM is influenced by the increments of slip segment obliqueness，and the accuracy can be improved by adjusting the increments of slip segment obliqueness. The increments of slip segment obliqueness must be less than or equal to 10 degrees when using ITFM，otherwise the other slope stability analysis methods should be selected or the slip line should be improved. A new inter-slice shear force equation is presented in this paper to solve the existing problems in the inter-slice shear force equation of Sarma's method. The presented equation meets the demands of slope stability analysis，and can properly express inter-slice shear forces for general slices. Sarma's method is improved，based on the new inter-slice shear force equation. The improved Sarma's method considers that the reduction factor for shear strength along inter-slice boundary is different from that for shear strength along slip surface. Corresponding examples indicate

注：本文摘自《岩石力学与工程学报》(2004 年第 23 卷第 17 期)。

that the improved Sarma's method works better than Sarma's method and a more reasonable value of safety factor can be obtained by the improved Sarma's method. The consistent values of safety factor can be given and the iteration is stably convergent even if the shape of slices is varied.

Key words slope stability, Sarma's method, inter-slice shear force equation, improvement, imbalance thrust force method, accuracy analysis, application condition

1 不平衡推力法

不平衡推力法亦称传递系数法或剩余推力法，它是我国工程技术人员创造的一种实用滑坡稳定分析方法。由于该法计算简单，并且能够为滑坡治理提供设计推力，因此在水利部门、铁路部门得到了广泛应用，在国家规范和行业规范中都将其列为推荐方法在使用，然而对于这么广泛使用的方法，对其精度的分析研究却做的很少。目前的一些研究表明，该方法分析结果在某些情况下产生的误差很大，并且偏于不安全[1]，陈祖煜最早指出了这点。在这种情况下仍然采用不平衡推力法进行分析，将给工程带来隐患，危及国家财产和人民的生命安全。面对这个问题，笔者从理论及计算结果方面分析了不平衡推力法的适用条件和产生这个结果的原因，并通过算例分析提出了不平衡推力法的使用条件。

1.1 不平衡推力法的计算公式

不平衡推力法是针对滑面为折线形的条件下提出的，它假定条间力的作用方向与上一条块的滑面方向平行，根据图1所示的简图可导出下面的计算公式[2]：

$$F_i = T_i - R_i / F_s + F_{i-1}\psi_{i-1} \quad (1)$$

其中，

$$\psi_{i-1} = \cos(\alpha_{i-1} - \alpha_i) - \sin(\alpha_{i-1} - \alpha_i)\tan\varphi_i / F_s$$

$$R_i = c_i L_i + [(W_{1i} + W'_{2i})\cos\alpha_i - D_i \sin(\alpha_i - \beta_i)]\tan\varphi_i$$

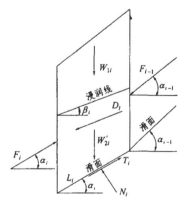

图 1 不平衡推力法计算简图
Fig.1 Sketch of ITFM

$$T_i = (W_{1i} + W'_{2i})\sin\alpha_i + D_i \cos(\alpha_i - \beta_i)$$

对于上面的计算公式，通常提供了两种解法，即隐式解法和显式解法。

1.1.1 隐式解法

此法为迭代法，通过不断折减抗剪强度，使坡体达到极限平衡状态，以此来求稳定系数。其求解过程是假定处于滑体顶端第 1 条块右侧的 $F_0 = 0$，根据式(1)逐条计算条间力，直至处于坡趾的第 n 条块，要求 $F_n = 0$。如果 $F_n = 0$ 不成立，则需调整 F_s 值，直到 $F_n = 0$ 成立为止，此时的 F_s 即为所求的稳定系数。

1.1.2 显式解法

为了简化计算步骤，可将式(1)改写为

$$F'_i = F_s T_i - R_i + F'_{i-1}\psi'_{i-1} \quad (2)$$

其中，

$$\psi'_{i-1} = \cos(\alpha_{i-1} - \alpha_i) - \sin(\alpha_{i-1} - \alpha_i)\tan\varphi_i$$

此时，隐于 c，φ 及 ψ 中的 F_s 均消失，只是在 T_i 前乘上一个安全系数 F_s [3]。按此式逐条计算条间力，仍要求 $F_n = 0$，经这一简化处理，F_s 仅包含在一个线性方程中，经过推导可以得到下面的显式计算公式：

$$F_s = \frac{\sum_{i=1}^{n-1}(R_i \prod_{j=i}^{n-1}\psi_j) + R_n}{\sum_{i=1}^{n-1}(T_i \prod_{j=i}^{n-1}\psi_j) + T_n} \quad (3)$$

式(3)就是"岩土工程勘察规范"中稳定系数的计算公式[4]。显然，式(2)，(3)与式(1)是不等价的，只有当 $F_s = 1$ 时，式(2)，(3)才能与式(1)相等，离 $F_s = 1$ 愈大，误差愈大。而且式(1)与(2)，(3)的安全系数定义也不同，式(1)采用了常用的强度折减系数的定义，式(2)虽然采用的是超载系数的概念，但为了得到显式解，它又进行了简化，因而它不是严格意义上的超载系数概念。

1.2 条间力倾角变化对稳定系数的影响

如图 2 所示的某边坡，其滑面为一圆弧，其坐标如图中所示。为了研究条间力倾角对稳定性的影响，将滑面分别用滑面的 2，3，4，6，8，12，24

等分点作为滑面的中间控制点,连接这些控制点就形成了 7 条滑面。这样形成的滑面,在折点处土条左右两侧条间力的倾角差分别为 45°,30°,22.5°,15°,7.5°,3.75°。计算参数取 $c = 20$ kPa,φ 值考虑为 5°~30°。为了比较,将不平衡推力法与公认较为准确的 Morgenstern-Price 严格条分法(简称 M-P 法)进行比较,得到的结果见表 1,误差分析的结果见表 2。

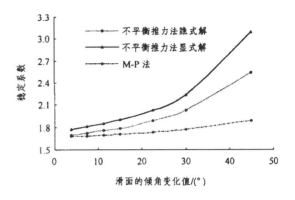

图 3　3 种方法的稳定系数曲线
Fig.3　Safety factor curves of three analysis methods

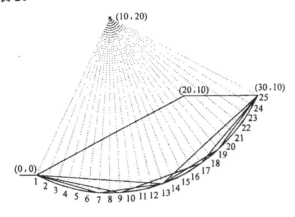

图 2　用等分点形成滑面
Fig.2　Slip surfaces formed by equidivision points

从表 2 及图 3 可以看出,不平衡推力法显式解得到的结果误差很大,该例最大为 130.86%,比不平衡推力法隐式解的误差大的多;而且对于圆弧滑面,其误差也比较大。因此,尽管式(2),(3)简便,工程上已应用多年,仍应取消其在工程中的应用,不然可能会给工作带来巨大的隐患。以下的分析都是针对不平衡推力法隐式解的。分析表 2 可以得到如下的一些结论:

(1) 滑面控制点处的倾角变化的大小对稳定系数的影响很大,变化角度越大,不平衡推力法误差越大。一般情况下,不平衡推力法的稳定系数大于 M-P 法,结果偏于不安全,因而算得的滑坡推力偏小,这也就是某些学者认为传递系数法算得滑坡推力偏小的原因[5, 6]。但当节点倾角变化值减小时,其稳定系数逐渐偏于安全,因而对于圆弧滑面,只要条分合理,隐式解可以得到与简化 Bishop 法接近的结果[1]。

(2) 在滑面倾角变化相同的情况下,稳定系数的误差随内摩擦角的增大而减小,但其影响不大,通常可不考虑。

(3) 在滑面倾角变化很小的情况下,不平衡推力法隐式解的安全系数与 M-P 法很接近,并出现由偏大转为偏小的趋势,该趋势与内摩擦角有关,内摩擦角越大,转变为偏小的夹角差也大,反之越小,但其变化范围不大,该例在 7.5°以内。当滑面的倾角变化在 7.5°以内时,误差都在 3%以内。

(4) 该例在滑面设计时保证了每个滑面控制点处的倾角变化为一定值,此情况对稳定系数来说是最不利的,其误差应该最大。实际工程中,大部分滑面控制点处的倾角变化并不大,只有个别点处倾角变化较大,为此可将使用条件限制在 10°以内。

表 1　稳定系数分析结果
Table 1　Results of stability analysis

滑面	节点倾角变化值/(°)	不平衡推力法隐式解				不平衡推力法显式解				M-P 法			
		$\varphi = 10°$	15°	20°	25°	$\varphi = 10°$	15°	20°	25°	$\varphi = 10°$	15°	20°	25°
2 分点	45.00	2.046	2.545	3.069	3.628	2.252	3.095	4.297	6.231	1.518	1.886	2.281	2.699
3 分点	30.00	1.624	2.033	2.463	2.921	1.694	2.230	2.887	3.733	1.417	1.776	2.155	2.559
4 分点	22.50	1.501	1.883	2.285	2.712	1.548	2.021	2.582	3.274	1.372	1.725	2.093	2.488
6 分点	15.00	1.424	1.789	2.173	2.582	1.459	1.895	2.402	3.010	1.351	1.700	2.066	2.455
8 分点	11.25	1.404	1.753	2.119	2.510	1.435	1.848	2.324	2.890	1.343	1.691	2.055	2.444
12 分点	7.50	1.387	1.721	2.071	2.444	1.418	1.807	2.249	2.763	1.338	1.685	2.045	2.436
24 分点	3.75	1.363	1.694	2.042	2.419	1.390	1.774	2.210	2.718	1.335	1.681	2.044	2.431

表2 误差分析结果
Table 2 Errors of stability analysis /%

滑面号	节点倾角变化值/(°)	(M-P法-不平衡推力法隐式解)/ M-P法				(M-P法-不平衡推力法显式解)/ M-P法			
		$\varphi=10°$	15°	20°	25°	$\varphi=10°$	15°	20°	25°
2分点	45.00	−34.78	−34.94	−34.55	−34.42	−48.35	−64.10	−88.38	−130.86
3分点	30.00	−14.61	−14.47	−14.29	−14.15	−19.55	−25.56	−33.97	−45.88
4分点	22.50	−9.40	−9.16	−9.17	−9.00	−12.83	−17.16	−23.36	−31.59
6分点	15.00	−5.40	−5.24	−5.18	−5.17	−7.99	−11.47	−16.26	−22.61
8分点	11.25	−4.54	−3.67	−3.11	−2.70	−6.85	−9.28	−13.09	−18.25
12分点	7.50	−3.66	−2.14	−1.27	−0.33	−5.98	−7.24	−9.98	−13.42
24分点	3.75	−2.10	−0.77	0.10	0.49	−4.12	−5.53	−8.12	−11.81

当滑面控制节点处的滑面倾角变化量小于 10°时，可以使用不平衡推力隐式解。对于转折点处的倾角变化量超过 10°时，应对滑面进行处理，消除尖角效应。

1.3 滑面控制点超限的处理

由前面的分析可知，滑面控制节点处滑面倾角变化量小于 10°时，可以使用不平衡推力法隐式解，将其称为不平衡推力法使用的限制条件，超过该限制的称为超限。超限情况下有 2 种方法可以采取，第 1 种是采用其他的分析方法，如 M-P 法，Spencer 法等；第 2 种是对超限点进行处理，仍采用不平衡推力隐式解。处理超限点时可根据超限的多少在超限点附近增加节点，增加节点的方式是切角法，切角的方法是在节点的左右两边滑面上量取相同的长度来确定切点，然后在形成的新节点处再切，直至满足限定值为止。也可采用圆弧连接，然后在弧上插点来完成。下面通过算例来说明处理超限点的方法。

图 4 所示的计算简图假定中间只有一个滑面控制点，改变其竖向坐标位置，形成 5 条滑面，其控制点处的倾角变化范围为 −30.96°∼36.87°。已知滑体的重度为 20 kN/m³，滑面的粘聚力为 20 kPa，内摩擦角为 15°。由于滑面 4，5 超限，为了避免与原滑面差别太大，在节点较小的范围内，插入几个点(图 4 的放大部分)，使倾角的变化减小到规定的限度内，改进后的滑面称改进 4 和改进 5，计算的结果见表 3，改进后的误差指改进后的值与原滑面 M-P 法值的比值。

从表 3 可以看出，当滑面控制点处的倾角变化为负时，其误差很小，且稳定系数小于 M-P 法的稳定系数，说明在此情况下计算的稳定系数是偏于安

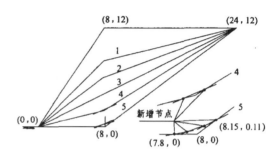

图 4 计算简图
Fig.4 Sketch of calculation

表3 稳定系数计算结果
Table 3 Results of stability analysis

滑面	倾角变化值/(°)	不平衡推力法隐式解	M-P 法	误差/%	改进后的误差/%
1	−30.96	2.017	2.031	0.74	
2	−16.31	1.419	1.419	0.14	
3	0	1.161	1.161	0.26	
4	17.97	1.091	1.069	−1.96	
改进 4	8.98	1.082	1.068	−1.31	−1.21
5	36.87	1.244	1.143	−8.55	
改进 5	9.22	1.146	1.127	−1.69	−0.26

全的，对这种节点可不修正。改进后的滑面 4，5 与原滑面相比，M-P 法的差别不大，而不平衡推力法的精度得到了明显提高，尤其是滑面 5，其误差由 8.55% 降到了 1.69%。这说明超限点经过处理，不平衡推力法隐式解还是可以使用的。

1.4 结 论

(1) 对于圆弧滑面，不平衡推力法的隐式解与 Bishop 法是很吻合的，而显式解并不能保证任何情

况下与 Bishop 法接近。对于折线型滑面，不平衡推力法的计算结果一般都大于 M-P 法，偏于不安全，尤其是显式解，误差更大。鉴于这种情况，建议取消显式解在工程中的应用。

(2) 不平衡推力法隐式解的误差大小，取决于滑面控制点处滑面的倾角变化，该变化越大，误差越大。同时滑面控制点处滑面倾角的变化对误差的影响与控制点的位置有关，在滑动段与抗滑段的交界附近，误差对倾角的变化很敏感，而在滑坡的后缘误差对倾角的变化的敏感度要小一些。

(3) 对于光滑连续的滑面，不平衡推力法隐式解可以无条件使用。对于由折线形组成的滑面，不平衡推力法隐式解的使用应有限制条件，超过这个限制其误差太大不能够使用，应采用其他方法进行分析。对于折线形滑面其限制条件是：滑面中所有控制点处的倾角变化值必须小于 10°，若满足该条件其误差可控制在 3%以内。

2 关于 Sarma 法的讨论与改进

目前大多数常用的极限平衡条分法均采用垂直条分计算安全系数。这类方法不能很好地考虑条块侧面的力的特性，特别是岩质边坡的断层节理特征。Sarma 法[7, 8]提出对滑体进行斜条分的极限平衡条分法并考虑了条块界面上材料的破坏准则。然而由于该法认为条底与条块界面上具有相同的安全系数，由此给出条间剪力方程为

$$T_i = [c'_{avi}h_i + (E_i - p_{wi})\tan \varphi'_{avi}]/F_s \quad (4)$$

式中：E_i, T_i 分别为作用在条块界面上的法向力和剪切力；p_{wi} 为条块界面上的孔隙水压力；h_i 为条块界面的长度；c'_{avi}, $\tan \varphi'_{avi}$ 为条块界面上的加权平均抗剪强度指标。

值得注意的是，条间剪力方程(4)存在两个主要问题[9]：首先，不满足边坡稳定性分析的合理性要求；其次，不能正确表示任意条块的条间剪力。这将导致 Sarma 法在任意条块情况下有时收敛性得不到保证。

2.1 Sarma 法的改进

针对 Sarma 法所给条间剪力方程存在的问题，文[9]对条间剪力方程(4)进行了改进，并给出了一个新的条间剪力方程：

$$T_i = [c'_{avi}h_i + (E_i - p_{wi})\tan \varphi'_{avi}](\cos \delta_i / F_s) \quad (5a)$$

式中：δ_i 为条底与条块界面之间的夹角，当滑体的可能滑动方向自右上向左下时，δ_i 表示条底与条块左边界之间的夹角；当滑体的可能滑动方向自左上向右下时，δ_i 表示条底与条块右边界之间的夹角。对于垂直条块($\alpha_i + \delta_i = 90°$)，方程(5)可以写成以下形式：

$$T_i = [c'_{avi}h_i + (E_i - p_{wi})\tan \varphi'_{avi}](\sin \alpha_i / F_s) \quad (5b)$$

方程(5a)与 Sarma 法中所给方程(4)类似。对于任意的条块 i，这两个方程的区别在于($\cos \delta_i$)项，该项是一个与滑动面相对于条块界面的形状有关的量。由于这一项，方程(5a)所定义的条块界面上剪切强度的折减系数可以表示成($F_s / \cos \delta_i$)，与滑动面上仅仅为 F_s 的折减系数不同，它的大小从一个条块界面到另一个条块界面是变化的。方程(5a)不但符合边坡稳定性问题的合理性要求，且能正确表示任意条块的条间剪力。

基于条间剪力方程(5a)可以对 Sarma 法进行改进。考虑图 5(a)所示的可能滑动体。将材料的有效抗剪强度指标 c' 和 $\tan \varphi'$ 除以 F_s 后，滑动体处于极

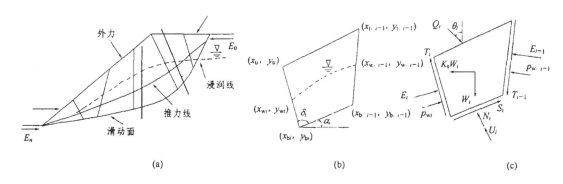

图 5 边坡体的条分及一般条块的几何尺寸和受力分析

Fig.5 Slices of sliding mass, geometric dimensions of slice and forces acting on slice

限平衡。将该滑动体划分成 n 个条块，如图 5(b)，5(c)所示，条块 i 的几何形状由角点坐标 $(x_{t,i}, y_{t,i})$，$(x_{b,i}, y_{b,i})$，$(x_{t,i-1}, y_{t,i-1})$ 和 $(x_{b,i-1}, y_{b,i-1})$ 描述。浸润线位置由其与条块各边的交点坐标 (x_{wi}, y_{wi}) 和 $(x_{w,i-1}, y_{w,i-1})$ 表示。对于一般条块 i，如图 5(c)所示，考虑垂直方向力的平衡，得

$$N_i \cos\alpha_i + S_i \sin\alpha_i + T_i \sin(\delta_i + \alpha_i) - T_{i-1} \sin(\delta_{i-1} + \alpha_{i-1}) - E_i \cos(\delta_i + \alpha_i) + E_{i-1} \cos(\delta_{i-1} + \alpha_{i-1}) - W_i - Q_i \cos\theta_i = 0 \quad (6)$$

类似地，考虑水平方向的力平衡，有

$$S_i \cos\alpha_i - N_i \sin\alpha_i + E_i \sin(\delta_i + \alpha_i) - E_{i-1} \sin(\delta_{i-1} + \alpha_{i-1}) + T_i \cos(\delta_i + \alpha_i) - T_{i-1} \cos(\delta_{i-1} + \alpha_{i-1}) - K_s W_i + Q_i \sin\theta_i = 0 \quad (7)$$

式中：W_i 为条块的重力；K_s 为地震影响系数；Q_i 为坡面外力，该力源于外载或加固作用，与垂直方向夹角为 θ_i，当该力沿平行于条底的分力方向与滑体的可能滑动方向相反时，$\theta_i > 0$(如图 5(c)所示)，反之，$\theta_i < 0$；N_i 为条底法向力；S_i 为条底剪力；U_i 为条底孔隙水压力；α_i 为条底相对于水平方向的倾角。

对于传统的垂直条分(即 $\delta_i + \alpha_i = 90°$)，方程(6)，(7)可以回归到垂直条块的力平衡方程。

对于处于极限平衡状态的土体，根据安全系数的定义和 Mohr-Coulomb 破坏准则，条底剪力方程为

$$S_i = [c_i' l_i + (N_i - U_i)\tan\varphi']/F_s \quad (8)$$

式中：l_i 为条底的长度；c_i'，$\tan\varphi'$ 为土的有效剪切强度参数。

为了便于编程和比较改进前后 Sarma 法的优缺点，将条间剪力方程(4)和(5)统一表示成

$$T_i = A_i E_i + X_i \quad (9)$$

式中：A_i 和 X_i 的取值如表 4 所列。

表 4 不同条间剪力方程中 A_i 和 X_i 的取值
Table 4　Values of A_i and X_i in different inter-slice shear force equations

条间剪力方程号	A_i	X_i
(4)	$\tan\varphi_{avmi}'$	$c_{avmi}' h_i - p_{wi}\tan\varphi_{avmi}'$
(5a)	$\tan\varphi_{avmi}' \cos\delta_i$	$(c_{avmi}' h_i - p_{wi}\tan\varphi_{avmi}')\cos\delta_i$
(5b)	$\tan\varphi_{avmi}' \sin\alpha_i$	$(c_{avmi}' h_i - p_{wi}\tan\varphi_{avmi}')\sin\alpha_i$

将方程(8)，(9)代入方程(6)，(7)，并在得到的 2 个方程中消去 N_i，得

$$E_i = \frac{C_i}{B_i} E_{i-1} + \frac{D_i}{B_i} \quad (10)$$

其中，

$$B_i = A_i \cos(\delta_i + \varphi_{mi}') + \sin(\delta_i + \varphi_{mi}') \quad (11)$$

$$C_i = A_{i-1}\cos(\delta_{i-1} + \alpha_{i-1} - \alpha_i + \varphi_{mi}') + \sin(\delta_{i-1} + \alpha_{i-1} - \alpha_i + \varphi_{mi}') \quad (12)$$

$$D_i = W_i \sin(\alpha_i - \varphi_{mi}') + K_s W_i \cos(\alpha_i - \varphi_{mi}') - c_{mi}' l_i \cos\varphi_{mi}' + U_i \sin\varphi_{mi}' - X_i \cos(\delta_i + \varphi_{mi}') + X_{i-1}\cos(\delta_{i-1} + \alpha_{i-1} - \alpha_i + \varphi_{mi}') + Q_i \sin(\alpha_i - \varphi_{mi}' - \theta_i) \quad (13)$$

方程(10)是条间力递推方程的一般形式。E_0 为初始条间推力，只有滑体入口端有张裂缝且充水时才存在。E_n 为出口处保持最后条块平衡所需的水平推力，一般定义为不平衡推力或剩余推力。

方程(10)与垂直条块的条间力递推方程相同，只是有关系数不同。对于传统的垂直条分(即 $\delta_i + \alpha_i = 90°$)，这些系数可以回归到垂直条块的条间力递推方程对应的系数[8]。因此，文[8]中所给基于力平衡求解安全系数的统一格式也适用于改进前后的 Sarma 法。

2.2 Sarma 法改进前后的比较

首先，对文[10]中图 2 所示的算例边坡 1 和圆弧滑动面以及图 3 所示的算例边坡 2 和任意形状滑动面，利用改进前后的 Sarma 法采用垂直条分进行安全系数的计算，并与其他方法的计算结果进行比较，其结果列于表 5 中。

表 5 垂直条分下的安全系数比较
Table 5　Comparison of safety factors for vertical slice

计算方法	算例边坡 1 F_s	算例边坡 1 λ	算例边坡 2 F_s	算例边坡 2 λ
瑞典法	1.280 3			
简化 Bishop 法	1.496 9			
不平衡推力法	1.486 6		1.411 5	
Sarma 法	1.585 4		1.539 7	
本文所给方法	1.380		1.450 2	
Spencer 法	1.503 3	0.255 2	1.370 4	0.196 8
M-P 法	1.501 9	0.329 5	1.366 4	0.232 6

由表 5 可知，对于算例边坡 1 的圆弧滑动面，改进后的 Sarma 法采用垂直条分的安全系数与严格

条分法(如 Spencer 法和 M-P 法)的安全系数最大相差不到 8.5%,且偏于安全;而 Sarma 法采用垂直条分的安全系数与严格条分法的安全系数最大相差不到 5.5%,但偏于不安全。对于算例边坡 2 的任意形状滑动面,改进后的 Sarma 法采用垂直条分的安全系数与严格条分法的安全系数最大相差不到 6%;而 Sarma 法采用垂直条分的安全系数与严格条分法的安全系数相差将近 11.3%。说明改进后的 Sarma 法所给安全系数比 Sarma 法所给安全系数更合理。

其次,为了说明改进后的 Sarma 法的实用性,对文[10]中图 2 所示的算例边坡 1 和圆弧滑动面以及图 3 所示的算例边坡 2 和任意形状滑动面,利用改进后的 Sarma 法采用斜条分进行安全系数的计算,并与 Sarma 法的计算结果进行比较。同时,为了系统地研究条块界面倾斜度的影响,对 4 个不同的$(\delta_i+\alpha_i)$值进行计算,即$(\delta_i+\alpha_i)= 80°$,$120°$,$150°$,$160°$,其对应的结果列于表 6 中。

表 6 不同条分下的安全系数比较
Table 6 Comparison of safety factors for different slices

算例边坡	$(\delta_i+\alpha_i)$/(°)	安全系数 F_s	
		Sarma 法	本文所给方法
1	80	1.626 8	1.380 6
	120	2.054 7	1.347 6
	150	不收敛	1.394 9
	160	1.082 3	1.383 9
2	80	1.656 7	1.484 8
	120	1.553 9	1.483 7
	150	1.627 9	1.387 7
	160	2.136 4	1.415 6

由表 6 可见,无论是圆弧滑动面还是任意形状滑动面,改进后的 Sarma 法采用斜条分和垂直条分得到的安全系数值比较一致,且能保证稳定收敛。对于算例边坡 1 的圆弧滑动面,改进后的 Sarma 法得到的安全系数从 1.347 6 变化到 1.394 8,而$\delta_i+\alpha_i= 90°$时的安全系数值为 1.380 2,最大相差不到 2.5%;对于算例边坡 2 的任意形状滑动面,改进后的 Sarma 法得到的安全系数从 1.387 7 变化到 1.484 8,而$\delta_i+\alpha_i= 90°$时的安全系数值为 1.450 2,最大相差不到 4.5%;而用 Sarma 法得到的安全系数,不但变化很大,而且在某些情况(例如$\delta_i+\alpha_i= 150°$)下甚至出现不收敛。这说明,如果条块的几何形状由不连续面的存在所控制,Sarma 法使用是有局限性的。而这种不连续面的考虑对于节理岩石边坡特别重要。

2.3 结 论

(1) 改进后的条间剪力方程满足边坡稳定性分析的合理性要求,能够正确表示任意条块的条间剪力。

(2) 改进后的 Sarma 法,其条块界面上剪切强度和滑动面上剪切强度具有不同的折减系数,因此,能有效考虑条块界面上的力的特性。

(3) 对于涉及非垂直条块的问题,改进后的 Sarma 法优于 Sarma 法。应用它不但能够得到合理的安全系数值,而且能够保证迭代过程稳定收敛。

参 考 文 献

1　陈祖煜. 土质边坡稳定分析——原理·方法·程序[M]. 北京:中国水利水电出版社, 2003, 80~81

2　时卫民, 郑颖人. 滑坡稳定性评价方法的探讨[J]. 岩土力学, 2003, 24(4): 545~548

3　潘家铮. 建筑物的抗滑稳定和滑坡分析[M]. 北京:水利出版社, 1980, 30~33

4　中华人民共和国建设部. 岩土工程勘察规范(GB 50021-2001)[S]. 北京:中国建筑工业出版社, 2002

5　林峰, 黄润秋. 滑坡推力计算的改进 Janbu 法[J]. 工程地质学报, 2000, 8(4): 493~496

6　苏爱军, 冯明权. 滑坡稳定性传递系数计算法的改进[J]. 地质灾害与环境保护, 2002, 13(3): 51~55

7　Sarma S K. Stability analysis of embankments and slopes[J]. J. Geotech. Engrg. ASCE, 1979, 105(12): 1 511~1 524

8　Sarma S K. A note on the stability of slopes[J]. Geotechnique, 1987, 37(1): 107~111

9　杨明成. 边坡稳定性分析的条分法及临界滑动面的确定[博士学位论文][D]. 重庆:后勤工程学院, 2003

10　郑颖人, 杨明成. 边(滑)坡稳定分析进展讲座(1)—边坡稳定安全系数求解格式的分类统一[J]. 岩石力学与工程学报, 2004, 23(16): 2 836~2 841

库水位下降情况下滑坡的稳定性分析

时卫民,郑颖人

(后勤工程学院 军事土木工程系,重庆 400041)

摘要: 库水位的下降是库岸产生滑坡的重要原因。为了研究库水下降时坡体的稳定性,根据布西涅斯克非稳定渗流微分方程,得到了库水位等速下降时坡体内浸润线的简化计算公式。在此基础上,通过算例分析了滑带土抗剪强度、库水下降速度、下降高度以及坡体的渗透系数等对坡体稳定系数的影响。结果表明在库水位的下降过程中,坡体存在一个最危险的水位,在这个水位坡体的稳定系数最小,该位置一般在滑体的下 1/3 处。

关键词: 水位下降;滑坡;非稳定渗流;浸润线;稳定性分析

中图分类号: TU457   **文献标识码:** A

长江三峡工程库区两岸存在着许多滑坡体,这些滑坡体在水库水位变化时可能复活,为了保证库岸坡体在库水位正常调度情况下的稳定,防止自然灾害的发生,国家投入大量资金进行治理。对于坡体来说,库水的下降对坡体最为不利,往往导致滑坡的发生。库水的下降属不稳定渗流问题,与库水的下降速度、滑体的渗透系数等因素有关,正确的方法是考虑这些因素来确定浸润线,然后依据浸润线确定渗透力来进行稳定性分析。然而目前的大多数勘察单位在浸润线的确定上往往根据设计人员的经验,人为确定一条线来进行稳定性分析,这样可能造成治理工程的不安全。产生这一问题的原因是目前对库水位下降情况下的滑坡稳定性研究不多,没有简化的适合工程应用的算法。针对这一实际工程问题,作者用布西涅斯克(Boussinesg)非稳定渗流基本微分方程和边界条件,得到了库水位下降情况下浸润线的计算公式,并用多项式拟合的方法得到了便于工程应用的简化公式,在此基础上编写了分析计算程序,并结合算例分析了各因素对稳定性的影响。

1 浸润线的确定

1.1 基本假定 (1)含水层均质、各向同性,侧向无限延伸,具有水平不透水层;(2)库水降落前,原始潜水面水平;(3)潜水流为一维流;(4)库水位以 V 的速度等速下降;(5)库岸按垂直考虑。库水降幅内的库岸与大地相比小得多,为了简化将其视为垂直库岸。上述假设下的潜水非稳定运动微分方程可由布西涅斯克方程得到[1],其微分方程如下:$\frac{\partial h}{\partial t} = \frac{K}{\mu}\frac{\partial}{\partial x}\left(H\frac{\partial h}{\partial x}\right)$,这是一个二阶非线性偏微分方程,目前还没有求解析解的方法,通常采用简化方法,将其线性化。简化的方法是将括号中的含水层厚度 H 近似地看作常量,用时段始、末潜水流厚度的平均值 h_m 代替,这样就得到简化的一维非稳定渗流的运动方程

$$\frac{\partial h}{\partial t} = a\frac{\partial^2 h}{\partial x^2}, \quad a = \frac{Kh_m}{\mu} \tag{1}$$

注:本文摘自《水利学报》(2004 年第 3 期)。

1.2 计算模型建立

计算简图如图 1 所示，初始时刻，即 $t=0$ 时，由假设条件(2)可知区内各点水位为 $h_{0,0}$。设距库岸 x 处在 t 时刻的地下水位变幅为

$$u(x,t) = h_{0,0} - h_{x,t} = \Delta h_{x,t} \tag{2}$$

该断面 $t=0$ 时的水位变幅 $u(x,0) = h_{0,0} - h_{x,0} = 0$

库水位以 V 的速度下降，发生侧渗后，在 $x=0$ 断面处，有 $u(0,t) = h_{0,0} - h_{0,t} = Vt$；在 $x=\infty$ 断面处，有 $u(\infty,t) = 0$。令 $u(x,t) = h_{0,0} - h_{x,t}$，由式（2）可以把上述水位下降的半无限含水层中地下水非稳定渗流归结为下列数学模型

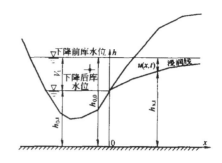

图 1 浸润线计算

$$\frac{\partial u}{\partial t} = a\frac{\partial^2 u}{\partial x^2}, \quad 0 < x < \infty, \quad t > 0 \tag{3}$$

$$u(x,0) = 0, \quad 0 < x < \infty \tag{4}$$

$$u(0,t) = Vt, \quad t > 0 \tag{5}$$

$$u(\infty,t) = 0, \quad t > 0 \tag{6}$$

1.3 微分方程的求解

将式(3~6)表述的数学模型应用拉普拉斯积分变换和逆变换可以得到微分方程的解[2,3]

$$u(x,t) = Vt\left[(1+2\lambda^2)\text{erfc}(\lambda) - \frac{2}{\sqrt{\pi}}\lambda e^{-\lambda^2}\right] \tag{7}$$

其中：$\lambda = \frac{x}{2\sqrt{at}} = \frac{x}{2}\sqrt{\frac{\mu}{Kh_m t}}$；$\text{erfc}(\lambda) = \frac{2}{\sqrt{\pi}}\int_{\lambda}^{\infty} e^{-x^2}dx$，为余误差函数。

令

$$M(\lambda) = (1+2\lambda^2)\text{erfc}(\lambda) - \frac{2}{\sqrt{\pi}}\lambda e^{-\lambda^2} \tag{8}$$

将式(7)代入式(2)，得

$$h_{x,t} = h_{0,0} - VtM(\lambda) \tag{9}$$

式(9)就是库水位等速下降时，坡体浸润线的计算公式。$M(\lambda)$ 可按式(8)算得，其变化曲线如图 2 所示。

从式(8)可以看出，直接用式(8)计算 $M(\lambda)$ 很复杂，需要积分才能求得，为了得到便于工程应用的表达式，对图 2 所示的曲线进行多项式拟合，得到的拟合公式如下

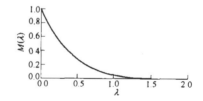

图 2 $\lambda \sim M(\lambda)$ 曲线

$$M(\lambda) = \begin{cases} 0.1091\lambda^4 - 0.7501\lambda^3 + 1.9283\lambda^2 - 2.2319\lambda + 1 & (0 \le \lambda < 2) \\ 0 & (\lambda \ge 2) \end{cases}$$

这样就得到库水位等速下降时浸润线的简化计算公式

$$h_{x,t} = \begin{cases} h_{0,0} - Vt(0.1091\lambda^4 - 0.7501\lambda^3 + 1.9283\lambda^2 - 2.2319\lambda + 1) & (0 \le \lambda < 2) \\ h_{0,0} & (\lambda \ge 2) \end{cases} \tag{10}$$

式中：$\lambda = \frac{x}{2}\sqrt{\frac{\mu}{Kh_m t}}$。其中 K 为渗透系数，单位：m/d；h_m 为含水层的平均厚度，单位：m，取 $h_m = (h_{0,0} + h_{0,t})/2$，$h_{0,0}$ 为库水下降前的水位，单位：m；$h_{0,t}$ 为 t 时刻的库水位，单位：m；t 为库水下降时间，单位：d；μ 为给水度，可按文献[4]研究得到的经验公式确定，即 $\mu = 1.137n(0.0001175)^{0.607^{(6+\lg k)}}$，其中 n 为孔隙率，k 为渗透系数，单位：cm/s。

2 滑坡评价的计算公式

滑坡的计算采用不平衡推力法,假定条间力的作用方向与上一条的滑面方向平行,计算简图如图3所示,这里浸润线以下的部分用渗透力和土条浮重来考虑土条中水的作用[5],通过条块的静力平衡可以得到

$$F_i = [(W_{1i} + W'_{2i})\sin\alpha_i + D_i\cos(\alpha_i - \beta_i)] \\ - \{c_iL_i + [(W_{1i} + W'_{2i})\cos\alpha_i - D_i\sin(\alpha_i - \beta_i)]\tan\varphi_i\}/F_s + F_{i-1}\psi_{i-1} \tag{11}$$

式中:$\psi_{i-1} = \cos(\alpha_{i-1} - \alpha_i) - \sin(\alpha_{i-1} - \alpha_i)\tan\varphi_i/F_s$;$W_{1i}$为土条中浸润线以上土条的重力;$W'_{2i}$为土条中浸润线以下土条的浮重;$F_i$、$F_{i-1}$分别为本条和上一条的剩余推力;$\alpha_i$、$\alpha_{i-1}$分别为本条和上一条的滑面倾角;$c_i$、$\varphi_i$分别为滑带土的黏结力和内摩擦角;$F_s$为滑坡的稳定系数;$D_i = \gamma_w A_i \sin\beta_i$,其几何意义是土条中饱和浸水面积$A_i$、水的重度$\gamma_w$、水力坡降$\sin\beta_i$的乘积,其大小等于渗透压力,其方向与水流方向一致,与水平向的夹角为β_i。

式(11)中右边第一项为本条的下滑力,第二项为本条的抗滑力,第三项为上一条传下来的不平衡推力。对于第一条,最后一项为0,用上式逐条计算,直到最后一条的剩余下滑力为0,由此确定稳定系数F_s。同样若要计算某一安全系数下的推力,只要取F_s等于安全系数,将其代入式(11)即可得到推力。

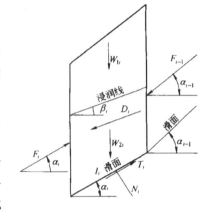

图3 不平衡推力法计算

3 影响坡体稳定性的因素分析

根据前面得到的浸润线计算公式和坡体稳定性分析方法,编制了库区滑坡稳定性分析程序。为了得到一些规律性的认识,作者通过一个算例分析滑带土抗剪强度、坡体的渗透参数、库水位的变动等因素对坡体稳定性的影响。如图4所示滑坡体,已知滑体的天然重度为20.8kN/m³,饱和重度为21kN/m³。滑带土的抗剪强度指标,天然状态下:$c = 20$kPa,$\varphi = 10°$;饱和状态下:$c = 15.6$kPa,$\varphi = 9.27°$。计算中浸润线以下取滑带土饱和强度,浸润线以上取滑带土天然强度,坡脚处的库水位为145m。库水陡降时,不考虑坡体内孔隙水压力的消散,即假定坡体内的自由水面与降落前相同。库水缓降时,不考虑孔隙水的滞后作用,即假定坡体中的水面与库水位同步下降。

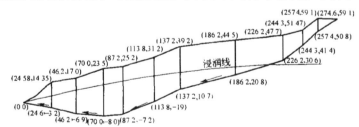

图4 滑坡体示意

3.1 滑带土抗剪强度对坡体稳定性的影响 图5是算例在没有考虑库水位影响情况下的计算结果。从图中可以看出,稳定系数F_s与c、φ呈线性关系,φ的影响要大于c的影响。φ每增加1°,稳定系数增加0.109,c每增加1kPa,稳定系数增加0.0248。可见滑带土参数(尤其是φ值)确定的正确与否,直接影响坡体稳定评价结果,如果所取的φ值与实际的相差1°,就有可能对坡体稳定性造成错误的评价,因而如何确定符合实际的滑带土强度参数是亟待解决的问题。

3.2 浸润线的影响参数分析 为了便于分析,令库水的下降高度 $h_t = Vt$,那么式(9)可写成

$$h_{x,t} = h_{0,0} - h_t M(\lambda) \quad (12)$$

$$\lambda = \frac{x}{2}\sqrt{\frac{\mu V}{K h_m h_t}} \quad (13)$$

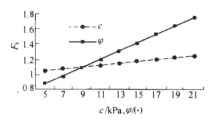

图 5 c、φ 与 F_S 曲线

从上式可以看出,在库水位下降时影响坡体浸润线的因素有:渗透系数 K,给水度 μ,库水下降速度 V,含水层厚度 h_m 和下降高度 h_t。从图2可以看出,$M(\lambda)$ 为减函数,随 λ 的增大,$M(\lambda)$ 的值减小。也就是说,λ 越大,坡体中自由水面下降的速度越慢;反之,λ 越小,坡体中自由水面下降的速度越快。当 $\lambda = 0$ 时,$M(\lambda) = 1$,坡体中的自由水面与库水位同步下降。当 $\lambda = \infty$ 时,$M(\lambda) = 0$,坡体中的自由水面在库水位下降过程中不变动。从图2可以看出,当 $\lambda > 2$ 时,$M(\lambda)$ 已接近于0。

当坡体中的水位越高,对坡体的稳定性越不利。根据这个常识来分析各因素对稳定性的影响。从前面的分析可知,λ 越小,随库水的下降,坡体中自由水面下降的越快,也就是坡体中的水位降低的快,对坡体稳定有利。反之 λ 越大,对坡体稳定性越不利。对坡体稳定有利的因素也就是使 λ 减小的因素,这些因素是:(1)降低给水度 μ;(2)降低库水下降速度 V;(3)增大渗透系数 K;(4)增大含水层厚度 h_m。

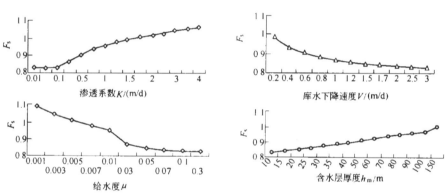

图 6 各因素对稳定性的影响

图6给出了库水位从175m降至145m时,各因素对坡体稳定系数的影响曲线,由此可以看出本文由 λ 确定的各因素对坡体稳定性影响的定性描述是正确的。

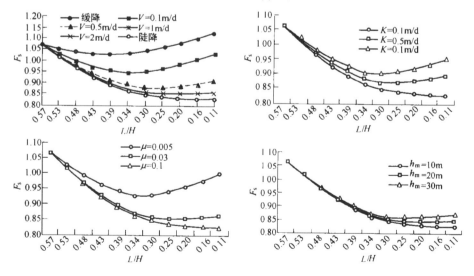

图 7 下降高度对稳定性的影响

3.3 库水下降高度对坡体稳定性的影响 从式(12、13)可以看出，库水下降高度 h_t 对坡体稳定性的影响比较难确定，得不到明确的定性关系。为了研究下降高度 h_t 对坡体稳定性的影响，对各因素情况下不同下降高度时的稳定系数进行了计算。

图7给出了库水下降速度 V、坡体渗透系数 K、给水度 μ 以及含水层厚度 h_m 在库水位下降过程中对坡体稳定性的影响曲线，曲线的水平坐标取库水位距坡底的高度 L_t 与坡体总高 H 的比值（L_t/H）。从图7可以看出，滑坡的稳定性系数随库水位的下降由大→小→大地变化。这个变化规律说明，在库水位的下降过程中，坡体的稳定系数存在一个最小值。产生这一结果的原因是因为在库水下降过程中，坡体中的浸润线也发生变化，这就引起式(11)中 W'_{2i} 和 D_i 都在变化，由于这两个因素都与浸润线有关，所以就会出现这个情况。从图中可以看出这个最小值一般出现在 $L_t/H=1/3\sim 1/4$，随其它影响因素略有变化，这个结论与有限元计算得到的结论一致[6]。库水的陡降和缓降是坡体稳定的两个极端情况，缓降对坡体最有利，陡降对坡体最不利，随下降速度的增加坡体稳定系数减小，陡降与缓降的稳定系数相差20%左右。

4 结论

（1）根据不稳定渗流基本方程和边界条件，得到了库水位下降时坡体内浸润线的计算公式，并对其进行了简化，使其便于工程应用。（2）库水位下降时，影响坡体稳定的综合参数是 λ，它与坡体的渗透系数 K，给水度 μ，库水下降速度 V，含水层厚度 h_m 和下降高度 h_t 有关。λ 越大，对坡体稳定越不利。（3）c、φ 对坡体稳定性的敏感分析表明，φ 的影响远大于 c 的影响，因此在确定 φ 值时，应特别慎重，防止由于参数选择的不当导致对坡体稳定性的误判。（4）在库水位的下降过程中，坡体存在一个最危险的水位，在这个水位坡体的稳定系数最小，这个位置一般在滑体总高的下 $1/3\sim 1/4$ 处，建议在工程中以此来作为校核点。（5）库水的陡降和缓降是坡体稳定的两个极端情况，缓降对坡体最有利，陡降对坡体最不利，随下降速度的增加坡体稳定系数减小，陡降与缓降的稳定系数相差20%左右。

参 考 文 献：

[1] 苑莲菊，李振栓，等. 工程渗流力学及应用 [M]. 北京：中国建材工业出版社，2001.
[2] 薛禹群. 地下水动力学原理 [M]. 北京：地质出版社，1996.
[3] 李俊亭，王愈吉. 地下水动力学 [M]. 北京：地质出版社，1987.
[4] 毛昶熙. 电模拟试验与渗流研究 [M]. 北京：水利出版社，1981.
[5] 钱家欢，殷宗泽. 土工原理与计算（第二版）[M]. 北京：中国水利水电出版社，2000.
[6] Lane P A, Griffiths D V. Assessment of stability of slopes under drawdown conditions. Journal of geotechnical and geoenvironmental engineering [J]. 2000, 126 (5): 443 – 450.

Analysis on stability of landslide during reservoir drawdown

SHI Wei-min, ZHENG Ying-ren

(*Logistical Engineering University, Chongqing 400041, China*)

Abstract: The Boussinnesq differential equation for unsteady seepage flow is applied to analyze the phreatic line in the bank of reservoir during drawdown and a simplified formula is proposed. The effects of soil shear strength, drawdown rate, drawdown depth and permeability of soil on stability of landslide are analyzed. It is found that a critical water level is existed, at which the safety factor of the landslide reaches the minimum. This level is always at the elevation of 1/3 ~ 1/4 height of the landslide.

Key words: reservoir drawdown; landslide; unsteady seepage; seepage line; stability analysis

边坡稳定不平衡推力法的精度分析及其使用条件
Accuracy and application range of Imbalance Thrust Force Method for slope stability analysis

时卫民[1]，郑颖人[1]，唐伯明[2]，张鲁渝[1]

(1. 后勤工程学院 军事土木工程系，重庆 400041；2. 重庆市公路局，重庆 400067)

摘 要：不平衡推力法是我国独创的边坡稳定性分析方法，在滑坡的分析治理中得到了广泛应用，然而对其精度的分析却寥寥无几。目前在与其它方法的对比分析中，发现在某些情况下其误差非常大，如果不加限制地使用该方法，可能会给工程带来巨大的隐患。针对该方法存在的问题，通过理论分析和算例比较，认为折线形滑面的计算精度与滑面控制点处滑面倾角的变化密切相关，通过控制该变化角度可以控制其精度，工程中建议将滑面控制点处的倾角变化小于 $10°$ 作为该方法的使用条件，超过该限制应对滑面进行处理使它满足使用条件或采取其它的分析方法。

关键词：不平衡推力法；边坡稳定；精度分析；使用条件

中图分类号：TU 441　**文献标识码**：A　**文章编号**：1000－4548(2004)03－0313－05

作者简介：时卫民(1967—)，男，后勤工程学院博士研究生，从事滑坡与边坡稳定方面的研究。

SHI Wei-min[1], ZHENG Ying-ren[1], TANG Bo-ming[2], ZHANG Lu-yu[1]

(1. Dept. of Civil Engineering, Logistical Engineering University, Chongqing 400041, China; 2. Chongqing Highway Authority, Chongqing 400067, China)

Abstract: Imbalance Thrust Force Method (ITFM) is an original method for slope stability analysis in China, which has been widely used in the field of slope stability analysis and slope stabilization. But the accuracy of results obtained from ITFM is rarely to be interested and analyzed. It has been proved that the error from ITFM is high enough and can not be neglected, so there is some hidden trouble in practice if ITFM is misused. Through theoretical analysis and comparison of examples, it is considered that the accuracy of ITFM is influenced by the variation of obliquity of sliding surface, and it can be improved by adjusting the variation of obliquity. The variation of obliquity must be less or equal to 10 degrees when ITFM is used, otherwise other slope stability analysis methods must be selected.

Key words: Imbalance Thrust Force Method; slope stability; accuracy analysis; application range

0 引 言

不平衡推力法亦称传递系数法或剩余推力法，它是我国工程技术人员创造的一种实用滑坡稳定分析方法。由于该法计算简单，并且能够为滑坡治理提供设计推力，因此在水利部门、铁路部门得到了广泛应用，在国家规范和行业规范中都将其列为推荐方法在使用，然而对于这么广泛使用的方法对其精度的分析研究却做得很少。目前的一些分析结果表明，其分析结果在某些情况下产生的误差很大，并且偏于不安全[1]，在这种情况下仍然采用不平衡推力法进行分析，将给工程带来隐患，危机国家财产和人民的生命安全。面对这个问题，我们从理论及计算结果方面分析了不平衡推力法的适用条件和产生这个结果的原因，并通过算例分析提出了不平衡推力法的使用条件。

1 不平衡推力法的计算公式

不平衡推力法是针对滑面为折线形的条件下提出的，它假定条间力的作用方向与上一条块的滑面方向平行[2]，计算简图如图1所示，按此假设可以得到不平衡推力法的计算公式如下[3]：

$$F_i = [(W_{1i}+W_{2i}')\sin\alpha_i + D_i\cos(\alpha_i-\beta_i)] - \{c_iL_i+[(W_{1i}+W_{2i}')\cos\alpha_i - D_i\sin(\alpha_i-\beta_i)]\tan\varphi_i\}/F_s + F_{i-1}\Psi_{i-1}, \quad (1)$$

$$\Psi_{i-1} = \cos(\alpha_{i-1}-\alpha_i) - \sin(\alpha_{i-1}-\alpha_i)\tan\varphi_i/F_s. \quad (2)$$

式中符号意义(如图1所示)：W_{1i} 为土条中浸润线以上土条的重力；W_{2i}' 为土条中浸润线以下土条的浮重；F_i、F_{i-1} 分别为本条和上一条的剩余推力；α_i、α_{i-1} 分别为本条和上一条的滑面倾角；c_i、φ_i 为滑带土的黏结力和内摩擦角；F_s 为滑坡的稳定系数；Ψ_{i-1} 为 $i-1$ 条块的剩余下滑力传递至第 i 条块的传递系数；D_i 为渗透压力，$D_i=\gamma_w A_i\sin\beta_i$，其几何意义是土条中饱和浸水面积 A_i、水的容重 γ_w、水力坡降 $\sin\beta_i$ 的乘积，其方向与水流方向一致，与水平向的夹角为 β_i。

式(1)中右边第一项为本条的下滑力，第二项为本条的抗滑力，第三项为上一条传下来的不平衡推力。对于第一条，最后一项为 0，用上式逐条计算，直到最

注：本文摘自《岩土工程学报》(2004 年第 26 卷第 3 期)。

后一条的剩余下滑力为0,由此确定稳定系数F_s。

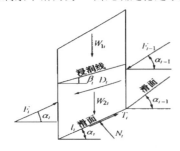

图1 计算简图
Fig.1 Scheme of ITFM

上述计算需要通过迭代才能得到稳定系数,工作量较大。为了避免迭代,工程中通常采用以下的简化法,本文称作简化不平衡推力法。将式(2)中的F_s取为1,那么传递系数的表达式如下:

$$\Psi_{i-1} = \cos(\alpha_{i-1} - \alpha_i) - \sin(\alpha_{i-1} - \alpha_i)\tan\varphi_i \text{。} \quad (3)$$

这样,式(1)就变成了只含F_s的一次方程,可直接算出稳定系数F_s,不需要迭代运算,目前的有些规范就是采用这种方法。从后面的分析中可以看出,该方法的误差比不简化的误差还要大。这个方法是在计算机不发展,计算主要靠手算的条件下产生的,在目前计算机普及的今天,建议取消这种简化法。

在用不平衡推力法对滑坡进行分析时,通常在滑坡体的上部几个条块,会遇到不平衡推力为负值的情况,对于这种情况一般认为土体不能承受拉力,通常将其置零,不考虑其有利因素。但这样处理会使整个滑体的力平衡在一定程度上遭到破坏,相当于改变了计算模型本身,若与其它分析方法进行对比时,会产生计算值偏小。为了便于与其它方法的比较,下面的计算方法均采用未简化的公式(1)和(2),并且在条间力为负时不进行修正。

2 不平衡推力法不是极小值解

文献[4]中通过分析认为:条底面的正压力N_i与稳定系数F_s存在对应关系,N_i小,F_s也小。当$\beta = \alpha_i$时,即条间力方向与滑面方向平行时,坡体的稳定系数最小,这个结论正确,然而将其应用到不平衡推力法就不正确,因为不平衡推力法并不能处处满足$\beta = \alpha_i$的假设条件。不平衡推力法的假定是条间力的方向与上一条块的底滑面平行,并没有要求该条块左右两边的条间力与该条块的底面平行,这就不满足条间力与滑面平行的假定,因此不平衡推力法得到的结果并不是极小值解。

不平衡推力法在下列情况下满足计算结果为极小值解的假定,并且可以得出与瑞典法比较吻合的结论:

(1) 如图2所示的滑面,如果滑面光滑连续,并且条分的数目要相当多,即必须满足$\lim_{\Delta x \to 0}\alpha_i = \alpha_{i-1}$,在此情况可以认为条块左右两边的条间力都与条底滑面平行。该情况下得到的稳定系数与瑞典法十分接近[4]。

(2) 如图3所示的楔形体,在该种情况下始终能够满足条间力与滑面平行的假定。

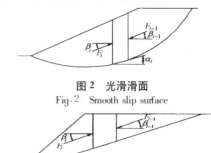

图2 光滑滑面
Fig.2 Smooth slip surface

图3 直线滑面
Fig.3 Linear slip surface

3 不平衡推力法的偏大原因

如图1所示的不平衡推力简图,假定坡体从上向下滑动,土条$i-1$传给土条i的力为F_{i-1},该力对土条i来说,一方面使土条产生向下的下滑力,该力的大小为$F_{i-1}\cos(\alpha_{i-1} - \alpha_i)$,另一方面使土条$i$产生正压力,增加土条$i$的抗滑力,该力的大小为$F_{i-1}\dfrac{\tan\varphi}{F_s}\sin(\alpha_{i-1} - \alpha_i)$,其中$F_s$为坡体的稳定系数,$\varphi$为滑面的内摩擦角。因此$F_{i-1}$对土条$i$产生的综合下滑力为$\Delta T_{F_{i-1}}$,其表达式如下:

$$\Delta T_{F_{i-1}} = F_{i-1}\cos(\alpha_{i-1} - \alpha_i) - F_{i-1}\dfrac{\tan\varphi}{F_s}\sin(\alpha_{i-1} - \alpha_i)\text{。}$$
(4)

分析式(4)可得到以下结论:

(1) 当$\alpha_{i-1} - \alpha_i > 0$时,土条$i-1$的推力增加了土条$i$的正压力,增加了抗滑力;

(2) 当$\alpha_{i-1} - \alpha_i = 0$时,土条$i-1$的推力不增加土条$i$的正压力,不增加抗滑力;

(3) 当$\alpha_{i-1} - \alpha_i < 0$时,土条$i-1$的推力减小了土条$i$的正压力,降低了抗滑力。

若以$\alpha_{i-1} - \alpha_i = 0$时的稳定系数作为基准,那么当$\alpha_{i-1} - \alpha_i > 0$时,分析得到的稳定系数一般偏大,当$\alpha_{i-1} - \alpha_i < 0$时,分析得到的稳定系数偏小。对于一般滑坡来说,绝大部分的$\alpha_{i-1} - \alpha_i > 0$,因此其稳定系数偏大。

4 条间力倾角变化对稳定性的影响

如图4所示的边坡,其滑面为一圆弧,其坐标如图所示。为了研究条间力倾角对稳定性的影响,将滑面分别用圆弧的2、3、4、6、8、12、24等分点作为滑面的中间控制点,连接这些控制点就形成了7条滑面,这样形成的滑面,在折点处土条左右两侧条间力的倾角差分别为45°、30°、22.5°、15°、7.5°、3.75°。

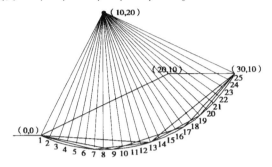

图 4 用等分点形成滑面
Fig.4 Slip surfaces formed by divided points

由于在式(4)中不涉及滑面的内摩擦角,因此该例不考虑其变化,将其设为定值,取 $c=20$ kPa,φ 值考虑其在在 $5°\sim 30°$ 间变化。分别采用不平衡推力法、简化不平衡推力法和 Morgenstern-Price 法(简称 M-P 法)进行分析,得到的结果见表1,误差分析的结果见表2。

从表2及图5可以看出,简化不平衡推力法得到

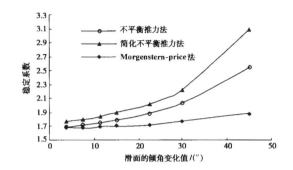

图 5 三种方法的稳定系数曲线
Fig.5 Safety factors curves of three analysis methods

的结果误差很大且不安全,该例最大为130.86%,比未简化的不平衡推力法大得多,这个误差的产生并不是偶然的,在其它的算例中也有同样的结论,文献[1]中的算例也证实了这一点。然而这种误差很大的简化方法已列入规范在使用[5],这样势必会对工程的安全带来隐患,建议在规范修订时取消这种简化的不平衡推力法。以下的分析都是针对未简化的不平衡推力法的。分析表2可以得到如下的一些结论:

(1)滑面控制点处的倾角变化的大小对稳定系数的影响很大,变化角度越大,不平衡推力法误差越大。一般情况下,不平衡推力法的稳定系数大于 M-P 法,结果偏于不安全。但当节点倾角变化值减小时,其稳定系数逐渐偏于安全,因而对于圆弧滑面,只要条分合理,可以得到与简化 Bishop 法接近的结果[1]。

表1 稳定系数计算结果
Table 1 Computed results of safety factors

滑面构成	节点倾角变化值	不平衡推力法				简化不平衡推力法				M-P 法			
		$\varphi=10°$	15°	20°	25°	$\varphi=10°$	15°	20°	25°	$\varphi=10°$	15°	20°	25°
2 分点	45°	2.046	2.545	3.069	3.628	2.252	3.095	4.297	6.231	1.518	1.886	2.281	2.699
3 分点	30°	1.624	2.033	2.463	2.921	1.694	2.230	2.887	3.733	1.417	1.776	2.155	2.559
4 分点	22.5°	1.501	1.883	2.285	2.712	1.548	2.021	2.582	3.274	1.372	1.725	2.093	2.488
6 分点	15°	1.424	1.789	2.173	2.582	1.459	1.895	2.402	3.010	1.351	1.700	2.066	2.455
8 分点	11.25°	1.404	1.753	2.119	2.510	1.435	1.848	2.324	2.890	1.343	1.691	2.055	2.444
12 分点	7.5°	1.387	1.721	2.071	2.444	1.418	1.807	2.249	2.763	1.338	1.685	2.045	2.436
24 分点	3.75°	1.363	1.694	2.042	2.419	1.390	1.774	2.210	2.718	1.335	1.681	2.044	2.431

表2 误差分析结果
Table 2 Computed results of error

滑面构成	节点倾角变化值	(M-P法-不平衡推力法)×100/M-P法				(M-P法-简化不平衡推力法)×100/M-P法			
		$\varphi=10°$	15°	20°	25°	$\varphi=10°$	15°	20°	25°
2 分点	45°	-34.78	-34.94	-34.55	-34.42	-48.35	-64.10	-88.38	-130.86
3 分点	30°	-14.61	-14.47	-14.29	-14.15	-19.55	-25.56	-33.97	-45.88
4 分点	22.5°	-9.40	-9.16	-9.17	-9.00	-12.83	-17.16	-23.36	-31.59
6 分点	15°	-5.40	-5.24	-5.18	-5.17	-7.99	-11.47	-16.26	-22.61
8 分点	11.25°	-4.54	-3.67	-3.11	-2.70	-6.85	-9.28	-13.09	-18.25
12 分点	7.5°	-3.66	-2.14	-1.27	-0.33	-5.98	-7.24	-9.98	-13.42
24 分点	3.75°	-2.10	-0.77	0.10	0.49	-4.12	-5.53	-8.12	-11.81

(2)在滑面倾角变化相同的情况下,稳定系数的误差随内摩擦角增大而减小,但其影响不大,通常不考虑。

(3)在滑面倾角变化很小的情况下,不平衡推力法计算得到的安全系数与 M－P 法很接近,并出现由偏大转为偏小的趋势,该趋势与内摩擦角有关,内摩擦角越大,转变为偏小的夹角差也大,反之越小,但其变化范围不大,该例在 7.5°以内。当滑面的倾角变化在 7.5°以内时,误差都在 3%以内。

(4)该例在滑面设计时保证了每个滑面控制点处的倾角变化为一定值,在此情况下对稳定系数来说是最不利的,其误差应该最大。实际工程中,大部分滑面控制点处的倾角变化并不大,只有个别点处倾角变化较大,为此可将使用条件限制在 10°以内。当滑面控制节点处的滑面倾角变化量小于 10°时,可以使用不平衡推力法。对于转折点处的倾角变化量超过 10°时,应对滑面进行处理,消除尖角效应。

5 滑面控制点超限的处理

前面的分析可知,滑面控制节点处滑面倾角变化量小于 10°时,可以使用不平衡推力法,将其称为不平衡推力法使用的限制条件,超过该限制的称为超限。超限情况下有两种方法可以采取,第一种是采用其它的分析方法,如 M－P 法、Spence 法等;第二种是对超限点进行处理,仍采用不平衡推力法。处理超限点时可根据超限的多少在超限点附近增加节点,增加节点的方式是切角法。切角的方法是在节点的左右两边滑面上量取相同的长度来确定切点,然后在形成的新节点处再切,直到满足限定值为止。也可采用圆弧连接,然后在弧上插点来完成。下面通过算例来说明处理超限点的方法。

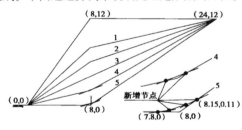

图 6 计算简图

Fig.6 Scheme of calculation

图 6 所示的计算简图,假定中间只有一个滑面控制点,改变其竖向坐标位置,形成了 5 条滑面,其控制点处的倾角变化范围为 -30.96°～36.87°,已知滑体的容重为 20 kN/m³,滑面的黏聚力为 20 kPa,内摩擦角为 15°。由于 4、5 滑面超限,为了避免与原滑面差别太大,在节点较小的范围内,插入几个点(图 6 的放大部分),使倾角的变化减小到规定的限度内,改进后滑面

称改进 4 和改进 5,计算的结果见表 3,改进后的误差为改进后的值与原滑面 M－P 法值的比较。

从表 3 可看出,当滑面控制点处的倾角变化为负时,其误差很小,且稳定系数小于 M－P 法的稳定系数,说明在此情况下计算的稳定系数偏于安全,对这种节点可不修正。改进后的 4、5 滑面与原滑面相比,M－P 法的差别不大,而不平衡推力法的精度却得到了明显提高,尤其是 5 滑面,其误差由 8.55%降到了 1.69%。这说明超限点经过处理,不平衡推力法还可使用。

表 3 稳定系数计算结果

Table 3 Computed results of safety factors

滑面	1	2	3	4	改进4	5	改进5
倾角变化值/(°)	-30.96	-16.31	0	17.97	8.98	36.87	9.22
不平衡推力法	2.017	1.419	1.161	1.091	1.082	1.244	1.146
M－P 法	2.031	1.419	1.161	1.069	1.068	1.143	1.127
误差/%	0.74	0.14	0.26	-1.96	-1.31	-8.55	-1.69
改进后的误差/%					-1.21		-0.26

6 滑坡的算例分析

图 7 为重庆市万洲区天城农机技校变形体治理工程中 3－3 地质剖面。已知滑坡体的容重为 20.8 kN/m³,滑面的黏聚力为 20 kPa,内摩擦角为 10°。

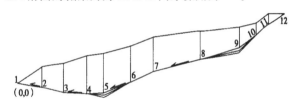

图 7 滑坡简图

Fig.7 Scheme of landslide

下面通过改变两个控制点的坐标,来改变滑面倾角的变化值,以此来验证控制滑面倾角变化值对稳定性的影响,同时研究倾角变化位置对稳定性的影响。为了达到这个目的本文对下面几种情况进行分析:①按原滑面计算,表 4 中滑面 1;②将节点倾角变化超过 10°的 5、9 节点调整坐标,使其都在 10°以内,表 4 中滑面 2;③将 5 节点的坐标下移,改变滑面倾角,表 4 中滑面 3、4;④改变 9 节点的坐标,改变滑面倾角,表 4 中滑面 5、6。

各种情况下滑面节点处倾角的变化值如表 4 所述,倾角差为节点右侧线段的倾角减去左侧线段的倾角,稳定分析的结果见表 5,误差分析的结果见表 6。

对于滑面 1,从表 4 可以看出,只有 5 节点和 9 节点的滑面倾角变化大于 15°,由于其大得不多,并且 9 节点在滑坡的后缘部位,因此从定性来说,按该滑面计算的结果误差不大。计算的结果也证实了这个结论,其误差都在 3%以内。

表 4 滑面控制点处的倾角变化值
Table 4 Variation of obliquity of slip segments (°)

滑面编号	滑面控制节点号									
	2	3	4	5	6	7	8	9	10	11
1	−2.61	7.36	5.39	15.41	3.03	−9.5	1.99	16.81	5.2	−10.07
2	−2.61	7.36	8.83	10.01	4.99	−9.5	4.41	9.98	9.62	−10.07
3	−2.61	7.36	−1.21	25.64	−0.61	−9.5	1.99	16.81	5.2	−10.07
4	−2.61	7.36	−6.0	32.99	−3.16	−9.5	1.99	16.81	5.2	−10.07
5	−2.61	7.36	5.39	15.41	3.03	−9.5	−1.09	24.88	−0.22	−10.07
6	−2.61	7.36	5.39	15.41	3.03	−9.5	−3.82	31.48	−3.66	−10.07

表 5 稳定系数计算结果
Table 5 Computed results of safety factors

滑面	倾角变化最大值/(°)	不平衡推力法						M−P 法					
		$\varphi=5°$	10°	15°	20°	25°	30°	$\varphi=5°$	10°	15°	20°	25°	30°
1	16.81	0.760	1.265	1.786	2.333	2.915	3.546	0.740	1.231	1.737	2.267	2.832	3.446
2	10.01	0.745	1.237	1.744	2.276	2.843	3.458	0.735	1.219	1.719	2.242	2.800	3.406
3	25.64	0.799	1.333	1.884	2.461	3.076	3.744	0.750	1.249	1.763	2.303	2.878	3.502
4	32.99	0.860	1.438	2.034	2.659	3.325	4.047	0.762	1.271	1.796	2.347	2.934	3.571
5	24.88	0.776	1.294	1.829	2.390	2.987	3.635	0.745	1.240	1.751	2.287	2.858	3.477
6	31.48	0.799	1.336	1.890	2.471	3.090	3.762	0.752	1.253	1.771	2.313	2.891	3.518

对于滑面 2,将所有倾角变化超过 10°节点均调整到 10°以内,其误差均小于 1.5%。

对于针对节点 5 的滑面 3、4 及针对节点 9 的滑面 5、6,都有共同的规律,随节点倾角变化值的增大,误差也在增大。

从表 6 可以看出,9 节点的倾角变化对稳定系数的影响要小于 5 节点。按照一般的力学知识,在滑坡的顶部,相对于整个滑坡体来说,一般滑体厚度不大,相应产生的下滑力也较小,其滑面倾角的变化对稳定系数应该不敏感。相反在滑坡中下部位,尤其是在滑动段与抗滑段的交界处,滑面倾角的变化对稳定系数的影响应该很敏感。因此对靠近滑坡后缘附近滑面的倾角变化值可以放宽到小于 15°。

从表 6 中的误差分析可以看出,内摩擦角对稳定性的影响不大,这与前面的分析结果一致。

表 6 误差分析结果
Table 6 Computed results of error

滑面	倾角变化最大值/(°)	(M−P 法−不平衡推力法)×100/ M−P 法					
		$\varphi=5°$	10°	15°	20°	25°	30°
1	16.81 (点9)	−2.70	−2.76	−2.82	−2.91	−2.93	−2.90
2	10.01 (点5)	−1.36	−1.48	−1.45	−1.52	−1.54	−1.53
3	25.64 (点5)	−6.53	−6.73	−6.86	−6.86	−6.88	−6.91
4	32.99 (点5)	−12.86	−13.14	−13.25	−13.29	−13.33	−13.33
5	24.88 (点9)	−4.16	−4.35	−4.45	−4.50	−4.51	−4.54
6	31.48 (点9)	−6.25	−6.62	−6.72	−6.83	−6.88	−6.94

7 结 论

(1)不平衡推力法的计算结果不是极小值解,其结果一般都大于 M−P 法,偏于不安全,只有当滑面满足连续光滑的条件,且条分数目足够多的情况下,才能满足极小值的条件,此时的结果与瑞典法吻合。对于圆弧滑面,条分取得合理时,一般仍可得到与简化 Bishop 法比较接近的结果。

(3)不平衡推力法计算的误差大小取决于滑面控制点处滑面的倾角变化。该变化越大,误差越大,当该变化值为负值时,其对稳定系数的影响可以忽略不计。简化不平衡推力法误差很大且不安全,建议取消其在工程中的应用。

(4)滑面控制点处滑面倾角的变化对误差的影响与控制点的位置有关,在滑动段与抗滑段的交界附近,误差对倾角的变化很敏感,而在滑坡的后缘误差对倾角的变化的敏感度要小一些。

(5)对于光滑连续的滑面,不平衡推力法可以无条件使用。对于由折线形组成的滑面,不平衡推力法的使用应有限制条件,超过这个限制其误差太大不能够使用,应采用其它方法进行分析。对于折线形滑面其限制条件是:滑面中所有控制点处的倾角变化值必须小于 10°(后缘部位可以放宽到 15°),若满足该条件其误差可控制在 3%以内。

参考文献:

[1] 陈祖煜. 土质边坡稳定分析——原理方法程序[M]. 北京:中国水利水电出版社, 2003. 80−81.

[2] 潘家铮. 建筑物的抗滑稳定和滑坡分析[M]. 北京:水利出版社, 1980. 30−33.

[3] 时卫民, 郑颖人, 唐伯明. 滑坡稳定性评价方法的探讨[J]. 岩土力学, 2003, 24(4):545−548.

[4] 林 丽. 路堤边坡的极限平衡法稳定性分析硕士学位论文[D]. 重庆:后勤工程学院, 2001.

[5] GB 50021−2001, 岩土工程勘察规范[S].

有限元强度折减法在元磨高速公路高边坡工程中的应用

郑颖人[1]，张玉芳[2]，赵尚毅[1]，齐明柱[2]

(1. 后勤工程学院 土木工程系，重庆 400041；2. 中国铁道科学研究院 深圳铁科岩土工程公司，广东 深圳 518034)

摘要：采用有限元强度折减法对云南省元磨高速公路 K301+320～K301+900 试验段岩质高边坡稳定性进行了评价，通过有限元强度折减法得到了不同工况下的破坏模式和安全系数，同时得到了框架竖肋的内力大小和分布，并与现场实测数据及传统方法计算结果作了比较分析，其结果对预应力锚索框架设计具有一定的参考意义。

关键词：边坡工程；有限元强度折减法；边坡稳定性分析；支挡结构内力

中图分类号：P 642.2   **文献标识码**：A   **文章编号**：1000 - 6915(2005)21 - 3812 - 06

APPLICATION OF STRENGTH REDUCTION FEM TO YUANJIANG—MOHEI EXPRESSWAY CUT SLOPE STABILITY ANALYSIS

ZHENG Ying-ren[1]，ZHANG Yu-fang[2]，ZHAO Shang-yi[1]，QI Ming-zhu[2]

(1. *Department of Civil Engineering，Logistical Engineering University of PLA，Chongqing* 400041，*China*；
2. *Shenzhen Tieke Geotechnical Engineering Co.，Ltd.，China Academy of Railway Sciences，Shenzhen* 518034，*China*)

Abstract：The Yuanjiang—Mohei expressway deep cut rock slope stability analysis is carried out by strength reduction finite element method. The shear strength reduction FEM is adopted to analyse the interaction between the soil and stabilizing structural of frame beam with prestressed anchor rope. The frame beams are simulated by beam No.3 element in ANSYS software；and the prestressed anchor ropes are simulated by anchor-hold force. The construction processes are simulated by element "kill and alive" technique of ANSYS. With the shear strength reduction，the rock slope nonlinear FEM model reaches instability，and the numerical non-convergence occurs simultaneously. The safety factor is then obtained by shear strength reduction algorithm. At the same time the critical failure surface and the frame beam pressure distribution and internal forces (bending moments and shear force distribution) of stabilizing structure are obtained automatically. For this engineering example，the bending moments and shear force of stabilizing structure are obtained through in-situ measurement. At the same time，the bending moments and shear force of stabilizing structure are computed by traditional method using Winkler elastic model. This paper presents an analysis and comparison of the in-situ measurement and numerical simulation. Through a series of case studies，the calculation results of FEM are close to the result of in-situ measurement. Some useful conclusions are obtained and suggestions are proposed. Such method offers a reference for evaluation of similar engineering in the future.

Key words：slope engineering；strength reduction FEM；slope stability analysis；internal forces of stabilizing structure

---

注：本文摘自《岩石力学与工程学报》(2005 年第 24 卷第 21 期)。

1 引 言

边坡稳定的极限分析有限元法——有限元强度折减法通过不断降低岩土体强度使边坡达到极限破坏状态,从而可以直接计算得到边坡的破坏滑动面和强度储备安全系数,十分贴近工程设计。该方法不需要对滑动面形状和位置作假定,可以由程序自动计算得到复杂岩(土)质边坡的所有潜在滑动面(圆弧形和非圆弧形),使边坡稳定分析进入了一个新的时代[1~11]。采用有限元强度折减法来进行支挡结构计算,既可以考虑支护结构与岩土介质共同作用关系,又可以直接算出结构内力,具有很大的优越性和应用前景。本文介绍有限元强度折减法在云南元磨高速公路某高边坡工程中的应用。

2 工程概况

云南省元磨高速公路 K301+320～K301+900 试验段岩质高边坡(图 1)位于云南省墨江县城 SW 向,阿墨江中下游老苍坡 6# 隧道出口至阿墨江特大桥之间,设计起点里程 K301+320,止点里程 K301+900。路段处于构造剥蚀中山地段。当地自然斜坡走向 NW 向,由东向南倾斜,自然边坡坡度 25°～42°。元磨高速公路以 NW10°方向穿出老苍坡 6# 隧道,在路面标高 860.0～832.3 m 间横切自然斜坡通过,到阿墨江大桥折向 NE10°,路线高出河床 120 m 左右。

图 1 元磨高速公路 K301+320～K301+900 试验段高边坡
Fig.1 K301+320～K301+900 high slope of Yuanjiang—Mohei expressway

自然边坡坡脚沿阿墨江分布有 NW 向断层,场地内有两条 NE 向小断层。受此断裂带的影响,地层褶皱强烈,节理裂隙发育,岩体破碎。

组成试验段边坡(K301+461.5～K301+470.5)的岩土体为:上部为 1～3 m 厚的坡残积土(Q^{el+dl}),系褐红色、褐色碎石土,稍密～中密,碎石含量 30%～40%,呈次棱角状,粒径大多为 5～7 cm,成分较复杂,主要为泥岩和粉砂岩,呈硬塑～可塑。下部基岩为不同风化程度的褐红色泥岩夹灰褐色粉砂岩。全风化泥岩呈土状,稍湿;强风化泥岩呈碎块状,局部岩芯呈短柱状;中风化砂岩和泥岩呈块石状,岩心呈短柱状。根据钻孔暴露资料,在试验段边坡体内存在一基本由强风化和全风化组成的软岩构造核。构造核的上、下及山侧被相对较坚硬中风化岩层所包裹,系相对较完整的硬壳。软核内的岩层呈碎石土和角砾土状,稍湿至可塑,计算采用的典型断面如图 2 所示。

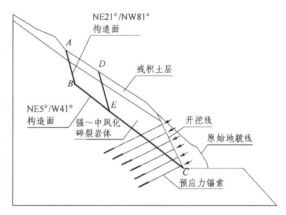

图 2 计算采用的典型断面
Fig.2 Analysis cross section of slope

根据地质力学构造裂面的调查和分析结果,如图 3 所示,结合沿构造面强度指标的取值大小的

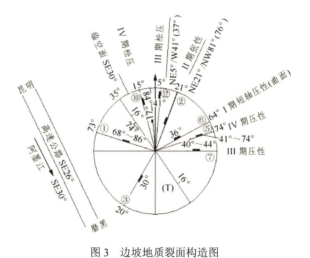

图 3 边坡地质裂面构造图
Fig.3 Sketch of slope geological structure plane

可能性，边坡变形破坏的模式有以下 2 种情况：(1) 沿 NE5°/W41°的 III 期松压结构面产生滑动，其破坏面后缘可依附于 II 期产生的 NE21°/NW81°∠76°的构造面，根据边坡体的岩性组成，滑动破坏面在以上提及的构造软核中，最危险的底界为沿通过边坡脚的该组构造面，破坏的范围据经验为开挖高度的 1.5～2.5 倍，因边坡尚未发生边坡病害，可取最小值，即推测边坡变形破坏的最远点距边坡开挖坡脚的水平距离为 31.8 m。(2) 施工松动范围的边坡表层可产生掉块、落石及沿构造面的楔形破坏等小型坡面病害。

在自然条件下，原自然边坡的坡度与 NE5°/W41°∠37°的构造面基本一致，可判断原自然斜坡为沿 NE5°/W41°∠37°的构造面剥蚀而成，边坡在各种外营力的长期作用下，经过无数次变形破坏，达到目前的稳定平衡状态。边坡开挖后，岩体松弛，裂面张开，地表水易于下渗软化构造软核，当沿通过构造软核中某一组 NE5°/W41°的构造面的强度小于应力时，就发生沿构造面的边坡滑动。

该边坡原设计采用刷缓边坡的方案，边坡刷方按 1∶1 的坡率，每 10 m 高留 2.0 m 宽分级平台，边坡体基本稳定，但要大面积的开挖边坡，刷方坡顶距坡脚的水平距离超过 100 m，此方案不但开挖量大，而且大面积地表水的下渗作用是一个严重的问题，须采用有效的防护措施，防护工程量大，不适宜采用。边坡支护改为采用高陡度预应力锚索加固的设计方案，此方案对边坡的开挖量小，边坡高度约 21.0 m，水平宽度 10.5 m，对原有的自然山坡的植被破坏少，工程造价相对较低，而且能恢复坡面植被，美化了自然环境。该方案的具体工程措施如下：

(1) 边坡刷方

自边坡坡脚按 1∶0.5 坡向山侧刷方，刷到原自然边坡。

(2) 预应力锚索框架加固

刷方边坡采用 6 排压力型预应力锚索框架加固，锚索水平间距均为 3.0 m。每根锚索设计锚固力为 600 kN。

(3) 坡面防护

框架内采用六棱砖覆土植草柔性防护措施。

(4) 地表排水

在坡脚设排水沟一道，坡面设截水天沟一道，设吊沟将地表水引入坡脚排水沟中。

3 有限元模型的建立

计算采用的软件为美国 ANSYS 公司的大型有限元软件 ANSYS 5.61 – University High Option 版，按照平面应变问题建立模型，岩土材料用六节点三角形平面单元 PLANE2 模拟，硬性结构面采用接触单元来模拟。预应力锚索加固作用通过施加集中力的方法来模拟，即在有限元网格中距离等于锚索长度且方向与锚索方向一致的 2 个节点上施加一对相向的集中力(设计锚固力)，然后通过强度折减来评价施加锚固力后边坡的稳定性。

由于锚索间距为 3.0 m，而本次平面应变计算纵向只有 1 m，在评价预应力锚索的加固效果时，将岩土体重量乘以 3，同时为了确保原有稳定安全系数不发生变化，将岩土体以及结构面的粘聚力也乘以 3，即保证 r/c 不发生变化。

根据设计，锚索的设计锚固力为 600 kN，锚索倾角 26°。在有限元模型中，在锚索的外锚头节点的水平方向施加 $-600\cos 26°$ kN $=-539.28$ kN，在竖直方向施加 $-600\sin 26°$ kN $=-263.02$ kN。

框架竖肋用 BEAM3 单元模拟，该单元可以输出轴力、弯矩、剪力等。有限元网格划分见图 4。所有单元都需要事先划分好，模型的建立以及计算结果均采用国际标准单位。

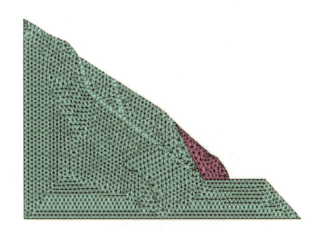

图 4 有限元网格划分
Fig.4 Sketch of finite element mesh

边界条件：上部为自由边界，左右两侧水平约束，底部固定。

由于本次分析采用的是平面应变分析，对预应力锚索框架横梁的模拟比较困难。考虑到框架的力学作用主要是将锚索锚固力传递给岩土体，同时将边坡岩土体的侧向压力传递给锚索，由于横梁的作用增加了框架的刚度，因此本次分析时采用一个等效分析的办法，即将框架中竖肋的惯性矩乘以 1.5，以此来考虑横梁的作用。竖肋尺寸为 400 mm×600 mm(宽×高)。

岩土体材料本构模型采用理想弹塑性模型，屈服准则为平面应变莫尔－库仑匹配 D-P 准则，框架竖肋按线弹性材料处理。

4 计算采用的物理力学参数

根据提供的地质资料，计算参数取值见表 1。

表 1 计算采用物理力学参数
Table 1 Physico-mechanical parameters of material

材料名称	重度/(kN·m^{-3})	弹性模量/MPa	泊松比	粘聚力/kPa	内摩擦角/(°)
坡残积土	21	100	0.4	15	28
NE5°/W41°结构面				20	33
边坡后部陡裂面				60	35
强～中风化岩体	24	2 700	0.2	200	39
C25 混凝土(框架梁)	25	2.9×10^4	0.2	按弹性材料处理	

5 各工况条件的模拟

(1) 模拟未开挖前雨水的渗透作用

坡体表面的岩土(坡残积层)达到饱和状态，在未开挖前基岩中的结构面处于压密状态。降雨对边坡稳定的影响十分复杂，本次计算采用一种简化方法，即静水压力和动水压力的模拟按在饱和容重的基础上加 2 kN/m^3 的方式处理。

(2) 边坡开挖的模拟

采用 ANSYS 软件提供的载荷步功能以及单元的"死活"技术来模拟边坡的开挖施工过程。

(3) 模拟加固工程的作用

在加固后的模型中，对结构面以及岩体强度参数进行折减，直到极限状态，以此来计算加固后的安全系数。

6 数值模拟结果及分析

6.1 各工况条件下破坏形式及安全系数

由计算结果可知，边坡未开挖前的滑动面形状见图 5，滑动破坏出现在表层残积土中。

将要开挖部分的单元"杀死"，然后通过对结

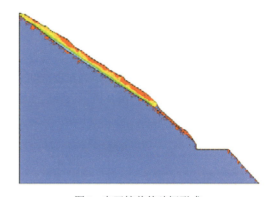

图5 未开挖前的破坏形式
Fig.5 Failure surface before construction

构面以及岩体强度进行折减，直到极限状态，得到开挖后未支护情况下的滑动面见图 6，滑动面沿结构面通过坡脚。

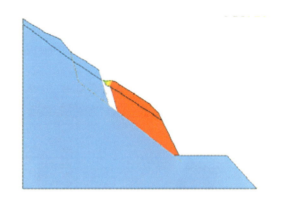

图 6 开挖后不支护时的破坏形式
Fig.6 Failure surface of cut slope without support

采用预应力锚索框架加固后的破坏形式与图 6 相同，不过首先表现为锚索受到的轴向拉力超过其抗拉强度，锚索拉断，边坡跟着失稳。

有限元数值分析结果表明，采用预应力锚索格子梁的加固效果是明显的，不同工况下的安全系数见表 2。采用高陡度预应力锚索加固的设计方案，对边坡的开挖量小，边坡高度约为 21.0 m，水平宽度为 10.5 m，对原有的自然山坡的植被破坏少，工程造价相对较低，而且能通过绿化恢复坡面植被，美化了自然环境，使边坡的稳定问题(边坡的整体破

表 2 各工况条件下的安全系数计算结果
Table 2 Safety factors under different construction conditions

开挖前	开挖未支护	预应力锚索加固后
1.28	1.03	1.26

坏以及局部松动破坏)得到很好解决。

6.2 预应力锚索框架内力计算结果

通过对结构面强度参数进行折减,得到框架竖肋内力分布。图7所示为竖肋弯矩分布图,图8所示为框架竖肋轴力分布图,图9所示为竖肋土压力分布图。

对于该试验段高边坡,课题组对框架在施加预应力以后的内力分配、地基对其反力的大小与分布等作了现场测试和监测。根据该试验工点的现场实测数据,该试验点锚索的平均实际锚固力为480 kN,本次数值计算增加一个实际工况下的内力计算,即在有限元中以现场实测的锚固力数据作为输入,得到了设计工况和实际工况下的框架内力计算结果(表3)。

表3 有限元计算结果与现场实测结果
Table 3 Internal forces by FEM and in-situ measurement

方法	锚索锚固力/kN	竖肋最大弯矩/(kN·m⁻¹)	竖肋最大轴力/kN	竖肋最大土压力/kPa
有限元结果(设计工况)	600	140	265	424
有限元结果(实际工况)	480	112	216	348
现场实测	480	64	254	351

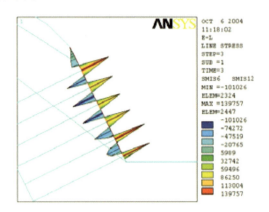

图7 框架竖肋弯矩分布
Fig.7 Bending moments distribution in the frame beam

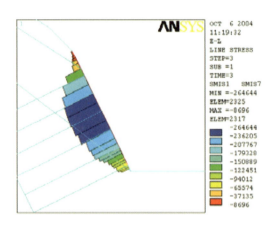

图8 框架竖肋轴力分布
Fig.8 Axial force distribution in the frame beam

有限元数值模拟结果表明,影响框架竖肋弯矩的主要因素有锚索锚固力、框架下覆岩土体的弹性模量、竖肋的截面积等。锚固力越大,竖肋弯矩越大;框架下覆岩土体的弹性模量越小,竖肋弯矩越大;竖肋的截面积越大,刚度越大,竖肋弯矩越大。另外,通过对竖肋与岩体之间的土压力分布规律的分析,框架节点处的土压力较大,特别是边坡岩体弹性模量较大时更为突出。

通过有限元计算得到的竖肋弯矩比现场实测数据偏大,但总的来看,竖肋实测的弯矩与有限元计算的弯矩除了在数值大小上有差异外,在发展趋势上基本吻合,表明采用有限元法计算竖肋的内力是可行的,其结果对预应力锚索框架设计具有一定的参考意义。图10为现场2#竖肋理论弯矩和现场实

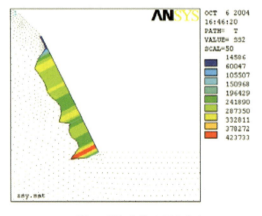

图9 框架竖肋土压力分布
Fig.9 Earth pressure distribution in the frame beam

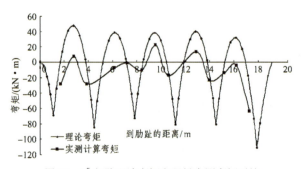

图10 2#竖肋理论弯矩和现场实测弯矩对比
Fig.10 Bending moment distribution in the frame beam No.2 of theoretical results and in-situ measurement

测弯矩对比,图中的"理论弯矩"是按照弹性地基梁法,采用实测的锚索拉力计算得到的框架各截面的弯矩。

7 结 论

本文采用有限元强度折减法对云南省元磨高速公路 K301+320～K301+900 试验段岩质高边坡稳定性进行了评价,通过有限元强度折减法得到了不同工况下的破坏模式和安全系数,同时得到了框架竖肋的内力大小和分布,并与现场实测数据进行了对比,其结果对预应力锚索框架设计具有一定的参考意义。

试验工点边坡的坡体中存在多组构造裂面,边坡破坏决定于这些构造裂面的空间组合,但无法确定究竟沿具体的哪一组滑动、哪几组面的空间组合发生滑动、滑动的范围是多大等问题,有限元强度折减法成功地解决了这些问题。

参考文献(References):

[1] Griffiths D V, Lane P A. Slope stability analysis by finite elements[J]. Geotechnique, 1999, 49(3): 387–403.

[2] Dawson E M, Roth W H, Drescher A. Slope stability analysis by strength reduction[J]. Geotechnique, 1999, 49(6): 835–840.

[3] 赵尚毅, 郑颖人, 时卫民, 等. 用有限元强度折减法求边坡稳定安全系数[J]. 岩土工程学报, 2002, 24(3): 343–346.(Zhao Shangyi, Zheng Yingren, Shi Weimin, et al. Slope safety factor analysis by strength reduction FEM[J]. Chinese Journal of Geotechnical Engineering, 2002, 24(3): 343–346.(in Chinese))

[4] 赵尚毅. 有限元强度折减法及其在土坡与岩坡中的应用[博士学位论文][D]. 重庆: 后勤工程学院, 2005.(Zhao Shangyi. Strength reduction finite element method and its application to soil and rock slopes[Ph. D. Thesis][D]. Chongqing: Logistical Engineering University of PLA, 2005.(in Chinese))

[5] 连镇营, 韩国城, 孔宪京. 强度折减有限元法研究开挖边坡的稳定性[J]. 岩土工程学报, 2001, 23(4): 406–411.(Lian Zhenying, Han Guocheng, Kong Xianjing. Stability analysis of excavation by strength reduction FEM[J]. Chinese Journal of Geotechnical Engineering, 2001, 23(4): 406–411.(in Chinese))

[6] 栾茂田, 武亚军, 年廷凯. 强度折减有限元法中边坡失稳的塑性区判据及其应用[J]. 防灾减灾工程学报, 2003, 23(3): 1–8.(Luan Maotian, Wu Yajun, Nian Tingkai. A criterion for evaluating slope stability based on development of plastic zone by shear strength reduction FEM[J]. Journal of Disaster Prevention and Mitigation Engineering, 2003, 23(3): 1–8.(in Chinese))

[7] 郑宏, 李春光, 李焯芬, 等. 求解安全系数的有限元法[J]. 岩土工程学报, 2002, 24(5): 626–628.(Zheng Hong, Li Chunguang, Lee C F, et al. Finite element method for solving the factor of safety[J]. Chinese Journal of Geotechnical Engineering, 2002, 24(5): 626–628.(in Chinese))

[8] 宋二祥. 土工结构安全系数的有限元计算[J]. 岩土工程学报, 1997, 19(2): 1–7.(Song Erxiang. Finite element analysis of safety factor for soil structures[J]. Chinese Journal of Geotechnical Engineering, 1997, 19(2): 1–7.(in Chinese))

[9] 郑颖人, 赵尚毅. 岩土工程极限分析有限元法及其应用[J]. 土木工程学报, 2005, 38(1): 91–99.(Zheng Yingren, Zhao Shangyi. Geotechnical engineering limit analysis finite element method and its applications[J]. China Civil Engineering Journal, 2005, 38(1): 91–99.(in Chinese))

[10] 赵尚毅, 郑颖人, 张玉芳. 有限元强度折减法中边坡失稳的判据探讨[J]. 岩土力学, 2005, 26(2): 332–336.(Zhao Shangyi, Zheng Yingren, Zhang Yufang. Study on the slope failure criterion in strength reduction finite element method[J]. Rock and Soil Mechanics, 2005, 26(2): 332–336.(in Chinese))

[11] 周翠英, 刘祚秋, 董立国, 等. 边坡变形破坏过程的大变形有限元分析[J]. 岩土力学, 2003, 24(4): 644–652.(Zhou Cuiying, Liu Zuoqiu, Dong Liguo, et al. Large deformation FEM analysis of slopes failure[J]. Rock and Soil Mechanics, 2003, 24(4): 644–652.(in Chinese))

长坑道中化爆冲击波压力传播规律的数值模拟

李秀地[①]　郑颖人[①]　李列胜[②]　郑云木[①]
①后勤工程学院军事建筑工程系(重庆,400041)
②广州军区空军后勤部机营处(广州,510052)

[摘　要]　为了对坑道中的防护门抗化爆冲击波效果进行有效的设计,首先需要确切知道通道中自由场压力的传播规律。基于Hopkinson比例定律,用LS-Dyna动力有限元软件模拟了常规炸药在坑道入口外爆炸情况下,长坑道中冲击波峰值压力的衰减规律。模拟结果与其它经验方法的预测结果进行了比较,可为进一步研究确定坑道中防护门上的化爆冲击波荷载及其防护技术提供依据。

[关键词]　坑道　冲击波　衰减　动力有限元

[分类号]　O382.1

1　引言

对坑道中的防护门等防护设备进行有效的设计,首先需要确切知道爆炸冲击波在长坑道中的传播规律[1,2]。

一直以来,用于预测长坑道中短时冲击波传播规律的方法不多,可用的数据更少。人们通常是在一系列的模型试验、现场试验得到的经验数据的基础上,对波的传播规律进行估计。然而,由于各国国情不同,试验者观点、试验方法和试验条件的差别,表达同一问题就可能形式各异或结果相差较大,使设计人员无所适从。

60年代以来计算力学的出现和发展,以及计算机性能的不断提高,无疑为爆炸波在通道中传播规律的研究提供了一个强有力的工具。数值计算模拟不仅可以代替昂贵的实验,还能够提供对所包含物理过程更深入的理解。到目前为止,要得到问题的完整解,可以说数值模拟是最为有效的手段[1,3~6]。

峰值压力是防护门防化爆冲击波设计中的主要参数。基于Hopkinson比例定律,利用动力有限元程序,本文再现了常规炸药在坑道入口附近爆炸情况下,长坑道中冲击波峰值压力的传播规律,并与其它方法的预测结果进行了比较。可为进一步研究确定坑道中防护门上的化爆冲击波荷载及其防护技术提供依据。

2　数值模拟

本文选用大型通用显式有限元软件LS-Dyna作为计算工具。该软件最初是1976年在美国劳伦斯利弗莫尔国家实验室(Lawrence Livermore National Lab.)由J.O.Hallquist主持开发完成。经过不断的发展和完善,LS-Dyna已成为目前市场上最快的显示求解器。对坑道中空气冲击波传播规律的模拟,包括TNT炸药的起爆、爆轰波及空气冲击波的形成及传播、冲击波在壁面的反射等复杂的物理、化学过程,选用LS-Dyna软件一个很大的优

注:本文摘自《爆破器材》(2005年第34卷第5期)。

势是,所有这些过程完全包含在一个计算机代码之中。

2.1 计算模型和计算方法

直坑道为等截面直墙圆拱结构,高为 4.5 m,长为 60 m。常规炸药等效 TNT 装药量为 579.15 kg,炸药简化为立方块体,并放置在入口外坑道地面的中轴线上。将所研究的问题简化为沿着坑道纵剖面的二维平面问题,计算的物理模型见图 1 所示。

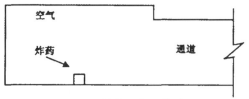

图 1 计算的物理模型

初步计算表明,冲击波峰值压力与单元尺寸的大小相关性较大。若直接对全比例模型划分网格,单元的数量势必惊人。为此,利用波阵面上的超压遵从 Hopkinson 比例定律的衰减特性[7],将全比例模型按一定比例缩小后再划分单元。按照相似定律,对高为 4.5 cm,长为 60 cm 的坑道模型,装药量定为 0.58 g。使用这种方法不仅使本文数值运算得以在 PC 机上顺利进行,还可以大大提高数值计算的精度。

假定地面、坑道壁面及入口处岩石界面,都不通过弹塑性变形吸收爆炸所释放的能量。这样只需通过约束空气质点的法向运动,就可以形成刚性边界[7~9]。这时爆炸场中只涉及爆轰产物和空气两种介质。这种假定不仅简化了计算的复杂性,还可以求得比实际更为保守的结果。坑道入口外空气边界的范围用这样的方法确定,即从炸药起爆开始到冲击波到达边界的持续时间,应与所研究点的压力-时间相比足够地长。

单元类型采用 PLANE162,单元形状为规则四边形。为避免网格的严重畸变,炸药和空气单元采用欧拉算法,每个时步执行 1 次输运计算。采用 Van Leer+HIS(二阶精度)方法进行输运计算[10],该方法是目前 LS-Dyna 中最为精确的方法。

2.2 材料模型及其参数

空气模型简化为非粘性理想气体,冲击波的膨胀假设为绝热过程,则空气的状态方程为[10]:

$$p=(\gamma-1)\frac{\rho}{\rho_0}E \tag{1}$$

式中 ρ——密度;
γ——绝热指数;
E——单位初始体积的内能。

用 LS-Dyna 中的 *MAT-NULL 材料和 *EOS-LINEAR-POLYNOMIAL 状态方程分别表示空气的本构关系。空气材料的模型参数[11]见表 1。

表 1 空气材料模型参数

初始密度/kg·m^{-3}	初始压力/Pa	绝热指数
1.293	1×10^5	1.4

用 *MAT-HIGH-EXPLOSIVE-BURN 材料和 *EOS-JWL 状态方程表示 TNT 炸药的本构关系。其中 JWL 状态方程模拟炸药爆轰过程中压力、内能和比容的关系,表达式为[10]:

$$p=A(1-\frac{\omega}{R_1V})e^{-R_1V}+B(1-\frac{\omega}{R_2V})e^{-R_2V}+\frac{\omega E}{V}$$

式中 p——材料压力;
V——相对体积;
E——内能密度;
$A、B、R_1、R_2、\omega$——材料常数。

程序采用"Programmed+beta burn"技术模拟炸药的爆轰过程。每个炸药单元的点火时间由该单元形心至起爆点的距离和爆速确定。TNT 炸药材料及 JWL 状态方程的参数[11]见表 2。

表 2 TNT 炸药材料及 JWL 方程参数

密度/kg·m^{-3}	C-J压力/GPa	爆速/m·s^{-1}	A/GPa	B/GPa	ω	R_1	R_2
1630	21.0	6930	371	3.2	0.3	4.2	0.9

3 计算结果及分析

炸药起爆后,不同时刻冲击波的形成与发展见图 2。

由图 2 可见,由于受到坑道壁面的约束作用,炸药爆炸产生的空气冲击波进入坑道后,会在坑道壁面之间来回反射。当入射波与壁面的夹角达到一定值时,反射波与入射波叠加形成了马赫杆。在传播一定距离后,较为混乱的流场逐渐成为较为稳定的平面冲击波。因此,用数值手段可以形象地揭示坑道中复杂的波动过程。

坑道中间隔 5 m 的截面上最大压力及其持续时间的变化,见图 3。

由图 3 可见,当爆炸冲击波进入等截面坑道后,在最初的时间内,由于坑道内壁的碰撞、波阵面的几何扩散等原因,冲击波迅速衰减。随着传播距离的增加,冲击波峰值超压的衰减越来越小,而冲击波的持续时间被拉长了。冲击波持续时间的拉长,实际上就是波在固定的空间中保持了它本身的长度。这是因为空气冲击波持续时间的增加总是与速度的下降同

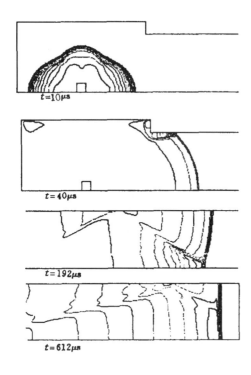

图 2　坑道中波的传播及平面波的形成

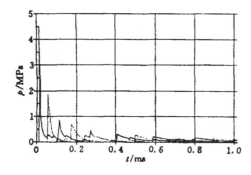

图 3　坑道截面最大压力及其持续时间

时产生的[12]。因此，当坑道足够长时，常规炸药爆炸在坑道中也能产生类似核武器的长持续时间的冲击波。这与文献[13～16]中观察到的结果一致。

坑道各截面的最大峰值压力随着距离的衰减，见图 4 所示。图中一并给出用文献[13、14、17、18]提供的方法计算的结果，以便于进行比较。其中对德国马赫研究所的预测结果，距入口 35 m 以内的部分已超出了公式的适用范围，仅供参考。

可见，本文的数值模拟结果与经验方法预测的结果一致性较好。由于靠近通道入口附近的较高压力很难预测准确，在距离入口 15 m 以内，各方法预测的结果离散性较大。随着传播距离的增大，冲击波逐渐形成为平面波，波的衰减趋于平缓，各种方法预测的结果也逐步趋于一致。

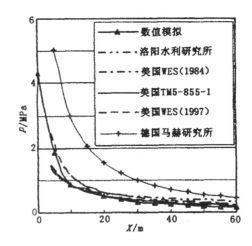

图 4　坑道中的峰值压力与传播距离的关系

坑道内距离入口 5 m 和 50 m 处，本文数值计算的结果与其它方法预测结果的比较见表 3。

表 3　坑道中超压的比较　　　　　　(MPa)

距离/m	本文模拟	洛阳水利所	WES(1984)	WES(1997)	TM5-855-1	马赫研究所
5	1.87	1.23	1.30	2.11	1.26	—
50	0.20	0.37	0.24	0.29	0.24	0.55

可以看出，在距离入口 5 m 处，本文的数值模拟结果（1.87 MPa）与其他文献预测结果平均值（1.52 MPa）的相对误差为＋23.2%；与美国 WES(1997)的预测结果相差得小些，相对误差为＋11.4%。当冲击波传播距离达 50 m 的时候，本文的数值模拟结果（0.20 MPa）与美国 WES(1984)、美国 WES(1997)及美国 TM5-855-1 的预测结果吻合较好。德国马赫研究所的预测结果总体偏大，可能是与柱状装药（而不是球形装药）试验的结果有关。

4　结论

本文通过用数值方法模拟长坑道中冲击波的传播规律，可以得到以下几点结论：

（1）本文数值模拟再现了冲击波在长坑道中的传播规律，计算结果与文献预测结果较为一致。从而说明本文的计算方法可行。

（2）利用冲击波超压的衰减遵从 Hopkinson 比例定律，在按比例缩小全比例模型尺寸的基础上进行数值计算，既保证了单元密度，又大大减少了单元数量。为解决类似问题提供了较好的思路。

（3）通过本文的数值模拟并与其它文献预测方法的比较表明，冲击波在入口附近较为混乱，难以准确预测，以致各种方法预测的结果离散性较大。当冲击波传播一定距离形成平面波后，各种方法的预测结果逐步趋于一致。本文的数值计算结果与美国 WES(1984)、美国 WES(1997)的预测结果吻合较好。

参 考 文 献

1 杨科之,杨秀敏. 坑道内化爆冲击波的传播规律. 爆炸与冲击,2003,23(1):37～40
2 Ahmed Fahmy Farag Tolba. Response of FRP-Retrofitted Reinforced Concrete Panels to Blast Loading. Carleton University December, Ottawa, Canada, 2001
3 郝保田,张海波. 三维多级扩散室对冲击波传播规律的影响. 计算物理,1997,14(4/5):572～573
4 张德良. 爆炸波在复杂结构坑道内传播的数值模拟. 计算力学学报,1997,14(增刊):189～192
5 R. H. Fashbaugh. Computer code SPIDS/shock propagation in ducting systems utilizing a PC computer. Proceeding of the 5th symposium on the interaction of non-nuclear munitions with structures. 1991. 218～225
6 C. P. Salisbury, D. S. Cronin, F. S. Lien. Investigation of the arbitrary Lagrangian Eulerian formulation to simulate shock tube problems. 8th International LS-Dyna users conference. Dearborn, Michigan, May 2～4, 2004
7 J. L. Drake and J. R. Britt. Propagation of short duration airblast into protective structrues. Proceeding of the 2th symposium on the interaction of non-nuclear munitions with structures. 1985. 242～247
8 G. Scheklinski-Glück. Scale model tests to determine blast parameters in tunnels and expansion rooms from HE-charges in the tunnel entrance. Proceeding of the 4th symposium on the interaction of non-nuclear munitions with structrues. Panama City Beach, FL, April 1989. 45～49
9 S G Chen, H L Ong, K H Tan. Shock wave propagation in tunnels. Proceedings of the 4th Asia-Pacific conference on shock and impact loads on structures. Singapore, Nov. 2001. 143～148
10 LS-Dyna Keyword User's Manual, version 960. Livermore Software Technology Corporation, Livermore, 2001
11 J. Wang. Simulation of landmine explosion using LS-Dyna 3D software. Weapons Systems Division Aeronautical and Maritime Research Laboratory, DSTO-TR-1168, Australia, June 2001. 4
12 C. K. 萨文科等著,龙维祺,于亚伦译. 井下空气冲击波. 北京:冶金工业出版社,1979. 9～10
13 何翔,任辉启等. 305 工程内爆炸试验中的冲击波传播规律. 防护工程,2002,4(2):1～8
14 J. R. Britt. Attenuation of short duration blast in entranceways and tunnels. Proceeding of the 2th symposium on the interaction of non-nuclear munitions with structures. 1985. 466～471
15 Ann-Sofie L. E. Forsberg. Blast valves-unnecessary expense or vital components in structure hardening. Proceeding of the 9th symposium on the interaction of non-nuclear munitions with structures. 1999. 238～245
16 H. J. Hader. Design and application of reinforced concrete-armoured doors. Proceeding of the 2th symposium on the interaction of non-nuclear munitions with structures. 1985. 494～499
17 G. Scheklinski-Glück. Blast in tunnels and rooms from cylindrical HE-charges outside the tunnel entrance. Proceeding of the 6th symposium on the interaction of non-nuclear munitions with structures. 1993. 68～73
18 David W. Hyde. User's guide for microcomputer programs CONWEP and FUNPRO, applications of TM5-855-1, "Fundamentals of protective design for conventional weapons". Final report, AD-A195 867, April, 1988

Simulation of the Pressure Attenuation of Chemical Shock Wave in Long Tunnels

Li Xiudi[1], Zheng Yingren[1], Li Liesheng[2], Zheng Yunmu[1]

[1]Department of Architecture & civil Engineering, Logistical Engineering University(Chongqing, 400041)
[2]Airport and Barracks Department, Guangzhou Military Region Logistics office(Guangzhou, 510052)

[ABSTRACT] In order to design efficient protective doors in tunnels, pressure histories inside the tunnel should be determined primarily. Based on Hopkinson scaling law, attenuation of shock wave peak pressure in long tunnels from conventional explosions outside the tunnel entrance is simulated with the dynamic finite element software of LS-Dyna. Simulated result is compared with other experimental results, and can be used as the basis to determine the chemical shock loads on the protective doors and the protective methods.

[KEY WORDS] tunnel, shock wave, attenuation; dynamic finite element

极限分析有限元法讲座III——
增量加载有限元法求解地基极限承载力

邓楚键，孔位学，郑颖人

（后勤工程学院 土木工程系，重庆 400041）

摘 要：利用有限元法，通过增量加载的方式来求解地基极限承载力。随着荷载的逐渐增加，地基由初始的线性弹性状态逐渐过渡到塑性流动的极限破坏状态，此时有限元的计算将不收敛。它不但可以获得地基的极限荷载的值及荷载-位移关系，而且还能得到经典极限分析法中所采用到的破坏机构。当采用关联流动法则或采用剪胀角为 $\varphi/2$ 的非关联流动法则时，获得的破坏机构与 Prandtl 的破坏机构一样。对 Prandtl 解的经典算例进行了分析，结果表明：屈服准则的选用对计算结果的影响很大，选择与实际问题相匹配的屈服准则方能得到比较精确的结果。在求解平面应变问题时，在关联流动法则条件下，采用 Mohr-Coulomb 内切圆屈服准则，或在非关联流动法则下采用 Mohr-Coulomb 匹配 DP 准则所得结果与 Prandtl 精确解极为接近，可望应用于实际工程分析中。

关 键 词：地基极限承载力；有限元；增量加载；屈服准则；平面应变；关联流动法则；非关联流动法则

中图分类号：TU 41；TU 43　　　**文献标识码**：A

Analysis of ultimate bearing capacity of foundations by elastoplastic FEM through step loading

DENG Chu-jian, KONG Wei-xue, ZHENG Ying-ren

(Department of Civil Engineering, Logistic Engineering University, Chongqing 400041, China)

Abstract: The ultimate bearing capacity of foundations is analyzed by elastoplastic FEM through step loading. As the loads increase, the foundation status changes from elasticity to plasticity gradually, and finally the numerical non-convergence occurs. The solution of a classical Prandtl example shows that different yield criterions affect the results greatly; and only the use of the proper yield criterion can lead to the precise results. Under plane strain condition, the best solution can be obtained while Mohr-Coulomb inside-tangent circle yield criterion and associated flow rule, or Mohr-Coulomb matched D-P yield criterion and associated flow rule are used; and it can be applied to the analysis of practical engineering.

Key words: ultimate bearing capacity of foundations; step loading; FEM; yield criterion; plane strain; associated flow rule; non-associated flow rule

1 引 言

地基极限承载力的求解是经典的土力学问题，目前，常用的计算方法仍然是基于 Prandtl 解的各种经验修正公式。对于边界条件、荷载条件比较简单、材料均匀等比较理想的受力物体，这些常用的方法能够获得比较理想的结果。然而在实际工程中，边界条件、荷载条件比较复杂，再加之材料的非均质性等，依靠传统的计算方法很难得到可靠的解答。随着岩土理论、现代计算技术及计算机软、硬件的飞速发展，有限元法的计算精度得到很大程度的改善，耗费的计算机时也大为缩减，有限元的计算软件日臻成熟。这些都为有限元法在地基极限分析中的应用提供了有力的支持。本文提出了用增量加载有限元法求解地基极限承载力的方法。

2 有限元模型的建立

2.1 增量加载

在工程实际中，岩土的破坏往往是一个渐进性的破坏过程，岩土体是由初始的线性弹性状态逐渐

注：本文摘自《岩土力学》(2005 年第 26 卷第 3 期)。

过渡到塑性流动的极限破坏状态的。本文采用增量加载的方式求解地基的极限承载力就是这一思路的产物。随着荷载的逐步增加，岩土体由弹性逐渐过渡到塑性，最后达到极限状态，这时对应的荷载就为所要求的极限荷载。在增量加载的过程中，还可以追踪分析每一步加载后地基的状况。本文采用的ANSYS有限元软件，通过自动荷载步长(二分法)加载技术就可方便地实现这一加载求解过程。

2.2 屈服准则的选用

极限承载力问题，实际上是强度问题，运用理想弹塑性模型即可获得比较精确的解答。但极限承载力的大小与所选用屈服准则密切相关。由于莫尔-库仑屈服准则可很好地描述大多数岩土材料的强度特性，因此，本文与经典岩土极限分析法一样采用莫尔-库仑屈服准则。即

$$F = \frac{1}{3}I_1 \sin\varphi + (\cos\theta_\sigma - \frac{1}{\sqrt{3}}\sin\theta_\sigma \sin\varphi)\sqrt{J_2} - c\cos\varphi = 0 \quad (1)$$

式中 I_1，J_2，θ_σ分别为应力张量的第一不变量、应力偏量的第二不变量和洛德(Lode)角；c，φ分别为岩土体的粘聚力和内摩擦角。由于莫尔-库仑准则的屈服面为不规则的六角形截面的角锥体表面，存在尖顶和棱角，给有限元计算带来很大的不便。为此，前人对其做了大量的简化计算，其中基于广义米赛斯准则的DP系列屈服准则包括以下几种（见图1）：（1）Mohr-Coulomb外角点外接圆准则（DP1），（2）Mohr-Coulomb内角点外接圆准则（DP2），（3）Mohr-Coulomb内切圆准则（DP3），（4）Mohr-Coulomb等面积圆准则（DP4），（5）Mohr-Coulomb匹配DP圆准则（DP5）[1]。由于它们在π平面上是一系列的圆，这为数值计算提供了极大方便，故在实际有限元计算中获得广泛的应用。其中Mohr-Coulomb匹配DP圆准则（DP5）是在平面应变条件下，基于非关联流动法则推导出来的[1]，而Mohr-Coulomb内切圆准则（DP3）是在平面应变条件下基于关联流动法则推导出来的[2]，它们是平面应变条件下精确匹配的Mohr-Coulomb准则。

本文中所用软件ANSYS采用的是广义米赛斯准则，其通式为

$$\alpha I_1 + \sqrt{J_2} = k \quad (2)$$

式中 α，k为与c，φ有关的参数，不同的α，k在π平面上代表不同的圆（图1），变换α，k值就可在有限元中实现DP系列屈服准则，各准则的α，k[3]见表1。

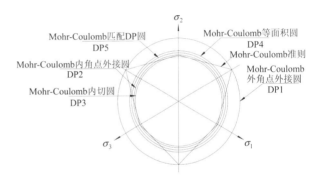

图1 各屈服准则在π平面上的曲线

Fig. 1 The yield surface on the deviatoric plane

表1 各准则参数换算表

Table 1 Conversion table of computing parameters for different criteria

编号	准则类型	α	k
DP1	Mohr-Coulomb 外角点外接圆	$2\sin\varphi/[\sqrt{3}(3-\sin\varphi)]$	$6c\cos\varphi/[\sqrt{3}(3-\sin\varphi)]$
DP2	Mohr-Coulomb 内角点外接圆	$2\sin\varphi/[\sqrt{3}(3+\sin\varphi)]$	$6c\cos\varphi/[\sqrt{3}(3+\sin\varphi)]$
DP3	Mohr-Coulomb 内切圆	$\sin\varphi/[\sqrt{3}\sqrt{3+\sin^2\varphi}]$	$3c\cos\varphi/[\sqrt{3}\sqrt{3+\sin^2\varphi}]$
DP4	Mohr-Coulomb 等面积圆	$2\sqrt{3}\sin\varphi/[\sqrt{2}\sqrt{3\pi 9-\sin^2\varphi}]$	$6\sqrt{3}c\cos\varphi/[\sqrt{2}\sqrt{3\pi 9-\sin^2\varphi}]$
DP5	Mohr-Coulomb 匹配DP圆	$\sin\varphi/3$	$c\cos\varphi$

3 算例分析

光滑刚性条形地基的极限承载力问题的基本理论基础源于Prandlt解，对一个承受均匀垂直荷载的半无限、无重量地基，其极限承载力可以通过极限分析求得其精确解为

$$q_u = c\cot\varphi\left[\exp(\pi\tan\varphi)\tan^2(\frac{\pi}{4}+\frac{\varphi}{2})-1\right] \quad (3)$$

在$\varphi=0$的情况下，有

$$q_u = (\pi+2)c \quad (4)$$

这是一个典型的平面应变问题，考虑对称性，计算简图如图2所示。取$c=10$，$\varphi=0°\sim 25°$；$\psi=0$，φ（ψ为膨胀角，当$\psi=\varphi$时，为关联流动法则；$\psi<\varphi$时，为非关联流动法则)。采用三角形六节点二次单元对计算区域进行网格剖分（见图3）。

图 2 计算简图
Fig. 2 Computation model

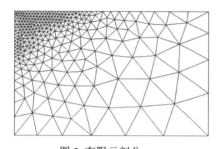

图 3 有限元剖分
Fig. 3 Finite element mesh

3.1 极限荷载的求解

由图 1 及表 1 可知，屈服准则与有限元计算结果是密切相关的。下面分别采用 Mohr-Coulomb 不同简化准则（DP1~DP5）进行计算，其结果如表 2 和表 3 所示。

从上述两表中可以看出，Mohr-Coulomb 不同简化准则（DP1~DP5）对计算结果的影响是很大的，其中采用 Mohr-Coulomb 外角点外接圆(DP1)所得到结果误差最大，且随着 φ 角的增大，结果失真得越严重；而在关联流动法则下，采用 Mohr-Coulomb 内切圆（DP3）或在非关联流动法则下，采用 Mohr-Coulomb 匹配 DP 圆准则（DP5）时，所得结果最为精确。这是因为对于平面应变问题，在关联流动法则下，Mohr-Coulomb 内切圆屈服准则（DP3）与 Mohr-Coulomb 精确匹配；在非关联流动法则下，Mohr-Coulomb 匹配 DP 圆准则（DP5），与 Mohr-Coulomb 准则精确匹配[1]。特别是当 $\varphi=0°$ 时，DP1 的圆与 DP2 的圆重合，DP3 的圆与 DP5 的圆重合，因而它们此时的解也相同。由上可见，求地基极限承载力时，对平面应变情况，只有采用关联流动与非关联流动法则（膨胀角为零）的 Mohr-Coulomb 匹配准则才能获得准确的计算结果。

表 2 非关联流动法则下极限承载力计算结果($\psi=0$)
Table 2 The ultimate bearing capacity under non-associated flow rule condition($\psi=0$)

简化准则	$\varphi/(°)$					
	0	5	10	15	20	25
DP1	60.23	82.28	118.26	182.16	296.11	497.20
DP2	60.23	76.29	97.43	125.40	162.69	206.19
DP4	54.81	70.51	91.65	122.90	169.67	238.88
DP5	52.19	65.89	84.96	110.04	150.21	201.69
Prandtl 解	51.42	64.89	83.45	109.77	148.35	207.21
(DP1－P)/P	0.171 3	0.268 0	0.417 1	0.659 5	0.996 0	1.399 5
(DP2－P)/P	0.171 3	0.175 7	0.167 5	0.142 4	0.096 7	-0.004 9
(DP4－P)/P	0.065 9	0.086 6	0.098 3	0.119 6	0.143 7	0.152 8
(DP5－P)/P	0.015 0	0.015 4	0.018 1	0.002 5	0.012 5	-0.026 6

注：P 为相应的 Prandtl 解，DP1~DP5 的计算结果是相对值。

表 3 关联流动法则下极限承载力计算结果($\psi=\varphi$)
Table 3 The ultimate bearing capacity under associated flow rule condition($\psi=\varphi$)

简化准则	$\varphi/(°)$					
	0	5	10	15	20	25
DP1	60.23	82.30	121.50	192.81	362.25	891.16
DP2	60.23	76.60	98.59	129.91	175.00	243.13
DP3	52.19	65.96	84.98	111.90	151.75	212.08
DP4	54.81	70.51	92.94	127.51	184.90	289.28
Prandtl 解	51.42	64.89	83.45	109.77	148.35	207.21
(DP1－P)/P	0.171 3	0.268 3	0.456 0	0.756 5	1.441 9	3.300 8
(DP2－P)/P	0.171 3	0.180 5	0.181 4	0.183 5	0.179 6	0.173 4
(DP3－P)/P	0.015 0	0.016 5	0.018 3	0.019 4	0.022 9	0.023 5
(DP4－P)/P	0.065 9	0.086 6	0.113 7	0.161 6	0.246 4	0.396 1

3.2 地基破坏机构的分析求解

Prandtl 解是一个有着悠久历史的经典解，它根据平衡条件与屈服条件求出了极限荷载，其破坏机构如图 4 所示。根据应力边界条件和运动趋势基础（宽度为 B_0）以下的塑性区可以分为主动区、过渡区和被动区三部分。塑性区范围随着内摩擦角 φ 的变化而变化，其主要几何特征参数如表 4 所示。下面分别应用 Mohr-Coulomb 内切圆屈服准则（DP3）与 Mohr-Coulomb 匹配 DP 圆准则（DP5）对其破坏机构进行求解。

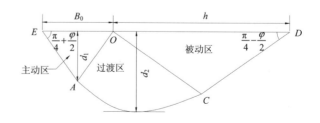

图 4 Prandtl 破坏机构图
Fig. 4 Prandtl solution

表 4 Prandtl 破坏机构分析
Table 4 The analysis of Prandtl sclution

几何特征参数	$\varphi/(°)$						
	0	5	10	15	20	25	30
d_1（主动区深度）	0.500	0.546	0.596	0.652	0.714	0.785	0.866
d_2（过渡区深度）	0.707	0.793	0.894	1.014	1.162	1.347	1.585
h（被动区宽度）	1.000	1.252	1.572	1.985	2.530	3.265	4.290

注：表中是以地基宽度为一个单位。

当 $\varphi=0°$ 时，Mohr-Coulomb 内切圆屈服准则（DP3）与 Mohr-Coulomb 匹配 DP 圆准则（DP5）是一致的。图 5 为 $\varphi=0°$ 时求得的极限状态时地基附近的破坏滑动面。图 6 为相对应时的地基附近的位移速度矢量图。此时所求得的地基底部塑性区深度大致为 $0.49B_0$，竖向塑性区深度大致为 $0.70B_0$，水平向塑性区宽度大致为 $0.98B_0$，这些与表 4 的理论解结果非常相近。表 5 为不同 φ 时应用 DP3 准则在关联流动法则下求得的破坏机构的某些特征参数。表 6 为不同 φ 时应用 DP5 准则在非关联流动法则($\varphi=0°$)下求得的破坏机构的某些特征参数。

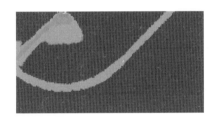

图 5 极限状态时地基附近的破坏滑动面
Fig. 5 The slip surface under limit status

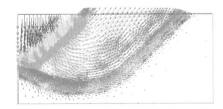

图 6 极限状态时地基附近的位移矢量图
Fig. 6 The displacement vector under limit status

表 5 DP3 准则在关联流动法则下求得的破坏机构分析
Table 5 The solution got under assonated flow rule(DP3)

几何特征参数	$\varphi/(°)$						
	0	5	10	15	20	25	30
地基底部塑性区深度	0.49	0.53	0.60	0.65	0.70	0.75	0.89
竖向塑性区深度	0.70	0.80	0.90	1.05	1.19	1.35	1.62
水平塑性区宽度	0.98	1.25	1.50	1.92	2.51	3.15	4.20

注：表中以地基宽度为一个单位。

表 6 DP5 准则在非关联流动法则下求得的破坏机构分析($\psi=0$)
Table 6 The solution under non-assonated flow rule(DP5) ($\psi=0$)

几何特征参数	$\varphi/(°)$						
	0	5	10	15	20	25	30
地基底部塑性区深度	0.49	0.55	0.60	0.70	0.75	0.80	1.00
竖向塑性区深度	0.70	0.80	0.90	1.00	1.10	1.30	1.75
水平塑性区宽度	0.98	1.10	1.40	1.55	1.80	2.60	3.50

注：表中是以地基宽度为一个单位。

通过表 5、表 6 与表 4 的对比可以看出：DP3 准则在关联流动法则下求得的破坏机构与 Prandtl 理论解的破坏机构非常一致。而 DP5 准则在非关联流动法则下求得的破坏机构与 Prandtl 理论解的破坏机构相比，竖向塑性区深度基本一致，水平塑性区的宽度偏小，这是因为表 6 中采用了膨胀角为零的非关联流动法则，它要求速度矢量线与滑移线一致而产生。文献[4]指出，真实岩土位移速度矢量线必与滑移线成 $\dfrac{\varphi}{2}$ 角，即膨胀角为 $\dfrac{\varphi}{2}$，且此时体变为零。由此得到的破坏机构也与 Prandtl 理论解的破坏机构一致。

从图 6 可以看出，在 $\varphi=0°$ 时，无论采用关联流动法则或非关联流动法则，其被动区的位移矢量与水平面的夹角为 $45°$，这一点与理论分析一致。表 7 为采用关联与非关联流动法则情况下算得的被动区速度矢量方向夹角的有限元数值解(位移速度矢量与水平面的夹角)。在关联流动法则下，被动区速度矢量的方向随着 φ 的变化而变化，其值为 $45°+\dfrac{\varphi}{2}$，这是因为在关联流动法则情况下，滑移线与水平面夹角为 $45°-\dfrac{\varphi}{2}$，而滑移线与速度矢量成 φ 角，这与采用关联流动法则情况下的 Prandtl 理论解一致。但在非关联流动法则下，被动区速度场的方向不变，与水平面的夹角始终成 $45°$。这与非关联流动法则情况下的 Prandtl 理论解一致[4]。显然，上述两种计算结果不同，将会引起地基变形计算的不同。

表 7 Prandtl 破坏机构被动区速度场方向夹角的有限元数值解
Table 7 The FEM solution angle of Prandtl

流动法则	$\varphi/(°)$						
	0	5	10	15	20	25	30
关联流动法则（DP3）	45.5	48.0	51.5	52.5	56.0	58.5	60.5
非关联流动法则（DP5）	45.5	46.0	46.5	45.0	45.0	44	45.0

3.3 地基的荷载-位移响应曲线

在地基的增量加载过程中，随着荷载的逐渐施加，地基顶部的位移也逐渐增大。当地基局部进入塑性状态后，位移增大得越来越快。当地基处于极限塑性状态时，位移将发生突变。表 8 为 $\varphi = 0°$ 时用 Mohr-Coulomb 内切圆屈服准则（DP3）求得的地基顶部中心点处在增量加载过程中的荷载-位移关系。整个增量加载过程共 11 步，荷载增量的大小是由 ANSYS 程序本身利用二分法选取的，当然这也可以人为的定义。从表 8 可以看出，随着荷载步的增加，每步的荷载增量逐渐减小，特别是地基快接近极限塑性状态时，荷载增量很小，然而位移的增量越来越大。当地基处于极限塑性状态时（荷载步第 10 步后），非常小的荷载增量（荷载步第 11 步）引起的位移增量却是急剧突变，位移突变标志着地基土体已呈流动状态向地面挤出。图 7 非常形象地说明了在增量加载全过程中地基的荷载-位移响应。计算表明，位移突变发生在计算不收敛时，由此可推断，位移突变与计算不收敛均可作地基失稳破坏的判据。

表 8 地基在增量加载过程中的荷载-位移关系
Table 8 Relations between loads and displacements while the loads increased

参数	荷载步数										
	1	2	3	4	5	6	7	8	9	10	11
荷载步大小	11.0	11.0	11.0	11.0	4.95	1.513	0.759	0.539	0.280 5	0.148 5	0.055
总荷载大小	11.0	22.0	33.0	44.0	48.95	50.463	51.222	51.761	52.041	52.190	52.245
中心点位移	-0.04	-0.08	-0.14	-0.32	-0.50	-0.58	-0.63	-0.68	-0.80	-1.39	-11.50

注：表中的位移值及荷载值均为相对值。

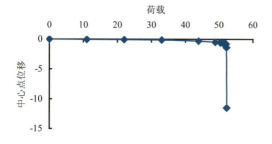

图 7 地基在增量加载全过程中的荷载-位移响应
Fig. 7 The displacements response during step loading

4 结 语

在有限元法中采用增量加载的方式求解地基极限承载力有着严格的理论依据，而且实施比较方便。它不但可以获得地基的极限荷载值及荷载-位移关系全过程，而且还能得到经典极限分析法所能得到的破坏机构。但值得注意的是，在计算过程中对于屈服准则的选用要慎重，屈服准则的选择对计算结果的影响很大，选择与实际问题相匹配的屈服准则方能得到比较精确的结果。在求解平面应变问题时，在关联流动法则条件下，采用 Mohr-Coulomb 内切圆屈服准则，或在非关联流动法则下，采用 Mohr-Coulomb 匹配 DP 准则所得结果与 Prandtl 精确解极为接近，可望应用于实际工程分析中。

参 考 文 献

[1] 张鲁渝, 时卫民, 郑颖人. 平面应变条件下土坡稳定有限元分析[J]. 岩土工程学报, 2002, 24(4): 487－490.
ZHANG Lu-yu, SHI Wei-min, ZHENG Ying-ren. The slope stability analysis by FEM under plane strain conditions[J]. **Chinese Journal of Getechnical Engineering**, 2002, 24(4): 487－490.

[2] 郑颖人, 沈珠江, 龚晓南. 广义塑性力学——岩土塑性力学原理[M]. 北京：中国建筑工业出版社, 2002.

[3] 赵尚毅, 郑颖人, 时卫民等. 用有限元强度折减法求边坡稳定安全系数[J]. 岩土工程学报, 2002, 24(3): 343－346.
ZHAO Shang-yi, ZHENG Ying-ren, SHI Wei-min, et al. Analysis on safety factor of slope by strength reduction FEM[J]. **Chinese Journal of Geotechnical Engineering**, 2002, 24(3): 343－346.

[4] 郑颖人, 王敬林, 朱小康. 关于岩土材料滑移线理论中速度解的讨论[J]. 水利学报, 2001, (6): 1－7.
ZHENG Ying-ren, WANG Jing-lin, ZHU Xiao-kang. Discussion on velocity solution of slip line theory for geotechnical materials[J]. **Journal of Hydraulic Engineering**, 2001, (6): 1－7.

地基承载力的有限元计算及其在桥基中的应用

孔位学　郑颖人　赵尚毅　唐伯明

（后勤工程学院土木工程系）　　（重庆市公路局）

摘要：有限元强度折减法在边坡稳定性分析中的应用已取得了一定的成果，但在地基承载力稳定分析中是否适用尚不得而知。本文采用有限元分析软件 ANSYS 求得了无重土地基的极限承载力，并与传统的 Prandtl 解进行了对比，两者误差在 5% 以内，且其滑移线与 Prandtl 解相近，说明了采用有限元法求解极限荷载是准确可靠的。文中详细列出了两种方法得到的塑性区和滑移线的异同点。进一步应用于桥基承载力安全系数的计算，并与经验解进行了比较。

关键词：地基承载力；安全系数；有限元；桥基

中图分类号：TU470　　**文献标识码**：A

文章编号：1000-131X（2005）04-0097-06

FINITE ELEMENT ANALYSIS FOR THE BEARING CAPACITY OF FOUNDATIONS AND ITS APPLICATION IN BRIDGE ENGINEERING

Kong Weixue　Zheng Yingren　Zhao Shangyi

(Department of Civil Engineering, Logistical Engineering University)

Tang Boming

(Chongqing Highway Bureau)

Abstract: The shear strength reduction technique has a number of advantages over the method of slices for slope stability analysis. The Finite Element Method (FEM) strength reduction based on the approach has been proved to be suitable for slope engineering. It is still unknown, however, whether the method is applieable for the bearing capacity of foundations. For weightless foundation soil, the ultimate bearing capacity calculated by the proposed method is compared with the classical Prandtl solution. The error is less than 5%, and the slip surfaces given by the two methods are close. The proposed method is employed to calculate the safety factor of the bearing capacity of a real-world bridge foundation, and the results are compared with empirical solutiens.

Keywords: bearing capacity; foundation; safety factor; finite element analysis; bridge engineering

1 引言

地基承载力作为土体三大"经典稳定问题"[1,2]之一，其传统求解方法主要有极限平衡法、极限分析法和滑移线场法等，求解时需假定滑裂面形状，没有考虑地基土体的应力应变关系。而有限元法不仅考虑了材料的应力应变关系，而且可以分析地基土体破坏的发生和发展过程，计算更加精确和合理。为检验本文采用的有限元法的准确性，首先对承受均匀垂直刚性条带荷载的半无限刚塑性无重土地基的极限承载力进行了计算，并与 Prandtl 解相比较，两者误差在 5% 以内，且其滑移线与 Prandtl 解相近，证明了本文方法的可靠性。同时，详细列出两方法求得的滑动面的异同。

有限元强度折减法在边坡稳定分析方面已经取得了一定的成果[3~7]，本文证明有限元强度折减法同样适用于求地基承载力的安全系数。文中应用这一方法，直接求出了桥基岩体承载力的安全系数及其破裂面的位置，比当前桥基承载力设计中的经验方法更为准确、可靠。

我国桥梁规范虽然列出了分类表和容许承载力表[8]，但上、下限范围很宽，在实践中需凭经验确定，不利于工程应用。文献 [9~11] 分别对非饱和土、砂土和复合地基及斜坡上的地基进行了有限元分析，但未能算出地基承载力的安全系数。

注：本文摘自《土木工程学报》（2005 年第 38 卷第 4 期）。

2 屈服准则的选取及转换

在有限元计算中采用理想弹塑性模型。考虑到地基承载力问题实质上是强度问题和力的平衡问题，因而采用理想弹塑性模型已有足够的精度。目前广泛采用的是莫尔－库仑条件，即

$$F = \frac{1}{3}I_1\sin\varphi + (\cos\theta_\sigma - \frac{1}{\sqrt{3}}\sin\theta_\sigma\sin\varphi)\sqrt{J_2} - c\cos\varphi = 0 \quad (1)$$

式中：I_1，J_2，θ_σ 分别为应力张量的第一不变量、应力偏量的第二不变量和洛德（Lode）角，c、φ 为岩体的粘聚力和内摩擦角。

由于莫尔－库仑准则的屈服面为不规则的六角形截面的角锥体表面，存在尖顶和棱角，给数值计算带来不便。为了与传统方法进行比较，本文采用了徐干成、郑颖人（1990）提出的莫尔－库仑等面积圆屈服准则（DP4）代替传统莫尔－库仑准则[12]，其面积等于不等角六边形莫尔－库仑屈服准则，它具有很高的计算精度[13]。该准则相应的 α、k 值[14]分别为

$$\alpha = \frac{2\sqrt{3}\sin\varphi}{\sqrt{2\sqrt{3}\pi(9-\sin^2\varphi)}} \quad (2)$$

$$k = \frac{6\sqrt{3}c\cos\varphi}{\sqrt{2\sqrt{3}\pi(9-\sin^2\varphi)}} \quad (3)$$

大型有限元分析软件 ANSYS、MARC、NASTRAN 等均采用了广义米赛斯准则，其通式为

$$\alpha I_1 + \sqrt{J_2} = k \quad (4)$$

按照广义塑性理论[12]，变换不同的 α、k 值就可在有限元中实现不同的屈服准则，如图1和表1所示。应当说明的是，ANSYS 软件中应用的是 D-P 准则中的 DP1 屈服准则，本文采用 DP4 准则。采用不同的屈服条件得到的安全系数是不同的，但这些屈服条件可以相互转换。采用的外接圆屈服准则与采用莫尔－库仑等面积圆屈服准则的比值 η 值（本文称之为"转换系数"）只与内摩擦角有关，其表达式[3]为

表1 各准则参数换算表
Table 1 Conversions of parameters for different criteria

编号	准则种类	α	k
DP1	外角点外接 D－P 圆	$\dfrac{2\sin\phi}{\sqrt{3}(3-\sin\phi)}$	$\dfrac{6c\cos\phi}{\sqrt{3}(3-\sin\phi)}$
DP2	内角点外接 D－P 圆	$\dfrac{2\sin\phi}{\sqrt{3}(3+\sin\phi)}$	$\dfrac{6c\cos\phi}{\sqrt{3}(3+\sin\phi)}$
DP3	内切 D－P 圆	$\dfrac{\sin\phi}{\sqrt{3}\sqrt{(3+\sin^2\phi)}}$	$\dfrac{3c\cos\phi}{\sqrt{3}\sqrt{(3+\sin^2\phi)}}$
DP4	等面积 D－P 圆	$\dfrac{2\sqrt{3}\sin\phi}{\sqrt{2\sqrt{3}\pi(9-\sin^2\phi)}}$	$\dfrac{6\sqrt{3}c\cos\phi}{\sqrt{2\sqrt{3}\pi(9-\sin^2\phi)}}$

$$\eta = \sqrt{\frac{2\pi}{3\sqrt{3}}} \times \frac{3+\sin\varphi}{3-\sin\varphi} \quad (5)$$

求得 η 值后即可将外接圆屈服准则求得的安全系数转换成莫尔－库仑等面积圆屈服准则条件下的安全系数。表2列出了不同内摩擦角时的 η 值。

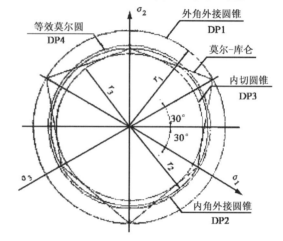

图1 各屈服准则在 π 平面上的曲线
Fig.1 The yield surface on the deviatoric plane

表2 不同内摩擦角时的 η 值
Table 2 η versus internal frictional angle

$\varphi/(°)$	10	15	20	25	30	35	40
η	1.165	1.199	1.233	1.267	1.301	1.334	1.367

3 与 Prandtl 理论解的比较

对于一承受均匀垂直刚性条带荷载的半无限刚塑性无重土地基（图2），Prandtl 根据塑性理论得到其精确解[15]为

$$q_u = cN_c \quad (6)$$

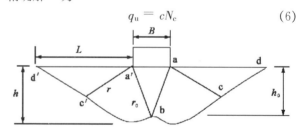

图2 条形刚性板下的滑动面
Fig.2 Slip surface

其中，c 为土的粘聚力，N_c 为承载力系数，其表达式如下

$$N_c = \cot\varphi[\exp(\pi\tan\varphi)\tan^2(45°+\frac{\varphi}{2})-1] \quad (7)$$

有限元网格划分如图3所示，采用非关联流动法则。由于 Prandtl 解采用的是 DP4 准则，ANSYS 采用

的是 DP1 准则，在进行有限元计算时不能直接输入 Prandtl 解中的 c、φ 值，必须进行等效转换。具体转换方法是：令 DP1 和 DP4 中的 α、k 相等，将 DP4 准则中的 c、φ 值（式 (2) 和 (3)) 转化为 DP1 准则中的 c_0、φ_0 值（见表 3），也可由 c、φ 各除以转换系数（表 2）得 c_0、φ_0。以便在计算中将 DP1 准则转化为 DP4 准则。在进行具体计算时，输入 c_0、φ_0 值，得到的极限承载力的计算结果与 Prandtl 解相比较，其中的误差系有限元解与 Prandtl 理论解相比较得出，负号表示得出的结果小于理论解。荷载的选用采用二分法，通过增大或减小竖向荷载的方法求得极限荷载。水平位移等值云图如图 4 所示，得到的塑性区的形成及发展过程如图 5 所示。

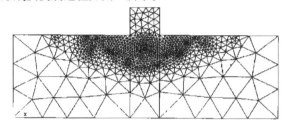

图 3 有限元网格划分

Fig.3 Finite element mesh

表 3 有限元解与 Prandtl 解的比较

Table 3 Comparison between FEM results and Prandtl solution

Prandtl 解			有限元解			误差（%）
c (kPa)	φ (°)	q_u	c_0 (kPa)	φ_0 (°)	q	$(q-q_u)/q_u$
10	30	301.4	7.553	23.56	293.3	−2.7
10	25	207.2	7.849	20.104	200.1	−3.4
10	22.5	174.5	7.988	18.309	174.5	0
10	20	148.2	8.122	16.468	146.3	−1.3
10	15	109.8	8.377	12.650	115.1	4.8
10	10	83.4	8.619	8.642	87.7	5.2
10	5	64.9	8.856	4.43	69.6	7.2

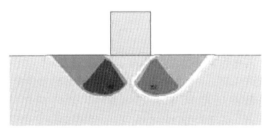

图 4 水平位移等值云图

Fig.4 Contour of X-direction displacement

由表 3 可以看出，应用本文方法计算出的承载力与精确解之间误差一般在 5% 以内，证明了本文方法的有效性。当 φ 值进一步降低时，误差有所增加，但仍在 10% 以内，产生这些误差的原因是由于本文中有限元计算采用的是非关联流动法则，而 Prandtl 解采用的是关联流动法则。如果采用关联流动法则，则精度会进一步增加。

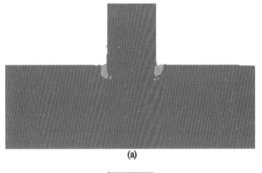

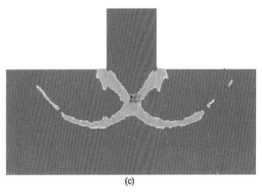

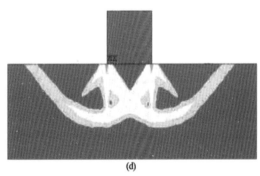

图 5 地基的破坏过程

Fig.5 Failure process

由图 5 中的塑性区图可以看出，随着施加荷载的增加，塑性区的发展过程如下：a. 首先在基脚处产生塑性区（图 5 (a)）；b. 进一步增加荷载，在距基底中心 0.7B（B 为基础宽度）处产生塑性区（图 5

(b));c. 两处的塑性区连通,并向两侧发展(图 5 (c));d. 塑性区发展到地面,整个塑性区贯通,形成完整的塑性区图(图 5 (d))。

分析土基的破坏过程及塑性区图,可以看出,土基破坏属典型的整体剪切破坏[16],这与 Prandtl 理论解的破坏面的形态基本一致。两者比较如下:a. 在 Prandtl 解中,主动朗肯区(Ⅰ区)破裂面与水平面夹角为 $45°+\varphi/2$,即 $52.5°$,本文得到的解为 $53°$;b. 在 Prandtl 解中,被动朗肯区(Ⅲ区)破裂面与水平面夹角为 $45°-\varphi/2$,即 $37.5°$,而本文得到的解为 $45°$ 和 $47°$;c. 在 Prandtl 解中,Ⅱ区中的滑动线为对数螺旋线,本文得到的解为近似对数螺旋线,对于相应的 r/r_0,Prandtl 解的结果为 1.19,而本文的有限元解为 1.41;d. 由 Prandtl 解得到的水平向塑性区范围为基础两侧 $1.99B$,而本文的计算结果为 $1.69B$;e. 由 Prandtl 解得到的竖向塑性区范围为基础底部 $0.98B$,而本文计算结果为 $1.03B$(表 4)。关于这一问题的深入研究将另文专述。

表 4 Prandtl 解与有限元解对比计算结果

Table 4 Comparative results

项目	Prandtl 解	有限元解
主动区破裂面夹角 $a'ab$	$52.5°(45°+\varphi/2)$	$53°$
被动区破裂面夹角 adc	$37.5°(45°-\varphi/2)$	$45°$
被动区破裂面夹角 dac	$37.5°(45°-\varphi/2)$	$47°$
水平向塑性区范围 L	$1.99B$	$1.69B$
竖向塑性区范围 h	$0.98B$	$1.03B$
主动区深度 h_0	$0.65B$	$0.69B$
对数螺旋线 r/r_0	1.19	1.41

4 桥基承载力安全系数计算

4.1 计算原理

传统的地基承载力安全系数可表示为地基的极限承载力与其在使用阶段所能承受的最大荷载之比。地基承载力的确定有两种较可靠的方法[17]:试验法和力学计算法。现场进行基底土体的载荷试验可直接确定允许承载力,但现场荷载试验费用比较高,且由于荷载点数量少时,因地质环境条件的不同就不能代表整个地基有效范围内土体的承载力。而力学计算法一般多采用基脚土体的极限平衡条件计算其承载力,但由于基脚土体破坏模式的复杂性和多样性,承载力计算有较大难度,给不出通用公式。

本文采用有限元强度折减法计算这一安全系数,其基本思想是:在计算过程中将土基的强度参数(粘聚力和内摩擦角)逐步折减,将折减后的参数作为输入,进行有限元计算,若程序收敛,则土体仍处于稳定状态,继续折减,直到不收敛为止,此时土体出现塑性滑移,且不能满足平衡条件,此时土体的折减系数即为土基承载力的安全系数。折减方法采用二分法。

计算采用具有较强前处理和后处理功能的大型有限元分析软件 ANSYS,弹塑性分析中采用 6 结点二次三角形平面单元,计算桥基承载力安全系数的具体计算过程如下:

a. 首先进行系统建模、加载,荷载采用最不利荷载组合;

b. 初始强度参数选用岩基本身的粘聚力和内摩擦角,进行弹塑性有限元求解,直至收敛;

c. 对式 DP1 中的 α、k 值进行折减,折减系数 F_s 采用本文提出的二分法,然后通过式(8)和(9)反算 c、φ 值。结构施加的荷载不变,继续进行迭代计算输入反算后的 c、φ 值;

$$\varphi = \sin^{-1}\left[\frac{3\sqrt{\pi}\alpha}{\sqrt{2\sqrt{3}+\pi\alpha^2}}\right] \quad (8)$$

$$c = \frac{k\sqrt{\pi}}{\sqrt{2(\sqrt{3}-4\pi\alpha^2)}} \quad (9)$$

d. 若收敛,则继续折减,进行计算;如果不收敛,则在所取最后两个折减系数间继续折减,以求得满足精确要求的折减系数。直至最后有限元计算不收敛,则取此前的折减系数值为在岩基破坏这一控制标准下的折减系数值 F_{s1};

e. 如果桥墩控制点处的水平和竖向位移在岩基破坏之前变形已经达到或超过容许值,则取此前的折减系数为在变形控制条件下的折减系数值 F_{s2},否则取 $F_{s2} = F_{s1}$;

f. 取两个折减系数中的较小值,除以式(5)中的转换系数,即可得到桥基岩体承载力的安全系数值。

4.2 工程概况

某重力式桥墩[18],上部为装配式混凝土空心板,标准跨径 16m,桥面净宽 11.25m。圆端型实体桥墩,墩身和基础用 20 号片石混凝土,墩身顶部尺寸 13.55m,底部尺寸 14.16m,嵌入地基 50cm,地基为较完整的砂岩地基。由于该桥墩长宽比较大,计算按平面应变问题处理,桥墩和岩基用平面单元 plane2 模拟,其网格划分如图 6 所示。

计算范围桥墩两侧各延伸 10m,基础以下延伸 25m。边界条件为:左右两侧水平约束,下部 X、Y 两方向约束。荷载选取最不利的组合,其中竖向荷载 4195.4kN,水平荷载 184.8kN,弯矩 254.9kNm。桥墩

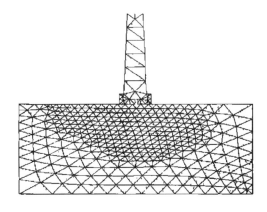

图 6 有限元网格划分

Fig.6 Finite element mesh

的输入参数为：弹性模量 $E=2.6×10^4$MPa，泊松比 $\nu=0.167$。岩基的输入参数为：粘聚力 $c=1.0$MPa，内摩擦角 $\varphi=40°$，弹性模量 $E=2×10^4$MPa，泊松比 $\nu=0.25$。

4.3 计算结果分析

（1）用本文的方法得到的折减系数 F_{s1} 为 5.9，而当取折减系数为 5.9 时，桥墩的水平和竖向位移均小于容许值[2]，此时折减后的 φ 值为 12.64°，代入式（5）或由表 2 内插，得到转换系数 $\eta=1.183$，故桥基承载力安全系数为 5.0，大于设计时的安全系数（约为 4，按规范由经验确定），反映了目前桥梁地基设计中的保守倾向，同时也反映了目前对岩基承载力计算理论认识上的不足。

（2）表 5 给出了变形控制点（桥墩顶点）的水平和竖向位移在不同折减系数条件下的值，图 7 和 8 为相应的曲线，即 F_s-d_h 和 F_s-d_v 曲线。可以看出，从 5.8 开始，曲线接近水平，表明土体的强度参数降低到此数值时，位移持续增大，即地基已达到塑性破坏状态。而当折减系数为 5.9 时水平位移值为 0.7cm，小于容许值 2.0cm[8]，竖向位移为 0.5cm，小于容许值 8.0cm，均满足变形要求。故变形控制条件下的折减系数 $F_{s2}>F_{s1}$。此处塑性破坏这一标准起了控制作用，变形控制只起了验算作用。这与当前桥基承载力安全系数取值偏高有关，如果降低承载力安全储备，则变形控制将会起一定的控制作用。

表 5 不同折减系数条件下桥墩顶点的水平和竖向位移

Table 5 Horizontal and vertical displacements versus reduction coefficients

折减系数	1	2	3	4	5	5.5	5.8	5.9
d_h ($×10^{-5}$m)	6.98	7.88	8.22	8.43	9.15	9.15	9.17	699
d_v ($×10^{-4}$m)	5.13	5.16	5.16	5.16	5.17	5.20	5.31	52.1

应该说明的是，由于该实体桥墩长宽比较大（9.4），所以采用二维模型具有较高的精度，如果是柱式桥墩、刚构式或轻型桥墩等型式，应选用三维模型，否则将会造成较大的误差。

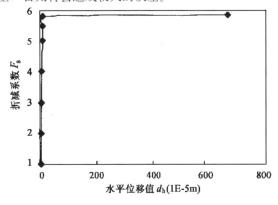

图 7 F_s-d_h 曲线

Fig.7 F_s versus d_h

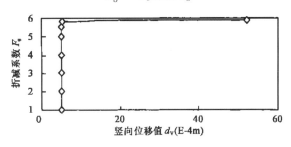

图 8 F_s-d_v 曲线

Fig.8 F_s versus d_v

5 结 论

本文用有限元法研究了土体承载力及其在桥基中的应用，得出的主要结论如下：

（1）有限元法计算桥基承载力安全系数，克服了传统方法将基岩假定为刚塑性体的缺点，考虑了材料的应力应变关系。该法可以分析各种复杂土层的桥基，无需假设滑动面，计算更加精确和合理，而且能反映实际地基变形与破坏的过程。

（2）本文方法计算结果与 Prandtl 理论解相差在 5% 以内，证明了该法计算承载力的可靠性。当然还需大量的算例验证。塑性区的发展过程为：随着荷载的逐步增加，首先在基底 0.7B 处产生塑性区，随后基脚处产生塑性区，之后，两处的塑性区连通，并向两侧发展，最后塑性区发展到地面，整个塑性区贯通，形成完整的塑性区图（图 5（d））。

（3）本文用有限元强度折减法求桥基稳定的安全系数，提出用二分法求解安全系数，快速、可靠，适合桥基承载力安全系数的计算。

(4) 当实体桥墩长宽比较大（大于 6）时可以采用二维模型，否则应采用三维模型，以免造成较大的误差。

(5) 桥基岩体的破坏标准采用塑性破坏和变形控制两个标准，目前，变形控制标准只起到校核作用。随着新规范桥梁地基承载力容许值的提高，变形控制将会起一定的控制作用。

致谢 在本文的成文及修改过程中，与重庆交通学院王成教授进行了多次讨论，笔者从中受益菲浅，特此感谢。

参 考 文 献

[1] [美] 陈惠发著，詹世斌译．极限分析与土体塑性 [M]．北京：人民交通出版社，1995

[2] 陈祖煜．土力学经典问题的极限分析上、下限解 [J]．岩土工程学报，2002，24（1）：1～11

[3] 赵尚毅，郑颖人，时卫民等．用有限元强度折减法求边坡稳定安全系数 [J]．岩土工程学报，2002，24（3）：343～346

[4] Griffiths D V，Lane P A．Slope Stability analysis by finite elements [J]．Geotechnique，1999，49（3）：387～403

[5] 宋二祥．土工结构安全系数的有限元计算 [J]．岩土工程学报，1997，19（2）：1～7

[6] 赵尚毅，张鲁渝．用有限元强度折减法进行边坡稳定性分析 [A]．岩土力学与工程进展（郑颖人等主编）[M]．重庆：重庆出版社，2003；322～333

[7] 连镇营，韩国城，孔宪京．强度折减有限元法研究开挖边坡的稳定性 [J]．岩土工程学报，2001，23（4）：407～411

[8] JTJ 024－85，公路桥涵地基与基础设计规范 [S]

[9] 杨庚宇，赵少飞．非饱和土地基承载力的有限元法分析 [J]．中国矿业大学学报，1999，28（6）：523～525

[10] 陈兴冲，朱晞．桥墩地基极限承载力的三维弹塑性有限元分析 [J]．兰州铁道学院学报，1998，17（1）：1～5

[11] 王晓谋，徐守国．斜坡上的地基承载力的有限元分析 [J]．西安公路学院学报，1993，13（3）：13～17，57

[12] 郑颖人，沈珠江，龚晓南．广义塑性力学－岩土塑性力学原理 [M]．北京：中国建筑工业出版社，2002

[13] 徐干成，郑颖人．岩石工程中屈服准则应用的研究 [J]．岩土工程学报，1990，12（2）：93～99

[14] 时卫民，郑颖人．摩尔－库仑准则的等效变换及其在边坡分析中的应用 [J]．岩土工程技术，2003，(3)

[15] 张学言．Prandtl 和 Terzaghi 地基承载力的塑性力学滑移线解 [J]．天津大学学报，1987，20（2）：22～29

[16] 华南理工大学，东南大学，浙江大学等．地基及基础（第二版）[M]．北京：中国建筑工业出版社，1991

[17] 沈明荣．岩体力学 [M]．上海：同济大学出版社，1999

[18] 江祖铭，王崇礼．墩台与基础 [M]．北京：人民交通出版社，2000

基于 M-C 准则的 D-P 系列准则在岩土工程中的应用研究

邓楚键，何国杰，郑颖人

（后勤工程学院，重庆 400041）

摘　要：通过适当的变化，D-P 系列屈服准则便可与能够很好地描述岩土材料的强度特性的 Mohr-Coulomb 准则相匹配。文中对系列 D-P 系列屈服准则进行了比较系统及深入的研究，指出了 D-P 系列屈服准则的应用条件、相互之间的关系，并给出了一种 D-P 系列屈服准则的相互转换的方法。最后通过平面应变条件下的地基进行了有限元分析，通过与 Prandtl 经典理论解的对比，得出了大量有益的结论。数值分析结果有力的验证了本文有关理论的正确性。

关键词：D-P 系列屈服准则；Mohr-Coulomb；D-P 系列屈服准则的转换方法；Prandtl 经典理论解；有限元

中图分类号：TU 443　　**文献标识码**：A　　**文章编号**：1000－4548(2006)06－0735－05

作者简介：邓楚键(1978－　)，男，博士生，主要从事岩土工程稳定性及其数值分析研究。

Studies on Drucker-Prager yield criterions based on M-C yield criterion and application in geotechnical engineering

DENG Chu-jian, HE Guo-jie, ZHENG Ying-ren

(Logistical Engineering University, Chongqing 400041, China)

Abstract: The relation expression of Drucker-Prager (D-P) yield criterions matched Mohr-Coulomb(M-C) yield criterion were obtained based on the Lode angle parameter. The transformation method of different Drucker-Prager yield criterion was put forward. The Drucker-Prager yield criterions matched Mohr-Coulomb yield criterion were studied profoundly. Finally, a foundation under plane strain condition was analyzed by FEM through the Drucker-Prager yield criterions. A lot of valuable results were got by contrast to the solutions of Prandtl theory and the theory of Drucker-Prager yield criterions matched Mohr-Coulomb yield criterion was proved to be correct which could be applied to the analysis of practical geotechnical engineering.

Key words: Drucker-Prager yield criterions; Mohr-Coulomb; transformation method of different Drucker-Prager yield criterion; Prandtl; FEM

0　引　　言

岩土强度准则是岩土理论的重要组成部分，一直是众多学者的研究的热点[1-4]。自从 1900 年摩尔(O.Mohr)教授建立了著名的 Mohr-Coulomb 强度理论（简称 M-C 强度理论）以来，大量的实验和工程实践已证实，M-C 强度理论能较好地描述岩土材料的强度特性，因而在岩土工程领域得到了广泛的应用。随着岩土理论、现代计算技术及计算机软、硬件的飞速发展，有限元等数值方法已成为岩土工程领域有效的计算方法[3-8]。然而由于 M-C 准则在三维空间的屈服面为不规则的六角形截面的角锥体表面，在 π 平面上的图形为不等角六边形，存在尖顶和棱角，给数值计算带来困难。为此，前人对其做了大量的修正[6]，在 π 平面上用光滑曲线来逼近 M-C 准则。其中的 Drucker-Prager 屈服准则[6]（简称 D-P 准则）在 π 平面上为圆形，在主应力空间的屈服面为光滑圆锥，表述极其简单且数值计算效率很高，在实际有限元计算中获得比较广泛的应用。目前国际上流行的许多大型有限元软件，比如 ANSYS 以及美国 MSC 公司的 MARC、NASTRAN 等均采用了 D-P 屈服准则。然而大量的研究表明，这些大型的有限元分析软件中的 D-P 屈服准则在分析岩土工程的问题时有时存在比较大的误差乃至许多人认为这些软件不能应用来计算岩土领域的问题，于是出现了 D-P 系列修正屈服准则，它主要包括以下几种（图 1）：①M-C 外角点外接圆准则（DP1），②M-C 内角点外接圆准则（DP2）；③M-C 内切圆准则（DP3），④M-C 等面积圆准则（DP4），⑤M-C 匹配 DP 圆（DP5）。国外通常把 M-C 外角点外接圆准则（DP1）作为 D-P 准则，如 ANSYS、MARC 等大型

注：本文摘自《岩土工程学报》(2006 年第 28 卷第 6 期)。

国外有限元软件均采用 DP1 准则作为 D-P 准则,而国内一般的 D-P 准则是 M-C 内切圆准则(DP3)。面对上述 D-P 系列修正屈服准则,许多岩土工作者难免产生困惑,本文正是围绕这个问题从理论上及其应用方面进行了比较系统和深入的研究。

1 D-P 系列屈服准则

1.1 Mohr-Coulomb 屈服准则

引入应力洛德角参数,M-C 屈服准则可表式为

$$F = \frac{1}{3}I_1 \sin\varphi + (\cos\theta_\sigma - \frac{1}{\sqrt{3}}\sin\theta_\sigma \sin\varphi)\sqrt{J_2} - c\cos\varphi$$
$$= 0 \quad (-\pi/6 \leq \theta_\sigma \leq \pi/6) \quad , \tag{1}$$

式中,I_1 为应力张量的第一不变量,J_2 为应力偏量的第二不变量,θ_σ 为应力洛德角。M-C 准则在三维空间的屈服面为不规则的六角形截面的角锥体表面。

1.2 D-P 系列屈服准则

D-P 系列屈服准则是在 Mises 强度准则的基础上,考虑平均应力 p 或 I_1,而将 Mises 强度准则推广成为以下形式:

$$\alpha I_1 + \sqrt{J_2} = k \quad 。 \tag{2}$$

此式是 1952 年由 Drucker-Prager 提出的,他们还在关联流动法则下推导出平面应变状态下与 M-C 准则匹配的 Drucker-Prager 准则,也就是前面提起的 M-C 内切圆准则 DP3,其 α、k 的表达式如下:

$$\alpha = \sin\varphi/[\sqrt{3}\sqrt{3+\sin^2\varphi}] \quad , \tag{3a}$$

$$k = 3c\cos\varphi/[\sqrt{3}\sqrt{3+\sin^2\varphi}] \quad , \tag{3b}$$

式中,c、φ 为岩土材料的粘聚力及内摩擦角。

对式(1)中进行变换可得

$$\frac{\sin\varphi}{3(\cos\theta_\sigma - \frac{1}{\sqrt{3}}\sin\theta_\sigma \sin\varphi)}I_1 + \sqrt{J_2}$$

$$= \frac{c\cos\varphi}{\cos\theta_\sigma - \frac{1}{\sqrt{3}}\sin\theta_\sigma \sin\varphi} \quad 。 \tag{4}$$

若取 θ_σ 为常数,通过(2)式与(4)式的对比,得

$$\alpha = \frac{\sin\varphi}{3(\cos\theta_\sigma - \frac{1}{\sqrt{3}}\sin\theta_\sigma \sin\varphi)} \quad , \tag{5a}$$

$$k = \frac{c\cos\varphi}{\cos\theta_\sigma - \frac{1}{\sqrt{3}}\sin\theta_\sigma \sin\varphi} \quad 。 \tag{5b}$$

式(5)即为 Mohr-Coulomb 准则的等效 D-P 系列变换得统一表达式,它与 θ_σ 有关,是与 Mohr-Coulomb 准则匹配的 D-P 系列准则的对应参数。

θ_σ 是式(1)、(4)、(5)中的一个极其重要的参数,它的定义为

$$\theta_\sigma = \text{atan}\frac{2\sigma_2 - \sigma_1 - \sigma_3}{\sqrt{3}(\sigma_1 - \sigma_3)} \quad 。 \tag{6}$$

根据定义可知,θ_σ 能够反映一点的受力状态的形式,即主应力分量之间的比例关系。因而不同的 θ_σ 可以反映材料的不同受力状态。如果令式(6)中 $\theta_\sigma = \frac{\pi}{6}$,此时岩土材料与 M-C 准则匹配强度准则为 DP1;如果令 $\theta_\sigma = -\frac{\pi}{6}$,此时岩土材料与 M-C 准则匹配的屈服准则为前 DP2;如果令 $\theta_\sigma = \text{atan}(-\frac{\sin\varphi}{\sqrt{3}})$,则此时岩土材料与 M-C 准则匹配的屈服准则为 DP3;如果

$$\theta_\sigma = \arcsin[\frac{-2A\sin\varphi + \sqrt{4A^2\sin^2\varphi - 4(\sin^2\varphi + 3)(A^2 - 3)}}{2(\sin^2\varphi + 3)}],$$

其中 $A = \sqrt{\frac{\pi(9 - \sin^2\varphi)}{6\sqrt{3}}}$,与此时的 M-C 准则匹配的屈服准则为 DP4;如果令 $\theta_\sigma = 0$,此时岩土材料与 M-C 准则精确匹配的屈服准则为 DP5。

从式(5)可以得出 D-P 系列准则的有关参数,具体表达式如表 1 所示,需要说明的是,D-P 系列准则能否正确使用取决于岩土体不同的应力状态。在单向压缩及常规三轴压缩等满足 $\sigma_1 = \sigma_2 > \sigma_3$ 条件的应力状态下,DP1 是与 M-C 准则匹配的;在单向拉伸及常规三轴拉伸等满足 $\sigma_1 > \sigma_2 = \sigma_3$ 条件的应力状态下,DP2 与 M-C 准则匹配;在平面应变条件的关联流动法则下,DP3 与 M-C 准则匹配;而在非关联流动法则下(膨胀角 $\psi = 0$),DP5 与 M-C 准则匹配;在实际分析中与 M-C 准则匹配的 DP4 所对应的应力状态没有明显的物理意义,它只是一种与 M-C 准则近似等效的准则,与 M-C 准则的差别程度取决于实际的材料参数与应力状态,计算精度随着实际的材料参数与应力状态而变化。

表 1 各准则参数换算表

Table 1 The relationship of different yield criterions

编号	准则种类	α	k
DP1	M-C 外角点外接圆	$\dfrac{2\sin\varphi}{\sqrt{3}(3-\sin\varphi)}$	$\dfrac{6c\cos\varphi}{\sqrt{3}(3-\sin\varphi)}$
DP2	M-C 内角点外接圆	$\dfrac{2\sin\varphi}{\sqrt{3}(3+\sin\varphi)}$	$\dfrac{6c\cos\varphi}{\sqrt{3}(3+\sin\varphi)}$
DP3	M-C 内切圆	$\dfrac{\sin\varphi}{\sqrt{3}\sqrt{3+\sin^2\varphi}}$	$\dfrac{3c\cos\varphi}{\sqrt{3}\sqrt{3+\sin^2\varphi}}$
DP4	M-C 等面积圆	$\dfrac{2\sqrt{3}\sin\varphi}{\sqrt{2\sqrt{3}\pi(9-\sin^2\varphi)}}$	$\dfrac{6\sqrt{3}c\cos\varphi}{\sqrt{2\sqrt{3}\pi(9-\sin^2\varphi)}}$
DP5	M-C 匹配 DP 圆	$\dfrac{\sin\varphi}{3}$	$c\cos\varphi$

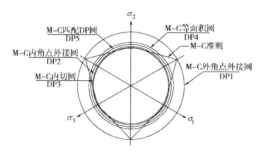

图 1 各屈服准则在 π 平面上的曲线

Fig. 1 The yield surface on the deviator plane

1.3 D-P 系列屈服准则之间的对比

D-P 系列准则在应力空间中的屈服面是一系列圆锥面，在 π 平面上是一系列圆（图 1），其偏平面上的圆半径 r 等于偏平面上的剪应力 τ_π，表达式为

$$r = \tau_\pi = \sqrt{2J_2} = \sqrt{2}(k - \alpha I_1) \quad \text{。} \tag{7}$$

把表 1 中各准则的表达式代入式（7），可得 D-P 系列准则在 π 平面上是一系列圆的半径。在一定程度上，准则对应的半径之间的关系体现了准则之间的差异程度。由于 D-P 系列准则在应力空间中的屈服面是一系列圆锥面，它们的半径比不随 π 平面的移动而变化，把表 1 的式子代入到式（7），可得

$$\frac{r_{DP1}}{r_{DP2}} = \frac{3 + \sin\varphi}{(3 - \sin\varphi)}, \tag{8}$$

$$\frac{r_{DP1}}{r_{DP3}} = \frac{2\sqrt{3 + \sin^2\varphi}}{(3 - \sin\varphi)}, \tag{9}$$

$$\frac{r_{DP1}}{r_{dp4}} = \frac{\sqrt{2\sqrt{3}\pi(9 - \sin^2\varphi)}}{3(3 - \sin\varphi)}, \tag{10}$$

$$\frac{r_{DP1}}{r_{DP5}} = \frac{6}{\sqrt{3}(3 - \sin\varphi)} \quad \text{。} \tag{11}$$

从式（8）～（11）可以看出，准则对应的半径之比只与内摩擦角 φ 有关。

表 2 D-P 系列准则对应的半径之比与内摩擦角 φ 的关系

Table 2 The relationship between the ratios of D-P radii and φ

φ/(°)	0	10	20	30	40	50	60
r_{DP1}/r_{DP2}	1.00	1.12	1.26	1.40	1.55	1.69	1.81
r_{DP1}/r_{DP3}	1.15	1.23	1.33	1.44	1.57	1.70	1.81
r_{DP1}/r_{DP4}	1.10	1.16	1.23	1.30	1.36	1.42	1.48
r_{DP1}/r_{DP5}	1.15	1.23	1.30	1.39	1.47	1.55	1.62

从表 2 及图 2 可以看出：

（1）随着 φ 的增大，$r_{DP1} \sim r_{DP5}$ 几乎以线性关系逐渐增大，表明 DP2～DP5 圆与 DP1 圆的半径比随着 φ 的增大而增大，同时说明此时的屈服准则与 DP1 准则的差别也随着 φ 的增大而增大，计算结果与 DP1 准则的计算结果差别是随着 φ 的增大而增大。

（2）图 2 的直线交点说明在相应的 φ 下，它们此时的屈服准则是相同的，用它们进行计算，结果是一致的；若两直线没有交点，则说明在任何情况下两屈服准则 π 的半径不可能相同，也就是说它们此时的屈服准则是不同的，用它们进行计算，结果必然会有差距。

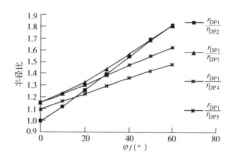

图 2 D-P 系列准则对应的半径之比与内摩擦角 φ 的关系

Fig. 2 The relationship between the ratios of D-P radii and φ

（3）当 $\varphi = 0$ 时，DP1 圆与 DP2 圆的半径相同，表明它们在 π 的半径相同，同时说明它们此时的屈服准则是相同的，此时用 DP1 准则与 DP2 准则的计算结果是一致的；此时 DP3 圆与 DP5 圆的半径也相同，同样说明它们此时的屈服准则是相同的，此时用 DP3 准则与 DP5 准则的计算结果是一致的。另外从图中可以看出：当 $\varphi = 16°$ 左右时，DP2 准则与 DP4 准则十分接近，当 $\varphi = 28°$ 左右时，DP2 准则与 DP5 准则十分接近，当 $\varphi = 60°$ 左右时，DP2 准则与 DP3 准则十分接近。当然这可通过解析解求得它们相等时的 φ 精确解：利用式（8）～（11），可得 $\varphi_{DP2=DP4} = 16.02°$，$\varphi_{DP2=DP5} = 27.66°$，$\varphi_{DP2=DP3} = 90°$。其中 $\varphi_{DP2=DP3} = 90°$ 说明了 DP2 准则与 DP3 不可能相同，但当 $\varphi > 60°$，DP2 准则与 DP3 准则十分接近。

（4）随着 φ 的增大，DP2 准则与 DP3 准则越来越接近；DP2 准则与 DP4 准则先是越来越接近，当 $\varphi = \varphi_{DP2=DP4} = 16.02°$ 时，两者相同，而后随着 φ 的增大，它们的差距越来越大；DP2 准则与 DP5 准则随着 φ 的增大也先是越来越接近，当 $\varphi = \varphi_{DP2=DP5} = 27.66°$ 时，两者相同，而后随着 φ 的增大，它们的差距也越来越大；随着 φ 的增大，DP3 准则与 DP4 准则之间的差距也越来越大；DP3 准则与 DP5 准则在 $\varphi = 0$ 时相同，随后它们之间的差距随着 φ 的增大而增大；DP4 准则与 DP5 准则之间的差距也随着 φ 的增大而增大，但增幅较慢。

1.4 D-P 系列准则之间的参数换算

目前国际上流行的许多大型有限元软件，比如 ANSYS 以及美国 MSC 公司的 MARC、NASTRAN 等均采用了 DP1 屈服准则，由于 D-P 系列的屈服准则在 π 平面上为一系列的同心圆，它们的半径

$r=\tau_\pi=\sqrt{2J_2}=\sqrt{2}(k-\alpha I_1)$，若通过某种变换使它们在应力空间的半径相同，那么准则之间就实现了等价互换。从半径的表达式可知，半径与 k、α 及 I_1 有关。对于特定的应力状态，I_1 是不变的，这必然使得只能通过对 k、α 的调整来实现等价变换，最简单的一种做法便是假设它们的 k、α 分别对应相等，这可以通过岩土材料参数 c、φ 调整以实现。下面以 DP3 与 DP1 准则为例，说明 D-P 系列的准则之间的参数换算。

设 c_1、φ_1 为岩土实际的参数，若用 DP3 准则进行计算，其 α、k 表示为

$$\alpha_1=\frac{\sin\varphi_1}{\sqrt{3}\sqrt{(3+\sin^2\varphi_1)}},$$

$$k_1=\frac{3c_1\cos\varphi_1}{\sqrt{3}\sqrt{(3+\sin^2\varphi_1)}};$$

而 DP1 准则的 α、k 表示为

$$\alpha_2=\frac{2\sin\varphi_2}{\sqrt{3}(3-\sin\varphi_2)},$$

$$k_2=\frac{6c_2\cos\varphi_2}{\sqrt{3}(3-\sin\varphi_2)};$$

令 $\alpha_1=\alpha_2$，$k_1=k_2$，联立两个等式，即可求解得到 c_2、φ_2 此时 c_2、φ_2 采用 DP1 准则计算与用 c_1、φ_1 采用 DP3 准则计算是等价的，这样，在 ANSYS 等采用 DP1 屈服准则的有限元软件中，在 DP1 中用 c_2、φ_2 便实现了 DP3 准则（计算参数为 c_1、φ_1）的有限元计算。

2 算 例

光滑刚性条形地基的极限承载力问题的基本理论基础源于 Prandlt 解，对一个承受均匀垂直荷载的半无限、无重量地基，其极限承载力可以通过极限分析求得其精确解为

$$q_u=c\cot\varphi\left[\exp(\pi\tan\varphi)\tan^2\left(\frac{\pi}{4}+\frac{\varphi}{2}\right)-1\right],$$

在 $\varphi=0$ 的情况下，$q_u=(\pi+2)c$。

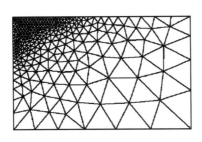

图 3 有限元剖分
Fig. 3 FEM meshing

这是一个典型的平面应变问题，考虑其对称性，有限元模型如图 3 所示。取 $c=10$，$\varphi=0°\sim 30°$，$\psi=0$、φ。采用有限元软件 ANSYS 对该地基极限承载力进行求解。

从表 3、4 中可以看出，M-C 不同简化准则（DP1～DP5）对计算结果的影响是很大的，其中 DP1 所得结果误差最大，且随着 φ 角的增大，结果失真的越严重；而在 $\psi=\varphi$ 时，采用 DP3 或在非关联流动法则下采用 DP5 时，所得结果最为精确，这是因为对于平面应变问题，在关联流动法则下，DP3 与 M-C 屈服准则是相匹配的，这与 Prandtl 精确解的理论基础是一致的；在 $\psi=0$ 时，DP5 与 M-C 准则是匹配的[7]。

同一简化准则在关联流动法则下的计算结果比非关联流动法则下的计算结果偏大，当 $\varphi\leq 15°$ 时，两者的结果差别不大，一般均在 5%以内，但随着 φ 的增大，它们的差距越来越大。另外，当 $\varphi\leq 15°$ 时，DP1 的结果≥DP2 的结果＞DP4 的结果＞DP5 的结果≥DP3 的结果；当 $15°\leq\varphi\leq 25°$ 时，DP1 的结果＞DP4 的结果＞DP2 的结果＞DP5 的结果＞DP3 的结果；当 $25°\leq\varphi$ 时，DP1 的结果＞DP4 的结果＞DP5 的结果＞DP2 的结果＞DP3 的结果；特别是当 $\varphi=0°$ 时，DP1 的圆与 DP2 的圆重合，DP3 的圆与 DP5 的圆重合，此时的解也相同，所有的这些与前面的理论推导结果十分一致。

表 3 非关联流动法则下极限承载力计算结果（$\psi=0$）
Table 3 The results of calculated bearing capacity when $\psi=0$

$\varphi/(°)$	0	5	10	15	20	25	30
DP1	60.23	82.28	118.26	182.16	296.11	497.20	762.50
DP2	60.23	76.29	97.43	125.40	162.69	206.19	254.08
DP3	52.19	65.80	84.13	108.00	141.32	187.78	238.40
DP4	54.81	70.51	91.65	122.90	169.67	238.88	331.56
DP5	52.19	65.89	84.96	110.04	150.21	201.69	292.69
Prandtl	51.42	64.89	83.45	109.77	148.35	207.21	301.40

表 4 关联流动法则下极限承载力计算结果（$\psi=\varphi$）
Table 4 The results of calculated bearing capacity when $\psi=\varphi$

$\varphi/(°)$	0	5	10	15	20	25	30
DP1	60.23	82.30	121.50	192.81	362.25	891.16	2373.6
DP2	60.23	76.60	98.59	129.91	175.00	243.13	351.88
DP3	52.19	65.96	84.98	111.90	151.75	212.08	310.00
DP4	54.81	70.51	92.94	127.51	184.90	289.28	508.83
DP5	52.19	66.39	86.20	115.12	159.75	234.38	370.48
Prandtl	51.42	64.89	83.45	109.77	148.35	207.21	301.40

3 结 语

(1) 通过适当的变化，M-C 准则可与可与 D-P 系列准则相匹配，此时的 D-P 准则能否应用到实际问题当中去，关键在于实际问题所处的应力状态是否满足 D-P 系列准则所对应的 θ_σ，不同的 θ_σ 可以反映材料的

不同受力状态,不同的应力状态对应于不同的 DP 屈服准则。

(2) 通过 D-P 系列的准则之间的对比,得出了一些有益的结论。算例结果有力的证明了这些结论的正确性与有效性。同时也表明,只要选取与材料应力状态相对应的与 M-C 准则等效的 D-P 准则,有限元的计算结果是可信的,其计算精度是很高的,完全可以在实际工程中获得广泛的应用。

(3) D-P 准则系列准则在克服 M-C 准则在数值分析时存在的不足,同时充分吸取了 D-P 系列准则在数值分析方面的优越性及 M-C 准则在描述岩土强度特性时的有效性,在岩土工程中有着较大的应用价值,发展潜力很大。

(4) 通过文中 D-P 系列准则在 π 平面上参数的等效转化,可以方便实施 D-P 系列准则的计算参数换算。

参考文献:

[1] 俞茂宏,昝月稳,范 文,等. 20 世纪岩石强度理论的发展——纪念 Mohr-Coulomb 强度理论 100 周年[J]. 岩石力学与工程学报,2000,**19**(5):545–550. (YU Mao-hong, ZAN Yue-wen, FAN Wen, et al. Advances in strength theory of rock in 20 century[J]. Chinese Journal of Rock Mechanics and Engineering, 2000, **19**(5):487–490.)

[2] 徐干成,郑颖人.岩土工程中屈服准则应用的研究[J]. 岩土工程学报,1990,**12**(2):93–99. (XU Gan-cheng, ZHENG Ying-ren. Study on the application of yield criteria in the Geotechnical engineering[J]. Chinese Journal of Geotechnical Engineering, 1990, **12**(2): 93–99.)

[3] 时卫民,郑颖人. 摩尔—库仑屈服准则的等效变换及其在边坡分析中的应用[J].岩土工程技术, 2003, (3): 155–159. (SHI Wei-ming,ZHENG Ying-ren. Equivalent transformation of Mohr-Coulomb criterion and its application in slope stability analysis[J]. Geotechnical Engineering Technique, 2003(3):155–159.)

[4] 苏继宏,汪正兴,任文敏,等.岩土材料破坏准则研究及其应用[J].工程力学, 2003, **20**(3): 72–77 (SU Ji-hong, WANG Zheng-xing, REN Wen-min, et al. Study and application of yield criteria to rock and soil[J]. Engineering Mechanics, 2003, **20**(3):72–77.)

[5] 赵尚毅,郑颖人,时卫民,等.用有限元强度折减法求边坡稳定安全系数[J].岩土工程学报,2002,**24**(3):343–346. (ZHAO Shang-yi, ZHENG Ying-ren, SHI Wei-ming, et al. Analysis on safety factor of slope by strength reduction FEM [J].Chinese Journal of Geotechnical Engineering, 2002, **24**(3): 343–346.)

[6] 郑颖人,沈珠江,龚晓南.广义塑性力学-岩土塑性力学原理[M].北京:中国建筑工业出版社,2002.(ZHENG Ying-ren, SHEN Zhu-jiang, GONG Xiao-nan. Generalized plastic mechanics-The principles of geotechnical plastic mechanics [M]. Beijing: China Architecture and Building Press,2002:51–61.)

[7] 张鲁渝,时卫民,郑颖人.平面应变条件下土坡稳定有限元分析[J].岩土工程学报,2002,**24**(4):487–490. (ZHANG Lu-yu, SHI Wei-min, ZHENG Ying-ren.The slope stability analysis by FEM under plane strain conditions[J]. Chinese Journal of Geotechnical Engineering, 2002, **24**(4): 487–490.)

[8] 邓楚键,孔位学,郑颖人.地基极限承载力增量加载有限元求解[J].岩土力学,2005,**26**(3):500–504.(DENG Chu-jian, KONG Wei-xue, ZHENG Ying-ren.Analysis of ultimate bearing capacity of foundations by elastoplastic FEM through step loading[J]. Rock and Soil Mechanics, 2005, **26**(3):500–504.)

边(滑)坡工程设计中安全系数的讨论

郑颖人，赵尚毅

(后勤工程学院 土木工程系，重庆 400041)

摘要：不同的安全系数定义会引起计算得到的边(滑)坡安全系数与作用在抗滑桩上推力设计值的不同，造成边(滑)坡设计的混乱，因而有必要对边(滑)坡安全系数作出统一的定义。探讨几种不同安全系数定义形式，不同的安全系数定义对安全系数的数值与滑坡推力设计值都是不同的，指出按照传统的计算方法与目前国际上采用的边(滑)坡安全系数的定义，采用强度储备安全系数是较合理的，也符合边(滑)坡破坏的实际情况，因此建议一般情况下采用强度储备安全系数作为边(滑)坡的安全系数，在特殊情况下，采用超载储备安全系数更能符合设计情况。下滑力超载安全系数不符合工程实际，因为随着荷载的增大，抗滑力也会增大，实际上不会出现这种情况，不宜采用。

关键词：边坡工程；安全系数；强度折减

中图分类号：P 642　　**文献标识码**：A　　**文章编号**：1000 - 6915(2006)09 - 1937 - 04

DISCUSSION ON SAFETY FACTORS OF SLOPE AND LANDSLIDE ENGINEERING DESIGN

ZHENG Yingren，ZHAO Shangyi

(*Department of Civil Engineering*，*Logistical Engineering University of PLA*，*Chongqing* 400041，*China*)

Abstract：The slope and landslide stability safety factors and landslide thrust force design values in different safety factor definitions are different. It is necessary to make a unified safety factor definition. This paper presents a discussion on several different safety factor definitions. It is reasonable that the slope stability factor definition uses strength reduction method which best conforms to slope's realities. In special circumstances，over loading safety factor may better suit the realities. The landslide load-increased factor was adapted in imbalanced thrust force method. This method was adapted in the ground engineering generally. But it does not fit the mechanical condition of landslide. The resistant strength will increase with the load-increased. So this safety factor definition is not suitable to use in slope and landslide engineering design.

Key words：slope engineering；safety factor；strength reduction

1　引　言

岩土工程设计都要符合规范中规定的安全系数，边(滑)坡工程也不例外，但边(滑)坡工程与结构工程不同，增大荷载并不一定能充分体现增大安全系数。因为随着荷载的增大，下滑力增大，但抗滑力也会增大，导致边(滑)坡工程设计中出现多种安全系数定义。目前采用的安全系数主要有三种[1]：一是基于强度储备的安全系数[2]，即通过降低岩土体强度来体现安全系数；二是超载储备安全系数，即通过增大荷载来体现安全系数[3]；三是下滑力超载储备安全系数，即通过增大下滑力但不增大抗滑力来计算滑坡推力设计值[4]。当前，不同的计算方

注：本文摘自《岩石力学与工程学报》(2006 年第 25 卷第 9 期)。

法中体现的安全系数定义是不同的,例如,传递系数法显式解中采用的安全系数为下滑力超载储备安全系数;反之传递系数法隐式解中及国际上各种条分法都采用的是强度储备安全系数。对不同的安全系数定义采用同样的安全系数值会得出抗滑桩上完全不同的推力设计值,导致抗滑桩的设计完全不同。又如,目前在边坡设计中采用荷载分项系数,即采用了超载储备安全系数[3]。当采用有限元增量超载法计算安全系数时,必然导致其安全系数与强度储备安全系数数值的不同。本文针对边(滑)坡安全系数的定义进行分析,并建议采用合理的安全系数定义形式。

2 边(滑)坡安全系数的定义

2.1 定 义

边(滑)坡稳定分析安全系数定义有多种形式,当前较为公认和应用较多的有如下3种形式:

(1) 强度储备安全系数 F_{s1}

1952 年毕肖普提出了著名的适用于圆弧滑动面的"简化毕肖普法"。在这一方法中,边坡安全系数定义为:土坡某一滑裂面上抗剪强度指标按同一比例降低为 c/F_{s1} 和 $\tan\varphi/F_{s1}$,则土体将沿着此滑裂面处处达到极限平衡状态,即有

$$\tau = c' + \sigma \tan\varphi' \tag{1}$$

其中,

$$c' = \frac{c}{F_{s1}}$$

$$\tan\varphi' = \frac{\tan\varphi}{F_{s1}}$$

上述将强度指标的储备作为安全系数定义的方法有明确的物理意义,安全系数的定义根据滑动面的抗滑力(矩)与下滑力(矩)之比得到,其计算可简化为

$$F_{s1} = \frac{\int_0^l (c + \sigma\tan\varphi)\mathrm{d}l}{\int_0^l \tau \mathrm{d}l} \tag{2}$$

按式(2)计算安全系数时,尚需要考虑条间力的作用,如果不考虑条间力,则式(2)相当于瑞典法。

将式(2)两边同除以 F_{s1},则式(2)变为

$$1 = \frac{\int_0^l \left(\frac{c}{F_{s1}} + \sigma\frac{\tan\varphi}{F_{s1}}\right)\mathrm{d}l}{\int_0^l \tau \mathrm{d}l} = \frac{\int_0^l (c' + \sigma\tan\varphi')\mathrm{d}l}{\int_0^l \tau \mathrm{d}l} \tag{3}$$

式(3)中左边为 1,表明当强度折减 F_{s1} 后,坡体达到极限平衡状态。

上述将强度指标的储备作为安全系数定义的方法是经过多年来的实践被国际工程界广泛承认的一种方法,这种安全系数只是降低抗滑力,而不改变下滑力。同时,用强度折减法也比较符合工程实际情况,许多边(滑)坡的发生常常是由于外界因素引起岩土体强度降低而导致岩土体滑坡。

(2) 超载储备安全系数 F_{s2}

超载储备安全系数是将荷载(主要是自重)增大 F_{s2} 倍后,坡体达到极限平衡状态,按此定义有

$$1 = \frac{\int_0^l (c + F_{s2}\sigma\tan\varphi)\mathrm{d}l}{F_{s2}\int_0^l \tau \mathrm{d}l} = \frac{\int_0^l \left(\frac{c}{F_{s2}} + \sigma\tan\varphi\right)\mathrm{d}l}{\int_0^l \tau \mathrm{d}l} = \frac{\int_0^l (c' + \sigma\tan\varphi)\mathrm{d}l}{\int_0^l \tau \mathrm{d}l} \tag{4}$$

其中,

$$c' = \frac{c}{F_{s2}}$$

由式(3)和(4)可得

$$\frac{\int_0^l (c + \sigma\tan\varphi)\mathrm{d}l}{F_{s1}\int_0^l \tau \mathrm{d}l} = \frac{\int_0^l (c + F_{s2}\sigma\tan\varphi)\mathrm{d}l}{F_{s2}\int_0^l \tau \mathrm{d}l} \tag{5}$$

所以有

$$F_{s1} = \frac{F_{s2}\int_0^l (c + \sigma\tan\varphi)\mathrm{d}l}{\int_0^l (c + F_{s2}\sigma\tan\varphi)\mathrm{d}l} \tag{6}$$

可见,两种安全系数值显然是不同的,由于实际计算过程中有些近似处理,因而式(6)是近似相等的。从式(4)还可以看出,超载储备安全系数相当于折减黏聚力 c 值的强度储备安全系数,对无黏性土($c = 0$)采用超载储备安全系数,并不能提高边坡稳定性。

(3) 下滑力超载储备安全系数 F_{s3}

增大下滑力的超载法是将滑裂面上的下滑力增大 F_{s3} 倍使边坡达到极限状态,也就是增大荷载引起的下滑力项,而不改变荷载引起的抗滑力项,按此定义:

$$1 = \frac{\int_0^l (c + \sigma\tan\varphi)\mathrm{d}l}{F_{s3}\int_0^l \tau \mathrm{d}l} \tag{7}$$

可见,式(7)与式(2)得到的安全系数在数值上相同,但含义不同。这种定义在国内采用传递系数法

显式解求安全系数时应用,不过由于传递系数法显式解还作了一些假定,其安全系数计算结果与一般条分法并不完全一致,一般情况下其计算结果偏大。

式(7)表明,极限平衡状态时,下滑力增大 F_{s3} 倍,一般情况下也就是土体质量增大 F_{s3} 倍。而实际上质量增大不仅使下滑力增大,也会使摩擦力增大,因此下滑力超载安全系数不符合工程实际,不宜采用。

算例 1:均质土坡,坡高 $H = 20$ m,黏聚力 $c = 42$ kPa,土重度 $\gamma = 20$ kN/m^3,内摩擦角 $\varphi = 17°$,求坡角 $\beta = 30°,35°,40°,45°,50°,90°$ 时边坡的安全系数[5],不同安全系数定义方法下的计算结果见表 1。

表 1 不同安全系数定义方法下的计算结果对比
Table 1 Safety factors by different methods

安全系数定义方法	安全系数					
	30°	35°	40°	45°	50°	90°
Spencer 法强度储备安全系数	1.55	1.41	1.30	1.20	1.12	0.64
有限元强度折减法强度储备安全系数	1.56	1.42	1.31	1.21	1.12	0.65
折减黏聚力 c 值的强度储备安全系数	2.84	2.06	1.65	1.40	1.21	0.55
增大重力荷载的超载储备安全系数	2.84	2.06	1.65	1.40	1.21	0.55

注:有限元强度折减法采用平面应变莫尔匹配 D-P 准则。

表 1 中的折减黏聚力 c 值的强度贮备安全系数及增大重力荷载的超载贮备安全系数均采用加拿大边坡稳定分析软件 GEO-Slope/w 中的 Spencer 法进行计算,即不断折减黏聚力 c 值使得边坡的稳定安全系数刚好为 1.0,此时的安全系数由 $F_{s3} = c/c'$ 得到。

由表 1 可见,采用有限元强度折减法和有限元增大重力荷载的超载法得到的稳定安全系数是不同的。计算结果还表明,增大荷载安全系数与折减黏聚力 c 值的强度储备安全系数完全一致。

2.2 不同安全系数定义方法对滑坡推力计算的影响

在滑坡推力计算中,安全系数定义方法不同,计算得到的推力也不同,下面来探讨不同安全系数定义方法下的滑坡推力计算公式。

滑坡推力的标准值可表示为

$$E_h = R_s - R_t \tag{8}$$

式中:R_s 为岩土体下滑力,R_t 为岩土体抗滑力。

由强度折减安全系数 F_s 得到的滑坡推力设计值为

$$E_t = R_s - \frac{R_t}{F_s} \tag{9}$$

由荷载增大(只增大下滑力,不增大抗滑力)安全系数得到的滑坡推力设计值为

$$E_t' = R_s F_s - R_t = F_s \left(R_s - \frac{R_t}{F_s} \right) = F_s E_t \tag{10}$$

可见,采用下滑力增大安全系数的滑坡推力设计值为强度折减安全系数推力设计值的 F_s 倍。这也就是为什么采用式(10)计算滑坡推力时 F_s 值增加不大而推力增加很大的原因。但由于实际计算过程中有些近似处理,因式(10)是近似相等。

超载储备安全系数条件下的滑坡推力设计值为

$$E_t'' = \int_0^l (c + F_s \sigma \tan\varphi) \mathrm{d}l - \int_0^l \tau \mathrm{d}l$$

降低黏聚力条件下的滑坡推力设计值为

$$E_t''' = \int_0^l \left(\frac{c}{F_s} + \sigma \tan\varphi \right) \mathrm{d}l - \int_0^l \tau \mathrm{d}l$$

算例 2:滑体饱和重度 $\gamma = 20$ kN/m^3,滑面土体强度参数:黏聚力 $c = 16.9$ kPa,内摩擦角 $\varphi = 8.5°$ (见图 1)。

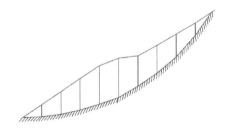

图 1 算例 2 滑坡推力计算示意图
Fig.1 Landslide thrust force calculation for example 2

算例 3:滑体饱和重度 $\gamma = 20$ kN/m^3,滑面为一单一直线滑面,倾角 30°,滑面土体强度参数:黏聚力 $c = 18$ kPa,内摩擦角 $\varphi = 20°$(见图 2)。

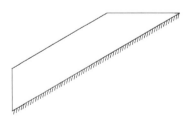

图 2 算例 3 滑坡推力计算示意图
Fig.2 Landslide thrust force calculation for example 3

不同安全系数定义条件下的滑坡推力计算结果见表 2。可见，采用不同的滑坡推力安全系数定义形式会得到不同的推力计算结果。由表 2 可知，对于单一直线滑动面计算模型(算例 3)，相同安全系数(1.15)取值条件下，增大滑体下滑力得到的推力刚好是强度降低得到的推力的 1.15 倍，$E'_t = F_s E_t$。但是对于算例 2，二者之间的比值为 1.13，$E'_t \approx F_s E_t$。采用增大荷载方式得到的滑坡推力比增大下滑力得到的滑坡推力小。增大荷载与降低黏聚力得到的稳定安全系数一样，但是二者计算得到的滑坡推力并不一致，计算表明，增大荷载得到的滑坡推力比降低黏聚力得到的滑坡推力大。

表 2 滑坡推力计算结果
Table 2 Landslide thrust force by different methods

方法	滑坡推力/(kN·m^{-1})	
	算例 2	算例 3
增大下滑力(F_s=1.15)	488	797
强度降低(F_s=1.15)	431	693
增大荷载(F_s=1.15)	418	501
降低黏聚力(F_s=1.15)	363	435

3 结 论

(1) 综上所述，不同的安全系数定义方法会引起计算得到的边(滑)坡安全系数与作用在抗滑桩上推力设计值的不同，造成边(滑)坡设计的混乱，因而必须对边(滑)坡安全系数作出统一的定义。作者认为，按照传统的计算方法采用目前国际上使用的强度储备安全系数是较合理的，也符合边(滑)坡受损破坏的实际情况，所以建议一般情况下采用强度储备安全系数作为边(滑)坡的安全系数。

(2) 在特殊情况下，采用超载储备安全系数更能符合设计情况。例如，大坝水位升高超载导致坝基失稳，这种情况下可采用超载储备安全系数，但计算中不宜同时考虑超载与强度折减，两者应分别计算并采用不同的安全系数。

(3) 下滑力超载安全系数不符合工程实际，因为随着荷载的增大，抗滑力也会增大。所以，只增大下滑力并不会出现这种情况，不宜采用。

鉴于当前工程界对边(滑)坡安全系数有不同的认识，本文先提出一些看法供大家讨论，并逐渐达成共识。

参考文献(References)：

[1] 郑 宏，田 斌，刘德富. 关于有限元边坡稳定性分析中安全系数的定义问题[J]. 岩石力学与工程学报，2005，24(13)：2 225 – 2 230.(Zheng Hong，Tian Bin，Liu Defu. On definitions of safety factor of slope stability analysis with finite element method[J]. Chinese Journal of Rock Mechanics and Engineering，2005，24(13)：2 225 – 2 230.(in Chinese))

[2] 中华人民共和国行业标准编写组. 公路路基设计规范(JTGD30 – 2004)[S]. 北京：人民交通出版社，2004.(The Professional Standards Compilation Group of People's Republic of China. Code for Design of Highway Sub-grades(JTGD30 – 2004)[S]. Beijing：China Communications Press，2004.(in Chinese))

[3] 中华人民共和国国家标准编写组. 建筑边坡工程技术规范(GB50330 – 2002)[S]. 北京：中国建筑工业出版社，2002.(The National Standards Compilation Group of People's Republic of China. Technical Code for Building Slope Engineering(GB50330 – 2002)[S]. Beijing：China Architecture and Building Press，2002.(in Chinese))

[4] 中华人民共和国行业标准编写组. 铁路路基支挡结构设计规范(TB10025 – 2001)[S]. 北京：中国铁道出版社，2001.(The Professional Standards Compilation Group of People's Republic of China. Code for Design on Retaining Engineering Structures of Railway Subgrade (TB10025 – 2001)[S]. Beijing：China Railway Publishing House，2001.(in Chinese))

[5] 赵尚毅，郑颖人，时卫民，等. 用有限元强度折减法求边坡稳定安全系数[J]. 岩土工程学报，2002，24(3)：343 – 346.(Zhao Shangyi，Zheng Yingren，Shi Weimin，et al. Slope safety factor analysis by strength reduction FEM[J]. Chinese Journal of Geotechnical Engineering，2002，24(3)：343 – 346.(in Chinese))

基于 Drucker-Prager 准则的边坡安全系数定义及其转换

赵尚毅，郑颖人，刘明维，钱开东

(后勤工程学院 建筑工程系，重庆 400041)

摘要：探讨了基于 D-P(Drucker-Prager)准则的边坡稳定安全系数定义形式，提出了各 D-P 准则之间的安全系数转换关系，并据此建立了基于 D-P 准则的边坡稳定安全系数与传统莫尔－库仑准则条件下安全系数的关系表达式。目前，ANSYS 有限元软件采用的岩土材料屈服准则为莫尔－库仑六边形外接圆 D-P 准则，在利用有限元强度折减法计算边坡稳定安全系数时，可以先求出外接圆 D-P 准则条件下的安全系数，然后利用所提出的安全系数转换公式就可直接计算出各 D-P 准则条件下的安全系数。对于平面应变条件下的强度问题，平面应变莫尔－库仑匹配 D-P 准则(分关联和非关联两种情况)与莫尔－库仑准则等效，因此，通过转换就可以在 ANSYS 程序中实现莫尔－库仑准则，而不需要进行二次开发。这样就解决了基于 D-P 准则的有限元强度折减安全系数与传统工程中采用的安全系数(基于莫尔－库仑准则)间的接轨问题。大量算例结果表明：在平面应变条件下采用平面应变莫尔－库仑匹配 D-P 准则求得的安全系数与传统极限平衡条分法中用 Spencer 法求得的安全系数非常接近，且误差在 1%～2%，已经具有相当高的计算精度，也同时证明所提出的方法是可行的。

关键词：边坡工程；边坡稳定分析；有限元强度折减法；Drucker-Prager 准则；安全系数转换

中图分类号：TD 824.7　　　**文献标识码**：A　　　**文章编号**：1000－6915(2006)增1－2730－05

DEFINITION AND TRANSFORMATION OF SLOPE SAFETY FACTOR BASED ON DRUCKER-PRAGER CRITERION

ZHAO Shangyi，ZHENG Yingren，LIU Mingwei，QIAN Kaidong

(*Department of Civil Engineering*，*Logistical Engineering University*，*Chongqing* 400041，*China*)

Abstract：Slope stability analysis was carried out using strength reduction finite element method(FEM) based on the Drucker-Prager criterion. The definition of slope stability safety factor based on the Drucker-Prager criterion was proposed，and the safety factor conversion formula with different Drucker-Prager yield criteria was deduced. The substitutive relationship of safety factor based on the Drucker-Prager yield criterion and Mohr-Coulomb yield criterion was set up. Currently，the Mohr-Coulomb hexagon circumcircle Drucker-Prager criterion was adopted in the ANSYS programme. So，the safety factor using ANSYS with the Mohr-Coulomb hexagon circumcircle Drucker-Prager criterion is calculated，thus the safety factor based on the Drucker-Prager yield criterion(such as the Mohr-Coulomb matching Drucker-Prager yield criterion under the plane strain condition) can be obtained using the deduced conversion formulae. Under the plane strain condition，the Mohr-Coulomb yield criterion in the ANSYS programme without secondary programming development through equivalent substitution is adopted. A series of case studies indicate that the average error of safety factors between those obtained by strength reduction FEM

注：本文摘自《岩石力学与工程学报》(2006 年第 25 卷增 1)。

based on plane strain Mohr-Coulomb matching D-P yield criterion and those by Spencer method is 1%－2%. The applicability of the proposed method was clearly exhibited.

Key words：slope engineering；slope stability analysis；strength reduction finite element method(FEM)；Drucker-Prager yield criterion；safety factor conversion

1 引 言

边坡稳定分析的有限元强度折减法利用不断降低岩土体强度，使边坡达到极限破坏状态，从而直接求出滑动面位置与边坡稳定安全系数。该方法十分贴近工程设计，使边坡稳定分析进入了一个新的时代[1~8]。

在有限元强度折减法中采用不同的屈服准则会得出不同的安全系数。传统边坡稳定分析的极限平衡条分法采用的是莫尔－库仑准则，但莫尔－库仑准则在三维应力空间中不是一个连续函数，而是由6个分段函数所构成，该准则在三维应力空间的屈服面为不规则的六角形截面的角锥体表面(见图 1)，在π平面上的图形为不等角六边形，其存在尖顶和棱角，因此，给数值计算带来困难。

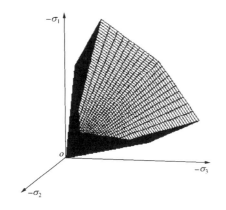

图 1 主应力空间中莫尔－库仑屈服面($c = 0$)

Fig.1 Mohr-Coulomb yield surface in principal stress space ($c = 0$)

目前，国际上流行的许多大型有限元软件，比如 ANSYS 以及美国 MSC 公司开发的 MARC，NASTRAN 等均采用了 D-P 准则，即

$$F = \alpha I_1 + \sqrt{J_2} = k \quad (1)$$

式中：I_1，J_2 分别为应力张量的第一不变量和应力偏张量的第二不变量；α，k 为与岩土材料内摩擦角 φ 和黏聚力 c 有关的常数，不同的 α，k 在π平面上代表不同的圆(见图 2)，各准则的参数换算关系见表 1。D-P 屈服准则在主应力空间的屈服面为光滑圆锥面，在 π 平面上为圆形，不存在尖顶处的数值计算问题。

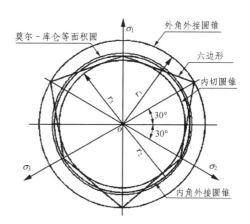

图 2 各屈服准则在π平面上的曲线

Fig.2 Yield surface on the deviator plane π

表 1 各准则参数换算表

Table 1 Relationship of different yield criteria

编号	准则种类	α	k
D-P1	外角点外接 D-P	$\dfrac{2\sin\varphi}{\sqrt{3}(3-\sin\varphi)}$	$\dfrac{6c\cos\varphi}{\sqrt{3}(3-\sin\varphi)}$
D-P2	莫尔－库仑等面积圆 D-P	$\dfrac{2\sqrt{3}\sin\varphi}{\sqrt{2\sqrt{3}\pi(9-\sin^2\varphi)}}$	$\dfrac{6\sqrt{3}c\cos\varphi}{\sqrt{2\sqrt{3}\pi(9-\sin^2\varphi)}}$
D-P3	平面应变莫尔－库仑匹配 D-P(非关联 $\psi = 0$)	$\dfrac{\sin\varphi}{3}$	$c\cos\varphi$
D-P4	平面应变莫尔－库仑匹配 D-P(关联 $\psi = \varphi$)	$\dfrac{\sin\varphi}{\sqrt{3}\sqrt{3+\sin^2\varphi}}$	$\dfrac{3c\cos\varphi}{\sqrt{3}\sqrt{3+\sin^2\varphi}}$
D-P5	内角点外接 D-P	$\dfrac{2\sin\varphi}{\sqrt{3}(3+\sin\varphi)}$	$\dfrac{6c\cos\varphi}{\sqrt{3}(3+\sin\varphi)}$

本文主要探讨基于 D-P 准则的边坡稳定安全系数的定义形式及各 D-P 准则之间的安全系数转换关系，并探讨基于 D-P 准则的边坡稳定安全系数与莫尔－库仑准则条件下安全系数之间的关系。

2 基于 D-P 准则的安全系数定义

传统边坡稳定分析的极限平衡条分法采用莫

尔-库仑准则，稳定安全系数定义为

$$c' = \frac{c}{\omega}, \quad \tan\varphi' = \frac{\tan\varphi}{\omega} \quad (2)$$

式中：ω 为安全系数。

这种安全系数定义有明确的物理意义，安全系数定义可根据滑动面的抗滑力(矩)与下滑力(矩)之比得到。

为了和目前边(滑)坡治理工程中采用的安全系数定义形式一致，对于 D-P 准则，也采用 c/ω，$\tan\varphi/\omega$ 的安全系数定义形式，这样便于工程实用。

3 不同 D-P 准则之间的安全系数转换

D-P 准则中 α，k 有多种表达形式，采用不同的 D-P 屈服准则得到的边坡稳定安全系数是不同的，但这些屈服条件的安全系数又是可以互相转换的，下面推导各 D-P 准则条件下的安全系数转换关系。

设 c_0，φ_0 为初始强度参数，在外接圆 D-P 准则条件下的安全系数为 ω_1，折减后的参数为 c_1，φ_1，在平面应变莫尔-库仑匹配 D-P 准则(非关联流动法则)条件下的安全系数为 ω_2，折减后的参数为 c_2，φ_2，因此有

$$\frac{c_0}{c_1} = \frac{\tan\varphi_0}{\tan\varphi_1} = \omega_1, \quad \frac{c_0}{c_2} = \frac{\tan\varphi_0}{\tan\varphi_2} = \omega_2 \quad (3)$$

由式(3)可得

$$\sin\varphi_1 = \sqrt{\frac{\sin^2\varphi_0}{\sin^2\varphi_0 + \omega_1^2\cos^2\varphi_0}} \quad (4)$$

$$\sin\varphi_2 = \sqrt{\frac{\sin^2\varphi_0}{\sin^2\varphi_0 + \omega_2^2\cos^2\varphi_0}} \quad (5)$$

因

$$\frac{2\sin\varphi_1}{\sqrt{3}(3-\sin\varphi_1)} = \alpha_1 = \frac{\sin\varphi_2}{3} = \alpha_2 \quad (6)$$

联立式(3)~(6)可得

$$\omega_2 = \sqrt{\frac{\left(3\sqrt{\cos^2\varphi_0 \omega_1^2 + \sin^2\varphi_0} - \sin\varphi_0\right)^2 - 12\sin^2\varphi_0}{12\cos^2\varphi_0}} \quad (7)$$

式(7)即为平面应变莫尔-库仑匹配 D-P 准则(非关联流动法则)和外接圆 D-P 准则(非关联流动法则)之间的安全系数转换关系式，这样只要求得了外接圆 D-P 准则条件下的安全系数 ω_1，利用该表达式就可以直接计算出平面应变莫尔-库仑匹配 D-P 准则条件下的安全系数 ω_2。

采用同样的方法可以推得平面应变莫尔-库仑匹配 D-P 准则(关联流动法则)条件下的安全系数 ω_2 和外接圆 D-P 准则(关联流动法则)条件下的安全系数 ω_1 之间的转换关系式为

$$\omega_2 = \sqrt{\frac{\left(3\sqrt{\cos^2\varphi_0 \omega_1^2 + \sin^2\varphi_0} - \sin\varphi_0\right)^2 - 16\sin^2\varphi_0}{12\cos^2\varphi_0}} \quad (8)$$

进行安全系数的转换时，各 D-P 屈服准则之间应采用相同的流动法则，也就是说要么都采用关联流动法则，要么都采用非关联流动法则。

4 与莫尔-库仑准则条件下安全系数的接轨问题

目前，边(滑)坡治理工程中采用的稳定安全系数是基于莫尔-库仑准则的。因此，关于前述各种 D-P 准则条件下的安全系数与莫尔-库仑准则条件下的安全系数接轨的问题，本文认为：对于平面应变条件下的强度问题(比如边坡稳定安全系数、地基承载力等)，平面应变莫尔-库仑匹配 D-P 准则与莫尔-库仑准则等效，该准则分关联和非关联两种情况。

采用非关联流动法则时(膨胀角 $\psi = 0$)：

$$\alpha = \frac{\sin\varphi}{3}, \quad k = c\cos\varphi \quad (9)$$

采用关联流动法则时(膨胀角 $\psi = $ 内摩擦角 φ)：

$$\alpha = \frac{\sin\varphi}{\sqrt{3(3+\sin^2\varphi)}}, \quad k = \frac{3c\cos\varphi}{\sqrt{3(3+\sin^2\varphi)}} \quad (10)$$

也就是说，在平面应变条件下采用有限元强度折减法求边坡稳定系数时，采用平面应变莫尔-库仑匹配 D-P 准则就相当于采用莫尔-库仑准则。

实际上，平面应变莫尔-库仑匹配 D-P 准则就是在平面应变条件下根据与莫尔-库仑准则相匹配推导而得到的。式(10)最早是由 Drucker-Prager 提出的，在偏平面上该准则的屈服曲线是内切莫尔-库仑准则的圆。

目前，ANSYS 有限元程序采用的屈服准则为外接圆 D-P 屈服准则。因此，在利用有限元强度折减法计算边坡稳定安全系数时，可先求出外接圆 D-P 准则条件下的安全系数，然后再利用上面推导得到

的安全系数转换公式就可直接计算出平面应变莫尔－库仑匹配 D-P 准则条件的安全系数。这样,通过转换就可以在 ANSYS 程序中实现莫尔－库仑准则,而不需要进行二次开发。研究结果表明,此法可行性较好,且有相当高的计算精度。

对于三维空间问题,推荐采用莫尔－库仑等面积圆 D-P 准则,该准则要求偏平面上的莫尔－库仑不等角六角形与 D-P 圆的面积相等。

5 算例验证

均质土坡,其坡高 $H=20$ m,黏聚力 $c=42$ kPa,土重度 $\gamma=20$ kN/m³,内摩擦角 $\varphi=17°$,求坡角 $\beta=30°$,$35°$,$40°$,$45°$,$50°$时边坡的稳定安全系数以及对应的临界滑动面。

5.1 有限元模型建立

如图 3 所示,按照平面应变建立计算模型,边界条件为左右两侧水平约束,下部固定,上部为自由边界,采用非关联流动法则。计算采用的软件为美国 ANSYS 公司的大型有限元软件 ANSYS 5.61 商业版。

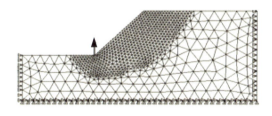

图 3 有限元单元网格划分

Fig.3 Meshes of FEM model

5.2 ANSYS 计算过程中的参数设置

强度折减安全系数的计算采用 c/ω,$\tan\varphi/\omega$ 的折减形式,采用非关联流动法则。以有限元静力平衡计算是否收敛作为边坡失稳的判据。力和位移的收敛标准系数均取为 0.000 01,最大迭代次数为 1 000 次。一次性施加重力荷载,选用全牛顿－拉普森迭代求解方法,打开自适应下降设置(如果采用关联流动法则,则建议将自适应下降关闭)。

5.3 安全系数计算结果

表 2 为各屈服准则采用非关联流动法则时的安全系数计算结果,传统极限平衡条分法安全系数计算采用的软件为加拿大的边坡稳定分析程序 SLOPE/W。表中 D-P1 为外接圆 D-P 准则;D-P2 为莫尔－库仑等面积圆 D-P 准则;D-P3 为平面应变条件下的莫尔－库仑匹配 D-P 准则(非关联流动法则),S 指 Spencer 法。

表 2 用不同方法求得的稳定安全系数

Table 2 Safety factors with different methods

方法	30°	35°	40°	45°	50°
FEM(D-P1)	1.91	1.74	1.62	1.50	1.41
FEM(D-P2)	1.64	1.49	1.38	1.27	1.19
FEM(D-P3)	1.56	1.42	1.31	1.21	1.12
Spencer 法	1.55	1.41	1.30	1.20	1.12
(D-P1-S)/S	0.23	0.23	0.25	0.25	0.26
(D-P2-S)/S	0.05	0.06	0.06	0.06	0.06
(D-P3-S)/S	0.01	0.01	0.01	0.01	0.00

从表 2 可以看出,采用平面应变条件下的莫尔－库仑匹配 D-P 准则(D-P3)求得的安全系数与传统 Spencer 法求得的安全系数非常接近,误差在 1% 左右,具有很高的计算精度。而采用莫尔－库仑等面积圆 D-P 准则(D-P2)的计算结果比 Spencer 法计算的结果大约 6%,外接圆 D-P 准则(D-P1)条件下的安全系数比 Spencer 的计算结果约大 25%。

5.4 边坡临界滑动面的确定

根据边坡破坏的特征,边坡破坏时滑面上节点位移和塑性应变将产生突变,滑动面位置在水平位移和塑性应变突变的地方,因此,可在 ANSYS 程序的后处理中通过绘制边坡水平位移或者等效塑性应变等值云图来确定滑动面。图 4~6 为坡角 $\beta=$

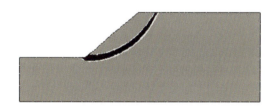

图 4 用塑性应变剪切带表示的滑动面

Fig.4 Failure surface using continuous contours of equivalent plastic strain

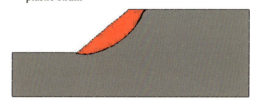

图 5 根据水平位移突变表示的滑动面形状

Fig.5 Failure surface using continuous contours of X-displacement

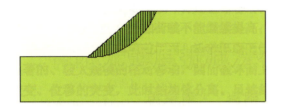

图 6 用 SLOPE/W 中的 Spencer 法得到的滑动面形状
Fig.6 Failure surface by SLOPE/W with Spencer method

45°时的滑动面形状和位置，为了便于比较，将变形显示比例设置为 0。

6 结 论

(1) 探讨了基于 D-P 准则的边坡稳定安全系数的定义形式，推导出了不同 D-P 准则之间的安全系数转换关系，并据此建立了基于 D-P 准则的边坡稳定安全系数与传统莫尔 – 库仑准则条件下安全系数的关系。

(2) 目前，ANSYS 有限元软件采用的屈服准则为外接圆 D-P 准则，在利用有限元强度折减法计算边坡稳定安全系数时，可先求出外接圆 D-P 准则条件下的安全系数，然后利用本文推导得到的公式可直接计算出其他 D-P 准则条件的安全系数。

(3) 对于平面应变条件下的强度问题，平面应变莫尔 – 库仑匹配 D-P 准则(分关联和非关联两种情况)与莫尔 – 库仑准则等效。为了使有限元强度折减法求得的边坡安全系数和传统工程实践中采用的安全系数(基于莫尔 – 库仑准则)接轨，同时又要使有限元数值计算变得方便，本文提出对于平面应变条件下的强度问题，可采用平面应变莫尔 – 库仑匹配 D-P 准则。因此，利用本文推导的安全系数换算公式，通过转换就可以在 ANSYS 程序中实现莫尔 – 库仑准则，而不需要进行二次开发，从而扩大了 ANSYS 程序在岩土工程中的应用范围。

(4) 大量算例证明，在平面应变条件下采用平面应变莫尔 – 库仑匹配 D-P 准则求得的安全系数与传统 Spencer 法求得的安全系数非常接近，误差仅在 1%~2%，已经具有相当高的计算精度，同时也证明了本文所提方法的可行性。反过来也说明边坡稳定分析的极限平衡条分法中严格条分法的合理性，二者互相印证。不同 D-P 准则之间的安全系数转换，可在 Microsoft Excel 软件中编制一段程序来轻松实现。

参考文献(References)：

[1] Griffiths D V，Lane P A. Slope stability analysis by finite elements[J]. Geotechnique，1999，49(3)：387–403.

[2] Dawson E M，Roth W H，Drescher A. Slope stability analysis by strength reduction[J]. Geotechnique，1999，49(6)：835–840.

[3] 赵尚毅，郑颖人，时卫民，等. 用有限元强度折减法求边坡稳定安全系数[J]. 岩土工程学报，2002，24(3)：343–346.(Zhao Shangyi，Zheng Yingren，Shi Weimin，et al. Slope safety factor analysis by strength reduction FEM[J]. Chinese Journal of Geotechnical Engineering，2002，24(3)：343–346.(in Chinese))

[4] 赵尚毅. 有限元强度折减法及其在土坡与岩坡中的应用[博士学位论文][D]. 重庆：后勤工程学院，2005.(Zhao Shangyi. Strength reduction finite element method and its application to soil and rock slope[Ph. D. Thesis][D]. Chongqing：Logistical Engineering University，2005.(in Chinese))

[5] 连镇营，韩国城，孔宪京. 强度折减有限元法研究开挖边破的稳定性[J]. 岩土工程学报，2001，23(4)：407–411.(Lian Zhenying，Han Guocheng，Kong Xianjing. Stability analysis of excavation by strength reduction FEM[J]. Chinese Journal of Geotechnical Engineering，2001，23(4)：407–411.(in Chinese))

[6] 赵尚毅，郑颖人，张玉芳. 有限元强度折减法中边坡失稳的判据探讨[J]. 岩土力学，2005，26(2)：332–336.(Zhao Shangyi，Zheng Yingren，Zhang Yufang. Study on the slope failure criterion in strength reduction finite element method[J]. Rock and Soil Mechanics，2005，26(2)：332–336.(in Chinese))

[7] 郑宏，李春光，李焯芬，等. 求解安全系数的有限元法[J]. 岩土工程学报，2002，24(5)：626–628.(Zheng Hong，Li Chunguang，Lee C F，et al. Finite element method for solving the factor of safety[J]. Chinese Journal of Geotechnical Engineering，2002，24(5)：626–628.(in Chinese))

[8] 宋二祥. 土工结构安全系数的有限元计算[J]. 岩土工程学报，1997，19(2)：1–7.(Song Erxiang. Finite element analysis of safety factor for soil structures[J]. Chinese Journal of Geotechnical Engineering，1997，19(2)：1–7.(in Chinese))

基于有限元强度折减法确定滑坡多滑动面方法

刘明维[1,2]，郑颖人[1]

(1. 后勤工程学院 军事土木工程系，重庆 400041；2. 重庆交通大学 河海学院，重庆 400074)

摘要：传统滑坡稳定分析中，滑动面的位置和形状总是或多或少根据钻孔勘察和工程经验而定，特别是对可能存在多个潜在剪出口和滑动面的复杂滑坡，往往导致滑动面的错划和漏划，从而造成滑坡治理的失败。采用有限元强度折减法，针对一个复杂滑坡算例，通过依次约束剪出口的方式，准确搜索出低于设定安全系数的所有滑动面和剪出口，并克服传统方法确定复杂滑坡滑动面可能存在的错误或遗漏，为滑坡治理方案的制定提供参考依据。

关键词：边坡工程；滑动面；安全系数；滑坡稳定性；有限元强度折减法；极限状态

中图分类号：TD 824.7；TP 301.6　　**文献标识码**：A　　**文章编号**：1000 - 6915(2006)08 - 1544 - 06

DETERMINATION METHODS OF MULTI-SLIP SURFACES LANDSLIDE BASED ON STRENGTH REDUCTION FEM

LIU Mingwei[1,2], ZHENG Yingren[1]

(1. *Department of Military Civil Engineering，Logistical Engineering University of PLA，Chongqing* 400041，*China*；
2. *School of River and Ocean Engineering，Chongqing Jiaotong University，Chongqing* 400074，*China*)

Abstract: In traditional landslide stability analysis, the shape and position of slip surface depend on drilling investigation and engineering experience to some extent. Especially, the complicated landslides are found with potential multi-shear outlets and multi-slip surfaces; and mistakes and leaks are usually encountered when estimating the slip surface, thus the results will lead to the failure of landslide treatment. The strength reduction FEM is an effective method to study landslides slip surface for it can automatically find out the accurate critical slip surfaces and corresponding safety factors; and the numerical non-convergence occurs simultaneously through the parameters reduction of soils of landslides. Moreover, it can still find out the glide order of each slip surface. By restraining shear outlets successively, a landslide is studied to find out all slip surfaces and shear outlets accurately in which safety factors are lower than the ones calculated by strength reduction FEM. The proposed method overcomes the deficiencies of traditional methods in determining complicated landslide slip surfaces; and it can provide basis for the projects of landslide treatment.

Key words: slope engineering; slip surfaces; safety factor; landslide stability; strength reduction FEM; critical state

1 引言

土坡稳定计算的传统方法中用得最多的是极限平衡法，但不足的是需要事先知道滑动面的位置和形状[1]。目前确定滑坡滑动面位置和形状的传统方法主要是在现场勘探的基础上，通过技术人员的分析、判断，提出滑带位置。这种判断方法存在如下

注：本文摘自《岩石力学与工程学报》(2006 年第 25 卷第 8 期)。

问题：一是当只有少量钻孔发现滑带特征时，依据少量滑带位置来判定整个滑带有时可能出现差错；二是当滑坡体处于蠕变阶段，滑动面尚未形成，则无法通过勘察找出滑动面；三是即使查明滑带和剪出口，还可能存在次级滑动面和潜在剪出口，有时还不止一个，容易造成遗漏滑动面。人们已经有多次经验教训，因为次生滑动面的遗漏常常导致工程的失败。为此，一些有经验的工程技术人员常会依据其经验在一些可能产生次生滑动面的地方布置一些人为滑动面，通过稳定分析来判断是否为次生滑动面；或者采用商业程序，在一些可能滑动的范围内布点，通过搜索来判定是否有次生滑动面。这些方法不仅繁琐，而且还要求工程技术人员有足够的工程经验，使用极为不便。

为使滑坡工程的治理达到安全、经济的目的，弄清滑动面位置和形状则至为重要，特别是可能存在多个潜在剪出口和滑动面的复杂典型滑坡(如图1所示)，则更为关键。为准确设置支挡结构，必须弄清滑体有几条次生滑动面，确定其潜在剪出口的位置以及各条滑动面发生滑动的次序。为此，不仅要找出最先滑动的滑动面，还须找出安全系数小于设定安全系数的所有滑动面。因为对最先滑动的滑动面进行支护后，后滑的次生滑动面仍可能滑动，只有当所有滑动面都进行支挡后，才能确保滑坡稳定。

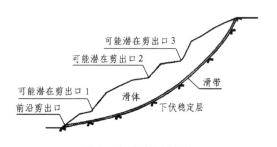

图1 典型滑坡示意图

Fig.1 Schematic diagram of typical landslide

为找出滑坡的所有滑动面及各条滑动面的滑动次序，有限元强度折减系数法是一个有效手段，因为可自动找出准确滑动面及滑动面的安全系数[2~9]，由此也可知各条滑动面的滑动次序。应当指出，采用有限元强度折减法要求对滑坡有详细勘察资料，即知道坡体及其结构面(含滑动面)的位置、形状与强度值。只有在这种情况下，才能获得准确的多个滑动面。本文针对一个复杂滑坡算例，通过依次约束已知滑动面剪出口的方式，搜索出低于设定安全系数的所有滑动面，由此纠正错划、漏划现象，其结果可以全面、准确地确定出复杂滑坡潜在滑动面，为滑坡治理方案的确定提供科学依据。

2 有限元强度折减法

2.1 有限元强度折减法基本原理

在弹塑性有限元静力计算中，通过不断降低坡体和滑动面的强度参数(黏聚力 c 和内摩擦角 φ)，使系统达到不稳定状态，即有限元静力计算不收敛，由此而获得的强度折减系数就是滑坡安全系数。

在计算过程中将坡体和滑动面的强度参数(黏聚力 c 和内摩擦角 φ)逐步折减，即

$$\left.\begin{array}{l} c' = \dfrac{c}{F} \\ \varphi' = \arctan\dfrac{\tan\varphi}{F} \end{array}\right\} \quad (1)$$

式中：F 为折减系数。

将折减后所得参数输入进行有限元计算，若程序计算收敛，则滑坡仍处于稳定状态；继续折减，直到不收敛为止，此时土体出现大幅度塑性滑移，滑坡最终的折减系数即为滑坡的安全系数。

2.2 本构模型与屈服准则

由于滑坡失稳只涉及力与强度问题，工程分析中通常采用理想弹塑性本构模型，但其对屈服准则有严格要求。

常用商业软件 ANSYS 提供适合岩土类材料的屈服准则为 Drucker-Prager 外接圆(DP_1)准则，但计算结果往往偏大[6, 7]。本文采用屈服准则是平面应变条件下 Mohr-Coulomb 准则精确相匹配的 Drucker-Prager 准则(DP_4)，该准则计算滑坡的安全系数具有很高的精度，其在 π 平面上表现为圆，是 Mohr-Coulomb 准则在平面应变下的特殊形式[7, 10]。

(1) 采用关联流动准则时，有

$$\alpha = \dfrac{\sin\varphi}{\sqrt{3(3+\sin^2\varphi)}} \quad (2)$$

$$k = \dfrac{3c\cos\varphi}{\sqrt{3(3+\sin^2\varphi)}} \quad (3)$$

(2) 采用非关联流动准则且膨胀角为 0 时，则有

$$\alpha = \dfrac{\sin\varphi}{3} \quad (4)$$

$$k = c\cos\varphi \quad (5)$$

本文采用关联流动法则，此时外接圆屈服准则

(DP_1)与平面应变条件下 DP_4 的关联流动准则得到的安全系数可以通过 η 值进行转换。η 值只与内摩擦角有关,其表达式为

$$\eta = \frac{2\sqrt{3+\sin^2\varphi}}{3-\sin\varphi} \quad (6)$$

求得 η 值后即可将外接圆屈服准则求得的安全系数转换成平面应变条件下 DP_4 的关联流动准则的安全系数。

2.3 有限元计算流程

弹塑性有限元分析中采用六节点二次三角形平面单元,计算滑坡的安全系数的具体过程如下:

(1) 进行系统建模、加载。

(2) 滑体、滑带及下伏稳定岩层的初始强度参数选用土体本身的黏聚力和内摩擦角,进行弹塑性有限元求解,直至收敛。

(3) 对式 DP_1 中的 c,φ 值进行折减,折减系数 F,采用二分法进行折减。

(4) 经计算若收敛,则继续折减,进行计算;如果不收敛,则在所取最后两个折减系数间继续折减,以求得满足精度要求的折减系数,直至最后有限元计算不收敛,则取此前的折减系数值为 DP_1 屈服准则下达到滑坡破坏的折减系数值 F_{s1};同时滑坡中自动出现最先滑动的一条滑动面。它既可能是勘察出来的滑动面,也可能是一条次生滑动面。

(5) 将 DP_1 屈服准则下的折减系数 F_{s1},除以式(6)中的 η,即可得到平面应变条件下 DP_4 的关联流动准则的折减系数,即为滑坡的安全系数。

3 算 例

3.1 计算模型

模型滑坡如图 2 所示,滑坡材料物理力学特性参数见表 1。

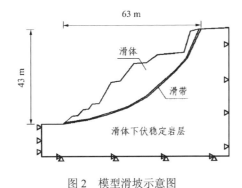

图 2 模型滑坡示意图

Fig.2 Schematic diagram of landslide model

表 1 材料物理力学参数

Table 1 Physico-mechanical parameters of the materials

材料名称	密度 /(g·cm^{-3})	弹性模量 /MPa	泊松比	黏聚力 /kPa	内摩擦角 /(°)
滑体	2.05	30	0.3	30.0	24.0
滑带	2.00	30	0.3	26.5	19.9
滑体下伏稳定岩层	2.37	1 600	0.2	200.0	32.0

本文滑体、滑带和下伏稳定岩层均采用六节点二次三角形平面单元模拟。

首先用有限元强度折减法计算在自重作用下滑坡的安全系数,其值为 1.000,而用极限平衡法(Spencer 法)算得滑坡的安全系数为 1.002,两者的误差少于 0.5%,这说明用平面应变条件下 DP_4 的关联流动准则分析滑坡的稳定性有较高的精度。有限元强度折减法自动搜索出滑坡最先滑动的滑动面的位置为沿滑带与稳定层相接触处滑动,滑坡极限状态的滑动面如图 3 所示。

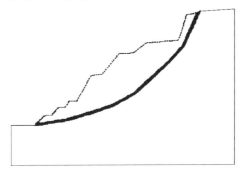

图 3 滑坡极限状态的滑动面(F_s = 1.000)

Fig.3 Critical slip surface of landslide(F_s = 1.000)

3.2 约束剪出口与潜在次生滑动面变化的关系

滑坡治理的过程实际上是滑动面变化与安全系数提高的动态过程,是剪出口直接或间接受到约束的过程。对于复杂滑坡,必须考虑多个次生滑动面的出现,只有所有潜在次生滑动面的安全系数都达到规范规定等级的安全系数,该滑坡从工程意义上来说才是安全的。算例滑坡确定的安全系数为 1.200[11],文中为寻求可能出现的多个次级滑动面的位置及滑动次序,有限元计算中采用约束滑坡上某一段(剪出口附近)的水平位移来表达对该部分的治理。依次对未达到设定安全系数的所有剪出口进行约束,约束部位与滑坡的安全系数关系见表 2。

表2 约束部位与滑坡的安全系数关系

Table 2 Relationship of restrained parts and safety factors of landslide

约束部位	滑动面产生次序	剪出口位置	安全系数	备注
天然滑坡	1	点 A 以上	1.000	
ABC 段	2	点 C 以上	1.032	
CDE 段	3	点 E 以上	1.104	滑坡设定安全系数为1.200
EFG 段	4	点 M 以上	1.145	
MN 段	5	点 G 以上	1.163	
GH 段	6	点 H 以上	1.202	

注：A~E 等位置说明见图4。

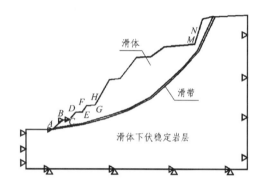

图4 滑坡治理示意图

Fig.4 Schematic diagram of landslide treatment

根据滑坡前沿剪出口的位置，首先约束 ABC 段水平位移(如图 4 所示)，经有限元强度折减法自动搜索出滑坡滑动面的位置(如图 5 所示)。由图 5 可知，因 ABC 段获得治理，滑动面发生变化，滑坡从点 C 以上剪出，此时滑坡的安全系数提高到1.032，但安全系数未达到设定的安全系数 1.200 的标准，还需进行治理。这说明次级滑动面的出现，是造成滑坡治理不彻底的重要原因。

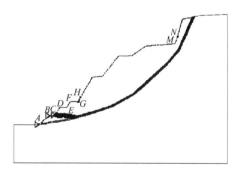

图5 约束 ABC 段滑坡极限状态的滑动面(F_s= 1.032)

Fig.5 Critical slip surface of landslide under restraining ABC section(F_s= 1.032)

如在约束 ABC 段水平位移的基础上，继续约束 CDE 段水平位移。从图6可知，滑动面继续上移，剪出口发生在点 E 以上，滑坡的安全系数提高到1.104，但仍小于1.200，还需进行边坡治理、加固。这表明次级滑动面出现的位置是随着滑坡治理选取的位置不断变化的，而有限元强度折减法能较好地反映这种变化。

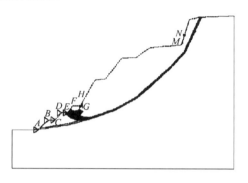

图6 增加约束 CDE 段滑坡极限状态的滑动面(F_s = 1.104)

Fig.6 Critical slip surface of landslide under restraining CDE section(F_s =1.104)

在固定 ABC 段与 CDE 段水平位移的基础上，继续约束 EFG 段水平位移，增加约束 EFG 段滑坡极限状态的滑动面如图7所示，从其贯通情况可见，滑坡的失稳是发生在上部的 MN 段，从点 M 上部滑出。滑坡的安全系数提高到 1.145，但还是小于1.200，还需治理。这表明次级滑动面出现的位置是随着滑坡形状不断变化的，而有限元强度折减法能准确地搜索出滑动面出现的位置。

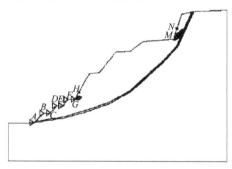

图7 增加约束 EFG 段滑坡极限状态的滑动面(F_s =1.145)

Fig.7 Critical slip surface of landslide under restraining EFG section(F_s =1.145)

在约束 ABC，CDE 和 EFG 段水平位移的基础上，继续约束 MN 段水平位移，增加约束 MN 段滑坡极限状态的滑动面如图 8 所示。从滑动面的贯通情况可见，滑动面全部在滑体内贯通，滑坡从点 G

以上滑出，此时滑坡的安全系数提高到 1.163，小于 1.200，不能满足工程要求，这表明滑动面的贯通不一定都要通过滑带。

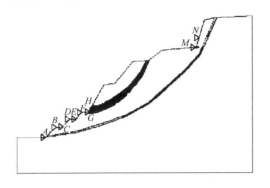

图 8 增加约束 MN 段滑坡极限状态的滑动面(F_s=1.163)

Fig.8 Critical slip surface of landslide under restraining MN section(F_s=1.163)

继续约束 GH 段(H 点在点 G 以上 1.0 m 处)水平位移，增加约束 GH 段滑坡极限状态的滑动面如图 9 所示。滑动面全部在滑体内贯通，滑坡从点 H 以上段滑出，此时滑坡的安全系数提高到 1.202，达到设定的安全系数 1.200，满足工程要求，不再增加治理范围。

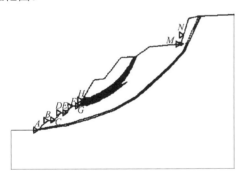

图 9 增加约束 GH 段滑坡极限状态的滑动面(F_s=1.202)

Fig.9 Critical slip surface of landslide under restraining GH section(F_s=1.202)

3.3 滑坡多滑动面与安全支护方案的关系

由节 3.2 分析可知，复杂滑坡可能存在多个潜在的剪出口和滑动面，而这些滑动面都未达到设定的安全系数，如果仅仅对前沿剪出口或第一剪出口进行支护，无论采用何种支护方法，总有潜在次级滑动面产生，工程治理无法达到设定的安全系数。滑坡支护方案必须寻求所有小于设定安全系数的滑动面或剪出口，抑制滑动面的贯通和剪出口剪出，才能达到提高安全系数、彻底治理滑坡的目标。

4 结 论

运用有限元强度折减法，通过依次约束剪出口的方式，准确搜索出算例滑坡所具有的多个潜在滑动面和滑动次序，得出以下主要结论：

(1) 有限元强度折减法不需任何假定，通过强度折减即可较为精确地计算滑坡的安全系数以及滑坡处于极限状态时潜在的滑移面，说明有限强度折减法是进行滑坡系统分析的一种有效方法。

(2) 算例表明，经约束 ABC，CDE，EFG 和 MN 段水平位移，滑坡的安全系数仍未达到设定的安全系数 1.200 的标准，还需进行治理，说明次级滑动面的出现，是造成滑坡治理失败的重要原因。

(3) 滑坡滑动面贯通情况表明，次级滑动面出现的位置是随着滑坡形状和约束位置不断变化的，采用有限元强度折减法，通过依次约束剪出口的方式，能较好地搜索出滑动面出现的位置和形状以及滑动面出现的先后顺序。

(4) 滑坡治理过程实际上是滑动面或者次级滑动面位置不断变化与安全系数不断提高的动态过程，是剪出口直接或间接受到约束的过程。要获得理想的滑坡治理效果，就必须准确把握滑动面的变化情况，而有限元强度折减法能及时、准确地反映这种变化。

(5) 复杂滑坡可能存在多个潜在的剪出口和滑动面，滑坡支护方案必须寻求所有小于设定安全系数的滑动面或剪出口，抑制滑动面的贯通和剪出口的剪出，达到提高安全系数、彻底治理滑坡的目标。

(6) 滑坡治理的措施较多，治理位置的选择多样，本文提出普遍性的确定滑动面和次级滑动面位置的方法。实际滑坡治理中，可采用本文提出的方法完成治理方案的拟定与优化，确保滑坡加固措施安全、可靠、经济。

参考文献(References)：

[1] 钱加欢，殷宗泽. 土工原理与计算(第二版)[M]. 北京：中国水利水电出版社，1996.(Qian Jiahuan, Yin Zongze. Principle of Geotechnique and Calculation(Second Edition)[M]. Beijing：China Water Power Press，1996.(in Chinese))

[2] Griffith D V，Lane P A. Slope stability analysis by finite elements[J]. Geotechnique，1999，49(3)：387－403.

[3] Jeong S, Kim B, Won J, et al. Uncoupled analysis of stabilizing piles in weathered slopes[J]. Computers and Geotechnics, 2003, 30(8): 671-682.

[4] Cai F, Ugai K. Numerical analysis of the stability of a slope reinforced with piles[J]. Soils and Foundations, 2000, 40(1): 73-84.

[5] 赵尚毅, 郑颖人, 时卫民, 等. 用有限元强度折减法求边坡稳定安全系数[J]. 岩土工程学报, 2002, 24(3): 343-346.(Zhao Shangyi, Zheng Yingren, Shi Weimin, et al. Analysis of safety factors of slope by strength reduction FEM[J]. Chinese Journal of Geotechnical Engineering, 2002, 24(3): 343-346.(in Chinese))

[6] 赵尚毅, 郑颖人, 邓卫东. 用有限元强度折减法进行岩质滑坡稳定性分析[J]. 岩石力学与工程学报, 2003, 22(2): 254-260.(Zhao Shangyi, Zheng Yingren, Deng Weidong. Stability analysis of rock slope by strength reduction FEM[J]. Chinese Journal of Rock Mechanics and Engineering, 2003, 22(2): 254-260.(in Chinese))

[7] 郑颖人, 赵尚毅, 邓卫东. 岩质滑坡破坏机制有限元数值模拟分析[J]. 岩石力学与工程学报, 2003, 22(12): 1943-1952.(Zheng Yingren, Zhao Shangyi, Deng Weidong. Numerical simulation on failure mechanics of rock slope by strength reduction FEM[J]. Chinese Journal of Rock Mechanics and Engineering, 2003, 22(12): 1943-1952.(in Chinese))

[8] 栾茂田, 武亚军, 年廷凯. 强度折减有限元法中边坡失稳的塑性区判据及其应用[J]. 防灾减灾工程学报, 2003, 23(3): 1-8.(Luan Maotian, Wu Yajun, Nian Tingkai. A criterion for evaluating slope stability based on development of plastic zone by shear strength reduction FEM[J]. Journal of Disaster Prevention and Mitigation Engineering, 2003, 23(3): 1-8.(in Chinese))

[9] 张鲁渝, 时卫民, 郑颖人. 平面应变条件下的土坡稳定的有限元分析[J]. 岩土工程学报, 2002, 24(4): 487-490.(Zhang Luyu, Shi Weimin, Zheng Yingren. Slope stability analysis by FEM under the plane strain condition[J]. Chinese Journal of Geotechnical Engineering, 2002, 24(4): 487-490.(in Chinese))

[10] 郑颖人, 沈珠江, 龚晓南. 广义塑性力学——岩土塑性力学原理[M]. 北京: 中国建筑工业出版社, 2002.(Zheng Yingren, Shen Zhujiang, Gong Xiaonan. Generalized Plastic Mechanics-Principle of Plastic Mechanics for Geotechnique[M]. Beijing: China Architecture and Building Press, 2002.(in Chinese))

[11] 重庆市地方标准. 地质灾害防治工程设计规范(DB50/5029-2004)[S]. 重庆: [s. n.], 2004.(The Professional Standards Compilation Group of Chongqing City. Design Specifications of Implementation Project for Geologic Hazards (DB50/5029-2004)[S]. Chongqing: [s. n.], 2004.(in Chinese))

应用 PLAXIS 有限元程序进行渗流作用下的边坡稳定性分析

唐晓松[1], 郑颖人[1], 邬爱清[2], 林成功[3]

(1. 解放军后勤工程学院 研究生大队, 重庆 400041; 2. 长江科学院 岩基研究所, 武汉 430010;
3. 重庆大学 土木工程学院, 重庆 400030)

摘要: 为了进行渗流作用下的边坡稳定性分析, 必须考虑渗流场与应力场之间的相互耦合作用。目前对渗流作用下边坡稳定性的分析一般都是通过自编程序进行的, 通常都是先对渗流进行有限元数值模拟, 然后再对边坡采用条分法进行稳定性分析。目前国际上关于渗流作用下边坡稳定性的分析方法发展较快, 已经可以采用有限元强度折减法来进行分析计算, 尤其是 PLAXIS 有限元程序对于这方面有较好的适用性。应用 PLAXIS 有限元程序采用有限元强度折减法, 进行了渗流作用下的边坡稳定性分析, 并用 ADINA 和 GEO-SLOPE 程序进行了验算。

关键词: 渗流作用; 稳定性; 有限元强度折减法; PLAXIS 有限元程序

中图分类号: TV223.4; TV131.4   **文献标识码**: A

目前国内外针对渗流作用对边坡稳定性的影响作了大量的研究工作。

汪自力[1]等在饱和-非饱和渗流不动网格有限元计算的基础上, 寻求用土体单元所受的渗透力代替其周边的孔隙水压力, 以达到利用渗流计算时的剖分网格和计算结果, 直接连续进行渗流作用下的边坡稳定分析的目的。

罗晓辉[2]对渗流场进行了稳定渗流与非稳定渗流有限元分析, 将渗流场的水力作用加到了应力场的分析中, 对深基坑开挖过程中渗流场的变化规律以及对应力场产生的影响进行了探讨。

平扬、白世伟等[3]基于比奥固结理论, 并将其扩展用于弹塑性分析领域, 将渗流场水力作用与应力场耦合, 并通过有限单元法进行模拟。

徐则民[4]等论述了渗流场与应力场耦合分析的基本原理及其在斜坡稳定性评价中应用的理论基础和技术路线。

D.V.Griffths[5]研究了浸润面与库水位作用下的边坡稳定性。采用自编程序, 应用有限元强度折减法, 通过算例计算得到的边坡安全系数与传统方法计算得到的安全系数较好地吻合, 但未能显示滑裂面。

本文试图探索应用国际通用程序结合强度折减法分析渗流作用对边坡稳定性的影响。由于 PLAXIS 有限元程序在渗流计算方面的强大功能, 并且是通过强度折减法来求解边坡的安全系数的, 因此本文采用了 PLAXIS 有限元程序。

1 PLAXIS 程序简介

PLAXIS 程序是荷兰开发的岩土工程有限元软件。该程序界面友好, 建模简单, 能自动进行网格剖分。用于分析土的本构模型有: 线弹性、理想弹塑性模型, 软土模型, 硬化模型和软土流变模型。此类模型可以模拟施工步骤, 进行多步计算。

该程序能够计算两类工程问题, 即平面应变问题和轴对称问题, 能够模拟包括土体、墙、板、梁结构, 各种元素和土体的接触面, 锚杆, 土工织物, 隧道以及桩基础等。PLAXIS 程序能够分析的计算类型有: ①变形; ②固结; ③分级加载; ④稳定分析; ⑤渗流计算, 并且还能考虑低频动荷载的影响。

在使用过程中发现 PLAXIS 程序功能比较强大, 能模拟比较多的实际工程, 同时用户界面友好, 使用也比较方便; 能自动生成有限元网格, 并通过重要部位网格的细分到达比较好的精度; 在后处理方面, 该程序能在计算过程中动态显示提示信息, 利于工程人员在使用过程对计算结果进行监控。

2 有限元模型的建立

利用 PLAXIS 程序进行渗流作用下的滑坡稳定

注: 本文摘自《长江科学院院报》(2006年第23卷第4期)。

性分析,需要分别建立有限元模型和渗流计算模型。由于 PLAXIS 程序中渗流计算也是基于有限元原理进行计算的,因此两个模型有限元网格的划分是一样的。利用 PLAXIS 程序进行二维分析(平面应变或者轴对称情况),用户可以选择节点或节点三角形单元,本文选择的是节点三角形单元。PLAXIS 程序在进行网格划分的时候,提供了自动划分并可以局部加密(可以在几何点附近加密也可以在局部几何区域上加密)的功能。

3 材料的选择及参数

本文根据实际工程的需要选择理想弹塑性和莫尔-库仑屈服准则进行数值模拟,其需要输入的主要参数分别是:弹性模量 E;泊松比 $υ$、摩擦角 $φ$、粘聚力 c 以及剪胀角 $Ψ$。

在进行材料的选择时,PLAXIS 程序对每种材料的力学行为提供了三种选择:排水条件下的力学行为、不排水条件下的力学行为以及无孔隙条件下的力学行为。

排水力学条件下的力学行为 当选择材料的这种力学行为时,在计算过程中土体内将不会产生超孔隙水压力。它适用于模拟完全干的土;或者是由于土体有较大的渗透系数能完全排水的土(如砂土);或者是外荷载很小的情况。当对模型的不排水应力历史和固结过程不需要精确计算时,它也适用于模拟土的长期力学行为。

不排水力学条件下的力学行为 当选择材料的这种力学行为时,在计算过程中土体内的超孔隙水压力将得到充分的发展。此时,由于土体的渗透系数较小(如粘土)或者外荷载较大,土体内孔隙水的流动可以忽略不计。当选择了材料的这种力学行为后,浸润面以上的土体的力学行为也变成不排水条件下的力学行为。这里程序需要输入的模型参数都是有效参数,例如,E'、$υ'$、c'、$φ'$ 等。

无孔隙条件下的力学行为 当选择材料的这种力学行为时,土体在计算过程中既不会存在初始孔隙水压力也不会产生超孔隙水压力。它适合于模拟混凝土或者岩石等材料的力学行为。

根据上述内容,本文在建立计算模型的时候,选择的是莫尔-库仑型材料及其在排水条件下的力学行为。

在渗流计算模型中需要输入的主要参数除了水的重度以及土体水平和竖直方向的渗透系数,还要建立相应的水力边界条件。PLAXIS 程序在进行渗流计算时,对没有定义水力边界条件的边界全部默认为是排水边界条件。

4 PLAXIS 程序中地下水渗流计算的方法

PLAXIS 程序认为地下水在孔隙中的流动服从 Darcy 定律,因此其对应的微分方程及其有限元解法这里就不再赘述了。该程序和其他有限元程序的不同之处在于,其为了区别浸润面上下,在非饱和土和饱和土中地下水渗流方式的不同,在 Darcy 定律中对渗透系数引入了一个折减系数 K^r(Desai, 1976; Li & Desai, 1983; Bakker, 1989)。当土体位于浸润面以下时,其对应的折减系数 K^r 等于 1;当土体位于浸润面以上时,其对应的折减系数 K^r 是一个小于 1 的数值 $α$;而在浸润面附近的"过渡"区域内的土体,其折减系数 K^r 则由 $α$ 按线性递增到 1。

5 PLAXIS 程序中安全系数求解方法

利用 PLAXIS 程序进行安全系数的求解,是通过程序提供的有限元强度折减法进行的。其分析方法是对强度参数 $\tanφ$ 和 c 不断减小直到计算模型发生破坏。在程序中系数 $\sum Msf$ 定义为强度的折减系数,其表达式为

$$\sum Msf = \frac{\tanφ_{input}}{\tanφ_{reduced}} = \frac{c_{input}}{c_{reduced}},$$

式中:$\tanφ_{input}$,c_{input} 为程序在定义材料属性时输入的强度参数值;$φ_{reduced}$,$c_{reduced}$ 为在分析过程中用到的经过折减后的强度参数值。程序在开始计算时默认 $\sum Msf = 1.0$,然后 $\sum Msf$ 按设置的数值递增至计算模型发生破坏,此时的 $\sum Msf$ 值即为计算模型的安全系数值。

有限元强度折减法不需要对滑动面形状和位置做假定,也无需进行条分,通过强度折减使边坡达到不稳定状态,非线性有限元静力计算将不收敛,此时的折减系数就是稳定安全系数。

6 算 例

均质边坡,坡高 $H = 20$ m,粘聚力 $c = 20$ kPa,坡角 $30°$,土干重度 $γ_{dry} = 15$ kN/m³;湿重度 $γ_{wet} = 18$ kN/m³,内摩擦角 $φ = 24°$,渗透系数 $k_x = k_y = 1×10^{-3}$ m/d,泊松比 $υ = 0.35$,弹性模量 $E = 2 000$ kPa。水头

荷载一为在边界上都施加水头荷载 $H=10$ m；水头荷载二为在边界上都施加水头荷载 $H=20$ m。

有限元模型和渗流计算模型的网格划分示意图如图1所示，渗流计算的模型示意图如图2所示。

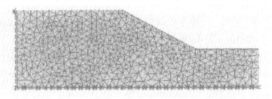

图 1 有限元模型和渗流计算模型网格划分示意图

Fig. 1 Sketch of meshes delimitation for the finite element model and seepage calculation model

图 2 渗流计算模型示意图

Fig. 2 Schematic diagram of seepage calculation model

通过计算得到天然情况、水头荷载一和水头荷载二时的安全系数和滑面位置，如图3、图4和图5所示。

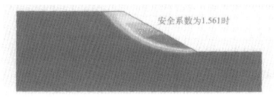

图 3 天然情况下的滑面位置示意图

Fig. 3 Sketch of the positions of sliding surface and saturated surface in natural condition

图 4 水头荷载一时的滑面位置和浸润面位置示意图

Fig. 4 Sketch of the positions of sliding surface and saturated surface for head-loading 1

图 5 水头荷载二时的滑面位置和浸润面位置示意图

Fig. 5 Sketch of the positions of sliding surface and saturated surface for head-loading 2

为了验证利用PLAXIS有限元程序进行分析的准确性，本文首先是通过传统条分法GEO-SLOPE程序中SLOPE/W和SEEP/W耦合的方法进行了安全系数的验算和滑面位置的计算。该程序在进行稳定性分析的时候采用的是Spencer法，如图6和图7所示；然后还采用了国际通用程序ADINA有限元程序进行验算，计算结果见表1。该程序在渗流计算方面的功能也比较强大，关于利用ADINA程序分析渗流作用下边坡稳定性的可行性已经得到了验证(见另文)，但是该程序在后处理方面存在一定的局限性，从而无法准确显示滑面位置。

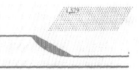

图 6 水头荷载一时GEO-SLOPE程序的计算结果示意图

Fig. 6 Sketch of calculated result by GEO-SLOPE program for head-loading 1

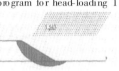

图 7 水头荷载二时GEO-SLOPE程序的计算结果示意图

Fig. 7 Sketch of calculated result by GEO-SLOPE program for head-loading 2

表 1 边坡安全系数计算结果

Table 1 Calculated results of safety factor of slope

计算程序	天然条件	水头荷载一	水头荷载二
ADINA	1.566	1.571	1.514
GEO-SLOPE(SLOPE/W 和 SEEP/W 耦合)	1.579	1.579	1.543
PLAXIS	1.561	1.568	1.532

如表1所示，在水头荷载一时利用上述3个程序求得的安全系数的数值基本吻合；当水头荷载为二时，此时滑面部分位于浸润面以下，因此渗流产生的孔隙水压力对边坡的稳定性产生了影响。如表1中的数据所示，利用不同程序得到的安全系数的数值和天然情况下的安全系数的数值相比都降低了，表示此时渗流作用对边坡起到了弱化作用，从表中的数据还可以看出利用不同程序解得的安全系数的数值基本一致，其误差在3%以内。

7 结 语

通过计算可以看出，利用PLAXIS程序对渗流作用下的边坡稳定性进行分析是可行的，其计算结果和GEO-SLOPE程序以及ADINA程序的计算结果十分接近，而且该程序在分析方法以及后处理方面都对渗流作用下的边坡稳定性分析有极强的适用性，这将为考虑渗流作用的边坡稳定性分析提供新的数值模拟方法。

参考文献：

[1] 汪自力. 饱和-非饱和渗流作用下边坡稳定分析的混合法[J]. 郑州大学学报, 2002, (1): 25—27.

[2] 罗晓辉. 深基坑开挖渗流与应力耦合分析[J]. 工程勘察, 1996, (6): 37—41.

[3] 平扬, 白世伟, 徐燕平. 深基坑工程渗流—应力耦合分析数值模拟研究[J]. 岩土力学, 2001, (3): 37—41.

[4] 徐则民. 基于水-力耦合理论超深隧道围岩渗透性预测[J]. 成都理工学院学报, 2001, (2): 130—134.

[5] GRIFFITHS, D V, LANE, P A. Slope Stability Analysis by Finite Elements[J]. Geo-technique, 1999, 49(3): 387—403.

[6] 时卫民. 三峡库区滑坡与边坡稳定性实用分析方法研究[D]. 重庆: 解放军后勤工程学院, 2004.

Stability Analysis of Soil Slope under Seepage by PLAXIS Finite Element Program

TANG Xiao-song[1], ZHENG Ying-ren[1], WU Ai-qing[2], LIN Cheng-gong[3]

(1. Logistical Engineering University, Chongqing 400041, China; 2. Yangtze River Scientific Research Institute, Wuhan 430010, China; 3 Civil Engineering Institute of Chongqing University, Chongqing 400030, China)

Abstract: To analyse the stability of soil slope under seepage, the effects of coupling between seepage and stress fields should be considered. Until now, the stability analysis of the soil slope under seepage is carried out through the program developed by the researcher. Usually, the data of seepage are simulated through FEM, then the stability is analysed by the means of slicing. The analysis and calculation through strength reduction FEM is feasible. Moreover, the PLAXIS finite element program is suitable to this field. In this paper, the PLAXIS finite element program is adopted to analyse the stability of soil slope under seepage through strength reduction FEM. Then the checking computation is conducted through the program of ADINA and GEO-SLOPE.

Key words: seepage; stability; strength reduction FEM; PLAXIS finite element program

有限元强度折减法在三维边坡中的应用研究

宋雅坤[1]，郑颖人[1]，赵尚毅[1]，雷文杰[2]

(1. 后勤工程学院军事土木工程系，重庆 400041；
2. 中国科学院岩土力学重点实验室，武汉 430071)

摘 要：边坡稳定性评价，特别是对具有复杂几何特征的边坡，应作为三维问题来处理。作者将强度折减法应用于三维边坡稳定性分析中，通过三个典型的工程算例对几种常用的屈服准则进行比较，证明了在三维情况下采用摩尔—库仑等面积圆屈服准则代替摩尔—库仑准则是可行的。

关键词：边坡稳定性；有限元强度折减法；摩尔—库仑等面积圆屈服准则；三维分析

中图分类号：TU457　　　　**文献标识码**：A

Application of Three-Dimensional Strength Reduction FEM in Slope

SONG Ya-kun[1], ZHENG Ying-ren[1], ZHAO Shang-yi[1], LEI Wen-jie[2]

(1. *Department of Civil Engineering, Logistical Engineering University, Chongqing 400041, China*;
2. *Key Laboratory of Rock and Soil Mechanics, The Chinese Academy of Sciences, Wuhan 430071, China*)

Abstract: The slope stability appraisal, especially to the slope with characteristic of complicated geometry, should be dealt with as the three-dimensional problem. In this paper, the strength reduction method is applied in the analysis on three-dimension slope stability, and a comparison of several yield criterions in common uses is presented through three typical examples. It is shown that using the Mohr-Coulomb equivalent area circle yield criterions to replace the Mohr-Coulomb yield criterions in three-dimensional is feasible.

Keywords: slope stability; strength reduction FEM; Mohr-Coulomb equivalent area circle yield criterions; 3D analysis

1 前言

在边坡稳定分析领域，二维方法是常用的手段。但在岩土工程中很多边坡问题都属于三维边坡问题，有关边坡稳定三维极限平衡方法，已有众多文献介绍其研究成果。Duncan 曾列表总结了 20 篇文献资料[1]，列举了这些方法的特点和局限性。为了使问题变得静定可解，各种三维极限平衡方法均引入了大量的假定，如对滑裂面的形状假定为左右对称、对数螺旋面等。这样，就进一步削弱了三维分析理论基础和应用范围，使三维边坡稳定分析方法始终未能获得广泛的实际应用。而有限元强度折减法克服了极限平衡法的不足，它在分析边坡稳定性时不仅满足力的平衡条件，而且还考虑了土体应力—应变关系，变形关系和支挡结构的作用，同时可以自动地搜索滑动面。在二维情况下，有限元强度折减法已经得到了较好的结论，并成功地应用于工程实际[2]。但在三维分析领域尚未得到很好的应用，原因在于其可靠性、安全系数的计算精度还没有得到充分的验证。本文采用有限元强度折减法，对三维典型边坡进行了分析，并通过三个算例证实了其应用于三维边坡稳定性分析的可行性。

注：本文摘自《地下空间与工程学报》(2006年第2卷第5期)。

2 计算原理

2.1 有限元强度折减法原理[3]

所谓强度折减法就是将土体的抗剪强度指标 C 和 Φ，用一个折减系数 F_s，如式（1）和（2）所示的形式进行折减，然后用折减后的抗剪强度指标 C_F 和 Φ_F 取代原来的抗剪强度指标 C 和 Φ，在有限元分析中使用。直到其达到破坏状态为止，同时得到安全系数 F_s。

$$C_F = C/F_s \tag{1}$$
$$\tan\Phi_F = \tan\Phi/F_s \tag{2}$$

式中，C 是土体的粘聚力，Φ 是土体的内摩擦角。

2.2 屈服准则的选取[4]

有限元强度折减法中岩土材料本构模型采用理想弹塑性模型，安全系数的大小与采用的屈服准则密切相关，不同的屈服准则会得出不同的安全系数。其中本构模型常选用摩尔-库仑准则（M-C）、Drucker-Prager 准则以及摩尔-库仑等面积圆准则。

Drucker-Prager 准则可表述为如下形式：

$$F = \alpha I_1 + \sqrt{J_2} - k = 0 \tag{3}$$

式中 I_1，J_2 分别为应力张量的第一不变量和应力偏张量的第二不变量。α、k 是与岩土材料内摩擦角 φ 和内聚力 c 有关的常数，不同的 α、k 在 π 平面上代表不同的圆。各准则的参数换算关系见表1。

M-C 准则较为可靠，它的缺点在于三维应力空间中的屈服面存在尖顶和棱角的不连续点，导致数值计算不收敛。而 D-P 准则在偏平面上是一个圆，不存在尖顶处的数值计算问题，更适合数值计算。因此目前流行的大型有限元软件 ANSYS 以及美国 MSC 公司的 MARC，PATRAN 等均采用 D-P 准则。在 ANSYS 软件中采用的是摩尔-库仑不等角六边形外接圆 D-P 屈服准则，研究表明该准则与传统的摩尔-库仑屈服准则有较大的误差。而徐干成、郑颖人（1990）提出的摩尔-库仑等面积圆屈服准则代替传统摩尔-库仑准则实际上是将 M-C 准则转化成近似等效的 D-P 准则形式[5]。该准则不仅能用于二维情况而且还能用于三维情况。计算表明它与摩尔-库仑准则十分接近。对于平面应变这一特殊条件，经研究表明，采用平面应变条件下的摩尔匹配 DP 准则求得的安全系数与传统 Spencer 法求得的安全系数非常一致，误差在 1% 左右。

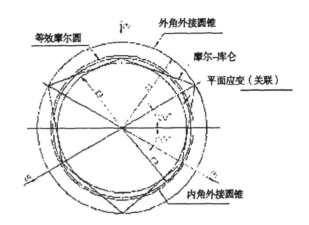

图 1 各屈服准则在 π 平面上的曲线

Fig. 1 The yield surface on the deviatoric plane

表 1 屈服准则参数换算表

Table 1 The relationship of different yield criterions

编号	准则种类	α	k
DP1	外角点外接 D-P 圆	$\dfrac{2\sin\phi}{\sqrt{3}(3-\sin\phi)}$	$\dfrac{6c\cos\phi}{\sqrt{3}(3-\sin\phi)}$
DP2	内角点外接 D-P 圆	$\dfrac{2\sin\phi}{\sqrt{3}(3+\sin\phi)}$	$\dfrac{6c\cos\phi}{\sqrt{3}(3+\sin\phi)}$
DP3	等面积 D-P 圆	$\dfrac{2\sqrt{3}\sin\phi}{\sqrt{2\sqrt{3}\pi(9-\sin^2\phi)}}$	$\dfrac{6\sqrt{3}c\cos\phi}{\sqrt{2\sqrt{3}(9-\sin^2\phi)}}$
DP4	平面应变摩尔匹配 DP 准则（关联流动法则）	$\dfrac{\sin\phi}{\sqrt{3}(3+\sin^2\phi)}$	$\dfrac{3c\cos\phi}{\sqrt{3}(3+\sin^2\phi)}$

2.3 有限元强度折减法中边坡破坏的判据

有限元强度折减法分析边坡稳定性的一个关键问题是如何根据有限元计算结果来判别边坡是否达到极限破坏状态。经过研究认为，塑性区从坡脚到坡顶贯通并不一定意味着破坏，塑性区贯通是破坏的必要条件，但不是充分条件。土体破坏的标志应是滑体出现无限移动，此时滑移面上的应变或者位移出现突变，因此，这种突变可作为边坡破坏的标志，此外有限元静力计算会同时出现不收敛。所以本文采用有限元数值计算不收敛作为边坡失稳的判断依据。但这一判据不适用于计算失误而引起的误差。

3 算例及讨论

3.1 算例 1

算例 1 是一个可以简化为平面应变问题的空间模型，以赵尚毅平面算例[6]为基础建立三维有限元模型，计算模型如图 2 所示，坡高 20 m，坡角 45°，坡角到左端边界的距离为坡高的 1.5 倍，坡顶到右端边界的距离为坡高的 2.5 倍,且总高为 2 倍坡高,在 Z 方向为 30 m。有限元模型的边界条件是底面为固定约束,坡体侧面相约束 Z 方向的位移。土体单元采用 SOLID45 号实体单元。流动法则采用关联流动法则。土坡计算参数为:$C=42$ kPa,$\gamma=25$ kN/m³,φ 为变量。

图 4 等效塑性应变

Fig. 4 Equivalent plastic strain

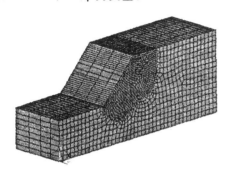

图 2 均质土坡计算模型

Fig. 2 Model of soil slope

计算结果见表 2。计算表明,在三维边坡计算中采用摩尔-库仑等面积圆屈服准则是可行的,它所得到的计算结果与二维情况下得到的结果基本一致。

表 2 不同屈服准则得到的安全系数

Table 2 Safety factors by different methods

$H=20$ m $\beta=45°$ $C=42$ kPa					
$\varphi(°)$	0.1	10	25	35	45
DP1	0.523	1.072	1.696	2.105	2.497
DP2	0.522	0.938	1.303	1.473	1.494
DP3(三维)	0.475	0.920	1.390	1.680	1.925
DP3(平面)	0.455	0.915	1.388	1.665	1.914

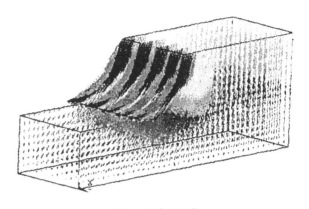

图 5 位移矢量图

Fig. 5 Displacement vector

折减法应用于空间问题的可行性。

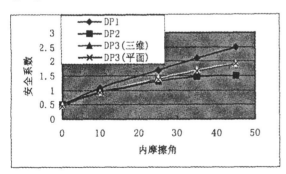

图 3 φ~折减系数曲线

Fig. 3 The frictional angle and safety factor curve

图 4、图 5 为 φ 等于 25°时,计算不收敛时得到的等效塑性应变图和位移矢量图。

3.2 算例 2

算例 2 是三维典型算例对比三维极限平衡法与有限元强度折减法的计算结果,验证有限元强度

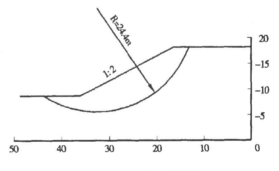

图 6 椭球体滑面算例

Fig. 6 An example with an ellipsoid failure surface

图 6 为 Zhang Xing[7] 发表文章提供的椭球滑面算例,国内外很多学者都选择本例题来检验各自的三维极限平衡法程序的合理性。

模型建立按原例的要求,在对称轴平面用一圆弧模拟滑裂面,在 Z 方向,则以椭球圆面形成滑面图 7。坡高 12.2 m,坡角 26.56°,坡角到左端边界的距离为 20 m,坡顶到右端边界的距离为 24 m,且总高为 27.2 m。有限元模型边界条件的底面为固定约束,坡体侧面相约束 X、Z 方向的位移,同时在滑面四周约束土体的位移,即滑面是给定的。土体单元采用 SOLID45 号实体单元。流动法则采用关联流动法则。计算参数为:$C=29$ kPa,$\gamma=18.8$

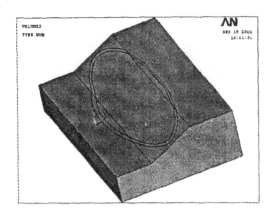

图 7 椭球体滑面模型
Fig. 7 Model of ellipsoid failure surface

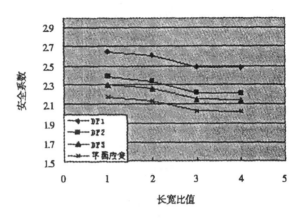

图 9 滑体不同长宽比安全系数计算结果
Fig. 9 The safety factors varying with the ratio of width to length

kN/m^3，$\varphi=20°$。对此算例采用不同的屈服准则计算，计算结果见表 3。

表 3 Zhang Xing 算例不同屈服准则得到的安全系数
Table 3 Safety factor by different method for the example of Zhang Xing

屈服准则	DP1	DP2	DP3	Zhang Xing
安全系数	2.489	2.217	2.150	2.122
误差	17%	5%	1%	

可见，采用 DP3 准则计算所得的安全系数非常接近，误差仅有 1%。而在平面情况下采用 DP3 准则时，误差的平均值为 5% 左右。因此等面积圆屈服准则在分析三维边坡时更能符合实际情况。图 8 为其计算不收敛时的 X 方向的位移云图。

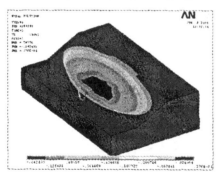

图 8 X 方向的位移云图
Fig. 8 X—Component of displacement

为分析滑体宽度对边坡稳定性的影响。分别取不同的 w/l 值进行稳定性验算。计算结果见表 4。并将上述结果绘制成曲线见图 9。

从图 9 可以看出，无论采用哪种屈服准则，当滑体的宽度与长度远远大与其沿滑动方向的长度时，稳定系数逐渐变小；并且在 $w/l>2$ 时，安全系数的变化逐渐变缓；同时可以看出平面应变圆屈服准则在 $w/l\leqslant 2$ 时，计算还能满足要求，但当 $w/l>$

2 以后，滑体具有了明显的三维效应，此时已经违背了平面应变的假定，所以计算结果较小。可见在三维边坡稳定性分析中，采用等面积圆屈服准则能准确的模拟边坡的实际情况。

表 4 滑体不同长宽比安全系数
Table 4 The safety factors varying with the ratio of width to length

w/l	DP1	DP2	DP3	DP4
1	2.654	2.384	2.300	2.175
2	2.604	2.334	2.255	2.131
3	2.489	2.217	2.150	2.030
4	2.478	2.206	2.140	2.020

在 Zhang Xing 原例中约束了滑面周围土体的位移，这种假定是不符合实际情况的，在实际情况下滑体周边的土体对其有一定的约束作用，本文也对这种情况进行了计算。为减少计算用的机时，只对 $w/l=1$、$w/l=3$ 椭球滑面进行了计算。$w/l=1$ 椭球滑面计算所得安全系数为 2.33，与给定滑面情况下的安全系数 2.3 十分接近。$w/l=3$ 椭球滑面计算所得安全系数为 2.165，也与给定滑面情况下的安全系数 2.15 十分接近。图 10、图 11 分别是 $w/l=1$ 椭球滑面施加约束和放松约束两种情况的等效塑性应变等值面图，可以看出两者计算所得的滑面非常相近。图 12、图 13 分别是施加约束和放松约束两种情况的 X 方向位移云图，从图中可以看出，在放松约束情况下，滑体周边的土体也有一定的位移，这在一定程度上约束土体的下滑，使得安全系数也有所增加。计算所得的安全系数也正反应了这一点。

3.3 算例 3

岩石力学中的楔形体稳定是一个典型的三维

图 10 施加约束的等效塑性应变等值面图

Fig. 10 Isosurface with the constraint of equivalent plastic strain

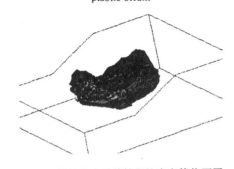

图 11 放松约束的等效塑性应变等值面图

Fig. 11 Isosurface with the constraint release of equivalent plastic strain

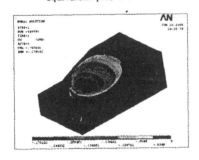

图 12 施加约束的 X 方向位移云图

Fig. 12 Displacment with the constraint of X-Component

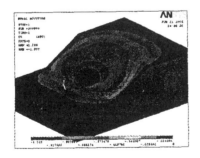

图 13 放松约束的 X 方向位移云图

Fig. 13 Displacement with the constraint release of X-Component

极限平衡分析问题。一些学者在开发三维边坡稳定分析程序时,都将此作为考察对象。对于一个简单的块体,其求解方法在教科书中已有详细介绍,这些方法隐含了一个假定,即底滑面上的剪力平行于交棱线。本例考察如图 14 所示的楔形体,其几何参数和物理参数如表 5 所示,其中岩体坡高 100 m,岩体计算参数为:$C=1\times 10^3$ kPa,$\gamma=26$ kN/m^3,$\varphi=45°$。结构面计算参数为:$C=50$ kPa,$\gamma=20$ kN/m^3,$\varphi=30°$。在进行有限元模拟时,结构面看作软弱结构面,因此结构面和岩体均采用实体单元模拟,按照连续介质处理,只是材料参数不同而已。岩体以及结构面材料本构关系采用理想弹塑性模型,屈服准则采用摩尔-库仑等面积圆 DP 准则,安全系数的计算与均质土坡相同,即通过对岩体及结构面强度参数同时进行折减时边坡达到极限破坏状态,此时可得到边坡的强度储备安全系数。

表 5 楔形体算例几何、物理参数表

Table 5 Parameters of geometry and geotechnical properties for the example with wedge failure surface

部位	倾向(°)	倾角(°)
左结构面	120	40
右结构面	240	60
顶面	180	0
坡面	180	60

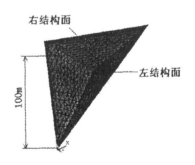

图 14 楔形体滑面算例

Fig. 14 An example with wedge failure surface

此算例用有限元强度折减法得到的安全系数为 1.60,图 15,图 16 为有限元强度折减法计算得到 X 方向的位移云图和等效塑性应变图。用理正岩土系列软件计算所得的安全系数为 1.636。两者的计算误差为 2.2%。

4 结语

(1)目前虽然有很多三维极限平衡法的分析程序,但三维极限平衡法较二维相比作出了更多的假定,而且需要给定滑面,影响了其应用。而有限元强度折减法不需要作任何假定,计算模型不仅满足

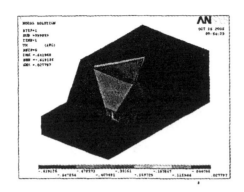

图 15 X 方向位移云图

Fig. 15 X-Component of displacment

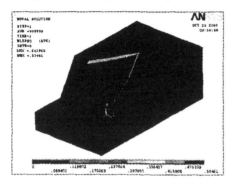

图 16 等效塑性应变图

Fig. 16 Equivalent plastic strain

力的平衡方程,而且满足土体的应力应变关系,计算结果更可靠,为三维边坡稳定性分析开辟了新的途径。

(2)目前已有不少将三维有限元程序应用于边坡稳定性分析的文章,但尚未有对其精度分析和工程应用可行性验证讨论,本文通过算例证明摩尔—库仑等面积圆屈服准则更适用于三维边坡稳定性分析,其计算精度可达到 1%～2%,而在平面情况下其平均误差在 6% 左右。从而为三维有限元强度折减法提供了可靠的理论基础以及将其用于工程实际的可行性。

参考文献:

[1] Duncan, J. M. State of the art: Limit equilibrium and finite element analysis of slopes[J]. Journal of Geotechnial engineering, 1996,122(7)577～596.

[2] 郑颖人,赵尚毅. 有限元强度折减法在土坡与岩坡中的应用[J]. 岩石力学与工程学报,2004,23(19):3381～3388.

[3] 赵尚毅,时为民,郑颖人. 边坡稳定性分析的有限元法[J]. 地下空间,2001,21(5):450～454.

[4] 郑颖人,沈珠江,龚晓南. 岩土塑性力学原理[M]. 北京:建筑工业出版社,2002.

[5] 徐干成,郑颖人. 岩土工程中屈服准则应用的研究[J]. 岩土工程学报,1990,12(2):93～99.

[6] 赵尚毅. 有限元强度折减法及其在土坡与岩坡中的应用[D]. 重庆:后勤工程学院,2004.

[7] Zhang, X. Three－dimensinoal stability analysis of concave slope in plan view[J]. ASCE Journal of Geotechnique Engineering,1988,114:658－671.

材料屈服与破坏的探索

高 红[1]，郑颖人[1,2]，冯夏庭[1]

(1. 中国科学院 岩土力学重点实验室，湖北 武汉 430071；2. 中国人民解放军后勤工程学院 军事土木工程系，重庆 400041)

摘要：对材料的屈服和破坏进行分析，认为屈服和破坏是两个不同的概念，是材料变形过程中的两个不同阶段。初始屈服是材料第一次由弹性状态进入塑性状态的标志，也是材料弹性变形的上限，是弹性状态与塑性状态的分界点；破坏是塑性过程发展的最终结果，是塑性变形所能达到的极限状态，也代表材料的极限变形能力。超过屈服点，材料不一定破坏，从屈服到破坏之间有一个塑性变形的范围。破坏准则也应不同于屈服准则，但通常人们所说的破坏准则确切地说应该是屈服准则，所以有必要正确认识屈服与破坏的关系，建立不同于屈服准则的真正的破坏准则。阐述屈服与破坏的区别和关系，分析实践中由于对破坏这一概念认识不清而导致的一些问题，指出极限平衡和塑性区贯通都不是真正的破坏。总结 3 类表达屈服准则的途径，并初步探讨描述材料破坏的 3 种不同方法：应变或位移、能量及动力学方法。

关键词：岩土力学；弹性；塑性；屈服；破坏
中图分类号：TU 432   **文献标识码**：A   **文章编号**：1000 – 6915(2006)12 – 2515 – 08

EXPLORATION ON YIELD AND FAILURE OF MATERIALS

GAO Hong[1]，ZHENG Yingren[1,2]，FENG Xiating[1]

(1. *Key Laboratory of Rock and Soil Mechanics，Institute of Rock and Soil Mechanics，Chinese Academy of Sciences，Wuhan，Hubei 430071，China*；2. *Department of Civil Engineering，Logistical Engineering University of PLA，Chongqing 400041，China*)

Abstract：Based on the analysis of yield and failure of materials，it is concluded that the two conceptions are different，and they are two different steps in the deformation process of materials. Initial yield is a symbol of materials to first enter into plastic state from elastic state；and it is the upper limit of materials′ elastic deformation. So initial yield is the dividing point of elastic state and plastic state. However，failure is the final result of plastic process；and it is the limit state that plastic deformation can arrive，showing materials′ limit deformation ability. It is not definite for materials to fail after being yielded，because there is a plastic deformation process between yield and failure. Similarly，failure criteria should be different from yield criteria. But the so-called failure criteria are virtually yield criteria. Therefore，it is necessary to properly understand the relations between yield and failure，and establish real failure criteria that are not the same as yield criteria. The distinction and interrelation between yield and failure are studied；and some problems in practice arising from the wrong cognition of failure are discussed. It is pointed out that both limit equilibrium state and plastic zone connection are not real failure states. Three types of ways to express yield criteria are simply summarized and moreover，three different methods are tentatively discussed to describe the failure of materials：strain or displacement method，energy method and dynamic method.
Key words：rock and soil mechanics；elasticity；plasticity；yield；failure

注：本文摘自《岩石力学与工程学报》(2006 年第 25 卷第 12 期)。

1 引言

进行工程设计和稳定性评价时，正确地把握和描述材料的变形破坏规律是至关重要的。岩土材料从受力到破坏一般要经历3个阶段：弹性、塑性与破坏。在当前的岩土材料强度理论中，人们已经清楚地认识到弹性变形与塑性变形存在本质的差别，由此导致其计算方法也有很大的不同。屈服意味着弹性到塑性的转变，采用不同的屈服准则将得到不一样的计算结果，因此提出大量的屈服理论以适应不同的需要[1~4]。然而，屈服与破坏的概念却比较混乱，多数人都没有对这两个概念进行区分，通常人们所说的破坏准则确切地说应该是屈服准则。实际上屈服和破坏是两种不相同的概念，破坏准则也不同于屈服准则。目前已有部分学者认识到这个问题，但还没有形成统一的观点。研究破坏问题可从两个方面入手，一是从宏观角度利用弹塑性理论进行分析，二是从微细观角度出发，利用损伤力学与断裂力学的方法进行探讨。相对来说弹塑性理论比较成熟，而损伤、断裂理论还有待进一步完善，因此本文在塑性力学的框架内对此进行一些探讨，分析实践和计算中由于对这一概念认识不清而导致的一些问题，认为应该正确认识材料屈服与破坏的关系，建立真正的破坏准则，并初步探索描述材料破坏的3种不同方法：应变或位移、能量及动力学方法，希望与关心此问题的同仁共同探讨。

2 屈服和破坏的区别

2.1 屈服——弹性状态与塑性状态的分界点

物体受到荷载后，随着荷载增大，由弹性状态过渡到塑性状态，这种过渡叫做屈服，也就是说屈服是初始弹性状态的界限，是弹性状态与塑性状态的分界点。而物体内某一点开始产生塑性应变时，应力或应变所必须满足的条件叫做屈服条件。初始屈服是材料第一次由弹性状态进入塑性状态的标志。对于理想塑性材料，应力点不可能跑到屈服面之外，屈服面在材料变形过程中始终不变；对于硬化材料或软化材料，随着应力和变形的增加，屈服面将是变化的，这种变化后的屈服就称为后继屈服。以后所提到的屈服视情形而有不同含义。

关于弹性和塑性的区别及计算方法，前人曾有过大量论述[5~7]。弹性阶段与塑性阶段的差别在于应力与应变之间物理关系的不同，即本构关系不同。在弹性阶段，材料特性是可逆的，且与路径无关，物体的内力与变形存在着完全对应的关系，应力与应变之间的关系是一一对应的，当力消除后变形就完全恢复。

在塑性阶段，材料特性是不可逆的并与加载路径有关。除可恢复的弹性应变外，还存在不可恢复的永久塑性应变，当应力移去时，塑性应变仍然存在，所有塑性材料的应变可认为是可恢复的弹性应变和永远不可恢复的塑性应变之和。应力与应变之间不再满足一一对应的关系，应力-应变关系要受到加载状态、应力水平、应力历史与应力路径的影响。

2.2 破坏——塑性发展的极限点

材料的破坏可分为延性破坏和脆性破坏两种，其区别在于物体经受变形而破坏时的变形大小。若变形很小就破坏称为脆性破坏，能够经受很大变形才破坏的称为延性破坏。

破坏和屈服是两个不同的概念，是材料变形过程中的两个不同阶段。屈服一般是指材料弹性变形的上限，超过屈服点，材料并不一定就破坏，从屈服到破坏之间有一个塑性变形的范围。破坏是塑性过程发展的最终结果，是塑性变形所能达到的极限状态，也代表材料的极限变形能力。就单元体而言，破坏应该是指其应力不再增加，应变或位移达到某个极限值。在进行材料力学性能的室内试验时也可看到，在临近破坏时外加荷载不能继续提高，试样的变形却显著增加，变形达到一定程度就破坏。就结构整体而言，破坏首先意味着结构整体不能继续承受荷载，外加荷载不能继续提高；其次破坏点连通形成整体的破坏面，沿破坏面两侧发生显著的、较大规模的相对移动，因而破坏面上会有应变、位移的突变。

典型的金属应力-应变曲线如图1所示，初始应力-应变呈线性关系，严格满足虎克定律，经过比例极限后进入非线性阶段，弹性极限后出现一段较长的应力不变而应变可增长的屈服阶段，达到强度极限后应力开始下降直至破坏。图2，3所示是典型的土的应力-应变关系曲线，有两种形式：一种是硬化型，一般为双曲线。应力增加至某一极限值后将不再增加，此时应变持续增加直至破坏；另一种为软化型，一般为驼峰曲线，峰值后应力很快

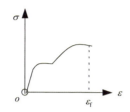

图 1 典型的金属应力-应变曲线

Fig.1 Typical stress-strain curve of metal

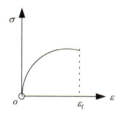

图 2 硬化型土的应力-应变曲线

Fig.2 Stress-strain curve of hardening soil

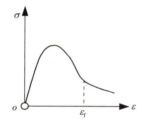

图 3 软化型土的应力-应变曲线

Fig.3 Stress-strain curve of softening soil

下降至残余强度，而应变快速增加直到破坏。图 4 为理想弹塑性材料的应力-应变关系曲线，进入塑性阶段后应力保持不变，而应变处于流动状态可一直增大直至破坏。

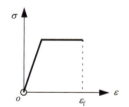

图 4 理想弹塑性应力-应变曲线

Fig.4 Stress-strain curve of perfect elastoplasticity

谢和平等[8]指出强度丧失与灾变概念不同，强度丧失未必有灾变发生。处于三向压缩的岩体，尽管材料微结构的凝聚力已经丧失即材料强度已经丧失，但由于围压作用，并不立即发生灾变，只有围压卸载时才会发生突然的灾变。相反，处于三向拉伸的岩体，当强度丧失后可能立即发生灾变。

当前岩土工程中通常采用极限平衡分析法进行结构稳定性分析。极限平衡是力量抗衡意义上的一种极限状态，即荷载和强度间保持平衡的极限状态，就岩土结构而言主要是剪应力与抗剪强度达到临界平衡的界限，它的主要标志和破坏准则是结构的剪应力等于其抗剪强度。当土体中某一处的某一截面上的剪应力 τ 达到该截面上的抗剪强度 τ_f 时，该处即处于极限平衡状态，即 $\tau = \tau_f$。但目前岩土工程中广泛采用的极限条件都是 Terzaghi 利用 Mohr 应力圆导出的"塑性平衡状态"方程式，因此结构达到极限平衡状态只是意味着结构处于塑性平衡，并不代表破坏，要达到真正的破坏，必须考察其位移或变形是否达到极限值。

汪闻韶[9]详细讨论土体液化与极限平衡和破坏的关系，通过对导致饱和无黏性土液化的 3 种典型机制即砂沸、流滑和循环活动性的分析，指出土体的液化、极限平衡和破坏是 3 个不同范畴的界定标志，土体在液化过程中始终没有超过极限平衡的界限，在一定条件下可出现破坏，但也可不出现或没有达到破坏的界限。

由于对破坏这一概念的认识不清，导致实践和计算中多是根据工程实际的要求或个人经验给出破坏标准。以边坡稳定分析为例，目前数值计算中有部分学者采用塑性区贯通作为边坡失稳临界状态的评判方法，塑性屈服是应力张量各分量的某种组合大到一定限度的反映，而滑动则是矢量的概念，屈服区的存在只能说明这部分坡体进入塑性状态，并不等同于滑动的产生。如图 5 所示，岩体结构上塑性区已经贯通，但应变和位移尚很小，并不一定就破坏。因此，基于塑性区分布的临界破坏状态判别准则还不等于是揭示失稳的物理本质的准则。塑性区贯通并不一定意味着破坏，塑性区贯通是破坏的必要条件，但不是充分条件。

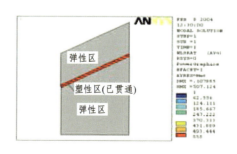

图 5 边坡塑性区贯通

Fig.5 Plastic zone connection of slope

3 屈服准则

屈服准则又称塑性条件或屈服条件，是描述不同应力状态下物体某点进入塑性状态并使塑性变形继续进行所必须满足的条件。

材料的屈服可分为拉伸屈服、压缩屈服和剪切屈服。最大拉应力理论和修正最大拉应力理论属于抗拉强度理论。关于剪切屈服，迄今为止已提出大量的准则，它们各有优缺点和相应的适用范围，实际计算时应根据需要选择合适的准则。

一般来说，材料的屈服准则可分为3类：(1) 应力表示的屈服准则；(2) 应变表示的屈服准则；(3) 能量表示的屈服准则。以下列出的是工程实践中运用比较广泛的几种剪切屈服准则。

3.1 应力屈服准则

应力屈服准则[1, 4, 5]用于金属材料组合应力状态的屈服准则，是由Tresca于1864年提出。该屈服准则假定，当一点的最大剪切应力达到极限值则发生屈服。若以主应力表达，这一准则的数学表达式为

$$\max\left(\frac{1}{2}|\sigma_1-\sigma_2|, \frac{1}{2}|\sigma_2-\sigma_3|, \frac{1}{2}|\sigma_3-\sigma_1|\right)=k \quad (1)$$

或

$$[(\sigma_1-\sigma_2)^2-4k^2]\cdot[(\sigma_2-\sigma_3)^2-4k^2]\cdot[(\sigma_3-\sigma_1)^2-4k^2]=0 \quad (2)$$

式中：σ_1，σ_2，σ_3为3个主应力；k为常数。

如用应力不变量J_2和J_3表示，可写为

$$4J_2^3-27J_3^2-36k^2J_2^2+96k^4J_2-64k^6=0 \quad (3)$$

如用Lode角θ_σ和J_2表示，还可写为

$$\sqrt{J_2}\cos\theta_\sigma - k = 0 \quad (4)$$

式中：$-\pi/6 \leqslant \theta_\sigma \leqslant \pi/6$。

在主应力空间，Tresca屈服面为垂直于π平面的正六边形柱面。1913年提出的Mises屈服准则假定当八面体上的剪应力达到某个极限值时材料开始屈服，其表达式为

$$J_2 - k^2 = 0 \quad (5)$$

或

$$(\sigma_1-\sigma_2)^2+(\sigma_2-\sigma_3)^2+(\sigma_3-\sigma_1)^2=6k^2 \quad (6)$$

Mises屈服面在主应力空间表现为一个圆柱面。

上述两种屈服条件主要适用于金属材料，对于岩土类介质材料一般不能很好适用，这是因为岩土类介质材料的屈服与体积变形或静水应力状态相关。

于1952年正式提出的Drucker-Prager准则是Mises准则的简单修正，它考虑静水压力对屈服的影响，这一准则的数学表达式为

$$f(I_1, J_2) = \alpha I_1 + \sqrt{J_2} - k = 0 \quad (7)$$

式中：I_1为第一应力不变量，$f(\bullet)$为屈服函数。

当$\alpha = 0$时，Drucker-Prager准则退化为Mises准则，故Drucker-Prager准则也称为广义的Mises准则。

将Tresca条件加以推广，同样可得广义Tresca屈服条件：

$$f = (\sigma_1-\sigma_2-k+\alpha I_1)\cdot(\sigma_2-\sigma_3-k+\alpha I_1)\cdot(\sigma_3-\sigma_1-k+\alpha I_1)=0 \quad (8)$$

或

$$\sqrt{J_2}\cos\theta_\sigma + \alpha I_1 - k = 0 \quad (9)$$

式中：α为材料参数，且有$-\pi/6 \leqslant \theta_\sigma \leqslant \pi/6$。

源于1900年的Mohr-Coulomb准则，是基于最大剪应力为屈服决定性因素的假设。与Tresca准则相比，剪应力τ的临界值不是一个常数，而是在那一点上同一平面中正应力σ的函数。用主应力表示的屈服条件为

$$\frac{1}{2}(\sigma_1-\sigma_3) = c\cos\varphi - \frac{1}{2}(\sigma_1+\sigma_3)\sin\varphi \quad (10)$$

式中：c为黏聚力，φ为内摩擦角。

对于无摩阻材料的特例，其$\varphi=0$，则式(10)退化为Tresca准则，以不变量可表示为

$$f = \frac{1}{3}I_1\sin\varphi + (\cos\theta_\sigma - \frac{1}{\sqrt{3}}\sin\theta_\sigma\sin\varphi)\sqrt{J_2} - c\cos\varphi = 0 \quad (11)$$

式中：$-\pi/6 \leqslant \theta_\sigma \leqslant \pi/6$。

由于考虑静水压力对屈服的影响，上述屈服面不再为柱面，而成为锥面。其中Drucker-Prager屈服面为圆锥面，广义Tresca屈服面是正六角锥，Mohr-Coulomb屈服面是一个不规则的六角形截面的角锥体表面。

双剪应力屈服准则是我国学者俞茂宏于1961年提出的一种新的屈服理论，经过40多年来的发

展与完善，已经形成系列的双剪应力强度理论。该理论认为除最大主剪应力外，其他主剪应力也将影响材料的屈服。由于3个主剪应力中只有两个独立量，因此只考虑两个较大的主剪应力对材料屈服的影响。双剪应力系列强度理论除可反映最大主剪应力和次大主剪应力对屈服的影响外，还可反映静水压力、剪切面的法向应力以及材料拉压强度不同对屈服的影响。统一双剪强度理论的数学表达式为

(1) 当 $\tau_{12} + \beta\sigma_{12} \geq \tau_{23} + \beta\sigma_{23}$ 时，有

$$f = \tau_{13} + b\tau_{12} + \beta(\sigma_{13} + b\sigma_{12}) = k \quad (12)$$

(2) 当 $\tau_{12} + \beta\sigma_{12} \leq \tau_{23} + \beta\sigma_{23}$ 时，有

$$f = \tau_{13} + b\tau_{23} + \beta(\sigma_{13} + b\sigma_{23}) = k \quad (13)$$

式中：τ_{ij} ($i, j = 1, 2, 3$) 为主剪应力，σ_{ij} ($i, j = 1, 2, 3$) 为主剪应力作用面上相应的正应力，β 为材料参数。

3.2 应变屈服准则

物体内某一点开始产生塑性变形时，应变分量间需要满足的条件叫做以应变表述的屈服条件[1]。建立以应变表述的屈服条件，最好的方法是通过以应变表示的大量试验数据的分析，提出既符合热力学与力学理论，又使用简单的屈服条件，但是，这需要做大量的试验，然而目前这样的试验却不多。此外，由于初始屈服是弹性状态与塑性状态的分界点，此时仍然满足弹性力学规律，因此亦可直接从应力表述的屈服函数转换为应变表述的屈服函数。下面给出的就是由上述应力屈服条件转换得到的相应的应变屈服条件。

(1) Tresca 应变屈服条件：

$$f = \frac{E}{1+\nu}\sqrt{J_2'}\cos\theta_\varepsilon - k' = 0 \quad (14)$$

(2) Mises 应变屈服条件：

$$\sqrt{J_2'} - \frac{1+\nu}{E}k' = 0 \quad (15)$$

(3) Drucker-Prager 应变屈服条件：

$$f = \alpha'I_1' + \sqrt{J_2'} - k' = 0 \quad (16)$$

(4) 广义的 Tresca 应变屈服条件：

$$\varepsilon_1 - \varepsilon_3 + \alpha'I_1' - k' = 0 \quad (\varepsilon_1 \geq \varepsilon_2 \geq \varepsilon_3) \quad (17)$$

或

$$\sqrt{J_2'}\cos\theta_\varepsilon + \alpha'I_1' - k' = 0 \quad (18)$$

(5) Mohr-Coulomb 应变屈服条件：

$$f = 2\sin\varphi\frac{1+\nu}{-2\nu}\varepsilon_m + 2\left(\cos\theta_\varepsilon - \frac{1}{\sqrt{3}}\sin\theta_\varepsilon\sin\varphi\right)\sqrt{J_2'} - \gamma_s\cos\varphi = 0 \quad (19)$$

式(14)~(19)中：E 为弹性模量；ν 为泊松比；J_2' 为应变偏量第二不变量；θ_ε 为应变 Lode 角；α'、k' 均为常数；I_1' 为第一应变不变量；ε_m 为体应变；γ_s 为材料极限剪应变。

3.3 能量屈服准则

物体受外力作用而产生弹性变形时，在物体内部将积蓄有弹性应变能，对于在线弹性范围内、小变形条件下受力的物体，其单元体的比能为

$$u = \frac{1}{2}(\sigma_1\varepsilon_1 + \sigma_2\varepsilon_2 + \sigma_3\varepsilon_3) = \frac{1}{2E} \cdot [\sigma_1^2 + \sigma_2^2 + \sigma_3^2 - 2\nu(\sigma_1\sigma_2 + \sigma_2\sigma_3 + \sigma_3\sigma_1)] \quad (20)$$

式中：ε_i ($i = 1, 2, 3$) 为主应变。

一般情况下，单元体将同时发生体积改变和形状改变[10]，与单元体体积改变相应的那一部分比能称为体积变形比能，与单元体形状改变相应的那一部分比能称为形状改变比能，即

$$u = u_v + u_f \quad (21)$$

其中，

$$u_v = \frac{3(1-2\nu)}{2E}\sigma_m^2 = \frac{1-2\nu}{6E}(\sigma_1 + \sigma_2 + \sigma_3)^2 \quad (22)$$

$$u_f = \frac{1+\nu}{6E}[(\sigma_1-\sigma_2)^2 + (\sigma_2-\sigma_3)^2 + (\sigma_3-\sigma_1)^2] \quad (23)$$

式中：σ_m 为平均应力。

对于一般金属材料，可认为体积变化基本上是弹性的，在塑性变形较小时忽略体积变化，假设材料是不可压缩的，因此金属塑性力学完全不考虑体积变形对塑性变形的影响，只需要考虑剪切屈服。从式(6)和(23)可看出，u_f 与 J_2 只相差一个系数，所以 Mises 屈服条件又称为最大弹性形变能条件，就是金属材料的能量屈服准则。岩土为多相材料，岩土颗粒中含有孔隙，因而在各向等压作用下，岩土颗粒中的水、气排出，就能产生塑性体变，出现屈服。因此岩土塑性力学不仅要考虑剪切屈服，还要考虑体积屈服。相应地，岩土材料的能量屈服准则中必须包含体积变形能。

4 破坏准则初探

从前面所述几种典型的材料应力-应变关系曲

线可看出，对应同一个应力值，可有不同的应变值，材料可处于不同的状态——弹性状态或塑性状态，硬化阶段或软化阶段。至于理想弹塑性材料，其屈服应力和最后的破坏应力相等，但屈服应变和破坏应变不相等。所以不同于屈服的表达，采用应力来描述材料的破坏将遭遇困难，应该放弃应力而考虑选择采用其他变量进行描述。

对材料破坏的描述可采用不同的方式，主要有以下一些方法可供参考：

(1) 应变或位移表达方式

许多学者开展对材料变形破坏过程中应变的研究。谢兴华等[10]建立了考虑3个方向应变的岩石拉应变破坏准则，还有些学者[11~13]基于应变建立损伤张量进行了岩石的损伤研究。应变特别是作为内变量的塑性应变，其变化可体现加载路径和加载历史，反映材料在荷载作用下从初始状态不断劣化直至最后破坏的整个过程。正如汪闻韶[9]所指出的，从较为直观的物理量来看，选择土体的容许变形量作为破坏标准是比较合理的。位移或应变的极限值可充分反映材料的极限变形能力。材料应变破坏准则可表达为

$$\varepsilon = \varepsilon^e + \varepsilon^p \leqslant \varepsilon_f \quad (24)$$

当满足式(24)时，即认为当某点的应变达到极限值时材料就发生破坏。对于金属材料，由于塑性体积应变可忽略，只需考虑剪切应变即可，而岩土材料则必须考虑体积应变的影响。例如当金属材料出现剪切破坏时，破坏准则可写成

$$\gamma = \gamma^e + \gamma^p \leqslant \gamma_f \quad (25)$$

式中：γ^e为弹性应变，由广义虎克定律计算；γ^p为塑性应变，由塑性增量理论计算，即

$$d\gamma^p = d\varepsilon_1^p - d\varepsilon_3^p = d\lambda\left(\frac{\partial Q}{\partial \sigma_1} - \frac{\partial Q}{\partial \sigma_3}\right) \quad (26)$$

式中：Q为屈服函数。

(2) 能量表达方式

目前很多学者开始关注用能量的观点来描述材料的行为，分析材料变形破坏过程中的能量变化，并取得显著的成绩。部分学者尝试建立应变能破坏准则[14~16]，尤明庆和华安增[17, 18]分析了岩石试样及地下工程周围岩体的能量演化。赵阳升等[19]建立了岩体动力破坏的最小能量原理。谢和平等[20, 21]分析了岩石破坏过程中的能量转化特征。还有些学者[22, 23]建立了基于能量的损伤模型。由热力学定律可知，能量转化是物质物理过程的本质特征，任何物理过程的能量总是守恒的，物质破坏是能量驱动下的一种状态失稳现象。材料在变形破坏过程中始终不断与外界交换着物质和能量，外载提供的机械能、热能等能量与材料的内能处于一种动态平衡。外载对材料所做的功一部分转化为弹性应变能储存起来，另一部分转化为材料的耗散能。能量耗散是材料变形破坏的本质属性，反映材料内部微缺陷的不断发展，强度不断弱化并最终丧失的过程；而变形过程中储存的弹性应变能在破坏时将全部释放出来。可见能量耗散和能量释放伴随着材料的整个变形过程并体现材料性质的不断变化。谢和平等[20, 21]认为岩石的变形过程是一种能量耗散的不可逆过程，而破坏过程则是一种突变过程，并包含着能量释放。岩石的变形破坏过程实质上是能量耗散和能量释放的全过程，在突变瞬间主要是以能量释放作为原动力。材料应变能破坏准则可表达为

$$w \leqslant w_f \quad (27)$$

式中：w_f为材料极限容许应变能。

当满足式(27)，即认为当某点的应变能达到极限值时材料就发生破坏。对于金属材料，只需考虑剪切变形能达到某个极限值，而岩土材料则还要考虑体积变形能的影响。

(3) 动力学的观点表达方式

对于理想弹塑性材料，进入塑性流动状态后，材料的应变近似线性增加，应变率为常数，应变加速度为0；塑性流动至破坏时，应变和应变率发生突变，应变快速增加，应变率不再是常数，应变加速度将大于零。比如吴春秋等[24]将静力问题——边坡稳定分析当作惯性力和阻尼力都很小而可忽略的动力学问题来考虑，提出边坡失稳临界状态判别的动力学分析方法，其实质是以可能滑移体加速度是否为零作为判别土体是否稳定的标准。当土体处于稳定状态时，加速度很快趋于0，当土体失稳时，存在加速度残留值。

5 结　语

(1) 材料的屈服和破坏是两个不同的概念，是材料变形过程中的两个不同阶段。屈服不等于破坏，

屈服是弹性变形与塑性变形的分界点，破坏是塑性发展的最终结果，材料屈服后还要经历一段塑性变形才最终破坏。首先是单元体出现破坏，即单元应变达到破坏极限应变；结构整体的破坏则意味着结构不能继续承载，破坏面上单元处处达到破坏状态，应变、位移发生突变。

(2) 达到极限平衡状态和塑性区贯通实质上只是意味着材料屈服，进入塑性阶段，并不代表破坏。

(3) 破坏准则不同于屈服准则，然而通常人们所说的破坏准则确切地说应该是屈服准则，因此有必要建立真正的破坏准则。材料的屈服可采用应力、应变、能量等多种方式进行描述，而用应力描述破坏将遇到困难，可考虑用应变、位移、能量、应变加速度等方式描述破坏。金属属于无摩阻材料，其屈服和破坏不必考虑球应变，岩土材料作为摩阻材料，则必须考虑体积应变和体积变形能的影响。

参考文献(References)：

[1] 郑颖人，沈珠江，龚晓南. 广义塑性力学——岩土塑性力学原理[M]. 北京：建筑工业出版社，2002.(Zheng Yingren, Shen Zhujiang, Gong Xiaonan. Generalized Plasticity—Principle of Geotechnics Plasticity[M]. Beijing：China Architecture and Building Press，2002.(in Chinese))

[2] 沈珠江. 理论土力学[M]. 北京：中国水利水电出版社，2000.(Shen Zhujiang. Theoretical Soil Mechanics[M]. Beijing：China Water Power Press，2000.(in Chinese))

[3] 吴家龙. 弹性力学[M]. 上海：同济大学出版社，1993.(Wu Jialong. Mechanics of Elasticity[M]. Shanghai：Tongji University Press，1993.(in Chinese))

[4] 王 仁，黄文彬，黄筑平. 塑性力学引论[M]. 北京：北京大学出版社，1992.(Wang Ren, Huang Wenbin, Huang Zhuping. Introduction of Plasticity[M]. Beijing：Peking University Press，1992.(in Chinese))

[5] 陈惠发. 土木工程材料的本构方程(第一卷)[M]. 余天庆，王勋文译. 武汉：华中科技大学出版社，2001.(Chen Huifa. Constitutive Equation of Geotechnical Materials(Volume I)[M]. Translated by Yu Tianqing, Wang Xunwen. Wuhan：Huazhong University of Science and Technology Press，2001.(in Chinese))

[6] 陈惠发. 土木工程材料的本构方程(第二卷)[M]. 余天庆，王勋文，刘再华译. 武汉：华中科技大学出版社，2001.(Chen Huifa. Constitutive Equation of Geotechnical Materials(Volume II)[M]. Translated by Yu Tianqing, Wang Xunwen, Liu Zaihua. Wuhan：Huazhong University of Science and Technology Press，2001.(in Chinese))

[7] Yu M H, Zan Y W, Zhao J, et al. A unified strength criterion for rock material[J]. International Journal of Rock Mechanics and Mining Sciences，2002，39(8)：975–989.

[8] 谢和平，鞠 杨，黎立云. 基于能量耗散与释放原理的岩石强度与整体破坏准则[J]. 岩石力学与工程学报，2005，24(17)：3 003–3 010.(Xie Heping, Ju Yang, Li Liyun. Criteria for strength and structural failure of rocks based on energy dissipation and energy release principles[J]. Chinese Journal of Rock Mechanics and Engineering，2005，24(17)：3 003–3 010.(in Chinese))

[9] 汪闻韶. 土体液化与极限平衡和破坏的区别和关系[J]. 岩土工程学报，2005，27(1)：1–10.(Wang Wenshao. Distinction and interrelation between liquefaction, state of limit equilibrium and failure of soil mass[J]. Chinese Journal of Geotechnical Engineering，2005，27(1)：1–10.(in Chinese))

[10] 谢兴华，速宝玉，詹美礼. 基于应变的脆性岩石破坏强度研究[J]. 岩石力学与工程学报，2004，23(7)：1 087–1 090.(Xie Xinghua, Su Baoyu, Zhan Meili. Study on failure criterion for brittle rocks based on strains[J]. Chinese Journal of Rock Mechanics and Engineering，2004，23(7)：1 087–1 090.(in Chinese))

[11] 谢兴华，速宝玉，詹美礼. 基于应变的岩石类脆性材料损伤研究[J]. 岩石力学与工程学报，2004，23(12)：1 966–1 970.(Xie Xinghua, Su Baoyu, Zhan Meili. Study on brittle rock failure criterion based on strains[J]. Chinese Journal of Rock Mechanics and Engineering，2004，23(12)：1 966–1 970.(in Chinese))

[12] 刘小明，李焯芬. 脆性岩石损伤力学分析与岩爆损伤能量指数[J]. 岩石力学与工程学报，1997，16(2)：140–147.(Liu Xiaoming, Lee C F. Damage mechanics analysis for brittle rock and rockburst energy index[J]. Chinese Journal of Rock Mechanics and Engineering，1997，16(2)：140–147.(in Chinese))

[13] 凌建明，孙 钧. 建立在损伤应变空间的岩体破坏准则[J]. 同济大学学报，1995，23(5)：483–487.(Ling Jianming, Sun Jun. Failure criterion of rock mass in damage strain space[J]. Journal Tongji University，1995，23(5)：483–487.(in Chinese))

[14] 李夕兵，左宇军，马春德. 动静组合加载下岩石破坏的应变能密度准则及突变理论分析[J]. 岩石力学与工程学报，2005，24(16)：2 814–2 824.(Li Xibing, Zuo Yujun, Ma Chunde. Failure criterion of strain energy density and catastrophe theory analysis of rock subjected to static-dynamic coupling loading[J]. Chinese Journal of Rock Mechanics and Engineering，2005，24(16)：2 814–2 824.(in Chinese))

[15] Li Q M. Strain energy density failure criterion[J]. International Journal of Solids and Structures, 2001, 38: 6 997–7 013.

[16] 周筑宝, 卢楚芬, 郑学军. 按能量原理建立强度理论的新探索与展望[J]. 长沙铁道学院学报, 1996, 14(4): 1–9.(Zhou Zhubao, Lu Chufen, Zheng Xuejun. The new exploration and prospects for the strength theory based on energy principle[J]. Journal of Changsha Railway University, 1996, 14(4): 1–9.(in Chinese))

[17] 尤明庆, 华安增. 岩石试样破坏过程的能量分析[J]. 岩石力学与工程学报, 2002, 21(6): 778–781.(You Mingqing, Hua Anzeng. Energy analysis of failure process of rock specimens[J]. Chinese Journal of Rock Mechanics and Engineering, 2002, 21(6): 778–781.(in Chinese))

[18] 华安增. 地下工程周围岩体能量分析[J]. 岩石力学与工程学报, 2003, 22(7): 1 054–1 059.(Hua Anzeng. Energy analysis of surrounding rocks in underground engineering[J]. Chinese Journal of Rock Mechanics and Engineering, 2003, 22(7): 1 054–1 059.(in Chinese))

[19] 赵阳升, 冯增朝, 万志军. 岩体动力破坏的最小能量原理[J]. 岩石力学与工程学报, 2003, 22(11): 1 781–1 783.(Zhao Yangsheng, Feng Zengchao, Wan Zhijun. Least energy principle of dynamical failure of rock mass[J]. Chinese Journal of Rock Mechanics and Engineering, 2003, 22(11): 1 781–1 783.(in Chinese))

[20] 谢和平, 彭瑞东, 鞠杨. 岩石变形破坏过程中的能量耗散分析[J]. 岩石力学与工程学报, 2004, 23(21): 3 565–3 570.(Xie Heping, Peng Ruidong, Ju Yang. Energy dissipation of rock deformation and fracture[J]. Chinese Journal of Rock Mechanics and Engineering, 2004, 23(21): 3 565–3 570.(in Chinese))

[21] 谢和平, 彭瑞东, 鞠杨, 等. 岩石破坏的能量分析初探[J]. 岩石力学与工程学报, 2005, 24(15): 2 603–2 608.(Xie Heping, Peng Ruidong, Ju Yang, et al. On energy analysis of rock failure[J]. Chinese Journal of Rock Mechanics and Engineering, 2005, 24(15): 2 603–2 608.(in Chinese))

[22] 金丰年, 蒋美蓉, 高小玲. 基于能量耗散定义损伤变量的方法[J]. 岩石力学与工程学报, 2004, 23(12): 1 976–1 980.(Jin Fengnian, Jiang Meirong, Gao Xiaoling. Defining damage variable based on energy dissipation[J]. Chinese Journal of Rock Mechanics and Engineering, 2004, 23(12): 1 976–1 980.(in Chinese))

[23] 朱维申, 程峰. 能量耗散本构模型及其在三峡船闸高边坡稳定性分析中的应用[J]. 岩石力学与工程学报, 2000, 19(3): 261–264.(Zhu Weishen, Cheng Feng. Constitutive model of energy dissipation and its application to stability analysis of ship-lock slope in the Three Gorges Project[J]. Chinese Journal of Rock Mechanics and Engineering, 2000, 19(3): 261–264.(in Chinese))

[24] 吴春秋, 朱以文, 蔡元奇. 边坡稳定临界破坏状态的动力学评判方法[J]. 岩土力学, 2005, 26(5): 784–787.(Wu Chunqiu, Zhu Yiwen, Cai Yuanqi. Dynamic method to assess critical state of slope stability[J]. Rock and Soil Mechanics, 2005, 26(5): 784–787.(in Chinese))

滑坡加固系统中沉埋桩的有限元极限分析研究

雷文杰[1]，郑颖人[2]，冯夏庭[1]

(1. 中国科学院 武汉岩土力学研究所，湖北 武汉 430071；2. 后勤工程学院 军事土木工程系，重庆 400041)

摘要：采用有限元强度折减法，针对一边坡工程实例进行沉埋桩单桩加固边坡的有限元极限分析，研究了桩长、桩位与潜在滑面、边坡的安全系数及桩身内力之间的关系，研究了边坡滑体与滑带强度之间不同的比例关系与桩长、边坡安全系数的关系。研究结果表明，沉埋桩设在合适的位置上采用较短的桩就可使边坡达到设计要求的安全系数，桩身内力也较全长桩降低，表明沉埋抗滑桩具有良好的应用前景，但是也受到边坡次生滑动面的位置、滑体与滑带强度比例以及桩位置等因素的制约。沉埋桩加固边坡设计中若不考虑这些制约因素，有可能导致工程失败。

关键词：数值分析；沉埋桩；有限元强度折减法；边坡稳定性

中图分类号：O 241　　**文献标识码**：A　　**文章编号**：1000-6915(2006)01-0027-07

LIMIT ANALYSIS OF SLOPE STABILIZED BY DEEPLY BURIED PILES WITH FINITE ELEMENT METHOD

LEI Wen-jie[1], ZHENG Ying-ren[2], FENG Xia-ting[1]

(1. *Institute of Rock and Soil Mechanics, Chinese Academy of Sciences, Wuhan, Hubei* 430071, *China*;
2. *Logistical Engineering University, Chongqing* 400041, *China*)

Abstract：The effects of various lengths and location of deeply buried piles on the stability of a slope are simulated by nonlinear finite element method with shear strength reduction. Conclusions are made from the simulation results as follows：(1) the slope can acquire effective stability by deeply buried piles as other reinforcing structures；(2) when the length of the deeply buried piles is relatively short, the critical slide surface will slip along the top of the pile；and (3) the location of slide surface determines safety of the slope. As the pile length increases, a secondary critical slide surface will displace and the safety factor of the slope will increase. If the location of the secondary critical slide surface is unchangeable with pile length increase, the safety factor of the slope is also unchangeable. Distribution of the internal forces in deeply buried piles is more reasonable than that in traditional full-length piles；and both the maximum bending moment and the maximum shear force in deeply buried pile are much less than those in full-length pile. Deeply buried piles will be widely used in stabilization of slopes. The applications to deeply buried piles are restricted with the ratio of the strength of slide mass with that of slide area, the site of secondary slide surface, and the length of deeply buried piles. It would lead to failure if the limitations of deeply buried piles stabilizing the slope were not considered in the design.

Key words：numerical analysis；deeply buried piles；finite element by strength reduction；slope stability

注：本文摘自《岩石力学与工程学报》(2006 年第 25 卷第 1 期)。

1 引言

我国经济正处于高速发展阶段，各项基础建设方兴未艾。高速公路、铁路、大型水利发电站、南水北调等工程陆续开工建成，各项工程都在一定程度地牵涉到边坡的加固问题。用来加固边坡的支挡形式各式各样，有挡土墙、格构梁、悬臂式抗滑桩、土钉、锚索、喷锚挂钢筋网以及各种形式的联合支挡。边坡加固的原则是既要使边坡达到一定的稳定性；同时又要节省材料、达到经济的要求。沉埋桩在一定的边坡加固中可满足这2个要求。

首先采用不平衡推力法对沉埋桩加固边坡进行坡体剩余推力的计算[1,2]，然后根据滑坡推力传递给桩身沿桩长的分布形式(包括三角形、矩形、抛物线3种载荷分布形式)计算桩身剪力 Q 和弯矩 M。

本文采用非线性有限元强度折减法，针对一边坡工程实例进行沉埋桩单桩加固边坡的极限有限元分析，研究了桩长、桩位与潜在滑面、边坡的安全系数及桩身内力之间的关系，研究了边坡滑体与滑带强度之间不同的比例关系与桩长、边坡安全系数的关系。使用该方法不必单独计算滑坡推力，也不必假定滑坡推力沿桩身载荷分布形式，就可计算桩身内力(包括剪力 Q 和弯矩 M)。

2 分析方法

2.1 有限元强度折减法

传统的边坡分析方法有极限平衡法、极限分析法和有限元法等。工程上通常采用极限平衡法(如简化 Bishop 法、不平衡推力法、Spencer 法以及Morgenstern-Price 法等)，极限平衡法需预先假定破坏面的位置，再划分条带计算推力从而可获得边坡稳定时的安全系数。抗滑桩加固边坡时，极限平衡法基于土的阻力矩 M_r、桩的阻力矩 M_p 和滑移体动力矩 M_d，其边坡的安全系数 F_s 可表示为

$$F_s = \frac{M_r + M_p}{M_d} \quad (1)$$

但是极限平衡法不能求出加桩后边坡的潜在滑移面，而有限元法则可以计算出边坡的塑性区、应力、应变以及位移等力学参数，并且可知道加桩后边坡的受力状态。然而有限元法不能算出加桩后边坡的安全系数和潜在滑移面，因而很难在工程设计中直接应用。

有限元强度折减法[3~10]不必先假定破坏面，通过折减边坡材料的强度，可自动获得在极限状态时边坡的安全系数以及桩身所受的剪力 Q、弯矩 M。有限元强度折减法的折减参数 c_F，φ_F 可表示为

$$c_F = \frac{c}{F} \quad (2)$$

$$\varphi_F = \tan^{-1}\left(\frac{\tan\varphi}{F}\right) \quad (3)$$

通过二分法逐次迭代直到有限元计算不收敛时则认为边坡处于极限状态，折减系数 F 就是边坡的安全系数，此时可计算出桩所受的内力[11]。

2.2 本构模型和屈服准则

尽管在有限元强度折减法中可以考虑复杂的岩土材料本构模型，而工程分析中通常还是采用理想弹塑性本构模型就已足够，但其屈服准则有严格要求。边坡失稳只涉及力与强度问题，对本构模型没有太高要求。

由于 ANSYS 软件提供适合岩土类材料的屈服准则为 Drucker-Prager 外接圆(DP_1)准则，计算结果偏大[7,8]。本文采用的屈服准则是平面应变条件下 Mohr-Coulomb 准则精确相匹配的 Drucker-Prager 准则(DP_4)，其在π平面上表现为圆，是 Mohr-Coulomb 准则在平面应变下的特殊形式。

采用关联流动准则时，有

$$\alpha = \frac{\sin\varphi}{\sqrt{3(3+\sin^2\varphi)}} \quad (4)$$

$$k = \frac{3c\cos\varphi}{\sqrt{3(3+\sin^2\varphi)}} \quad (5)$$

采用非关联流动准则且膨胀角为 0 时，有

$$\alpha = \frac{\sin\varphi}{3} \quad (6)$$

$$k = c\cos\varphi \quad (7)$$

将上述含有 c，φ 值的 DP_4 准则与 Mohr-Coulomb 的外接圆 Drucker-Prager 准则进行转换，就可以获得校正的 c，φ 值。

3 计算结果与讨论

3.1 计算模型

模型边坡为重庆市长江三峡库区巫山新县城玉皇阁崩滑堆积体 YH3－13 剖面(见图1)，材料的物理力学参数见表1。

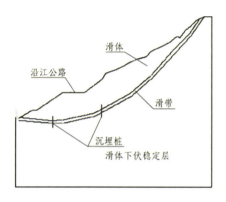

图 1 边坡示意图
Fig.1 Model of the slope

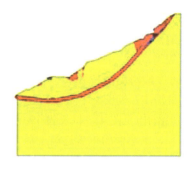

图 2 边坡极限状态的滑动面
Fig.2 Critical slide surface of slope

表 1 材料的物理力学参数
Table 1 Physico-mechanical parameters of the materials

材料名称	重度 /(kN·m^{-3})	弹性模量 /MPa	泊松比	黏聚力 /kPa	内摩擦角 /(°)
滑体	21.4	30	0.3	34	24.5
滑带	20.9	30	0.3	24	18.1
滑体下伏稳定岩层	23.7	1.7×10^3	0.3	200	30.0
桩(C25混凝土)	24.0	2.9×10^4	0.2	按弹性材料处理	

滑体、滑带和下伏稳定层采用面单元模拟，抗滑桩认为是强度很高的弹性材料，桩采用梁单元进行模拟、有限元网格中表现为线单元。桩的锚固段设在边坡的稳定层中，桩底为自由支撑，其长度为 3.00 m。桩的埋设位置方案为位于公路上方和公路下方(见图 1)。桩位于公路上方时，抗滑桩的桩长分别为 7.00，9.00，11.00，13.00，15.00，17.00，19.00，21.00，21.22(桩位于公路下方时，桩顶延伸至坡顶，简称为全长桩)，23.00 或 25.54 m。

采用有限元强度折减法计算在重力作用下边坡的安全系数为 1.020，而用极限平衡法算得边坡的安全系数为 1.040，两者的误差低于 2%，这说明用平面应变条件下 DP$_4$ 的关联流动准则分析边坡的稳定性精确度高[12]。通过强度折减搜索边坡滑动面的位置为沿滑带与稳定层相接触处滑动(见图 2)，与地质勘察报告提供的滑动面位置相同。

3.2 桩的位置、桩长与边坡滑动面的位置关系

滑动面的位置对于研究边坡的稳定性及在边坡加固中确定支挡结构的位置非常重要。通常沉埋桩加固边坡的分析方法常常假定次级滑动面不存在，这是不合理的。有限元强度折减法模拟沉埋桩加固边坡的结果证实了在边坡稳定性分析中确实存在次级滑动面，对边坡的安全系数影响很大。

桩位于公路下方，桩长为 7.00～11.00 m 时，边坡的破坏形式为沿桩顶滑出，在此阶段边坡的安全系数从 1.130 增加到 1.190。桩长为 9.00 m 时，岩土体除沿桩顶滑出外，在公路内侧边坡坡角处出现一定的塑性区。桩长为 13.00 m 时，边坡出现两处滑动面：一处是沿桩顶滑出，另一处是沿公路内侧塑性区贯通至主滑动面(沿滑带层)。桩长为 15.00 m 时只产生次级滑动面，位置为沿公路内侧贯通至滑带层。当桩延伸至坡面时，滑动面的位置与桩长为 15.00 m 时相同。桩长的变化与滑动面的位置关系见图 3。

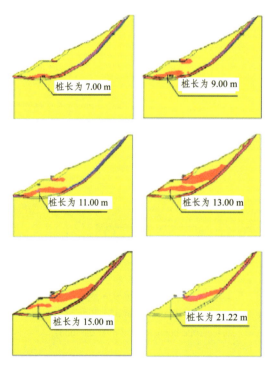

图 3 桩长的变化与滑动面的位置关系(桩位于公路下方)
Fig.3 Variation of pile length and location of critical slide surface(pile being located under the road)

桩位于公路上方，桩长为 7.00，9.00 m 时，边坡极限状态的滑动面沿桩顶滑出；桩长为 11.00 m 时，形成次级滑动面，且与桩长为 13.00，15.00，17.00 m 时的次级滑动面位置大体相同，都是沿公路内侧起角处滑出；桩长大于 17.00 m 直至坡顶时，滑动面沿桩顶滑出(见图 4)。桩长为 19.00～25.54 m 时，桩长增长，滑移面的位置逐渐上移。

够改变边坡的安全系数。当桩位于公路下方，桩长为 7.00，9.00，11.00 m 时，边坡岩土体的破坏形式是沿桩顶滑出，且其安全系数从 1.130 增加到 1.190(见表 2)，这说明增加桩长可以增加边坡的安全系数；继续增加桩长(桩长为 13.00，15.00，21.22 m)，边坡极限状态时的次级滑动面不变(如图 3)，边坡的安全系数仍然保持在 1.190。这说明如果边坡岩土体的破坏形式是产生次级滑体，则增加桩长并不能增加边坡的安全系数。如果继续增加桩长而边坡极限状态时的次级滑动面的位置不变，则增加桩长并不能改变边坡的稳定性。

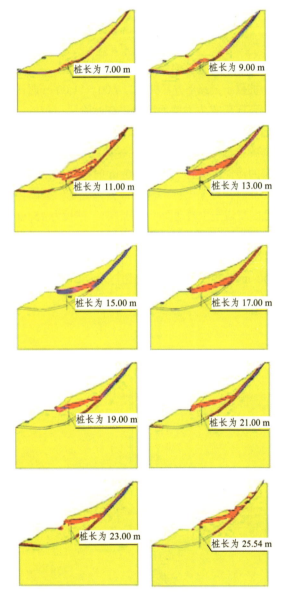

图 4 桩长的变化与滑动面的位置关系(桩位于公路上方)
Fig.4 Variation of pile length and location of critical slide surface(pile being located over the road)

3.3 桩长、桩的位置与边坡安全系数的相互关系

假设埋设桩有足够强度情况下，桩长为 9.00 m 时已达到设计要求的安全系数 1.150。桩长的变化能

表 2 桩长、桩的位置与边坡安全系数之间的关系
Table 2 Relation of length, location of piles, and safety factors of slope

桩位置	桩长/m	安全系数
无桩	0.00	1.020
桩位于公路下方	7.00	1.130
	9.00	1.150
	11.00	1.190
	13.00	1.190
	15.00	1.190
	21.22	1.190
桩位于公路上方	7.00	1.140
	9.00	1.170
	11.00	1.190
	13.00	1.190
	15.00	1.190
	17.00	1.190
	19.00	1.230
	21.00	1.250
	23.00	1.290
	25.54	1.340

注：该整治边坡的安全系数达到 1.150 时，就可以满足工程等级的需要。

若桩位于公路上方，桩长低于 17.00 m 时，边坡的安全系数变化规律基本与桩位于公路下方相同。继续延长桩长，此时处于边坡极限状态时的次级滑动面明显上移，沿桩顶滑出，边坡的安全系数从 1.230 增加到 1.340(见表 2)。这说明在这种情况下次级滑动面上移，增加桩长能够提高边坡的安全系数。应当注意，上述结论是在假定桩有足够强度情况下获得的，实际上桩的强度只能保证设计安全系数为 1.150，超过这一安全系数的桩长都是没有意义的。

3.4 桩身内力

有限元强度折减法计算抗滑桩的桩身内力时，通过将边坡的岩土材料进行强度折减使边坡进入极限状态，就可以计算抗滑桩的桩身内力(包括剪力、弯矩)。通过数值模拟发现：沉埋桩的桩体内力比抗滑桩的抗滑段延伸到坡面(简称全长桩)更为合理；沉埋桩桩体的锚固段的被动剪力明显比全长桩的被动剪力降低，而主动力只是稍高于全长桩的主动剪力；沉埋桩的桩身弯矩比全长桩降低的幅度较大。公路下方沉埋桩的桩身内力与全长桩的桩身内力极值的比较见表3。

表3　桩身内力极值的比较
Table 3　Comparison of maximum internal force of piles

桩长/m	最大主动力/MN	最小被动力/MN	最大弯矩/(MN·m)	S_{oi}/%	S_{pi}/%	M_i/%
9.00	1.95	−4.92	10.9	92.7	51.9	48.8
11.00	1.39	−7.03	16.1	105.4	74.2	71.8
13.00	1.36	−8.28	19.2	104.3	87.3	86.0
15.00	1.33	−9.04	11.2	103.4	95.4	94.7
21.22	1.22	−9.48	12.4	100.0	100.0	100.0

注：(1) S_{oi} 为沉埋桩与全长桩最大主动力的百分比比值；(2) S_{pi} 为沉埋桩与全长桩最小被动力的百分比比值；(3) M_i 为沉埋桩的最大弯矩与全长桩的百分比比值。

桩长为 9.00 m 时，边坡的安全系数已经达到 1.150，满足工程稳定性的需要。此时桩身抗滑段的最大剪力(最大主动力)为全长桩的 92.7%，锚固段的最小剪力(最小被动力)为全长桩的 51.9%，桩的最大弯矩只是全长桩的 48.8%。桩长为 11.00 m 时，边坡的安全系数与全长桩相同，桩身抗滑段的最大剪力稍高于全长桩，锚固段最小剪力只是全长桩的 74.2%，桩身弯矩仅为全长桩的 71.8%。从这里可以看出沉埋桩桩身的内力比全长桩合理，而边坡的稳定性也可达到全长桩的效果，沉埋桩的优越性明显。桩身内力的变化情况见图 5，6。

3.5 滑体与滑带强度比例的变化与桩加固的效果

改变边坡的滑体与滑带之间强度的比例关系，可以发现沉埋桩对于某些边坡并不能达到工程等级的需要。边坡滑体与滑带间强度的比例关系设为 5 种：

(1) 滑带强度不变，滑体强度等于滑带强度；

(2) 滑带强度不变，滑体强度是滑带强度的 1.2 倍；

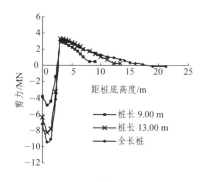

(a) 剪力

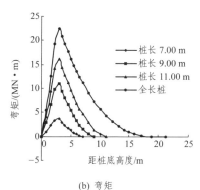

(b) 弯矩

图 5　桩身内力(位于公路下方)
Fig.5　Internal force of piles(pile being located under the road)

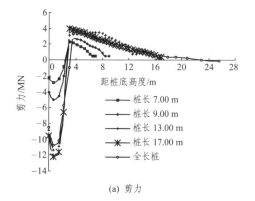

(a) 剪力

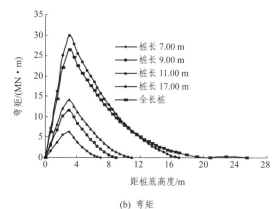

(b) 弯矩

图 6　桩身内力(位于公路上方)
Fig.6　Internal force of piles(pile being located over the road)

(3) 滑体强度不变，滑体强度是滑带强度的1.2倍；

(4) 滑体强度不变，滑体强度是滑带强度的1.6倍；

(5) 滑带强度不变，滑体强度是滑带的1.6倍。

材料强度的比例变化及边坡的安全系数见表4。

表4 材料强度的比例变化及边坡的安全系数
Table 4 Ratio of material strengths and safety factors of slope

序号	滑体与滑带强度的比值	滑体强度 c/kPa	滑体强度 φ/(°)	滑带强度 c/kPa	滑带强度 φ/(°)	边坡自身安全系数	全长桩加固边坡的安全系数	沉埋桩加固后边坡的安全系数
1	1.0	24.0	18.10	24.00	18.1	0.980	1.100	无法达到工程等级
2	1.2	28.8	21.42	24.00	18.1	1.015	1.200	1.080(桩长为19.00 m)
3	1.2	34.0	24.50	28.33	20.8	1.170(无需加固)		
4	1.6	34.0	24.50	21.25	15.9	0.952	1.300	1.150(桩长为15.00 m)
5	1.6	38.4	27.60	24.00	18.1	1.010	1.440	1.170(桩长为9.00 m)

注：全长桩与沉埋桩的位置位于公路上方。

通过数值模拟发现：边坡滑体与滑带强度的比例关系为表4中序号1时，边坡稳定层以上只有滑体，且其强度较低时在重力作用下边坡的安全系数小于1.000，此时边坡的滑动面位置如图7所示。将桩设在公路上方，全长桩可使边坡的安全系数仅为1.100，此时将桩位设在公路下方或公路上方，沉埋桩或全长桩都不能使边坡达到设计要求的安全系数。因此，在边坡设计中确定滑动面的位置非常重要，设计人员对此必须引起足够的重视，从而避免工程失败。

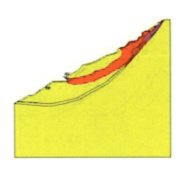

图7 边坡的滑动面
Fig.7 Slide surface of slope

边坡滑体与滑带强度的比例关系为表4中序号2时、滑体强度降低，此时边坡在重力作用下边坡的安全系数为1.015；将桩设在公路上方，桩长为11.00，15.00，19.00 m时边坡的安全系数都为1.080，使用沉埋桩不能使边坡达到足够的稳定性；全长桩却可使边坡安全系数达到1.200，满足工程的需要。

边坡滑体与滑带强度的比例关系为表4中序号3时，此时边坡在重力作用下边坡的安全系数为1.170，自身的稳定性较好，无需其他措施加固边坡。边坡滑体与滑带强度的比例关系为表4中序号4时，在重力作用下边坡的安全系数小于1.000；当桩位于公路上方，桩长为15.00 m时，边坡的安全系数为1.150；桩长为19.00 m时，边坡的安全系数为1.195；全长桩边坡的安全系数达到1.300。桩位于公路下方，桩长15.00 m时，边坡的安全系数为1.150；桩长11.00 m时边坡的安全系数为1.130。边坡滑体与滑带强度的比例关系为表4中序号5、桩长为9.00 m时，边坡的安全系数为1.170，此时可以用沉埋桩加固边坡。由此说明，沉埋桩加固使边坡达到足够的稳定性是有一定条件限制的。

4 结论与分析

运用有限元强度折减法对沉埋桩加固边坡近30种工况进行数值模拟，得出结论如下：

(1) 有限元强度折减法通过强度折减可计算边坡的安全系数和边坡处于极限状态时潜在滑移面；同时，可得到边坡处于极限状态时桩身的内力(弯矩M、剪力Q)，说明有限强度折减法是边坡系统分析的一种行之有效的方法。

(2) 沉埋桩加固边坡充分利用了桩的抗剪能力，可使边坡达到足够的稳定性，在该工程实例中桩长为9.00 m时，边坡的安全系数就可达到1.170(该工程设计的安全系数为1.150)，已经达到工程安全等级的需要。利用沉埋桩加固边坡时，其桩身内力也较全长桩有明显降低。桩长为9.00 m时，沉埋桩最大剪力比全长桩降低48%，弯矩降低51%，从而在桩的配筋设计中可节省钢材。沉埋桩加固边坡可以节约大量的工程材料、降低工程成本，无疑是边坡加固支挡形式中的一种新型有效、经济的加固措施。

(3) 沉埋桩应用于工程设计是有一定条件限制的，其影响因素主要有桩的位置、桩长、边坡初始滑动面(无加固措施)的形状、加固后次级滑动面位置、滑体与滑带强度的比例关系等。沉埋桩加固边坡设计中若不考虑这些制约因素，有可能导致工程失败。

现行的方法未能全面分析上述影响因素，边坡加固设计中使用沉埋桩时建议采用有限元强度折减法进行全面的分析，确保边坡加固措施安全、可靠、经济。

参考文献(References)：

[1] 中华人民共和国行业标准编写组. 地质灾害防治工程设计规范(DB50/5029－2004)[S]. [s. l.]：[s. n.]，2004.(The Professional Standards Compilation Group of People's Republic of China. Design Specifications of Implementation Project for Geologic Hazards (DB50/5029－2004)[S]. [s. l.]：[s. n.]，2004.(in Chinese))

[2] 广东省高速公路有限公司，铁道第二勘察设计院，西南交通大学. 路堑高边坡病害防治工程措施研究报告[R]. 广州：广东省高速公路有限公司，铁道第二勘察设计院，西南交通大学，2003. (Guangdong Provincial Freeway Co., Ltd., The Second Railways Survey and Design Institute, Southwest Jiaotong University. Prophylactic-therapeutic measures for hazards of high grade of fill[R]. Guangzhou：Guangdong Provincial Freeway Co., Ltd., The Second Railways Survey and Design Institute, Southwest Jiaotong University, 2003.(in Chinese))

[3] Griffith D V, Lane P A. Slope stability analysis by finite elements[J]. Geotechnique, 1999, 49(3)：387－403.

[4] Fei C, Keizo U. Numerical analysis of the stability of a slope reinforced with piles[J]. Soils and Foundations, 2000, 40(1)：73－84.

[5] Sangseom J, Byungchul K, Jinoh W, et al. Uncoupled analysis of stabilizing piles in weathered slopes[J]. Computers and Geotechnics, 2003, 30：671－682.

[6] 赵尚毅，郑颖人，时卫民，等. 用有限元强度折减法求边坡稳定安全系数[J]. 岩土工程学报，2002，24(3)：343－346.(Zhao Shangyi, Zheng Yingren, Shi Weimin, et al. Analysis of safety factors of slope by strength reduction finite element[J]. Chinese Journal of Geotechnical Engineering, 2002, 24(3)：343－346.(in Chinese))

[7] 赵尚毅，郑颖人，邓卫东. 用有限元强度折减法进行岩质边坡稳定性分析[J]. 岩石力学与工程学报，2003，22(2)：254－260.(Zhao Shangyi, Zheng Yingren, Deng Weidong. Stability analysis of rock slope by strength reduction finite element[J]. Chinese Journal of Rock Mechanics and Engineering, 2003, 22(2)：254－260.(in Chinese))

[8] 郑颖人，赵尚毅，邓卫东. 岩质边坡破坏机制有限元模拟分析[J]. 岩石力学与工程学报，2003，22(12)：1 943－1 953.(Zheng Yingren, Zhao Shangyi, Deng Weidong. Simulation of finite element on failure mechanism of rock slope[J]. Chinese Journal of Rock Mechanics and Engineering, 2003, 22(12)：1 943－1 953.(in Chinese))

[9] 栾茂田，武亚军，年廷凯. 强度折减有限法中边坡失稳的塑性区判据及其应用[J]. 防灾减灾工程学报，2003，23(3)：1－8.(Luan Maotian, Wu Yajun, Nian Tingkai. A criterion for evaluating slope stability based on development of plastic zone by shear strength reduction finite element[J]. Journal of Disaster Prevention and Mitigation Engineering, 2003, 23(3)：1－8.(in Chinese))

[10] 郑宏，李春光，李焯芬，等. 求解安全系数的有限元法[J]. 岩土工程学报，2002，24(5)：323－328.(Zheng Hong, Li Chunguang, Lee C F, et al. Finite element method for solving the factor of safety[J]. Chinese Journal of Geotechnical Engineering, 2002, 24(5)：323－328.(in Chinese))

[11] 张鲁渝，刘东升，郑颖人. 平面应变条件下的土坡稳定的有限元分析[J]. 岩土工程学报，2002，24(4)：487－490.(Zhang Luyu, Liu Dongsheng, Zheng Yingren. The slope stability analysis by finite element analysis under the plane strain condition[J]. Chinese Journal of Geotechnical Engineering, 2002, 24(4)：487－490.(in Chinese))

[12] Harry G. Design of reinforcing piles to increase slope stability[J]. Canadian Geotechnique J., 1995, 32：808－818.

有限元强度折减法在公路隧道中的应用探讨

张黎明[1]，郑颖人[2]，王在泉[1]，王建新[1]

（1.青岛理工大学 理学院，青岛 266033；2.后勤工程学院 建筑工程系，重庆 400041）

摘　要：将有限元强度折减法应用于隧道的稳定性评价。利用有限元强度折减法求得的安全系数与潜在滑动面，不仅可以评价隧道的稳定性和设计的合理性，还可以对支护参数和施工工艺提出改进建议。计算表明，泊松比ν的取值对塑性区范围影响很大，但对安全系数基本上没有影响；围岩等级越高，达到破坏状态时围岩的塑性区范围越大，破坏区却越小，安全系数越高；上覆岩体增厚，同类围岩塑性区范围和最大塑性应变值都增大，而安全系数减小。破坏时围岩等级高的隧道塑性区大，围岩等级低的反而小，因此，单纯根据塑性区范围大小来评判隧道的安全性是值得商榷的。

关　键　词：有限元强度折减法；公路隧道；破坏面；安全系数

中图分类号：TU 4　　　**文献标识码**：A

Application of strength reduction finite element method to road tunnels

ZHANG Li-ming[1], ZHENG Ying-ren[2], WANG Zai-quan[1], WANG Jian-xin[1]

(1. College of Science, Qingdao Technological University, Qingdao 266033, China;
2. Department of Civil Engineering, Logistical Engineering University, Chongqing 400041, China)

Abstract: Strength reduction finite element method is used in road tunnel. Based on latent slip surface and safety factor, the rationality of the designed parameters of support and excavations can be judged. The result shows that the distribution of plastic zone is effected greatly by Poisson's ratios; however, safety factor varies little with it. The higher quality of rock, the more distribution of plastic zone under limit state is got. But the failure zone is lower. Additionally, the more thickness of upper rock layer, the more distribution of plastic zone under limit state is found. Meanwhile, the safety factor decreases. The example also shows that the plastic zone of good rock quality is larger than that of poor rock quality at failure condition. So it is deserved to study about judging safety of tunnel only by its plastic zone.

Key words: strength reduction finite element method; road tunnel; slip surface; safety factor

1 引　言

对隧道的稳定性评价一直缺乏一个合理的评判指标，传统有限元法无法算出隧道工程的安全系数和围岩破坏面，仅凭应力、位移、拉应力区和塑性区大小很难确定隧道的安全度与破坏面。当前工程上尚没有隧道稳定安全系数的概念，一般按照经验对隧道围岩的稳定性进行分级。有限元强度折减法通过对岩土体强度参数的折减使岩土体处于极限状态，从而使其显示潜在的破坏面，并求得安全系数，这在边坡稳定分析中取得了成功[1-9]。本文尝试将有限元强度折减法应用到求解隧道的稳定安全系数中。从实际观察到的情况看，隧道受剪破坏的安全系数可分为两种：一种是把围岩视作等强的均质体，引起隧道整体失稳，其相应的是整体安全系数；另一种是分别考虑围岩体的岩块强度与结构面强度，引起隧道局部失稳，一般发生在节理裂隙岩体中，其相应的是局部安全系数。本文是一种探索性的尝试，只限于研究受剪破坏的整体安全系数，它可以采用有限元强度折减法求安全系数与潜在破坏面。

2 安全系数的选取及转换

传统的边坡稳定极限平衡方法计算安全系数用公式表示如下：

$$w = \frac{s}{\tau} = \frac{\int_0^l (c + \sigma \tan\varphi) \mathrm{d}l}{\int_0^l \tau \mathrm{d}l} \tag{1}$$

注：本文摘自《岩土力学》(2007年第28卷第1期)。

式中：w，s，τ 分别为传统的安全系数，滑面上的抗剪强度和滑面上的实际剪切力。将式（1）两边同除以 w，则式（1）变为

$$1 = \frac{\int_0^l (\frac{c}{w}+\sigma\frac{\tan\varphi}{w})dl}{\int_0^l \tau dl} = \frac{\int_0^l (c'+\sigma\tan\varphi')dl}{\int_0^l \tau dl} \quad (2)$$

$$c' = \frac{c}{w} \quad (3)$$

$$\varphi' = \text{arc}(\frac{\tan\varphi}{w}) \quad (4)$$

由此可见，传统的极限平衡方法是将土体的抗剪强度指标 c 和 $\tan\varphi$ 减少为 c/w 和 $\tan\varphi/w$，使岩土体达到极限稳定状态，此时的 w 即为安全系数。

有限元计算中采用理想弹塑性模型，目前广泛采用的是莫尔-库仑屈服准则，即：

$$F = \frac{1}{3}I_1\sin\varphi + (\cos\theta_\sigma - \frac{1}{\sqrt{3}}\sin\theta_\sigma\sin\varphi)\sqrt{J_2} - c\cos\varphi = 0 \quad (5)$$

式中：I_1，J_2，θ_σ 分别为应力张量的第一不变量、应力偏量的第二不变量和洛德（Lode）角；c，φ 为岩体的凝聚力和内摩擦角。

由于莫尔-库仑准则的屈服面在 π 平面上为不规则的六角形，存在尖顶和棱角，给数值计算带来不便，因此，有限元法采用了简化方法，利用广义米赛斯屈服准则，即用 D-P 屈服准则。此时屈服面为一圆形，其表达式如下：

$$F = \alpha I_1 + \sqrt{J_2} = k \quad (6)$$

式中：α，k 是与岩土材料凝聚力 c 和内摩擦角 φ 有关的常数。按照广义塑性理论，不同的 α，k 在 π 平面上代表不同的圆，变换不同的 α，k 值就可在有限元中实现不同的屈服准则。有限元强度折减法通常采用下式定义安全系数：

$$F = \frac{\alpha}{w_1}I_1 + \sqrt{J_2} = \frac{k}{w_1} \quad (7)$$

本文采用莫尔-库仑等面积圆屈服准则代替传统莫尔-库仑准则[10]，其面积等于不等角六边形莫尔-库仑屈服准则，按此准则计算出的塑性区能比较准确的反映围岩实际塑性区的大小，其 α，k 系数如下：

$$\alpha = \frac{2\sqrt{3}\sin\varphi}{\sqrt{2\sqrt{3}\pi(9-\sin^2\varphi)}} \quad (8)$$

$$k = \frac{6\sqrt{3}c\cos\varphi}{\sqrt{2\sqrt{3}\pi(9-\sin^2\varphi)}} \quad (9)$$

采用不同的屈服条件得到的安全系数是不同的，但这些屈服条件可以相互转换。以摩尔-库仑等面积圆 D-P 准则为例，其强度折减形式表示为

$$\frac{\alpha}{w_1} = \frac{2\sqrt{3}\sin\varphi_0}{\sqrt{2\sqrt{3}\pi(9-\sin^2\varphi_0)}w_1} = \frac{2\sqrt{3}\sin\varphi_1}{\sqrt{2\sqrt{3}\pi(9-\sin^2\varphi_1)}} \quad (10)$$

$$\frac{k}{w_1} = \frac{6\sqrt{3}c_0\cos\varphi_0}{\sqrt{2\sqrt{3}\pi(9-\sin^2\varphi_0)}w_1} = \frac{6\sqrt{3}c_1\cos\varphi_1}{\sqrt{2\sqrt{3}\pi(9-\sin^2\varphi_1)}} \quad (11)$$

$$\frac{c_0}{c_1} = \frac{\tan\varphi_0}{\tan\varphi_1} = w = \frac{\cos\varphi_1}{\cos\varphi_0}\sqrt{\frac{9-\sin^2\varphi_0}{9-\sin^2\varphi_1}}w_1 \quad (12)$$

可见，在 D-P 准则中 α，k 折减的同时，c 和 $\tan\varphi$ 也在同步保持着折减关系，而且这两种不同的折减系数之间存在一定的换算关系。

3 用有限元强度折减法求公路隧道的整体安全系数与潜在破坏面

下面通过一具体公路隧道，计算其在不同围岩等级下的整体安全系数及潜在破坏面。

3.1 工程概况

某半圆拱形公路隧道尺寸为 9.4 m×8.5 m（宽×高），埋深 50 m，洞室所处位置岩体完整性较好，主要为花岗岩，根据国标《工程岩体分级标准》GB50218-94，分别属于 II、III、IV 类围岩。

计算准则采用摩尔-库仑等面积圆屈服准则，按照平面应变问题来处理。边界范围取底部及左右两侧各 4 倍洞室跨度。岩体力学参数如表 1 所示，下标上下表示围岩的上下限。

表 1 岩体物理力学参数
Table 1 Physico-mechanical parameters of rocks

围岩类别	弹模/GPa	泊松比	重度/kN·m^{-3}	内摩擦角/(°)	凝聚力/MPa
II$_{上}$	30	0.22	27	60	2.0
II$_{下}$	20	0.25	27	50	1.5
III$_{下}$	10	0.30	25	39	0.7
IV$_{下}$	5	0.35	24	27	0.35

3.2 计算结果与分析

隧道围岩破坏状态下塑性区分布如图 1～6 所示，整体安全系数 w_1 见表 2。本文所指的隧道稳定安全系数是指隧道整体安全系数，即把非等强度的真实岩体视为均质等强的岩体，据此求出安全系数。隧道中算出的塑性区是一大片，不像边坡岩土体中存在明显的剪切带，因而要找出围岩内的破坏面比

较困难。

对于隧道工程，不管是何种洞室形状，等效塑性应变贯通全断面时围岩并没有达到破坏状态，而是在围岩塑性区中塑性应变发展到一定程度时，才在围岩中形成潜在的破坏面，围岩达到破坏状态。根据笔者的研究，围岩破坏时会产生无限发展的塑性变形和位移，其位移和塑性应变的大小没有限制，岩体沿破坏面发生无限流动，破坏面上的塑性变形和位移会产生突变。此时不管是从力的收敛标准，或是从位移的收敛标准来判断有限元计算都不收敛，因此，采用力和位移的收敛标准或塑性应变和位移产生突变作为隧道失去稳定的判据是合理的，只要找出围岩塑性应变发生突变时的塑性区各断面中塑性应变值最大点的位置，并将其连成线，就可得到围岩的潜在破坏面。图1，3，5给出了不同参数下围岩的塑性区及破坏面，破坏面为黑色点滑线。

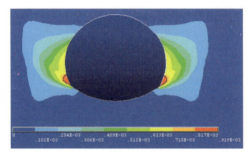

图 1 Ⅱ下围岩的等效塑性应变和潜在破坏面(ν=0.25)
Fig.1 Plastic strain and failure surface of rock mass Ⅱ下

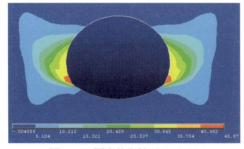

图 2 Ⅱ下围岩的塑性区(ν=0.25)
Fig.2 Plastic zone of rock mass Ⅱ下

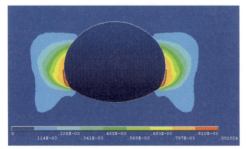

图 3 Ⅲ下围岩等效塑性应变和潜在破坏面(ν=0.30)
Fig.3 Plastic strain and failure surface of rock mass Ⅲ下

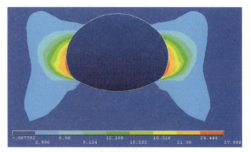

图 4 Ⅲ下围岩塑性区（ν=0.30)
Fig.4 Plastic zone of rock mass Ⅲ下

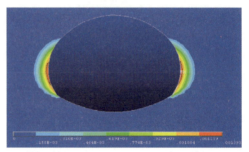

图 5 Ⅳ下围岩的等效塑性应变和潜在破坏面(ν=0.35)
Fig.5 Plastic strain and failure surface of rock mass Ⅳ下

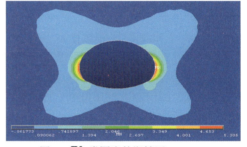

图 6 Ⅳ下类围岩的塑性区(ν=0.35)
Fig.6 Plastic zone of rock mass Ⅳ下

从图 1～6 塑性应变等值云图及其比尺可以看出，达到破坏状态时，Ⅱ下类围岩的塑性区范围最大，隧道两侧出现了大范围的塑性区，但是破坏范围却很小，安全系数最高；Ⅲ下类围岩塑性区范围次之，隧道两侧出现了较大范围的塑性区，破坏范围较小，安全系数较低；Ⅳ下类围岩塑性区范围最小，但是破坏范围最大。这说明破坏状态下质量较好的岩体如Ⅱ类围岩，塑性区即使出现一大片也可能保持整体稳定，而且破坏区也只是局部一小部分；相反，质量较差的岩石如Ⅳ类围岩，塑性区范围很小就不稳定了，而且破坏区连成了一片，安全系数最低（见表 2）。由此表明，单纯根据塑性区范围大小来评判隧道的安全性是值得商榷的。上述参数中泊松比ν与剪切强度c，φ值都会影响塑性区和破坏区大小，岩质好的Ⅱ类围岩破坏时的塑性区大于岩质差的Ⅲ、Ⅳ类围岩的塑性区，这是因为Ⅱ类围岩的泊松比大于Ⅲ、Ⅳ类围岩的缘故，因而下面还要分别研究ν值与剪切强度对塑性区、破坏区对安全系数的影响。

表2 不同围岩类别条件下的安全系数
Table 2 The safety factors of different rocks

围岩类别	埋深/m	泊松比	安全系数
Ⅱ下	50	0.25	4.23
Ⅲ下	50	0.30	2.61
Ⅳ下	50	0.35	1.85
Ⅲ下	50	0.25	2.63
Ⅳ下	50	0.25	1.87
Ⅱ下	150	0.25	2.05
Ⅲ下	150	0.30	1.52
Ⅳ下	150	0.35	1.19
Ⅱ*	600	0.25	1.45
Ⅱ*	600	0.22	1.67

图7～10为将上述Ⅲ下、Ⅳ下类围岩的泊松比ν都取为0.25时，破坏状态时围岩的塑性区分布及塑性应变值，安全系数见表2。从图中可以看出，同样ν值下，Ⅳ下的塑性应变值远高于Ⅲ下塑性应变值，为此可从塑性应变等值云图推测Ⅳ下的塑性区也会大于Ⅲ下。表明当ν值相同时，岩质愈好，破坏时塑性区与破坏区都越小，安全系数高。泊松比ν对隧道的塑性区分布范围影响较大，同等条件下，ν取值越小，破坏状态下隧道的塑性区范围越大。但是计算表明，泊松比ν的取值对安全系数的计算结果基本上没有影响（见表2）。这也说明不能仅凭塑性区大小来评判围岩稳定性。

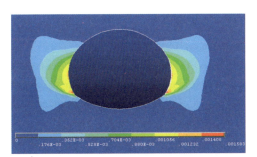

图7 Ⅲ下围岩等效塑性应变和潜在破坏面（ν=0.25）
Fig.7 Plastic strain and failure surface of rock mass Ⅲ下

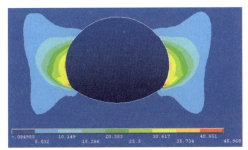

图8 Ⅲ下围岩塑性区（ν=0.25）
Fig.8 Plastic zone of rock mass Ⅲ下

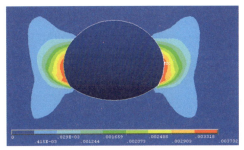

图9 Ⅳ下类围岩的等效塑性应变和潜在破坏面（ν=0.25）
Fig.9 Plastic strain and failure surface of rock mass Ⅳ下

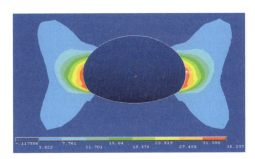

图10 Ⅳ下围岩的塑性区（ν=0.25）
Fig.10 Plastic zone of rock mass Ⅳ下

将上述隧道的埋深变为150 m，各类围岩的安全系数见表2，其中Ⅱ下围岩的塑性区及塑性应变值如图11和图12所示，总的变化规律与上覆岩体厚度为50 m是一致的。但与上覆岩体厚度为50 m相比，上覆岩体厚度对隧道的塑性区分布范围和安全系数有较大影响，同类围岩塑性区范围增大，破坏区也增大，但安全系数减小。上覆岩体厚度为50 m时，安全系数为4.23；上覆岩体厚度为150 m时，安全系数降为2.05；而上覆岩体厚度为600 m时，安全系数降为1.45。这说明隧道的稳定性与埋深有很大关系,许多深层煤巷出现很大的地压就是例证。大量的工程实例表明，到达一定深度后，水平应力是不随垂直应力变化而线性变化的,此时地层水平应力增大很快，常常是水平应力接近垂直应力，甚至超过垂直应力。Ⅱ类围岩的安全系数见表2，Ⅱ下围岩在埋深600 m时的塑性应变值如图13和图14。上覆岩层厚600 m时，无支护Ⅱ类围岩隧洞处于安全状态，这与实际深埋隧洞开挖过程中岩体处于稳定状态（除岩爆外）的事实也是符合的。由图看出，塑性区接近圆形，破坏区仍在两侧。

限于篇幅,本文没有对圆形隧道进行详细阐述，但从计算结果来看，圆形隧道的规律与上述基本上相同，但是同等条件下圆形隧道的安全系数比本文所述的隧道安全系数高很多，并且破坏状态时塑性区范围也较小，说明隧道形状与其稳定性密切相关。

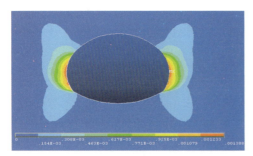

图 11 Ⅱ下围岩的等效塑性应变 ($\nu=0.25$)
Fig.11 Plastic strain of rock mass Ⅱ下

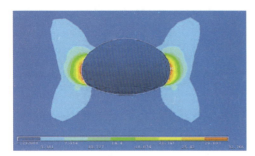

图 12 Ⅱ下围岩的塑性区($\nu=0.25$)
Fig.12 Plastic zone of rock mass Ⅱ下

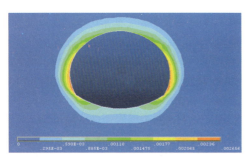

图 13 Ⅱ下围岩的等效塑性应变 ($\nu=0.25$)
Fig.13 Plastic strain of rock mass Ⅱ下

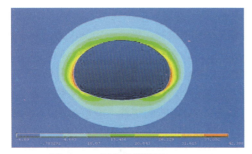

图 14 Ⅱ下围岩的塑性区($\nu=0.25$)
Fig.14 Plastic zone of rock mass Ⅱ下

4 结 论

(1)有限元强度折减法不但适用于岩土边坡工程,同样也适用于隧道工程中。利用有限元强度折减法不仅可以确定隧道的破坏面和安全系数,评价隧道的稳定性,还可以根据破坏面和安全系数的大小评定设计的合理性,并对支护参数和施工工艺提出改进建议。

(2)计算表明,泊松比ν的取值对塑性区范围影响很大,但对安全系数的计算结果基本上没有影响,因而不能仅凭塑性区范围大小来确定围岩稳定性。同等条件下围岩质量越好,达到破坏状态时围岩的塑性区范围越大,破坏区也越小,安全系数越高。隧道的稳定性与埋深有很大关系,上覆岩体越厚,同类围岩塑性区范围增大,最大塑性应变值也增大,安全系数减小。

(3)通过有限元强度折减还可以得到隧道的整体强度储备安全系数,这个安全系数可以作为隧道围岩分类的指标之一,当然这一安全系数是基于隧道受剪破坏而提出的,可称为剪切破坏安全系数。众所周知,隧道还可能出现受拉破坏,主要是松散破碎岩体中,因而隧道还存在一个拉裂破坏安全系数,这方面的研究有待深入。

参 考 文 献

[1] Griffiths D V, Lane P A. Slope stability analysis by finite elements[J]. **Geotechnique**, 1999, 49(3): 387－403.

[2] Mateui T, San K C. Finite element slope stability analysis by shear strength reduction[J]. **Soils and Foundations**, 1992, 32 (1): 59－70.

[3] Dawson E M, Roth W H, Drecher A. Slope stability analysis by strength reduction[J]. **Geotechnique**, 1999, 49(6):835－840.

[4] Ugai K. A method of calculation of total factor of safety of slopes by elastic-plastic FEM[J]. **Soils and Foundations**, 1989, 29(2):190－195.

[5] Ugai K, Leshchinaky D. Three-dimensional limit equilibrium method and finite element analysis: a comparison of results[J]. **Soils and Foundations**, 1995, 35(4):1－7.

[6] 赵尚毅, 郑颖人, 时卫民, 等. 用有限元强度折减法求边坡稳定安全系数[J]. 岩土工程学报, 2002, 24(3): 343－346.
ZHAO Shang-yi, ZHENG Ying-ren, SHI Wei-min, et al. Analysis on safety factor of slope by strength reduction FEM[J]. **Chinese Journal of Geotechnical Engineering**, 2002, 24(3): 343－346.

[7] 郑颖人, 赵尚毅. 岩土工程极限分析有限元法及其工程应用[J]. 土木工程学报, 2005, 38(1): 91－98.
ZHENG Ying-ren, ZHAO Shang-yi. Limit sate FEM for geotechnical engineering analysis and its applications[J]. **China Civil Engineering Journal**, 2005, 38(1): 91－98.

[8] 连镇营, 韩国城, 孔宪京. 强度折减有限元法研究开挖边坡的稳定性[J]. 岩土工程学报, 2001, 23(4): 407－411.
LIAN Zhen-ying, HAN Guo-cheng, KONG Xian-jing. Stability analysis of excavation by strength reduction FEM[J]. **Chinese Journal of Geotechnical Engineering**, 2001, 23(4): 407－411.

[9] 栾茂田, 武亚军, 年廷凯. 强度折减有限元法中边坡失稳的塑性区判据及其应用[J]. 防灾减灾工程学报, 2003, 23(3): 1－8.
LUAN Mao-tian, WU Ya-jun, NIAN Ting-kai. A criterion for evaluating slope stavality based on development of plastic zone by shear strength reduction FEM[J]. **Journal of Disaster Prevention and Mitigation Engineering**, 2003, 23(3): 1－8.

[10] 徐干成, 郑颖人. 岩石工程中屈服准则应用的研究[J]. 岩土工程学报, 1990, 12(2): 93－99.
XU Gan-cheng, ZHENG Ying-ren. Study on yield criteria of rock engineering[J]. **Chinese Journal of Geotechnical Engineering**, 1990, 12(2): 93－99.

土坡渐进破坏的双安全系数讨论

唐 芬[1,2]，郑颖人[1]，赵尚毅[1]

(1. 后勤工程学院 军事土木工程系，重庆 400041；2. 重庆交通大学 应用技术学院，重庆 400042)

摘要：边坡的破坏是一个渐进累积破坏过程，在边坡剪切带的形成过程中，土体的强度参数 c，φ 以不同衰减速度进行衰减，因此，c，φ 应有不同的安全储备。对不同土性的软化特征进行分析，黏性土土坡随着剪切带的形成，将发生损伤软化，黏聚力 c 衰减远快于 φ 的衰减；砂性土土坡随着剪切带的形成，发生剪胀软化，φ 衰减快于 c 衰减。根据不同衰减速度，提出了黏性土土坡按 $SRF_2 > SRF_1$ 的方式进行双安全系数分析，砂性土土坡按 $SRF_1 > SRF_2$ 方式进行双安全系数分析。同时，提出在不同土性的土坡中，c，φ 按不同的方式进行配套折减，供工程界参考和讨论，以逐渐形成共识。

关键词：土力学；损伤软化；剪胀软化；双安全系数；衰减速度
中图分类号：TU 441　　　　**文献标识码**：A　　　　**文章编号**：1000 – 6915(2007)07 – 1402 – 06

DISCUSSION ON TWO SAFETY FACTORS FOR PROGRESSIVE FAILURE OF SOIL SLOPE

TANG Fen[1,2], ZHENG Yingren[1], ZHAO Shangyi[1]

(1. *Department of Military Civil Engineering*, *Logistic Engineering University of PLA*, *Chongqing* 400041, *China*;
2. *School of Applied Technology*, *Chongqing Jiaotong University*, *Chongqing* 400042, *China*)

Abstract：Slope destroy is a progressive process. During the process of formation of the shear bands, the shear strength parameters c, φ have different decay rates. So the margin of safety is different for parameters c and φ. The different softening characteristics of different soils were analyzed. The softening damage is found in the cohesive soil slope as formation of the shear bands, so the decay rate of cohesive c is more rapid than that of internal friction angle φ. The dilation and softening are disclosed in the sand soil slope, like the formation of the shear bands. The decay rate of internal friction angle φ is more rapid than that of cohesive parameter c. According to the different decay rates of parameters c, φ, the modes of $SRF_2 > SRF_1$ in the cohesive soil and $SRF_1 > SRF_2$ in the sand soil were put forward. The different modes in the different soils were discussed to offer some references to relevant studies in geotechnical engineering.

Key words：soil mechanics；damage softening；dilation and softening；two safety factors；decay rate

1 引 言

边坡的稳定性分析常用的方法主要有极限平衡条分法、有限元实际应力法[1]和有限元强度折减法[2~10]等，在边坡稳定问题的分析中，安全系数的定义有多种形式，当前被公认和应用较多的有 3 种形式[11]：(1) 基于强度储备的安全系数；(2) 超载储备安全系数；(3) 下滑力超载储备安全系数。若采用基于强度储备的安全系数定义，使用极限平衡条分法[12]时边坡的稳定性进行分析时，c，φ 均采用同一安全系数(强度储备)；有限元强度折减法的基本

注：本文摘自《岩石力学与工程学报》(2007 年第 26 卷第 7 期)。

原理也是将土体强度指标 c 和 φ 同时除以同一折减系数，得到一组新的强度指标 c_1 和 φ_1，然后对边坡进行有限元分析，通过不断增大折减系数使边坡达到临界破坏状态，把此时的折减系数作为安全系数。

一般认为，边坡发生滑动时，剪切带的形成与土体的应变软化特性相关[12]。沈珠江等[13, 14]将土体的应变软化特性分为 3 种：减压软化、剪胀软化以及损伤软化。对于黏性土的软化主要表现为损伤软化，由于结构的破坏，黏聚力迅速衰减；砂土在常规条件下主要表现为剪胀软化，由于剪胀即孔隙增大，内摩擦角会迅速衰减。

在应变较小时，土体具有较大的抗剪强度；而当应变超过一定程度，土体的抗剪强度明显降低，即表现为强度衰减。但是，抗剪强度参数的衰减速度与程度是不同的，对于结构性黏土以及超固结黏土，黏聚力衰减的速度远大于内摩擦角的衰减速度，对于砂性土，其内摩擦角衰减速度大于黏聚力衰减速度；同时，边坡发生滑动时，其滑面土体的黏聚力与内摩擦角的作用机制也是不同的，各自的安全储备应该不同，因此，在边坡的稳定分析中，为了更为准确地反映 c，φ 各自的安全储备，考虑采用不同的安全系数或折减系数是非常必要的。

2 边坡的双安全系数的提出

潘家铮最大、最小值原理：滑坡若能沿许多滑面滑动，则失稳时，真实的滑裂面是提供最小的抗滑能力的可能滑动面破坏(最小值原理)；边坡发生滑动时，其内力会自动调整，以发挥最大的抗滑能力(最大值原理)。传统的极限平衡条分法分析时，c，φ 采用同一安全系数，在强度折减法中，也采用同一折减系数进行同步折减。边坡发生滑动时，滑面土体的黏聚力与内摩擦角会发挥各自的作用，同时，它们也会发生相应的衰减，但黏聚力与内摩擦角所起的作用、各自发挥程度及其衰减速度与程度是不同的。因此，在极限平衡条分法稳定性分析中，c，φ 应有不同安全系数；在强度折减法中，也应采用不同的折减系数，即双安全系数或双折减系数，即

$$\left.\begin{aligned}\tan\varphi_1 &= \frac{\tan\varphi}{SRF_1} \\ c_1 &= \frac{c}{SRF_2}\end{aligned}\right\} \quad (1)$$

式中：SRF_1 为内摩擦角 φ 的折减系数；SRF_2 为黏聚力 c 的折减系数；c_1，φ_1 分别为折减后土体的黏聚力和内摩擦角。

在边坡发生滑动时，黏聚力与摩阻力到底谁先发挥作用，其发挥程度及衰减速度、程度等到目前为止相关文献很少。在边坡稳定性分析中，D. W. Taylor 的摩擦圆分析法中采用 c，φ 为不同的安全系数[15]，认为滑动面上的抵抗力包括土的摩阻力及黏聚力两部分，在边坡发生滑动时，滑动面上摩阻力首先得到充分发挥，然后才由土的黏聚力作补充。因此，边坡的安全系数定义为滑面土体实际的黏聚力 c 与为使边坡达到极限平衡时滑动面上所需要发挥的黏聚力 c_1 的比值，即

$$F_s = \frac{c}{c_1} \quad (2)$$

此安全系数定义隐含了 φ 的安全储备为 1 的前提条件，这就是 c，φ 不同安全储备的雏形。φ 不折减说明边坡滑动中随着剪切带的形成，φ 不会发生衰减，滑动前后 φ 保持不变，这与目前关于土体应变软化的试验结果尤其是砂土的试验结果软化不符，可见是一种比较粗糙的分析方法。

另外，超载储备安全系数定义中，通过增大下滑力但不增大抗滑力来计算边(滑)坡安全系数，即是将荷载(主要是自重)增大 F_s 后，坡体达到极限平衡状态，按此定义有

$$\frac{\int_0^l (c + F_s\sigma\tan\varphi)\mathrm{d}l}{F_s\int_0^l \tau\mathrm{d}l} = \frac{\int_0^l \left(\frac{c}{F_s} + \sigma\tan\varphi\right)\mathrm{d}l}{\int_0^l \tau\mathrm{d}l} = 1 \quad (3)$$

从此定义可以看出，超载储备安全系数实质上就相当于只折减黏聚力 c 值的强度储备安全系数，此定义虽没有提出 c，φ 的不同安全系数概念，但其结果是：φ 的安全储备为 1，c 的安全储备为 F_s，这与 D. W. Taylor 的摩擦圆分析法有异曲同工之效。

边坡的破坏是一个渐进累积破坏过程[11]。边坡滑动面上的应力、应变分布不均匀，在外部因素作用下，滑动面的某些区域应变超过一定的值或者剪力超过其抗剪强度，率先进入软化阶段，抗剪强度衰减，原本由这些区域的部分剪力转移到周围的土体，进而可能使周围土体也进入软化阶段。如果不断推进则可能形成一剪切带，最终将导致边坡的破坏。

关于土体的应变软化及剪切带的形成机制，许多学者进行了大量的试验研究。早在 1937 年，Terzaghi 就提出了土软化的力学性质，发现裂隙黏

土峰值强度随时间降低；1948 年，Terzaghi 等在边坡工程中发现土体的应变软化特性在宏观上表现为边坡渐进累积破坏，随着应变增加，土体抗剪强度从峰值强度降低为残余强度是边坡渐进累积破坏的内因所在。

1964 年，Skempton 在第四届 Rankine 讲座中着重分析了超固结土边坡的长期稳定性问题[16]。他根据试验结果(如图 1 所示)，在给定有效应力的直剪试验时，超固结土能承受的抗剪强度有一个极限值，即"峰值强度"。通常试验时达到峰值强度后立即结束试验，把峰值强度作为该给定应力下的抗剪强度。然而，如在达到峰值强度后继续增大剪切位移可以发现，随着剪切位移的增大，超固结土的抗剪强度有所减小，最后达到一个稳定的抗剪强度，即残余强度。同时也可得到其峰值强度和残余强度包络线。从试验结果可以发现，随着应变增加，超固结土残余强度参数中，黏聚力衰减的速度远大于内摩擦角的衰减速度[13]。对于结构性黏土均发现有此变化规律。

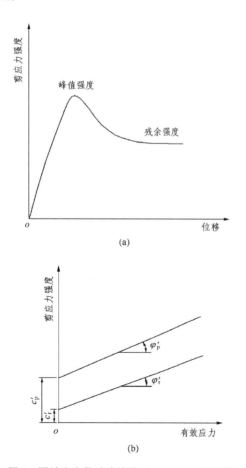

图 1 固结土直剪试验结果(Skempton，1964 年)
Fig.1 Results of direct shear test of clay(Skempton, 1964)

砂土的抗剪强度主要表现为摩擦强度，而摩擦强度主要分成两部分[14]：滑动力和咬合力。滑动摩擦又存在不规则表面的咬合和"自锁"作用；土颗粒的重排与颗粒破碎是土颗粒之间咬合而发生的两种现象。在剪切时，剪切面处的颗粒会发生提升错动、转动、拔出，并伴随着土体的体积变化、颗粒的重新定向排列及颗粒本身的破坏断裂，发生剪胀软化，因为剪胀，土体的孔隙增大，土体的内摩擦角会迅速衰减，其衰减的速度大于黏性土的内摩擦角衰减的速度。

3 抗剪强度参数 c，φ 的双折减系数条分法

要研究 c，φ 在边坡滑动时各自的发挥程度与发挥秩序，以及衰减速度与程度，也就是要确定折减系数 SRF_1 与 SRF_2 各自的大小关系。

在边坡滑动时，有两种比较极端的情况，一种是摩阻力先充分发挥作用，然后才由黏聚力作补充；另一种是黏聚力先充分发挥作用，然后才由摩阻力作补充。这 2 种情况中，第 1 种在边坡滑动中，摩阻力保持不变，即 φ 不衰减，黏聚力衰减；第 2 种情况刚好相反，黏聚力 c 不衰减，φ 衰减。而在实际的边坡发生滑动时，滑动面上摩阻力与黏聚力可能同时发挥作用和同时衰减，只是其发挥程度和衰减的速度不同而已。

将均质边坡进行竖直条分成 n 个条块，土条 i 上的作用力有重力 W_i、滑面上的法向反力 N_i 和切向反力 T_i、土条两侧的竖向剪切力 X_i，X_{i+1} 及法向力 E_i，E_{i+1}，其中有 5 个未知数，但只能建立 3 个平衡方程，因此为超静定问题，为了求得 T_i 和 N_i，必须对土条两侧作用力作适当的假定。条块受力分析情况见图 2，若不考虑条块之间的竖向剪切力，根据土条 i 的竖向平衡可得

$$W_i - T_i \sin\alpha_i - N_i \cos\alpha_i = 0 \quad (4)$$

即

$$N_i \cos\alpha_i = W_i - T_i \sin\alpha_i \quad (5)$$

若 c，φ 的折减系数不同时，当 φ 的折减系数为 SRF_1，c 的折减系数为 SRF_2，某一土条 i 可达到极限平衡，滑面上的切向力刚好与抗剪强度相平衡，即滑面上的切向力为

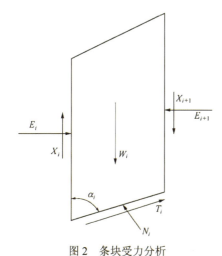

图2 条块受力分析
Fig.2 Forces of a soil slice

$$\left.\begin{array}{l}T_i = \dfrac{1}{SRF_1}N_i\tan\varphi_i + \dfrac{c_i l_i}{SRF_2}\\N_i\cos\alpha_i = W_i - \dfrac{1}{SRF_1}N_i\tan\varphi_i\sin\alpha_i - \dfrac{1}{SRF_2}c_i l_i\sin\alpha_i\end{array}\right\}$$ (6)

即

$$N_i = \dfrac{W_i - \dfrac{c_i l_i \sin\alpha_i}{SRF_2}}{\cos\alpha_i + \dfrac{1}{SRF_1}\tan\varphi_i\sin\alpha_i}$$ (7)

根据 $K = \dfrac{M_r}{M_s} = \dfrac{\sum(N_i\tan\varphi_i + c_i l_i)}{\sum W_i\sin\alpha_i}$ 得到

$$\dfrac{\sum\left(\dfrac{W_i - \dfrac{1}{SRF_2}c_i l_i\sin\alpha_i}{\cos\alpha_i + \dfrac{1}{SRF_1}\tan\varphi_i\sin\alpha_i}\dfrac{\tan\varphi_i}{SRF_1} + \dfrac{c_i l_i}{SRF_2}\right)}{\sum W_i\sin\alpha_i} = 1$$ (8)

整理后,可得

$$\dfrac{\sum\left(\dfrac{W_i\tan\varphi_i}{SRF_1} + \dfrac{c_i l_i\cos\alpha_i}{SRF_2}\right)}{\sum W_i\sin\alpha_i\left(\cos\alpha_i + \dfrac{1}{SRF_1}\tan\varphi_i\sin\alpha_i\right)} = 1$$ (9)

4 算 例

4.1 算例1

取 $\gamma = 20$ kN/m³,$E = 10^3$ kPa,$\mu = 0.3$,坡高为 10 m,坡角为 30°的边坡,$c = 30$ kPa,$\varphi = 10°$,

黏性土坡,2个折减系数不同时,c,φ 按比例折减,令 $k = SRF_2/SRF_1$,与 c,φ 同一折减系数时的折减系数进行对比分析,同时用有限元强度折减法的计算结果作印证。边坡达到极限平衡时,滑动面位置如图3所示;不同折减方法时同一黏性土土坡中的折减系数见表1。

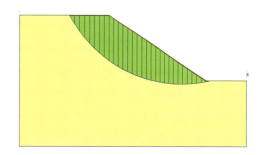

图3 黏性土土坡临界滑动面
Fig.3 Critical slip surface of cohesive soil slope

表1 不同折减方法时同一黏性土土坡中的折减系数
Table 1 Reduction factors of different methods for the same clay slope

折减方法	计算方法	φ的折减系数 SRF_1	c的折减系数 SRF_2	两折减系数的平均值	误差分析/%
c,φ同步折减	强度折减条分法	1.530	1.530	1.530	0.000
	有限元强度折减法	1.560	1.560	1.560	0.000
只折减c ($k=2.02$)	强度折减条分法	1.000	2.020	1.510	−1.307
	有限元强度折减法	1.000	2.090	1.545	−0.960
c,φ按$k=$ 0.60折减	强度折减条分法	2.190	1.314	1.752	14.510
	有限元强度折减法	2.210	1.320	1.765	13.140
c,φ按$k=$ 1.60折减	强度折减条分法	1.140	1.824	1.482	−3.137
	有限元强度折减法	1.150	1.840	1.495	−4.170

注:误差计算基础是由传统的 c,φ 按同一折减系数法所得的计算结果。

从表1可以看出,边坡滑动时,若 c 充分发挥作用时(如表1中 $k = SRF_2/SRF_1 = 0.60$),c 的衰减速度小于 φ 的衰减速度,此时能产生更大的抵抗力(符合潘家铮最大值原理),但是边坡要发生滑动,必先形成剪切带,随着剪切带的形成,土体表现出应变软化,而黏性土的软化主要表现为损伤软化,黏聚力迅速衰减。在滑动时,黏聚力已经很小了,因此,黏聚力 c 的折减系数应远大于 φ 的折减系数(如 $k = 1.6$)。计算结果表明:对于黏性土土坡,只折减黏聚力 c 的强度储备分析法(如Taylor的摩擦圆分析法和超载安全系数法)和 $k > 1.00$(如 $k = 1.60$)时是比较合理的。但是黏性土强度衰减，并不是只有黏聚力衰减，内摩擦角也有一定程度的衰减，只是其衰减速度小于黏聚力的衰减速度。因此，Taylor的摩擦圆分析法或超载安全系数法也不太合理，按 $k=SRF_2/SRF_1>1$ 方式折减是比较符合实际的。传统的同一折减系数过高地评价了边坡的稳定性。

4.2 算例2

取 $\gamma = 20$ kN/m³，$E = 10^3$ kPa，$\mu = 0.3$，坡高 10 m，坡角为 30°的边坡，$c = 10$ kPa，$\varphi = 25°$ 的砂性土土坡，c，φ 按比例折减，令 $k = SRF_2/SRF_1$，并与 c，φ 同一折减系数时的折减系数进行对比分析。其临界滑动面见图 4；不同折减方法时同一砂性土土坡中的折减系数见表 2。

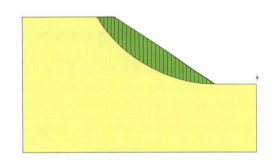

图 4　砂性土临界滑动面
Fig.4　Critical slip surface of sand soil slope

表 2　不同折减方法时同一砂性土土坡中的折减系数
Table 2　Reduction factor of different methods for the same sand slope

折减方法	分析方法	φ的折减系数 SRF_1	c的折减系数 SRF_2	两折减系数的平均值	误差分析 /%
c，φ同步折减	强度折减条分法	1.475	1.475	1.475	0.000
	有限元强度折减法	1.490	1.490	1.490	0.000
只折减c ($k=6.10$)	强度折减条分法	1.000	6.100	3.550	140.678
	有限元强度折减法	1.000	6.400	3.700	148.320
只折减φ ($k=0.54$)	强度折减条分法	1.850	1.000	1.425	-3.390
	有限元强度折减法	1.920	1.000	1.460	-2.010
c，φ按$k=$ 0.60折减	强度折减条分法	1.770	1.062	1.416	-4.000
	有限元强度折减法	1.800	1.080	1.440	-3.360
c，φ按$k=$ 1.60折减	强度折减条分法	1.280	2.048	1.664	12.810
	有限元强度折减法	1.300	2.100	1.700	14.090

从表 2 可以看出，边坡滑动时，若 φ 充分发挥作用时(如表 2 中只折减 c)，φ 的衰减速度小于 c 的衰减速度，此时能产生更大的抵抗力(符合潘家铮最大值原理)，但是，砂土表现出剪胀软化，剪切带形成时，剪切面处的颗粒会发生提升错动、转动、拔出，并伴随着土体的体积变化、颗粒的重新定向排列及颗粒本身的破坏断裂，内摩擦角会迅速衰减，φ 的折减系数应远大于 c 的折减系数(如 $k=0.60$)。计算结果表明：对于砂土土坡，只折减黏聚力 c 的强度储备分析法(如 Taylor 的摩擦圆分析法和超载安全系数法)和 $k>1.00$ (如 $k=1.60$)时不合理，按 $k=SRF_2/SRF_1<1.00$ 方式折减是更符合实际的砂土剪胀软化特性，传统的同一折减系数同样也高估了砂土边坡的稳定性。

5　结　论

(1) 采用强度折减条分法与有限元强度折减法对边坡的稳定性分析时，采用了基本一致的假定，从而能得到非常相近的结论。说明强度折减条分法的式(7)是正确的。

(2) 边坡破坏是一个渐进累积破坏过程，在边坡滑动剪切带的形成过程中，土体的强度参数 c，φ 以不同衰减速度衰减。因此，c，φ 应有不同的安全储备。

(3) 对于黏性土土坡，随着剪切带的形成，土体表现出损伤软化，黏聚力迅速衰减，黏聚力的衰减速度大于内摩擦角的衰减速度，在强度折减法中，按 $k=SRF_2/SRF_1>1.00$ 方式折减是比较符合实际的。

(4) 对于砂性土土坡，随着剪切带的形成，土体表现出剪胀软化，内摩擦角迅速衰减，内摩擦角的衰减速度大于黏聚力的衰减速度，在强度折减法中，按 $k=SRF_2/SRF_1<1.00$ 方式折减较符合实际。

本文基于边坡渐进破坏土体的应变软化的不同特点，提出 c，φ 不同折减系数供大家讨论以逐渐形成共识。

参考文献(References)：

[1] 李育超. 基于实际应力状态的土质边坡稳定性分析研究[博士学位论文][D]. 杭州：浙江大学，2006：17 - 19.(LI Yuchao. Soil slope stability analysis based on the actual stress[Ph. D. Thesis][D]. Hangzhou：Zhejiang University，2006：17 - 19.(in Chinese))

[2] 陈祖煜. 土质边坡稳定性分析——原理·方法·程序[M]. 北京：中国水利水电出版社，2003：87 - 120.(CHEN Zuyu. Soil slope stability analysis—theory，method，and programs[M]. Beijing：China Water Power Press，2003：87 - 120.(in Chinese))

[3] 刘金龙, 栾茂田, 赵少飞, 等. 关于强度折减有限元方法中边坡失稳判据的讨论[J]. 岩土力学, 2005, 26(8): 1 345–1 348.(LIU Jinlong, LUAN Maotian, ZHAO Shaofei, et al. Discussion on criteria for evaluating stability of slope in elastoplastic FEM based on shear strength reduction technique[J]. Rock and Soil Mechanics, 2005, 26(8): 1 345–1 348.(in Chinese))

[4] 郑颖人, 赵尚毅. 有限元强度折减法在土坡与岩坡中的应用[J]. 岩石力学与工程学报, 2004, 23(19): 3 381–3 388.(ZHENG Yingren, ZHAO Shangyi. Application of strength reduction FEM to soil and rock slopes[J]. Chinese Journal of Rock Mechanics and Engineering, 2004, 23(19): 3 381–3 388.(in Chinese))

[5] 赵尚毅, 郑颖人, 张玉芳. 极限分析有限元法讲座——II 有限元强度折减法中边坡失稳的判据探讨[J]. 岩土力学, 2005, 26(2): 332–336.(ZHAO Shangyi, ZHENG Yingren, ZHANG Yufang. Study on slope failure criterion in strength reduction finite element method[J]. Rock and Soil Mechanics, 2005, 26(2): 332–336.(in Chinese))

[6] UGAI K. A method of calculation of total factor of safety of slopes by elastoplastic FEM[J]. Soils and Foundations, 1989, 29(2): 190–195.

[7] MATSUI T, SAN K C. Finite element slope stability analysis by shear strength reduction technique[J]. Soils and Foundations, 1992, 32(1): 59–70.

[8] GRIFFITHS D V, LANE P A. Slope stability analysis by finite elements[J]. Geotechnique, 1999, 49(3): 387–403.

[9] DAWSON E M, ROTH W H, DRESCHER A. Slope stability analysis by strength reduction[J]. Geotechnique, 1999, 49(6): 835–840.

[10] 刘明维, 郑颖人. 基于有限元强度折减确定滑坡多级滑动面方法[J]. 岩石力学与工程学报, 2006, 25(8): 1 544–1 549.(LIU Mingwei, ZHENG Yingren. Determination methods of multi-slip surfaces landslide based on strength reduction FEM[J]. Chinese Journal of Rock Mechanics and Engineering, 2006, 25(8): 1 544–1 549.(in Chinese))

[11] 郑颖人, 赵尚毅. 边(滑)坡工程设计中安全系数的讨论[J]. 岩石力学与工程学报, 2006, 25(9): 1 937–1 940.(ZHENG Yingren, ZHAO Shangyi. Discussion on safety factors of slope and landslide engineering design[J]. Chinese Journal of Rock Mechanics and Engineering, 2006, 25(9): 1 937–1 940.(in Chinese))

[12] 程东幸, 刘大安, 丁恩保, 等. 滑带土长期强度参数的衰减特性研究[J]. 岩石力学与工程学报, 2005, 24(增2): 5 827–5 834.(CHENG Dongxing, LIU Da'an, DING Enbao, et al. Study on attenuation characteristics of long-term strength for landslide soil[J]. Chinese Journal of Rock Mechanics and Engineering, 2005, 24(Supp.2): 5 827–5 834.(in Chinese))

[13] 沈珠江. 理论土力学[M]. 北京: 中国水利水电出版社, 2000.(SHEN Zhujiang. Theoretical soil mechanics[M]. Beijing: China Water Power Press, 2000.(in Chinese))

[14] 蔡正银. 砂土的渐进破坏及其数值模拟方法[C]// 2006 年三峡库区地质灾害与岩土环境学术研讨会. 重庆: [s. n.], 2006: 72–81.(CAI Zhengyin. Progressive failure of sand and its mathematic model[C]// Academic Research and Discussion on the Geological Hazard and Environmental Geotechnics in the Three Gorges Reservoir. Chongqing: [s. n.], 2006: 72–81.(in Chinese))

[15] 洪毓康. 土质学与土力学[M]. 北京: 人民交通出版社, 1979: 189–193.(HONG Yukang. Soil property and soil mechanics[M]. Beijing: China Communications Press, 1979: 189–193.(in Chinese))

[16] 李广信. 高等土力学[M]. 北京: 清华大学出版社, 2005: 116–126.(LI Guangxin. Advanced soil mechanics[M]. Beijing: Tsinghua University Press, 2005: 116–126.(in Chinese))

膨胀力变化规律试验研究

丁振洲[1,2]，郑颖人[1]，李利晟[3]

(1.后勤工程学院 建筑工程系，重庆 400041；2.成都军区房地产管理局重庆分局，重庆 400039；3.广州军区空军后勤部机场营房处，广州 510052)

摘 要：对膨胀土胀缩机理进行了阐述，剖析了膨胀力概念，指出 GB/T50279-98 界定的膨胀力为最大膨胀力或极限膨胀力，提出自然膨胀力概念及其试验方法。首次开展了自然膨胀力随增湿程度变化规律的试验研究，并对膨胀力随增湿程度、干密度大小、起始含水率等因素的变化规律以及等同土样进行不同程度脱湿后的膨胀力变化规律开展了试验研究，得到了诸多有价值的结论，使对膨胀力概念的认识更加深入，其应用也更符合工程实际。

关 键 词：膨胀土；胀缩机制；膨胀力；自然膨胀力

中图分类号：TU 443　　　　**文献标识码**：A

Trial study on variation regularity of swelling force

DING Zhen-zhou[1,2], ZHENG Ying-ren[1], LI Li-sheng[3]

(1. Department of Architecture Engineering, Logistic Engineering University, Chongqing 400041, China;
2. Chongqing Branch of Bureau of Real Estate Management, Chendu District of Military, Chongqing 400039, China;
3. Branch of Aerodrome & Real Estate, Logistic Department of Air Force, Guangzhou District of Military, Guangzhou 510052, China)

Abstract: The swelling-shrinking mechanism of expansive soils was expounded; and the swelling force concept was analyzed. It was pointed out that the swelling force defined by nomenclature standard GB/T50279-98 is the maximum welling force or limiting swelling force. Then a new concept of *physical swelling force* was put forward, as its test method. It was the first time that the study was carried out about the variation regulation of physical swelling force changing with moistening degree. And it was performed that the trial research on the rules of swelling force with moistening degree, primary dry density, primary moisture content and so on, as well as the rule of swelling force with identical soil sample after various degree dehumidifying. Accordingly, some valuable conclusions were drawn, which made it more deeply to catch on the inotion of swelling force and more practically to be utilized.

Key words: expansive soil; swelling-shrinking mechanism; swelling force; physical swelling force

1 引 言

膨胀土的主要特征之一是干缩湿胀，按其膨胀机理不同可将其分为两类：一是化学转化的膨胀岩如硬石膏、无水芒硝吸水相变和重结晶等引起；二是含有较多黏粒和强亲水性矿物成分的黏土质岩石所致[1]，本文探讨后者。胀缩的直接体现为土体体积变化，当膨胀趋势受阻时，会以力的形式表现出来。国内外对膨胀力的变化规律研究已取得一定成果，其与矿物成分、结构、起始干密度、应力历史等因素的关系已得到广泛认可[2-9]，但对起始含水率作用意见不一致，一种观点认为与起始含水率无关[3]，另一种观点则认为受起始含水率影响[4-9]。

基于此，本文拟对膨胀力概念进行剖析并开展膨胀力增湿试验等方面的研究。

2 膨胀力概念及其形成机制

2.1 膨胀力概念

按力学概念，膨胀力是指增加含水率而保持体积不变产生的力，所以其大小是随水率增加而变化的，但按《岩土工程基本术语标准》中定义，膨胀力是土体在不允许侧向变形下充分吸水而保持其不发生竖向膨胀所需施加的最大压力值[10]。显然，这一定义中的膨胀力是指最大膨胀力或极限膨胀力，即土样从初状态增湿至饱和所产生的力，记作 $P_{s\max}$。

对于自然界里的土体，含水率变化仅在一定范

注：本文摘自《岩土力学》(2007 年第 28 卷第 7 期)。

围内进行,并不是总能达到饱和状态。从这点考虑,恢复力学概念上膨胀力原有的含义:即从初状态增湿至某状态所产生的力,为了区别前膨胀力 $P_{s\max}$ 的定义,称它为自然膨胀力,记作 P_s。显然,自然膨胀力既与初始状态有关,又与增湿后的含水率状态有关,当增湿至饱和时为最大膨胀力,也就是文[10]中定义的膨胀力 $P_{s\max}$。

2.2 膨胀力形成机制

土体体积膨胀与约束反力是一对矛盾,因此膨胀力的形成机制也就是土体增湿膨胀的形成机制。膨胀土工程性质与其矿物成分,特别是其黏粒部分的矿物成分密切相关,正是由于黏粒部分与水的物理化学作用才产生了膨胀与收缩的性质。黏土固体颗粒部分的结构单元包括简单颗粒、集聚体(团聚体和叠聚体)和孔隙[11]。可将膨胀土膨胀分为两部分:晶格扩张与颗粒(集聚体)间扩大。

(1)晶格扩张

黏土矿物是由硅氧四面体层和铝氧八面体层相互叠接而成的层状结构矿物,主要矿物有蒙脱石、伊利石、高岭石等,它们水稳定性依次提高、亲水性依次降低。水稳定性差、亲水性强的晶格结构如蒙脱石组,其晶格构造是以弱键结合并具有同晶置换特性。弱结合键使晶体格架具有较大的活动性,遇水很不稳定,水分子可不定量地进入晶格之间。同晶置换使晶层表面带有负电,增大了其吸水能力,蒙脱石矿物晶格的这一特点是促使其具有高亲水性的内在原因[11]。二者综合作用使晶层间距扩大,产生体积膨胀。晶格扩张是膨胀土的主要胀缩形式,也是工程上膨胀土与非膨胀土的区别所在。故有时以蒙脱石含量作为膨胀土判别标准。

(2)颗粒(集聚体)间扩张

包括两个因素:双电层作用和毛细水(吸力势)作用。双电层中被吸附的水分子在电场引力作用下,按一定排列被约束集聚在黏粒周围,形成水化膜。当含水率增大时,结合水膜不断加厚,"楔"开岩土颗粒,使固体颗粒间距增大,导致岩土体积膨胀。微观上看面面接触的叠聚体胀缩性最强[12]。

同时,非饱和土体中吸力的存在会使颗粒或集聚体间的接触或结合更为紧密。含水率增大时,弯液面曲率半径增大,吸力逐渐减小,理论上相当于给土颗粒间或集聚间施加一个"拉力",引起土颗粒的弹性效应,土体产生膨胀,体积增大。

颗粒(集聚体)间的胀缩变形存在于一般黏性土体中,尤其是吸力势的作用更具有普遍性,双电层作用及吸力势作用均对工程膨胀土体的胀缩起作用,一般居次要地位。

3 膨胀力变化规律试验研究

3.1 膨胀力测试方法

膨胀力测试方法有膨胀反压法、加压膨胀法及平衡加压法3种。膨胀反压法是使试样充分吸水自由膨胀稳定后再施加荷载使其恢复到初始体积。施荷压缩土体是一种固结过程,固结是组成土骨架的颗粒发生滑移、破碎、重组、孔隙自由水排出和孔隙减小的物理过程;而膨胀是晶间和粒间结合水膜增厚"楔"开颗粒的物理化学到力学的过程。可见该法测得的力为"固结压力"而非"膨胀压力"。

加压膨胀法是通过一系列荷载与膨胀量对应关系曲线确定膨胀力值,分为多试样法和单试样法。该法施加最大一级荷载时土体产生了压缩变形,改变了土体的干密度与结构,试验值与实际值有区别。

平衡加压法是在试样吸水开始膨胀时,逐步施加荷载维持体积不变,其试验过程基本不会引起土体结构破坏,也符合膨胀力的物理意义,因而被广泛采用,本文所有试验均采用该法进行。试验表明,相同土样使用不同方法测得的膨胀力有所不同,以膨胀反压法最大,平衡加压法居中[13]。

3.2 自然膨胀力增湿规律试验研究

为了确定自然膨胀力随含水率的变化规律,试验应采用"等同"的岩土样,所谓"等同",对原状土应保证土源相同、且具有相同起始含水率及干密度;重塑土应保证土源相同、并以相同击实方法制备,初始含水率及初始干密度也必须相同。本节对"等同"岩土样进行增湿试验,即将"等同"试样置于仪器中,通过不断增湿(增大含水率)测得不同的自然膨胀力。下面通过试验来说明自然膨胀力随增湿程度变化关系。

(1)土样准备

考虑原状样结果离散性大,本试验采用重塑样进行。首先对母样进行颗分试验、确定颗粒级配,其物性成果见表1。

表1 物性成果表
Table 1 The physical properties of soil somple

参数	比重	液限/%	塑限/%	缩限/%	塑性指数	自由膨胀率/%	最大体缩率/%	最大线缩率/%	收缩系数
测试值	2.65	70.0	29.1	15.9	40.9	53	11.64	2.90	0.38

将土颗粒烘干、筛分,按天然土颗粒级配掺配

土粒料若干。按要求配制出含水率 $w_0 = 0$，12%，16%，20%土样若干个。

（2）试验方法

采用直径 $\phi = 6.18$ cm、高 2 cm 即容积为 60 cm^3 的环刀，根据土的含水率和指定干密度（$\rho_d = 1.45$ g/cm^3）计算用土量，将土一次性压入环刀即可得到设计起始干密度及起始含水率的试样。

将制备样置入固结仪，上下设滤纸及"透水铜板"，然后放下加压导环和传压活塞，使各部密切接触，保持平稳。此处"透水铜板"为轴向布满许多小孔洞的铜板，起到透水石的作用，如图 1 示。

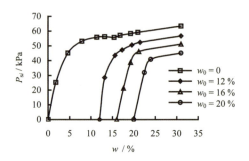

图 2　自然膨胀力随增湿程度变化曲线
Fig.2　The curve of physical swelling force with moistening degree

图 1　透水铜板
Fig.1　The permeable copper plate

透水铜板本身不吸水，可以保证试样起始含水率稳定，并可使增湿水量尽可能完全、快速地到达土样内部。通常使用的透水石与土样之间存在水分平衡迁移问题，对非饱和土样不再适用。

增湿采用滴定法进行，即从加压上盖的排气孔内均匀地滴入水滴，改变含水率至预定状态 w_i，利用平衡加压法测定维持体积不变对应的最大压力，即自然膨胀力 P_{si}。

本试验中改变到预定状态的含水率 w_i 是理论计算值，真实值要通过测量相应土样末状态含水率方可得到。也就是说本试验需了解各土样增湿末状态的含水率，这样采用单试样逐渐增湿的办法是无法量测到该指标的，因此，使用替代办法进行，即将一系列"等同"样通过不同程度增湿来模拟自然膨胀力随增湿程度变化规律。

（3）成果分析及现象解释

对 4 种起始含水率的"等同"土样进行了自然膨胀力增湿试验，其变化规律如图 2。

由图 2 知，不论从哪种起始含水率开始增湿，均有相似的变化曲线。即增湿前期的自然膨胀力增长迅速，增湿程度达到 3%～6% 时出现拐点，继续增湿自然膨胀力增长缓慢且近于线性。

表明：①"等同"土样的自然膨胀力受增湿程度影响，增湿程度越大，自然膨胀力也越大；②初始增湿会引起很大膨胀，后期增湿对自然膨胀力影响不大；③极限膨胀力大小与起始含水率有关，起始含水率越大，极限膨胀力越小。文献[3，4]采用膨胀反压法进行试验，认为极限膨胀力与起始含水率无关，这一现象可能与试验方法有关，如前所述，膨胀反压法测得是"固结压力"。

膨胀力是由晶格扩张、粒间（集聚体间）双电层作用、吸力势的解除等综合作用的结果，增湿前期带来自然膨胀力急剧增长，说明对胀缩性质起控制作用的晶格扩张得到了较好地发挥，同时说明晶间水膜较粒间（或集聚体间）水膜更容易形成。

若记　　　　$P'_s = P_{s\max} - P_{si}$　　　　（1）

式中：$P_{s\max}$ 为 ρ_d、w_0 状态的膨胀力；P_{si} 为 ρ_d、w_0 状态增湿至 ρ_d、w_i 对应的自然膨胀力。P'_s 为初状态 ρ_d、w_0 的极限膨胀力 $P_{s\max}$ 与该状态增湿至状态 ρ_d、w_i 对应的自然膨胀力之差，为方便说明称其为换算膨胀力，显然换算膨胀力与起始含水率 w_i 呈负相关关系，如图 3。

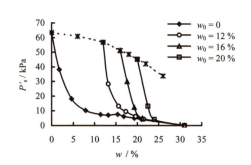

图 3　P'_s-w_i 关系曲线
Fig.3　The curve of $P'_s \sim w_i$

图中虚线表示不同起始含水率制备成干密度 $\rho_d = 1.45$ g/cm³ 土样所测极限膨胀力的变化规律，其形状是上凸型。由图 3 可以看出，除换算膨胀力 P'_s 的各增湿路径起点外，状态（ρ_d、w_i）相同的极限膨胀力 P_{smax} 值均大于换算膨胀力 P'_s 值。这可能是因为 P_{smax} 包括所有膨胀力组成因素的贡献，而随着增湿程度增大，晶格扩张对 P'_s 的作用却逐渐减少，甚至在拐点后 P'_s 的大小基本无晶格扩张成分。

由上面分析可推测，曲线拐点后的换算膨胀力 P'_s 可近似认为由吸力不断解除、结合水膜不断增厚所致，由此可建立其与吸力的关系。这样，诸如由吸力表达的强度公式、应力-应变关系等，便可简化为由曲线拐点后换算膨胀力 P'_s 取代的形式。这种取代可能引发一定误差，但可简化测试方法、降低测试成本，便于工程应用。当然，这种替代的可行性还有待作进一步深入研究。

3.3 非等同土样膨胀力规律试验研究

显然，对于一批"等同"土样来说，其极限膨胀力 P_{smax} 是一定值，当然可能因试验原因使结果具有离散性。这样，若想进行极限膨胀力规律性研究，就必须改变"等同"条件之一（起始干密度 ρ_d 或起始含水率 w_0）或两者均改变。下面分别进行试验研究，仍使用重塑样。

（1）ρ_d 相同、极限膨胀力与 w_0 关系

为确定极限膨胀力随初始含水率变化规律，分别以起始含水率为 6，12，18，20，22，24 %制备成 3 个干密度水平的土样进行试验研究，测得极限膨胀力变化规律如图 4 所示。

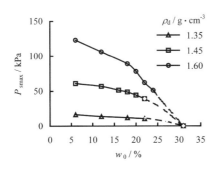

图 4 ρ_d 相同时 P_{smax}-w_0 关系曲线
Fig.4 The curve of P_{smax} with w_0 under that ρ_d is constant

由图 4 可知，当试样处于较低含水率水平、且含水率改变幅度不大时，极限膨胀力 P_{smax} 与起始含水率 w_0 具有线性负相关关系，干密度水平越低的线性越好，变动幅度也越小。当起始含水率接近饱和含水率时，P_{smax} 值逐渐下降接近于 0，为非线性负相关关系，干密度水平越高，非线性越显著。

（2）w_0 相同、极限膨胀力与 ρ_d 关系

为确定极限膨胀力与起始干密度的关系，分别以 3 种起始含水率（6，12，18 %）土样制备成一系列干密度试样进行试验研究，测得极限膨胀力变化规律如图 5 所示。

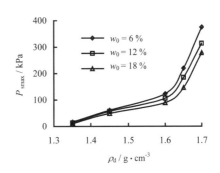

图 5 w_0 相同时 P_{smax}-ρ_d 关系曲线
Fig.5 The curve of P_{smax} with ρ_d under that w_0 is constant

由图 5 可知，极限膨胀力随着干密度增大先是缓慢增加，而后急剧增大，整体上呈指数增长趋势，表明干密度对极限膨胀力的影响显著。

（3）"等同"样脱湿过程的极限膨胀力规律

试验方法：制备 $\rho_d = 1.39$ g/cm³，$w_0 = 30.5$ % 土样若干，抽气饱和。将饱和样放入 "Instruments for the extraction and measurement of soil moisture"，使用不同压力将试样脱湿，稳定后取出进行膨胀力试验，成果如图 6。

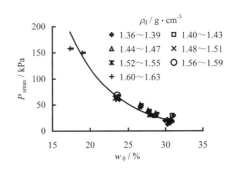

图 6 "等同"土样脱湿 P_{smax} 变化规律
Fig.6 The variation curve of P_{smax} with dehydrating degree for "identical soils sample"

由图 6 可知，"等同"样脱湿过程中，其含水率与干密度均发生变化，即含水率减小，干密度增大。由不同脱湿状态（ρ_{di}、w_i）的膨胀力试验结果表明，含水率越小，干密度越大，对应的膨胀力也越大，呈指数变化趋势。

4 结 论

本文通过膨胀力概念剖析及相关试验研究,得到主要结论如下:

(1)从力学概念考虑给膨胀力恢复原有含义,即从初状态增湿至某状态保持体积不变所产生的力,称其为自然膨胀力,记作 P_s;指出文[10]中膨胀力为最大膨胀力或极限膨胀力,记作 $P_{s\max}$。

(2)试验显示,前期增湿会引起较大自然膨胀力,达到一定程度(一般增湿程度达 3%~6%)时出现拐点,继续增湿自然膨胀力,增加缓慢且近于线性。

(3)控制相同起始干密度的试验表明,极限膨胀力与起始含水率呈非线性负相关关系。干密度越大,非线性程度越强,干密度很小时,极限膨胀力随起始含水率幅度也很小。

(4)控制相同起始含水率的试验表明,极限膨胀力随起始干密度的增大呈指数增长趋势,表明干密度对膨胀力影响显著。

(5)"等同"土样脱湿试验表明,脱湿过程中含水率减小的同时,干密度也在不断增大,二者耦合作用的结果是极限膨胀力呈指数型快速增长。

参 考 文 献

[1] 刘冬梅, 刘朝马. 膨胀土的胀缩变形机制及其工程应用[J]. 南方冶金学院学报, 1999, 20(2): 69-73.
 LIU Dong-mei, LIU Chao-ma. The mechanism of the expansive clay's swelling-shrinkage deformation and its engineering application[J]. **Journal of Southern Institute of Metallurgy**, 1999, 20(2): 69-73.

[2] Alonso E E. Modeling expansive soil behavior[A]. **Proc of the 2nd International Conference on Unsaturated Soils Vol.2**[C]. Beijing: [s. n.], 1998. 37-70.

[3] Chen F H. Foundations of Expansive Soils[M]. Eisevier Scientific Publishing Company, Amsterdam-Oxford-New York, 1975.

[4] 谭罗荣, 孔令伟. 膨胀土膨胀特性的变化规律研究[J]. 岩土力学, 2004, 25(10): 1 555-1 559.
 TAN Luo-rong, KONG Ling-wei. Study on variation regularity of swelling behavior of expansive soil[J]. **Rock and Soil Mechanics**, 2004, 25(10): 1 555-1 559.

[5] 卢肇钧, 张惠明. 非饱和土的抗剪强度与膨胀压力[J]. 岩土工程学报, 1992, 14(3): 1-8.
 LU Zhao-jun, ZHANG Hui-ming. Shear strength and swelling pressure of unsaturated soil[J]. **Chinese Journal of Geotechnical Engineering**, 1992, 14(3): 1-8.

[6] 卢肇钧, 吴肖茗. 膨胀力在非饱和土强度理论中的作用[J]. 岩土工程学报, 1997, 19(5): 20-27.
 LU Zhao-jun, WANG Xiao-ming. The role of swelling pressure in the shear strength theory of unsaturated soils[J]. **Chinese Journal of Geotechnical Engineering**, 1997, 19(5): 20-27.

[7] 缪林昌, 仲晓晨, 殷宗泽. 非饱和膨胀土变形规律的试验研究[J]. 大坝观测与土工测试, 1999, 23(3): 36-39.

[8] 邵梧敏, 谭罗荣. 膨胀土的矿物组成与膨胀特性关系的试验研究[J]. 岩土力学, 1994, 15(1): 11-19.
 SHAO Wu-min, TAN Luo-rong. The relation between mineral composition and swell character of swell soil[J]. **Rock and Soil Mechanics**, 1994, 15(1): 11-19.

[9] 徐永福, 吴正根, 刘传新. 膨胀土的击实条件与膨胀变形的相关性研究[J]. 河海大学学报, 1997, 25(3): 57-60.
 XU Rong-fu, WU Zheng-gen, et al. Relativity between compaction conditions and swelling deformation of expansive soils[J]. **Journal of Hohai University**, 1997, 25(3): 57-60.

[10] GB/T50279-98, 岩土工程基本术语标准[S].

[11] 李生林, 秦素娟, 薄遵昭, 等. 中国膨胀土工程地质研究[M]. 南京: 江苏科学技术出版社, 1992.

[12] 高国瑞. 膨胀土的微结构和膨胀势[J]. 岩土工程学报, 1984, 6(2): 40-48.
 GAO Guo-rui. Microstructures of expansive soil and swelling potential[J]. **Chinese Journal of Geotechnical Engineering**, 1984, 6(2): 40-48.

[13] Sridharan A, Sreepada R, Sivapullaiah P V. Swelling pressure of clays[J]. **Geo. Testing Journal**, 1986, 9: 1 083-1 107.

库水作用下的边（滑）坡稳定性分析

郑颖人

(后勤工程学院 军事建筑工程系，重庆 400041)

摘　要： 水库蓄水后，将形成大量的涉水边坡，当库水水位上升时，坡体中由于水的渗入，将导致坡体浸水体积的增加，从而使滑面上的有效应力减少或抗滑阻力减少和部分滑带饱水后强度的降低；当库水水位下降时，由于坡体中浸润面下降的滞后效应，将导致坡体内产生超孔隙水压力，也将对滑坡的稳定性产生影响。因此关于库水作用下的边（滑）坡稳定性分析成为了一个重要的研究课题，本文将就我们近几年针对该课题所取得的研究成果进行总结。

关键词： 水库；滑坡；稳定性分析；浸润面

作者简介： 郑颖人(1933 - 台)，男，浙江镇海县人，中国工程院院士，教授，博士生导师，主要从事岩土力学、岩土工程与地下工程的研究工作。

0　前　言

水库蓄水后，将形成大量的涉水边坡，库区水位的变化将导致部分蓄水之前稳定的坡体产生滑坡。当库水水位上升时，坡体中由于水的渗入，浸润面的位置将升高，这将导致坡体浸水体积的增加，从而使滑面上的有效应力减少或抗滑阻力减少和部分滑带饱水后强度的降低；当库水水位下降时，由于坡体中浸润面下降的滞后效应，将导致坡体内产生超孔隙水压力，也将对滑坡的稳定性产生影响。因此关于库水作用下边（滑）坡的稳定性分析是一个十分重要的研究课题。近几年，我们对该课题展开了积极的研究工作，下面将对主要的研究成果进行如下总结。

我们研究的主要思路是首先如何准确地确定库水作用下坡体内浸润面的位置，然后再结合有限元强度折减法来进行渗流作用下的边（滑）坡稳定性分析。文中将介绍求解库水作用下坡体内浸润面位置的解析解和数值解的解法，其中时卫民解是采用布辛涅斯克（Boussinesq）方程，将问题简化为一维非稳定渗流问题，通过拉普拉斯变换来求解方程，得到的是浸润面的解析解；而 PLAXIS 有限元程序则是通过渗流计算来求得坡体内浸润面位置的数值解。同时，本文还将介绍 PLAXIS 有限元程序和时卫民自编程序在库水作用下边（滑）坡稳定性分析中的应用，其中 PLAXIS 有限元程序就是采用目前国内外广泛使用的有限元强度折减法来进行稳定性分析的。并对目前实际工程中在确定坡体内浸润面位置时，采用的经验概化法所引起的误差进行研究。

1　库水作用下坡体内浸润面位置的求解方法

1.1　库水作用下坡体内浸润面位置的解析解

1.1.1　基本假设

为了得到库水变化过程中坡体内浸润面位置的解析解(这里只介绍库水水位下降时的求解方法)，首先作了以下几点基本假定：

(1) 含水层均质、各项同性，侧向无限延伸，具有水平不透水层。

(2) 库水降落前，原始潜水面水平。

(3) 潜水流为一维流。

(4) 库水位以 V_0 的速度等速下降。

(5) 库岸按垂直考虑。库水降幅内的库岸与大地相比小的多，为了简化将其视为垂直库岸。

1.1.2　解析解计算公式的求解

以上述假设为基础的潜水非稳定运动微分方程可由布辛涅斯克（Boussinesq）方程得到，其微分方程如下：

$$\frac{\partial h}{\partial t}=\frac{k}{\mu}\frac{\partial}{\partial x}(H\frac{\partial h}{\partial x}) \quad 。 \tag{1}$$

式(1)为一个二阶非线性偏微分方程，目前还没有求解析解的方法，通常采用简化方法，将其线性化。简化的方法是将括号中的 H 近似地看作常量，用时段始、末潜水流厚度的平均值 h_m 代替，这样就得到简化的一维非稳定渗流的运动方程：

$$\frac{\partial h}{\partial t}=a\frac{\partial^2 h}{\partial x^2} \quad , \tag{2}$$

$$a=\frac{kh_m}{\mu} \quad 。 \tag{3}$$

其中通过对式(2)进行拉普拉斯变换求解，得到了库水位等速下降时，坡体浸润线的计算公式，其表达式如下：

$$h_{x,t}=h_{0,0}-V_0 t M(\lambda) \quad , \tag{4}$$

式中，$M(\lambda)$ 为减函数，当 $\lambda > 2$ 时，$M(\lambda)$ 近似等于 0。λ 与 $M(\lambda)$ 的关系曲线如下图 1 所示。

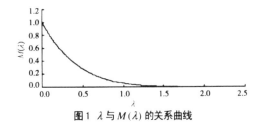

图1　λ 与 $M(\lambda)$ 的关系曲线

通过对 $M(\lambda)$ 进行多项式拟合，得到如下的拟合公式：

$$M(\lambda)=\begin{cases}0.1091\lambda^4-0.7501\lambda^3+1.9283\lambda^2-2.2319\lambda+1 & (0\leq\lambda<2)\\ 0 & (\lambda\geq 2)\end{cases} \tag{5}$$

这样我们就得到库水位等速下降时浸润线的简化计算公式：

注：本文摘自《第一届中国水利水电岩土力学与工程学术讨论会论文集》(2006 年)。

$$h_{x,t} = \begin{cases} h_{0,0} - V_0 t(0.1091\lambda^4 - 0.7501\lambda^3 + 1.9283\lambda^2 - 2.2319\lambda + 1) & (0 \leq \lambda < 2) \\ h_{0,0} & (\lambda \geq 2) \end{cases}$$
(6)

其中,
$$\lambda = \frac{x}{2}\sqrt{\frac{\mu}{kh_m t}}$$
(7)

式中, k 为渗透系数（m/d）, h_m 为潜水流的平均厚度（m）, 取 $h_m = (h_{0,0} + h_{0,t})/2$, $h_{0,0}$ 为库水下降前的水位（m）, $h_{0,t}$ 为 t 时刻库水的水位（m）, μ 为为给水度, t 为库水下降时间（d）。

1.1.3 有限元分析及公式修正

由于上式忽略了竖向渗流的影响, 是按一维问题来处理的, 因此必须对引起的误差进行修正。借助有限元分析程序 SEEP/W, 通过分析一维公式与有限元的误差, 提出了适合工程应用的修正公式。

$$h_{x,t} = h_{0,t} + \eta \times [1 - M(\lambda)]V_0 t$$
(8)

式中, η 为修正系数。

通过研究发现修正系数 η 与下降速度指标 β 有关, 其表达式为

$$\beta = \sqrt{\frac{\mu v}{k}}$$
(9)

通过数学拟合得到修正系数 η 与下降速度指标 β 的关系式为

$$\eta = \begin{cases} 9.2989\beta & (\beta < 0.088) \\ 0.0066\beta + 0.8218 & (\beta \geq 0.088) \end{cases}$$
(10)

1.1.4 修正公式的试验验证

为了验证修正公式的正确性, 我们用砂槽试验对其进行了验证。砂槽的净尺寸为: 长 3.7 m, 宽 1.5 m, 高 1.5 m。槽壁用水泥砂浆和砖砌筑, 为了便于观察和量测水位, 在槽壁的一侧设置了测压管, 以测定试验中水头高度, 测压管的水平间距为 0.3 m。在槽壁的另一侧设置玻璃窗, 通过它可以直观的了解自由水面的变化情况。为了排水方便, 在槽壁的侧面设置了 5 个进排水龙头, 通过这些龙头来实现砂槽的蓄水和排水功能。通过砂与砂+土的模型试验对修正公式的正确性进行了验证。试验结果表明: 有限元与修正公式的结果非常接近, 其误差均在 5%以内, 总体呈现修正公式的结果大于有限元的趋势。在坡体前部, 试验值略大于修正公式的计算值; 在坡体中后部, 试验值略小于修正公式的计算值。

1.2 库水作用下坡体内浸润面位置的数值解

目前通过数值模拟来确定库水作用下坡体内浸润面位置的方法主要有差分法、有限单元法和边界元法。本文选用了在渗流计算方面功能比较强大的 PLAXIS 有限元程序对库水作用下坡体内浸润面的位置进行数值模拟。

1.2.1 PLAXIS 程序简介

PLAXIS 程序是荷兰 PLAXIS.B.V 公司开发的比较职能的岩土工程有限元软件, 程序界面友好, 建模简单, 自动进行网格剖分。用于分析的土的本构模型有: 线弹性、理想弹塑性模型、软化和硬化模型以及软土流变模型; 可以模拟施工步骤, 进行多步计算; 后处理简单方便。程序能够计算两类工程问题: 平面应变问题和轴对称问题, 能够模拟土体; 墙、板、梁结构; 各种元素和土体的接触面; 锚杆; 土工织物; 隧道以及桩基础等元素。

1.2.2 有限元模型的建立

利用 PLAXIS 程序进行库水作用下的边坡稳定性分析, 需要分别建立有限元模型和渗流计算模型, 由于 PLAXIS 程序中渗流计算也是基于有限元原理进行的, 因此两个模型有限元网格的划分可以是一样的。利用 PLAXIS 程序进行二维分析, 用户可以选择 6 节点或 15 节点三角型单元。

1.2.3 材料的选择及参数

PLAXIS 程序提供了三种材料（线弹性、摩尔-库仑理想弹塑性、软化硬化模型和软土流变模型）用于模拟岩土的工程性状。

在进行材料的定义时, PLAXIS 程序为每种材料的力学行为提供了三种选择: 排水条件下的力学行为、不排水条件下的力学行为以及无孔隙条件下的力学行为。其中排水力学条件下的力学行为, 适用于模拟土的长期力学行为, 当选择这种力学行为时, 在计算过程中土体内将不会产生超孔隙水压力; 而选择不排水力学条件下的力学行为, 则土体内的超孔隙水压力在计算过程中将得到充分的发展; 对于无孔隙条件下的力学行为, 则适合于模拟计算过程中既不存在初始孔隙水压力也不会产生超孔隙水压力的材料。

在渗流计算模型中需要输入的主要参数除了水的重度以及土体水平和竖直方向的渗透系数, 还必须建立相应的水利边界条件。

1.2.4 PLAXIS 程序渗流计算基本原理的介绍

PLAXIS 程序认为水流在多孔介质中的流动符合达西定律, 其不同之处在于程序为了区别孔隙水在饱和土体（浸润面以下）和非饱和土体（浸润面以上）中的流动, 在控制微分方程中引入了一个折减函数 K^r, 其表达式如下:

$$\frac{\partial}{\partial x}\left(K^r k_x \frac{\partial H}{\partial x}\right) + \frac{\partial}{\partial y}\left(K^r k_y \frac{\partial H}{\partial y}\right) + Q = 0$$
(11)

折减函数 K^r 的定义如下: 对于孔隙水压力为拉应力, $K^r = \alpha$; 对于孔隙水压力为压应力, $K^r = 1$; 对于过渡区域, $K^r = \alpha + (1-\alpha)\frac{\gamma_w \delta - p}{\gamma_w \beta}$。$K^r$ 和孔隙水压力之间的关系如图 2 所示。如上所述折减函数 K^r 在浸润面以下等于 1; 在浸润面以上等于 α; 在浸润面附近的过渡区域 K^r 从 1 变化到 α, 如图 2 所示系数 β 和 δ 定义了过渡区域的大小和位置。

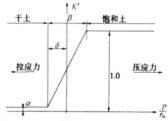

图 2 K^r 和孔隙水压力之间的关系示意图

1.2.5 应用 PLAXIS 程序进行库水作用下边（滑）坡稳定性分析算例

算例: 均质边坡, 坡高 $H = 30$ m, 粘聚力 $c = 25$ kPa, 坡角 arctan(1/2), 土密度 $\gamma_{dry} = 20$ kN/m^3, $\gamma_{wet} = 22$ kN/m^3, 内摩擦角 $\varphi = 23°$, 泊松比 $\nu = 0.35$, 弹性模量 $E = 2000$ kPa, 渗透系数 $k_x = k_y = 1$ m/d, 坡体前部库水水位下降速率 3 m/d, 天然情况下坡体的安全系数 $F_s = 1.491$。利用 GEO-SLOPE（SLOPE 和 SEEP/W 耦合）程序和 PLAXIS 程序的分析结果见下表 1 和图 3。

从安全系数结算结果表 1 和坡体前部水位和安全系数的关系曲线图 3 可以看出，传统条分法的 GEO-SLOPE 程序和 PLAXIS 有限元程序的计算结果基本吻合，误差在 4% 以内，符合计算精度的要求。在库水水位下降到 38 m 时，边坡的安全系数最低，我们称此时的水位为"最不利水位"，通过上述算例，说明 PLAXIS 程序对渗流作用下的边坡稳定性分析具有一定的适用性。

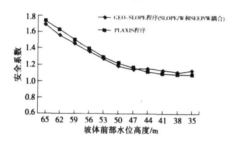

图 3 坡体前部水位和安全系数的关系曲线图

1.3 解析解和数值解计算结果的对比分析

算例：已知滑坡土体的渗透系数 $k_x = k_y = 0.3$ m/d，库水的下降高度为 30 m，下降速度 1 m/d，给水度为 0.0312，孔隙率 0.35，求库水下降过程中坡体内浸润线的变化，滑坡简图见图 4。

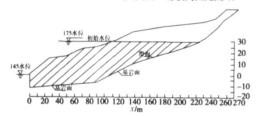

图 4 滑坡简图

该算例浸润线的计算结果见表 2 和图 5，从其中的数据和对比曲线可以看出有限元与修正公式的结果非常接近，总体呈现修正公式的计算结果大于有限元计算结果的趋势。误差随水平距离的增大而减小，除前部误差较大外（最大为 14.71%），大多数误差都在 10% 以内。

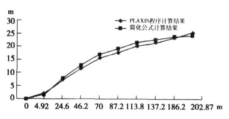

图 5 浸润线解析解和数值解的对比曲线

2 库水作用下边（滑）坡稳定性的分析方法

2.1 PLAXIS 程序进行库水作用下边（滑）坡稳定性分析的分析方法

PLAXIS 程序是通过程序提供的有限元强度折减法来进行安全系数的求解。其分析方法是对强度参数 $\tan\varphi$ 和 c 不断减小直到计算模型发生破坏。在程序中系数 $\sum Msf$ 定义为强度的折减系数，其表达式如下：

$$\sum Msf = \frac{\tan\varphi_{input}}{\tan\varphi_{reduced}} = \frac{c_{input}}{c_{reduced}}, \quad (12)$$

式中，$\tan\varphi_{input}$，c_{input} 为程序在定义材料属性时输入的强度参数值，$\varphi_{reduced}$，$c_{reduced}$ 为在分析过程中用到的经过折减后的强度参数值。程序在开始计算时默认 $\sum Msf = 1.0$，然后 $\sum Msf$ 按设置的数值递增至计算模型发生破坏，此时 $\sum Msf$ 即为计算模型的安全系数值。

2.2 时卫民自编程序进行库水作用下边（滑）坡稳定性分析的分析方法

时卫民以不平衡推力法为基础，通过理论分析和算例比较，认为显式解不能保证在任何情况下的正确性，建议取消它的应用。而对于隐式解，则认为其计算精度与滑面控制点处滑面倾角的变化密切相关，通过控制该变化角度可以控制其精度，工程中建议将滑面控制点处的倾角变化小于 10° 作为该方法的使用条件。因此，不平衡推力法的隐式解及其使用条件就是时卫民自编程序的编制依据。在库水变化过程中该程序是通过解析解来确定坡体内浸润线的位置。

3 库水水位下降条件下边（滑）坡稳定性分析的算例

算例：已知滑体的天然密度为 20.8 kN/m³，饱和密度为 21.0 kN/m³，滑带土的抗剪强度指标，天然状态下：$c = 20$ kPa，$\varphi = 10°$，饱和状态下：$c = 15.6$ kPa，$\varphi = 9.27°$。坡体表面荷载为 15 kN/m²。

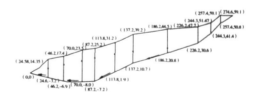

图 6 滑坡简图

表 1 安全系数结算结果表

分析软件	水位高度										
	65 m	62 m	59 m	56 m	53 m	50 m	47 m	44 m	41 m	38 m	35 m
GEO-SLOPE 程序（SLOPE/W 和 SEEP/W 耦合）	1.692	1.556	1.458	1.359	1.271	1.188	1.141	1.151	1.132	1.109	1.124
PLAXIS 程序	1.738	1.628	1.500	1.398	1.294	1.221	1.162	1.117	1.093	1.079	1.082
误差/%	2.72	4.63	2.88	2.87	1.81	2.78	1.84	-2.95	-3.45	-2.71	-3.74%

表 2 浸润线计算结果表

计算方法	水平距离/m									
	0.0	4.92	24.6	46.2	70.0	87.2	113.8	137.2	186.2	202.87
修正公式	0.00	1.74	7.76	12.87	16.99	19.18	21.53	22.81	24.07	24.25
有限元	0.00	2.04	7.33	11.62	15.58	17.72	20.16	21.58	23.47	25.47
误差	0.00	14.71	-5.87	-10.76	-9.05	-8.24	-6.75	-5.70	-2.56	4.79

3.1 土体渗透系数的影响

从库水位等速下降时浸润线的简化计算公式可以看出,对坡体稳定有利的因素也就是使 λ 减小的因素,反之对坡体稳定不利的因素也就是使 λ 增大的因素。通过 λ 的定义式,我们可以看出土体的渗透系数就是一个影响 λ 大小的因素,因此本文取不同的土体渗透系数对该算例进行了稳定性分析,计算结果见表3和图7。

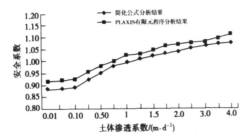

图7 稳定性分析结果对比曲线

从表3中的数据和图7的对比曲线可以看出当土体渗透系数增大时,坡体的稳定性也逐渐提高,不同的土体渗透系数所对应的有限元的与时卫民自编程序的计算结果基本吻合,自编程序的计算结果略小于有限元的计算结果,其误差均在4%以内。

3.2 库水下降速度的影响

从 λ 的定义式,我们可以看出库水水位的下降速度也是一个影响 λ 大小的因素,因此本文取不同的库水水位下降速率对该算例进行了稳定性分析,计算结果见表4和图8。为了考虑库水水位下降速率的影响,在 PLAXIS 程序中是采用设置固结天数的方法实现的。即如果水位从 30 m 处按 1 m/d 的速率下降,则程序设置水位从 30 m 下降到 29 m 后稳定一天再下降,在这一天的时间里程序进行固结计算,从而使产生的超孔隙水压力消散一天;同样,如果水位下降的速率为 2 m/d,则水位从 30 m 下降到 28 m 后稳定二天再下降,在这二天的时间里也进行固结计算,从而使产生的超孔隙水压力消散二天。从上述的内容可以看出,在 PLAXIS 程序中如果单纯地考虑水位的变化是无法考虑时间因素的,所以采用结合固结计算的方法来考虑时间因素,即把水位下降到一定高度所经历的时间通过固结计算的时间来体现。因此对于不同的水位下降速率,也就是水位下降到一定高度所经历的不同时间,就可以通过设置水位下降到一定高度后,再进行固结计算的不同时间来实现。

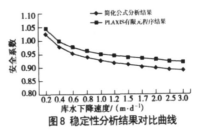

图8 稳定性分析结果对比曲线

从表4中的数据和图8的对比曲线可以看出当库水水位下降速度增快时,坡体的稳定性逐渐降低,不同的水位下降速度所对应的有限元的与时卫民自编程序的计算结果基本吻合,自编程序的计算结果也略小于有限元的计算结果,且误差均在4%以内。

通过上述算例,我们可以看出,应用结合解析解编制的自编程序和 PLAXIS 有限元程序对库水水位下降条件下边(滑)坡的稳定性进行分析,两种程序计算结果的误差均在4%以内,达到了计算精度的要求。同时,通过对土体渗透系数和库水水位下降速度等因素的研究,说明了解析解公式能真实地反映这些因素对库水作用下边(滑)坡稳定性的影响。

4 浸润面位置的确定方法对边(滑)坡稳定性分析的影响

目前关于实际工程中在进行库水作用下的边(滑)坡稳定性分析时,通常是采用经验概化的方法来粗略地确定坡体内稳态浸润面的位置,因此该方法计算结果的可靠性究竟如何已经成为一个急需解决的问题。本章将对比分析按渗流计算和经验概化两种方法所确定的浸润面位置,对库水作用下边坡稳定性分析的影响,从而确定按经验概化的方法计算到底存在有多大误差。

算例:坡高 $H = 30$ m,粘聚力 $c = 25$ kPa,坡角 $\arctan(1/2)$,土体天然密度 $\gamma = 20$ kN/m³,饱和密度 $\gamma_{wet} = 22$ kN/m³,内摩擦角 $\varphi = 23°$,泊松比 $v = 0.35$,弹性模量 $E = 2000$ kPa,坡体后部为定水头边界,保持 $H = 60$ m 不变,坡体前部水位从初始水位 60 m 逐渐下降。文中采用 PLAXIS 程序分别计算了坡体内浸润面分别按渗流计算和经验概化两种方法确定时边坡的安全系数,图1是根据经验概化得到坡体内浸润面位置的示意图。这里首先计算了当土体设置为排水条件时的情况。

表3 不同的土体渗透系数的计算结果表

	渗透系数/(m·d⁻¹)	0.1	1.0	1.5	2.0	2.5	3.0	3.5
安全系数	时卫民自编程序	0.890	0.996	1.024	1.041	1.054	1.065	1.071
	PLAXIS 有限元程序	0.919	1.025	1.047	1.070	1.078	1.082	1.097
	误差/%	3.26	2.91	2.25	2.79	2.28	1.60	2.43

表4 不同的库水水位下降速率的计算结果表

	水位下降速率/(m·d⁻¹)	0.4	0.8	1.0	1.5	2.0	2.5	3.0
安全系数	时卫民自编程序	0.978	0.937	0.925	0.909	0.898	0.892	0.890
	PLAXIS 有限元程序	0.998	0.961	0.950	0.937	0.929	0.922	0.919
	误差/%	2.04	2.56	2.70	3.08	3.45	3.36	3.26

图9 根据经验概化得到坡体内浸润面位置的示意图

由于一般在实际工程中对水位下降过程中安全系数数值的变化并不关心,而只是采用库水下降到一定高度后安全系数的数值,因此通过表一中的数据可以看出,目前按经验概化得到的浸润面位置进行稳定性分析得到的水位下降到30 m时安全系数的计算结果等于1.273,该值就是实际工程中设计时采用的数值。当按渗流计算得到的浸润面位置计算时,水位下降到30 m时对应的安全系数计算结果为1.106,两者之间的误差在10%以上,因此按上述的工程采用值进行设计将偏于危险。图10 绘制了当坡体前部水位下降到45 m时,按不同的浸润面位置确定方法计算得到的滑面和浸润面位置示意图,图10(a)浸润面位置由概化得到,土体为排水条件。10(b)浸润面位置由渗流计算得到,土体为排水条件。

(a)坡体前部水位降至45 m,安全系数为1.366

(b)坡体前部水位降至45 m,安全系数为1.263

图10 浸润面和滑面位置示意图

当土体设置为不排水条件时,即考虑超孔隙水压力的发展和积累对坡体稳定性的影响,安全系数的数值将更低,此时库水下降速率也将对边坡的稳定产生影响,计算结果见表6(排水条件,不考虑超孔隙水压力的影响)。由于假设初始水位60 m时,坡体经过长期的浸泡,坡体内超孔隙水压力为零,因此此时边坡的安全系数和表5中土体设置为排水条件时的计算结果是一样的。

表5 库水条件下边坡安全系数计算结果表

坡体前部水位高度/m	PLAXIS 程序	
	渗流计算	概化直线
60	1.782	1.782
55	1.587	1.628
50	1.396	1.482
45	1.263	1.366
40	1.163	1.291
35	1.121	1.258
30	1.106	1.273(工程采用值)

从表6中的数据可以看出,当不考虑孔隙水压力消散时,水位下降至30 m安全系数达到最低值0.883;而当考虑孔隙水压力消散时,库水的下降速率越大,安全系数的数值越小,当库水下降速率为4 m/d时,水位下降至30 m安全系数达到最低值1.057,比不考虑

孔隙水压力消散时得到的安全系数数值增大了20%。从表6中可以看出,上述四种情况下按渗流计算得到的浸润面位置计算的结果分别是0.883、1.085、1.078和1.057,和表一中的工程采用值1.273相比,其误差分别是30.6%、14.8%、15.3%和17.0%。图11为根据表5、6中的计算结果绘制的不同计算条件下坡体前部水位和安全系数的关系曲线图

从图11可以看出,利用PLAXIS程序按渗流计算得到的浸润面位置进行库水条件下的边坡稳定性分析比目前工程中广泛采用的根据经验概化得到的浸润面位置来进行稳定性分析的方法更合理,而在计算过程中,把土体设置为不排水条件,考虑坡体内超孔隙水压力消散的方法则更符合工程实际,并且该方法能充分反映库水位下降速率对边坡稳定性的影响。

表6 库水条件下边坡安全系数计算结果表(不排水条件,考虑超孔隙水压力的影响)

坡体前部水位高度/m	不考虑孔隙水压力消散	考虑孔隙水压力消散		
		1 m/d	2 m/d	4 m/d
60	1.782	1.782	1.782	1.782
55	1.415	1.486	1.474	1.442
50	1.209	1.334	1.326	1.315
45	1.076	1.220	1.201	1.190
40	0.967	1.138	1.125	1.096
35	0.906	1.102	1.087	1.070
30	0.883	1.085	1.078	1.057

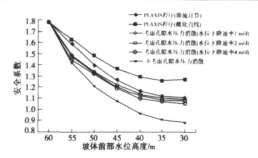

图11 坡体前部水位和安全系数的关系曲线图

参考文献:

[1] 时卫民.三峡库区滑坡与边坡稳定性实用分析方法研究[D].重庆:后勤工程学院,2004.

[2] 郑颖人,时卫民.库水位下降时渗透力及地下水浸润线的计算[J].2004(18).

[3] 毛昶熙.渗流计算分析与控制[J].北京:水利电力出版社,1990.

[4] 杜延龄,许国安.渗流分析的有限元法和电网络法[J].北京:水利电力出版社,1992.

[5] 唐晓松,郑颖人,邹爱清,等.应用PLAXIS有限元程序进行渗流作用下的边坡稳定性分析[J].长江科学院院报,2006.

[6] 时卫民,郑颖人.库水位下降情况下滑坡的稳定性分析[J].水利学报,2004(3).

[7] 赵尚毅,郑颖人,时卫民,王敬林.用有限元强度折减法求边坡稳定安全系数[J].岩土工程学报,2002,24(3):343-346.

[8] 陈祖煜.库水位骤降期土石坝坡稳定分析总应力法的计算步骤[J].水利水电技术,1985(9):30-32.

[9] 刘新喜.库水位下降对滑坡稳定性的影响及工程应用研究[D].武汉:中国地质大学,2003.

岩土材料屈服与破坏及边(滑)坡稳定分析方法研讨
——"三峡库区地质灾害专题研讨会"交流讨论综述

郑颖人[1, 2]

(1. 后勤工程学院 军事建筑工程系,重庆 400041；2. 中国科学院 武汉岩土力学研究所,湖北 武汉 430071)

摘要：在中国力学学会岩土力学专委会主办的"三峡库区地质灾害专题研讨会"上,与会专家以边(滑)坡引发的地质灾害为背景,集中讨论边(滑)坡工程治理中的力学问题。第一个中心议题关系到岩土材料的屈服与破坏准则,指出屈服与破坏的不同、屈服准则的不同形式,尤其是提出岩土材料统一强度理论、摩擦能的概念与岩土能量屈服准则以及基于三剪强度理论的智能岩土屈服准则；探讨岩土材料破坏准则及其可以表述的各种形式,提出应变表述的破坏准则,并研究砂土剪切带形成与渐进破坏进程；介绍我国应用能量原理研究岩石破坏机制及岩体水力劈裂机制的进展。第二个中心议题重点讨论边(滑)坡稳定分析方法中的有关问题,如边(滑)坡安全系数定义的分析与选用,提出 c, φ 的双安全系数(双折减系数)的定义及其计算方法；讨论边(滑)坡传统稳定分析方法与数值方法的进展,提出多种新的解法,并进行相互比较。在传统稳定分析方法中给出简化 Bishop 法的解析解、边坡三维分析准严格极限平衡法以及用滑移线对边坡滑动区划分单元的运动单元法,并用于分析研究边坡在干湿循环条件下的长期稳定性,进一步扩展边坡传统分析方法。数值分析方法中,除应用有限元、离散元、有限差分等方法外,土体渗流分析与有限元强度折减法结合的边坡稳定分析方法正在迅速发展,并在边坡稳定分析中从经典弹塑性力学扩展到非平衡态弹塑性力学,从岩体变形理论扩展到岩体变形控制与加固理论。这表明数值分析在边坡稳定分析与边坡加固中将逐渐起主导作用。肯定有限元强度折减法的可行性、优越性与实用性,提出在其应用中需要解决的一些问题及应用中的一些经验,并把强度折减法应用到离散元法与岩石破裂过程分析方法中。研究讨论有限元强度折减法中岩土结构失稳破坏的判据,提出多种判据,主要有滑面上塑性应变或位移出现突变、有限元数值计算不收敛及从坡角到坡顶塑性区贯通等。但至今尚无一致的意见,认为各种判据的结果相差不大,与传统方法接近。最后,提出边坡三维分析的准严格传统方法与基于强度折减的数值分析方法,向三维分析迈进一大步。

关键词：边坡工程；岩土材料；屈服准则；破坏准则；极限平衡法；有限元强度折减法；安全系数；三维分析

中图分类号：P 642　　　　**文献标识码**：A　　　　**文章编号**：1000 – 6915(2007)04 – 0649 – 13

DISCUSSION ON YIELD AND FAILURE OF GEOMATERIALS AND STABILITY ANALYSIS METHODS OF SLOPE/LANDSLIDE
——COMMUNION AND DISCUSSION SUMMARY OF SPECIAL TOPIC FORUM ON GEOLOGIC DISASTERS IN THE THREE GORGES PROJECT REGION

ZHENG Yingren[1, 2]

(1. *Department of Civil Engineering*，*Logistical Engineering University*，*Chongqing* 400041，*China*；
2. *Institute of Rock and Soil Mechanics*，*Chinese Academy of Sciences*，*Wuhan*，*Hubei* 430071，*China*)

Abstract：In the special topic proseminar on geologic disasters in the Three Gorges Project Region sponsored by Committee of Rock and Soil Mechanics，Chinese Society of Theoretical and Applied Mechanics，aimed at the

---

注：本文摘自《岩石力学与工程学报》(2007 年第 26 卷第 4 期)。

geologic disasters resulted from slope and landslide, specialists focus on the mechanical problems in the slope and landslide engineering. The first topic is about the yield and failure of geomaterials. The differences between yield and failure are pointed out; different expression forms of yield criterion are listed, especially the unified strength theory, the conception of friction energy, the energy yield criterion, and the intelligent yield criterion based on triple shear strength theory of geomaterials are put forward. Geomaterials' failure criterion and its different expression forms are discussed; the strain failure criterion is deduced; and the processes of shear band formation and gradual failure of sand are researched. The advances of researching rock failure and hydraulic fracture mechanism by energy method are introduced. The second topic is about some problems in slope and landslide stability analysis including the analysis and selection of slope and landslide safety factor definition, the definition and computation method of double safety factor(double reduction factor). The developments of traditional stability analysis methods and numerical methods are discussed; and some new methods are proposed and intercompared. In traditional stability analysis methods, the analytical solution of simplified Bishop method, the quasi-rigorous limit equilibrium method for three-dimensional slope analysis and the kinematical element method meshing slip section of slope using slip line are presented. In addition, the long-time stability of slope under drying and wetting cycle conditions is researched with shakedown theory, which extends the traditional slope analysis methods. In numerical methods, besides finite element method, discrete element method and finite difference method, the slope stability analysis method combining soil seepage analysis and finite element strength reduction method are being developed rapidly. Moreover, the slope stability analysis extends from classical elastoplastic mechanics to nonequilibrium elastoplastic mechanics, and from rock mass deformation theory to rock mass deformation control and reinforcement theory, which means numerical analysis will play a dominant role gradually in slope stability analysis and reinforcement. The feasibility, superiority and practicability of finite element strength reduction method are affirmed; some shortages and experiences in its application are proposed; and it's also applied to discrete element method and rock failure process analysis(RFPA) method. The structure instability and failure criteria in computation for finite element strength reduction method are discussed. Many criteria are put forward, such as the saltation of plastic strain or displacement in slip surface, nonconvergence of finite element numerical computation, plastic zone connection from the top to the bottom of the slope and so on, but no consistent opinions are achieved yet. The results of various criteria have little difference, and are close to those of traditional methods. At last, the quasi-rigorous traditional methods and numerical methods based on strength reduction for three-dimensional slope analysis are brought forward, and it's a huge advance toward three-dimensional analysis.

Key words: slope engineering; geomaterials; yield criterion; failure criterion; limit equilibrium method; finite element strength reduction method; factor of safety; three-dimensional analysis

1 岩土材料的屈服与破坏的含义与准则

1.1 岩土材料的屈服与破坏的区别

高红等[1]指出:岩土材料从受力到破坏一般要经历3个阶段,即弹性、塑性与破坏。屈服和破坏是2种不相同的概念,破坏准则也不同于屈服准则。

物体受到荷载作用后,随着荷载增大,由弹性状态过渡到塑性状态,这种过渡叫做屈服,也就是说屈服是初始弹性状态的界限,是弹性状态与塑性状态的分界点。弹性阶段与塑性阶段的差别在于应力与应变之间物理关系的不同,即本构关系不同。在弹性阶段,材料特性是可逆的,且与路径无关,物体的内力与变形存在着完全对应的关系,应力与应变之间的关系是一一对应的;在塑性阶段,材料特性是不可逆的,并与加载路径有关。应力与应变之间不再满足一一对应的关系,应力-应变关系要受到加载状态、应力水平、应力历史与应力路径的影响。

破坏和屈服是2种不同的概念,是材料变形过程中的2个不同阶段。屈服一般是指材料弹性变形的上限,超过屈服点,材料并不一定破坏,从屈服到破坏之间有一个塑性变形的范围。破坏是塑性过程发展的最终结果,是塑性变形所能达到的极限状态,也代表材料的极限变形能力。就单元体而言,破坏应该是指其应力不再增加,应变或位移达到某个极限值。在进行材料力学性能的室内试验时也可以看到,在临近破坏时外加荷载不能继续提高,试样的变形却显著增加,变形达到一定程度后试样发生破坏。就结构整体而言，破坏首先意味着结构整体不能继续承受荷载，外加荷载不能继续提高；其次破坏点连通形成整体的破坏面，沿破坏面两侧发生显著的、较大规模的相对移动，因而破坏面上会有应变、位移的突变，此时结构体分离。虽然结构体的破坏是以整体破坏形式出现的，但是整体破坏是基于单元破坏面组成的，当单元破坏点连成整体破坏面时就出现整体破坏。

1.2 岩土的屈服准则

目前，众多学者已提出大量屈服准则，有的适用于岩土材料，有的适用于金属材料。在材料力学中，剪切屈服准则也叫做强度准则。从宏观角度看，主要有 3 种形式：(1) 以应力表示的屈服准则；(2) 以应变表示的屈服准则；(3) 以能量表示的屈服准则[2]。从应力或应变的角度给出屈服准则是比较直观的方法，当前常用的准则多属于此类。本次讨论中还从能量角度探讨了岩土屈服准则。

俞茂宏等[3, 4]指出，1991 年提出的统一强度理论，其力学模型、数学建模方法、数学表达公式、一系列有序变化的极限面都是以前所没有的。

统一强度理论可表示为

$$\left. \begin{array}{l} F = \sigma_1 - \dfrac{\alpha}{1+b}(b\sigma_2 + \sigma_3) = \sigma_t \quad \left(\sigma_2 \leq \dfrac{\sigma_1 + \alpha\sigma_3}{1+\alpha}\right) \\ F' = \dfrac{1}{1+b}(\sigma_1 + b\sigma_2) - \alpha\sigma_3 = \sigma_t \quad \left(\sigma_2 > \dfrac{\sigma_1 + \alpha\sigma_3}{1+\alpha}\right) \end{array} \right\}$$

(1)

式中：α 为材料的拉压比，且 $\alpha = \sigma_t / \sigma_c$；$b$ 为统一强度理论中引进的破坏准则选择参数，它也是反映中间主剪应力及相应面上的正应力对材料破坏影响程度的参数。

显然 $b = 0$ 时，它可退化为岩土力学中广为应用的 Mohr-Coulomb 强度理论。俞茂宏指出：(1) 统一强度理论是线性的，便于结构分析的应用；(2) 统一强度理论是一系列有序变化的线性方程组合，它的极限面覆盖了域内的所有范围，并将单剪强度理论和双剪强度理论作为特例而包含于其中；(3) 它包含了已有的单剪和双剪 2 个上、下限，适应于从下限到上限的众多不同的材料；(4) 它可以比传统的单剪理论更好地发挥材料的强度潜力，其工程应用可以更好地发挥土体结构的强度潜力并取得显著的经济效益；(5) 它的交线具有角点，其奇异性可以用很简单的方法得到解决；(6) 近年来国内外很多学者将双剪统一强度理论应用于土力学问题的研究，得出了很多新的结果，表明它在岩土力学和工程分析中是可行的，得出的结果也比原来的更多、更好。由此可见，统一强度理论是我国在强度理论上的一个重大创新成果。

高 红等[5]首次提出了岩土摩擦材料的能量屈服准则，从能量角度对岩土材料的屈服进行探索，将 Mohr-Coulomb 准则推广，建立岩土材料的单剪能量准则，并对三剪能量准则进行一些初步探讨，建立常规三轴和平面应变 2 种特殊情况下的三剪能量准则。计算中考虑了剪切变形能与摩擦能，但未考虑体变能，因为只研究剪切屈服，即强度理论。

(1) 考虑摩擦应力的剪切变形能的计算

由于岩土材料和金属材料变形破坏机制的不同，导致 2 类材料的破坏性质也存在较大差异。金属材料是由于剪应力的作用使结晶构造产生了滑移破坏，所以应着眼于最大剪应力 τ_{max} 及其作用面（$\alpha = 45°$，α 为破坏面与最大主应力作用面的夹角）；岩土材料属于粒状体材料，主要依靠颗粒间的摩擦应力承受荷载，其变形和破坏受摩擦法则的支配[6]，由剪应力与垂直应力的共同作用使粒子间克服摩擦应力产生相对滑移破坏，所以应着眼于最大剪切角及其作用面，破坏发生在剪应力与垂直应力比最大 $(\tau/\sigma)_{max}$ 的作用面（$\alpha = 45° + \varphi/2$）[7]。由于岩土材料的变形和破坏遵守摩擦法则，依靠颗粒间的摩擦应力起作用来承受荷载，所以破坏面上的摩擦应力及相应的摩擦能对材料的屈服有着至关重要的作用，计算岩土材料屈服时的弹性剪切应变能必须考虑摩擦能的作用。

在 3 个不同的主应力作用下，可以画出 3 个莫尔圆，相应地存在 3 个最大摩擦角作用面即 3 个 $\alpha = 45° + \varphi/2$ 面，根据莫尔圆几何关系可求得 3 个面上的正应力及相应剪应力分别为 σ_{12}，τ_{12}，σ_{23}，τ_{23}，σ_{13}，τ_{13}。由此得 3 个面上考虑摩擦应力的剪切变形能分别为 W_{f12}，W_{f23}，W_{f13}。例如，对于 W_{f13} 有

$$W_{f13} = \frac{1}{2}\tau_{f13}\gamma_{f13} = \frac{(\tau_{13} + \sigma_{13}\tan\varphi_{13})^2}{2G} = \frac{1}{2G}\left(\frac{\sigma_1 - \sigma_3}{2\cos\varphi_{13}} + \frac{\sigma_1 + \sigma_3}{2}\tan\varphi_{13}\right)^2$$

(2)

(2) 岩土材料单剪能量屈服准则

单剪情况下，$\varphi_{13} = \varphi$，$c_{13} = c$，由 W_{f13} 经变量变换得

$$f = p\sin\varphi + \frac{q}{3}(\sqrt{3}\cos\theta - \sin\theta\sin\varphi) - c\cos\varphi = 0 \tag{3}$$

上式即为 Mohr-Coulomb 屈服准则，也就是说，Mohr-Coulomb 屈服准则就是岩土材料的单剪能量屈服准则。当 $\varphi=0$ 时，即对于金属材料，该准则退化为 Tresca 最大剪应力准则。

(3) 三剪能量屈服准则

将 3 个剪切面上的能量相加，得出三剪能量的一般表达式，在特殊情况下可得出其具体公式。

常规三轴压缩情况($\theta_\sigma = 30°$)下，能量准则为

$$f = p\sin\varphi + \frac{3-\sin\varphi}{6}q - c\cos\varphi = 0 \tag{4}$$

常规三轴拉伸情况下($\theta_\sigma = -30°$)，能量准则为

$$f = p\sin\varphi + \frac{3+\sin\varphi}{6}q - c\cos\varphi = 0 \tag{5}$$

平面应变情况下($\theta_\sigma = 0$)，三剪能量屈服准则(见图 1)为

$$f = q + \sqrt{3}p\sin\varphi - 2c\cos\varphi = 0 \tag{6}$$

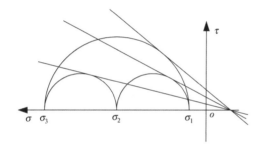

图 1 平面应变情况下的莫尔圆及其公切线

Fig.1 Mohr circles and their common tangents in plane strain state

常规三轴情况下岩土材料的三剪能量准则与单剪能量准则是一致的，即与 Mohr-Coulomb 屈服准则是一样的。平面应变条件下的三剪能量屈服准则在子午面上的屈服线也是直线，与 Mohr-Coulomb 直线平行，但略高于 Mohr-Coulomb 直线，如图 2(a)所示，表明 Mohr-Coulomb 屈服准则比三剪能量准则偏于保守。在偏平面上，屈服曲线是个圆，大于平面应变条件下 Mohr-Coulomb 匹配圆(见图 2(b))。对于 $\varphi=0$ 的金属材料，三剪屈服准则退化为 Mises 准则。

陈景涛和冯夏庭[8]提出了一个适用硬质岩石的三剪强度准则。在单元主剪面上，剪应力、正应力和静水压力共同作用，三剪强度准则表示为线性函

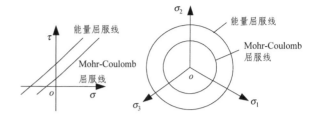

(a) 子午面上的屈服曲线   (b) 偏平面上的屈服曲线

图 2 不同面上的屈服曲线

Fig.2 Yield curves on different planes

数，而非二次函数：

$$a_1\tau_{12} + a_2\tau_{23} + a_3\tau_{31} + b_1\sigma_{12} + b_2\sigma_{23} + b_3\sigma_{31} + c_m\sigma_m = D \tag{7}$$

式中：a_1，a_2，a_3 分别为 3 个主剪应力对岩石强度的影响系数；b_1，b_2，b_3 分别为 3 个相应正应力对岩石强度的影响系数；c_m 为平均主应力对岩石强度的影响系数；D 为材料常数。

根据式(7)，当参数 a_1，a_2，b_1，b_2 和 c_m 等于 0 时，三剪强度准则退化为单剪强度理论，由此可导出 Mohr-Coulomb 屈服准则表达式；当参数 a_1，b_1 和 c_m 等于 0 或参数 a_2，b_2 和 c_m 等于 0 时，三剪强度准则退化为双剪统一强度理论，由此可导出双剪统一强度准则表达式。强度准则中的参数一般通过简单应力状态的单轴拉伸试验、单轴压缩试验或常规三轴试验得到，岩石试验本身的离散性又较大，因此得到的强度准则有很大局限性。陈景涛和冯夏庭[8]根据真三轴压缩试验结果得到 25 个样本，采用遗传算法来搜索强度准则参数。其中前 20 个作为遗传算法搜索的学习样本，后 5 个作为预测样本。但应指出，其中多数样本接近常规三轴试验，即 $\sigma_2 \approx \sigma_3$。结果表明，预测样本误差三剪强度准则最小，Mohr-Coulomb 屈服准则其次，证明本准则的适用性。

1.3 岩土材料的破坏准则

高红等[1]指出，材料屈服后，应力与应变之间不再满足一一对应关系，对应同一个应力值，可以有不同的应变值，材料可以处于不同的状态——弹性状态或塑性状态、硬化阶段或软化阶段。至于理想弹塑性材料，其屈服应力和最后的破坏应力相等，但屈服应变和破坏应变不相等，所以不同于屈服准则，采用应力来描述材料的破坏将遭遇困难，应该放弃应力而考虑选择采用其他变量进行描述。对材料破坏的描述可以采用不同的方式，主要有以下一些方法可供参考：

(1) 用应变或位移表达。应变特别是作为内变量的塑性应变，其变化可以体现加载路径和加载历史，反映材料在荷载作用下从初始状态不断劣化直至最后破坏的整个过程，应变的极限值可以充分反映材料的极限变形能力。

(2) 用能量表达。材料在变形破坏过程中始终不断与外界交换着物质和能量，外载提供的机械能、热能等能量与材料的内能处于一种动态平衡。外载对材料所做的功一部分转化为弹性应变能储存起来，另一部分转化为材料的耗散能。能量耗散是材料变形破坏的本质属性，它反映了材料内部微缺陷的不断发展，强度不断弱化并最终丧失的过程；而变形过程中储存的弹性应变能在破坏时将全部释放出来。可见能量耗散和能量释放伴随着材料的整个变形过程，并体现了材料性质的不断变化。

(3) 用动力学的观点表达。对于理想弹塑性材料，进入塑性流动状态后，材料的应变近似线性增加，应变率为常数，应变加速度为 0；塑性流动至破坏时，应变和应变率发生突变，应变快速增加，应变率不再是常数，应变加速度将大于 0。

1.3.1 应变破坏准则

高红等[9]提出了应变破坏准则。岩土材料剪切破坏的应变破坏准则可表达为 $\gamma_{max} \leq \gamma_f$，其中，$\gamma_f$ 为材料破坏时的极限应变容许值，即认为当某点的最大主剪应变达到极限值时材料就发生破坏。

材料破坏时的极限应变容许值可由试验确定，根据正常固结饱和土排水和不排水三轴试验结果，通过分析应力和体积应变(排水)或孔隙水压力(不排水)随应变的变化规律，认为取试样进入临界状态起始点的应变作为破坏极限应变容许值是合理的。

材料的最大主剪应变由弹塑性理论计算得到。材料弹塑性本构模型主要是建立在塑性增量理论基础上的，$\gamma_{max} = \int d\gamma_{max}$。材料进入塑性变形阶段后，最大主剪应变增量可分为两部分，即 $d\gamma_{max} = d\gamma_{max}^e + d\gamma_{max}^p$。弹性最大主剪应变增量按弹性理论计算，塑性最大主剪应变增量按塑性增量理论计算。

根据广义虎克定律，弹性最大主剪应变增量为

$$d\gamma_{max}^e = d\varepsilon_1^e - d\varepsilon_3^e = \frac{1+\nu}{E}(d\sigma_1 - d\sigma_3) \quad (8)$$

根据塑性理论，塑性最大主剪应变增量为

$$d\gamma_{max}^p = d\varepsilon_1^p - d\varepsilon_3^p = d\lambda\left(\frac{\partial Q}{\partial \sigma_1} - \frac{\partial Q}{\partial \sigma_3}\right) \quad (9)$$

1.3.2 破坏极限应变容许值 γ_f 的确定

材料破坏时的极限应变容许值可由试验确定，具体可参考 J. A. R. Ortigao[10]的试验资料，其结果表明，将试样进入临界状态起始点的剪切应变作为破坏极限应变 γ_f 是合理的。

利用大型程序 ANSYS 对上述试验进行模拟计算，所得轴向偏应力 $\sigma_1 - \sigma_3$ 与轴向应变 ε_a 的关系曲线如图 3 所示，图 4 为体积应变 ε_v 与轴向应变 ε_a 的关系曲线。从图中可以看出，在轴向应变达到约 $\varepsilon_a = 20 \times 10^{-2}$ 时，轴向偏应力和体积应变达到稳定值即进入临界状态，这与试验结果所得规律是一致的。由此可见，上述以试样进入临界状态起始点的剪切应变作为破坏极限应变 γ_f 的应变破坏准则是可行的。

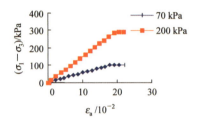

图 3 $(\sigma_1 - \sigma_3)$-ε_a 关系曲线

Fig.3 $(\sigma_1 - \sigma_3)$-ε_a curves

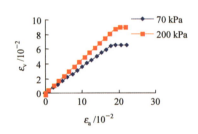

图 4 ε_v-ε_a 关系曲线

Fig.4 ε_v-ε_a curves

1.3.3 最大主剪应变 γ_{max} 的计算

按式(9)可给出 Mises，Drucker-Prager 及 Mohr-Coulomb 准则的 γ_{max} 表达式，如对 Mises 准则有

$$d\gamma_{max} = \frac{1+\nu}{E}(d\sigma_1 - d\sigma_3) + \frac{\sigma_1 - \sigma_3}{2J_2}s_{ij}d\varepsilon_{ij} \quad (10)$$

式(10)中右边第一项为弹性项，第二项为塑性项。

蔡正银[11]指出，渐进破坏是指土体在渐变过程中出现变形集中，并逐步形成剪切带以及剪切带的进一步发展直至破坏的全过程。紧密砂土的应变软化特性是导致变形局部化的根本原因。剪切带的形成与砂土的状态密切相关，剪切带形成后，土体的

变形模式分为2种,即剪切带中及其邻近的土体表现为软化加载,而其他部分的土体表现为卸载。研究还发现,剪破角不是一个材料常数,而是与土体的初始状态有密切关系。

蔡正银[11]通过算例进行了砂土中剪切带形成的数值模拟。图5是密实砂试样各计算高斯点(取单元中心点)在荷载作用下的全局和局部剪应力－剪应变关系曲线。图中,高斯点293(GSP－293)所在的单元为假设的"弱单元"。从图中可以发现:

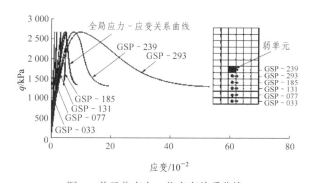

图5 单元剪应力－剪应变关系曲线

Fig.5 Shear stress-shear strain curves of elements

(1) 在"软弱点"的剪应力q达到其峰值以前,各计算高斯点变形随荷载的增加而增加,同时由于试样端部约束的影响,各单元的应变很早时就发生很大的变化,但这时试样中还没有形成剪切带。

(2) 当"软弱点"的剪应力q超过其峰值强度以后,各计算高斯点的局部变形模式可以很清楚地分为2种:"弱单元"及其相邻单元中土体表现为软化加载,而远离"软弱点"的单元中的土体表现为卸载。可以想象此时应变已经开始发生局部化,剪切带已经被触发。随着全局变形的继续发展,剪应变越来越集中于"弱单元"及其相邻单元中。当全局剪应变达到6×10^{-2}时,"软弱点"中心的剪应变已经超过25×10^{-2},而离"软弱点"较远单元中的剪应变只有$(1\sim 3)\times 10^{-2}$。

蔡正银[11]虽然没有谈及剪切带的破坏准则,但已经表明,当"软弱点"的剪应力q达到其峰值强度以后,剪切带已逐渐形成,弱单元的应变已达到很大的值,表明应变要达到一定值后,剪切带才会破坏,这与高红等[1]所述的观点是一致的。

在讨论中,大家对岩土摩擦材料做摩擦功新概念感到有兴趣,既有实际背景又具实际意义,希望深入研究。

当前岩石中广泛采用能量原理解释岩石的破坏,但尚无公认的单元与整体的破坏准则。中国矿业大学岩石与混凝土破坏力学重点实验室在应用能量原理研究岩石破坏机制方面进行了大量工作,主要从宏观及细观2种角度研究了受载条件下岩体材料中各种能量的传递和变化规律[12~14]。宏观的角度即通过对岩体结构的总输入能、总耗散能及总可释放应变能的定量计算,以及对岩体结构破裂区及破裂带的预估计而推知结构破坏后可能释放出的动能,再结合动力学理论,可以对破坏后岩体块体的速度做出估计,从而对可能发生灾害的强度进行估计。通过试验可知,在静态加载条件下可以发生局部动态冲击破坏,结构体内的能量局部释放;而在动态加载条件下,也会由于输入能量的不足而发生静态破坏,甚至于不破坏,关键要看总可释放应变能与总耗散能的比例关系。岩体结构的整体破坏是由于岩体的破裂使结构体失去了正常工作的功能。以上是从能量的角度宏观分析岩体结构的整体破坏及灾害强度的一种思路。目前所遇到的困难是难以定量计算岩体在破坏过程中由于发热、发光、发声及微振所带走的能量耗散值。

从细观的角度去分析岩体的破坏是探讨岩体单元的损伤与能量耗散值的关系、岩体单元的破坏与内部蓄存的可释放应变能的关系以及是否存在某种恒定的能量指标去预示岩体单元的完全损伤与完全破坏。一方面,完全损伤不等于完全破坏,完全破坏对应于岩体单元因拉变形而破裂。另一方面,细观分析还探讨岩体单元在不同的荷载水平及不同的加载速度下,其内部耗散能及可释放应变能的变化规律,为验证及指导在非线性本构关系下,用有限元方法计算岩体结构内部总的能量耗散值与总的可释放应变能值打下基础。通过试验已了解到岩体单元内部在破坏前(峰值载荷前)其能量耗散值相当小,只是在破裂过程中伴随有大量的能量耗散。卸荷弹性模量与卸荷泊松比与应力水平或应变水平有较明显关系,但在一般情况下(除三向受高压应力),其卸荷弹性模量与卸荷泊松比都在初始值上下变化,为简化计算及工程应用方便,取初始值参与可释放应变能的计算也是可行的。关于卸荷弹性模量与卸荷泊松比随加载速度的变化,通过相当宽的加载速度范围下的试验已表明,卸荷弹性模量与卸荷泊松比随加载速度的变化并不明显。

谢兴华和郑颖人[15]同样用能量原理解析岩体

水力劈裂机制,通过研究单裂隙渗流的能量分配,给出了水压力势能 W_z、水流动能 W_w 与骨架应变能 W_R 公式。由 $W_z = W_R + W_w$ 推出了岩石单裂隙扩展的能量法控制方程,可作为判断单裂隙在水压力驱动下的开裂与否的条件。研究渗流力与裂隙内面荷载共同作用下水压力在面荷载和渗流力的分配,推出了驱动裂缝扩展的面荷载条件。

以上研究[12~15]中都不考虑摩擦能,这是国际上通常的做法,这与高 红等[5]的观点不同。

2 边(滑)坡稳定分析方法进展及有限元强度折减法的应用

本专题直接服务于工程应用,因而引起更多与会者关注,重点讨论了边(滑)坡稳定安全系数的定义、边(滑)坡稳定分析方法进展、对强度折减法的评价与应用中需要研究的问题、计算机上失稳破坏的判据与边坡三维稳定分析等问题。

2.1 关于边(滑)坡安全系数的定义

作者等[16, 17]研究了边(滑)坡设计中安全系数的定义,指出不同安全系数定义,由此算得的稳定安全系数及滑坡推力均不相同,造成设计的混乱。同时指出目前国内采用的 3 种安全系数:强度贮备安全系数、超载安全系数与下滑力超载安全系数,而强度贮备安全系数比较接近边(滑)坡的实际情况,也是国际上普遍采用的定义,因而建议一般应采用这一定义。关于统一安全系数的定义的意见获得普遍支持,但有些专家指出,不应一概而论,工作状态不同,安全系数定义也应不同,所以只提一种安全系数欠妥,特殊情况下可采用其他定义。郑 宏[17]还追索了强度贮备安全系数的提出过程,指出强度贮备安全系数由 D. W. Taylor 于 1948 年提出,而非一般所指的由 Bishop 最先提出。D. W. Taylor 首先讨论了 c 和 f (即 $\tan\varphi$) 按照不同方式进行折减的情况,即用 F_c 除以 c,F_φ 除以 f,最后才建议应将 F_c 和 F_φ 结合起来并取其特例,即令 $F_c = F_\varphi = F_s$,可见 D. W. Taylor 在确定安全系数定义时是进行一定假设的,也就是假定对 c,f 取相同的折减。当前有人指责有限元强度折减法假设了 c,f 有同样的折减,而无唯一性,殊不知传统的边(滑)坡稳定分析法也进行了同样的假设。

唐 芬等[18]指出,在传统的边坡稳定分析中,c、φ 值均采用同一安全系数或同一折减系数。该文针对滑面土体的抗剪强度参数(黏聚力 c、内摩擦角 φ)在边坡稳定中各自发挥程度与衰减程度的不同,采用不同的强度折减系数(即双折减系数)进行了定量分析,推导了具有双折减系数的简化 Bishop 法,并用有限元强度折减法进行了验证。根据不同土性中 c,φ 的不同衰减速度,提出了不同土性的边坡 c,φ 值折减系数的大小关系。对于结构性黏性土土坡,随着剪切带的形成,土体表现出损伤软化,黏聚力迅速衰减,其衰减速度大于内摩擦角的衰减速度,此时,按 $k = \dfrac{SRF_2}{SRF_1} > 1$ 方式折减是比较符合实际的,其中 SRF_1 为 $\tan\varphi$ 的折减系数,SRF_2 为 c 的折减系数。对于砂性土土坡,内摩擦角的衰减速度大于黏聚力的衰减速度,在强度折减法中,按 $k = \dfrac{SRF_2}{SRF_1} < 1$ 的方式折减是比较符合实际的。

2.2 边(滑)坡稳定分析方法进展

2.2.1 传统边(滑)坡稳定分析方法

蒋斌松和康 伟[19]对于圆弧滑裂面,采用积分算式代替条分求和,获得了简化 Bishop 法边坡安全系数的解析计算公式,从而可以获得快捷、精确的计算结果。

朱大勇和丁秀丽[20]提出了三维边坡稳定准严格极限平衡解答,首先根据滑体体重分布设定空间滑面正应力初始分布,然后乘以含 4 个待定参数的修正函数;列出 3 个力平衡方程与绕 2 个水平轴的力矩平衡方程;解平衡方程组,最后得到关于三维安全系数的四次代数方程,其最大实根为三维边坡稳定极限平衡解。该方法计算原理简单,不需迭代,易于编程实施;由于只忽略绕竖直轴力矩平衡,计算结果比一般条柱法更为可靠;同时适合任意形状空间滑面,在工程中有推广应用价值,是对传统三维分析方法的推进。

曹 平[21]介绍了用滑移线对边坡的滑动区或潜在滑动区划分单元的运动单元法分析边坡稳定性的基本原理,这种划分单元的方法使单元间满足边坡岩土达到塑性极限状态时的屈服条件。通过构造以边坡整体安全系数为目标函数的有约束的优化分析方程和采用多变量目标函数优化算法,可以实现搜索边坡最危险滑动面和最小边坡安全系数。与传统分析方法相比,基于滑移线划分单元的边坡稳定性分析无需对边坡最危险滑动面的几何形态、条块间的受力方式人为地进行近似假设。

徐千军[22]将塑性力学的安定分析纳入边坡的长期安全性评价,岩土抗剪强度的干湿循环一方面提供了一个往复变化的孔隙水压,另一方面引起材料的力学性质循环变化。由于岩土介质的抗剪强度与其含水量关系很大,干湿循环必然导致其抗剪强度的循环变化,从而影响边坡的安定性。徐千军[22]分析了干湿循环在力学上的作用,将材料性质的往复变化在力学上等效为荷载的往复变化,从而纳入安定分析统一地进行研究。分析结果表明,即使只考虑抗剪强度参数10%的循环变化,边坡的安定安全系数比极限安全系数也有相当程度的减小,说明抗剪强度的循环变化对边坡的长期稳定性有不可忽视的影响。

上述表明,传统方法正在朝着计算更加可靠、简便,解决三维、干湿循环等复杂问题的方向发展,传统的稳定分析方法仍是当前可信度最高而且为工程人员最熟识的一种计算方法,具有很强的生命力。

2.2.2 边(滑)坡稳定分析数值方法

以单元离散为特征的数值分析方法,在边(滑)坡稳定分析中应用最多的是有限元法,其次是离散元法与有限差分法,各种方法都有其优点及各自的适用场合,可惜目前这方面的工作还做得很不够。李世海等[23]对刚体极限平衡、有限元法和离散元法3种常用的分析方法的基本假设、计算参数、边界条件、基本力学模型进行了比较,分析了几种方法在工程中的适用范围,给出了在中国科学院力学研究所实验室完成的一组试验结果。试验模型是由块石堆积而成的,岩块之间用细砂土充填。岩块堆积体放在一个长方形的平台上,平台的一个边固定并且可以绕着这个边转动,使平台倾斜。对不同的块体分布,改变倾斜的角度,可以得到不同结构面堆积体的临界倾斜角。分别采用刚体极限平衡方法、有限元法和离散元法对该试验进行数值模拟。结果表明,当堆积体整体性比较好时,极限平衡方法可以得到与试验结果一致的临界角,有限元、离散元法的计算结果与试验结果接近。堆积体中垂直滑面的结构面也对堆积体临界破坏角有很大的影响,倾倒破坏和滑移破坏没有明显的界限,但也可以进行区别。与有限元法相比,离散元法在计算多组结构面方面更为方便。

当前,边(滑)坡土体渗流分析与基于有限元强度折减法的稳定分析相结合的数值分析方法[24],已成国内外研究的热点,用以解决库水作用下与降水情况下的边(滑)坡稳定分析问题。刘晓宇等[25]介绍了节理裂隙岩体渗流-应力耦合的数值模拟。专家们预测,流固耦合分析将成为涉水边(滑)坡工程稳定分析的有效手段。

杨强等[26]提出了变形加固理论,完善了基于不平衡力的变形加固理论,建立起严格的理论基础,并首次指出变形加固理论的理论基础是非平衡态弹塑性力学;指出结构的非线性变形过程的内在驱动力是弹塑性不平衡力,故对一个特定的非线性变形状态,只要施加一个和当前不平衡力大小相等、方向相反的加固力系,当前的变形状态就是稳定的。他们认为,对岩土工程除了一般考虑的稳定控制(施加最小加固力)外,还应包括塑性区控制、变形控制、开裂控制等要求,例如变形控制是三峡船闸高边坡加固设计的一个主要着眼点。由此可见,岩体加固变形理论已经跳出了一般极限平衡的圈子,发展到变形控制的范畴,表明数值分析方法在解决岩土工程设计的作用正在不断扩大。

专家们认为,无论是传统方法还是数值方法,都有各自的应用场合,都需要进一步发展,不仅要发展各自的优势,而且两者还要互相结合,推陈出新。

2.3 关于有限元强度折减法的评价及其应用中的问题

2.3.1 关于有限元强度折减法的评价

邓建辉指出:"自 O. C. Zienkiewice 等[27]于1975年提出概念开始,有限元强度折减法已经走过31 a 的历史。虽然大部分研究工作是在20世纪90年代和近些年完成的,目前就强度折减法与传统的极限平衡法安全系数基本一致,同时在某些特殊的应用方面,如洞室、地基临界承载力,主滑方向变动的滑坡三维稳定性评价等,强度折减法具有传统的极限平衡法难以比拟的优势。虽然强度折减法是一种很有潜力的数值方法,但是像其他数值方法一样,强度折减法不是万能的,也有其局限性。因此,正确理解其含义与适用范围是该方法能够得到成功应用的关键。"

20世纪90年代以后,国外对强度折减法已逐步达成共识[28,29]。国外的数值分析软件纷纷采用该法作为岩土工程稳定分析的手段,尤其是在边(滑)坡的稳定分析方面已广泛应用。在国内,强度折减法近几年也逐步得到推广[24,30,31],不仅学术界开始接受,而且也受到工程界的欢迎,因为它便于解决实际工程问题,并在一些工程中应用,也被列入国内即将颁布的某些边坡规范中。一些专家对强度折减法的怀疑,主要在于没有亲自动手去用,其次在于还存在认识与应用上的问题。例如,c,φ值采用不同的折减系数,就会得出不同的计算结果,从而认为没有唯一性;国外普遍以计算是否收敛作为判别岩(土)体失稳破坏的判据是否有足够的力学依据等。此外,在应用中有些专家认为,某些岩土工程计算中很难应用基于计算是否收敛的失稳判据,杨强认为:"一个实际的破坏进程往往涉及到若干破坏模式,在主导破坏机构尚未完全形成时,次要的或局部的破坏机构可能已经形成,这是非线性有限元分析中经常出现局部发散的内在原因,为依据收敛性判断结构稳定带来了困扰"。显然,这种情况是存在的,表明应用强度折减法时,有时还需要采取一些措施,也表明强度折减法应用中还会存在一些问题。

2.3.2 强度折减法需要研究的问题

强度折减法有学多优点,也会有一些不足,要发挥其优点、克服其不足都需要进行进一步的研究。

李宁和张鹏[32]指出,随着边坡工程建设规模越来越大,采用传统极限平衡方法已经无法全面地、准确地评价边坡的稳定性,从而在解决工程实际问题时越来越多地倚重各类数值方法来解决边坡稳定性问题。然而,在实际工程中的岩质边坡稳定性分析中却存在不少错误的认识,从而影响了稳定性分析成果的准确性。如岩体滑坡存在滑动面的研究与模拟、三维效应与滑动方向对稳定分析的影响、岩质边坡的变形破坏都需要引入数值分析方法和强度折减法。李宁和张鹏[32]同时指出,还有许多问题急需研究,并介绍了他本人解决问题的一些经验,引起了广泛兴趣。

李新平和郭运华[33]通过圆弧滑面与有限元强度折减法求得的滑面的比较指出,极限平衡圆弧滑面并不是安全系数最小的滑面形式,折减系数法得到的滑面安全系数更小。周德培提议进一步加强对强度折减法的研究,利用其来确定滑面,再用极限平衡法分析确定安全系数。李新平和郭运华[33]也提出了这种观点与方法。专家们还提出了强度折减法需要研究的一些问题,如计算中流动法则的选用,如何准确确定滑动面位置(尤其是三维滑面),地应力释放与施工效应,预应力锚索的加固模式,计算

中如何考虑应变软化与残余强度,c,φ值同步折减与异步折减以及动力稳定性分析等种种问题。郑宏还提出了φ-v调整问题。此外,强度折减法本身也在进一步发展,曹先锋和徐千军[34]指出,传统的离散试验算法是强度参数不随时间变化,每一组试验参数都要进行一个完整的加载计算。显然,要找出一个使边坡刚好达到极限状态的F_s是比较繁琐的。而在 ABAQUS 程序中,可以利用其现成的材料参数可随时间、温度场变量的变化而变化的功能,定义材料强度指标随着温度场的变化。此温度场只是一个变量场,不代表真实温度,只是起到带动材料参数变化的作用。如果给定其热膨胀系数为 0,那么温度变化不会给结构带来应力和变形上的变化。由此提出了利用温度场来控制强度参数的折减,大大提高了计算效率。

唐春安等[35]发展了强度折减法,将强度折减法和离心加载基本原理引入到岩石破裂过程分析(rock fracture process analysis,RFPA)方法中,提出 RFPA-SRM(strength reduction method)和 RFPA-Centrifuge 边坡稳定性分析方法。该方法以有限元方法作为应力分析工具,不仅满足静力平衡、应变相容条件,而且充分考虑了材料的细观非均匀特性,并秉承了 RFPA 方法在破坏过程分析方面的特点,能够反映边坡随强度劣化而呈现出的渐进破坏诱致失稳的演化过程。

唐春安等[35]采用折减法中基元破坏数最大值的时刻作为边坡失稳的判据,因为岩土体失稳伴随着大位移的出现,大位移的出现是局部大变形产生的,这种大变形必然造成基元的破坏。

综上所述,与会专家认为,强度折减法是一种很有前景的方法,它不仅需要有不断验证、不断宣传推广、不断应用的过程,也还需要不断研究、不断完善发展的过程。

2.4 岩土结构失稳破坏的判据

数值模拟中的岩土结构的失稳破坏判据对安全系数的确定事关重要,而当前提出的判据甚多,讨论中百家争鸣,意见不一。赵尚毅等[36]指出,目前流行的失稳破坏判据主要有 2 类:(1) 以有限元数值计算不收敛(有些专家建议称为发散)作为边坡失稳的标志;(2) 以塑性区从坡角到坡顶贯通作为边坡破坏的标志[37]。

赵尚毅等[36]认为,将滑面上节点的塑性应变或

者位移出现突变作为边坡整体失稳的标志,以有限元计算是否收敛作为边坡失稳的判据是可行且合理的。因为塑性应变或者位移的突变正是表征着岩土体整体失稳的破坏,而出现突变时数值模拟无论是力或位移都出现不收敛,因而两者是一致的,都可以作为失稳破坏的判据。当然上述判据不包含计算失误而引起的不收敛。他们同时指出,边坡塑性区从坡角到坡顶贯通并不一定意味着边坡整体破坏,材料进入塑性屈服并不一定代表破坏,从屈服到整体破坏之间有一个塑性变形的过程,当塑性变形发展到一定程度后,产生整体破坏,最后表现为整体不能继续承载。而且采用塑性区贯通作为边坡破坏的判据需要人去观察塑性区的发展程度,不易操作,且塑性区的范围还与泊松比v的取值有关。显然,泊松比v不是一个强度参数,这说明采用塑性区贯通作为边坡失稳的判据是不妥当的。不过上述2类判据确定的安全系数差异不大,以收敛为判据求得的安全系数略大于以塑性区贯通求得的安全系数。表1中列出了采用不同方法与不同软件求得的安全系数(均以收敛作为判据)。从表中可见,不同的方法、不同的软件求得的安全系数都十分接近。

表1 不同方法、不同软件求得的安全系数

Table 1 Safety factors obtained by different methods and different softwares

计算参数		安全系数			
c/kPa	φ/(°)	Spencer	ANSYS	Plaxis	FLAC
35	18	1.47	1.48	1.48	1.49
42	17	1.55	1.57	1.57	1.57
30	15	1.23	1.24	1.24	1.24
10	20	1.01	1.02	0.99	1.02

郑宏认为,上述2种判据所给出的安全系数值相差不大,但认为以塑性区贯通更客观些。邓建辉也推荐使用塑性区贯通准则,认为该准则与极限状态假定一致,其他准则要么对软件质量的依赖性很大(如计算不收敛准则,缺乏客观性),要么使用困难(如位移转折点准则相当于位移突变准则,选取计算机对象上的哪一点来作为位移曲线,曲线上的转折点按什么标准选取都是很难确定的问题)。

李新平和郭运华[33]指出,目前,滑动面的确定方法主要采用折减系数至极限状态后的位移等值线图、塑性区图、广义剪应变等值线图来确定。滑动面形状只有在极限状态才能出现,故考虑采用极限状态时的最大广义剪应变单元的形心连线作为滑动面来考虑边坡稳定性安全系数。这种方法与赵尚毅等[36]提出的方法是完全一致的。因为最大广义剪应变单元的形心连线正是剪应变的突变线。

曹先锋和徐千军[34]提出观察所考察边坡最大位移对坡高的比值δ_{max}/H与时步t的关系,其中δ_{max}为边坡体的最大节点位移,H为边坡高度,找出δ_{max}/H值突变时对应的F_s作为安全系数。这种判据与位移突变的判据相似。显然,国内外目前采用最多的是收敛判据,一些专家认为只要计算无误,这一判据是合理的;但也有较多的专家持不同观点,认为收敛判据不够客观或难以掌握,提出了其他判据。这方面还有待再深入研究讨论。

2.5 边坡三维稳定分析

本次讨论中有多篇文章涉及到边坡的三维稳定分析。朱大勇和丁秀丽[20]提出了一种三维边坡稳定分析新的传统方法,比原有的传统方法更为可靠、简便。孙平等[38]提出了采用模拟退火遗传混合优化算法求解三维边坡临界滑面搜索问题,在遗传算法的基础上,在遗传算子中嵌入退火算子,以吸收这2种随机搜索算法的优点,形成模拟退火遗传算法;利用模拟退火遗传算法及三维边坡稳定极限分析上限法,建立了三维边坡稳定分析中临界滑裂面与临界滑动模式的搜索算法。结果表明,与传统的优化算法如单纯形法、随机搜索等相比,模拟退火遗传算法在处理这类多自由度、多极值的复杂问题时可以得到令人满意的结果。

陈菲和邓建辉[39]选择了平面滑动和楔形体滑动2个经典算例,运用强度折减法求解了其安全系数,并与Hoek和Brown给出的解析解进行了对比。结果表明,数值解与解析解非常接近,模拟的滑动方向与理论假定也基本一致,表明在三维边坡中采用有限元强度折减法是可行的。

专家们认为三维边坡稳定分析的研究与应用十分必要,但目前应用不多,刚被列入某些规范。目前无论是传统算法还是强度折减法都还不很成熟。传统法的应用关键在于寻找临界滑裂面,三维岩质边坡是研究重点,搜索三维岩质边坡临界滑面至今还没有好的算法。三维边坡强度折减法如何合理建模,如何选用合适的强度准则、提高计算精度都缺乏经验。或许，这2种方法的结合是解决三维边坡分析的一个好的途径。

参考文献(References)：

[1] 高红，郑颖人，冯夏庭. 材料屈服与破坏的探索[J]. 岩石力学与工程学报，2006，25(12)：2 515 – 2 522.(GAO Hong, ZHENG Yingren, FENG Xiating. Exploration on yield and failure of materials[J]. Chinese Journal of Rock Mechanics and Engineering, 2006, 25(12): 2 515 – 2 522.(in Chinese))

[2] LI Q M. Strain energy density failure criterion[J]. International Journal of Solids and Structures, 2001, 38(38): 6 997 – 7 013.

[3] 俞茂宏. 岩土材料屈服准则的基本特性和创新[C]// 2006年三峡库区地质灾害与岩土环境学术研讨会论文集. 重庆：[s. n.]，2006：35 – 47.(YU Maohong. Basic characteristics and innovation of yield criterion of Geomaterials[C]// Proceedings of the Special Topic Proseminar on Geologic Disasters in the Three Gorges Project Region. Chongqing: [s. n.], 2006: 35 – 47.(in Chinese))

[4] YU M H, ZAN Y W, ZHAO J, et al. A unified strength criterion for rock material[J]. International Journal of Rock Mechanics and Mining Sciences, 2002, 39(8): 975 – 989.

[5] 高红，郑颖人，冯夏庭. 岩土材料剪切能量屈服准则的探讨[C]// 2006年三峡库区地质灾害与岩土环境学术研讨会论文集. 重庆：[s. n.]，2006：48 – 54.(GAO Hong, ZHENG Yingren, FENG Xiating. Shear energy yield criterion for geomaterials[C]// Proceedings of the Special Topic Proseminar on Geologic Disasters in the Three Gorges Project Region. Chongqing: [s. n.], 2006: 48 – 54.(in Chinese))

[6] NAKAI T, MATSUOKA H. A generalized elastoplastic constitutive model for clay in three-dimensional stresses[J]. Soils and Foundations, 1986, 26(3): 81 – 98.

[7] MATSUOKA H, SUN D. Extension of spatially mobilized plane(SMP) to friction and cohesive materials and its application to cemented sands[J]. Soils and Foundations, 1995, 35(4): 63 – 72.

[8] 陈景涛，冯夏庭. 高应力下硬质岩石的本构模型研究[C]// 2006年三峡库区地质灾害与岩土环境学术研讨会论文集. 重庆：[s. n.]，2006：88 – 103.(CHEN Jingtao, FENG Xiating. Study on constitutive model for hard rock under high stress condition[C]// Proceedings of the Special Topic Proseminar on Geologic Disasters in the Three Gorges Project Region. Chongqing: [s. n.], 2006: 88 – 103.(in Chinese))

[9] 高红，郑颖人，冯夏庭. 岩土材料最大主剪应变破坏准则的推导[J]. 岩石力学与工程学报，2007，26(3)：518 – 524.(GAO Hong, ZHENG Yingren, FENG Xiating. Deduction of failure criterion for geomaterials based on maximum principal shear strain[J]. Chinese Journal of Rock Mechanics and Engineering, 2007, 26(3): 518 – 524.(in Chinese))

[10] ORTIGAO J A R. Soil mechanics in the light of critical state theories: an introduction[M]. Rotterdam, Netherlands: A. A. Balkema, 1995.

[11] 蔡正银. 砂土的渐进破坏及其数值分析方法[C]// 2006年三峡库区地质灾害与岩土环境学术研讨会论文集. 重庆：[s. n.]，2006：72 – 81.(CAI Zhengyin. Gradual failure and numerical analysis method of sand[C]// Proceedings of the Special Topic Proseminar on Geologic Disasters in the Three Gorges Project Region. Chongqing: [s. n.], 2006: 72 – 81.(in Chinese))

[12] 谢和平，鞠杨，黎立云. 基于能量耗散与释放原理的岩石强度与整体破坏准则[J]. 岩石力学与工程学报，2005，24(17)：3 003 – 3 010.(XIE Heping, JU Yang, LI Liyun. Criterion for strength and structural failure of rocks based on energy dissipation and energy release principles[J]. Chinese Journal of Rock Mechanics and Engineering, 2005, 24(17): 3 003 – 3 010.(in Chinese))

[13] 谢和平，鞠杨，黎立云，等. 不同加载速度及载荷水平下岩体内可释放应变能及耗散能的变化规律[C]// 2006年三峡库区地质灾害与岩土环境学术研讨会论文集. 重庆：[s. n.]，2006：1 – 9.(XIE Heping, JU Yang, LI Liyun, et al. The development laws of energy release and energy dissipation of rocks under different loading ratio and different load levels[C]// Proceedings of the Special Topic Proseminar on Geologic Disasters in the Three Gorges Project Region. Chongqing: [s. n.], 2006: 1 – 9.(in Chinese))

[14] 973项目第五课题组. 岩石结构动静态破坏过程中的能量分析[C]// 2006年三峡库区地质灾害与岩土环境学术研讨会论文集. 重庆：[s. n.]，2006：10 – 19.(The Fifth Work Group of 973 Project. Energy analysis in the dynamic and static failure process of rocks[C]// Proceedings of the Special Topic Proseminar on Geologic Disasters in the Three Gorges Project Region. Chongqing: [s. n.], 2006: 10 – 19.(in Chinese))

[15] 谢兴华，郑颖人. 岩体水力劈裂机制研究[C]// 2006年三峡库区地质灾害与岩土环境学术研讨会论文集. 重庆：[s. n.]，2006：82 – 87.(XIE Xinghua, ZHENG Yingren. Research on hydraulic fracture mechanism of rock mass[C]// Proceedings of the Special Topic Proseminar on Geologic Disasters in the Three Gorges Project Region. Chongqing: [s. n.], 2006: 82 – 87.(in Chinese))

[16] 郑颖人，赵尚毅. 边(滑)坡工程设计中安全系数的讨论[J]. 岩石力学与工程学报，2006，25(9)：1 937 – 1 940.(ZHENG Yingren, ZHAO Shangyi. Discussion on the safety factor of slope and landslide

engineering design[J]. Chinese Journal of Rock Mechanics and Engineering, 2006, 25(9): 1 937–1 940.(in Chinese))

[17] 郑宏. 关于有限元边坡稳定性分析中几个问题[C]// 2006 年三峡库区地质灾害与岩土环境学术研讨会论文集. 重庆: [s. n.], 2006: 132–136.(ZHENG Hong. On issues in the finite element slope stability analysis[C]// Proceedings of the Special Topic Proseminar on Geologic Disasters in the Three Gorges Project Region. Chongqing: [s. n.], 2006: 132–136.(in Chinese))

[18] 唐芬, 郑颖人, 赵尚毅. 土坡渐进破坏的双安全系数讨论[J]. 岩石力学与工程学报, 2007, 26(7)(待刊).(TANG Fen, ZHENG Yingren, ZHAO Shangyi. Discussion on two safety factors about progressive failure of soil slope[J]. Chinese Journal of Rock Mechanics and Engineering, 2007, 26(7)(to be published).(in Chinese))

[19] 蒋斌松, 康伟. 边坡稳定性中 Bishop 法的解析计算[C]// 2006 年三峡库区地质灾害与岩土环境学术研讨会论文集. 重庆: [s. n.], 2006: 212–217.(JIANG Binsong, KANG Wei. Analytical calculation of Bishop's method for slope stability[C]// Proceedings of the Special Topic Proseminar on Geologic Disasters in the Three Gorges Project Region. Chongqing: [s. n.], 2006: 212–217.(in Chinese))

[20] 朱大勇, 丁秀丽. 三维边坡稳定准严格极限平衡解答[C]// 2006 年三峡库区地质灾害与岩土环境学术研讨会论文集. 重庆: [s. n.], 2006: 166–177.(ZHU Dayong, DING Xiuli. Quasi-rigorous limit equilibrium solution to three-dimensional slope stability[C]// Proceedings of the Special Topic Proseminar on Geologic Disasters in the Three Gorges Project Region. Chongqing: [s. n.], 2006: 166–177. (in Chinese))

[21] 曹平. 基于滑移线划分单元的边坡稳定性分析[C]// 2006 年三峡库区地质灾害与岩土环境学术研讨会论文集. 重庆: [s. n.], 2006: 137–146.(CAO Ping. Meshing based on slip-line for slope stability analysis[C]// Proceedings of the Special Topic Proseminar on Geologic Disasters in Three Gorges Project Region. Chongqing: [s. n.], 2006: 137–146.(in Chinese))

[22] 徐千军. 抗剪强度循环变化对软岩边坡稳定性的影响[C]// 2006 年三峡库区地质灾害与岩土环境学术研讨会论文集. 重庆: [s. n.], 2006: 111–117.(XU Qianjun. Influence on soft rock slope stability resulted from circular change of shear strength[C]// Proceedings of the Special Topic Proseminar on Geologic Disasters in the Three Gorges Project Region. Chongqing: [s. n.], 2006: 111–117.(in Chinese))

[23] 李世海, 刘晓宇, 刘维甫, 等. 岩质边坡稳定性分析三种常用方法比较[C]// 2006 年三峡库区地质灾害与岩土环境学术研讨会论文集. 重庆: [s. n.], 2006: 155.(LI Shihai, LIU Xiaoyu, LIU Weifu, et al. Comparison of three common-used methods for rock slope stability analysis[C]// Proceedings of the Special Topic Proseminar on Geologic Disasters in Three Gorges Project Region. Chongqing: [s. n.], 2006: 155.(in Chinese))

[24] 郑颖人, 赵尚毅, 邓楚键, 等. 有限元极限分析法发展及其在岩土工程中的应用[J]. 中国工程科学, 2006, 8(12): 39–61.(ZHENG Yingren, ZHAO Shangyi, DENG Chujian, et al. Development of finite element limit analysis method and its applications in geotechnical engineering[J]. Engineering Science, 2006, 8(12): 39–61.(in Chinese))

[25] 刘晓宇, 张磊, 田振农, 等. 节理裂隙岩体渗流-应力耦合作用的数值模拟[C]// 2006 年三峡库区地质灾害与岩土环境学术研讨会论文集. 重庆: [s. n.], 2006: 233.(LIU Xiaoyu, ZHANG Lei, TIAN Zhennong, et al. Numerical simulation of seepage-stress coupling of jointed and fractured rock mass[C]// Proceedings of the Special Topic Proseminar on Geologic Disasters in the Three Gorges Project Region. Chongqing: [s. n.], 2006: 233.(in Chinese))

[26] 杨强, 薛利军, 王仁坤, 等. 岩体变形加固理论及非平衡态弹塑性力学[J].岩石力学与工程学报, 2005, 24(20): 3 704–3 712. (YANG Qiang, XUE Lijun, WANG Renkun, et al. Reinforcement theory considering deformation mechanism of rock mass and non-equlibriem elastio plastic mechanics[J]. Chinese Journal of Rock Mechanics and Engineering, 2005, 24(20): 3 704–3 712.(in Chinese))

[27] ZIENKIEWICZ O C, HUMPHESON C, LEWIS R W. Associated and non-associated visco-plasticity and plasticity in soil mechanics[J]. Geotechnique, 1975, 25(4): 671–689.

[28] GRIFFITHS D V, FENTON G A. Slope stability analysis by finite elements[J]. Journal of Geotechnical and Geoenvironmental Engineering, 2004, 130(5): 507–518.

[29] DAWSON E M, ROTH W H, DRESCHER A. Slope stability analysis by strength reduction[J]. Geotechnique, 1999, 49(6): 835–840.

[30] 宋二祥. 土工结构安全系数的有限元计算[J]. 岩土工程学报, 1997, 19(2): 1–7.(SONG Erxiang. Finite element analysis of safety factor for soil structures[J]. Chinese Journal of Geotechnical Engineering, 1997, 19(2): 1–7.(in Chinese))

[31] 郑颖人, 赵尚毅. 有限元强度折减法在土坡与岩坡中的应用[J]. 岩石力学与工程学报, 2004, 23(19): 3 381–3 388.(ZHENG Yingren, ZHAO Shangyi. Application of strength reduction FEM to soil and rock slope[J]. Chinese Journal of Rock Mechanics and Engineering, 2004, 23(19): 3 381–3 388.(in Chinese))

[32] 李宁, 张鹏. 岩质边坡稳定性分析中几个关键问题[C]// 2006

年三峡库区地质灾害与岩土环境学术研讨会论文集. 重庆：[s. n.], 2006：146‐154.(LI Ning, ZHANG Peng. Several key problems in rock slope stability analysis[C]// Proceedings of the Special Topic Proseminar on Geologic Disasters in the Three Gorges Project Region. Chongqing：[s. n.], 2006：146‐154.(in Chinese))

[33] 李新平, 郭运华. 强度折减法滑动面与安全系数研究[C]// 2006 年三峡库区地质灾害与岩土环境学术研讨会论文集. 重庆：[s. n.], 2006：218‐224.(LI Xinping, GUO Yunhua. Research on slip surface and safety factor of strength reduction method[C]// Proceedings of the Special Topic Proseminar on Geologic Disasters in the Three Gorges Project Region. Chongqing：[s. n.], 2006：218‐224.(in Chinese))

[34] 曹先锋, 徐千军. 边坡稳定分析的温控参数折减有限元法[J]. 岩土工程学报, 2006, 28(11): 2 039‐2 042.(CAO Xianfeng, XU Qianjun. Temperature driving strength reduction method for slope stability analysis[J]. Chinese Journal of Geotechnical Engineering, 2006, 28(11): 2 039‐2 042.(in Chinese))

[35] 唐春安, 李连崇, 马天辉. 基于强度折减与离心加载原理的边坡稳定性 RFPA 分析方法[C]// 2006 年三峡库区地质灾害与岩土环境学术研讨会论文集. 重庆：[s. n.], 2006：20‐34.(TANG Chun'an, LI Lianchong, MA Tianhui. Strength reduction and centrifugal loading based on RFPA method for slope stability analysis[C]// Proceedings of the Special Topic Proseminar on Geologic Disasters in the Three Gorges Project Region. Chongqing：[s. n.], 2006：20‐34.(in Chinese))

[36] 赵尚毅, 唐晓松, 陈卫兵, 等. 均质土坡有限元极限状态破坏判据讨论[C]// 2006 年三峡库区地质灾害与岩土环境学术研讨会论文集. 重庆：[s. n.], 2006：104‐110.(ZHAO Shangyi, TANG Xiaosong, CHEN Weibing, et al. Discussion on limit state failure criterion of finite element methods for homogeneous soil slope[C]// Proceedings of the Special Topic Proseminar on Geologic Disasters in the Three Gorges Project Region. Chongqing：[s. n.], 2006：104‐110.(in Chinese))

[37] 栾茂田, 武亚军, 年廷凯. 强度折减有限元法中边坡失稳的塑性区判据及其应用[J]. 防灾减灾工程学报, 2003, 23(3): 1‐8.(LUAN Maotian, WU Yajun, NIAN Tingkai. A criterion for evaluating slope stability based on development of plastic zone by shear strength reduction FEM[J]. Journal of Disaster Prevention and Mitigation Engineering, 2003, 23(3): 1‐8.(in Chinese))

[38] 孙 平, 王玉杰, 张宏涛. 模拟退火遗传混合优化算法及其在三维边坡稳定极限平衡分析中的应用[C]// 2006 年三峡库区地质灾害与岩土环境学术研讨会论文集. 重庆：[s. n.], 2006：178‐183. (SUN Ping, WANG Yujie, ZHANG Hongtao. Simulated annealing genetic hybrid algorithm and its application in 3D limit equilibrium analysis of slope stability[C]// Proceedings of the Special Topic Proseminar on Geologic Disasters in the Three Gorges Project Region. Chongqing：[s. n.], 2006：178‐183.(in Chinese))

[39] 陈 菲, 邓建辉. 岩坡稳定的三维强度折减法分析[J]. 岩石力学与工程学报, 2006, 25(12): 2 546‐2 551.(CHEN Fei, DENG Jianhui. Three-dimensional stability analysis of rock slope with strength reduction method[J]. Chinese Journal of Rock Mechanics and Engineering, 2006, 25(12): 2 546‐2 551.(in Chinese))

岩土材料能量屈服准则研究

高 红[1]，郑颖人[1,2]，冯夏庭[1]

(1. 中国科学院武汉岩土力学研究所 岩土力学与工程国家重点实验室，湖北 武汉 430071；2. 后勤工程学院 军事建筑工程系，重庆 400041)

摘要：比较岩土类材料与金属的材料特性的差异及由此导致的力学性质差异认为，岩土类材料属于多相体的摩擦型材料，具有内摩擦性质。分析两类材料的力学单元，认为摩擦体力学单元中存在摩擦力。从能量角度对岩土材料的屈服进行研究，分别将 Tresca 准则和 Mohr-Coulomb 准则进行推广，推导出只考虑单一剪切面的两类材料单剪能量屈服准则，证明 Tresca 准则既是金属材料的单剪应力屈服准则，也是金属材料的单剪能量屈服准则，而 Mohr-Coulomb 准则既是岩土材料的单剪应力屈服准则，也是岩土材料的单剪能量屈服准则。对考虑 3 个剪切面的能量屈服准则进行探讨，建立适用于岩土类材料的三剪能量屈服准则及其相应的 Drucker-Prager 准则。结合岩石真三轴试验结果，分别采用 Mohr-Coulomb 准则及三剪能量准则进行验证。结果表明，三剪能量准则比 Mohr-Coulomb 准则误差小，更接近试验结果，证明能量准则是可行的。最后利用一个简单的算例进行验证，计算结果表明，只考虑单剪切面的 Mohr-Coulomb 准则比考虑三剪切面的能量准则偏于保守。

关键词：岩土力学；岩土材料；摩擦特性；能量；单剪；三剪；屈服准则

中图分类号：TU 41　　**文献标识码**：A　　**文章编号**：1000－6915(2007)12－2437－07

STUDY ON ENERGY YIELD CRITERION OF GEOMATERIALS

GAO Hong[1]，ZHENG Yingren[1,2]，FENG Xiating[1]

(1. *State Key Laboratory of Geomechanics and Geotechnical Engineering，Institute of Rock and Soil Mechanics，Chinese Academy of Sciences，Wuhan，Hubei* 430071，*China*；2. *Department of Architecture and Civil Engineering，Logistical Engineering University，Chongqing* 400041，*China*)

Abstract：After comparing the difference of materials properties and the induced difference of mechanical characteristics between metals and geomaterials，it is concluded that geomaterials are frictional materials with multiphase and have frictional characteristics. By analyzing the mechanical elements of two kinds of materials，it is considered that there are frictional stresses in the mechanical elements of frictional materials. By generalizing the Tresca yield criterion and the Mohr-Coulomb yield criterion，the energy yield criterion considering only simple shear surface is deduced，which proves that the Tresca yield criterion and the Mohr-Coulomb yield criterion are the simple shear energy yield criteria of metals and geomaterials，respectively. The energy yield criterion about three shear surfaces is discussed；then the triple shear energy yield criterion and corresponding Drucker-Prager yield criterion of geomaterials are established. The Mohr-Coulomb yield criterion and the triple shear energy yield criterion are used to validate the true triaxial test data. The errors show that the results of the triple shear energy yield criterion are more close to the test data than those of the Mohr-Coulomb yield criterion，which proves that the energy yield criterion is correct. At last，a simple slope is computed using the Mohr-Coulomb yield criterion and the triple shear energy yield criterion respectively；and the results indicate that the Mohr-Coulomb yield criterion is more conservative than the triple shear energy yield criterion.

注：本文摘自《岩石力学与工程学报》(2007 年第 26 卷第 12 期)。

Key words: rock and soil mechanics; geomaterial; frictional characteristic; energy; simple shear; triple shear; yield criterion

1 引 言

岩土力学是在传统固体力学上发展起来的，目前已取得了较大进展，在岩土极限分析、塑性力学等方面进行了较多改进以反映岩土材料不同于金属的特殊力学性质，但其在岩土弹性力学、能量理论等方面仍然受到传统力学的严重制约，阻碍着岩土力学的发展。

金属是晶体材料，而岩土材料是摩擦型材料[1]，两者材料特性的差异导致其力学性质也存在较大差别。两种材料所适用的屈服准则也不相同[2]。1864年提出的 Tresca 准则是适用于金属材料的最大剪应力理论，源于 1900 年的 Mohr-Coulomb 准则则是适用于岩土材料的最大剪切角准则[3]，由于都属于单剪理论，其共同的不足是不能反映中间主应力的影响[4]。为了克服这一缺陷，学者们做出了大量努力：M. H. Yu 等[5,6]提出了双剪应力理论，H. Matsuoka 等[7~9]提出了适用于岩土材料的三剪切角理论。

上述提到的准则多是从应力角度给出，由热力学定律可知，能量转化是物质物理过程的本质特征，伴随着材料的整个变形过程并体现了材料性质的不断变化，因此可以从能量角度对材料的屈服进行研究[10]，按能量的观点来建立判别屈服的准则。Mises 准则是金属的形变能准则，目前尚未对适用于岩土材料的能量准则进行探讨。

本文从岩土材料的摩擦特性出发，在分析摩擦体力学单元及破坏性质的基础上，从能量角度对材料的屈服进行探索，建立了适用于岩土类材料的三剪能量屈服准则及其相应的 Drucker-Prager 准则，并进行了试验验证及工程应用。

2 材料剪切应变能的计算

2.1 岩土材料的摩擦性

金属是晶体材料，而岩土材料是自然条件下由颗粒材料堆积或胶结而成的多相体，也称为多相体的摩擦型材料[11]，具有内摩擦性质，这正是它不同于金属的基本力学特性。它的力学单元与传统固体力学单元不同，如图 1，2 所示，摩擦体的力学单元中存在摩擦力 s，它是阻止产生变形的。在非极限状态下，这里仍假设摩擦力与法向力成正

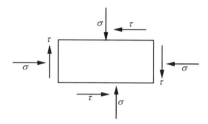

图 1 传统固体的力学单元
Fig.1 Mechanical element of traditional solids

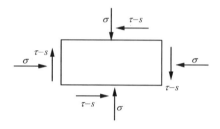

图 2 摩擦材料的力学单元
Fig.2 Mechanical element of frictional materials

比，$s = \sigma \tan\varphi'$，$\tan\varphi'$ 为摩擦因数，但它不是常数，随位移增大而增大，直至极限状态下 $\varphi' = \varphi$，此时内摩擦因数为一常数。摩擦力的方向与剪应力 τ 方向相反，因而摩擦力是有利的，相当于强度。

2.2 材料的破坏面

由于岩土材料和金属材料变形破坏机制的不同，导致两类材料的破坏性质也存在较大差异。金属材料的破坏是由于剪应力的作用使结晶构造产生了滑移破坏，所以应着眼于最大剪应力，破坏发生在最大剪应力 $\tau_{\max}$ 的作用面（$\alpha = 45°$，α 为破坏面与最大主应力作用面的夹角），如图 3 所示；岩土材料属于粒状体材料，主要依靠颗粒间的摩擦承受荷载，其变形和破坏受摩擦法则的支配，由剪应力与垂直应力的共同作用使粒子间克服摩擦产生相对滑移破坏，所以应着眼于最大剪切角，破坏发生在剪应力与垂直应力比最大 $(\tau/\sigma)_{\max}$ 即最大剪切角的作用面（$\alpha = 45° + \varphi/2$）[12]，如图 4 所示。

2.3 材料弹性剪切应变能的计算

物体受外力作用而产生弹性变形时，在物体内部将积蓄有弹性应变能，可分为体积应变能和剪切应变能[13]。由于岩土材料属于摩阻材料，其变形和破坏遵守摩擦法则，单元体中还有摩擦应力，摩擦应力方向与剪应力方向相反，是阻止剪切变形产生的，因此在外力作用下，计算畸变能时必须考虑摩

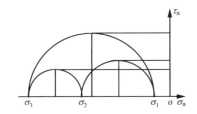

图 3 金属材料的 3 个破坏面
Fig.3 Three failure surfaces of metal

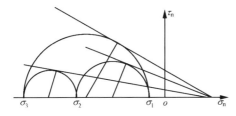

图 4 岩土材料的 3 个破坏面
Fig.4 Three failure surfaces of geomaterials

擦应力的作用。以下针对两类材料分别计算其潜在破坏面上的弹性剪切应变能。

对于金属材料，3 个最大剪应力作用面上的正应力及其相应剪应力分别为

$$\sigma_{12} = \frac{\sigma_1+\sigma_2}{2}, \quad \tau_{12}=\frac{\sigma_1-\sigma_2}{2} \quad (1)$$

$$\sigma_{23} = \frac{\sigma_2+\sigma_3}{2}, \quad \tau_{23}=\frac{\sigma_2-\sigma_3}{2} \quad (2)$$

$$\sigma_{13} = \frac{\sigma_1+\sigma_3}{2}, \quad \tau_{13}=\frac{\sigma_1-\sigma_3}{2} \quad (3)$$

屈服时 3 个面上的剪切应变能分别为

$$w_{d12}^e = \frac{\tau_{12}^2}{2G} = \frac{(\sigma_1-\sigma_2)^2}{8G} \quad (4)$$

$$w_{d23}^e = \frac{\tau_{23}^2}{2G} = \frac{(\sigma_2-\sigma_3)^2}{8G} \quad (5)$$

$$w_{d13}^e = \frac{\tau_{13}^2}{2G} = \frac{(\sigma_1-\sigma_3)^2}{8G} \quad (6)$$

对于岩土材料，在 3 个不同的主应力作用下，可以画出 3 个莫尔圆(如图 4 所示)，相应存在 3 个最大摩擦角作用面即 3 个 $\alpha = 45°+\varphi/2$ 面，根据莫尔圆几何关系并考虑摩擦应力的作用，可求得 3 个面上的正应力及相应剪应力分别为

$$\sigma_{12} = \frac{\sigma_1+\sigma_2}{2} + \frac{\sigma_1-\sigma_2}{2}\sin\varphi_{12} \quad (7)$$

$$\tau_{12} = \frac{\sigma_1-\sigma_2}{2}\cos\varphi_{12} \quad (8)$$

$$\sigma_{23} = \frac{\sigma_2+\sigma_3}{2} + \frac{\sigma_2-\sigma_3}{2}\sin\varphi_{23} \quad (9)$$

$$\tau_{23} = \frac{\sigma_2-\sigma_3}{2}\cos\varphi_{23} \quad (10)$$

$$\sigma_{13} = \frac{\sigma_1+\sigma_3}{2} + \frac{\sigma_1-\sigma_3}{2}\sin\varphi_{13} \quad (11)$$

$$\tau_{13} = \frac{\sigma_1-\sigma_3}{2}\cos\varphi_{13} \quad (12)$$

考虑摩擦应力的作用，可得岩土材料屈服时 3 个面上的剪切应变能分别为

$$w_{f12} = \frac{(\tau_{12}+\sigma_{12}\tan\varphi_{12})^2}{2G} = $$
$$\frac{1}{2G}\left(\frac{\sigma_1-\sigma_2}{2}\cos\varphi_{12} + \frac{\sigma_1+\sigma_2}{2}\tan\varphi_{12} + \frac{\sigma_1-\sigma_2}{2}\sin\varphi_{12}\tan\varphi_{12}\right)^2 = $$
$$\frac{1}{2G}\left(\frac{\sigma_1-\sigma_2}{2\cos\varphi_{12}} + \frac{\sigma_1+\sigma_2}{2}\tan\varphi_{12}\right)^2 \quad (13)$$

$$w_{f23} = \frac{(\tau_{23}+\sigma_{23}\tan\varphi_{23})^2}{2G} = $$
$$\frac{1}{2G}\left(\frac{\sigma_2-\sigma_3}{2\cos\varphi_{23}} + \frac{\sigma_2+\sigma_3}{2}\sin\varphi_{23}\right)^2 \quad (14)$$

$$w_{f13} = \frac{(\tau_{13}+\sigma_{13}\tan\varphi_{13})^2}{2G} = $$
$$\frac{1}{2G}\left(\frac{\sigma_1-\sigma_3}{2\cos\varphi_{13}} + \frac{\sigma_1+\sigma_3}{2}\sin\varphi_{13}\right)^2 \quad (15)$$

假设在以下的推导过程中满足 $\sigma_1 \geqslant \sigma_2 \geqslant \sigma_3$，根据主应力与应力不变量 p，q，θ 之间的转换关系，将上述能量用应力不变量表示为

$$w_{f12} = \frac{1}{2G\cos^2\varphi_{12}}\left[p\sin\varphi_{12} + \frac{q}{\sqrt{3}}\cos\left(\theta+\frac{\pi}{3}\right) + \frac{q}{3}\sin\left(\theta+\frac{\pi}{3}\right)\sin\varphi_{12}\right]^2 \quad (16)$$

$$w_{f23} = \frac{1}{2G\cos^2\varphi_{23}}\left[p\sin\varphi_{23} + \frac{q}{\sqrt{3}}\cos\left(\theta-\frac{\pi}{3}\right) + \frac{q}{3}\sin\left(\theta-\frac{\pi}{3}\right)\sin\varphi_{23}\right]^2 \quad (17)$$

$$w_{f13} = \frac{1}{2G\cos^2\varphi_{13}}\left(p\sin\varphi_{13} + \frac{q}{\sqrt{3}}\cos\theta - \frac{q}{3}\sin\theta\sin\varphi_{13}\right)^2 \quad (18)$$

3 单剪能量屈服准则

3.1 金属单剪能量屈服准则

金属材料的单剪能量屈服准则为

$$w_{d13}^e = \frac{(\sigma_1-\sigma_3)^2}{8G} = k^2 \quad (19)$$

即认为当最大剪应力作用面上的剪切应变比能达到某个极限值时材料开始屈服。

上式为 Tresca 准则，也就是说，Tresca 准则既是金属材料的单剪应力屈服准则，也是金属材料的单剪能量屈服准则。

3.2 岩土材料单剪能量屈服准则

对于岩土材料，当 $\sigma_1 \geqslant \sigma_2 \geqslant \sigma_3$ 时，有 $\varphi_{13} > \varphi_{12}$ 及 $\varphi_{13} > \varphi_{23}$，则 $\varphi_{13} = \varphi$，$c_{13} = c$，即通常所说的内摩擦角和黏聚力。考虑最大内摩擦角 φ_{13} 作用面即 $\alpha = 45° + \varphi_{13}/2$ 面上的剪切应变能，将单剪能量屈服准则写为

$$w_{f13}^e = \frac{1}{2G\cos^2\varphi_{13}}\left(p\sin\varphi_{13} + \frac{q}{\sqrt{3}}\cos\theta - \frac{q}{3}\sin\theta\sin\varphi_{13}\right)^2 = k^2 \quad (20)$$

假设法向应力为 0 时，剪应力为黏聚力 c，即

$$\sigma_{13} = 0,\quad \tau_{13} = c \quad (21)$$

则可求得

$$k^2 = \frac{c^2}{2G} \quad (22)$$

则能量屈服准则变为

$$p\sin\varphi + \frac{q}{3}(\sqrt{3}\cos\theta - \sin\theta\sin\varphi) = c\cos\varphi \quad (23)$$

上式为 Mohr-Coulomb 屈服准则，也就是说，Mohr-Coulomb 准则既是岩土材料的单剪应力屈服准则，也是岩土材料的单剪能量屈服准则。当 $\varphi = 0°$ 时，即对于金属材料，该准则退化为 Tresca 最大剪应力准则。

4 三剪能量屈服准则

与单剪应力准则一样，单剪能量准则也不能考虑中间主应力的影响。由于剪应力和剪应变都是矢量，它们分别作用在不同面上，不能直接相加，因而对于三剪状态直接采用剪应力或剪应变准则存在困难，一种简单的解决办法就是采用能量表述的屈服准则，因为 3 个剪切面上的能量是可以直接相加的。因此考虑 3 个剪切面上的能量之和，将材料的三剪能量准则写为

$$w_f = w_{f12} + w_{f23} + w_{f13} = k^2 \quad (24)$$

4.1 金属三剪能量屈服准则

对于金属材料，认为当 3 个最大剪应力作用面上的剪切应变比能之和达到某个极限值时材料开始屈服，则有

$$\frac{1}{8G}[(\sigma_1-\sigma_2)^2 + (\sigma_2-\sigma_3)^2 + (\sigma_1-\sigma_3)^2] = k^2 \quad (25)$$

式(25)为 Mises 屈服准则，即 Mises 准则为金属材料的三剪能量屈服准则。它是形变能准则，从力学上可知，将形变能开方，就可得到应力，因而通常将 Mises 准则开方写成广义剪应力表达式：

$$\frac{q}{\sqrt{3}} = \sqrt{J_2} = k \quad (26)$$

由此可见，Mises 准则也是金属材料的三剪应力屈服准则。

4.2 岩土材料三剪能量屈服准则

对于岩土材料，认为当 3 个最大内摩擦角作用面上的剪切应变比能之和达到某个极限值时材料开始屈服。将三剪能量屈服准则写为

$$\frac{1}{2G\cos^2\varphi_{12}}\left[p\sin\varphi_{12} + \frac{q}{\sqrt{3}}\cos\left(\theta+\frac{\pi}{3}\right) + \frac{q}{3}\sin\left(\theta+\frac{\pi}{3}\right)\sin\varphi_{12}\right]^2 + \frac{1}{2G\cos^2\varphi_{23}}\left[p\sin\varphi_{23} + \frac{q}{\sqrt{3}}\cos\left(\theta-\frac{\pi}{3}\right) + \frac{q}{3}\sin\left(\theta-\frac{\pi}{3}\right)\sin\varphi_{23}\right]^2 + \frac{1}{2G\cos^2\varphi_{13}}\left(p\sin\varphi_{13} + \frac{q}{\sqrt{3}}\cos\theta - \frac{q}{3}\sin\theta\sin\varphi_{13}\right)^2 = k^2 \quad (27)$$

由式(27)可见，对于 $\varphi = 0°$ 的金属材料，退化为 Mises 准则，与前述金属准则一致。

一般三向应力情况下，此时 3 组莫尔圆存在 3 条公切线，且在横轴上交于一点即材料的抗拉强度，如图 4 所示，根据图中的几何关系可以推出 3 个摩擦角之间的关系如下：

$$\sin\varphi_{12} = \frac{(1-\sqrt{3}\tan\theta)\sin\varphi}{2-\sin\varphi-\sqrt{3}\tan\theta\sin\varphi} \quad (28)$$

$$\sin\varphi_{23} = \frac{(1+\sqrt{3}\tan\theta)\sin\varphi}{2+\sin\varphi-\sqrt{3}\tan\theta\sin\varphi} \quad (29)$$

将式(28),(29)代入式(27)得到岩土材料的三剪准则为

$$\frac{1}{2G\cos\varphi}\sqrt{\frac{3+3\tan^2\theta - 4\sqrt{3}\tan\theta\sin\varphi}{1-\sqrt{3}\tan\theta\sin\varphi}} \cdot \left[p\sin\varphi + \frac{q}{3}(\sqrt{3}\cos\theta - \sin\theta\sin\varphi)\right] = k \quad (30)$$

假设常规三轴压缩情况下能量准则与 Mohr-Coulomb 准则一致，则可求得

$$k = \frac{c}{G} \quad (31)$$

最后得到三剪能量屈服准则为

$$p\sin\varphi + \frac{q}{3}\left(\sqrt{3}\cos\theta - \sin\theta\sin\varphi\right) =$$

$$2c\cos\varphi\sqrt{\frac{1-\sqrt{3}\tan\theta\sin\varphi}{3+3\tan^2\theta - 4\sqrt{3}\tan\theta\sin\varphi}} \quad (32)$$

由此可见，能量屈服准则在子午平面上的屈服曲线为一直线，并与 Mohr-Coulomb 屈服线平行，如图 5 所示，只是截距略大于 Mohr-Coulomb 屈服线，表明 Mohr-Coulomb 准则比三剪能量准则更为保守，这是因为三剪准则考虑了中间主应力的影响。在偏平面上屈服曲线为一曲边三角形，如图 6 所示，这与国内外大量真三轴的试验结果一致，表明了三剪能量屈服准则是符合岩土材料实际的。同样，偏平面上屈服曲线也稍大于 Mohr-Coulomb 屈服曲线。

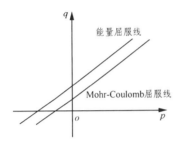

图 5　子午面上能量屈服线

Fig.5　Energy yield lines on meridian plane

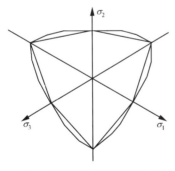

图 6　偏平面上能量屈服曲线

Fig.6　Energy yield curves on π plane

4.3　与三剪能量屈服准则匹配的 Drucker-Prager 准则

与 Mohr-Coulomb 准则相似，当应力洛德角 θ 为常数时，由式(32)可写出与三剪能量屈服准则相匹配的 Drucker-Prager 准则：

$$\alpha_a I_1 + \sqrt{J_2} - k_a = 0 \quad (33)$$

当 $\theta = 30°$，与 Mohr-Coulomb 的三轴压缩试验情况相当，可得

$$\alpha_a = \frac{2\sin\varphi}{\sqrt{3}(3-\sin\varphi)}, \quad k_a = \frac{6c\cos\varphi}{\sqrt{3}(3-\sin\varphi)} \quad (34)$$

当 $\theta = -30°$，与 Mohr-Coulomb 的三轴拉伸试验情况相当，可得

$$\alpha_a = \frac{2\sin\varphi}{\sqrt{3}(3+\sin\varphi)}, \quad k_a = \frac{6c\cos\varphi}{\sqrt{3}(3+\sin\varphi)} \quad (35)$$

由此可见，常规三轴情况下，与三剪能量屈服准则匹配的 Drucker-Prager 准则和与 Mohr-Coulomb 准则匹配的 Drucker-Prager 准则一样。

当 $\theta = 0°$ 时，为采用非关联流动法则的平面应变情况，三剪应力情况与 Mohr-Coulomb 单剪应力情况是不同的，三剪应力情况下可得

$$\alpha_a = \frac{\sin\varphi}{3}, \quad k_a = \frac{2}{\sqrt{3}}c\cos\varphi \quad (36)$$

而与 Mohr-Coulomb 匹配时可得

$$\alpha = \frac{\sin\varphi}{3}, \quad k = c\cos\varphi \quad (37)$$

由此可见平面应变情况下两者相差 15%。

4.4　应力表示的屈服准则总汇

下面对国内外常用的应力、能量表示的屈服准则[14]进行总结，这里不包括一些试验拟合得到的准则，也不包括双剪应力、松冈元三剪切角准则，同时只适用于极限曲线为直线的情况，不包括双曲线，椭圆等二次极限曲线。由于能量表述的屈服准则与应力表述的屈服准则只差一个平方关系，且后者更为简洁，因而这里仅列出应力屈服准则，见表 1。

5　试验验证

参考陈景涛[15]研究所得的一些岩石真三轴及常规三轴试验结果，分别采用 Mohr-Coulomb 准则和三剪能量准则进行了验证。由于岩样大多发生脆性破坏，破坏时几乎不产生塑性应变，因此可将屈服准则作为破坏准则。将屈服函数写为 $f(\sigma_i) = 0$ ($i = 1, 2, 3$)，将试验所得应力值分别代入两个屈服准则表达式，若准则精确满足则上述表达式成立，但由于试验数据的离散性，一般不能精确满足，此时表达式左边将不等于 0，而是存在一定误差，表 2 给出了两种准则相应的误差。从表中可以看出，在常规三轴情况下，两种准则的误差基本相同，这与前面所述三剪能量准则在常规三轴情况下退化为 Mohr-Coulomb 准则一致；真三轴情况下，绝大多数试样都是三剪能量准则误差比 Mohr-Coulomb 准则

表 1 应力表示的屈服准则
Table 1 Yield criteria expressed by stress

材料	单剪情况		三剪情况	
	准则名称	公式	准则名称	公式
金属	Tresca 准则	$\sigma_1 - \sigma_3 = k$	Mises 准则	$\sqrt{J_2} = C$
岩土材料	Mohr-Coulomb 准则	$p\sin\varphi + \dfrac{q}{3}(\sqrt{3}\cos\theta_\sigma - \sin\theta_\sigma \cdot \sin\varphi) = c\cos\varphi$	三剪能量屈服准则	$p\sin\varphi + \dfrac{q}{3}(\sqrt{3}\cos\theta_\sigma - \sin\theta_\sigma \sin\varphi) = 2c\cos\varphi\sqrt{\dfrac{1-\sqrt{3}\tan\theta\sin\varphi}{3+3\tan^2\theta - 4\sqrt{3}\tan\theta\sin\varphi}}$
	Drucker-Prager 准则 ($\theta=30°$，三轴压缩)	$\alpha I_1 + \sqrt{J_2} - k = 0$, $\alpha = \dfrac{2\sin\varphi}{\sqrt{3}(3-\sin\varphi)}$, $k = \dfrac{6c\cos\varphi}{\sqrt{3}(3-\sin\varphi)}$	三剪 Drucker-Prager 准则 ($\theta=30°$，三轴压缩)	$\alpha_a I_1 + \sqrt{J_2} - k_a = 0$, $\alpha_a = \dfrac{2\sin\varphi}{\sqrt{3}(3-\sin\varphi)}$, $k_a = \dfrac{6c\cos\varphi}{\sqrt{3}(3-\sin\varphi)}$
	Drucker-Prager 准则 ($\theta=-30°$，三轴拉伸)	$\alpha I_1 + \sqrt{J_2} - k = 0$, $\alpha = \dfrac{2\sin\varphi}{\sqrt{3}(3+\sin\varphi)}$, $k = \dfrac{6c\cos\varphi}{\sqrt{3}(3+\sin\varphi)}$	三剪 Drucker-Prager 准则 ($\theta=-30°$，三轴拉伸)	$\alpha_a I_1 + \sqrt{J_2} - k_a = 0$, $\alpha_a = \dfrac{2\sin\varphi}{\sqrt{3}(3+\sin\varphi)}$, $k_a = \dfrac{6c\cos\varphi}{\sqrt{3}(3+\sin\varphi)}$
	Drucker-Prager 准则 ($\theta=0°$，非关联平面应变)	$\alpha I_1 + \sqrt{J_2} - k = 0$, $\alpha = \dfrac{\sin\varphi}{3}$, $k = c\cos\varphi$	三剪 Drucker-Prager 准则 ($\theta=0°$，非关联平面应变)	$\alpha_a I_1 + \sqrt{J_2} - k_a = 0$, $\alpha_a = \dfrac{\sin\varphi}{3}$, $k_a = \dfrac{2}{\sqrt{3}}c\cos\varphi$

表 2 两种准则预测误差比较
Table 2 Error comparison between two criteria

试样编号	σ_1/MPa	σ_2/MPa	σ_3/MPa	能量屈服准则误差/MPa	Mohr-Coulomb 准则误差/MPa
1	244	50	0	−1.78	3.59
2	252	60	0	−0.89	4.67
3	258	70	0	0.16	5.47
4	265	80	0	0.65	6.27
5	270	90	0	1.52	7.07
6	261	100	0	0.52	5.86
7	180	3	2	−7.04	−6.73
8	195	6	2	−5.76	−4.71
9	205	9	2	−5.02	−3.36
10	276	60	2	0.75	6.17
11	285	75	2	1.76	7.37
12	304	90	2	4.29	9.92
13	277	120	2	1.21	6.27
14	278	10	10	−0.46	−0.45
15	371	20	20	3.42	3.43
16	340	95	14	−1.19	4.40
17	238	30	2	−3.15	1.07
18	234	40	0	−2.80	2.25
19	261	45	2	−0.83	4.16
20	400	25	25	3.00	3.02
21	640	90	90	−20.88	−20.87

误差小。因此，真三轴情况下三剪能量屈服准则比 Mohr-Coulomb 准则更准确，更接近试验结果。

6 算 例

均质土坡，坡高 $H = 20$ m，坡角 30°，土容重为 20 kN/m³，土体弹性模量为 1×10^8 Pa，泊松比 $\nu = 0.3$，强度参数 $c = 35$ kPa，$\varphi = 18°$。分别采用 Mohr-Coulomb 准则和三剪能量屈服准则进行计算，Mohr-Coulomb 准则计算所得安全系数为 1.49，能量屈服准则计算的安全系数为 1.59。由此可见，由于 Mohr-Coulomb 准则忽略了中间主应力的影响而三剪能量屈服准则考虑了中间主应力的影响，因此只考虑单剪切面的 Mohr-Coulomb 准则比考虑三剪切面的能量准则偏于保守。两种准则所得滑面分别见图 7 和 8。

图 7 Mohr-Coulomb 准则所得滑面
Fig.7 Slip surface obtained by Mohr-Coulomb criterion

图 8 三剪能量屈服准则所得滑面
Fig.8 Slip surface obtained by triple shear energy yield criterion

7 结 论

(1) 比较了岩土类材料与金属的材料特性的差异,及由此导致的力学性质差异。分析了岩土类摩擦材料的力学单元特性及破坏面性质,并给出了考虑摩擦应力影响的弹性剪切应变能的计算方法。

(2) 分别将Tresca准则和Mohr-Coulomb准则进行推广,推导了只考虑单一剪切面的两类材料单剪能量屈服准则,证明Tresca准则既是金属材料的单剪应力屈服准则,也是金属材料的单剪能量屈服准则,而Mohr-Coulomb准则既是岩土材料的单剪应力屈服准则,也是岩土材料的单剪能量屈服准则,$\varphi = 0°$时退化为Tresca最大剪应力准则。

(3) 对考虑3个剪切面的能量屈服准则进行了探讨,建立了适用于岩土类材料的三剪能量屈服准则及其相应的Drucker-Prager准则。对常用的应力表示的屈服准则进行了系统的总结。

(4) 结合岩石真三轴试验结果,分别采用Mohr-Coulomb准则及三剪能量屈服准则进行了验证。结果表明,大多数情况下三剪能量屈服准则比Mohr-Coulomb准则误差小,更接近试验结果,证明能量屈服准则是可行的。

(5) 针对一个简单的边坡算例进行了三剪能量屈服准则的工程应用。计算结果表明,只考虑单剪切面的Mohr-Coulomb准则比考虑三剪切面的能量准则偏于保守。

参考文献(References):

[1] 陈惠发, 萨里普 A F. 混凝土和土的本构方程[M]. 余天庆, 王勋文, 刘西拉, 等译. 北京:中国建筑工业出版社, 2004.(CHEN Huifa, SALEEB A F. Constitutive equations for materials of concrete and soil[M]. Translated by YU Tianqing, WANG Xunwen, LIU Xila, et al. Beijing: China Architecture and Building Press, 2004.(in Chinese))

[2] 张学言, 闫澍旺. 岩土塑性力学基础[M]. 天津: 天津大学出版社, 2004.(ZHANG Xueyan, YAN Shuwang. Fundamentals of geotechnical plasticity[M]. Tianjin: Tianjin University Press, 2004.(in Chinese))

[3] 沈珠江. 理论土力学[M]. 北京: 中国水利水电出版社, 2000. (SHEN Zhujiang. Theoretical soil mechanics[M]. Beijing: China Water Power Press, 2000.(in Chinese))

[4] 郑颖人, 沈珠江, 龚晓南. 广义塑性力学——岩土塑性力学原理[M]. 北京: 中国建筑工业出版社, 2002.(ZHENG Yingren, SHEN Zhujiang, GONG Xiaonan. Generalized plastic mechanics—the principles of geotechnical plastic mechanics[M]. Beijing: China Architecture and Building Press, 2002.(in Chinese))

[5] YU M H, ZAN Y W, ZHAO J, et al. A unified strength criterion for rock material[J]. International Journal of Rock Mechanics and Mining Sciences, 2002, 39(8): 975 – 989.

[6] 俞茂宏, 杨松岩, 范寿昌, 等. 双剪统一弹塑性本构模型及其工程应用[J]. 岩土工程学报, 1997, 19(6): 2 – 10.(YU Maohong, YANG Songyan, FAN Saucheong, et al. Twin shear unified elastoplastic constitutive model and its applications[J]. Chinese Journal of Geotechnical Engineering, 1997, 19(6): 2 – 10.(in Chinese))

[7] MATSUOKA H, SUN D. Extension of spatially mobilized plane (SMP) to friction and cohesive materials and its application to cemented sands[J]. Soils and Foundations, 1995, 35(4): 63 – 72.

[8] MATSUOKA H, NAKAI T. Relationship among Tresca, Mises, Mohr-Coulomb and Matsuoka-Nakai failure criterion[J]. Soils and Foundations, 1985, 25(4): 123 – 128.

[9] NAKAI T, MATSUOKA H. A generalized elastoplastic constitutive model for clay in three-dimensional stresses[J]. Soils and Foundations, 1986, 26(3): 81 – 98.

[10] LI Q M. Strain energy density failure criterion[J]. International Journal of Solids and Structures, 2001, 38(38): 6 997 – 7 013.

[11] 李广信. 高等土力学[M]. 北京: 清华大学出版社, 2004.(LI Guangxin. Advanced soil mechanics[M]. Beijing: Tsinghua University Press, 2004.(in Chinese))

[12] 松冈元. 土力学[M]. 罗 汀, 姚仰平译. 北京: 中国水利水电出版社, 2001.(MATSUOKA H. Soil mechanics[M]. Translated by LUO Ting, YAO Yangping. Beijing: China Water Power Press, 2001.(in Chinese))

[13] 吴家龙. 弹性力学[M]. 上海: 同济大学出版社, 1993.(WU Jialong. Mechanics of elasticity[M]. Shanghai: Tongji University Press, 1993. (in Chinese))

[14] 郑颖人, 高 红. 岩土材料基本力学特性与屈服准则体系[J]. 建筑科学与工程学报, 2007, 24(2): 1 – 5.(ZHENG Yingren, GAO Hong. Basic mechanical characteristics and yield criterion system of geomaterials[J]. Journal of Architecture and Civil Engineering, 2007, 24(2): 1 – 5.(in Chinese))

[15] 陈景涛. 高地应力下硬岩本构模型的研究与应用[博士学位论文][D]. 武汉: 中国科学院武汉岩土力学研究所, 2006.(CHEN Jingtao. Study on constitutive model for hard rock under high geostress condition and its application to engineering[Ph. D. Thesis][D]. Wuhan: Institute of Rock and Soil Mechanics, Chinese Academy of Sciences, 2006.(in Chinese))

抗滑短桩的适用条件研究

雷 用[1]，许 建[2]，郑颖人[1]

（1. 后勤工程学院军事建筑工程系，重庆 400041；2. 重庆市江北区质监站，重庆 400000）

摘 要：采用 ANSYS 软件，对滑体的几何形态、滑带及滑体力学性质的差异对抗滑短桩的适用条件进行了研究。得出了如下结论：1）抗滑短桩更适用于滑体土强度明显高于滑带土强度的滑坡中。2）随着抗滑短桩的长度增加，滑坡设桩后的安全系数增大，但增大的幅度逐渐变小。3）在相同桩长的情况下，安全系数随着地形坡度的增大而变小。

关键词：滑坡；抗滑短桩；模型；适用条件

中图分类号：TU473　　**文献标识码**：A　　**文章编号**：1673 - 0836(2010)增2 - 1647 - 05

Suitable Conditions Analysis of Short Anti-sliding Pile

Lei Yong[1], Xu Jian[2], Zheng Yingren[1]

(1. Department of Architectural and Civil Engineering LEU, Chongqing 400041, China;
2. Quality Control Station of Jiangbei District in Chongqing, Chongqing 400000, China)

Abstract: Adopting ANSYS software, this paper analyzes the suitable conditions of short anti-sliding pile for different geometry shape of landslide body, landslide plane and different mechanic properties of landslide body. Some ideas are obtained: 1) It is suitable to use short pile when strength of landslide body is obviously superior to strength of landslide plane. 2) The safety coefficient of landslide is increasing with increasing length of short pile, but the range of increasing is decreasing. 3) The safety coefficient of landslide is decreasing with increasing angle of slope at the same length of pile.

Keywords: sliding; short anti-sliding pile; model; suitable conditions

1 引言

抗滑短桩[1]是桩顶标高低于滑坡体表面一定深度（土质滑体中，进入滑体中的长度不宜小于滑体土厚度的四分之一；岩层嵌固段不宜小于抗滑短桩总长的1/4，土层嵌固段不宜小于1/3。）的悬臂式抗滑桩，由于悬臂长度减短，相应弯矩值也小，其材料消耗量就比一般抗滑桩要经济。经研究可知，这种桩型将桩上的部分推力转移到滑体上，充分而有效地利用了滑体的水平承载力，不仅桩长变短，而且桩上的推力也大幅度减小，桩上的弯矩、剪力也随之减小。因此在滑坡工程治理中采用抗滑短桩，尤其是在厚度较大的土质滑坡和岩质滑坡治理中经济效益显著，是一项值得推广的技术。

目前，关于抗滑短桩的应力分析、水平变形已有部分研究[2-6]，而对于抗滑短桩的适用条件和适宜条件的研究尚无，适用条件和适宜条件是一个涉及多方面影响因素的问题，比如滑体的几何形态，滑面的深度，滑面的倾角，滑带及滑体力学性质的差异和分布特征，地下水条件等。本文采用有限元强度折减法对滑体的几何形态、滑带及滑体力学性质的差异对抗滑短桩的适用条件进行了研究。

注：本文摘自《地下空间与工程学报》(2010 年第6卷增刊2)。

2 模型的建立

2.1 本构模型及屈服准则的选用

本模型中抗滑短桩按照线弹性材料处理,岩土材料本构模型采用理想弹塑性模型,由于商业软件 ANSYS 提供适合岩土类材料的屈服准则为 Drucker-Prager 外角外接圆(DP1)准则,计算结果偏大。本文采用的屈服准则是平面应变关联流动法则条件下 Mohr-Coulomb 准则精确相匹配的 Drucker-Prager 准则(DP4),是 Mohr-Coulomb 准则在平面应变下的特殊形式。其 α、k 为:

$$\alpha = \frac{\sin\varphi}{\sqrt{3(3+\sin^2\varphi)}}$$

$$k = \frac{3c\cos\varphi}{\sqrt{3(3+\sin^2\varphi)}}$$

由于在 ANSYS 程序中只有摩尔-库仑外交外接圆准则,当采用 DP4 准则时必须转化 C、φ 值。

2.2 约束情况

模型中,各种材料均为各向同性的材料。计算模型的位移约束条件为下部滑床全部约束,左右边界约束 X 方向的位移,计算采用 ANSYS 软件中的六节点单元,为了使抗滑桩更符合实际情况,因此采用实体单元模拟,网格划分中尽可能使滑面处与桩周边处的网格较细。

2.3 计算模型及计算参数

计算模型包括两大组,分别为滑体土厚度一般(厚度为 10 m,20 m),将其编为Ⅰ组,滑体土厚度较大(厚度为 30 m,40 m),将其编为Ⅱ组。计算参数见表1。

表1 Ⅰ/Ⅱ组材料参数
Table 1 Material properties of group Ⅰ/Ⅱ

项目	$C(kPa)$	$\varphi(°)$	$E(Pa)$	ν	$\gamma(kN/m^3)$
滑体土	40	35			
	30	25	1×10^7	0.30	20.0
	20/25	15/20			
滑带土	15/24	12/18	1×10^7	0.30	20.0
基岩	1600	34.4	1×10^9	0.20	25.0
抗滑桩			3×10^{10}	0.10	25.0

注:无斜线者,Ⅰ/Ⅱ组数据相同。

3 有限元分析

由于抗滑短桩的纵向间距为 a 米(本算例中,取 $a=4$),也就是说每根桩要承担 a 米宽的滑体的剩余水平下滑力,因此计算时可将土体重量乘以 a(在 ANSYS 中,可在岩土材料密度输入时将密度乘以 a),同时为了确保原有稳定安全系数不发生变化,将岩土体的内聚力也乘以 a,即保证 $\frac{r}{c}$ 不发生变化(不考虑地下水作用时)。

3.1 滑体土、滑带土力学性质差异对抗滑短桩适用性分析

本次计算分析中,采用的方法是固定滑带土的力学参数,通过变化滑体土的力学参数来分析抗滑短桩用于滑坡治理的适用性。

3.1.1 滑体土厚度为 10 m 和 20 m

(1)无桩时滑坡稳定性分析:有限元计算模型见图1。

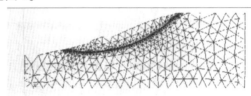

图1 滑体土厚度 10 m 有限元模型
Fig.1 FE model of landslide body 10 meters thick

在有限元计算中当折减系数为 1.02 时计算不收敛(滑坡破坏时的等效应变图见图2,位移矢量图见图3),此折减系数为此滑坡的安全系数,此时滑坡处于临界稳定状态。

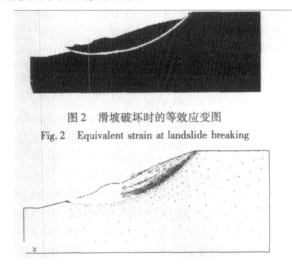

图2 滑坡破坏时的等效应变图
Fig.2 Equivalent strain at landslide breaking

图3 滑坡破坏时的位移矢量图
Fig.3 Displacement vector at landslide breaking

为了验证有限元计算的正确性本文还对此滑坡用加拿大 Slope 软件进行了稳定性分析。分析方法采用先比较公认的 Spence 法,其计算出的安全系数为 0.998。两者得到的计算结果非常接近

(见图4),同时可以看出两者计算出的滑面位置也大致相同。

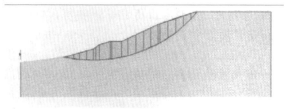

图4 Slope 计算的滑面

Fig. 4 Landslide plane of slope calculation

(2)桩在滑体中的长度占滑体土厚度1/4

在有限元计算中当折减系数为1.53时计算不收敛(滑坡破坏时的等效应变图和位移矢量图略,下同),此折减系数为此滑坡的安全系数。

(3)桩在滑体中的长度占滑体土厚度2/4

在有限元计算中当折减系数为1.75时计算不收敛,此折减系数为此滑坡的安全系数。

(4)桩在滑体中的长度占滑体土厚度3/4

在有限元计算中当折减系数为1.85时计算不收敛,此折减系数为此滑坡的安全系数。

(5)全长桩:在有限元计算中当折减系数为1.91时计算不收敛,此折减系数为此滑坡的安全系数。

不同桩长、不同计算参数计算得到的安全系数见表2和图5。

表2 滑体厚度(10 m/20 m)和参数不同时的安全系数

Table 2 Safety coefficient for different thickness (10 m/20 m) and different properties of landslide body

滑体土参数	桩在滑体中的长度	滑体土与滑带土强度参数比 C/C'	φ/φ'	安全系数
$C=40$ kPa, $\varphi=35°$	1/4(滑体厚,下同)	2.67	2.92	1.53/1.52
	2/4			1.75/1.77
	3/4			1.85/1.95
	4/4			1.91/2.10
$C=30$ kPa, $\varphi=25°$	1/4	2.00	2.08	1.31/1.31
	2/4			1.33/1.50
	3/4			1.56/1.65
	4/4			1.65/1.83
$C=20$ kPa, $\varphi=15°$	1/4	1.33	1.25	1.14/1.07
	2/4			1.21/1.16
	3/4			1.22/1.22
	4/4			1.24/1.45

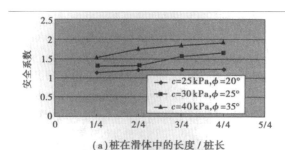

(a)桩在滑体中的长度/桩长

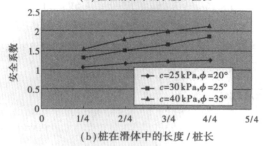

(b)桩在滑体中的长度/桩长

图5 不同计算参数、不同桩长(a:滑体厚10 m,b:滑体厚20 m)与安全系数的关系

Fig. 5 Relationship between safety coefficient with different properties and different length of pile
(a:10 m of landslide body, b: 20 m of landslide body)

从第Ⅰ组滑坡(滑体厚度不超过20 m,即中、浅层滑坡)计算结果(表2,图5)可知:

①同一滑坡,相同滑体土强度指标,随着桩的长度增加,滑坡设桩后的安全系数增大,但增大的幅度逐渐变小。

②同一滑坡,相同桩长,随着滑体土强度指标的提高,滑坡设桩后的安全系数增大。

③抗滑短桩进入滑体中的长度不宜小于滑体土厚度的四分之一。

3.1.2 滑体土厚度为30 m和40 m

不同桩长不同计算参数计算得到的安全系数见表3和图6。

从第Ⅱ组滑坡(滑体厚度30 m、40 m,即深层滑坡)计算结果(表3,图6)可知:

①同一滑坡,相同滑体土强度指标,随着桩的长度增加,滑坡设桩后的安全系数增大,但增大的幅度逐渐变小。

②同一滑坡,相同桩长,随着滑体土强度指标的提高,滑坡设桩后的安全系数增大。

③抗滑短桩进入滑体中的长度不宜小于滑体土厚度的四分之一。

④当滑体土与滑带土的强度相近时,使用抗滑短桩的效果会很差,有时不能使用抗滑短桩,甚至全长抗滑桩都不能满足安全要求。

从上述Ⅰ组和Ⅱ组计算,不难看出安全系数随着桩长的变短而降低,但在满足设计安全系数的情况下,即满足安全需要,因此可以用于工程设计。

表3 滑体厚度(30 m/40 m)和参数不同时的安全系数
Table 3 Safety coefficient for different thick (30 m/40 m) and different properties of landslide body

滑体土参数	桩在滑体中的长度	滑体土与滑带土强度参数比 C/C'	φ/φ'	安全系数
$C=40$ kPa, $\varphi=35°$	1/4(滑体厚,下同)	1.67	1.94	1.23/1.24
	2/4			1.31/1.35
	3/4			1.33/1.40
	4/4			1.35/1.53
$C=30$ kPa, $\varphi=25°$	1/4	1.25	1.39	1.08/1.06
	2/4			1.10/1.12
	3/4			1.11/1.20
	4/4			1.13/1.25
$C=25$ kPa, $\varphi=20°$	1/4	1.04	1.11	0.94/0.95
	2/4			0.97/0.97
	3/4			0.98/1.04
	4/4			1.01/1.16

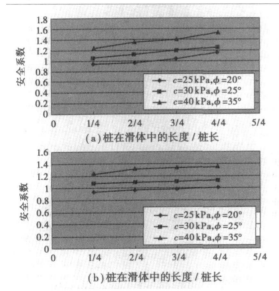

图6 不同计算参数、不同桩长(a:滑体厚度30 m,b:滑体厚40 m)与安全系数的关系

Fig. 6 Relationship between safety coefficient with different properties and different length of pile
(a:30 m thick of landslide body,b:40 m thick of landslide body)

①从每组计算所得安全系数可以看出,当滑体土强度参数和滑带土的强度参数相差较大时(即滑体土的强度明显高于滑带土的强度时),桩长可以大大变短。滑体土的参数和滑带土的参数较接近时,则桩长变短受限。

②从每组计算得到的不同计算参数\桩长与安全系数的关系的图中可以看出,同一滑坡,相同滑体土强度指标,随着桩的长度增加,滑坡设桩后的安全系数增大。

3.2 滑体的几何形态对抗滑短桩适用性分析

滑体的几何形态是一个比较复杂的问题,一般需要通过勘察和工程设计人员的经验来判断,因此本文只对其进行定性分析。

我们从上述计算结果中拿出两组来进行对比。

图7是滑体土厚度为30 m和40 m的计算模型,从中我们可以看出,其坡面型态的主要差别在于设桩位置前滑体土的厚度和坡度,显然滑体土为40 m的计算模型中设桩位置前滑体土的厚度和坡度要大于滑体土厚度为30 m的计算模型。

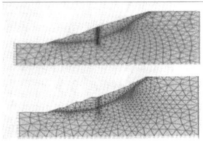

图7 滑体土厚度为30 m/40 m计算模型

Fig. 7 Calculation model at 30/40 meters thick of landslide body

取滑体土为参数 C 为40 kPa,内摩擦角 φ 为35°来分析其对安全系数的影响。

表4 坡面形状对安全系数的影响
Table 4 Safety coefficient influenced by slope shape

滑体土厚度	桩在滑体中的长度	安全系数
40 m	1/4	1.24
	2/4	1.35
	3/4	1.40
	4/4	1.53
30 m	1/4	1.23
	2/4	1.31
	3/4	1.33
	4/4	1.35

从表4和图8中可以看出滑体土厚度为30 m计算得到的安全系数随桩长的变化不明显,而滑体

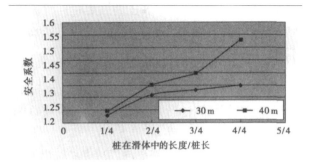

图 8 坡面形状对安全系数的影响

Fig. 8 Safety coefficient influenced by slope shape

土为 40 m 计算得到的安全系数随桩长的变化较明显。下面我们从这两者计算得到滑面位置来分析产生上述不同的原因。

图 9 为滑体土厚度为 30 m,桩在滑体中的长度分别为滑体土厚度的 1/4、2/4、3/4、全长计算得到的滑面图。

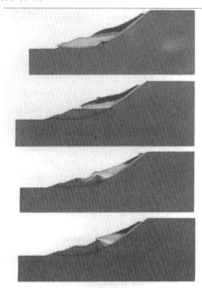

图 9 不同桩长时的滑动面(滑体厚度 30 m)

Fig. 9 Landslide plane at different length of pile (30 m thick of landslide body)

从图 9 可以看出只有 1/4 桩长是计算得到的滑面与其他三组桩长得到的滑面不同(2/4 桩长时,有一次生滑面,但边坡处于稳定状态),而其他三组桩长得到滑面的位置非常接近。

图 10 为滑体土厚度为 40 m,桩在滑体中的长度分别为滑体土厚度的 1/4、2/4、3/4、全长计算得到的滑面图。

从图 10 可以看出四组桩长计算的滑面位置都不相同,因此其安全系数随桩长的变化较明显。

所以可以得出这样的结论,坡体平缓,滑体厚

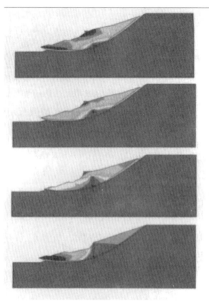

图 10 不同桩长得到的滑动面(滑体厚度 40 m)

Fig. 10 Landslide plane at different length of pile (40 m thick of landslide body)

度愈大,采用抗滑短桩愈有利。

为了进一步分析滑体几何形态对抗滑短桩适用性的分析,本文对滑体土厚度为 30 米,滑体土 $C = 40$ kPa,内摩擦角 $\varphi = 35°$(其余计算参数同表 5.2);分别取桩前地形平均坡度为 20°、25°、30°、35° 进行计算,分析桩前地形坡度对滑坡设置抗滑短桩后的安全系数的影响。

从四组模型图(略)中可以明显的看到随着地形平均坡度的增加桩前的土体逐渐变薄。通过强度折减计算得到四组地形平均坡度在不同桩长情况下的安全系数,见表 5。

表 5 不同地形平均坡度不同桩长时的安全系数

Table 5 Safety coefficient at different average angle of slope and different length of pile

地形平均坡度	桩在滑体中的长度占滑体土厚度			
	1/4	2/4	3/4	4/4
20°	1.29	1.35	1.37	1.39
25°	1.23	1.31	1.33	1.35
30°	1.21	1.29	1.32	1.34
35°	1.09	1.12	1.14	1.15

注:滑体土 $C = 40$ kPa,内摩擦角 $\varphi = 35°$

从表 5 和图 11 中可以看到在相同桩长的情况下,安全系数随着地形平均坡度的增大而变小。

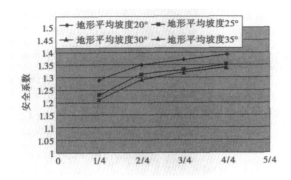

图11 地形坡度对安全系数的影响
Fig. 11 Safety coefficient influenced by the angle of slope

4 结论

（1）当滑体力学参数远远高于滑带土力学参数时，抗滑桩的桩长可以大大缩短，即成为抗滑短桩。这正是利用了滑体土较高的土工参数来承担部分滑坡推力，也就是说抗滑短桩更适用于滑体土强度明显高于滑带土强度的滑坡中。

（2）随着抗滑短桩的长度增加，滑坡设桩后的安全系数增大，但增大的幅度逐渐变小。

（3）当滑体土与滑带土的强度相近时，使用抗滑短桩的效果会很差，有时不能使用抗滑短桩，甚至全长抗滑桩都不能满足安全要求（如滑带土处于流动状态等）。

（4）在相同桩长的情况下，安全系数随着地形坡度的增大而变小。

因此，抗滑短桩的适用条件：①滑体强度比滑带强度大得多；②滑体愈厚滑坡推力愈大，愈适宜采用抗滑短桩；③滑面平缓宜使用抗滑短桩。

参考文献（References）

[1] 雷用,郑颖人,陈克勤."抗滑短桩"概念及其受力影响探讨[J].地下空间与工程学报,2009,5(3)：608-615.

[2] 雷用,郑颖人.土质滑坡中抗滑短桩水平变形ANSYS分析[J].地下空间与工程学报,2006,2(5)：828-833.

[3] 雷用,郑颖人.抗滑短桩的现场应力测试与分析[J].地下空间与工程学报,2007,3(5):941-946.

[4] 雷用,刘文平,赵尚毅.抗滑短桩越顶问题的有限元验证[J].后勤工程学院学报,2006,22(3):1-4.

[5] 雷用,刘国政,郑颖人.抗滑短桩与桩周土共同作用的探讨[J].后勤工程学院学报,2006,22(4):17-21.

[6] 赵尚毅,郑颖人,邓卫东.用有限元强度折减法进行岩质边坡稳定性分析[J].岩石力学与工程学报,2003,22(2):254-260.

沉埋桩加固滑坡体模型试验的机制分析

雷文杰[1]，郑颖人[2]，王恭先[3]，冯夏庭[4]，马惠民[3]

(1. 河南理工大学 安全科学与工程学院，河南 焦作 454003；2. 后勤工程学院 军事建筑工程系，重庆 400041；
3. 中铁西北科学研究院有限公司，甘肃 兰州 730000；4. 中国科学院 武汉岩土力学研究所，湖北 武汉 430071)

摘要：为研究沉埋桩加固滑坡体的作用机制，采用土压力盒和壁面式压力盒等多种测试手段，完成一系列室内大型模型试验。在外界施加的滑坡推力作用下，测试桩后推力和桩前抗力，分析桩后和桩顶坡体受力状态的变化。根据监测数据的动态变化，判断坡体出现滑裂面的时间和滑裂面的位置，并分析桩抗滑段长度变化时滑坡体的破坏形式与变化规律，同时计算桩顶以上坡体承担的滑坡推力；判断桩身截面的物理状态，计算坡体出现滑裂面时桩身所受的滑坡推力，分析沉埋桩加固滑坡体的机制、桩长变化桩身所受的滑坡推力及其分布规律与桩顶滑体所承担推力之间的关系，为沉埋桩设计提供科学依据。

关键词：边坡工程；土压力盒；滑坡体应力状态；桩顶滑坡推力；桩身推力；沉埋桩；大型模型试验

中图分类号：P 642.22   **文献标识码**：A   **文章编号**：1000-6915(2007)07-1347-09

MECHANISM ANALYSIS OF SLOPE REINFORCEMENT WITH DEEPLY BURIED PILES WITH MODEL TEST

LEI Wenjie[1]，ZHENG Yingren[2]，WANG Gongxian[3]，FENG Xiating[4]，MA Huimin[3]

(1. *School of Safety Science and Engineering*，*Henan Polytechnic University*，*Jiaozuo*，*Henan* 454003，*China*；
2. *Department of Civil Engineering*，*Logistical Engineering University of PLA*，*Chongqing* 400041，*China*；
3. *Northwest Research Institute Co.*，*Ltd.*，*China Railway Engineering Corporation*，*Lanzhou*，*Gansu* 730000，*China*；
4. *Institute of Rock and Soil Mechanics*，*Chinese Academy of Sciences*，*Wuhan*，*Hubei* 430071，*China*)

Abstract：To study the mechanism of deeply buried piles stabilizing the slope, a series of large-scale model tests are carried out. Several testing tools including rigid load cells are employed to measure the anti-sliding forces initiated by the piles and the sliding force exerted by the piles, especially the earth pressure cells are used to measure the variation of stress condition at the rear of the back of piles and upward to the top of piles as the sliding force impelled by the system of force output. On the basis of the variation process of measured data, the time and the location of slide surface in the slope are identified; and the maximal anti-sliding forces upward to the top of piles are calculated. Then, the failure modes and transformation were analyzed as the anti-sliding length of the piles changed. Physical conditions of the pile cross-section are determined; and the sliding force subjected to the piles was estimated. The mechanism of deeply buried piles for the slope reinforcement and the relationship between the sliding forces subjected to the piles and that supplied by the slope upward to the top of piles are analyzed to supply scientific basis for the design method of the deeply buried piles.

Key words：slope engineering；earth pressure cells；stress state of sliding body；sliding force upward to the top of piles；lateral force on the back of piles；deeply buried piles；large-scale model test

注：本文摘自《岩石力学与工程学报》(2007年第26卷第7期)。

1 引 言

抗滑桩的结构形式多样，如矩形桩、埋入式抗滑桩、预应力锚索抗滑桩、变截面抗滑桩、推力桩和微型桩[1~4]等。为了满足加固效果，而且考虑材料节约、经济，近年来工程实践中发展出新型加固方式——沉埋桩。沉埋桩与常规的抗滑桩结构形式有所不同，沉埋桩是桩顶以上还有一定厚度的滑坡体没有支挡结构，沉埋桩可以利用滑坡体自身的强度来承担部分滑坡推力。沉埋桩加固方式也可使滑(边)坡达到足够的稳定性，而且有很好的经济效益。雷文杰等[5~7]利用有限元极限分析表明：桩长变短，桩身的滑坡推力、桩的最大弯矩与最大剪力均降低，这说明沉埋桩加固滑坡经济合理，是一种有着良好应用前景的边滑坡支挡结构。然而沉埋桩的推广使用还远远不够，主要因为还没有完整的设计理论，而且缺少大型物理模型试验的有力验证。

国内不少研究机构从事沉埋桩的室内模型试验。熊治文[8]在介绍沉埋桩相关试验的基础上，说明了沉埋桩的受力分布规律、适用条件以及沉埋桩受到的滑坡推力与桩顶埋深之间的关系，并将试验的模型简化为平面应变模型，因而没有考虑模型在试验过程中的三维空间效应，做出相应的结论值得商榷。

为给实际工程设计提供理论依据，有关规范[9]为验证沉埋桩简化计算公式是否能合理地反映埋入式抗滑桩的阻滑效果进行沉埋桩的模型试验。试验结果认为：试验所获得的滑坡推力大于重庆市地质灾害防治与设计规范附录推荐的2个平衡条件反算滑坡推力的较小值，说明规范计算的埋入式抗滑桩悬臂段长度能够提供足够的抗滑力；试验有模型桩时滑体的破坏既不是过桩顶产生的被动土压力破裂面滑动，也不是沿过桩顶产生的水平滑裂面滑动，而是介于2种滑动模式之间的破坏。对于埋入式抗滑桩悬臂段长度增加，滑体破坏模式更接近于沿过桩顶产生的水平滑裂面滑动，因而认为滑体强度较高、桩长合适时可采用埋入式抗滑桩治理滑坡。

为验证沉埋桩加固滑坡体的机制，在中铁西北科学研究院有限公司工程检测中心结构模型实验室完成系列大型室内沉埋桩机制模型试验。主要研究沉埋桩长度变化时滑坡体的破坏形式与变化规律，沉埋桩加固滑坡体的机制、桩长变化桩身所受的滑坡推力及其分布规律与桩顶滑体所承担推力之间的关系，为沉埋桩设计提供科学依据。

2 试验设备与试验模型

2.1 试验设备

试验设备由加压系统、模型槽以及监测系统组成。加压系统包括加压设备和加压控制系统，而监测系统包括监测元件和数据采集系统。

2.1.1 加压系统

加压系统包括油泵总成、多路稳压器、终端压力输出千斤顶和压力输出控制面板。滑坡推力外载通过位于推力板上下4个千斤顶施加，下部2个千斤顶型号相同，最大量程为600 kN；上部2个千斤顶型号相同，最大量程为300 kN。推力板滑坡推力输出千斤顶为双向油路，侧板千斤顶为单向千斤顶。

滑床以上两侧均设有较厚的钢板作为侧板，每相邻侧板之间设有可以自由移动的观察窗，用来观察滑坡体的变形。侧板千斤顶不输出压力，其作用仅使侧板保持垂直不变形，侧板下部由导轨支撑，侧板可以沿导轨移动。加压设备与控制面板、侧板千斤顶和主推板千斤顶形状分别见图1~3。

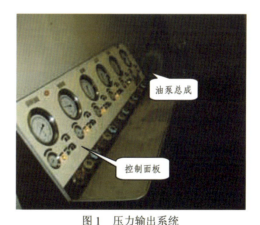

图 1 压力输出系统
Fig.1 System of force output

2.1.2 模型槽

试验模型槽见图 4，模型槽由推板、侧板和观察窗围成，模型槽的纵向长度为4.00 m，净宽为2.03 m，推力板和侧板高度为2.00 m，滑面以上滑床深度最深达0.80 m。坡体模型纵向长度为3.50 m，宽度为2.03 m，滑床高度为0.80 m。设桩位置滑体高度为1.50 m。每次试验中滑坡体坡面形状不变而桩长发生变化。

图 2 侧板千斤顶
Fig.2 Jacking apparatus of lateral plate

图 3 主推板千斤顶
Fig.3 Jacking apparatus of leading toggle plates

图 4 试验模型槽示意图
Fig.4 Schematic diagram of model pit

2.1.3 监测系统

试验中使用的监测系统包括位移传感器、百分表、壁面式压力盒、土中应力压力盒和荷重传感器,其中土压力盒在同类模型试验中是首次应用,并取得了不错的测试效果。所有监测元件数据的采集主要为 2 种仪器,应变式测试元件由应变采集仪 TDS－302 采集数据,振弦式测试元件数据采集由振弦传感器读数仪 GK－401 采集数据。

2.2 试验模型

试验模型包括滑体和滑带、滑床、模型桩和试验模型的边界条件、加载设计、监测项目、试验内容和各种监测元件的标定。

2.2.1 滑体和滑带

为保证滑体性质基本一致,滑体材料取自兰州市一砖窑场,为红黏土,这样模型试验中滑体近似为均质材料。所需土样体积为 17 m³。夯实后密度约为 2.0×10^3 kg/m³,滑体体积约为 9.1 m³。滑带被认为是滑床与滑体之间的双层塑料薄膜,为了增强滑动效果,在 2 层塑料薄膜之间刷上一层润滑油。这样滑带的抗剪强度要比滑体强度低,滑带强度通过无桩试验时坡体处于极限状态时滑坡推力反算可得。

滑床土由水泥和土拌和而成,土样取自兰州市郊区山顶风化的砂性土,水泥与土的配合比为 1∶8。经测定,滑床土的平均密度为 1.87×10^3 kg/m³,平均单轴抗压强度为 2.1 MPa。

2.2.2 模型桩

模型桩采用钢筋混凝土浇注,桩的混凝土强度等级为 C20,水泥强度等级为 42.5R。桩的断面为 12 cm×18 cm,抗滑段长度分别为 50,80,110,150 cm,锚固段长度固定为 70 cm,桩间距为 50 cm,每次试验需用 4 根同一规格的沉埋桩。

2.2.3 试验模型的边界条件

滑坡体前缘自由,为保证试验过程中滑体土只会发生沿滑坡推力方向的变形,抑制滑体产生侧向变形,滑体侧边安置侧板,垂直侧板方向由单向千斤顶支撑,侧板底部由轮子支于导轨之上,每相邻侧板之间设置观察窗,观察窗挂在两相邻侧板之上。推力板受力不断增大时,侧板和观察窗可沿土体滑动方向发生相互移动。为不影响挡板附近坡体纵向变形,每次试验前侧板表面铺上两层塑料薄膜保持光滑,以减少侧板与滑体之间的摩擦。实际上,由于观察窗挂在相邻侧板之间,本身也有 5 cm 的厚度,滑坡体所受的滑坡推力部分作用到观察窗上。试验过程中发现,观察窗的水平位移量总是大于侧板的位移量。

对于施加推力载荷端,推力板在行进过程中要保持垂直平动,不至于出现由于推力板的转动,上部坡体产生人为的滑面。

2.2.4 加载设计

荷载采用分级加载,每级载荷施加后待坡表在连续 3 次测试后各特征点位移传感器读数、桩顶位移传感器读数和桩上压力盒读数变化基本稳定后再施加下一级载荷。每次加载的大小基本保持相同,在每一级载荷中要注意压力表读数上下稍许跳动,要使压力大小维持在同一水平。

2.2.5 监测项目

监测点布置是为了了解滑坡体所受的外部推力、滑坡体内部的土压力变化、坡体表面和抗滑桩桩顶的变形、桩前和桩后的滑坡推力。监测内容包括:(1) 安装位移传感器,监测推力板的位移和坡体表面各特征点和桩顶的位移;(2) 埋设土压力盒,测试桩前后距 50 cm、沿滑体高度方向上各点的土压力及其变化;(3) 埋设土压力盒,测试 3/4,1/2 和 1/3 长桩桩顶以上土体的土压力及其变化;(4) 距推板 5 cm、沿其高度方向上埋设土压力盒,测试各点的土压力;安装载荷传感器,测试千斤顶输出的外界推力;(5) 桩前、后沿桩身高度每隔 15 cm 埋设壁面式压力盒,测试桩的滑坡推力和桩前抗力。

2.2.6 试验内容

试验共计 5 组:(1) 无桩时使坡体整体滑动;(2) 桩长为 2.2 m(全长桩)使滑坡体整体破坏;(3) 桩长为 1.8 m(3/4 长桩)加载直至坡体破坏;(4) 桩长为 1.5 m(1/2 长桩)加载直至坡体破坏;(5) 桩长为 1.2 m(1/3 长桩)加载直至坡体破坏。

2.2.7 各种监测元件的标定

监测元件的标定关系试验数据结果的成败,是整个模型试验中最基础的工作,也是最重要的工作。模型试验开始前先要进行各种压力盒和位移传感器的标定。

每种压力盒要合理设置,载荷与读数的之间线性关系和读数的稳定性至关重要,它的效果如何直接影响后续试验数据的可靠性、正确性。图 5,6 分别为壁面式压力盒和土压力盒的标定曲线。

3 试验机制的对比分析

3.1 模型形状和监测位置布设

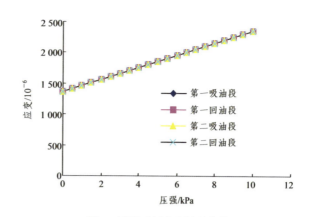

图 5 壁面式压力盒标定曲线
Fig.5 Calibration curve of rigid load cell

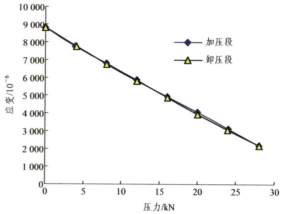

图 6 土压力盒标定曲线
Fig.6 Calibration curves of earth pressure cells

各种桩长的试验模型和监测点布置见图 7。图中标识了桩的形状、坡体表面位移测点位置,且 a, b, c 和 d 中依次标出土压力盒在全长桩、3/4 长桩、1/2 长桩和 1/3 长桩模型试验中的埋设位置。桩长为 2.2 m,即桩顶延伸到坡体表面,这种形式的桩称为全长桩。桩长为 1.8 m 时,抗滑段长度为 1.1 m,这种形式的桩又称为 3/4 长桩。桩长为 1.5 m 时,抗滑段长度为 80 cm,桩顶距坡面竖直距离为 70 cm,这种形式的桩又称为 1/2 长桩。桩长为 1.2 m 时,抗滑段长度为 50 cm,其长度是设桩位置滑体厚度的 1/3,这种形式的抗滑桩又称为 1/3 长桩。

3.2 滑坡体中土压力的变化

3.2.1 桩后滑裂面形成的时间和位置

图 8 为全长桩模型试验中桩后 100 cm 土压力的变化曲线,相应的土压力盒布置见图 7(a)。土压力盒 29828 位于滑面,29835 位于滑面以上 45 cm,29826 位于滑面以上 90 cm。由图 8 可知,加压初期

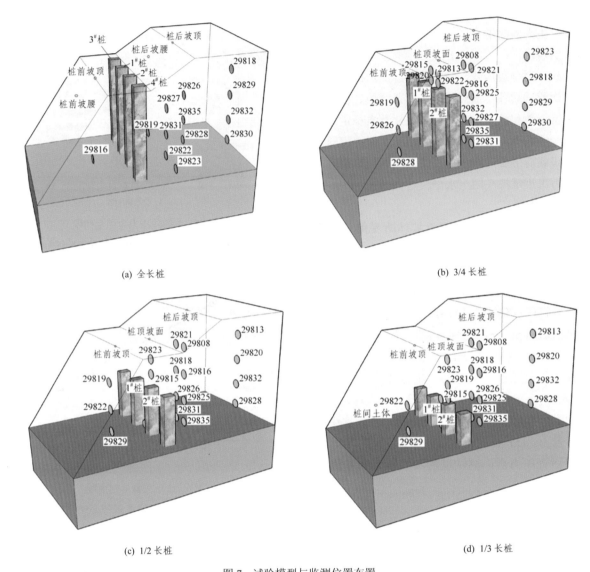

(a) 全长桩 (b) 3/4 长桩

(c) 1/2 长桩 (d) 1/3 长桩

图 7 试验模型与监测位置布置

Fig.7 Test models and layout of monitoring locations

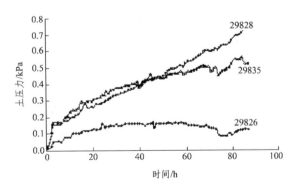

图 8 全长桩桩后的土压力

Fig.8 Earth pressures at the rear of piles with full length piles

土压力逐渐增加；加压时间 $t = 45.2$ h(推力板施加的滑坡推力为 152 kN)时，位于滑面和滑面以上 45 cm 处土压力盒读数继续增加，滑面以上 90 cm 处土压力盒读数达到最大值，说明该位置以上坡体进入极限状态，桩后滑裂面形成，滑面位于坡面以上 45～90 cm。

图 9 为 3/4 长桩模型试验中桩后 50 cm 处土压力的变化曲线，其相应的土压力盒布置见图 7(b)。土压力盒 29831，29827，29825，29821 距滑面以上高度分别为 0，45，90，135 cm。加压初期，土压力逐渐增加；加压时间 $t = 41.5$ h(推力板施加的滑坡推力为 133 kN)时，位于滑面和滑面以上 45 cm 处土压力继续增加，滑面以上 90 和 135 cm 两处土压力达到最大值，说明自该时刻滑面 90 cm 以上坡体

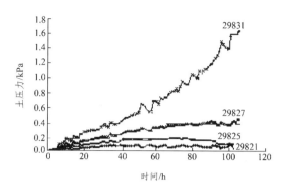

图 9　3/4 长桩桩后的土压力

Fig.9　Earth pressure at the rear of piles with the length ratio 3/4

进入极限状态,桩后滑裂面形成,滑面位于坡面以上 45～90 cm。

图 10 为 1/2 长桩模型试验中桩后 50 cm 处土压力的变化曲线,其相应的土压力盒布置见图 7(c)。土压力盒 29831,28826,29818,29821 距滑面以上高度分别为 0,45,90,135 cm。加压初期,土压力逐渐增加;加压时间 t = 64.9 h(推力板施加的滑坡推力为 131 kN)时,位于滑面和滑面以上 45 cm 处土压力继续增加,滑面以上 90 和 135 cm 两处土压力达到最大值,说明自该时刻滑面 90 cm 以上坡体进入极限状态,桩后滑裂面形成,滑面位于坡面以上 45～90 cm。

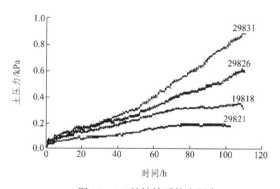

图 10　1/2 长桩桩后的土压力

Fig.10　Earth pressure at the rear of half length piles

图 11 为 1/3 长桩模型试验中桩后 50 cm 处土压力的变化曲线,其相应的土压力盒布置见图 7(d)。土压力盒 29831,28826,29818,29821 距滑面以上高度分别为 0,45,90,135 cm。加压初期,土压力逐渐增加;加压时间 t = 65 h(推力板施加的滑坡推力为 108 kN)时,位于滑面和滑面以上 45 cm 处土压力继续增加,滑面以上 90 和 135 cm 两处土压力达到最大值,说明自该时刻滑面 90 cm 以上坡体

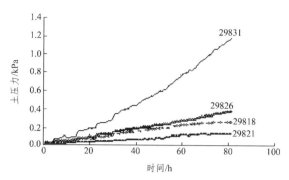

图 11　1/3 长桩桩后的土压力

Fig.11　Earth pressures at the rear of piles with the length ratio 1/3

进入极限状态,桩后滑裂面形成,滑面位于滑面以上 45～90 cm。

3.2.2　沉埋桩桩顶以上滑面形成的时间和滑面位置

图 12～14 为沉埋桩桩顶以上土压力变化曲线。图 12 为 3/4 长桩在外部荷载逐渐施加过程中,桩顶以上土压力变化曲线,桩顶以上还有 40 cm 坡体。土压力盒 29820 位于桩顶,而 29815 位于桩顶以上 20 cm。加压初期,桩顶以上土压力逐渐增加;加压时间 t = 41.5 h(与桩后滑裂面形成时间相同),桩顶

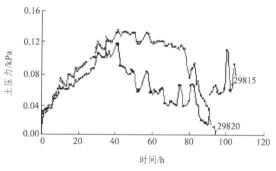

图 12　3/4 长桩桩顶以上土压力

Fig.12　Earth pressure upward to the top of piles with the length ratio 3/4

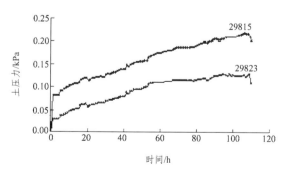

图 13　1/2 长桩桩顶以上土压力

Fig.13　Earth pressure upward to the top of half length piles

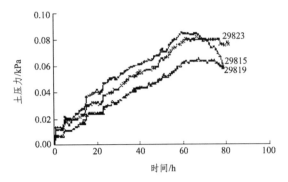

图14 1/3长桩桩顶以上土压力

Fig.14 Earth pressure upward to the top of piles with the length ratio 1/3

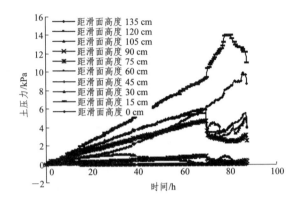

图15 全长桩桩后推力变化

Fig.15 Variation of lateral force on the back of full length piles

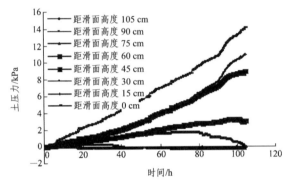

图16 3/4长桩桩后推力变化

Fig.16 Variation of lateral force on the back of piles with the length ratio 3/4

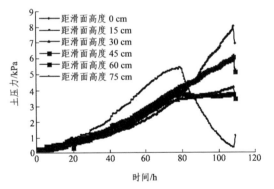

图17 1/2长桩桩后推力变化

Fig.17 Variation of lateral force on the back of half length piles

以上土压力达到最大值；继续施加滑坡推力，桩顶位置土压力盒开始降低，桩顶以上20 cm处土压力盒基本保持最大值水平；试验结束时，桩顶位置土压力接近于0。说明外界滑坡推力133.0 kN，桩顶以上土体达到最大抗滑能力，桩顶以上滑面形成时间与桩后滑裂面相同，自该时刻桩后与桩顶滑面贯通。

图13为1/2长桩在外部荷载逐渐施加过程中，桩顶以上土压力的变化曲线，桩顶以上还有70 cm的坡体。土压力盒29815位于桩顶以上5 m，而29823位于桩顶以上45 cm。加压初期，桩顶以上土压力逐渐增加；加压时间 $t = 64.9$ h(与桩后滑裂面形成时间相同)，桩顶以上土压力达到局部峰值。说明外界滑坡推力131 kN，桩顶以上土体达到最大抗滑能力，桩顶以上滑面形成时间与桩后滑裂面相同，该时刻桩后与桩顶滑面贯通。

图14为1/3长桩在外界滑坡推力作用下，桩顶以上土压力的变化曲线，此时桩顶以上还有100 cm的坡体。土压力盒29815位于桩顶，而29813位于桩顶以上22 cm，29819位于桩顶以上63 cm。加荷初期，桩顶以上土压力逐渐增加；加压时间 $t = 65$ h(与桩后滑裂面形成时间相同)，桩顶以上土压力达到最大值；继续加荷，桩顶处土压力开始降低，桩顶以上土压力维持最大值水平。说明外界滑坡推力108 kN，桩顶以上达到最大抗滑能力，自该时刻桩顶以上与桩后滑面贯通。

3.3 桩后滑坡推力变化

推力开始为0；继续加压，距滑面105 cm压力盒读数开始降。图15~18分别为全长桩、3/4长桩、1/2长桩和1/3长桩桩后滑坡推力随时间的变化曲线，从中可以明确地判断出抗滑桩所处的受力状态。

加压初期，桩后滑坡推力逐渐增加；继续加压，桩后截面受力状态发生变化。

从图15可以看出，加压初期，桩后滑坡推力逐渐增加，桩身承担滑坡推力部位集中在距滑面高度90 cm以下，距滑面120，135 cm处压力盒读数基本低，说明靠近桩顶部位裂缝向下延伸；加压时间

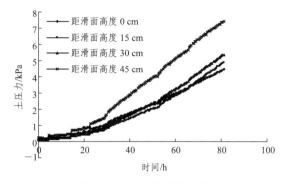

图 18 1/3 长桩桩后推力变化

Fig.18 Variation of lateral force on the back of piles with the length ratio of 1/3

t = 69.12 h，位于滑面和距滑面 15 cm 的压力盒读数改变原有增加趋势，大幅增加，上部压力盒读数突然降低，说明桩身截面混凝土已经达到抗拉强度，开始开裂，开裂截面位于距滑面高度 15～30 cm，试验结束后证实桩身开裂截面为距滑面 20 cm。

从图 16 可以看出，加压初期，桩后滑坡推力逐渐增加，桩身承担滑坡推力部位集中在距滑面高度 90 cm 以下，距滑面 105 cm 处压力盒读数基本为 0；继续加压，距滑面 90 cm 压力盒读数开始降低，加压时间 t = 41.5 h，距滑面高度 90 cm 压力盒读数为 0，说明靠近桩顶部位裂缝向下延伸至桩顶以下 20 cm；加压时间 t =90.8 h，距滑面 75，90 cm 压力盒读数突然降低，下部位于滑面和距滑面 15 cm 的压力盒读数突然改变原有增加趋势，且大幅增加，说明桩身截面混凝土已经达到抗拉强度，开始开裂，开裂截面位于滑面以下，试验结束后证实桩身开裂截面为距滑面 15 cm。

从图 17 可以看出，桩长变短，桩身承担滑坡推力的部位分布均匀。加压初期，桩后承担的滑坡推力逐步增加；加压时间 t = 80.8 h，距滑面高度 75，60 cm 处压力盒读数不增反降，说明桩顶变形加速，滑床对抗滑桩的作用力超过混凝土的抗拉强度，滑面以下桩身截面开始开裂，开裂截面位于滑面以下 10～30 cm。

从图 18 可以看出，桩长变短，桩身承担滑坡推力的部位分布均匀。加压初期，桩后承担的滑坡推力逐步增加；该组试验在桩顶与桩后滑面形成以后，沉埋桩桩身截面断裂之前结束试验进程。试验过程中桩身滑坡推力均布，桩顶部位的滑坡推力还较滑面位置高。

3.4 沉埋桩承担滑坡推力的比较

表 1 为沉埋桩承担的滑坡推力和桩前抗力比较，不同长度的沉埋桩模型试验中，模型槽中间 2 根桩(1#，2#桩)承受的最大滑坡推力。

表 1 沉埋桩承担的滑坡推力和桩前抗力比较

Table 1 Comparison of sliding and anti-sliding force supplied by deeply-buried piles

桩类型	1#桩 推力/kN	1#桩 抗力/kN	2#桩 推力/kN	2#桩 抗力/kN	外界滑坡推力/kN	千斤顶输出压力/kN	桩顶推力/kN	桩顶推力比例/%
全长桩	37.72	5.90	45.10	6.98	152.05	178.89	0.00	0.00
3/4 长桩	35.70	2.75	37.41	4.22	132.60	159.11	10.19	8.50
1/2 长桩	30.23	3.66	28.02	2.84	131.31	161.94	14.50	14.20
1/3 长桩	24.87	0.08	20.99	0.25	107.81	170.00	21.29	23.60

从表 1 中可以看出，在桩后出现滑裂面之前，全长桩承担的滑坡推力和桩前抗力最大；3/4 长桩抗滑段几乎全部承担滑坡推力，桩顶以上土体承担的滑坡推力比例仅占 8.50%；桩身抗滑段长度继续降低，桩身滑坡推力降低，桩顶承担滑坡推力的比例增加，桩前抗力降低；1/2 长桩桩顶承担的滑坡推力比例为 14.20%，1/3 长桩桩顶承担的滑坡推力比例为 23.60%，桩前抗力几乎为 0。

4 结 论

沉埋桩可以加固滑坡体，并可使滑坡体达到足够的稳定性，这在理论和工程实践都得到证实。由于模型试验中施加载荷并没有固定，试验中一直可施加载荷，至滑坡体与抗滑桩全部发生破坏，因此在一定荷载作用下沉埋桩可以达到工程上治理滑坡所需要的稳定性或稳定安全系数。

(1) 试验首次采用土压力盒测试桩后和桩顶以上坡体的受力状态。加压初期，土压力盒读数逐渐增加；加压到一定大小，桩后和桩顶以上坡体同时出现滑裂面，滑裂面以上坡体土压力不再随外界滑坡推力增加而增加，位于滑裂面处土压力开始降低，说明滑面开始相对下部坡体产生相对滑移。

(2) 利用壁面式压力盒可以测试桩前抗力和桩后推力。加压初期，桩后推力逐渐增加；继续加压，桩顶可能出现拉裂缝，并继续向下延伸；加压到一定大小，桩身截面达到最大抗拉强度，截面开始开裂，裂纹继续发展，直至桩身截面完全断裂，丧失承载能力。

(3) 从试验还可以看出，抗滑桩的承载能力与抗滑桩的桩后推力随着桩长增加而增加，桩顶土体推力随桩长变短而增大，桩顶土体推力与滑坡推力之间的比例也随桩长变短而增大，可见沉埋桩的推力会小于全埋式抗滑桩。沉埋桩可将一部分滑坡推力转嫁给滑体上，表明当前沉埋桩设计中将全部滑坡推力作用在桩上是不合理的。

(4) 桩长变长，桩后和桩顶土体进入极限状态时滑裂面高度逐渐上移。由试验可知，桩长越长坡体稳定性越好或者说稳定安全系数越高，但从设计角度来看，过大的稳定性是没有必要的，因此只要满足设计要求，桩长是可以缩短的，这给沉埋桩的应用提供了科学依据。

(5) 桩的抗滑段长度变短，桩顶所受滑体在桩顶土体进入极限状态桩前所承当的滑坡推力比例就越大。桩长为 1.2 m 时，桩顶处滑坡推力比例可达 23.60%。在滑坡推力施加过程中，桩顶滑体承担的滑坡推力逐渐增大；到一定时间，桩顶土体就会进入极限状态，继续施加滑坡推力，桩顶土体就会沿桩顶滑出。沉埋桩加固滑坡体的机制就是桩顶以上滑体的抗剪强度高于滑面，加固滑面附近的滑坡体，从而提高整个滑坡体的稳定型，同时又可以大大降低工程造价。沉埋桩是一种经济、实用的滑坡体支挡结构形式，在条件许可时，应大力推广。

参考文献(References)：

[1] 宋从军，周德培，肖世国. 岩石高边坡埋入式抗滑桩的内力计算[J]. 岩石力学与工程学报，2005，24(1)：105 – 109.(SONG Congjun, ZHOU Depei, XIAO Shiguo. Calculation of internal force of embedded anti-slide pile in high rock slope[J]. Chinese Journal of Rock Mechanics and Engineering, 2005, 24(1): 105 – 109.(in Chinese))

[2] 吕美军，宴鄂川. 埋入式双排抗滑桩滑坡推力分配研究[J]. 岩石力学与工程学报，2005，24(增1)：4 866 – 4 871.(LU Meijun, YAN Echuan. Study on distribution laws of landslide thrust in double-row embedded anti-slide piles[J]. Chinese Journal of Rock Mechanics and Engineering, 2005, 24(Supp.1): 4 866 – 4 871.(in Chinese))

[3] 高大水，徐年丰，高银水，等. 用混凝土阻滑键技术治理灰岩顺层滑坡[J]. 岩石力学与工程学报，2005，24(增2)：5 433 – 5 437.(GAO Dashui, XU Nianfeng, GAO Yinshui, et al. Application of concrete sliding resistant key to treating limestone bedding landslide[J]. Chinese Journal of Rock Mechanics and Engineering, 2005, 24(Supp.2): 5 433 – 5 437.(in Chinese))

[4] 吴顺川，高永涛，金爱兵. 失稳高陡路堑边坡桩锚加固方案分析[J]. 岩石力学与工程学报，2005，24(21)：3 954 – 3 958.(WU Shunchuan, GAO Yongtao, JIN Aibing. Study on reinforcement of micro-pile and rockbolt for an unstable high-steep road cut slope[J]. Chinese Journal of Rock Mechanics and Engineering, 2005, 24(21): 3 954 – 3 958.(in Chinese))

[5] 雷文杰，郑颖人，冯夏庭. 沉埋桩加固滑坡体的有限元极限分析[J]. 岩石力学与工程学报，2006，25(1)：27 – 33.(LEI Wenjie, ZHENG Yingren, FENG Xiating. Limit analysis of slope stabilized by deeply buried piles with finite element method[J]. Chinese Journal of Rock Mechanics and Engineering, 2006, 25(1): 27 – 33.(in Chinese))

[6] 雷文杰. 沉埋桩加固滑坡体的有限元设计方法与大型物理模型试验研究[博士学位论文][D]. 武汉：中国科学院武汉岩土力学研究所，2006.(LEI Wenjie. Study on design method of deeply buried piles stabilizing slides and large-scale model test[Ph. D. Thesis][D]. Wuhan: Institute of Rock and Soil Mechanics, Chinese Academy of Sciences, 2006.(in Chinese))

[7] 雷文杰，郑颖人，冯夏庭. 沉埋桩的加固滑坡体的有限元设计方法探讨[J]. 岩石力学与工程学报，2006，25(增1)：2 924 – 2 929.(LEI Wenjie, ZHENG Yingren, FENG Xiating. Study on finite element design method of slope stabilized by deeply buried piles[J]. Chinese Journal of Rock Mechanics and Engineering, 2006, 25(Supp.1): 2 924 – 2 929.(in Chinese))

[8] 熊治文. 深埋式抗滑桩的受力分布规律[J]. 中国铁道科学，2000，21(1)：48 – 56.(XIONG Zhiwen. Force distribution rule of deeply buried anti-slide pile[J]. China Railway Science, 2000, 21(1): 48 – 56.(in Chinese))

[9] 重庆市地方标准编写组. DB50/5029 – 2004 地质灾害防治工程设计规范[S]. 重庆：[s. n.]，2004.(The Professional Standards Compilation Group of Chongqing City. DB50/5029 – 2004 Design specifications of implementation project for geologic hazards[S]. Chongqing: [s. n.], 2004.(in Chinese))

关于土体隧洞围岩稳定性分析方法的探索

郑颖人[1]，邱陈瑜[1]，张 红[2]，王谦源[2]

(1. 后勤工程学院 建筑工程系，重庆 400041；2. 青岛理工大学 理学院，山东 青岛 266033)

摘要：长期以来，地下隧洞围岩稳定性分析没有科学合理的方法，一直停留在以洞周某点位移或塑性区大小的经验值作为判断稳定性的依据。隧洞洞周位移或收敛位移受围岩弹性模量、洞室形状大小等因素影响，洞周不同部位的位移值也不相同，很难找到统一的位移判据标准。以塑性区大小作为围岩稳定性的判据要优于位移标准，但围岩塑性区受泊松比、洞室形状大小等因素影响，不同软件计算出的塑性区大小也有差异，这种方法同样也不可靠。由此可见，传统的经验分析法不够合理。为此，提出将基于有限元强度折减法求出的安全系数作为稳定性分析判据，该判据有严格的力学依据，有统一的标准，而且不受其他因素的影响。以黄土洞室为例，提出洞室的剪切与拉裂安全系数的概念，通过不断折减土体的抗剪强度参数 c，φ 值或 c，φ 与抗拉强度，使黄土隧洞围岩塑性区不断扩展，直至塑性应变或位移发生突变时，即表明隧洞发生剪切破坏，此时的折减系数即为剪切安全系数。通过不断折减土体的抗拉强度参数，使黄土隧洞内临空面处(不包括底部临空面)围岩出现第一个单元拉裂破坏时，即表明隧洞发生拉裂破坏，此时的折减系数即为拉裂安全系数。该研究仅是对围岩稳定性分析方法的尝试性探索，供同行分析、讨论。

关键词：地下工程；围岩稳定性；经验法；有限元强度折减法；剪切安全系数；拉裂安全系数
中图分类号：U 45   **文献标识码**：A   **文章编号**：1000－6915(2008)10－1968－13

EXPLORATION OF STABILITY ANALYSIS METHODS FOR SURROUNDING ROCKS OF SOIL TUNNEL

ZHENG Yingren[1]，QIU Chenyu[1]，ZHANG Hong[2]，WANG Qianyuan[2]

(1. *Department of Civil Engineering*，*Logistical Engineering University*，*Chongqing* 400041，*China*；
2. *School of Science*，*Qingdao Technological University*，*Qingdao*，*Shandong* 266033，*China*)

Abstract：For a long time, stability analysis methods of surrounding rocks in tunnel are unscientific and unreasonable. It still judges the stability of tunnel by the empirical criterion of displacements of tunnel perimeter or sizes of plastic zones of surrounding rocks. Displacements of tunnel perimeter are affected by elastic modulus of surrounding rocks or shape and size of tunnel, and displacements of tunnel perimeter are different at different positions. So it is difficult to get a unified displacement criterion standard. Judging the stability of surrounding of rocks by sizes of plastic zones is superior to displacement criterion. But plastic zones are affected by Poisson's ratio or shape and size of tunnel and size of plastic zones calculated by different softwares are different. The method is also unreliable. So the traditional empirical methods are unreasonable. The paper puts forward safety factors based on the strength reduction finite element method as the stability criterion. This criterion is based on the strict mechanical foundation, which has a universal standard and can not be affected by other factors. Taking a loess tunnel for example, the concepts of shear safety factor and tensile safety factor of a tunnel are proposed. With the reduction of c，φ or c，φ and tensile, plastic zones of rock mass keeping expanding, when the value of the nodal

---

注：本文摘自《岩石力学与工程学报》(2008 年第 27 卷第 10 期)。

displacement or plastic strain has a big jump compared with that before failure, this means that loess tunnel reaches shear failure, and the reduction factor is just the shear safety factor. With the tensile reduction, loess tunnel reaches tensile failure when the first element of rock mass around loess tunnel free face fails in tension except for the bottom free face, and the reduction factor is just the tensile safety factor.

Key words: underground engineering; stability of surrounding rocks; empirical methods; strength reduction finite element method; shear safety factor; tensile safety factor

1 引 言

岩土工程的 3 个主要的研究对象为地基、边坡与隧洞，前两者均可进行岩土的稳定性分析[1~6]，惟有隧洞围岩至今没有稳定性分析方法，这大大影响了隧洞工程的设计。当前，隧洞工程设计中围岩压力分为松动与形变压力，这是完全符合实际的。但何时采用松动压力，何时采用形变压力目前工程设计中没有明确的规定，而且当采用荷载-结构计算模式时，其荷载确定一般采用经验方法，而使计算具有经验性。另一种采用数值方法，可以考虑围岩与支护的实际受力情况，合理地计算形变压力，但由于不能准确地确定围岩在何种情况下破坏，因而无法算出隧洞的安全系数。当前，按洞周位移或围岩塑性区大小对围岩是否破坏加以判别，但由于尚未找到位移或塑性区大小与围岩破坏之间的定量关系，因而也按人们的经验而定。由此可见，如何进行隧洞围岩稳定性分析迫在眉睫。由于隧洞工程的复杂性，要摆脱隧洞工程分类的经验方法是不可能的，但对于一些地层较为简单的土质隧洞力争采用更为科学的稳定性评价方法，对于复杂的岩质隧洞也应当使经验方法更为细化和科学化，为隧洞设计提供理论支持，这也正是所要研究的目标，按照由简至繁的原则本文先从无衬砌的土质隧洞开始研究。将有限元强度折减法引入到隧洞围岩稳定性分析是一种很好的思路[7~9]，但是否合理还需要进行深入的研究。对土体隧洞，由于土体是均质的，而且强度可通过试验得到，因而可以通过计算引入安全系数作为土体隧洞的稳定性判据。对岩体隧洞，岩体是非等强的，把岩体视作均质体也是一种经验性假设。当前岩体隧洞分析中围岩分类是经验性的，围岩强度也是经验性的，因而计算中即使引入安全系数概念，其结果仍然是经验性的，很难有新的突破。但这方面的工作可以使现有经验更为精确化，如依据求得的安全系数来反算各级围岩强度参数，使参数更加符合工程实际。

寻找岩体边坡中破裂面与安全系数，以往是把岩石视作均质岩体，但这种做法不能考虑结构面的分布，而且结构面强度与岩体强度往往相差几十倍，因而无法求得真正的破裂面与安全系数。近年来，逐渐依据岩体结构面分布状态并分别取结构面强度与岩块强度寻找破裂面和求安全系数，取得了良好的效果[10~13]。同样，这种思路也适用于岩体隧洞，为岩体隧洞的稳定性分析提供了合理、可行的新路子。本文分析了采用隧洞洞周位移或围岩塑性区大小来判别围岩稳定性的不足，并以无衬砌黄土人居洞室为例，对有限元强度折减法引入土质隧洞工程稳定分析的可行性提出初步意见。

2 以洞周位移或收敛位移为判据存在的不足

依据隧洞洞周位移或收敛位移作为围岩稳定性判别方法曾在一些规范中使用。由于可靠性不足，虽在施工中广泛应用，但在设计中较少应用，其原因有三：一是洞周各点的位移值是不同的，量测或计算的位移值并不一定就是最大的或关键的，因而，选择的位移测点不同，其判别标准也不同；二是影响位移值的最主要因素是弹性模量，而不是强度，在实际工程中岩土的弹性模量是很难测准的，尤其是岩体的弹性模量。由于弹性模量不准会严重影响判据的准确性，这是以位移值作为经验判据的主要弱点；三是不同形状、不同大小的隧洞在相同的埋深与岩土强度情况下其位移值与收敛值不同，因而很难找出统一的位移判据标准。

2.1 弹性模量对洞周位移与安全系数的影响

用位移判别隧洞的稳定性，就是通过比较隧洞洞周实际位移与极限位移来确定隧洞的稳定性，当实际位移值小于极限位移时隧洞处于稳定状态，反之则隧洞处于不稳定状态。由于隧洞洞周位移受岩体的弹性模量影响很大，一方面洞周上不同部位的围岩位移是不同的，另一方面同一点处当围岩弹性模量不同时位移也存在很大的差异，因而极限位移的标准是很难确定的。在实践过程中发现某些隧洞发生了大于极限位移的变形也不产生破坏，相反有些隧洞的变形小于极限位移却产生了破坏，也说明了极限位移的标准难以把握。

如表1所示，某隧洞算例采用5种不同的弹性模量进行数值模拟，其他条件相同，分别求出隧洞开挖后拱顶最大垂直位移、侧墙最大水平位移及基于有限元强度折减法求出的安全系数。经过比较可以看出，隧洞不同部位产生的位移值不同，总体上拱顶位移比侧墙位移大，这是由于初始垂直地应力大于水平地应力。如果初始水平地应力大于垂直地应力，侧墙也可能产生较大的位移。在隧洞受力状态与岩体强度相同的情况下，随着弹性模量的增大，隧洞拱顶与侧墙最大位移逐渐减小。其中，弹性模量取 20 MPa 时拱顶最大垂直位移与侧墙最大水平位移分别约为弹性模量取 60 MPa 时的2.6与3.0倍。由此可见，弹性模量对于隧洞洞周位移影响很大。但当按有限元强度折减法计算隧洞安全系数时，计算结果表明，安全系数不受弹性模量的影响，即使弹性模量测量不很精确，也不会影响隧洞围岩的稳定性分析。

表1 不同弹性模量的计算结果
Table 1 Calculation results under different elastic moduli

弹性模量/MPa	拱顶最大垂直位移/cm	侧墙最大水平位移/cm	安全系数
20	9.4	7.6	1.62
30	7.3	5.1	1.62
40	4.7	3.8	1.62
50	4.4	3.0	1.62
60	3.6	2.5	1.62

2.2 断面形状与尺寸对相对收敛位移的影响

隧洞的相对收敛位移常被用来作为判别隧洞稳定性的经验判别方法，但其值不仅随测点位置不同而异，而且随隧洞断面形状、断面尺寸及其他因素而变，很难找出一个合适的位移标准。一方面，对于不同洞形的隧洞，其相对收敛位移值是不同的。如表2所示，在V类围岩下，对于不同的洞形，拱顶部位相对收敛位移的变化规律表现为：四心圆洞形相对收敛位移值最大，直拱扁平洞形次之，直拱

表2 不同断面部位的相对收敛位移界限标准
Table 2 Limit standards of relation convergence value under different cross-sections

围岩类别	毛洞断面部位	四心圆洞形	直拱扁平洞形	直拱窄高洞形	
				小断面	大断面
V	拱顶	(0.290~0.559)H	(0.257~0.481)H	(0.164~0.310)H	(0.134~0.258)H
	侧墙	(0.350~0.672)D	(0.192~0.362)D	(0.472~0.896)D	(0.212~0.410)D

注：D，H 分别为洞跨、洞高。

窄高洞形最小。但在侧墙部位直拱窄高小断面洞形隧洞的相对收敛位移值最大。另一方面，对于相同洞形的隧洞，当断面尺寸不同时对应的围岩相对位移收敛值不同。在同样的围岩条件下，断面越大，其相对收敛位移量越小。如表2所示，通过比较洞跨 12 m，洞高 15.0 m，边墙高 10 m 的大断面隧洞与洞跨 5 m，洞高 7.5 m，边墙高 5 m 的小断面隧洞周相对收敛位移值可以看出，无论是拱顶还是在侧墙部位，直拱窄高小断面洞形隧洞其洞周相对收敛位移大于相同洞形大断面隧洞相对收敛位移。

由上可见，如果采用洞周某点的位移值或收敛值作为隧洞稳定分析的判据，很难找出统一的标准，而且这一判据受弹性模量选取的影响，可靠性不足。

3 以围岩塑性区大小为判据存在的不足

当前，在隧洞设计中应用较多的是以塑性区大小作为稳定性分析的经验判据，认为在同样埋深与岩土强度状态下隧洞塑性区大小是一样的，而且塑性区大小主要取决于岩土强度，由此看来塑性区标准优于位移标准。但最近研究发现，塑性区大小与岩土的泊松比有密切关系，同样，岩土的泊松比也是很难测准的，尤其是岩体，而且它还与当地的地应力状态有关。下面从3个方面研究影响塑性区判据的因素：

(1) 泊松比对塑性区大小有很大的影响；

(2) 不同软件计算获得的塑性区常常是不同的，这也使以塑性区为判据发生困难；

(3) 不同形状、不同大小的隧洞，塑性区大小与洞室跨度的比值往往不同，很难给出统一标准。

3.1 泊松比的影响

经验方法常将隧洞破坏时围岩塑性区的大小与隧洞跨度之比的经验值作为围岩稳定性的判据。通常采用塑性区面积或塑性区最大深度作为标准。当计算所得的围岩塑性区大小与洞室跨度的比值小于上述经验值时,则认为洞室是安全的,不然需增加支护。但在分析中发现,塑性区分布范围受泊松比ν的取值影响很大。在受力状态与岩体强度相同的情况下,ν的取值不同时围岩塑性区差别很大,按经验法就会得出不同的判定结果。

图1给出了不同泊松比对应的开挖后围岩的塑性区。表3为不同泊松比情况下围岩塑性区面积、塑性区最大深度和安全系数。如图1(a),(b)所示,当ν的取值较小时,塑性区从两侧拱肩与拱脚处向围岩内部成X状延伸,塑性区的面积较大,其扩展深度也较大。当ν的取值较大时,塑性区主要分布在隧洞周围并与隧洞的形状相类似,塑性区面积较小,其扩展深度也较小。其中,泊松比取0.20时围岩塑性区面积与最大深度分别为泊松比取0.45时的33.9与11.6倍。由此可见,ν的取值对隧洞围岩塑性区范围影响很大,而计算结果表明,安全系数受泊松比影响很小或基本不受影响。

3.2 不同数值分析软件对塑性区大小的影响

目前,国际上已经开发了一批通用和专用的数值模拟软件,如 ANSYS,PLAXIS,FLAC^{3D} 等。这些软件具有使用方便、计算精度高等共同点,同时又有各自的特点。ANSYS 是应用最广泛的有限元软件,计算功能强大、前后处理方便,但由于其并

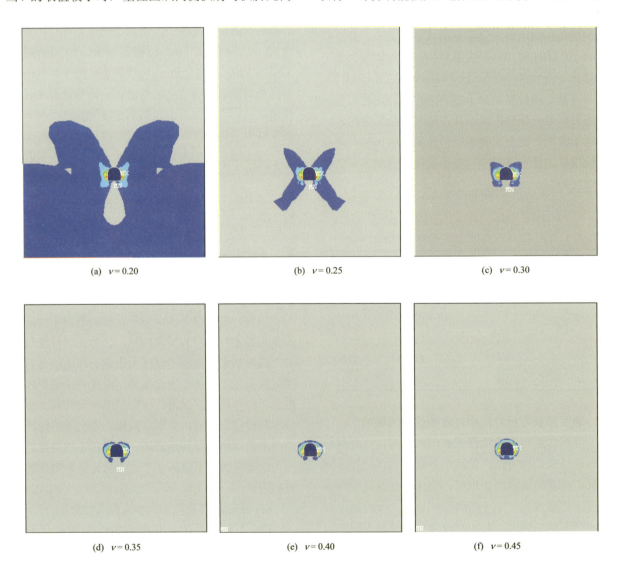

图1 不同泊松比对应的围岩塑性区

Fig.1 Plastic zones of surrounding rocks with different Poisson's ratios

表 3 不同泊松比的计算结果
Table 3 Calculation results with different Poisson's ratios

泊松比 ν	围岩塑性区面积/m²	围岩塑性区最大深度/m	安全系数
0.20	294.56	14.00	1.624
0.25	38.39	6.26	1.626
0.30	12.85	2.76	1.625
0.35	8.96	1.57	1.625
0.40	8.71	1.28	1.626
0.45	8.68	1.20	1.627

不是专门针对岩土工程领域的，适用土体的本构模型少，也不具备自行强度折减的功能。因此，必须经过强度准则转换后并人为地进行强度参数的折减，才能实现岩土工程分析中的有限元强度折减法。PLAXIS 是专门针对岩土工程开发的有限元软件，该程序界面友好，建模简单，能自动实现网格划分，具备有限元强度折减法的功能。FLAC^{3D} 是专门针对岩土工程开发的三维显示有限差分软件。由于它采用了拉格朗日元法，计算过程中能够实现网格坐标的不断更新，因此可以进行大变形分析。该软件本构模型丰富，具有拉破坏判据，能够进行拉破坏分析。但由于 FLAC^{3D} 是一种命令驱动的程序，因此在模型的建立以及后处理方面存在明显的不足。

本文应用以上 3 种数值模拟软件对同一算例进行了分析。图 2~4 分别为采用 ANSYS，PLAXIS 和 FLAC^{3D} 软件计算的塑性区。表 4 给出了采用不同软件计算的围岩塑性区面积、塑性区最大深度以及安全系数。由图 2~4 中可见，3 种软件求出的围岩塑性范围存在着一定程度的差异，其中采用 PLAXIS 计算得到的塑性区范围最大，采用 ANSYS 计算得到的塑性区范围最小。

图 2 ANSYS 软件计算的塑性区
Fig.2 Plastic zone calculated by ANSYS

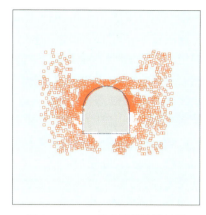

图 3 PLASIX 软件计算的塑性区
Fig.3 Plastic zone calculated by PLAXIS

图 4 FLAC^{3D} 软件计算的塑性区
Fig.4 Plastic zone calculated by FLAC^{3D}

表 4 采用不同软件计算的安全系数
Table 4 Safety factors calculated by different softwares

软件名称	围岩塑性区面积/m²	围岩塑性区最大深度/m	安全系数
ANSYS	8.96	1.57	1.62
PLAXIS	24.78	3.09	1.60
FLAC^{3D}	22.40	2.80	1.64

这主要是由于不同软件在后处理显示技术上存在差异，因此这容易由于人为因素造成判断上的差别，但 3 种软件计算得到的安全系数误差控制在 3%范围内。因此，采用安全系数来进行隧洞围岩稳定性分析能够避免由于不同软件计算得到的塑性区差异而引起的判断差别。

3.3 断面形状与尺寸对塑性区深度与洞跨比的影响

如上所述，塑性区深度与洞跨比常被用来判断围岩稳定性的一种经验方法，但其值随隧洞断面形状、断面大小及其他因素而变，很难找到统一标准。一方面，对于不同洞形隧洞，隧洞失稳破坏时的围岩塑性区深度与洞跨比是不同的，研究结果表明，四心圆洞形隧洞破坏时塑性区深度与洞跨比最大，直拱扁平洞形次之，直拱窄高洞形最小；另一方面，即使对于相同形状的隧洞，这种经验判据的标准还受断面尺寸影响。研究结果表明，对于大跨度隧洞，当围岩塑性区深度达到洞跨的 0.75～1.00 倍时，隧洞可能失稳破坏；对于小跨度隧洞，当围岩塑性区深度达到洞跨的 1.00～1.50 倍时，隧洞才可能失稳破坏。由此可见，影响塑性区大小的因素很多，很难找到统一标准。

4 黄土隧洞破坏形式及安全系数探索

岩土破坏形式一般分为拉破坏和剪破坏 2 种，剪破坏是指当岩土剪切面上的剪应力超过峰值剪切强度，拉破坏是指岩土的拉伸应力超过了岩土的抗拉强度。当然，对于黄土也不例外，尤其是黄土只能承受很小的拉力，所以破坏形式有剪切破坏(包括压剪破坏与拉剪破坏)及拉破坏，相应有剪切与拉裂 2 个安全系数。

目前，边(滑)坡中的剪切安全系数主要有 3 种：一是基于强度储备的安全系数，即通过降低岩土体强度来体现安全系数；二是超载储备安全系数，即通过增大荷载来体现安全系数；三是下滑力超载储备安全系数，即通过增大下滑力但不增大抗滑力来计算滑坡推力设计值。

传统的强度储备安全系数可用下式来表示：

$$\omega = \frac{s}{\tau} = \frac{\int_0^l (c + \sigma \tan\varphi) \mathrm{d}l}{\int_0^l \tau \mathrm{d}l} \tag{1}$$

式中：ω，s，τ 分别为传统的安全系数、滑面上的抗剪强度和实际剪应力。将式(1)两边同除以 ω，则式(1)变为

$$1 = \frac{\int_0^l \left(\frac{c}{\omega} + \sigma \frac{\tan\varphi}{\omega}\right) \mathrm{d}l}{\int_0^l \tau \mathrm{d}l} = \frac{\int_0^l (c' + \sigma \tan\varphi') \mathrm{d}l}{\int_0^l \tau \mathrm{d}l} \tag{2}$$

其中，

$$c' = \frac{c}{\omega}, \quad \varphi' = \arctan\left(\frac{\tan\varphi}{\omega}\right)$$

由此可见，传统的极限平衡法是将土体的抗剪强度指标 c 和 $\tan\varphi$ 分别减少为 c/ω 和 $\tan\varphi/\omega$，使土体达到极限平衡状态，此时土体的折减系数即为安全系数。

对黄土隧洞安全系数定义，笔者建议采用强度储备安全系数，因为无论在施工状态还是在运行状态，这都比较符合实际情况。在施工状态，主要是由于开挖或施工爆破或水渗入土体与潮湿空气进入隧洞等原因使土体强度弱化，最终造成隧洞在施工中破坏；在运行期一般黄土隧洞受力变化不大，对深埋隧洞即使地面荷载有所变化，它对隧洞稳定的影响也不大，一般也是由于水渗入土体或风化等原因使土体强度降低而出现事故，故建议采用强度储备安全系数。对于黄土隧洞，强度储备安全系数意味着隧洞破坏部位(破裂面上)的实际土体强度与破坏时强度的比值，亦即实际强度与实际应力状态的比值。为了保证隧洞的整体安全性，设计中必须给出上述 2 种不同的设计安全系数，即剪切与拉裂安全系数，这 2 个数值需要经过统计与经验得到。

通过上述分析，以隧洞周边测点的位移或收敛值，或以隧洞围岩塑性区大小作为稳定性判据存在不足，因人而异，而且受变形参数选取的影响。而基于强度折减的安全系数作为稳定性判据有较强的科学性和客观性。

5 黄土隧洞的剪切安全系数分析

下面应用 FLAC^{3D} 与 ANSYS 两种软件对 1 组具体的无衬砌黄土隧洞算例进行建模分析，计算出不同矢跨比条件下隧洞的安全系数，并进行稳定性分析。

5.1 工程概况与建模

一黄土洞室，跨度 3 m，侧墙高 1.5 m，埋深 30 m，矢跨比取 0，1/6，1/3，1/2，2/3，即拱高分别取 0.0，0.5，1.0，1.5，2.0 m；表 5 给出了计算所采用的土体物理力学参数[14, 15](黄土抗拉强度一般为 0.01～0.06 MPa)。

表 5 土体物理力学参数[14, 15]
Table 5 Physico-mechanical parameters of soil[14, 15]

弹性模量/MPa	泊松比	容重/(kN·m^{-3})	黏聚力/MPa	内摩擦角/(°)	抗拉强度/MPa
40	0.35	17	0.05	25	0.02

计算选用莫尔-库仑弹塑性材料模型，按照平面应变问题来处理。计算范围底部以及左右两侧各取 5 倍洞室跨度，向上取到地表；边界条件左右两侧为水平约束，下部为固定约束，上部为自由边界。

考虑模型的对称性,取洞室的一半作为研究分析对象。

5.2 剪切安全系数分析

对于剪切破坏状态,黄土隧洞与边(滑)坡及地基的破坏情况类似,安全系数见式(1)。因此,黄土隧洞剪切破坏安全系数与边(滑)坡安全系数完全相同,不同的是边(滑)坡破坏面上的剪出口在土体临空面上,而黄土隧洞破坏面上的剪出口在隧洞内临空面上。

黄土抗拉强度较低,为了考察抗拉强度对剪切安全系数的影响程度,笔者采用了 2 种方法对不同矢跨比的黄土隧洞进行折减:一是只折减剪切参数 c,φ;二是对剪切参数 c,φ 及抗拉强度同时折减,最终得到的剪切安全系数见表 6。比较之后发现,是否折减抗拉强度对剪切安全系数影响甚小,一般都小于 1%,所以,在求黄土隧洞的剪切安全系数时只需要折减 c,φ 两个参数。

图 5 为只折减 c,φ 得到的隧洞破坏时围岩塑性区分布情况,可以看出,围岩塑性区是连续的较大区域,不像边坡土体中存在明显的剪切带。

为了与 FLAC 计算结果进行比较,本文还采用了 ANSYS 软件进行分析。图 6～14 为采用 ANSYS 软件分析得到的塑性区及潜在的破裂面情况。对于隧洞工程,塑性区的贯通并不意味着隧洞达到破坏状态,只有当围岩塑性区发展到一定程度,发生塑性应变突变或位移突变时才表明隧洞发生真正的失稳破坏。此时无论是从力的收敛标准或是从位移的收敛标准来判断有限元计算都不收敛。将塑性区各断面中塑性应变值最大的点连成线,就可得到围岩的潜在破裂面,如图 8,11,14 中黑线即为潜在的破裂面。因为塑性应变最大点就是应变突变点,其连线就是破裂面的标志。从图 7,10,13 可以看出,黄土隧洞破坏时产生大面积的塑性区,塑性区从拱肩和拱脚处沿着与水平向成 45°的方向向围岩内部延伸。从图 8,11,14 可以看出,黄土隧洞的破坏不同于边坡的破坏形式,不存在明显的剪切带,而是在靠近临空面处的围岩产生了大面积塑性区,其中

表 6 采用 FLAC^{3D} 计算的剪切安全系数

Table 6 Shear safety factors calculated by FLAC^{3D}

矢跨比	拱高 H/m	剪切安全系数	
		只折减 c,φ	折减 c,φ 及抗拉强度
0	0.0	1.72	1.73
1/6	0.5	1.71	1.71
1/3	1.0	1.67	1.68
1/2	1.5	1.64	1.64
2/3	2.0	1.59	1.59

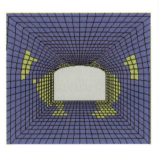 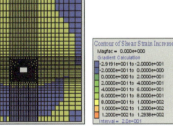 

(a) 折减前塑性区(H = 0.5 m)　　(b) 折减后塑性区(H = 0.5 m)　　(c) 剪应变增量(H = 0.5 m)

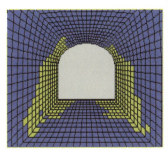 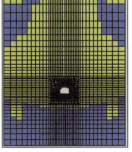 

(d) 折减前塑性区(H = 1.0 m)　　(e) 折减后塑性区(H = 1.0 m)　　(f) 剪应变增量(H = 1.0 m)

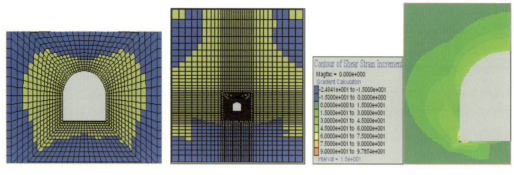

(g) 折减前塑性区($H = 1.5$ m) (h) 折减后塑性区($H = 1.5$ m) (i) 剪应变增量($H = 1.5$ m)

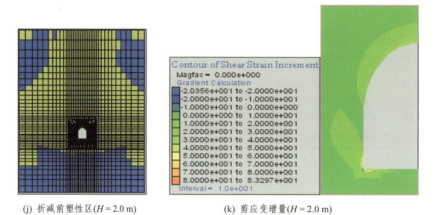

(j) 折减前塑性区($H = 2.0$ m) (k) 剪应变增量($H = 2.0$ m)

图 5　采用 FLAC^{3D} 计算结果

Fig.5　Results calculated by FLAC^{3D}

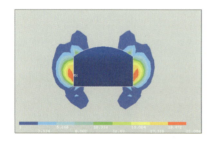

图 6　开挖后的塑性区($H = 0.5$ m)

Fig.6　Plastic zone after tunneling($H = 0.5$ m)

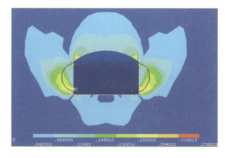

图 8　等效塑性应变和潜在破裂面($H = 0.5$ m)

Fig.8　Equivalent plastic strain and failure surface($H = 0.5$ m)

图 7　破坏时的塑性区($H = 0.5$ m)

Fig.7　Plastic zone of failure($H = 0.5$ m)

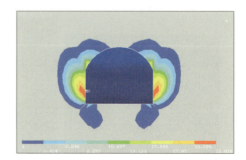

图 9　开挖后的塑性区($H = 1.0$ m)

Fig.9　Plastic zone after tunneling($H = 1.0$ m)

图 10　破坏时的塑性区($H = 1.0$ m)

Fig.10　Plastic zone of failure($H = 1.0$ m)

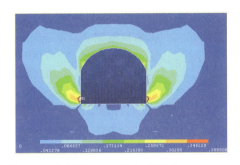

图 11　等效塑性应变和潜在破裂面($H = 1.0$ m)

Fig.11　Equivalent plastic strain and potential failure surface ($H = 1.0$ m)

图 12　开挖后的塑性区($H = 1.5$ m)

Fig.12　Plastic zone after tunneling($H = 1.5$ m)

图 13　破坏时的塑性区($H = 1.5$ m)

Fig.13　Plastic zone of failure($H = 1.5$ m)

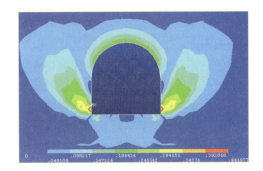

图 14　等效塑性应变和潜在破裂面($H = 1.5$ m)

Fig.14　Equivalent plastic strain and failure surface($H = 1.5$ m)

侧墙的下部以及两侧的拱肩处产生较明显的塑性应变。因此，可以判断这些部位是隧洞最容易发生失稳破坏的部位。如图 8 所示，拱高 0.5 m 时，侧墙下部的塑性应变突变点与拱肩处的塑性应变突变点在围岩内部产生贯通，其破裂面形成面积较大的圆块状。如图 11 所示，拱高 1.0 m 时，隧洞破坏首先发生在侧墙下部，其破裂面面积较小，主要成片状剥落。如图 14 所示，拱高 1.5 m 时，破裂面与拱高 1.0 m 时相似，但破裂面面积更小。由此可见，黄土隧洞的破坏有块状剥落、片状剥落 2 种形式。

表 7 给出了不同矢跨比条件下的剪切安全系数。比较表 6，7 可见，2 种软件计算得到的安全系数基本一致，误差不超过 2%。同时表明，在良好的黄土中修建 3 m 跨度的洞室是可靠的，而在不良黄土中难以修成，这与多年的工程经验一致。

表 7　采用 ANSYS 计算的剪切安全系数

Table 7　Shear safety factors calculated by ANSYS

黏聚力/MPa	内摩擦角/(°)	跨度/m	拱高 H/m	矢跨比	剪切安全系数 ω
			0.5	1/6	1.69
0.05	25	3	1.0	1/3	1.65
			1.5	1/2	1.62
			0.5	1/6	0.93
0.02	18	3	1.0	1/3	0.90
			1.5	1/2	0.88

6　黄土隧洞的拉裂安全系数分析

对于拉裂破坏状态，边坡上一般不会出现贯通的拉裂破坏面，所以不出现整体拉破坏，因而也没有拉裂安全系数。边坡局部地区会出现一些拉破坏

(一般在边坡后缘地表面上),这会影响剪切安全系数,但影响不大。

隧洞的破坏,长期以来主要考虑剪切破坏,忽略了拉裂破坏,而实际工程中,由于松散破碎岩土体抗拉强度很小,隧洞周围会出现拉裂破坏。下面笔者尝试对拉裂安全系数进行探索性定义,并对于不同矢跨比的隧洞,采取以下2种方法计算求出拉裂安全系数,以供讨论。

6.1 通过折减抗拉强度,求得拉裂安全系数

从实际现象看出,当隧洞顶很平时,拱顶会出现拉裂破坏而塌落,也会出现剪切破坏,使压力拱下的土体全部塌落;同时两侧出现剪切破坏和局部拉破坏也会造成土体塌落,这显然是不允许的。周围土体的拉裂破坏如何形成整体拉裂破坏,目前这方面的研究不够深入,而且计算机也无法显示这种破坏。

黄土隧洞除在洞室形成拉破坏外,还会在其他部位出现局部拉破坏,如在地表面上或围岩内临空面的地面部位,根据经验,这些拉破裂单元即使拉坏了也不会影响洞室的安全与应用。上述这些拉裂破坏单元不会引起洞室的整体拉裂破坏,很小见到工程中围岩内部某些拉裂区拉裂而导致洞室失稳的实例。因此,只有内临空面上出现土体拉裂破坏,土体才会在自重作用下塌落并不断发展,而其余拉裂破坏单元并不会引起整个洞室的失稳。基于这种想法,假设内临空面上(不包括底部临空面)出现第一个拉裂破坏单元,即认为黄土隧洞出现整体拉裂破坏。结合强度折减法思想,不断折减抗拉强度,直至最早出现拉裂单元,可以认为此时即为隧洞拉破坏状态,定义拉裂安全系数为

$$F_t = \frac{实际抗拉强度}{破坏时折减抗拉强度} \quad (3)$$

这里存在2种情况:

(1) 抗拉强度极小时,洞室初始状态就已整体拉裂破坏,说明拉裂安全系数小于1,以强度折减法的逆向思维,不断提高抗拉强度,直至出现第一个拉裂塑性区单元,此时即为极限状态破坏强度,根据式(3)计算得到拉裂安全系数。

例1:平顶洞室模型尺寸、参数及边界条件与上面工程实例相同,抗拉强度0.001 MPa。不断提高抗拉强度并用FLAC计算出洞室拉力区情况,如图15所示,发现提高到0.006 MPa时,洞顶最先出现拉裂单元,此时拉裂安全系数为:$F_t = \dfrac{0.001 \text{ MPa}}{0.006 \text{ MPa}} = 0.167$。

(2) 抗拉强度较大时,洞室初始状态稳定,采用强度折减的方法,不断降低抗拉强度,直至出现第一个拉裂单元,同样根据式(3)计算得到拉裂安全系数。

例2:平顶洞室模型尺寸、参数及边界条件与上面工程实例相同,抗拉强度0.02 MPa。不断降低抗拉强度,并用FLAC计算出洞室拉力区变化情况,发现降低到0.01 MPa时,洞顶最先出现拉裂单元,如图16所示,此时的拉裂安全系数为:$F_t = \dfrac{0.02 \text{ MPa}}{0.01 \text{ MPa}} = 2$。

但由于土体抗拉强度很低,开挖时动应力作用下,平洞顶也会出现坍塌。

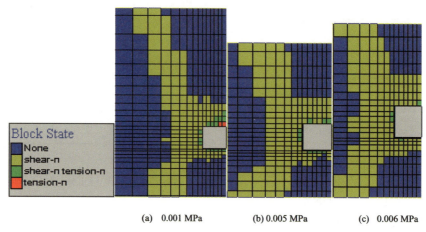

(a) 0.001 MPa　　(b) 0.005 MPa　　(c) 0.006 MPa

图15 提高抗拉强度时塑性区与拉力区

Fig.15 Plastic and tensile zones of rock mass with tensile stress increasing

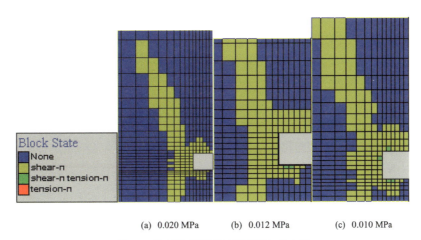

(a) 0.020 MPa (b) 0.012 MPa (c) 0.010 MPa

图 16 降低抗拉强度时塑性区与拉力区

Fig.16 Plastic and tensile zones of rock mass with tensile stress decreasing

对于不同矢跨比洞室，同样不断折减抗拉强度，拱高 0.5 m 的抗拉强度折减到 0.005 MPa，拱高 1 m 的抗拉强度折减到 0.006 MPa，拱高 1.5 m 的抗拉强度折减到 0.007 MPa，拱高 2.0 m 的抗拉强度折减到 0.006 MPa，侧墙均首次出现拉裂单元，采用式(3)计算洞室的拉裂安全系数(见表 8)。

表 8 根据折减强度得出的拉裂安全系数

Table 8 Tensile safety factors calculated by tensile reduction

抗拉强度/MPa	矢跨比	拱高 H/m	拉裂安全系数
0.02	0	0.0	2.00
	1/6	0.5	4.00
	1/3	1.0	3.33
	1/2	1.5	2.86
	2/3	2.0	2.50
0.01	0	0.0	1.00
	1/6	0.5	2.00
	1/3	1.0	1.67
	1/2	1.5	1.43
	2/3	2.0	1.25

6.2 根据开挖后洞室最大主拉应力，求得拉裂安全系数

采用 FLAC^{3D} 软件可以计算出黄土洞室围岩中各单元的最大主应力(见表 9)，图 17 给出了洞室侧壁处单元编号，找出最大主拉应力值及对应的单元，如拱高 0.5 m 时，最大主拉应力在单元 3 处，其值为 5.065 3 kPa；拱高 0.0 m 时，最大主拉应力在拱顶处，其值为 9.1 kPa。其中正值表示拉应力，即最大主拉应力值。这时，洞室的拉裂安全系数即为抗拉

表 9 洞室临空面单元最大主应力值

Table 9 The maximum principal stresses of tunnel free face elements

洞室位置	单元编号	最大主应力/ kPa			
		$H=0.5$ m	$H=1.0$ m	$H=1.5$ m	$H=2.0$ m
侧墙位置	1	−11.262 3	−4.963 1	0.723 5	1.425 9
	2	0.002 1	3.703 9	2.517 5	2.057 7
	3	5.065 3	2.781 3	2.905 3	2.915 6
	4	1.505 4	2.097 9	1.465 9	1.075 8
	5	1.695 1	2.237 2	2.046 4	1.784 2
	6	−0.721 3	−1.706 1	−2.142 4	−2.155 2
	7	3.715 1	3.807 9	4.047 9	4.475 9

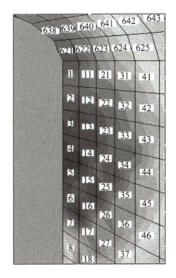

图 17 侧壁处单元编号图($H=0.5$ m)

Fig.17 Element number of side wall($H=0.5$ m)

强度与最大主拉应力值的比值。由于这种情况，土体尚未达到真正破坏，其算出的安全系数一般偏大。

从图 18(a)可以看出，拱高 0.5 m 的拱顶及侧墙间的一定区域内，拉应力值最大，因而从拱顶及侧墙间最先发生拉裂破坏。拱高 1.0 m，1.5 m，2.0 m 的拉应力最大值在侧墙位置，即随着矢跨比增大，洞室受拉区域集中到侧墙处。不同矢跨比洞室分别找到最大拉应力值，便可计算出相应的拉裂安全系数(见表 10)。

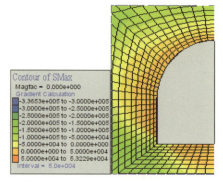

(d) H = 2.0 m

图 18 开挖后最大主应力云图(单位：Pa)

Fig.18 Nephograms of the maximum principal stress of rock mass after excavation (unit：Pa)

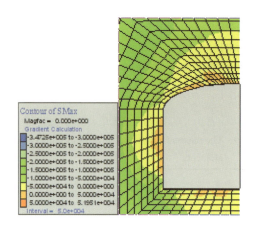

(a) H = 0.5 m

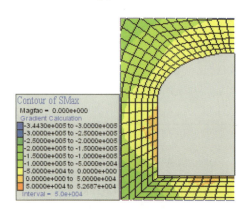

(b) H = 1.0 m

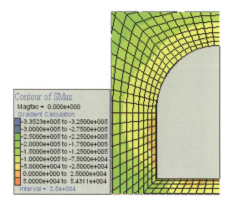

(c) H = 1.5 m

表 10 根据最大主拉应力得出的拉裂安全系数

Table 10 Tensile safety factors calculated by maximum principal stress

抗拉强度/MPa	矢跨比	拱高 H/m	拉裂安全系数
0.02	0	0.0	2.18
	1/6	0.5	3.95
	1/3	1.0	5.25
	1/2	1.5	4.94
	2/3	2.0	4.47
0.01	0	0.0	1.09
	1/6	0.5	2.07
	1/3	1.0	2.71
	1/2	1.5	2.53
	2/3	2.0	2.27

当抗拉强度为 0.01 MPa 时，同样可以找到最大拉应力值，分别为：

(1) 拱高 0.0 m，最大拉力值 9.100 kPa，拱顶单元；

(2) 拱高 0.5 m，最大拉力值 3.354 kPa，单元 4；

(3) 拱高 1.0 m，最大拉力值 3.691 kPa，单元 3；

(4) 拱高 1.5 m，最大拉力值 3.955 kPa，单元 3；

(5) 拱高 2.0 m，最大拉力值 3.393 kPa，单元 2。

对上述 2 种计算方法进行比较，总体趋势一致，但数值上有出入，其原因有三：一是两者定义不一致；二是目前计算精度不够，各软件算出的数值也会有差异，三是绝对值太小，计算上的一点差异就会有较大的相对差异。此外，单元划分不一，也会使计算结果有较大出入。但从上述计算可以看出，通常黄土抗拉强度在 0.02 MPa 以上，黄土洞室一般不会出现拉破坏；同时也可以看出，如果抗拉强度很低，尤其是平顶洞室是会出现拉破坏的，这正是无黏性土体不能成洞的原因。

7 结 论

(1) 以洞周某点位移或塑性区大小作为围岩稳定性判据的经验法,受土体参数、断面形状、断面尺寸以及计算软件等多种因素的影响,很难找出统一的标准,可靠性不足。而将基于有限元强度折减法求出的安全系数作为围岩稳定分析判据,这种判据有严格的力学依据,有统一的标准,而且不受其他因素的影响。建议将有限元强度折减法引入到隧洞设计与稳定性分析中。

(2) 通过不断折减土体的抗剪强度参数c,φ值,直至隧洞发生剪切破坏,此时的折减系数即为剪切安全系数。研究结果表明,是否折减抗拉强度对剪切安全系数影响甚小。采用不同软件计算得到的塑性区有较大的差异,但剪切安全系数基本一致,误差不超过2%。

(3) 将围岩破坏时塑性区各断面上塑性应变最大的点,即塑性应变发生突变的点连成线,就得到围岩的潜在剪切破裂面。隧洞的剪破坏主要有块状剥落与片状剥落2种情况。计算结果表明,剪切破坏是隧洞主要的破坏形式。

(4) 对于地表面上或围岩内临空面的地面部位,局部单元的拉破坏不会引起洞室的整体拉破坏。只有内临空面上出现土体拉破坏,土体才会在自重作用下塌落形成真正的拉破坏。因此,可以设定内临空面上(不包括底部临空面)出现第一个拉破坏单元作为拉破坏判据。结合强度折减法思想,不断折减抗拉强度,直至最早出现拉裂单元,可以认为此时即为隧洞拉破坏状态,此时的折减系数即为拉裂安全系数。

(5) 拉裂安全系数可以通过折减抗拉强度求得或根据开挖后洞室最大主拉应力求得。2种方法计算结果有出入,其中第1种计算较合理,该问题还有待进一步研究。

本文只是一种探索,有些设想可能与实际不符,例如拉破坏的假设,希望同仁们提出更好的见解,本文目的是为了供同行讨论,期望在百家争鸣中逐渐获得真知。有关支护条件下的围岩稳定性分析与岩石洞室稳定性分析将作进一步分析。

参考文献(References):

[1] ZIENKIEWICZ O C, HUMPHESON C, LEWIS R W. Associated and non-associated viscoplasticity and plasticity in soil mechanics[J]. Geotechnique, 1975, 25(4): 671–689.

[2] MATSUI T, SAN K C. Finite element slope stability analysis by shear strength reduction technique[J]. Soils and Foundations, 1992, 32(1): 59–70.

[3] GRIFITHS D V, LANE P A. Slope stability analysis by finite elements[J]. Geotechnique, 1999, 49(3): 387–403.

[4] LANE P A, GRIFITHS D V. Assessment of stability of slopes under drawdown conditions[J]. Journal of Geotechnical and Geoenvironmental Engineering, ASCE, 2000, 126(5): 443–450.

[5] SMITH I M, GRIFITHS D V. Programming the finite element method[M]. 3rd ed. New York: John Wiley and Sons Chichester, 1998.

[6] DAWSON E M, ROTH W H, DRESCHER A. Slope stability analysis by strength reduction[J]. Geotechnique, 1999, 49(6): 835–840.

[7] 郑颖人,赵尚毅,邓楚键,等. 有限元极限分析法发展及其在岩土工程中的应用[J]. 中国工程科学, 2006, 8(12): 39–61.(ZHENG Yingren, ZHAO Shangyi, DENG Chujian, et al. Development of finite element limit analysis method and its applications to geotechnical engineering[J]. Engineering Science, 2006, 8(12): 39–61.(in Chinese))

[8] 郑颖人,胡文清,王敬林. 强度折减有限元法及其在隧道与地下洞室工程中的应用[C]// 中国土木工程学会第十一届、隧道及地下工程分会第十三届年会论文集. [S. l.]: [s. n.], 2004: 239–243. (ZHENG Yingren, HU Wenqing, WANG Jinglin. Strength Reduction FEM and its application to tunnel and underground engineering[C]// Symposium of the 11th Annual Meeting of China Civil Engineering Society and the 13th Annual Meeting of Tunnel and Underground Branch. [S. l.]: [s. n.], 2004: 239–243.(in Chinese))

[9] 张黎明,郑颖人,王在泉,等. 有限元强度折减法在公路隧道中的应用探讨[J]. 岩土力学, 2007, 28(1): 97–101.(ZHANG Liming, ZHENG Yingren, WANG Zaiquan, et al. Application of strength reduction finite element method to road tunnels[J]. Rock and Soil Mechanics, 2007, 28(1): 97–101.(in Chinese))

[10] 宋二祥. 土工结构安全系数的有限元计算[J]. 岩土工程学报, 1997, 19(2): 1–7.(SONG Erxiang. Finite element analysis of safety factor for soil structures[J]. Chinese Journal of Geotechnical Engineering, 1997, 19(2): 1–7.(in Chinese))

[11] 赵尚毅,郑颖人,时卫民,等. 用有限元强度折减法求边坡稳定安全系数[J]. 岩土工程学报, 2002, 24(3): 343–346.(ZHAO Shangyi, ZHENG Yingren, SHI Weimin, et al. Slope safety factor analysis by strength reduction FEM[J]. Chinese Journal of Geotechnical Engineering, 2002, 24(3): 343–346.(in Chinese))

[12] 赵尚毅,郑颖人,邓卫东. 用有限元强度折减法进行节理岩质边坡稳定性分析[J]. 岩石力学与工程学报, 2003, 22(2): 254–260. (ZHAO Shangyi, ZHENG Yingren, DENG Weidong. Stability analysis of jointed rock slope by strength reduction FEM[J]. Chinese Journal of Rock Mechanics and Engineering, 2003, 22(2): 254–260.(in Chinese))

[13] 郑颖人,赵尚毅,邓卫东. 岩质边坡破坏机制有限元数值模拟分析[J]. 岩石力学与工程学报, 2003, 22(12): 1943–1952.(ZHENG Yingren, ZHAO Shangyi, DENG Weidong. Numerical simulation of failure mechanism of rock slope by strength reduction FEM[J]. Chinese Journal of Rock Mechanics and Engineering, 2003, 22(12): 1943–1952.(in Chinese))

[14] 刘祖典. 黄土力学与工程[M]. 西安:陕西科技出版社, 1997.(LIU Zudian. Mechanics of loess and engineering[M]. Xi'an: Shaanxi Science and Technology Press, 1997.(in Chinese))

[15] 邢义川,骆亚生,李振. 黄土的断裂破坏强度[J]. 水力发电学报, 1999, (4): 36–44.(XING Yichuan, LUO Yasheng, LI Zhen. The rupture failure strength of loess[J]. Jouranl of Hydroelectric Engineering, 1999, (4): 36–44.(in Chinese))

考虑岩土体流变特性的强度折减法研究

陈卫兵[1]，郑颖人[2]，冯夏庭[1]，赵尚毅[2]

(1. 中国科学院武汉岩土力学研究所 岩土力学与工程国家重点实验室，武汉 430071；2. 后勤工程学院 建筑工程系，重庆 400041)

摘　要：用强度折减法分析边坡稳定性时，不需要事先假定滑面的位置和形状，具有较强的适用性。但在岩土体的力学性质方面仅考虑其弹塑性，而忽略了岩土体的流变性。流变是岩土材料的基本力学特性，很多边坡产生大变形乃至失稳都与岩土体流变具有一定关系。采用强度折减原理，分析了岩土体流变特性对边坡变形及稳定的影响。研究表明，岩土材料的流变特性使强度折减时每点的变形值增大，对边坡稳定具有不利影响。

关　键　词：流变；强度折减法；边坡稳定；安全系数

中图分类号：TU 432　　　**文献标识码**：A

Study on strength reduction technique considering rheological property of rock and soil medium

CHEN Wei-bing[1], ZHENG Ying-ren[2], FENG Xia-ting[1], ZHAO Shang-yi[2]

(1. State Key Laboratory of Geomechanics and Geotechnical Engineering, Institute of Rock and Soil Mechanics, Chinese Academy of Sciences, Wuhan 430071, China; 2. Department of Architectural Engineering, Logistical Engineering University of PLA, Chongqing 400041, China)

Abstract: Strength reduction technique (SRT) is applicable in evaluating the stability of slope in most cases, because it doesn't need to assume the location and shape of failure surface. But SRT considers only the elastoplastic properties of rock and soil media, neglecting the rheological property. Rheology is basic mechanical property of rock and soil medium. Having some relations to rheology, many slopes occur large deformation or even lose stability in fact. Based on SRT, the effect of rheology on slope deformation and stability is analyzed. The final research shows that the rheological properties of rock and soil media make deformation of every point more large; furthermore it makes slope more dangerous.

Key words: rheology; strength reduction technique; slope stability; safety factor

1　引　言

目前在分析边坡稳定性时，常采用极限平衡条分法和强度折减法两种方法。在极限平衡条分法中，岩土材料被视为刚塑性体，仅考虑其强度特性，不能考虑岩土体的实际应力-应变关系，从而无法得到边坡内的应力与变形的空间分布及其发展过程。另外，极限平衡条分法需要事先假定滑面的形状和位置，以便对滑体进行条分，因此，仅适用于具有简单剖面的均质土坡。实际中的边坡不仅断面复杂，而且岩土材料的力学性质在空间上往往有很大的变异性，有时为了保证边坡的稳定还进行了一些加固处理，在这种情况下很难事先确定滑动面的位置和形状，极限平衡条分法的应用受到了限制。

强度折减法的原理是在岩土弹塑性数值计算中折减岩土体的抗剪切强度参数，使边坡达到极限破坏状态，得到边坡的强度储备安全系数，这种安全系数与 Bishop 在极限平衡法中提出的稳定安全系数在概念上是一致的[1]。弹塑性数值计算的方法有多种，如有限元法、边界元法、有限差分法、无单元法等，目前在强度折减法使用有限元计算最多。由于大多数的数值计算方法都可以处理复杂的边界条件和几何形状，模拟加固结构和岩土体之间的相互作用，进行三维计算，与传统的极限平衡条分法相比，强度折减法的适用范围更广，使边坡稳定分析进入了一个新的时代。

注：本文摘自《岩土力学》(2008 年第 29 卷第 1 期)。

国内外学者对强度折减法所做的大量研究表明[2-7]，用强度折减法算出的安全系数与极限平衡条分法算出的基本一致，证明了强度折减法用于边坡稳定性评价的可行性，但目前强度折减法在岩土材料的力学性质方面仅考虑了弹塑性，很少考虑岩土体的流变特性。流变是岩土材料的基本力学特性，很多边坡产生大变形乃至失稳都与岩土体流变具有一定关系。另一方面，一些重要的工程边坡都进行了大量的监测，积累了丰富的位移监测资料，如何利用这些监测资料来评价边坡的安全状态也值得研究。当岩土体流变特性不明显时，坡体内部位移的变化都和岩土体强度下降直接相关，其中的机制可以借助采用强度折减原理的数值计算方法来分析。当岩土体具有明显的流变特性时，在强度下降相同的情况下，弹塑性数值计算得到的位移值比考虑流变特性的位移值小，以这种位移来判断强度下降的大小显然不合理。为了能够合理地评价边坡的稳定性以及建立一种以位移为标准的边坡安全评价体系，有必要在强度折减法中考虑岩土体的流变特性。

2 考虑流变特性的强度折减法原理

在传统的强度折减法中，岩土体的力学性质用弹塑性本构模型表示，通过折减岩土体的强度参数使边坡整体失稳。与传统的强度折减法相比，考虑流变的强度折减法选用黏弹塑性本构模型表示岩土体的力学性质，边坡的整体失稳仍然通过折减强度参数实现。由于采用黏弹塑性本构模型，考虑流变的强度折减法能够反映岩土体的流变特性对边坡变形和稳定性影响。

2.1 岩土体黏弹塑性本构模型的选取

岩土材料流变模型的选取和参数的确定是岩土流变学研究的一项重要内容。通常要先对岩土体取样，在室内进行蠕变或应力松弛试验，获取流变试验资料，然后运用黏弹塑性理论来选取适当的模型，通过回归分析、最小二乘法等方法来确定模型的参数。模型选取和参数确定是一项十分繁重的工作，本文的主要目的是从理论上探讨岩土体流变特性对边坡稳定性及坡体变形的影响，因此，直接从目前常用的流变模型中选取一种大家比较熟悉、能反映某些岩土体流变性质且便于数值计算的模型。在实际应用时，应先通过室内试验确定所分析岩土体的流变模型类型和参数；另外，考虑到岩土体力学参数在空间上的变异性，如果监测资料丰富，还应进行反分析获得整体最优参数。本文选用 FLAC^{3D} 软件中的 Burgers 模型与 Mohr-Coulomb 模型串联而成的复合黏弹塑性模型——Cvis 模型，其一维应力状态下的流变模型如图 1 所示。

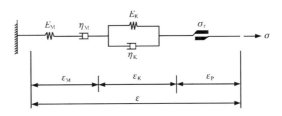

图 1 FLAC^{3D} 中 Cvisc 流变模型示意图
Fig.1 Illustrations of Cvisc rheological model in FLAC^{3D}

该模型由马克斯韦尔模型、开尔文模型和一个塑性元件串联而成。图 1 中，σ 为岩土体应力；E_M，E_K，η_M，η_K 分别为弹性模量、黏弹性模量、马克斯韦尔黏性系数和开尔文黏性系数；σ_f 为岩土体材料的屈服强度；ε_M，ε_K，ε_P 分别为马克斯韦尔体、开尔文体的应变和塑性应变。如果上述模型的马克斯韦尔黏性系数 η_M 取为无穷大，则对应的岩土材料只会出现衰减蠕变，即变形会随着时间趋于稳定。对于具有稳定或加速蠕变性质的岩土体，即使岩土体强度参数不改变，变形也会随着时间不断发展，而实际边坡在变形发展到一定情况下就会产生破坏，在这种情况下边坡的失稳与岩土体强度下降无关。鉴于这个原因，本文所考虑的对象限于仅具有衰减蠕变性质的岩土体，具体实现是在计算中将马克斯韦尔模型黏性系数取为无穷大，此时 Cvis 模型即为广义 Kelvin 黏弹塑性模型。

对岩土等工程材料，一般认为流变只和应力偏量有关[8]。将该模型从一维形式推广到三维形式，其应力和应变的偏量增量关系表达式为

$$\Delta e_{ij} = \frac{\Delta S_{ij}}{2G^M} + \frac{\bar{S}_{ij}}{2\eta^K}\Delta t - \frac{G^K}{\eta^K}\bar{e}_{ij}\Delta t + \Delta e_{ij}^P \quad (1)$$

式中：e_{ij}，Δe_{ij}，S_{ij}，ΔS_{ij} 分别为应变偏量、应变增量偏量、应力偏量、应力增量偏量；Δt 为计算时步，在流变计算过程中，应将时步 Δt 取尽量小，使每个单元应力在一个时步内基本保持不变，上标"—"表示时步 Δt 内的平均值。Δe_{ij}^P 为塑性应变增量偏量，可表示为

$$\Delta e_{ij}^P = \Delta\lambda \frac{\partial g}{\partial \sigma_{ij}} - \frac{1}{3}\Delta e_{vol}^P \delta_{ij} \quad (2)$$

式中：g 为塑性势函数，采用关联流动法则时，g 可取为屈服函数。塑性势函数取为 Mohr-Coulomb 剪

切破坏和拉破坏相结合的屈服函数，$\Delta e_{\text{vol}}^{\text{p}}$为塑性体应变增量，其表达式为

$$\Delta e_{\text{vol}}^{\text{p}} = \Delta\lambda\left(\frac{\partial g}{\partial \sigma_{11}} + \frac{\partial g}{\partial \sigma_{22}} + \frac{\partial g}{\partial \sigma_{33}}\right) \quad (3)$$

2.2 数值计算中边坡失稳的判据

在考虑岩土体流变特性的数值计算中通过折减强度参数来使边坡达到极限破坏状态，必须选用一些合适的失稳判据。考虑岩土体流变的强度折减法在选取失稳判据时，与仅考虑岩土弹塑性的强度折减法相比有一些差别，原因如下：

本文在考虑岩土体流变特性的强度折减法中选用FLAC^{3D}计算软件，该软件在计算流变时，其中的时间为真实的物理时间。为了使流变计算稳定，将整个时间段分成很多个时间步，应变、应力等对时间的偏导数采用中心差分格式。为了加快计算速度，时间步是可以自动调整的，原则是将初始时间步取足够小，使最大不平衡力保持在一个很小的范围内。如果最大不平衡力小于一个设定值，时间步自动变长以加快计算速度，反之则将时间步缩短。对弹塑性数值计算来说，相当于只有一个时间步，程序在这个时间步内通过反复迭代使最大节点不平衡力小于一个设定的极小值。考虑流变时，由于FLAC^{3D}在每个时间步内没有进行反复迭代使最大节点不平衡力趋于0，因此，很难以数值计算不收敛来作为边坡失稳的判据，而数值计算不收敛是常规强度折减法经常选用的失稳判据。

经笔者研究，考虑流变时推荐选用以下两个判据来判断边坡是否达到极限破坏状态：

（1）塑性区从坡脚到坡顶贯通，这是边坡失稳的一个必要条件。FLAC^{3D}无法显示塑性应变云图，但可以通过剪应变速率云图观察到塑性应变类似的贯通带。

（2）滑带上多个关键点的位移经历很长一段时间是否能够稳定。

由于本文研究的岩土体具有衰减蠕变的特性，对于稳定的边坡，虽然变形随时间发展，但到某一个阶段，其变形总会趋于稳定。如果将岩土体的强度折减到使边坡达到极限状态，边坡沿滑带会产生无限制的塑性剪切变形，与流变产生的变形相比，这种塑性变形要大得多。此时边坡上特别是滑带以上土体的位移经历一段时间最终不会稳定下来，如此可以在滑带上取一些关键点，记录这些点的水平位移随时间的变化，如果这些点的位移在足够长的时间不能稳定下来，就可以判断边坡失稳。

3 算例分析

为了验证岩土流变特性对边坡变形及稳定性的影响，对如图2所示的土质边坡分别用常规强度折减法和考虑岩土流变特性的强度折减法进行了分析。土的重度、凝聚力与内摩擦角分别为$\gamma = 20\ \text{kN}\cdot\text{m}^{-3}$，$c = 35\ \text{kPa}$，$\phi = 18°$，剪胀角$\psi = \phi = 18°$，弹性模量与泊松比分别为$E = 50\ \text{MPa}$，$\nu = 0.35$。考虑流变时，黏弹性模量和黏滞系数分别为$E_k = 300\ \text{MPa}$，$\eta_k = 5\ \text{GPa}\cdot\text{d}$。在计算过程中仅考虑自重，考虑流变时的计算时间取为1 a。

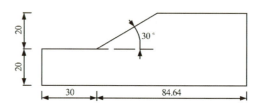

图2 土质边坡算例（单位：m）

Fig.2 Example of a soil slope （unit: m）

边坡右侧和坡脚下左侧均为水平约束条件，底面为全部固定约束边界条件。用常规强度折减法分析边坡稳定性时，土体选用Mohr-Coulomb模型。FLAC^{3D}程序通过二分法不断搜寻最小的使边坡失稳的折减系数，直到折减系数达到一个设定的精度为止，这个精度通常取为0.01，其中边坡失稳的判据选用最大节点不平衡力是否收敛。计算表明，当折减系数取为1.50时，数值计算不收敛。边坡失稳的一个重要特征是坡体沿滑带产生无限制的塑性剪切变形，剪应变速率在滑带上有突变。在FLAC^{3D}观察整个坡体的剪应变速率云图，可以看到一条很明显的突变带（图3），这个突变带就是通过常规强度折减法计算找出的坡体可能失稳的滑动面。

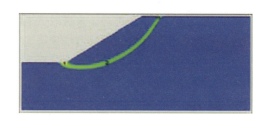

图3 不考虑岩土流变特性时的滑动面

Fig.3 The slide surface of slope without considering rheology

为了与考虑岩土流变的强度折减法作比较，在此滑带上选定了3个点。在考虑流变特性的强度折

减法计算中记录3个点的水平位移随时间的变化，以此来观察岩土流变特性对边坡变形的影响。在计算过程中，折减系数从1.35增加到1.47，流变参数不变，3个点的水平位移最后都趋于一个稳定值（图4～6），但随折减系数的增大，收敛速度越来越慢，在剪应变速率的云图中没有出现明显贯通的突变带（图8～10）。当折减系数取1.48时，3个点的水平位移都不收敛（图7），而且在计算的最后时刻，3个点中最大的水平位移值已经达到60 mm，是不考虑流变时的10倍以上，在剪应变速率云图中已经出现明显的、贯通的突变带（图11），这说明考虑流变时折减系数取1.48边坡会失稳。

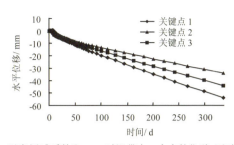

图7　强度折减系数取1.48时滑带上3个点的位移-历时曲线
Fig.7　Horizontal displacement vs time of three points at reduction factor=1.48

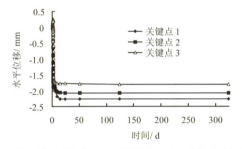

图4　强度折减系数取1.35时滑带上3个点的位移-历时曲线
Fig.4　Horizontal displacement vs time of three points at reduction factor=1.35

图8　强度折减系数取1.35时的剪应变速率图
Fig.8　Contours of shear strain rate at reduction factor= 1.35

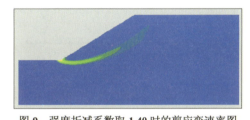

图9　强度折减系数取1.40时的剪应变速率图
Fig.9　Contours of shear strain rate at reduction factor= 1.40

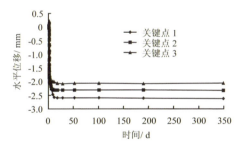

图5　强度折减系数取1.40时滑带上3个点的位移-历时曲线
Fig.5 Horizontal displacement vs time of three points at reduction factor=1.40

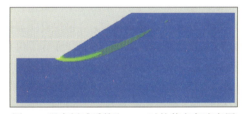

图10　强度折减系数取1.45时的剪应变速率图
Fig.10　Contours of shear strain rate at reduction factor= 1.45

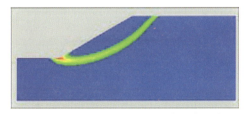

图11　强度折减系数取1.48时的剪应变速率图
Fig.11　Contours of shear strain rate at reduction factor= 1.48

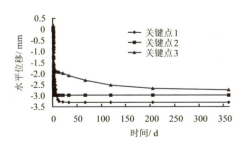

图6　强度折减系数取1.45时滑带上3个点的位移-历时曲线
Fig.6　Horizontal displacement vs time of three points at reduction factor=1.45

强度折减系数取不同值时弹塑性计算得到的3个点的水平位移和考虑流变时3个点历时1 a的水平位移结果见表1。

表 1 滑带上 3 个关键点在 x 方向的位移 (单位: mm)
Table 1 Displacements in x-direction of three key points (unit: mm)

折减系数	关键点 1		关键点 2		关键点 3	
	不计流变	考虑流变	不计流变	考虑流变	不计流变	考虑流变
1.35	-1.21	-2.27	-1.04	-2.03	-0.82	-1.80
1.40	-1.29	-2.62	-1.09	-2.32	-0.91	-2.05
1.45	-1.38	-3.31	-1.17	-2.99	-0.99	-2.74
1.47	-1.43	-3.93	-1.22	-3.54	-1.03	-3.25

通过对比可以看出，当折减系数相同时，考虑流变时的位移量要明显大于不考虑流变时的位移量。在考虑流变时，强度折减系数达到 1.48 时，3 个点的位移值都产生突变（图 12），边坡也将失去稳定。

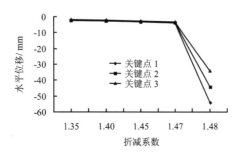

图 12 流变时取不同折减系数下的 3 个关键点水平位移
Fig.12 Horizontal displacements of three points at different reduction factors without considering rheology

如果不考虑流变，纯粹采用弹塑性数值计算，折减系数为 1.50 时计算不收敛，位移也有明显突变（图 13）。假设对边坡上的 3 个点进行了位移监测，以 1 号点为例，考虑流变时，强度折减系数取 1.47，水平位移达到 −3.93 mm 时，边坡接近破坏；而不考虑流变，强度折减系数取 1.49 时，位移只有 −1.55 mm。如果把位移 −1.55 mm 作为边坡失稳的预警标准，就会偏于保守。

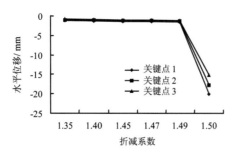

图 13 不考虑流变取不同折减系数的 3 个关键点水平位移
Fig.13 Horizontal displacements of three points at different reduction factors without considering rheology

4 结 论

鉴于目前用于边坡稳定性分析的强度折减法仅考虑岩土体的弹塑性性质而忽略其流变特性，在折减岩土体强度参数的同时考虑其流变性，对边坡的变形和失稳进行了分析，并与传统强度折减法得到的结果进行比较，得出以下结论：

（1）考虑岩土材料流变特性时，岩土体的强度折减系数取 1.48，边坡整体失稳；而不考虑流变时，岩土体的强度折减系数取 1.50，边坡整体失稳，说明岩土材料的流变特性对边坡稳定具有不利影响。

（2）在强度折减系数相同的情况下，考虑流变时滑带上的最终的稳定变形值比不考虑流变仅由弹塑性变形产生的位移值大 1～2 倍。

（3）通过计算可知，由于岩土体的流变，将强度折减法数值计算得到的结果与现场实测位移数据结合来进行滑坡预警，选定的位移预警标准应该比不考虑流变时大，因为此时边坡有一部分位移是由强度降低引起，还有很大一部分位移是由流变效应产生的，其中由强度下降引起的位移直接与边坡失稳有关。

参 考 文 献

[1] ZIENKIEWICZ O C, HUMPHESON C, LEWIS R W. Associated and non-associated visco-plasticity and plasticity in soil mechanics[J]. **Geotechnique**, 1975, 25(4): 671−689.
[2] GRIFFITHS D V, LANE P A. Slope stability analysis by finite elements[J]. **Geotechnique**, 1999, 49(3): 387−403.
[3] DAWSON E M, ROTH W H, DRESCHER A. Slope stability analysis by strength reduction[J]. **Geotechnique**, 1999, 49(6): 835−840.
[4] UGAI K. A method of calculation of total factor of safety of slopes by elasto-Plastic FEM[J]. **Soils and Foundations**, 1989, 29(2): 190−195.
[5] 赵尚毅, 郑颖人, 时卫民, 等. 用有限元强度折减法求边坡稳定安全系数[J]. 岩土工程学报, 2002, 24(3): 343−346.
ZHAO Shang-yi, ZHENG Ying-ren, SHI Wei-ming. Slope safety factor analysis by strength reduction FEM[J]. **Chinese Journal of Geotechnical Engineering**, 2002, 24(3): 343−346.
[6] 刘金龙, 栾茂田, 赵少飞, 等. 关于强度折减有限元方法中边坡失稳判据的讨论[J]. 岩土力学, 2005, 26(8): 1 345−1 348.
LIU Jin-long, LUAN Mao-tian, ZHAO Shao-fei, et al. Discussion on criteria for evaluating stability of slope in elastoplastic FEM based on shear strength reduction technique[J]. **Rock and Soil Mechanics**, 2005, 26(8): 1 345−1 348.
[7] 赵尚毅, 郑颖人, 张玉芳. 极限分析有限元法讲座—II 有限元强度折减法中边坡失稳的判据探讨[J]. 岩土力学, 2005, 26(2): 332−336.
ZHAO Shang-yi, ZHENG Ying-ren, ZHANG Yu-fang. Study on slope failure criterion in strength reduction finite element method[J]. **Rock and Soil Mechanics**, 2005, 26(2): 332−336.
[8] 孙钧. 岩土材料流变及其工程应用[M]. 北京: 中国建筑工业出版社, 1999.

不同计算方法计算滑坡推力与桩前抗力的比较与分析

梁 斌,郑颖人,宋雅坤

(后勤工程学院 军事建筑工程系,重庆 400041)

摘 要 不平衡推力法用于计算滑坡推力是可行的,但在计算桩前抗力时,无法考虑桩的变形因素,计算结果偏大,使工程设计偏于不安全。有限元强度折减法用于计算滑坡推力与桩前抗力,遵循桩-土共同作用的原则,计算结果更合理,并可以得到相应的推力与抗力分布。通过分析验证了有限元强度折减法计算抗滑桩的推力与抗力更为可靠。

关键词 不平衡推力法;有限元强度折减法;滑坡推力;桩前抗力

中图分类号:TU457　　　　　　　　　**文献标识码**:A

Calculation of Landslide Thrust and Resistant Force in Front of Anti-sliding Pile by Using Different Methods

LIANG Bin, ZHENG Ying-ren, SONG Ya-kun

(Dept. of Architecture & Civil Engineering, LEU, Chongqing 400041, China)

ABSTRACT Imbalance thrust force method (ITFM) used for the calculation of the landslide thrust is viable. But while used to calculate the resistant force before anti-sliding pile, it fails to take into account the deformation of anti-sliding pile and the calculation results are big, which makes engineering designs unsafe. The strength reduction FEM is used for calculation of the landslide thrust and the resistant force in front of anti-sliding pile, and the interaction between soil and anti-sliding pile can be considered. The calculation results are more reasonable and the distribution of landslide thrust and the resistant force in front of anti-sliding pile can be obtained. Through a series of case studies, the applicability of proposed method is clearly dependable in calculating the landslide thrust and the resistant force in front of anti-sliding pile.

Keywords imbalance thrust force method; strength reduction FEM; landslide thrust; resistant force in front of anti-sliding pile

在采用抗滑桩整治滑坡工程设计中,滑坡推力计算是最重要的问题,它决定了抗滑桩大小和工程规模,即决定了工程投资的大小。国内目前计算滑坡推力大多采用不平衡推力法,在相关规范中也明确规定将其作为折线形滑面的滑坡稳定性分析和滑坡推力计算的方法[1]。不平衡推力法用于不考虑桩前抗力的抗滑桩设计计算,在工程应用中已得到了验证,但它无法正确确定桩前抗力,因为桩前抗力的大小与抗滑桩的变形有关,而这种方法是无法计算变形的。有限元强度折减法计算滑坡推力已经取得了一定进展[2-4],但是对桩前抗力的研究还很少。

本文通过一个算例,采用不同的计算方法,即常规的不平衡推力法、有限元强度折减法的梁单元法与实体单元法,按上述3种方法分别计算滑坡推力与桩前抗力。通过计算结果的比较,表明有限元强度折减法计算滑坡推力与不平衡推力法是一致的;而计算桩前抗力时可以考虑桩-土共同作用,准确可靠,比不平衡推力法更优越。

注:本文摘自《后勤工程学院学报》(2008年第24卷第2期)。

1 计算方法

1.1 不平衡推力法

不平衡推力法计算滑坡推力时,将滑坡范围内滑动方向和滑动速度大体一致的一部分滑体视为一个计算单元,并在其中选择一个或几个顺滑坡主轴方向的地质纵断面为代表,再按滑动面坡度和地层性质的不同,把整个断面上的滑体适当划分成若干竖直条块,由后向前依次计算各块界面上的剩余下滑力。

目前传统算法中,当设桩位置远离剪出口时,会忽略桩前可观的抗力,而使设计过于保守。反之,按下述方法计算滑坡的推力与抗力,不考虑桩的实际变形状况,会导致设计的不安全。即滑坡推力与抗力的计算步骤[1]:首先,根据试验和调查资料,拟定各条块滑动面的 c,φ 值,或整个滑面的综合 c,φ 值,按公式依次计算各块的剩余下滑力,并要求滑坡剪出口的剩余下滑力等于或趋近于0;否则,调整 c,φ 值直至剪出口的剩余下滑力等于或趋近于0,此时推力曲线见图1中的a曲线。其次,根据建筑物的重要等级取一安全系数 K 值,将极限状态的 $\tan\varphi,c$ 值分别除以 K,再按公式依次计算各块的剩余下滑力,此时推力曲线见图1中的b曲线。由图1就可以确定滑坡推力的大小,如果取设桩断面处的剩余下滑力 E_4 作为设计推力,这就没有考虑桩前土体的抗力;如果取滑坡前缘剪出口处的最终剩余下滑力 E_5 作为设计推力,这就考虑了桩前土体剩余下滑力引起的抗力,因而即桩前土体的抗力: $F_{抗}=E_4-E_5$。也就是说,抗滑桩上实际所受的推力,只是剪出口的剩余下滑力。显然,这里假定桩可有任意大的变形,从而使桩前土体的剩余抗滑力充分发挥。而实际上,抗滑桩的变形取决于桩的刚度,刚度很大的抗滑桩其变形受到制约,所以真实的桩前抗力会小于上面算出的抗力,而使计算偏于不安全。因而这只是一种不太可靠的近似方法。

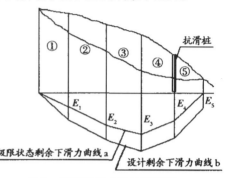

图1 不平衡推力法计算简图

1.2 有限元强度折减法的梁单元法与实体单元法

有限元强度折减法的基本原理是,在理想弹塑性有限元计算中将边坡岩土体抗剪切强度参数(粘聚力 c 和内摩擦角 φ)逐渐降低到其达到极限破坏状态为止,此时程序可以自动根据其弹塑性有限元计算结果得到边坡的破坏滑动面,同时得到边坡的强度储备安全系数。

有限元强度折减法计算滑坡推力时,将土体抗剪切强度参数 $c,\tan\varphi$ 值分别除以设计安全系数 K,即 $c'=c/K,\tan\varphi'=\tan\varphi/K$,然后用折减后的土体强度参数 c' 和 $\tan\varphi'$ 计算滑坡推力。

本次计算采用的屈服准则是平面应变条件下 Mohr-Coulomb 准则精确相匹配的 Drucker-Prager 准则(DP_4)。流动法则采用关联流动准则。

滑坡推力具体计算方法:利用 ANSYS 软件提供的路径分析功能,当抗滑桩采用实体单元 PLANE2 模拟时,沿桩后和桩前分别从滑面到坡面设置路径,将水平应力映射到路径上,然后沿路径对水平应力进行积分,就可以分别得到总的滑坡推力与桩前抗力;当抗滑桩采用梁单元 BEAM3 模拟时,由于抗滑桩简化为一条直线,无法分别对桩后和桩前设置路径,因此需要考虑桩前无土和有土两种情况,桩前无土时,计算得到的即为总滑坡推力;桩前有土时,计算得到的是总滑坡推力减掉桩前抗力之后桩所受的实际推力,此时桩前抗力即为两者之差。

2 计算结果与讨论

2.1 计算模型

模型边坡为重庆市奉节县内分界梁滑坡Ⅰ-Ⅰ剖面,桩的截面尺寸为 2.4 m×3.6 m,材料的物理力学参数见表1。计算时采用的设计安全系数为1.2。

表1 材料的物理力学参数

材料名称	密度/g·cm^{-3}	弹性模量/MPa	泊松比	粘聚力/kPa	内摩擦角/(°)
滑体土	2.2	10	0.35	28	20
滑带土	2.2	10	0.35	20	17
滑床	2.616	0.818×10^4	0.28	200	39
抗滑桩	2.5	3×10^4	0.2	按弹性材料处理	

不平衡推力法计算采用理正岩土系列软件。因为该软件是采用增大下滑力的方式定义安全系数的,因此采用不平衡推力法计算时,将安全系数设置为1.0,然后对滑面土强度参数进行折减,采用折减后的参数进行计算。这样不同计算方法均采用强度折减法来定义安全系数,便于进行比较。并且在输入滑面折线时,确保所有控制点处的倾角变化小于10°[5]。

有限元强度折减法计算采用的是有限元大型通用软件ANSYS,按照平面应变建立模型,岩土体用三角形6节点平面单元PLANE2模拟,抗滑桩分别采用梁单元BEAM3和实体单元PLANE2模拟,采用梁单元时,桩的截面积、惯性矩等可以在其对应的实常数中定义,该单元可以输出轴力、剪力和弯矩。采用实体单元时,桩与土体的接触关系,采用共节点但材料性质不同的连续介质模型。

2.2 滑坡推力计算

不平衡推力法计算滑坡推力时,直接查看设桩断面处的剩余下滑力即可。

有限元强度折减法计算,抗滑桩采用梁单元BEAM3模拟时,在设桩断面处设一全长桩,并把桩前滑体土单元全部杀死(见图2),此时计算得到的就是未考虑桩前抗力时的滑坡推力。计算收敛以后,在设桩断面设置路径,积分得到的推力即为滑坡推力。

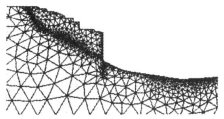 

图2 桩前土体单元被杀死时的有限元模型　　图3 推力分布

有限元强度折减法计算,抗滑桩采用实体单元PLANE2模拟时,不需要把桩前滑体土单元杀死,只需要在计算收敛以后,在桩后断面设置路径,积分得到的推力即为滑坡推力,并可得到推力分布(见图3)。

表2为桩前无抗力时,不同方法计算得到的滑坡推力。由表2的计算结果可以看出,有限元强度折减法不论是采用梁单元或实体单元模拟抗滑桩,计算得到的滑坡推力与不平衡推力法的计算结果都很接近,误差均在2%以内,因而可以采用有限元强度折减法的实体单元法或梁单元法计算滑坡推力。

表2 桩前无抗力时,不同方法计算得到的滑坡推力

方法	不平衡推力法	有限元强度折减法	
		抗滑桩采用梁单元模拟	抗滑桩采用实体单元模拟
滑坡推力/kN·m^{-1}	5 420	5 350	5 390

2.3 桩前抗力计算

用不平衡推力法近似计算桩前抗力时,分别查看设桩断面处的剩余下滑力与坡脚剪出口处的剩余下滑力,两者之差即为桩前抗力,即 $5\,420 - 2\,580 = 2\,840$ kN·m^{-1}。

有限元强度折减法计算,抗滑桩采用梁单元BEAM3模拟时,考虑桩前有土的情况(见图4),按照计算滑坡推力的方法,计算出设桩断面处的滑坡推力,此时的滑坡推力是考虑了桩前抗力以后的滑坡推力,它与未考虑桩前抗力时计算得到的滑坡推力之差即为桩前抗力,即 $5\,350 - 3\,650 = 1\,700$ kN·m^{-1}。

有限元强度折减法计算,抗滑桩采用实体单元PLANE2模拟时,按照滑坡推力的计算方法,把路径设置在桩前断面处,此时计算得到的即为桩前抗力1 830 kN·m^{-1},并可得到抗力分布(见图5)。

表3列出了用不同方法计算得到的桩前抗力。表4列出了用不同方法计算得到的抗滑桩上的实际推力。

由表3的计算结果可以看出,有限元强度折减法采用梁单元或实体单元模拟抗滑桩,计算得到的桩

前抗力相差不大,但都要比不平衡推力法的计算结果小很多,其主要原因就是桩前抗力的大小取决于抗滑桩的变形量;而不平衡推力法是在有足够变形情况下计算得到的桩前抗力,它是桩前土体可能提供的最大抗力,实际中抗滑桩的变形是有限的,因此是不可能达到这个最大值。在滑坡推力不变的情况下,不平衡推力法计算得到抗滑桩的抗力偏大,设计推力值偏小,设计偏于不安全。作为一种近似的经验方法,建议在用不平衡推力法求得的桩前抗力中乘一折减系数,在这一算例中可采用2/3。

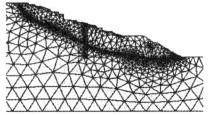

图 4　考虑桩前土体抗力时的有限元模型

图 5　抗力分布

表 3　不同方法计算得到的桩前抗力

方法	不平衡推力法	有限元强度折减法	
		抗滑桩采用梁单元模拟	抗滑桩采用实体单元模拟
桩前抗力/kN·m⁻¹	2 580	1 700	1 830

表 4　不同方法计算得到的抗滑桩上的实际推力

方法	不平衡推力法	有限元强度折减法	
		抗滑桩采用梁单元模拟	抗滑桩采用实体单元模拟
实际推力/kN·m⁻¹	2 840	3 650	3 560

表 5 的计算结果表明,抗滑桩采用梁单元 BEAM3 模拟时,通过改变抗滑桩的截面尺寸,在其他参数都不变的情况下,有限元强度折剪法计算得到的桩前抗力的大小,可以看出随着抗滑桩截面尺寸逐渐变大(抗滑桩的变形逐渐变小),桩前抗力的大小是逐渐减小的。因此,桩前抗力的大小与抗滑桩的变形量有关。

表 5　抗滑桩不同截面尺寸时的桩前抗力

抗滑桩截面尺寸/m×m	桩前抗力/kN·m⁻¹
1.8×2.4	2 030
3.6×2.4	1 700
5.4×2.4	1 620

采用有限元强度折减法的计算结果,不论采用梁单元或实体单元模拟抗滑桩,计算结果相差不大,采用梁单元模拟抗滑桩时,截面积和惯性矩可以通过单元的实常数定义,依据以往的一些计算结果看,通常梁单元法算得的实际推力稍大,偏于安全,且计算时更方便,并且可以输出梁单元的剪力与弯矩,直接用于抗滑桩的配筋设计。因此,笔者推荐采用有限元强度折减法的梁单元法进行抗滑桩滑坡推力与桩前抗力的计算。

3　结　论

(1)通过不同计算方法计算滑坡推力的结果可以看出,采用有限元强度折减法计算滑坡推力是完全可行的。不考虑桩前抗力时,3 种算法得到的推力相similar;考虑抗力时,梁单元法与实体单元法相近,梁单元法更偏于安全。

(2)桩前抗力的大小取决于抗滑桩的变形量,不平衡推力法不能考虑这一因素,因此计算得到的结果是近似的,而且会使抗滑桩的设计偏于不安全。有限元强度折减法计算桩前抗力时,考虑了桩-土的共同作用,因此计算得到桩前抗力更符合实际情况。

(3)有限元强度折减法计算滑坡推力与桩前抗力时,可以得到相应的推力分布与抗力分布,在抗滑桩设计时不需要再对推力分布与抗力分布进行假设,从而减小了在常规设计中,由于假定截面推力分布所造成的抗滑桩的计算误差。

参考文献

[1] 铁道部第二勘测设计院. 抗滑桩设计与计算[M]. 北京:中国铁道出版社,1983:23-31.
[2] 郑颖人,赵尚毅. 边(滑)坡工程设计中安全系数的讨论[J]. 岩石力学与工程学报,2006,25(9):1937-1940.
[3] 郑颖人,赵尚毅,张鲁渝. 用有限元强度折减法进行边坡稳定分析[J]. 中国工程科学,2002,4(10):57-61.
[4] 郑颖人,赵尚毅. 用有限元强度折剪法求滑(边)坡支挡结构的内力[J]. 岩石力学与工程学报,2004,23(20):3552-3558.
[5] 时卫民,郑颖人,唐伯明,等. 边坡稳定不平衡推力法的精度分析及其使用条件[J]. 岩土工程学报,2004,26(3):313-317.

加筋土挡墙稳定性分析研究

宋雅坤[1]，郑颖人[1]，张玉芳[2]，马 华[2]，赵尚毅[1]

(1.后勤工程学院军事土木工程系,重庆 400041；2.中国铁道科学研究院,北京 100081)

摘 要：利用岩土工程有限元软件PLAXIS分别对不同筋土界面摩擦力、筋带轴向拉伸刚度、筋带间距及筋带长度4种情况进行了加筋土挡墙有限元强度折减计算，分析得出了不同情况下的加筋土挡墙破坏模式与安全系数。并对有限元算得的破裂面与0.3H法得到的破裂面进行了比较。计算表明，有限元强度折减法可计算加筋土体内部的破裂面与稳定安全系数，可以为加筋土挡墙的设计提供依据。

关键词：安全系数；有限元；土挡墙；破裂面；影响因素

中图分类号：TU 457　　　　　　　　　　**文献标识码**：A

Study on Stability Analysis of Reinforced Soil Retaining Walls

SONG Ya-kun[1], ZHENG Ying-ren[1], ZHANG Yu-fang[2], MA Hua[2], ZHAO Shang-yi[1]

(1. Dept of civil Engineering, Logistical Engineering Univ, Chongqing 400041, China;
2. China Academy of Railway Sciences, BeiJing 518034, China)

Abstract: In this paper, we analyzed Reinforced Earth Walls by using a FEM software-PLAXIS. By analyzing the different interface friction, axial stiffness, spacing and length of the gluten, we got the different conditions of failure model about Reinforced Earth Walls and compared the sliding surface by FEM with 0.3H method. The results shows that using the FEM strength reduction method can got the internal slide surface and safety factor about the Reinforced Earth Walls, and can provide proof for Reinforced Earth Walls engineering design.

Key words: safety factor; FEM; retaining walls; sliding surface; influencing factors

---

土工格栅加筋土挡墙是在公路建设中应用比较广泛的一种土工加筋技术。土工格栅的主要特点是受力均匀、抗拉强度高、韧性好、重量轻、耐腐蚀、抗老化、与土颗粒之间的相互作用强、能在较短时间内发挥加筋作用，增强土体的整体性，能最大程度地减少变形[1-3]。目前，国内外针对土工格栅加筋的机理与加筋效果进行了不少的现场试验与理论分析[4,5]，但理论与试验研究仍落后于工程实践，不能很好地应用于工程设计与实际中。

现行的加筋土挡墙计算有如下内容[6-10]：一是确定筋体拉力、筋体截面尺寸及筋体强度；二是确定筋体的自由段长度、锚固段长度和筋体总长度；三是加筋土挡墙的外部稳定分析，即地基承载力、滑动稳定和抗倾覆稳定。上述计算只满足单根筋体的设计参数，包括筋体强度、截面尺寸与长度。但没有涉及筋体的轴向拉伸刚度的选取，这显然不能满足设计要求。同时，其破坏模式只考虑了筋材拉断、筋材拔出及挡墙外部失稳，而没考虑加筋土体内由于土体强度C,φ值及筋土间摩擦力降低引起的加筋土体的内部失稳，可见现行的设计方法与破坏模式存在不足。

为了完善加筋土挡墙的设计，首先要确定加筋土体内部的稳定性，确保加筋土体的稳定。其次要正确确定加筋土体潜在破裂面的位置，我国现行规范

注：本文摘自《湖南大学学报(自然科学版)》(2008年第11期)。

一般规定 0.3H 破裂面作为简化计算破裂面,此破裂面是在一些模型试验的基础上近似确定的。斯诺塞和塞克雷斯登研究认为,加筋土体潜在破裂面在未失稳情况下为筋带最大拉力点的连线,它为一条对数螺旋线[6]。然而确定加筋土体的破裂面和内部稳定安全系数都与筋、土的各种影响因素有关,因而研究各种影响因素与破裂面和内部稳定安全系数的关系是十分必要的。

本文利用有限元强度折减法,对加筋土进行了稳定性分析,它可以求出潜在破裂面与内部稳定安全系数,并可以反映各种影响因素的影响。下面在假定筋带不被拉断的情况下对加筋土挡墙进行计算。

1 有限元计算原理

1.1 土体的本构模型[11]

土体的本构模型采用理想弹塑性模型,强度准则采用莫尔-库仑破坏准则,即

$$\tau_f = c + \sigma \tan\varphi \tag{1}$$

式中:c 和 φ 为土体抗剪强度参数。

1.2 土工格栅本构模型[12]

土工格栅材料是一种只能受拉,不能受压,不具有抗弯刚度的柔性材料,因此,土工格栅单元的本构关系简化为线弹性,看成只能沿轴向变形的一维单元,如图 1。

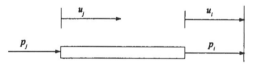

图 1 土工格栅筋材单元
Fig.1 Geotechnical grille element

在只考虑水平位移的情况下,单元节点与节点的位移关系式为:

$$\{p\} = [k]^e \{u\}$$

式中:$\{p\}$ 为节点力,$\{p\} = \begin{Bmatrix} p_i \\ p_j \end{Bmatrix}$;$\{u\}$ 为节点位移,$\{u\} = \begin{Bmatrix} u_i \\ u_j \end{Bmatrix}$;$[k]^e$ 为单元刚度矩阵,$[k]^e = \dfrac{AE}{L} \begin{bmatrix} 1 & -1 \\ -1 & 1 \end{bmatrix}$;$A$ 为横截面积;L 为单元长度。

1.3 接触单元本构模型[12]

设立接触单元的目的是为了模拟土工格栅与土之间在施工或工作运行过程中有相对滑动现象,即在两者之间出现位移不连续的现象;另外,在结构物中,若两种材料的性质相差很远,理论上不同材料之间也应设接触单元。因此,这里在土工格栅与土之间设置单元接触面,如图 2 所示。

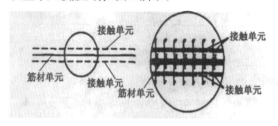

图 2 接触面单元
Fig.2 Contact element

为了模拟土工格栅与土的相互作用,PLAXIS 程序引入了界面单元的概念。用一个弹塑性模型描述界面的性质,来模拟土与土工格栅的相互作用。加筋与土之间的应力传递取决于加筋-土的界面强度。而界面单元的强度等于周围土体的强度乘以土与界面单元的摩擦系数 R_{inter},因此参数 R_{inter} 反映了两者相互作用的程度。具体关系如式(2)所示:

$$\tan\varphi_{inter} = R_{inter} \tan\varphi_{soil}, \quad c_{inter} = R_{inter} c_{soil}. \tag{2}$$

当土与土工格栅变形一致,两者之间没有相对滑动时,$R_{inter} = 1.0$,而当两者有相对滑动时,界面单元的强度低于周围土体的强度,$R_{inter} < 1$。一般,对于真正的土与结构相互作用的问题,界面单元比周围土体更为软弱,$R_{inter} < 1$。在实际情况下,R_{inter} 的大小可以通过土工格栅的似摩擦系数进行确定。摩擦系数 f 由试验确定,即

$$f = \tan\varphi_1 \tag{3}$$

φ_1 为土与拉筋接触面之间的摩擦角,即为式(2)中的 φ_{inter},将式(2)和式(3)联立就可得出 R_{inter}。

$$R_{inter} = \dfrac{\tan\varphi_{inter}}{\tan\varphi_{soil}} = \dfrac{f}{\tan\varphi_{soil}} \tag{4}$$

本工程中的似摩擦系数为 0.44,通过计算确定 $R_{inter} = 0.63$。

2 有限元模型建立与参数确定

2.1 岩土物理力学参数确定

本次加筋土有限元计算是结合水富—麻柳湾高速公路的土工格栅加筋土挡墙实际工程进行计算的。根据工程实际确定有限元的计算参数,土工格栅的抗拉模量为 1 000 kN/m,似摩擦系数为 0.44,具体岩土参数见表 1。

表1 岩土物理力学参数
Tab.1 Material properties

材料名称	饱和重度/(kN·m⁻³)	弹性模量/MPa	泊松比	内聚力/kPa	内摩擦角/(°)
填土	19.5	50	0.3	5	35
基岩	23	1 600	0.2	500	32

上述计算参数是设计部门提供的,也是工程实际中采用的,并进行了筋带拉力与位移的现场测试,测试结果与有限元计算结果较为吻合。本文只以此工程为例,对加筋土挡墙中加筋土内部稳定性进行研究,通过有限元强度折减法研究加筋土体的内部破裂面位置、安全系数及影响因素,以便为今后的类似工程设计提供一些依据。

2.2 有限元网格划分、荷载及边界条件

本次计算按照工程实际情况平面应变建立模型,加筋土挡墙高9.6 m,筋带长6.4 m,垂直间距为0.4 m,共21层筋带。本次计算只考虑岩土体的重力荷载。模型的左侧水平方向约束,底部竖向约束,顶部及挡墙右侧为自由边界,右侧下部土体水平方向约束,如图3所示。

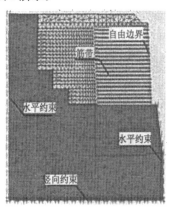

图3 有限元计算模型
Fig.3 Model of FEM

3 有限元结果分析研究

3.1 加筋土挡墙的内部破裂面、安全系数及其影响因素

加筋土挡墙的设计的一个重要内容就是其内部的稳定性计算,其内部的稳定安全系数也就成为了一个主要的设计指标。内部稳定安全系数就是加筋土内土体破坏时的安全系数,破裂面的位置不同其安全系数也不同。

常规确定加筋土的破裂面是0.3 H法,此方法确定的破裂面只有下半段与土体的 φ 值有关外,与其它参数均无关。采用有限元强度折减法它可以自动地显示破裂面的位置,在已确定筋带长度的情况下,它与筋土之间的似摩擦系数 f、筋带的轴向刚度 E 及筋带的间距等有关。

3.1.1 筋土间摩擦系数对安全系数的影响及破裂面的确定[13]

加筋土挡墙随着土体强度的降低,与此同时界面强度也相应降低,逐渐在加筋土体内出现破裂面,最终求得加筋土挡墙内部的稳定安全系数。显然,现行的算法是做不到这点的,而且它能自动搜索破裂面发生的位置,使计算结果更符合实际。图4为 $R_{inter}=0.63$ 强度折减安全系数为1.376时,计算得到的破裂面。

图4 有限元与0.3 H法得到内部破裂面
Fig.4 Sliding surface of FEM and 0.3 H method

从图4中可以看出,有限元强度折减法得到的破裂面与0.3 H破裂面基本接近,主要差别是在破裂面的中上部有限元得到的破裂面比0.3 H破裂面小,这就说明,采用0.3 H假设计算加筋土挡墙是偏于安全的,而有限元计算得到的破裂面是在加筋土体中产生的一个圆弧破裂面。

在Plaxis有限元计算软件中,R_{inter} 与似摩擦系数相关,可由似摩擦系数求得,当 $f=0.44$ 时,$R_{inter}=0.63$;当 $f=0.14$ 时,$R_{inter}=0.2$。下面通过变化影响筋土界面摩擦力的因素 R_{inter} 来分析其对安全系数的影响及破裂面的位置,因此将 R_{inter} 设置为0.2,0.3,0.4,0.5,0.58,0.66,0.8,1 分别计算其相应的安全系数。经过计算,安全系数随着 R_{inter} 的变大也逐渐变大,见表2。这说明加筋土挡墙设计中应选择能提供较高的似摩擦系数的筋材,从而保证筋土之间有足够的强度,提高加筋土挡墙的内部安全系数。

表 2 R_{inter} 与安全系数的关系

Tab.2 Relationship between R_{inter} and safety factor

R_{inter}	F_s	R_{inter}	F_s
0.2	0.88	0.58	1.335
0.3	1.036	0.63	1.376
0.4	1.162	0.8	1.480
0.5	1.263	1	1.552

图 5 和图 6 中绘出 $R_{inter} = 0.2$ 和 $R_{inter} = 0.63$ 这两种情况的破坏时的破裂面,它们都在加筋土体内部,似摩擦系数 f 或 R_{inter} 越高破裂面越靠前,失稳范围越小,安全系数越高。失稳时破裂面前面失稳的土体会松动坍塌,其原因一方面是土体本身力学参数降低,另一方面是筋土间的摩擦不足。

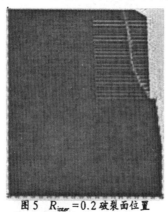

图 5 $R_{inter} = 0.2$ 破裂面位置

Fig.5 Location of sliding surface by $R_{inter} = 0.2$

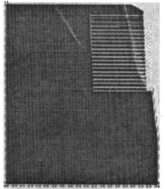

图 6 $R_{inter} = 0.63$ 破裂面位置

Fig.6 Location of sliding surface by $R_{inter} = 0.63$

3.1.2 筋带轴向拉伸刚度对安全系数的影响及破裂面的确定

在 Plaxis 有限元计算软件中,土工格栅数据组唯一的材料性质是弹性轴向刚度 E_A,kN/m。土工格栅的轴向刚度生产厂家规定在已知应变为 10% 的情况下获得筋材抗拉强度值 F,并由此确定:

$$E_A = \frac{F}{10\%}$$

如土工格栅的极限拉力为 100 kN 则轴向刚度为 1 000 kN/m。

表 3 中列出了轴向刚度与安全系数的关系。

表 3 轴向刚度与安全系数和筋带位移的关系

Tab.3 Relationship of axial stiffness with safety factor and displacement of the gluten

$E_A/$ (kN·m^{-1})	安全系数	顶层筋带水平位移/cm	$E_A/$ (kN·m^{-1})	安全系数	顶层筋带水平位移/cm
3×10^6	1.381	3.51	300	1.246	1.188
3×10^5	1.380	3.53	160	1.188	19.6
1×10^4	1.379	4.78	100	1.133	20.4
1×10^3	1.376	7.3	80	1.067	33.6

从表中可见,$E_A = 1 \times 10^3$ kN/m 时,安全系数已经满足设计要求,再增大 E_A 安全系数并没有很大的增加,因而选用很高的 E_A 值并无必要。反之,E_A 低于 1×10^3 kN/m 时,安全系数迅速降低,位移量也迅速增大,所以对筋带的 E_A 值的选用是有要求的,而在现行计算方法中没有表现出来,选得不好既可能造成失稳,也可能造成过大的变形。从图 7 和图 8 中可见,E_A 减小,破裂面内移,失稳区扩大,安全系数降低。可见 E_A 与破裂面位置和安全系数有关。

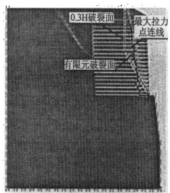

图 7 $E_A = 1 \times 10^3$ 得到的破裂面及最大拉力点连线

Fig.7 Sliding surface by $E_A = 1 \times 10^3$ and the line connecting the points of the maximun tensile force

图 8 $E_A = 160$ 得到破裂面及最大拉力点连线

Fig.8 Sliding surface by $E_A = 160$ and the line connecting the points of the maximun tensile force

图 7 和图 8 中分别列出了不同 E_A 情况下的破

裂面与筋带最大拉力点连线的位置,可以看出当 E_A 的取值不同时其破裂面的位置也不同,这是因为当 $E_A = 1 \times 10^3$ kN/m 时,加筋土体破坏是因为筋土强度不足而发生的破坏;而当 $E_A = 160$ kN/m 时,加筋土体破坏是因为轴向刚度过小使筋带的变形过大,对土体不能进行有效的约束,从而使加筋土体的大部分土体进入塑性,导致破裂面后移最终与非加筋土体共同形成破裂面,此时,有限元计算得到的破裂面大于筋材最大拉力点连线。从图7中还可以看到,当筋带强度与轴向刚度选用合理时,有限元计算得到的破裂面与最大拉力点连线的位置是一致的,并且在 0.3H 破裂面以内。

3.1.3 筋带层数或筋带间距与破裂面及安全系数的关系

当筋带间距分别为 0.4 m,0.8 m 和 1.2 m 时,安全系数分别为 1.376,1.074 和 0.862。层数或间距与安全系数及破裂面位置的关系见图9和图10。传统算法中没有给出这方面的计算公式。有限元方法中可以看出随着层数的减少,破裂面上移,安全系数降低,由此可按安全系数来确定筋带的合理间距,弥补了传统方法的不足。

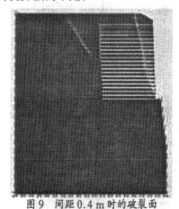

图9 间距 0.4 m 时的破裂面
Fig.9 Sliding surface when spacing is 0.4 m

图10 间距 0.8 m 时的破裂面
Fig.10 Sliding surface when spacing is 0.8 m

3.2 加筋长度对安全系数的影响及破裂面的确定

筋带长度越长可以提供的摩擦力就越大,安全系数也就会越高。传统方法中筋带自由段长度是按 0.3H 破裂面来确定,有效锚固段是按似摩擦系数 f 计算来确定,总长是两者之和。

本次计算中选取 $R_{inter} = 0.63$ 来进行计算,此时可以保证筋土界面有足够的摩擦力,通过筋带长度变化来分析其与安全系数的关系。按本文有限元方法计算结果可见,破裂面位置是随筋带长度变化的。但当筋土间 f 值高、E_A 值大时,一般破裂面都在 0.3H 线以内,表明按 0.3H 线确定自由段长度是偏于安全的,反之可能偏于危险。当筋长分别为 7.4 m,6.4 m,5.4 m,4.4 m,3.4 m 时,安全系数分别为 1.382,1.376,1.368,1.35,1.194 时,筋带长度

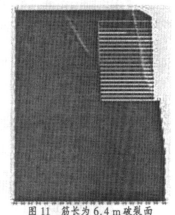

图11 筋长为 6.4 m 破裂面
Fig.11 Location of sliding surface of 6.4 m length

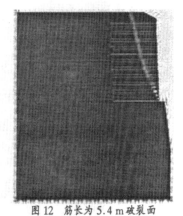

图12 筋长为 5.4 m 破裂面
Fig.12 Location of sliding surface of 5.4 m length

与安全系数及破裂面位置的关系见图11~图13。当筋带足够长时,破裂面在筋带土内,而且安全系数较高;当筋带缩短时,破裂面内移,安全系数降低。如筋带从 7.4 m 降低至 4.4 m 时,安全系数降低不多,表明过长的筋带只会造成浪费。而当筋带长度为 3.4 m 时,在未加筋土体内产生破裂面,此时发生的

破坏是因为土体产生的水平推力克服了加筋体"基底"与地基土之间的摩擦力而发生的沿着底面滑动的外部稳定破坏,并且安全系也不能满足要求,因而是不可取的。因此筋带的总长度可由合理的安全系数来确定,如取总长度 5.4 m 或 6.4 m,由此再确定有效锚固段长度,同时,确定的有效锚固段长度也可用现行公式加以验证。

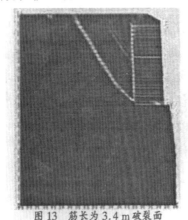

图 13 筋长为 3.4 m 破裂面

Fig.13 Location of sliding surface of 3.4 m length

4 结 论

1)有限元计算得到的破裂面与 0.3 H 破裂面基本接近,主要差别是在破裂面的中上部有限元得到的破裂面比 0.3 H 破裂面小,这也就说明采用 0.3 H 法计算加筋土挡墙是偏于安全的,而采用有限元强度折减法对加筋土进行计算,不需要作任何假设,其计算结果更符合实际情况。

2)通过筋土界面摩擦系数与安全系数的关系,发现摩擦系数越大安全系数越高,这也证明了"摩擦加筋原理"的正确性。同时加筋土挡墙设计中应充分考虑土体和界面之间的摩擦作用,即加筋材料必须有保证筋土之间有足够的强度。

3)通过筋带轴向刚度与安全系数的关系,发现当筋带的轴向刚度小时,加筋土挡墙安全系数降低失稳并产生很大的水平位移,这是很不利的,但土工格栅轴向刚度的选择也不是越高越好,存在一个经济合理的值。在设计中需要选择合理的格栅轴向刚度值,并满足安全系数和位移控制的要求。

4)通过筋带间距与安全系数的关系发现随着层数的减少,破裂面上移且安全系数降低。因此可按安全系数来确定筋带的合理间距,弥补了传统方法的不足。

5)通过筋带长度与安全系数的关系发现加筋土筋带长度的设计存在一个临界值,筋带长度减小到一定值时就会发生加筋土挡墙的外部稳定性破坏,同时过长的筋带长度也不会使安全系数提高很多,而只会给设计带来浪费。

参考文献

[1] JEWELL R A. Soil reinforcement with Geotextiles[M]. London: Construction Industry Research and Information Association, 1996.

[2] FANNIN R J. Field observations on stabilization of unpaved roads with geosynthetics[J]. Journal of Geotechnical Engineering, 1996,(7): 544-553.

[3] 贺丽,周亦唐,钱永久. 塑料土工格栅加筋挡土墙的有限元分析[J]. 公路交通科技,2003,3(20):37-39.
HE L, ZHOU Y T, QIAN Z Y J. Finite element analysis of polymer geogrids reinforced earth retaining wall[J]. Journal of Highway and Transportation Research and Development,2003,3(20): 37-39. (In Chinese)

[4] 朱湘,黄晓明. 有限元方法分析影响加筋路堤效果的几个因素[J]. 土木工程学报,2002,35(6):85-92.
ZHU X, HUANG X M. Effects of reinforcement on embankment analyzed by finite element method[J]. China Civil Engineering journal, 2002,35(6):85-92. (In Chinese)

[5] 刘华北,LING H I. 土工格栅加筋挡土墙设计参数弹塑性有限元研究[J]. 岩土工程学报,2004,26,(5):668-673.
LIU H B, LING H I. Elastoplastic finite element study for parameters of geogrid-reinforced soil retaining wall[J]. Chinese Journal of Geotechnical Engineering, 2004,26,(5):668-673. (In Chinese)

[6] 何光春. 加筋土结构设计与施工[M]. 北京:人民交通出版社,2000.
HE G C. Design and construction of reinforced soil engineering [M]. Beijing: China communications Press,2000. (In Chinese)

[7] 何光春,周世良. 加筋土技术的应用及进展[J]. 重庆建筑大学学报,2001,23(5):11-15.
HE G C, ZHOU S L. Application and prospect of reinforced soil technology[J]. Journal of Chongqing Construction University, 2001,23(5):11-15. (In Chinese)

[8] 周世良. 格栅加筋挡土墙结构特性及破坏机理研究[D]. 重庆: 重庆大学土木工程学院,2005.
ZHOU S L. Study on structural characteristics and failure mechanism of geogrid RSRW[D]. Chongqing: College of Civil Engineering Chong-qing University. 2005. (In Chinese)

[9] GREENWOOD J R, ZYTYNSKI M. Stability analysis of reinforced slopes[J]. Geotextiles and Geomemb-rances, 1993,12(5): 413-424.

[10] SCHLOSSER F, JURAN J. Behaviour of reinforced earth retaning wall form model studies, chapter 6[M]. Developments in Soil Mechanics and Foundation Model Studies, 1983.

[11] 郑颖人,沈珠江,龚晓南. 岩土塑性力学原理[M]. 北京:中国建筑工业出版社,2002.
ZHENG Y R, SHEN Z J, GONG X N. The principles of geotechnicial plastic mechanics[M]. Beijing: China Architecture an Building Press,2002. (In Chinese)

[12] BRINKGREVE R B J, BROERE W. Plaxis V8 专业版手册. 代尔伏特技术大学, PLAXIS 公司,荷兰.

[13] 邓昌中,邓卫东,严秋荣. 土工格栅加筋土体界面性能综述[J]. 公路交通技术,2007,3:29-31.
DENG C Z, DENG W D, YAN Q R. General of boundary performance of geogrid reinforced earth body[J]. Technology of Highway and Transport, 2007,3:29-31. (In Chinese)

捆绑式抗滑桩优越性初步研究

王 凯[1,2]，郑颖人[1]，王其洪[2]，易朋莹[2]，李沁羽[2]，魏有勇[2]，何 涛[2]

(1.后勤工程学院土木工程系,重庆 400041；2.重庆市高新岩土工程勘察设计院,重庆 400042)

摘 要：通过分析滑坡、边坡治理工程中广泛应用的悬臂式抗滑桩存在的问题,提出了一种新型支挡结构—捆绑式抗滑桩,从理论分析和实验研究的角度初步研究了该种抗滑桩的抗弯性能,初步论证了这种支挡结构具有的经济、安全、工期短、受雨季影响小、对场地条件要求不高等优越性,是一种有着广泛应用前景的支挡结构。

关键词：捆绑式抗滑桩；抗弯性能；优越性

中图分类号：TU473.1　　**文献标识码**：A　　**文章编号**：1673-0836(2008)03-0533-06

Pilot Study on Advantage of the Trussed Slide-Resistant Pile

WANG Kai[1], ZHENG Ying-ren[1], WANG Qi-hong[2], YI Peng-ying[2], LI Qin-yu[2], WEI You-yong[2], HE Tao[2]

(1. *Logistic Engineering University, Chongqing 400041, China*;
2. *Chongqing Bureau of reconnaissance & Exploitation of Geology & Mine, Chongqing 400042, China*)

Abstract: By analyzing the shortcoming of the cantilever slide-resistant pile in landslide and slope retaining engineering, the paper presents a new resistant structure, i.e. trussed slide-resistant pile. To study preliminary the moment-resistant capability of this kind of slide-resistant pile by theoretical analysis and experimental investigation, the advantage of this kind of pile, is demonstrated viz. low cost, security, short time for construction, little affected by rainy season, possibility of construction in cabined field etc, and it can be applied in wide range.

Keywords: trussed slide-resistant pile; moment-resistant capability; advantage

1 引言

在目前的滑坡治理,尤其是三峡库区地质灾害防治工程中,悬臂式抗滑桩由于其受力明确、计算简便、施工方法简单等特点,受到工程设计人员的青睐,运用最为成熟、广泛。

但该种人工挖孔的悬臂式抗滑桩存在材料浪费、施工安全性差、工期长、施工受雨季影响大等缺点。因此,岩土工程科研、设计人员一直致力于寻找更为经济、安全、快捷的抗滑支挡结构代替这种抗滑桩,如现在研究较多的采用沉埋式抗滑桩[1-2]、抗滑键等来降低材料用量达到节约目的。

本文作者受端头粘结的方便筷在纵向上不易被折断的现象启发,提出捆绑式抗滑桩[3]这种新的抗滑支挡结构,由于其具有经济、安全、工期短、施工不受降雨等季节影响等优点,通过研究,掌握其抵抗滑坡推力的力学机理,提出设计中可靠的力学计算模型,应用于实际工程,则必将使其成为一种重要的抗滑支挡结构。本文拟对捆绑式抗滑桩构建进行阐述,并对其优越性进行初步理论探讨。

2 人工挖孔矩形抗滑桩与钻孔灌注桩对比的优、缺点分析

在重庆地区,滑坡多数以崩坡积土形成的堆积体为滑体,滑面则往往是岩土交界面,在滑坡工程治理的设计中往往采用嵌岩的悬臂式抗滑桩[4]方

注：本文摘自《地下空间与工程学报》(2008年第4卷第3期)。

案,虽然也可采用锚索抗滑桩[4],但由于涉水或其他限制条件,因此仍旧以悬臂式抗滑桩治理方法最为广泛。

在悬臂式抗滑桩的结构设计中,影响造价经济性的因素是截面尺寸和钢筋用量,而这两个因素受滑坡推力作用于桩后形成的内力—弯矩和剪力控制,往往是剪力越大截面尺寸越大,弯矩越大钢筋用量越大[5-7]。而在滑坡工程治理中,影响工程造价的往往是钢筋用量,因此,抵抗弯矩成为抗滑桩设计中影响工程造价的最关键因素,通常桩截面抗剪容易满足,而抗弯不易满足。

2.1 人工挖孔矩形抗滑桩缺陷分析

人工挖孔矩形抗滑桩因其矩形截面,具有比圆形截面桩抗弯性能好的优点。

但其也存在如下三方面问题:

2.1.1 材料浪费,不经济,耗资高;

目前滑坡治理中,普遍采用的大直径抗滑桩多数在2~3m,有桩径4~5m的大桩,加上护壁厚度,挖孔直径更大,因此大量的钢筋混凝土材料埋入地下,造成了高昂的投资。但从受力机理分析上看,这些抗滑桩对滑坡治理的针对性不强,且护壁只是临时支护措施,对抗滑没有作用但需要大量的材料,这些都存在对材料较大的浪费,不经济。

2.1.2 施工安全难以保证;

人工挖孔桩因工人必须在桩孔这样狭窄的作业环境下施工,环境条件恶劣,滑坡体本身稳定性差,且容易受外部条件如下雨、人为扰动等影响,安全性差,人员伤亡事故容易发生。在我国重视人的生存权,重视生产安全,尊重生命的今天,安全措施的生产成本也在不断增加,以往依靠加强管理是从软件上为安全提供保障,但地质灾害治理中,滑坡体本身可能处在不稳定状态,尤其是施工期间碰上雨季,依靠管理来保障安全已经难以实现,在施工工期紧的情况下,安全往往无法保证。

2.1.3 施工期长,受季节影响;

挖孔桩施工,由于采用人工挖孔,人工挖方量大,效率低,同时挖孔施工过程中,必须边开挖边支护,等到护壁达到初凝,才能进行下一步开挖,施工期严重受到挖土方和护壁施工的影响,所需施工期长;逢雨季,往往不能施工,受季节影响大。在当前建设项目中,工期长短直接影响经济效益,治理工程工期拖延,将制约相关其他工程以及整个项目建设,造成巨大经济损失。

2.2 钻孔灌注桩优缺点分析

钻孔灌注排桩在边坡工程中应用较多[8],也用于滑坡治理的应急抢险工程中。其形式是采用钻孔灌注桩,桩平面布置形式可以是单排一字形排列,也可以是双排梅花形布置。桩顶通常设联系梁。

其用于滑坡、边坡治理具有其优越性,主要表现在以下几个方面:

(1)对施工条件要求不高:尤其是施工场地狭窄,边坡开挖没有条件放坡的场地,应用钻孔灌注排桩非常适合。

(2)施工安全性好:钻孔灌注桩施工在地面作业,不需要像人工挖孔桩在地下作业,安全性差。

(3)施工期短:钻孔桩成桩速度快,在滑坡抢险和边坡开挖工期要求紧的工程中,具有其他治理方式不能替代的优越性。

(4)不需要采用钢筋混凝土护壁,不必浪费大量材料在不能抗滑的部位。

钻孔灌注排桩,即便是梅花形布置的双排桩,由于桩间距较远,在受力后,后排桩先受力,变形大,桩顶联系梁与桩间节点容易形成塑性铰,从而使两排桩的整体作用不明显,且桩间以土体为介质,受力形式复杂,比较单排桩的抗弯性能增加不明显,因此计算上依旧按照单排桩设计计算。但钻孔灌注排桩在作为圆形截面的桩,在边坡支护和滑坡治理中也存在其先天的缺陷。因为无论是边坡还是滑坡治理,排桩主要承受侧向力,因此,在其工作条件下,控制条件主要为受弯,即弯矩控制。而作为圆形截面的钻孔灌注桩抗弯性能显然很差,并没有充分利用钢筋和混凝土的材料性能,同样存在材料的浪费而不经济。这一缺陷阻碍了钻孔灌注排桩在边坡、滑坡中的进一步应用。使其成为特定条件下才使用的一种特殊的边坡支护和滑坡治理工程结构形式。

3 捆绑式抗滑桩的提出

根据以上分析,人工挖孔桩和排桩各有其优越性和缺陷。

本文作者为综合人工挖孔桩和排桩的优点,摒弃其缺陷,提出捆绑式抗滑桩这一新的抗滑支挡结构。

3.1 抗滑结构形式

数根钻孔灌注桩紧靠,并在桩顶由墩头联结组合而成的一个结构形式,由于桩底嵌入基岩,可视为固接,因此该结构可以看作是数根圆桩在顶和底端都被捆绑连接的一种整体式抗滑支挡结构。

这些桩可以进行根据推力大小、现场情况,选择不同能够充分利用材料的横截面形态的组合形式,并分类如下:

(1)根据桩径大小是否一致分为:等桩径组合和不等桩径组合形态;

(2)根据桩数量多少分为:双桩组合和多装组合;

(3)根据截面形态分为:矩形组合、T形组合,工字形组合等(见图1 捆绑桩组合形态示意图)。

根据截面形态的整体性分析,图1中的矩形、工字形及T形中的第(3)类整体性最好,在工程中更有实用价值。

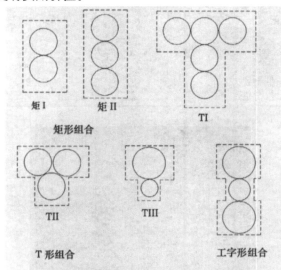

图1 捆绑桩组合形态示意图
Fig.1 The sketch of the trussed anti-sliding piles assembled form

为了便于研究,本处仅考虑使用2根等横截面桩组合形成的矩形组合形式,其桩的立面及截面图见图2、图3。

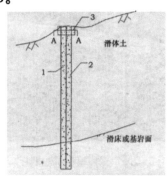

图2 捆绑式抗滑桩典型剖面图
Fig. 2 Cross section of the trussed anti-sliding pile
图中:1—受压桩;2—受拉桩;3—联结墩头。

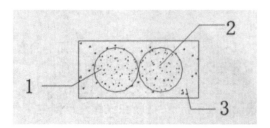

图3 A-A截面
Fig.3 A-A cross section

3.2 组合桩的特点

(1)2根桩组合的捆绑桩,不同于钻孔灌注排桩或梅花桩,由于两桩紧靠,顶部和底部联结,最大程度地保证两根桩共同受力,其整体受力模式有近似于矩形桩的受力特点,具有较好的抗弯性能。

(2)由于是机械钻孔施工,因此具有了钻孔灌注桩的场地环境要求不高、施工安全、工期短等优点。

结合两种桩的优点,摒弃了它们的缺点,捆绑桩具有了其他桩无法比拟的优越性。

捆绑桩由于钻孔灌注施工距离近,必然存在成桩时的相互干扰,本文作者通过对钻孔灌注桩施工现场考察,认为这种干扰和成桩质量的保证是可以通过施工工艺的要求实现的。在工艺上,考虑两根桩受力状态不同,作用不同,可以采用先施工受压桩,待其强度达到60%~70%后,再行施工受拉桩,能够最大限度降低施工的扰动;对于钻进成桩时后施工桩对先成桩的损伤,可以通过控制两桩之间的间距和旋转钻进的速度得以解决。这将在后面的深化研究和论文中进一步解决和论述。

4 捆绑式抗滑桩抗弯性能对比理论分析

捆绑桩显然是比排桩的抗弯性能好,但是好到什么程度,目前我们还没有量化的数据。因为钢筋混凝土结构的桩由于其材料的不均一性,混凝土材料和钢筋抗弯抗拉性能的不一致,结构内部构件互相作用的复杂性等,决定了它需要做大量的实验和理论分析工作,才能对它的抗弯强度性能达到一个更深的理解。

本文为便于分析,在进行条件假定简化外部条件的基础上,进行不同桩型的对比分析,量化捆绑桩的抗弯强度性能。

选取了截面形态不同的矩形桩、正方形桩、圆桩与捆绑式抗滑桩进行对比分析。

利用材料力学的分析方法,并进行如下假设和

条件规定:

(1)假设所分析截面受弯时,截面上只有弯矩 M,且弯矩为常数,剪力为零,即纯弯曲;

(2)假设材料为正交各向同性的均质体,各纵向线段间互不挤压,材料在线弹性范围内工作;材料在拉伸和压缩时的弹性模量相等;

(3)平面假设:即各种桩型包括捆绑式抗滑桩横截面变形后仍保持平面,且仍与纵线正交。

(4)中性轴 z 通过横截面的形心。

(5)截面尺寸:矩形截面为 $b \times h = 1 \times 2$;正方形截面为 $b \times h = 1 \times 1$;圆形截面为:直径 $d = b = 1$;捆绑桩双圆形截面为两个圆形截面组合。

根据材料力学,弯曲正应力在横截面上离中性轴距离越远处,正应力越大,最远端则正应力最大。见公式(1)。

$$\sigma_{max} = \frac{My_{max}}{I_z} = \frac{M}{W_z} \quad (1)$$

W_z 是截面的几何性质之一,称为抗弯截面系数,其值与横截面的形状和尺寸有关。当 σ_{max} 一定时,W_z 越大,截面承受的弯矩 M 越大。因此可以通过比较 W_z 来判断截面抗弯性能。

矩形截面:

$$W_z = \frac{I_z}{h/2} = \frac{bh^3/12}{h/2} = \frac{bh^2}{6} \quad (2)$$

圆形截面:

$$W_z = \frac{I_z}{d/2} = \frac{\pi d^4/64}{d/2} = \frac{\pi d^3}{32} \quad (3)$$

双圆形:

$$W_z = 2\frac{I_z}{d} = 2\frac{I_{zc} + b^2 A}{d}$$

$$= 2\frac{\pi d^4/64 + (\frac{d}{2})^2(\pi(\frac{d}{2})^2)}{d} = \frac{5\pi d^3}{32} \quad (4)$$

为清楚比较各种桩的材料在抗弯能力上利用充分程度和效果,采用了单位截面材料的抗弯截面系数进行对比,称为材料抗弯效能系数: $e = \frac{W_z}{A}$

假定当圆桩截面材料抗弯效能系数为1时,其他桩的材料抗弯效能比为 n。

将各桩型截面尺寸代入公式(2)、(3)、(4),计算结果见表1。

由表1可见,矩形截面抗弯截面系数是正方形的4倍,考虑了单位材料效能,当截面积相同时,也就是该矩形桩与2根正方形桩对比为 $e_{矩形}:e_{正方形} = 2:1$;而捆绑桩抗弯截面系数是圆桩的5倍,考虑单位材料效能,$e_{捆绑桩}:e_{圆桩} = 2.5:1$。显然捆绑桩抗弯效能相对于圆桩增加比矩形相对于正方形效能的增加更加明显。综合各桩型材料抗弯效能对比,矩形桩(2.67) > 捆绑式抗滑桩(2.5) > 正方形桩(1.33) > 圆桩(1),矩形桩抗弯效能最高,捆绑桩稍逊,圆桩最差。

表1 各桩型抗弯性能比对

Table 1 The moment-resistant capability contrast of 4 kinds of piles

桩类型	桩截面形状	尺寸	截面面积 A	抗弯截面系数 W_z	材料抗弯效能系数 e	材料抗弯效能比 n
矩形桩	矩形	$b \times h = 1 \times 2$	2	2/3	1/3	2.67
正方形桩	正方形	$b \times h = 1 \times 1$	1	1/6	1/6	1.33
圆桩	圆形	$d = 1$	$\pi/4$	$\pi/32$	1/8	1
捆绑式抗滑桩	双圆形	$d = 1$	$\pi/2$	$5\pi/32$	5/16	2.5

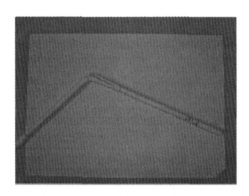

图4 单棒模型试验照片

Fig. 4 Single-stick model (photo)

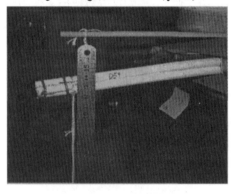

图5 双棒模型试验照片

Fig. 5 Trussed double-sticks model (photo)

考虑钢筋混凝土结构的材料并非均一,且抗拉、抗压弹性模量并不相同,但可以通过钢筋的配置,使结构材料性能得到更加充分的发挥。因此,理论上的捆绑桩在考虑钢筋增强效果条件下,应该比圆桩效能有大于2.5倍的提高。

通过以上对比,可见理论上捆绑式抗滑桩在抗弯性能上是具有其独特的优越性的。

5 实验研究

鉴于以上理论对比分析是建立在多种假设基础上的理想状态的分析,而实际情况远比上述假设情况复杂,不能满足前述假定,也就不大可能达到以上分析的效果,也就是达到圆桩2.5倍抗弯效果。

但实际效果如何,下面通过较为简便的模型实验(见图4及图5)来模拟比较捆绑式抗滑桩与圆桩,初步量化确定捆绑桩的抗弯效能。

实验方法是选择适当材料制成一定尺寸圆柱形棒,对单根棒模型和两根棒通过粘接、绑扎两端头形成类似捆绑桩的模型进行悬臂加载,获得模型的极限承载和破坏荷载值,对加载的实验结果进行对比,最后获得捆绑桩抗弯效果初步的量化评价。

材料选择:选用质地均匀的兰竹,其材料特性呈近似正交各向同性。

形状尺寸:圆柱竹棒长37cm,直径9mm,悬臂长17cm。

表2 模型承载实验成果
Table 2 Experiment result of model carrying capacity

	编号	D1#(s)	D2#(s)	D3#(s)	D4#(s)	D5#(s)	D6#(s)	D7#(s)	D8#(s)	D9#(s)	D10#(s)	均值
单棒	极限承载(kg)	7	6.5	5	5	5	3.5	6.5	4	4	4.5	4.6875
	破坏荷载(kg)	8	7	5.5	5.5	5.5	4	7	4.5	4.5	5	5.1875
	极限承载时位移(mm)	99.5	96	46.5	47.5	44.5	51	55	47	36.5	44	46.5
	极限承载弯矩(kNm)	11.662	10.829	8.33	8.33	8.33	5.831	10.829	6.664	6.664	7.497	7.81
	编号	D1#	D2#	D3#	D4#	D5#	D6#	D7#	D8#	D9#	D10#	
捆绑棒	极限承载(kg)	17	19	19	20.5	18	17	18	18	18	19	18.3125
	破坏荷载(kg)	17.5	20	20	21	19	18	19	19	19	20	19.1875
	极限承载时位移(mm)	47.5	50.5	37	63.5	56	46.5	43	18	43.5	21	48.4375
	极限承载弯矩(kNm)	28.322	31.654	31.654	34.153	29.988	28.322	29.988	29.988	29.988	31.654	30.51

模型制作:将兰竹制成圆柱形棒,单桩采用单根竹棒,捆绑桩采用2根竹棒并将两端牢固绑扎。

加载方式:采用分级加载方式,每级加载0.5 kg/4.9kN或1.0kg/9.8kN,直至棒体破坏。

在单根棒加载过程中发现,由于受竹背相对质密强度高,而竹腹相对质疏强度低的影响,单棒 D1#(s)和D2#(s)竹背朝上,极限承载和破坏荷载相对较高,为便于比较,试验的单棒D3#(s)～D10# (s),以及捆绑棒的D1#~D10#都是将竹腹朝上。

对比实验结果见表2。

由于这里采用承载力均值进行比较。由于D1 #(s)和D2#(s)存在实验条件不同,以及D8#和D10#在实验过程中受到人为因素影响,这里不参与统计。

通过对极限承载的统计取其均值,单棒极限承载力均值为:4.75kg,捆绑棒极限承载力均值为:18.3125kg,单棒极限承载弯矩均值:7.81kN·m,捆绑棒极限承载弯矩均值:30.51kN·m,捆绑棒极限承载弯矩均值是单棒的3.907倍,与理论分析的捆绑桩抗弯截面系数是圆桩的5倍相比较,捆绑桩只能达到3.907倍,接近4倍,也就是相同材料抗弯能力增加了1.953倍。这是理论与实际状态的差别,由多种因素造成。但如果捆绑式抗滑桩抗弯能力能达到3.9倍于圆桩,则该抗滑桩比圆桩节约近50%,充分证明了捆绑式抗滑桩克服了圆桩的缺陷,吸收了矩形桩的抗弯性能优点。如果考虑钢筋混凝土结构,通过配筋增强抗拉侧的强度,可进一步提高该种抗滑桩的抗弯能力。

6 小结

通过以上理论分析和模型实验的验证,可得如下结论:

(1)人工挖孔矩形抗滑桩存在材料浪费,不经济,施工安全性差,施工期长,受季节降雨等影响等缺点,但抗弯性能好;而钻孔灌注桩有施工安全性好,施工期短,受季节降雨等影响小,不浪费材料在护壁上等优点,但抗弯性能差。

(2)结合人工挖孔矩形抗滑桩和钻孔灌注桩的优点,摒弃其缺点,提出了一种新型抗滑支挡结构—捆绑式钻孔灌注抗滑桩。

(3)理论分析表明在理想状态下,各桩型矩形桩:捆绑式抗滑桩:正方形桩:圆桩材料抗弯效能对比为2.67∶2.5∶1.33∶1,均质材料的捆绑式抗滑桩抗弯效果明显,具有其优越性。

(4)通过悬臂加载的模型实验研究,捆绑桩相对于单桩抗弯性能提高3.907倍,提高效果显著,显示了它在承载侧向力抗弯上的优越性。

(5)"捆绑式"钻孔灌注抗滑桩结构是一种新型的抗滑支挡结构,由于它具有施工安全性好、施工期短、不受降雨等季节性影响,对施工条件要求不高等优点,随着研究深入,必将成为一种重要、应用广泛的支挡结构。

参考文献:

[1] 雷文杰,郑颖人,王恭先,等.沉埋桩加固滑坡体模型试验的机制分析[J].岩石力学与工程学报,2007,26(7):1347-1355.(LEI Wenjie, ZHENG Yingren, WANG Gongxian etc. Mechanism Analysis of Slope Reinforcement with Deeply Buried Piles with Model Test, Chinese Journal of Geotechnical Engineering, 2007, 26(7):1347-1355. (in Chinese))

[2] 雷文杰,郑颖人,冯夏庭.滑坡加固系统中沉埋桩的有限元极限分析研究[J].岩石力学与工程学报,2006,25(1):27-33.(LEI Wenjie, ZHENG Yingren, FENG Xiating et al. Limit Analysis of Slope Stabilized by Deeply Buried Piles with Finite Element Method. Chinese Journal of Geotechnical Engineering, 2006, 25(1):27-33. (in Chinese))

[3] 王凯,郑颖人.捆绑式抗滑桩结构及施工方法发明专利[P].中国:ZL2005 1 0020441.9, 2005.2.28. (WANG Kai, ZHENG Yingren etc. The Trussed Slide-Resistant Pile's Structure & Construction Method invention patent[P]. China:ZL2005 1 0020441.9, 2005.2.28. (in Chinese))

[4] 中华人民共和国行业标准编写组.《地质灾害防治工程设计规范》(DB50/5029-2004)[S].[s.l.]:[s.n.], 2004. (The Professional Standards Compilation Group of People's Republic of China. Design Specifications of Implementation Project for Geologic Hazards (DB50/5029-2004)[S].[s.l.]:[s.n.], 2004. (in Chinese))

[5] 《建筑基坑支护技术规程》[S]. JGJ120-99. (Technical Specification for Retaining and Protection of Building Foundation Excavations, JGJ120-99)

[6] 《混凝土结构设计规范》[S]. GB50010-2002. (Code for design of concrete structures)

[7] 《建筑边坡工程技术规范》[S]. GB50330-2002. (Technical Code for Building slope engineering [S]. GB50330-2002)

[8] 王凯,郑颖人等.钻孔灌注桩边坡支护变形规律研究[J].地下空间与工程学报,2007,3(4):642-646. (WANG Kai, ZHENG Yingren etc. The Research of Deformation's Regulation of Slope Protection Applying the Bored Pile [J]. Chinese Journal of Underground Space and Engineering, 2007, 3(4):642-646. (in Chinese))

地震边坡破坏机制及其破裂面的分析探讨

郑颖人[1,2]，叶海林[1,3]，黄润秋[3]

(1. 后勤工程学院 军事建筑工程系，重庆 400041；2. 重庆市地质灾害防治工程技术研究中心，重庆 400041；
3. 成都理工大学 地质灾害防治与地质环境保护国家重点实验室，四川 成都 610059)

摘要：地震作用下边坡破坏机制是边坡动力稳定性分析的前提，目前主要采用拟静力与动力有限元时程分析的方法进行分析，认为地震边坡破坏机制为剪切破坏，并以极限平衡法计算得到的剪切滑移面作为地震动力作用下的破裂面，而不考虑地震荷载作用下的拉破坏，从而使地震边坡稳定性分析失真。汶川地震边坡调研发现，滑坡上部多数发生拉破坏，甚至有些岩土体被抛出，这是一个很好的启示，为此，采用 FLAC 动力强度折减法，结合具有拉和剪切破坏分析功能的 FLAC^{3D} 软件对地震边坡破坏机制进行数值分析。计算表明，地震边坡的破坏由边坡潜在破裂区上部拉破坏与下部剪切破坏共同组成，而不是剪切滑移破坏，通过多种途径给出地震边坡破裂面位置的确定方法，为边坡动力稳定性分析提供更加准确的基础。

关键词：边坡工程；地震；破坏机制；破裂面；动力有限差分法

中图分类号：P 642.22　　　**文献标识码**：A　　　**文章编号**：1000 – 6915(2009)08 – 1714 – 10

ANALYSIS AND DISCUSSION OF FAILURE MECHANISM AND FRACTURE SURFACE OF SLOPE UNDER EARTHQUAKE

ZHENG Yingren[1,2], YE Hailin[1,3], HUANG Runqiu[3]

(1. Department of Civil Engineering, Logistical Engineering University, Chongqing 400041, China; 2. Chongqing Engineering and Technology Research Center of Geological Hazard Prevention and Treatment, Chongqing 400041, China; 3. State Key Laboratory of Geohazard Prevention and Geoenvironment Protection, Chengdu University of Technology, Chengdu, Sichuan 610059, China)

Abstract: The failure mechanism of slope under earthquake is the premise of slope's dynamic stability analysis. Presently, pseudo-static method and dynamic time-history analysis method are commonly used, which regard the failure mechanism of slope under earthquake as shear failure, and take the shear sliding surface obtained by limit equilibrium method as failure surface under dynamic effect of earthquake without considering the tension failure under seismic load. It may lead to inaccuracy in the stability analysis of slope under earthquake. Investigation of the slopes during Wenchuan earthquake shows that tension failures mostly appear in the upper part of the landslides, and even some rock and soil masses are thrown out, which is an obvious enlightenment. So the FLAC dynamic strength reduction and program of FLAC^{3D} with the function of tensile and shear failure analysis are adopted to study failure mechanism of slope under earthquake numerically. The study shows that the failure of slope under earthquake is made up of the tension failure in the upper part of the fracture zone and the shear failure in the lower part instead of shear sliding failure. A method of locating the fracture surface of slope under earthquake through several ways is provided, which is an accurate foundation for dynamic stability analysis of slopes.

Key words: slope engineering; earthquake; failure mechanism; fracture surface; dynamic finite difference method

注：本文摘自《岩石力学与工程学报》(2009 年第 28 卷第 8 期)。

1 引 言

地震诱发的边坡滑动是主要的地震地质灾害类型之一，在山区和丘陵地带，地震诱发的滑坡往往具有分布广、数量多、危害大的特点。5·12 汶川大地震诱发了大量的滑坡，造成了巨大的经济损失和人员伤亡。据统计，汶川地震滑坡造成的次生灾害损失占整个地震损失的约 1/3。地震边坡稳定性分析已成为岩土工程界和地震工程界的重要课题之一。在边坡稳定性分析中，首先要知道边坡的破坏机制，弄清破裂面的性质和位置。在当前地震边坡动力稳定性分析中，一般仍然假定边坡是剪切破坏[1~5]，通过极限平衡分析搜索得到边坡滑移面并求得安全系数，以此评价地震边坡的稳定性[6~8]。然而 5·12 汶川地震边坡破坏现象的调查发现：滑坡上部多数发生拉破坏，甚至有些岩土体被抛出[9~11]，这是一个很好的启示，为此，必须弄清地震边坡在动力作用下破裂面的性质与位置，在此基础上，才能更加准确地评价地震边坡的稳定性。本文利用 FLAC 动力强度折减法结合具有拉和剪切破坏分析功能的 FLAC^{3D} 软件分别分析了具有风化层的岩质边坡和土质边坡在地震作用下的破坏机制，主要分析了不同时刻边坡拉破坏区和剪切破坏区的情况，探讨了地震边坡破坏机制、过程，明确了破裂面性质与位置，为地震边坡动力稳定性分析提供了更加可靠的基础。

2 FLAC 动力强度折减法简介

2.1 FLAC 动力强度折减法原理

静力下的有限元强度折减法是将边坡体的抗剪强度指标 c 和 $\tan\varphi$ 分别折减 ω，折减为 c/ω 和 $\tan\varphi/\omega$，使边坡达到极限平衡状态，此时边坡的折减系数即为安全系数。目前该方法在静力条件下，已经非常成熟[12, 13]。在 FLAC 中同样可以采用强度折减法计算边坡的安全系数[14]。

当前，地震边坡破坏机制借用静力下边坡破坏机制，认为地震边坡破坏的主要原因是岩土体的剪切破坏，而忽视了岩土体的拉破坏对边坡破坏的影响，与汶川地震边坡破坏现象不符，实际上边坡破坏是滑动岩土体受拉和受剪的复合破坏作用，特别是边坡体在地震动往复运动中，边坡岩土体更易发生拉破坏，故边坡地震动破坏分析除了要考虑边坡体的剪切破坏，还要考虑边坡体的拉破坏。为此本文在进行强度折减的时候既考虑了剪切强度参数的折减，又考虑了抗拉强度参数的折减：

$$c' = \frac{c}{\omega}, \quad \varphi' = \arctan\left(\frac{\tan\varphi}{\omega}\right) \quad (1)$$

$$\sigma'_t = \frac{\sigma_t}{\omega} \quad (2)$$

式中：σ_t 为折减前的岩土体抗拉强度；c'，φ'，σ'_t 分别为折减后岩土体黏聚力、内摩擦角和抗拉强度。

本文采用以下方法进行地震边坡的破坏机制分析：施加地震荷载进行 FLAC 动力分析，采用式(1)，(2)逐渐降低边坡或者软弱结构面上的强度参数，直到获得地震边坡的破裂面，以分析破裂面性质与位置。

2.2 动力边坡破坏条件探讨

目前，静力条件下边坡破坏 3 个条件：以塑性区或者等效塑性应变从坡脚到坡顶贯通作为边坡整体失稳的标志；以土体滑移面上应变和位移发生突变作为标志；以有限元静力平衡计算不收敛作为边坡整体失稳的标志[15]。静力计算时，塑性区贯通是边坡破坏的必要条件，但不是充分条件，土体滑移面上应变和位移发生突变是边坡破坏的标志，相应有限元计算不收敛。FLAC 应用静力强度折减计算边坡的安全系数时采用计算不收敛作为边坡破坏的标志[14]。本文进行边坡动力失稳破坏分析时，认为也可以从这 3 方面综合判断破坏是否处于破坏状态：首先看破裂面是否贯通，然后看潜在滑体位移是否突然增大，但考虑到边坡在地震作用下处于振动状态，地震荷载是变化的，因而位移也会随之发生突变，所以与静力问题不同，单凭位移突变尚难以判断破坏，还必须考虑计算中力和位移是否收敛。如果上述 3 个条件都满足就可以判断滑坡已经破坏。本文主要研究破裂面的性质与位置，有关边坡动力稳定性分析将在以后进行研究，因此，本文将边坡参数折减至获得动力破裂面即可，不需要知道此时边坡是否动力失稳破坏，对应的折减系数也不是边坡的动力稳定性系数。

3 风化岩质边坡动力破坏机制分析

本文通过风化岩质边坡和土坡 2 个算例，分别分析其在地震作用下破坏时单元破坏状态、位移和剪应变增量、节理单元的接触状态等，据此确定破裂面的性质和位置。

3.1 风化岩质边坡算例概况

坡面有风化层的岩质边坡，如图 1 所示。边坡高度为 30 m，坡角为 45°，风化层高度为 20 m，岩体物理力学参数如表 1 所示。输入的水平地震波为截取的一段 20 s 的集集地震波，相应的水平加速度峰值为 7.05 m/s²，输入的水平向加速度–时间曲线如图 2 所示。FLAC³ᴰ 计算时岩体材料为弹塑性材料，采用 Mohr-Coulomb 强度准则，边界条件采用自由场边界，阻尼采用局部阻尼，阻尼系数为 0.15，先进行静力计算，后进行动力计算[14]。边界范围至少满足静力条件下的计算精度，本算例计算边界：坡脚到左端边界的距离为坡高的 1.5 倍，坡顶到右端边界的距离为坡高的 2.5 倍，上下边界总高为坡高 2 倍[13]。

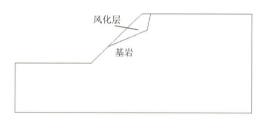

图 1　风化岩质边坡示意图

Fig.1　Schematic diagram of weathered rock slope

表 1　岩体物理力学参数

Table 1　Physico-mechanical parameters of rock masses

介质	重度/(kN·m⁻³)	黏聚力/MPa	内摩擦角/(°)	剪切模量/GPa	体积模量/GPa	抗拉强度/MPa
基岩	25	1.00	47	18.70	28.40	0.70
风化层	25	0.03	40	1.65	3.04	0.01

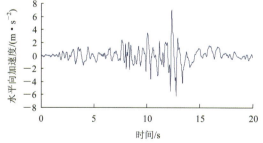

图 2　风化岩质边坡输入的水平向加速度–时间曲线

Fig.2　Input horizontal acceleration-time curve of weathered rock slope

3.2 风化岩质边坡动力破坏机制分析

风化层岩质边坡在输入地震波作用的过程中，边坡岩土体塑性状态、位移和应变必将随之发生变化，本节通过分析风化岩质边坡岩体和风化层参数折减系数均为 1 时不同时刻单元破坏状态、剪应变增量和位移云图、岩层分界面设置的节理单元接触状态，以得到风化岩质边坡在地震作用下破坏机制和确定破裂面位置。

3.2.1 根据单元破坏状态分析

图 3 为不同时刻岩质边坡塑性区，如图 3(a)所示，t = 4.0 s 时风化层上部靠近岩层分界面处两个单元发生拉剪破坏，一个单元发生拉破坏，风化层下部靠近分界面位置，单元发生剪破坏，边坡仅在风化层中坡顶平面靠近岩层分界面处局部发生了拉破坏。如图 3(b)所示，t = 8.0 s 时滑体上部拉破坏的单元逐渐增多，滑体上大部分单元都发生拉破坏或者剪破坏，发生拉破坏和剪破坏的单元集中在风化层中岩层分界面的上部，显然，风化层上部发生拉破坏的深度在增加。风化层中只有个别单元既没有发生拉破坏也没有发生剪破坏。如图 3(c)所示，t = 12.5 s 时输入的地震波达到峰值，边坡风化层中除个别单元发生剪破坏以外，绝大部分单元都发生拉破坏和剪破坏，并在岩层分界面上部发生拉裂缝。如图 3(d)所示，t = 16.0 s 时塑性状态可以看出风化层部分所有的单元都发生拉破坏和剪破坏，并且岩层分界面上部裂缝扩大并向下发展，由于风化层和基岩在 FLAC 划分网格时拥有相同的节点，有限元计算时位移一致，故滑体由于拉破坏形成裂缝不能反映真实情况下拉裂缝，实际上拉破坏形成的拉裂缝会比图中显示的更明显，滑体上部与基岩之间将完全拉开，这个问题将在下面通过在分界面处设置接触单元进一步地分析。如图 3(e)所示，t = 20.0 s 时裂缝扩大到滑体上部靠近岩层分界面处所有单元，并且所有的单元都发生拉破坏和剪破坏。从不同时刻的单元的破坏状态可以看出，在地震荷载的作用下，边坡上部单元先发生拉破坏，并在岩层分

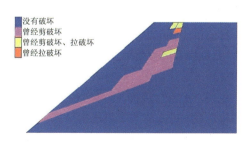

(a) t = 0.4 s

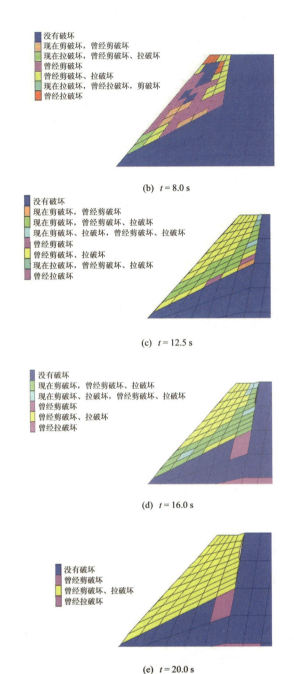

(b) $t = 8.0$ s

(c) $t = 12.5$ s

(d) $t = 16.0$ s

(e) $t = 20.0$ s

图 3 不同时刻风化岩质边坡塑性区

Fig.3 Plastic zones of weathered rock slope at different times

界面上部产生拉裂缝，边坡下部单元先发生剪破坏，随着地震的持续作用，拉裂缝的深度增大，潜在滑体上所有的单元发生拉破坏和剪破坏。

3.2.2 根据位移和剪应变增量分析

如果边坡发生破坏，滑体部位相对于不滑部位必将产生较大的相对位移，本算例中在风化层潜在滑体部位选取一个关键点，其相对于未滑部分一点的相对位移 – 时间曲线如图 4 所示。从图 4 可以看出，相对位移在 $t = 12.5$ s 时发生较大突变，与峰值

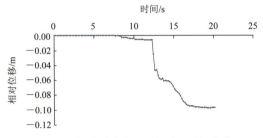

图 4 风化岩质边坡相对位移 – 时间曲线

Fig.4 Curve of relative displacement-time of weathered rock slope

加速度时刻相对应，突变后，相对位移继续增大，此时边坡有可能失稳破坏，但还不足以判断边坡已经整体失稳，也可能还处于稳定状态。如果边坡已经整体失稳，那么边坡破坏主要发生在 $t = 12.5 \sim 16.0$ s，是一个过程，而不是在某一时刻完成。

图 5 为不同时刻岩质边坡剪应变增量云图。如图 5(a)所示，从 $t = 4.0$ s 时剪应变增量云图可以看出，靠近岩层分界面处，剪应变较小，最大只有 3×10^{-5}，此时剪切破坏形成的塑性区没有贯通，通过前面单元破坏状态分析，边坡也只在风化层中坡顶平面靠近岩层分界面处局部发生了拉破坏，综合以上判断拉剪破裂面还没有形成。如图 5(b)所示，从 $t = 8.0$ s 时剪应变增量云图来看，剪切破坏形成的塑性区没有贯通，但是通过前面单元破坏状态分析，$t = 8.0$ s 时风化层中周边单元都发生拉破坏或者剪破

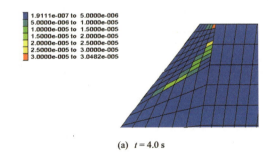

(a) $t = 4.0$ s

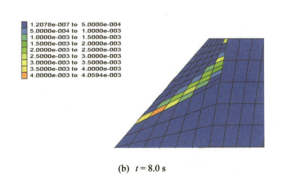

(b) $t = 8.0$ s

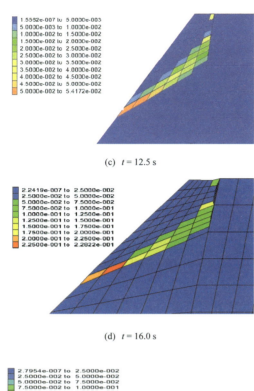

(c) t = 12.5 s

(d) t = 16.0 s

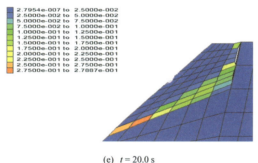

(e) t = 20.0 s

图 5 不同时刻风化岩质边坡剪应变增量云图

Fig.5 Nephograms of shear strain increment of weathered rock slope at different times

坏，综合判断已经形成贯通的破裂面，其中破裂面上部为拉破坏，下部为剪切破坏形成的滑移带，但此时边坡并没有破坏，这点和静力边坡有限元分析相同，破裂面贯通也不能作为边坡动力失稳的有限元判据。从图 5(c)中 t = 12.5 s 时剪应变增量云图来看，剪破坏形成的塑性区没有贯通，但结合前面单元破坏状态分析，岩层分界面上部发生拉裂缝，此时拉破坏和剪切破坏组成的破裂面已经贯通。从 t = 16.0 s 和 20.0 s 时剪应变增量云图(见图 5(d), (e))可以看出，剪切滑移带与拉裂缝形成的破裂面更加明显。

从图 6(a)中 t = 12.5 s 时的水平位移云图也可以明显看到贯通的破裂面，破裂面由上部拉裂缝和下部剪切滑移带组成。地震作用完毕时 t = 20.0 s 的水平位移云图(见图 6(b))也可以清晰地看到由拉裂缝

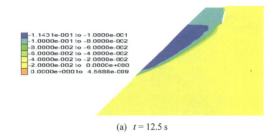

(a) t = 12.5 s

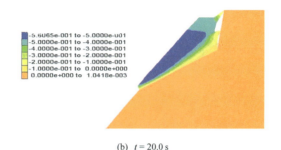

(b) t = 20.0 s

图 6 不同时刻风化岩质边坡水平位移云图(单位：m)

Fig.6 Nephograms of horizontal displacement of weathered rock slope at different times(unit：m)

和剪切滑移带组成的贯通的破裂面。从不同时刻的位移和剪应变增量可以看出，随着地震的持续作用，剪切破坏逐渐由坡脚向上发展，上部拉裂缝的深度逐渐增加，直到拉裂缝与剪切滑移带形成贯通的破裂面，并且可以发现地震作用下边坡破坏往往是一个过程，而不是在某时刻完成。

3.2.3 根据分界面设置的节理单元接触状态分析

为了更好地分析风化层岩质边坡动力作用中的破坏过程，在风化层与基岩之间设置接触单元，地震动作用下不同时刻接触单元的接触情况如图 7 所示。从图 7 可以看出，施加地震动荷载后，t = 4.0 s 时接触单元大部分都是接触状态，只有在靠近坡顶平面和坡脚处于非接触状态，主要是重力的作用影响较大，接触单元上部拉裂，同时滑体会产生向下的滑动，坡脚处位移最大，所以坡脚也处于非接触状态。但是从 t = 8.0 s 开始，滑体上部的接触单元全部处

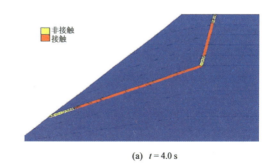

(a) t = 4.0 s

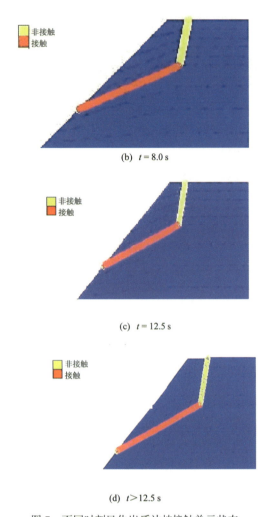

(b) $t = 8.0$ s

(c) $t = 12.5$ s

(d) $t > 12.5$ s

图 7　不同时刻风化岩质边坡接触单元状态

Fig.7　States of contact elements of weathered rock slope at different times

于非接触状态，滑体下部的接触全部处于接触状态。主要是由于地震动作用将滑体上部接触全部拉裂，同时产生向下的滑动，故滑体下部不分离。这同样说明了风化层岩质边坡在地震动力作用下的破坏是由滑体上部拉破坏，下部剪切破坏共同组成。破裂面由拉破坏形成的裂缝和剪切破坏形成的剪切滑移带共同组成。

3.3　风化岩质边坡破裂面的位置

根据节 3.2 的分析，破裂面由拉裂缝和剪切滑移带共同组成，将受拉裂缝和剪切破坏区形成的滑移带连接起来就是该岩质边坡动力作用下的破裂面，如图 8 所示。从图 8 可以看出，动力作用下的破裂面和岩层分界线十分接近，这与祁生文等[5]的研究中滑体基本上沿着岩层分界线滑动的结论一致。风化层岩质边坡动力失稳基本上是风化层的破坏，这也和汶川地震滑坡现场调查研究得出的结论一致。

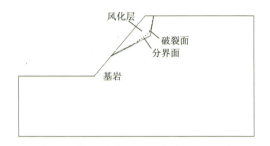

图 8　风化岩质边坡动力破裂面位置示意图

Fig.8　Location of fracture surface of weathered rock slope under dynamic loading

4　土坡动力破坏机制分析

4.1　土坡算例概况

均质土坡，边坡高度为 20 m，坡角为 45°，剪切模量为 29.8 MPa，体积模量为 64.5 MPa，抗拉强度为 0，重度为 20 kN/m³，黏聚力为 40 kPa，内摩擦角为 20°，地震作用参数采用人工合成的地震波，相应的水平加速度峰值 $a_{h\max} = 1.29$ m/s²，作用时间为 $t = 16.0$ s。输入的水平向加速度 - 时间曲线如图 9 所示。在进行动力计算之前先进行静力计算。FLAC^{3D} 计算时土体材料为弹塑性材料，采用 Mohr-Coulomb 强度准则，边界条件采用黏滞边界加上自由场边界，阻尼采用局部阻尼，阻尼系数为 0.15。为了模拟剪切波向上传播对边坡动力破坏的作用，动力荷载从边坡底部输入，由于底部动力计算边界采用了黏滞边界，故输入动力荷载时首先将加速度时程转化成速度时程，再进一步转化成应力时程，将应力时程施加到边坡底部[14]。计算边界范围至少需要满足静力条件下的计算精度。

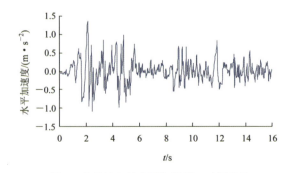

图 9　土坡输入的水平加速度 - 时间曲线

Fig.9　Input horizontal acceleration-time curve of soil slope

4.2 土坡动力破坏机制分析

本文进行土坡动力破坏分析时,将土体参数逐渐折减至获得土坡的动力破裂面,通过分析土体参数折减系数为 1.2 时不同时刻单元破坏状态、位移和剪应变增量以得到土坡在地震作用下破坏机制和确定破裂面位置。

4.2.1 根据单元破坏状态分析

图 10 为不同时刻土坡塑性状态,$t = 2.0$ s 时,输入的地震波达到峰值,此时土坡塑性状态如图 10(a) 所示,可以看出:此时的边坡坡顶后沿、坡面和坡脚一定深度内发生拉破坏,坡顶向下发生拉破坏的深度平均约为 4 m,坡面向下发生拉破坏的深度约为 1 m,其余的大部分土体单元均发生剪破坏,个别单元发生拉破坏和剪破坏。当输入的地震波到达 $t = 4.5$ s 时,此时的地震波也到第二次峰值。从图 10(b) 可以看出:此时边坡坡顶后沿、坡面和坡脚一定深度内均发生拉破坏且发生拉破坏的深度增大,坡顶平面向下发生拉破坏的深度平均约为 6 m,坡面向下发生拉破坏的平均深度大约为 3 m,坡面和坡顶单元同时发生拉破坏和剪切破坏的单元增多,其余土体单元受剪力的作用。随着地震动持续进行,

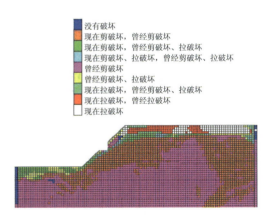

(a) $t = 2.0$ s 时刻

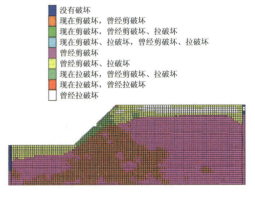

(b) $t = 4.5$ s

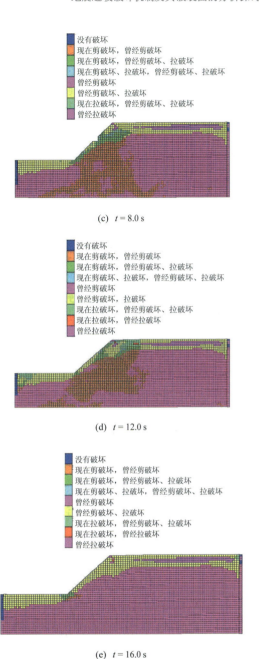

(c) $t = 8.0$ s

(d) $t = 12.0$ s

(e) $t = 16.0$ s

图 10 不同时刻土坡塑性状态

Fig.10 Plastic state of soil slope at different times

从图 10(c)~(e)可以看出:坡顶后沿、坡面部位拉剪破坏的影响深度基本没什么变化,从塑性区云图看,拉破坏和剪破坏的范围也没有太大的变化。最终到地震终止时 $t = 16.0$ s 时,坡顶平面一定深度内均是拉破坏和剪破坏,坡面往下一定深度也是拉破坏和剪破坏,拉破坏和剪破坏深度比坡顶处小,其余土体均受剪应力作用。

4.2.2 根据位移和剪应变增量分析

边坡潜在滑体相对于破裂面后不滑部分中的一点相对位移 - 时间曲线如图 11 所示:$t = 2.0$ s 时潜

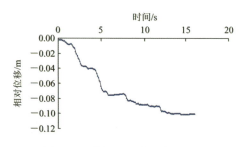

图 11 土坡相对位移-时间曲线

Fig.11 Curve of relative displacement-time of soil slope

在滑体水平相对位移仅有 0.02 m，此时输入的地震波加速度达到峰值时刻，此时边坡没有破坏。故地震波达到最大值时不一定是边坡动力破坏的时刻，这与已有的研究是一致的[8]。到 $t = 4.5$ s 时，潜在滑体已经发生了比较大的相对位移，而且相对位移突变，突变完成后相对位移达到 0.08 m，从 $t = 4.5$ s 开始潜在滑体产生较大的水平滑动，但是没有剧烈的突变，直到地震波作用时间 $t = 12.0$ s 后出现不变的相对位移，但边坡是否整体失稳，还需要进一步的分析。

图 12 为不同时刻的土坡剪应变增量云图，从图 12(a)中 $t = 2.0$ s 时剪应变增量云图也可以看出，最大剪应变增量为 1.4×10^{-2}，且只是集中在坡脚附近，没有贯通的剪切滑移面，表明拉破坏区和剪切滑移面构成的破裂面没有贯通。地震波此时达到峰值，但是土坡并没有形成贯通的破裂面，更不可能破坏，故进一步证明地震波达到最大值时不一定是边坡动力破坏的时刻。从图 12(b)中 $t = 4.5$ s 剪应变增量云图可以看出：剪应变增量最大值为 4×10^{-2}，此时的边坡剪应变增量云图从坡脚往上将要贯通，距离坡顶平面约 6 m，与拉裂区相近，表明上部拉裂区与下部剪切滑移面已经形成拉剪贯通的破裂面。从图 12(c)~12(e)中 $t = 8.0$ s，12.0 s，16.0 s 时刻的剪应变增量云图均可以清晰地看到拉破坏和剪破坏组成的贯通的破裂面。从土坡地震荷载作用下不

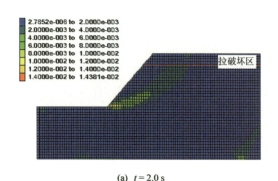

(a) $t = 2.0$ s

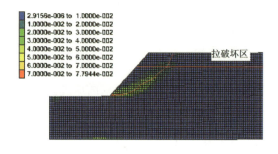

(b) $t = 4.5$ s

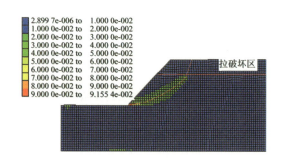

(c) $t = 8.0$ s

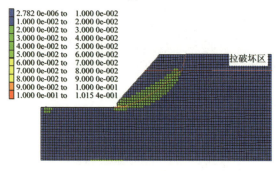

(d) $t = 12.0$ s

(e) $t = 16.0$ s

图 12 不同时刻土坡剪应变增量云图

Fig.12 Nephograms of shear strain increment of soil slope at different times

同时刻的剪应变增量云图中可看出，随着地震的作用，剪应变增量慢慢增大，到地震结束时，剪应变增量最大值达到 0.1，剪应变增量从坡脚向坡顶延伸，但是剪应变没有贯通，这是由于地震作用下坡

顶向下一定深度发生拉破坏，实际情况是土坡在地震作用下已经形成拉裂缝和剪切破坏共同组成的破裂面，并且破裂面已经贯通。综合以上分析可知，土坡在地震动作用下的破坏也是一个过程，算例土坡如果动力破坏，那么其破坏时间为 $t=4.5\sim12.0$ s。土坡在地震作用下的破坏主要是由地震作用下坡顶上部拉破坏和从坡脚开始的圆弧形的剪切破坏共同组成。边坡动力破坏与静力破坏最大的不同在于坡顶向下拉破坏的深度要大得多，故动力边坡稳定性分析时不能忽略拉破坏的影响。

4.3 土坡动力失稳破裂面位置

土质边坡土体参数折减系数为 1.2 时，动力 FLAC 计算得到的塑性云图和剪应变增量云图如图 13，14 所示，从图中可以看出边坡上部区域拉破坏，拉破坏平均深度为 6.0 m，局部深度达到 9.8 m，下部区域主要为剪切破坏，剪应变从坡脚向上延伸，直到距离坡顶 5.6 m 处，这样形成贯通的破裂面，上部拉破坏下部剪破坏，将剪切增量云图中每个水平面上剪应变增量较大的点连起来，加上拉破坏形成的拉裂缝，就得到边坡动力作用下的破裂面。静力情况下土坡极限状态下的剪应变增量云图如图 15

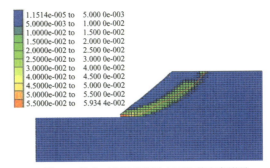

图 15　静力下土坡极限状态下的剪应变增量

Fig.15　Shear strain increment of static soil slope under limit state

所示。静力情况下折减系数为 1.3 时土坡的滑面与地震作用下土坡的破裂面对比如图 16 所示。从图 16 可看出动力作用下破裂面较浅，这与试验现象[16]和实际地震作用下边坡破坏现象相符。以上分析可知可以根据动力有限元计算得到的单元拉破坏与剪切破坏状态云图、塑性应变增量云图、水平位移云图判断土坡地震作用下破裂面的位置。

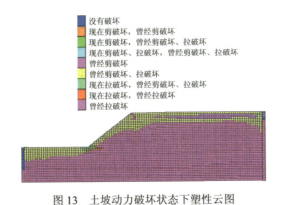

图 13　土坡动力破坏状态下塑性云图

Fig.13　Plastic nephogram of soil slope under dynamic failure

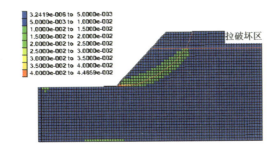

图 14　土坡动力破坏状态下剪应变增量云图

Fig.14　Shear strain increment nephogram of soil slope under dynamic failure

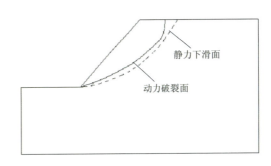

图 16　计算得到的破裂面对比图

Fig.16　Comparison of calculated diagram of fracture surfaces

5　结　论

(1) 边坡在地震作用下破坏机制表现在边坡体的上部拉破坏和下部的剪切破坏。风化层岩质边坡岩层分界线处上部拉裂和下部剪切破坏，最终形成了贯通的破裂面。土坡主要是坡顶向下一定深度内的拉破坏，坡脚向上延伸的剪切滑移带，最终二者连通形成贯通的破裂面。

(2) 动力作用下边坡破裂面可以根据动力计算得到的单元拉破坏与剪切破坏状态云图、剪切应变增量云图和水平位移云图综合确定。

(3) 地震边坡动力破坏是随时间发展的，而且往往不是在某一时刻突然破坏，而是在一个时间过程内完成的。

参考文献(References)：

[1] 刘红帅,薄景山,刘德东. 岩土边坡地震稳定性分析研究评述[J]. 地震工程与工程振动, 2005, 25(1): 164 - 171.(LIU Hongshuai, BO Jingshan, LIU Dedong. Review on study of seismic stability analysis of rock-soil slopes[J]. Earthquake Engineering and Engineering Vibration, 2005, 25(1): 164 - 171.(in Chinese))

[2] CRESPELLANI T, MADIAI C, VANNUCHI G. Earthquake destructiveness potential factor and slope stability[J]. Geotechnique, 1998, 48(3): 411 - 419.

[3] WRIGHT S G, RATHJE E M. Triggering mechanisms of slope instability and their relationship to earthquakes and tsunamis[J]. Pure and Applied Geophysics, 2004, 160(11): 1 865 - 1 877.

[4] HAVENITH H B, VANINI M, JONGMANS D. Initiation of earthquake-induced slope failure: influence of topographical and other site specific amplification effects[J]. Journal of Seismology, 2003, 7(3): 397 - 412.

[5] 祁生文,伍法权,刘春玲,等. 地震边坡稳定性的工程地质分析[J]. 岩石力学与工程学报, 2004, 23(16): 2 792 - 2 797.(QI Shengwen, WU Faquan, LIU Chunling, et al. Engineering geology analysis of stability of slope under earthquake[J]. Chinese Journal of Rock Mechanics and Engineering, 2004, 23(16): 2 792 - 2 797.(in Chinese))

[6] CHEN T C, LIN M L, HUNG J J. Pseudostatic analysis of Tsao-Ling rockslide caused by Chi-Chi earthquake[J]. Engineering Geology, 2004, 71(1): 31 - 47.

[7] BAKER R, SHUKHA R, OPERSTEIN V, et al. Stability charts for pseudo-static slope stability analysis[J]. Soil Dynamics and Earthquake Engineering, 2006, 26(9): 813 - 823.

[8] 刘汉龙,费康,高玉峰. 边坡地震稳定性时程分析方法[J]. 岩土力学, 2003, 24(4): 553 - 556.(LIU Hanlong, FEI Kang, GAO Yufeng. Time-history analysis method of slope seismic stability[J]. Rock and Soil Mechanics, 2003, 24(4): 553 - 556.(in Chinese))

[9] WANG F W, CHENG Q G, LYNN H, et al. Preliminary investigation of some large landslides triggered by Wenchuan earthquake in 2008, Sichuan Province, China[J]. Landslides, 2009, 6(1): 47 - 54.

[10] LI X P, SIMING H E. Seismically induced slope instabilities and the corresponding treatments: the case of a road in the Wenchuan earthquake hit region[J]. Journal of Mountain Science, 2009, 6(1): 96 - 100.

[11] 许强,黄润秋. 5.12汶川大地震诱发大型崩滑灾害动力特征初探[J]. 工程地质学报, 2008, 16(6): 721 - 729.(XU Qiang, HUANG Runqiu. Kinetics characteristics of large landslides triggered by May 12th Wenchuan earthquake[J]. Journal of Engineering Geology, 2008, 16(6): 721 - 729.(in Chinese))

[12] ZHENG Y R, DEN C J, TANG X S, et al. Development of finite element limiting analysis method and its application to geotechnical engineering[J]. Engineering Sciences, 2007, 3(5): 10 - 36.

[13] 郑颖人,赵尚毅,张鲁渝. 用有限元强度折减法进行边坡稳定分析[J]. 中国工程科学, 2002, 4(10): 57 - 62.(ZHENG Yingren, ZHAO Shangyi, ZHANG Luyu. Slope stability analysis by strength reduction FEM[J]. Engineering Science, 2002, 4(10): 57 - 62.(in Chinese))

[14] Itasca Consulting Group, Inc.. Fast Lagrangian analysis of continua in three dimensions(version 3.0) user's manual[R]. [S. l.]: Itasca Consulting Group, Inc., 2003.

[15] 赵尚毅,郑颖人,张玉芳. 极限分析有限元法讲座——II 有限元强度折减法中边坡失稳的判据探讨[J]. 岩土力学, 2005, 26(2): 332 - 336.(ZHAO Shangyi, ZHENG Yingren, ZHANG Yufang. Study on slope failure criterion in strength reduction finite element method[J]. Rock and Soil Mechanics, 2005, 26(2): 332 - 336.(in Chinese))

[16] LIN M L, WANG K L. Seismic slope behavior in a large-scale shaking table model test[J]. Engineering Geology, 2006, 86(2): 118 - 133.

岩质隧洞围岩稳定性分析与强度参数的探讨

杨 臻[1], 郑颖人[2], 张 红[1], 王谦源[1], 宋雅坤[2]

(1. 青岛理工大学理学院,青岛 266033; 2. 后勤工程学院建筑工程系,重庆 400041)

摘 要:长期以来,地下洞室围岩的稳定性一直是大家关心的问题。现阶段,研究者多采用有限元法计算的应力、位移和塑性区大小来判断围岩的稳定性。事实上,以这样的方法来判断围岩的稳定性有很大的随意性,因为位移、塑性区大小与围岩稳定性没有严格的定量关系,而且随诸多因素改变。笔者尝试将极限分析法应用到岩质隧洞围岩稳定性分析中并提出计算隧洞剪切与拉裂安全系数的方法,由此求得潜在破裂面和安全系数,评价岩质隧洞稳定性和设计合理性。另外,笔者提出了各类隧洞岩体的稳定性标志并且依据安全系数来反推岩体的强度参数,从而使各类围岩强度参数值更接近实际。

关键词:地下洞室;稳定性;安全系数;强度参数;FLAC^{3D}

中图分类号:TU 354   **文献标识码**:A   **文章编号**:1673-0836(2009)02-0283-08

Analysis on Stability for the Surrounding Rock of Tunnel and Exploring the Strength Parameters

YANG Zhen[1], ZHENG Ying-ren[2], ZHANG Hong[1], WANG Qian-yuan[1], SONG Ya-kun[2]

(1. College of Scinece, Qingdao Technological University, Qingdao 266033, P. R. China;
2. Department of Civil Engineering, Logistical Engineering University, Chongqing 400041, P. R. China)

Abstract: For a long time, there is a concern about the stability for the surrounding rock of underground opening. Nowadays, many researchers judge the stability for the surrounding rock of underground opening through stress, displacement and plastic zone of the rock calculated by finite element method. In fact, it is questionable to judge the stability for the surrounding rock by this way, and there is no rational connection between the displacement, plastic zone and the stability of the surrounding rock changed due to many factors. In this paper, the authors try to use limit analysis method to analyze the stability for the surrounding rock of underground opening and propose the methods to calculate shear and fracturing safety factor. Then, the potential failure surface of surrounding rock and safety factor can be gotten to evaluate the stability for the surrounding rock and the reasonableness of the design. In addition, the marks of stability of all kinds of rock mass are put forward, and the strength parameters of the rock mass are deduced by the safety factor in order to get closer to the real result.

Keywords: underground opening; stability; safety factor; strength parameters; FLAC^{3D}

1 引言

随着国民经济的持续稳定增长,国家对隧道与地下洞室开发利用的需求日益增加,地下工程建设呈现出方兴未艾的局面。因此,对地下工程围岩稳定性进行评价是一个十分关切的问题。

尽管可采用有限元法或有限差分法等方法来计算隧洞围岩的受力状态,但至今没有隧洞围岩安

注:本文摘自《地下空间与工程学报》(2009年第5卷第2期)。

全系数的计算方法,隧洞的设计仍然是经验性的。当前,研究者多采用有限元法计算出来的位移和塑性区大小来判断围岩的稳定性,但因为不知道围岩的真正破坏状态,所以这种判断因人而异,也是经验性的。近年来,极限分析有限元法在边坡稳定分析中取得了成功[1-5],并逐渐在地基、基坑稳定分析中得到推广应用[6]。郑颖人、胡文清、张黎明等人[7-9]开始将有限元强度折减法应用于隧道,由此求得隧道的剪切安全系数。最近,郑颖人、邱陈瑜、张红、王谦源等在文献[10]中详细探讨了以隧洞周围位移或塑性区大小的不足,并提出计算土体洞室剪切与拉裂安全系数的方法。本文是将有限元分析引入岩质隧洞的稳定分析,除探索岩体隧洞的剪切安全系数与拉裂安全系数外,还要研究岩质隧洞围岩强度参数的合理选取问题,并对现行规范中采用的各级围岩强度参数作某些修正。

岩体是有节理裂隙的,它往往决定了岩土工程的真实破坏状态,依据岩体中的岩块强度与结构面强度可以得到较准确的计算结果。但这种方法在实际应用中会遇到一定困难,因为要在长距离内完全弄清未开挖隧道的岩体结构状况是不可能的,因而本文还是采用等代强度的方法把岩体视作为均质的。

2 岩质隧洞破坏机理

岩质隧洞开挖前,岩体一般处于天然应力平衡状态。隧洞开挖后,隧洞形成了自由空间,破坏了这种天然应力的平衡状态。原来洞周边岩体是处于挤压状态的围岩,在洞周边进行了卸载后,由于失去原有支撑,岩体应力重新调整,并向洞室空间变形。当岩体强度小于洞体应力,便发生了破坏,洞周部分岩体从母岩中分离、脱落,形成坍塌、滑动、隆起和岩爆等破坏状态。

从力学角度看,破坏分为剪切破坏与拉裂破坏。地下洞室绝大部分处于受压状态,因而一般都是剪切破坏,洞周岩体出现破裂面,使部分岩体向洞内脱落,这是最常见的破坏状态。针对这种破坏状态,必须引入剪切安全系数。洞室围岩中,在洞周也可能发生局部的拉裂破坏,尤其在洞顶很平、岩体破碎软弱情况下,很可能在洞顶出现拉裂破坏,因而还必须引入拉裂安全系数。

3 岩质隧洞安全系数的定义

目前采用的岩土工程安全系数的定义主要有两种:一是强度储备的安全系数,即通过不断降低岩土体的强度直至土体失稳破坏,强度降低的倍数就是强度储备安全系数;二是超载储备安全系数,即通过不断增大荷载直至土体失稳破坏,荷载增大的倍数就是超载储备安全系数。对于隧洞来说,破坏多数是由于受环境影响,岩体强度降低而造成,因而采用强度折减安全系数是比较合适的,下面分别作出剪切安全系数与拉裂安全系数。

3.1 剪切安全系数

对于剪切破坏状态,地下工程与边(滑)坡的破坏情况类似,安全系数指剪切破坏面上实际土体的强度与破坏时的强度的比值。可采用有限元或有限差分强度折减法,通过不断折减土体的抗剪强度参数,使土体达到极限破坏状态为止,此时的折减系数即为剪切安全系数。

传统的极限平衡方法计算剪切破坏安全系数用公式表示:

$$\omega = \frac{s}{\tau} = \frac{\int_0^l (c + \sigma\tan\varphi)dl}{\int_0^l \tau dl} \quad (1)$$

式中:ω, s, τ 分别为传统的安全系数、破裂面上的抗剪强度和破裂面上的实际剪应力。将式(1)两边同除以 ω,则式(1)变为:

$$1 = \frac{\int_0^l \left(\frac{c}{\omega} + \sigma\frac{\tan\varphi}{\omega}\right)dl}{\int_0^l \tau dl}$$

$$= \frac{\int_0^l (c' + \sigma\tan\varphi')dl}{\int_0^l \tau dl} \quad (2)$$

其中:$c' = \dfrac{c}{\omega}$,$\varphi' = arc\left(\dfrac{\tan\varphi}{\omega}\right)$

由此可见,传统的极限平衡方法是将土体的抗剪强度指标 c 和 $\tan\varphi$ 减少为 $\dfrac{c}{\omega}$ 和 $\dfrac{\tan\varphi}{\omega}$,使土体达到极限稳定状态,此时的 ω 即为安全系数。

3.2 拉裂安全系数

3.2.1 拉裂安全系数的计算方法

长期以来,对地下洞室的破坏研究主要考虑剪切破坏,而忽略了拉裂破坏,但实际工程中,由于松散破碎岩体和软弱岩体的抗拉强度很小,隧洞周围会出现拉裂破坏。

从实际现象看出,当隧洞顶很平时,破碎软弱岩体拱顶会出现拉裂破坏而塌落,当然,拱顶也会出现剪切破坏,使压力拱下的岩体全部塌落;同时洞室两侧出现剪切破坏和局部拉破坏,也会造成岩体塌落,这显然是不允许的。周围岩体的拉破坏如何形成整体拉破坏,目前研究不够,而且计算机也无法显示这种破坏。所以笔者尝试对拉裂安全系数进行探索性定义。依据计算,洞室围岩中尤其是洞周都可能出现拉裂,但目前尚没有发现围岩内部拉裂造成围岩的整体失稳,因而,只有内临空面上出现岩体拉破坏,才会在自重作用下塌落,而其余拉破坏单元并不会引起整个洞室的失稳。基于这种想法,我们假设内临空面上(不包括底部临空面)出现第一个拉破坏单元,即认为隧洞出现整体拉破坏,结合强度折减法思想,不断折减抗拉强度,直至最早出现拉裂单元,可以认为此时即为隧洞拉破坏状态,定义拉裂安全系数为:

$$F_t = \frac{\text{实际抗拉强度}}{\text{破坏时折减抗拉强度}} \quad (3)$$

这里存在两种情况:

(1)抗拉强度极小时,洞室初始状态就已整体拉破坏,说明拉裂安全系数小于1,以强度折减法的逆向思维,不断提高抗拉强度,直至出现第一个拉裂塑性区单元,此时即为极限状态破坏强度,根据式(3)计算得到拉裂安全系数。

(2)抗拉强度较大时,安全系数大于1,亦采用折减强度按式(3)求得拉裂安全系数。

3.2.2 计算拉裂安全系数的算例

某地下岩石洞室,跨度20m,侧墙高10m,埋深10m,矢跨比分别取0和1/4,开挖后其上建起10层高楼,洞室所处位置岩体完整性较好,主要为花岗岩,抗拉强度为0.7MPa。

矢跨比为0时,采用FLAC^{3D}软件计算,因为FLAC^{3D}软件具有拉裂强度准则,可以通过降低抗拉强度,找出内临空面(不包括底部临空面)上最早出现的拉裂单元。当抗拉强度折减到0.63MPa时,拱顶1 051与501单元出现第一个拉裂单元(见图1),由此,按式(3)算得拉裂安全系数为

$$F_t = \frac{0.7}{0.63} \approx 1.11$$

矢跨比为1/4时,采用FLAC^{3D}软件计算:当抗拉强度折减到0.2MPa时,拱顶471单元出现第一个拉裂单元(见图2),由此,按式(3)算得拉裂安全系数为

$$F_t = \frac{0.7}{0.2} = 3.5$$

图1 开挖后内临空面上出现的第一个拉裂单元(矢跨比=0)
Fig.1 First tension element after tunneling (rise-span ratio =0)

图2 开挖后内临空面上出现的第一个拉裂单元(矢跨比1/4)
Fig.2 First tension element after tunneling (rise-span ratio =1/4)

从以上的算例可见,平顶隧洞拉裂安全系数接近破坏,是不够稳定的,尤其当存在不利结构面时拱顶很易拉裂;而当采用1/4矢跨比时,安全系数很高,这就是隧洞应采用拱顶的道理。以上只是提出了计算拉裂安全系数的方法,但是在实际工程中,地下洞室由于受拉引起整体失稳的情况毕竟很少,本文中不再考虑拉裂破坏。

4 地下洞室的剪切破坏安全系数与潜在破坏面

下面通过工程实例确定地下洞室的剪切安全系数与潜在破坏面。工程概况如下:

青岛经济开发区需建大型地下人防工程,其跨度为20m,侧墙高10m,埋深100m、600m,分别取拱高为3.33m、4m、5m三种情况进行比较分析,此时的矢跨比为1/6、1/5、1/4。洞室所处位置岩体完整性较好,主要为花岗岩,根据国际《工程岩体分

级标准》GB50218-94、《公路隧道设计规范》JTG D70-2004 分别属于Ⅱ、Ⅲ、Ⅳ类围岩。

计算准则采用摩尔-库仑模型，按照平面应变问题来处理，边界范围取底部及左右两侧各5倍洞室跨度[11]，岩体物理力学参数如表1所示，下标上下表示围岩的上下限，计算中取下限值。

经数值计算可分别得到各种工况的剪切破坏安全系数见表2和表3：

表1 岩体物理力学参数
Table 1 Physical-mechanical parameters of the surrounding rock

围岩类别	弹性模量 E (GPa)	泊松比 ν	重度 γ (kN/m³)	内摩擦角 φ (°)	粘聚力 c (MPa)
Ⅱ下	20	0.25	27	50	1.5
Ⅲ下	10	0.3	25	39	0.7
Ⅳ下	3	0.35	24	27	0.2

表2 埋深100m时，不同矢跨比条件下的剪切安全系数
Table 2 The shear safety factors of different rise-span ratio at the depth of 100m

围岩类别	矢跨比	拱高	安全系数
Ⅱ下	1/4	5m	5.20
	1/5	4m	5.23
	1/6	3.33m	5.26
Ⅲ下	1/4	5m	2.97
	1/5	4m	3.00
	1/6	3.33m	3.00
Ⅳ下	1/4	5m	1.29
	1/5	4m	1.31
	1/6	3.33m	1.33

表3 埋深600m时，不同矢跨比条件下的剪切安全系数
Table 3 The shear safety factors of different rise-span ratio at the depth of 600m

围岩类别	矢跨比	拱高	安全系数
Ⅱ下	1/4	5m	3.23
	1/5	4m	3.26
	1/6	3.33m	3.28
Ⅲ下	1/4	5m	2.18
	1/5	4m	2.20
	1/6	3.33m	2.22
Ⅳ下	1/4	5m	1.07
	1/5	4m	1.09
	1/6	3.33m	1.09

由表2和表3可知：当埋深100m、600m时，最安全的工况和最危险的工况均是：围岩类别为Ⅱ下、矢跨比为1/6（拱高为3.33m）；围岩类别为Ⅳ下、矢跨比为1/4（拱高为5m）。将埋深100m、围岩类别为Ⅱ下、矢跨比为1/6（拱高为3.33m）称为工况1，将埋深100m、围岩类别为Ⅳ下、矢跨比为1/4（拱高为5m）称为工况2，将埋深600m、围岩类别为Ⅱ下、矢跨比为1/6（拱高为3.33m）称为工况3，将埋深600m、围岩类别为Ⅳ下、矢跨比为1/4（拱高为5m）称为工况4。下面对这四种工况进行分析，通过分析塑性区得到其潜在破裂面。

工况1：

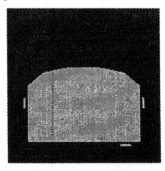

图3 破坏前围岩的塑性区

Fig.3 Plastic zone of the surrounding rock before destroy

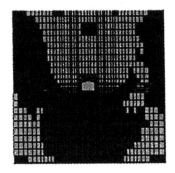

图4 破坏时围岩的塑性区

Fig.4 Plastic zone of the surrounding rock during destroy

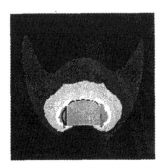

图 5 破坏时围岩的剪应变增量局部放大图和潜在破裂面

Fig. 5 Shear strain increment and failure surface of the surrounding rock during destroy

工况 2：

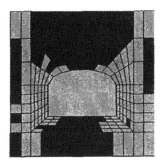

图 6 破坏前围岩的塑性区

Fig. 6 Plastic zone of the surrounding rock before destroy

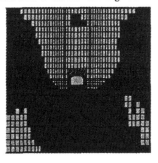

图 7 破坏时围岩的塑性区

Fig. 7 Plastic zone of the surrounding rock during destroy

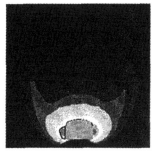

图 8 破坏时围岩的剪应变增量局部放大图和潜在破裂面

Fig. 8 Shear strain increment and failure surface of the surrounding rock during destroy

工况 3：

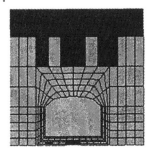

图 9 破坏前围岩的塑性区

Fig. 9 Plastic zone of the surrounding rock before destroy

图 10 破坏时围岩的塑性区

Fig. 10 Plastic zone of the surrounding rock during destroy

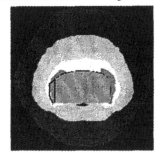

图 11 破坏时围岩的剪应变增量局部放大图和潜在破裂面

Fig. 11 Shear strain increment and failure surface of the surrounding rock during destroy

工况4：

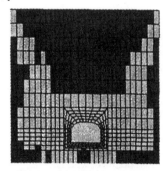

图 12　破坏前围岩的塑性区

Fig. 12　Plastic zone of the surrounding rock before destroy

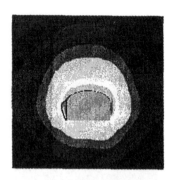

图 14　破坏时围岩的剪应变增量局部放大图和潜在破裂面

Fig. 14　Shear strain increment and failure surface of the surrounding rock during destroy

还要研究规范给出的各类围岩岩体抗剪强度参数是否合理的问题，因为这些参数都是依据工程经验给出的，而不是实测确定的。一般来说，岩块强度与岩体结构面强度都可以通过测试确定，而岩体强度难以采用测试确定，即使在现场试验，由于试块尺寸有限，也难以代表真正的岩体强度。当前一些规范中给出的各类围岩岩体强度都是依据工程经验给定的，它与具体的岩石无关，有很大的随意性。可见，由于岩体强度参数无法准确获得，即使引入了安全系数的概念，但仍然是一种等代的经验方法。不过，经验的方法也要求其尽量接近客观实际，那么我们也可以反过来依据安全系数来反推岩体的强度参数，从而使各类围岩强度参数值更接近实际。

各类围岩的安全系数标志着各类围岩的稳定性。各种围岩分类中都有一些标志围岩稳定性的标志性说明[11,12]，一般都以不同跨度洞室的围岩稳定时间作为标志。这里总结了以往标志，并以笔者的理解，提出了各类岩体的稳定性标志（见表4）。按目前通用的岩质隧道的分类（不含土质隧道），将岩体分成长期稳定、稳定、基本稳定、不稳定、很不稳定5级，按其洞跨的不同，其表现的稳定性不同，而且施工状态与竣工状态的稳定性也不同。分类中还大体给出了各级岩质洞室在无支护情况下的最小安全系数（见表4）。岩质洞室的对象为跨度20m以内，跨高比为2的公路隧道、铁路隧道、城市地铁、地下厂房及各类库房，埋深在600m以内。

表5中，笔者对各级围岩岩体的强度参数提出了建议值，其依据是按各级围岩的稳定性给出相应的最小安全系数，由此反推各级围岩岩体的强度参

图 13　破坏时围岩的塑性区

Fig. 13　Plastic zone of the surrounding rock during destroy

经过 FLAC^{3D} 的有限差分计算最终洞室围岩达到破坏状态，各种工况破坏前、破坏时围岩的塑性区和塑性应变增量分布如图3～图14所示。根据围岩各断面中塑性应变增量值最大点（塑性应变发生突变）的位置，并将其连成线，就可得到围岩的潜在破裂面，因为这些点上的应变或位移将发生突变，破裂面为图5、8、11、14中的黑色点滑线（取一半）。

5　以安全系数反推岩体的强度参数

在研究上述提出的安全系数是否合理的同时，

数。由表5可见：C、φ值较规范来说降低了，尤其φ值降低幅度较大，Ⅰ、Ⅱ类围岩的φ值取规范上规定的0.7~0.8倍左右，这是因为规范给定的φ值基本上为岩块的φ值，而岩体的φ值通常取岩块φ值的0.8倍左右。

表4 岩质隧道岩体的稳定性标志
Table 4 The mark of stability of rock mass in rock tunnel

围岩类别		施工状态			竣工状态			安全系数
		跨度12m~20m	跨度5m~12m	跨度<5m	跨度12m~20m	跨度5m~12m	跨度<5m	
Ⅰ		稳定，偶掉小块	稳定	稳定	长期稳定	长期稳定	长期稳定	>3
Ⅱ		基本稳定，局部有掉块	稳定，偶掉小块	稳定	稳定，偶掉小块	稳定，偶掉小块	长期稳定	>2.5
Ⅲ	Ⅲ上	不稳定，稳定数天~1个月	不稳定，稳定1个月~数个月	稳定，偶掉小块	不稳定，稳定1个月~数个月	基本稳定，局部有掉块	稳定，偶掉小块	>1.5
	Ⅲ下							>1
Ⅳ	Ⅳ上		不稳定，稳定数天~1个月	基本稳定，局部有掉块		不稳定，稳定1个月~数个月	基本稳定，局部有掉块	>0.9
	Ⅳ下							>0.7
Ⅴ	Ⅴ上			很不稳定，稳定数小时~1天			很不稳定，稳定1天~数天	>0.5
	Ⅴ下							<0.5

表5 岩体的强度参数建议值
Table 5 Suggested strength parameters of the surrounding rock

围岩类别	C(MPa)	φ(°)
Ⅰ	>2.1	>48°
Ⅱ	1.3~2.1	37°~48°
Ⅲ	0.5~1.3	32°~37°
Ⅳ	0.1~0.5	27°~32°
Ⅴ	0.04~0.1	22°~27°

由力学分析可知，当其他条件不变时，安全系数与洞室跨度、洞室跨高比都有关系，但在洞室跨高比相同的情况下，跨度的影响并非很大，而实际经验却是洞室跨度越大，安全系数越小，这是因为岩体洞室的破坏，主要取决于岩体的破碎程度及结构面与临空面的不利组合。跨度越大，遇到这种不利情况的几率就越高，尤其在施工时更为突出，因而洞室的跨度越大，稳定性越差，各级围岩稳定性的安全系数也越小。为了使数值计算结果更好的符合实际，笔者对Ⅲ类围岩按跨度用两种强度，具体方法是：对于大跨度洞室，围岩强度应适当降低；对于小跨度洞室，围岩强度提高。同样对Ⅳ、Ⅴ类也按跨度分成两种强度，这样对表5进行修正（见表6）。

表6 按跨度对表5进行修正
Table 6 Amendment of Table 5 by span

跨度	围岩类别	C(MPa)	φ(°)
12m以内	Ⅲ上	0.5~1.3	32°~37°
	Ⅳ上	0.1~0.5	27°~32°
	Ⅴ上	0.04~0.1	22°~27°
12m~20m	Ⅲ下	0.25~1.1	30°~35°
	Ⅳ下	0.07~0.25	25°~30°
	Ⅴ下	0.02~0.07	20°~25°

确定各类岩体的强度参数值后（见表5、6），对不同工况条件下的地下隧洞进行数值计算。不同工况指：跨度不同（20m、12m）；跨高比不同（4、2）；埋深不同（100m、600m）；围岩类别不同（Ⅰ、Ⅱ、Ⅲ、Ⅳ、Ⅴ）；矢跨比不同。计算时：Ⅰ、Ⅱ类岩体的强度参数取表5中的低值，Ⅲ、Ⅳ、Ⅴ类岩体强度参

数取值见表6。各类工况得到的安全系数见表7。

由表4、7可见，Ⅰ、Ⅱ类围岩整体是稳定的，局部掉块可采用局部处理。尽管整体稳定，但从防护、安全考虑，也是需要支护。Ⅲ类岩体在洞跨12m以内基本稳定，其安全系数>1.5；而跨度12m～20m不稳定，安全系数在1左右，所以对Ⅲ类围岩按跨度用两种强度参数能更好地符合实际。同样对Ⅳ、Ⅴ类也按跨度分成两种强度（见表6）。

设计中由于Ⅰ、Ⅱ显然基本稳定，可按风险设计，Ⅲ、Ⅳ、Ⅴ可按稳定计算设计，在有衬砌情况下，既要保证围岩的一定安全度，又要保证衬砌达到足够安全度，当不能保证围岩稳定时，必须采用松动压力计算。详见另文。

表7 各类工况的安全系数
Table 7 Safety factor of all loading cases

跨度	跨高比	埋深	围岩类别	安全系数 矢跨比 1/4	安全系数 矢跨比 1/6
20m	4	100m	Ⅰ	6.70	6.73
			Ⅱ	4.27	4.33
			Ⅲ	1.61	1.64
			Ⅳ	0.88	0.88
			Ⅴ	0.41	0.43
		600m	Ⅰ	3.46	3.49
			Ⅱ	2.55	2.59
			Ⅲ	1.38	1.39
			Ⅳ	0.84	0.84
			Ⅴ	0.41	0.42
	2	100m	Ⅰ	6.26	6.29
			Ⅱ	3.99	4.03
			Ⅲ	1.49	1.50
			Ⅳ	0.80	0.80
			Ⅴ	0.42	0.42
		600m	Ⅰ	3.38	3.40
			Ⅱ	2.53	2.56
			Ⅲ	1.34	1.35
			Ⅳ	0.76	0.78
			Ⅴ	0.40	0.41
12m	2	100m	Ⅰ	7.02	7.05
			Ⅱ	4.43	4.47
			Ⅲ	2.40	2.41
			Ⅳ	0.95	0.96
			Ⅴ	0.64	0.65
		600m	Ⅰ	3.36	3.38
			Ⅱ	2.54	2.55
			Ⅲ	1.60	1.62
			Ⅳ	0.90	0.90
			Ⅴ	0.54	0.55

6 结论

（1）隧洞围岩的稳定性进行评价十分必要。当前，众多研究者们采用有限元法计算的位移值或塑性区大小来判断围岩的稳定性，这种判断是经验性的，因人而异，而且存在诸多问题。因而本文建议引入极限分析方法进行地下洞室稳定分析。

（2）利用有限元或有限差分强度折减法可以得到隧洞剪切安全系数，并能得到潜在破裂面。笔者还提出了折减抗拉强度得出拉裂安全系数的方法。

（3）在总结规范与他人经验的基础上，提出了各类岩体的稳定性标志依据稳定性及其相应的安全系数并由此来反推岩体的强度参数，从而使各类围岩的岩体强度参数值更接近实际状况。

参考文献：

[1] 赵尚毅,郑颖人,时卫民等.用有限元强度折减法求边坡稳定安全系数[J].岩土工程学报,2002,24(3):343-346. (ZHAO Shang-yi, ZHENG Ying-ren, SHI Wei-min et al. Analysis on safety of slope by strength reduction FEM[J]. Chinese Journal of Geotechnical Engineering,2002, 24(3): 343-346. (in Chinese))

[2] 赵尚毅,郑颖人,邓卫东.用有限元强度折减法进行节理岩质边坡稳定性分析[J].岩石力学与工程学报,2003,22(2):254-260. (ZHAO Shang-yi, ZHENG Ying-ren, DENG Wei-dong. Stability analysis on jointed rock slope by strength reduction FEM [J]. Chinese Journal of rock mechanics and engineering, 2003, 22(2): 254-260. (in Chinese))

[3] Griffiths D V, Lane P A. Slope Stability analysis by finite elements[J]. Geotechnique,1999,49(3): 387-403.

[4] Mateui T, San K C. Finite element slope stability analysis by shear strength reduction [J]. Soils and Foundations, 1992, 32(1):59-70.

[5] Dawson E M, Roth W H, Drecher A. Slope stability analysis by strength reduction [J]. Geotechnique, 1999, 49(6):835-840.

[6] 郑颖人,赵尚毅,孔位学等.岩土工程极限分析有限元法及其应用[J].岩土力学,2005,26(1):163-168. (ZHENG Ying-ren, ZHAO Shang-yi, KONG Wei-xue et al. Limit state finite element method for geotechnical engineering analysis and its applictions[J]. Rock and Soil Mechanics,2005,26(1):163-168. (in Chinese))

[7] 张黎明,郑颖人,等.有限元强度折减法在公路隧道中的应用探讨[J].岩土力学,2007,28(1):97-101.(ZHANG Li-ming, ZHENG Ying-ren, et al. Application of strength reduction finite element method to road tunnels[J]. Rock and Soil Mechanics,2007,28(1):97-101.(in Chinese))

[8] 郑颖人,胡文清,王敬林.强度折减有限元法及其在隧道和地下硐室工程中的应用[A].中国土木工程学会第十一届隧道及地下工程分会第十三届年会论文集[C].2004.(ZHENG Ying-ren, HU Wen-qing, WANG Jing-lin. Strength Reduction FEM and Its Application in Tunnel and Underground Engineering[A]. Symposium of the 11th annual meeting of China Civil Engineering Society and the 13th annual meeting of Tunnel and Underground Branch[C].2004.(in Chinese))

[9] 郑颖人,赵尚毅,等.有限元极限分析法发展及其在岩土工程中的应用[J].中国工程科学,2006,8(12):39-61.(ZHENG Ying-ren, ZHAO Shang-yi, et al. Development of Finite Element Limit Analysis Method and Its Applications in Geotechnical Engineering[J]. China Engineering Science, 2006, 8(12):39-61.(in Chinese))

[10] 郑颖人,邱陈瑜,张红,等.关于土体隧洞围岩稳定性分析方法的探索[J].岩石力学与工程学报(第十期已定稿).(ZHENG Ying-ren, QIU Chen-yu, ZHANG Hong, et al. Exploring the Analysis Methods of Loess Tunnel[J]. Chinese Journal of rock mechanics and Engineering(for the No. 10 issue).(in Chinese))

[11] 徐干成,白洪才,郑颖人,等.地下工程支护结构[M].北京:中国水利水电出版社.2002:103-105.(XU Gan-cheng, BAI Hong-cai, ZHENG Ying-ren, et al. Retaining Structure in underground engineering[M]. Beijing:Chinese Water Conservation and Hydro-Electricity Publishing House. 2002:103-105.(in Chinese))

[12] 重庆交通科研设计院.公路隧道设计规范([JTG D70-2004])[S].北京:人民交通出版社.2004:73-75.(Chongqing Communications Research & Design Institute. Highway tunnel design standard[JTG D70-2004][S]. Beijing:People's Transportation Publishing House. 2004:73-75.(in Chinese))

深基坑土钉和预应力锚杆复合支护方式的探讨

董 诚[1]，郑颖人[1]，陈新颖[2]，唐晓松[1]

(1.后勤工程学院，重庆 400041；2.济南四建（集团）责任有限公司，济南 250031)

摘 要：土钉与预应力锚杆的复合支护方式是当前基坑工程中经常采用的支护方式。结合工程实例，利用有限元软件PLAXIS，合理选择本构模型，对土钉和预应力锚杆复合支护方式和土钉墙两种支护方式的基坑边坡稳定系数和边坡变形进行了分析。分析结果表明，在土钉和预应力锚杆的复合支护方式中，预应力锚杆的位置比较重要，通常锚杆的位置越靠近坡顶，则锚杆发挥的作用越大，效果越理想；土钉和预应力锚杆的复合支护方式与土钉支护相比，位移有所减小，但合理选择锚杆的数量和预应力值对最终效果有一定影响；基坑边坡的局部放坡有利于控制基坑坑口的最大水平位移。

关 键 词：土钉；预应力锚杆；基坑支护；PLAXIS
中图分类号：TU 473 **文献标识码**：A

Research on composite support pattern of soil nails and prestressed anchors in deep foundation pits

DONG Cheng[1], ZHENG Ying-ren[1], CHEN Xin-ying[2], TANG Xiao-song[1]

(1.Logistical Engineering University, Chongqing 400041, China;
2.The Fourth Constructing Company (Group) of Limited Liability, Jinan 250031, China)

Abstract: The composite support pattern of soil nails and prestressed anchors are commonly adopted in the projects of deep foundation pits. By using the FEM program of PLAXIS and choosing appropriate material models, the support pattern of soil nails and prestressed anchors and the pattern of soil nail walls are analyzed. Then the slope stability of foundation pits is studied; and it is shown that the location of prestressed anchor is vital in the composite support pattern. The closer the anchor is to the top of the slope, the more useful the anchor is and better the effect is. Compared with support pattern of soil nails, the displacement of soil nails and prestressed anchor tends to reduce. However, the number of anchors and the value of prestress have some effects on the final result; and the localized inclined ramp is beneficial to control the maximum horizontal displacement of the pithead.

Key words: soil nails; prestressed anchors; support of deep foundation pits; PLAXIS

1 前 言

土钉支护技术与传统的支护技术相比，具有工期短、造价低、施工简便等特点，因而在工程中得到了广泛的应用。由于单纯的土钉支护不能控制支护结构的变形以及周围构筑物的沉降，因此，在实际工程中往往采用预应力锚杆、微型桩等支护技术（简称"复合土钉支护"）控制支护结构的变形。

王媛媛等[1]用SnEpFem土钉墙有限元数值分析软件，对土钉和预应力锚杆+土钉、微型桩+土钉、微型桩+预应力锚杆+土钉等3种复合土钉支护结构的工作机制进行数值模拟，对比分析4种支护结构的坡面水平位移、坡顶沉降和沉降范围、坑底隆起、张拉区和塑性区范围等特点，发现：（1）与单纯土钉支护相比，复合土钉支护可以有效控制边坡变形，缩小边坡张拉区和塑性区范围，对提高边坡的稳定有利。（2）设置微型桩对坡面水平位移的控制比施加预应力的效果更好。（3）设置微型桩可以有效控制坡顶沉降，而施加预应力对坡顶沉降的影响很小。（4）4种支护结构对坑底隆起的影响趋势是一致的，量值变化很小。

宋二祥等[2]针对基坑复合土钉支护，讨论了类似问题的有限元分析方法，主要是卸载条件下土体变形模式、模型参数的选用以及开挖过程的模拟等。通过计算分析了水泥搅拌柱与土钉联合形式的复合土钉支护的工作性能，并对其设计提出初步看法。

注：本文摘自《岩土力学》(2009年第30卷第12期)。

宋二祥等[3]基于对土钉支护变形机制的研究,对土钉及复合土钉支护的有限元分析模型和模型参数取值进行了较深入的讨论。然后,通过计算探讨了预应力锚杆土钉、超前微桩-土钉两种复合土钉支护的变形特性。并就其设计计算方法提出建议。

目前对复合土钉支护机制的研究进行的较少,缺乏对其工作机制的深入认识。本文针对复合土钉支护中较为常见的土钉和预应力锚杆复合支护技术,利用PLAXIS程序进行有限元分析,对支护结构变形的影响因素以及合理应用PLAXIS程序进行有限元分析进行探讨。

2 PLAXIS 程序求解

PLAXIS 中采用板单元模拟土钉墙的面板,采用锚杆单元模拟预应力锚杆的自由段,采用隔栅单元模拟土钉和预应力锚杆的锚固段。

由于土体的变形性质对土钉复合支护的计算结果影响较大,故在有限元模拟时,应正确选择土体的变形性质。土体变形性质的突出特点是其变形模量随正压应力增大而增大,且卸载模量远大于加载模量。

本文对开挖部分的土体采用了 PLAXIS 程序中的 Hardening-Soil 模型,见图 1。

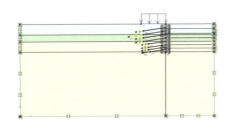

图 1 算例 1 的 PLAXIS 计算模型
Fig.1 The first finite element model of PLAXIS

Hardening-Soil 模型是一个可以模拟包括软土和硬土在内的不同类型的土体行为的先进模型。它的一个基本特征是变形模量是与应力水平相关的,它使用的是塑性理论,并考虑了土体的剪胀性。具体本构关系和参数定义参见 PLAXIS 技术手册。Hardening-Soil 模型处理卸载的特性与摩尔-库仑模型相比有较小的坑底隆起。相对于摩尔-库仑模型,Hardening-Soil 模型在卸载时表现得更硬。

实例表明,由于土体卸载性质对开挖有很大影响。Hardening-Soil 模型比摩尔-库仑模型可以给出更真实的模拟结果(见图 2、图 3)。

工程算例 1。该基坑垂直开挖,第 1 步开挖深度为 2.0 m,以后每步开挖 1.5 m。土钉设计参数如下:共设计 8 排土钉(依次编号为 No.1~No.8),水平间距均为 1.5 m,第 1 排土钉在地面下 1.5 m,第 2~7 排土钉垂直间距均为 1.5 m,后两排土钉垂直间距为 1.2 m,土钉孔径均为 110 mm,倾角均为 10°。土钉长从上到下依次为 12、15、12、12、10、10、10、10 m。喷射混凝土面层厚度为 100 mm,强度等级为 C20。地面均布荷载为 10 kPa。

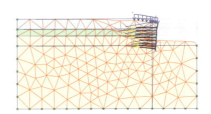

图 2 算例 1 的变形网格图(Hardening-Soil)
Fig.2 The first mesh map of PLAXIS's model (Hardening-Soil)

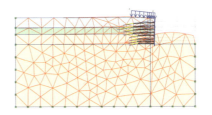

图 3 算例 1 的变形网格图(Mohr-Coulomb)
Fig.3 The first mesh map of PLAXIS's model (Mohr-Coulomb)

为了对比计算,分别将第 2 排土钉和第 1、2 排土钉替换为预应力锚杆,预应力值为 150 kN。土体参数见表 1,泊松比为 0.3。不同支护方式的对比见表 2,本文讨论的参数均为开挖至基坑底部阶段。

工程算例 2:在基坑顶部进行了放坡处理(见图 6),坡角为 72°,放坡高度为 4.5 m,其他条件与算例 1 相同。

为了比较不同因素对土钉复合支护效果的影响,本文将面层的厚度、锚杆的位置、锚杆数量以及放坡的影响作为研究对象。

表 1 土体参数
Table 1 Soil and interface properties

土层	厚度 /m	内摩擦角 /(°)	黏聚力 /(kN/m²)	重度 /(kN/m³)	变形模量 /MPa
杂填土	4.5	5	20	19.8	15
砂质黏土	3.0	36	15	20.8	25
粉质黏土	4.5	18	25	20.6	30

表 2 不同支护方式的对比
Table 2 The comparison of different supports

支护方式		安全系数		坑口最大水平位移 / mm	
		算例1	算例2	算例1	算例2
土钉(面层厚度 100 mm)		1.460	1.463	24.34	21.63
土钉和预应力锚杆（第 2 排）	面层厚度 100 mm	1.460	1.465	20.75	19.08
	面层厚度 150 mm	1.461	1.465	20.35	18.06
	面层厚度 200 mm	1.461	1.465	20.32	17.59
土钉和预应力锚杆	锚杆在第 5 排 面层厚度 100mm	1.460	1.465	23.79	21.13
	锚杆在第 8 排 面层厚度 100mm	1.461	1.465	24.09	21.51
土钉和预应力锚杆（第 1、2 排）	面层厚度 100 mm	1.461	1.465	17.31	14.26

表 3 算例 1 的土钉（锚杆）的内力表
Table 3 The force list of soil nails (anchors) in the first example
(kN)

位置	面层厚度为 100 mm				
	土钉	锚杆在第 2 排	锚杆在第 5 排	锚杆在第 8 排	锚杆在第 2、3 排
第 1 排	40.21	14.61	40.79	41.92	10.37
第 2 排	50.99	142.31	50.39	52.54	150.00
第 3 排	54.58	31.15	50.76	56.05	150.00
第 4 排	51.75	44.48	36.22	53.12	28.48
第 5 排	66.81	63.96	142.41	70.22	75.09
第 6 排	75.52	74.08	59.31	77.18	83.03
第 7 排	75.87	75.12	74.56	59.03	80.97
第 8 排	92.95	93.06	97.54	143.11	113.5

3 计算结果分析

3.1 面层对土钉复合支护的影响

王立峰[4]提出面层的工作机制是土钉设计中最不清楚的问题之一。考虑面层土压力的大小、分布和对位移、基坑稳定影响是以后土钉墙研究中的另一个重要内容。

从表 3 的计算结果来看，面层的厚度对基坑边坡安全系数和支护结构的最大水平位移影响较小；面层厚度从 100 mm 增加到 200 mm，安全系数仅增加了 0.139%，而位移仅减少了 3.6%。从土钉复合支护的受力特征分析，土钉复合支护主要是在土体发生弹塑性变形后，应力逐渐转移到土钉或锚杆上，然后通过土钉或锚杆将应力传递至稳定土体中，并分散在较大范围的土体内，降低应力集中程度；而面层主要是防止边坡表层土体的塌落，这点与预应力锚杆挡墙支护结构中挡墙的作用是不同的。因此，如果基坑较深时，建议采用预应力锚杆挡墙和土钉复合支护形式，这样能较好地发挥预应力锚杆的作用。

3.2 预应力锚杆的位置对土钉复合支护的影响

从表 3 的计算结果来看，当锚杆布置在第二排时，最大水平位移仅 20.35 mm；而当锚杆分别布置在第 5 层和第 8 层时，最大水平位移却达到了 23.49 mm 和 24.09 mm。因此，为了更好地限制基坑坑口的水平位移，预应力锚杆应尽量布置在支护结构的上部。

另外，锚杆的位置对基坑边坡安全系数基本没有影响。从图 7、8 可以看出，当锚杆位置变化时，滑动面的位置基本相同，故最终利用有限元强度折减法计算得到安全系数相同。

3.3 预应力锚杆的数量对土钉复合支护的影响

在一般工程中，预应力锚杆的设置往往仅设在基坑坑口附近，有时甚至仅设置一排锚杆。本文对比设置一排锚杆、设置两排锚杆以及不设锚杆 3 种情况发现，仅设一排锚杆的最大水平位移比不设锚杆小 3%，效果不明显。而设置两排锚杆时，最大水平位移却减少了 28.8%。从支护结构的变形来看（图 4 和图 5），影响坑口最大水平位移的原因主要是锚杆处位移减小的幅度。如要增大幅度，通常采用加大锚杆的预应力值和增加锚杆数量两种方法，但增大预应力会导致局部土压力增大，同时由于面层的刚度较小，最终导致局部位移过大，甚至破坏。因此，为了减小最大水平位移，建议至少采用两排锚杆的复合支护方式。

图 4 算例 1 的支护结构变形图（锚杆在第 2 排）
Fig.4 The support's deformation in the first example (anchor arm in the second)

图 5 算例 1 的支护结构变形图（锚杆在第 1、2 排）
Fig.5 The support's deformation in the first example (anchor arm in the first and second)

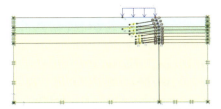

图 6 算例 2 的 PLAXIS 计算模型
Fig.6 The second finite element model of PLAXIS

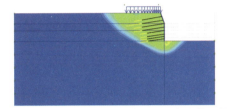

图 7 算例 2 的土体滑动面示意图（锚杆在第 2 排）
Fig.7 The location of soil slip surface
(anchor arm in the second)

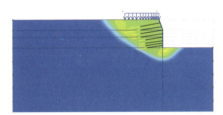

图 8 算例 2 的土体滑动面示意图（锚杆在第 8 排）
Fig.8 The location of soil slip surface
(anchor arm in the eighth)

3.4 预应力锚杆的位置对土钉内力的影响

从表 3 和表 4 可以发现，单纯土钉支护时，土钉的内力从上到下逐渐增大；而增设了预应力锚杆，靠近预应力锚杆的土钉内力锐减，而远离预应力锚杆的土钉内力变化不大。在增设了预应力锚杆后，面板承受的总土压力增大。在实际工程中，可根据有限元分析结果，合理地调整靠近预应力锚杆的土钉长度，从而提高土钉利用的有效性。

表 4 算例 2 的土钉（锚杆）的内力表
Table 4 The force list of soil nails (anchors) in the second example

(kN)

位置	面层厚度为 100 mm				
	土钉	锚杆在第 2 排	锚杆在第 5 排	锚杆在第 8 排	锚杆在第 2、3 排
第 1 排	29.55	5.91	29.31	28.40	-5.93
第 2 排	47.99	150	47.83	48.05	150
第 3 排	53.59	32.70	51.15	54.48	150
第 4 排	49.81	44.96	37.54	50.28	22.44
第 5 排	62.36	61.61	150	63.58	57.31
第 6 排	70.80	72.87	58.86	70.27	71.31
第 7 排	73.68	76.80	74.18	53.17	75.32
第 8 排	90.07	90.36	89.74	150	89.51

3.5 基坑放坡的影响

从表 2 可以看出，放坡对坑口最大水平位移影响较大。尽管放坡范围只有 1.5 m 宽，但位移却减少 19.6%。另一方面，放坡对基坑稳定影响较小。因为算例 2 中的土钉和锚杆的有效长度比算例 1 略短，所以算例 2 的基坑边坡稳定安全系数比算例 1 略小。

从表 3 和表 4 来看，放坡范围内的土钉内力比未放坡时略小，而放坡范围外的土钉内力基本没有变化。

因此，在条件允许的情况下，实际工程中可采用放坡的方法来减少基坑坑口最大水平位移。

4 结 论

本文结合工程实例，利用有限元软件 PLAXIS 对土钉和预应力锚杆复合支护进行了分析，得到如下结论：

（1）针对黏土或软土基坑而言，面层的厚度和刚度对基坑边坡安全系数和支护结构的最大水平位移影响较小。至于其他土层基坑条件下，面层的影响有待更深入的研究。

（2）预应力锚杆越靠近基坑上部，其对控制最大水平位移的作用就越大，效果越理想。

（3）从本文的计算结果来看，当仅设置一排锚杆时，减小最大水平位移的作用不明显；应至少设置两排锚杆，才能达到较好的效果。

（4）实际工程中，可根据有限元分析结果，合理地调整靠近预应力锚杆的土钉长度，从而提高土钉利用的有效性。

（5）在条件允许的情况下，实际工程中可采用放坡的方法来减少基坑坑口最大水平位移。

参 考 文 献

[1] 王媛媛, 秦四清. 土钉与复合土钉支护结构数值模拟对比分析[J]. 工程地质学报, 2006, 14(02): 271－275.
WANG Yuan-yuan, QIN Si-qing. Comparison of Soil Nail and Composite Soil Nail Reinforcement Structures Using Numerical Simulations[J]. **Journal of Engineering Geology**, 2006, 14(02): 271－275.

[2] 宋二祥, 邱明. 基坑复合土钉支护的有限元分析[J]. 岩土力学, 2001, (9): 241－244.
SONG Er-xiang, QIU Ming. Finite Element Analysis of composite soil nailing for excavation support[J]. **Rock and Soil Mechanics**, 2001, (9): 241－244.

[3] 宋二祥, 邱明. 复合土钉支护变形特性的有限元分析[J]. 建筑施工, 2001, (6): 370－371.

[4] 王立峰, 朱向荣. 土钉墙面层位移和内力的计算分析[J]. 岩土力学, 2008, (2): 437－441.

LIU Ji-guo, ZENG Ya-wu. Application of FLAC^{3D} to simulation of foundation excavation and support[J]. **Rock and Soil Mechanics**, 2006, (3): 505－508.

[5] 赵德刚, 蒋宏. 复合土钉墙的变形与稳定性分析[J]. 岩土工程学报, 2006, (11): 1687－1690.

ZHAO De-gang, JIANG Hong. Deformation and stability analysis of composite soil-nailed walls[J]. **Chinese Journal of Geotechnical Engineering**, 2006, (11): 1687－1690.

[6] 宋二祥, 高翔, 邱明. 基坑土钉支护安全系数的强度参数折减有限元方法[J]. 岩土工程学报, 2005, (3): 258－263.

SONG Er-xiang, GAO Xiang, QIU Ming. Finite element calculation for safety factor of soil nailing through reduction of strength parameters[J]. **Chinese Journal of Geotechnical Engineering**, 2005, (3): 258－263.

[7] 郑颖人, 赵尚毅, 邓楚健, 等. 有限元极限分析法发展及其在岩土工程中的应用[J]. 中国工程科学, 8(12): 39－61.

ZHENG Yin-ren, ZHAO Shang-yi, DEN Chu-jian, et al. Development of finite element limiting analysis method and its application to geotechnical engineering[J]. **Engineering Sciences**, 8(12): 39－61.

黄土隧洞安全系数初探

张 红[1], 郑颖人[2], 杨 臻[1], 王谦源[1]

(1. 青岛理工大学理学院,青岛 266033；2. 后勤工程学院建筑工程系,重庆 400041)

摘 要：通过分析黄土破坏机理及形式,借鉴有限元强度折减法的思想,探索性提出黄土隧洞剪切与拉裂安全系数的定义及计算方法。文章先采用 $FLAC^{3D}$ 分析软件,模拟无衬砌黄土隧洞开挖,计算稳定安全系数。不断降低土体的抗剪切强度参数 $c - tan\varphi$,使黄土隧洞达到极限破坏状态,此时的折减系数即为剪切安全系数。不断降低土体的抗拉强度参数,黄土隧洞内临空面上(不包括底部临空面)出现第一个拉裂破坏单元时,表明黄土隧洞发生拉裂破坏,定义拉裂安全系数为实际抗拉强度与破坏时折减抗拉强度的比值。采用 ANSYS 分析软件,模拟跨度较大黄土隧洞开挖,根据不同支护方式：老式支护和复合支护,分别计算围岩和衬砌安全系数,比较支护前后安全系数变化。提出了黄土隧洞的稳定必须同时满足两个要求：初期支护后土体围岩的安全系数不小于 1.15～1.2；根据规范要求二次支护后衬砌结构的安全系数大于 2.0～2.4,以确保隧洞在施工与运行过程中的工程安全。

关键词：有限元强度折减法；衬砌；黄土隧洞；剪切安全系数；拉裂安全系数；$FLAC^{3D}$；ANSYS

中图分类号：U451　　**文献标识码**：A　　**文字编号**：1673 - 0836(2009)02 - 0297 - 10

Exploration of Safety Factors of the Loess Tunnel

ZHANG Hong[1], ZHENG Ying-ren[2], YANG Zhen[1], WANG Qian-yuan[1]

(1. *College of Science, Qingdao Technological University, Qingdao 266033, P. R. China*)
(2. *Department of Civil Engineering, Logistical Engineering University, Chongqing 400041, P. R. China*)

Abstract: Through analyzing the failure mechanism and form of the loess, applying the idea of strength reduction finite element method, the definition of shear safety factor and tensile safety factor in the loess tunnel, including the computational methods are proposed. This article uses the analysis software of $FLAC^{3D}$, simulating the opening of unlined loess tunnel and computing the safety factor with the stability analysis. With the $c-tan\varphi$ reduction, the loess tunnel reaches Ultimate instability, the reduction factor is just the shear safety factor. With the tensile strength reduction, the loess tunnel reaches instability when the first element of soil mass near the free-face fails in tension except for the bottom free-face. The tensile safety factor is defined as the ratio of the real tensile strength to the reduced tensile strength at failure. Using the analysis software of ANSYS to simulate the larger span loess tunnel excavation. According to the different ways of support: old-fashioned support and composite support , the safety factors of the surrounding rock and the lining were calculated, comparing the changes of the safety factor before and after the supporting. The stability of the loess tunnel must meet two requirements: after the initial support, the safety factor of the surrounding rock shouldn't be less than 1.15 to 1.2; according to the specification of the structure of the lining , the safety factor of the lining is greater than 2.0 to 2.4 after the second lining, to ensure the security of the tunnel construction and operation.

Keywords: strength reduction finite element method; lining; loess tunnel; shear safety factor; tensile safety factor; $FLAC^{3D}$；ANSYS

注：本文摘自《地下空间与工程学院》(2009 年第 5 卷第 2 期)。

1 前言

在沟壑纵横、地形破碎、黄土深厚、分布广泛且气候干旱的中国黄土高原地区，历来就存在大量黄土民居窑洞。随着我国经济建设与基础设施的发展，尤其是西部大开发的进展，铁路与公路的大跨度黄土隧道，黄土地区输油、输气及输水管道，黄土地下铁道及大量黄土洞室民居，仓库、厂房、设备及地下工程等大量兴建，对黄土地区隧道与地下工程的稳定分析与设计提出了很高的要求。然而至今，黄土隧道与黄土洞室的稳定分析和设计仍然采用经验方法，不能适应当前发展的要求，因而搞清黄土隧洞的破坏机理，提出科学的黄土隧洞安全系数定义及合理的设计计算方法十分迫切。

长期以来，无论岩石洞还是黄土洞，都没有安全系数的概念，因而无法对其进行定量设计。岩石洞周围岩体存在岩体节理面，确定安全系数比较困难，而黄土洞周围有时虽也有垂直节理，但一般仍可视黄土为均质体，确定安全系数较易。有限元强度折减法通过对岩土体强度参数的折减使岩土体处于极限状态，求得安全系数，从而使其显示潜在的破坏面，在边坡稳定分析中取得了成功。郑颖人、胡文清、张黎明等人[1-4]开始将有限元强度折减法应用于隧道，由此求得安全系数和潜在滑动面，提出了评价隧道稳定性的新方法，但还需要进一步工作。因此，本文试图以土体破坏理论为基础，借鉴有限元强度折减法的思想，对无衬砌及不同支护形式下黄土隧洞安全系数进行有益的探索。计算时采用基于有限差分方法的 FLAC 软件，能够同时考虑剪切与拉裂破坏。同时，考虑到衬砌施加灵活性，采用了 ANSYS 软件模拟分析施加衬砌的黄土隧洞。

2 无衬砌黄土隧洞破坏形式及安全系数探索

岩土的破坏形式一般分为两种：即拉破坏和剪破坏，剪破坏是指当岩土剪切面上的剪应力超过了峰值剪切强度，拉破坏是指岩土的拉伸应力超过了岩土的抗拉强度。当然，对于黄土也不例外，尤其是黄土只能承受极小的拉力，所以破坏形式有剪切破坏(包括压剪破坏与拉剪破坏)及拉破坏，相应有剪切与拉裂两个安全系数。

目前，边(滑)坡中的安全系数主要有三种：一是基于强度储备的安全系数，即通过降低岩土体强度来体现安全系数；二是超载储备安全系数，即通过增大荷载来体现安全系数；三是下滑力超载储备安全系数，即通过增大下滑力但不增大抗滑力来计算滑坡推力设计值。

国际通用的传统的强度储备安全系数用公式表示：

$$\omega = \frac{s}{\tau} = \frac{\int_0^l (c + \sigma \tan\varphi) dl}{\int_0^l \tau dl} \quad (1)$$

式中：ω, s, τ 分别为强度储备安全系数、滑面上的抗剪强度和滑面上的实际剪应力。将式(1)两边同除以 ω，则式(1)变为：m

$$1 = \frac{\int_0^l (\frac{c}{\omega} + \sigma \frac{\tan\varphi}{\omega}) dl}{\int_0^l \tau dl} = \frac{\int_0^l (c + \sigma \tan\varphi) dl}{\int_0^l \tau dl} \quad (2)$$

$$c' = \frac{c}{\omega} \quad (3)$$

$$\phi' = \arc(\frac{\tan\varphi}{\omega}) \quad (4)$$

由此可见，传统的极限平衡方法是将土体的抗剪强度指标 c 和 $\tan\varphi$ 减少为 $\frac{c}{\omega}$ 和 $\frac{\tan\varphi}{\omega}$，使土体达到极限平衡状态，此时的 ω 即为安全系数。

对黄土隧洞安全系数定义，笔者建议采用强度储备安全系数，因为无论在施工状态还是在运行状态，这都比较符合实际情况。在施工状态，主要是由于开挖或施工爆破或水渗入土体与潮湿空气进入隧洞等原因使土体强度弱化，最终造成隧洞在施工中破坏；在运行期一般黄土隧洞受力变化不大，对深埋隧洞即使地面荷载有所变化，它对隧洞稳定的影响也不大，一般也是由于水渗入土体或风化等原因使土体强度降低而出现事故，因而建议采用强度储备安全系数。对于黄土隧洞，强度储备安全系数意味着隧洞破坏部位(破裂面上)的实际土体强度与破坏时强度的比值。

为了保证隧洞的整体安全性，设计中必须给出上述两个不同的设计安全系数值，即剪切安全系数与拉裂安全系数，这两个数值需要经过统计与经验得到。

2.1 剪切安全系数

下面通过一具体的无衬砌黄土隧洞，计算不同矢跨比时的破坏安全系数，选用 FLAC^{3D} (Fast Lagrangian Analysis for Continuum)建模计算，并进行稳定分析。

2.1.1 工程概况

某黄土洞室,跨度3m,侧墙高1.5m,埋深30m,矢跨比取0、1/6、1/3、1/2、2/3,即:拱高分别取0m、0.5m、1m、1.5m、2m;由以前的试验[5]可知,黄土的抗拉强度和含水量、干密度、饱和度及基质吸力有着密切的关系,其中以含水量影响最为明显(见图1),随着含水量增大抗拉强度降低,且黄土的抗拉强度一般在0.005~0.07MPa之间(表1),这里取较低值。

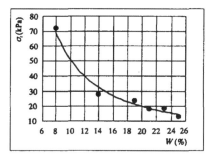

图1 原状黄土抗拉强度与含水量关系曲线

Fig. 1 The relation diagram between the intact loess tensile strength and water content

表1 原状黄土抗拉试验结果

Table 1 The tensile test results of intact loess

含水量w(%)	8	14	19	21	23	25
抗拉强度(kPa)	72.2	28.0	23.7	18.2	18.6	13.3
饱和度S_r(%)	20.0	34.0	47.0	51.2	57.4	62.4

注:$\rho_d=1.30g/cm^3$ $e=1.085$

土体力学参数取值[6]如表2,取较高强度值。

表2 土体力学物理参数

Table 2 Physico-mechanical parameters of soil

变形模量(MPa)	泊松比	容重(kN/m³)	粘聚力(MPa)	内摩擦角(°)	抗拉强度(MPa)
40	0.35	17	0.05	25	0.02

计算选用摩尔-库仑弹塑性材料模型,按照平面应变问题来处理。根据文献,确定计算范围为:上取至地面,下部和横向取至洞室直径的5倍;边界条件定为:左右两侧水平约束,下部固定,上部为自由边界。考虑模型的对称性,取洞室一半作为研究分析对象。

2.1.2 剪切安全系数定义

对于剪切破坏状态,黄土隧洞与边(滑)坡及地基的破坏情况类似,安全系数指剪切破坏面上实际强度与破坏强度的比值,如上式(1)所示。所以,黄土隧洞剪切破坏安全系数与边(滑)坡安全系数完全相同,不同的是边(滑)坡破坏面上的剪出口在土体临空面上,而深埋黄土隧洞破坏面上的剪出口在隧洞内临空面上。

黄土抗拉强度较低,为了考察抗拉强度对安全系数的影响程度,笔者采用了两种方法对不同矢跨比的黄土隧洞进行折减,一只折减剪切参数c、φ,二对剪切参数c、φ及拉力同时折减,最终得到安全系数见表3。比较之后发现,是否折减拉力对安全系数影响甚小,一般都小于1%,所以,只折减c、φ得到的安全系数就是黄土隧洞的剪切安全系数。

表3 不同矢跨比的安全系数

Table 3 The shear safety factors of different rise-span ratio

矢跨比	拱高(m)	只折减c、φ	折减c、φ、拉力
0	0	1.72	1.73
1/6	0.5	1.71	1.71
1/3	1	1.67	1.68
1/2	1.5	1.64	1.64
2/3	2	1.59	1.59

只折减c、φ得到破坏状态洞室塑性区分布情况如图2~5,可以看出,洞室塑性区是连续的较大区域,不像边坡土体中存在明显的剪切带,FLAC软件尚难以准确找出隧洞破坏面,可以结合洞室塑性区及剪应变增量等值线图等特征进行判断,确定出洞室土体破坏大体位置,图中红色区域表示剪应变的增量最大,所以必定先沿着红色区域及其周围发生剪切破坏,随着矢跨比的增大,洞室最有可能破坏的区域。由边墙与拱脚的交接处逐渐转移到边墙底部,塑性区增大,剪切安全系数减少。按算例,在这种强度较高的老黄土中修建3m跨度的民居窑洞是可行的,这一结论与民间多年的修建经验符合。

2.2 拉裂安全系数

对于拉裂破坏状态,边坡上一般不会出现贯通的拉裂破坏面,所以不出现整体拉破坏,因而也没有抗拉安全系数。边坡局部地区会出现一些拉破坏[7](一般在边坡后缘地表面上),它会影响剪切安全系数,但影响不大。

隧洞的破坏,长期以来主要考虑剪切破坏,忽略了拉裂破坏,而实际工程中,由于松散破碎岩土体抗拉强度很小,隧洞周围会出现拉裂破坏。下面笔者尝试对拉裂安全系数进行探索性定义,并对于不同矢跨比的隧洞,采取以下折减抗拉强度方法计算求得拉裂安全系数,以供讨论。

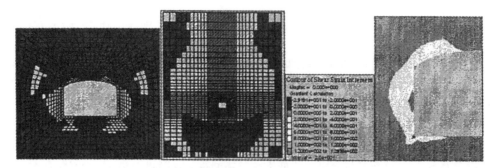

图 2 折减前塑性区、折减后塑性区与剪应变增量等值线图（拱高 0.5m）

Fig. 2 Plastic zone before reduction, Plastic zone and contour of shear increment after reduction (arch rise 0.5m)

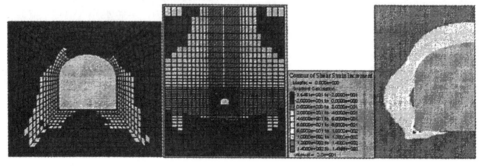

图 3 折减前塑性区、折减后塑性区与剪应变增量等值线图（拱高 1m）

Fig. 3 Plastic zone before reduction, Plastic zone and contour of shear increment after reduction (arch rise 1m)

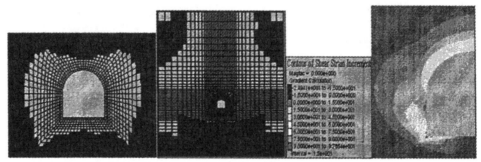

图 4 折减前塑性区、折减后塑性区与剪应变增量等值线图（拱高 1.5m）

Fig. 4 Plastic zone before reduction, Plastic zone and contour of shear increment after reduction (arch rise 1.5m)

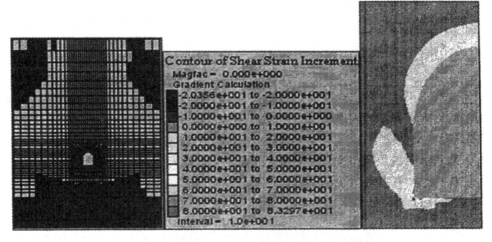

图 5 折减后塑性区与剪应变增量等值线图（拱高 2m）

Fig. 5 Plastic zone before reduction, Plastic zone and contour of shear increment after reduction (arch rise 2m)

从实际现象看出，当土体隧洞顶很平时，拱顶会出现拉裂破坏而塌落；同时拱顶也会出现剪切破坏，使压力拱下的土体全部塌落。隧洞两侧出现剪切破坏和局部拉破坏也会造成土体塌落，这显然是不允许的。周围土体的拉破坏如何形成整体拉破坏，目前研究不够，而且计算机也无法显示这种破坏。

黄土隧洞除在洞室形成拉破坏外，还会在其它部位出现局部拉破坏，如在地表面上或围岩内临空面的地面部位，这些拉破裂单元即使拉坏了也不会影响洞室的安全与应用，此外，还会在围岩内临空面以内的单元上出现受拉破坏（如图6所示），而不是在临空面单元上，但这些拉破裂单元虽然拉应力达到了抗拉强度，但由于受到周边单元的制约，塑性拉应变不大，也不会出现真正破坏。经验告诉我们，上述这些拉破坏单元不会引起洞室的整体拉破坏，至今未见工程中围岩内部存在某些拉裂区而导致洞室失稳的实例。

图6 拱高0m，拉力区在围岩内部

Fig. 6 Tensile area inside the rock mass, arch rise 0m

因而，只有内临空面上出现土体拉破坏，土体才会在自重作用下塌落，而其余拉破坏单元并不会引起整个洞室的失稳。基于这种想法，我们假设内临空面上（不包括底部临空面）出现第一个拉破坏单元，即认为黄土隧洞出现整体拉破坏，结合强度折减法思想，不断折减抗拉强度，直至最早出现拉裂单元，可以认为此时即为隧洞拉破坏状态，定义拉裂安全系数为：

$$F_t = \frac{实际抗拉强度}{破坏时折减抗拉强度} \quad (5)$$

这里存在两种情况：

（1）抗拉强度极小时，洞室初始状态就已整体拉破坏（图7），说明拉裂安全系数小于1，以强度折减法的逆向思维，不断提高抗拉强度，直至出现第一个拉裂塑性区单元，此时即为极限状态破坏强度，根据式（5）计算得到拉裂安全系数。

例1：平顶洞室模型尺寸、参数及边界条件与

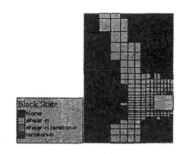

图7 拱高0m，塑性区与拉力区图

Fig. 7 Plastic and tensile zone of the rock mass, arch rise 0m

上面工程实例相同，抗拉强度0.001MPa。不断提高抗拉强度并用FLAC计算出洞室拉力区情况（如图8），发现提高到0.006MPa时，洞顶最先出现拉裂单元，此时拉裂安全系数为：

$$F_t = \frac{0.001}{0.006} = 0.167$$

（2）抗拉强度较大时，洞室初始状态稳定，采用强度折减的方法，不断降低抗拉强度，直至出现第一个拉裂单元，同样根据式（5）计算得到拉裂安全系数。

例2：平顶洞室模型尺寸、参数及边界条件与上面工程实例相同，抗拉强度0.02MPa。不断降低抗拉强度，并用FLAC计算出洞室拉力区变化情况，发现降低到0.01MPa时，洞顶最先出现拉裂单元（如图9），此时拉裂安全系数为：

$$F_t = \frac{0.02}{0.01} = 2$$

对于不同矢跨比的洞室，同样不断折减抗拉强度，拱高0.5m的抗拉强度折减到0.005MPa，拱高1m的抗拉强度折减到0.006MPa，拱高1.5m的抗拉强度折减到0.007MPa，拱高2m的抗拉强度折减到0.006MPa，侧墙均首次出现拉裂单元，采用式（5）计算洞室的拉裂安全系数见表4。

表4 洞室拉裂安全系数

Table 4 The tensile safety factor of tunnel

抗拉强度	矢跨比	拱高（m）	安全系数
	0	0	2
	1/6	0.5	4
0.02MPa	1/3	1	3.33
	1/2	1.5	2.86
	2/3	2	2.5
	0	0	1
	1/6	0.5	2
0.01MPa	1/3	1	1.67
	1/2	1.5	1.43
	2/3	2	1.25

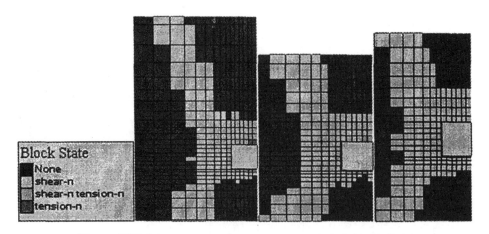

图8 不同拉力(0.001MPa,0.005MPa,0.006MPa)时,塑性区与拉力区
Fig. 8 Plastic and tensile zone of rock mass with the different tensile stress

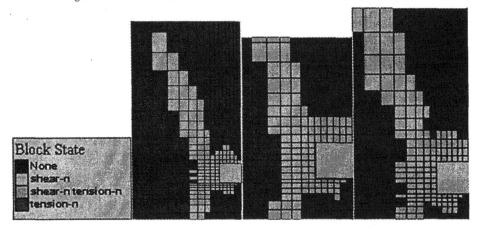

图9 不同拉力(0.02MPa,0.012MPa,0.01MPa)时,塑性区与拉力区
Fig. 9 Plastic and tensile zone of rock mass with the different tensile stress

从上述计算可以看出,通常老黄土抗拉强度在0.01MPa以上,拱顶的黄土洞室一般不会出现拉破坏;同时也可看出,如果抗拉强度很低,尤其是平顶洞室是会出现拉破坏的,这正是无粘性土体不能成洞的原因。

3 衬砌支护黄土隧洞的安全系数

由于黄土隧洞采用拱形,而且抗拉强度比一般土体高,破坏主要为剪切破坏。

目前,黄土地区居民使用的窑洞,一般土质条件较好,跨度也很小,在3m左右,不作衬砌支护是可以的。

70年代时,我国黄土地区修建的隧洞跨度一般5~6m,多用作仓库或是铁路单线隧洞。当时的老式支护施工时采用的临时支护为简单的木支撑,永久支护为混凝土衬砌。80年代以后,随着我国改革开放与基础设施的快速发展,黄土隧洞应用范围越来越广,跨度也越来越大,支护方式也发生了变化,采用了锚喷支护作为初期支护,然后再采用混凝土或钢筋混凝土作二次支护由此形成了复合支护。因而,下面通过两个例子对这两种支护方式下安全系数加以比较。

3.1 黄土洞室稳定标准

正如上述,当前采用的隧道设计方法存在着较大的经验性,本文采用有限元强度折减法,通过安全系数对黄土隧洞进行设计。依据支护的两个阶段,必须对初期支护与永久支护分别提出相应的稳定标准作为设计依据,为此提出如下两个稳定标准:(1)初期支护后土体围岩的安全系数不小于1.15~1.2,以确保工程施工中的安全,当安全系数达不到要求时,须增加初期支护;(2)二次支护后,衬砌的安全系数大于2.0~2.4,(根据《公路隧道设计规范》[8](JTG D70-2004)结构计算规定,公路隧道衬砌结构的最小安全系数K为2.0~2.4),否则,须增加衬砌厚度或钢筋量。上述提出的标准只是一种建议,以供讨论。

3.2 工程概况及模型建立

下面通过净跨7 m黄土洞室,选用ANSYS有限元软件建模分析,计算衬砌前后安全系数,根据施加不同支护形式,求得围岩及衬砌安全系数,加以分析比较,为黄土隧洞新设计方法提供示范。

某黄土洞室,洞顶以上覆盖层厚度40 m,洞室毛跨7 m,拱部高度3.25 m,侧墙3 m,土体采用摩尔-库仑模型。衬砌与喷射混凝土本构关系采用线弹性。采用老式支护时,衬砌厚度为25 cm混凝土。采用现行复合式衬砌支护时,施加初期支护为厚度15 cm的喷射混凝土,并施加锚杆;施加的二次衬砌厚度25 cm。弹性模量取 3×10^7 kPa,泊松比 $v_c=0.2$,密度为 2 500 kg/m³。土体力学参数取值同上表2。

计算按照平面应变问题考虑,采用理想弹塑性本构模型,并采用平面应变关联法则下莫尔-库仑匹配准则,其表达式为:

$$F = \alpha I_1 + \sqrt{J_2} = k \quad (6)$$

式中 I_1、J_2 分别为应力张量第一不变量和应力偏张量第二不变量,α,k 是与岩土材料凝聚力 c 和内摩擦角 φ 相关的常数。其表达式为:

$$\alpha = \frac{\sin\varphi}{\sqrt{3(3+\sin^2\varphi)}} \quad (7)$$

$$k = \frac{3c\cos\varphi}{\sqrt{3(3+\sin^2\varphi)}} \quad (8)$$

计算范围底部以及左右两侧各取5倍洞室跨度,向上取到地表;边界条件左右两侧为水平约束,下部为固定约束,上部为自由边界。

3.3 计算结果分析

3.3.1 模拟70年代老式支护,采用整体式衬砌

洞室开挖后,相应塑性区及等效塑性应变如图10、11所示,这时洞室周边塑性区范围比较大,如不进行及时支护,洞室处于不稳定状态,会发生坍塌破坏。折减剪切参数 c、φ,得到安全系数为 $F=0.84$。

考虑到实际工程情况,洞室开挖后,将围岩应力释放一部分,分别为30%、50%、70%,应力释放后施加衬砌,对 c、φ 折减,计算得到支护后围岩安全系数如表5。随着围岩应力释放率的提高,相比衬砌支护前围岩安全系数均有不同提高。图12、13是释放50%后施加衬砌时的围岩塑性区及等效塑性应变。依据围岩安全系数,可以认为施加衬砌支护后围岩达到了稳定要求。

计算衬砌的安全系数,根据《公路隧道设计规

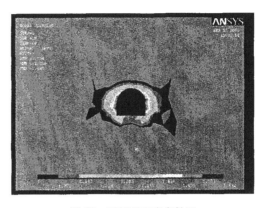

图10 开挖后围岩塑性区
Fig. 10 Plastic zone of rock mass under excavation

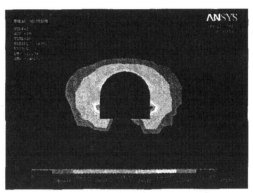

图11 开挖后围岩的等效塑性应变
Fig. 11 Plastic strain of rock mass under excavation

范》(JTG D70-2004)结构计算规定,当轴向力偏心矩 $e_0 \leq 0.20h$(此处 h 为衬砌厚度)时,由材料抗压强度控制结构承载能力,应按下式进行计算:

$$KN \leq \Phi\alpha R_a bh \quad (9)$$

式中:$R_a=28.1$ MPa为混凝土的抗压极限强度;b 为截面宽度(m);h 为截面厚度(m);Φ 为构件纵向弯曲系数,取为1;α 为轴向力的偏心影响系数,K 为安全系数,取为2.4;N 为轴向力(kN);e_0 为轴向力偏心矩。

当轴向力偏心矩 $e_0 \geq 0.20h$ 时,由材料的抗拉强度控制结构承载力,应按照下式进行安全系数计算:

$$KN \leq 1.75\Phi R_1 bh/(6e_0/h-1) \quad (10)$$

计算结果见表5,文中验算了3种不同释放率,施加衬砌结构的强度和安全系数以及洞室围岩安全系数,可以看出,随着支护前应力释放率的提高,衬砌结构的安全系数也不断增加,但增加量不大,且均低于规范要求,表明采用老式支护时,黄土洞室安全系数不足。

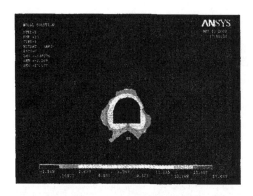

图 12 释放50%应力后施加衬砌,洞室塑性区

Fig. 12 Plastic zone of rock mass lining after the release of 50% the stress

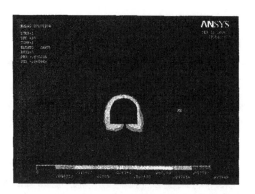

图 13 释放50%应力后施加衬砌,洞室塑性应变

Fig. 13 Plastic strain of rock mass lining after the release of 50% the stress

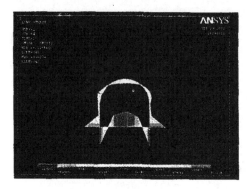

图 14 释放50%做初衬,再释放20%做二次衬砌的弯矩图

Fig. 14 The bending moment the initial lining after release of 50% stress, and secondary lining after another release of 20% of the stress

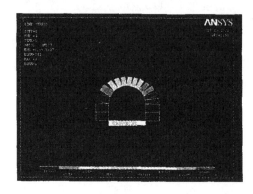

图 15 释放50%做初衬,再释放20%做二次衬砌的轴力图

Fig. 15 The axial force the initial lining after release of 50% of the stress, and the secondary lining after release of 20% of the stress

表 5 采用老式支护时围岩及衬砌结构安全系数表

Table 5 Safety factors of the rock and lining with old type of support

衬砌厚度 h(m)	开挖后应力释放率	最不利位置	弯距 (kN·m)	轴力 (MN)	偏心距 e_0(m)	衬砌安全系数	围岩安全系数
0	0	拱角	—	—	—	—	0.84
0.25	50%	拱角	428.850	2.74	0.1565	1.628	1.22
0.25	70%	拱角	408.605	2.55	0.160	1.63	1.28
0.25	70%,加锚杆(相当于c提高10%)	拱角	412.100	2.55	0.162	1.675	1.32

3.3.2 现行复合式衬砌支护

这里的初期支护采用锚喷支护,为了计算简化,计算时对锚杆支护作简单假定,即将围岩的C值提高10%以取代锚杆,喷射的混凝土选择C30。

洞室开挖后,不做支护安全系数为0.84,如果只加上锚杆后围岩安全系数为0.9,在释放50%应力后施加初期支护,然后在不释放或再释放20%应力后将二次衬砌加上。由此分别求得这时衬砌以及围岩的安全系数,列于表6和表7,从表6、7看出施加锚杆提高围岩安全系数0.6左右,对围岩安全系数有些影响,而对衬砌安全系数影响不大,但喷射混凝土初期支护对围岩与衬砌安全系数都有很大影响。应力释放率对围岩安全系数也有较大影响,而对衬砌安全系数影响不大。由表还可看出,施加初期支护后,围岩安全系数大于 1.15 ~ 1.2,满足初级支护稳定要求。二次支护后,安全系数大于 2.4,也满足设计要求,表明采用复合式衬砌支护,大幅度提高了围岩与衬砌的安全度。图 14、15 是释放 50% 做初衬,再释放 20% 做二次衬砌后的弯矩及轴力图,表明拱脚弯矩最大,是最不利的位置。

表 6 不加锚杆时,衬砌以及围岩安全系数表
Table 6 Safety factors of the rock and lining without bolting

初期支护应力释放率	二次衬砌应力释放率	最不利位置	弯距 (kN·m)	轴力 (MN)	偏心距 e_0(m)	衬砌安全系数	围岩安全系数
50%	0	拱脚	517.586	1.61	0.321	3.20	1.35
50%	20%	拱脚	488.389	1.51	0.323	3.39	1.5

表 7 加锚杆时,衬砌以及围岩安全系数表
Table 7 Safety factors of the rock and lining with bolting

初期支护应力释放率	二次衬砌应力释放率	最不利位置	弯距 (kN·m)	轴力 (MN)	偏心距 e_0/m	衬砌安全系数	围岩安全系数 初期	围岩安全系数 永久
0(无任何支护)	0	拱脚	—	—	—	—	—	0.84
0(无衬砌,加锚杆)	0	拱脚	—	—	—	—	—	0.9
50%	0	拱脚	519.511	1.62	0.320	3.21	1.21	1.42
50%	20%	拱脚	487.366	1.51	0.322	3.41	1.21	1.58

5 结论

(1)有限元强度折减法不但适用于边(滑)坡工程,同样适用于隧洞,由此可以求出隧洞安全系数。计算表明,对于黄土隧洞而言,抗拉强度对剪切安全系数影响很小,因而折减 c、φ 计算得到的即为洞室剪切安全系数。

(2)本文提出了一种黄土隧洞的抗拉安全系数的定义,这只是一种探索,以供讨论。按照这一定义,提供了一种求隧洞拉裂安全系数的方法。

(3)计算表明,黄土窑洞一般不会出现拉破坏,只有当黄土抗拉强度很低,洞顶很平的洞室才会出现拉破坏。

(4)黄土洞室的稳定要求必须同时满足两个:初期支护后土体的围岩安全系数不小于 1.15 ~ 1.2,根据规范衬砌结构的安全系数大于 2.0 ~ 2.4,但只是一种建议值。

(5)可以看出,跨度 7 m 黄土隧洞采用老式支护稳定性不高。对复合支护,根据衬砌厚度的不同,以及应力释放率的变化,围岩和衬砌的安全系数都不同,比较之后可以看出,施加初期锚喷支护不仅能节省木料,而且大幅度提高衬砌安全系数。

(6)实际工程中,可根据此法来求出衬砌和围岩安全系数,为洞室设计提供了一种新的方法。

参考文献:

[1] 张黎明,郑颖人,等. 有限元强度折减法在公路隧道中的应用探讨[J]. 岩土力学,2007,28(1):97 - 101. (ZHANG Li-ming, ZHENG Ying-ren, et al. Application of strength reduction finite element method to road tunnels[J]. Rock and Soil Mechanics, 2007, 28 (1): 97 - 101. (in Chinese))

[2] 郑颖人,胡文清,王敬林. 强度折减有限元法及其在隧道与地下洞室工程中的应用[A]. 中国土木工程学会第十一届、隧道及地下工程分会第十三届年会论文集[C]. 2004. (ZHENG Ying-ren, HU Wen-qing, WANG Jin-lin. Strength Reduction FEM and Its Application in Tunnel and Underground Engineering [A]. Symposium of the 11th annual meeting of China Civil Engineering Society and the 13th annual meeting of Tunnel and Underground Branch[C]. 2004. (in Chinese))

[3] 郑颖人,赵尚毅,等.有限元极限分析法发展及其在岩土工程中的应用[J].中国工程科学,2006,8(12):39-61.(ZHENG Ying-ren, ZHAO Shang-yi, et al. Development of Finite Element Limit Analysis Method and Its Applications in Geotechnical Engineering[J]. Engineering Science, 2006, 8(12):39-61.(in Chinese))

[4] 郑颖人,等.关于土体隧洞围岩稳定性分析方法的探索[J].岩石力学与工程学报,2008,27(10):254-260.(ZHENG Ying-ren, et al. Exploration of Stability Analysis Methods of Surrounding Rocks in Soil Tunel [J]. Chinese Journal of Rock Mechanics and Engineering, 2008, 27(10):254-260.(in Chinese))

[5] 邢义川,骆亚生,李振.黄土的断裂破坏强度[J].水力发电学报,1999(4):36-44.(XING Yi-chuan, LUO Ya-sheng, LI Zheng. The Rupture Failure Strength of Loess [J]. Jouranl of Hydroelectric Engineering, 1999(4):36-44.(in Chinese))

[6] 刘祖典.黄土力学与工程[M].陕西:陕西科技出版社,1997.(LIU Zu-dian. Mechanics of loess and enginerring[M]. Shaanxi: Shaanxi Science and Technology Press,1997.(in Chinese))

[7] 郑颖人,陈祖煜,王恭先,等.边坡与滑坡工程治理[M].北京:人民交通出版社,2007.(ZHENG Ying-ren,CHEN Zu-yu,WANG Gong-xian,et al. Engineering Treatment of Slope & Landslide [M]. Beijing: People Traffic Press,2007.(in Chinese))

[8] 重庆交通科研设计院.公路隧道设计规范.人民交通出版社.2004(9):41-44.(Chongqing Jiaotong. Scientific Research and Design Institute Highway tunnel design specifications. People Traffic Press. 2004(9):41-44.(in Chinese))

利用有限元强度折减法进行渗流条件下的基坑整体稳定性分析

董诚 郑颖人 唐晓松

(后勤工程学院，重庆 400041)

摘要：渗流作用下的基坑稳定性分析一直是基坑工程中的难点。传统基坑设计方法在计算基坑整体稳定性时存在以下问题：不考虑降水方式和渗流对基坑整体稳定性的影响，不管什么情况都假定圆弧滑动面破坏等。结合算例介绍了应用PLAXIS有限元程序模拟降水条件下的深基坑开挖过程，并通过有限元强度折减法计算得到了基坑整体稳定安全系数。计算结果表明：潜水位生成水压、渗流计算生成水压以及基坑外水位不降3种工况下，基坑整体稳定安全系数差别较大；PLAXIS程序根据有限元强度折减法分析得到的滑动面比传统设计方法中假定的圆弧滑动面更加合理，因此应用具有渗流计算功能的PLAXIS程序计算得到的基坑整体稳定安全系数更为准确合理。

关键词：渗流；基坑；PLAXIS；有限元强度折减法；稳定性分析

中图分类号：TU476.3 文献标识码：A

文章编号：1000-131X（2009）03-0105-06

Integral stability analysis of foundation pits under seepage by using FEM strength reduction

Dong Cheng Zheng Yingren Tang Xiaosong

(Logistical Engineering University, Chongqing 400041, China)

Abstract: The traditional method for design of foundation pits has unresolved issues in calculation of the integral pit stability. The influences of precipitation pattern and seepage on the stability are not taken into consideration, and a circular sliding surface is assumed under all circumstances. In the present study, the excavation of deep foundation pit under rainfall conditions imitated by using the FEM is considered and the stability safety factor of foundation pit is analyzed by using FEM strength reduction. The calculation results show that there are great differences in the safety factors under three different conditions. The water pressure is caused by groundwater seepage, and the water level outside the foundation pit does not drop. The sliding surface obtained by using PLAXIS software with FEM strength reduction is more reasonable than the assumed circular sliding surface in the traditional method.

Keywords: seepage; foundation pit; PLAXIS; FEM strength reduction; stability anslysis

E-mail: dongcheng75@126.com

引言

随着我国经济持续快速增长，城市化建设发展的步伐加快，深基坑工程越来越多。大量的工程实践显示，渗流问题是许多基坑工程事故的主要原因之一。目前国内外针对渗流作用对深基坑稳定性的影响做了大量的研究工作。

李广信[1]等认为，在有承压水情况下，其作为抗力的被动土压力可能丧失殆尽。基坑外人工降水与基坑内排水相比，在很多有渗流的情况下，不宜用朗肯土压力计算土压力，而应当采用库仑土压力理论的图解法来搜索可能滑裂面。

罗晓辉[2]等对渗流场进行了稳定渗流与非稳定渗流有限元分析，将渗流场的水力作用加到了应力场的分析中，对深基坑开挖过程中渗流场的变化规律以及对应力场产生的影响进行了讨论。

俞洪良[3]等采用有限单元法分析了基坑渗流场分布特性，比较了不同水力条件下渗流作用对基坑土体渗透稳定性的影响，探讨了工程中可能出现的不利因素，特别是防渗体破坏情况对基坑安全造成的危害性。

刘继国[4]等运用ELAC3D软件对武汉长江隧道江

注：本文摘自《土木工程学报》（2009年第42卷第3期）。

南明挖段深基坑进行了开挖与支护模拟。计算中采用摩尔-库仑弹塑性模型，基坑围护结构与土体之间采用接触单元，通过计算得到了不同开挖阶段的地表沉降、基底隆起和墙后土体水平位移。

目前，工程中计算基坑整体稳定系数通常采用《建筑基坑支护技术规程》(JGJ 120—99)中提供的圆弧滑动面，同时假定基坑外水位不变，没有考虑支护结构和渗流的影响，这往往与实际工程不符。

本文探索应用国际通用有限元程序PLAXIS模拟基坑内降水条件下的基坑开挖过程的真实状态，分析渗流作用对深基坑整体稳定性的影响，并与采用《建筑基坑支护技术规程》(JGJ 120—99)计算假定的理正软件的计算结果进行比较。

1 PLAXIS 程序求解

下面结合PLAXIS程序提供的渗流经典算例，详细介绍PLAXIS程序模拟基坑开挖过程的步骤和注意事项。为了比较不同土质对滑动面位置的影响，本文选用了两个算例。

算例1：基坑开挖宽20 m、深10 m，用2个15 m深、0.35 m厚的混凝土地下连续墙来支撑周围的土体，地下连续墙均两排锚杆支撑，上部锚杆长14.5 m，倾斜度为33.7°，下部锚杆长10 m，倾斜度为45°。施加于开挖区左侧和右侧的荷载分别为10 kN/m² 和 5 kN/m²。土体包括3个土层，地表以下3 m范围内是相对松散的松散回填层；3~15 m为均匀密实的中砂层；15 m以下为稍密的砂质黏土层，可以延伸到很深的深度。初始状态下，地下水位在地表下3 m处（图1）。随着基坑开挖深度的增加，基坑内水位逐渐降低，始终低于基坑的开挖面，补给水源位于距基坑30 m处。

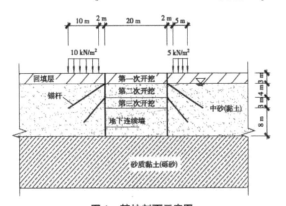

图1 基坑剖面示意图
Fig. 1 Cross-section of a deep foundation pit

1.1 有限元模型的建立

利用PLAXIS程序进行渗流作用下的深基坑稳定分析，需要分别建立有限元模型和渗流计算模型。

PLAXIS程序提供了两种模型：平面应变模型和轴对称模型。本算例设置为平面应变模型。PLAXIS程序可以提供6节点或15节点三角形单元来模拟土体和其他结构。本算例选用15节点三角形单元。为了保证计算结果的精确性，在挡墙与土体的结合面增大了网格的密度。有限元模型和渗流计算模型的网格划分示意图如图2所示。

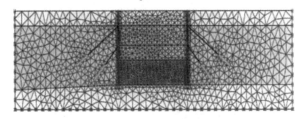

图2 PLAXIS程序模型的网格划分示意图
Fig. 2 Mesh of the PLAXIS model

1.2 材料参数的设置

本文根据实际工程的需要选择理想弹塑性和莫尔-库仑屈服准则进行数值模拟，其需要输入的主要参数分别是：弹性模量 E、泊松比 ν、摩擦角 ϕ、黏聚力 c 以及剪胀角 ψ；考虑渗流时，还需要输入渗透系数和确定相应的水利边界条件。参数见表1。本算例中将岩土模型定义为排水状态，将混凝土地下连续墙和界面定义为非多孔状态。地下连续墙和锚杆等参数见表2。

表1 算例1土层参数
Table 1 Soil and interface properties for example one

参数	回填层	中砂层	砂质黏土层
天然重度 γ (kN/m³)	18	19	19
水平渗透系数 K_x (m/d)	1.0	0.5	0.1
竖向渗透系数 K_y (m/d)	1.0	0.5	0.1
弹性模量 E_{ref} (kN/m²)	8000	30000	20000
泊松比 ν	0.3	0.3	0.33
黏聚力 c (kN/m²)	1.0	1.0	8.0
内摩擦角 ϕ	30	34	29

表2 支挡结构参数
Table 2 Properties of supporting construction

地下连续墙		锚杆		土工格栅	
参数	数值	参数	数值	参数	数值
轴向刚度 EA (kN/m)	12×10⁶	轴向刚度 EA (kN)	2×10⁵	轴向刚度 EA (kN/m)	10⁵
抗弯刚度 EI (kN/m²/m)	0.12×10⁶	水平间距 L_s (m)	2.5		
等效厚度 d (m)	0.35				
重度 w (kN/m³)	25				
泊松比 ν	0.15				

1.3 PLAXIS程序地下水渗流的计算原理和步骤

PLAXIS程序认为地下水在孔隙中的流动服从

Darcy 定律，因此其对应的微分方程及其有限元解法这里就不再赘述了。PLAXIS 程序提供了两种地下水计算模型，一种是通过定义潜水位生成水压的计算模型，另外一种是通过地下水渗流计算生成水压，两种方法生成的孔压均为稳态孔压（反映稳定水力条件下的孔压）。下面分别介绍两种模型的计算方法。

潜水位表示为一系列水压为零的点，使用输入潜水位的方法，潜水位以上的孔压为零，潜水位以下水压就按确定的水容重随深度呈线性增加（此时为静水压力）。PLAXIS 程序计算时把外部水压当作分布荷载，和土容重及孔压一起考虑。

PLAXIS 程序还可以根据地下水渗流计算生成水压。先输入地下水渗流模型的边界条件，然后在一个处于激活状态的渗流模型外部边界上指定地下水头，程序根据地下水头差自动计算模型内各点的地下水头值。最终，程序根据有限元网络、土体类组的渗透系数和渗流边界条件，通过渗流计算生成土体内各点的水压。地下水渗流计算比较复杂，如果输入参数选择适当，其计算结果会比较符合实际。

1.4 PLAXIS 程序中安全系数的求解方法

PLAXIS 程序可以采用有限元强度折减法来进行安全分析，这个过程就叫做 phi-c 折减。安全分析可以在每个计算工序之后执行，同样也可以在每个施工阶段之后进行。进行安全分析的时候，不能同时增加荷载。Phi-c 折减实际上是一个特殊的塑性计算，通常和输入的时间增量和刚度变化无关。

在程序中系数 $\sum Msf$ 定义为强度的折减系数，其表达式如下：

$$\sum Msf = \frac{\tan \varphi_{input}}{\tan \varphi_{reduced}} = \frac{c_{input}}{c_{reduced}}$$

式中：$\tan \varphi_{input}$、c_{input} 为程序在定义材料属性时输入的强度参数值；$\tan \varphi_{reduced}$、$c_{reduced}$ 为在分析过程中用到的经过折减后的强度参数值。程序在开始计算时默认 $\sum Msf = 1.0$，然后 $\sum Msf$ 按设置的数值递增至计算模型发生破坏，此时的 $\sum Msf$ 值即为计算模型的安全系数值。

分别对潜水位生成水压（工况一）、渗流计算生成水压（工况二）以及坑外水位不变（工况三）三种工况进行有限元计算，从而得到不同工况下的基坑整体稳定系数。

1.5 PLAXIS 程序模拟基坑开挖过程

本算例中，PLAXIS 程序模拟基坑开挖过程由 6 个工序组成。

工序（1）：要进行地下连续墙施工并激活地面荷载

工序（2）：开挖坑内最上部 3 m，此时需要将拟开挖的顶层类组冻结，开挖面在水位以上。

工序（3）：要设置第一层锚杆并对其施加预应力。首先，激活上层土工格栅，然后，激活上层锚杆，输入 120 kN 的预应力。

工序（4）：进一步开挖到地下 7 m 处，考虑降水并进行地下水渗流计算。

工序（5）：设置第二层锚杆并对其施加预应力，具体步骤同工序（3）。

工序（6）：降水并最终开挖到地下 10 m 深度，具体步骤同工序（4）。

设定加载类型为分步施工，其他所有参数采用标准设置。定义所有工序为塑性计算。在计算时，分别采用三种工况：潜水位生成水压力场（工况一）、地下水渗流计算生成水压力场（工况二）和坑外水位不变（工况三）。

需要说明的是，PLAXIS 程序没有考虑渗流对土体抗剪强度的影响。它在进行流固耦合计算时，假定土体抗剪强度不变，只是分别考虑渗流计算得到的水压力和土压力的叠加；在安全分析时，考虑土体强度参数 c、φ 值的等比例同步折减。

2 计算结果分析

PLAXIS 程序的输出数据主要是节点上的位移和应力点上的应力，以及结构单元（如地下连续墙和锚杆）的内力和位移，另外，还可以输出荷载-位移曲线和应力路径。

对于基坑工程而言，PLAXIS 程序可以输出土体滑动面的位置、整体稳定安全系数和支挡结构的内力和位移等。由于篇幅有限，本文仅选择与基坑整体稳定有关的计算结果来做对比分析。

2.1 渗流对滑动面位置的影响

从图 4~图 8 可以发现，土体滑动面随着开挖过程的进行和支挡结构的设置逐步发生变化。工序（2）基坑第一步开挖后（图 3），土体滑动面不明显，只有靠近基坑顶部三角区的土体变形较为明显；工序（3）设置第一排锚杆后（图 4），第一排锚杆穿过滑动面，土体滑动面的位置基本没有变化，但土体变形区域有所减小，与锚杆接触的土体出现变形；工序（4）基坑第二步开挖后（图 5），土体滑动面向下和向外延伸，靠近地下连续墙的下端土体变形加大，但此时滑动面上部的土体变形不大；工序（5）设置第二排锚杆后（图 6），第二排锚杆穿过滑动面，滑动面的位置略有变化，第一排锚杆周围和滑动面上部土体的变形略有减小；工序（6）基坑第三步开挖后（图7），土体滑动面继续向下和向外延伸，滑动面绕过地下连续墙的下端，与基坑内土体滑动面连为一体，滑动面上部的土体变形加大，土体稳定均未达到临界状态。

图3 工序（2）土体滑动面示意图
Fig. 3 Location of soil slip surface in phase 2

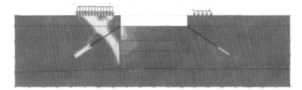

图4 工序（3）土体滑动面示意图
Fig. 4 Location of soil slip surface in phase 3

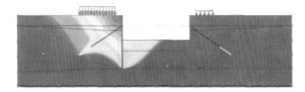

图5 工序（4）土体滑动面示意图
Fig. 5 Location of soil slip surface in phase 4

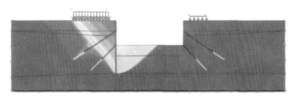

图6 工序（5）考虑渗流时的土体滑动面示意图
Fig. 6 The location of soil slip surface in phase 5 with seepage

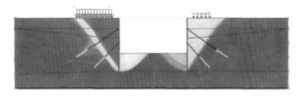

图7 工序（6）考虑渗流时的土体滑动面示意图
Fig. 7 Location of soil slip surface in phase 6 with seepage

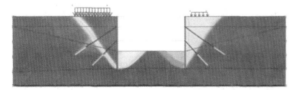

图8 工序（6）潜水位生成水压时的土体滑动面示意图
Fig. 8 Location of soil slip surface in phase 6 resulting from groundwater pressure

工序（6）中潜水位生成水压工况下土体滑动面的位置（图8）与渗流作用下土体滑动面的位置（图7）大致相同，只是前者滑动面上部土体的变形小于后者。

2.2 两种工况下计算结果的比较

地下水计算模型不同时，一般潜水位的位置存在差异。以工序（6）为例，潜水位生成的水压力场见图9，地下水渗流计算生成的渗流场见图10。从图9和图10可以看出，二者在边界处水头相同，但在地下连续墙处渗流计算产生的水头高于潜水层生成的水头（即最初定义的水头），这也是渗流计算产生的水压大于潜水位生成的水压的主要原因；另外，渗流场中流量方向不尽相同，在靠近地下连续墙处流量的方向指向地下连续墙下端。

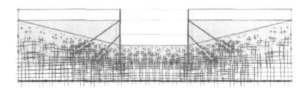

图9 工序（6）潜水位生成水压力场示意图
Fig. 9 Field of water pressure in phase 6

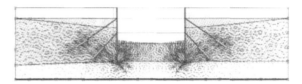

图10 工序（6）地下水渗流计算生成渗流场示意图
Fig. 10 The flow field in phase 6

2.3 与SLOPE程序计算结果的比较

从表4可以看出，PLAXIS程序计算得到的三种工况下基坑整体稳定安全系数差别较大。工况一大于工况二，工况二大于工况三。由于潜水位（工况一）是人为假定的，而基坑外水位不变的假定（工况三）也与实际工程中不符，因此只有渗流计算（工况二）与实际工程情况较为接近，因而稳定计算中考虑渗流是十分必要的。

为了验证PLAXIS程序计算结果的准确性，本文采用SLOPE程序来验算基坑整体稳定性。在SLOPE程序中根据PLAXIS渗流计算得到的浸润面来设定水位（工况二），采用Spencer法计算安全系数。由于Spencer法可以计算任意滑动面的边坡安全系数且精度较高，故采用Spencer法计算复合滑动面（同PLAXIS程序）的安全系数。如表4所示，PLAXIS程序和Spencer法求得的安全系数基本吻合，其误差在2%左右，从而表明PLAXIS程序的计算结果是可信的。

为了对比圆弧滑动面和复合滑动面对安全系数的影响，因此采用Bishop法计算工况二圆弧滑动面

表 4 安全系数比较
Table 4 Comparison of stability ratios

施工阶段	PLAXIS 程序（复合滑动面）			GEO-SLOPE 程序（工况二）		理正软件（工况三）
	工况一	工况二	工况三	Spencer 法	Bishop 法	
工序 ②	3.208	3.208	—	—	—	—
工序 ③	4.250	4.250	—	—	—	—
工序 ④	2.115	1.979	—	—	—	—
工序 ⑤	2.166	2.031	—	—	—	—
工序 ⑥	1.387	1.16	0.98	1.183（复合滑动面）	1.381（圆弧滑动面）	1.158（圆弧滑动面）

（同理正软件）的安全系数。计算结果表明：采用圆弧滑动面得到的安全系数大于复合滑动面的安全系数，会导致计算结果的不安全。

对比图 7 和图 11，可以发现，PLAXIS 程序的滑动面是复合滑动面（由直线和圆弧组成）而理正软件却是圆弧滑动面。由于采用圆弧滑动面，理正软件计算得到的整体稳定安全系数偏大。从图 11 可以看出，下排锚杆没有穿过圆弧滑动面，理正软件提示锚杆相对锚固长度不足，因而锚杆的作用没有充分发挥。PLAXIS 程序与理正软件的计算原理有较大的差别，其安全系数没有可比性。

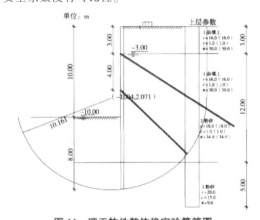

图 11 理正软件整体稳定验算简图
Fig. 11 Model for stability anslysis using the Li Zheng software

2.4 关于圆弧滑动面假定的讨论

传统设计方法中验算基坑整体稳定性采用圆弧滑动面假定。工程实践证明，对于简单的天然均质边坡，圆弧滑动面假定是成立的。图 12 是算例 1 的基坑在放坡条件下的滑动面示意图，可以看到滑动面基本符合圆弧滑动面假定。但对于某些特殊情况的边坡

图 12 放坡时的土体滑动面示意图
Fig.12 Location of soil slip surface with inclined slopes

而言，圆弧滑动面却往往不适用。张雷[5]认为在基坑稳定性验算中圆弧滑动面较长，总体抵抗作用大于滑动作用，采用圆弧滑动面计算的安全系数偏大。

算例 2：3~15 m 为均匀密实的黏土层；15 m 以下为密实的砾砂层，其他条件同算例 1，土性参数见表 3。算例 2 主要是研究不同土层对基坑滑动面的影响。

表 3 算例 2 土层参数
Table 3 Soil and interface properties for example two

参数	回填层	黏土层	砾砂层
天然重度 γ (kN/m³)	18	19	20
水平渗透系数 K_x (m/d)	1.0	1.58	52
竖向渗透系数 K_y (m/d)	1.0	1.58	52
弹性模量 E_{ref} (kN/m²)	8000	12000	38000
泊松比 ν	0.3	0.3	0.3
黏聚力 c (kN/m²)	1.0	10	1.0
内摩擦角 ϕ	30	25	32

对此算例 1 和算例 2 的计算结果，从图 8 和图 13 可以看出，在开挖和支护条件相同时，即使土层的性质不同，基坑边坡滑动面的形状也大致相同，均近似于直线，与张雷[5]文中分析得到的滑动面较为接近。由此可见，不论基坑土层是黏土还是砂土，圆弧滑动面假定都有一定的适用范围。

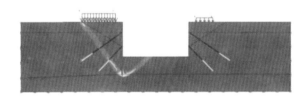

图 13 算例 2 的滑动面示意图
Fig. 13 Location of soil slip surface in example two

3 结　论

本文结合算例，利用 PLAXIS 程序模拟基坑开挖过程，分析了渗流条件下的基坑整体稳定性，得到结论如下：

（1）渗流对基坑整体稳定影响较大，通过渗流计算考虑基坑内水位下降对基坑外水位变化的影响，同

时采用有限元强度折减法并考虑流固耦合计算得到基坑整体稳定安全系数，其计算假定比较符合工程实际，计算结果更加合理可信。

（2）在某些特殊情况下，基坑土体的滑动面可能不是圆弧滑动面，而是复合滑动面，如仍采用圆弧滑动面进行基坑整体稳定性分析，计算得到的安全系数偏大。

参 考 文 献

[1] 李广信，刘早云，温庆博. 渗透对基坑土压力的影响[J]. 水利学报，2002，(5): 75–80 (Li Guangxin, Liu Zaoyun, Wen Qingbo. Influence of seepage on water and earth pressure in foundation pit [J]. Journal of Hydraulic Engineering, 2002, (5): 75–80 (in Chinese))

[2] 罗晓辉. 深基坑开挖渗流与应力耦合分析[J]. 工程勘察，1996，(6): 37–41 (Luo Xiaohui. Coupling model of seepage and stress in deep foundation excavation [J]. Geotechnical Investigation and Surveying, 1996, (6): 37–41 (in Chinese))

[3] 俞洪良，陆杰峰，李守德. 深基坑工程渗流场特性分析[J]. 浙江大学学报：理学版，2002，(5): 595–600 (Yu Hongliang, Lu Jiefeng, Li Shoude. Study on seepage field characteristics of foundation pit excavation [J]. Journal of Zhejiang University: Science Edition, 2002, (5): 595–600 (in Chinese))

[4] 刘继国，曾亚武. FLAC^{3D}在深基坑开挖与支护数值模拟中的应用[J]. 岩土力学，2006，(3): 505–508 (Liu Jiguo, Zeng Yawu. Application of FLAC^{3D} to simulation of foundation excavation and support [J]. Rock and Soil Mechanics, 2006, (3): 505–508 (in Chinese))

[5] 张雷，文谦，姚海明. 通过搜索破裂面法验算基坑的稳定性[J]. 地下空间与工程学报，2005，(6): 867–869 (Zhang Lei, Wen Qian, Yao Haiming. Checking the stability of foundation pit by to rupture searching [J]. Chinese Journal of Underground Space and Engineering, 2005, (6): 867–869 (in Chinese))

[6] 唐晓松，郑颖人，邬爱清，等. 应用PLAXIS有限元程序进行渗流作用下的边坡稳定性分析[J]. 长江科学院院报，2006，(4): 13–16 (Tang Xiaosong, Zheng Yingren, Wu Aiqing, et al. Stability analysis of soil slope under seepage by PLAXIS finite element program [J]. Journal of Yangtze River Scientific Research Institute, 2006, (4): 13–16 (in Chinese))

[7] JGJ 120—99 建筑基坑支护技术规程 [S] (JGJ 120—99 Technical specification for retaining and protection of building foundation excavation [S] (in Chinese))

多排埋入式抗滑桩在武隆县政府滑坡中的应用

赵尚毅[1]，郑颖人[1]，李安洪[2]，邱文平[2]，唐晓松[1]，徐 俊[2]

（1. 后勤工程学院建筑系，重庆 400041；2. 中铁二院工程集团有限责任公司，成都 410031）

摘 要：武隆县政府滑坡规模巨大，滑坡体长 280～340 m，滑坡体厚 15～35 m，滑坡推力最大达 9 000 kN/m，采用一排抗滑桩难以抵挡如此巨大的滑坡推力。设计采用了多排埋入式抗滑桩进行支挡，将桩的长度减小了约 1/3，节省了工程投资。介绍了该滑坡采用埋入式抗滑桩的设计计算方法，重点介绍了采用有限元强度折减法对多排桩的推力及桩的长度设计与计算，供同行或类似工程参考。

关 键 词：滑坡防治；多排埋入式抗滑桩；桩的长度设计；武隆县政府滑坡；有限元强度折减法

中图分类号：TU 473　　**文献标识码**：A

Application of multi-row embedded anti-slide piles to landslide of Wulong county government

ZHAO Shang-yi[1], ZHENG Ying-ren[1], LI An-hong[2], QIU Wen-ping[2], TANG Xiao-song[1], XU Jun[2]

(1. Department of Civil Engineering, Logistical Engineering University of PLA, Chongqing 400041, China;
2. China Railway Eryuan Engineering Group Co. Ltd., Chengdu 610031, China)

Abstract: The large-scale landslide in Wulong county government is 280–340 m long and 15–35 m thick. Landslide thrust is up to 9 000 kN/m; a row of piles cannot resist such a huge landslide thrust. So multi-row embedded anti-slide piles is used in this landslide treatment. The length of piles is reduced by about 1/3. Project investments are saved. The design and the calculation method of the multi-row embedded anti-slide piles in landslide treatment, which focus on the calculation and analysis of landslide thrust as well as the length of embedded anti-slide pile based on the strength reduction FEM, are described.

Key words: landslide treatment; multi-row embedded anti-slide piles; length design of pile; landslide of Wulong county government; strength reduction FEM

1 引 言

武隆县政府滑坡位于重庆市武隆县乌江北岸新县城城区内[1-2]，处于乌江河流右侧岸坡，南溪沟西侧的谷地之上，整个滑坡平面上呈不规则的扇形，后缘平缓，前缘下临乌江及南溪沟，如图 1、2。滑坡体长 280～340 m，滑坡体厚 15～35 m，滑坡区总面积约 27.2×10⁴ m²，体积约 585.5×10⁴ m³，如图 3 所示。滑坡体上建有县级重要机关办公大楼，公共建筑和居民住宅，建筑面积约 167 000 m²，涉及人口 8 058 人，同时威胁 319 国道和乌江航道的安全，可能引发的直接经济损失约 15.5 亿元。三峡水库蓄水至+175 m 高程后长江三峡水库蓄水将淹

图 1　滑坡现场照片
Fig.1　Photo of the scene of landslide

注：本文摘自《岩土力学》(2009 年第 30 卷增刊)。

图 2 民房开裂
Fig.2 Photo of the scene of landslide

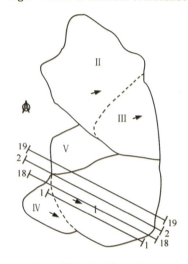

图 3 滑坡平面分区示意图
Fig.3 Landslide plane diagram

没Ⅰ区滑坡前缘，属涉水滑坡工程，在暴雨及三峡蓄水水位变化和乌江洪水等不利因素组合条件下，滑坡处于欠稳定状态。通过对该滑坡的治理，可保护滑坡体上居民、企事业单位和公路航道的安全。

2 滑坡岩土构成

滑体表层由滑坡堆积的粉质黏土、块石土、碎石土等松散物质组成，其下为滑动岩块，呈块石状或巨块状，石质以砂岩为主，部分滑动岩块体积巨大，仍保持母岩的结构构造，形状如基岩岩体。滑动岩块是组成滑体的主要物质，厚度达15～35 m。滑带以粉质黏土、黏土为主，呈软塑状～硬塑状，局部流塑状含页岩及煤线、砂质页岩、砂岩角砾碎石，含量约5%～20%，滑带厚度变化较大，一般为0.5～3.5 m，总体呈现出中、前部滑带厚度大且清晰，后部滑带厚度小且不明显的特点。滑床均为长石石英砂岩、页岩。岩体裂隙极为发育，滑床形态中后部稍陡，分别向乌江和南溪沟倾斜，Ⅰ区前缘乌江边有反翘现象，Ⅱ区前缘在南溪沟中有反翘现象。根据勘察报告[1]，滑体与滑带参数见表1。

表 1 岩土力学参数
Table 1 Material properties

名称	饱和重度 /(kN/m³)	饱和黏聚力 /kPa	内摩擦角 /(°)
粉质黏土	19.92	12	16
块碎石土	22.3	0	32
滑动岩块	24.1	0	42
Ⅰ区滑带		12.64	13.93

3 滑坡形成机制

（1）该地区地壳上升作用较明显，河流下切作用显著；岸坡位于乌江凹岸（冲刷岸），特别是在南溪沟与乌江的交汇地带，受到了乌江水流的强烈冲蚀及环流旁蚀作用，岸坡前缘的临空面不断增大。

（2）滑体岩性为砂岩夹页岩及煤线，岩层倾角为8°～18°，由于该滑坡位于一心形向斜～武隆向斜核部附近，经受了多向、多期的区域应力作用，加之受乌江下切作用影响，节理裂隙发育，岩体破碎。乌江边岩层倾向南东，南溪沟附近岩层倾向北东，与乌江及南溪沟均大角度相交。滑坡大致沿着N20°W、N60～70°E方向各发育一组陡倾节理，此两组节理应为滑坡边界的主控条件。

（3）该区降水较丰沛，山峦叠嶂，丰富的地下水沿着相对隔水的页岩及煤线层面排向乌江及南溪沟，而页岩及煤线长期受地下水浸泡不断软化。

据钻探揭示，滑体内有冲洪积物存在，在Ⅰ区滑坡与南溪沟交汇处出现滑坡堆积物被冲积物覆盖，而冲积物上面又已经形成2 m厚的坡积物，故判定该滑坡为一古滑坡。

依据滑体厚度、物质组成、滑面与层面关系、诱发原因、运移形式及滑体体积等滑坡分类条件判定：在河流的长期冲蚀、旁蚀及地下水的软化作用下，受主控节理及顺层制约，在持续降雨、洪水涨落、坍岸、动水压力变化等不利条件组合下，高度临空的岸坡在重力作用下沿软弱面发生滑动，形成了深层、岩质、自然诱因、牵引式、顺层为主的大型古滑坡。

4 滑坡防治工程等级、设计工况及安全系数

本滑坡防治工程等级Ⅰ、Ⅲ、Ⅳ区为Ⅰ级，Ⅱ区为Ⅱ级，Ⅴ区为Ⅲ级。非涉水区段控制工况为自重+地表荷载+50年一遇暴雨；涉水区段设计工况为自重+地表荷载+坝前162水位接汛期50年一遇

洪水水面线（滑坡处 210 m）+50 年一遇暴雨。根据《三峡库区三期地质灾害防治工程设计技术要求》，确定滑坡 I 区设计安全系数为 1.25（涉水）；III、IV 区设计安全系数为 1.20（不涉水）；II 区设计安全系数为 1.15；V 区设计安全系数为 1.10。表 2 为采用传递系数法计算得到的 I 区滑坡稳定系数和剪出口推力。

表 2 各剖面的剩余推力
Table 2 Landslide thrust force

剖面编号	稳定系数	剩余推力 /(kN/m)	清方减载后稳定系数	清方减载后剩余推力 /(kN/m)
1-1	1.01	11 734	1.048 2	8 655
2-2	1.08	7 548	1.101 5	6 157
18-18	1.05	11 710	1.064 6	9 693
19-19	1.09	4 993		

5 埋入式抗滑桩有限元计算

本滑坡治理工程设计主要采用抗滑桩进行支挡。但由于滑坡剪出口的推力非常大，加上滑坡体长而且厚，采用一排抗滑桩难以抵挡如此巨大的滑坡推力，因此，在一个滑动剖面中采用 4 排抗滑桩的形式。由于该滑坡滑体厚度最大达 35 m，如果采用全长桩，加上嵌固段，桩总长将达 50 多米，桩的弯矩、剪力都相应的增大，桩的截面和配筋量都非常大。因此，经研究提出采用埋入式抗滑桩，见图 4。

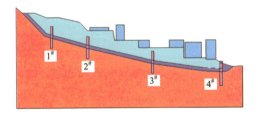

图 4 多排埋入式抗滑桩布置示意图
Fig.4 Diagram of multi-row embedded anti-slide piles

所谓埋入式抗滑桩是指桩顶标高低于滑体表面较深的短悬臂抗滑桩。这样桩的受荷段减少，桩总长减少，桩的内力、截面、配筋量都可大大减少。

采用埋入式抗滑短桩后，如何计算桩上的推力，究竟还有多少推力往下传，稳定安全系数在什么范围，滑坡会不会从桩顶越顶形成滑坡，采用传统方法尚难以有效地解决此问题。采用多排抗滑桩后，每排桩分担多少滑坡推力，传统方法也不能计算。本文针对多排埋入式抗滑桩设计计算中存在的问题采用一种新的思路，即引入有限元强度折减法，通过建立桩-土共同作用模型，通过强度折减来计算桩受到的推力及其内力。

5.1 有限元强度折减法基本原理

对于岩土中广泛采用的摩尔-库仑材料，强度折减安全系数可表示为

$$\tau = (c + \sigma \tan\varphi)/\omega = c' + \sigma \tan\varphi' \quad (1)$$

$$c' = c/\omega, \quad \sigma \tan\varphi' = (\tan\varphi)/\omega \quad (2)$$

有限元计算中不断降低边坡中岩土抗剪强度直至达到破坏状态为止。程序根据有限元计算结果自动得到破坏滑动面（包括有支护时），并获得强度储备安全系数。通过强度折减（根据设定的推力计算安全系数），还可以计算出抗滑桩上受到的岩土水平推力及结构内力[3–8]。

5.2 有限元模型的建立

计算采用美国大型有限元程序 ANSYS，以平面应变建立模型，岩土体及桩均采用平面实体单元 PLANE82 模拟，只是材料性质不同，见图 5。地面建筑附加荷载以每层楼 15 kPa 考虑。

图 5 有限元模型单元划分
Fig.5 FEM model

岩土材料本构模型按理想弹塑性考虑。为了使计算采用的准则与传统工程中采用的准则（摩尔-库仑准则）一致，本次计算采用平面应变条件下的摩尔-库仑匹配 D-P 准则，关联流动法则，膨胀角 $\psi = \varphi$，则有：

$$\left.\begin{array}{l} F = \alpha I_1 + \sqrt{J_2} = k \\ a = \dfrac{\sin\varphi}{\sqrt{3(3+\sin^2\varphi)}} \\ k = \dfrac{3c\cos\varphi}{\sqrt{3(3+\sin^2\varphi)}} \end{array}\right\} \quad (3)$$

此准则在 ANSYS 程序中需要转换才能实现，详细步骤参见《地质灾害防治工程设计规范》（重庆市地方标准）。

5.3 桩的长度设计

传统设计方法中抗滑桩设计只注重内力计算，以确定桩截面尺寸与配筋，而没有规定桩的长度设计，因此，既不能保证桩不出现"越顶"破坏，也不知道采用多长的桩长才算合理，无法确定可靠而

又经济合理的桩长,这正是当前抗滑桩规范中欠缺的地方[6]。桩长设计的原则是必须保证在任何桩长情况下都要使地层的稳定系数大于或等于设计安全系数,如果达不到安全系数,桩就可能出现"越顶"破坏,即桩虽未拉断或剪断,但滑坡体从桩顶滑过,表明桩长不足,如图 6 所示。

图 6 滑体从桩顶越过
Fig.6 Sliding mass got across the pile top

本文采用了如下方法确定埋入式桩的合理长度,即对不同桩长进行有限元计算,当设桩后的滑坡稳定安全系数达到规定的稳定安全系数时,此时的桩长即为设计桩长。超过这一安全系数的相应桩长都是没有意义的。

本滑坡工程安全等级为一级,滑坡稳定安全系数取 1.25,采用有限元强度折减法得到各排桩的桩长见表 3。

表 3 埋入式桩长度
Table 3 Lengths of embedded piles

桩号	1#桩	2#桩	3#桩	4#桩
桩底埋深 /m	48	44	39	34
埋入式桩长度 /m	34	34	34	34
桩顶距地面长度 /m	14	10	5	0
滑面以上桩长 /m	19	19	19.5	13

5.4 滑坡推力计算安全系数的设定

在传统滑坡推力计算的传递系数法中,通常将增大下滑力的分项系数作为安全储备。

滑坡推力的标准值为

$$F_h = R_s - R_t \tag{4}$$

式中:R_s 为岩土体下滑力;R_t 为岩土体抗滑力。

由强度折减安全系数 ω 得到的滑坡推力设计值为

$$F_t = R_s - \frac{R_t}{\omega} \tag{5}$$

随着荷载增大(只增大下滑力,不增大抗滑力),由安全系数 ω 得到的滑坡推力设计值为

$$F_t' = R_s\omega - R_t = \omega\left(R_s - \frac{R_t}{\omega}\right) = \omega F_t \tag{6}$$

可见,采用下滑力增大安全系数的滑坡推力设计值为强度折减安全系数推力设计值的 ω 倍。本次计算时,根据滑坡安全等级推力计算安全系数取值按强度折减法计算剪出口推力与传递系数法得到的剪出口推力相当来控制。按此方法确定各剖面的推力计算强度折减安全系数取值为:①对于 1-1 剖面,$f=1.4$;②2-2 剖面,$f=1.37$;③18-18 剖面,$f=1.39$;④19-19 剖面,$f=1.35$。

为安全起见,本次有限元计算过程中推力计算强度折减安全系数统一取强度折减系数 1.4。由此可见,本工程安全系数是较高的。

5.5 有限元中的滑坡推力计算

利用 ANSYS 软件后处理中提供的路径分析功能(path operation),沿桩从滑面到顶部设置路径,将水平应力映射到路径上,然后沿此路径对水平应力进行积分(如图 7),就可以得到桩前或桩后的土压力。

$$E_a = \int_0^s \sigma_x \mathrm{d}s \tag{7}$$

采用此法得到不同桩上的岩土侧压力见表 4。

表 4 暴雨工况下的推力计算结果表(单位:kN/m)
Table 4 Landslide thrusts calculated by FEM (unit: kN/m)

桩号	桩前推力	桩后抗力	桩身受力	所占比例 /%
1#	5 670	4 020	1 650	21
2#	6 590	3 650	2 940	37
3#	5 850	3 880	1 970	25
4#	2 910	1 430	1 480	18

计算结果表明,推力计算强度折减系数、桩的刚度、滑带强度参数等对总的滑坡抗力计算结果有影响,但 4 根桩各自受到的滑坡推力在总推力中的分担比例基本不变。图 7 为采用有限元法得到的滑坡推力分布。

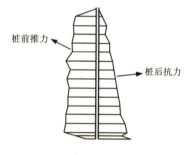

图 7 抗滑短桩受到的滑坡推力分布形式
Fig.7 Landslide thrust distribution by FEM

5.6 涉水滑坡推力计算

涉水滑坡推力计算采用荷兰开发的岩土工程有限元分析软件 PLAXIS。PLAXIS 程序认为地下水

在孔隙中的流动服从 Darcy 定律。该程序和其他有限元程序的不同之处在于：为了区别浸润面上下，对非饱和土和饱和土采用的地下水渗流方式的不同，在 Darcy 定律中对渗透系数引入了一个折减系数 K^r。当土体位于浸润面以下时，其对应的折减系数 $K^r=1$；当土体位于浸润面以上时，其对应的折减系数 K^r 是一个小于 1 的数值 α；而在浸润面附近的"过渡"区域内的土体，其折减系数 K^r 则由 α 按线性递增到 1。利用 PLAXIS 程序进行安全系数的求解和滑坡推力的计算与 ANSYS 程序相同，此处不再赘述。采用 PLAXIS 计算得到的有水条件下的滑坡推力计算结果如表 5 所示。

表 5 有水条件的推力计算结果（210 m 水位）（单位：kN/m）
Table 5 Landslide thrust considering excess pore water by FEM (unit: kN/m)

剖面	1#桩	2#桩	3#桩	4#桩
19-19	1 661	2 874	1 625	1 260

6 最终确定的支挡方案

按以上滑坡推力计算结果进行桩的内力计算，然后确定桩的截面和配筋，此处不在赘述。最终确定的支挡方案参数如下[10]：在 I、III、IV 区布设了 12 排 7 种类型的抗滑桩，共 267 根。I 区：滑体前缘设置第 1 排抗滑桩，共 16 根，桩间距为 6 m，截面尺寸为 2.5 m×3.0 m、2.5 m×3.5 m、2.5 m×4.0 m，桩长为 26～28 m；滑体中部设置第 2 排、第 5 排、第 6 排共 67 根抗滑桩，桩间距为 6 m，截面尺寸分别为 2.0 m×3.0 m、2.5 m×3.5 m、2.5 m×4.0 m、3.0 m×4.0 m，桩长 20～32 m；滑体中后部设置第 3 排、第 4 排、第 7 排共 66 根抗滑桩，桩间距 6 m，截面尺寸 2.5 m×4.0 m，桩长 27 m。抗滑桩顶面设置在滑面以上约为 12～14 m；I–1 高切坡（国土局前、县政府前侧、县政府后侧陡坎）设置第 11 排抗滑桩，共设桩 25 根，桩间距 6 m。桩截面尺寸 2.0 m×1.75 m。桩长为 17.5 m。

7 结 语

（1）武隆县政府滑坡推力巨大，滑体长且厚，滑坡推力最大达 9 000 kN/m，一排抗滑桩难以抵挡如此大规模的滑坡推力，设计采用了 4 排埋入式抗滑桩。本文采用有限元强度折减法对多排埋入式抗滑桩的稳定性和滑坡推力、桩的长度设计进行了优化分析，得到了多排埋入式抗滑桩上的推力大小和分布，使得桩的长度和截面尺寸、钢筋用量与全长桩相比大大减少，与全长桩相比节省投资 1/3 左右。

（2）有限元研究结果表明，各桩受到的滑坡推力大小不能简单地等于极限平衡法计算得到的桩后滑体推力减去桩前抗力。抗滑桩受到的推力以及抗力的发挥与滑体变形有关。如果桩的强度和刚度非常大，变形很小（甚至不动），桩受到的推力则较大（甚至有可能承受静止土压力），此时滑坡前缘抗滑段的抗力则不能充分利用。

（3）抗滑桩推力的大小除了受土体强度参数影响外，弹性模量、泊松比等均对它有影响，但每个剖面中 4 排桩受到的推力分配比例基本不变。

（4）由有限元法可以得到桩前推力、桩后抗力的分布。计算表明，抗滑桩上受到的桩前推力近似于矩形分布，桩后抗力接近于三角形分布。

（5）有限元计算结果表明，抗滑短桩受到的滑坡推力不等于全长桩的推力。抗滑短桩越短，受到的滑坡推力越小。由此，可大大减少桩的截面尺寸和嵌入深度，但必须满足滑体越顶时的稳定安全系数要求。

参 考 文 献

[1] 中铁二院工程集团有限责任公司地质勘察分院. 武隆县县政府滑坡初步设计阶段工程地质勘查报告[D]. 成都：中铁二院工程集团有限责任公司，2007.

[2] 李光辉. 武隆滑坡特征与稳定性分析[J]. 路基工程，2007, 133(4): 172－175.

[3] GRIFFITHS D V, LANE P A. Slope stability analysis by finite elements[J]. **Geotechnique**, 1999, 49(3): 387－403.

[4] 赵尚毅，郑颖人，时卫民，等. 用有限元强度折减法求边坡稳定安全系数[J]. 岩土工程学报，2002, 23(3): 343－346.

[5] 郑颖人，赵尚毅. 用有限元强度折剪法求滑(边)坡支挡结构的内力[J]. 岩石力学与工程学报，2004, 23(20): 3552－3558.

[6] 雷文杰，郑颖人，王恭先，等. 沉埋桩加固滑坡体模型试验的机制分析[J]. 岩土工程学报，2007, 26(7): 1347－1355.

[7] 雷文杰，郑颖人，冯夏庭. 滑坡加固系统中沉埋桩的有限元极限分析研究[J]. 岩石力学与工程学报，2006, 25(1): 27－33.

[8] 中铁二院工程集团有限责任公司. 武隆县县政府滑坡施工图[R]. 成都：中铁二院工程集团有限公司，2008.

一种基于复变量求导法的岩土体抗剪强度参数反演新方法

刘明维[1,2]， 郑颖人[2]， 张玉芳[3]

(1.重庆交通大学 重庆,400074;2.后勤工程学院,重庆 400041;3.铁道科学研究院,北京 100081)

摘 要：边坡稳定性分析中,岩土体(含结构面)抗剪强度参数的确定至为重要。工程实践中利用边坡上实测的位移数据反演岩土参数是一种理想的参数确定方法。当前采用的位移反分析方法在反演弹性模量、泊松比及地应力等参数时已经取得了较好的成果,但在反演抗剪强度参数时仍未获得理想的结果。本文针对岩土体抗剪强度参数反演中所存在的困难,将复变量求导法、优化方法以及岩土弹塑性有限元法结合起来,提出一种适用于岩土体抗剪强度参数的反演分析新方法,通过测点实测位移反演计算出岩土体的抗剪强度参数。算例结果表明,该方法具有较高的计算精度和搜索效率,是一种值得推广的位移反分析方法。

关键词：复变量求导法;抗剪强度参数;反演分析;优化算法;有限元方法

中图分类号：TU457　　**文献标识码**：A

1 引 言

边坡稳定性分析中,岩土体(含结构面)抗剪强度参数的确定至为重要。在确定复杂边坡岩土体参数时,除采用现场和室内试验、工程类比及专家经验等方法外,采用反演方法加以验证尤为必要。边坡工程的失稳是一个渐进过程,往往伴随着坡体的变形及滑面的形成,而坡体变形信息是岩土体力学参数的综合表现。由于实测坡体位移比较简便,因而采用位移反分析方法反算岩土体强度参数已经成为一种理想的岩土参数确定方法。

国内外学者对 Karanagh 和 Clough 提出的位移反分析的基本思想[1]研究较多,并已经取得了丰富的研究成果。如 Arai[2]、杨林德[3]、吴凯华[4]、郑颖人[5]及 Gioda 等[6]采用位移反分析方法研究了岩土体弹性模量、泊松比及地应力等参数的反演方法,孙均等[7]在反演岩土体弹性模量、泊松比及地应力等参数的同时还反演出内聚力和内摩擦角。杜景灿和陆兆溱[8]等在直接位移反分析的基础上提出了加权位移反分析方法。总体来说,传统位移反分析在反演弹性模量、泊松比、地应力等参数方面,已经取得了比较理想的成果,但在反演岩土体抗剪强度参数时,由于位移与抗剪强度参数间敏感性较差,目前未见理想的反算结果。针对传统位移反分析方法存在的问题,尝试运用神经网络、遗传算法等智能算法进行反分析研究十分活跃。李立新等[9]将神经网络引入到位移反分析方法中,高玮和郑颖人等[10]提出了采用免疫进化规划反演岩体的力学参数,高玮和冯夏庭[11]提出一种基于免疫进化规划作为优化工具的滑坡滑面和滑面参数同时反演的方法。从目前情况来看,虽然采用智能方法反演岩土体强度参数取得了一定的成果,但智能方法在计算效率、解的唯一性和稳定性等方面有待进一步研究,工程应用还有差距。

本文将复变量求导法、优化方法以及岩土弹塑性有限元法结合起来,提出一种适用于岩土体抗剪强度参数的反演分析新方法,通过测点实测位移反演计算出岩土体的抗剪强度参数。算例结果表明,该方法具有较高的计算精度和搜索效率,是一种值得推广的位移反分析方法。

注：本文摘自《计算力学学报》(2009 年第 26 卷第 5 期)。

2 参数反分析模型的建立及优化算法

2.1 基本反分析模型

设需要反演的 n 个参数可以表示为向量 $\{X\}$，$\{X\} = [x_1, x_2, \cdots, x_n]^T$，则可以构造反演分析的目标函数为

$$F(X) = \sum_{i=1}^{m} R_i^2(X) \quad (1)$$

式中 m 为测点个数，$R_i(X)$ 为第 i 个测点的位移实测值与计算值之差，即残差：

$$R_i(X) = \bar{u}_i - u_i(X) = \bar{u}_i - u_i(x_1, x_2, \cdots, x_n) \quad (2)$$

式中 $\bar{u}_i$ 为(位移、应力)测量值，u_i 为(位移、应力)计算值；$x_1, x_2, \cdots, x_n$ 为反算参数。

参数反演的过程实际上是寻找一组材料参数 $\{X^*\}$，使得

$$F(X^*) = \min F(X) \quad (3)$$

优化反演分析法致力于寻找使计算结果与观测结果之间误差为最小的解答，在弹塑性问题的位移反分析计算中，采用优化方法在各参数可能的变化范围内找到一组使误差为最小的最佳参数。Newton-Raphson 法是实现这一目标较为实用的计算方法。

2.2 Newton-Raphson 迭代法

将式(2)在任一点 X_0 附近用泰勒展开至二阶项，有：

$$R_i(X) = R_i(X_0) + \sum_{j=1}^{n} \frac{\partial R_i(X)}{\partial x_j}\bigg|_{X=X_0}(X - X_0) =$$

$$R_i(X_0) - \sum_{j=1}^{n} \frac{\partial u_i(X)}{\partial x_j}\bigg|_{X=X_0}\Delta x_j \quad (4)$$

上式即为一次迭代计算公式。对于第 $k+1$ 次迭代，同样使用泰勒级数展开式：

$$R_i^{k+1}(X) = R_i^k(X_k) + \sum_{j=1}^{n} \frac{\partial R_i}{\partial x_j}\Delta x_j =$$

$$R_i^k(X_k) - \sum_{j=1}^{n} \frac{\partial u_i}{\partial x_j}\Delta x_j = 0 \quad (5)$$

假设经 k 次迭代后，残差为 0，即

$$R_i^k(X_k) - \sum_{j=1}^{n} \frac{\partial u_i}{\partial x_j}\Delta x_j = 0$$

$$\sum_{j=1}^{n} \frac{\partial u_i}{\partial x_j}\Delta x_j = R_i^k(X_k) \quad (6)$$

采用矩阵形式：$\left[\dfrac{\partial u}{\partial x}\right]\{\Delta x\} = \{R\} \quad (7)$

建立求解方程组：

$$\left[\frac{\partial u}{\partial x}\right]^T \left[\frac{\partial u}{\partial x}\right]\{\Delta x\} = \left[\frac{\partial u}{\partial x}\right]^T \{R\} \quad (8)$$

式中 $\left[\dfrac{\partial u}{\partial x}\right]$ 为灵敏度矩阵，可以用下式表示为

$$\left[\frac{\partial u}{\partial x}\right] = \begin{bmatrix} \dfrac{\partial u_1(\boldsymbol{x})}{\partial x_1}, & \dfrac{\partial u_1(\boldsymbol{x})}{\partial x_2}, & \cdots, & \dfrac{\partial u_1(\boldsymbol{x})}{\partial x_n} \\ \dfrac{\partial u_2(\boldsymbol{x})}{\partial x_1}, & \dfrac{\partial u_2(\boldsymbol{x})}{\partial x_2}, & \cdots, & \dfrac{\partial u_2(\boldsymbol{x})}{\partial x_n} \\ \cdots & \cdots & \cdots & \cdots \\ \dfrac{\partial u_m(\boldsymbol{x})}{\partial x_1}, & \dfrac{\partial u_m(\boldsymbol{x})}{\partial x_2}, & \cdots, & \dfrac{\partial u_m(\boldsymbol{x})}{\partial x_n} \end{bmatrix} \quad (9)$$

其中 m 为测量数据个数，n 为反算参数个数。

由式(1)~式(9)解出 $\{\Delta x\}$，即可完成变量更新：

$$x_i^{k+1} = x_i^k + \Delta x_i \quad (10)$$

以此新点为出发点，重复上述过程，直到求得满足要求的解。该迭代过程的难点在于 $\left[\dfrac{\partial u}{\partial x}\right]$ 的求解，特别是当函数较为复杂时，计算将难以进行。为此，本文引入复变量求导法求任一函数的导数，能很好地解决此问题。

3 复变量求导法(CVDM)

复变量求导法 CVDM(Complex-Variable-Differentiation Method) 由 Lyness 和 Moler 在 1967 年[12]首次提出，Martins 等[13]将该法应用于解决航天飞行结构问题，最近 Gao XW 等[14,15]将该技术引入边界元计算位移梯度问题。因为该方法求导只需要函数计算，避免复杂的求导运算，并且解决问题时灵敏度高，在航天、机械及土木工程等领域的优化计算中具有广泛的应用前景。本文将其应用于位移反分析，反演岩土体强度参数及结构面抗剪强度参数，具有很高的计算精度。

3.1 复变量求导法的基本原理

对于任一具有实变量 x 的实函数 $f(x)$，将实变量 x 施加一个很小的虚部 h（通常 $h = 10^{-20}$），即用复数表示为 $x + ih$，对于非常小的 $f(x+ih)$，可以按 Taylor's 级数展开为

$$f(x+ih) = f(x) + ih\frac{df}{dx} - \frac{h^2}{2}\frac{d^2 f}{dx^2} -$$

$$i\frac{h^3}{6}\frac{d^3 f}{dx^3} + \frac{h^4}{24}\frac{d^4 f}{dx^4} + \cdots \quad (11)$$

上式的一阶导数和二阶导数可以表示为

$$\frac{df}{dx} = \frac{\text{Im}(f(x+ih))}{h} + O(h^2) \quad (12)$$

$$\frac{d^2f}{dx^2} = \frac{2[f(x) - \text{Re}(f(x+ih))]}{h^2} + 0(h^2) \quad (13)$$

式中 Im 和 Re 分别为取 $f(x+ih)$ 的虚部和实部。由上两式可知,函数的导数仅仅通过函数计算即可求得,避免了复杂的求导运算,特别是对于那些函数非常复杂,求导特别困难的情况,该方法更具优点,而且利用该方法能用正算有限元程序进行反分析计算。

3.2 复变量求导法算例

函数 $f(x,y,z) = xe^{xz} + \cos x + \frac{1}{y}x$

$$\frac{\partial f(x,y,z)}{\partial x} = (1+xz)e^{xz} - \sin x + \frac{1}{y}$$

采用 CVDM 法计算如下:

$$f(x+ih, y, z) = (x+ih)e^{(x+ih)z} + \cos(x+ih) + \frac{1}{y}(x+ih) =$$

$$\left[(x\cos zh - h\sin zh)e^{xz} + \cos x \cdot chh + \frac{x}{y}\right] +$$

$$\left[(x\sin zh + h\cos zh)e^{xz} - \sin x \cdot shh + \frac{1}{y}h\right]i$$

式中 $chh = \frac{1}{2}(e^h + e^{-h}), shh = \frac{1}{2}(e^h - e^{-h})$

CVDM 结果:

$$\frac{\text{Im}(f(x+ih,y,z))}{h} = \left[(x\sin zh + h\cos zh)e^{xz} - \sin x \cdot shh + \frac{1}{y}h\right]/h =$$

$$(1+xz)e^{xz} - \sin x + \frac{1}{y}$$

文献[14]指出,复变量求导法(CVDM)比有限差分计算精度更高,特别是在步长很小(一般 $h < 10^{-10}$)的情况下,有限差分可能无法计算,而复变量求导法却能得出准确的结果。

4 基于复变量求导法反演岩土物理力学参数

本方法是复变量求导法、优化计算方法以及弹塑性有限元法三者的结合。利用弹塑性有限元方法正演计算测点处位移(复数形式),采用复变量求导法求解位移参量对各待求物理力学参数的偏导数,即求取灵敏度矩阵 $\left[\frac{\partial u}{\partial x}\right]$,采用 Newton-Raphson 迭代优化方法完成变量更新,直至最终得到符合要求的解。基本程序结构框图如图1。本文

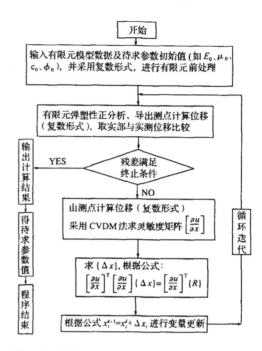

图1 变量求导法(CVDM)反演岩土物理力学参数流程
Fig.1 The process of inversion method of rock-soils parameters based on CVDM

在 D.R.J.Owen 和 E.Hinton(1980)的有限元程序基础上[16],采用 FORTRAN 90 程序设计语言,加入了复变量求导方法和反分析思想,编制了基于复变量求导法反演岩土物理力学参数程序。

程序实现时,有几个特点:

(1) 待求变量 x_i 在输入数据时采用复数形式,即 $x_i + ih$,其中 $h = 1E-15 \sim 1E-20$ 间取值;

(2) 有限元计算出的测点处位移值也为复数形式,该位移的实部为测点处位移,而虚部正好用于计算灵敏度矩阵 $\left[\frac{\partial u}{\partial x}\right]$;

(3) 反演计算是否满足要求,可以采用实测位移与计算位移的残差表示,本文采用 $\sum_{i=1}^{m} R_i^2(X) < 1E-10$ 为终止条件。

5 岩土体抗剪强度参数反演分析

算例1 (1) 计算模型及参数

一厚圆柱筒如图2所示,沿轴向为平面应变状态,承受逐渐增加内压。压力 $P = 20$ MPa/m,其基本物理力学参数理论值设定,弹性模量为 $E = 21000$ MPa,泊松比 $\mu = 0.3$,粘聚力 $C = 26.5$ MPa,内摩擦角 $\phi = 31$。有限元剖分网格如图2所示,测点为图中网格节点 45,46,47,48,49,50 和 51

七个点。通过测点位移,反算其物理力学参数 E、μ、C 和 ϕ。

表 1 测点位移(理论值)(单位:mm)

Tab.1 The displacement of measured points (theory value)(unit:mm)

测点号	45	46	47	48
X 向位移	0.122143	0.117962	0.105781	0.0863559
Y 向位移	0.0	0.0316075	0.0610721	0.086356
测点号	49	50	51	
X 向位移	0.0610722	0.0316076	0.0	
Y 向位移	0.105782	0.117962	0.122144	

为了验证基于复变量求导法(CVDM)反演岩土物理力学参数方法,以有限元计算得到测点处理论计算位移值作为实际量测值,测点处的位移值列入表 1。

首先确定每个参数的范围,弹性模量 E:15000 MPa ~ 27000 MPa,泊松比 μ:0.15 ~ 0.45;粘聚力 C:20.5 ~ 32.5 MPa,内摩擦角 ϕ:12° ~ 45°,程序反演计算的终止条件为残差 $\sum_{i=1}^{m} R_i^2(X) < 1\text{e-}10$。

基于复变量求导法反演弹性模量 E 和泊松比 μ 时,经过 5 次迭代,即可求解出其精确解。该方法具有精度高、效率高的优点,本文不再赘述。下面将重点研究岩土体抗剪强度参数的反演分析。

(2) 单变量反演分析

① 粘聚力 C 的反演计算

在已知 E、μ、ϕ 的前提下,反算粘聚力 C 值。分别给定两个初始值,$C_0 = 20.5$ 和 $C_0 = 32.5$。经反演计算,结果如表 2 和图 3 及图 4 所示。

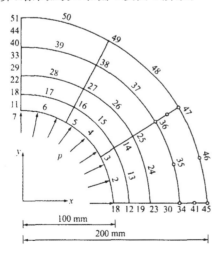

图 2 有限元剖分网格

Fig.2 Meshes of FEM model

表 2 粘聚力 C 反演计算结果

Tab.2 The inversion result of cohesion C

初始值 /MPa	迭代次数	反演计算值 /MPa	残差 $\sum_{i=1}^{m} R_i^2(X)$
	1	20.5	1.16e-02
	2	22.2404	2.00e-03
20.5	3	23.71047	5.15e-04
	4	26.12087	3.60e-10
	5	26.49399	9.04e-10
	6	26.49992	1.33e-12
	1	32.5	2.92e-04
	2	24.36332	2.79e-04
32.5	3	26.15005	3.07e-06
	4	26.49061	2.21e-09
	5	26.49982	2.08e-12
	6	—	—

注:粘聚力 C 的理论值为 26.5 MPa。

由表 2 及图 3 和图 4 可以看出,初始值 $C_0 = 20.5$ 时,经过 6 次迭代计算,程序即可优化反演出粘聚力 $C = 26.49992$,此时残差为 1.33e-12;当初始值 $C_0 = 32.5$ 时仅需 5 次迭代,即可反演出粘聚

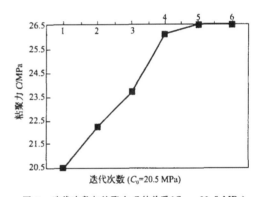

图 3 迭代次数与粘聚力 C 的关系($C_0 = 20.5$ MPa)

Fig.3 Relationship of iterative times and cohesion $C(C_0 = 20.5$ MPa)

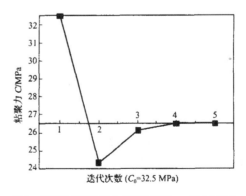

图 4 迭代次数与粘聚力 C 的关系($C_0 = 32.5$ MPa)

Fig.4 Relationship of iterative times and cohesion $C(C_0 = 32.5$ MPa)

表3 内摩擦角 φ 反演计算结果
Tab. 3 The inversion result of internal friction angle φ

初始值/°	迭代次数	反演计算值/°	残差 $\sum_{i=1}^{m} R_i^2(X)$	初始值/°	迭代次数	反演计算值/°	残差 $\sum_{i=1}^{m} R_i^2(X)$
21.0	1	21.0	1.29e-04	41.0	1	41.0	1.41e-03
	2	37.88512	4.14e-04		2	34.41551	7.61e-05
	3	31.93588	2.75e-06		3	31.87882	2.42e-06
	4	31.0158	7.82e-10		4	31.02048	1.32e-09
	5	31.00031	1.37e-12		5	31.00032	1.51e-12

备注:内摩擦角 φ 的理论值为31.0°

表4 内摩擦角 C 和 φ 同时反演计算结果
Tab. 4 The inversion result of internal cohesion and friction angle

初始值	迭代次数	C 反演计算值 /MPa	φ 反演计算值/°	残差 $\sum_{i=1}^{m} R_i^2(X)$
$C_0 = 23.0$ MPa $\phi_0 = 12.0°$	1	23.0	12.0	4.46e-05
	2	24.3278	35.2763	7.51e-06
	3	26.1367	35.7721	8.44e-07
	4	27.3614	33.9832	1.62e-08
	5	26.8211	32.1032	8.51e-09
	6	26.4203	30.8664	1.01e-10
	7	26.4999	30.9997	3.61e-12

注:理论值:粘聚力 $C = 26.5$ MPa, 内摩擦角 φ = 31.0°。

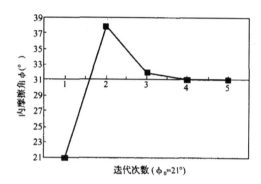

图5 迭代次数与内摩擦角 φ 的关系($\phi_0 = 21°$)
Fig. 5 Relationship of iterative times and internal friction angle ($\phi_0 = 21°$)

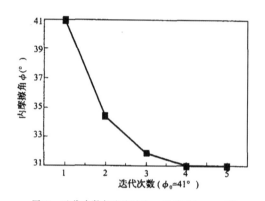

图6 迭代次数与内摩擦角 φ 的关系($\phi_0 = 41°$)
Fig. 6 Relationship of iterative times and internal friction angle ($\phi_0 = 41°$)

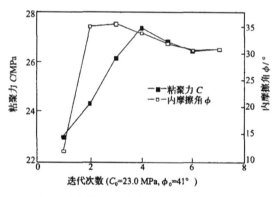

图7 迭代次数与粘聚力 C、摩擦角 φ 的关系(1)
Fig. 7 Relationship of iterative times with cohesion C and internal friction angle φ (1)

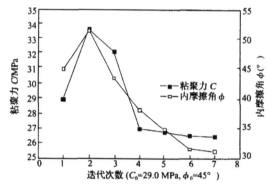

图8 迭代次数与粘聚力 C、摩擦角 φ 的关系(2)
Fig. 8 Relationship of iterative times with cohesion C and internal friction angle φ (2)

力 $C = 26.49982$,此时残差为 2.08e-12;说明本方法在反演粘聚力 C 时具有较高的精度和搜索效率。

② 内摩擦角 φ 的反演计算

在已知 E、μ、C 的前提下,反算内摩擦角 φ 值。分别给定两个初始值,$\phi_0 = 21.0$ 和 $\phi_0 = 41.0$。经反演计算,结果如表3及图5和图6所示。

由表3及图5和图6可以看出,初始值 $\phi_0 = 21.0$ 时经过5次迭代计算,程序即可优化反演出内摩擦角 $\phi = 31.00031$,此时残差为 1.37e-12;当初始值 $\phi_0 = 41.0$ 时经过5次迭代,反演出内摩擦角 $\phi = 31.00032$,此时残差为 1.51e-12;说明本方法在反演内摩擦角 φ 时也同样保持高精度和高效率。

(3) 双变量反演分析

在已知 E、μ 的前提下,反算粘聚力 C 和内摩擦角 φ 值。本算例分别给定两组初始值,$C_0 = 23.0$ MPa,$\phi_0 = 12.0°$ 以及 $C_0 = 29.0$ MPa,$\phi_0 = 45.0°$。

表 5　内摩擦角 C 和 ϕ 同时反演计算结果

Tab. 5　The inversion result of internal cohesion C and friction angle ϕ

初始值	迭代次数	C 反演计算值 /MPa	ϕ 反演计算值 /°	残差 $\sum_{i=1}^{m} R_i^2(X)$
	1	29.0	45.0	1.08e-03
	2	33.6361	51.3247	7.71e-05
	3	32.1356	43.5213	3.54e-06
$C_0 = 29.0$ MPa	4	27.0178	38.2251	1.32e-07
$\phi_0 = 45.0°$	5	26.8211	34.9872	7.51e-08
	6	26.5522	31.664	6.71e-09
	7	26.5072	31.3216	3.81e-10
	8	26.5003	31.0007	2.61e-12

注:理论值:粘聚力 $C = 26.5$ MPa,内摩擦角 $\phi = 31.0°$。

经反演计算结果列入表 4~5 如图 7 和图 8 所示。

由表 4、表 5 及图 6、图 7 可以看出,当初始值 $C_0 = 23.0$ MPa,$\phi_0 = 12.0°$ 时经过 7 次迭代计算,程序即可优化反演出 $C = 26.4999$ MPa,$\phi = 30.9997°$,此时残差为 3.61e-12;当初始值 $C_0 = 29.0$ MPa,$\phi_0 = 45.0°$ 时经过 8 次迭代计算,程序即可优化反演出 $C = 26.5003$ MPa,$\phi = 31.0007°$,此时残差为 2.61e-12;说明本方法在进行粘聚力 C、内摩擦角 ϕ 值双变量反演时也具有较高的计算精度和计算效率。

6　岩土体抗剪强度参数反演分析

算例 2　(1)计算模型及参数

某岩质边坡断面如图 9 所示,坡体内发育一贯通结构面,上下岩体的基本物理力学参数为:重度 $\gamma = 23.7$ kN/m³,弹性模量 $E = 1.6 \times 10^3$ MPa,泊松比 $\mu = 0.25$,粘聚力 $C = 0.2$ MPa,内摩擦角 $\phi = 36°$。结构面基本物理力学参数为:重度 $\gamma = 20.5$ kN/m³,弹性模量 $E = 1.0 \times 10^2$ MPa,泊松比 $\mu = 0.30$。边坡 1~6 点的实测位移见表 6,由测点位移反演计算结构面抗剪强度参数粘聚力 C 及内摩擦角 ϕ 值。

采用基于复变量求导法的反演方法和反演抗剪强度参数。有限元单元划分如图 10 所示,采用四结点等参单元,共计节点 1238 个,单元 1163 个。根据现场勘查并结合工程经验,结构面抗剪强度参数范围为:C 值,0.09~0.13;ϕ 值,27°~35°。给定初始值 $C_0 = 0.10$,$\phi_0 = 31°$。

(2)反演计算结果及分析

代入初始值 $C_0 = 0.10$,$\phi_0 = 31°$,经反演计算,通过迭代 16 次后,求得的 C 和 ϕ 值为:$C = 0.10996$,$\phi = 29.302°$,此时残差 R = 4.53e-11。

为了检验抗剪强度参数反演的准确性,将反演所得的 $C = 0.10996$,$\phi = 29.302°$ 重新代回有限元程序进行正演计算,得出测点处的位移见表 7。

表 6　测点位移(单位:mm)

Tab. 6　The displacement of measured point (unit:mm)

测点号	1	2	3
X 向位移	1.6789	1.4402	0.56470
Y 向位移	-3.5323	-5.0055	-5.5647
测点号	4	5	6
X 向位移	-0.25494	-0.56525	-0.0080
Y 向位移	-7.4661	-8.7940	-9.5541

表 7　测点位移(单位:mm)

Tab. 7　The displacement of measured points(unit:mm)

测点号	1	2	3
X 向位移	1.6806	1.4407	0.56500
Y 向位移	-3.5326	-5.0058	-5.5650
测点号	4	5	6
X 向位移	-0.25464	-0.56493	-0.0079
Y 向位移	-7.4665	-8.7944	-9.5542

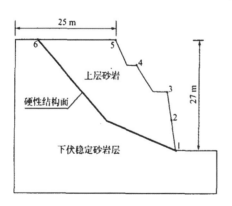

图 9　岩质边坡横断面图
Fig. 9　The cross-section of rock mass slope

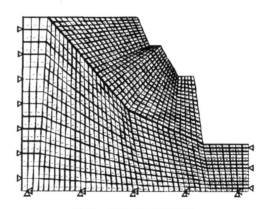

图 10　有限元单元网格划分
Fig. 10　Meshes of FEM model

计算位移与实测位移比较可知,采用该方法反演得出的抗剪强度参数具有相当高的精度。

7 结论与分析

（1）本文将复变量求导法、优化方法以及岩土弹塑性有限元法结合起来,提出一种适用于岩土体抗剪强度参数的反演分析新方法。该方法通过弹塑性有限元法,在给定初始参数的情况下,求取岩土体待求测点的位移（复数形式）,基于复变量求导思想,求解位移参量对各待求力学参数的偏导数,即计算灵敏度矩阵$\left[\dfrac{\partial u}{\partial x}\right]$,然后采用 Newton-Raphson 迭代优化方法,完成变量更新,重新计算,直至最终得到符合要求的解。

（2）两个算例结果表明,基于复变量求导法反演岩土物理力学参数方法在分别反演粘聚力 C、内摩擦角 ϕ 时,能在很少的迭代步骤内获得满足精度的解,同时反算粘聚力 C、内摩擦角 ϕ 时也同样具有较高的计算精度和搜索效率,是一种值得推广的位移反分析方法。

致谢：衷心感谢东南大学高效伟教授和郭力博士对本文理论计算和程序调试提供的帮助！

参考文献(References)：

[1] KARANAGH K, CLOUGH R W. Finite element Application in the characterization of elastic solids [J]. *Int J Solids Structures*, 1971, **7**:11-13.

[2] ARAI R. An inverse problem approach to the prediction of Multi-dimensional consolidation behavior[J]. *Soil and Foundations*, 1984, **24**(1):95-108.

[3] 杨林德. 初始地应力及 E 值反演计算的边界单元法[A]. 第一届全国边界元会议论文集, 北京:中国岩石力学与工程学会, 1985, 37-49. (YANG Lin-de. The boundary element methods of inversion calculation of initial geostress and E value[A]. The memoir of the first meeting about boundary element, Beijing: Chinese Society for Rock Mechanics and Engineering, 1985:37-49. (in Chinese))

[4] 吴凯华. 隧洞围岩原始应力与弹性常数反分析[J]. 土木工程学报, 1985, (2):28-40. (WU Kai-hua. The back analysis of initial stress and elastic constant of tunnel[J]. *China Civil Engineering Journal*, 1985, (2):28-40. (in Chinese))

[5] 郑颖人. 弹塑性问题反演计算的边界元法. 中国土木工程学会第三届年会论文集[A]. 北京:中国土木工程学会, 1986:92-102. (ZHENG Ying-ren. The boundary element method of inversion calculation of elastic-plasticity[A]. The memoir of the 3rd meeting of Chinese Civil Engineering, Beijing: Chinese Society for Civil Engineering[C]. 1986, 92-102. (in Chinese))

[6] GIODA G, PANDOLFI A, CIVIDINI A. A comparative evaluation of some back analysis algorithms and their application to in-situ load tests[A]. In: Proc 2nd Int Symp on Field Measurement in Geom, 1987:1131-1144.

[7] 孙均, 蒋树屏, 袁勇, 等. 岩土力学反演问题的随机理论与方法[M]. 汕头:汕头大学出版社, 1996. (SUN Jun, JIANG Shu-ping, YUAN Jian-yong. *The Random Theory and Method of Inversion in Rock and Soil Mechanics*[M]. The Shantou University Press, 1996. (in Chinese))

[8] 杜景灿, 陆兆溱. 加权位移反演法确定岩体结构面的力学参数[J]. 岩土工程学报, 1999, **21**(2):209-212. (DU Jin-can, LU Zhao-qin. A new method to determine the parameters of structural planes in rock messes——the weighted displacement back analysis[J]. *Chinese Journal Geotechnical Engineering*, 1999, **21**(2):209-212. (in Chinese))

[9] 李立新, 王建党, 李造鼎. 神经网络模型在非线性位移反分析中的应用[J]. 岩土力学, 1997, **18**(2):62-66. (LI Li-xin, WANG Jian-dang, LI Zao-ding. The application of the neural network model in nonlinear displacement back analysis[J]. *The Rock and Soil Mechanics*, 1997, **18**(2):62-66. (in Chinese))

[10] 高玮, 郑颖人, 冯夏庭. 岩土本构模型识别的仿生算法研究[J]. 岩土力学, 2004, **25**(1):31-36. (GAO Wei, ZHENG Ying-ren, FENG Xia-ting. Study on bionics algorithm for geo-material constitutive model identification[J]. *Rock and Soil Mechanics*, 2004, **25**(1):31-36. (in Chinese))

[11] 高玮, 冯夏庭. 基于仿生算法的危险滑动面反演(1)-滑动面搜索[J]. 岩石力学与工程学报, 2005, **24**(13):2237-2241. (GAO Wei, FENG Xia-ting. Back analysis of critical failure surface of slope based on bionics algorithm(1)-location of critical failure surface [J]. *Chinese Journal of Rock Mechanics and Engineering*, 2005, **24**(13):2237-2241. (in Chinese))

[12] LYNESS J N, MOLER C B. Numerical differentia-

tion of analytic functions[J]. *SIAM Journal of Numerical Analysis*, 1967, **4**: 202-210.

[13] MARTINS JRRA. A coupled-ajoint method for high fidelity aerostructural optimization[D]. PhD Thesis. Stanford California: 2002.

[14] GAO X W, LIU D D, CHEN P C. Internal stresses in inelastic BEM using complex-variable differentiation[J]. *Computational Mechanics*, 2002, **28**: 40-46.

[15] GAO X W. A new inverse analysis approach for multi-region heat conduction BEM using complex-variable-differentiation method[J]. *Engineering Analysis with Boundary Elements*, 2005, **29**: 788-795.

[16] D. R. J. 欧文, E. 幸顿. 塑性力学有限元理论与应用[M]. 北京: 兵器工业出版社, 1989. (OWEN D R J, HINTON E. *Application and Theory of Finite Element of Plastic Mechanics*[M]. Beijing: Weaponry Industry Press, 1999. (in Chinese))

A new inversion method of rock-soils parameters based on complex-variable-differentiation method

LIU Ming-wei[1,2], ZHENG Ying-ren[2], ZHANG Yu-fang[3]

(1. Chongqing Jiaotong University, Chongqing 400074, China;
2. Logistical Engineering University, Chongqing 400041, China;
3. China Academy of Railway Sciences, Beijing 100081, China)

Abstract: It is of prime importance to determine the shear strength parameters of rock-soils (including discontinuity) in slope stability analysis. In engineering practice, the inversion of parameters of rock-soils with the measured displacement of slope is an ideal method of determining parameters. Meanwhile, the existing method of back analysis has obtained sound result of inversion parameters of the elastic modulus, poisson's ratio and geostress, but not ideal result in inversion process of shear strength parameters. This paper, in tackling problems in inversion process of shear strength parameters, puts forward a totally new method of back analysis, which is applicable to the shear strength parameters of rock-soils, through the integration of complex-variable-differentiation method, optimization method and elastic-plasticity finite-element method. The method mathematically back calculates shear strength parameters of rock-soils on the basis of displacement of measuring point. The sample calculation result indicates that the method possesses high accuracy and searching efficiency, and is a method of back analysis of displacement deserving popularizing.

Key words: complex-variable-differentiation method; shear strength parameters; analysis of inversion; optimization algorithm; finite element method

隧道近接桩基的安全系数研究

王 成[1]，徐 浩[1]，郑颖人[2]

(1. 重庆交通大学 隧道及岩土工程系，重庆 400074；2. 后勤工程学院 建筑工程系，重庆 400041)

摘 要：针对近年来隧道近接建筑桩基的情况较多，且施工控制难度大和造价高的问题十分突出。运用有限元强度折减法，基于 Mohr-Coulomb 强度准则，计算了多种不同情况下桩基础与隧道相互影响的隧道安全系数，包括桩基距隧道水平距离的影响、桩基埋深的影响和桩基荷载的影响。总结并提出了有实际意义的安全系数变化规律，计算表明，隧道近接桩基的临界距离为 1 倍洞径，当隧道与桩基水平距离大于 1 倍洞径时，桩基与隧道之间的相互影响可以忽略不计；桩基荷载的变化对隧道安全系数有较大影响，荷载增大 1 倍，安全系数约减小 1/4。结论为隧道近接桩基工程建设提供参考依据。

关 键 词：隧道近接桩基；有限元强度折减法；安全系数；浅埋隧道

中图分类号：U 452 **文献标识码**：A

Study of safety factor of tunnel close to pile foundation

WANG Cheng[1]，XU Hao[1]，ZHENG Ying-ren[2]

(1. Department of Tunnel and Geotechnical Engineering, Chongqing Jiaotong University, Chongqing 400074, China;
2. Department of Architectural Engineering, Logistical Engineering University of PLA, Chongqing 400041, China)

Abstract: Recently, cases of excavation tunnel close to pile foundations have significantly increased. Problems are arising with its difficult construction controlling and high costs. In this paper, the safety factors of interaction between the tunnel and pile foundation are computed by using the strength reduction FEM in a variety of different cases based on the Mohr-Coulomb strength criterion. Those cases include the level distant between the pile and the tunnel, the imbedded depth of pile and the loads of pile. Practical rules of the variation of the safety factors are summarized from the computed results. It is shown that the critical level distance of pile away from the side wall of tunnel is one time width of tunnel. The influences of the pile-tunnel interaction can be ignored while the level distant of the pile-tunnel is more than one time width of tunnel. The loads on the pile foundation have important influences on the safety factor of the tunnel. The safety factor will decreased about 1/4 while the loads on the pile is increased about one time. The conclusions provide strong references for constructions of excavation tunnel close to piles.

Key words: excavation tunnel close to pile; strength reduction FEM; safety factor; shallow tunnel

1 引 言

随着城市轨道交通工程建设的增多，浅埋隧道开挖对周围环境影响问题越来越受到关注，其中由于线路、空间的限制所造成的浅埋隧道穿越楼房桩基础的问题尤具有代表性。浅埋隧道开挖不可避免地会引起周围地层的变形，从而引起隧道顶部或临近桩基的变形，产生轴向或侧向的附加应力，但目前对于隧道开挖引起上部桩基变形和承载特性的变化的研究较少，因此，对此问题进行探讨具有重要的实际意义。影响桩与隧洞相互作用的因素十分复杂，荷载作用下隧洞的稳定性问题还没有一个较好的分析方法，也没有提出一个合适的评判标准，国内在这方面虽有研究[1-5]，但还很不成熟，设计过程中主要根据已有的经验对桩与隧洞的距离提出一些控制原则。由于实际工程的复杂性与差异性，这种缺乏严格理论计算的经验设计方法有可能导致一些工程出现安全问题，或是在设计时采用了相对保守的设计方案，造成浪费[4]。因此，针对高层建筑密集地区浅埋隧洞设计与安全稳定性分析提出一种科学的计算方法与合理的评判指标，对于城市的建设规划与确保长期安全都有重要的意义[5]。有限元强度折减法在边（滑）坡、地基稳定性分析中得到了应用推广[6-11]，目前在隧洞稳定性分析中的应用也

注：本文摘自《岩土力学》(2010 年第 31 卷增刊 2)。

在不断探索[1-3]。本文将有限元强度折减法应用到桩基荷载作用下隧洞稳定性分析中是一种较好的探索思路。

2 有限元强度折减法理论

传统的边坡稳定性极限平衡法计算采用的安全系数是 1955 年由 Bishop 提出的，他将安全系数 ω 定义为沿整个滑动面的抗剪强度与实际荷载所产生的剪应力之比，即

$$\omega = \frac{\tau_f}{\tau} = \frac{\int_0^l (c+\sigma\tan\varphi)\mathrm{d}l}{\int_0^l \tau \mathrm{d}l} \tag{1}$$

式中：τ_f 为滑动面的抗剪强度；τ 为实际荷载所产生的剪应力；c 为黏聚力；φ 为内摩擦角；σ 为应力。

式（1）两边同时除以 ω，则变为

$$1 = \frac{\int_0^l \left(\frac{c}{\omega} + \sigma\frac{\tan\varphi}{\omega}\right)}{\int_0^l \tau \mathrm{d}l} = \frac{\int_0^l (c'+\sigma\tan\varphi')}{\int_0^l \tau \mathrm{d}l} \tag{2}$$

式中：$c' = \dfrac{c}{\omega}$；$\varphi' = \arctan\left(\dfrac{\tan\varphi}{\omega}\right)$。

由此可见，传统的极限平衡方法是将岩土体的抗剪强度指标 c 和 $\tan\varphi$ 折减为 c/ω 和 $\tan\varphi/\omega$，迫使岩土体达到极限平衡状态，此时的 ω 值即为安全系数[6]。

有限元强度折减法是以岩土体的弹塑性理论为力学基础，通过有限元数值模拟求出岩土体的应力、应变等力学状态量，而通过强度折减求出岩土体的极限破坏状态[9]。其基本思想与传统极限平衡法的思想是一致的，先将岩土体强度参数进行不断折减，而后将折减后新的强度参数代入进行有限元计算分析，如果有限元计算表明岩土体达到极限破坏状态，则此时的折减系数就是强度储备安全系数[10]。在给定的迭代次数范围内，最大位移或不平衡力的残差值不满足所要求的收敛条件，则认为岩土体发生破坏。研究表明，当岩土体内单元节点塑性应变或位移突变时，静力平衡有限元计算也正好表现出计算不收敛，因此，也可将有限元静力计算是否收敛作为隧洞失稳的判据[11]。最新计算和分析表明，当采用平面应变方法来求解空间问题时，采用 2/3 的实际荷载求出的安全系数与实际空间状态下安全系数相近[12]，为便于工程应用，可将空间问题简化成平面问题进行分析，计算时只需将计算荷载取 2/3 实际荷载进行计算即可。

3 隧道近接桩基的安全系数分析

3.1 隧道-桩基模型的建立

鉴于我国城市轨道交通建设中隧洞与桩基采用的尺寸规律，参考重庆的建设情况，模型采用直墙半圆拱形隧道，其跨度为 11.5 m，侧墙高 1.75 m，埋深 10 m，计算选用理想弹塑性本构模型，采用平面应变关联法则下 Mohr-Coulomb 匹配准则。计算范围底部以及左右两侧各取 5 倍洞室跨度，向上取到地表；边界条件左右两侧为水平约束，下部为固定约束，上部为自由边界。计算所采用的岩体参数是将工程勘察得到的岩块参数，依据重庆市地方标准《地质灾害防治工程设计规范》[13]经折减而得。砂岩弹性模量取 2.85 GPa，泊松比为 0.3，密度为 2.70 g/cm³，凝聚力取 0.7 MPa，内摩擦角为 39º，初衬厚度取 20 cm，桩直径取 2 m。

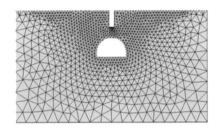

图 1　桩-隧模型单元划分
Fig.1　Elements division of pile-tunnel model

3.2 桩与隧洞水平距离对安全系数的影响分析

取桩基底部荷载 1 000 t，桩埋深 5 m，变换桩与隧道之间的水平距离（桩位于隧道跨度范围之内）设计方案见表 1，计算结果如图 2 所示。

表 1　桩基与隧道不同水平距离的安全系数
Table 1　Safety factors of different horizontal distances of pile and tunnel

方案	有无底部衬砌	桩基与隧道水平距离/m	计算的安全系数
1	无	0	2.36
		2	2.31
		3	2.28
		7	2.36
		9	2.41
		11	2.44
2	有	0	2.51
		2	2.88
		3	2.92
		7	2.93
		9	2.97
		11	3.01

两种方案计算桩基础位于隧道范围内时（0～5 m），随桩与隧道水平距离的变化对应的隧道安全系

数变化。当隧道底部没有衬砌时安全系数随桩与隧道水平距离的增大而减小，而方案 2，当底部有衬砌时，安全系数随着桩基与隧道水平距离的增大而增大。这是因为两种情况下隧洞破裂面形成的过程不同，隧洞底部无衬砌约束，拱脚处围岩容易在力的作用下发生较大变形，当桩偏离隧洞中心线时，破裂面从桩底贯通至拱脚处，如图 2 所示，而隧洞底部衬砌形成刚性支护，拱脚处围岩不会发生较大变形，破裂面沿着最短的路径从桩底贯通至隧洞拱肩，如图 3 所示。

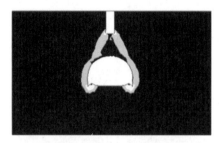

(a) 桩基位于隧道顶部的等效塑性应变图

(b) 桩基距隧道顶部 2 m 的等效塑性应变图

图 2　桩基对隧道的影响
Fig.2　Influences while pile

(a) 桩基位于隧道顶部的等效塑性应变图

(b) 桩基距隧道顶部 2 m 的等效塑性应变图

图 3　桩基对隧道的破坏图
Fig.3　Damages while pile

从表 1 可以看出，底部有衬砌约束的隧道安全系数比没有衬砌约束的隧道高，当隧道与桩基的水平距离为 3 m 时，有底部衬砌的隧道的安全系数比无底部衬砌隧道大 0.6 以上。

当桩基础位于隧道范围外(>6 m)时，随着桩与隧道的距离加大，不论隧道底部有无衬砌，计算的安全系数都越来越大，桩对隧道的影响减小。通过计算可知，当桩与隧道侧墙的距离超过 1 倍洞径后，安全系数变化很小，超过此距离后模型由隧道的破坏转变成桩基发生破坏，此时桩基发生破坏，此距离理解为桩基与隧道相互影响的临界距离。

3.3　桩埋深对安全系数的影响分析

当桩基位于隧道范围内桩底荷载取 10 MN、桩径 2 m 时，随着桩埋深的增大，计算的安全系数越来越小，见表 2，这是由于桩与隧道的距离越来越小，桩基对隧道的影响也就越来越大，隧道的安全系数就越来越小。将表 2 中数据绘成图，如图 4 所示。

表 2　不同桩基埋深的隧道安全系数
Table 2　Tunnel safety factors of different depth of pile

桩与隧道水平距离 /m	桩的埋深 /m	安全系数计算值
0	5.0	2.36
	6.0	2.16
	7.0	2.00
3	5.0	2.28
	6.0	2.00
	7.0	1.90
15	5.0	2.96
	6.0	2.98
	7.0	3.03

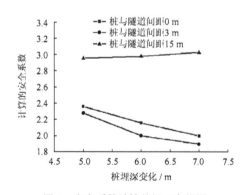

图 4　安全系数随桩基埋深变化图
Fig.4　Safety factor variation with the depth of pile foundation

当桩基距隧道的距离超过隧道 1 倍洞径后，桩基的埋深对隧道安全系数影响很小，此时桩基础的破坏与隧道安全系数基本无关。

3.4 桩基荷载变化对安全系数的影响分析

当桩埋深 5.0 m、桩径为 2.0 m 时，桩底荷载变化。桩位于隧道范围内时计算的隧道安全系数见表 3，变化如图 5 所示。从计算结果可以看出，随着桩底荷载增大安全系数越来越小，荷载从 10 MN 增大到 15 MN 时，两种方案安全系数减小的幅度都很大，在 0.5 以上，当荷载从 15 MN 增大到 20 MN 时，两种方案安全减小幅度变小在 0.3 左右。随着荷载的增大，隧道的安全系数降低很大，变得越来越不安全，应该引起重视。

表 3　不同桩基荷载时隧道安全系数
Table 3　Tunnel safety factors of different loads of pile

桩与隧道水平距离 / m	桩底荷载 / MN	安全系数
0	10	2.36
	15	1.85
	20	1.56
3	10	2.28
	15	1.79
	20	1.52

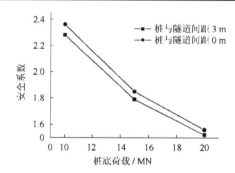

图 5　安全系数随桩基荷载变化图
Fig.5　Safety factor variation with the loads of pile foundation

4　结　论

（1）桩基与隧道的影响存在一个临界距离，当超过此临界距离后，破坏模式由隧道的破坏变为桩基的破坏。计算表明，桩基与隧道影响的临界距离为距隧道侧墙约 1 倍洞径。

（2）桩基荷载的变化对隧道安全系数有较大影响，荷载增大 1 倍，安全系数约减小 1/4，隧道的安全性降低，建议浅埋隧道上不宜修建高层，避免对隧道造成安全隐患。

（3）当桩位于隧道围岩范围内时随着桩埋深的增加，隧道接近桩基时，隧洞安全系数减小；当桩与隧道的距离大于某临界值时，桩对隧道的影响小；当桩基位于隧道围岩范围时，建议桩底与隧道拱顶的距离至少大于 5 m，以保证隧道的安全。

（4）对于初衬隧洞，当桩位于洞跨范围以内时，随着桩与隧洞中心线距离的增大安全系数减小；当桩位于隧洞跨度范围之外时，随着桩与隧洞中心线距离的增大安全系数增大。对于二次衬砌的隧洞，安全系数都是随着桩与隧洞中心线距离的增大而增大。建议隧道上方有桩基荷载情况下，尽快进行二衬施工。

参　考　文　献

[1]　黄茂松, 张宏博, 陆荣欣. 浅埋隧道施工对建筑物桩基的影响分析[J]. 岩土力学, 2006, 27(8): 1 379-1 383.
HUANG Mao-song, ZHANG Hong-bo, LU Rong-xin. Analysis of pile responses caused by tunneling[J]. **Rock and Soil Mechanics**, 2006, 27(8): 1 379-1 383.

[2]　杨永平, 周顺华, 庄丽. 软土地区地铁盾构区间隧道近接桩基数值分析[J]. 地下空间与工程学报, 2006, 2(4): 561-565.
YANG Yong-ping, ZHOU Shun-hua, ZHUANG Li. Numerical Simulation Analysis of influence of shield excavation tunnel close on the piles of a building[J]. **Chinese Journal of Underground Space and Engineering**, 2006, 2(4): 561-565.

[3]　王炳军, 李宁, 柳厚祥. 地铁隧道盾构法施工对桩基变形与内力的影响[J]. 铁道科学与工程学报, 2006, 3(3): 35-40.
WANG Bing-jun, LI Ning, LIU Hou-xiang. Effects of shield tunneling on adjacent existing loaded pile foundations[J]. **Journal of Rail Way Science and Engineering**, 2006, 3(3): 35-40.

[4]　NANUEL Melis, LUIS Medina, JOSE Na Rodriguez. Prediction and analysis of subsidence Induced by shield tunneling in the Madrid metro extension[J]. **J. Can. Geotech.**, 2002, l39: 26-35.

[5]　OLIVER Deck et al. Taking the soil-structure interaction into account in assessing the loading of a structure in a mining subsidence area[J]. **Engineering Structures**. 2003, 25: 435-448

[6]　赵尚毅, 郑颖人, 时卫民, 等. 用有限元强度折减法求边坡稳定安全系数[J]. 岩土工程学报, 2002, 24(3): 343-346.

ZHAO Shang-yi, ZHENG Ying-ren, SHI Wei-min, et a1. Analysis of safety factors of slope by strength reduction FEM[J]. **Chinese Journal of Geotechnical Engineering**, 2002, 24(3): 343－346.

[7] 徐干成, 郑颖人. 岩石工程中屈服准则应用的研究[J]. 岩土工程学报, 1990, 12(2): 93－99.
XU Gan-cheng, ZHENG Ying-ren. Study of yield criteria of rock engineering[J]. **Chinese Journal of Geotechnical Engineering**, 1990, 12(2): 93－99.

[8] 赵尚毅, 郑颖人, 邓卫东. 用有限元强度折减法进行岩质滑坡稳定性分析[J]. 岩石力学与工程学报, 2003, 22(2): 254－260.
ZHAO Shang-yi, ZHENG Ying-ren, DENG Wei-dong. Stability analysis of rock slope by strength reduction FEM[J]. **Chinese Journal of Rock Mechanics and Engineering**, 2003, 22(2): 254－260.

[9] 张鲁渝, 时卫民, 郑颖人. 平面应变条件下的土坡稳定的有限元分析[J]. 岩土工程学报, 2002, 24(4): 487－490.
ZHANG Lu-yu, SHI Wei-min, ZHENG Ying-ren. Finite element analysis of slope stability under plane strain condition[J]. **Chinese Journal of Geotechnical Engineering**, 2002, 24(4): 487－490.

[10] GRIFFITHS D V. Lane PA slope stability analysis by FEM[J]. **Geotechnique**, 1999, 49(3): 387－403

[11] 赵尚毅, 郑颖人, 张玉芳. 有限元强度折减法中边坡失稳的判据探讨[J]. 岩土力学, 2005, 26(2): 332－336.
ZHAO Shang-yi, ZHENG Ying-ren, ZHANG Yu-fang. Study on the slope failure criterion in strength reduction finite element method[J]. **Rock and Soil Mechanics**, 2005, 26(2): 332－336.

[12] 邱陈瑜, 郑颖人. 基于有限元强度折减法的隧洞安全系数研究与应用[硕士学位论文D]. 重庆: 后勤工程学院, 2009.

[13] 重庆市地质环境检测总站. DB50/5029－2004 地质灾害防治工程设计规范[S]. 重庆市: [出版者不详], 2004.

边坡地震稳定性分析探讨

郑颖人[1,2]，叶海林[1,3]，黄润秋[3]，李安洪[4]，许江波[2]

(1. 后勤工程学院 建筑工程系，重庆 400041；2. 重庆市地质灾害防治工程技术研究中心，重庆 400041；
3. 成都理工大学 地质灾害防治与地质环境保护国家重点实验室，四川 成都 610059；
4. 中铁二院工程集团有限责任公司，四川 成都 610031)

摘要：传统的拟静力法和安全系数时程分析法在评价边坡地震稳定性时存在一定的局限性。在提出准确的评价边坡地震稳定性必需因素的基础上，建议对边坡地震稳定性分析方法重新进行分类。根据动力分析得到的边坡在地震作用下的破坏机制和破裂面的性质和位置，提出基于拉-剪破坏的动力时程分析法和强度折减动力分析法。第一种方法将FLAC计算得到破坏时刻的动应力施加到静力情况下边坡上，采用动力分析得到的拉-剪破裂面，结合极限平衡法求解边坡地震安全系数，是一种改进的动力有限元时程分析法；第二种方法考虑了拉-剪破坏的FLAC强度折减动力分析法，是完全动力的方法。最后通过算例分析验证了新方法的可行性，为边坡地震安全系数计算提供了一种新的思路。

关键词：边坡工程；地震；安全系数；动力时程分析法；FLAC强度折减动力分析法

中图分类号：TU435　　**文献标志码**：A

Study on the seismic stability analysis of a slope

ZHENG Yingren[1,2], YE Hailin[1,3], HUANG Runqiu[3], LI Anhong[4], XU Jiangbo[2]

(1. Department of Civil Engineering, Logistical Engineering University, Chongqing 400041, China; 2. Chongqing Engineering and Technology Research Center of Geological Hazards Control, Chongqing 400041, China; 3. State Key Laboratory of Geohazard Prevention and Geoenvironment Protection, Chengdu University of Technology, Chengdu 610059, China; 4. China Raiway Eeyuan Engineering Group Co. Ltd, Chengdu 610031, China)

Abstract: There exist some limitations when evaluating the seismic stability of a slope by traditional pseudo-static method and time history analysis method for safety factor. Based on the necessary factors to evaluate the seismic stability of the slope accurately, the paper classifies the methods for analyzing the seismic stability of the slope. According to the failure mechanism and location and property of the fracture plane of the slope analyzed by the dynamic program FLAC, the paper presents the dynamic time history analysis method based on tensile-shear failure and the dynamic analysis method of strength reduction. The former is to impose the dynamic stress during the failure calculated by FLAC on the slope under static, then to work out the tensile and shear fracture plane and to calculate the safety factor of the slope by combining the limit equilibrium method. The latter considers the dynamic analysis method of FLAC strength reduction of tensile and shear failure. This method is a complete dynamic method. At last, the paper proves the feasibility of the new method by analyzing the calculation examples and provides a new idea for the calculation of safety factor of the slope.

注：本文摘自《地震工程与工程振动》(2010年第30卷第2期)。

Key words: slope engineering; earthquake; safety factor; dynamic time history analysis method; FLAC dynamic analysis method of strength reduction

引言

边坡地震稳定性分析是岩土工程界和地震工程界的重要课题之一,目前主要方法有拟静力法、Newmark分析法、动力有限元时程分析法[1~4]以及本项研究中将要研究提出的完全动力分析法等。拟静力法是规范规定的工程上常用的方法[2],该方法计算简单、工程应用方便,但是该方法是在静力荷载下采用静力的方法求得,无法反映边坡的动力特性,只是一个经验性的方法。Newmark分析法国外应用较多[3],但是缺乏破坏标准,无法进行稳定性判断。动力有限元时程分析法将每一时刻的动应力施加到静应力上,然后按静力方法计算得到每一时刻的安全系数,最后得到安全系数时程曲线。按照评价方法的不同,主要有最小动力安全系数[5]、最小平均安全系数[4]、平均安全系数[6]等。这种方法将动力问题转化成静力问题,采用静力的方法求解边坡的动力稳定安全系数,一定程度上考虑了边坡的动力效应,但是无法得到边坡地震动力破坏时刻对应的破裂面并反映破裂面的性质,只能采用经验或者静力的方法获得边坡的地震剪切破裂面位置[7],而不能考虑拉破坏,由此计算得到的稳定系数也不能与边坡地震的真实破裂面情况相对应。动力有限元时程分析法作为静力计算问题也可采用强度折减法。李海波等[8]通过离散元分析不同折减系数下边坡动力特性,以速度或者位移发散前的折减系数作为边坡的地震安全系数;文献[9]对不同折减系数下边坡进行动力分析,把边坡处于临界稳定的折减系数定义为边坡的动力稳定安全系数。这些方法采用完全动力的方法求得边坡地震的稳定安全系数,能够反映边坡的动力特性,直接评价边坡地震在地震作用下的稳定安全性,较拟静力法和动力有限元时程分析法具有较大的优势,但是目前还处于尝试阶段,主要存在以下几个问题:一是没有进一步分析边坡地震破裂面的性质,仍然以剪切滑移面作为边坡地震破裂面;二是没有考虑抗拉强度的折减;三是动力边坡失稳破坏标准还需要进一步的明确,验证这些动力破坏判断标准是否合理。在不同软件下计算不同地震强度、不同类型边坡是否可行? 这些都需要进一步的工作。

本项目研究思路,首先对边坡动力稳定性分析方法提出了分类建议,然后采用动力有限差分程序FLAC,通过对抗剪强度与抗拉强度的折减,分析得到边坡在地震作用下由拉裂缝和剪切滑移带共同组成的破裂面。在此基础上,先用FLAC计算得到地震动峰值时刻的动应力,将其施加到静力情况下,然后采用极限平衡法进行静力计算,由此提出了边坡地震安全系数计算的第一种新方法,即修正的时程分析法,改进了现有动力有限元时程分析法中没有考虑拉-剪破裂面的缺点。依据完全动力分析的思路,采用动力强度折减法,在完全动力分析下得到稳定安全系数,由此提出了边坡地震安全系数计算的第二种新方法,这是一种完全动力分析方法,全面考虑了动力效应。通过两个算例——含软弱夹层岩质边坡和土质边坡在地震作用下稳定性的计算,并与最小动力安全系数、最小平均安全系数、拟静力安全系数等进行比较,以验证新方法的可行性。

1 边坡地震稳定性评价方法分类

准确的评价地震荷载作用下边坡稳定性,需要满足以下三个条件:一是地震荷载和力学参数必须准确,地震荷载必须是反映当地真实的动力地震荷载。参数必须是边坡的岩土真实强度,当采用静力的方法分析时,应当采用动力参数,如果采用静力参数计算,得到的安全系数偏于保守。当采用动力分析方法时,已考虑了动力作用对稳定性的提高,可以采用静力参数。二是要反映地震荷载作用下边坡发生的拉-剪破裂面,而不是传统的剪切破裂面,对于不同的破裂面,边坡的破坏机理不同,得到稳定安全系数也不同。现有的动力有限元时程分析法是基于剪切滑裂面的。本文还将提出基于拉-剪破裂面的时程分析法。三是应当采用合理的分析方法。目前采用静力分析方法,虽然计算简单,但是不能充分考虑动力效应,使得到的安全系数偏于安全。最近提出的完全动力分析法可以充分考虑动力效应,避免选取动力强度参数的困难。满足以上三个条件才能够准确地评价边坡地震的稳定性。

基于上述,本文对边坡地震稳定性评价方法重新分为如下三种:一是拟静力法;二是动力有限元时程分析方法,包括最小动力安全系数法[5]、平均安全系数[6]与最小平均安全系数[4]以及本文将要提出的基于拉-剪破裂面的动力时程分析方法。三是完全动力分析法——强度折减动力分析法。详细分类如表1所示。

表1 边坡地震稳定性评价方法分类建议
Table 1 Proposal for classifying the methods of analyzing the seismic stability of a slope

拟静力法	拟静力+极限平衡法		荷载是静力的
	拟静力+有限元强度折减法		稳定性方法是静力的 破裂面也是静力方法获得
动力有限元静力分析法	基于剪切破裂面的动力有限元时程分析方法	最小动力安全系数法、最小平均安全系数、平均安全系数	荷载是动力的 稳定性评价方法是静力的 破裂面静力方法获得
	基于拉-剪破裂面动力时程分析法	动力FLAC+拉-剪破坏模式下极限平衡法	荷载是动力的 稳定性评价方法是静力的 破裂面动力方法获得
完全动力分析法	强度折减动力分析法	考虑拉-剪破坏的动力分析法	荷载是动力的 稳定性评价方法是动力的 破裂面动力方法获得

2 用强度折减法计算边坡动力稳定性探讨

2.1 动力强度折减法原理

目前的动力强度折减法也只考虑了抗剪强度参数的折减[8,9],这与边坡地震的破坏机理不符。为此,本文在进行强度折减的时候考虑了剪切强度参数的折减,同时还考虑了抗拉强度参数的折减[10-13]。

$$c' = \frac{c}{\omega}, \quad \varphi' = \arctan(\frac{\tan\varphi}{\omega}), \quad \sigma^{t'} = \frac{\sigma^t}{\omega} \tag{1}$$

式中:c、φ、σ^t为折减前岩土体黏聚力、内摩擦角、抗拉强度;ω为折减系数;c'、φ'、$\sigma^{t'}$为折减后岩土体黏聚力、内摩擦角、抗拉强度。

2.2 动力边坡破坏条件探讨

目前,静力条件下边坡破坏有三个条件:以塑性区或者等效塑性应变从坡脚到坡顶贯通作为边坡整体失稳的标志;以土体滑移面上应变和位移发生突变作为标志;以有限元静力平衡计算不收敛作为边坡整体失稳的标志[12]。边坡地震动力失稳破坏分析时,原则上也可以从上述三方面的破坏条件判断边坡是否破坏。一是看破裂面(拉-剪破坏面)是否贯通;二是看潜在滑体位移是否突然增大,但考虑到边坡在地震作用下,荷载是随时间变化的,因而在地震期间,其位移也随时发生变化。如图1所示,某岩质边坡输入地震动后FLAC动力计算得到的潜在滑体上一点的位移时程曲线。从图1中可以看出,位移曲线在地震作用中间时刻发生较大的突变,但是地震作用完毕后,最终位移几乎归零,也就是在地震作用下并没有发生移动和破坏。所以与静力问题不同,单凭某一时刻位移发生突变不能判断边坡破坏,但是震动完后的最终位移发生突变,仍然可以作为破坏的判据,即可以从折减系数与位移关系曲线的突变来判断是否破坏。三是看计算中力和位移是否收敛的判据。文献[8]曾以位移或者速度发散作为动力离散元强度折减法计算动力边坡时候的破坏判据。图2示出动力FLAC计算得到的一岩质边坡折减系数1.65时位移时程曲线图,从图中可以看出地震作用完后,潜在滑体上和不滑部分位移均不再变化,表示计算收敛。从图3中可以看出,折减系数1.66时不滑部分的位移仍然不变,而潜在滑体上两点的位移在地震作用完后均在继续增大,表示位移发散和边坡发生破坏。故可按此认为,该边坡在该地震作用下动力稳定性系数为1.65。在静力问题中,第二个条件与第三个条件是一致的,只要满足其中之一,就可以判断破坏。在动力问题中,目前对判据的研究还在初始阶段,因而必须同时采用上述三个条件,以判定边坡是否发生破坏。

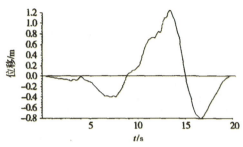

图1 岩质边坡动力计算的关键点位移曲线(FLAC)

Fig. 1 Displacement time-history of a key point of rock slope by FLAC dynamic calculating(FLAC)

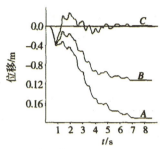

图2 折减系数1.65时位移时程曲线(FLAC)

Fig. 2 Time-history curves of displacement when reduction factor is 1.65(FLAC)

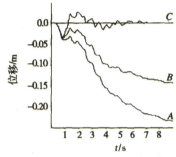

图3 折减系数1.66时位移时程曲线(FLAC)

Fig. 3 Time-history curves of displacement when reduction factor is 1.66(FLAC)

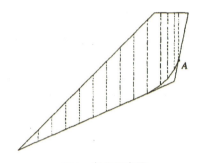

图4 条分示意图

Fig. 4 Schematic diagram of slices

3 基于拉-剪破裂面动力时程分析法

笔者采用FLAC对边坡地震破坏机理与破裂面位置与性质进行了分析,认为边坡在地震作用下破坏机理表现在边坡体的上部拉破坏和下部的剪切破坏,动力作用下边坡破裂面由拉裂缝与剪切滑移带共同组成[13]。为此,本文提出基于拉-剪破坏的动力时程分析法,即采用边坡地震峰值时刻对应动应力施加到静力场,结合拉-剪破裂面和极限平衡法计算得到安全系数作为边坡地震稳定性评价指标。

本文采用不平衡推力法进行极限平衡计算,计算时的滑面采用动力失稳机理分析得到的破裂面(如图4所示)为某边坡动力破裂面条分示意图,A点以上部分为拉裂缝。为简单取见,将滑体部分单元等效加速度(平均加速度)与滑体质量乘积作为动力作用施加到静力边坡上。任意土条向下传递的推力:

$$P_i = W_i\sin\alpha_i + kW_i\cos\alpha_i - [c_i l/F_s + (W_i\cos\alpha_i - kW_i\sin\alpha_i)\tan\varphi_i/F_s] + P_{i-1}\phi_i \tag{2}$$

$$\phi_i = \cos(\alpha_{i-1} - \alpha_i) - \tan\varphi_i \times \sin(\alpha_{i-1} - \alpha_i)/F_s \tag{3}$$

$$K = \bar{a}/g \tag{4}$$

其中P_i为条块向下传递的推力;ϕ_i为传递系数;k为水平地震系数;$\bar{a}$为等效加速度。

4 算例分析

4.1 岩质边坡地震稳定性分析

4.1.1 岩质边坡概况

某岩质边坡高度为30 m,坡角为60°,存在一个贯通的软弱结构面,结构面的位置如图5所示。软弱结构面厚度为1 m,边坡物理力学参数如表2所示。输入的水平地震动为人工合成的一段7 s的地震动,水平加速度峰值为1.4 m/s²,加速度曲线如图6所示。如图中设置A、B、C三个关键监测点,如图5所示。FLAC动力计算时岩体材料为弹塑性材料,采用Mohr-Coulomb强度准则,边界条件为自由场边界,阻尼采用局部阻尼,阻尼系数为0.15,采用FALC强度折减法分析得到的算例岩质边坡破裂面如图7所示[13]。

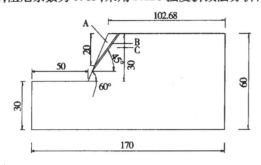

图5 岩质边坡示意图

Fig. 5 Schematic diagram of rock slope

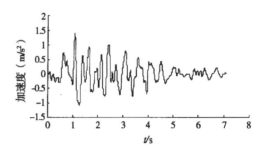

图6 算例1输入的水平向加速度曲线

Fig. 6 Input horizontal seismic acceleration-time history in case 1

表2 岩质边坡物理力学参数

Table 2 Physico-mechanical parameters of rock slope

	重度/(KN·m⁻³)	黏聚力/MPa	内摩擦角/(°)	剪切模量/GPa	体积模量/GPa	抗拉强度/MPa
岩体	25	0.6	38	0.6	1	0.5
夹层	20	0.08	25	0.0752	0.196	0.02

4.1.2 不同分析方法计算结果的比较

按照本文提出第一种方法:基于拉-剪破坏的动力时程分析法,对边坡进行稳定性分析得到安全系数为1.32。采用本文提出的第二种方法——强度折减动力分析法——计算岩质边坡的安全系数,如图2、图3所示。折减系数为1.65时滑体中关键点位移在地震作用完毕后保持不变,表示位移收敛与边坡在地震作用没有破坏。折减系数为1.66时滑体中关键点位移在地震作用完毕后不断增大,表示位移发散,边坡动力失稳破坏。那么,该算例中岩质边坡在输入地震作用下安全系数为1.65。同时,作出图5中所示关键点的折减系数与位移的关系曲线。关键点一般选择有代表性的点,本算例选择潜在滑体上的A点,作出A点折减系数与位移的关系曲线如图8所示。从中可以看出,位移突变相对应的折减系数为1.63,二者非常接近。

拟静力安全系数、最小动力安全系数和最小平均安全系数如表3所示。从表4中可以看出,本文提出的两种方法中,基于拉-剪破坏的动力时程分析法计算得到安全系数1.32与采用极限平衡法得到的最小动力安全系数1.45相比降低8.9%,表明拉裂缝对安全系数有一定的影响。采用FLAC强度折减动力计算得到的安全系数为1.65,和采用静力FLAC强度折减法计算得到的最小动力安全系数1.38相比,提高19.56%,相当于动力参数较静力参数提高20.1%。证明采用完全动力分析法可以在一定程度上反映动力作用下强度提高的影响,也同时证明了本文提出的基于拉-剪破坏的动力时程分析法是可行的。

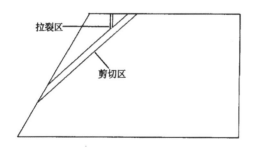

图7 岩质边坡动力分析破裂面位置示意图

Fig. 7 Schematic diagram of fracture face on rock slope by dynamical analysis

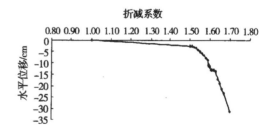

图8 A点折减系数-位移的关系曲线

Fig. 8 Relationship of strength-reduction ratio with displacement at key point A

表3 算例1岩质边坡动力安全系数不同方法计算结果
Table 3 The results from different methods in case 1

拟静力法	拟静力+极限平衡法(水平加速度取峰值加速度的1/3)		1.606
	拟静力+有限元强度折减法(水平加速度取峰值加速度的1/3)		1.61
动力有限元静力分析法	动力有限元时程分析方法	最小动力安全系数法	1.45(极限平衡法) 1.38(静力FLAC强度折减法)
		最小平均安全系数	1.53(极限平衡法)
	基于拉-剪破坏的动力时程分析法	动力有限元+拉-剪破坏模式下极限平衡法	1.32
完全动力分析法	动力FLAC强度折减法		1.65

表4 算例1岩质边坡不同方法计算结果差值
Table 4 The comparison between different methods in case 1

	基于拉-剪破坏的动力时程分析法 1.32	完全动力FLAC强度折减法 1.65
	最小动力安全系数(极限平衡法)1.45	最小动力安全系数1.38(静力有限元强度折减法)
差值	-8.9%	19.56%

4.2 土质边坡地震稳定性分析

4.2.1 土质边坡概况

某均质土坡,边坡高度为20 m,坡角为45°、剪切模量为29.8 MPa、体积模量64.5 MPa、重度为20 kN/m³,黏聚力为40 KPa,内摩擦角为20°,拉力为0。土坡及关键点如图9所示。地震作用参数采用人工合成的地震动,相应的水平加速度峰值为1.29 m/s²,作用时间为16 s,水平向加速度曲线如图10所示。FLAC动力计算时土体材料为弹塑性材料,采用Mohr-Coulomb强度准则,边界条件为黏滞边界加上自由场边界,阻尼采用局部阻尼,阻尼系数为0.15,采用FLAC强度折减法分析得到的算例土坡动力破裂面如图9所示[13]。

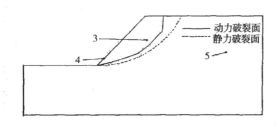

图9 土坡及监测点示意图
Fig.9 Schematic diagram of soil slope

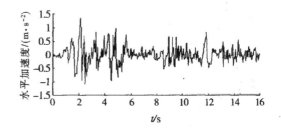

图10 算例2输入的水平向加速度曲线
Fig.10 Input horizontal seismic acceleration-time history in case 2

4.2.2 不同分析方法计算结果的比较

按照本文提出第一种方法:基于拉-剪破坏的动力时程分析法,对边坡进行稳定性分析得到安全系数为1.32。采用本文提出的第二种方法——强度折减动力分析法计算岩质边坡的安全系数,当折减系数为1.02时,如图11所示,关键点(位置见图9)位移曲线保持水平,表示算例土坡没有破坏。折减到1.03时,如图12所示,关键点位移曲线倾斜,而且此后随强度折减系数增大,曲线倾斜度越来越大。图13所示为折减系数为1.04时的关键点位移时间曲线,因此可以判断土坡折减至1.03时地震作用下发生破坏,故本文将土坡在地震作用下的稳定安全系数定为1.02。同时,作出图9中所示关键点的位移与折减系数的关系曲线,宜选择破裂面或者位移较大部位上的关键点。本文选择坡脚部位4号关键点,即图9所示4号关键点位移与折减系数关系曲线如图14所示。从图中看出,与位移突变相对应的折减系数为1.02~1.05,再次证明了边坡动力稳定安全系数为1.02。

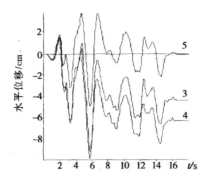

图11 折减系数1.02 关键点位移曲线图

Fig. 11 Displacement time-history at key point when reduction factor is 1.02(FLAC)

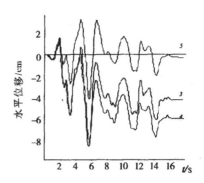

图12 折减系数1.03 关键点位移曲线图

Fig. 12 Displacement time-history at key point when reduction factor is 1.03(FLAC)

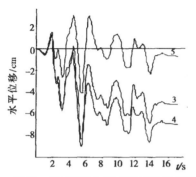

图13 折减系数1.04 关键点位移曲线图

Fig. 13 Displacement time-history at key point when reduction factor is 1.04(FLAC)

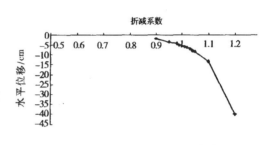

图14 4号关键点折减系数-位移关系曲线

Fig. 14 Relationship between strength-reduction ratio and displacement at key point 4

表5 算例2 土坡不同方法计算结果

Table 5 The results from different methods in case 2

拟静力法	拟静力+极限平衡法(水平加速度取峰值加速度的1/3)		1.21
	拟静力+有限元强度折减法(水平加速度取峰值加速度的1/3)		1.29
动力有限元静力分析法	动力有限元时程分析方法	最小动力安全系数法	0.98(极限平衡法) 0.88(静力FLAC强度折减法)
		最小平均安全系数	1.09(极限平衡法)
	基于拉-剪破坏的动力时程分析法	采用峰值加速度时刻对应动力荷载	0.93
完全动力分析法	FLAC强度折减动力分析法		1.02

表6 算例2 土坡不同方法计算结果差值

Table 6 The comparison between results from different methods in case 2

	基于拉-剪破坏动力时程分析法0.93	FLAC强度折减动力分析法1.02
	最小动力安全系数(极限平衡法)0.98	最小动力安全系数(静力有限元强度折减法)0.88
差值	-5.1%	15.9%

拟静力安全系数、最小动力安全系数和最小平均安全系数如表5所示。从表6中可以看出,本文提出的两种方法中,基于拉-剪破坏动力时程分析法计算得到的安全系数比最小动力安全系数(极限平衡法)降低5.1%,证明采用破坏时刻的动力荷载,可以在一定程度上考虑动力效应,同时还表明采用拉-剪破裂面时,安全系数有所降低,主要是拉破坏的影响。FLAC强度折减动力分析法得到的安全系数比最小动力安全系

数(静力有限元强度折减法)提高15.9%,表明完全动力FLAC强度折减法能够充分考虑动力效应,相当于提高了静力参数。以上分析证明了本文提出两种方法是可行的。

5 结论与展望

目前边坡在地震荷载作用下的动力稳定性评价指标还不能准确恰当地评价边坡的动力稳定性,传统的拟静力法和安全系数时程分析法存在一定的局限性,本文针对这一问题进行了探讨,主要得出以下结论:

(1)提出准确计算动力边坡安全系数必须满足的三个条件,并对目前已有的动力边坡安全系数计算方法进行了分析,并在此基础上提出了边坡地震稳定性分析方法分类。

(2)提出基于拉-剪破坏的动力时程分析法和强度折减动力分析法,并通过算例分析验证了本文方法的可行性,尤其是强度折减动力分析法能直接评价边坡地震稳定性,并能充分反映边坡的动力效应。

(3)本文提出的两种方法能够较充分地考虑边坡的动力效应,但是这些方法还需要进一步深入研究,并采用模型试验进行验证或者在实际工程中进行验证。本文方法只是对边坡地震稳定性计算的一个探索。

参考文献:

[1] 刘红帅,薄景山,刘德东.岩土边坡地震稳定性分析研究评述[J].地震工程与工程振动,2005,25(1):164-171.
[2] GB50011-2001 建筑抗震设计规范[S].
[3] Newmark N M. Effects of earthquakes on dams and embankments [J]. Geotechnique,1965,15(2):139-160.
[4] 刘汉龙,费康,高玉峰.边坡地震稳定性时程分析方法[J].岩土力学,2003,24(4):553-556.
[5] 张伯艳,陈厚群,杜修力.拱坝坝肩抗震稳定分析[J].水利学报,2000(11):55-59.
[6] 李育枢,高广运,李天斌.偏压隧道洞口边坡地震动力反应及稳定性分析[J].地下空间与工程学报,2006,2(5):738-743.
[7] 唐洪祥,邵龙潭.地震动力作用下有限元土石坝边坡稳定性分析[J].岩石力学与工程学报,2004,23(8):1318-1324.
[8] 李海波,肖克强,刘亚群.地震荷载作用下顺层岩质边坡安全系数分析[J].岩石力学与工程学报,2007,26(12):2385-2394.
[9] 戴妙林,李同春.基于降强法数值计算的复杂岩质边坡动力稳定性安全评价[J].岩石力学与工程学报,2007,26(suppl):2749-2754.
[10] 郑颖人,赵尚毅,张鲁渝.用有限元强度折减法进行边坡稳定分析[J].中国工程科学,2002,4(10):57-62.
[11] Zheng Yingren, Den Chujian, Tang Xiaosong, et al. Development of finite element limiting analysis method and its application in geotechnical engineering[J]. Engineering Sciences,2007,3(5):10-36.
[12] 赵尚毅,郑颖人,张玉芳.极限分析有限元法讲座——Ⅱ有限元强度折减法中边坡失稳的判据探讨[J].岩土力学,2005,26(2):332-336.
[13] 郑颖人,叶海林,黄润秋.地震边坡破坏机制及其破裂面的分析探讨[J].岩石力学与工程学报,2009,28(8):1714-1723.

土石混合料大型直剪试验的颗粒离散元细观力学模拟研究

贾学明[1,2]，柴贺军[2]，郑颖人[3]

（1. 中国科学院武汉岩土力学研究所，武汉 430071；2. 招商局重庆交通科研设计院有限公司，重庆 400067；3. 后勤工程学院，重庆 400041）

摘　要：土石混合料作为一种特殊的岩土介质越来越受到国内外众多研究者的重视。基于 3 维颗粒离散元 PFC^{3D}，建立了土石混合料直剪试验模型，进行了不同含石量、不同岩性的土石混合料直剪试验模拟研究。颗粒离散元模拟结果表明，土石混合料的石料岩性和含石量在很大程度上控制了土石混合料的抗剪强度特性。硬岩混合料的摩擦角普遍比软岩混合料大 6°～7°，含石量为 60%～80%时达到最大。土石混合料的剪切面不再是一个平面，其起伏度随含石量增加而增大。剪切过程中软岩混合料在低正应力下表现为剪胀，高正应力下表现为剪缩，并产生软化现象，硬岩混合料表现为剪胀和塑性；软岩土石混合料剪切过程中能量以应变能和动能为主，而硬岩土石混合料的能量以摩擦能和动能为主。

关　键　词：土石混合料；颗粒离散元；细观力学；直剪试验；剪切面
中图分类号：TU 411　　　　**文献标识码**：A

Mesomechanics research of large direct shear test on soil and rock aggregate mixture with particle flow code simulation

JIA Xue-ming[1,2], CHAI He-jun[2], ZHENG Ying-ren[3]

(1. Institute of Rock and Soil Mechanics, Chinese Academy of Sciences, Wuhan 430071, China; 2. Chongqing Communications Research & Design Institute Co., Ltd., China Merchants, Chongqing 400067, China; 3. Logistical Engineering University, Chongqing 400041, China)

Abstract: With the development of geomechanics and the requirements of many large-scale engineering projects, especially in road, water conservancy, etc., the soil and rock aggregate mixture has been regarded as a special type of soil and rock material which attracts more and more attention for geotechnical engineers. Based on three dimensional particle flow code PFC^{3D}, the direct shear test model of soil and rock aggregate mixture is established; and the simulation with different rock contents and different rock properties is carried out. According to the simulation results, the rock content and properties control the shear strength to a large extent. The friction angle of hard soil and rock aggregate mixture is 6°-7° larger than that of soft soil and rock aggregate mixture; and the largest friction angle occurs under about 60%-80% rock content. The shear surface of soil and rock aggregate mixture is no longer a flat surface; and the surface band increases with the increase of rock content. In the shear process, the soft rock mixture exhibits dilatancy under low normal stress, shear contraction under high normal stress and strain softening; while the hard rock mixture displays dilatancy and plasticity. The energies are mainly kinetic energy and strain energy for soft rock mixture; while the energies are mainly friction energy and kinetic energy for hard rock mixture.

Key words: soil and rock aggregate mixture; particle flow code; mesomechanics; direct shear test; shear surface

1　引　言

我国西部地区多为山岭丘陵区，修筑公路、铁路、土石坝等必然采用山体开挖得到的土石混合料，或以土石混合料作为基础，土石混合料作为一种填料正越来越广泛地在工程中应用，但由于这种填料颗粒粒度变化大且难以控制，强度和变形指标随混合料的颗粒组成、岩石的生成条件和风化程度、含石量等变化较大，含水率也极不均匀。传统的检测方法如三轴试验、大型直剪试验等操作较为复杂，或受仪器设备的局限不能准确测定相关的强度和变形指标，使得在实际工程中很难方便准确地

注：本文摘自《岩土力学》（2010 年第 31 卷第 9 期）。

确定混合料的强度和变形指标。

随着岩土力学的发展和大规模岩土工程建设，尤其是道路、水利水电工程建设的发展，土石混合料作为一种特殊的岩土介质越来越受到国内外众多研究者的重视。陈希哲[1]进行了大量大型粗粒土三轴压缩试验与现场陡坡试验，分析其抗剪强度特征。郭庆国[2]通过大量的野外调查与工程实例，研究了粗粒土的工程特性。油新华等[3-4]通过野外及室内试验，对三峡库区广泛分布的土石混合体的抗剪强度特征进行了研究。徐文杰等[5-6]通过野外大尺度水平推剪试验，对土石混合体在天然和饱和状态下的抗剪强度进行了相应的研究。

土石混合料的研究表明，块石强度及其含量、级配组成以及细粒物质组成等特征在很大程度上影响着土石混合料的物理力学性质，尤其是抗剪强度特征。现场以及室内大剪试验虽然能保证含石量和块石分布等内部结果特征，但试验结果会由于抽样的关系存在一定的随机性。由于室内外试验成本高，可重复性差，为更好了解土石混合料的抗剪强度特征，还需要借助理论分析的手段，而土石混合料本身的性质比较复杂，需借助各种数值分析方法，常规的数值分析手段不能反映混合料特有的微观、细观变化规律。徐文杰等[7-8]采用基于图象分析的有限元和PFC^{2D}颗粒离散元，对土石混合体的力学特性进行了分析。吴剑[9]采用2维颗粒离散元，模拟了滑带剪切过程。李世海等[10]采用3维离散元对土石混合料进行了单向加载模拟。

由于土石混合料是一种不连续的颗粒介质，因而采用非连续的颗粒离散元[11]数值模拟技术具有明显的优势。前人的研究[8-9]主要基于2维颗粒离散元分析，土石混合料是一种3维介质，具有明显的空间特征，因而有必要进行基于3维颗粒离散元的数值模拟研究。在前人研究的基础上，本文提出了一种基于3维颗粒离散元PFC^{3D}的土石混合料直剪试验方法，进行不同含石量和不同岩性的土石混合料直剪试验模拟研究，以研究土石混合料的强度组成特性、剪切变形破坏特征以及剪切面起伏特征以及剪切过程中能量变化规律。

2 模拟系统的建立

颗粒离散元PFC^{3D} (particle flow code in three dimension) 即颗粒流程序[11]，是通过离散单元方法来模拟圆形颗粒介质的运动及其颗粒间的相互作用。最初，这种方法是研究颗粒介质特性的一种工具，它采用数值方法将物体分为有代表性的数千以及上万个颗粒单元，利用这种局部的模拟结果来研究边值问题连续计算的本构模型。由于通过现场试验得到颗粒介质本构模型相当困难，且随着微机功能的增强，用颗粒模型模拟整个问题成为可能，一些本构特性可以在模型中自动形成，因此PFC^{3D}便成为用来模拟固体力学和颗粒流问题的一个有效手段。本文采用PFC^{3D}模拟不同含石量、不同岩性的土石混合料的大型直剪试验，以下是模型的建立过程。

2.1 剪切盒模型

根据室内直剪试验的规格，本次颗粒离散元模拟的剪切盒尺寸(长×宽×高)为50 cm×50 cm×40 cm，上下剪切盒的高度均为20 cm。根据试验的要求，在试验过程中保持上剪切盒不动，推动下剪切盒，使用伺服加载机制保持设定的正应力恒定。通过建立墙体的命令建立剪切盒的外墙模型，剪切试验中认为外盒是刚性体，因而设置墙体的刚度远比土石混合料颗粒的刚度大。

2.2 生成土石混合料颗粒

颗粒离散元模拟中土石混合料颗粒使用圆球颗粒近似代替，而土石混合料的石料一般是不规则的，均存在一定的棱角，颗粒之间的接触模式和球体的接触会有一定的不同，颗粒之间不容易产生相互滚动。为近似模拟土石混合料颗粒，通过不断调整球体颗粒的摩擦系数来近似，颗粒的摩擦系数越大，也可以认为颗粒就越粗糙，这使得球形颗粒的接触模式相近于真实的土石混合料颗粒。本模型根据试验结果反算，取摩擦系数为0.5。

在模型的建立过程中，为模拟不同级配下土石混合料的力学特性，生成颗粒时考虑了以下几种级配组成，并根据颗粒的岩性组成分为硬岩颗粒和软岩颗粒两种，经过不同颗粒参数分析比对，最终确定的不同岩性颗粒参数见表1。鉴于剪切盒的尺寸，本次模拟最大颗粒粒径限定为60 mm。表2列出了不同颗粒组成情况。需要说明的一点是，由于相同体积下颗粒数量随颗粒直径减少成几何指数增长，当颗粒个数超过30 000时，计算机的计算效率将显著降低。实际土石混合料中，小于5 mm的颗粒含量极低，一般不超过1%，根据武明[12]的研究结论，把10 mm以下颗粒作为土石分界线，本次模拟采用10 mm作为土石分界线。设定混合料的孔隙率为0.35，由于实际生成混合料颗粒时不可能一次性达到设定的孔隙率，根据最初的级配组成，颗粒生成后通过计算实际孔隙率，然后再通过对颗粒进行同比放缩，达到给定的孔隙率，颗粒级配情况见表2。

生成后的颗粒会有一定的重叠量,颗粒组合体的应力分布并不均匀,为了达到一个初始的平均应力状态,需对颗粒初始能量进行释放,并通过对颗粒进行重新排列使得各处的孔隙度基本一致,这里用到了 FISH 语言包里面的初始应力生成程序。生成直剪模型的颗粒如图 1 所示。

表 1　颗粒材料参数表
Table 1　Parameters of particles

类别	颗粒密度 /(kg/m³)	细颗粒法向刚度 /(10⁶ N/m)	粗颗粒法向刚度 /(10⁷ N/m)	颗粒刚度比	摩擦系数	墙体的法向刚度 /(10⁹ N/m)	墙体的切向刚度 /(N/m)	墙体的摩擦系数
硬岩颗粒	2 650	2.0	12	1.0	0.5	1.0	0.0	0.0
软岩颗粒	2 650	2.0	3.2	1.0	0.5	1.0	0.0	0.0

表 2　不同级配下颗粒组成
Table 2　Particles composition with different gradation

含石量 /%	通过筛孔(mm)质量百分含量/%				颗粒放大系数
	10	20	40	60	
20	78.6	87.4	94.9	100	1.30
40	58.7	67.5	85.3	100	1.27
60	39.4	58.2	78.2	100	1.21
80	21.5	53.5	79.5	100	1.18

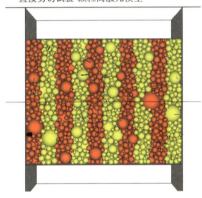

图 1　含石量为 80%的 PFC³ᴰ 模型
Fig.1　PFC³ᴰ model with 80% rock content

3　模拟结果与分析

3.1　剪切试验模拟

剪切试验采用固结快剪的方式,剪切速度以不使得整个运行过程不稳定为目标,设定墙体的运行速度为 0.1 m/h,运行时间步以小于程序确定的最小时间步为准,根据试算结果,时间步定义为 2×10^{-6} s。

剪切试验的模拟可以分为以下几步:生成剪切盒—生成混合料—生成均布应力—施加固结正应力—移动下盒,开始剪切。直剪试验在剪切过程中需要保持正应力不变才能使剪切结果反映真实情况,

PFC³ᴰ 里面通过控制墙体的速度来实现围压的恒定。在剪切过程中,颗粒的剪胀曲线以及剪切位移均可以通过相应墙体的位移来记录。图 2、3 为含石量为 80%时软岩土石混合料剪切的模拟过程,该模型施加的正应力为 1 MPa。

图 2~6 为剪切过程记录的接触力变化以及剪切力,剪胀曲线图。从图 2 可以看出,颗粒体受力比较均匀。由图 3 可知,力的作用使得颗粒体产生剪切破坏,随着剪切过程的进行,接触力带逐渐趋向集中,正应力也出现一定程度的偏心。从接触应力大小变化可以看出,接触力开始阶段一直上升,紧接着接触力开始出现 V 型跳动,接触力变化情况见图 4。从图 5 可以看出,正应力一直保持在 1.0 MPa,正应力变化幅度不超过 1%,因而整个模拟过程保证了正应力不变。剪切应力开始阶段不断上升,到达一定阶段后基本保持不变,呈现为塑性变形。图 6 记录为上墙的位移,它表征了土石混合料的剪胀(剪缩)特性。对于本试验的模拟,土石混合料一直表现为剪缩,剪缩率 $s = \dfrac{0.032\ 13 - 0.026\ 4}{0.5} \times 100\% = 1.15\%$。图 7 为剪切应力与正应力关系图,记录了正压应力从 100、500、1 000 kPa 下相应最大剪切应力。从图7可以看出,剪应力和正应力相关性很好,相关系数 $R^2 = 0.999\ 1$,得到土石混合料的内摩擦角 $\varphi = \arctan^{-1} 0.581\ 7 = 30.19°$,黏聚力 $c = 15.81$ kPa。

国内外学者对土石混合料的力学性能进行了大量的试验模拟[13],结果表明土石混合料在不同围压下的力学特性并不一致,高围压下土石混合料表现为应变硬化和剪缩。本试验的正应力为1.0 MPa,属于高围压情况,数值模拟的结果和试验情况基本一致[13],说明使用颗粒离散元进行土石混合料的剪切试验模拟是可行的。

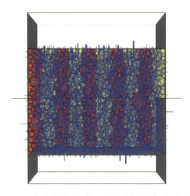

图 2 正应力施加完毕后模型接触力分布情况
Fig.2 Contact stress distribution with normal stress

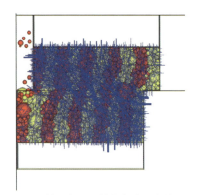

图 3 剪切完成后的接触力分布情况
Fig.3 Contact stress distribution after shear test

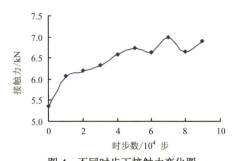

图 4 不同时步下接触力变化图
Fig.4 Contact stress curve in different time steps

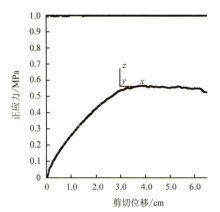

图 5 正应力和剪切应力与剪切位移关系图
Fig.5 Relationship between normal stress and shear stress vs. shear dispalcement

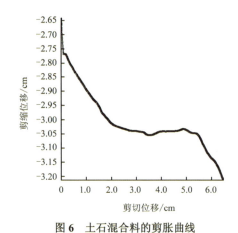

图 6 土石混合料的剪胀曲线
Fig.6 Dilatancy curve of soil and rock aggregate mixture

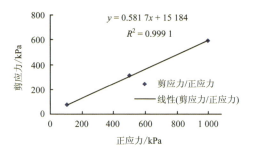

图 7 剪应力与正应力关系图
Fig.7 Relationship between normal stress and shear stress

3.2 确定直剪试验的剪切面

图 8 为土石混合料颗粒剪切破坏后的最终形态，可见在剪切盒交界区域的一定宽度内颗粒出现错动，标识颗粒的色带出现明显的扭曲，剪切带处的颗粒位移较大。剪切盒左侧有部分颗粒被挤出剪切盒。根据平面剪切面的假定，剪切面应在上下剪切盒交界的平面上，上剪切盒内的颗粒位移应很小。但数值模拟结果显示，剪切过程的剪切带是位于上下剪切盒交界面附近范围内的一个薄层区域，该区域内的颗粒的位移较大，但又小于下盒的剪切位移。为了确定最终的剪切面，通过选取剪切位移大于下剪盒位移的80%、70%、60%、50%、40%、30%时的颗粒体，发现它们基本集中在上下盒之间的剪切带附近，参考室内大型直剪试验结果[15]，选取大于下剪切盒位移的40%颗粒为剪切面位置。删除位移小于下剪盒位移40%的颗粒，得到剪切面的位置如图 9 所示。按照 0.005 m 为间距选取剪切面的坐标，使用绘图软件生成剪切面的三维视图如图 10 所示。从图 10 可以看出，剪切面具有较大起伏度，最大起伏有 0.05 m，这与陈希哲[1]的试验结果一致。以下部分的剪切面处理方式与本节相同，不再赘述。

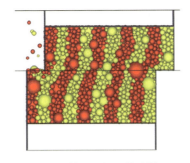

图 8 剪切破坏后的试样
Fig.8 Specimen after shear failure

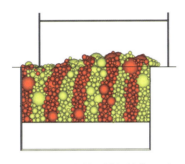

图 9 颗粒离散元模拟的剪切面
Fig.9 Shear surface of PFC simulation

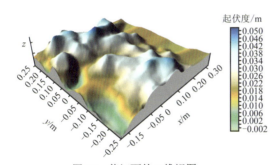

图 10 剪切面的 3 维视图
Fig.10 Three dimensional diagram of shear surface

3.3 软岩混合料模拟结果

土石混合料的剪切试验施加了 3 级荷载，分别为 100、500、1 000 kPa。土石混合料的摩擦角及黏聚力可通过 3 个不同压应力下正应力与剪切应力的关系图而确定。剪胀率计算采用峰值和谷值之间的差值除以剪切盒高度。

抗剪强度及剪胀率的模拟结果如表 3 和图 11～13 所示。从图 11 可以看出，在含石量小于 70%时，内摩擦角随含石量的增加而增加；当含石量超过 70% 后，内摩擦角反而略有减小。对于剪胀率，低应力下剪切开始阶段出现较小的剪缩，紧接着出现剪胀，剪胀幅度远大于剪缩幅度（图 12）；高应力下剪切阶段出现剪缩，整个过程中未出现剪胀现象（图 13）。另外，从表 3 可以看出，随着含石量的增加，剪胀率（不管是低应力下的剪胀，或是高应力下的剪缩）趋于减小。

表 3 软岩类数值模拟试验结果汇总
Table 3 Simulation results of soft soil and rock aggregate mixture

含石量 /%	内摩擦角 /(°)	黏聚力 /kPa	不同正应力（kPa）时剪胀率/%		
			100	500	1 000
20	29.49	33.44	1.80	0.69	-1.21
40	30.16	29.57	1.69	0.66	-1.20
60	30.66	21.32	1.52	0.54	-1.16
80	30.19	15.81	0.86	-0.42	-1.03

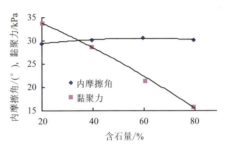

图 11 软岩类土石混合料抗剪强度随含石量的变化规律
Fig.11 Variation regularity of rock content and shear strength of soft soil and rock aggregate mixture

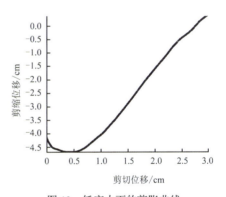

图 12 低应力下的剪胀曲线
Fig.12 Dilatancy curve under low normal stress

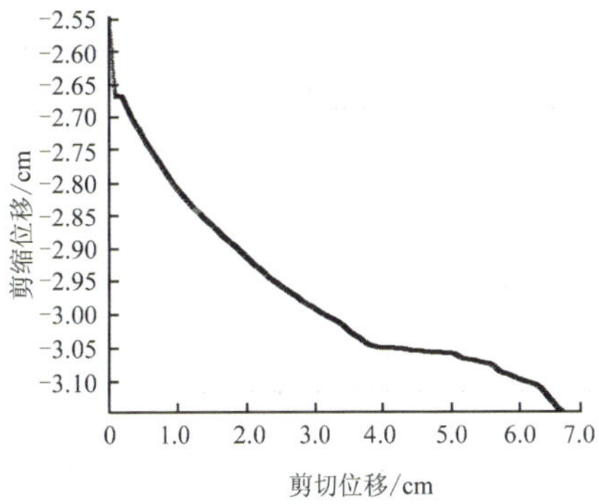

图 13 高应力下的剪胀曲线
Fig.13 Dilatancy curve under high normal stress

剪切破坏形式可由剪切力与剪切位移的关系曲线（图14）看出，属于塑性应变软化破坏方式。典型的剪切破坏面如图15所示。

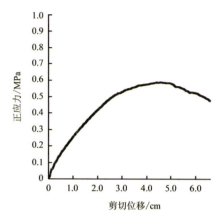

图14　典型剪切应力与剪切位移关系曲线
Fig.14　Relationship between typical shear stress and shear displacement

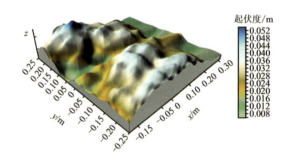

图15　软岩混合料剪切面3维视图
Fig.15　Three dimensional diagram of shear surface for soft soil and rock aggregate mixture

3.4　硬岩混合料模拟结果

硬岩混合料抗剪强度及剪胀率的模拟结果见表4和图16～18。

表4　硬岩类数值模拟试验结果汇总
Table 4　Simulation results of hard soil and rock aggregate mixture

含石量 /%	内摩擦角 $\varphi/(°)$	黏聚力 c/kPa	不同正应力（kPa）时剪胀率/%		
			100	500	1 000
20	35.86	15.56	1.62	1.68	1.44
40	36.65	33.93	1.50	1.55	1.32
60	37.36	31.15	1.40	0.93	1.11
80	37.04	33.44	1.19	1.42	1.30

硬岩类的强度指标随含石量的变化规律与软岩类相似。对于剪胀率，可见剪切阶段未出现剪缩，具有很明显的减胀现象。另外，从表中可以看出，在总体趋势上，随着含石量的增加，剪胀率趋于减小。

剪切破坏形式可由剪切力与剪切位移的关系曲线（图18）看出，属理想塑性变形破坏方式。典型的剪切破坏面如图19所示。

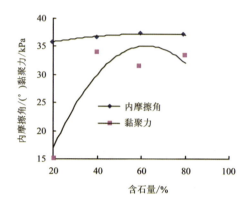

图16　硬岩类土石混合料抗剪强度随含石量的变化规律
Fig.16　Variation regularity of rock content and shear strength of hard soil and rock aggregate mixture

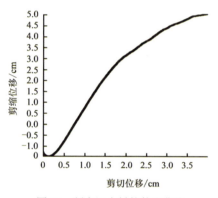

图17　硬岩混合料的剪胀曲线
Fig.17　Dilatancy curve of hard soil and rock aggregate mixture

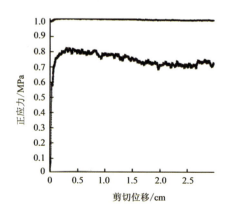

图18　典型剪切应力与剪切位移关系曲线
Fig.18　Relationships between typical shear stress and shear displacement

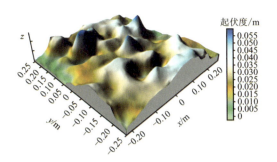

图 19　硬岩混合料剪切面 3 维视图
Fig.19　Three dimensional diagram of shear surface for hard soil and rock aggregate mixture

3.5　软岩和硬岩混合料剪切破坏模式和能量变化

从模拟结果可以看出，不同岩性和不同含石量的土石混合料的剪切性能并不相同，对于软岩混合料而言，在剪切破坏前有一个剪应力逐渐增加的过程，达到峰值后剪应力开始随剪切位移的增长缓慢下降。对于硬岩混合料而言，其剪切破坏过程是很快完成的，剪切开始时剪应力迅速累积，很快达到峰值，这时的剪切位移很小，剪应力达到峰值后缓慢降低或保持不变。软弱岩体组成的土石混合料，由于岩体在剪切过程可以产生较小的变形，剪切过程主要以克服土石混合料之间的滚动摩擦为主，能量以应变能和摩擦能为主，而对于硬岩混合料而言，其岩石颗粒基本上为刚性体，其摩擦能量开始迅速升高，达到一定值后颗粒体开始发生剪切破坏，动能开始迅速增加，因而硬岩混合料以摩擦能和动能为主，应变能相应较小。使用 PFC^{3D} 的能量追踪程序，得到硬岩和软岩相应的能量变化曲线如图 20、21 所示。虽然土石混合料颗粒含有一定量的小于 10 mm 的细粒料，但根据击实试验的数值模拟结果，抵抗变形起骨架作用的主要是粗颗粒，细粒料一般起填充孔隙的作用。

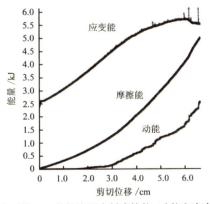

图 20　含石量 60%的软岩混合料摩擦能、动能和应变能曲线
Fig.20　Friction energy, kinetic energy and strain energy curves of soft rock mixture with 60% rock content

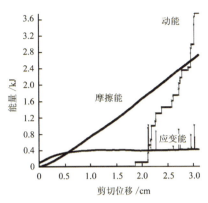

图 21　含石量 60%的硬岩混合料摩擦能、动能和应变能曲线
Fig.21　Friction energy, kinetic energy and strain energy curve of hard rock mixture with 60% rock content

3.6　剪切破坏的剪胀规律

对于不同岩性组成的土石混合料，其剪胀特性随正压应力的变化也有很大不同。对于软岩混合料，低正应力时（100 kPa）土石混合料的剪切特性表现为剪胀；中等正应力时（500 kPa），土石混合料先剪切过程中先表现为剪缩，后表现为剪涨，再出现剪缩；高应力（1 MPa）时土石混合料表现为剪缩。对于硬岩混合料，土石混合料一致表现为剪胀，剪胀幅度在 1%～2%之间。对于软岩混合料，数值模拟结果和室内试验[14]情况一致，在不同正压应力下土石混合料表现出不同的剪胀特性。分析认为，低正应力情况下混合料颗粒在剪应力作用下发生剪切作用，由于正应力较小，没有足够的能量促使颗粒填充土石混合料剪切产生的孔隙，因而出现剪胀现象；在中等应力作用下，土石混合料颗粒开始阶段出现剪缩，正是由于颗粒填充了由剪切而产生的孔隙，从而产生剪缩，当填充到一定程度不能继续提供这种能量时，混合料开始出现剪胀；对于高正压应力情形（1 MPa），在整个剪切过程中，正压应力提供的能量均在不断填充由于剪切出现的新孔隙，随剪切面扩大，剪缩率也就相应提高。对于硬岩土石混合料，其剪切破坏过程如上所述，其能量在最开始阶段为摩擦能集聚，剪应力迅速达到峰值，剪切破坏面出现，由于颗粒不易变形，混合料之间摩擦能较大，颗粒不容易出现翻滚和填充，因而随剪切过程中出现剪胀的特性。

3.7　剪切面的起伏特征

使用图形软件跟踪了不同岩性、不同土石比下的土石混合料的剪切面的 3 维形状。使用颗粒离散元可以很方便跟踪土石混合料的颗粒运动规律，根据数值模拟结果，可以确定土石混合料的剪切面在以上下剪切盒为中心的一个带形范围内，第 3.2～

3.4 节描述了土石混合料的剪切面形状。从剪切面形状和起伏特征可以得出以下结论：土石混合料的剪切面并不是一个平面，这与很多室内试验和现场模型试验的结论一致[1, 14]，其中软岩混合料剪切面的起伏度较硬岩混合料为少，硬岩混合料的起伏面比软岩混合料的起伏面多；含石量越大的土石混合料颗粒，其剪切面起伏度越大，起伏面也越多，对于软岩混合料和硬岩混合料均一致，含石量在80%和60%的土石混合料起伏度最大达到0.06 m，而对于含石量在40%和20%的情形最大起伏度为0.052 m。本次模拟中土石混合料的黏聚力均较一般无黏性土或者弱黏性土大，由于本次模拟的土石混合料是散粒体，因而可以推断土石混合料的黏聚力，大部分是由土石混合料剪切面的块石之间的咬合力提供的。关于这个咬合力的定量研究，是需要进一步研究的课题。

（S-S 为预剪面，S'-S'为实际剪切面）

图 22　土石混合料剪切带示意图
Fig.22　Sketch of shear band of soil and rock aggregate mixture

3.8　土石混合料的内摩擦角以及黏聚力变化规律

软岩混合料的内摩擦角和黏聚力的变化规律如图11和图16所示。从图11可以看出，软岩混合料的内摩擦角先增大后减小，最大值在含石量为60%时，内摩擦角为30.66°；含石量为20%时，内摩擦角最小为29.49°，差值为1.17°，可见内摩擦角变化并不是很大。软岩混合料的黏聚力随含石量的增大呈线性减少。含石量20%时为33.4 kPa，为最大；含石量为80%时，黏聚力为15.81 kPa，为最小。对于硬岩混合料，其内摩擦角随含石量变化趋势和软岩相似，最大值为含石量为60%时的37.36°和含石量为20%时的35.86°，差值为1.5°，其黏聚力随含石量增大先增大后减小。由于土石混合料的力学性能主要由内摩擦角决定，使用颗粒离散元模拟土石混合料的摩擦角和室内大剪试验值比较接近[14]，数值模拟反映了土石混合料的剪切机制和力学性质，其中硬岩土石混合料的内摩擦角比软岩混合料的内摩擦角一般大6°~7°，这与室内试验情况基本一致，可见使用硬岩混合料作为土石混填路基的填料具有很好的力学性质。注意到软岩混合料和硬岩混合料在不同含石量时的内摩擦角相差不大，最大值为1.5°，这是由于模拟时采用球形颗粒所致。

4　结　论

（1）通过对软岩土石混合料的颗粒离散元模拟，得出土石混合料在低压下表现为剪胀，中高压下表现为剪缩。软岩土石混合料的的剪切应力有峰值出现，并有应变软化现象。

（2）硬岩土石混合料的剪切开始阶段剪应力急剧升高，然后土石混合料开始发生剪切破坏，剪应力保持不变或者有小幅度的降低，表现为剪胀。

（3）土石混合料的剪切面不再是一个平面，而是存在一个剪切带，混合料的黏聚力一部分由剪切面的咬合力提供。

（4）硬岩土石混合料的内摩擦角普遍比软岩混合料的内摩擦角大6°~7°，并且内摩擦角的变化趋势一致，含石量为60%时内摩擦角最大，含石量为20%时最小。

（5）软岩土石混合料剪切过程中，能量变化以应变能和动能为主，而硬岩土石混合料的能量以摩擦能和动能为主，这也揭示了它们不同的剪切破坏规律的内因，软岩混合料的剪切破坏时剪切位移较大，而硬岩混合料的剪切破坏往往在一瞬间完成。

参 考 文 献

[1] 陈希哲. 粗粒土的强度与咬合力的试验研究[J]. 工程力学, 1994, 11(4): 56－63.
CHEN Xi-zhe. Research on the strength of the coarse grained soil and the interlocking force[J]. **Engineering Mechanics**, 1994, 11(4): 56－63.

[2] 郭庆国. 粗粒土的工程特性及应用[M]. 郑州: 黄河水利出版社, 1999.

[3] 油新华, 汤劲松. 土石混合体野外水平推剪试验研究[J]. 岩石力学与工程学报, 2002, 21(10): 1537－1540.
YOU Xin-hua, TANG Jin-song. Research on horizontal push-shear in-situ test of soil and rock mixture[J]. **Chinese Journal of Rock Mechanics and Engineering**, 2002, 21(10): 1537－1540.

[4] 油新华. 土石混合体的随机结构模型及其应用研究[J]. 岩石力学与工程学报, 2002, 21(11): 1748－1748.

YOU Xin-hua. Stochastic structural model of the earth-rock aggregate and its application[J]. **Chinese Journal of Rock Mechanics and Engineering**, 2002, 21(11): 1748－1748.

[5] 徐文杰, 胡瑞林, 曾如意. 水下土石混合体的原位大型水平推剪试验研究[J]. 岩土工程学报, 2006, 28(7): 814－818.

XU Wen-jie, HU Rui-lin, ZENG Ru-yi. Research on horizontal push-shear in-situ test of subwater soil-rock mixture[J]. **Chinese Journal of Geotechnical Engineering**, 2006, 28(7): 814－818.

[6] 徐文杰, 胡瑞林, 谭儒蛟, 等. 虎跳峡龙蟠右岸土石混合体野外试验研究[J]. 岩石力学与工程学报, 2006, 25(6): 1270－1277.

XU Wen-jie, HU Rui-lin, TAN Ru-jiao, et al. Study on field test of rock-soil aggregate on right bank of Longpan in Tiger-leaping Gorge area[J]. **Chinese Journal of Rock Mechanics and Engineering**, 2006, 25(6): 1270－1277.

[7] 徐文杰, 胡瑞林, 岳中崎, 等. 土石混合体细观结构及力学特性数值模拟研究[J]. 岩石力学与工程学报, 2007, 26(2): 300－311.

XU Wen-jie, HU Rui-lin, YUE Zhong-qi, et al. Mesostructural character and numerical simulation of mechanical properties of soil-rock mixtures[J]. **Chinese Journal of Rock Mechanics and Engineering**, 2007, 26(2): 300－311.

[8] 徐文杰, 胡瑞林, 王艳萍. 基于数字图像的非均质岩土材料细观结 PFC2D 模型的自动生成[J]. 煤炭学报, 2007, 32(4): 358－362.

XU Wen-jie, HU Rui-lin, WANG Yan-ping. PFC2D model for mesostructure of inhomogeneous geomaterial based on digital image processing[J]. **Journal of China Coal Society**, 2007, 32(4): 358－362.

[9] 吴剑, 彭辉. 非连续剪切面的剪切过程模拟[J]. 三峡大学学报（自然科学版）, 2008, 30(1): 76－79.

WU Jian, PENG Hui. Simulation of shearing process of non-continuous shearing-zone[J]. **Journal of China Three Gorges University (Natural Sciences)**, 2008, 30(1): 76－79.

[10] 李世海, 汪远年. 三维离散元土石混合体随机计算模型及单向加载试验数值模拟[J]. 岩土工程学报, 2004, 26(2): 172－177.

LI Shi-hai, WANG Yuan-nian. Stochastic model and numerical simulation of uniaxial loading test for rock and soil blending by 3D-DEM[J]. **Chinese Journal of Geotechnical Engineering**, 2004, 26(2): 172－177.

[11] CUNDALL P A, STRACK O D L. A discrete numerical method for granular assemblies[J]. **Geotechnique**, 1979, 29(1): 47－65.

[12] 武明. 土石混合非均质填料力学特性试验研究[J]. 公路, 1997, 41(1): 40－42, 49.

WU Ming. Experimental study on mechanical features of the heterogeneous filling of rock and soil aggregate[J]. **Highway**, 1997, 41(1): 40－42, 49.

[13] 秦红玉, 刘汉龙, 高玉峰, 等. 粗粒料强度和变形的大型三轴试验研究[J]. 岩土力学, 2004, 25(10): 1575－1580.

QIN Hong-yu, LIU Han-long, GAO Yu-feng, et al. Research on strength and deformation behavior of coarse aggregates based on large-scale triaxial tests[J]. **Rock and Soil Mecnanics**, 2004, 25(10): 1575－1580.

[14] 董云, 柴贺军. 土石混合料剪切面分形特征试验研究[J]. 岩土力学, 2007, 28(5): 1015－1020.

DONG Yun, CHAI He-jun. Experimental study on fractal character of shear surface of rock-soil aggregate mixture[J]. **Rock and Soil Mechanics**, 2007, 28(5): 1015－1020.

隧洞破坏机理及深浅埋分界标准

郑颖人[1]，徐浩[2]，王成[2]，肖强[1]

(1 后勤工程学院 重庆市地质灾害研究中心，重庆 400041；2 重庆交通大学 土木建筑学院，重庆 400074)

摘 要：通过模型试验与数值分析方法将隧洞破裂面与稳定性引入到定量分析，采用有限元强度折减法，求得围岩破裂面的位置及围岩的稳定安全系数。研究表明，浅埋拱形隧洞破坏来自拱顶，深埋隧洞来自侧壁。通过从浅埋到深埋的数值分析，研究隧洞从浅埋到深埋的破坏过程。结果表明：对于矩形隧洞，当埋深小时逐渐形成浅埋压力拱，当到达某一埋深时，浅埋压力拱消失，同时深埋压力拱(普氏压力拱)出现，可以确定深、浅埋的分界线，当埋深增大至某一深度时，破坏从拱顶转向侧壁；对于拱形隧洞，当埋深小时出现浅埋压力拱，但不出现深埋压力拱，当达到一定埋深后，破坏从拱顶转向侧壁，可以确定深、浅埋的分界线。深、浅埋的分界线主要取决于洞跨与洞形，与围岩强度关系不大，浅埋时围岩可以是稳定的。

关键词：浅埋隧洞；深埋隧洞；破裂面；破坏机理；深、浅埋分界线

中图分类号：U 45   **文献标志码**：A   **文章编号**：1008-973X(2010)10-1851-06

Failure mechanism of tunnel and dividing line standard between shallow and deep bury

ZHENG Ying-ren[1], XU Hao[2], WANG Cheng[2], XIAO Qiang[1]

(1. *Chongqing Geological Hazard Prevention Research Center, Logistical Engineering University, Chongqing* 400041, *China*;
2. *School of Civil Engineering and Architecture, Chongqing Jiaotong University, Chongqing* 400074, *China*)

Abstract: The stability of tunnel was induced to the quantitative analysis through model test and numerical analysis. The location of fracture surface and the stability safety factor of surrounding rock were analyzed by adopting the strength reduction finite element method (FEM). Results show that the failure of shallow-buried arch tunnel is from the vault and the failure of deep-buried tunnel is from the sidewall. The failure process of tunnel from shallow-buried to deep-buried was analyzed. For the rectangle tunnel, the shallow-buried pressure arch gradually forms when the buried depth is small, and it disappears at a certain depth and meanwhile the deep-buried pressure arch (Protodyakonov's arch) appears. Then the dividing line between deep-bury and shallow-bury can be identified. The failure moves from the vault to the sidewall if increasing the bury depth to a certain depth. For the arch tunnel, the shallow-buried pressure arch appears and there is no deep-buried pressure arch when the bury depth is small. Failure moves from the vault to the sidewall at a certain bury depth, so the dividing line between deep-bury and shallow-bury can be identified. The dividing line is mainly decided by the span and the shape of the tunnel and has little relationship with the strength of the surrounding rock, and shallow-buried tunnel can be stable.

Key words: shallow-buried tunnel; deep-buried tunnel; fracture surface; failure mechanism; dividing line between deep-bury and shallow-bury

---

注：本文摘自《浙江大学学报(工学版)》(2010年第44卷第10期)。

围岩破坏机理与破坏形状研究,一般是基于实际观察与室内模型试验获得定性的概念,提出一些关于破坏机理的假设,进而提出围岩压力的计算方法。早期围岩的破坏机理都是基于松散体力学,对于深埋隧洞有普氏压力拱理论,隧洞结构承受普氏压力拱下方的松散压力,按普氏压力拱高度确定隧洞深浅埋分界标准和深埋隧洞荷载;当前规范中以经验公式取代压力拱高度。浅埋隧洞基于洞顶上面松散岩土体应力传递的岩柱理论与太沙基理论,求得浅埋隧洞结构上的松散压力。

随着岩土弹塑性理论、有限元法与锚喷支护的发展,基于弹塑性理论的隧洞破坏机理逐渐发展。20世纪70年代勒布希维兹提出楔形剪切破裂体理论[1],基于对实际隧洞破坏现象的观察,提出隧洞侧壁剪切破坏的破裂楔体理论,表明深埋隧洞的压力是形变压力,且位于隧洞两侧。顾金才(1978)以及霍尹尔·R·E,亨德尔·AJ(1980),采用相似材料的模型试验,获得圆形与直墙拱顶隧洞破裂区[1]。笔者[1]将试验得到的破裂区与采用有限元计算得到的塑性区作对比,证实了塑性区并非破裂区,破裂区在塑性区之内,可以采用极限分析中的滑移线场理论研究隧洞破坏,但围岩破坏不是面向地面,而是向着隧洞的内部临空面,至今尚未导出极限分析的理论解。笔者[2-5]提出采用有限元强度折减法求取滑裂面,并直接求得隧洞围岩的安全系数[2-10]。显然上述破坏机理是基于弹塑性连续体的。

本文应用模型试验与数值分析方法。由弹塑性理论可知,浅埋拱形隧洞的破坏来自拱顶,深埋隧洞的破坏来自侧壁。采用有限元强度折减法求出隧洞围岩破裂面位置,与模型试验结果十分吻合。分析隧洞在浅埋与深埋情况下的破坏过程。

1 隧洞破坏机理

1.1 深埋隧洞破坏机理研究

1.1.1 模型试验 采用室内模型试验与数值分析方法,模型试验采用自制的模型试验设备,试验模型内的土体尺寸为 40 cm×52 cm×15 cm(长×高×厚),如图 1 所示。试验材料的物理力学参数如下:弹性模量为 70 MPa,泊松比为 0.32,密度为 1.78 kg/m³,黏聚力为 0.116 MPa,内摩擦角为 21.8°。

试验材料选用骨料为砂子,胶结材料为石膏、水泥和滑石粉,加一定量水拌和而成。配比如下:m(沙):m(石膏):m(水泥):m(滑石粉):m(水)= 1:0.6:0.2:0.2:0.35。试验采用压力机在模型顶部进行分级加载直至隧洞发生破坏,如图 2 所示。为了研究隧洞尺寸、形状变化对隧洞破坏的影响,设计 5 种试验方案,如表 1 所示。表中,L 为隧洞跨度,h_w 为侧墙高,h_a 为拱高。

图 1 隧洞模型　　　图 2 分级加载

Fig.1　Tunnel model　　Fig.2　Loaded step-by-step

表 1　试验方案

Tab.1　Experiment schemes　　　　　cm

方案	L	h_w	h_a	方案	L	h_w	h_a
1	8	8	2	4	8	6	4
2	8	8	3	5	8	4	4
3	8	8	4	—	—	—	—

1.1.2 围岩破裂面的确定 根据破坏的原理可知,当隧洞发生破坏时,必然会使破裂面上的位移或塑性应变发生突变。根据这一特征,可以采用有限元强度折减法,通过数值模拟来确定破裂面的位置。先找出各断面上等效塑性应变的突变点,然后将点连成线,此线即为破裂面的位置。如图 3 所示为围岩等效塑性应变图,分别截取 1~5 五个断面,应用 ANSYS 自带的路径映射工具将各个断面的等效塑性应变映射到路径上,给出各路径上等效塑性应变 ε 与 x 坐标的曲线关系图。如图 4(a)~(f)所示分别为断面 1~5 的关系曲线。由图 4(a)可知,断面 1 等塑性应变突变的点位于 $x=0$ 处;由图 4(b)可知,断面 2 等塑性应变突变的点位于 $x=3.73$ cm 处;由图 4(c)可见,断面 3 等塑性应变突变的点位于 $x=4.21$ cm 处;由图 4(d)可见,断面 4 等塑性应变突变的点位于 $x=2.82$ cm 处;在等效塑性应变图中找出突变点的位置连成线,可以得到破裂面的位置,如图 3 中的白线所示。

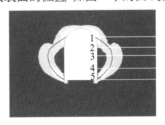

图 3　围岩等效塑性应变与潜在破裂面

Fig.3　Equivalent plastic strain and failure surface of rock mass

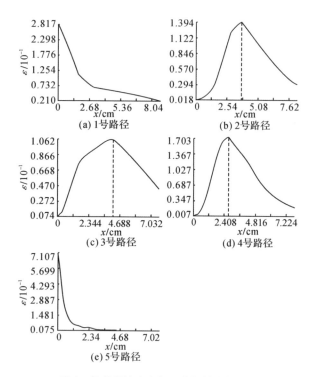

(a) 1号路径
(b) 2号路径
(c) 3号路径
(d) 4号路径
(e) 5号路径

图 4 等效塑性应变与 x 坐标关系曲线图

Fig.4 Relationship of equivalent plastic strain and x coordinate

1.1.3 模型试验结果及数值分析结果的比较 模型试验结果(左边)及相应的数值分析结果(右边),如图 5 所示。如表 2 所示为由模型试验与数值模拟得到的破坏荷载 P 以及由模型试验和数值模拟得到的破裂面与洞壁的最大距离 d_{max}。可以看出,由模型试验得到的破坏荷载与数值模拟得到的破坏荷载十分接近,由模型试验得到的破裂面与洞壁的最大距离和数值模拟得到的破裂面与洞壁的最大距离十分接近。

表 2 模型试验与数值模拟结果

Tab.2 Results of model experiment and numerical simulation

方案	h_w/cm	h_a/cm	P/kN 模型试验	P/kN 数值模拟	d_{max} 模型试验	d_{max} 数值模拟
1	8	2	62	57	13.4	13.1
2	8	3	59	55	14.3	14.1
3	8	4	56	53	15.6	15.3
4	6	4	61	60	12.9	12.8
5	4	4	68	66	11.7	11.5

1.2 浅埋隧洞破坏机理研究

进行浅埋隧洞破坏模型试验,与数值模拟结果比较。浅埋隧洞模型洞跨 8 cm,洞高 12 cm,洞深 15 cm,从拱顶算起埋深为 4 cm。如图 6 所示为模型试验与数值模拟结果图。如图 6(a)所示,当加压到 25 kN 时,隧洞拱顶出现了明显裂缝。当加压到 28 kN 时,隧洞拱顶 2 条裂缝贯通,即将垮落,同时墙角外

(a)方案1:侧墙高8 cm,拱高2 m

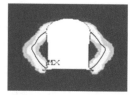

(b)方案2:侧墙高8 cm,拱高3 m

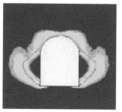

(c)方案3:侧墙高8 cm,拱高4 m

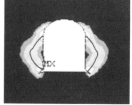

(d)方案4:侧墙高6 cm,拱高4 m

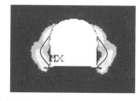

(e)方案5:侧墙高4 cm,拱高4 m

图 5 不同方案模型试验与数值模拟结果

Fig.5 Results of model experiment and numerical simulation for different schemes

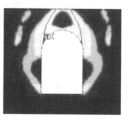

(a) 模型破坏情况 (压力为28 kN)
(b) 数值模拟破裂面 (压力为26 kN)

图 6 浅埋隧洞破坏情况

Fig.6 Failure of shallow-buried tunnel

侧出现向上的断续裂缝。图 6(b) 为计算机模拟出的破裂面,当压力为 26 kN 时,计算不收敛,拱顶土体破裂.图 6(a)、(b) 中破裂面十分接近。

通过试验与数值分析可以看出,浅埋隧洞的破坏是拱顶土体中裂缝不断发展演化后、与地表面贯通破坏的过程。可见,浅埋隧洞围岩破坏部位在拱顶,当拱肩与地表贯通形成破裂面时,土体在自重作用下塌落。从实际观察到的破坏现象与砂土模型试验可知,当拱顶土体下滑时,实际破裂面发生在拱肩至地面的垂线上。

当浅埋时,隧洞的破坏在拱顶上方;当深埋时,隧洞的破坏在隧洞两侧。根据弹塑性理论可知,围岩与衬砌都可用形变压力来计算,当拱顶上方衬砌与岩体有空隙时,衬砌应采用松散压力来计算。

2 不同埋深下隧洞的破坏过程

采用有限元强度折减法研究隧洞由浅埋破坏逐渐转向深埋破坏的过程,对一个洞跨 12 m、高 5 m 的矩形隧洞与一个洞跨 12 m、高 5 m、拱高 3 m 的直墙拱形隧洞进行分析,计算参数如下:弹性模量为 100 MPa,泊松比为 0.3,密度为 1.8 kg/m³,黏聚力为 0.04 MPa,内摩擦角为 22°。图 7、8 列出了在不同埋深下 2 种洞形的破坏情况及安全系数。

由图 7(a) 可见,当埋深为 1 m 时,最大塑性应变在洞顶地面中间,破裂面也在中间位置,安全系数为 0.3。由图 7(b) 可见,当埋深为 3 m 时,最大的塑性应变在拱肩处,破裂面自拱肩处出发,呈拱形直至地表,但拱未合拢,表明浅埋在拱顶破坏,安全系数为 0.52。由图 7(c) 可见,当埋深为 7 m 时,破裂面自拱肩处出发,呈拱形直至地表,逐渐形成浅埋条件下的压力拱,称为浅埋压力拱,安全系数为 0.65。由图 7(d)、(e) 可见,当埋深为 8、9 m 时,破坏情况与埋深为 7 m 时基本相同,只是形成了明显的浅埋压力拱,安全系数为 0.66,破坏仍然为拱顶。浅埋压力拱的形成与埋深有关,是浅埋与深埋的分界线。由图 7(f) 可见,当埋深为 10 m 时,拱顶上方浅埋压力拱逐渐消失,同时形成了深埋压力拱,即一般常说的普氏压力拱,拱高 5.0～6.0 m,它是深埋隧洞在未出现侧壁破坏时的普氏压力拱,安全系数为 0.69。可见,当埋深为 10 m 时出现了突变,由浅埋转为深埋。由图 7(g)～(i) 可见,当埋深为 12、15、18 m 时,最大的塑性应变在拱角,此时逐渐形成 2 条破裂面:一条是拱顶上已形成的普氏压力拱,另一条是在侧面逐渐

(a)埋深为 1 m,安全系数为 0.3

(b)埋深为 3 m,安全系数为 0.52

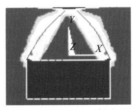
(c)埋深为 7 m,安全系数为 0.65

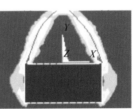
(d)埋深为 8 m,安全系数为 0.66

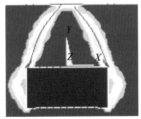
(e)埋深为 9 m,安全系数为 0.66

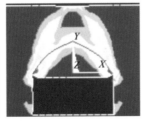
(f)埋深为 10 m,安全系数为 0.69

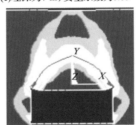
(g)埋深为 12 m,安全系数为 0.7

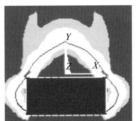
(h)埋深为 15 m,安全系数为 0.7

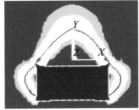
(i)埋深为 18 m,安全系数为 0.7

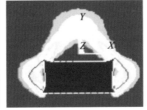
(j)埋深为 30 m,安全系数为 0.67

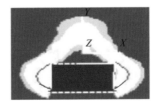
(k)埋深为 50 m,安全系数为 0.61

图 7 矩形洞室的等效塑性应变图
Fig.7 Equivalent plastic strain of rectangle tunnel

形成的破裂面,破裂面自拱角至墙脚上面。根据塑性应变可以看出,当埋深为 12 m 时,首先破坏的是普氏压力拱;随埋深增大,由破坏面转至侧向,直至当埋深为 18 m 时,开始出现侧壁破裂面,安全系数均为 0.7,可见,当埋深为 10~18 m 时,安全系数基本不变,表明深埋压力拱与埋深无关。由图 7(j)可见,当埋深为 30 m 时,与 18 m 时基本相同,但侧壁破裂面明显先破坏,安全系数降为 0.67。由图 7(k)可见,当埋深为 50 m 时,情况与 30 m 时相同,但安全系数降为 0.61。可见,隧洞埋深从 1 m 至 18 m,安全系数从 0.3 增大到 0.7,表明埋深越浅越不安全;当埋深从 18 m 至 50 m 时,安全系数从 0.7 降低到 0.61,表明埋深越增大越不安全。可以看出,当埋深为 18 m 以上时,无论是出现浅埋压力拱还是深埋压力拱,破坏都在拱顶;当埋深为 18 m 以下时,侧壁先破坏,从这一观点上看,可以认为,隧洞深浅埋的分界线是 18 m。从模型试验可知,即使隧洞两侧发生了破坏,还能承受荷载,直至形成破坏后的塌落平衡拱,这一平衡拱的拱高很大,与土体强度有关。当无衬砌时,会造成片邦冒顶,土体大规模塌落;当有衬砌时,会造成很大的松散压力。

对于拱形隧洞,由图 8(a)、(b)可见,当埋深(拱肩至地表高度)为 3.5、4 m 时,最大的塑性应变在拱顶中央地表处与拱腰处,破裂面在拱顶中间或自拱腰处出发,呈拱形直至地表,表明浅埋隧洞逐渐形成浅埋压力拱,此时破坏的范围小于隧洞跨度,安全系数为 0.84。由图 8(c)~(f)可见,当埋深为 7、8、9、10 m 时,最大的塑性应变在拱肩上方,破裂面自拱肩处出发,呈拱形直至地表,破坏的范围扩大到隧洞跨度。从 8 m 至 10 m 形成了浅埋压力拱,安全系数约为 0.82。由图 8(g)可见,当埋深为 12 m 时,发生突变,破裂面从拱部移至侧壁,成为深埋隧洞,但安全系数降为 0.81。与矩形隧洞相比,从浅埋到深埋不形成深埋压力拱,只是破坏的位置发生变化,由拱顶转向侧壁。由图 8(h)~(k)可见,当埋深为 15、20、30、50 m 时,拱顶上部已明显不形成破裂面,侧壁出现明显的破裂,安全系数随深度逐渐降低,相应为 0.80、0.78、0.77、0.75。可见,对于拱形洞室而言,拱形洞室的安全系数随埋深增加而一直减少,因而隧洞破坏始终与埋深有关,但这并不意味着埋深越浅越安全。因为埋深浅土体容易受到雨水的影响,强度降低,容易出现事故。同样,当隧洞两侧发生破坏后,它与矩形洞室一样,能够形成破后的塌落平衡拱。

当土体强度参数为 $c=0.07$ kPa、$\varphi=22°$ 时,在同一埋深下,等效塑性应变图(如图 9 所示)与土体强度参数为 $c=0.04$ kPa、$\varphi=22°$ 时图形(如图 8 所

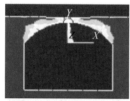 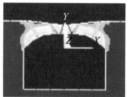 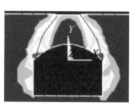

(a) 埋深为3.5 m,安全系数为1.37　(b) 埋深为4 m,安全系数为1.32　(c) 埋深为7 m,安全系数为1.25　(d) 埋深为8 m,安全系数为1.22

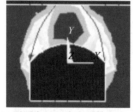 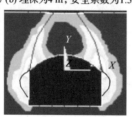 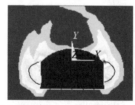 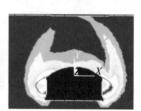

(e) 埋深为9 m,安全系数为1.20　(f) 埋深为10 m,安全系数为1.18　(g) 埋深为12 m,安全系数为1.15　(h) 埋深为15 m,安全系数为1.12

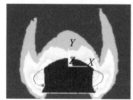 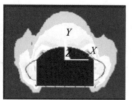 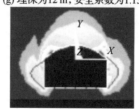

(i) 埋深为20 m,安全系数为1.07　(j) 埋深为30 m,安全系数为1.03　(k) 埋深为50 m,安全系数为0.99

图 8　当 $c=0.04$ kPa, $\varphi=22°$ 时的等效塑性应变图
Fig.8　Equivalent plastic strain ($c=0.04$ kPa, $\varphi=22°$)

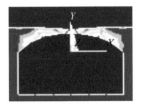 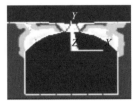 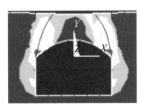 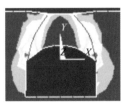

(a) 埋深为3.5 m,安全系数为0.88　(b) 埋深为4 m,安全系数为0.87　(c) 埋深为7 m,安全系数为0.84　(d) 埋深为8 m,安全系数为0.82

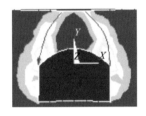 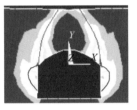 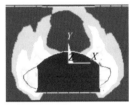 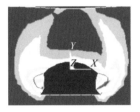

(e) 埋深为9 m,安全系数为0.82　(f) 埋深为10 m,安全系数为0.82　(g) 埋深为12 m,安全系数为0.81　(h) 埋深为15 m,安全系数为0.8

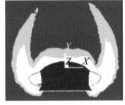  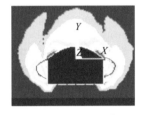

(i) 埋深为20 m,安全系数为0.78　(j) 埋深为30 m,安全系数为0.77　(k) 埋深为50 m,安全系数为0.75

图 9　当 $c=0.07$ kPa,$\varphi=22°$ 时的等效塑性应变图

Fig.9　Equivalent plastic strain ($c=0.07$ kPa, $\varphi=22°$)

示)基本相同,安全系数不同。可以看出,由浅埋转向深埋的分界标准主要取决于隧洞跨度与洞形,与围岩强度关系不大,浅埋隧洞可以是不稳定的,也可以是稳定的,这与传统观念有一定出入。

3　结　论

(1)应用模型试验与数值分析方法,说明浅埋拱形隧洞的破坏来自拱顶,深埋隧洞的破坏来自侧壁。

(2)采用有限元强度折减法求出隧洞围岩破裂面位置,与模型试验结果十分吻合。

(3)通过从浅埋到深埋的数值分析,研究隧洞在浅埋与深埋情况下的破坏过程。研究指出:对于矩形隧洞,当埋深小时逐渐形成浅埋压力拱,当达到某一埋深时,浅埋压力拱消失,同时形成深埋压力拱(普氏压力拱),由此确定矩形隧洞深、浅埋的分界线。无论是浅埋还是深埋压力拱,破坏都出现在拱顶;当埋深增大至一定深度时,破坏从拱顶转向侧壁,从破坏意义上来说,这一深度可以作为拱形隧洞深浅埋的分界线。

对于拱形隧洞,当埋深小时,出现浅埋压力拱,但随埋深增加不出现深埋压力拱;当达到一定埋深后,破裂面从拱顶转向侧壁,由此确定拱形隧洞深、浅埋的分界线。拱形隧洞的受力状态优于矩形隧洞,矩形隧洞的安全系数随埋深先增大,后减少;拱形隧洞的安全系数随埋深一直减少。

(4)根据数值计算可知,隧洞的深、浅埋分界线主要取决于洞跨与洞形,与围岩强度关系不大,但与传统观念不同,浅埋隧洞可以是稳定的。

参考文献(References):

[1] 于学馥,郑颖人,刘怀恒,等.地下工程围岩稳定分析[M].北京:煤炭工业出版社,1983.

[2] ZIENKIEWICZ O C, HUMPHESON C, LEWIS R W. Associated and non-associated viscoplasticity and plasticity in soil mechanics [J]. **Geotechnique**, 1975, 25(4): 671-689.

[3] 赵尚毅,郑颖人,时卫民,等.用有限元强度折减法求边坡稳定安全系数[J].岩土工程学报,2002,24(3): 343-346.
ZHAO Shang-yi, ZHENG Ying-ren, SHI Wei-min, et al. Slope safety factor analysis by strength reduction FEM [J]. **Chinese Journal of Geotechnical Engineering**, 2002, 24(3): 343-346.

[4] 郑颖人,赵尚毅,邓楚键,等.有限元极限分析法发展及其在岩土工程中的应用[J].中国工程科学,2006,8(12):39-61.
ZHENG Ying-ren, ZHAO Shang-yi, DENG Chu-jian, et al. Development of finite element limit analysis method and its applications in geotechnical engineering [J]. **Engineering Science**, 2006, 8(12): 39-61.

[5] 郑颖人,赵尚毅.岩土工程极限分析有限元法及其应用[J].土木工程学报,2005,38(1):91-99.
ZHENG Ying-ren, ZHAO Shang-yi. Geotechnical engineering limit analysis finite element method and its applications [J]. **China Civil Engineering Journal**, 2005, 38(1): 91-99.

[6] 郑颖人,胡文清,王敬林.强度折减有限元法及其在隧道与地下洞室工程中的应用[C]//中国土木工程学会第11届、隧道及地下工程分会第13届年会论文集.北京:[s.n.],2004:239-243.
ZHENG Ying-ren, HU Wen-qing, WANG Jing-lin. Strength reduction FEM and its application in tunnel and underground engineering [C]// **Symposium of the 11th Annual Meeting of China Civil Engineering Society and the 13th Annual Meeting of Tunnel and Underground Branch**. Beijing: [s. n.], 2004: 239-243.

[7] 张黎明,郑颖人,王在泉,等.有限元强度折减法在公路隧道中的应用探讨[J].岩土力学,2007,28(1):97-101.
ZHANG Li-ming, ZHENG Ying-ren, WANG Zai-quan, et al. Application of strength reduction finite element method to road tunnels [J]. **Rock and Soil Mechanics**, 2007, 28(1):97-101.

[8] 郑颖人,邱陈瑜,张红,等.关于土体隧洞围岩稳定性分析方法的探索[J].岩石力学与工程学报,2008,27(10):1968-1980.
ZHENG Ying-ren, QIU Chen-yu, ZHANG Hong, et al. Exploration of stability analysis methods of surrounding rocks in soil tunnel [J]. **Chinese Journal of Rock Mechanics and Engineering**, 2008, 27(10): 1968-1980.

[9] 邱陈瑜,郑颖人,宋雅坤.采用 ANSYS 软件讨论无衬砌黄土隧洞安全系数[J].地下空间与工程学报,2009,5(2):291-296.
QIU Chen-yu, ZHENG Ying-ren, SONG Ya-kun, et al. Exploring the safety factors of unlined loess tunnel by ANSYS [J]. **Chinese Journal of Underground Space and Engineering**, 2009, 5(2):291-296.

[10] ZHENG Ying-ren, TANG Xiao-song, DENG Chu-jian, et al. Strength reduction and step-loading finite element approaches in geotechnical engineering [J]. **Journal of Rock Mechanics and Geotechnical Engineering**, 2009, 1(1):21-30.

岩质边坡锚杆支护参数地震敏感性分析

叶海林[1,2]，黄润秋[2]，郑颖人[1]，杜修力[3]，李安洪[4]

(1. 后勤工程学院建筑工程系，重庆 400041；2. 成都理工大学地质灾害防治与地质环境保护国家重点实验室，四川 成都 610059；3. 北京工业大学建筑工程学院，北京 100124；4. 中铁二院工程集团有限责任公司，四川 成都 610031)

摘 要：目前已有的锚杆支护抗震设计主要采用拟静力方法，无法考虑锚杆与岩体的相互作用，也不能准确地评价锚杆支护后的边坡动力稳定性，为此，采用强度折减法动力分析法评价锚杆支护岩质边坡动力稳定性，该方法不仅考虑了锚杆与岩体的动力响应，还能得到边坡动力破裂面和锚杆轴力的变化情况，可以用于边坡锚杆抗震支护设计。然后以此为手段进行边坡锚杆支护设计，要求边坡达到容许安全系数即可，通过一个典型锚杆支护边坡实例分析，对锚杆支护参数进行了敏感性研究，研究结果为锚杆支护边坡的抗震设计及优化提供技术支持。

关键词：边坡工程；锚杆；地震；敏感性分析

中图分类号：TU457　　**文献标识码**：A　　**文章编号**：1000－4548(2010)09－1374－06

作者简介：叶海林(1982－)，男，湖北随州人，博士研究生，主要从事岩土稳定性分析和数值模拟方面的工作。E-mail：yeharry@163.com。

Sensitivity analysis of parameters for bolts in rock slopes under earthquakes

YE Hai-lin[1,2], HUANG Run-qiu[2], ZHENG Ying-ren[1], DU Xiu-li[4], LI An-hong[1]

(1. Department of Civil Engineering, Logistical Engineering University, Chongqing 400041, China; 2. State Key Laboratory of Geohazard Prevention and Geoenvironment Protection, Chengdu University of Technology, Chengdu 610059, China; 3. Architectural and Civil Engineering Institute, Beijing University of Technology, Beijing 100124, China; 4. China Raiway Eryuan Engineering Group Co., Ltd., Chengdu 610031, China)

Abstract: At present, the pseudo-static analysis method has been mostly used in the design of slope supported with anchors, but it cannot consider the anchor-slope interaction under earthquakes and accurately calculate the dynamic stability of the slopes supported with anchors. So, the dynamic finite element strength reduction method is employed to evaluate the dynamic stability of rock slopes supported with anchors. The proposed method can consider the dynamic response of bolts and rock mass, the dynamic rupture surface of slopes and the variation of axial force of bolts. It is used as a method for the design of slopes supported with anchors. The allowable safety factor of the slopes is required. Based on a typical example of bolting slope analysis, the parameters of sensitivity analysis are studied. The results can be the technical support for the design and optimization of slopes supported with anchors under earthquakes.

Key words: slope engineering; bolt; earthquake; sensitivity analysis

0 引 言

锚杆具有施工方便快捷和安全经济等特点，是边坡支护工程中一种主要方式。目前锚杆支护边坡静力设计已经比较成熟[1-2]。汶川地震边坡破坏现象调研发现，锚杆支护边坡一般仅存在局部破坏，具有较好的抗震效果，但是目前锚杆支护边坡在地震作用特性研究较少，锚杆参数对支护边坡地震动影响的研究较少[3]，主要通过离心机试验和现场爆炸实验对锚杆在地震波和爆炸波作用下的动力反应进行了少量的研究[4-5]，文献[6~8]采用数值分析手段对锚杆支护的岩体结构进行了地震动力反应分析，这些只是对采用锚杆支护的岩体结构动力响应的分析而没有涉及到稳定性评价的问题，更没有涉及到锚杆支护边坡抗震设计问题，使得锚杆支护边坡抗震设计理论始终落后于工程实践，目前锚杆支护边坡抗震设计主要采用拟静力方法[9]，拟静力法评价地震边坡稳定性存在以下不足：采用的

注：本文摘自《岩土工程学报》(2010年第32卷第9期)。

荷载是经验值，而且是永久不变的，不能考虑岩土体动力响应，更不能考虑岩土体动力与支护结构动力相互作用，而且在地震荷载较大时不适用。受制于拟静力方法的不足，采用该方法进行边坡抗震设计存在潜在的风险，也不经济。

本文提出采用FLAC^{3D}结合强度折减动力分析法评价地震作用下对锚杆支护岩质边坡稳定性。并运用上述方法分析了一个锚杆支护岩质边坡算例地震作用下的安全系数，并与拟静力法计算的安全系数进行了比较，验证本文提出的方法的可行性和优越性。最后运用本文提出的方法对锚杆设计参数，包括锚杆位置、锚杆间距、锚杆安装角、锚固段长度、锚孔直径、锚筋直径对边坡动力安全系数的敏感性进行了研究，为锚杆支护边坡在地震作用下设计及优化提供参考。

1 强度折减动力分析法简介

1.1 基本原理

目前的强度折减法动力分析尝试中，借用静力有限元强度折减法基本原理[10-11]，只考虑了抗剪强度参数的折减[12-13]，这与地震边坡的破坏机理不符，与"汶川"地震边坡破坏现象不符，边坡地震动破坏分析除了要考虑边坡体的剪切破坏，还要考虑边坡体的拉破坏[14]。为此本文在进行强度折减的时候既考虑了剪切强度参数的折减，又考虑了抗拉强度参数的折减：

$$c' = \frac{c}{\omega}, \quad \varphi' = \arctan\left(\frac{\tan\varphi}{\omega}\right), \quad (1)$$

$$\sigma^{t'} = \frac{\sigma^t}{\omega}。\quad (2)$$

式中：c，φ，σ^t 为折减前岩土体黏聚力、内摩擦角、抗拉强度；ω 为折减系数；c'，φ'，$\sigma^{t'}$ 为折减后岩土体黏聚力、内摩擦角、抗拉强度。

1.2 动力破坏判据

目前，地震边坡动力失稳破坏分析时，可以从以下3个条件判断边坡是否破坏[14-15]：一是看破裂面（拉－剪破坏面）是否贯通；二是看潜在滑体位移是否突然增大，但考虑到边坡在地震作用下，荷载是随时间变化的，因而在地震期间，其位移也随时发生变化，所以与静力问题不同，单凭某一时刻位移发生突变不能判断边坡破坏，但是地震作用完毕之后的最终位移发生突变，仍然可以作为破坏的判据，也可以从折减系数与位移关系曲线的突变来判断是否破坏；三是看计算中力和位移是否收敛的判断，以位移或者速度发散作为动力离散元强度折减法计算动力边坡时候的破坏判据[12]。在边坡动力稳定性分析问题中，必须同时采用上述3个条件，以判定边坡是否发生破坏。

2 锚杆支护边坡动力安全系数分析

2.1 岩质边坡概况

一岩质边坡高度30 m，坡角75°，存在一软弱结构面，倾角60°，结构面厚度为0.5 m，如图1所示，岩体与结构面参数如下表1所示。边坡等级为二级，重要性系数为1.0。

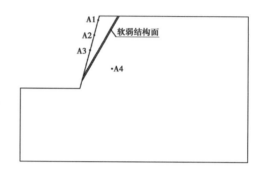

图1 岩质边坡示意图

Fig. 1 Schematic diagram of a rock slope

表1 岩体物理力学参数

Table 1 Physical and mechanical parameters of rock mass

	重度 /(kN·m^{-3})	黏聚力 /MPa	内摩擦角 /(°)	变形模量 /MPa	泊松比 /GPa	拉力 /MPa
岩体	25	1	47	1500	0.25	0.7
软弱结构面	25	0.06	30	200	0.33	0.01

该边坡所处地区地震基本烈度为Ⅷ度，计算中输入的地震波峰值加速度为0.2g（相当于Ⅷ度基本烈度[16]）为标准按比例进行缩放，地震波持续时间为10 s，地震波加速度时程曲线如图2所示。计算输入的地震波根据需要进行了过滤和基线校正。

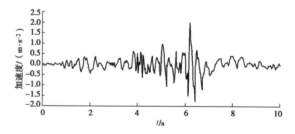

图2 计算输入的地震加速度曲线

Fig. 2 Input of horizontal seismic acceleration time history

2.2 支护方案

算例边坡未支护时静力安全系数为1.15，处于基本稳定状态，需要对其进行支护，拟采用锚杆支护进行整体稳定性验算设计，最终边坡设计剖面如图3所示，采用全长黏结锚杆，锚杆竖向间距 3 m，横向间距 2 m，倾角20°，锚固段长度 3 m，具体设计如表2所示，边坡表层喷射100 mm厚的C20混凝土防止岩体风化。支护后算例边坡静力安全系数为1.31。

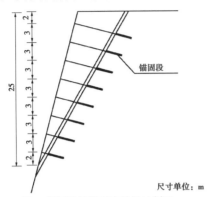

图 3 算例边坡锚杆支护设计剖面

Fig. 3 Design section of rock slope with bolts

表 2 锚杆初步设计

Table 2 Preliminary design of bolts

锚杆层数	锚杆位置/m	锚固段长度/m	锚杆长度/m	锚筋直径/mm	锚孔直径/mm
1	2	3	9.8	25	90
2	5	3	9.0	25	90
3	8	3	8.2	25	90
4	11	3	7.4	25	90
5	14	3	6.6	25	90
6	17	3	5.8	25	90
7	20	3	5.0	25	90
8	23	3	4.2	25	90

2.3 计算模型

本文选取一个 2 m 宽的单元采用 FLAC^{3D} 动力有限元分析，岩体材料为弹塑性材料、Mohr-Coulomb 强度准则、Cable 单元模拟锚杆，在锚杆锚头部位设置较大的黏结参数以模拟锚头的作用，FLAC 计算输入的锚杆参数如表 3 所示。边界条件采用自由场边界，阻尼采用局部阻尼，阻尼系数为 0.15[17]。

表 3 锚杆物理力学参数

Table 3 Physical and mechanical parameters of rock bolts

	弹性模量/MPa	屈服荷载/kN	锚筋直径/mm	黏结强度/(N·m^{-1})	黏结刚度/(N·m^{-1}·m^{-1})	锚孔直径/mm
锚杆	2×10^4	178	25	10×10^5	2×10^7	100

2.4 锚杆支护后边坡安全系数分析

根据 1 节的强度折减动力分析法计算地震作用下锚杆支护边坡的安全系数，采用上述公式对强度参数进行折减，利用 FLAC^{3D} 进行动力分析，直到边坡动力失稳破坏。如图 4 所示：当折减系数为 1.22 时，坡面和潜在滑面里面的关键点水平位移在地震作用完毕之后都保持水平，表示地震作用完毕后潜在滑体不会滑动，保持稳定，当折减系数为 1.23 时，坡面上的关键点水平位移在地震作用完毕之后倾斜，但潜在滑面里面的关键点水平位移在地震作用完毕之后都保持水平，表示地震作用完毕后潜在滑体继续向下滑动，边

坡破坏，基于以上分析认为算例边坡在锚杆支护后输入地震作用下的安全系数为 1.22。《核电厂抗震设计规范》规定斜坡采用动力有限元计算要求安全系数达到 1.2，《铁路工程抗震设计规范》要求大于 12 m 的边坡抗震安全系数要求达到 1.15。从上可以看出本文算例动力安全系数满足要求。

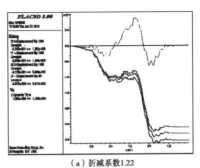

（a）折减系数1.22

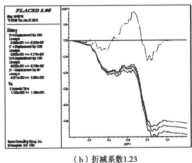

（b）折减系数1.23

图 4 关键点位移时程曲线

Fig. 4 Time history of displacement of key points

采用 FLAC 结合静力强度折减法计算拟静力安全系数，拟静力地震荷载按Ⅷ度（基本烈度）地震考虑，加速度幅值取 0.2g，荷载沿边坡高程均匀分布，综合影响系数为 0.25。计算得到拟静力安全系数为 1.29，采用拟静力法计算得到的安全系数偏于不安全，强度折减动力分析法完全考虑了锚杆与岩体在地震作用下的相互作用，并且直接评价支护后边坡的安全系数，具有较好的优越性，同时也证明采用强度折减动力分析法求锚杆支护边坡的动力安全系数是可行的。

2.5 锚杆轴力分析

锚杆支护边坡动力作用下安全系数要求至少达到 1.15，可以采用强度折减动力分析法分析锚杆轴力是否满足要求，将岩土体参数折减 1.15，输入地震波进行动力分析，轴力图如下图 5 所示，潜在滑面附近的锚杆单元轴力最大，提取每排锚杆最大轴力单元动力时程如图 6 所示，从中可以看出所有锚杆最大轴力都达到设计荷载 178 kN，但是边坡并没有失稳破坏。可以认为锚杆轴力荷载设计满足要求。

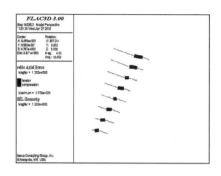

图 5 地震完毕后锚杆轴力示意图

Fig. 5 Axial force diagram after earthquake

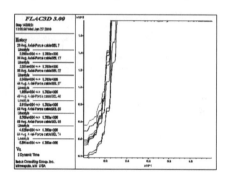

图 6 滑面附近锚杆单元轴力时程曲线图

Fig. 6 Time history of axial force of bolt elements near slip surface

3 锚杆位置和参数敏感性分析

基于以上研究成果，本节利用 FLAC^{3D} 结合强度折减动力分析法初步分析了节 2 算例锚杆位置、锚杆间距、锚杆安装角、锚固段长度、锚孔直径、锚筋直径对边坡动力安全系数的影响。

3.1 锚杆位置的影响分析

为了分析锚杆位置对锚杆抗震效果的影响，将节 2 算例边坡锚杆支护参数中锚杆间距 3 m、锚固段长度为 3 m、倾角为 15°、锚孔直径 100 mm、锚筋直径为 25 mm 不变，将第一层锚杆距离坡顶水平面的距离分别调整为 1，1.5，2 m 三种情况，输入图 2 所示地震波，峰值加速度为 2 m/s^2。锚杆位置与边坡动力安全系数关系如图 7 所示，从图中第一排锚杆距离坡顶越近，锚杆边坡动力安全系数最大。

3.2 锚杆间距的影响分析

为了分析锚杆间距对锚杆抗震效果的影响，将节 2 算例边坡锚杆支护参数中第一排锚杆距离坡顶 1.5 m 锚固段长度为 3 m、倾角为 20°、锚筋直径 25 mm、锚孔直径 100 mm 不变，将第一层锚杆排间距分别调整为 2，3，4 m 三种情况，输入图 2 所示地震波，峰值加速度为 2 m/s^2。锚杆间距与边坡动力安全系数关系曲线如图 8 所示。从图中可以看出锚杆间距对支护边坡动力安全系数较敏感。

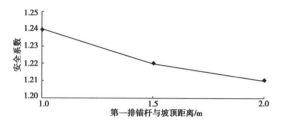

图 7 锚杆位置与边坡动力安全系数关系曲线

Fig. 7 Relation between dynamic safety factor of slopes and position of bolts

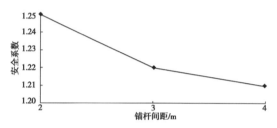

图 8 锚杆间距与边坡动力安全系数关系曲线

Fig. 8 Relation between dynamic safety of slopes factor and the spacing of bolts

3.3 锚杆安装角的影响

为了分析锚杆安装角对锚杆抗震效果的影响，将节 2 算例边坡锚杆支护参数中第一排锚杆距离坡顶 1.5 m、锚固段长度 3 m、锚杆间距 3 m、锚杆直径 25 mm、锚孔直径 90 mm 不变，将锚杆安装角分别调整为 10°，15°，20° 三种情况，输入图 2 所示地震波，峰值加速度为 2 m/s^2。锚杆安装角与边坡动力安全系数关系曲线如图 9 所示。从图中可以看出，锚杆安装角对锚杆支护边坡动力安全系数影响不大，不敏感。

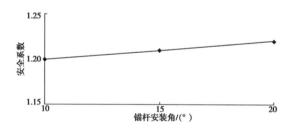

图 9 锚杆安装角与边坡动力安全系数关系曲线

Fig. 9 Relation between dynamic safety of slopes factor and inclination of bolts

3.4 锚固段长度的影响

为了分析锚固段长度对锚杆抗震效果的影响，将节 2 算例边坡锚杆支护参数中第一排锚杆距离坡顶 1.5 m、锚杆间距 3 m、锚杆倾角 15°、锚筋直径 25 mm、锚孔直径 100 mm 不变，锚杆锚固段长度分别调整为

3，4，5 m三种情况，输入图2所示地震波，峰值加速度为 2 m/s²。锚杆锚固段长度与边坡动力安全系数关系曲线如图10所示。从图中可以看出，锚固段长度对边坡动力安全系数很敏感。但锚杆长度达到一定长度后，再增加锚杆长度无法进一步提高边坡动力安全系数，所以锚杆长度有一个最优值。

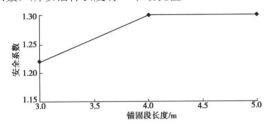

图 10 锚固段长度与边坡动力安全系数关系曲线

Fig. 10 Relation between dynamic safety of slopes factor and length of anchored segments

3.5 锚孔直径的影响

为了分析锚孔直径对锚杆抗震效果的影响，将节2算例边坡锚杆支护参数中第一排锚杆距离坡顶1.5 m、锚杆间距3 m、锚固段长度3 m、锚杆倾角15°、锚筋直径25 mm不变，锚杆锚孔直径分别调整为 90，100，110 mm三种情况，输入图2所示地震波，峰值加速度为 2 m/s²。锚孔直径与边坡动力安全系数关系曲线如图11所示，从图中可以看出，锚孔直径对锚杆支护边坡动力安全系数影响不大，不敏感。

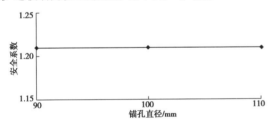

图 11 锚孔直径与边坡动力安全系数关系曲线

Fig. 11 Relation between dynamic safety of slope factors and diameter of anchor holes

3.6 锚筋直径的影响

为了分析锚筋直径对锚杆抗震效果的影响，将节2算例边坡锚杆支护参数中第一排锚杆距离坡顶1.5 m、锚杆间距3 m、锚固段长度3 m、锚杆倾角15°、锚孔直径100 mm不变，锚筋直径分别调整为20，25，30 mm三种情况，输入图2所示地震波，峰值加速度为 2 m/s²。锚杆锚筋直径与边坡动力安全系数关系曲线如图12所示。从图中可以看出，锚筋直径大于25 mm以后对边坡动力安全系数不敏感，可以认为锚筋只要达到一定设计值，锚筋直径不再对边坡动力安全系数产生影响，可以认为不敏感。

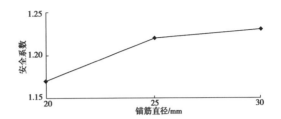

图 12 锚筋直径与边坡动力安全系数关系曲线

Fig. 12 Relation between dynamic safety of slopes factor and diameter of anchor reinforcements

4 结 论

本文利用 FLAC³ᴰ，采用强度折减动力分析法分析了地震荷载作用下锚杆支护边坡安全系数，同时探讨了边坡锚杆支护抗震设计，算例研究表明：该方法能够考虑边坡在地震作用下的动力特性、能够考虑锚杆与岩体的相互作用，相比传统的拟静力法具有较大的优势，同时证明强度折减动力分析法可以应用于锚杆支护边坡的抗震设计。

利用强度折减动力分析法分析了地震荷载作用下锚杆位置、锚杆间距、锚杆安装角、锚固段长度、锚孔直径、锚筋直径对边坡动力安全系数的敏感性，得出以下结论：

（1）锚杆安装角、锚孔直径、锚筋直径对锚杆支护边坡动力安全系数不敏感。

（2）锚杆位置、锚杆间距、锚固段长度对锚杆支护边坡动力安全系数较敏感。

以上分析为锚杆抗震设计及优化提供了好的方法及可操作的方向。

参考文献：

[1] 程良奎. 岩土锚固[M]. 北京: 中国建筑工业出版社, 2003. (CHENG Liang-kui. Rock anchor[M]. Beijing: China Architecture and Building Press, 2003. (in Chinese))

[2] GRASSELLI G. 3D behavior of bolted rock joints: experimental and numerical study[J]. Int J Rock Mech and Min Sci, 2005, **42**(1): 13 – 24.

[3] 洪海春, 徐卫亚. 地震作用下岩体锚固性能研究综述与展望[J]. 金属矿山, 2006(3): 5 – 11. (HONG Hai-chun, XU Wei-ya. Review and prospect of anchorage properties of reinforced rockmass under earthquake[J]. Metal Mine, 2006(3): 5 – 11. (in Chinese))

[4] STAMATOPOULOSA C A, BASSANOUA M, BRENNANB A J, et al. Mitigation of the seismic motion near the edge of cliff-type topographies[J]. Soil Dynamics and Earthquake Engineering, 2007(27): 1082 – 1100.

[5] TANNANTF D D, BRUMMERf R K, YI X. Rock bolt behavior under dynamic loading: field tests and modeling[J]. Int J Rock Mech Min Sci & Geomech Abstr, 1995, 32(6): 537–550.

[6] 薛亚东, 张世平, 康天合. 回采巷道锚杆动载响应的数值分析[J]. 岩石力学与工程学报, 2003, 22(11): 1903–1906. (XUE Ya-dong, ZHANG Shi-ping, KANG Tian-he. Numerical analysis on dynamic response of rock bolts in mining roadways[J]. Chinese Journal of Rock Mechanics and Engineering, 2003, 22(11): 1903–1906. (in Chinese))

[7] 董建华, 朱彦鹏. 框架锚杆支护边坡地震响应分析[J]. 兰州理工大学学报, 2008, 34(2): 118–124. (DONG Jian-hua, ZHU Yan-peng. Analysis of response of slope supported with framed anchor to earthquake[J]. Journal of Lanzhou University of Technolog, 2008, 34(2): 118–124. (in Chinese))

[8] 高峰, 石玉成, 韦凯. 锚杆加固对石窟地震反应的影响[J]. 世界地震工程, 2006, 22(2): 84–88. (GAO Feng, SHI Yu-cheng, WEI Kai. The influence of anchor bolt supports on seismic responses of strengthening grottoes[J]. World Earthquake Engineering, 2006, 22(2): 84–88. (in Chinese))

[9] DL5073—2000 水工建筑物抗震设计规范[S]. 北京: 中国电力出版社, 2001. (DL5073—2000 Anti-seismic design code for hydraulic building[S]. Beijing: China Electric Power Press, 2001. (in Chinese))

[10] 郑颖人, 赵尚毅, 张鲁渝. 用有限元强度折减法进行边坡稳定分析[J]. 中国工程科学 2002, 4(10): 57–62. (ZHENG Ying-ren, ZHAO Shang-yi, ZHANG Lu-yu. Slope stability analysis by strength reduction FEM[J]. Engineering Science, 2002, 4(10): 57–62. (in Chinese))

[11] 赵尚毅, 郑颖人, 张玉芳. 极限分析有限元法讲座——II 有限元强度折减法中边坡失稳的判据探讨[J]. 岩土力学, 2005, 26(2): 332–336. (ZHAO Shang-yi, ZHENG Ying-ren, ZHANG Yu-fang. Study on slope failure criterion in strength reduction finite element method[J]. Rock and Soil Mechanics, 2005, 26(2): 332–336. (in Chinese))

[12] 李海波, 肖克强, 刘亚群. 地震荷载作用下顺层岩质边坡安全系数分析[J]. 岩石力学与工程学报, 2007, 26(12): 2385–2394. (LI Hai-bo, XIAO Ke-qiang, LIU Ya-qun. Factor of safety analysis of bedding rock slope under seismic load[J]. Chinese Journal of Rock Mechanics and Engineering, 2007, 26(12): 2385–2394. (in Chinese))

[13] 戴妙林, 李同春. 基于降强法数值计算的复杂岩质边坡动力稳定性安全评价[J]. 岩石力学与工程学报, 2007, 26(增刊1): 2749–2754. (DAI Miao-lin, LI Tong-chun. Analysis of dynamic stability safety evaluation for complex rock slopes by rtrength reduction numerical method[J]. Chinese Journal of Rock Mechanics and Engineering, 2007, 26(S1): 2749–2754. (in Chinese))

[14] 郑颖人, 叶海林, 黄润秋. 地震边坡破坏机制及其破裂面的分析探讨[J]. 岩石力学与工程学报, 2009, 28(8): 1714–1723. (ZHENG Ying-ren, YE Hai-lin, HUANG Run-qiu. Discussion and analysis on falure mechanism and fracture surface of slope under earthquake effect[J]. Chinese Journal of Rock Mechanics and Engineering, 2009, 28(8): 1714–1723. (in Chinese))

[15] 郑颖人, 叶海林, 黄润秋, 等. 地震边坡稳定性分析探讨[J]. 地震工程与工程振动, 2010, 30(2): 66–73. (ZHENG Ying-ren, YE Hai-lin, HUANG Run-qiu, et al. Study on the stability analysis of earthquake slope[J] Journal of Earthquake Engineering and Engineering Vibration, 2010, 30(2): 66–73. (in Chinese))

[16] 胡聿贤. 地震工程学[M]. 北京: 地震出版社, 1988. (HU Yu-xian. Seismic engineering[M]. Beijing: Earthquake Press, 1988. (in Chinese))

[17] Itasca Consulting Group, Inc. FLAC. (Fast Lagrangian Analysis 3D)User's Manual, Version3.0[R]. USA: Itasca Consulting Group, Inc, 2003.

地震隧洞稳定性分析探讨

郑颖人[1,2]，肖 强[1,2]，叶海林[1,2]，许江波[2,3]

(1. 后勤工程学院 军事建筑工程系，重庆 401311；2. 重庆市地质灾害防治工程技术研究中心，重庆 400041；
3. 中国科学院 武汉岩土力学研究所，湖北 武汉 430071)

摘要：为得到地震作用下无衬砌隧洞的力学规律，将有限元强度折减法和具有拉和剪破坏分析功能的大型有限差分程序 FLAC 相结合，并将其引入到隧洞的稳定性分析中。在黄土无衬砌隧洞静力分析基础上，提出地震作用下动力有限元静态分析以及完全动力 2 种稳定性分析方法，在分析时同时考虑隧洞的拉破坏与剪破坏，从而得出黄土隧洞在动力情况下首先是隧洞顶部出现局部拉破坏然后是侧边整体破坏的破坏机制，同时也验证有限元强度折减法不仅能够用于隧洞静力分析而且能够用于隧洞动力稳定分析，从而为无衬砌黄土人居洞室的抗震设计提供理论依据，也可作为有衬砌黄土隧道的地震反应分析的基础。

关键词：隧道工程；地震；破坏机制；有限元强度折减法；稳定性分析

中图分类号：U 45　　　　**文献标识码**：A　　　　**文章编号**：1000 – 6915(2010)06 – 1081 – 08

STUDY OF TUNNEL STABILITY ANALYSIS WITH SEISMIC LOAD

ZHENG Yingren[1,2], XIAO Qiang[1,2], YE Hailin[1,2], XU Jiangbo[2,3]

(1. *Department of Civil Engineering，Logistical Engineering University，Chongqing* 401311，*China*；2. *Chongqing Engineering and Technology Research Center of Geological Hazard Prevention and Treatment，Chongqing* 400041，*China*；
3. *Institute of Rock and Soil Mechanics，Chinese Academy of Sciences，Wuhan，Hubei* 430071，*China*)

Abstract：In order to obtain the regularity of mechanics for an unlined tunnel during earthquake，strength reduction finite element method and a large finite-difference program FLAC with tensile and shear failure analyses are combined and introduced into the tunnel stability analysis. Based on static analysis of loess unlined tunnels，a seismic dynamic finite element static analysis and a complete dynamic stability analysis methods are proposed. The analysis takes into account the tunnel tensile and shear failure to get the failure mechanism of loess tunnel with outside drive. Partial tensile failure is taken place at the top and then the general demolition is took place at the broadside of the tunnel. And it is found that the strength reduction finite element method can be used not only to tunnel static analysis but also to tunnel dynamic stability analysis. This analysis can provide a theoretical basis for seismic design of unlined cavern loess habitat，and it can be used as a foundation for seismic response analysis of loess tunnel with lining.

Key words：tunneling engineering；earthquake；failure mechanism；strength reduction finite element；stability analysis

1 引 言

地震能够诱发各种地质灾害，给人们生命财产造成巨大的损失，长期以来因为地震发生的无规律性以及不可预测性，人们只对地面结构的抗震研究比较多，对于地下结构抗震研究较少，直到日本阪神大地震以后才有所研究。"5·12"汶川地震对震区的建筑物造成了极大的损坏，尤其是地面上的建筑物，对地下结构也造成不小的破坏，隧道破坏就是

注：本文摘自《岩土力学与工程学报》(2010 年第 29 卷第 6 期)。

其中一例。所以地震隧道稳定性分析已成为隧道工程界和地震工程界的重要课题之一。目前，隧道的稳定性分析还在进一步的研究和探索之中，尤其是动力情况下的稳定性分析因为涉及的问题太复杂，耦合情况比较多，所以尚处于初步的探索中。虽然有些学者对隧道进行了地震响应分析，甚至做了各种地震荷载作用下的时程反应分析，但是都无法算出隧洞在地震作用下围岩与衬砌的安全系数。近年来，郑颖人等[1~3]将有限元强度折减法引入到隧洞静力的稳定性分析，还将有限元强度折减法应用于土体隧洞中[4~6]，提出了黄土隧洞的剪切破坏与拉力破坏安全系数。本文在上述研究的基础上，结合FLAC软件，并利用 FLAC 有限差分强度折减法(因为人们习惯叫有限元强度折减法，而不叫有限差分强度折减法，因此就把有限元强度折减法作为一个统称，包括有限元、有限差分、离散元等方法)分别分析了黄土隧洞静力、动力有限元静态分析以及完全动力情况下的稳定性及地震作用下隧洞的破坏机制，进一步论证了有限元强度折减法可以有效地用于隧洞的静力与动力稳定性分析。

2 强度折减法简介

2.1 强度折减法原理

当前稳定性判断方法主要有 3 种：超载系数法、材料安全储备法以及经验类比法。而有限元强度折减法就是属于材料安全储备法。目前有限元强度折减法在边坡的稳定性分析中已经相当成熟，尤其是在静力情况下边坡的稳定性分析[7, 8]。因为静力情况下边坡主要是受到剪切破坏，所以静力下的有限元强度折减法是将边坡体的抗剪强度指标 c 和 $\tan\varphi$ 分别折减 ω，折减为 c/ω 和 $\tan\varphi/\omega$，使边坡达到极限平衡状态，此时边坡的折减系数即为安全系数[9]。在隧洞的稳定性分析中同样可以采用类似边坡的分析方法分析隧洞的稳定性。在 FLAC 中同样可以采用强度折减法计算隧洞的安全系数[10]。

本文在分析隧洞稳定性时既考虑了土体的剪切破坏也考虑了土体的拉破坏[7]，因为隧洞在地震的作用下更容易在某些部位出现拉破坏，这一点从汶川大地震隧道的受损情况就可以看出。所以在应用有限元强度折减法的时候，同时考虑折减土体黏聚力 c，土体内摩擦角 φ，土体抗拉强度 σ_t，即

$$c' = \frac{c}{\omega}, \quad \varphi' = \arctan\left(\frac{\tan\varphi}{\omega}\right) \tag{1}$$

$$\sigma_{t'} = \frac{\sigma_t}{\omega} \tag{2}$$

式中：ω 为折减系数；c'，φ'，$\sigma_{t'}$ 分别为折减后岩土体黏聚力、内摩擦角和抗拉强度。

2.2 破坏条件及破坏准则

目前对于隧道的破坏条件还没有达成统一的标准，但是静力条件下当采用有限元强度折减法进行计算时，边坡破坏有 3 个条件：以塑性区或者等效塑性应变从坡脚到坡顶贯通作为边坡整体失稳的标志；以土体滑移面上应变和位移发生突变作为标志；以有限元静力平衡计算不收敛作为边坡整体失稳的标志[11]。其中塑性区贯通是必要条件而不是充分条件。FLAC 应用静力强度折减计算边坡的安全系数时采用计算不收敛作为边坡破坏的标志[10]。可以参考静力条件下边坡破坏的 3 个条件来分析隧洞的破坏，同样也可以采用 FLAC 计算不收敛得到的安全系数作为隧洞稳定的安全系数。本文分析隧洞在静力情况下、地震作用下动力有限元静态分析以及完全动力这 3 种情况的稳定性时，综合考虑静力条件下边坡破坏的 3 个条件：首先看隧洞周边是否有围绕隧洞的塑性贯通区，然后看设置在隧洞周围的关键点的位移是否出现突变，最后还必须考虑计算中力和位移是否收敛。所以本文计算 3 种情况下的折减系数是通过考虑上述 3 个条件而得出的，对应的折减系数即作为隧洞围岩相应的安全系数。

由于隧洞纵横比很大，因此在计算分析中，按照平面应变问题考虑。采用理想弹塑性本构模型，对拉裂采用拉破坏准则，对剪切破坏采用莫尔－库仑准则或平面应变关联法则下莫尔－库仑匹配准则，其表达式为

$$F = \alpha I_1 + \sqrt{J_2} = k \tag{3a}$$

其中，

$$\alpha = \frac{\sin\varphi}{\sqrt{3(3+\sin^2\varphi)}}, \quad k = \frac{3c\cos\varphi}{\sqrt{3(3+\sin^2\varphi)}} \tag{3b}$$

式中：I_1，J_2 分别为应力张量第一不变量和应力偏张量第二不变量；α，k 均为与岩土材料黏聚力 c 和内摩擦角 φ 相关的常数。

3 隧洞模型的建立及参数选择

3.1 隧洞动力分析模型

FLAC 动力计算时，边界条件采用自由场边界，

采用局部阻尼,阻尼系数为 0.15[10, 12]。一般隧洞有限元计算的边界范围按照 3~5 倍隧洞高或宽进行的,本文为了消除边界效应的影响左右两侧采用 8 倍隧洞宽度,下部取 8 倍隧洞高度,上部取到自由面作为模型的计算范围,边界条件下部为固定铰约束,上部为自由边界,左右两侧为水平约束。模型所取总高为 61 m,总宽为 51 m,隧洞高为 3.5 m,跨度为 3 m,矢跨比为 0.5,模型示意图见图 1,关键点 A 位于边墙下部,关键点 B 位于拱角处。

表 2   土体物理力学参数[4, 13]

Table 2   Physico-mechanical parameters of soil[4, 13]

重度/(kN·m^{-3})	黏聚力/MPa	内摩擦角/(°)	弹性模量/MPa	泊松比	抗拉强度/MPa
17	0.05	25	100	0.35	0.01

为了模拟地震作用下黄土隧洞的动力响应,采用输入的是一段 7 s 地震波的加速度 - 时间曲线,如图 2 所示,但是在具体应用于计算时考虑到黄土

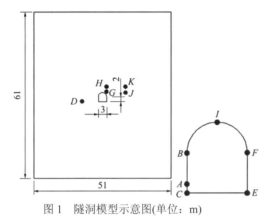

图 1   隧洞模型示意图(单位:m)

Fig.1   Schematic diagram of tunnel model(unit:m)

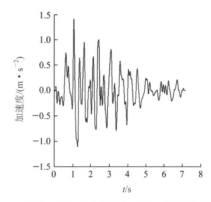

图 2   输入的水平向加速度 - 时间曲线

Fig.2   Input horizontal seismic acceleration-time curve

表 1   各关键点与对应模型坐标

Table 1   Key points and the corresponding model scale

关键点	坐标	关键点	坐标	关键点	坐标
A	(61, 76)	E	(73, 73)	I	(73, 85)
B	(61, 81)	F	(73, 81)	J	(82, 85)
C	(61, 73)	G	(73, 88)	K	(82, 91)
D	(41, 76)	H	(73, 91)		

材料的性质以及 FLAC 软件的特性将其转化为速度时程,再将速度时程转化为应力时程从隧洞模型底部水平输入,这样更加适合分析[9, 14, 15]。

4 隧洞动力破坏机制

为了分析隧洞的动力稳定性,必须先了解动力隧洞的破坏机制,也就是在输入地震波作用的过程中,隧洞的塑性状态以及应变和位移的变化。因为只是为了了解隧洞破坏的机制问题,所以通过分析算例在折减 1.0 和 1.4(由后述得知折减 1.4 时隧洞已破坏)时不同时刻的单元拉 - 剪破坏状态、剪应变增量云图、相对位移曲线,得出一个定性的了解,以得到地震作用下隧洞的破坏机制。

3.2 隧洞静力分析模型

静力模型的边界约束为:上部为自由边界,左右两侧为水平约束,底部为固定铰约束。

3.3 隧洞动力有限元静态分析模型

边界约束条件和静力分析时一致:上部自由边界,左右两侧水平约束,底部固定铰约束。在具体操作时,因为输入的是加速度时程,所以先是在完全动力情况计算到加速度峰值时,然后将动力问题视作静力问题,在峰值荷载作用下进行动力有限元静力分析的计算。按此思路,只要把动力加到某一时刻就能得到此时刻下的稳定安全系数,由此可见这是时程分析方法的一种改进。

3.4 材料参数

本算例计算的是黄土民居洞室,为了便于分析视黄土为弹塑性材料,采用莫尔 - 库仑准则。同时,取动力参数和静力参数相同,材料参数[4, 13]见表 2。

4.1 根据单元拉 - 剪破坏状态分析

调查研究表明在地震作用下黄土隧洞顶部易出现拉破坏[16],如图 3(a)所示,折减 1.0 在刚输入地震波 $t = 0.001$ s 时,隧洞顶部与拱角处的临空面上最先出现了拉破坏,如图 3(b)所示,折减 1.4 在刚输入地震波 $t = 0.001$ s 时,也是隧洞顶部的临空面最先出现了拉破坏,无论折减与否最初在隧洞顶部都会出现拉破坏,这一点与汶川地震中隧道洞口部分顶部受拉破坏基本一致,其余大部分区域都是受剪

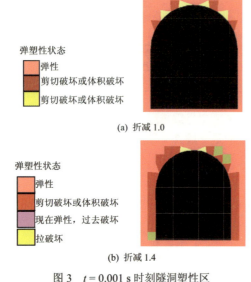

(a) 折减 1.0

(b) 折减 1.4

图 3 $t = 0.001$ s 时刻隧洞塑性区

Fig.3 Tunnel plastic zone at $t = 0.001$ s

破坏。从整个受破坏的趋势看，此时隧洞顶部和两侧塑性区已贯通，但尚未出现破坏状态。

折减 1.0 和 1.4 时，$t = 1.06$ s 时刻隧洞塑性区如图 4 所示。折减 1.0 和 1.4 当输入地震波的加速度时程曲线中加速度达到峰值时，也就是当 $a = 1.4$ m/s^2，$t = 1.06$ s 时，隧洞周围除了侧墙部分和底部一部分区域受拉破坏外，隧洞两侧形成贯通的塑性区，并向 45°方向发展，对比表明折减 1.0 时虽然隧洞两侧出现贯通的塑性区但是范围比较小，而当折减 1.4 时在隧洞两侧出现大范围拉破坏和整体剪破坏。塑性区向 45°发展，也就是向拱角有较深的塑性区，与高峰和任侠[15]的研究一致。

因为在应用 FLAC 进行计算时，是将加速度时程转化为速度时程，最后转化成应力时程输入的，所以应考虑在速度时程中速度达到峰值的时刻，也就是 $v = 0.117$ m/s，$t = 1.13$ s 时隧洞的破坏状态，如图 5 所示，其破坏情况基本与 $t = 1.06$ s 时一致。

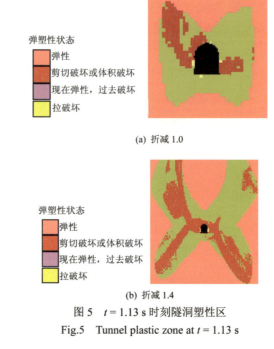

(a) 折减 1.0

(b) 折减 1.4

图 5 $t = 1.13$ s 时刻隧洞塑性区

Fig.5 Tunnel plastic zone at $t = 1.13$ s

折减 1.0 和 1.4 时，$t = 9$ s 时刻隧洞塑性区如图 6 所示。在地震波输入完毕 2 s 后，折减 1.0 时完

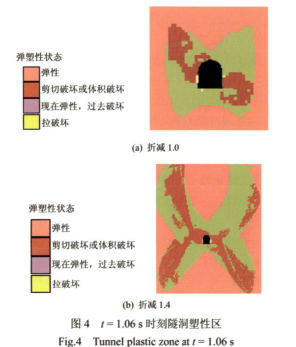

(a) 折减 1.0

(b) 折减 1.4

图 4 $t = 1.06$ s 时刻隧洞塑性区

Fig.4 Tunnel plastic zone at $t = 1.06$ s

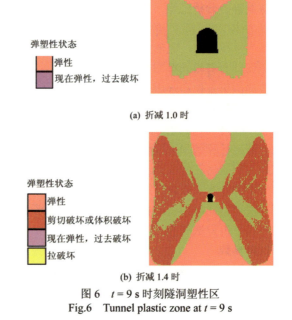

(a) 折减 1.0 时

(b) 折减 1.4 时

图 6 $t = 9$ s 时刻隧洞塑性区

Fig.6 Tunnel plastic zone at $t = 9$ s

全恢复了弹性,说明在地震波输入完毕后隧洞没有破坏,而在折减 1.4 时,隧洞破坏情况与前面所述 $t = 1.06$ 和 1.13 s 基本一致。

4.2 根据剪应变增量分析

折减 1.0 和 1.4 时,$t = 0.001$ s 时刻剪应变增量云图如图 7 所示。从图 7 可以看出,此时的隧洞顶部和两侧的塑性区已经贯通,而且从相对应的图 3 的塑性区也可以看出,但是塑性区贯通只是破坏的必要而非充分条件,并且只有拱角一小部分区域的剪应变相对较大,但也只有 3.5×10^{-3},所以可以判断整体剪破裂面还没有形成。

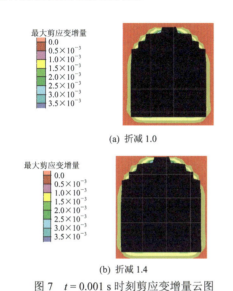

(a) 折减 1.0

(b) 折减 1.4

图 7 $t = 0.001$ s 时刻剪应变增量云图

Fig.7 Nephograms of shear strain increment at $t = 0.001$ s

折减 1.0 和 1.4 时,$t = 1.06$ 和 1.13 s 时刻剪应变增量云图如图 8 所示。折减 1.0 时,当输入地震波的加速度时程曲线中加速度达到峰值时($a = 1.4$ m/s², $t = 1.06$ s)和速度时程中的速度达到峰值时($v = 0.117$ m/s, $t = 1.13$ s),最大剪应变已经明显增大,但也只有 4.5×10^{-2},并且剪应变比较大的区域很小,与相对应的图 4(a)和 5(a)的塑性区比较分析可以知道此时并没有形成整体的剪切破裂面。如图 8(b)和 8(c)所示,当折减 1.4 时,最大剪应变已经明显增大,

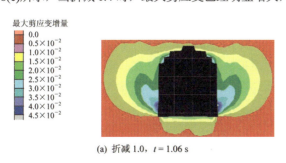

(a) 折减 1.0, $t = 1.06$ s

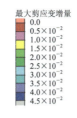

(b) 折减 1.0, $t = 1.13$ s

(c) 折减 1.4, $t = 1.06$ s

(d) 折减 1.4, $t = 1.13$ s

图 8 $t = 1.06$ 和 1.13 s 时刻剪应变增量云图

Fig.8 Nephograms of shear strain increment at $t = 1.06$ and 1.13 s

达到 3.0×10^{-1},从侧墙下部到拱角上部的塑性贯通区也已经形成,这一点与 $t = 1.06$ 和 1.13 s 时出现从隧洞周边到模型边界的塑性贯通区相对应,所以综合可以判断此时应该是隧洞周围形成的贯通的塑性区一直在扩展,而且出现大范围拉破坏和整体剪破坏。

折减 1.0 和 1.4 时,$t = 9$ s 时刻剪应变增量云图如图 9 所示。从图 9(a)可以看出,在地震波输入完毕 2 s 后,也就是 9 s 时,最大剪应变还是 4.5×10^{-2} 和 $t = 1.06$ 和 1.13 s 时一样,与对应的图 6(a)的塑性区比较完全可以判断此时并没有形成整体的剪切破裂面,隧洞也没有破坏。从图 9(b)可以看出,当折减 1.40 时,最大剪应变已经增大到了 5.0×10^{-1},从隧洞侧墙下部到拱角上部的塑性贯通区已经发展到最大状态,根据破裂面的应变和位移突变特征,侧墙围岩内各水平截面上应变突变点的连线即破裂面位

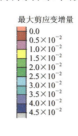

(a) 折减 1.0

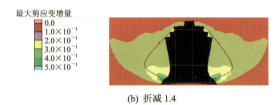

(b) 折减1.4

图 9 $t=9\,\mathrm{s}$ 时刻剪应变增量云图

Fig.9 Nephograms of shear strain increment at $t = 9$ s

置形状,可以得出此时的隧洞已经完全破坏,并且既有受拉破坏又有受剪破坏。

4.3 根据相对位移分析

如果隧洞发生破坏,那么选取模型上的点 A 做为关键点,监测其在未破坏的情况下(也就是折减1.0时)和破坏的情况下(也就是折减 1.4 时)的位移,两者的相对位移将会在破坏阶段变化较大。如图 10 所示,折减 1.0 和 1.4 时点 A 的相对位移曲线可以看出,相对位移在 $t=1.13$ s 的速度峰值时刻发生突变,突变后相对位移继续增大,可以判断此时刻在折减 1.4 时,隧洞可能已经整体破坏,与相对应的塑性区和剪应变增量比较分析表明此时确已发生整体破坏,并且从图 10 的相对位移-时间曲线可以分析得出,破坏可能是在 $t=1.06\sim 7.00$ s 这段时间内完成。

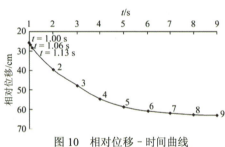

图 10 相对位移-时间曲线

Fig.10 Curve of relative displacement-time

5 计算结果及其分析

5.1 静力情况下的稳定性分析

静力情况下,采用静力有限元强度折减法,考虑了土体的剪切破坏和拉破坏,综合考虑了上述参考边坡破坏的条件而类比到隧洞破坏的 3 个条件得出了其安全系数为 1.51。折减 1.51 时隧洞周边关键点的位移-时间曲线图如图 11(a)所示,可见各关键点的位移曲线最后成直线,即说明隧洞周边土体没有继续滑移,保持稳定;而在折减 1.52 时如图 11(b)所示,隧洞周边各关键点的位移曲线就出现了倾斜,计算不收敛,说明隧洞已经破坏,周边土体持续滑移,这一点还可以从隧洞周边关键点 A 的折减系数

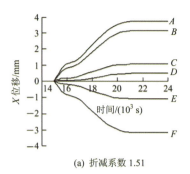

(a) 折减系数 1.51

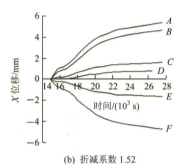

(b) 折减系数 1.52

图 11 静力情况下关键点位移曲线图

Fig.11 Time-history curves of key points displacement under static loading

与位移的关系曲线图 12 可以看出:在折减 1.52 时已经是拐点了,位移已经发散。同时也已出现从隧洞周边至模型边界的塑性贯通区,所以可以确定 1.51 为安全系数。该安全系数也与黄土地区无衬砌洞室的安全系数比较接近,所以采用静力有限元强度折减法分析隧洞在静力情况下的稳定性是可行的,与实际也是比较吻合的。

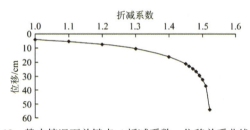

图 12 静力情况下关键点 A 折减系数-位移关系曲线

Fig.12 Relationship of strength-reduction ratio with displacement of key point A under static force

5.2 地震作用下的稳定性分析

地震作用下即完全动力情况下,采用 FLAC 动力强度折减法,计算时从底部输入水平地震波,因为土体材料为黄土,所以在输入地震波的时候选择的不是一般常用的加速度时程,而是用比较适合土体材料的由加速度时程转化的应力时程,这样更有利于 FLAC 进行计算分析。地震作用下关键点位移

曲线图如图 13 所示。在折减 1.39 的时候，很明显在最后也就是输入 7 s 的地震波停止后隧洞周边几个关键点的位移－时间曲线是条直线，说明地震荷载过后隧洞能保持稳定，虽然从 FLAC 的塑性指示器中可以看出土体曾经出现过剪切屈服、体积屈服和受拉屈服，但是在地震荷载过后还是保持了稳定性，没有继续发展形成贯通的塑性带。而在折减 1.40 时隧洞周边几个关键点的位移－时间曲线在 7 s 的地震荷载过后已经很明显出现了倾斜，土体已经完全屈服，隧洞周边几个关键点的土体继续向隧洞的临空面滑移，直至完全破坏，此时 FLAC 计算已经不收敛了。在关键点 A 的折减系数与位移的关系图上(见图 14)，当折减 1.4 时对应曲线上的点已经是拐点了，从而将 1.39 作为动力情况下的安全系数。完全动力分析的优点是较充分地考虑了地震的动力效应，不必再考虑黄土动力强度的增高。

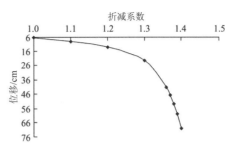

图 14　地震作用下关键点 A 折减系数－位移关系曲线

Fig.14　Relationship of strength-reduction ratio with displacement of key point A under geological process

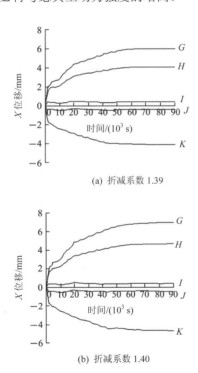

图 13　地震作用下关键点位移曲线图

Fig.13　Time-history curves of key points displacement under seismic load

5.3　动力有限元静态分析情况下的稳定性分析

在动力有限元静态分析情况下，将输入的加速度时程加到 $t=1.06$ s 的峰值时刻，得出当折减 1.34 时，FLAC 计算不收敛，隧洞周边各关键点的位移曲线图中某些关键点曲线最后已经倾斜，如图 15(a)，土

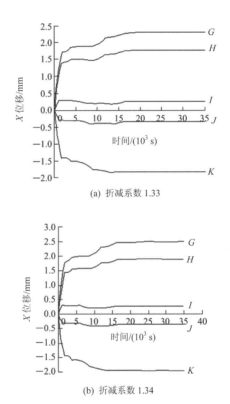

图 15　动力有限元静态分析情况下关键点位移曲线图

Fig.15　Time-history curves of key points displacement under static analysis of finite dynamic element method

体将继续向隧洞的临空面滑移。而折减 1.33 时，各关键点的位移曲线图最后继续保持水平，土体没有继续滑移，如图 15(b)。所以将 1.33 作为此情况下隧洞的安全系数，这一点还可以从关键点 A 折减系数与位移的关系曲线(见图 16)上可以看出：折减 1.34 对应的点已经是拐点了。因为动力有限元静态分析是按峰值荷载求出的隧洞安全系数，没有充分考虑动力效应，所以其值低于完全动力情况下的安全系数，计算结果是偏于安全的。

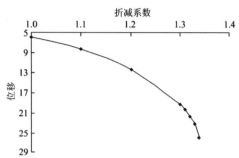

图16 动力有限元静态分析情况下关键点 A 折减系数-位移关系曲线

Fig.16 Relationship of strength-reduction ratio with displacement of key point A under static analysis of finite dynamic element method

6 结 论

本文采用强度折减法并利用大型有限元差分软件 FLAC，对无衬砌黄土隧洞进行了静力响应分析、地震作用下动力有限元静态响应分析以及完全动力响应分析。通过具体算例得出了上述 3 种情况下无衬砌黄土隧洞的安全系数，从而为隧道的稳定性分析，尤其是地震隧道的稳定性分析找到了另一种方法即有限元强度折减法，也为无衬砌黄土人居洞室的抗震设计提供了理论依据，也可作为有衬砌黄土隧道的地震反应分析的基础，结果表明：

(1) 隧洞的破坏为：在顶部没有整体破坏以前出现了局部拉破坏，峰值后侧墙出现大范围拉破坏和整体剪切破坏。

(2) 提出了 2 个动力分析方法：一是对动力时程分析方法的改进即动力有限元静态分析，通过此改进的方法可求出安全系数；二是完全动力分析，此方法充分考虑了动力效应，通过计算这两种方法都是可行的。

(3) 安全系数静力下最大，完全动力次之，动力有限元静态分析最小，因为完全动力情况下荷载是动力的，是随输入的地震波而变化，而动力有限元静态分析的荷载是将峰值荷载作为恒载输入的，所以完全动力情况下安全系数较大，动力有限元静态分析得出的安全系数相比较小，总体而言，黄土隧洞总体抗震效果是较好的。

参考文献(References)：

[1] 张黎明，郑颖人，王在泉，等. 有限元强度折减法在公路隧道中的应用探讨[J]. 岩土力学，2007，28(1)：97–101.(ZHANG Liming, ZHENG Yingren, WANG Zaiquan, et al. Application of strength reduction finite limit method to road tunnels[J]. Rock and Soil Mechanics, 2007, 28(1): 97–101.(in Chinese))

[2] 郑颖人，胡文清，王敬林. 强度折减有限元法及其在隧道与地下洞室工程中的应用[C]// 中国土木工程学会第十一届、隧道及地下工程分会第十三届年会论文集. [S. l.]: [s. n.], 2004：239–243. (ZHENG Yingren, HU Wenqing, WANG Jinlin. Strength Reduction FEM and its applications to tunnel and underground engineering[C]// Symposium of the 11th Annual Meeting of China Civil Engineering Society and the 13th Annual Meeting of Tunnel and Underground Branch. [S. l.]: [s. n.], 2004: 239–243.(in Chinese))

[3] 郑颖人，赵尚毅，邓楚键，等. 有限元极限分析法发展及其在岩土工程中的应用[J]. 中国工程科学，2006，8(12)：39–61.(ZHENG Yingren, ZHAO Shangyi, DENG Chujian, et al. Development of finite element limit analysis method and its applications to geotechnical engineering[J]. Engineering Science, 2006, 8(12): 39–61.(in Chinese))

[4] 郑颖人，邱陈瑜，张 红，等. 关于土体隧洞围岩稳定性分析方法的探索[J]. 岩石力学与工程学报，2008，27(10)：254–260. (ZHENG Yingren, QIU Chenyu, ZHANG Hong, et al. Exploration of stability analysis methods of surrounding rocks in soil tunnel[J]. Chinese Journal of Rock Mechanics and Engineering, 2008, 27(10): 254–260.(in Chinese))

[5] 郑颖人，邱陈瑜，宋雅坤，等. 土质隧洞围岩稳定性分析与设计计算方法探讨[J]. 后勤工程学院学报，2009，25(10)：1–9. (ZHENG Yingren, QIU Chenyu, SONG Yakun, et al. Exploration of stability analysis and design calculation methods of surrounding rocks in soil tunnel[J]. Journal of Logistical Engineering University, 2009, 25(10): 1–9.(in Chinese))

[6] 郑颖人，邱陈瑜，宋雅坤. 采用 ANSYS 软件讨论无衬砌黄土隧洞安全系数[J]. 地下空间与工程学报，2009，5(2)：291–296.(ZHENG Yingren, QIU Chenyu, SONG Yakun. Exploring of safety factors of unlined loess tunnel by ANSYS[J]. Chinese Journal of Underground Space and Engineering, 2009, 5(2): 291–296.(in Chinese))

[7] ZHENG Y R, DEN C J, TANG X S, et al. Development of finite element limiting analysis method and its application in geotechnical engineering[J]. Engineering Sciences, 2007, 3(5): 10–36.

[8] 郑颖人，赵尚毅，张鲁渝. 用有限元强度折减法进行边坡稳定分析[J]. 中国工程科学，2002，4(10)：57–62.(ZHENG Yingren, ZHAO Shangyi, ZHANG Luyu. Slope stability analysis by strength reduction FEM[J]. Engineering Science, 2002, 4(10): 57–62.(in Chinese))

[9] ZHENG Y R, TANG X S, ZHAO S Y, et al. Strength reduction and step-loading finite element approaches in geotechnical engineering[J]. Journal of Rock Mechanics and Geotechnical Engineering, 2009, 1(1): 21–30.

[10] Itasca Consulting Group, Inc.. Fast Lagrangian analysis of continua in three dimensions(version 3.0), user's manual[R]. [S. l.]: Itasca Consulting Group, Inc., 2003.

[11] 赵尚毅，郑颖人，张玉芳. 极限分析有限元法讲座——II 有限元强度折减法中边坡失稳的判据探讨[J]. 岩土力学，2005，26(2)：332–336.(ZHAO Shangyi, ZHENG Yingren, ZHANG Yufang. Study on slope failure criterion in strength reduction finite element method[J]. Rock and Soil Mechanics, 2005, 26(2): 332–336.(in Chinese))

[12] KIRZHNER F, ROSENHOUSE G. Numerical analysis of tunnel dynamic response to earth motions[J]. Tunneling and Underground Space Technology, 2000, 15(3): 249–258.

[13] 郑颖人，陈祖煜，王恭先，等. 边坡与滑坡工程治理[M]. 北京：人民交通出版社，2007.(ZHENG Yinren, CHEN Zuyu, WANG Gongxian, et al. Engineering treatment of slope and landslide[M]. Beijing: China Communications Press, 2007.(in Chinese))

[14] 郑颖人，叶海林，黄润秋. 地震边坡破坏机制及其破裂面的分析探讨[J]. 岩石力学与工程学报，2009，28(8)：1 714–1 723.(ZHENG Yingren, YE Hailin, HUANG Runqiu. Discussion and analysis of failure mechanism and fracture surface of slope under earthquake effect[J]. Chinese Journal of Rock Mechanics and Engineering, 2009, 28(8): 1 714–1 723.(in Chinese))

[15] 高 峰，任 侠. 黄土窑洞地震反应分析[J]. 兰州铁道学院学报(自然科学版)，2001，20(3)：12–18.(GAO Feng, REN Xia. Seismic responses analysis of a loess cave[J]. Journal of Lanzhou Railway University(Natural Science), 2001, 20(3): 12–18.(in Chinese))

[16] 陈国兴，张克绪，谢君斐. 黄土崖窑洞抗震性能分析[J]. 哈尔滨建筑工程学院学报，1995，28(1)：15–22.(CHEN Guoxing, ZHANG Kexu, XIE Junfei. Aseismic performance analysis of the cave dwelling on the loess precipice[J]. Journal of Harbin University of Civil Engineering and Architecture, 1995, 28(1): 15–22.(in Chinese))

双排抗滑桩在三种典型滑坡的计算与受力规律分析

杨 波[1]，郑颖人[1]，赵尚毅[1]，李安洪[2]

（1.后勤工程学院 重庆市地质灾害防治中心，重庆 400041；2.中铁二院工程集团有限责任公司，成都 610031）

摘 要：传统的抗滑桩计算方法存在很多问题，特别是双排抗滑桩更加无法计算，不能计算出作用在双排抗滑桩上的抗力和推力的分布规律，往往是凭借主观经验分析解决，常常会造成不合理的浪费。采用强度折减的有限元法，讨论了两排桩在3种不同类型滑坡中，在不同的折减系数下随排距的变化，两排桩的桩前抗力、桩后推力、实际承担推力等的变化规律，得出了一系列关于双排桩合理受力与设桩位置的建议。由于讨论了不同类型的情况，所以结论具有普遍性，能为工程设计提供依据。

关 键 词：抗滑桩；三种类型滑坡；分布规律
中图分类号：TU 473.1+2　　　**文献标识码**：A

Two-row anti-slide piles in three kinds of typical landslide computations and stress rule analysis

YANG Bo[1], ZHENG Ying-ren[1], ZHAO Shang-yi[1], LI An-hong[2]

(1. Chongqing Geological Hazard Prevention and Treatment Center, Logistical Engineering University, Chongqing 400041, China;
2. China Railway Eryuan Engineering Group Co., Ltd., Chengdu 610031, China)

Abstract: There exist some problems in the traditional anti-slide pile calculation method; especially for the two row piles, this method cannot be used to calculate the distribution of force and thrust on the piles. It is often analyzed by subjective experience so as to cause unreasonable waste. This paper adopts the strength reduction method of finite element to discuss the change of the force before pile, the force after pile and actual force on the two row piles in three different types of landslide with different parameters, along with the change of two row spacing. Some suggestions of two row piles reasonable stress and position are proposed. Due to the different types of conditions are discussed, so the conclusion is universal, and can provide basis for engineering design.

Key words: anti-slide pile; three type landslides; distribution rule

1 前 言

抗滑桩作为治理滑坡的有效工程措施，在世界各国滑坡治理中占有重要的地位。迄今为止，它是在滑坡治理中应用得最多的工程结构物，特别是在大型滑坡中效果较好，应用很多。

传统的抗滑桩计算方法存在很多问题，特别是双排抗滑桩更加无法计算，不能计算出作用在双排抗滑桩上的抗力和推力的分布规律，往往是凭借主观经验分析解决，常常会造成不合理的浪费。采用强度折减的有限元法能够很好地模拟各种实际工况的影响，特别是能够很好地解决双排桩的设计计算的问题[1-2]。需要提到的是，传统的极限平衡法计算的推力实际上是支挡结构允许有充分位移时的主动土压力，而实际上支挡结构常常会限制土的位移，采用有限元法进行计算，能考虑桩-土共同作用，得到的土压力可能是主动土压力，也可能不是主动土压力。当土体达到极限状态时，由于土体发生了充分的位移，所以两种方法计算出来的都为主动土压力，二者的结果一致，本文的计算结果证明了这点。传统极限分析方法无法算出支挡结构位移受限时的推力，也不能算出作用在支挡结构上的抗力及其推

注：本文摘自《岩土力学》（2010年第31卷增刊1）。

力与抗力的分布规律，表明传统计算方法具有局限性，而有限元法可以很好地解决这些问题，为设计和优化等提供依据。当未达到极限状态时采用有限元法计算的推力会大于主动土压力，应依据实际情况确定采用何种方法计算推力作为设计依据。

本文利用 ANSYS 有限元程序对双排桩支挡结构及稳定性进行分析，桩体采用线弹性材料、实体单元模拟，土体采用 D-P 弹塑性模型[3]。

2 有限元折减法模型及岩土参数选取

本文主要根据滑坡的地形特征分析研究三种典型类型滑坡。

（1）折线型

如图 1 所示，该类滑坡主滑带为折线型，前缘抗滑段较长。

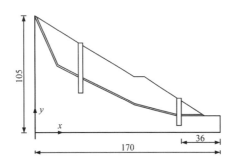

图 1 折线型滑坡计算模型（单位：m）
Fig.1 Computation model of broken line landslides(unit: m)

（2）顺层型（武隆型）

如图 2 所示，该类滑坡主滑段为直线型，前缘抗滑段较小。滑坡长 220m，滑坡高 130m。

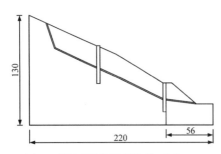

图 2 顺层型滑坡计算模型（单位：m）
Fig.2 Computation model along stratotype and slides(unit: m)

（3）八渡型

如图 3 所示，该类型滑坡的特点是滑面呈一个上凸形状（形如一个八字），所以可能有 2 个以上剪出口，属多级滑坡。

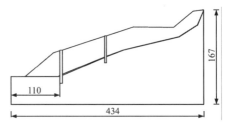

图 3 八渡滑坡计算模型（单位：m）
Fig.3 Computation model of eight cross and slides(unit: m)

3 双排抗滑桩排距的影响分析

3.1 3 种类型型滑坡双排抗滑桩不同排距下的推力分担表（见表 1~3）

近几年，随着有限元强度折减法的广泛使用，郑颖人及其学生率先将该方法用于抗滑桩的设计计算，用有限元法计算推力与抗力取得良好的效果，这为样本的准确性提供了保证[4-5]。因此，文中采用 ANSYS 有限元程序，结合有限元法进行数据的计算，一共计算了如下 3 大组数据。代表了不同滑坡类型、不同折减系数下双排桩的推力随排距变化的影响。其中，抗滑桩采用实体单元进行模拟。

表 1 折线型滑坡参数表
Table 1 The parameter table of line-type landslide

材料	重度/(kN/m³)	弹性模量/MPa	泊松比	黏聚力/kPa	内摩擦角/(°)
基岩	27	1.0×10³	0.20	1.8×10³	37
滑带	20	50	0.40	5	23.4
滑体	20	500	0.40	20	30
桩身	25	3.45×10⁴	0.20		

表 2 顺层型滑坡参数表
Table 2 The parameter table of along stratotype landslide

材料	重度/(kN/m³)	弹性模量/MPa	泊松比	黏聚力/kPa	内摩擦角/(°)
基岩	27	1.0×10³	0.20	1.8×10³	37
滑带	20	50	0.40	5	23.4
滑体	20	500	0.40	20	30
桩身	25	3.45×10⁴	0.20		

表 3 八渡型滑坡参数表
Table 3 The parameter table of eight cross landslides

材料	重度/(kN/m³)	弹性模量/MPa	泊松比	黏聚力/kPa	内摩擦角/(°)
基岩	27	1.0×10³	0.20	1.8×10³	37
滑带	19	50	0.40	10	13.1
滑体	19	500	0.40	20	30
桩身	25	3.45×10⁴	0.20		

3.2 3 种类型滑坡双排抗滑桩排距影响的共同特点

在分析表 4~6 的数据后得出如下 9 个特点：

表 4 折线型滑坡两排桩的推力分担表
Table 4 Two piling's thrust forces share table of broken line landslides

桩距 /m	前排桩			后排桩			两排桩		安全系数
	桩后推力 /kN	桩前抗力 /kN	承担推力 /kN	桩后推力 /kN	桩前抗力 /kN	承担推力 /kN	桩后总推力 /kN	总承担推力 /kN	
0	7 829/8 557	232/204	7 597/8 353	此时为单排桩					1.27
10	3 082/3 379	309/303	2 773/3 076	8 843/9 506	2 613/2 851	6 230/6 655	11 925/12 885	9 003/9 731	1.3
20	3 359/3 523	266/259	3 093/3 264	9 072/9 662	2 256/2 358	6 816/7 304	12 431/13 185	9 909/10 568	1.3
30	3 566/3 672	244/238	3 322/3 434	9 618/10 231	2 250/2 330	7 368/7 901	13 184/13 903	10 690/11 335	1.3
40	3 919/3 972	240/234	3 679/3 738	9 899/10 482	2 157/2 200	7 742/8 282	13 818/14 454	11 421/12 020	1.3
50	4 044/4 116	229/222	3 815/3 894	9 650/10 149	2 129/2 166	7 521/7 983	13 694/14 265	11 336/11 877	1.33
60	4 200/4 271	228/221	3 972/4 050	8 894/9 304	1 260/1 261	7 634/8 043	13 094/13 575	11 606/12 093	1.37
70	4 493/4 590	227/219	4 266/4 371	8 392/8 723	1 102/1 123	7 290/7 600	12 885/13 313	11 556/11 971	1.41
80	4 902/5 053	226/215	4 676/4 838	8 037/8 290	1 362/1 413	6 675/6 877	12 939/13 343	11 351/11 715	1.49
90	5 265/5 472	226/215	5 039/5 257	7 262/7 458	1 458/1 528	5 804/5 930	12 527/12 930	10 843/11 187	1.54
100	6 264/5 984	229/215	6 035/5 769	5 682/6 450	1 706/1 801	3 976/4 649	11 946/12 434	10 011/10 418	1.48

注："/"前的为折减系数 1.2 时计算的结果，"/"后的为折减系数 1.27 时计算的结果。

表 5 顺层型滑坡两排桩的推力分担表
Table 5 Two piling's thrust forces share table of along stratotype landslides

桩距 /m	前排桩			后排桩			两排桩		安全系数
	桩后推力 /kN	桩前抗力 /kN	承担推力 /kN	桩后推力 /kN	桩前抗力 /kN	承担推力 /kN	桩后总推力 /kN	总承担推力 /kN	
0	8 304/8 834	434/393	7 870/8 441	此时为单排桩					1.25
10	3 054/3 267	493/471	2 561/2 796	8 521/9 043	2 614/2 783	5 907/6 260	11 575/12 310	8 468/9 056	1.32
20	3 480/3 610	453/430	3 027/3 180	8 290/8 745	1 997/2 066	6 293/6 679	11 770/12 355	9 320/9 859	1.41
30	3 868/3 940	443/421	3 425/3 519	7 684/8 063	1 243/1 259	6 441/6 804	11 552/12 003	9 866/10 323	1.52
40	4 215/4 263	441/417	3 774/3 846	7 850/8 254	1 212/1 199	6 638/7 055	12 065/12 517	10 412/10 901	1.65
50	4 724/4 820	438/414	4 286/4 406	7 258/7 517	833/840	6 425/6 677	11 982/12 337	10 711/11 083	1.71
60	5 214/5 347	432/407	4 782/4 940	7 342/7 568	1 074/1 102	6 268/6 466	12 556/12 915	11 050/11 406	1.6
75	5 896/6 090	424/398	5 472/5 692	6 351/6 507	1 012/1 056	5 339/5 451	12 247/12 597	10 811/11 143	1.5
80	6 094/6 307	421/393	5 673/5 914	6 191/6 331	995/1 038	5 196/5 293	12 285/12 638	10 869/11 207	1.48
85	6 282/6 523	429/401	5 853/6 122	5 969/6 092	986/1 035	4 983/5 057	12 251/12 615	10 836/11 179	1.48
100	6 767/7 080	422/391	6 345/6 689	5 433/5 520	1 083/1 140	4 350/4 380	12 200/12 600	10 695/11 069	1.43
120	7 358/7 799	425/375	6 933/7 424	3 578/3 648	975/1 004	2 603/2 644	10 936/11 447	9 536/10 068	1.33

注："/"前的为折减系数 1.2 时计算的结果，"/"后的为折减系数 1.25 时计算的结果。

表 6 八渡型滑坡两排桩的推力分担表
Table 6 Two piling's thrust forces share table of eight cross landslides

桩距 /m	前排桩			后排桩			两排桩		安全系数
	桩后推力 /kN	桩前抗力 /kN	承担推力 /kN	桩后推力 /kN	桩前抗力 /kN	承担推力 /kN	桩后总推力 /kN	总承担推力 /kN	
0	16 872/17 458	3 929/3 887	12 943/13 571	此时为单排桩					1.23
20	8 003/8 220	3 782/3 738	4 221/4 482	16 055/16 523	7 098/7 296	8 957/9 227	24 058/24 743	13 178/13 709	1.24
30	9 489/9 663	3 752/3 702	5 737/5 961	15 159/15 587	7 277/7 403	7 882/8 184	24 648/25 250	13 619/14 145	1.24
35	10 168/10 320	3 733/3 680	6 435/6 640	14 872/15 281	7 194/7 290	7 678/7 991	25 040/25 601	14 113/14 631	1.24
40	10 692/10 829	3 740/3 686	6 952/7 143	14 550/14 835	6 922/6 997	7 628/7 838	25 242/25 664	14 580/14 981	1.24
50	11 378/11 496	3 684/3 626	7 694/7 870	13 807/14 153	6 278/6 327	7 529/7 826	25 185/25 649	15 223/15 696	1.24
60	12 066/12 173	3 703/3 644	8 363/8 529	13 216/13 532	5 559/5 586	7 657/7 946	25 282/25 705	16 020/16 475	1.24
80	12 696/12 813	3 785/3 730	8 911/9 083	11 942/12 205	4 356/4 380	7 586/7 825	24 638/25 018	16 497/16 908	1.23
90	13 264/13 394	3 723/3 662	9 541/9 732	11 330/11 566	3 920/3 951	7 410/7 615	24 594/24 960	16 951/17 347	1.24
100	13 479/13 623	3 721/3 664	9 758/9 959	10 841/11 052	3 459/3 495	7 382/7 557	24 320/24 675	17 140/17 516	1.31
105	13 748/13 903	3 753/3 692	9 995/10 211	10 548/11 797	3 190/3 226	7 358/7 571	24 296/24 700	17 353/17 782	1.29
110	13 945/14 113	3 759/3 699	10 186/10 414	10 271/10 470	3 044/3 085	7 227/7 385	24 216/24 583	17 413/17 799	1.27
120	14 217/14 401	3 771/3 710	10 446/10 691	9 619/9 796	2 789/2 826	6 830/6 970	23 836/24 197	17 276/17 661	1.25

注："/"前的为折减系数 1.2 时计算的结果，"/"后的为折减系数 1.23 时计算的结果。

（1）折减系数较小时，计算出来的推力小；反之推力大。但折减系数较大时，土体达到极限状态，计算出的推力与传统方法计算出来的推力一样。当只布置前排桩时，由表 4~6 可知，折线型滑坡折减 1.27 达到极限状态，顺层型滑坡折减 1.25 达到极限状态，八渡型滑坡折减 1.23 达到极限状态。当达到极限状态时，由于假定滑面上的抗滑力充分发挥，所以有限元强度折减法与传统的计算方法的结果相同，如表 7 所示。

表 7 不同计算方法得到的前排桩的实际推力
Table 7 Different computational methods obtain first piling acutal thrust

类别	Spencer 法推力 / kN	有限元法推力 / kN
折线型折减 1.27	8 347	8 353
顺层型折减 1.25	8 450	8 441
八渡型折减 1.23	13 576	13 571

（2）当前排桩位置固定，后排桩与前排桩间距逐渐增大时，前排桩的桩前抗力基本不变，前排桩桩后推力逐渐增大，前排桩分担的推力逐渐增大。这是因为当排距增大时，前排桩后支挡的滑体增加，后排桩的遮蔽作用在迅速减弱，导致前排桩桩后推力增大，如图 4~6 所示。

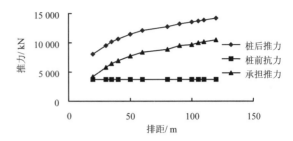

图 6 八渡型滑坡折减系数 1.2 时前排桩推力分布图
Fig.6 When reduction coefficient is 1.2, first piling thrust forces share map of eight cross landslides

（3）当前排桩位置固定，后排桩与前排桩间距逐渐增大时，双排抗滑桩的桩后推力总和与只设置前排抗滑桩时的桩后推力之比，随着排距的增大，先增大后减小。双排抗滑桩的实际推力总和与只设置单排抗滑桩时的桩实际推力之比，随着排距的增大，先增大后减小。原因主要是因为如果只布置单排桩时，有这样的规律，当桩位于滑坡两端时桩后推力较小，当桩位于滑坡中部时推力很大，如图 7~9 所示。

（4）当前排桩位置固定，后排桩与前排桩间距逐渐增大时，前排桩分担的推力比例增大，后排桩分担的推力比例减小，如图 10~12 所示。

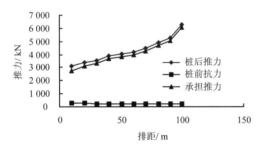

图 4 折线型滑坡折减系数 1.2 时前排桩推力分布图
Fig.4 When reduction coefficient is 1.2, first piling thrust forces share map of broken line landslides

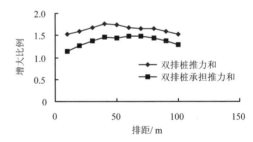

图 7 折线型滑坡折减系数 1.2 时双排桩推力和分布图
Fig.7 When reduction coefficient is 1.2, two piling′s thrust forces summation share map of broken line landslides

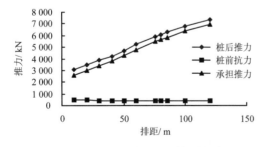

图 5 顺层型滑坡折减系数 1.2 时前排桩推力分布图
Fig.5 When reduction coefficient is 1.2, first piling thrust forces share map of along layer landslides

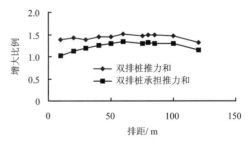

图 8 顺层型滑坡折减系数 1.2 时双排桩推力和分布图
Fig.8 When reduction coefficient is 1.2, two piling′s thrust forces summation share map of along layer landslides

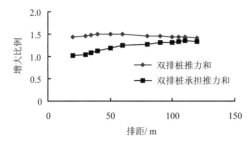

图 9 八渡型滑坡折减系数 1.2 时双排桩推力和分布图
Fig.9 When reduction coefficient is 1.2, two pilings' thrust forces summation share map of eight cross landslides

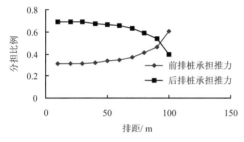

图 10 折线型滑坡折减系数 1.2 时推力分担图
Fig.10 When reduction coefficient is 1.2, two pilings' thrust forces share map of broken line landslides

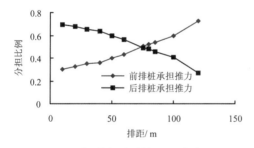

图 11 顺层型滑坡折减系数 1.2 时推力分担图
Fig.11 When reduction coefficient is 1.2, two pilings' thrust forces share map of along layer landslides

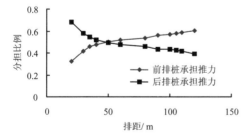

图 12 八渡型滑坡折减系数 1.2 时推力分担图
Fig.12 When reduction coefficient is 1.2, two pilings' thrust forces share map of eight cross landslides

（5）无论是两排桩的桩后推力和与只设置前排抗滑桩时的桩后推力之比，还是两排桩的实际推力和与只设置单排抗滑桩时的桩的实际推力之比，都是大于 1 的。而且前者最大可达 1.47～1.75，后者最大可达 1.29～1.41，表明设置两排桩的效果不佳。其原因，一是桩设置在中间推力大；二是两排桩互相干扰，受力差。建议将后排桩设置成埋入式桩，不仅受力效果提高，还节省了材料。

（6）分别分析表 4～6 的数据，即滑坡相同，其他条件相同，折减系数不同的情况下，可以看出，前排桩桩前抗力、后排桩的桩前抗力基本相同，如图 13～15 所示。

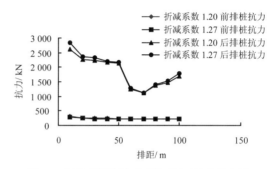

图 13 折线型滑坡折减系数不同时抗力分布图
Fig.13 When reduction coefficient is different, resisting force share map of broken line landslides

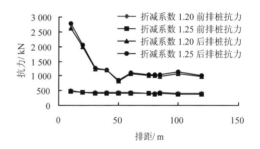

图 14 顺层型滑坡折减系数不同时抗力分布图
Fig.14 When reduction coefficient is different, resisting force share map of along layer landslides

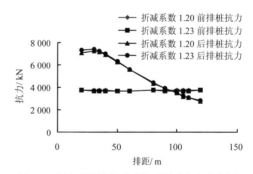

图 15 八渡型滑坡折减系数不同时抗力分布图
Fig.15 When reduction coefficient is different, resisting force share map of eight cross landslides

（7）滑坡相同，其他条件相同，折减系数增大，前排桩桩后推力、后排桩的桩后推力也增大，如图

16~18所示。

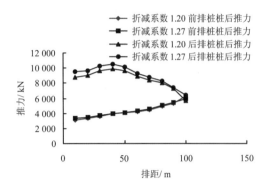

图16 折线型滑坡折减系数不同时推力力分布图
Fig.16 When reduction coefficient is different, thrust force share map of broken line landslides

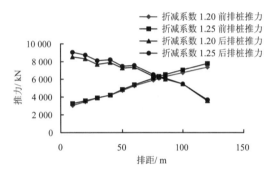

图17 顺层型滑坡折减系数不同时推力分布图
Fig.17 When reduction coefficient is different, thrust force share map of along layer type landslides

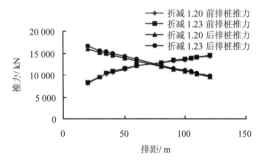

图18 八渡型滑坡折减系数不同时推力力分布图
Fig.18 When reduction coefficient is different, thrust force share map of eight cross landslides

（8）滑坡相同，其他条件相同，折减系数不同时，前后排桩推力的分担比例基本不变，如图19~21所示。

（9）滑坡相同，其他条件相同，折减系数增大，双排抗滑桩的桩后推力总和与只设置前排抗滑桩时的桩后推力之比反而减小；同样折减系数增大，双排抗滑桩的实际推力总和与只设置单排抗滑桩时的桩实际推力之比反而减小，如图22~24所示。

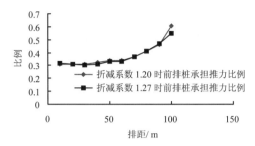

图19 折线型滑坡折减系数不同时前排桩推力分担比例图
Fig.19 When reduction coefficient is different, first piling thrust force share map of broken line landslides

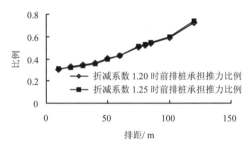

图20 顺层型滑坡折减系数不同时前排桩推力分担比例图
Fig.20 When reduction coefficient is different, first piling thrust force share map of along layer type landslides

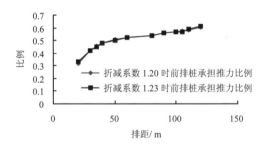

图21 八渡型滑坡折减系数不同时前排桩推力分担比例图
Fig.21 When reduction coefficient is different, first piling thrust force share map of eight cross landslides

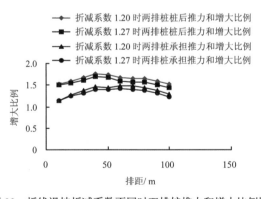

图22 折线滑坡折减系数不同时双排桩推力和增大比例图
Fig.22 When reduction coefficient is different, two piling thrust force summation share map of broken line landslides

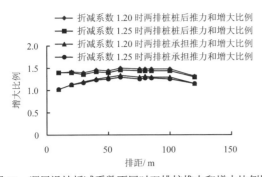

图 23 顺层滑坡折减系数不同时双排桩推力和增大比例图
Fig.23 When reduction coefficient is different, two piling thrust force summation share map of along layer type landslides

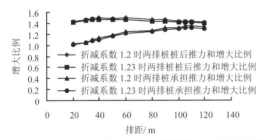

图 24 八渡滑坡折减系数不同时双排桩推力和增大比例图
Fig.24 When reduction coefficient is different, two piling thrust force summation share map of eight cross landslides

3.3 3种类型滑坡双排抗滑桩排距影响的不同特点

分析表 4~6 的数据，可以得出如下 5 个不同的规律：

（1）当前排桩位置固定，后排桩与前排桩间距逐渐增大时，后排桩桩前抗力在排距到达一定距离时会减小，这是因为当排距很小时，前排桩对后排桩起到辅助支挡作用，当排距越小时支挡作用越明显，当排距增大到一定时刻，前排桩支挡作用消失，导致后排桩的桩前抗力急剧减小。但是他们的区别在于，折线型滑坡前排桩对后排桩的支挡作用在排距 50~60 m 之间陡然减弱，而顺层型滑坡在 20~30 m 之间陡然减弱，八渡型滑坡则是在排距 40 m 后开始，逐渐的减弱。如图 25 所示。

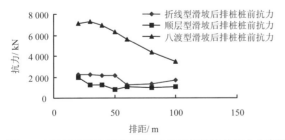

图 25 3 种类型滑坡折减系数 1.2 时后排桩推前抗力分布图
Fig.25 When reduction coefficient is 1.2, second piling resisting force share map of three types of landslides

（2）随排距的增大，顺层型滑坡和八渡型滑坡后排桩的桩后推力逐渐减小，这是因为后排桩支挡的滑体减少。但是，折线型滑坡后排桩的桩后推力出现了先增大后减小的情况。这是因为如折线型滑坡计算模型简图所示滑坡下面部分的滑面的斜率与坡面的斜率相差很大，在排距增大的过程中，后排桩在滑坡体当中的有效长度急剧增加（假定后排桩都为全长桩），所以导致桩后推力和桩前抗力逐渐增大，如图 26 所示。

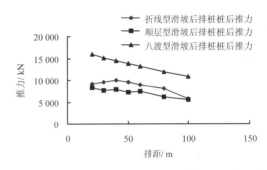

图 26 3 种类型滑坡折减系数 1.2 时后排桩推后推力分布图
Fig.26 When reduction coefficient is 1.2, second piling thrust force share map of three types of landslides

（3）随排距的增大，前排桩承担的推力逐渐增大，顺层型滑坡和折线型滑坡后排桩承担的推力先增大后减小，而八渡型滑坡后排桩承担的推力一直逐渐减小，如图 27 所示。

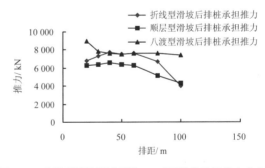

图 27 3 种类型滑坡折减系数 1.2 时后排桩承担推力分布图
Fig.27 When reduction coefficient is 1.2, second piling thrust force share map of three types of landslides

（4）滑坡相同，其他条件相同，折减系数不同的情况下，从表 4~6 可以看出，双排抗滑桩的桩后推力总和与只设置前排抗滑桩时的桩后推力之比增大的幅度，折线型滑坡最大，八渡型滑坡与顺层型滑坡基本接近，比折线型滑坡要小 10%左右。如图 28 所示。双排抗滑桩的承担的推力总和与只设置单排抗滑桩时的桩承担的推力之比增大的幅度，折线型最大，顺层型增大的幅度其次，八渡型增大的幅度最小，如图 29 所示。

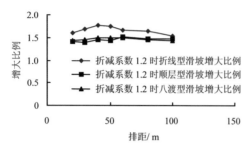

图 28　3 种滑坡折减 1.2 时两排桩桩后推力和增大比例图
Fig.28　When reduction coefficient is 1.2, two piling thrust force summation enhance proportion picture of three types of landslides

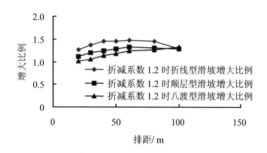

图 29　3 种滑坡折减 1.2 时两排桩承担推力和增大比例图
Fig.29　When reduction coefficient is 1.2, second piling bear a propulsive force share map of three types of landslides

（5）对于双排全长桩来说，合理的设桩位置，折线型两排桩排距在 90 m，顺层型在 80 m，八渡型在 110 m，折线型滑坡后排桩的最佳位置靠后，而八渡型滑坡靠前。双排全长桩的最优位置是指两排桩承担的推力都比较小而且接近。合理的布桩位置如图 1～3 所示。

5　结　论

本文采用强度折减的有限元法，讨论了两排桩在 3 种不同类型滑坡中，在不同的折减系数下，随排距的变化，两排桩的桩前抗力、桩后推力、实际承担推力等的变化规律，得出了一系列关于双排桩合理受力与设桩位置的建议。由于讨论了不同类型的情况，所以结论具有普遍性，能为工程设计提供依据。

与以往的研究相比，本文的创新之处在于：

（1）通过铁二院已经设计过的 3 个典型滑坡实例总结出来 3 种不同类型的滑坡模型作为原型进行研究，文中明确说明了 3 种滑坡的区别。

（2）首次提出了双排全长桩的优化准则为"使得两排桩上的推力都比较小而且接近"。根据此准则优化出的位置与原设计的最优位置比较接近。

（3）对同一滑坡类型，讨论了不同折减系数下桩的受力分布规律，以往的研究没有考虑折减系数变化的情况。

参 考 文 献

[1] 郑颖人, 赵尚毅. 岩土工程极限分析有限元法及其应用[J]. 土木工程学报, 2005, 38(1): 91－99.
ZHENG Ying-ren, ZHAO Shang-yi. Geotechnical engineering limit analysis finite element method and its application[J]. **China Civil Engineering Journal**, 2005, 38(1): 91－99.

[2] 雷用. 滑坡治理中抗滑短桩受力特性研究[D]. 重庆: 后勤工程学院, 2007.

[3] 郑颖人, 赵尚毅. 用有限元强度折剪法求滑(边)坡支挡结构的内力[J]. 岩石力学与工程学报, 2004, 23(20): 3552－3558.
ZHENG Ying-ren, ZHAO Shang-yi. Shear strength using the finite element method order to slip (side) slope retaining structures of the internal forces[J]. **Chinese Journal of Rock Mechanics and Engineering**, 2004, 23(20): 3552－3558.

[4] 郑颖人, 赵尚毅, 邓楚键. 有限元极限分析法发展及其在岩土工程中的应用研究[J]. 中国工程科学, 2006, 8(12): 35－61.
ZHENG Ying-ren, ZHAO Shang-yi, DENG Chu-jian. Finite element limit analysis method development and its application in geotechnical engineering research[J]. **China Engineering Science**, 2006, 8(12): 35－61.

[5] 雷文杰, 郑颖人, 冯夏庭. 滑坡治理中抗滑桩桩位分析[J]. 岩土力学, 2006, 6(27): 950－954.
LEI Wen-jie, ZHENG Ying-ren, FENG Xia-ting. Landslide control anti-slide pile location analysis[J]. **Rock and Soil Mechanics**, 2006, 6(27): 950－954.

考虑蠕变特性的滑坡稳定状态分析研究

谭万鹏[1,2]，郑颖人[1,2]，王 凯[3]

(1. 后勤工程学院军事建筑工程系，重庆 401311；2. 重庆市地质灾害防治工程技术研究中心，重庆 400041；
3. 重庆市高新岩土工程勘察设计院，重庆 400016)

摘 要：岩土体的蠕变特性是影响滑坡变形和稳定状态的重要因素。进行滑坡稳定性分析，依据位移监测资料进行预警预报，都有必要考虑滑坡的蠕变特性。以重庆云阳凉水井滑坡工程为背景，采用考虑蠕变特性的强度折减法，从宏观观测现象分析、监测位移趋势分析和数值模拟分析3个方面，研究滑坡变形破坏机理。研究表明，通过对比监测位移－时间曲线和不同安全系数所对应的计算位移－时间曲线，定量判断滑坡稳定状态，结合定性经验分析，可准确进行预警预报，为工程决策提供重要参考。

关键词：边坡工程；滑坡预报；蠕变；强度折减法；安全系数

中图分类号：P642　　　　**文献标识码**：A　　　　**文章编号**：1000－4548(2010)S2－0005－04

作者简介：谭万鹏(1979－　)，男，河南巩义人，博士研究生，从事岩土工程稳定性及其数值分析研究。E-mail: tanwanpeng@163.com。

Stable state of landslides considering creep properties

TAN Wan-peng[1,2], ZHENG Ying-ren[1,2], Wang Kai[3]

(1. Dept. of Architecture & Civil Engineering, LEU, Chongqing 401311, China; 2. Chongqing Geological Hazard Control Engineering Technology Research Center, Chongqing 400041, China; 3. Chongqing High-tech Geotechnical Engineering Investigation and Design Institute, Chongqing 400016, China)

Abstract: Creep property of rock and soil is important for landslide deformation and stable state. And it is necessary to be considered for analyzing stable state and prediction of landslides by displacement monitoring resources. With the landslide project which lies on Yunyang County in Chongqing City of China, the strength reduce technology considering creep properties is employed to study landslide deformation mechanism through analysis on macro phenomenon observation, monitoring displacement trend and numeral computing results. The final research shows that through comparing the monitoring displacement curves with the calculated displacement curves, the quantitative determination of the landslide stable state combined with qualitative experience can make accurate landslide prediction, and it can provide important reference for engineering decision-making.

Key words: slope engineering; landslide prediction; creep; strength reduce technique; safe factor

0 引 言

滑坡的发生和发展是一个累进、渐变的破坏过程。蠕变是岩土体的重要力学特性。滑坡与时间有关的变形主要由蠕变引起，因此，分析滑坡变形破坏特征，确定其稳定状态，需要考虑岩土体材料的蠕变特性。国内外学者采用室内试验、数值模拟、工程实例研究等方法，对滑坡蠕变的变形机理进行了深入的研究[1-6]。文献[6]提出考虑蠕变的强度折减法，研究理想状态下滑坡的蠕变变形对稳定性状态的影响规律。具体评价滑坡的稳定状态，需要在宏观破坏现象分析、监测位移趋势分析、考虑蠕变的数值分析的基础上，采用动态、多手段、全过程的滑坡预警预报方法综合加以判定[7]。流程如图1。本文结合重庆云阳凉水井滑坡工程实例，对考虑蠕变特性的滑坡稳定性分析进行了研究。

1 工程概况

重庆云阳凉水井滑坡位于长江右岸。滑坡整体平面形态呈"U"形，后部地形呈近似圈椅状，前缘高程约100 m，后缘高程约319.5 m，总体积约407.79

注：本文摘自《岩土工程学报》(2010年第32卷增刊2)。

$\times 10^4$ m³。三峡库区试验性蓄水 172 m 后，该滑坡于 2008 年 11 月开始出现变形，2009 年 4 月份再次出现明显变形，滑坡裂缝开展平均每天 1 cm，最大张拉裂缝已达 60 cm。由于该区域长江航道狭窄，滑坡体积大，失稳后入江速度快，形成涌浪高，将直接威胁过往船舶及乘客安全，经济损失和社会影响无法估量。受到国土资源部门和当地政府的高度重视，于 2009 年 4 月初对该滑坡进行全方位的监测，本文的研究数据截至 2009 年 11 月 25 日。

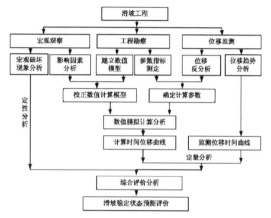

图 1 滑坡稳定状态确定流程

Fig. 1 Steady-state determining progress for landslide

2 宏观破坏现象分析

由于水位下降及降雨增多，2009 年 3 月滑坡变形加剧，后缘裂缝（LF1）全部贯通，变化肉眼可辨。中部出现横向拉裂缝（LF3、LF4），中前部出现剪切裂缝（LF6），两侧出现斜裂缝（LF2、LF5）。2009 年 4 月开始监测至今，滑坡区没有产生新裂缝。因此，分析滑坡宏观破坏现象，主要结合库水水位及降雨量监测结果，查看滑坡裂缝宽度监测曲线变化趋势。

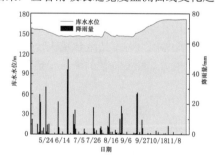

图 2 水位及降雨量统计

Fig. 2 Water level and rainfall statistics

由图 3，从总体趋势上来看，在内、外因素的影响下，滑坡各部位裂缝宽度增长基本一致。对比图 2 的降雨量和库水水位监测结果，截至 2009 年 6 月中旬，滑坡变形主要受库水水位变化和降雨两者的共同影响。库水水位由 157 m 下降到 145 m，裂缝宽度增长曲线斜率变化较大。最大降雨量出现在 6 月中旬。裂缝变化增长的拐点出现在 6 月下旬，进入 7 月份，裂缝增长日趋平缓，库水水位保持在 145 m 左右。滑坡变形主要受到降雨的影响，裂缝宽度变化对降雨量的响应较快。9 月中旬开始蓄水，到 10 月中旬水位上升到 170 m，截至 11 月底，水位保持在 170 m 左右。9 月下旬后降雨量减小，与之前相比，裂缝宽度增长趋势变化不明显，表现为速度较快的等速增长，暂时未出现显著的变形急剧增长的现象，滑坡处于等速蠕变阶段。

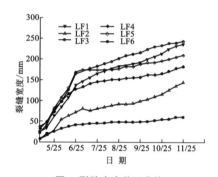

图 3 裂缝宽度监测曲线

Fig. 3 Monitoring curves for crack's width

3 监测位移趋势分析

如图 4，本次监测共设置了 24 个地表水平位移监测点，划分了 9 个测试断面。依据断面是否在滑坡主轴或与其平行、断面上监测点的数目多寡、分布位置是否具有代表性、监测数据的完整与否、测点变形规律是否明显、位移敏感性的强弱[7]，选取 1-1′ 断面 5 个监测点作为研究对象，监测点每 5 天的累计位移变形量与时间的关系曲线如图 5 所示。

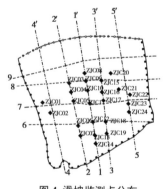

图 4 滑坡监测点分布

Fig. 4 Distribution of landslide monitoring points

截至 2009 年 11 月 25 日，5 个地表水平位移监测点累计位移量为 280～300 mm，平均每天位移量为 0.81～1.48 mm，其中在遇暴雨或库水水位骤降时，部分监测点每天水平位移量 10 mm 左右。

地表水平位移增长的拐点出现在 2009 年 6 月下旬，对比地表裂缝变化趋势，表明滑坡变形主要受库水水位下降影响。进入 7 月份，位移增长放缓，在 145 m 低水位期间，各监测点变化量相对较小。自 9 月 15 号开始蓄水以来，各监测点变形较低水位时有一定量的增大，但未出现急剧增长情况；各个监测点水平位移增长趋势、速度基本一致。滑坡整体变形特征明显，目前仍处于等速蠕变阶段。

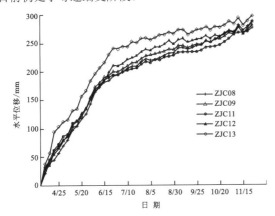

图 5 每 5 天累计位移变形量

Fig. 5 Total displacement of deformation per 5 days

4 考虑蠕变的数值分析

依据工程勘查报告和室内试验资料，本文采用 Burgers 模型与 Mohr-Coulomb 模型串连而成的复合黏弹塑性模型 Cvisc 模型来模拟滑坡软弱层的蠕变变形和强度弱化对滑坡稳定性的影响。计算中将马克斯韦尔模型黏性系数取为无穷大，此时 Cvisc 模型为广义 Kelvin 黏弹塑性模型[14]。对关键监测断面 1-1'，建立计算模型如图 6 所示。

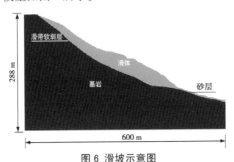

图 6 滑坡示意图

Fig. 6 Schematic landslide

计算中滑体和滑床采用 Mohr-Coulomb 模型，中部的滑带软弱层采用 Cvisc 模型，相关物理力学参数如表 1。软弱层滑带的黏滞系数为 32 MPa·d，黏弹模量为 7.2 MPa。由表 1，对比天然和饱和的抗剪强度指标 c 和 φ，饱和状态下两者分别下降约 32% 和 4%。水对滑带软弱层的弱化作用明显，而土体重度变化不大。研究表明，对于蠕变材料，随着强度的降低，蠕变变形在总体变形中的比例逐渐增大。参照监测位移趋势线，进入 2009 年 10 月，滑坡变形主要由滑带软弱层的蠕变所致。

表 1 滑坡物理参数指标

Table 1 Physical parameters of landslide

滑坡	弹性模量/kPa	泊松比	天然状态			饱和状态		
			重度/(kN·m⁻³)	黏聚力/kPa	内摩擦角/(°)	重度/(kN·m⁻³)	黏聚力/kPa	内摩擦角/(°)
滑体	4×10⁵	0.4	2300	478	29	2380		
滑带	3×10³	0.4	2300	19.2	25	2380	13.6	26
砂层	3×10⁴	0.4	2300	3	25	2380	3	25
基岩	2×10⁶	0.3	2530	5×10³	37	—	—	—

由于 2009 年 10 月下旬蓄水完成，截至 11 月 25 日，水位保持在 170 m 左右。计算中将水位设为 170 m，将库水位升降对滑坡稳定性的影响转化为滑坡软弱层强度的弱化进行考虑。水位以上的强度参数取天然状态的值，以下的强度值在饱水状态的强度值周围变化，用考虑蠕变的强度折减法计算边坡的稳定性[6]。计算周期为 375 d，对应 2008 年 11 月到 2009 年 11 月 25 日的变形过程。

计算中首先采用天然状态的强度参数，让边坡在重力作用下达到弹塑性应力平衡，清除计算得到的位移场。天然状态下，滑坡的安全系数为 1.054，对应的增量剪应变云图如图 7 所示。滑坡位移最大值发生在滑坡体后缘；在滑体和滑床之间，分布有一个较为明显的高剪应变增量的屈服区为滑带，滑带中后部剪应力增量值较大，屈服区域宽度大，且较为连续；前部剪应力增量值较小，屈服宽度窄小，屈服区连续性较差。

图 7 天然状态增量云图

Fig. 7 Shear strain increment under natural state

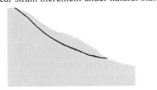

图 8 安全系数 1.02 增量云图

Fig. 8 Shear strain increment under safe factor of 1.02

计算得出坡体失稳临界状态所对应的 $c, \tan\varphi$ 值，作为安全系数为 1.0 时的参数值，然后按照比例进行折减，给出不同安全系数下的 c，$\tan\varphi$ 值，分别对模

· 521 ·

型计算安全系数为 1.08，1.06，1.04，1.02 时坡体在监测点 ZJC11 处位移变形情况。安全系数为 1.02 时所对应的滑坡等效剪切应变情况如图 8。滑带软弱层处有一清晰剪应变增量带，突变明显，表明滑面已完全贯通，滑坡已进入强变形阶段。

由图 5 累计位移变形量曲线可知，减速蠕变阶段，滑坡日位移速率约为 $2.5~\text{mm}\cdot\text{d}^{-1}$。依据滑坡蠕变变形机理，滑坡变形初始，位移速率较小，因此取平均位移速率为 $2~\text{mm}\cdot\text{d}^{-1}$，自 2008 年 11 月到 2009 年 4 月，滑坡位移保守估计为 280 mm。将该位移量叠加到 2009 年 4 月 5 日之后的监测位移总量中，对比现场监测位移数据和考虑蠕变特性，采用有限元强度折减法计算所得的不同安全系数所对应的日累计位移变形量，如表 2 和图 9 所示。

表 2 ZJC11 累计 20 d 位移变形量
Table 2 Total displacement of deformation of ZJC11 per 20 days

日期	1.08	1.06	1.04	1.02	监测数据
04-05	83.08	142.72	270.22	490.85	280
04-25	174.51	234.51	366.6	584.54	352.97
05-15	235.19	298.13	442.8	662.86	394.11
06-05	332.7	398.43	552.39	776.42	448.06
06-25	346.56	416.44	580.39	812.27	473.67
07-15	371.83	435.62	620.8	852.78	488.8
08-05	373.48	442.83	638.99	857.09	495.27
08-25	375.1	446	641.94	862.69	506.44
09-15	377.18	451.03	655.95	898.85	505.81
10-05	382.06	468.67	681.67	922.09	522.26
10-25	379.55	468.71	694.93	954.82	530.91
11-15	381.24	472.7	709.54	1016.85	538.02

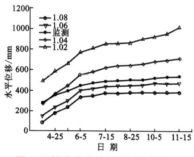

图 9 计算位移曲线与监测位移曲线
Fig. 9 Calculated and monitoring displacement curves

对比计算数据和实际监测数据，结合宏观破坏现象分析及监测位移趋势分析结果，可得出如下结论，由于库水水位下降及降雨入渗的影响，2009 年 7 月之前，滑坡处于减速蠕变阶段，2009 年 7 月到 11 月下旬，滑坡为等速蠕变阶段，稳定安全系数约为 1.05。为欠稳定的弱变形阶段。

5 结论

（1）截至 2009 年 11 月 25 日，虽然凉水井滑坡地表裂缝变形速度较快，持续增长，周界裂缝基本贯通，破坏迹象明显，但从基于宏观破坏现象分析、监测位移趋势分析和考虑蠕变的数值稳定性分析的滑坡预警预报体系的综合评价结果上来看，滑坡目前仍处于等速蠕变阶段。需要在加强日常监测的基础上，进行系统地灾害评估和工程治理。

（2）由于滑坡地表裂缝形成影响因素很多，因此不能简单依据裂缝宽度的变化对滑坡稳定状态作出评价。应结合水平位移等相应监测数据综合加以判断。

（3）库水水位的波动，尤其是水位下降对库岸边坡稳定性的影响显著，如何在考虑岩土体蠕变特性的同时，研究库水水位的波动所造成的滑坡稳定性的变化，是进一步研究的目标。将另文表述。

参考文献：

[1] SAITO M. Forecasting the time of occurrence of a slope failure[C]// Proceedings of the 6th International Conference on Soil Mechanics and Foundation Engineering. Montréal, Que Pergamon Press, Oxford, 1965, 537－541.

[2] ZISCHINSKY U. On the deformation of high slops[C]// Proc First Int Con Rock Mech, 1966.

[3] SASAKI Y, FUJII A, ASAI K. Soil creep process and its role in debris slide generation-field measurements on the north side of Tsukuba Mountain in Japan[J]. Engineering Geology, 2000, **56**(4):163－183.

[4] FURUYA G, SASSA K, HIURA H, et al. Mechanism of creep movement caused by landslide activity and underground erosion in crystalline schist, Shikoku Island, southwestern Japan[J]. Engineering Geology, 1999, **53**(7): 311－325.

[5] HE Ke-qiang, WANG Si-jing. Double-parameter threshold and its formation mechanism of the colluvial landslide: Xintan landslide, China[J]. Environ Geo, 2006, **49**:696－707.

[6] 陈卫兵，郑颖人，冯夏庭，等.考虑岩土流变特性的强度折减法研究[J]. 岩土力学，2008, **29**(1): 101－105. (CHEN Wei-bing, ZHENG Ying-ren, FENG Xia-ting, et al. Study on strength reduction technique considering rheological property of rock and soil medium[J]. Rock And Soil Mechnics, 2008, **29**(1): 101－105.(in Chinese))

[7] 谭万鹏，郑颖人，陈卫兵. 动态、多手段、全过程滑坡预警预报研究[J]. 四川建筑科学研究, 2010, **26**(1): 106－111. (TAN Wan-peng, ZHENG Ying-ren, CHEN Wei-bing. Studies on the land-slope forecast and early warning by more means in full dynamic discourse [J]. Sichuan Institute of building research, 2010, **26**(1) : 106－111. (in Chinese))

基于强度折减法的桩基础有限元极限分析方法

董天文,郑颖人

(后勤工程学院建筑工程系,重庆 400041)

摘 要：研究了桩基础的强度折减法应用问题,提出了不同于传统的超载安全系数的桩基础安全储备系数概念,建议了强度折减法桩基础极限分析判定条件,即：①折减系数-位移曲线($F-s$曲线)出现拐点、末端出现近似平行于s轴的直线段；②折减系数-桩端阻力曲线($F-Q_u$曲线)出现V型转折点,则$F-s$曲线的拐点、$F-Q_u$曲线V型尖点的前一折减系数为该桩顶荷载条件下基础的安全储备系数。通过使用对工程桩极限分析表明,强度折减法计算的极限荷载与静载荷试验方法、荷载增量法判定的极限荷载误差小于10%,表明该方法对工程桩基的极限荷载确定具有一定的应用意义。

关键词：极限分析；有限元；强度折减法；桩基础；极限荷载

中图分类号：TU473.12　　**文献标识码**：A　　**文章编号**：1000 - 4548(2010)S2 - 0162 - 04

作者简介：董天文(1970 -),男,天津人,教授,博士,主要从事岩土工程研究。E-mail: dongtianwen111@163.com。

Limit analysis of FEM for pile foundation based on strength reduction

DONG Tian-wen, ZHENG Ying-ren

(Department of Civil Engineering, Logistical Engineering University, Chongqing 400041, China)

Abstract: Using method of strength reduction (SRM) is studied for pile foundation, and the safety storage factor (F) that is different from the over-loading safety factor by increment loading method (ILM) is advised, and the estimated condition of limit analysis is put up for the strength reduction method, (1) the inflexion lies on $F-s$ curve, and the bottom of $F-s$ curve is parallel to the s axis; (2) The turning point of V type appear on $F-Q_u$ curve, so the previous reduction factor of the inflexion of $F-s$ curve and the turning point of V type of $F-Q_u$ curve is the safety storage factor on the loading condition of pile head. The results of pile foundation on the base of limit analysis show that the inflexion of $F-s$ curve and the turning point of V type of $F-Q_u$ curve of strength reduction method have the specific physic purport, the errors that SRM to the static loading test and ILM are less 10%, and this method has certain mean for estimating the ultimately loading in practical engineering.

Key words: limit analysis; FEM; strength reduction method; pile foundation; ultimately loading

1 桩基础极限荷载判定问题

桩基础是土木工程中应用较为广泛的基础形式,因其承载状态不同,桩基础一般被分为承压桩和抗拔桩。受到桩的几何尺寸（长度和截面面积）、地质条件和施工工法的影响,桩基础极限载荷的差异性较大,一般通过静载荷试验得到的桩顶荷载位移曲线判定,再除以安全系数来得到竖向承载力特征值。这种极限荷载的判定方法有拐点法、桩顶位移控制方法以及波兰曲线法等,其中拐点法是一种物理意义明确的极限载荷判定方法,但由于桩基础静载荷试验条件的限制,很多工程桩的加载量很难达到极限荷载值的拐点出现,使得桩基础的安全性评价很难准确给出。

因此,从有限元极限分析角度,综合考虑桩土系统弹塑性、大变形、刚度梯度大和界面力学特性复杂等问题,开展了强度折减法在桩基础极限状态分析方面的研究工作。

2 强度折减法与桩的极限载荷判据

2.1 桩基础强度折减法有限元极限分析思想

实现极限分析的有限单元法包括对介质材料的强度进行折减的强度折减法和荷载量逐级增加的增量加载法。对于单桩而言,其竖向极限承载力一般表示为

$$R = q_p A_p + u_p \sum q_{si} l_i \text{。} \tag{1}$$

式中,R为单桩竖向极限承载力；q_p为桩端阻力极限值；q_{si}为第i层土桩侧摩阻力极限值；A_p为桩端截面积；u_p为桩周长；l_i为第i层土中的桩长[1]。

将公式(1)表示为涉及桩的几何参数和岩土材料参数的函数形式

注：本文摘自《岩土工程学报》(2010年第32卷增刊2)。

$$R = R_p(L,S,M,c,\varphi) + R_q(L,S,M,c,\varphi), \quad (2)$$

式中，R 为竖向极限承载力，R_p 和 R_q 分别为端阻力特征值、桩侧摩阻力极限值；L、S、M 分别为桩长参数、桩截面参数和施工工法参数；c 和 φ 分别表示岩土材料的黏聚力和内摩擦角。

分析某一单桩的承载能力时，其桩长参数、桩截面参数和施工工法参数等已经确定，影响其承载的函数变量仅为 c 和 φ。因此，若评价桩基础的安全性，完全可以采用对岩土材料进行强度折减的方法，实现安全性评价。c 和 φ 值的折减公式如下：

$$c' = c/F, \quad (3)$$
$$\varphi' = \arctan(\tan\varphi/F), \quad (4)$$

式中，F 为桩基础的安全储备系数。

2.2 竖向承压桩基础的承载状态

基桩的桩顶载荷通过桩土的相互作用，首先逐层激活桩周地基，使其对桩身产生向上的侧摩阻力；当桩顶载荷增加到一定量后，桩端阻力开始发挥作用；最后，桩侧、桩端地基形成塑性变形，桩的承载力达到极限值。当桩端地基出现塑性流动后，桩端地基反力快速衰减，桩体发生较明显的竖向沉降；此时，受到桩侧阻力和上覆土层有效应力的限制，桩端地基的强度将有一定程度的提高，桩端阻力提高，桩体沉降量减少。

2.3 基于强度折减有限元法的单桩极限荷载判据

根据分析桩基础的极限载荷判定应采用数值计算不收敛、折减系数-位移曲线（F-s 曲线）、折减系数-桩端阻力曲线（F-Q_u 曲线）和等效塑性应变云图综合判定。强度折减法桩基础极限荷载判定需同时具备以下条件：①极限荷载条件下桩周地基出现塑性连通，桩体有无限运动的趋势，F-s 曲线出现拐点，曲线末端直线近似平行于 s 轴；②在极限荷载时，桩端地基出现塑性流动，桩端阻力快速衰减，同时因受到桩侧阻力和上覆土层有效应力对这一塑性流动的限制作用，在发生一定的桩端位移后，桩端地基反力将部分恢复，F-Q_u 曲线出现 V 型转折点。此时，F-s 曲线拐点、F-Q_u 曲线 V 型尖点的前一折减系数为该桩顶荷载条件下基础的安全储备系数。桩基础的极限荷载为

$$P_u = F \times P, \quad (5)$$

式中，P_u 为桩的极限载荷，P 为桩顶载荷。

使用强度折减法有限元分析得到的安全储备系数，与传统意义的超载安全系数不同。传统的超载安全系数是在载荷试验基础上判定极限荷载，而后除以安全系数得到荷载特征值，其本质是设计荷载的安全储备量。强度折减法得到的安全储备系数是针对基础的极限载荷或判定极限载荷而言的，是研究桩基础极限载荷的安全储备。

3 桩基础强度折减法的实现

3.1 屈服准则问题

岩土工程的有限元极限分析对于材料的物理本构关系的要求较低，但对于其强度准则的要求较高，本文选用文献[2]，适用于空间问题求解的屈服强度准则（DP4），即 Mohr-Coulomb 等面积圆屈服准则。

3.2 桩土界面模拟

桩基础承载过程的本质是桩与桩周岩土材料的相对滑动、桩端地基被压缩的过程。因此，有限元极限分析中采用相应的界面单元进行模拟，如 ANSYS 软件中的接触单元，且在使用时应对算法和有关计算控制参数进行调整来模拟桩基础的实际工作状态。

3.3 有限元分网方法与计算收敛准则

圆柱形桩体采用 Mapped-Hex 分网，将桩体离散成规则的六面体单元，控制分网密度，降低桩土结合部位的网格密度。桩周和桩端的地基采用 Smart 智能分网器划分网格，既可以保证桩周的网格密度和计算的精度，同时可以适应桩土间较大相对位移形成的网格大变形情况。

桩土系统具有弹塑性、大变形特征，采用有限元极限分析方法研究桩基础的极限承载能力，是对于桩土系统力学状态的综合评价，并不一定要追求某一局部的计算精度，因此可以采用单一计算收敛准则（位移收敛准则），并适当放大收敛允许值以节省机时。

3.4 不同施工方法的解决措施

不同的施工方法对桩周地基将产生一定的影响，除液化地基材料外，往往会提高桩周、桩端地基的变形模量和岩土材料的抗剪能力。打入或静压预制桩施工中地基受到桩体的压缩，现浇混凝土桩施工中水泥浆的渗透作用，都会改善桩周和桩端地基的力学特性。为解决这种因施工工法对承载力的影响，同时不改变地基材料属性，本文通过仅改变接触面材料属性方法解决。

4 算例与分析

某工程位于长江一阶台地地貌，从地表向下分别分布为人工填土（较薄）、黏性土、淤泥质粉土、粉砂层和中风化基岩，相关参数见表 1。桩基为振动沉管灌注桩，桩径 377 mm，桩长 23 m，静载荷试验采用维持荷载法，加载到 1600 kN 时桩顶位移为 15.05 mm，试验的 P-s 曲线并未出现拐点，曲线的非线性性质明显，原确定的极限承载力为 1600 kN[3]。

根据文献[4]，将地质勘查资料中桩周地基的无侧限压缩模量E_s转换为D-P材料强度准则的杨氏弹性模量E_0。粉砂材料的杨氏模量转换采用反分析手段。见表1。

表1 场地岩土材料参数
Table 1 Geotechnical parameters of ground

序号	土层名称	h/m	E_s/MPa	E_0/MPa	c/kPa	φ/(°)	μ
1	黏土	4.6	4.5	8.8	5	5	0.30
2	淤泥质黏土	10.4	3.5	5.1	5	5	0.35
3	粉砂	14.0	12.8	53.3	5	35	0.22
4	中风化基岩	30.0	105.0	105.0	800	80	0.30
5	接触面			2500.0	7	8	0.20
6	桩周土界面			250.0	50	35	0.20

注：h为土层厚度；E_s为压缩模量；E_0为弹性模量；c为黏聚力；φ为内摩擦角；μ为泊松比。

建立的四分之一体有限元三维模型见图1。计算边界选择：横截面宽度和桩端下地基深度分别为1倍桩长和2倍桩长，对边界分别设置为对称约束和全约束。相关参数见表2。

表2 桩基础有限元计算模型的网格参数
Table 2 Parameters of FEM computational model

节点/个	单元/个	线/条	面/个	体/个
3294	5264	46	26	5

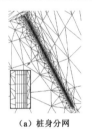
（a）桩身分网

（b）实体分网

图1 桩基础有限元计算模型网格图
Fig. 1 Meshed FEM model of pile foundation

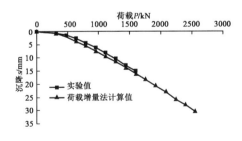

图2 桩基础$P-s$曲线对比图
Fig. 2 Contrasted sketch for $P-s$ curves of pile foundation

图2为桩基础载荷试验曲线和增量加载法计算的$P-s$曲线。两条曲线在1600 kN前的走势总体表现接近，计算$P-s$曲线的位移略低于桩顶试验位移值，计算位移与试验测得的桩顶位移差小于3 mm，但加载初期计算位移与实测位移之比较高，这种情况与桩土相互作用和岩土材料的各向异性有关。$P-s$曲线比较平直，为进一步判定该桩的极限载荷，采用$\text{Log}P-s$曲线将多拐点曲线转化为较光滑的曲线，该曲线末端表现为直线特征（2240 kN），曲线末端的直线斜率加大，见图3。

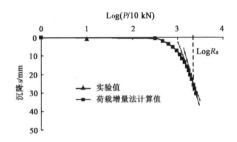

图3 桩基础$\text{Log}P-s$曲线
Fig. 3 Sketch for $\text{Log}P-s$ curves of pile foundation

图4是桩顶荷载为1600 kN时的折减系数-位移曲线。当桩顶荷载选定为1600 kN时（工程桩的试验判定极限荷载），$F=1.3\sim1.34$间出现平台，折减系数增加位移基本不变，折减系数在1.3处出现拐点和近似于直线的变化，桩顶位移是21.41 mm。此时，桩端的阻力从244.72 kN衰减到215.46 kN，桩端地基出现塑性变形，桩顶继续加载，桩端地基发生硬化，桩端阻力增加到305.9 kN，见图5。

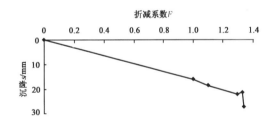

图4 桩折减系数-位移曲线
Fig. 4 Curve of $F-s$ for pile

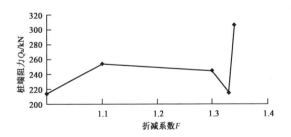

图5 桩基础折减系数-桩端阻力曲线
Fig. 5 Curve of $F-Q_u$ for pile foundation

图 6 是桩顶荷载为 1600 kN 条件 F=1.33 的位移和等效塑性应变云图。在其等效塑性应变云图中，从桩顶到桩端地基已经发生全部的塑性区连通，见图 6（b）。

应用公式（5）计算可知，桩顶荷载选用 1600 kN 时强度折减系数法的极限荷载为 2080 kN，与荷载增量法的计算 P-s 曲线和 $\text{Log}P$-s 曲线判定的极限荷载 2240 kN 相差 160 kN，误差率为 7.14%，但使用强度折减计算得到的折减系数-位移曲线具有明显物理意义的拐点。结合静载荷试验试验，桩顶荷载为 1600 kN 时的沉降量 15.05 mm；卸载后桩顶的回弹量为 7.51 mm，占总沉降量的 49.9%，说明 1600 kN 桩土承载能力远未得到充分发挥，以 1600 kN 作为极限荷载明显过于保守，现有研究方法尚难确定其基础的真实极限载荷值或其极限荷载的安全储备。然通过强度折减法的有限元极限分析可知，该种桩基础的极限载荷的安全储备系数为 1.3。

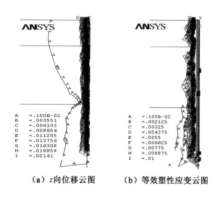

（a）z 向位移云图　（b）等效塑性应变云图

图 6　桩顶荷载 1600 kN 时折减系数为 1.33 的桩基础云图

Fig. 6　Contour for pile foundation at F=1.33 for P=1600 kN

5　结　论

从桩基础的承载机理角度出发，使用强度折减法综合考虑桩土系统弹塑性、大变形、刚度梯度大和界面力学特性复杂等问题，开展了桩基础极限状态的强度折减法应用研究工作，提出了不同于传统安全系数（超载安全系数）意义的桩基础极限荷载安全储备系数概念，建议了强度折减法桩基础极限分析判定条件，即：①折减系数-位移曲线（F-s 曲线）出现拐点，曲线末端出现近似平行于 s 轴的直线段；②折减系数-桩端阻力曲线（F-Q_u 曲线）出现 V 型转折点，则 F-s 曲线的拐点以及 F-Q_u 曲线 V 型尖点的前一折减系数被确定为该桩顶荷载条件下基础的安全储备系数。

建议了弹塑性分析的强度准则、有限元分网、桩土界面接触、计算收敛条件等实际应用方法。使用 ANSYS 有限元计算软件对两种桩型工程桩的计算表明，有限元强度折减法可以明确评价桩基础极限状态安全储备和极限荷载，对桩基础的极限荷载判定具有一定的应用意义。

参考文献：

[1] GB50007—2002 建筑地基基础设计规范[S]. (GB50007—2002 Code for design of building foundation[S]. (in Chinese))

[2] 徐干成, 郑颖人. 岩土工程中屈服准则应用的研究[J]. 岩土工程学报, 1990, **12**(2): 93–99. (XU Gan-cheng, ZHENG Ying-ren. Study on the application of yield criteria in the geotechnical engineering[J]. Chinese Journal of Geotechnical Engineering, 1990, **12**(2): 93–99. (in Chinese))

[3] 武汉市勘测设计研究院. 桩基工程优化方案决策智能系统开发[R]. 2008. (Wuhan Geotechnical Engineering and Surveying Institute. Pile foundation engineering optimization intelligent decision system[R]. 2008. (in Chinese))

[4] 舒武堂, 李国胜, 蒋涛. 武汉地区淤泥质软土、黏性土的压缩模量与变形模量的相关关系[J]. 岩土工程界, 2004, **7**(7): 29–30. (SHU Wu-tang, LI Guo-sheng, JIANG Tao. The correlativity between the compression model and elastic model for silt and clay in Wuhan[J]. Geotechnical Engineering World, 2004, **7**(7): 29–30. (in Chinese))

[5] 沈保汉. 桩基础测试、勘察、设计和施工（五）——桩侧阻力和桩端阻力的分配[J]. 工业建筑, 1991(1): 43–49. (SHEN Bao-han. Test, prospecting, design and construction of pile foundation (V)-Separating bearing force of pile into skin-friction and point-resistance[J]. Industrial Construction, 1991(1): 43–49. (in Chinese))

有限元与极限分析法计算桩后推力的分析与比较

许江波[1,3],郑颖人[2,3],赵尚毅[2,3],冯夏庭[1],叶海林[2,3]

(1. 中科院武汉岩土力学研究所,湖北 武汉 430071;2. 后勤工程学院建筑工程系,重庆 400041;
3. 重庆市地质灾害防治工程技术研究中心,重庆 400041)

摘 要:极限分析法是常用的计算桩后推力的方法,但计算中无法考虑桩的变形因素,这种方法假定桩后岩土体变形不受限制,抗滑力充分发挥,计算出的推力是主动土压力。当桩变形受限制而使抗滑力不能充分发挥时,计算结果与实际有偏差。有限元用于计算桩后推力时,遵循桩–土共同作用的原则,它不是极限分析法,算出的推力依据桩的变形,可能是主动土压力,也可能不是主动土压力,此外还可以得到相应的推力分布。当滑坡设计安全系数较小时,岩土体抗滑强度未得到充分发挥,有限元与极限分析法有一定差距;随着设计安全系数的增大,岩土体逐渐达到极限情况,有限元与极限分析法算出的推力趋于一致。依据经验,在一般桩设计安全系数下,两者计算得出推力一致,表明有限元用于计算桩后推力是可行的。本文对影响有限元计算推力的几种因素进行了分析,并与极限分析法(不平衡推力法、Spencer 法)进行了比较,说明了两种方法何种情况下计算结果一致,何种情况下不一致。

关键词:有限元法;不平衡推力法;Spencer 法;桩后推力

中图分类号:TU443　　**文献标识码**:A　　**文章编号**:1000 – 4548(2010)09 – 1380 – 06

作者简介:许江波(1985 –),男,河南安阳人,硕士,从事岩土体稳定性分析和数值模拟方面的研究。E-mail: xjb0137@163.com。

Comparison and analysis of landslide thrust by use of finite element and limit analysis methods

XU Jiang-bo[1,3], ZHENG Ying-ren[2,3], ZHAO Shang-yi[2,3], FENG Xia-ting[1], YE Hai-lin[2,3]

(1. Institute of Rock and Soil Mechanics, Chinese Academy of Sciences, Wuhan 430071, China; 2. Department of Civil Engineering, Logistical Engineering University, Chongqing 400041, China; 3. Chongqing Engineering and Technology Research Center of Geological Hazards Control, Chongqing 400041, China)

Abstract: The traditional limit analysis method is commonly used to calculate pile thrust, but it can not take the pile deformation into account. This method assumes that the deformation is unrestricted, the sliding force can be put into full play, and the calculated thrust is active stress. When the pile deformation is restricted and the stabilizing force can not be fully exerted, the calculated results are inaccurate. When the finite element method is used to calculate the pile thrust, it conforms to the pile-soil interaction principles and it is not the limit analysis method. The result based on the pile deformation may be active stress and the corresponding thrust distribution can also be obtained. When the pile design safety factor is small, the anti-slide strength of rock and soil is not fully exerted. The finite element method has some discrepancy with the traditional method. With the increase of discount factor, the rock and soil reaches the limit state gradually. The finite element method agrees with the traditional method. Based on the experience, the calculated thrusts by the two methods are the same under general design safety factor, indicating that the finite element method to calculate the pile thrust is feasible. Several factors for the finite element method to calculate the thrust are analyzed. A comparison between the proposed method and the traditional limit analysis method (unbalanced thrust law, Spencer method) shows that the calculated results are consistent or inconsistent under what cases.

Key words: finite element method; unbalanced thrust law; Spencer method; landslide thrust

0 引 言

传统的桩后推力计算,包括土力学中支挡结构的侧向压力的计算,都是基于极限分析理论,即土体处

注:本文摘自《岩土工程学报》(2010 年第 32 卷第 9 期)。

于极限状态，滑裂面上的抗滑力已充分发挥，这时作用在支挡结构上的推力最小，为主动土压力。通常设计中都以主动土压力作为支挡结构上的设计荷载，但达到极限状态需要支挡结构有充分的位移，有些情况下支挡结构的位移受到限制，此时一般以静止土压力与主动土压力之间的某一压力作为设计荷载，这一压力大于主动土压力。极限分析法无法算出支挡结构位移受限时的推力，也不能算出作用在支挡结构上的抗力及其推力与抗力的分布规律，表明传统计算方法具有局限性。随着有限元等数值方法在支挡结构上的应用，尤其是有限元等在边（滑）坡工程中的广泛应用[1-5]，运用有限元等数值方法计算支挡结构上的桩后推力引起人们的关注，这种现代算法究竟有何好处，与传统算法有何不同。这正是本文所要回答的问题。

极限分析方法与有限元计算方法的不同，首先在于两者的计算理念不同，前者基于极限分析，算出的推力是主动土压力；而后者是基于岩土体与支挡结构的共同作用，只要土体有变形就会对支挡结构形成压力，即使土体是稳定的，处于弹性状态，也会对支挡结构造成压力，这种压力是弹性形变压力，而按极限分析法计算支挡结构承担的压力为零。支挡结构随着岩土体的位移变化所承受的土压力逐渐变化，当支挡结构为刚性时，此时的压力即为静止土压力，随着支挡结构位移的增大，压力逐渐减小，处于静止土压力和主动土压力之间，直到位移达到某一数值，土体的抗滑力全部发挥，土体处于极限状态，这时的土压力即为主动土压力。静止土压力最大，主动土压力最小，处于静止和主动土压力之间的土压力介于其间。因而，当支挡结构允许有足够位移时，与传统算法一样，有限元算出的推力也是主动压力；反之，算出的推力要大于主动土压力。除上述好处外，它还能算出支挡结构上的抗力、推力与抗力分布规律。当采用有限元强度折减法时还能计算合理的支挡结构高度，即合理桩长，以及有支护情况下边（滑）坡的安全系数等，以上功能是极限分析法不能做到的。不过，对于支挡结构设计，希望桩后推力越小越好，这就要求合理设计抗滑桩，并选取符合实际的岩土体参数[6]。依据以往设计经验，只要设计合理、计算正确，一般情况下采用有限元算出的桩后推力可与极限分析法相当，达到经济合理的目的；但某些情况下，两种方法算出的结果有差异，因而设计计算中尚需要采用极限分析法验证其桩后推力是否正确合理。当两种算法不一致时，目前的认识还有一定差异，当桩的变形明显受到限制时，一般采用桩土共同作用理论作为设计依据。当滑带强度较高而不能充分发挥抗滑力时，按理论也应按桩土共同作用计算。但按传统设计观念，应采用极限分析法计算，这需要进一步研究。

1 采用的计算方法

1.1 不平衡推力法

不平衡推力法是国内目前常用的桩后推力计算方法，目前边坡计算中安全系数有两类定义：强度储备安全系数和超载安全系数。由于本文计算中采用国际上通用的强度储备安全系数，因而在采用理正软件计算时，将超载安全系数设定为 1，而对黏聚力和内摩擦角进行折减，使其成为采用强度储备安全系数的不平衡推力法，以便与有限元法进行比较。

1.2 Spencer 法

Spencer 法是一种严格满足力和力矩的平衡条件的条分法，为严格解法的一种，计算采用 Geo-Slope 软件。当应用此软件计算桩后推力时，可在滑体与桩的界面上施加一个集中力来平衡滑体，并改变施加的集中力的大小使滑体平衡，由此求出的集中力大小即为抗滑桩的桩后推力。在本文中，施加力的位置为距滑体底部 1/3 滑体高度处，计算表明集中力的施加位置对设计安全系数的影响不大。

1.3 有限元法

抗滑桩桩后推力应根据滑坡的设计安全系数将岩土体强度进行折减，通过应用 ANSYS 软件的计算功能直接求出抗滑桩的桩后推力。本次计算中的岩土体材料本构模型采用理想弹塑性模型，抗滑桩按照线弹性材料处理，抗滑桩可以采用实体单元和梁单元。本文计算中采用实体单元，实体单元可以直接计算桩后推力和抗力，并且能够直观反映抗滑桩截面的厚度。边界范围的取值为：坡顶到左端边界的距离为坡高的 2.5 倍，坡脚到右端边界的距离为坡高的 1.5 倍，且上下边界的距离不低于坡高的 1 倍[7]。对于平面应变条件下的强度问题，可采用平面应变匹配的 D-P 屈服准则[8]。本文中采用的屈服准则是平面应变条件下与 Mohr-Coulomb 相匹配 D-P 关联流动准则(DP4)。由于有限元软件 ANSYS[9]提供的屈服准则为 D-P 外角外接圆（DP1）准则，因而需要进行转换。

2 有限元与极限分析法计算桩后推力的比较与分析

鉴于有限元与极限分析法这两种算法算出的支挡结构上推力有时相同，有时不同[10]，因而本文重点研究两种算法在何种情况下算出推力相同，又在何种情况下不同。推力不同是由于支挡结构位移受到限制，而位移又与支挡结构的刚度（包括挡墙厚度与弹模）、滑带的强度（它与采用的设计安全系数有关）以及滑体与滑带的弹模大小等有关[11]。下面通过3个例子对抗滑桩进行对比分析，说明两种方法算出的推力何种情况下相同，何种情况下不同及其原因。

2.1 滑面强度参数（通过改变设计安全系数体现）对两种推力计算方法的影响

（1）算例一计算模型与参数

本算例中采用计算模型如图1所示，桩采用实体单元，桩与土体的接触关系采用共节点但材料性质不同的连续介质单元模型，这种模型可以较为真实地反映抗滑桩的截面高度，对抗滑桩的变形反映较为准确，但是采用平面应变计算时纵向只有1 m，也就是说，不论桩的截面宽度是多少，在程序计算时都是按1 m计算的，改变了抗滑桩的惯性矩，进而改变了抗滑桩的刚度，对抗滑桩的变形产生了影响。实际工程操作过程中，当桩的惯性矩I发生变化时，通过改变桩的弹性模量E，使抗滑桩的刚度EI保持不变，从而使桩的变形不受影响。本算例中，桩的宽度取1 m。有限元计算采用大型有限元通用软件ANSYS，按照平面应变建立模型，抗滑桩截面尺寸为3.6 m×1 m，材料的物理力学参数见表1。此模型中坡高约为60 m，桩长38 m，其中桩埋深13 m。通过改变边坡的设计安全系数来体现滑带强度的变化，采用有限元法，利用ANSYS程序计算桩后推力，并用理正、Geo-slope软件程序按极限分析法进行比较，不同方法算出的桩后推力见表2，不同计算方法的比较见表3。

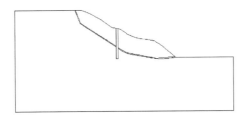

图1 计算模型

Fig. 1 Calculation model for slopes

表1 边坡采用的物理力学参数

Table 1 Physical and mechanical parameters for slopes

材料	重度/(kN·m^{-3})	弹性模量/Pa	泊松比	黏聚力/kPa	内摩擦角/(°)
滑体	22.00	$1×10^7$	0.35	28	20
滑带	22.00	$1×10^7$	0.35	20	17
基岩	26.16	$8.18×10^9$	0.28	5000	39
桩	25.00	$3×10^{10}$	0.20		

表2 不同计算方法计算得到的桩后推力

Table 2 Landslide thrusts by different methods

单位：kN

设计安全系数	1.00	1.05	1.10	1.15	1.20	1.25
有限元法	4356	4528	4743	4995	5259	5543
Spencer法	3600	4050	4500	4900	5300	5650
不平衡推力法（采用强度储备安全系数）	3397	3838	4256	4628	4973	5292

表3 不同计算方法下比较

Table 3 Comparison between different methods

设计安全系数	1.00	1.05	1.10	1.15	1.20	1.25
不平衡推力法（采用强度储备安全系数）与有限元法	22%	15%	10%	7.3%	4.8%	4.5%
Spencer法与有限元法	17%	10.5%	5%	1.9%	1.3%	1.9%

（2）算例二计算模型与参数

本算例中采用计算模型如图2所示，参数如表4所示。抗滑桩截面尺寸为3 m×1 m，材料的物理力学参数见表4。此模型中坡高约为20 m，桩长30 m，其中桩埋深10 m。

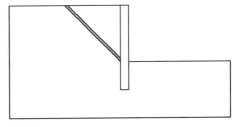

图2 计算模型

Fig. 2 Calculation model for slopes

表4 边坡采用的物理力学参数

Table 4 Physical and mechanical parameters for slopes

材料	重度/(kN·m^{-3})	弹性模量/Pa	泊松比	黏聚力/kPa	内摩擦角/(°)
滑体	21	$5×10^7$	0.4	20	30
滑带	21	$5×10^6$	0.4	5	23
基岩	27	$1×10^9$	0.2	1800	37
桩	25	$3×10^{10}$	0.2		

表5 不同计算方法计算得到的桩后推力

Table 5 Landslide thrusts by different methods

单位：kN

设计安全系数	1.00	1.05	1.10	1.15	1.20	1.25
不平衡推力法（采用强度储备安全系数）	1408	1468	1523	1574	1620	1662
Spencer法	1410	1490	1570	1630	1700	1760
有限元法	1479	1513	1550	1581	1615	1648

表 6 不同计算方法下误差比较

Table 6 Comparison of errors by different methods

设计安全系数	1.00	1.05	1.10	1.15	1.20	1.25
不平衡推力法（采用强度储备安全系数）与有限元法	4.8%	3.0%	1.7%	0	0	1%
Spencer法与有限元法	4.6%	1.5%	1.3%	3%	5%	6.4%

（3）计算结果分析

由表3和表6可以看出，当设计安全系数≥1.15时，极限分析法与有限元法存在的差距很小，这是因为滑面强度较小时，土体达到了极限状态，所以采用有限元和极限分析法计算结果一致。当设计安全系数<1.15时，由于滑面强度较高和抗滑桩的限制，土体的变形较小，采用有限元法计算时，滑面没有达到极限状态，抗滑力没有充分发挥，抗滑桩的桩后推力大于极限分析法得出的土压力值。因而有限元与极限分析法计算结果随设计安全系数减少，其推力差异逐渐增大。可见，滑面的强度在采用有限元计算时，对推力是有影响的。一般情况下抗滑桩的设计安全系数在1.15～1.30之间，抗滑桩多数都可以达到极限状态。

2.2 桩的厚度对两种推力计算方法的影响

由于抗滑桩的刚度会限制土体的变形，有可能使土体达不到极限状态，因而影响桩后推力的计算，下面对算例一采用不同的桩体厚度，按有限元计算桩后推力，并与极限分析方法比较。

（1）计算结果对比

表 7 不同桩厚情况下桩后推力

Table 7 Pile thrusts at different pile heights 单位：kN

设计安全系数	1.00	1.05	1.10	1.15	1.20
桩厚 3 m	4197	4428	4651	5073	5270
桩厚 3.6 m	4356	4528	4743	4995	5259
桩厚 5 m	4350	4560	4736	4979	5348
Spencer法	3600	4050	4500	4900	5300

表 8 不同桩厚情况下桩后推力误差比较

Table 8 Comparison of errors at different pile heights

设计安全系数	1.00	1.05	1.10	1.15	1.20
桩厚 3 m 与 3.6 m	3.6%	2.2%	1.9%	1.5%	0
桩厚 3 m 与 5 m	3.5%	2.9%	1.8%	1.9%	1.5%
桩厚 3.6 m 与 5 m	0	0	0	0	2%

（2）计算分析

由表8看出，桩厚变化对桩后推力的影响不大。在设计安全系数较大时，桩厚变化对推力基本没影响；当设计安全系数较小时，桩厚对推力的影响也不大，但与上述结论一样，设计安全系数小于1.15时，无论桩的厚度如何，都没有达到极限状态。

同时可看出，设计安全系数较小时，桩厚较小的抗滑桩刚度小，允许岩土体发生一定的变形，桩所承受的桩后推力小于刚度大的抗滑桩，当设计安全系数增大到一定程度，刚度较小与刚度较大的抗滑桩所承受的桩后推力基本相等。

2.3 桩体弹模对两种推力计算方法的影响

由于抗滑桩的刚度会限制土体的变形，有可能使土体达不到极限状态，因而影响桩后推力的计算，下面对算例一采用不同的桩的弹模，按有限元计算桩后推力，并与极限分析法比较。

（1）计算结果对比

表 9 不同桩体弹模情况下桩后推力

Table 9 Pile thrusts under different elastic moduli of piles 单位：kN

设计安全系数	1.00	1.05	1.10	1.15	1.20
桩体弹模 1×10^{10} Pa	4077	4298	4480	4840	5147
桩体弹模 3×10^{10} Pa	4356	4528	4743	4995	5259
桩体弹模 5×10^{10} Pa	4349	4557	4830	5078	5549
Spencer法	3600	4050	4500	4900	5300

表 10 不同桩体弹模下桩后推力误差比较

Table 10 Comparison of errors of pile thrusts under different elastic moduli of piles

设计安全系数	1.00	1.05	1.10	1.15	1.20
桩体弹模 1×10^{10} Pa 与 3×10^{10} Pa	6.4%	5.1%	5.5%	3.1%	2.1%
桩体弹模 1×10^{10} Pa 与 5×10^{10} Pa	6.4%	6.1%	7.3%	4.7%	7.3%
桩体弹模 3×10^{10} Pa 与 5×10^{10} Pa	0	1%	1.8%	1.6%	5.2%

（2）计算分析

由表10可看出在相同设计安全系数下，桩体混凝土弹模为1×10^{10} Pa时，其计算得出的桩后推力稍小于采用真实弹模3×10^{10} Pa计算得出的桩后推力。从计算中可看出，桩后推力随着桩体弹模增大而增大，因而尽可能采用准确的弹模。

2.4 滑坡体弹模对两种推力计算方法的影响

由于滑体的刚度也会限制土体的变形，弹模越大，限制土体变形的能力就越大，有可能使土体达不到极限状态，因而影响桩后推力的计算。下面对算例一采用不同的滑体弹模，按有限元法计算桩后推力，并与极限分析法进行比较。

（1）计算结果对比（见表11）

表 11 不同滑坡体弹模下桩后推力

Table 11 Pile thrusts under different elastic moduli of landslide 单位：kN

设计安全系数	1.00	1.05	1.10	1.15	1.20
滑体弹模 1×10^{7} Pa	4356	4528	4743	4995	5259
滑体弹模 3×10^{7} Pa	4575	4610	4994	5221	5488
滑体弹模 5×10^{7} Pa	4818	4957	5224	5436	5612
Spencer法	3600	4050	4500	4900	5300

（2）计算分析

由表12得出，相同设计安全系数下，桩后推力随着滑体弹模的增大而增大。有限元计算中，滑坡岩土体刚度大，限制了土体变形，因而滑体弹模取值对桩后推力计算结果影响较大，这与极限分析法存在很大的差异，极限分析法中是与弹模无关的，因而在选用土体弹模时，必须采用准确的弹模才能更好地与实际情况相吻合。

表12 不同滑体弹模时桩后推力误差比较

Table 12 Comparison of errors of pile thrusts under different elastic moduli of landslides

设计安全系数	1.00	1.05	1.10	1.15	1.20
滑体弹模 1×10^7 P_a 与 5×10^7 P_a	9.8%	8.8%	9.4%	8.3%	6.4%
滑体弹模 1×10^7 P_a 与 3×10^7 P_a	4.8%	1.8%	5%	4.3%	4.2%
滑体弹模 3×10^7 P_a 与 5×10^7 P_a	5%	7%	4.4%	4.0%	2.2%

2.5 滑带弹模对两种推力计算方法的影响

（1）算例三计算模型与参数

由于滑带的弹模影响土体的变形，弹模越大，影响土体变形越大，有可能使土体达不到极限状态，因而影响桩后推力的计算。但当前对滑带弹模测量不多，一般按经验确定，当滑体与滑带强度相差不大时，采用相同的弹模；而当相差较大时，滑带弹模可取低于滑体弹模一个数量级的值。下面对算例一模型采用不同的滑带弹模，采用有限元法计算桩后推力，并与极限分析法比较。计算中采用的边坡模型如图1所示，物理力学参数如表13所示。

表13 边坡采用的物理力学参数

Table 13 Physical and mechanical parameters for slopes

材料	重度 /(kN·m^3)	弹性模量/Pa	泊松比	黏聚力/Pa	内摩擦角/(°)
滑体	22.00	1.00×10^7	0.35	28000	20
滑带	22.00	—	0.35	10000	10
基岩	26.16	8.18×10^9	0.28	5×10^6	39
桩	25.00	3.00×10^{10}	0.20	—	—

（2）计算结果分析

由表14可以看出，相同设计安全系数下，桩后推力随着滑带弹模的增大而减小。有限元计算中，随着滑带弹模的增大，滑带与滑体的刚度逐渐接近，改变了滑带弹模较小时滑体阻止桩体变形的情况，桩体能够发生较大程度的位移，所以所承受的桩后推力减小。

表14 不同滑带弹模下桩后推力

Table 14 Pile thrusts under different elastic moduli of slip bands

单位：kN

设计安全系数	1.00	1.05	1.10	1.15	1.20
滑带弹模 1×10^6 P_a	8355	8651	8883	9091	9388
滑带弹模 3×10^6 P_a	8173	8394	8459	8613	9140
滑带弹模 5×10^6 P_a	7875	8085	8290	8350	8854
Spencer法	8200	8500	8700	9000	9250

表15 不同滑体弹模时桩后推力误差比较

Table 15 Comparison of errors of pile thrusts under different elastic moduli of slip bands

设计安全系数	1.00	1.05	1.10	1.15	1.20
滑体弹模为滑带弹模的10倍与Spencer法	1.9%	1.7%	2.1%	1%	1.5%
滑体弹模为滑带弹模的3.3倍与Spencer法	0	1.2%	2.8%	4.3%	1.2%
滑体弹模为滑带弹模的2倍与Spencer法	4%	4.9%	4.7%	7.2%	4.3%

当滑带与滑体强度相差较大时，因为岩土体弹模随着其强度的减小而减小。滑带与滑体弹模取值相差一个数量级时是合适的，计算结果见算例二和算例三。在算例二中当设计安全系数大于等于1.1时，推力计算结果与传统计算方法一致，而设计安全系数较小时，有限元计算结果稍大于极限分析法计算结果，这两个算例表明当滑带与滑体强度相差较大时，滑带与滑体岩土体采用相差一个数量级的弹模是合适的。

同时按算例一计算结果，当滑带与滑体强度相差较小时，滑带与滑体弹模取值相同是合适的。当设计安全系数大于等于1.15时，推力计算结果与传统计算方法基本一致，而设计安全系数较小时，有限元推力计算结果大于极限分析法计算结果，表明当滑带与滑体强度相差不大时，采用相同的弹模是合适的。

3 结 论

（1）极限分析方法与有限元计算方法的不同，首先在于两者的计算理念不同，前者基于极限分析，算出的推力是主动土压力；而后者是基于岩土体与支挡结构的共同作用，算出的是介于静止土压力和主动土压力之间的土压力（由位移大小确定）。

（2）有限元与极限分析法计算结果随安全系数增大，其推力差异逐渐趋于一致，这主要是当安全系数较大，有限元计算的物理参数 c，φ 值折减到即将破坏时，土体达到塑性状态，与极限状态相近的缘故。

（3）桩厚变化对桩后推力的影响不大。设计安全系数较小时，桩厚较小的抗滑桩刚度小，桩所承受的桩后推力小于刚度大的抗滑桩，当设计安全系数增大到一定程度，刚度较小与刚度较大的抗滑桩所承受的桩后推力基本相等。

（4）在相同设计安全系数下，桩后推力随着桩体弹模的增大而稍有增大，这是由于随着弹模的增大，桩体刚度随之增大，桩体变形受到限制，承担的桩后推力随之增大。

（5）在相同设计安全系数下，桩后推力随着滑体弹模的增大而增大，滑体弹模取值对桩后推力计算结果影响较大，因而在选用土体弹模时，必须采用准确的弹模才能更好地与实际情况相吻合。

（6）相同设计安全系数下，桩后推力随着滑带弹模的增大而减小。随着滑带弹模的增大，滑带与滑体的刚度逐渐接近，改变了滑带弹模较小时滑体阻止桩体变形的情况，桩体能够发生较大程度的位移，所以抗滑桩所承受的桩后推力减小。

（7）当滑体与滑带强度相差不大时，采用相同的弹模是合适的；当滑体与滑带强度相差较大时，采用相差一个数量级的弹模是合适的。

参考文献：

[1] 雷勇. 滑坡治理中抗滑短桩受力特性研究[D]. 重庆：后勤工程学院, 2007. (LEI Yong. The sliding characteristics of the short pile in landslide treatment[D]. Chongqing: Logistical Engineering University, 2007. (in Chinese))

[2] 郑颖人, 赵尚毅. 用有限元强度折减法求滑（边）坡支挡结构的内力[J]. 岩石力学与工程学报, 2004, **23**(20): 3552–3558. (ZHENG Ying-ren, ZHAO Shang-yi. Calculation of Inner Force of Support Structure for Landslide/Slope by Using Strength Reduction FEM[J]. Chinese Journal of Rock Mechanics and Engineering, 2004, **23**(20): 3552–3558. (in Chinese))

[3] 唐芬. 下沉短桩越顶问题的有限元分析[J]. 重庆交通大学学报(自然科学版), 2007, **26**(5): 103–107. (TANG Fen. FEM analysis of sliding face crossing over sinking pile[J]. Journal of Chongqing Jiaotong University (Natural Science), 2007, **26**(5): 103–107. (in Chinese))

[4] 雷文杰, 郑颖人, 冯夏庭. 沉埋桩的有限元设计方法探讨[J]. 岩石力学与工程学报, 2006, **25**(1): 27–33. (LEi Wen-jie, ZHENG Ying-ren, FENG Xia-ting. Study on finite element design methods of slope stabilized by deeply buried anti-slide piles[J]. Chinese Journal of Rock Mechanics and Engineering, 2006, **25**(1): 27–33. (in Chinese))

[5] 雷文杰. 埋入式抗滑桩加固滑坡体的有限元设计方法与大型物理模型试验研究[D]. 北京：中国科学院研究生院, 2006. (LEI Wen-jie. The finite element design method of embedded piles in reinforced landslide and large-scale physical model test[D]. Beijing: Graduate School of Chinese Academy of Sciences, 2006. (in Chinese))

[6] 王海斌, 李永盛. 边坡稳定性有限元分析的处理技巧[J]. 岩石力学与工程学报, 2005, **24**(13): 2386–2391. (WANG Hai-bin, LI Yong-sheng. Improved method of finite element anlysis of stability[J]. Chinese Journal of Rock Mechanics and Engineering, 2005, **24**(13): 2386–2391. (in Chinese))

[7] 郑颖人, 陈祖煜, 王恭先, 等. 边坡与滑坡工程治理[M]. 北京：人民交通出版社, 2007. (ZHENG Ying-ren, CHEN Zu-yu, WANG Gong-xian, et al. slope and landslide treatment[M]. Beijing: China Communications Press, 2007. (in Chinese))

[8] 王国强. 实用工程数值模拟技术及其在 ANSYS 上的实践[M]. 西安：西北工业大学出版社, 2000. (WANG Guo-qiang. Practical engineering simulation technology in the practice of ANSYS[M]. Xi'an：Northwestern Polytechnical Univisity Press, 2000. (in Chinese))

[9] 徐干成, 郑颖人. 岩土工程中屈服准则应用的研究[J]. 岩土工程学报, 1999, **12**(2): 93–99. (XU Gan-cheng, ZHENG Ying-ren. Geotechnical Engineering Applications of Yield Criterion[J]. Chinese Journal of Geotechnical Engineering, 1999, **12**(2): 93–99. (in Chinese))

[10] 梁斌, 郑颖人, 宋雅坤. 不同计算方法计算桩后推力与桩前抗力的比较与分析[J]. 后勤工程学报学报，2008, **24**(2): 14–17. (LIANG Bin, ZHENG Ying-ren, SONG Ya-kun. Calculation of landslide thrust and resistant force in front of anti-sliding pile by using different methods[J]. Journal of Logistical Engineering University, 2008, **24**(2): 14–17. (in Chinese))

[11] 王钊, 陆士强. 强度和变形参数的变化对土工有限元计算的影响[J]. 岩土力学, 2005(12): 1892–1894. (WANG Zhao, LU Shi-qiang. Effects of variation of strength and deformation parameters on calculation results of FEM for soil engineering[J]. Rock and Soil Mechanics, 2005(12): 1892–1894. (in Chinese))

隧道围岩结构地震动稳定性分析的动力有限元强度折减法

程选生[1,2]，郑颖人[1]，田瑞瑞[2]

（1. 后勤工程学院 建筑工程系，重庆 400041；2. 兰州理工大学 土木工程学院，兰州 730050）

摘 要：为了得到隧道围岩结构的地震动安全系数，借助通用有限元软件 ANSYS，首先对水平地震作用下的模型进行模态分析，得到质量阻尼系数和刚度阻尼系数；其次由静力分析模型得到竖向边界上的水平向支座反力，然后将结构自重转化为温度边界条件，通过热分析得到模型各节点的温度，从而实现在动力分析中考虑重力的影响；最后采用悬臂梁动力分析模型，导入热分析获得的模型各节点的温度，并在竖向边界上施加水平向支座反力，通过不断折减围岩塑性区的凝聚力 c 和内摩擦角 φ，直到计算不收敛为止，从而得到隧道围岩结构的地震动安全系数。数值算例结果表明：采用的方法是可行的，将围岩结构自重转化为节点温度的措施解决了以往动力分析不能考虑结构自重的难点，进而为以后地震作用下隧道动力安全系数的计算及其工程应用提供了理论依据。

关 键 词：地震；隧道；围岩结构；稳定性；动力有限元强度折减法
中图分类号：TU 48　　　　**文献标识码**：A

Dynamic finite element strength reduction method of earthquake stability analysis of surrounding rock of tunnel

CHENG Xuan-sheng[1,2], ZHENG Ying-ren[1], TIAN Rui-rui[2]

(1. Department of Civil Engineering, Logistical Engineering University, Chongqing 400041, China;
2. School of Civil Engineering, Lanzhou University of Technology, Lanzhou 730050, China)

Abstract: In order to obtain earthquake safety factor of surrounding rock of tunnel, using FEM software ANSYS, firstly, modal analysis is done by adopting the model under the horizontal earthquake action; and then mass damping coefficient and stiffness damping coefficient are obtained. Secondly, the horizontal support reaction force along the vertical borders is obtained by the static analysis. Thirdly, for considering the gravity influence in dynamic analysis, structure gravity is become into temperature boundary condition; and the temperature of each node in model is obtained by thermal analysis. Finally, adopting the dynamic analysis model of cantilever beam, and inputting into the node temperature which is obtained by using thermal analysis, and applying the level support reaction force along the vertical borders, cohesion c and friction angle φ in plastic zone are continuously discounted until the calculation is not convergent; and then the earthquake safety factor of surrounding rock of tunnel is obtained. Numerical example result shows that this approach is feasible, the measure that the structure gravity is become into the node temperature solves the difficulty that the structure gravity can not be considered in previous dynamic analysis; and so a theoretical basis is provided for dynamic safety factor calculation and engineering application of surrounding rock of tunnel under earthquake.

Keywords: earthquake; tunnel; surrounding rock structure; stability; dynamic finite element strength reduction method

1 引 言

地震灾害是群灾之首，它具有突发性、不可预测性和频度较高的特点，同时会产生严重的次生灾害。20 世纪以来，仅在中国大约每 3 年就发生两次以上的强烈地震，而每两次大震中差不多就有 1 次造成重大灾害[1]，破坏力较大的地震有：1920 年的宁夏海原地震、1966 年的河北邢台地震、1970 年的云南通海地震、1975 年的辽宁海城地震、1976 年的河北唐山地震、1999 年的台湾集集地震和 2008 年

注：本文摘自《岩土力学》（2011 年第 32 卷第 4 期）。

的四川汶川地震，2010年4月14日的青海省玉树藏族自治州的玉树县又发生了7.1级地震，这些大地震造成了部分窑洞、隧道（洞）坍塌，造成铁路和公路交通中断、水利水电工程设施毁坏等，给国家和人民的生命财产造成了巨大的经济损失。隧道结构中围岩的稳定起着极为重要的作用，因而对隧道围岩结构进行地震动安全评价就显得极为重要。要进行隧道围岩结构的地震动安全评价，首先应进行地震动稳定性分析方法的研究。现有文献主要进行隧道衬砌和围岩结构的应力分析和静力安全系数计算，如 Dimitrios Kolymbas[2]指出了隧道力学计算的合理方法；陈国兴等[3-4]对黄土窑洞按最大拉应力理论进行了准静态和地震动力响应分析，并对地铁区间隧道的衬砌结构进行了地震反应内力分析；高峰等[5]分别按平面应变和空间三维问题对黄土窑洞按最大拉应力理论在各种地震作用下进行了时间历程分析；郑颖人等[6-10]将有限元强度折减法应用于隧道，并对隧道的静力安全系数进行了分析；江权等[11]基于强度折减原理对地下洞室群整体安全系数的计算方法进行了探讨；李树忱等[12]研究了隧道围岩结构稳定分析的最小安全系数法；Yang 等[13-15]对浅埋隧道进行了稳定性分析等。

关于地震动的稳定性分析方法，目前所采用的方法基本上还是拟静力法[16-17]。该方法就是加速度法或惯性力法，荷载一般取峰值加速度的1/3~1/2，或者直接根据设防烈度给定地震作用的取值，从而把地震反应的动力学问题比拟成围岩结构在无限远处边界上承受一定荷载的弹性力学边值问题，或在动力分析时直接取地震反映峰值加速度的常体力弹性力学边值问题，利用静力稳定性分析的方法，通过不断降低围岩土体的强度参数，直到发生失稳破坏，从而得到拟静力强度折减法分析的围岩稳定性安全系数。该方法的优点是边界可采用黏弹性边界，应用方便，但无法准确地对地震荷载取值，所取荷载是地震反应某一时刻的固定值（即荷载是静态的），某一时刻的边界荷载或峰值加速度时围岩结构的动力响应未必最大，故无法考虑隧道围岩结构的动力放大效应，不能真正反映隧道围岩的动力特性，自然稳定性评价的准确性不会很高，更不能准确地得到隧道围岩结构的动力破裂面。笔者发展了动力有限元静力强度折减法[18]，该方法是先进行模态分析得到阻尼系数，再进行动力有限元分析得到第一振型时顶点最大水平位移时的时刻T'。进行完动力时程分析以后，导入左右两侧边界（拟静力分析模型），逐节点施加水平位移，然后不断降低围岩土体的强度参数，直到发生失稳破坏。该方法的优点是荷载取值为动力计算的结果，能较好地反映隧道围岩结构的动力特性，一定程度上提高了稳定性评价的准确性。

综上所述，不论拟静力强度折减法，还是笔者提出的动力有限元静力强度折减法，其稳定性分析方法都是静力的，为此，有必要提出新的稳定性分析方法——动力有限元强度折减法。该方法要求荷载是动力计算的结果，其稳定性分析方法也是动力的，故能够准确地评价隧道围岩结构的地震动稳定性，同时直接得到隧道围岩结构的地震动破裂面。为了说明所提出方法的可行性，借助数值算例进行有限元分析，为以后隧道围岩结构在地震作用下安全系数的计算及其工程应用提供理论依据。

2 模态分析

2.1 分析模型

为了得到地震作用下有限元矩阵微分方程的阻尼矩阵，首先应对隧道围岩结构的隔离体进行模态分析。如图1所示（由于是示意图，故未按比例绘制，下同），令 H_d 为隧道的覆土厚度，H 为隧道的高度，l 为隧道的跨度。

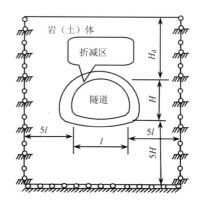

图1 分析模型示意图
Fig.1 Sketch of analysis model

考虑到结构偏于安全和计算机的速度等[19]，计算范围底部取5倍洞室高度，左右两侧各取5倍洞室跨度（通过对5倍、10倍、15倍和20倍的洞室跨度进行安全系数计算，5倍的洞室跨度即能满足工程精度要求[20]），向上取到地表。边界条件下部为固定铰约束，上部为自由边界，左右两侧边界为竖向约束。由于隧道纵向长度远大于其断面尺寸，故按平面应变问题来考虑。

2.2 模态分析

由于Rayleigh阻尼简单方便，故在分析中采用Rayleigh阻尼。该阻尼假设隔离体的阻尼矩阵 C 是质量矩阵 M 和刚度矩阵 K 的线性组合[21]，即

$$C = \eta M + \beta K \quad (1)$$

式中：η 为质量阻尼系数；β 为刚度阻尼系数；分别由下式求出：

$$\eta = \frac{2\omega_i \omega_j}{\omega_i + \omega_j}\zeta, \quad \beta = \frac{2}{\omega_i + \omega_j}\zeta \quad (2)$$

式中：ζ 为第 i 或第 j 振型对应的阻尼比（近似取 $\zeta_i = \zeta_j$，可根据试验数据获得）；ω_i 和 ω_j 为两个不同的自振圆频率。

3 边界条件

由于围岩结构在重力作用下不仅在边界上产生支座反力，而且在隔离体内产生自重应力。因此，要实现动力有限元强度折减法，必须同时考虑地震作用、支座反力和隔离体自重应力的影响。由于动力平衡方程是根据隔离体的静平衡位置获得的，没有考虑围岩结构的自重影响，故在分析时应将结构自重转化为外部荷载。

3.1 竖向边界上水平支座反力

为了得到地震作用下隧道围岩结构隔离体动力分析模型各节点的边界支座反力，将图1左右两侧边界上的竖向约束改为水平约束（如图2所示），通过静力有限元分析可获得左右两侧边界的水平向支座反力。

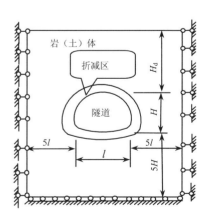

图 2 分析模型示意图
Fig.2 Sketch of analysis model

3.2 自重应力等效边界条件

按照弹性半空间模型，假设围岩结构是半无限空间线性变形体，则均质土中竖向自重应力 σ_{cz} 在任意水平面上的各点呈均匀分布，而与深度 z 成正比，即沿深度按直线分布，即

$$\sigma_{cz} = \rho g z \quad (3)$$

式中：ρ 为土体天然密度；z 为土体深度。

设由温度产生的单元应力和应变分别为 σ_0、ε_0，则由虎克定律得

$$\sigma_0 = E\varepsilon_0 \quad (4)$$

如图3所示，设单元在竖向与岩（土）体表面的温差为 ΔT，温度作用下产生的单元变形为

$$\varepsilon_0 = \alpha \Delta T z \quad (5)$$

式中：α 为材料线膨胀系数。

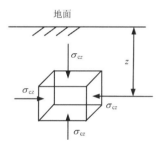

图 3 单元自重应力
Fig.3 Element gravity stress

令 $\sigma_{cz} = \sigma_0$，由式（3）～（5）可得，

$$\Delta T = \frac{\rho g}{E \alpha} \quad (6)$$

设顶部边界的温度为0，将式（6）可获得竖向边界、底部边界上的温度值。把由式（6）获得的温差代入式（4）时，E 和 α 均消去，故为简单起见，可取 α 为1。为了有利于温度应力的传递，将隧道视为过渡区，设其弹性模量和泊松比均为 10^{-5}，密度为0。分析模型如图4所示。

4 动力有限元强度折减法

4.1 分析模型

如图5所示，先通过静力有限元分析获得左右两侧边界上的水平向支座反力 F_{Rxi}^L 和 F_{Rxi}^R，并将其作为主动力施加在隔离体上，并导入热分析获得的隔离体各节点的温度。

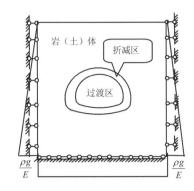

图 4 热分析模型示意图
Fig.4 Sketch of thermal analysis model

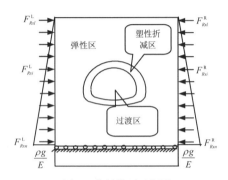

图 5 分析模型示意图
Fig.5 Sketch of analysis model

4.2 动力强度折减法

4.2.1 地震作用下有限元分析

地震作用下隔离体的矩阵微分方程[21–23]为

$$M\ddot{u}(t)+C\dot{u}(t)+Ku(t)=-M\ddot{u}_g(t)+P_{\varepsilon_0}+P_f \quad (7)$$

式中：$\ddot{u}(t)$、$\dot{u}(t)$ 和 $u(t)$ 分别为隔离体的节点加速度向量、速度向量和位移向量；$\ddot{u}_g(t)$ 为输入的地震加速度时程；P_f 为面荷载向量；P_{ε_0} 为温度应变引起的荷载向量。

$$\left.\begin{array}{l}P_{\varepsilon_0}=\sum\limits_{e}\int_{\Omega_e}B^{\mathrm{T}}D\varepsilon_0\mathrm{d}\Omega\\ \varepsilon_0=\alpha(\varphi-\varphi_0)\begin{pmatrix}1&1&0\end{pmatrix}^{\mathrm{T}}\end{array}\right\} \quad (8)$$

式中：D 为弹性矩阵；B 为应变矩阵；φ 为温度场向量；φ_0 为初始温度场向量。

式（7）求解采用 Newmark 积分法，即假设

$$u_{t+\Delta t}=u_t+\Delta t\dot{u}_t+\left(\frac{1}{2}-\delta\right)\Delta t^2\ddot{u}_t+\delta\Delta t^2\ddot{u}_{t+\Delta t} \quad (9)$$

$$\dot{u}_{t+\Delta t}=\dot{u}_t+(1-\chi)\Delta t\ddot{u}_t+\chi\Delta t\ddot{u}_{t+\Delta t} \quad (10)$$

式中：χ 和 δ 均为常数。

则在 $t+\Delta t$ 时刻的运动微分方程为

$$M\ddot{u}_{t+\Delta t}+C\dot{u}_{t+\Delta t}+Ku_{t+\Delta t}=-M\ddot{u}_{g(t+\Delta t)}+P_{\varepsilon_0}+P_f \quad (11)$$

取 $\chi=\dfrac{1}{2}$、$\delta=\dfrac{1}{4}$、$\Delta t\leqslant T_{\max}/100$（$T_{\max}$ 为隔体的最大自振周期），则 Newmark 法无条件稳定，且能使结果达到满意的精度。

将式（9）、（10）代入式（11），得

$$\left(M+\frac{\Delta t}{2}C\right)\ddot{u}_{t+\Delta t}+C\left(\dot{u}_t+\frac{\Delta t}{2}\ddot{u}_t\right)+Ku_{t+\Delta t}=-M\ddot{u}_{g(t+\Delta t)}+P_{\varepsilon_0}+P_f \quad (12)$$

由式（10）可知

$$\ddot{u}_{t+\Delta t}=\frac{4}{\Delta t^2}(u_{t+\Delta t}-u_t)-\frac{4}{\Delta t}\dot{u}_t-\ddot{u}_t \quad (13)$$

将式（13）代入式（12），得

$$\left(K+\frac{2}{\Delta t}C+\frac{4}{\Delta t^2}M\right)u_{t+\Delta t}=C\left(\frac{2}{\Delta t}u_t+\dot{u}_t\right)+M\left(\frac{4}{\Delta t^2}u_t+\frac{4}{\Delta t}\dot{u}_t+\ddot{u}_t\right)-M\ddot{u}_{g(t+\Delta t)}+P_{\varepsilon_0}+P_f \quad (14)$$

由式（14）求得 $u_{t+\Delta t}$ 后，再由式（12）、（13）求得 $\ddot{u}_{t+\Delta t}$ 和 $\dot{u}_{t+\Delta t}$。

4.2.2 强度折减法

所谓强度折减法[24–26]，就是将围岩结构的抗剪强度指标 c 和 $\tan\varphi$ 分别折减为 c/ω 和 $\tan\varphi/\omega$（ω 为折减系数），直至达到极限破坏状态为止（设控制力 L2 模的容限 toler 为 0.005，控制位移 L1 模的容限 toler 为 0.001），程序自动根据弹塑性有限元计算结果得到破坏面，此时围岩结构的折减系数即为安全系数。即令

$$c'=\frac{c}{\omega},\quad \varphi'=\frac{\varphi}{\omega} \quad (15)$$

即有

$$\tau=\frac{c}{\omega}+\sigma\frac{\tan\varphi}{\omega}=c'+\sigma\tan\varphi' \quad (16)$$

4.2.3 破坏准则

假定围岩结构为理想弹塑性材料，采用，采用平面应变关联法则下摩尔-库仑匹配准则[24]，其表达式为

$$F=\lambda I_1+\sqrt{J_2}=k \quad (17)$$

式中：I_1、J_2 分别为应力张量第一不变量和应力偏张量第二不变量；λ、k 是与岩土材料凝聚力 c' 和内摩擦角 φ' 相关的常数，表达式为

$$\lambda=\frac{\sin\varphi'}{\sqrt{3(3+\sin^2\varphi')}},\quad k=\frac{3c'\cos\varphi'}{\sqrt{3(3+\sin^2\varphi')}} \quad (18)$$

在竖向边界上输入水平向支座反力和边界温度值,并导入热分析获得的隔离体各节点的温度后进行动力分析,从而得到动力安全系数。

5 数值算例

5.1 计算参数及边界条件

5.1.1 计算参数

为了分析方便,取土体作为研究对象,围岩材料参数[27]如表 1 所示,并视其为弹塑性材料,设隧道跨度为 6 m,覆土厚度为 8 m,选取多遇地震情况下加速度时程曲线最大值为 70 cm/s^2 的Ⅷ度设防区[28]情况进行围岩稳定性分析。

表 1 围岩材料参数
Table 1 Material parameters of surrounding rock

弹性模量 E/MPa	泊松比 μ	重度 γ/(kN/m^3)	凝聚力 c/kPa	内摩擦角 φ/(°)	阻尼比 ζ
51.5	0.25	15.65	61.2	28.98	0.15

通过静力强度折减法和动力有限元静力强度折减法可知,隧道围岩结构的内部局部发生破坏,故为了实现动力有限元强度折减法,减少围岩材料强度折减致使地震响应和安全系数提高的影响,视最外层为弹性区,最内侧厚度取 500 mm(也可取其他厚度,但不能太大或太小,以便能反映塑性区的破坏特征为宜)的土体作为抗剪强度折减区,这两层设同样材料参数。单元和网格划分如图 6 所示。

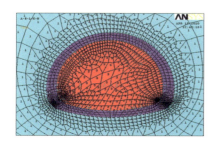

图 6 单元和网格划分
Fig. 6 Element and meshing

5.1.2 边界条件

(1)竖向边界上水平支座反力边界条件

通过静力有限元分析,左右两侧边界上各节点的节点编号如图 7 所示,水平支座反力如表 2 所示。

(2)等效自重边界条件

设热分析设参考温度为 0 ℃,由式(6)可得温差约为 0.000 3 ℃,温度边界条件如图 8 所示。

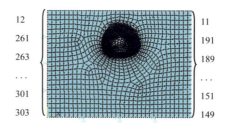

图 7 边界节点编号示意图
Fig.7 Sketch of boundary node number

表 2 竖向边界上各节点的水平支反力
Table 2 The horizontal support reaction forces along the vertical borders

节点	力/N	节点	力/N	节点	力/N
11	2 467	175	−59 772	275	54 835
12	−2 466	177	−53 995	277	60 540
149	−130 370	181	−40 727	279	65 798
151	−125 440	183	−33 241	281	70 749
153	−128 960	185	−25 325	283	75 547
155	−120 900	187	−17 163	285	80 339
157	−106 660	189	−8 943	287	85 249
159	−100 660	191	−1 591	289	90 370
161	−94 995	261	1 593	291	95 768
163	−89 639	263	8 944	293	101 480
165	−84 552	265	18 363	295	107 530
167	−79 665	267	28 302	297	113 920
169	−74 880	269	34 317	299	120 530
171	−70 070	271	41 730	301	125 440
173	−65 085	273	48 580	303	130 370

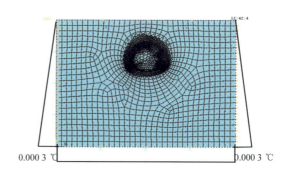

图 8 热分析模型
Fig.8 Thermal analysis model

5.2 模态分析

为了确定该模型在地震分析中的 η 和 β,首先,用分块兰索斯法(Block Lanczos)对其进行模态分析,得到隧道围岩结构的前 6 阶频率(见表 3);其次,由频率 ω_i、ω_j 和阻尼比 ζ 确定 Rayleigh 阻尼的常数 η 和 β 值,可得 $\eta=0.152\ 8$,$\beta=0.100\ 8$。

表 3 前 6 阶的频率 f(单位:Hz)
Table 3 The first six-order frequencies f (unit: Hz)

第 1 频率	第 2 频率	第 3 频率	第 4 频率	第 5 频率	第 6 频率
0.652 4	1.196 9	1.429 0	1.545 2	1.868 8	2.325 4

5.3 施加地震波

采用 EI-Centro 波（如图 9 所示）能更准确地模拟隧道围岩结构的地震动响应，地震响应分析时可只考虑地震波对隔离体的水平振动，故将地震波沿水平方向从底部输入，然而记录到的地震波幅值与进行地震动力反应分析所需的地震动幅值很可能不一致，故应根据设防烈度对原记录的地震幅值进行调整。

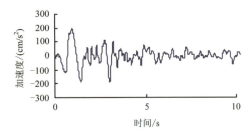

图 9　EI-Centro 地震波
Fig.9　EI-Centro seismic wave

5.4 动力有限元强度折减法

如图 10 所示，将静力分析中得到的模型两侧支座反力施加于动力分析模型上，导入热分析结果文件进行动力有限元分析，通过不断折减得到隧道安全系数。

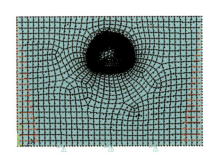

图 10　分析模型
Fig.10　Analysis model

5.5 结果分析

通过不断降低隧道周边 500 mm 厚土体的抗剪强度参数，得到隧道围岩结构的动力安全系数。静力法、拟静力法、动力有限元静力折减法和动力有限元强度折减法在临界状态下的安全系数 ω 和应变云图如图 11 所示。

由图 11 可知，除重力作用下隧道围岩结构的塑性区上移之外，其他分析方法的塑性区都出现在底脚。不同方法所得安全系数由大到小依次为：静力强度折减法>拟静力强度折减法>动力有限元静力强度折减法>动力有限元强度折减法。

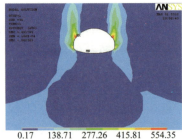

(a) 静力法 $\omega=1.700$

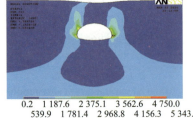

(b) 拟静力强度折减法（加速度法）$\omega=1.667$

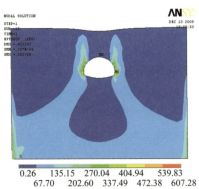

(c) 动力有限元静力强度折减法 $\omega=1.651\ 9$

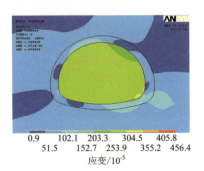

(d) 动力有限元强度折减法 $\omega=1.510$

图 11　安全系数和临界应变云图
Fig.11　Safety factor and critical strain nephogram

对于本文提出的动力强度折减方法，安全系数与静力强度折减法所得安全系数差值为 12.58%（需说明的是，尽管其误差值较小，但通过计算分析，安全系数与隧道的跨度、断面形式等因素密切有关，小跨度的误差很大，因此，不能以静力安全系数随意代替动力安全系数），与拟静力强度折减法（峰值加速度法）所得安全系数的误差为10.40%，与动力有限元静力强度折减法所得安全系数的误差为9.39%。

6 结 论

（1）地震作用会使得围岩结构的安全系数降低。

（2）除重力作用下隧道围岩结构的塑性区上移之外，其他分析方法的塑性区都出现在底脚。因此，结构设计时应对底脚处采取加强措施。

（3）将结构自重转化为温度的措施解决了以往动力分析不能考虑结构自重的难点。

（4）由于动力有限元强度折减法所考虑的荷载是动力计算的结果，其稳定性分析方法也是动力的，故所得安全系数最低，从而可准确地评价隧道围岩结构的地震动稳定性，同时直接得到隧道围绕岩结构的地震动破裂面。

（5）所采用的方法是可行的，从而为以后隧道围岩结构在地震作用下安全系数的计算及其工程应用提供了理论依据。

参 考 文 献

[1] 史良. 黄土隧道抗震设计研究[D]. 西安：长安大学，2005.

[2] KOLYMBAS D. Tunnelling and tunnel mechanics: A rational approach to tunnelling[M]. Berlin, Heidelberg: Springer, 2005.

[3] 陈国兴. 岩土地震工程学[M]. 北京：科学出版社，2007.

[4] 陈国兴，张克绪，谢君斐. 黄土崖窑洞抗震性能分析[J]. 哈尔滨建筑大学学报，1995，28(1): 16－21.
CHEN Guo-xing, ZHANG Ke-xu, XIE Jun-fei. Aseismic performance analysis of the cave dewlling on the loess precipice[J]. **Journal of Harbin University of Civil Engineering and Architecture**, 1995, 28(1): 16－21.

[5] 高峰，任侠. 黄土窑洞地震反应分析[J]. 兰州铁道学院学报(自然科学版)，2001，20(3): 12－18.
GAO Feng, REN Xia. Seimic responses analysis of a loess cave[J]. **Journal of Lanzhou Railway University (Natural Sciences)**, 2001, 20(3): 12－18.

[6] 邱陈瑜，郑颖人，宋雅坤. 采用ANSYS软件讨论无衬砌黄土隧洞安全系数[J]. 地下空间与工程学报，2009，5(2): 291－296.
QIU Chen-yu, ZHENG Ying-ren, SONG Ya-kun. Exploring the safety factors of unlined loess tunnel by ANSYS[J]. **Chinese Journal of Underground Space and Engineering**, 2009, 5(2): 291－296.

[7] 郑颖人，邱陈瑜，张红，等. 关于土体隧洞围岩稳定性分析方法的探索[J]. 岩石力学与工程学报，2008，27(10): 254－260.
ZHENG Ying-ren, QIU Chen-yu, ZHANG Hong, et al. Exploration of stability analysis methods of surrounding rocks in soil tunnel[J]. **Chinese Journal of Rock Mechanics and Engineering**, 2008, 27(10): 254－260.

[8] 张红，郑颖人，杨臻，等. 黄土隧洞安全系数初探[J]. 地下空间与工程学报，2009，5(2): 291－296.
ZHANG Hong, ZHENG Ying-ren, YANG Zhen, et al. Exploration of safety factors of the loess tunnel[J]. **Chinese Journal of Underground Space and Engineering**, 2009, 5(2): 297－306.

[9] 杨臻，郑颖人，张红，等. 岩质隧洞围岩稳定性分析与强度参数的探讨[J]. 地下空间与工程学报，2009，5(2): 283－290.
YANG Zhen, ZHENG Ying-ren, ZHANG Hong, et al. Analysis of stability for the surrounding rock of tunnel and exploring the strength parameters[J]. **Chinese Journal of Underground Space and Engineering**, 2009, 5(2): 283－290.

[10] 张黎明，郑颖人，王在泉，等. 有限元强度折减法在公路隧道中的应用探讨[J]. 岩土力学，2007，28(1): 97－101.
ZHANG Li-ming, ZHENG Ying-ren, WANG Zai-quan, et al. Application of strength reduction finite element method to road tunnels[J]. **Rock and Soil Mechanics**, 2007, 28(1): 97－101.

[11] 江权，冯夏庭，向天兵. 基于强度折减原理的地下洞室群整体安全系数计算方法探讨[J]. 岩土力学，2009，30(8): 2483－2488.
JIANG Quan, FENG Xia-ting, XIANG Tian-bing. Discussion on method for calculating general safety factor of underground caverns based on strength reduction theory [J]. **Rock and Soil Mechanics**, 2009, 30(8): 2483－2488.

[12] 李树忱，李术才，徐帮树. 隧道围岩稳定分析的最小安全系数法[J]. 岩土力学，2007，28(3): 549－554.

LI Shu-chen, LI Shu-cai, XU Bang-shu. Minimum safety factor method for stability analysis of surrounding rockmass of tunnel[J]. **Rock and Soil Mechanics**, 2007, 28(3): 549−554.

[13] YANG X L, HUANG F. Stability analysis of shallow tunnels subjected to seepage with strength reduction theory[J]. **Journal of Central South University of Technology**, 2009, 16(6): 1001−1005.

[14] STERPIL D, CIVIDINI A. A physical and numerical investigation on the stability of shallow tunnels in strain softening media[J]. **Rock Mechanics and Rock Engineering**, 2004, 37(4): 277−298.

[15] ZARETSKIIL Y K, KARABAEVL M I, KHACHATURYAN N S. Construction monitoring of a shallow tunnel in the Lefortovo District of Moscow[J]. **Soil Mechanics and Foundation Engineering**, 2004, 41(2): 45−51.

[16] 许增会, 刘刚. 地震区隧道稳定性分析方法[J]. 公路, 2004, (10): 189−193.

XU Zeng-hui, LIU Gang. A study of stability analysis of tunnels in seismic region[J]. **Highway**, 2004, (10): 189−193.

[17] 刘晶波, 李彬, 刘祥庆. 地下结构抗震设计中的静力弹塑性分析方法[J]. 土木工程学报, 2007, 47(7): 68−76.

LIU Jing-bo, LI Bin, LIU Xiang-qing. A static elasto-plastic analysis method in seismic design of underground structures[J]. **China Civil Engineering Journal**, 2007, 47(7): 68−76.

[18] 程选生, 郑颖人. 地震作用下无衬砌黄土隧道围岩结构安全系数的计算探讨[J]. 岩土力学, 2011, 32(3): 769−774.

CHENG Xuan-sheng, ZHENG Ying-ren. Calculation discussion about safety factor of unlined loess tunnel wall rock structure under earthquake[J]. **Rock and Soil Mechanics**, 2011, 32(3): 769−774.

[19] 谷兆祺, 彭守拙, 李仲奎. 地下洞室工程[M]. 北京: 清华大学出版社, 1994.

[20] CHENG X S, TIAN R R, WANG J L. Parameter determination about loess tunnel analysis model under earthquake action[C]//Proceedings of the Eleventh International Symposium on Structural Engineering. Guangzhou City: Science Press, 2010: 34−38.

[21] 陈立伟, 彭建兵, 范文, 等. 地震作用下黄土暗穴的稳定性[J]. 长安大学学报(自然科学版), 2007, 27(6): 34−36.

CHEN Li-wei, PENG Jian-bing, FAN Wen, et al. Stability of loess hidden hole under earthquake[J]. **Journal of Chang'an University(Natural Science Edition)**, 2007, 27(6): 34−36.

[22] 彭建兵, 李庆春, 陈志新, 等. 黄土洞穴灾害[M]. 北京: 科学出版社, 2008.

[23] 王勖成, 邵敏. 有限单元法基本原理和数值方法[M]. 北京: 清华大学出版社(第二版), 2000.

[24] 郑颖人, 陈祖煜, 王恭先, 等. 边坡与滑坡工程治理[M]. 北京: 人民交通出版社, 2007.

[25] 郑颖人, 赵尚毅, 邓楚键, 等. 有限元极限分析法发展及其在岩土工程中的应用[J]. 中国工程科学, 2006, 8(12): 39−61.

ZHENG Ying-ren, ZHAO Shang-yi, DENG Chu-jian, et al. Development of finite element limit analysis method and its applications in geotechnical engineering[J]. **Engineering Sciences**, 2006, 8(12): 39−61.

[26] 郑颖人, 赵尚毅, 张鲁渝. 用有限元强度折减法进行边坡稳定分析[J]. 中国工程科学, 2002, 4(10): 57−62.

ZHNG Ying-ren, ZHAO Shang-yi, ZHANG Lu-yu. Slope stability analysis by strength reduction FEM[J]. **Engineering Science**, 2002, 4(10): 57−62.

[27] 王峻, 王兰民, 李兰. 永登5.8级地震中黄土震陷灾害的探讨[J]. 地震研究, 2005, 28(4): 393−397.

WANG Jun, WANG Lan-min, LI Lan. Discussion on the loess subsidence disaster caused by the Yongdeng M5.8 earthquake[J]. **Journal of Seimological Research**, 2005, 28(4): 393−397.

[28] 中华人民共和国建设部. GB 50011−2001 建筑抗震设计规范[S]. 北京: 中国建筑工业出版社, 2001.

广义塑性力学多重屈服面模型隐式积分算法及其 ABAQUS 二次开发

冯 嵩[1,2]，郑颖人[2]，孔 亮[3]，冯夏庭[1]

(1. 中国科学院武汉岩土力学研究所 岩土力学与工程国家重点实验室，湖北 武汉 430071；2. 后勤工程学院 建筑工程系，重庆 400041；3. 青岛理工大学 理学院，山东 青岛 266033)

摘要：进行采用非关联流动法则的多重屈服面本构模型隐式积分算法的实现。基于广义塑性力学建模理论，模型采用由试验拟合确定的屈服面，通过大型有限元软件 ABAQUS 提供的用户子材料接口，采用 FORTRAN 语言，实现广义塑性力学的双屈服面模型的完全隐式应力积分算法。利用所开发的 UMAT 程序，进行黏土常规三轴数值模拟计算，通过数值模拟结果与试验结果的比较，验证模型和程序的有效性和准确性。

关键词：土力学；广义塑性力学；多重屈服面模型；非关联流动法则；隐式应力积分算法

中图分类号：TU 41　　　**文献标识码**：A　　　**文章编号**：1000 - 6915(2011)10 - 2019 - 07

IMPLICIT ALGORITHM OF MULTI-YIELD-SURFACE MODEL BASED ON GENERALIZED PLASTICITY AND ITS REDEVELOPMENT IN ABAQUS

FENG Song[1,2], ZHENG Yingren[2], KONG Liang[3], FENG Xiating[1]

(1. *State Key Laboratory of Geomechanics and Geotechnical Engineering*, *Institute of Rock and Soil Mechanics*, *Chinese Academy of Sciences*, *Wuhan*, *Hubei* 430071, *China*; 2. *Department of Architectural Engineering*, *Logistical Engineering University of PLA*, *Chongqing* 400041, *China*; 3. *School of Science*, *Qingdao Technological University*, *Qingdao*, *Shandong* 266033, *China*)

Abstract: An implicit integration algorithm of constitutive equations for multi-yield-surface model with non-associative flow rule is presented firstly. The yield criterions of multi-yield-surface model are gotten by fitting the experimental data through conventional triaxial tests and true triaxial tests based on generalized plasticity. The UMAT subroutine of this model is developed in ABAQUS with the FORTRAN language through the implicit algorithm. It is easy to verify the feasibility and accuracy of the model and the program by comparing the results of numerical simulation with that given by triaxial tests.

Key words: soil mechanics; generalized plasticity; multi-yield-surface model; non-associative flow rule; implicit stress integration algorithm

1 引 言

ABAQUS 软件是国际上公认的在非线性力学分析功能方面处于国际领先的大型通用有限元计算分析软件。在世界许多国家的机械、采矿、土木工程、航空航天等方面得到了广泛的应用，但是 ABAQUS 软件仅包含在岩土工程中广泛使用的 Drucker-Pruger 模型、Mohr-Columb 模型、Cambridge 模型等。由于这些模型的局限性，无法较全面反映土体的特殊性质，如应力路径依赖性、应变软化、剪胀等，限制了 ABAQUS 在岩土工程中的应用。

注：本文摘自《岩石力学与工程学报》(2011 年第 30 卷第 10 期)。

为了能够较好地反映岩土变形机制，郑颖人和孔亮[1]提出并建立了广义塑性力学，并建立了相应的多重屈服面本构模型。广义塑性力学是基于分量塑性势面与分量屈服面的理论，能反映应力路径转折的影响，即应力增量对塑性应变增量的影响[2]。广义塑性力学中的塑性势面是已知的，屈服面与塑性势面相应，并指出屈服面的物理含义与弹性模量类似，只不过是表征材性与应力状态的力学参数，需通过试验拟合将试验曲线转化为屈服条件，因而避免了当前非关联流动法则中任意假定塑性势面引起的误差，满足客观性与唯一性[3]。广义塑性力学多屈服面模型克服了常用单屈服面模型中的一些缺点，如剑桥模型只能反映剪缩且不能较好反映剪切变形，Mohr-Columb 模型存在角点等。为了扩大广义塑性力学多屈服面模型的工程实际应用，对其进行基于大型有限元程序 ABAQQUS 的二次开发就是一项迫在眉睫的工作。

郑颖人等[1,4]根据广义塑性力学建模理论，由试验拟合确定重庆红黏土屈服条件。本文根据其拟合得到的屈服面，结合 ABAQUS 用户子程序接口，采用完全隐式图形返回算法，基于 FORTRAN 语言开发了相应的用户子程序。最后通过对一系列三轴试验进行数值模拟所得到的结果与试验结果的比较，验证了所采用模型的适用性及所开发程序的准确性与有效性。

2 广义塑性力学本构模型介绍

本文采用双塑性势面与双屈服面模型。屈服面采用陈瑜瑶[4]通过重庆红黏土的常规三轴试验与真三轴试验拟合得到的屈服面。为了与 ABAQUS 中应力应变的正负规定一致，屈服面函数中应力应变均以拉为正，压为负。

2.1 体积屈服条件

对于重庆红黏土这种压缩型土，选取塑性体应变作为硬化参量，郑颖人等[1,4]中采用椭圆曲线进行拟合，得到体积屈服面 f_v：

$$f_v = p^2 b^2 + q^2 a^2 - a^2 b^2 = 0 \quad (1)$$

$$a^2 = 4.2 \times 10^6 \varepsilon_v^p + 1.92 \times 10^5 \quad (2)$$

$$b^2 = 1.96 \times 10^7 (\varepsilon_v^p)^2 + 1.08 \times 10^6 \varepsilon_v^p + 640 \quad (3)$$

式中：ε_v^p 为塑性体应变；p 为体积应力(kPa)，$p = (\sigma_1 + \sigma_2 + \sigma_3)/3$；$q$ 为广义剪应力(kPa)，$q = \sqrt{3 s_{ij} s_{ij} / 2}$，$s_{ij}$ 为应力偏量分量。

2.2 剪切屈服面

对硬化压缩土，通过对重庆红黏土的试验，选取广义塑性剪应变为硬化参量，采用双曲线拟合，得到剪切屈服条件 f_q 如下：

$$f_q = (c - dp)q + p = 0 \quad (4)$$

$$c = 102(\gamma_q^p)^2 - 21.08\gamma_q^p + 2.0397 \quad (5)$$

$$d = 1.0 \times 10^{-3}(8.46\gamma_q^p - 0.4119) \quad (6)$$

式中：γ_q^p 为塑性剪应变。

2.3 流动法则

广义塑性力学采用分量理论，非关联流动法则。对于本模型：

$$d\varepsilon_{ij}^p = \sum_{k=1}^{2} d\lambda_k \frac{\partial Q_k}{\partial \sigma_{ij}} \quad (7)$$

式中：Q_k 为任意的线性无关的塑性势函数，$d\lambda_k$ 为相应势面的塑性因子。

广义塑性力学采用非关联流动法则，相对应于体积屈服条件与剪切屈服条件的塑性势面分别可取 $Q_v = p$，$Q_q = q$。

2.4 加卸载准则

另采用如下加卸载准则[1]：

(1) 当 $\hat{f}_v > 0$ 且 $\hat{f}_q > 0$ 时，完全加载，且有

$$\hat{f}_v = \frac{\partial f_v}{\partial \sigma_{ij}} d\sigma_{ij}, \quad \hat{f}_q = \frac{\partial f_q}{\partial \sigma_{ij}} d\sigma_{ij}$$

(2) 当 $\max(\hat{f}_v, \hat{f}_q) = 0$ 时，中性加载；

(3) 当 $\hat{f}_v \hat{f}_q < 0$ 时，部分加载，并在弹塑性应力-应变关系中将处于卸载状态的屈服函数视作为 0；

(4) 当 $\hat{f}_v < 0$ 且 $\hat{f}_q < 0$ 时，完全卸载。

3 隐式本构积分算法的实现

3.1 隐式本构积分算法

所谓的本构积分算法即对率形式的本构方程进行积分的算法。本文采用完全隐式向后欧拉图形返回算法进行应力更新计算。这种方法强化了本构关系积分在时间步结束时的一致性，即 $f_{i, n+1} = 0$。该方法是强健和精确的，而且是无条件收敛的[5-7]。

J. C. Simo 等[6-8]详细论述了隐式应力积分算法的方法和步骤。该方法的主要部分在于将一组本构方程转换为一组非线性代数方程的积分算法和一个

非线性代数方程组的求解方法。

主要包括两方面的内容：初始弹性预测和塑性修正：

(1) 初始弹性预测：在第 n 步的应力 $\boldsymbol{\sigma}_n$、应变 $\boldsymbol{\varepsilon}_n$、塑性体应变 $\varepsilon_{v,n}^p$、广义塑性剪应变 $\gamma_{q,n}^p$ 已知的情况下，假设给定的应变增量 $\Delta\boldsymbol{\varepsilon}_{n+1}$ 都为弹性应变，由此根据线弹性本构关系计算出弹性预测试应力：

$$\boldsymbol{\sigma}_{n+1}^{\text{trial}} = \boldsymbol{\sigma}_n + \boldsymbol{D} : \Delta\boldsymbol{\varepsilon}_{n+1} \tag{8}$$

式中：$\boldsymbol{D}$ 为弹性刚度矩阵。

(2) 塑性修正阶段：根据第一步计算的弹性预测试应力，检查其是否满足屈服条件 $f_i > 0$。若不满足，则无须进行修正；若满足，则对应力进行修正，使其返回到屈服面，进入下一个步骤。

设初始在弹性试应力下被激活的屈服面的集合为 $J_{\text{act}}^{\text{trial}}$，且有

$$J_{\text{act}}^{\text{trial}} = \{\alpha \in \{1, 2, 3, \cdots, n\} | f_{\alpha,n+1}^{\text{trial}} > 0\} \tag{9}$$

此时需注意，对于多重屈服面模型，当 $f_{\alpha,n+1}^{\text{trial}} > 0$，$f_{\beta,n+1}^{\text{trial}} > 0$ 时，并不能得到 $f_\alpha > 0$，$f_\beta > 0$，即 2 个屈服面同时都被激活，具体解释见节 3.2。根据式(7)，塑性应变增量为

$$\Delta\varepsilon_{ij,n+1}^p = \varepsilon_{ij,n+1}^p - \varepsilon_{ij,n}^p = \sum_{k \in J_{\text{act}}} \Delta\lambda_k \frac{\partial Q_k}{\partial \sigma_{ij}} \tag{10}$$

令

$$\begin{aligned}\boldsymbol{\sigma}_{n+1} &= \boldsymbol{D} : (\boldsymbol{\varepsilon}_{n+1} - \boldsymbol{\varepsilon}_n^p - \Delta\boldsymbol{\varepsilon}_{n+1}^p) = \boldsymbol{D} : (\boldsymbol{\varepsilon}_n + \\ &\Delta\boldsymbol{\varepsilon}_{n+1} - \boldsymbol{\varepsilon}_n^p - \Delta\boldsymbol{\varepsilon}_{n+1}^p) = \boldsymbol{D} : (\boldsymbol{\varepsilon}_n - \boldsymbol{\varepsilon}_n^p) + \\ &\boldsymbol{D} : \Delta\boldsymbol{\varepsilon}_{n+1} - \boldsymbol{D} : \Delta\boldsymbol{\varepsilon}_{n+1}^p = (\boldsymbol{\sigma}_n + \boldsymbol{D} : \Delta\boldsymbol{\varepsilon}_{n+1}) - \\ &\boldsymbol{D} : \Delta\boldsymbol{\varepsilon}_{n+1}^p = \boldsymbol{\sigma}_{n+1}^{\text{trial}} - \boldsymbol{D} : \Delta\boldsymbol{\varepsilon}_{n+1}^p\end{aligned} \tag{11}$$

由此可知，应力塑性修正量为

$$\Delta\boldsymbol{\sigma}_{n+1} = -\boldsymbol{D} : \sum_{k \in J_{\text{act}}} \Delta\lambda_k \frac{\partial Q_k}{\partial \sigma_{ij}} \tag{12}$$

由向后欧拉算法，将率形式本构方程离散化，可得

$$\eta_{a,n+1}^p = \eta_{a,n}^p + \Delta\lambda_{n+1}^a r_{n+1}^a \tag{13}$$

$$\{\varepsilon_{ij,n+1}^p\} = \{\varepsilon_{ij,n}^p\} + \sum_{a \in J_{\text{act}}^k} \Delta\lambda_{n+1}^a \{\overline{r_{n+1}^a}\} \tag{14}$$

$$\{\sigma_{ij,n+1}\} = \boldsymbol{D} : (\{\varepsilon_{n+1}\} - \{\varepsilon_{n+1}^p\}) \tag{15}$$

$$f_{a,n+1} = f_{a,n+1}(\sigma_{n+1}, \eta_{n+1}^p) = 0 \tag{16}$$

式中：$a \in J_{\text{act}}$，J_{act} 为被激活的屈服面的集合；$d\lambda_{n+1}^a$ 为第 $n+1$ 步对应于第 a 个塑性势面的塑性因子；$\eta_{a,n+1}^p$ 为第 $n+1$ 步中第 a 个屈服面的塑性内变量。

体积屈服面塑性内变量为塑性体应变，剪切屈服面塑性内变量为广义塑性剪应变。因此，对于本模型体积屈服面，有

$$r_{n+1}^1 = \frac{\partial Q_1}{\partial p} = \frac{\partial p}{\partial p} = 1 \tag{17}$$

对于剪切屈服面，有

$$r_{n+1}^2 = \frac{\partial Q_2}{\partial q} = \frac{\partial q}{\partial q} = 1 \tag{18}$$

设 $\overline{r_{n+1}^a}$ 为第 $a(a = 1, 2)$ 个塑性势函数对应力的偏导数，在本模型中具体表示如下：

$$\left\{\overline{r_{n+1}^1}\right\} = \left\{\frac{\partial p}{\partial \sigma_{ij}}\right\} = \left\{\frac{1}{3} \quad \frac{1}{3} \quad \frac{1}{3} \quad 0 \quad 0 \quad 0\right\}^{\text{T}} \tag{19}$$

$$\left\{\overline{r_{n+1}^2}\right\} = \left\{\frac{\partial q}{\partial \sigma_{ij}}\right\} = \frac{3}{2q}\{s_x \quad s_y \quad s_z \quad 2\tau_{xy} \quad 2\tau_{xz} \quad 2\tau_{yz}\}^{\text{T}} \tag{20}$$

采用 Newton-Raphson 方法求解上述非线性方程组，最终可将其归结为塑性因子增量 $\delta\lambda_{n+1}^a$（$a \in J_{\text{act}}^k$）的求解。设 J_{act}^k 为第 k 步 Newton-Raphson 迭代所得的被激活的屈服面的集合：

$$J_{\text{act}}^k = \{a \in \{1, 2, 3, \cdots, n\} | f_{a,n+1}^k > 0\}$$

通过 Newton-Raphson 求解得到第 a 个塑性因子的增量 $\delta\lambda_a$，从而 $d\lambda_a^k = d\lambda_a^{k-1} + \delta\lambda_a$，检验 $d\lambda_a^k$ 的符号，若第 k 步第 a 个塑性因子 $d\lambda_a^k < 0$，则更新 J_{act}^k，在 J_{act}^k 中将第 a 个屈服面约束去掉，返回到第 k 步重新开始 Newton-Raphson 迭代的计算；否则，按下式更新 $\Delta\lambda_{a,n+1}^k$，$\sigma_{ij,n+1}^k$，$\varepsilon_{ij,n+1}^k$ 以及塑性内变量 γ_q^p，ε_v^p：

$$\Delta\lambda_{a,n+1}^k = \Delta\lambda_{a,n}^{k-1} + \delta\lambda_a^k \quad (a \in J_{\text{act}}^k) \tag{21}$$

$$\sigma_{ij,n+1}^k = \sigma_{ij,n}^{k-1} + \Delta\sigma_{ij,n+1}^k \tag{22}$$

$$\varepsilon_{ij,n+1}^k = \varepsilon_{ij,n}^{k-1} + \Delta\varepsilon_{ij,n+1}^k \tag{23}$$

继续下一步的 Newton-Raphson 迭代，直到收敛为止。

3.2 确定多重屈服面中进入屈服状态的屈服面

对于只有一个屈服面的本构模型，由 $f_{n+1}^{\text{trial}} > 0$，可以得出该屈服面被激活。但对于具有多个屈服面的模型，当 $f_{\alpha,n+1}^{\text{trial}} > 0$，$f_{\beta,n+1}^{\text{trial}} > 0$ 并不能得到 f_α，f_β 两个屈服面同时都被激活[7]。具体屈服状态如图 1 所示。

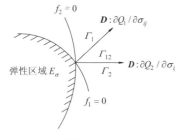

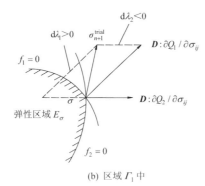

图 1 屈服状态示意图
Fig.1 Sketches of yield state

由式(11),(12)可知,$d\lambda_k$ 可以视为在应力空间中,$\sigma_{n+1}^{trial} - \sigma_{n+1}$ 沿着塑性流动方向 $\boldsymbol{D}:\partial Q_k/\partial \sigma_{ij}$ 的分量大小。显然,若 $d\lambda_k < 0$,则第 k 个屈服面处于卸载状态,只有在 $d\lambda_k > 0$ 的时候,第 k 个屈服面才处于加载状态。如图 1(a)所示,2 个塑性流动方向之间所夹的区域为 Γ_{12},塑性流动方向 $\boldsymbol{D}:\partial Q_1/\partial \sigma_{ij}$ 与 $f_2 = 0$ 所夹区域为 Γ_1,塑性流动方向 $\boldsymbol{D}:\partial Q_2/\partial \sigma_{ij}$ 与 $f_1 = 0$ 所夹区域为 Γ_2,在 Γ_{12}、Γ_1、Γ_2 区域中,都有 $f_{1,n+1}^{trial} > 0$,$f_{2,n+1}^{trial} > 0$。在 Γ_{12} 区域中[见图 1(c)],同时有 $d\lambda_1 > 0$,$d\lambda_2 > 0$。但在 Γ_1 区域中,$d\lambda_1 > 0$,$d\lambda_2 < 0$,亦即 f_2 屈服面处于卸载状态,f_1 屈服面处于加载状态[见图 1(b)];同理,在 Γ_2 区域中,$d\lambda_1 < 0$,$d\lambda_2 > 0$,亦即仅有 f_2 屈服面处于加载状态。

3.3 一致切向模量的求解

隐式算法中,需要合适的切线模量。由于在屈服时,材料的力学行为突然由弹性转化为塑性,连续体弹塑性切线模量可能引起伪加载和卸载。为了避免这点,隐式算法采用了一个基于本构积分算法的系统线性化的算法模量,亦即一致切线模量[5-6]。J. C. Simo 和 R. L. Taylor[6]的研究表明,一致性刚度矩阵不影响应力更新的最终结果,但与整体平衡迭代的收敛速率有直接的关系,相较于连续体弹塑性切线模量,一致性刚度矩阵能大大加快整体平衡迭代的收敛速度。

T. Belytschko 等[5,7]详细论述了一致性刚度矩阵的一般性求法,具体如下所示:

(1) 仅有一个屈服面被激活的情况

对式(13)~(16)微分,由于第 n 步的量都为已知量,故在微分后将不再有,故应忽略下标 $n+1$,除非另有说明,所有的量均为 $n+1$ 增量步的量,即

$$d\boldsymbol{\sigma} = \boldsymbol{D}\{d\boldsymbol{\varepsilon} - d\boldsymbol{\varepsilon}^p\} \quad (24)$$

$$d\boldsymbol{\varepsilon}^p = d(\Delta\lambda)\bar{r} + \Delta\lambda d\bar{r} \quad (25)$$

$$d\eta_a^p = d(\Delta\lambda)r + \Delta\lambda dr \quad (26)$$

$$df = \{f_\sigma\}\{d\sigma\} + f_\eta d\eta = 0 \quad (27)$$

其中,

$$d\bar{r} = \{\bar{r}_\sigma\}\{d\sigma\} + \bar{r}_\eta d\eta \quad (28)$$

$$dr = \{r_\sigma\}\{d\sigma\} + r_\eta d\eta \quad (29)$$

将式(25)代入式(24),应用式(26),(28),(29),可求解得到 $d\sigma$ 和塑性内变量 $d\eta_a^p$:

$$\begin{Bmatrix} d\boldsymbol{\sigma} \\ d\eta_a^p \end{Bmatrix} = [A]\begin{Bmatrix} d\boldsymbol{\varepsilon} \\ 0 \end{Bmatrix} - d(\Delta\lambda)[A]\begin{Bmatrix} \bar{r} \\ r \end{Bmatrix} \quad (30)$$

其中,

$$[A] = \begin{bmatrix} \boldsymbol{D}^{-1} + \Delta\lambda\bar{r}_\sigma & \Delta\lambda\bar{r}_\eta \\ \Delta\lambda r_\sigma & -1 + \Delta\lambda r_\eta \end{bmatrix}^{-1}$$

为方便标记,令 $\partial f = [f_\sigma \quad f_\eta]$。将式(30)代入式(27),并求解 $d\Delta\lambda$,可得

$$d\Delta\lambda = \frac{[\partial f][A]\begin{Bmatrix} d\boldsymbol{\varepsilon} \\ 0 \end{Bmatrix}}{[\partial f][A]\begin{Bmatrix} \bar{r} \\ r \end{Bmatrix}} \quad (31)$$

将式(31)代入式(30),可得

$$\begin{Bmatrix} d\boldsymbol{\sigma} \\ dq \end{Bmatrix} = \left[[A] - \frac{[A]\begin{Bmatrix} \overline{\boldsymbol{r}} \\ r \end{Bmatrix}([\partial f][A])}{[\partial f][A]\begin{Bmatrix} \overline{\boldsymbol{r}} \\ r \end{Bmatrix}} \right] \begin{Bmatrix} d\boldsymbol{\varepsilon} \\ 0 \end{Bmatrix} \quad (32)$$

考虑到本模型中塑性势函数与硬化参数无关，$\overline{\boldsymbol{r}}_\eta = \partial \overline{\boldsymbol{r}}/\partial \eta = \boldsymbol{0}$；对体积屈服与剪切屈服，都有 $r=1$，$r_\sigma = \partial r / \partial \sigma = 0$，$r_\eta = \partial r / \partial \eta = 0$，在这些条件下，$[A]$可化为

$$[A] = \begin{bmatrix} (\boldsymbol{D}^{-1} + \Delta\lambda\overline{\boldsymbol{r}}_\sigma) & 0 \\ 0 & -1 \end{bmatrix}^{-1} \quad (33)$$

令 $[\overline{\boldsymbol{C}}] = (\boldsymbol{D}^{-1} + \Delta\lambda\overline{\boldsymbol{r}}_\sigma)^{-1}$，在式(32)中应用这个结果，得到仅有一个屈服面被激活时的算法模量：

$$\frac{d\boldsymbol{\sigma}}{d\boldsymbol{\varepsilon}} = [\overline{\boldsymbol{C}}] - \frac{([\overline{\boldsymbol{C}}][\overline{\boldsymbol{r}}_\sigma])([f_\sigma][\overline{\boldsymbol{C}}])}{[f_\sigma][\overline{\boldsymbol{C}}][\overline{\boldsymbol{r}}_\sigma] - f_\eta} \quad (34)$$

(2) 2 个屈服面都被激活的情况

采用与只有一个屈服面时类似的求解方法，可求得

$$\frac{d\boldsymbol{\sigma}}{d\boldsymbol{\varepsilon}} =$$

$$\left(\boldsymbol{D}^{-1} + \Delta\lambda_{n+1}\{\partial_{\sigma\sigma}q\} - \frac{\{\partial_\sigma p\}\{\partial_\sigma f_v\}}{\partial_{\varepsilon_v^p} f_v} - \frac{\{\partial_\sigma q\}\{\partial_\sigma f_\gamma\}}{\partial_{\gamma_q^p} f_\gamma} \right)^{-1}$$

(35)

4 UMAT 二次开发

ABAQUS 提供了用 FORTRAN 语言编写的子程序接口，供用户二次开发之用。UMAT 主要包括以下几部分：子程序定义语句、参数说明、用户定义的局部变量说明、用户编写的主体语句、子程序返回和结束语句[9-10]。在子程序求解过程中，每一个增量加载步开始时，ABAQUS 主程序会在单元积分点上调用 UMAT，传入当期状态的应力、应变、用户自定义状态变量等作为已知量，同时也传入主程序计算得出的应变增量；UMAT 需要依此求解应力增量，更新应力及其他相关的变量，并向主程序提供更新后的雅可比矩阵，即应力增量对应变增量的变化率[11-14]。雅可比矩阵将同单元应变矩阵运算形成单元刚度矩阵，进而获得总体刚度矩阵；主程序结合当前荷载增量求解位移增量并进行平衡校核，如果不满足指定的误差，ABAQUS 将进行迭代直到收敛，然后进行下一增量步的求解[15]。图 2 给出了 UMAT 子程序分析流程图。

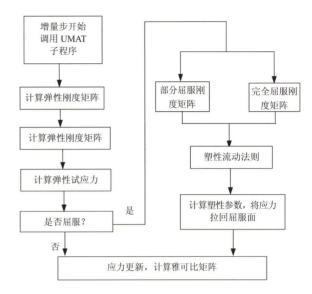

图 2　UMAT 子程序分析流程图
Fig.2　Flow chart of UMAT

5 UMAT 算例验证

基于开发的 UMAT 程序，进行了重庆红黏土的常规三轴试验模拟，并将数值模拟结果与试验结果进行比较，验证子程序的有效性。试验为等围压三轴剪切试验，围压 σ_3 分别为 150，200，400 kPa。试样的力学参数：弹性模量 $E = 18.3$ MPa，泊松比 $v = 0.42$。试样尺寸为 3.92 cm×8.00 cm(直径×高)。数值模拟采用实体单元 C3D8，三轴压缩试验分析模型如图 3 所示。数值模拟分 2 步加载，第一步加载围压，第二步加载轴向压力。

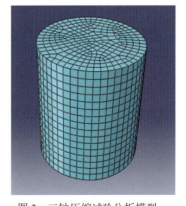

图 3　三轴压缩试验分析模型
Fig.3　Finite element model for triaxial compression test

UMAT 程序计算所得的不同围压下的轴向应

变-应力关系曲线如图 4 所示,由图可见,子程序数值模拟结果与试验结果有一定的偏差,这是由于试验误差及材料参数选取的影响,特别是泊松比的精确测量难度较大,同时数值模拟中将材料视为各向同性而实际土体是各向异性,还有应力路径的影响均会造成数值模拟与试验结果的偏差。总体而言,数值模拟与试验结果仍然具有较好的吻合度,这反映了子程序的有效性,具有较高的精度,也反映了广义塑性力学建模理论的合理性、实用性。

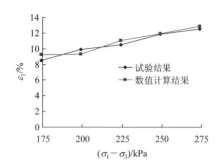

(a) 围压为 150 kPa

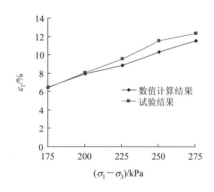

(b) 围压为 200 kPa

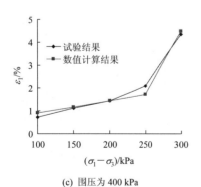

(c) 围压为 400 kPa

图 4 轴向应变-应力关系曲线

Fig.4 Relation curves between axial strain and stress

为了验证程序的计算效率,以围压为 150 kPa 下的数值模拟为例,数值模拟中,增量步长采用 ABAQUS 自动搜索步长,采用完全牛顿-拉普森方法求解。设置初始增量步长为 0.01,允许的最小增量步长为 1×10^{-10},最大增量步长为 0.1。测试平台为 Intel Core i5 处理器(2.66 GHz),2G 内存,WIN7 操作系统,采用 ABAQUS6.9 版本,Intel Fortran 9.1 编译器进行子程序编译。计算效率分析结果见表 1 所示。

表 1 计算效率分析结果

Table 1 Analysis results of calculation efficiency

$(\sigma_1-\sigma_3)$/kPa	计算所需收敛步数	CPU 计算时间/s	收敛加载步长 最大	收敛加载步长 最小
175	21	141.5	0.1	0.01
200	23	146.7	0.1	0.01
225	19	138.1	0.1	0.01
250	17	136.2	0.1	0.01
275	21	142.7	0.1	0.01

由表 1 可见,本程序的计算时间较短,计算效率令人满意。

6 结 论

本文依托 ABAQUS 软件平台,在国内率先开发了基于广义塑性力学的多重屈服面模型的 UMAT 程序。通过三轴试验的数值模拟结果与试验结果的比较,表明了本文程序计算结果的有效性以及广义塑性力学根据试验结果拟合屈服面的建模理论的实用性、可靠性。为广义塑性力学在实践中的应用以及非关联流动法则的多重屈服面模型的二次开发提供了借鉴,也为实际岩土工程分析提供了一种可供选择的手段。

参考文献(References):

[1] 郑颖人,孔 亮. 岩土塑性力学[M]. 北京:中国建筑工业出版社,2010:205-208.(ZHENG Yingren,KONG Liang. Geotechnical plasticity mechanics[M]. Beijing:China Architecture and Building Press,2010:205-208.(in Chinese))

[2] 郑颖人,孔 亮. 广义塑性力学及其应用[J]. 中国工程科学,2005,7(11):21-36.(ZHENG Yingren,KONG Liang. Generalized plastic mechanics and its application[J]. Engineering Science,2005,7(11):21-36.(in Chinese))

[3] 郑颖人，段建立. 广义塑性力学中屈服面与应力应变关系[J]. 岩土力学，2000，21(3)：305–309.(ZHENG Yingren, DUAN Jianli. Yield surface and stress-strain relation in generalized plastic mechanics[J]. Rock and Soil Mechanics，2000，21(3)：305–309.(in Chinese))

[4] 陈瑜瑶. 土体屈服条件的理论与试验研究[博士学位论文][D]. 重庆：后勤工程学院，2001. (CHEN Yuyao. Theory and test study on the yield condition of soil[Ph. D. Thesis][D]. Chongqing：Logistical Engineering University of PLA，2001.(in Chinese))

[5] BELYTSCHKO T. 连续体和结构的非线性有限元[M]. 庄茁译. 北京：清华大学出版社，2002：241–251.(BELYTSCHKO T. Nonlinear finite elements for continua and structures[M]. Translated by ZHUANG Zhuo. Beijing：Tsinghua University Press，2002：241–251.(in Chinese))

[6] SIMO J C, TAYLOR R L. Consistent tangent operators for rate-independent elastoplasticity[J]. Computer Methods in Applied Mechanics and Engineering，1985，48(1)：101–118.

[7] SIMO J C, HUGHES T J R. Computational inelasticity[M]. [S.l.]：Springer Science Business Media, Ltd.，1998：198–218.

[8] CRISFIELD M A. Non-linear finite element analysis of solids and structures[M]. New York：John Wiley and Sons，2000：99–121.

[9] Hibbit, Karlson and Sorrenson. ABAQUS user's manual[R]. [S.l.]：[s.n.]，2000.

[10] 贾善坡，陈卫忠. 基于修正Mohr-Coulomb准则的弹塑性本构模型及其数值实施[J]. 岩土力学，2010，31(7)：2 051–2 058.(JIA Shanpo, CHEN Weizhong. An elastoplastic constitutive model based on modified Mohr-Coulomb criterion and its numerical implementation[J]. Rock and Soil Mechanics，2010，31(7)：2 051–2 058.(in Chinese))

[11] 黄雨，周子舟. 下负荷面剑桥模型在ABAQUS中的开发实现[J]. 岩土工程学报，2010，32(1)：115–119.(HUANG Yu, ZHOU Zizhou. Numerical implementation for subloading Cam-clay model in ABAQUS[J]. Chinese Journal of Geotechnical Engineering，2010，32(1)：115–119.(in Chinese))

[12] 杨曼娟. ABAQUS用户材料子程序开发及应用[硕士学位论文][D]. 武汉：华中科技大学，2005.(YANG Manjuan. Development and application of user-defined material subroutine in ABAQUS software[M. S. Thesis][D]. Wuhan：Huazhong University of Science and Technology，2005.(in Chinese))

[13] 费康，张建伟. ABAQUS在岩土工程中的应用[M]. 北京：中国水利水电出版社，2010：146–167.(FEI Kang, ZHANG Jianwei. Application of ABAQUS to geotechnogical engineering[M]. Beijing：China Water Power Press，2010：146–167.(in Chinese))

[14] 王金昌，陈页开. ABAQUS在土木工程中的应用[M]. 杭州：浙江大学出版社，2006：60–67.(WANG Jinchang, CHEN Yekai. Application of ABAQUS to civil engineering[M]. Hangzhou：Zhejiang University Press，2006：60–67.(in Chinese))

[15] 范庆来，栾茂田，杨庆. 修正剑桥模型的隐式积分算法在ABAQUS中的数值实施[J]. 岩土力学，2008，29(1)：269–274. (FANG Qinglai, LUAN Maotian, YANG Qing. Numerical implementation of implicit integration algorithm for modified Cam-clay model in ABAQUS[J]. Rock and Soil Mechanics，2008，29(1)：269–274.(in Chinese))

节理岩体隧道的稳定分析与破坏规律探讨
——隧道稳定性分析讲座之一

郑颖人[1,2]，王永甫[1,2]，王 成[3]，冯夏庭[4]

(1. 后勤工程学院建筑工程系，重庆 400041；2. 重庆市地质灾害防治工程技术研究中心，重庆 400041；
3. 重庆交通大学土木建筑学院，重庆 400074；4. 中国科学院岩土力学研究所 岩土力学与工程
国家重点实验室，武汉 430071)

摘 要：以往研究人员在进行节理岩体隧道稳定性分析时大都仅限于分析位移、应力、塑性区的大小及分布，不能明确看出其破裂面位置与范围，更无法得到安全系数定量标准。本文通过模型试验与数值分析方法将节理岩体隧道稳定性引入到定量分析。从强度及稳定性出发，运用有限元强度折减法分析节理岩体隧道的破坏状态及其安全系数，研究表明，节理倾角对破裂面位置影响较大，对于 $\alpha=0°$，破裂面对称分布于两侧；对于 $\alpha=30°、45°$，隧道破裂面随节理倾角变化相应旋转，分布于节理倾向的上下游；对于 $\alpha \geqslant 60°$，主要受自重作用，破裂面转移至洞顶及边墙脚位置，特别 $\alpha=90°$ 时，隧道在洞顶正中形成了贯通的塑性破裂面。通过安全系数结果表明，相对于匀质隧道，节理岩体隧道安全系数均存在不同程度的降低，其中倾角对安全系数影响最小，随节理间距减小、强度降低，安全系数均有所减小。

关键词：隧道；有限元强度折减法；节理；稳定安全系数；破裂面

中图分类号：U451.2   **文献标识码**：A   **文章编号**：1673-0836(2011)04-0649-08

Stability Analysis and Exploration of Failure Law of Jointed Rock Tunnel
——Seminor on Tunnel Stability Analysis

Zheng Yingren[1,2], Wang Yongfu[1,2], Wang Cheng[3], Feng Xiating[4]

(1. Department of Civil Engineering, Logistical Engineering University, Chongqing 400041, China;
2. Chongqing Engineering and Technology Research Center of Geological Hazard Prevention and Treatment, Chongqing 400041, China; 3. Department of Civil Engineering and Architecture, Chongqing Jiaotong University, Chongqing 400074, China;
4. State Key Laboratory of Geomechanics and Geotechnical Engineering, Institute of Rock and Soil Mechanics,
Chinese Academy of Sciences, Wuhan 430071, China)

Abstract: In the past, only displacement, stress, size and distribution of plastic zone could be obtained when analyzing the stability of jointed rock tunnel. But the location and range of the failure surface could not be found clearly, nor the quantitative criteria of safety factor obtained. Quantitative analysis for stability of jointed tunnel is introduced in this paper through model test and numerical analysis. Failure state and safety factor of jointed rock tunnel is calculated by using strength reduction FEM from the viewpoint of strength and stability. The results show that the joint angle α has a greater impact on the location of failure surface. If α = 0°, the failure surface is distributed symmetrically on both sides; if α = 30° or 45°, the failure surface rotates with the change of joint angle correspondingly and is distributed in the upstream and downstream of the joint; if $\alpha \geqslant 60°$, the failure surface is transferred to the vault and the side corner mainly because of the gravity; in particular, if $\alpha = 90°$, a plastic failure surface through the surrounding rocks can be formed in the middle vault. The safety factor calculation results show that the safety factors reduce in different degrees in jointed rock tunnel compared with those in isotropic tunnel and the joint angle has little impact on the safety factor. With the reduction of joint space and strength, the safety factor decreases.

Keywords: tunnel; strength reduction FEM; joint; stability safety factor; failure surface

1 引 言

当前发展起来的数值极限分析方法,即应用有限元等数值方法进行极限分析,尤其是有限元强度折减法在边坡稳定分析中取得了成功[1~6],被广泛应用。而隧道围岩稳定分析长期以来缺乏定量指标,没有稳定安全系数的概念,影响了工程设计。郑颖人等将其应用到均质隧道稳定分析中,2004年文献[7]最早将有限元强度折减法引入到隧道围岩稳定分析中,并对木寨岭隧道进行了分析,文献[8~12]对均质隧道做了系统的研究,提出了隧道的破坏机理及剪切安全系数与抗拉安全系数,以及相应的计算方法。而岩体中往往存在大量的节理,节理面的强度远远低于岩块的强度,这些节理面降低了岩体的完整性和强度,对岩体中隧道工程的受力与破坏造成很大的影响,因此,节理岩体隧道的破坏状态及稳定性与均质隧道相比,发生了很大变化。

以往研究人员在进行节理岩体隧道稳定性分析时,大都仅限于分析变形、应力、塑性区的大小及分布等,刘君等[13]研究了不同节理倾角岩体的应力分布特性、开挖后隧道围岩的变形和应力分布规律以及支护后衬砌的变形与应力特点;冷先伦等[14]通过引入遍布节理模型,对比分析了洞室围岩在莫尔-库仑模型和遍布节理模型两种条件下的位移、应力状态和塑性区发展情况。很少有研究者分析节理岩体隧道的破坏状况及其稳定安全系数。本文尝试借鉴有限元强度折减法对节理岩体隧道进行稳定分析及破坏规律的研究,为节理岩体隧道稳定性分析开辟新的途径。

2 计算原理

2.1 有限元强度折减法基本原理

有限元强度折减法的基本原理是将岩块与节理强度参数 c、$tg\varphi$ 值同时折减直到节理岩体隧道破坏,此时有限元计算中自动生成破裂面,并发出破坏信息,目前国际上通用软件都采用非线性计算不收敛作为破坏判据,由此得到的强度折减系数就是节理岩体隧道围岩的稳定安全系数,并可由此获得破裂面形态。

2.2 采用的本构模型与屈服准则

对于强度与稳定性问题,本构模型可采用理想弹塑性模型,屈服准则采用摩尔-库仑准则或 D-P 准则。D-P 准则中由于采用的圆形屈服面不同,计算结果也不同,安全系数大小与程序采用的屈服准则密切相关。

Drucker—Prager 屈服准则(D-P):

$$\alpha I_1 + \sqrt{J_2} - k = 0 \tag{1}$$

$$I_1 = \sigma_1 + \sigma_2 + \sigma_3 \tag{2}$$

$$J_2 = \frac{1}{6}[(\sigma_1 - \sigma_2)^2 + (\sigma_2 - \sigma_3)^2 + (\sigma_1 - \sigma_3)^2] \tag{3}$$

式中:I_1 为应力张量第一不变量,J_2 为应力偏量第二不变量。

对于 D-P 准则,α、k 是与岩土材料 c、φ 有关的常数,不同的 α、k 在 π 平面上代表不同的圆,见图1,各准则的参数换算关系见表1[4]。

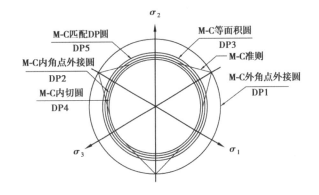

图1 各种屈服准则在 π 平面上的曲线

Fig.1 The curves for different criterions on the π plane

表 1 屈服准则参数换算表
Table 1 The relationship of different yield criterions

编号	屈服准则种类	α	k
DP1	M-C 外角点外接圆	$\dfrac{2\sin\varphi}{\sqrt{3}(3-\sin\phi)}$	$\dfrac{6c\cos\varphi}{\sqrt{3}(3-\sin\varphi)}$
DP2	M-C 内角点外接圆	$\dfrac{2\sin\varphi}{\sqrt{3}(3+\sin\varphi)}$	$\dfrac{6c\cos\varphi}{\sqrt{3}(3+\sin\varphi)}$
DP3	M-C 等面积圆	$\dfrac{2\sqrt{3}\sin\varphi}{\sqrt{2}\sqrt{3}\pi(9-\sin^2\varphi)}$	$\dfrac{6\sqrt{3}c\cos\varphi}{\sqrt{2}\sqrt{3}\pi(9-\sin^2\varphi)}$
DP4	平面应变关联法则下 M-C 匹配圆	$\dfrac{\sin\varphi}{\sqrt{3}\sqrt{3+\sin^2\varphi}}$	$\dfrac{3c\cos\varphi}{\sqrt{3}\sqrt{3+\sin^2\varphi}}$
DP5	平面应变非关联法则下 M-C 匹配圆	$\dfrac{\sin\varphi}{3}$	$c\cos\varphi$

研究表明，DP3 屈服准则用于三维模型问题的求解有很高的精度，而 DP4、DP5 屈服准则则更适用于平面应变问题的求解。本文研究属平面应变问题，采用 DP4 屈服准则。

3 节理岩体隧道破坏机理研究

3.1 模型试验

本文主要应用有限元强度折减法分析节理岩体隧道围岩稳定系数及破坏形态，为了解节理岩体隧道的破坏形态及与均质隧道破坏的区别，本文先采用一个简单的模型试验设备做了节理岩体隧道破坏试验，并与试验的数值模拟进行了对比。

研究采用了室内模型试验与数值分析相结合的方法，模型试验采用了自制的模型试验设备，试验模型尺寸为 40 cm × 52 cm × 15 cm（长 × 高 × 厚），隧道模型宽度 8 cm、高度 8 cm、拱高 4 cm，节理倾角取 30°，间距 4 cm。模型试样制作过程中自底向上成 30°分层填筑压实，通过在节理面上加油使其渗透形成 1~2 mm 厚的油土混合物来模拟节理面，见图 2。试验采用 300 t 油压压力机进行分级加载，如图 3 所示。

试验材料选用骨料为砂子，胶结材料为石膏、水泥和滑石粉，加一定量水拌和而成。土体配比为：$m_{砂}:m_{石膏}:m_{水泥}:m_{滑石粉}:m_{水} = 1:0.6:0.2:0.2:0.35$。

试验材料的物理力学参数与节理面的渗透层油土混合物强度参数经直剪试验确定，油土混合物的弹模与泊松比只影响位移，不影响破坏形态，按经验取值，见表 2。

表 2 试验材料物理力学参数
Table 2 Physical and mechanical parameters of experimental material

材料名称	容重 (kN/m³)	弹性模量(Pa)	泊松比	内聚力 (MPa)	内摩擦角(°)
土体	17.8	7×10^7	0.32	0.116	21.8
节理面	14.0	7×10^6	0.36	0.046	14.3

图 2 节理岩体隧道模型
Fig. 2 Jointed rock tunnel model

图 3 加载装置
Fig. 3 Loading equipment

3.2 模型试验结果及其相应数值分析结果的比较

试验采用压力机在模型顶部进行分级加载直至隧洞发生破坏，数值分析采用增大荷载的方式直到有限元计算不收敛，表明隧道发生破坏，找出围岩塑性应变发生突变时塑性区各断面中塑性应变值最大点的位置，并将其连成线，就可得到围岩的潜在破裂面。模型试验结果及其相应的数值分析结果见图 4。

图 4 模型试验(左边)与数值模拟(右边)结果
Fig. 4 Model experiment and numerical simulation results

表3 模型试验与数值模拟结果
Table 3 Model experiment and numerical simulation results

模型试验极限荷载(kN)	数值模拟极限荷载(kN)	模型试验破裂面与洞壁最大距离(mm)		数值模拟破裂面与洞壁最大距离(mm)	
		左	右	左	右
44	41	58	40	61	43

表3为模型试验与数值模拟得到的破坏荷载值,以及模型试验破裂面与洞壁最大距离和数值模拟破裂面与洞壁最大距离。可以看出,模型试验得到的极限荷载与数值模拟得到的极限荷载大致接近,而且模型试验破裂面与洞壁最大距离和数值模拟破裂面与洞壁最大距离也大致接近,表明数值方法用于分析节理岩体隧道的破坏机理是可行的,也可看出节理岩体隧道与均质隧道的破坏形态是不同的。

4 节理有限元模拟

采用有限元法对节理面进行模拟时通常有两种方式,分别为软弱夹层模拟方式和无厚度接触单元模拟方式。

4.1 软弱夹层模拟

按照连续介质力学原理,节理面和岩块均采用有厚度的实体单元模拟,只是材料参数不同而已。通过对节理及岩块强度参数同时进行折减使隧道达到极限破坏状态求得稳定安全系数。

4.2 无厚度接触单元模拟

按照不连续介质力学原理,采用 ANSYS 程序提供的无厚度接触单元模拟节理面,通过降低接触单元的内聚力 c 和摩擦系数 $tg\varphi$,使隧道达到极限破坏状态求得稳定安全系数。

根据以往的研究表明,只要采用的节理面强度一致,上述两种模拟方式计算结果十分相近,因而这两种模式都可以用来模拟软弱结构面与硬性结构面,本文采用软弱夹层模拟方式进行节理面模拟。

5 用有限元强度折减法分析节理岩体隧道破坏状况及其安全系数

5.1 有限元建模及计算参数

为研究不同节理倾角、间距及强度参数时节理岩体隧道的破坏状况及安全系数,变化5种节理倾角(0°、30°、45°、60°、90°)、3种间距(1 m、2 m、4 m)及3种节理强度参数,见表4,节理宽度统一取0.2 m,共建立10个有限元模型。隧道洞室跨度10 m,侧墙高10 m,拱高5 m,左右侧边墙角成半径1.5 m的圆角以减小应力集中的影响,隧道埋深为50 m。隧道范围左右两侧和隧道下部均考虑5倍跨度的围岩,为消除节理贯穿边界对模型边界的影响,节理范围考虑上下左右侧各3倍跨度,其余按岩块材料考虑。围岩左右两侧边界取为水平向约束,下部边界取竖向约束。计算按照平面应变问题考虑,岩块及节理材料均用6节点三角形平面单元 PLANE2 模拟。由于有限元网格划分较密,以倾角 $\alpha=45°$、间距 2 m 为例,几何模型见图 5。

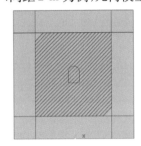

图5 几何模型
Fig.5 Geometric model

表4 岩块及节理力学参数
Table 4 Mechanical parameters of rock and joint

材料名称		容重(kN/m³)	弹性模量(MPa)	泊松比	内聚力(MPa)	内摩擦角(°)
岩块		25	1×10^4	0.2	1.0	38
节理	①	17	1×10^3	0.3	0.12	24
	②	17	1×10^3	0.3	0.24	27
	③	17	1×10^3	0.3	0.36	30

注:①②③为节理强度参数3种不同取值。

5.2 数值模拟结果及分析

传统的数值模拟只是针对正常状态进行位移、应力及塑性区的分析,无法获得围岩极限状态下的破坏状况,针对不同的有限元模型,利用有限元强度折减法得到隧道围岩极限破坏状态下的等效塑性应变图及其安全系数。为与传统方法进行对比,同时给出了正常状态下,即未折减时(折减系数为1)的等效塑性应变图。

5.2.1 匀质隧道等效塑性应变图及安全系数

根据以往的研究表明,匀质隧道围岩破坏由开挖后隧道两侧压剪作用直至贯通破坏,只要找出围岩等效塑性应变云图中水平方向各断面中塑性应变值最大值点的位置,并将其连成线,就可得到围岩的潜在破坏面,如图3,对应安全系数为4.65。

(a) 破坏状态　　　(b) 正常状态

图 6　围岩等效塑性应变图

Fig. 6　Equivalent plastic strain of surrounding rock

(a) α=0°（破坏状态）　　(b) α=0°（正常状态）

(c) α=30°（破坏状态）　　(d) α=30°（正常状态）

(e) α=45°（破坏状态）　　(f) α=45°（正常状态）

(g) α=60°（破坏状态）　　(h) α=60°（正常状态）

(i) α=90°（破坏状态）　　(j) α=90°（正常状态）

图 7　不同节理倾角时隧道的等效塑性应变图

Fig. 7　Equivalent plastic strain of tunnel with different joint angle

5.2.2　不同节理倾角时隧道的等效塑性应变图及安全系数

表 5　不同节理倾角时隧道的安全系数

Table 5　Safety factor of tunnel at different joint angle

倾角	α=0°	α=30°	α=45°	α=60°	α=90°
安全系数	3.38	3.32	3.37	3.33	3.31

由于节理的存在，在开挖过程中易发展形成塑性区，特别在远离开挖隧道周围也出现了部分节理塑性区，但无法形成贯通的破裂面，分析认为其对隧道破坏的影响较小，因此，以下的分析主要是针对隧道周围围岩而言的。

当变化节理倾角时，对于 α=0°，即节理成水平夹角时，隧道破裂面类似于匀质隧道对称分布于两侧，如图 7(a)；对于 α=30°、45°，隧道破裂面随节理倾角变化相应旋转，分布于节理倾向的上下游，如图 7(c)、(e)；对于 α≥60°，主要受自重作用，破裂面转移至洞顶及边墙脚位置，如图 7(g)，特别 α=90°时，隧道在洞顶正中形成了贯通的塑性破裂面，如图 7(i)。另外，对于 α≥45°时，除破裂面外出现的面积较大的塑性区，也可能形成危险区域发生局部破坏。

从表 5 安全系数可以看出，一旦存在节理，安全系数均存在不同程度的减小。变化节理倾角时，安全系数在 3.31~3.38 之间，变化幅度较小，表明节理倾角对隧道安全系数影响较小，仅影响其破裂面位置，且破裂面位置随倾角变化相应旋转。

5.2.3　不同节理间距时隧道的等效塑性应变图及安全系数

表 6　不同节理间距时隧道的安全系数

Table 6　Safety factor of tunnel with different joint spacing

间距	1 m	2 m	4 m
安全系数	3.19	3.37	3.46

当变化节理间距时，从图 8(a)、(c)、(e) 可以看出，节理岩体隧道破裂面位置相近，但破坏时隧道塑性区出现的范围有所不同，间距小，节理密度大，塑性区亦大，如图 8(a)。

从表 6 安全系数可以看出，随着节理间距的增大，安全系数有所提高，这里由于间距大，贯通破裂面更难形成，安全系数随之提高，当间距超过一定距离而远离隧道时，可以忽略节理对隧道稳定安全的影响。

(a) 间距1 m (破坏状态)　　(b) 间距1 m (正常状态)

(c) 间距2 m (破坏状态)　　(d) 间距2 m (正常状态)

(e) 间距4 m (破坏状态)　　(f) 间距4 m (正常状态)

图 8　不同节理间距时隧道的等效塑性应变图

Fig. 8　Equivalent plastic strain of tunnel at different joint spacing

5.2.4　不同节理强度时隧道的等效塑性应变图及安全系数

表 7　不同节理强度时隧道的安全系数

Table 7　Safety factor of tunnel with different joint strength

节理强度参数	①	②	③
安全系数	2.18	3.37	3.73

当变化节理强度时,从图9(a)~(c)等效塑性应变云图可以看出,节理强度较低时,塑性区首先在节理位置充分发展,如图9(a)。

从表7安全系数可以看出,节理强度低,隧道整体安全系数低,但随着节理强度的提高,安全系数随之提高并逐渐接近匀质隧道的安全系数,另一方面,从安全系数的具体数值看,参数①计算结果明显低于②、③,分析认为当节理强度低于一定值时安全系数发生突变,急剧下降。

值得注意的是,图7~9等效塑性应变云图破裂面均包含穿过隧道范围的节理,且等效塑性应变值较大,这是由于节理通常是工程岩体的薄弱环节,随隧道开挖极易发展成为破裂面,另一方面,对于隧道拱顶左侧局部围岩出现的大面积塑性区,其发展趋势指向围岩深部并未形成贯通破裂面,分析认为这部分围岩尚不能达到整体性破坏,但可能形成局部破坏。

对比正常状态及破坏状态时的等效塑性应变云图可以看出,正常状态下隧道围岩仅出现很小部分面积的塑性区,且塑性应变值很小,当节理强度低时,正常状态下节理面也出现大面积塑性区,如图9(b),但尚未达到破坏状态。

(a) 节理强度①(破坏状态)　　(b) 节理强度①(正常状态)

(c) 节理强度②(破坏状态)　　(d) 节理强度②(正常状态)

(e) 节理强度③(破坏状态)　　(f) 节理强度③(正常状态)

图 9　不同节理强度时隧道的等效塑性应变图

Fig. 9　Equivalent plastic strain of tunnel with different joint strength

5.2.5　破坏过程分析

隧道破坏是一个渐进过程,根据这一特点,通过分析不同折减系数下隧道围岩等效塑性应变云图变化情况得以实现。为便于对比,分别列举了匀质隧道与节理岩体隧道的破坏过程。

(1) 匀质隧道;
(2) 节理岩体隧道。

图10(a)~(e)反映了匀质隧道的破坏过程,当折减系数为4.00时,隧道首先在应力集中明显的边墙角出现了小面积塑性区,随着折减系数的增大,塑性区斜向上继续发展,当折减系数为4.60时,拱顶及拱肩亦出现部分塑性区,直到折减系数为4.65时,向上发展的塑性区与拱肩向下发展的塑性区形成贯通,隧道围岩达到极限破坏状态,同时有限元计算表现为不收敛。值得注意的是,拱顶虽出现塑性区并贯通,但等效塑性应变值较小,没有形成破裂面,不能达到整体破坏。

图11(a)~(e)反映了节理岩体隧道的破坏过

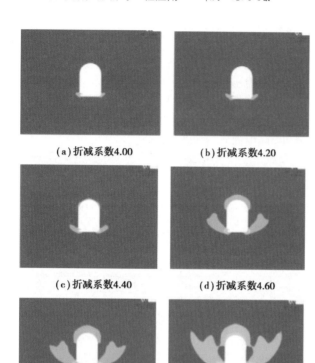

图10 不同折减系数时的等效塑性应变图

Fig. 10 Equivalent plastic strain for different reduction factor

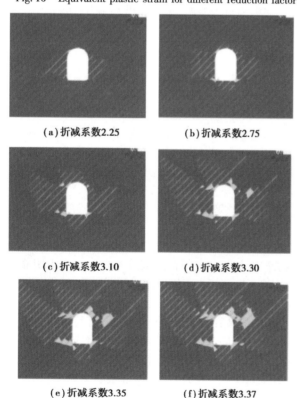

图11 不同折减系数时的等效塑性应变图

Fig. 11 Equivalent plastic strain for different reduction factor

程,由于节理的存在且强度较低,当折减系数为2.25时,首先是隧道周围节理进入塑性,进而在应力集中的边墙角出现塑性区,随着折减系数增大,左侧边墙角塑性区斜向上发展,同时拱顶右侧出现塑性区,当折减系数为3.35时,隧道左下侧首先形成贯通塑性区,直到折减系数为3.37时,同时隧道右上侧塑性区出现贯通,围岩发生破坏。应该注意,对于拱顶左侧及右边墙角局部出现未贯通的塑性区,对隧道稳定安全影响不大,但可能出现局部破坏。

6 结论

(1)以往研究人员在进行节理岩体隧道稳定性分析时大都仅限于分析位移、应力、塑性区的大小及分布,不能明确看出其破裂面位置与范围,更无法得到安全系数定量标准。本文从强度及稳定性出发,运用有限元强度折减法分析节理岩体隧道的破坏状态并求得安全系数定量标准,为节理岩体隧道稳定分析提供了新的途径。

(2)应用模型试验与数值分析方法研究节理岩体隧道破坏机理,模型试验得到的破坏荷载与数值模拟得到的破坏荷载接近,而且模型试验破裂面与洞壁最大距离和数值模拟破裂面与洞壁最大距离也接近,表明数值方法用于分析节理岩体隧道的破坏机理是可行的。

(3)针对不同的节理倾角、间距及强度分析了极限状态下隧道的塑性破裂面,其中倾角对破坏面位置影响较大,对于 $\alpha = 0°$,破裂面对称分布于两侧;对于 $\alpha = 30°、45°$,隧道破裂面随节理倾角变化相应旋转,分布于节理倾向的上下游;对于 $\alpha \geq 60°$,主要受自重作用,破裂面转移至洞顶及边墙脚位置,特别 $\alpha = 90°$ 时,隧道在洞顶正中形成了贯通的塑性破裂面。

(4)通过安全系数结果表明,相对于匀质隧道,节理岩体隧道安全系数均存在不同程度的降低,其中倾角对安全系数影响最小,随节理间距减小、强度降低,安全系数均有所减小。

参考文献(References)

[1] Griffiths D. V., lane P. A. Slope stability analysis by finite elements [J]. Geotechnique, 1999, 49(3): 387-403.

[2] 郑颖人,孔亮. 岩土塑性力学[M]. 北京:中国建筑工业出版社,2010. (Zheng Yingren, Kong Liang. Geotechnical plastic machanics [M]. Beijing: China Architecture and Building Press, 2010. (in Chinese))

[3] 郑颖人,赵尚毅. 有限元强度折减法在土坡与岩坡中

的应用[J]. 岩石力学与工程学报, 2004, 23(19): 3 381-3 388. (Zheng Yingren, Zhao Shangyi. Application of strength reduction on FEM in soil and rock slope [J]. Chinese Journal of Rock Mechanics and Engineerin, 2004, 23(19): 3 381-3 388. (in Chinese))

[4] 赵尚毅, 郑颖人, 时卫民. 用有限元强度折减法求边坡稳定安全系数[J]. 岩土工程学报, 2002, 24(3): 343-346. (Zhao Shangyi, Zheng Yingren, Shi Weimin. Analysis on safety factor of slope by strength reduction FEM [J]. Chinese Journal of Geotechnical Engineering, 2002, 24(3): 343-346. (in Chinese))

[5] 郑颖人, 陈祖煜, 王恭先, 等. 边坡与滑坡工程治理[M]. 北京: 人民交通出版社, 2007. (Zheng Yingren, Chen Zuyu, Wang Gongxian, et al. Engineering treatment of slope and landslide [M]. Beijing: China Communications Press, 2007. (in Chinese))

[6] 赵尚毅, 郑颖人, 邓卫东. 用有限元强度折减法进行节理岩质边坡稳定性分析[J]. 岩石力学与工程学报, 2003, 22(2): 254-260. (Zhao Shangyi, Zheng Yingren, Deng Weidong. Jointed rock slope stability analysis by strength reduction finite element method [J]. Chinese Journal of Rock Mechanics and Engineering, 2003, 22(2): 254-260. (in Chinese))

[7] 胡文清, 郑颖人, 钟昌云. 木寨岭隧道软弱围岩段施工方法及数值分析[J]. 地下空间, 2004, 24(2): 194-197. (Hu Wenqing, Zheng Yingren, Zhong Changyun. Construction method and numerical analysis on Muzhailing Tunnel [J]. Underground Space, 2004, 24(2): 194-197. (in Chinese))

[8] 张黎明, 郑颖人. 有限元强度折减法在公路隧道中的应用探讨[J]. 岩土力学, 2007, 28(1): 97-101. (Zhang Liming, Zheng Yingren. Application of strength reduction finite element method to road tunnels [J]. Rock and Soil Mechanics, 2007, 28(1): 97-101. (in Chinese))

[9] 郑颖人, 赵尚毅, 邓楚键, 等. 有限元极限分析法发展及其在岩土工程中的应用[J]. 中国工程科学, 2006, 8(12): 39-61. (Zheng Yingren, Zhao Shangyi, Deng Chujian, et al. Development of finite element limit analysis method and its applications to geotechnical engineering [J]. Engineering Science, 2006, 8(12): 39-61. (in Chinese))

[10] 郑颖人, 邱陈瑜, 张红. 关于土体隧洞围岩稳定性分析方法的探索[J]. 岩石力学与工程学报, 2008, 27(10): 1 968-1 980. (Zheng Yingren, Qiu Chenyu, Zhang Hong. Exploration of stability analysis methods for surrounding rocks of soil tunnel [J]. Chinese Journal of Rock Mechanics and Engineering, 2008, 27(10): 1 968-1 980. (in Chinese))

[11] 郑颖人, 邱陈瑜, 宋雅坤, 等. 土质隧洞围岩稳定性分析与设计计算方法探讨[J]. 后勤工程学院学报, 2009, 25(10): 1-9. (Zheng Yingren, Qiu Chenyu, Song Yakun, et al. Exploration of stability analysis and design calculation methods of surrounding rocks in soil tunnel [J]. Journal of Logistical Engineering University, 2009, 25(10): 1-9. (in Chinese))

[12] 郑颖人, 徐浩, 王成. 隧洞破坏机理及深浅埋分界标准[J]. 浙江大学学报, 2010, 44(10): 1 851-1 856. (Zheng Yingren, Xu Hao, Wang Cheng. Research on the failure mechanism of tunnel and dividing line standard between shallow and deep bury [J]. Journal of Zhejiang University, 2010, 44(10): 1 851-1 856. (in Chinese))

[13] 刘君, 孔宪京. 节理岩体中隧道开挖与支护的数值模拟[J]. 岩土力学, 2007, 28(2): 321-326. (Liu Jun, Kong Xianjing. Numerical simulation of behavior of jointed rock masses during tunneling and lining of tunnels [J]. Rock and Soil Mechanics, 2007, 28(2): 321-326. (in Chinese))

[14] 冷先伦, 盛谦, 朱泽奇. 遍布节理对地下洞室群围岩稳定性的影响研究[J]. 土木工程学报, 2009, 42(9): 96-103. (Leng Xianlun, Sheng Qian, Zhu Zeqi. Effect of ubiquitous joints on the stability of surrounding rock mass of multiple underground caverns [J]. China Civil Engineering Journal, 2009, 42(9): 96-103. (in Chinese))

地面钻井套管耦合变形作用机理

孙海涛[1,2], 郑颖人[1], 胡千庭[2], 林府进[2]

(1. 中国人民解放军后勤工程学院 博士后科研流动站, 重庆 400016; 2. 煤炭科学研究总院 重庆研究院, 重庆 400037)

摘 要: 通过力学分析构建了地面钻井套管的剪切和拉伸破坏模型, 并对各参数的影响规律进行了分析, 指出: 套管拉、剪应力随套管壁厚的增加而逐渐减小, 这一参数是改变套管应力条件的最容易控制参数; 同时, 构建了对钻井套管抗拉、剪安全性进行判断的拉、剪安全系数判识方法, 以对钻井套管安全性进行评估。通过三维数值模型和晋城煤业集团成庄煤矿的地面钻井现场工程试验数据对建立的理论模型和规律进行了验证, 证明了模型和规律的正确性。

关键词: 地面钻井; 套管; 耦合变形; 拉剪应力; 安全系数

中图分类号: TD712.62   **文献标志码**: A

Surface borehole casing coupling deformation mechanism

SUN Hai-tao[1,2], ZHENG Ying-ren[1], HU Qian-ting[2], LIN Fu-jin[2]

(1. Post Doctor Mobile Station, Logistical Engineering University, Chongqing 400016, China; 2. Chongqing Institute, China Coal Research Institute, Chongqing 400037, China)

Abstract: A shear and tension model on the surface borehole casing deformation was set up and these parameters was analyzed, and suggested that the casing shear and tension stress reduce with the wall thickness increasing and this parameter is the easiest one to control the casing shear and tension stress. At the same time a safety factor of casing shear and tension stress was set up to evaluate the casing safety. A 3D numeric model and the surface borehole experiment data in Jincheng Anthracite Mining Group Chengzhuang Coal mine is given to validate the theoretical model and rule which proved its validity.

Key words: surface borehole; casing; coupling deformation; shear and tension stress; safety factor

作为一种有效治理煤矿井下高瓦斯难题的抽采方式, 地面钻井瓦斯抽采近年来发展迅速。但是, 采场上覆岩层移动的影响使得地面钻井套管往往在采动影响中迅速发生破坏, 不能充分发挥其抽采效能。目前在地面钻井套管的设计和防护上通常是借鉴石油工程领域的既有经验, 这些既有成果对地面瓦斯抽采钻井有着一定的参考意义, 但煤矿开采的大扰动、快速推进及岩层移动规律的差异性决定了地面瓦斯抽采钻井套管的破坏与石油套管的破坏有着本质的不同。

地面瓦斯抽采钻井套管的破坏根本上说主要是由于采场上覆岩层移动的离层拉伸和岩层层间剪切作用造成的[1-4]。

因此, 本文从钻井套管在岩层移动下的耦合变形角度出发, 建立了地面钻井套管的拉伸、剪切耦合变形模型, 对套管弹性模量、壁厚、套管直径、护井水泥环的厚度等参数的影响进行了深入分析, 并建立了评价套管安全性的拉、剪安全系数评价方法, 以期对地面瓦斯抽采钻井的设计和防护有一定的指导。

1 地面钻井套管变形破坏的耦合作用模型

1.1 剪切破坏模型

地面钻井套管伴随采场上覆岩层移动的变形破坏是一个岩层、水泥环对钻井套管综合力学作用的表

注: 本文摘自《煤炭学报》(2011年第36卷第5期)。

现。钻井套管的剪切滑移变形呈"S"形分布,套管变形形式可近似用正弦函数[2]表示

$$u(y) = A\sin\left(\frac{2\pi y}{a}\right) \quad \left(0 < y < \frac{a}{2}\right) \quad (1)$$

式中,y 为剪切区域内沿套管的长度,如图 1 所示;$u(y)$ 为 y 点套管的垂直位移;A 为位移函数的振幅;a 为位移函数的波长,与岩层物理力学性质和应力环境有关,为剪切区域宽度的 2 倍。

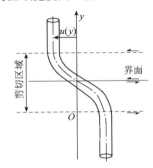

图 1 套管剪切变形的"S"形模型

Fig. 1 "S" model of casing shear deformation

由材料力学梁的弯曲变形原理可知,地面钻井套管剪切滑移变形状态下的弯矩方程为

$$M = \frac{4AEI\pi^2}{a^2}\sin\left(\frac{2\pi y}{a}\right) \quad \left(0 < y < \frac{a}{2}\right) \quad (2)$$

式中,E 为梁的弹性模量;I 为横截面对中性轴的惯性矩。

当梁截面为环形时,根据材料力学的证明[5-6],截面边缘上各点的剪应力与圆周相切。这样,在水平弦 AB 的内外径 4 个端点上与圆周相切的剪应力作用线相交于 x 轴上的某点 p[如图 2(a)所示,图中 r_1 为套管外径,r_0 为套管内径]。

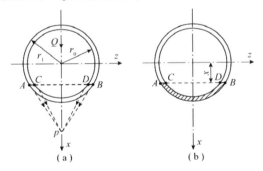

图 2 环形梁截面剪应力示意

Fig. 2 Annulus beam section shear stress

由此可以假设,AB 弦上各点剪应力的作用线都通过 p 点。如果再假设 AB 弦上各点剪应力的垂直分量 τ_x 是相等的,对 τ_x 来说,就与对矩形截面所作的假设完全相同,所以可以用矩形梁剪应力公式来计算,只是当环形梁的壁厚与梁外径相比较小时,可以近似认为梁受力面的宽度为 2 倍的梁壁厚。

因此,结合式(2),环形梁的截面剪应力计算公式为

$$\tau = \frac{QS_z^*}{I_z b} = \frac{8AE\pi^3\left[(r_1^2 - x^2)^{\frac{3}{2}} - (r_0^2 - x^2)^{\frac{3}{2}}\right]}{3a^3\left[(r_1^2 - x^2)^{\frac{1}{2}} - (r_0^2 - x^2)^{\frac{1}{2}}\right]} \times \cos\left(\frac{2\pi y}{a}\right) \quad (3)$$

式中,Q 为梁横截面上的剪力;S_z^* 为截面上距中性轴为 x 的横线以外部分面积对中性轴的静距[如图 2(b)所示],$S_z^* = \frac{2}{3}\left[(r_1^2 - x^2)^{\frac{3}{2}} - (r_0^2 - x^2)^{\frac{3}{2}}\right]$;$I_z$ 为横截面对中性轴的惯性矩,$I_z = \pi(r_1^4 - r_0^4)/4$;$r_0$、$r_1$ 分别为环形梁内外径;b 为梁壁厚的 2 倍,$b = 2\left[(r_1^2 - x^2)^{\frac{1}{2}} - (r_0^2 - x^2)^{\frac{1}{2}}\right]$。

这即是地面瓦斯抽采钻井在剪切滑移状态下的剪应力分布函数表达式。

因此,钻井套管截面最大剪应力表达式为

$$\tau_{\max} = \frac{8AE\pi^3(3r_1^2 - 3r_1 t + t^2)}{3a^3}\cos\left(\frac{2\pi y}{a}\right) \quad (4)$$

式中,A 为钻井套管发生的最大剪切位移;E 为套管弹性模量;t 为套管壁厚。

由式(4)可知,在地面钻井套管的横截面上,剪应力呈抛物线型对称性分布,在套管变形中性面上,剪应力达到最大值 $\tau_{\max}$;由于岩层移动过程中,地面钻井最大受力方向即是在钻井套管弯曲变形的方向,因此,最大受力方向上的套管边界位置剪应力为零,如图 3 所示。

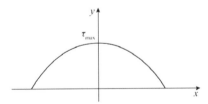

图 3 地面钻井套管界面剪应力分布状态

Fig. 3 Shear stress distribution of the casing section

由式(4)可知,当地面钻井套管外径 r_1 不变,钻井套管壁厚度 t 逐渐增加时,套管截面最大剪应力呈首先逐渐减小,在 $t = \frac{3}{2}r_1$ 时达到最小值 $\tau_{\min}$,然后呈逐渐增大的变化趋势,如图 4 所示。由于钻井直径往往远大于钻井套管厚度,套管壁厚很少能够达到 $t = \frac{3}{2}r_1$ 的最小取值点,因此,在地面钻井工程实践中一般呈现钻井套管壁厚越大,套管截面最大剪应力越小的单一变化规律。

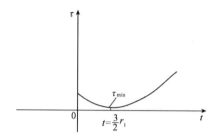

图 4 钻井套管最大剪应力随套管壁厚的变化规律

Fig. 4 The change law of shear stress maximum with the casing wall thickness

由式(4)可知,当地面钻井套管壁厚 t 不变,套管外径逐渐增加时,套管截面最大剪应力呈先逐渐减小,在 $r_1 = \frac{1}{2}t$ 时达到最小值 $\tau_{\min}$,然后呈逐渐增大的变化趋势,如图 5 所示。由于地面钻井套管厚度一般远小于钻井套管直径,钻井套管达到最小值的条件可能性是较小的,因此,在实际工程中一般呈现钻井直径越大,钻井套管横截面最大剪应力越大的单一变化规律。

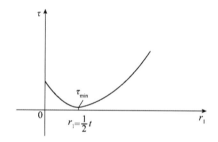

图 5 钻井套管最大剪应力随套管半径的变化规律

Fig. 5 The change law of shear stress maximum with the casing radius

由式(4)可知,地面钻井套管界面剪应力与套管的弹性模量 E 呈正比例关系。

由式(2)可知,随着地面钻井套管壁厚、内径和管材弹性模量的增大,套管的抗弯刚度增大,从而使得钻井套管的挠曲变形的幅度会减小,即式(4)中系数 A 减小。但是,根据钻井套管型号的一般规律看,其因壁厚、内径和管材弹性模量的变化而导致的套管抗弯刚度的变化并不大,因此,这里可以近似认为系数 A 不变,从而获得以上的变化规律。在这种处理方法下获得的钻井套管应力会偏大,从而在一定程度上会增强钻井套管设计的安全性。

1.2 拉伸破坏模型

在地面钻井拉伸变形中,因岩层离层而产生的钻井套管拉伸变形是最主要的拉伸形式。在离层拉伸的情况下,由于影响离层效果的主要因素是煤层开采工艺和采场覆岩情况,因此,可以近似认为在某一固定钻井位置钻井套管受到的拉伸作用力是一定值。

因此,设钻井套管受到的拉伸力为 F,则在离层拉伸作用下钻井套管横截面上的拉伸应力为

$$\sigma_t = \frac{F}{\pi(r_1^2 - r_0^2)} = \frac{F}{\pi(2r_1 - t)t} = \frac{F}{\pi(2r_0 + t)t} \quad (5)$$

根据虎克定律,离层拉伸条件下钻井套管横截面拉伸应力也可以表示为

$$\sigma_t = E[\varepsilon(y) + \Delta w/a] \quad (6)$$

式中,$\varepsilon(y)$ 为因岩层剪切滑移而发生的套管微观拉伸变形;Δw 为套管横截面处岩层的最大离层位移。

由材料力学轴向拉伸和梁的横力弯曲力学分析可知,因现场上覆岩层离层拉伸作用产生的拉伸应力可以认为在钻井套管横截面上近似呈均匀分布,这是满足工程精度要求的[5]。

由式(5)可知,当地面钻井套管外径 r_1 不变,钻井套管壁厚度 t 逐渐增加时,套管截面拉伸应力呈先逐渐减小,在 $t = r_1$ 时达到最小值 $\sigma_{t\min}$,然后呈逐渐增大的变化趋势。由于钻井套管厚度往往远小于钻井套管外径,达到最小值条件 $t = r_1$ 的可能性很小,因此,在工程实践允许的取值范围内,随着钻井壁厚的增加,地面钻井套管截面的拉伸应力往往呈单一的非线性递减趋势,如图 6 所示。

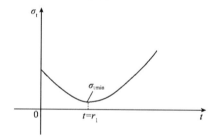

图 6 钻井套管截面拉伸应力随套管壁厚的变化规律

Fig. 6 The change law of the tension stress with the casing wall thick

由式(5)可知,当套管壁厚度 t 不变时,套管截面拉伸应力随套管外径的增加而呈非线性递减的趋势,如图 7 所示。

1.3 护井水泥环的影响

钻井套管的弯曲、剪切、拉伸等变形形式的外作用力是直接由水泥环施加的,而水泥环作用在套管上力的大小又与水泥环的特性、厚度及钻孔岩土体的性质和地应力的状况直接相关。由式(3)可知,钻井套管受力情况决定了剪力 Q 的情况,从而决定了钻井套管横截面上剪切应力的大小。

采动影响下,施工于地层中的地面钻井套管与岩

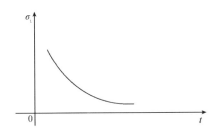

图 7 钻井套管拉伸应力随套管半径的变化规律
Fig. 7 The change law of the tension stress with the casing radius

层及水泥环的三区域作用模型如图 8 所示。在这里用下标 c 表示属于套管的量,如弹性常数 E_c、ν_c,内外半径比 $m_c = \dfrac{a_0}{a_w}$;用下标 s 表示属于地层的量,如弹性常数 E_s、ν_s,内外半径比 $m_s = \dfrac{a_1}{l}$;未注明下标的量是属于水泥环的量,如弹性常数 E、ν,内外半径比 $m = \dfrac{a_w}{a_1}$等。

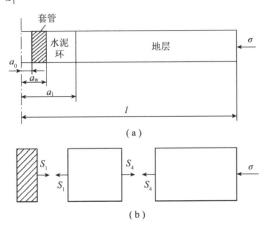

图 8 地层、水泥环、套管三区域模型
Fig. 8 Stratum, concrete annulus and casing regions model

由石油工程领域的研究成果可知[7-8],在均布地应力条件下,水泥环对钻井套管的作用力为

$$S_1 = -2(1-\nu_s)\sigma \Big/ \Big\{ \dfrac{k_s}{mk_c}\Big[\dfrac{(1+\nu_s)}{(1+\nu)}\dfrac{E}{E_s}\dfrac{(1-m^2)}{2(1-\nu)} + \dfrac{(1-2\nu)+m^2}{2(1-\nu)}\Big] + \Big[(1-2\nu)\dfrac{(1+\nu)}{(1+\nu_s)}\dfrac{E_s}{E}\dfrac{(1-m^2)}{2(1-\nu)} + \dfrac{(1-2\nu)m^2+1}{2(1-\nu)}\Big] \Big\} \quad (7)$$

式中,k_c 为套管刚度,$k_c = (1-m_c^2)E_c/\{[(1-2\nu_c)+m_c^2](1+\nu_c)a_w\}$;$k_s$ 为地层刚度,$k_s = E_s/[(1+\nu_s)a_1]$;σ 为均布地应力,有 $\sigma = p_1 = p_2$。

引入水泥环和地层的材料差异系数

$$\xi = \dfrac{(1+\nu_s)E}{(1+\nu)E_s} - 1 \quad (8)$$

将式(8)代入式(7)并引用记号

$$\psi = \dfrac{(1-m^2)}{2(1-\nu)}\Big(\dfrac{k_s}{mk_c} - \dfrac{1-2\nu}{1+\xi}\Big)\xi \quad (9)$$

可得

$$S_1 = \dfrac{-2(1-\nu_s)\sigma}{1 + \dfrac{k_s}{mk_c} + \psi} \quad (10)$$

由式(9)定义的 ψ 可称为增益项,因为它的大小给出了水泥环对套管压力 S_1 的影响。当 $\psi = 0$ 时,钻井套管受到的外力为无水泥环情况下的外力;当 $\psi > 0$ 时,水泥环的存在使原来的套管压力降低,这种情况称为增益;当 $\psi < 0$ 时,使原来的套管压力增大,这种情况称为负增益。因此,水泥环的存在,可使套管压力减少,也可使之增大,这主要看增益项是正值还是负值。在地面钻井设计中应首先对设计的钻井增益项 ψ 进行计算,使得 $\psi > 0$,从而可近似获得对钻井套管具有较好保护效果的护井水泥环参数。

2 地面钻井套管变形破坏的安全系数判识方法

安全系数是工程结构设计方法中用以反映结构安全程度的系数。岩土工程设计中常采用超载安全系数和强度储备安全系数,是计算的极限荷载与实际荷载之比或计算的极限承载力与实际承载力之比[9]。

地面钻井瓦斯抽采工程中,钻井套管受到岩层层间剪切和离层拉伸等作用发生结构变形。由于钻井套管一般为碳钢等弹脆性材料,当套管剪应力或者拉应力达到并超越套管的许用剪切应力或拉伸应力时,套管将在应力超限部位发生应力破坏,从而导致套管漏水、漏气,严重时还会导致泥沙阻塞管道,造成钻井报废。

因此,设钻井套管的材料的极限承载剪应力为 $\tau_{\lim}$、套管在岩层移动过程中的实际剪应力为 τ_{in},则地面钻井套管剪切破坏安全系数为

$$f_s = \dfrac{\tau_{\lim}}{\tau_{in}} \quad (11)$$

将式(4)代入式(11)得

$$f_s = \dfrac{\tau_{\lim}}{\tau_{in}} = 3a^3\tau_{\lim} \Big/ \Big[8AE\pi^3(3r_1^2 - 3r_1 t + t^2)\cos\Big(\dfrac{2\pi}{a}y\Big)\Big] \quad (12)$$

设钻井套管的材料的极限承载拉伸应力为 $\sigma_{t-\lim}$、套管在岩层移动过程中的实际拉伸应力为 σ_{t-in},则地面钻井套管拉伸破坏安全系数为

$$f_t = \frac{\sigma_{t\text{-lim}}}{\sigma_{t\text{-in}}} \quad (13)$$

将式(5)代入式(13)得

$$f_t = \frac{\sigma_{t\text{-lim}}}{\sigma_{t\text{-in}}} = \frac{\pi t(2r_1 + t)\sigma_{t\text{-lim}}}{F} =$$

$$\frac{\sigma_{t\text{-lim}}}{E[\varepsilon(y) + \Delta w/a]} \quad (14)$$

由前述分析可知,钻井套管剪应力的分布呈对称分布,因此其最大剪应力将在两个套管位置同时达到,考虑到钻井套管弹脆性材料的特点,当由式(12)根据最大剪应力计算获得的剪应力安全系数小于1时,可以认为钻井套管将发生剪切破坏。同理,钻井套管拉伸应力在横截面上近似呈均匀分布,因此,当由式(14)根据拉伸应力计算获得的拉伸安全系数小于1时,可以判定钻井套管将发生拉伸破坏。

3 数值模拟验证分析

为了对耦合因素对地面钻井套管变形的影响效应进行验证分析[10-15],构建100 m×100 m×100 m的三维数值模型,在模型顶部施加300 m深度上覆岩层自重应力,以模拟400 m深的煤层开采;在距离煤层底板10、14、18、22、28 m位置处分别设置一水平岩层界面;在模型中部构建一岩层、水泥环、套管复合结构的地面钻井,以模拟采动情况下岩层移动对钻井套管的影响,如图9所示。

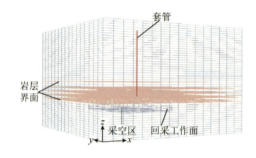

图9 三维数值模型

Fig. 9 Three dimension simulation model

构建的数值模型岩土体、水泥环及套管的物理力学参数见表1。

表1 各岩层的物理力学特性参数

Table 1 Physical and mechanical characteristics parameters of rock strata

层位	体积模量 K/GPa	剪切模量 G/GPa	内摩擦角 φ/(°)	内聚力 c/MPa	抗拉强度 σ_t/MPa	密度 ρ/(kg·m^{-3})
岩层	6.56	4.66	40	20	5.00	2 500
煤层	3.00	1.50	30	15	3.00	1 300
水泥环	4.30	2.85	24	9	2.94	2 500
套管	147.00	81.75				

煤层开挖采用一次开挖宽50 m、长37.5 m的开采空间,回采工作面推过地面钻井位置12.5 m的开挖方式,顶板采用自然沉降方式,由此获得岩层移动影响下地面钻井套管的应力分布规律;对于不同影响因素的影响效应,采用逐次改变参数值进行求解运算并进行对比分析的方法进行。

在求解运算稳定后获得地面钻井套管截面上的剪应力分布,如图10所示,从图中可以看出,剪应力关于y轴呈对称分布,在x轴方向上剪应力随x绝对值的增大而逐渐增大,在$x = 0$处的套管部位剪应力最大,在x坐标绝对值最大处,剪应力最小。这与理论分析获得的图3所描述的分布规律是基本一致的。

在求解运算稳定后获得地面钻井套管横截面上的拉伸应力分布,如图11所示,从图中可以看出,拉伸应力在钻井套管同一横截面上基本上是均匀分布的,这与理论分析过程中所作的假设条件基本一致。

为了获得钻井套管各参数对套管截面剪应力的

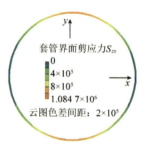

图10 钻井套管截面剪应力分布规律

Fig. 10 Shear stress distribution of the well section

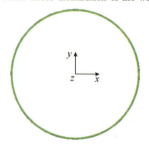

图11 钻井套管截面拉伸应力分布规律

Fig. 11 Tensile stress distribution of the well section

影响规律,分别对不同参数条件下的数值模型进行了运算求解,获得了钻井套管横截面最大剪应力和拉伸应力随参数的变化规律如图12、13所示。

从图中可以看到,钻井套管拉、剪应力随各参数的变化规律与理论模型分析获得的规律在总体趋势上是一致的,考虑到数值模型及参数的误差因素,这一模拟分析结果在一定程度上证明了理论分析结果的正确性;同时,可以发现随套管壁厚的增加,套管最大剪应力和拉伸应力都呈逐渐减小趋势,这一规律也使套管壁厚成为套管变形防护最易控制的参数。

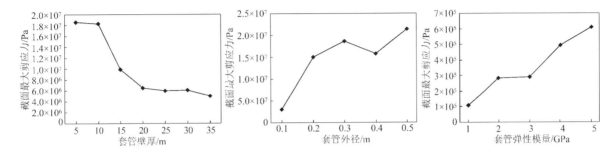

图12 钻井套管横截面最大剪应力随套管壁厚、外径和弹性模量的变化

Fig. 12 Variety of max shear stress of the case section with the case thickness, the outer radius and elestic modulus

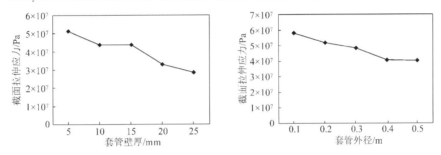

图13 钻井套管横截面拉伸应力随套管壁厚和外径的变化规律

Fig. 13 Variety of max tensile stress of the case section with the case thickness and the outer radius

4 工程实例验证分析

为了对理论分析获得的模型和规律进行验证,煤炭科学研究总院重庆研究院在晋城煤业集团成庄煤矿4308回采工作面进行了地面钻井试验。现场试验施工3口地面钻井,在4308回采工作面走向方向顺次布置,间隔50 m,均采用标准三级结构模式:地表采用J55套管护井,到达表土层下,进入基岩层约5 m;技术套管采用N80套管;筛孔管采用N80型花管。

为了对钻井套管壁厚的影响进行验证,3口钻井在表土层下127.98 m处关键层位置的N80套管壁厚分别采用了1号井8.05 mm、2号井9.19 mm、3号井10.36 mm的规格,其他力学参数保持一致。在回采工作面推进过程中,分别对3口钻井进行了钻孔电视的现场观测。观测发现:当回采工作面分别距离3口钻井1号70 m、2号井50 m、3号井20 m时,钻井套管在127.98 m处发生了明显变形,导致钻孔电视无法深入孔底。

试验结果表明:套管的壁厚越大,其抵抗岩层移动的拉、剪作用的能力越强,从而也进一步证明了理论分析结果的正确性。

5 结 论

(1)在地面钻井工程实践范围内,套管横截面最大剪应力随套管弹性模量的减小、套管壁厚的增加、套管直径的减小呈逐渐减小的趋势。

(2)在地面钻井工程实践范围内,套管横截面拉伸应力随弹性模量的减小、套管壁厚的增加、套管直径的增大呈逐渐减小的趋势。

(3)地面钻井套管壁厚是进行套管变形防护最易控制的参数。

(4)地面钻井套管的安全性可以通过套管的拉、剪安全系数进行综合评价。

参考文献:

[1] 邓喀中,马伟民,何国清.开采沉陷中的层面效应研究[J].煤炭学报,1995,20(4):380-384.

Deng Kazhong, Ma Waimin, He Guoqing. Study on layer effect of subsidence[J]. Journal of China Coal Society, 1995, 20(4): 380-

384.

[2] 孙海涛,刘东燕,梁运培,等. 地面抽采钻井剪切变形破坏的关键层影响效应[J]. 重庆大学学报,2009,32(5):550-555.
Sun Haitao, Liu Dongyan, Liang Yunpei, et al. Key rock strata effecting analysis on surface borehole shear deformation fracture [J]. Journal of Chongqing University, 2009, 32(5): 550-555.

[3] Whittles D N, Lowndes I S, Kingman S W, et al. The stability of methane capture boreholes around a long wall coal panel [J]. International Journal of Coal Geology, 2007, 71: 313-328.

[4] 刘东燕,孙海涛,张艳. 采动影响下采区上覆岩层层间剪切滑移模型分析[J]. 岩土力学,2010,31(2):609-614.
Liu Dongyan, Sun Haitao, Zhang Yan. A model of shear slipping of overlying strata under mining disturbance [J]. Rock and Soil Mechanics, 2010, 31(2): 609-614.

[5] 孙训芳,胡增强,金心全. 材料力学[M]. 北京:高等教育出版社,1994.

[6] 刘玉洲,陆庭侃,于海勇. 地面钻井抽放采空区瓦斯及其稳定性分析[J]. 岩石力学与工程学报,2005,24(S1):4982-4987.
Liu Yuzhou, Lu Tingkan, Yu Haiyong. Surface borholes for drawing of goaf gases and its stabilities analysis [J]. Chinese Journal of Rock Mechanics and Engineering, 2005, 24(S1): 4982-4987.

[7] 练章华. 地应力与套管损坏机理[M]. 北京:石油工业出版社,2009.
Lian Zhanghua. Ground stress and the casing breaking mechanism [M]. Beijing: Petroleum Industry Press, 2009.

[8] 李志明,殷有泉. 油水井套管外挤力计算及其力学基础[M]. 北京:石油工业出版社,2006.

[9] 郑颖人,赵尚毅,邓楚键,等. 有限元极限分析法发展及其在岩土工程中的应用[J]. 中国工程科学,2006,8(12):39-61.
Zheng Yingren, Zhao Shangyi, Deng Chujian, et al. Development of finite element limit analysis method and its application in geotechnical engineering [J]. Engineering Science, 2006, 8(12): 39-61.

[10] 胡千庭,梁运培,林府进. 采空区瓦斯地面钻井抽采技术试验研究[J]. 中国煤层气,2006,3(2):3-6.
Hu Qianting, Liang Yunpei, Lin Fujin. Test of drawing technology on surface borehole in coal mine goaf [J]. China Coalbed Methane, 2006, 3(2): 3-6.

[11] 许家林,钱鸣高. 关键层运动对覆岩及地表移动影响的研究[J]. 煤炭学报,2000,25(2):122-126.
Xu Jialin, Qian Minggao. Study on the influence of key strata movement on subsidence [J]. Journal of Coal Society, 2000, 25(2): 122-126.

[12] 孙海涛,张艳. 地面瓦斯抽采钻孔变形破坏影响因素及防治措施分析[J]. 矿业安全与环保,2010,37(2):79-85.
Sun Haitao, Zhang Yan. Analysis on deformation and fracturing factors of surface gas drainage holes and preventive measures [J]. Mining Safety & Environmental Protection, 2010, 37(2): 79-85.

[13] 周德昶. 地面钻井抽采瓦斯技术的发展方向[J]. 中国煤层气,2007,4(1):18-23.
Zhou Dechang. Development trend of CMM surface well drilling technology [J]. China Coalbed Methane, 2007, 4(1): 18-23.

[14] 袁亮. 低透高瓦斯煤层群安全开采关键技术研究[J]. 岩石力学与工程学报,2008,27(7):1370-1379.
Yuan Liang. Key technique of safe mining in low permeability and methane-rich seam group [J]. Chinese Journal of Rock Mechanics and Engineering, 2008, 27(7): 1370-1379.

[15] 李日富,梁运培,张军. 地面钻孔抽采采空区瓦斯效率影响因素[J]. 煤炭学报,2009,34(7):942-946.
Li Rifu, Liang Yunpei, Zhang Jun. Influence factors to extraction effeiciency of surface goaf hole [J]. Journal of China Coal Society, 2009, 34(7): 942-946.

> 陈宗基讲座

岩土数值极限分析方法的发展与应用

郑颖人[1,2]

(1. 后勤工程学院 军事建筑工程系，重庆 400041；
2. 重庆市地质灾害防治工程技术研究中心，重庆 400041)

摘要：固体材料受力后从弹性发展到塑性、再发展到破坏，表明屈服与破坏是不同的。本文简述了岩土材料的屈服准则，并提出岩土材料的屈服准则体系，提出材料应力场中点破坏和整体面破坏 2 种概念及其定义，并用传统极限分析方法定义材料的整体面破坏准则。回顾分析传统极限分析方法的求解特点，由此指出传统极限分析法与数值分析法的不足，两者结合形成近年发展的数值极限分析方法，使极限分析方法的适用范围大幅扩大。就传统极限分析法与数值极限法的内涵、特点做深入的分析，论证了方法的可靠性，同时指出数值极限分析法的优越性及其存在的问题，最后举例说明数值极限分析方法在岩土工程中的边(滑)坡、地基以及隧道工程中的广泛适用性。

关键词：数值分析；屈服准则；破坏准则；极限分析法；数值极限分析法；极限荷载；稳定安全系数

中图分类号：O 241　　**文献标识码**：A　　**文章编号**：1000－6915(2012)07－1297－20

DEVELOPMENT AND APPLICATION OF NUMERICAL LIMIT ANALYSIS FOR GEOLOGICAL MATERIALS

ZHENG Yingren[1,2]

(1. *Department of Civil Engineering*，*Logistical Engineering University*，*Chongqing* 400041，*China*；2. *Chongqing Engineering and Technology Research Center of Geological Hazard Prevention and Treatment*，*Chongqing* 400041，*China*)

Abstract：Solid material develops from elastic to plastic then to failure after undertaking some load，which means that yield is different from failure. The system of yield criteria for geomaterial is discussed and two definitions which are point failure and surface failure in stress field are put forward. And the criteria of surface whole failure is defined through traditional limit analysis method. Simultaneously，the deficiencies for traditional limit analysis and numerical analysis are pointed out by reviewing and analyzing the solution characteristics of traditional limit analysis method. Based on the combination of these two methods，a newly developed numerical limit analysis method is built，which has enlarged the application rage of limit analysis. The significances and features of traditional limit analysis method and numerical limit method are studied，as well as the reliabilities. The advantages and disadvantages of numerical limit analysis are listed；and the wide applicability of numerical limit analysis in the slope(landslide) engineering，foundation engineering and tunnel engineering is illustrated.

Key words：numerical analysis；yield criteria；failure criteria；limit analysis method；numerical limit analysis method；ultimate load；stability safety factor

1 引言

极限分析方法[1-2]已有百年以上的历史，在岩土工程中被广泛应用，并作为设计的依据。经典的岩土稳定性问题包括边坡稳定、地基承载力、土压力等，其理论基础是极限分析理论，土体的极限分析法起始于 1773 年的库仑定律，20 世纪 20 年代建立

注：本文摘自《岩石力学与工程学报》(2012 年第 31 卷第 7 期)。

了极限平衡法，40年代，又相继出现了滑移线场法(特征线法)，50年代又提出了极限分析的上、下限法。极限分析法经过百年的发展已逐趋成熟。从工程实践上看，极限分析法具有很好的应用效果，解决了岩土工程的一些设计问题，尤其是岩土稳定问题。但对复杂的层状、非均质岩土材料及不同工程的复杂情况，这一方法往往无能为力。随着岩土力学数值方法的发展，逐渐兴起了数值极限分析方法，它既有很广的适用性，又有很好的实用性。1975年，O. C. Zienkiewicz等[3]提出了有限元强度折减法与超载法，可以用数值方法求解材料的稳定安全系数与极限荷载，在国际上的边(滑)坡稳定分析中广为应用[4-11]。

近年来，郑颖人等[12-16]对数值极限方法做了一些研究，认识到有限元强度折减法与超载法本质上是应用数值方法求解极限分析问题，它是传统极限方法的发展，因而将其称为数值极限方法或有限元(包括有限元、有限差分、离散元等)极限分析法；还扩大了它的计算功能，不仅可求出安全系数与极限荷载，还可以求出材料的破坏位置与形态。数值极限方法不仅是有限元强度折减法与超载法，且可以发展到各种破坏情况，如冻土边坡由于温度升高而失稳，库岸边坡由于库水下降速度增大而引起边坡失稳，煤矿巷道由于回采推进长度增大而引起采场直接顶失稳等，都可以形成相应的数值极限分析方法，得出相应的安全系数。只要固体材料受力从弹性到塑性再发展到破坏的情况，都可以应用这一方法，所以，原则上它对各种固体材料，如钢材、混凝土等都可适用。

本文从材料受力到破坏分析着手，回顾了传统极限分析法的含义与功能，分析了数值极限分析法与传统极限分析法的不同、数值极限分析方法的发展以及尚需解决的问题，最后简要阐述了数值极限分析方法在边(滑)坡、地基与隧道等岩土工程中的应用，以便使读者对此法有一个更好的理解。

2 岩土材料的受力破坏过程分析

固体材料随着受力的增大，一般都是先进入弹性状态，随后材料中有些部位达到弹性极限，即这部分材料屈服进入塑性状态，然后由塑性发展直到塑性极限，进入破坏[17-18]。屈服的本质就是材料中某点的应力达到强度值，初始屈服时，材料中只有个别点达到屈服，但由于受到周围未屈服材料的抑制作用，不会出现破坏。所以屈服并不等于破坏，但屈服使材料进入塑性，并造成材料损伤。当塑性发展到一定程度后，就会在应力集中的地方出现局部裂隙，可称为材料的点破坏，对此人们还缺乏足够的研究。继续加载后，材料的局部裂隙就会贯通，直至材料中破坏面形成，发生整体面破坏失稳。虽然目前还没有公认的材料整体面破坏准则，但传统极限分析实质上已经提供了材料的整体破坏条件，并在工程中应用。因此，可以求出工程的极限荷载或稳定安全系数，这正是极限分析法的魅力所在。

2.1 材料的屈服准则

屈服是材料达到弹性极限进入塑性，是一个过程，从初始屈服、后继屈服达到塑性极限。材料从弹性进入塑性要通过屈服准则来判别，材料的屈服准则目前已有很多，一般是依据某种理论或者是某种试验现象而建立的，也有依据经验而建立的。对金属材料有屈瑞斯卡与米赛斯准则，岩土中有莫尔-库仑准则(简称M-C准则)和德鲁克-普拉格准则(简称D-P准则)。上述准则都可依据弹性力学理论推出，因而材料的弹性极限既可用应力表述，也可用应变表述，因为两者是一一对应的。由于莫尔-库仑准则没有考虑中间主应力的影响，从而出现了由真三轴试验获得的三剪应力屈服准则，如H. Matsuoka的SMP准则、Lade准则等。近年来，高红等[19]依据能量理论与三剪应力矢量，采用2种方法导出了三剪能量屈服准则，它是岩土材料与金属材料共同的屈服准则，国际上各种著名屈服准则都是它的特例。当不考虑内摩擦角时，即成为米赛斯准则；当不考虑内摩擦角同时又不考虑中间主应力时就成为屈瑞斯卡准则；如果考虑内摩擦角而不考虑中间主应力，即简化成为单剪状态，就成为莫尔-库仑准则；如又假定罗德角为常数时，就是德鲁克-普拉格准则。而且得到的屈服面形状与国内外真三轴试验结果一致，因而可以由此列出岩土与金属材料的屈服准则体系[20]，见表1。

当材料的强度极限曲线为直线时，上述准则都可以按严格的理论导出，其他由试验拟合得出的准则与按近似理论导出的准则不包含在内。由试验可知，土体的强度极限曲线一般为直线，而岩石的强度极限曲线是非线性的。但目前工程中都将岩石视作线性处理，此时应将极限曲线分段视作直线处理，以获得合理的黏聚力 c 和内摩擦角 φ 值。强度极限曲线为二次曲线的岩石屈服准则，可参见郑颖人和孔亮[2]的研究。

表 1 应力表述的屈服准则体系[20]

Table 1 System of yield criteria expressed by stress[20]

材料类型	单剪情况		三剪情况	
	屈服准则	公式	屈服准则	公式
金属材料	屈瑞斯卡	$\sigma_1 - \sigma_3 = k$	米赛斯	$J_2 = C$
岩土材料 θ_σ 为常数	莫尔-库仑	$p\sin\varphi + \dfrac{q}{3}(\sqrt{3}\cos\theta_\sigma - \sin\theta_\sigma \sin\varphi) = c\cos\varphi$	高红-郑颖人	$p\sin\varphi + \dfrac{q}{3}(\sqrt{3}\cos\theta_\sigma - \sin\theta_\sigma \sin\varphi) = 2c\cos\varphi\sqrt{\dfrac{1-\sqrt{3}\tan\theta_\sigma \sin\varphi}{3+3\tan^2\theta_\sigma - 4\sqrt{3}\tan\theta_\sigma \sin\varphi}}$
	德鲁克-普拉格 $\theta_\sigma = 30°$ (三轴压缩)	$\alpha I_1 + \sqrt{J_2} - k = 0$ $\alpha = \dfrac{2\sin\varphi}{\sqrt{3}(3-\sin\varphi)}$ $k = \dfrac{6c\cos\varphi}{\sqrt{3}(3-\sin\varphi)}$	德鲁克-普拉格 $\theta_\sigma = 30°$ (三轴压缩)	$\alpha_a I_1 + \sqrt{J_2} - k_a = 0$ $\alpha_a = \dfrac{2\sin\varphi}{\sqrt{3}(3-\sin\varphi)}$ $k_a = \dfrac{6c\cos\varphi}{\sqrt{3}(3-\sin\varphi)}$
	$\theta_\sigma = -30°$ (三轴拉伸)	$\alpha = \dfrac{2\sin\varphi}{\sqrt{3}(3+\sin\varphi)}$ $k = \dfrac{6c\cos\varphi}{\sqrt{3}(3+\sin\varphi)}$	$\theta_\sigma = -30°$ (三轴拉伸)	$\alpha_a = \dfrac{2\sin\varphi}{\sqrt{3}(3+\sin\varphi)}$ $k_a = \dfrac{6c\cos\varphi}{\sqrt{3}(3+\sin\varphi)}$
	$\theta_\sigma = 0°$ (非关联平面应变)	$\alpha = \sin\varphi$ $k = c\cos\varphi$	$\theta_\sigma = 0°$ (非关联平面应变)	$\alpha_a = \sin\varphi$ $k_a = \dfrac{2}{\sqrt{3}}c\cos\varphi$

注:σ_1,σ_3 分别为第一、第三主应力;α,k,α_a,k_a 均为系数;θ_σ 为罗德角;I_1,J_2 分别为应力张量第一不变量和应力偏张量第二不变量;p 为法向力;q 为剪力;C 为常数。

2.2 岩土材料的破坏准则探讨

2.2.1 破坏与屈服的区别

通常,塑性力学规定材料进入无限塑性状态,即应力不变、应变无限增大时称作破坏。由塑性力学可知,材料经过初始屈服进入后继屈服,然后达到破坏。后继屈服与历史参量和应力路径等有关,而初始屈服与破坏状态、历史参量和应力路径无关,因此,对于材料的初始屈服与破坏状态,都可应用与历史参量无关的理想塑性状态进行研究。

众所周知,理想塑性状态下初始屈服面与破坏面是一致的,它们的应力相同,不过初始屈服与破坏状态的应变是不同的,前者的应变对应着材料刚进入屈服状态,而后者的应变对应着材料从塑性状态进入破坏状态。硬、软化材料从初始屈服起经过塑性阶段才能达到破坏,相应的屈服面逐渐发展直至达到破坏面为止。传统的塑性力学中破坏的定义是指塑性无限发展,即应力不变、应变无限增大。但这一定义只适用于硬、软化材料;而对理想塑性材料并不完全适用,会导致屈服与破坏相同,无法区分屈服与破坏。由此可见,材料确切破坏的定义应是材料的应变达到塑性极限状态,它对硬、软化材料与理想塑性材料都适用。

图 1 中列出了典型材料的应力-应变关系曲线,图中,ε_y 为材料的初始屈服应变,ε_f 为材料后继屈服中的塑性极限应变[21]。

由图 1 可以看出材料从屈服到破坏的发展过程。对于理想塑性材料(见图 1(a)),尽管初始屈服点与破坏点的应力相同,但是它们的应变是不同的,所以除屈服准则外,还必须找到发生破坏时的极限应变点[21],由此才能确定点破坏准则。

2.2.2 岩土材料的破坏准则

岩土材料破坏十分复杂,有拉破坏和剪破坏,本文只对剪破坏条件下进行探索性研究。材料的剪破坏可分为材料中的点破坏和材料的整体面破坏。对于岩土材料的点破坏条件,至今还没有成熟的理论,不同的岩土塑性本构模型都有各自的破坏条件。在著名的剑桥土体模型中,土体的破坏条件常用英国著名土力学家罗斯科提出的土的临界状态来确定,但至今仍没有具体确定极限应变的方法。罗斯科指出临界状态就是破坏状态,它与应力历史和应力路径无关,不管采用何种试验、何种路径,只要达到临界状态就会破坏,因此可以采用理想塑性

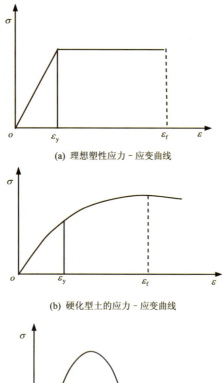

图 1 典型材料应力-应变关系曲线

Fig.1 Stress-strain relation curves of typical materials

来研究岩土的破坏。

材料的整体面破坏可以采用传统极限分析方法来判别,由此可以计算材料的安全系数与极限荷载,因此实质上传统极限分析方法已经提供了材料的整体面破坏准则[12]。工程上的材料整体破坏并不都符合塑性力学中的破坏定义,例如桩基的桩底地基刺穿破坏,桩底的土体发生流动,承载力最初有所降低,出现了较大的变形,但当流动土体再次压实后,桩的承载力还会提高。不过仍然可以将桩底土体初次流动作为破坏的判据,因为这种情况下桩已发生较大位移而影响工程的正常使用。

3 传统极限分析法

3.1 关于极限分析理论的含义

刚塑性平面应变极限分析的传统理论采用理想塑性模型,以研究材料达到极限状态时的力学关系,由此可以求出材料的极限荷载或稳定安全系数[1-2]。应用于金属成形加工、土坡稳定与地基承载力大小等领域。极限荷载对应着材料进入整体破坏状态,此时荷载不变,变形可不断增大,材料沿滑面(破坏面)无限滑动,对应的荷载称为极限荷载。稳定安全系数对应着滑面上材料的抗滑力(与材料强度有关)与滑动力之比;也可写成极限荷载与实际荷载之比。当安全系数为 1 时,材料发生破坏。应当注意,滑面上的力不是点的应力,而是沿滑面的总剪力,它是当前判别材料整体剪切失稳的唯一公认的判据。

从上述可以看出,极限分析理论不仅可以求解极限荷载与稳定安全系数,而且可以求解材料中的破坏状态,因而是一种十分切合工程设计的有效方法。只是传统极限分析方法中需要预先知道潜在滑面才能求解,这是由于传统方法本身的局限性所致。

3.2 关于极限分析的力学方法

在传统的平面极限分析理论[1-2]中,可由平衡方程、屈服条件、应力-应变关系、体积不可压缩条件等 5 个方程,求解 3 个应力分量和 2 个速度分量,共 5 个未知量。求解极限分析问题,常常分 2 步走:先应用平衡方程与屈服条件求出 3 个应力分量,并可由此求出极限荷载或稳定安全系数;然后依据求出的应力再求速度分量。显然这不是严格的力学解法。但实践证明,作为工程力学方法是可行的,它可以满足工程要求的计算精度。对于岩土强度与稳定问题,目的是求极限荷载或稳定安全系数,采用上述第一步,应用平衡方程与屈服方程就可以了,不必引入本构关系,从而使求解大为简化。

极限分析法与弹性力学计算不同,弹性力学是求荷载作用下材料所受的内力,不引入材料的强度,计算中没有强度参数。而极限分析法是研究材料极限状态时的力学关系,计算中引入了屈服准则,而准则中既有应力又有强度,在破坏面上形成滑动力与抗滑力,由此就可求出材料的安全系数或极限荷载。因而历来被作为岩土工程设计的依据,它对二维、三维的岩土问题特别适用。

传统塑性力学中应用的极限分析实用方法,一般是极限平衡法、滑移线场法与极限分析中的上、下限法。极限平衡法只需平衡方程和塑性方程,它们与本构方程无关。虽然滑移线场法的滑移线形式与本构方程有关;上限法求解时不只是功能表述的平衡方程与屈服条件,还需要满足机动条件,即要求滑面与位移矢量形成的角度满足相应本构关系,但两者求解过程中都不需引入本构公式,因而计算结果仍然与本构无关。由此可见，极限分析方法也不受变形参数，即弹性模量和泊松比的影响，它只与强度有关，不仅使求解简化，而且减少了由于变形参数不准确引起的误差。

3.3 岩土极限分析法的可靠性

近百年来，传统极限分析法无论是通过在工程上的应用效果还是室内试验验证，都证明了其可行性。尤其是最近几年来有限元强度折减法的出现，其依据严格的弹塑性理论，采用弹塑性数值方法求解极限问题，计算表明，传统的极限分析法与数值极限分析法可以得到同样的结果，进一步验证了极限分析法作为工程力学方法的可靠性，也证明了上述求解方法在工程应用上的可行性。

3.3.1 深埋隧洞破坏机制试验验证

为了观察隧洞破坏过程，弄清隧洞破坏机制，首先采用混合材料进行简易模型试验，隧洞模型的跨度为 8 cm，侧墙高度为 8 cm，拱高为 3 cm，矢跨比为 0.375，隧洞左、右边界与隧洞左、右侧墙的距离均为 16 cm，上侧边界距离隧洞拱顶 24 cm，下侧边界距离隧洞底部 16 cm。试验中，从 0 开始逐级加载直至隧洞发生破坏，并将试验观察到的结果与数值极限法模拟的结果进行对比[22-23]。

深埋隧洞破裂面如图 2 所示，模型试验与数值模拟结果如表 2 所示。由于破坏面上具有塑性应变和位移突变的特性，数值模拟的破裂面位置可依据图 2(b)中 5 个截面上塑性应变的突变点连线画出[22]。由图 2 和表 2 可见，模型试验与数值计算的极限荷载以及破坏区大小、形状基本吻合，由此说明有限元极限分析法用于隧道稳定分析是成功的。

3.3.2 传统极限分析法与数值极限分析法的比较验证

下面通过 2 个算例，进行传统极限分析法与数值极限分析法的比较。

(a) 模型试验破裂面

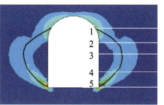
(b) 计算模拟破裂面

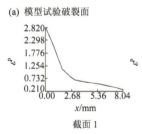
截面 1

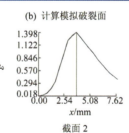
截面 2

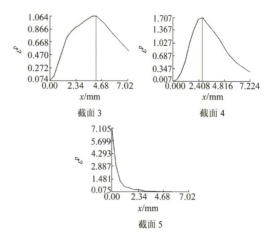

(c) 各截面塑性应变与 x 关系曲线图

图 2 深埋隧洞破裂面

Fig.2 Failure surfaces of deep tunnels

表 2 模型试验结果与数值模拟结果

Table 2 Results of model test and numerical simulation

方案编号	侧墙高/cm	拱高/cm	模型试验极限荷载/kN	数值模拟极限荷载/kN	模型试验两侧破裂面之间最大距离/mm	数值模拟两侧破裂面之间最大距离/mm
一	8	2	62	57	13.4	13.1
二	8	3	59	55	14.3	14.1
三	8	4	56	53	15.6	15.3
四	6	4	61	60	12.9	12.8
五	4	4	68	66	11.7	11.5

(1) 算例 1：二维边坡[12]

二维边坡属于平面应变问题，计算采用大型有限元软件 ANSYS，按照平面应变建立有限元模型。该边坡为均质土坡，坡高 $H = 20$ m，土的重度为 $\gamma = 20$ kN/m³，黏聚力 $c = 42$ kPa，内摩擦角 $\varphi = 17°$，计算坡角 $\beta = 30°，35°，40°，45°，50°$ 时边坡的稳定安全系数。

表 3 为采用非关联流动法则屈服准则时的安全系数，表 4 为采用关联流动法则屈服准则时的安全系数。平面应变计算中，采用 M-C 准则匹配的 D-P 准则，在关联和非关联流动法则条件下分别采用 DP4 与 DP5 表达式[12, 24]。传统极限平衡条分法计算时采用边坡稳定分析软件 SLOPE/W。

从计算结果可以看出，平面应变条件下，不管是采用非关联的 M-C 准则匹配 DP5 准则还是采用关联的 M-C 准则匹配 DP4 准则，求得的安全系数与传统极限平衡条分法中的 Spencer 法的计算结果十分接近，误差在 2%以内。

表3 采用非关联流动法则屈服准则时的安全系数

Table 3 Safety factors by adopting yield criteria of non-associated flow rule

计算准则	安全系数				
	30°	35°	40°	45°	50°
DP5(非关联流动法则)	1.56	1.42	1.31	1.21	1.12
极限平衡 Spencer 法(S)	1.55	1.41	1.30	1.20	1.12
误差	0.01	0.01	0.01	0.01	0.00

注：30°等指坡角；误差的计算方法为：(DP5 准则下的安全系数—Spencer 法下的安全系数)/ Spencer 法下的安全系数；下表同。

表4 采用关联流动法则屈服准则时的安全系数

Table 4 Safety factors by adopting yield criteria of associated flow rule

计算准则	安全系数				
	30°	35°	40°	45°	50°
DP4(关联流动法则)	1.56	1.42	1.32	1.22	1.13
极限平衡 Spencer 法(S)	1.55	1.41	1.30	1.20	1.12
误差	0.01	0.01	0.01	0.02	0.01

(2) 算例 2：均匀地基承载力系数有限元极限分析[2, 25]

图 3 为 Prandtl 解破裂面，图 4 为无重土地基有限元解及破裂面，可见，两者的破坏面是一致的。

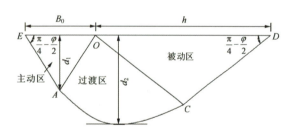

图 3 Prandtl 解破裂面

Fig.3 Failure surface of Prandtl

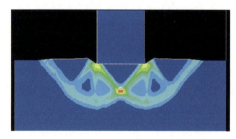

图 4 无重土地基有限元解及破裂面

Fig.4 Failure surface of no weight soil foundation

按滑移线场理论，地基极限承载力可近似表示为

$$P_u = cN_c + qN_q + \frac{1}{2}B\gamma N_\gamma \qquad (1)$$

式中：P_u 为极限承载力；N_c，N_q 和 N_γ 均为承载力系数。

承载力系数 N_c，N_q 均有理论求解公式，N_γ 的求解只有经验公式。由表 5 可知，N_q 的理论解法与数值解法的计算结果十分相近，N_γ 的理论解比表中经验解更为准确。

表5 N_c，N_q，N_γ 的有限元解与其他解的比较

Table 5 Comparison of N_c, N_q and N_γ between FEM solution and other solutions

系数	方法	计算结果						
		0°	5°	10°	15°	20°	25°	30°
N_c	Prandtl	5.14	6.49	8.34	10.98	14.84	20.72	30.14
	FEM(光滑)	5.22	6.60	8.50	11.19	15.18	21.21	31.00
N_q	Reissner	1.00	1.56	2.47	3.93	6.38	10.62	18.32
	FEM(光滑)	1.01	1.60	2.51	4.01	6.63	11.03	18.92
N_γ	Terzaghi	0.00	0.09	0.46	1.41	3.52	8.07	17.99
	Meyerhof	0.00	0.07	0.37	1.12	2.86	6.73	15.58
	Vesic	0.00	0.45	1.22	2.64	5.37	10.83	22.29
	W.F.Chen	0.00	0.46	1.31	2.93	6.17	12.90	27.51
	FEM(光滑)	0.00	0.21	0.83	1.79	3.87	10.55	18.35

表 6 给出了 Prandtl 破坏面有关尺寸，表 7 给出了有限元计算破坏面的有关尺寸，可见 2 种方法得出的有关尺寸基本相同，由此说明 2 种方法得出的破坏面形状也是相近的。

表6 Prandtl 破坏面有关尺寸

Table 6 Relevant sizes of Prandtl failure surface

尺寸参数	计算结果/m						
	0°	5°	10°	15°	20°	25°	30°
d_1	0.50	0.55	0.60	0.65	0.71	0.79	0.87
d_2	0.71	0.79	0.89	1.01	1.16	1.35	1.59
h	1.00	1.25	1.57	1.99	2.53	3.27	4.29

表7 有限元计算破坏面的有关尺寸

Table 7 Relevant sizes of failure surface calculated by FEM

尺寸参数	计算结果/m						
	0°	5°	10°	15°	20°	25°	30°
d_1	0.49	0.53	0.60	0.65	0.70	0.75	0.89
d_2	0.70	0.80	0.90	1.05	1.19	1.35	1.62
h	0.98	1.25	1.50	1.92	2.51	3.15	4.20

由算例 1，2 可以看出，传统极限分析法与数值极限分析法的计算结果十分接近，证明了传统极限分析法的精度与数值方法相近，进一步表明了极限分析方法的可靠性。

3.4 岩土体极限分析与整体面破坏的条件

材料是否都会达到极限状态是有条件限制的，一般要求材料内部产生一定的位移，此时岩土强度才能充分发挥，这是极限状态的必要条件。所以要求岩土体有达到极限状态的足够位移，这是岩土整体面破坏的首要条件。从理论分析和工程实践中可知，岩土工程是场破坏，在三维计算中表现为面破坏，二维计算中表现为线破坏。岩土体内一部分岩土体处于弹性状态，另一部分处于塑性屈服状态，所以岩土体内会存在一系列屈服面，而最先发生点破坏直至贯通的破裂面只是其中一个屈服面。因而岩土体的破坏面并不是指所有的屈服状态的面，而是指其中一个最危险的屈服曲面(即面上滑动力与抗滑力最接近，安全系数最小的面)。因而岩土的整体面破坏条件还要有贯通的破坏面。岩土中贯通的屈服面可以有多个，而破坏面只有一个，当在理想塑性情况下，该面上由外力产生的滑动力与材料产生的抗滑内力相等时，即发生破坏，所以滑面上滑动力与抗滑力平衡是整体面破坏的第三个条件，也是最重要的一个条件。滑面上的力可由极限平衡法或滑移线场法求出。当采用极限分析上限法时，要求滑面上外力所做的外力功和内能耗散功满足虚功方程时岩土发生破坏。可见整体面破坏的第三个条件，也可用滑面上的外力功与内能耗散功相等来描述。

3.5 岩土材料的整体破坏准则

综合上述，郑颖人等[12]认为岩土体的整体面破坏条件可描述为，在达到极限状态和在理想塑性情况下，滑面上的力满足下式：

$$F' = Q \tag{2}$$

式中：F' 为外荷产生的滑面上的滑动力，Q 为强度产生的和外荷产生的滑面上的抗滑力。

或表达为

$$W = D \tag{3}$$

式中：W 为外力在岩土体内所做的功率，D 为沿间断面的内部能量耗散率。

计算时，注意位移速度方向应当符合本构关系的要求。式(2)和(3)可作为岩土材料的整体剪切破坏条件。

3.6 传统极限分析法的优、缺点与数值极限分析方法的兴起

传统极限分析法虽然解法简便，但求解却不易，适用的范围十分有限，一般只能用于均匀的土体中，获得的经典解答很少。

20 世纪下半期，随着数值分析法的兴起，一种做法是在极限分析中引入离散方法，如有限差分滑移线场法，有限元上、下限法等；另一种做法是著名力学家辛克维兹 1975 年提出的用数值方法直接求解极限问题，出现了有限元超载法与强度折减法。对于后者，郑颖人等[2, 12-16]将其含义推广，并增加了寻找破裂面的功能，统称为数值极限分析法或有限元(可以是有限元法、有限差分法、离散元法等)极限分析法。

弹塑性数值分析严格地应用了弹塑性力学原理与本构关系，其求解精度较高，适用的范围很广，但数值分析不能获得岩土的破坏状态与破坏面，也无法求出极限荷载与稳定安全系数。如果将适应性很广的数值解法与极限分析结合起来，那么就可以简便地获得破坏状态，也可以求出极限荷载与稳定安全系数，可见，数值极限分析方法在岩土工程的设计上有很大的优越性，这种方法由此应运而生。

4 有限元极限分析法

4.1 有限元极限分析法的原理

数值极限分析方法求解过程与传统方法不同，计算采用严格的理想弹塑性数值解法，进行数值计算过程中，通过不断地降低材料强度(按同一比例降低岩土黏聚力 c 和内摩擦因数 $\tan\varphi$)或增大荷载，使其在数值计算中最终达到破坏状态，此时破坏面自动生成，并发出破坏信息。因而它不需要事先假定破坏面，达到破坏时的强度折减系数即为稳定安全系数，达到破坏时的荷载就是极限荷载。可见，这种方法在计算达到破坏状态时软件会发出破坏信息且自动生成破坏面，而不需要事先知道破坏面。传统极限分析方法只要求事先知道破坏面，而不要求计算达到破坏状态，这就是 2 种极限分析法计算方法上的不同，但其原理是相同的[12]。

数值极限分析法不必事先知道滑面，也不需要求滑面上的滑动力与抗滑力，直接获得极限荷载和稳定安全系数。利用滑面的破坏特征，扩大了有限元极限分析法的功能，还可用来确定滑面的位置与形状，进一步扩大了数值极限分析法的适用范围。由于该法准确、简便、适用性广、实用性强，尽管目前还主要用于边坡稳定分析中，但其应用前景十分广阔。

下面通过一个滑坡算例，研究随着岩土体强度的降低，滑面的形成与发展过程。对三峡库区某工程滑坡进行强度折减，随着强度折减系数的增大，滑面稳定安全系数相应减少，屈服区逐渐发展。图5给出了在不同安全系数下滑面的剪切应变增量云图。由图5可以看出，当稳定安全系数达到1.03时，滑面上塑性区贯通，但还没有破坏；当安全系数达到1.01时，破坏面上塑性应变增大，接近破坏状态。安全系数为1.0时，计算不收敛，滑坡失稳。

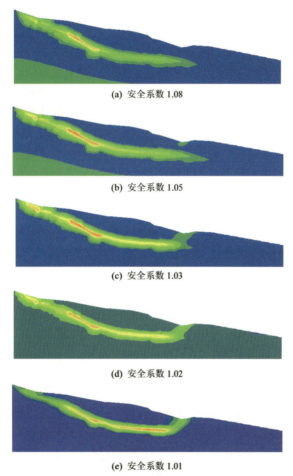

(a) 安全系数 1.08

(b) 安全系数 1.05

(c) 安全系数 1.03

(d) 安全系数 1.02

(e) 安全系数 1.01

图 5　剪切应变增量云图显示的滑面发展过程

Fig.5　Development of sliding surface displayed by nephograms of shear strain increment

4.2 有限元极限分析法的优势及其存在的问题

数值极限方法与传统极限分析方法相比，其优势为：(1) 首先是减少了求解的条件，增加了求解的功能。传统方法要求先知道滑动面，而数值极限方法不必事先知道滑面，会自动找出滑面，获得岩土的破坏状态。(2) 其次是大幅扩大了极限分析法的适用性。例如，对层状土与非均质土地基、加筋土地基的承载力等问题，传统方法无法计算，而采用数值极限分析法就可顺利求得地基承载力。(3) 此外，传统极限分析法无法求出岩土体的塑性区与破坏面，而数值极限分析法可以求出岩土体内各点的应力、位移、塑性区与破坏面。(4) 最后，采用数值极限方法还能考虑岩土工程开挖、支护施工过程以及岩土地应力的释放过程等，而传统极限分析方法很难做到。

然而，数值极限分析法需要找到计算过程中岩土体发生破坏的有效判据，如果找不到这种判据，即使岩土体已经发生破坏，求解者也并不知道。计算过程中也可能由于种种原因不能顺利求解，导致岩土体不能达到破坏状态。例如，网格剖分不合理而导致计算不收敛，尤其是强度折减后网格变形很大，使求解更为困难。类似求解中的各种问题还需要通过计算实践加以解决。

采用数值极限分析法的一个关键问题是如何根据数值计算的结果来判别岩土体是否达到极限破坏状态。目前，静力状态下采用如下3个判据[26]：

(1) 以塑性应变在岩土体内是否贯通作为判据，即以塑性区从内部贯通至地面或临空面作为破坏判据。但塑性区贯通只意味着达到屈服状态，而不一定是土体整体破坏状态。可见，塑性区贯通只是破坏的必要条件，而不是充分条件。岩土工程计算中常见塑性区虽已贯通但尚未破坏的算例。

(2) 在数值计算过程中，岩土工程失稳与数值计算不收敛同时发生，目前国际通用软件中，一般都以数值计算过程中位移或力不收敛作为岩土工程失稳的判断依据。这一判据被广泛应用，但不包括有限元计算失误而引起的计算不收敛。

(3) 土体破坏标志着土体滑移面上应变和位移发生突变，同时安全系数与位移的关系曲线也会发生突变，因此也可用来作为破坏判据。

然而，上述判据具体应用时，有时也会出现不能应用或不易判断的情况。例如，采用荷载-位移曲线或安全系数-位移曲线出现突变作为破坏判据，有些突变过程很明显，有些突变不明显而难以判断，需要进一步改进。对于动力荷载下如何判断极限破坏状态目前还在研究中，上述判据有些可以应用，有些不能应用，如动载作用下，有时达到了极限荷载，但计算中仍然会出现位移收敛，因而还需要依据实际问题提出合理、可靠的判据。此外，对于应变软化岩土材料能否采用这一方法，学术界也持有不同见解：有的认为软化材料先要经过峰值强度，因而可采用这一方法；有的则认为必须考虑材料强度降低，但至今尚无试验证实。可见，有限元极限分析法尚在发展阶段，许多问题有待进一步深入研究。

5 数值极限分析法在各类岩土工程中的应用

当前国内外在应用数值极限分析法上，主要应用在边(滑)坡工程的稳定分析方面。其实作为一种力学方法和设计手段，只要是关于岩土稳定与强度问题，各类岩土工程都可应用。现代岩土工程的力学状态更为复杂，有二维与三维问题、流固耦合问题、以及多场耦合问题等；工程类型更加复杂，除边(滑)坡工程、地基工程外，尚有隧道工程、岩土环境工程等；除工程设计施工外，尚有岩土勘察、监测、检测、现场试验、预警预报等。这些项目都可运用数值极限分析方法求解，有些已在实际工程中应用，下文举几个应用的例子。

5.1 在边坡工程中的应用

5.1.1 在岩体边坡中的应用

目前，有限元极限分析法主要用于边(滑)坡稳定计算与工程防治措施计算中[4-7, 12, 27-43]。

(1) 顺层岩体边坡[12]

如图 6 所示，2 组方向不同的结构面，贯通率为 100%，平均间距 10 m，第一组软弱结构面倾角 30°，第二组软弱结构面倾角 75°。岩体以及结构面物理力学参数如表 8 所示。

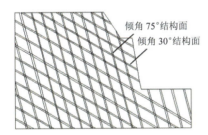

图 6 几何模型

Fig.6 Geometry model

表 8 岩体物理力学参数

Table 8 Physico-mechanical parameters of rock

材料名称	重度/(kN·m^{-3})	弹性模量/Pa	泊松比	黏聚力/MPa	内摩擦角/(°)
岩体	25	1×10^{10}	0.2	1.00	38
第一组结构面	17	1×10^{7}	0.3	0.12	24
第二组结构面	17	1×10^{7}	0.3	0.12	24

采用平面应变模拟，按有限元极限分析法得到的破坏过程如图 7 所示，最先形成的主滑动面(见图 7(a))，接着出现第二、三条次生滑动面(见图 7(b))。

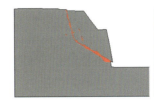 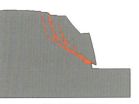

(a) 首先贯通的滑动面　　(b) 滑动面继续发展

图 7 岩石边坡的破坏过程

Fig.7 Failure progress of rock slope

按限元极限分析法算出的稳定安全系数为 1.18；当已知主滑动面形态时就可按传统的极限平衡法求解，按 Spencer 法算出的安全系数为 1.17，两者十分接近。

(2) 倾倒岩体边坡

反倾层状岩体边坡，当岩层倾角较大时，常易出现倾倒破坏。图 8 中所示的倾倒边坡，岩层倾角为 70°，岩体重度 γ = 24.0 kN/m^3，黏聚力 c = 1 100 kPa，内摩擦角 φ = 41°；结构面重度 γ = 24.0 kN/m^3，黏聚力 c = 100 kPa，内摩擦角 φ = 20°。由于岩层倾角较大，反倾层状岩体产生向坡外的弯折变形、开裂和折断破坏，引起边坡倾倒失稳。当倾倒边坡中存在多组结构面，特别是存在近似垂直的结构面时，极易发生块体崩塌破坏(见图 9)。图 9 中，一组主结构面为垂直，另一组结构面倾角为 20°，采用离散元方法计算，出现了块体崩塌破坏。

 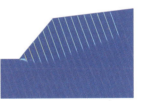

(a) 倾倒变形　　(b) 近似直线型滑动面

图 8 倾倒边坡破坏特征

Fig.8 Failure characteristics of tilting slope

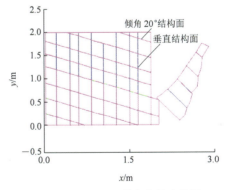

图 9 变形后的网格与块体崩塌图

Fig.9 Grids and collapse of blocks after deformation

(3) 三维楔形体岩体边坡[12, 39]

边坡中的楔形体稳定是一个典型的三维极限平衡问题,破坏楔形体由 2 组结构面与临空面组合而成。分别考察几何形状为对称楔形体和非对称的楔形体 2 种情况,其几何、物理参数如表 9 所示,材料参数如表 10 所示。有限元模拟时,按有厚度的软弱层模拟结构面。按空间模型计算,屈服准则采用 M-C 准则或 D-P 准则中莫尔-库仑等面积圆 DP3 准则,采用有限元强度折减法计算安全系数。

表 9 楔形体几何、物理参数表
Table 9 Geometric and physical parameters of wedge body

部位	对称楔形体		非对称楔形体	
	倾向/(°)	倾角/(°)	倾向/(°)	倾角/(°)
左结构面	115	45	120	40
右结构面	245	45	240	60
顶面	180	10	180	0
坡面	180	60	180	60

表 10 楔形体材料参数
Table 10 Material parameters of wedge body

材料	重度/(kN·m^{-3})	抗剪强度	
		c/kPa	φ/(°)
对称楔形体结构面	20	20	20
非对称楔形体结构面	20	50	30
岩体	26	1×10^3	45

① 对称楔形体

边坡主要发生三维楔形体沿结构面的滑动破坏。对称楔形体算例的计算模型如图 10 所示,等效塑性应变图如图 11 所示。按有限元强度折减法得到的安全系数为 1.283,按传统方法计算得到的安全系数为 1.293,两者的计算误差为 1%。

② 非对称楔形体

非对称楔形体的计算模型如图 12 所示,其等效塑性应变图如图 13 所示。按有限元强度折减法得到的安全系数为 1.60。按传统方法得到的安全系数为

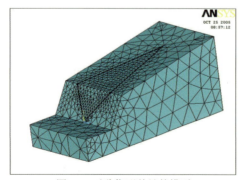

图 10 对称楔形体计算模型
Fig.10 Calculation model of symmetry wedge body

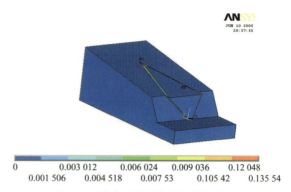

图 11 对称楔形体的等效塑性应变图
Fig.11 Equivalent plastic strain of symmetry wedge body

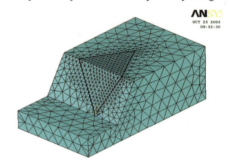

图 12 非对称楔形体计算模型
Fig.12 Calculation model of asymmetry wedge body

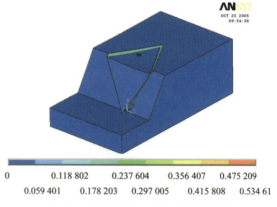

图 13 非对称楔形体等效塑性应变图
Fig.13 Equivalent plastic strain of asymmetry wedge body

1.636,两者的计算误差为 2.2%。

5.1.2 确定埋入式抗滑桩合理桩长

抗滑桩的设计应包括桩截面和桩长的设计、计算,而目前抗滑桩的设计只计算桩截面尺寸,未进行桩的长度设计。桩长设计通常采用桩顶伸到地面的做法,这种做法既不能保证桩不出现"越顶"破坏,又会使桩长过长而造成浪费。其原因是传统极限平衡法无法计算合理桩长。而应用有限元强度折减法可以确定合理的桩长[41-42],从而达到安全、经济的目的。图 14 与表 11 表明,随着桩长的增加,由于桩的阻挡使滑面抗滑力提高,地层稳定安全系

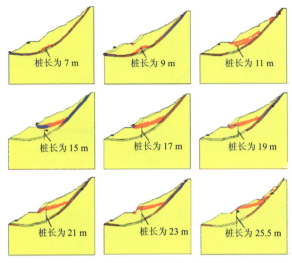

图 14　随桩长变化的滑动面位置
Fig.14　Locations of sliding surface when the pile length changes

表 11　桩长、桩的位置与边坡安全系数之间的关系
Table 11　Relationships of pile length and location with safety factors

桩位置	桩长/m	安全系数
桩位于公路上方	7.0	1.14
	9.0	1.17
	11.0	1.19
	15.0	1.19
	17.0	1.19
	19.0	1.23
	21.0	1.25
	23.0	1.29
	25.5	1.34

数也随之增加。桩长设计的原则是必须保证任何桩长下都要使地层的稳定系数大于设计安全系数，如果达不到安全系数，就可能出现"越顶"破坏，即滑坡坡体从桩顶越出。设计时可按此原则确定合理桩长，如，设计安全系数规定为 1.15，依据表 11，则 25.5 m 桩长可减为 9 m，仍然满足设计要求。埋入式抗滑桩的推力与内力也可由此法求出，且桩上的推力还会比全长桩减少。目前，该方法已在重庆市 5 个大中型滑坡中应用，社会经济效益显著，一般来说，每根大型抗滑桩可节省费用 30%～60%，且不影响桩上地面的使用。

5.1.3　库水作用下边坡稳定性分析

(1) 渗流条件下边(滑)坡的稳定性分析

水库滑坡的稳定性受库水水位波动的影响十分明显。库水水位的变化，改变了滑坡体的水力边界条件，引起了滑坡体内渗流场的变化。因此进行水库滑坡的稳定性分析实质上是进行渗流作用下边(滑)坡的稳定性分析[12]。

一均质土坡，坡高 10 m，坡角 $\beta = 26.57°$，土体重度 $\gamma_{天然} = 20.0 \text{ kN/m}^3$，$\gamma_{饱和} = 22.0 \text{ kN/m}^3$，渗透系数 $k_x = k_y = 0.001 \text{ m/d}$，黏聚力 $c = 20.0 \text{ kPa}$，内摩擦角 $\varphi = 24°$。有限元模型如图 15 所示。水头荷载和通过渗流计算得到的浸润面位置如图 16 所示。

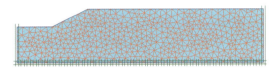

图 15　有限元计算模型
Fig.15　FEM calculation model

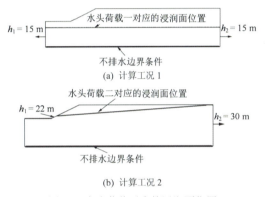

(a) 计算工况 1

(b) 计算工况 2

图 16　水头荷载对应的浸润面位置
Fig.16　Locations of phreatic surface corresponding to water head loads

采用有限元强度折减法分析得到：在计算工况 1 下，坡体的安全系数为 2.003；在计算工况 2 下，坡体的安全系数为 1.838。搜索得到的滑面位置如图 17 所示。

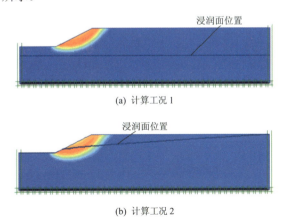

(a) 计算工况 1

(b) 计算工况 2

图 17　计算工况 1，2 下滑面和浸润面位置
Fig.17　Locations of sliding surface and phreatic surface in cases 1 and 2

采用 GEO-SLOPE 程序，对有限元强度折减法的计算结果进行验证。结果表明，对于该算例，2种方法的计算误差在 2%以内。因此，应用有限元强度折减法进行渗流条件下边(滑)坡的稳定性分析是可以满足精度要求的。

(2) 库水位下降条件下岸坡的稳定性分析

库水水位下降速度的快慢和土体渗透系数的大小对岸坡稳定性的影响十分显著。一均质岸坡，采用不排水条件，土体重度 $\gamma_{天然}$ = 17.5 kN/m³，$\gamma_{饱和}$ = 19.0 kN/m³，黏聚力 c = 21 kPa，内摩擦角 φ = 28.0°，坡体前部库水水位的初始高度为 40 m，坡体后部为定水头边界 h = 40 m，稳定性分析模型如图 18 所示。

图 18 边坡模型

Fig.18 Slope model

① 库水水位下降速率的影响

取土体的渗透系数为 0.1 m/d，坡体前部库水水位的下降速率分别为 1，2 和 3 m/d。水位从初始水位高度 40 m 开始下降，水位降幅为 30 m，稳定性分析结果如表 12 和图 19 所示。

表 12 不同水位下降速率下安全系数的计算结果

Table 12 Calculation results of safety factor under different falling rates of water level

水位高度/m	安全系数		
	1 m/d	2 m/d	3 m/d
40	1.624	1.624	1.624
34	1.405	1.403	1.398
28	1.261	1.248	1.245
22	1.138	1.124	1.120
16	1.068	1.052	1.046
10	1.071	1.056	1.053

② 土体渗透系数的影响

取库水水位的下降速度为 1 m/d，水位从初始水位高度 40 m 开始下降，水位降幅为 30 m，取土体渗透系数分别为 0.100，0.050，0.010 和 0.005 m/d 进行分析，稳定性的分析结果如表 13 和图 20 所示。

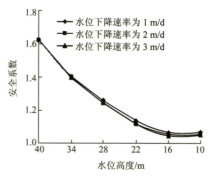

图 19 不同水位下降速率下安全系数随水位高度变化的关系曲线

Fig.19 Relation curves of water level and safety factor under different falling rates of water level

表 13 不同土体渗透系数下安全系数的计算结果

Table 13 Calculation results of safety factor under different permeability coefficients of soil

水位高度/m	安全系数			
	0.100 m/d	0.050 m/d	0.010 m/d	0.005 m/d
40	1.624	1.624	1.624	1.624
34	1.405	1.402	1.396	1.392
28	1.261	1.247	1.216	1.213
22	1.138	1.120	1.107	1.084
16	1.068	1.049	1.024	1.012
10	1.071	1.052	0.979	0.950

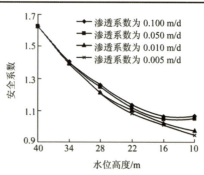

图 20 不同土体渗透系数下安全系数随水位高度变化的关系曲线

Fig.20 Relation curves of water level and safety factor under different permeability coefficients of soil

由上述可以看出，当水位下降速率越快、土体渗透系数越小时，岸坡的稳定性越差。分析其原因，主要是水位下降速率越快、土体渗透系数越小，坡体内浸润面位置的变化滞后于库水水位的变化越明显。由于坡体内浸润面的位置相对较高，即超孔隙水压力相对较大，因此岸坡相应的稳定性也越差。滑面与浸润面位置如图 21 所示，图 21(b)中浸润面

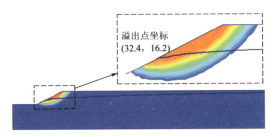

(a) 水位下降速率为 1 m/d，$k_x = k_y = 0.1$ m/d

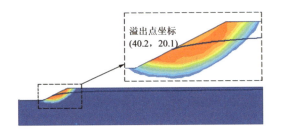

(b) 水位下降速率为 1 m/d，$k_x = k_y = 0.005$ m/d

图 21 滑面与浸润面

Fig.21 Locations of sliding surface and phreatic surface

(渗透系数相对较小)在坡面溢出点 y 方向的坐标明显高于图21(a)中浸润面(渗透系数相对较大)在坡面溢出点 y 方向的坐标，这正是库水水位下降过程中浸润面位置变化"滞后效应"的具体表现。

5.1.4 加筋土挡墙中的应用

应用有限元极限分析法和 PLAXLS 软件分析土工格栅加筋土挡墙稳定性，可以发现加筋土挡墙具有 3 种破坏模式[43]，并可得知破裂面的位置与形态，见图 22。

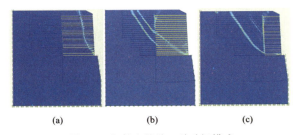

图 22 加筋土挡墙 3 种破坏模式

Fig.22 Three failure modes of reinforced earth retaining wall with geogrid

(1) 加筋土内部破坏，破裂面在加筋土的内部，如图 22(a)所示。

(2) 加筋土内部与外部共同破坏，破裂面一部分在加筋土的内部，另一部分在加筋土外部，如图 22(b)所示。

(3) 加筋土外部破坏，破裂面在加筋土的外部，如图 22(c)所示。

现行的加筋土挡墙计算方法只能计算加筋土挡墙的外部稳定问题，其他 2 种破坏模式都无法进行稳定计算，尤其是现行方法在稳定分析中未能考虑加筋带的刚度、填土强度、加筋层间距对加筋土稳定性等因素的影响，难以保证计算安全，而采用有限元极限分析法可以较好地解决上述问题，比现行规范设计方法更为安全、经济。

依据有限元极限分析法，首次实现了 60 m 高陡加筋土挡墙的设计与施工，某机场加筋土挡墙的设计方案和竣工图如图 23 所示。

5.2 数值极限分析法在地基中的应用

5.2.1 平板载荷试验

平板载荷试验是模拟建筑物基础工作条件的一种测试方法，它根据荷载－沉降关系曲线确定地基的承载力，本节尝试用有限元增量加载法对载荷试验进行数值模拟[15]。

三峡库区开县某工程地基载荷试验结果和有限元计算结果如图 24 及表 14 所示。在压力 380 kPa

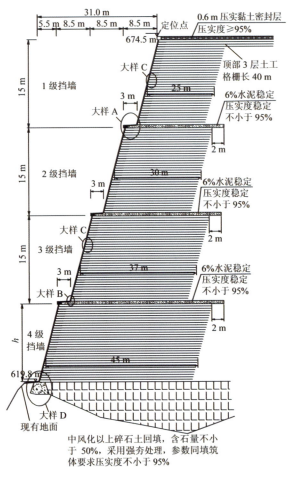

(a) 方案示意图

(b) 竣工图

图 23 60 m 高加筋土挡墙的设计方案与竣工图

Fig.23 Design scheme and completion photo of reinforced earth retaining wall with height of 60 m

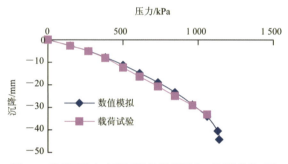

图 24 载荷试验与有限元数值模拟压力-沉降曲线对比

Fig.24 Comparison of pressure-settlement curves from loading test and FEM numerical simulation

表 14 现场试验与有限元计算得到的试点压力与沉降值

Table 14 Pressure and displacement values of experiment points from loading test and FEM calculation

压力/kPa	现场测试沉降/mm	有限元计算沉降/mm
150	2.69	2.68
270	5.14	5.02
380	8.12	7.82
500	12.41	11.23
610	16.38	14.80
730	20.74	18.86
840	24.98	23.30
960	29.16	28.71
1 060	33.20	34.11
1 130		40.52
1 140		44.24
1 150		80.64

在压力加到 1 060 kPa 时，承压板周边土体出现明显隆起，表明地基土体已达到破坏，终止试验。因此，该点地基土的极限承载力按规范取值，直至压力为 960 kPa，对应的沉降为 29.16 mm，比例界限取为 380 kPa。由于比例极限小于 1/2 倍的极限承载力，故取承载力特征值为 380 kPa。

通过现场与室内试验得到：$\gamma = 22$ kN/m³, $c = 32.5$ kPa, $\varphi = 30.2°$，泊松比 $\mu = 0.27$，变形模量 $E = 17$ MPa。试验中由于采取圆形刚性承压板，是一个轴对称模型，有限元模型及网格剖分如图 25 所示，图中，B 为地基宽度，$10B$ 为模型宽度，$9.5B$ 为模型长度，屈服准则选择 M-C 准则或 D-P 准则中莫尔－库仑等面积圆 DP3 准则。

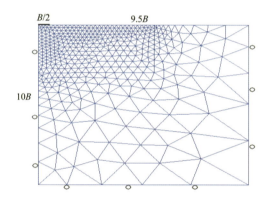

图 25 有限元模型及网格剖分

Fig.25 FEM model and meshing

通过有限元求得极限荷载值为 1 140 kPa，稍大于试验值。从表 14 及图 24 可以看出，计算结果与试验结果基本一致。在压力小于 380 kPa，两曲线吻合很好，比例极限为 380 kPa；压力为 380～960 kPa 时，这一段两曲线稍有出入；而压力大于 960 kPa 时，两曲线又吻合得很好。这说明只要 E, μ, c, φ 等参数比较接近实际情况，载荷试验中，有限元计算的沉降也会比较接近实际值。有限元计算得到的地基承载力也为 380 kPa。

5.2.2 桩基础竖向极限荷载的确定

桩基础主要受地质条件、桩的几何特征、成桩方法的影响。目前，确定桩基础竖向承载力的可靠方法是依据静载荷试验得到的桩顶荷载－位移曲线（$P\text{-}s$ 曲线）。由于桩基础静载荷试验条件的限制，许多试验桩的加载量达不到极限荷载值，从而无法得出准确的桩基础极限荷载。

前，压力-沉降曲线近于直线；曲线出现第一拐点之后，压力-沉降曲线呈逐渐增加，直至 960 kPa。

(1) 桩基础的有限元极限分析法[44]

依据有限元极限分析法，桩基础的极限荷载可以通过计算得到的桩顶荷载-位移曲线确定，也可采用桩基础的强度折减法计算确定。按照桩所受的阻力不同，桩基础承载力一般由桩端阻力和桩侧阻力构成。当荷载增大，桩端地基土会出现塑性流动，桩体竖向沉降显著，桩端地基反力迅速衰减，影响工程正常使用。按前所述，这种情况也可认为桩基整体破坏。

桩基础极限承载力一般表示为

$$R = q_p A_p + u_p \sum q_{si} l_i \quad (4)$$

式中：R 为桩的竖向极限承载力，q_p 为桩端阻力的极限值，q_{si} 为第 i 层土桩侧摩阻力的极限值，A_p 为桩端截面积，u_p 为桩的周长，l_i 为第 i 层土中桩的长度。

若将式(4)按承载力函数表示，则

$$R = R_p(L, S, M, c, \varphi) + R_q(L, S, M, c, \varphi) \quad (5)$$

式中：R_p 和 R_q 分别为端阻力特征值、桩侧摩阻力极限值；L，S，M 分别为桩长、桩截面和施工工法的参数。

由于桩的几何参数和施工工法条件都已经确定，影响承载的函数变量仅为岩土的 c，φ 值。因此评价桩基础安全性可以采用对岩土体进行强度折减的方法，确定基础的极限承载力。c，φ 值的强度折减公式分别为

$$c' = c/F \quad (6)$$

$$\varphi' = \arctan(\tan\varphi/F) \quad (7)$$

式中：F 为强度折减系数或安全储备系数。

由强度折减法得到的安全系数，也可转换为桩基础的极限荷载：

$$P_u = FP \quad (8)$$

其中：P_u 为桩端极限荷载。

由于安全系数定义的不同，传统的超载安全系数是在载荷试验基础上确定的极限荷载，而强度折减法得到的安全储备系数是针对基础的极限载荷而言的，是桩基础所承受的荷载作用的安全储备，因而数值上会有所不同，但破坏时两者安全系数均为 1，此时是互相等同的。

(2) 强度折减法中桩基础破坏的判别准则

依据桩在破坏时的特点，提出强度折减法中桩基础破坏应同时满足如下 3 个判别准则：① 极限荷载条件下桩周与桩端地基出现塑性连通；② 强度折减系数-位移曲线(即 F-s 曲线)出现拐点，多数情况下，F-s 曲线末端直线近似平行于位移轴；③ 强度折减系数-桩端阻力曲线(F-Q_u 曲线)出现 V 型转折点。这是因为破坏时桩端地基出现塑性流动，桩端阻力迅速下降，但这一塑性流动受到周围未破坏土体的限制，在发生一定的桩端位移后，桩端地基反力反而会有所提高，因此 F-Q_u 曲线出现 V 型转折点。此时，可将 F-Q_u 曲线 V 型尖点的前一折减系数定为安全储备系数。

(3) 算例

① 算例 1

桩长为 23 m，桩径 377 mm 的振动沉管灌注桩，位于长江一阶台地，地层分布从上向下分别为人工填土(较薄)、黏性土、淤泥质粉土、粉砂层和中风化基岩。静载荷试验加载到 1 600 kN 时，试验的 P-s 曲线未出现拐点，因而确定试验的极限承载力为 1 600 kN。使用超载法计算的 P-s 曲线，计算中将每次加载的荷载增量值比试验中的增量值减小，得到极限荷载为 2 080 kN，如图 26 所示。桩与基础的有限元网格图如图 27 所示，按轴对称计算，采用莫尔-库仑等面积圆 DP3 准则。

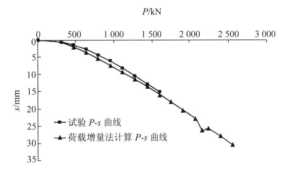

图 26　桩基础 P-s 曲线(算例 1)

Fig.26　P-s curves of pile foundation in example 1

图 28，29 分别为桩顶荷载 1 600 kN 时的 F-s 曲线、F-Q_u 曲线。在 F-s 曲线中，F = 1.30～1.34 时出现平台，强度折减系数增加，位移基本不变，强度折减系数在 1.30 处出现拐点。因此判定桩顶荷载 1 600 kN 时安全储备系数为 1.30；在 F-Q_u 曲线中，F = 1.30 时出现 V 型转折点，因此也得到 F = 1.30。极限荷载为 2 080 kN，由式(8)计算的 P-s 曲线与数值计算的相同。

图27 桩与地基的有限元模型及网格剖分
Fig.27 FEM model and meshing of pile and foundation

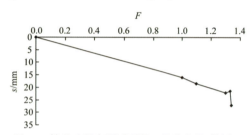

图28 桩基础强度折减系数－位移曲线(算例1)
Fig.28 Curve of reduction factor-displacement of pile foundation in example 1

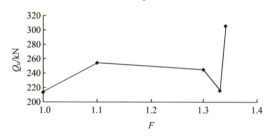

图29 桩基础强度折减系数－桩端阻力曲线(算例1)
Fig.29 Curve of reduction factor-tip resistance of pile foundation in example 1

② 算例2

桩长7.2 m人工大直径挖孔灌注桩，桩身和桩端直径均为0.8 m。从地表向下地层分布分别为亚黏性土、细砂、砾砂和圆砾。静载荷试验最大加载量为4 200 kN。桩顶载荷为3 600 kN时，试验P-s曲线出现拐点，确定极限承载力为3 600 kN，对应桩顶位移为121.03 mm。超载法与静载荷试验得到的P-s曲线如图30所示。超载法得到的极限荷载也为3 600 kN。

图31，32分别为F-s曲线和F-Q_u曲线。当F = 1.047时，F-s曲线末端出现近垂直于折减系数坐标轴的直线，且F = 1.047时，F-Q_u曲线出现明显的V型变化。所以，桩极限载荷3 600 kN的安全储备系

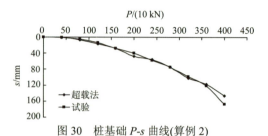

图30 桩基础P-s曲线(算例2)
Fig.30 P-s curves of pile foundation in example 2

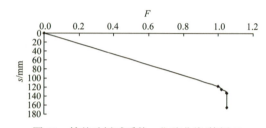

图31 桩基础折减系数－位移曲线(算例2)
Fig.31 Curve of reduction factor-displacement of pile foundation in example 2

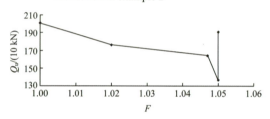

图32 桩基础折减系数－桩端阻力曲线(算例2)
Fig.32 Curve of reduction factor- tip resistance of pile foundation in example 2

数 F = 1.047。通过式(8)计算桩基础极限荷载为3 769.2 kN。2种计算方法极限荷载不同，主要是因为在试验与计算过程中，P 的荷载增量 ΔP 取值过大所致，如果将增量 ΔP 缩小就会得到相同的结果。2个算例的极限荷载的比较如表15所示。

表15 2个算例极限荷载的比较
Table 15 Comparison of ultimate load of two examples

算例	静载试验	超载法		强度折减法		
	P_u/kN	P_{u1}/kN	P_{u1}/P_u	P/kN	F	P_{u2}/kN	P_{u2}/P_u
1	1 600	2 080	1.3	1 600	1.300	2 080.0	1.300
2	3 600	3 600	1.0	3 600	1.047	3 769.2	1.047

注：P_u为静载荷试验判定的极限荷载，P_{u1}为超载法计算的极限荷载，P_{u2}为强度折减法计算的极限荷载。

综上所述，采用有限元极限分析法计算桩基极限荷载或极限承载力是可行的，并具有如下优点：一是采用有限元极限分析法可以解决现场试验中不出现 P-s 曲线拐点的问题，是对试验方法的一个有

力补充；二是计算结果比当前桩基础的承载力公式更准确，尤其是采用有限元强度折减法比试验 P-s 曲线法判别更加明显；三是可以大幅减少桩的检测数量，减少测试费用和时间，但桩基试验还是必须做的，因为通过试验及其反分析可得到比室内试验更为准确的计算参数。因而只是减少试验数量，而不能完全替代桩基现场试验。

5.3 在隧洞工程破坏机制中的应用

(1) 深埋节理岩体隧洞破坏机制分析[45]

对有节理岩体隧洞，进行了室内模型试验和有限元极限法模拟计算。模型试验得出的破裂面及其相应的数值分析得到的破裂面十分相似(见图 33)。深埋节理隧洞模型试验结果与数值模拟结果比较如表 16 所示，由表 16 可知，2 种方法得到的破坏极限荷载值十分接近，同时，模型试验破裂面与洞壁最大距离和数值模拟破裂面与洞壁最大距离也十分接近。

(a) 模型试验破裂面　　　　(b) 数值模拟破裂面

图 33　深埋节理岩体隧洞的破裂面

Fig.33　Failure surfaces of deep tunnels in joint rock

表 16　深埋节理隧洞模型试验与数值模拟结果比较

Table 16　Comparison of model test result and numerical simulation result for deep tunnel in joint rock

模型试验极限荷载/kN	数值模拟极限荷载/kN	模型试验破裂面与洞壁最大距离/mm		数值模拟破裂面与洞壁最大距离/mm	
		左	右	左	右
44	41	58	40	61	43

郑颖人等[46]给出了不同节理倾角下的等效塑性应变图及其隧洞围岩安全系数。

(2) 浅埋隧洞破坏机制分析[22]

对浅埋隧洞进行了室内模型试验及其相应的数值模拟。试验中浅埋隧洞洞跨 8 cm，洞高 12 cm，洞深 15 cm，埋深 4 cm。模型试验与数值模拟得到的破裂面如图 34 所示，可以看出，2 种方法得到的破裂面位置与形状相似。模型试验极限荷载为 28

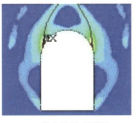

(a) 模型试验破裂面　　　　(b) 数值模拟破裂面

图 34　浅埋隧洞破裂面

Fig.34　Failure surfaces of shallow tunnel

kN，数值模拟极限荷载为 26 kN，基本接近。

(3) 不同埋深下隧洞的破坏机制与深浅埋的分界标准[45]

为了研究隧洞破坏机制与埋深的关系，采用有限元强度折减法，对一个洞跨 12 m，高 5 m 的矩形隧洞与一个洞跨 12 m，墙高 5 m，拱高 3 m 的直墙拱形隧洞进行分析研究，不同埋深下矩形隧洞的等效塑性应变图如图 35 所示。

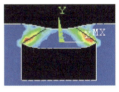
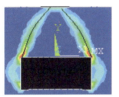

(a) 埋深 3 m，安全系数 0.52　　(b) 埋深 9 m，安全系数 0.66

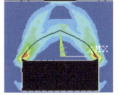
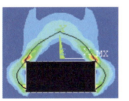

(c) 埋深 10 m，安全系数 0.69　　(d) 埋深 15 m，安全系数 0.70

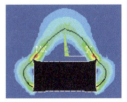
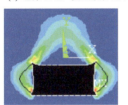

(e) 埋深 18 m，安全系数 0.70　　(f) 埋深 30 m，安全系数 0.67

图 35　不同埋深下矩形洞室等效塑性应变图

Fig.35　Equivalent plastic strain of rectangular tunnel under different depths

由图 35(a)可见，当埋深 3 m 时，破裂面自墙顶转角处起呈拱形直至地表，但拱未合拢，安全系数为 0.52。由图 35(b)可见，当埋深 9 m 时，形成了明显的浅埋压力拱，安全系数为 0.66，安全系数随埋深而增加。浅埋压力拱能否形成与埋深有关，当浅埋压力拱形成后，隧洞上方塌落不会直达地表。由图 35(c)可见，当埋深 10 m 时，拱顶上方浅埋压力拱逐渐消失，同时形成了深埋压力拱，即普氏压力拱，安全系数为 0.69。可见，埋深 10 m 时，出现了突变，由浅埋转为深埋。它是浅埋与深埋的分界线。由图 35(d), (e)可见，当埋深 15, 18 m 时，逐渐形成 2 条破裂面: 一条是拱顶上已形成的深埋压力拱，另一条是在侧面逐渐形成的破裂面，破裂面自墙顶至墙脚，安全系数均为 0.70。可见，在埋深 10~18 m 时，安全系数基本不变，表明深埋压力拱与埋深无关。由图 35(f)可见，当埋深 30 m 时，虽然深埋压力拱仍然存在，但侧壁破裂面明显先破坏，安全系数随深度增加降为 0.67，表明埋深 18 m 后，隧洞两侧破坏，安全系数随深度逐渐降低。上述反映了随深度增加隧洞破坏机制与安全系数的变化情况。

因此，矩形隧洞破坏可随埋深分 3 个阶段: (1) 埋深 0~9 m，逐渐形成浅埋压力拱; (2) 埋深 10~18 m，浅埋压力拱消失，形成深埋压力拱，10 m 可以作为深浅埋的分界线; (3) 埋深 18 m 后，破坏从拱顶转至两侧，安全系数随埋深逐渐减少。

拱形隧洞破坏规律与矩形类似，只是浅埋压力拱形成后，立即转入两侧破坏，不存在普氏压力拱。

有限元极限分析法不仅能显示隧洞的破坏机制，而且能对隧洞围岩稳定性提供定量判据，从而为隧道的合理设计计算奠定了理论基础。肖强等[47]给出了隧洞复合衬砌中初衬与二衬的设计计算方法。

6 结论与展望

(1) 屈服是材料达到弹性极限进入塑性，是一个过程，包括初始屈服、后继屈服直到塑性极限。材料屈服准则的研究已经比较成熟，本文给出了线性强度极限曲线情况下的屈服准则体系，但对岩石、混凝土等材料，强度极限曲线为非线性，需要进一步研究。

(2) 材料破坏可分为点破坏和整体面破坏，点破坏是材料应变达到塑性极限进入破坏状态，它与塑性力学中应力不变而变形无限发展的定义是一致的，但后一种定义不能区别理想塑性材料的屈服与破坏，而前一种定义对硬、软化和理想塑性材料都适用。如何求出岩土材料的塑性极限应变正是当前研究的热点。本文指出，材料的整体面破坏准则可以借鉴传统极限分析方法而得到，提升了传统极限分析法的理论价值。

(3) 传统极限分析方法是一种可靠的工程力学方法，通过多种依据，证明了极限分析法的可靠性，对岩土材料有足够的计算精度。论证了当只求材料的极限承载力和安全系数时，它与本构无关，简便计算。但传统极限分析法需要事先知道破坏面，无法求解复杂问题。

(4) 指出了数值极限分析方法的原理与传统极限分析法是一致的，只是计算方法不同，后者运用弹塑性数值计算直至达到破坏，自动形成破坏面，既能求出材料安全系数，又能求出破坏形态。数值极限分析方法有广泛的适用性，应用前景广阔。不过数值极限分析方法目前还处在初始研究阶段，有许多地方还有待改进、完善。关键是如何对各种复杂情况下的破坏问题提供准确、方便和明显的破坏判据。对应变软化岩土材料还需通过严格的试验验证其适用性。

(5) 极限分析方法只是解决岩土工程设计中的强度与稳定问题，但这一方法必须进入极限状态，要求岩土有一定的位移，在非极限状态下不能应用，这也是岩土工程需要解决的新问题。

(6) 岩土工程中最关键的问题是解决位移计算问题，大量工程问题都由变形控制，这些问题与岩土本构有关，十分复杂，需要从岩土塑性理论、试验方法与试验验证几个方面协同发展加以解决。极限分析法对破坏的判据是破坏面上滑动力与抗滑力相等，没有引入位移，在多大变形下位移会与破坏有关，都是需要进一步研究的问题，以明确有限元极限分析法的适用条件。

参考文献(References):

[1] HILL R. 塑性数学理论[M]. 王 仁译. 北京：科学出版社，1966.(HILL R. Theory of plasticity mathematics[M]. Translated by WANG Ren. Beijing：Science Press，1966.(in Chinese))

[2] 郑颖人，孔 亮. 岩土塑性力学[M]. 北京：中国建筑工业出版社，2010.(ZHENG Yingren, KONG Liang. Geotechnical plastic mechanics[M]. Beijing：China Architecture and Building Press，2010.(in Chinese))

[3] ZIENKIEWICZ O C, HUMPHESON C, LEWIS R W. Associated and non-associated visco-plasticity and plasticity in soil mechanics[J]. Geotechnique，1975，25(4)：671 – 689.

[4] MATSUI T, SAN K C. Finite element slope stability analysis by shear strength reduction technique[J]. Soils and Foundations，1992，32(1)：59 – 70.

[5] GRIFFITHS D V, LANE P A. Slope stability analysis by finite elements[J]. Geotechnique，1999，49(3)：387 – 403.

[6] LANE P A, GRIFFITHS D V. Assessment of stability of slopes under drawdown conditions[J]. Journal of Geotechnical and Geoenvironmental Engineering, ASCE, 2000, 126(5): 443-450.

[7] DAWSON E M, ROTH W H, DRESCHER A. Slope stability analysis by strength reduction[J]. Geotechnique, 1999, 49(6): 835-840.

[8] 宋二祥. 土工结构安全系数的有限元计算[J]. 岩土工程学报, 1997, 19(2): 1-7.(SONG Erxiang. Finite element analysis of safety factor for soil structures[J]. Chinese Journal of Geotechnical Engineering, 1997, l9(2): 1-7.(in Chinese))

[9] 连镇营, 韩国城, 孔宪京. 强度折减有限元法研究开挖边破的稳定性[J]. 岩土工程学报, 2001, 23(4): 407-411.(LIAN Zhenying, HAN Guocheng, KONG Xianjing. Stability analysis of excavation slope by strength reduction FEM[J]. Chinese Journal of Geotechnical Engineering, 2001, 23(4): 407-411.(in Chinese))

[10] 赵尚毅, 郑颖人, 时卫民, 等. 用有限元强度折减法求边坡稳定安全系数[J]. 岩土工程学报, 2002, 24(3): 343-346.(ZHAO Shangyi, ZHENG Yingren, SHI Weimin, et al. Slope safety factor analysis by strength reduction FEM[J]. Chinese Journal of Geotechnical Engineering, 2002, 24(3): 343-346.

[11] 郑宏, 李春光, 李焯芬, 等. 求解安全系数的有限元法[J]. 岩土工程学报, 2002, 24(5): 626-628.(ZHENG Hong, LI Chunguang, LEE C F, et al. Finite element method for solving the factor of safety[J]. Chinese Journal of Geotechnical Engineering, 2002, 24(5): 626-628.(in Chinese))

[12] 郑颖人, 赵尚毅, 李安洪, 等. 有限元极限分析法及其在边坡中的应用[M]. 北京: 人民交通出版社, 2011.(ZHENG Yingren, ZHAO Shangyi, Li Anhong, et al. FEM limit analysis and its application to slope engineering[M]. Beijing: China Communications Press, 2011.(in Chinese))

[13] 郑颖人, 赵尚毅. 岩土工程极限分析有限元法及其应用[J]. 土木工程学报, 2005, 38(1): 91-99.(ZHENG Yingren, ZHAO Shangyi. Limit state finite element method for geotechnical engineering analysis and its application[J]. China Civil Engineering Journal, 2005, 38(1): 91-99.(in Chinese))

[14] 郑颖人, 赵尚毅, 孔位学, 等. 岩土工程极限分析有限元法及其应用[J]. 岩土力学, 2005, 26(1): 163-168.(ZHENG Yingren, ZHAO Shangyi, KONG Weixue, et al. Limit state finite element method for geotechnical engineering analysis and its applications[J]. Rock and Soil Mechanics, 2005, 26(1): 163-168.(in Chinese))

[15] 郑颖人, 赵尚毅, 邓楚键. 有限元极限分析法发展及其在岩土工程中的应用研究[J]. 中国工程科学, 2006, 8(12): 39-61.(ZHENG Yingren, ZHAO Shangyi, DENG Chujian. Development of finite element limit analysis method and its applications to geotechnical engineering[J]. Engineering Sciences, 2006, 8(12): 39-61.(in Chinese))

[16] ZHENG Y R, DENG C J, ZHAO S Y. Development of finite element limiting analysis method and its applications to geotechnical engineering[J]. Engineering Sciences, 2007, 5(3): 10-36.

[17] 郑颖人. 岩土材料屈服与破坏及边(滑)坡稳定分析方向研讨——"三峡库区地质灾害专题研讨会"交流讨论综述[J]. 岩石力学与工程学报, 2007, 26(4): 649-661.(ZHENG Yingren. Research and discussion about yield and failure of geomaterials and the slope and landslide stability analysis methods—communion and discussion summary of special topic proseminar on geologic disasters in Three Gorges Project region[J]. Chinese Journal of Rock Mechanics and Engineering, 2007, 26(4): 649-661.(in Chinese))

[18] 高红, 郑颖人, 冯夏庭. 材料屈服与破坏的探索[J]. 岩石力学与工程学报, 2006, 25(12): 2522-2525.(GAO Hong, ZHENG Yingren, FENG Xiating. Exploration of yield and failure of materials[J]. Chinese Journal of Rock Mechanics and Engineering, 2006, 25(12): 2522-2525 (in Chinese))

[19] 高红, 郑颖人, 冯夏庭. 岩土材料能量屈服准则研究[J]. 岩石力学与工程学报, 2007, 26(12): 2437-2443.(GAO Hong, ZHENG Yingren, FENG Xiating. Study on energy yield criterion of geomaterials[J]. Chinese Journal of Rock Mechanics and Engineering, 2007, 26(12): 2437-2443.(in Chinese))

[20] 郑颖人, 高红. 材料强度理论的讨论[J]. 广西大学学报, 2008, 33(4): 337-345.(ZHENG Yingren, GAO Hong. Discussion of strength theory for materials[J]. Journal of Guangxi University, 2008, 33(4): 337-345.(in Chinese))

[21] 高红, 郑颖人, 冯夏庭. 岩土材料最大主剪应变破坏准则的推导[J]. 岩石力学与工程学报, 2007, 26(3): 518-524.(GAO Hong, ZHENG Yingren, FENG Xiating. Deduction of failure criterion for geomaterials based on maxmiun principal shear strain[J]. Chinese Journal of Rock Mechanics and Engineering, 2007, 3(26): 518-524.(in Chinese))

[22] 郑颖人, 邱陈瑜, 张红. 关于土体隧洞围岩稳定性分析方法的探索[J]. 岩石力学与工程学报, 2008, 27(10): 1968-1980.(ZHENG Yingren, QIU Chenyu, ZHANG Hong. Exploration of stability analysis methods for surrounding rocks of soil tunnel[J]. Chinese Journal of Rock Mechanics and Engineering, 2008, 27(10): 1968-1980.(in Chinese))

[23] 张黎明, 郑颖人, 王在泉, 等. 有限元强度折减法在公路隧道中的应用探讨[J]. 岩土力学, 2007, 28(1): 97-101.(ZHANG Liming, ZHENG Yingren, WANG Zaiquan, et al. Application of strength reduction finite element method to road tunnels[J]. Rock and Soil Mechanics, 2007, 28(1): 97-101.(in Chinese))

[24] 邓楚键, 何国杰, 郑颖人. 基于M-C准则的D-P系列准则在岩土工程中的应用研究[J]. 岩土工程学报, 2006, 28(6): 735-739. DENG Chujian, HE Guojie, ZHENG Yingren. Studies on D-P yield criterions based on M-C yield criterion and application in geotechnical engineering[J]. Chinese Journal of Geotechnical Engineering, 2006, 28(6): 735-739.(in Chinese))

[25] 邓楚键, 孔位学, 郑颖人. 地基极限承载力增量加载有限元求解[J]. 岩土力学, 2005, 26(3): 500-504.(DENG Chujian, KONG Weixue, ZHENG Yingren. Analysis of ultimate bearing capacity of foundations by elastoplastic FEM through step loading[J]. Rock and Soil Mechanics, 2005, 26(3): 500-504.(in Chinese))

[26] 赵尚毅, 郑颖人, 张玉芳. 有限元强度折减法中边坡失稳的判据探讨[J]. 岩土力学, 2005, 26(2): 332-336.(ZHAO Shangyi, ZHENG Yingren, ZHANG Yufang. Study on slope failure criterion in strength reduction finite element method[J]. Rock and Soil Mechanics, 2005, 26(2): 332-336.(in Chinese)

[27] 张鲁渝, 时卫民, 郑颖人. 平面应变条件下土坡稳定有限元分析[J]. 岩土工程学报, 2002, 24(4): 487-490.(ZHANG Luyu, SHI Weimin, ZHENG Yingren. The slope stability analysis by FEM under the plane

strain condition[J]. Chinese Journal of Geotechnical Engineering, 2002, 24(4): 487-490.(in Chinese))

[28] 赵尚毅, 郑颖人. 基于Drucker-Prager准则的边坡安全系数转换[J]. 岩石力学与工程学报, 2006, 25(增1): 2730-2734.(ZHAO Shangyi, ZHENG Yingren. Definition and transformation of slope safety factor based on Drucker-Prager criterion[J]. Chinese Journal of Rock Mechanics and Engineering. 2006, 25(增1): 2730-2734.(in Chinese))

[29] 张鲁渝, 郑颖人, 赵尚毅. 有限元强度折减系数法计算土坡稳定安全系数的精度研究[J]. 水利学报, 2003, 24(1): 21-27.(ZHANG Luyu, ZHENG Yingren, ZHAO Shangyi. The feasibility study of strength reduction method with FEM for calculating safety factors of soil slope stability[J]. Journal of Hydraulic Engineering, 2003, 24(1): 21-27.(in Chinese))

[30] 郑颖人, 赵尚毅. 有限元强度折减法在土坡与岩坡中的应用[J]. 岩石力学与工程学报, 2004, 23(19): 3381-3388.(ZHENG Yingren, ZHAO Shangyi. Application of strength reduction FEM in soil and rock slope[J]. Chinese Journal of Rock Mechanics and Engineering, 2004, 23(19): 3381-3388.(in Chinese))

[31] ZHAO S Y, ZHENG Y R. Slope safety factor analysis using ANSYS[C]// Proceedings of ANSYS Conference. USA: [s. n.], 2002: 22.

[32] 赵尚毅, 郑颖人, 邓卫东. 用有限元强度折减法进行节理岩质边坡稳定性分析[J]. 岩石力学与工程学报, 2003, 22(2): 254-260.(ZHAO Shangyi, ZHENG Yingren, DENG Weidong. Stability analysis of rock slope by strength reduction finite elements[J]. Chinese Journal of Rock Mechanics and Engineering, 2003, 22(2): 254-260.(in Chinese))

[33] 郑颖人, 赵尚毅, 邓卫东. 岩质边坡破坏机制有限元数值模拟分析[J]. 岩石力学与工程学报, 2003, 22(12): 1943-1952.(ZHENG Yingren, ZHAO Shangyi, DENG Weidong. Simulation of finite elements on failure mechanism of rock slope[J]. Chinese Journal of Rock Mechanics and Engineering, 2003, 22(12): 1943-1952.(in Chinese))

[34] 郑颖人, 赵尚毅. 用有限元强度折减法求滑(边)坡支挡结构的内力[J]. 岩石力学与工程学报, 2004, 23(20): 3552-3558.(ZHENG Yingren, ZHAO Shangyi. Calculation of inner force of support structure for landslide slope by using strength reduction FEM[J]. Chinese Journal of Rock Mechanics and Engineering, 2004, 23(20): 3552-3558.(in Chinese))

[35] 郑颖人, 张玉芳, 赵尚毅, 等. 有限元强度折减法在元磨高速公路高边坡中的应用[J]. 2005, 24(21): 3812-3817.(ZHENG Yingren, ZHANG Yufang, ZHAO Shangyi, et al. Application of strength reduction FEM to Yuanjiang-Mohei expressway cut slope stability analysis[J]. 2005, 24(21): 3812-3817.(in Chinese))

[36] 张黎明, 郑颖人, 王在泉, 等. 有限元强度折减法在公路隧道中的应用探讨[J]. 岩土力学, 2007, 28(1): 97-101.(ZHANG Liming, ZHENG Yingren, WANG Zaiquan, et al. Application of strength reduction finite element method to road tunnels[J]. Rock and Soil Mechanics, 2007, 28(1): 97-101.(in Chinese))

[37] 郑颖人, 陈祖煜, 王恭先, 等. 边坡与滑坡工程治理[M]. 北京: 人民交通出版社, 2010.(ZHENG Yingren, CHEN Zuyu, WANG Gongxian, et al. Engineering treatment of slope and landslide[M]. Beijing: China Communications Press, 2010.(in Chinese))

[38] 郑颖人, 赵尚毅, 张鲁渝. 用有限元强度折减法进行边坡稳定分析[J]. 中国工程科学, 2002, 10(4): 57-61.(ZHENG Yingren, ZHAO Shangyi, ZHANG Luyu. Slope stability analysis by strength reduction FEM[J]. Engineering Sciences, 2002, 10(4): 57-61.(in Chinese))

[39] 宋雅坤, 郑颖人, 赵尚毅, 等. 有限元强度折减法在三维边坡中的应用研究[J]. 地下空间与工程学报, 2006, 5(5): 822-827.(SONG Yakun, ZHENG Yingren, ZHAO Shangyi, et el. Application of three-dimensional strength reduction FEM in slopes[J]. Chinese Journal of Underground Space and Engineering, 2006, 5(5): 822-827.(in Chinese))

[40] 雷文杰, 郑颖人, 冯夏庭, 等. 边坡加固系统中沉埋桩的有限元极限分析研究[J]. 岩石力学与工程学报, 2004, 25(1): 27-33.(LEI Wenjie, ZHENG Yingren, FENG Xiating, et a1. Limit analysis of slope stabilized by deeply buried piles with finite element method[J]. Chinese Journal of Rock Mechanics and Engineering, 2004, 25(1): 27-33.(in Chinese))

[41] 雷文杰, 郑颖人, 冯夏庭, 等. 滑坡加固系统中沉埋桩的有限元极限分析研究[J]. 岩石力学与工程学报, 2006, 25(1): 27-33.(LEI Wenjie, ZHENG Yingren, FENG Xiating, et al. Study of finite element design methods of slope stabilized by deeply buried anti-slide piles[J]. Chinese Journal of Rock Mechanics and Engineering, 2006, 25(1): 27-33.(in Chinese))

[42] TANG X S, ZHENG Y R, SHI W M. Analytic solution of phreatic surface in the slope of reservoir bank[J]. Engineering Sciences, 2008, 6(3): 2-11

[43] 宋雅坤, 郑颖人, 张玉芳. 加筋土挡墙有限元分析研究[J]. 湖南大学学报: 自然科学版, 2008, 23(11): 166-171.(SONG Yakun, ZHENG Yingren, ZHANG Yufang, et al. Study on stability analysis of reinforced soil retaining walls[J]. Journal of Hunan University: Natural Sciences, 2008, 23(11): 166-171.(in Chinese)

[44] 董天文, 郑颖人. 基于强度折减法的桩基础有限元极限分析方法[J]. 岩土工程学报, 2010, 32(2): 162-165.(DONG Tianwen, ZHENG Yingren. Limit analysis of FEM for pile foundation based on strength reduction[J]. Chinese Journal of Geotechnical Engineering, 2010, 32(2): 162-165.(in Chinese))

[45] 郑颖人, 徐浩, 王成. 隧洞破坏机理及深浅埋分界标准[J]. 浙江大学学报: 工学版, 2010, 44(10): 1851-1856.(ZHENG Yingren, XU Hao, WANG Cheng. Research on the failure mechanism of tunnel and dividing line standard between shallow and deep burying[J]. Journal of Zhejiang University: Engineering Science, 2010, 44(10): 1851-1856.(in Chinese))

[46] 郑颖人, 王永甫, 王成. 节理岩体隧道的稳定分析与破坏规律探讨[J]. 地下空间与工程报, 2011, 7(4): 649-656.(ZHENG Yingren, WANG Yongfu, WANG Cheng. Stability analysis and exploration of failure law of jointed tunnel[J]. Chinese Journal of Underground Space and Engineering, 2011, 7(4): 649-656.(in Chinese))

[47] 肖强, 郑颖人, 冯夏庭. 有衬砌隧道设计计算探讨[J]. 地下空间与工程学报, 2012, 8(2): 259-267.(XIAO Qiang, ZHENG Yingren, FENG Xiating. Study on lined tunnel design methods[J]. Chinese Journal of Underground Space and Engineering, 2012, 8(2): 259-267.(in Chinese))

水岩相互作用对岩石劣化的影响研究

刘新荣[1,2,3], 傅晏[4,5], 郑颖人[1], 梁宁慧[3]

(1. 解放军后勤工程学院军事土木工程系,重庆 400041; 2. 山地城镇建设与新技术教育部重点实验室(重庆大学),重庆 400045; 3. 重庆大学土木工程学院,重庆 400045; 4. 重庆大学建设管理与房地产学院,重庆 400045; 5. 重庆大学现代工程项目管理研究中心,重庆 400045)

摘 要:水岩相互作用作为岩土工程相关学科研究的前沿领域,具有典型的多学科交叉特点,是工程岩土体稳定研究的重要内容之一。水岩相互作用过程中,岩石改变了水的赋存状态,同时自身也受到水的反复侵蚀。本文分别从物理、化学和力学作用三方面入手,对水岩相互作用下的岩石劣化问题进行了综述,对国内外的研究现状进行了回顾与分析,进而总结了岩石劣化的相关机理及物理力学性质变化的部分规律。随着计算理论、试验手段和分析方法的进一步发展,水岩相互作用的研究前景更加值得人们期待。

关键词:水岩相互作用;岩石劣化;物理作用;化学作用;力学作用

中图分类号:TU473.2;TB115　**文献标识码**:A　**文章编号**:1673-0836(2012)01-0077-06

A Review on Deterioration of Rock Caused by Water–Rock Interaction

Liu Xinrong[1,2,3], Fu Yan[4,5], Zheng Yingren[1], Liang Ninghui[2,3]

(1. Department of Architectural Engineering, Logistical Engineering University of PLA, Chongqing 400041; 2. Key Laboratory of New Technology for Construction of Cities in Mountain Area (Chongqing University), Ministry of Education, Chongqing 400045; 3. College of Civil Engineering, Chongqing University, Chongqing 400045; 4. College of Construction Management and Real Estate, Chongqing University, Chongqing 400045; 5. Chongqing University Advanced Construction Management Research Center, Chongqing 400045)

Abstract: As the front field of geotechnical engineering and its related disciplines, the water – rock interaction (WRI) is characterized by multi – discipline crossing and is a crucial content in the study of stability of engineering rock and soil. In the process of WRI, the rock altered the current state of water, while suffering from repeated water erosion. Respectively, based on physical effects, chemical effects and mechanical effects, the research progress on deterioration of rock caused by WRI at home and abroad is reviewed in this paper. The mechanism of deterioration and the variation law of physical and mechanical properties of rock were summarized. With the further development of calculation theory, experiment means and analysis method, the research prospect of WRI is worth expecting.

Keywords: water-rock interaction; deterioration of rock; physical effects; chemical effects; mechanical effects

注:本文摘自《地下空间与工程学报》(2012年第8卷第1期)。

1 引 言

"土,水之母。水得土而流,土得水而柔。"——三国·晋鱼豢《魏略》。这是我国古代对水-岩相互作用质朴的认识:岩土体作为水的赋存体,而水对岩土体具有软化作用。时至今日,随着自然条件的变化、人类工程活动的增加和多学科交叉的发展,水岩相互作用已经成为岩土工程的前沿课题之一。水岩相互作用(Water-Rock Interaction,简称WRI)这一术语是由水文地球化学学科的奠基人之一、前苏联 A. M. Овчинников 于20世纪50年代提出[1]。从岩土和地质工程的研究角度出发,水岩相互作用是水(地表水、地下水及雪水)和岩土体不断地进行着物理、化学、力学作用,并对岩土介质状态产生影响[2]。其中,物理作用主要包括润滑、软化、泥化、干湿、冻融等过程;化学作用主要包括溶解、水化、水解、酸化、氧化等过程;力学作用主要包括产生静水及超静水压力、流固耦合等过程。以上相互作用过程如图1所示。从更广义的角度上讲,水可以理解为"地质流体"(由油、气、成矿溶液与地下水四部分组成),WRI 概念的外沿可以拓展到地质流体与固体(岩体、煤体等)的相互作用[3]。水岩相互作用主要过程如图1所示,物理、化学、力学三大作用是工程岩土体短期和长期稳定研究的重要内容,由此而引发的岩土体劣化效应是导致其发生变形破坏的重要原因。本文将综述水岩相互作用对岩石力学性质及岩土工程的影响,并对其研究应用前景进行展望。

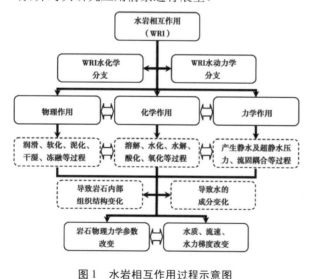

图 1 水岩相互作用过程示意图
Fig. 1 Sketch of process of water rock interaction

2 水岩相互作用对岩石力学性质的劣化

2.1 水岩相互作用机理

水的物理、化学、力学作用对岩石的劣化通常并非单一出现,而是相互影响,相互促进的过程。水岩相互作用下,非崩解性岩石力学性质的劣化机理可主要归结为内部胶结物质的溶蚀导致颗粒间的粘结减弱。而被溶解的矿物将使更多的水填充裂隙,加速对微裂纹尖端的冲蚀,并增加尖端的应力,助长劣化的进一步发展,尤其在较大的水力梯度下,水岩相互作用更加明显。同时,劣化后的岩石内部结构发生改变,将导致水质、流速、水力梯度等发生相应变化,从而促进水岩相互作用的进行。对于崩解性岩石,劣化机理还与吸水时岩石内部空气受到挤压,导致其压力上升有关。

对于低温环境(低于0 ℃),岩石的劣化机理可主要归结为各组成矿物的膨胀系数不同,胀、缩不均以及水结冰产生的膨胀压力,致使岩石内部结构改变。

因此,水岩相互作用的强弱将受到岩石微观结构、矿物成分、水文地质环境等因素的综合影响。尽管水岩相互作用的过程较为复杂,但对其任一主要作用过程进行试验研究仍然可行,故本文以下部分将按物理、化学、力学作用分别探讨水岩相互作用下岩石力学性质的劣化。

2.2 物理作用对岩石的劣化

物理作用对岩石的劣化效应主要与湿度和温度有关,其中一部分是可逆的,如岩石在风干失水后,强度逐渐增高;另一部分是不可逆的,如页岩、泥岩遇水崩解等问题。

2.2.1 软化过程对岩石强度的影响

岩石浸水后强度降低的性能称为岩石的软化性。国内外对软化过程的研究开展较早,且研究成果较多。O. Ojo 和 N. Brook[4] 总结了前人关于含水对岩石强度影响的研究成果,认为湿度越大,岩石抗压和抗拉强度越小。刘新荣等(灰岩)[5] 的研究表明岩石遇水后,泊松比增大,单轴抗压强度和粘聚力均变小。此外,L. Obert 等(砂岩)[6]、宣以琼等(煤系砂、泥岩)[7] 的研究均表明部分岩石在驱除水分后恢复原来的强度,因此,这是一个可逆过程,不可逆的现象只有在化学过程(特别是溶解)的影响下才会发生。

随着岩石软化性研究的深入,含水量与岩石强度量化关系的研究也逐渐展开。代表性的研究包括：①线性函数关系：G. West(砂岩)[8]、康红普(煤系泥岩)[9]、孟召平等(煤系岩石)[10]的研究均表明岩石单轴抗压强度与含水量之间呈线性相关；②负指数函数关系：陈钢林等(砂岩和花岗闪长岩)[11]、A. B. Hawkins 和 B. J. McConnell(砂岩)[12]、周瑞光等(糜棱岩)[13]、Z. A. Erguler 和 R. Ulusay(粉砂岩、泥岩、泥灰岩、凝灰岩)[14]的研究均认为岩石单轴抗压强度与含水量呈负指数函数关系。周瑞光等(糜棱岩)[13]的研究表明岩石抗剪强度参数与含水量也呈负指数函数关系。

由于含水量指标对于不同岩石变化较大，因此，B. Vásárhelyi[15]指出应用饱和度代替含水量来描述与岩石单轴抗压强度之间的关系，该思路与陈钢林[11]一致，但具体表达形式不同。

2.2.2 干湿过程对岩石的劣化

干湿过程主要是湿度的大幅变化过程，工程上主要关注崩解性岩石，早在20世纪50年代，C. W. Badger[16]总结了干燥页岩遇水崩解的两大机理：气致崩解(air breakage)和胶体物质消散(the dispersion of colloid material)。

然而，国内外就干湿循环对岩石强度的影响研究偏少。A. Prick[17]通过试验比较了冻融循环和干湿循环对页岩风化的影响，指出尽管冻融循环的影响较大，但干湿循环对岩石的风化作用同样不容忽视。M. L. Lin 等(砂岩)[18]、P. A. Hale 和 A. Shakoor(砂岩)[19]的研究结果均表明干湿循环导致岩石单轴抗压强度下降。

刘新荣和傅晏等(砂岩)[20,21]对岩石在干湿循环作用下的力学性质进行研究，得到了完整砂岩在干湿循环作用下单轴抗压强度、抗拉强度、弹性模量及抗剪强度的下降规律，并认为干湿循环过程对岩石抗拉强度影响最大，且强度在前期降幅较大，后期变化逐渐减缓，如图2所示，干湿循环过程所导致的岩石劣化是渐进进行的，岩石内部开口孔隙率的逐渐增加使得每次循环后水的侵蚀程度加深，直到完全将岩石浸透，造成其力学参数大幅降低。

2.2.3 冻融过程对岩石的劣化

冻融过程主要是伴随着相变的温度变化过程，但该过程必须以低温作为环境条件。A. Prick(页岩)[17]、P. A. Hale 和 A. Shakoor(砂岩)[19]的研究均表明，与干湿过程相比，冻融过程对岩石劣化的影响大得多。

T. C. Chen 等(凝灰岩)[22]、徐光苗和刘泉声(页岩、红砂岩)[23]、王俐和杨春和(红砂岩)[24]均对冻融过程引起的岩石劣化规律、机理进行过深入

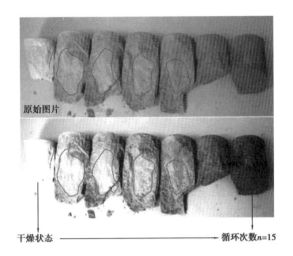

图2 干湿循环砂岩试件断口分析[21]

Fig. 2 Analysis of the cross-section of sandstones under wetting and drying cycles[21]

系统的研究，结果表明冻融过程中，岩石强度主要受其含水状态、冻融最低温度、孔隙情况(数量、分布及尺寸)的影响。杨更社等[25]借助CT扫描设备，研究了岩石的冻融损伤规律，并建立了以CT数为函数的损伤变量。

2.3 化学作用对岩石的劣化

化学作用对岩石的劣化效应将破坏原有岩石内部的结构组成，同时伴随新的矿物产生，一般而言是不可逆的。沉积岩石学[26]认为与物理作用相比，化学作用是岩石风化过程中的主导作用。

20世纪80年代，F. G. Bell 等[27]的研究总结了地下水对岩石和土体工程性质的影响，认为水加速了岩石的化学风化过程，同时指出硅酸盐矿物(包括长石、辉石、角闪石、云母、橄榄石)的风化过程主要是水解过程。

21世纪初，国内开展了大量化学作用方面的研究工作。汤连生等(花岗岩、红砂岩和灰岩)[28]对常温常压下，不同岩石在不同循环流速的水化学溶液中抗压强度的变化进行了试验研究，结果表明化学作用的劣化效应主要受岩石微结构及非均匀性、孔隙度、胶结物质、矿物成分的综合影响。陈四利和冯夏庭等(花岗岩、砂岩、灰岩)[29]对岩石破裂特性的化学环境侵蚀进行了考查，得出与空气侵蚀条件相比，裂纹尖端的水或化学溶液使岩石的破裂韧度明显地降低。分析了在化学腐蚀下的细观破裂行为和腐蚀机理。并利用CT识别技术对化学腐蚀下的砂岩进行了三轴加载全过程的即时扫描试验，建立了基于化学腐蚀影响和CT数的损伤变量模型。周翠英和邓毅梅等(粉砂质泥岩、泥质粉砂岩、炭质泥岩)[30]对软岩的水化学作用研究表

明,软岩的软化主要是由于粘土矿物吸水膨胀与崩解机制、离子交换吸附作用、易溶性矿物溶解与矿物生成、软岩与水作用的微观力学作用机制、软岩软化的非线性化学动力学机制的综合作用造成的。

2.4 力学作用对岩石的劣化

力学作用主要表现为在岩土体中由水产生的静孔隙水压和超静孔隙水压两方面。其中,岩石渗流-应力耦合(H-M)方面的研究最为集中。

A. W. Skempton[31]修正的有效应力原理是最早认识到的水岩力学作用效应。20世纪60、70年代以来,经过D. T. Snow[32]、C. Louis[33]等人的不断发展,岩体水力学逐渐形成一门新的边缘性交叉学科。目前,岩石渗流-应力耦合(H-M)模型主要包括三大类[33]:等效连续介质模型、裂隙网络介质模型、多重介质渗流模型。

国内代表性的研究包括:仵彦卿[35]提出了改进的流固耦合等效连续介质模型、狭义和广义双重介质模型等;柴军瑞[36]对等效连续介质模型和裂隙网络介质模型的耦合机理和关系式进行了全面总结和评述;刘新荣等[37]的研究表明随着注水压力增加,长山盐矿顶板岩层的渗透系数呈线性增加;祝云华、刘新荣、包太等[38~40]综述了现有裂隙渗流分析的各类计算模型,并说明了它们的优缺点和适用条件。刘新荣、包太、梁宁慧等[41,44]通过裂隙岩体的渗透试验,揭示了裂隙岩体卸荷过程中渗透系数与卸荷量的近似双曲线关系,如图3所示,其中渗透系数的突变性特征最为显著,并将其应用到库岸边坡失稳分析中。包太、刘新荣等[45]采用误差函数有效地消除了在一维固结计算中由于Gibbs现象带来的振荡。刘先珊、刘新荣等[46]将裂隙岩体看作是由离散介质和等效连续介质组成的离散-连续介质岩体,分别建立了各自的非稳定渗流模型,该模型克服了求取两类介质之间水量交换的困难,能更准确地反映裂隙岩体的结构特征和渗透特性。吉小明等[47]对裂隙岩体流固耦合双重介质模型进行了研究,提出了与岩体应力状态相关的渗透系数计算公式。

3 水岩相互作用对岩石劣化的研究展望

纵观国内外水岩相互作用对岩石劣化的影响研究可知,21世纪以前的大部分研究仍然局限于单一作用的影响,可喜的是,近十年来展开的研究已经开始涉及两大作用的耦合,且分析的尺度越来越小,试验方法和手段越来越多。然而,水岩相互作用对岩石劣化的影响尚有以下问题值得探讨:

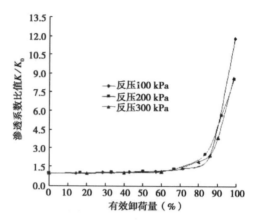

图3 卸荷过程中不同反压作用下的渗透系数与有效卸荷量的关系曲线[42]

Fig. 3 The relation between permeability and effective unload during unloading process under different back pressures[42]

(1)首先,水岩相互作用对岩石劣化机理的研究仍然需要深入,研究的尺度越来越小,如何实现通过岩石内部微细观的变化来定量描述岩石宏观的劣化效应越来越受到关注。

(2)其次,水岩相互作用对岩石劣化的效应是多场耦合作用(物理、化学、力学)的综合结果,如何引入相关理论(如损伤力学、化学动力学、孔隙介质流体动力学等)对岩石劣化的效应进行定量分析,实现多场耦合作用下的本构关系建立和识别以及数值模拟方法的确定等工作十分重要,尚有待完善。

(3)最后,水岩相互作用对岩石劣化效应的研究最终需要为工程服务,为岩石抗风化设计提供基本依据,如何定量地将劣化效应反映到设计参数中,有待于岩土工程相关学科的共同努力。

参考文献(References)

[1] 沈照理,王焰新. 水-岩相互作用研究的回顾与展望[J]. 地球科学-中国地质大学学报,2002,27(2):127-133. (Shen Zhaoli, Wang Yanxin. Review and outlook of water-rock interaction studies [J]. Earth Science-Journal of China University of Geosciences, 2002, 27(2):127-133. (in Chinese))

[2] 周平根. 地下水与岩土介质相互作用的工程地质力学研究[J]. 地学前缘,1996,3(1-2):176. (Zhou Pinggeng. The study on geomechanics of interaction of underground water and geomaterials [J]. Earth Science Frontiers (China University of Geosciences, Beijing), 1996,3(1-2):176. (in Chinese))

[3] 梁冰,孙可明,薛强. 地下工程中的流-固耦合问题的探讨[J]. 辽宁工程技术大学学报(自然版),2001,20(4):120-122. (Liang Bing, Sun Keming, Xue Qiang. The research of fluid-solid coupling in the ground engineering [J]. Journal of Liaoning Technical University

(Natural Science), 2001, 20 (4): 120-122. (in Chinese))

[4] O. Ojo, N. Brook. The effect of moisture on some mechanical properties of rock [J]. Mining Science and Technology. 1990, (10): 145-156.

[5] 刘新荣,姜德义,余海龙.水对岩石力学特性影响的研究[J].化工矿物与加工,2000,(5):17-20. (Liu Xinrong, Jiang Deyi, Yu Hailong. Study of the effect of water to rock mechanics characteristics [J]. Chemical Mineral and Manufacturing. 2000, (5): 17-20. (in Chinese))

[6] L. Obert, S. L. Windes, W. I. Duvall. Standardized tests for determining the physical properties of mine rock [J]. RI-3891, Bureau of Mines, U. S. Dept. of the Interior. 1946.

[7] 宣以琼,武强,杨本水.岩石的风化损伤特征与缩小防护煤柱开采机制研究[J].岩石力学与工程学报,2005,24(11):1 911-1 916. (Xuan Yiqiong, Wu Qiang, Yang Benshui. Study on the weathered damage attributes of rock and the law of reduction for coal column protection [J]. Chinese Journal of Rock Mechanics and Engineering 2005, 24(11): 1 911-1 916. (in Chinese))

[8] G. West. Strength properties of Bunter sandstone [J]. Tunnels and Tunnelling, 1979, 7(7): 27-29.

[9] 康红普.水对岩石的损伤[J].水文地质工程地质,1994,21(3):39-41. (Kang Hongpu. Rock damage caused by water [J]. Hydrogeology and Engineering Geology, 1994, 21(3): 39-41. (in Chinese))

[10] 孟召平,彭苏萍,傅继彤.含煤岩系岩石力学性质控制因素探讨[J].岩石力学与工程学报,2002,21(1):102-106. (Meng Zhaoping, Peng Suping, Fu Jitong. Study on control factors of rock mechanics properties of cocal-bearing formation [J]. Chinese Journal of Rock Mechanics and Engineering, 2002, 21(1): 102-106. (in Chinese))

[11] 陈钢林,周仁德.水对受力岩石变形破坏宏观力学效应的实验研究[J].地球物理学报,1991,34(3):335-342. (Chen Ganglin, Zhou Rende. An experimental study concerning the macroscopic effect of water on the deformation and failure of loaded rocks [J]. Acta Geophysica Sinica, 1991, 34(3): 335-342. (in Chinese))

[12] A. B. Hawkins, B. J. McConnell. Sensitivity of sandstone strength and deformability to changes in moisture content [J]. Quarterly Journal of Engineering Geology, 1992, 25(2): 115-130.

[13] 周瑞光,成彬芳,杨计申,等.糜棱岩流动变形与含水量的关系[J].工程勘察,1997,(5):34-37. (Zhou Ruiguang, Cheng Binfang, Yang Jishen. Relation between flow deformation of mlylonite and water content [J]. Geotechnical Investigation & Surveying, 1997, (5): 34-37. (in Chinese))

[14] Z. A. Erguler, R. Ulusay. Water-induced variations in mechanical properties of clay-bearing rocks [J]. International Journal of Rock Mechanics and Mining Sciences. 2009, (46): 355-370.

[15] B. Vásárhelyi, P. Ván. Influence of water content on the strength of rock [J]. Engineering Geology, 2006, (84): 70-74.

[16] C. W. Badger, A. D. Cummings, R. L. Whitmore. The disintegration of shale [J]. Journal of the Institute of Fuel, 1956, 29, 417-423.

[17] A. Prick. Dilatometrical behaviour of porous calcareous rock samples subjected to freeze-thaw cycles [J]. Catena, 1995, 25: 7-20.

[18] M. L. Lin, F. S. Jeng, L. S. Tsai, et al. Wetting weakening of tertiary sandstones— microscopic mechanism [J]. Environment Geology, 2005, (48): 265-275.

[19] P. A. Hale, A. Shakoor. A laboratory investigation of the effects of cyclic heating and cooling, wetting and drying, and freezing and thawing on the compressive strength of selected sandstones [J]. Environmental and Engineering Geoscience, 2003, 9(2): 117-130.

[20] 刘新荣,傅晏,王永新,等.(库)水-岩作用下砂岩抗剪强度劣化规律的试验研究[J].岩土工程学报,2008,30(9):1 298-1 302. (Liu Xinrong, Fu Yan, Wang Yongxin, et al. Deterioration rules of shear strength of sand rock under water-rock interaction of reservoir [J]. Chinese Journal of Geotechnical Engineering, 2008, 30(9): 1 298-1 302. (in Chinese))

[21] 傅晏,刘新荣,张永兴,等.水岩相互作用对砂岩单轴强度的影响研究[J].水文地质工程地质,2009,36(6):54-58. (Fu Yan, Liu Xinrong, Zhang Yongxing, et al. A study on influence of strength of sandstone under water-rock interaction [J]. Hydrogeology and Engineering Geology, 2009, 36(6): 54-58. (in Chinese))

[22] T. C. Chen, M. R. Yeung, N. Moric. Effect of water saturation on deterioration of welded tuff due to freeze-thaw action [J]. Cold Regions Science and Technology, 2004. p. 127-136.

[23] 徐光苗,刘泉声.岩石冻融破坏机理分析及冻融力学实验研究[J].岩石力学与工程学报,2005,24(17):3 076-3 082. (Xu Guangmiao, Liu Quansheng. Analysis of mechanism of rock failure due To freeze-thaw cycling and mechanical testing study on frozen-thawed rocks [J]. Chinese Journal of Rock Mechanics and Engineering, 2005, 24(17): 3 076-3 082. (in Chinese))

[24] 王俐,杨春和.不同初始饱水状态红砂岩冻融损伤差异性研究[J].岩土力学,2006(27),10:1 772-1 776. (Wang Li, Yang Chunhe. Studies on different initial

water-saturated red sandstone [J]. Rock And Soil Mechanics, 2006, 27(10): 1 772-1 776. (in Chinese))

[25] 杨更社, 蒲毅彬. 冻融循环条件下岩石损伤扩展研究初探[J]. 煤炭学报, 2002, 8(4): 357-360. (Yang Gengshe, Pu Yibin. Initial discussion on the damage propagation of rock under the frost and thaw condition [J]. Journal of China Coal Society, 2002, 8(4): 357-360. (in Chinese))

[26] 赵澄林, 朱筱敏. 沉积岩石学(第三版)[M]. 石油工业出版社, 2001. (Zhao Chenglin, Zhu Xiaoming. Sedimentary Petrography (3rd edition) [M]. Beijing: Petroleum Industry Press, 2001. (in Chinese))

[27] F. G. Bell, J. C. Cripps, M. G. Culshaw. A review of the engineering behaviour of soils and rocks with respect to groundwater [J]. Groundwater in Engineering Geology, London, 1986: 1-23.

[28] 汤连生, 张鹏程, 王思敬. 水-岩化学作用的岩石宏观力学效应的试验研究[J]. 岩石力学与工程学报, 2002, 21(4): 526-531. (Wang Li, Yang Chunhe. Studies on different initial water-saturated red sandstone [J]. Rock And Soil Mechanics, 2006, 27(10): 1 772-1 776. (in Chinese))

[29] 陈四利, 冯夏庭, 李邵军. 岩石单轴抗压强度与破裂特征的化学腐蚀效应[J]. 岩石力学与工程学报, 2003, 22(4): 547-551. (Chen Sili, Feng Xiating, Li Shaojun. Effects of chemical erosion on uniaxial compressive strength and meso-fracturing behaviors of rock [J]. Chinese Journal of Rock Mechanics and Engineering, 2003, 22(4): 547-551. (in Chinese))

[30] 周翠英, 邓毅梅, 谭祥韶, 等. 饱水软岩力学性质软化的试验研究与应用[J]. 岩石力学与工程学报, 2005, 24(1): 33-38. (Zhou Cuiying, Deng Yimei, Tan Xiangshao. Experimental resarch on the softening of mechanical properties of saturated soft rocks and application [J]. Chinese Journal of Rock Mechanics and Engineering, 2005, 24(1): 33-38. (in Chinese))

[31] A. W. Skempton. Effective stress in soils, concrete and rocks [J]. Pore Pressure and Suction in soils, Butterworth, London, 1961: 4-16.

[32] D. T. Snow. Rock fracture spacings, openings and porosities [J]. Soil Mech. Found Div. Proc. ASCE, 1968, 94 (SM1): 73-91.

[33] C. Louis. Rock hydraulics in rock mechanics [M]. New York: Verlay Wien, 1974.

[34] 伍美华, 柴军瑞, 李亚盟. 岩体水-岩耦合作用研究简述[J]. 工程勘察, 2007, (11): 35-39. (Wu Meihua, Cai Junrui, Li Yameng. A brief introduction of water and rock coupling effects [J]. Geotechnical Investigation and Surveying, 2007, (11): 35-39. (in Chinese))

[35] 仵彦卿. 岩体水力学概述[J]. 地质灾害与环境保护, 1995, 6(1): 57-64 (Wu Yanqing. A brief description of rock mass hydraulics [J]. Journal of Geological Hazards and Environment Preservation, 1995, 6(1): 57-64 (in Chinese))

[36] 柴军瑞, 仵彦卿. 岩体渗流与应力相互作用关系综述[A]. 第六次全国岩石力学与工程学术大会论文集[C]. 武汉, 2000, 10: 366-368 (Cai Junrui, Wu Yanqing. Review on couple mechanism for seepage and stress in rock mass [A]. 6th Chinese Rock Mechanics and Engineering Congress [C]. Wu Han, 2000, 10: 366-368 (in Chinese))

[37] 刘新荣, 姜德义, 张广洋. 长山盐矿顶板岩层渗透特性的研究[J]. 中国井矿盐, 1999, (6): 11-14. (Liu Xinrong, Jiang Deyi, Zhang Guangyang. Permeability characteristics of roof rocklayer of Changshan salt mine [J]. Chinese Well Rock Salt. 1999, (6): 11-14. (in Chinese))

[38] 祝云华, 刘新荣, 梁宁慧, 等. 裂隙岩体渗流模型研究现状与展望[J]. 工程地质学报, 2008, 16(2): 970-975. (Zhu Yunhua, Liu Xinrong, Liang Ninghui, et al. Current research and prospects in modeling seepage field in fractured rock mass [J]. Chinese Journal of Engineering Geology, 2008, 16(2): 970-975. (in Chinese))

[39] 包太, 刘新荣, 朱可善, 等. 裂隙岩体渗流场与卸荷应力场耦合作用[J]. 地下空间, 2004, 24(3): 386-390. (Bao Tai, Liu Xinrong, Zhu Keshan, et al. Research on coupling effect of seepage and unloading stress of the fractured rock [J]. Underground Space, 2004, 24(3): 386-390. (in Chinese))

[40] 包太, 王舒, 刘新荣. 岩体应力场与渗流场相互作用模型研究[J]. 贵州工业大学学报(自然科学版), 2008, 37(4): 110-112. (Bao Tai, Wang Shu, Liu Xinrong. The research for the coupling effect of the seepage and stress [J]. Journal of Guizhou University of Technology (Natural Science Edition). 2008, 37(4): 110-112. (in Chinese))

[41] 梁宁慧, 刘新荣, 包太, 等. 岩体卸荷渗流特性的试验[J]. 重庆大学学报(自然科学版), 2005, 28(10): 133-135. (Liang Ninghui, Liu Xinrong, Bao Tai, et al. Experimental study on the characteristic of seepage with unloading rock mass [J]. Journal of Chongqing University (Natural Science Edition), 2005, 28(10): 133-135. (in Chinese))

[42] 梁宁慧, 刘新荣, 艾万民, 等. 裂隙岩体卸荷渗透规律试验研究[J]. 土木工程学报, 2011, 44(1): 88-92. (Liang Ninghui, Liu Xinrong, Ai Wanming, et al. Experiment study on the permeability of fractured rock under unloading [J]. China Civil Engineering Journal, 2011, 44(1): 88-92. (in Chinese))

[43] 包太,刘新荣,税月.水位下降卸荷诱发库岸边坡快速失稳机理分析[J].水文地质工程地质,2004,31(5):7-11.(Bao Tai, Liu Xinrong, Rui Yue. On the rapid failure of slope induced by unloading during draw down[J]. Hydrogeology & Engineering Geology. 2004, 31(5):7-11.(in Chinese))

[44] 梁宁慧,刘新荣,陈建功,等.岩体渗透特性对边坡稳定性影响分析[J].地下空间与工程学报,2006,2(6):1 003-1 006.(Liang Ninghui, Liu Xinrong, Chen Jiangong, et al. Numerical analysis of the rock seepage character for the influence of slope's stability [J]. Chinese Journal of Underground Space and Engineering, 2006,2(6):1 003-1 006.(in Chinese))

[45] 包太,刘新荣,朱凡,等. 固结过程中孔隙压力计算中的吉布斯(Gibbs)现象及其消除[J].水文地质工程地质,2006, 33(1):23-26.(Bao Tai, Liu Xinrong, Zhu Fan, et al. The Gibbs phenomenon and its resolution during pore pressure calculating in the consolidation process [J]. Hydrogeology & Engineering Geology. 2006, 33(1):23-26.(in Chinese))

[46] 刘先珊,刘新荣.裂隙岩体非稳定渗流的离散-连续介质模型[J].煤炭学报,2007,32(9):921-925.(Liu Xianshan, Liu Xinrong. Distinct – continuous medium of unsteady seepage in fractured masses [J]. Journal of China Coal Society,2007, 32(9): 921-925.(in Chinese))

[47] 吉小明,杨春和,白世伟.岩体结构与岩体水力耦合计算模型[J].岩土力学,2006,27(5):763-768.(Ji Xiaoming, Yang Chunhe, Bai Shiwei. Hydraulic coupling calculation model for rock structure and rock body[J]. Rock and Soil Mechanics, 2006,27(5): 763-768.(in Chinese))

考虑主应力轴旋转的土体本构关系研究进展

董 彤[1,2]，郑颖人[1,2,3]，刘元雪[1,2]，阿比尔的[4]

(1. 后勤工程学院 军事土木工程系，重庆 401311；
2. 岩土力学与地质环境保护重庆市重点实验室，重庆 401311；
3. 重庆市地质灾害防治工程技术研究中心，重庆 400041；
4. 中国科学院武汉岩土力学研究所，武汉 430071)

摘要： 对目前国内外考虑主应力轴旋转的试验研究及本构模型研究进行了总结分析，并对进一步研究提出了相应的建议。基于不同的加载条件，从纯主应力轴旋转和耦合主应力轴旋转两个方面，较全面地描述了主应力轴旋转情况下土体的基本变形特性，并对考虑主应力轴旋转的土体变形试验提出了进一步研究的建议。较为系统地评述了当前较有代表性的考虑主应力轴旋转的土体本构模型(边界面模型、多机构模型、运动硬化模型和广义塑性模型)，得出了广义塑性模型更适合用来描述考虑主应力轴旋转的土体变形特性的结论。总结未来考虑主应力轴旋转的土体本构关系研究的主要方向是：把握主应力轴旋转情况下土体变形的本质特性，建立推理严密、形式简单、适用方便的本构模型，并用来指导工程实践。

关 键 词： 土力学； 主应力轴旋转； 试验； 本构模型； 土体
中图分类号： TU431 **文献标志码：** A
DOI: 10.3879/j.issn.1000-0887.2013.04.001

引 言

主应力轴旋转是指主应力方向在加载过程中发生偏转的现象，公路、隧道、地基等岩土工程中普遍存在这一现象，且距加载点越近，该现象越为显著。导致土体发生主应力轴旋转的因素归纳起来主要有以下3种：1) 不同频率、不同历时荷载的动态变化(波浪、交通、地震荷载等)，其主要作用效果是使主应力轴循环或反复旋转[1-2]；2) 边界条件的改变(如堤坝修筑、边坡切削、隧道开挖等)使得岩土工程中土体应力状态发生变化，继而导致主应力轴发生旋转[3-4]；3) 主应力大小和方向静态或准静态变化(如集中加压、桩基荷载等)[5]。从考虑中间主应力与不考虑中间主应力两种屈服准则对比可见，纯Lode(洛德)角变化所产生的破坏应变占0～15.7%；纯主应力轴旋转所引起的破坏应变可达30%～40%[6]，甚至会导致砂土液化破

注：本文摘自《应用数学和力学》(2013年第34卷第4期)。

坏[7-8]。对于第1)种情况而言,主应力轴旋转对土体的影响范围大,且会导致不可忽略的塑性变形;但对于第2)、第3)种情况,只在边界面或集中应力附近有影响,远处基本无影响,因此,对这两种情况,只需在特定的情况下考虑主应力轴旋转的影响,一般情况不需考虑。

关于主应力轴旋转对土体力学特性影响的研究,国内学者已取得许多有益的成果,如刘元雪、郑颖人等[9-10]建立了考虑主应力轴旋转的广义塑性模型;沈扬[11]对原状软粘土的变形特性进行了系统的研究;童朝霞[12]建立了考虑应力主轴循环旋转效应的砂土本构模型;金丹[13]系统研究了主应力方向旋转变化条件下饱和砂土的动力特性。本文在国内外已有研究成果的基础上,对考虑主应力轴旋转的相关实验和理论成果进行了较为系统的分类及评述。

1 考虑主应力轴旋转的土体变形特性研究

先进的仪器设备是研究的重要保障,传统的土工试验仪器,只有真三轴仪能实现主应力轴的90°突变,但无法模拟主应力轴连续旋转。1977年Arthur等[14]发明了方向剪切盒(driectional shear cell,简记为DSC),虽然通过DSC可以实现主应力轴的连续旋转,但是其无法控制中主应力大小,且只能采用X轴或外部测量,使得其在破坏点或小应变的量测上存在缺陷。尽管当前还有一些能在一定程度上实现主应力轴旋转的试验仪器,如二维一般应力状态试验仪、1γ2ε试验仪等[12],但由于这些设备自身的缺陷,未能得到广泛的应用。目前,最适合进行主应力轴旋转试验研究的是空心圆柱扭剪仪(hollow cylinder apparatus,简记为HCA)。如图1所示,HCA能够对试样提供独立控制的轴力W、扭矩T、内压p_i和外压p_o,从而实现绕一个应力主轴方向旋转及应力Lode角变化。

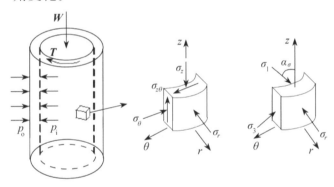

图1 空心扭转仪试样受力及单元应力状态

Fig. 1 Sample and element stress in hollow cylinder apparatus

本文侧重研究在不同的加载条件下,主应力轴旋转对土体变形特性的影响。据此,将目前国际上主应力轴旋转条件下土体变形特性研究的室内试验进行较为系统的分类。

1.1 纯主应力轴旋转条件下土体变形特性

纯主应力轴旋转,即应力主值大小不变仅主应力轴方向变化,可以描述为一般应力空间中绕主应力轴旋转的运动。在此条件下,土体存在明显的不共轴现象,并可导致明显的剪变、体变和孔压积累,甚至破坏。Miura等[15]通过丰浦砂试验发现,主应力旋转条件下,塑性应变增量与应力不共轴,应变增量主轴介于应力主轴与应力增量主轴之间,且随着剪应变的增加趋近应力主轴方向;Symes等[7]发现,土体变形特性与主应力轴转角α(即试样大主应力方向与试样的对称轴的夹角)有关,正向旋转(α从0°转到45°)产生了可观的孔压及体变,且旋转结束时,与一开始就将大主应力轴固定在$\alpha=45°$方位进行定向剪切到等q状态的孔压大小相近,而反向旋转(α从45°转到0°)时,孔压和体变只有略微增加,在此基础上固定主轴方向进行剪切,孔压始终小于未旋转的试样在同剪应力水平下定向剪切的值,说明了反向旋转时,孔压和体变受到土体的次生各向异性的明显抑制。

此外,大量试验表明[11-12],在相同应力水平下,原状土的体应变大于重塑土;不排水条件下,先进行主应力轴旋转再进行定向剪切与直接进行定向剪切的孔压变化趋势相吻合,排水条件下则无法重合;主应力轴反复加卸载条件下,主应力轴转角 α 越大,孔压积累越快;主应力轴循环旋转条件下,砂土的强度,特别是抵抗液化的能力明显减弱,循环初期孔压迅速积累,但内摩擦角、轴向应变与剪应变没有明显变化,只有当孔压达到围压的50%时,应变才开始急剧增加。

1.2 耦合主应力轴旋转条件下土体变形特性

耦合主应力轴旋转,即不仅存在主应力轴的旋转,而且包含球应力 p,广义剪应力 q,Lode角 θ_σ 及中主应力系数 b 等应力参数的变化。由于试验仪器及试验方法等原因,目前大多数考虑主应力轴旋转的试验都耦合有其他应力参数的变化[12]。

考虑有效球应力的变化,不排水条件下主应力轴旋转会产生超静空隙水压力并不断积累,导致砂土的液化甚至破坏;考虑砂土的密度不同,Nakata 等[16]发现,在主应力轴循环旋转条件下,剪应力值及砂土密度对孔压与应变的积累规律有所影响;考虑应力比的影响,Wijewickreme 等[17]指出,应力比的增加将致使应变增量主轴方向趋近于应力主轴方向;考虑初始应力角的影响,国内诸多学者的研究表明[12],初始主应力方向角越大,孔压增长越快,土动强度越低;考虑初始应力状态及主应力轴转幅的影响,Symes 等[18]发现,在主应力轴转幅在某一范围内循环变化的条件下,随着转幅的增大,土的强度降低,破坏所需循环加载次数减少;考虑初始固结比 K_c 及主应力轴旋转方向的影响,Sivathayalan 等[19]发现,随 K_c 增大,主应力轴旋转导致的孔压增大。

1.3 考虑主应力轴旋转的土体变形特性研究建议

1) 就试验的研究对象而言,由于受到仪器功能和制样条件的限制,目前多以重塑砂土作为研究对象,很少采用粉土、粘土,特别是原状土,今后有必要进一步改进制样仪器与方法。

2) 就试样的应力历史而言,试样以具有分层特性的砂土居多,其原生各向异性干扰了孔压的发展;原生各向同性的试样很少,因此,尚无单独研究主应力轴旋转导致的次生各向异性的试验。

3) 就试验的应力路径而言,主应力轴单向旋转条件下直接剪切破坏的变形特性尚不明确;目前主应力轴循环旋转试验多为低频试验,有待系统研究在中、高频旋转条件下的土体变形特性。

此外,主应力轴旋转结束后对土体再加载的后续变形特性的影响目前还存在争议,其关键在于前期主应力轴旋转产生多大的应变才会对土体后续变形特性产生明显影响[11]。

2 考虑主应力轴旋转的土体本构模型研究

传统塑性力学认为,主应力轴旋转属于中性变载[20],土体的主应力值是不变的,不会产生塑性变形。这不符合岩土材料的变形机制,因此不能反映主应力旋转对塑性变形影响。为了更好地描述主应力轴旋转所产生的塑性应变,国内外学者在传统与广义塑性力学基础上采用不同的理论,建立了各式各样的模型。比较有代表性的有:边界面模型、多机构模型、运动硬化模型以及广义塑性模型。

2.1 边界面模型

边界面模型认为,在应力空间里,有一个限定应力点和屈服面移动的几何边界,即为边界面,其内部通常存在一个与其形状相似的屈服面。加载过程中,应力点总是位于屈服面之上或内部,塑性模量场、加载方向和流动方向均由这两个面及其相互变化而确定。边界面模型对传统的流动法则进行了修正,建立了塑性流动与边界面对应点外法线方向之间的关系,反映了边界面内的应力变化所产生的塑性应变,从而能建立考虑应力主轴旋转的土体本构模型。

Pastor 等[21]在传统塑性力学基础上,通过修正塑性模量与塑性流动方向,并通过应力空间转换,使得传统的塑性理论可以很好地模拟描述主应力轴旋转条件下土体应力应变关系。Gutierrez 等[22-23]认为,将应力增量延伸与破坏面相交,交点处边界面的外法线方向即为由该应力增量引起的塑性应变增量的方向,并通过引入了一非共轴参数来进一步反映非共轴对砂土塑性功和应力剪胀方程的影响,建立了考虑主应力轴旋转的二维平面应变弹塑性本构模型。Li 等[24]将应力增量分解成与当前应力张量共轴分量及正交分量,并将正交分量作为附加的旋转荷载,通过增加该旋转荷载产生的塑性变形以修正边界面模型,继而较好地反映了主应力轴旋转的影响。Yang 等[25]认为边界面模型中,硬化模量不仅与土体应力状态有关而且与当前应力点到边界面的距离有关,通过定义不共轴硬化模量及流动方向建立了不共轴粘土和砂土模型。童朝霞[12]基于边界面模型的建模思想,分别考虑了主应力幅值循环变化及主应力轴循环旋转产生的塑性应变,建立了考虑应力主轴循环旋转效应的砂土本构模型。

建立边界面模型的关键在于定义边界面内的流动法则,该建模方法依据特定的试验规律,适合于试验的土体(如重塑砂土)的建模。然而,由于缺乏严格的理论基础,导致目前存在大量的边界面模型的存在,而且,在考虑多应力参数变化的耦合主应力轴旋转条件下,流动法则的建立非常困难,模型参数多且不便于测定,使得边界面模型无法简便地推广到不同应力参数的土体变形预测中。

2.2 运动硬化模型

土体弹塑性变形中,各向异性现象非常明显。已有研究表明,即便不考虑土的原生各向异性,由应力诱导的次生各向异性现象也很显著[26]。土体的各向异性是主应力轴旋转导致土体产生塑性变形的根本原因,为了在各向同性本构框架基础上描述土体的各向异性,通常做法是引入运动硬化准则。

在运动硬化模型中,屈服面在应力空间内同时发生大小或形状随应力状态变化而变化的平动或转动。在纯主应力轴旋转条件下,尽管应力主值大小不变,即主应力空间中应力状态点位置不变,但主应力轴的旋转会导致屈服面运动,因此,可以考虑主应力轴旋转所产生的塑性应变。

Lizuka 等[27]为考虑应力诱使原生各向异性,将关口-太田模型发展到有限变形理论,使得该模型可以考虑由应力诱使次生各向异性引起的非共轴应力-应变关系。Nakai 等[28]在各向同性硬化空间滑动面模型[29]基础上,引入屈服面的运动硬化规律,使之可以考虑主应力轴旋转的影响。考虑主应力轴旋转的模拟效果,Lade 等[30]在原有的非等向硬化模型基础上加入随动硬化准则,建立了砂土的随动硬化本构模型。Li 等[31]在文献[18]的基础上,通过定义各向异性参数来修正塑性模量,继而建立了可以考虑原生各向异性的砂土模型。Yang 等[32]在一般应力空间内引入了6个应力分量,并建立了新的流动法则和塑性模量,使得改进后的运动硬化模型可以在不同方向上计算复杂的主应力轴旋转问题。

运动硬化模型适用于各向异性显著的土体,建立运动硬化模型关键在于给出屈服面的运动规律或土体硬化规律。对因应力路径和应力状态的不同,而含有复杂的原生与次生各向异性的土体,由于其屈服面的运动规律、硬化参数及各向异性参数难以确定,且模型参数复杂且无明确的物理意义,致使运动硬化模型很难适用。

2.3 多机构模型

多机构模型基于滑移机构的概念,其建模思想是:将材料的塑性应变状态分解,每个分解后的塑性应变状态都由一独立的虚拟活性机构产生,将各独立产生的塑性应变状态叠加,即可得到总的塑性应变状态[12]。此类模型的优点在于,可以根据简单应力条件下土体的本构关系来建立复杂应力条件下的本构模型。

建立多机构模型的关键在于,确定滑移面以及建立滑移面本构关系。Pande 等[33]建立了考虑主应力轴旋转的粘土多层模型,其假设土单元体内存在大量随机分布的滑移面,并建立了单个滑移面上的屈服函数、流动法则和硬化规律,当主应力轴旋转时,各虚拟滑移面存在不同的相应机制,综合得到其塑性变形。Nishimura 等[34]假设土体单元内有多个不同方向的虚拟滑移面,滑移面上分布有许多弹簧,弹簧的应力应变关系组成了土单元应力应变关系,继而建立了含主应力轴旋转的三维本构模型。

多机构模型认为,宏观的塑性应变可以通过内部滑移面的滑移累加得到,对于含确定滑移面的土体(如横观各向异性土),这种建模思路使得复杂的加载条件下土体本构关系可以由简单的本构关系来描述。但是,滑移面大都是虚拟假设的,而不是真实的微观存在,使得其缺乏严格的理论基础。

2.4 广义塑性模型

当前岩土塑性力学一般认为只存在应力主值大小的变化,而不存在应力主轴方向的变化,即忽略了主应力轴旋转的影响。为考虑主应力轴旋转产生的塑性变形,通常的做法是将塑性应变分为共轴项与不共轴项,进而采用不同的方法建立不共轴塑性应力-应变模型。

Matsuoka 等[35]在试验基础上,将主应力轴旋转转化为一般应力增量分量的变化,通过建立应力增量与应变增量之间的关系,来描述主应力轴旋转所产生的变形。刘元雪等[9-10]建立了能考虑应力增量对塑性应变增量方向的影响及主应力轴旋转影响的广义塑性位势理论,并给出了相应的应力应变关系。

刘元雪等[9-10]认为,主应力轴旋转和应力 Lode 角变化对土体变形的影响都可归结于应力增量的广义剪切分量引起的剪胀与剪切变形[9-10],这是传统塑性力学所无法描述的。现有的本构模型中,塑性应变增量 $d\varepsilon_v^p, d\gamma_q^p$ 由应力增量 dp, dq 表述的方法无法反映 Lode 角增量 $d\theta_\sigma$,主轴旋转增量 $d\theta$(θ 为主应力轴旋转角)对土体应力应变关系的影响,更合理的是写成完全增量表述形式:

$$d\varepsilon_v^p = Adp' + Bdq', \quad d\gamma_q^p = Cdp' + Ddq', \tag{1}$$

其中

$$d\varepsilon_v^p = d\varepsilon_{11}^p + d\varepsilon_{22}^p + d\varepsilon_{33}^p, \tag{2a}$$

$$d\gamma_q^p = \frac{\sqrt{2}}{3} \times$$

$$\sqrt{(d\varepsilon_{11}^p - d\varepsilon_{22}^p)^2 + (d\varepsilon_{22}^p - d\varepsilon_{33}^p)^2 + (d\varepsilon_{11}^p - d\varepsilon_{33}^p)^2 + 6(d\varepsilon_{12}^{p2} + d\varepsilon_{13}^{p2} + d\varepsilon_{23}^{p2})}, \tag{2b}$$

$$dp' = (d\sigma_{11} + d\sigma_{22} + d\sigma_{33})/3, \tag{2c}$$

$$\mathrm{d}q' = \frac{1}{\sqrt{2}} \times$$
$$\sqrt{(\mathrm{d}\sigma_{11}-\mathrm{d}\sigma_{22})^2 + (\mathrm{d}\sigma_{22}-\mathrm{d}\sigma_{33})^2 + (\mathrm{d}\sigma_{11}-\mathrm{d}\sigma_{33})^2 + 6(\mathrm{d}\sigma_{12}^2 + \mathrm{d}\sigma_{23}^2 + \mathrm{d}\sigma_{13}^2)}$$
(2d)

通过矩阵分析,采用应力增量的分量理论,将一般应力增量分解为与应力共轴的3个共轴分量和使应力主轴旋转的3个旋转分量。将考虑主应力轴旋转的广义塑性位势理论分解为两部分[10,20]:一部分与未考虑主应力轴旋转的广义塑性位势理论相同,称作共轴塑性势;一部分采用6个势函数,称作不共轴塑性势。继而,将含主应力轴旋转的问题转化为应力应变共轴问题和纯主应力轴旋转问题。

广义塑性模型,考虑了3个方向的主应力轴旋转,各塑性应变增量的大小与方向均由其对应的屈服面及塑性势面所决定,是对不考虑主应力轴旋转的广义塑性力学的延续与发展。上述建模理论,思路清晰、模型简单、形式规范,可以严格计算应力主轴旋转和应力Lode角变化导致的土体塑性变形,预测结果与试验规律较为一致,易于在有限元程序中实现,值得进一步地研究、推广。

3 结 语

本文总结与分析了考虑主应力轴旋转的土体变形特性及本构模型的研究成果,并对进一步的研究提出了建议。

1) 改进试验仪器,优化试验方法,从更广泛的角度深层次把握主应力轴旋转情况下土体变形的本质特性;系统研究主应力轴旋转条件下各种应力参数,特别是各向异性对土体性状的影响;逐渐形成标准化的试验规程,增强试验对建立本构模型的指导性。

2) 考虑主应力轴旋转的土体本构模型研究,其核心在于从土体变形的本质特性出发,建立推理严密、形式简单、适用方便的本构模型,从根本上把握、刻画主应力轴旋转对土体变形特性的影响。广义塑性模型更适合用来描述考虑主应力轴旋转的土体变形特性,如何进一步完善和推广值得深入研究。

3) 目前关于主应力轴旋转的研究还停留在试验研究与模型建立阶段,亟需建立一套成熟的理论和试验方法。并将其在有限元程序中实现,在现场试验验证的基础上指导相关工程实践。

参考文献(References):

[1] Grabe P J, Clayton C R I. Effects of principal stress rotation on permanent deformation in rail track foundations[J]. *Journal of Geotechnical and Geoenvironmental Engineering*, 2009, **135**(4):555-565.

[2] Bohnhoff M, Grosser H, Dresen G. Strain partitioning and stress rotation at the North Anatolian fault zone from aftershock focal mechanisms of the 1999 Izmit M_w = 7.4 earthquake[J]. *Geophysical Journal International*, 2006, **116**(1):373-385.

[3] 张启辉,赵锡宏. 主应力轴旋转对剪切带形成的影响分析[J]. 岩土力学, 2000, **21**(1):32-35. (ZHANG Qi-hui, ZHAO Xi-hong. An influence on shear band formation of the rotation of principal stress directions[J]. *Rock and Soil Mechanics*, 2000, **21**(1):32-35. (in Chinese))

[4] Diederichs M S, Kaiser P K, Eberhardt E. Damage initiation and propagation in hard rock during tunnelling and the influence of near-face stress rotation[J]. *International Journal of Rock Mechanics &*

Mining Sciences, 2004, **41**(5): 785-812.

[5] 罗强, 王忠涛, 栾茂田, 杨蕴明, 陈培震. 非共轴本构模型在地基承载力数值计算中若干影响因素的探讨[J]. 岩土力学, 2011, **32**(supp 1): 732-737. (LUO Qiang, WANG Zhong-tao, LUAN Mao-tian, YANG Yun-ming, CHEN Pei-zhen. Factors analysis of non-coaxial constitutive model's application to numerical analysis of foundation bearing capacity [J]. *Rock and Soil Mechanics*, 2011, **32**(supp 1): 732-737. (in Chinese))

[6] 姜洪伟, 赵锡宏. 主应力轴旋转对软土塑性变形影响分析[J]. 上海力学, 1997, **18**(2): 140-146. (JIANG Hong-wei, ZHAO Xi-hong. The impact analysis of principal stress rotation on plastic deformation [J]. *Shanghai Mechanics*, 1997, **18**(2): 140-146. (in Chinese))

[7] Symes M T, Gens A, Hight D W. Drained principal stress rotation in saturated sand [J]. *Geotechnique*, 1988, **38**(1): 59-81.

[8] Lade P V. Elasto-plastic behavior of K_0-consonidation clays in torsion shear tests [J]. *Soils and Foundations*, 1989, **29**(2): 127-140.

[9] 刘元雪, 郑颖人. 含主应力轴旋转的土体本构模型研究进展[J]. 力学进展, 2000, **30**(4): 597-604. (LIU Yuan-xue, ZHENG Ying-ren. Research development of the soil constitutive model containing principal stress axes rotation [J]. *Advances in Mechanics*, 2000, **30**(4): 597-604. (in Chinese))

[10] 刘元雪, 郑颖人, 陈正汉. 含主应力轴旋转的土体一般应力应变关系[J]. 应用数学和力学, 1998, **19**(5): 407-413. (LIU Yuan-xue, ZHENG Ying-ren, CHEN Zhen-han. The general stress strain relation of soils involving the rotation of principal stress axes [J]. *Applied Mathematics and Mechanics*(English Edition), 1998, **19**(5): 437-444.)

[11] 沈扬. 考虑主应力方向变化的原状软粘土试验研究[D]. 杭州: 浙江大学, 2007. (SHEN Yang. Experimental study on effect of variation of principal stress orientation on undisturbed soft clay [D]. Hangzhou: Zhejiang University, 2007. (in Chinese))

[12] 童朝霞. 应力主轴循环旋转条件下砂土的变形规律与本构模型研究[D]. 北京: 清华大学, 2008. (TONG Zhao-xia. Research on deformation behavior and constitutive model of sands under cyclic rotation of principal stress axes [D]. Beijing: Tsinghua University, 2008. (in Chinese))

[13] 金丹. 主应力方向旋转变化条件下饱和砂土的动力特性试验研究[D]. 大连: 大连理工大学, 2009. (JIN Dan. Exprimental study on effect of rotation of principal stress orientation on saturated sand [D]. Dalian: Dalian University of Technology, 2009. (in Chinese))

[14] Arthur J R F, Chan K S, Dunstan T. Induced anisotropy in a sand [J]. *Geotechnique*, 1977, **27**(1): 13-30.

[15] Miura K, Miura S, Toki S. Deformation behavior of anisotropic sand under principal stress axes rotation [J]. *Soils and Foundations*, 1986, **26**(1): 36-52.

[16] Nakata Y, Hyodo M. Flow deformation of sands subjected to principal stress rotation [J]. *Soils and Foundations*, 1998, **38**(2): 115-128.

[17] Wijewickreme D, Vaid Y P. Behavior of loose sand under simultaneous increase in stress ratio and principal stress rotation [J]. *Canadian Geotechnical Journal*, 1993, **30**(6): 953-964.

[18] Symes M J, Shibuya S, Hight D W, Gens A. Liquefaction with principal stress rotation [C]//*Proceedings of the 11th International Conference on Soil Mechanics and Foundation Engineering*, Vol 1. San Francisco, 1985: 1919-1922.

[19] Sivathayalan S, Vaid Y P. Influence of generalized initial state and principal stress rotation on the undrained response of sands [J]. *Canadian Geotechnical Journal*, 2002, **39**(1): 63-76.

[20] 郑颖人, 孔亮. 岩土塑性力学[M]. 北京: 中国建筑工业出版社, 2010: 126-142. (ZHENG Ying-ren, KONG Liang. *Geotechnical Plastic Mechanics* [M]. Beijing: China Architecture & Building Press,

2010: 126-142. (in Chinese))

[21] Pastor M, Zienkiewicz O C, Chan A H C. Generalized plasticity and the modelling of soil behaviour [J]. *International Journal for Numerical and Analytical Methods in Geomechanics*, 1990, **14**(3): 151-190.

[22] Gutierrez M, Ishihara K, Towhata I. Model for the deformation of sand during rotation of principal stress directions [J]. *Soils and Foundations*, 1993, **33**(3): 105-117.

[23] Gutierrez M, Ishihara K. Non-coaxiality and energy dissipation in granular materials [J]. *Soils and Foundations*, 2000, **40**(2): 49-59.

[24] Li X S, Dafalias Y F. Constitutive modeling of inherently anisotropic sand behavior [J]. *Geotech Geoenviron Engng*, 2002, **128**(10): 868-880.

[25] YANG Yun-ming, YU Hai-sui. A non-coaxial critical state soil model and its application to simple shear simulations [J]. *International Journal for Numerical and Analytical Methods in Geomechanics*, 2006, **30**(13): 1369-1390.

[26] 周正明. 土坝蓄水期变形特性研究 [D]. 南京: 南京水利科学研究院, 1987. (ZHOU Zheng-ming. Research on deformation characteristics of earth dam during storage period [D]. Nanjing: Nanjing Hydraulic Research Institute, 1987. (in Chinese))

[27] Lizuka A, Yatomi C, Yashima A, Sano I, Ohta H. The effect of stress induced anisotropy on shear band [J]. *Archive of Applied Mechanics*, 1992, **62**(2): 104-114.

[28] Nakai T, Hoshikawa T. Kinematic hardening models for clay in three-dimensional stress [C]//*Proceeding of the 7th International Conference on Computer Methods and Advances in Geomechanics*, Cairns, Australia, 1991, **1**: 655-660.

[29] Nakai T, Matsuoka H. A generalized elastoplastic constitutive model for clay in three-dimensional stress [J]. *Soils and Foundations*, 1986, **26**(3): 81-98.

[30] Lade P V, Inel S. Rotational kinematic hardening model for sand—part I: concept of rotation yield and plastic potential surfaces [J]. *Computers and Geotechnics*, 1997, **21**(3): 183-216.

[31] Li X S, Dafalias Y F. A constitutive framework of anisotropic sand including non-proportional loading [J]. *Geotechnique*, 2004, **54**(1): 41-55.

[32] YANG Yun-ming, YU Hai-sui. A kinematic hardening soil model considering the principal stress rotation [J]. *International Journal for Numerical and Analytical Methods in Geomechanics*, 2012. DOI: 10.1002/nag.2138

[33] Pande G N, Sharma K G. Multi-laminate model of clays—a numerical evaluation of the influence of rotation of the principal stress axes [J]. *International Journal for Numerical and Analytical Methods in Geomechanics*, 1983, **7**(4): 397-418.

[34] Nishimura S, Towhata I. A three-dimensional stress-strain model of sand undergoing cyclic rotation of principal stress axes [J]. *Soils and Foundations*, 2004, **44**(2): 103-116.

[35] Matsuoka H, Sakakibara K. A constitutive model for sands and clays evaluating principal stress rotation [J]. *Soils and Foundations*, 1987, **27**(4): 73-88.

Research Progress of the Soil Constitutive Relation Considering Principal Stress Axes Rotation

DONG Tong[1,2], ZHENG Ying-ren[1,2,3], LIU Yuan-xue[1,2], Abi Erdi[4]

(1. Department of Civil Engineering, Logistical Engineering University of PLA,
Chongqing 401311, P. R. China;
2. Chongqing Key Laboratory of Geomechanics & Geoenvironmental Protection,
Chongqing 401311, P. R. China;
3. Chongqing Engineering and Technology Research Center of Geological Hazard
Prevention and Treatment, Chongqing 400041, P. R. China;
4. Insitute of Rock and Soils, Chinese Academy of Sciences,
Wuhan 430071, P. R. China)

Abstract: The experiments and constitutive models considering principal stress axes rotation were analyzed, and the proposals for further study were offered. Based on different loading conditions, the basic deformation characteristics of soils considering principal stress axes rotation were described systematically and more suggestions were thrown out in terms of pure principal stress axes rotation and coupling principal stress axes rotation. The representative soil constitutive models (bounding surface model, multi-mechanism model, kinematic hardening rotation and generalized plasticity model) were commented systematically. It was concluded that the generalized plasticity model was more suitable for describing deformation characteristics of soils considering principal stress axes rotation. It shows that the major research directions of the soil constitutive relation considering principal stress axes rotation for further study are detecting the essential properties under principal stress axes rotation, building the reasoning strict, simply formed and applicable convenient model, and then guiding the engineering practice based on the achievements.

Key words: soil mechanics; principal stress axes rotation; experimental progress research; constitutive model research; soil mass

地震作用下双排抗滑桩支护边坡振动台试验研究

赖 杰[1,3]，郑颖人[1,2]，刘 云[4]，李秀地[1]，阿比尔的[2,5]

(1. 后勤工程学院军事土木工程系，重庆 400041；2. 重庆市地质灾害防治工程技术研究中心，重庆 400041；3. 岩土力学与地质环境保护重庆市重点试验室，重庆 401311；4. 重庆工业职业技术学院建筑与环境工程系，重庆 401120；5. 中科院武汉岩土力学研究所，湖北 武汉 430071)

摘 要：利用大型振动台试验研究双排抗滑桩支护在地震荷载作用下的抗震性能。通过对比上部锚杆+下部双排桩共同支护与单一桩支护的破坏过程，分析两种情况下坡体的动力响应与破坏机制。试验表明在桩+锚杆共同支护下，桩后边坡坡脚首先发生剪切破坏，当地震动作用增大到一定范围，坡顶出现张拉裂缝，两者贯通时边坡发生越顶破坏；单一桩支护条件下，首先在坡顶出现张拉裂缝，裂缝随着地震动作用增大向下扩展，当同下部剪切滑移带贯通时，边坡失稳破坏。通过坡体裂缝发展过程、位移及加速度监测数据表明，前者的抗震性能显著优于后者；在地震动作用下，边坡破坏是张拉－剪切复合作用的结果。试验研究为双排抗滑桩抗震设计奠定了坚实的基础。

关键词：振动台试验；抗震性能；抗滑桩；张拉－剪切

中图分类号：TU473　　**文献标识码**：A　　**文章编号**：1000－4548(2014)04－0680－07

作者简介：赖 杰(1986－)，男，四川内江人，博士研究生，主要从事岩土稳定性分析和数值模拟方面的工作。E-mail: 513516059@qq.com。

Shaking table tests on double-row anti-slide piles of slopes under earthquakes

LAI Jie[1,3], ZHENG Ying-ren[1,2], LIU Yun[4], LI Xiu-di[1], ABI Erdi[2,5]

(1. Department of Civil Engineering, Logistical Engineering University, Chongqing 400041, China; 2. Chongqing Engineering and Technology Research Center of Geological Hazard Prevention and Treatment, Chongqing 400041, China; 3. Chongqing Key Laboratory of Geomechanics & Geoenvironment Protection, Chongqing 401311, China; 4. Chongqing Industry Polytechnic College, Chongqing 401120, China; 5. Institute of Rock and Soil Mechanics, Chinese Academy of Sciences, Wuhan 430071, China)

Abstract: A large shaking table test is performed to study the seismic performance of a slope with double-row anti-slide piles triggered by seismic load. Different dynamic response characteristics and failure mechanisms are studied by comparing the failure processes of a pile-anchor mixed support system and a single pile support system. The tests show that shear failure first occurs at the slope toe under a pile-anchor mixed support. As the horizontal acceleration increases, tension crack starts to develop at the top of the slope. The overall failure of the slope occurs when a global failure surface is formed, connecting the shear failure at the toe and tension crack at the top. However, tension cracks first appear at the slope top under the single pile support conditions. These cracks extend towards the slope toe as the acceleration increases and eventually lead to the overall slope failure. The experimental observations and data demonstrate that the seismic performance of the former is better than that of the latter. The slope failure is the result of the combined effect of tension and shear. This experimental study has laid a solid foundation for the seismic design of anti-slide piles.

Key words: shaking table test; seismic performance; anti-slide pile; tension and shear

0 引 言

抗滑桩作为一种效果良好的支护手段，已经在边坡治理中得到了广泛的应用。静力方面，张友良等[1]通过研究抗滑桩与滑坡体间的相互作用机理，提出了模拟抗滑桩与滑坡体之间相互作用的新方法——极限平衡法和有限单元法相结合的方法；戴自航[2]依据抗滑桩的模型试验和现场实测试验数据分析结果，针对不同的滑坡体岩土体，提出和推导了相应的滑坡推力和土体抗力分布函数；郑颖人等[3-4]应用有限元强度折减法，提出了单排与多排抗滑桩设计计算及优化方法，指出有限元法考虑了桩－土的相互作用，抗滑桩受力可能处于极限状态，也可能处于非极限状态，在极限

注：本文摘自《岩土工程学报》(2014年第36卷第4期)。

状态下,有限元法与传统极限方法推力计算结果相同,而抗力有限元法计算结果比传统的极限分析法更为合理。动力方面,罗渝等[5]通过数值分析研究了抗滑桩与坡体在地震下的相互作用机制;于玉贞等[6]通过砂土边坡的离心机试验,研究抗滑桩加固边坡的地震响应和桩土之间的动力作用规律;孔纪名等[7]以云南南温碎石滑坡为工程背景,利用物理模型试验研究了不同嵌固深度下抗滑桩的地震变形及受力情况;郑颖人等[8]通过研究指出在地震作用下边坡破坏面已不是单纯的剪切破坏面,而是上面受拉下面受剪的张拉—剪切组合破坏面,提出了时程分析法的修正方法和完全动力分析法,与当前采用的拟静力法和时程分析法相比,可以更好地考虑实际的破坏面与地震的动力效应。目前,国内外学者在抗滑桩抗震领域的研究大多基于理论及数值模拟基础上,其提出的许多结论尚需进一步试验验证,但是针对抗滑桩支护边坡的抗震性能、破坏机制的大型试验较少,特别是双排桩及双排桩+锚杆的动力试验基本属于空白,难以满足实际的需要,因此进行抗滑桩支护抗震性能的试验十分必要。通过大型振动台抗滑桩试验,通过对比观察坡体裂缝发展过程、位移及加速度监测数据研究了上部锚杆+下部双排桩共同支护体系与只有单一抗滑桩在地震动作用下的抗震性能和边坡破坏机制,为抗滑桩抗震设计的研究提供坚实基础。

1 振动台模型试验概况

模型试验在中国地震局工程力学研究所地震模拟开放试验室的三向电液伺服驱动式地震模拟振动台上进行,最大负重30 t,振动台台面尺寸为5 m×5 m,最大位移:X、Y向为100 mm,Z向为50 mm,最大速度:50 cm/s,最大加速度大小:X、Y向为1.5g,Z向为0.7g,正常工作频率范围:0.5～50 Hz。

试验选取密度、尺寸及加速度作为基本物理量,由于试验模型箱的限制,尺寸比选取为20:1,而重力加速度不可改变故而加速度比为1:1,采用重力相似律及量纲分析法[10-11]进行推导,最终得到材料的相似比如表1所示。

表 1 模型主要相似常数

Table 1 Main similarity constant of model

物理量	相似常数	物理量	相似常数
密度	1	加速度	1
力	20^3	剪切波速	$20^{0.5}$
刚度	20^2	时间	$20^{0.5}$
模量	20	频率	$20^{-0.5}$
长度	20	应力	20
应变	1	EI	20^5

试验模拟高度为1.8 m的双排桩支护边坡,坡体由下部基岩、上部滑体及中间的软弱夹层组成,边坡坡面分为两个,紧挨坡顶的坡面标为#2坡,坡角42°,两桩之间的坡面标为#1坡,坡角44°[9],如图1,2所示。试验重点在于得到两种支护结构边坡的破坏模式及抗震性能优劣,由于采用两组试验时难以保证输入的地震波及边界条件完全相同,影响试验结论,故将两模型布置在同一模型箱中在相同荷载条件下进行试验,即只有#2坡左侧才采用锚杆护坡,右侧没有。为减小模型之间存在相互影响,将两者距离布置较远,约为模型箱的一半宽。锚杆竖向间距0.18 m,水平间距 0.125 m,锚杆端头设置在框架梁的节点上,与坡面垂直,共设5排,锚筋为1根直径5 mm HRB335钢筋。由于滑体的薄厚沿坡面不同,为满足锚杆的锚固段长度相同,锚杆总长度为0.4～0.59 m。#1、#2坡脚采用抗滑桩支挡,根据试验的尺寸相似比桩截面定为为0.06 m×0.08 m,桩间距0.25 m,第一排桩长0.35 m,第二排桩长0.65 m。

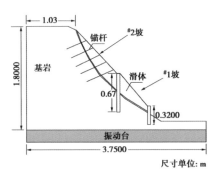

图 1 边坡模型坡面图

Fig. 1 Schematic diagram of slope model test

图 2 制作完毕的模型

Fig. 2 Model slope before experiment

试验相似材料采用标准砂、石膏粉、滑石粉、甘油、水泥、水为基本材料,按照正交设计,最后通过在试验室进行相关试验来确定材料参数,最后选择配合比如表2所示。桩身材料为用AB胶黏结的塑料板而成。值得指出的是由于真实条件下难以找到能同时满足下列所有相似关系的材料,不能考虑原始材料的所有特性，选取的材料侧重于强度相似，材料的密度只是比较接近并不能完全满足，导致重力存在一定的失真，但这并不影响结构抗震性能的研究。

表 2 模型材料配合
Table 2 Mix ratios of model materials

材料	材料配合比/%					
	石英砂	石膏	滑石粉	水泥	水	甘油
软弱夹层	70.5	10	9.1	0	10.2	0.2
上部碎石土	70.5	11.2	7.8	0.05	10.2	0.25
基岩	70.5	12	7	0.13	10.2	0.17

在岩土工程振动台模拟试验中，有层状剪切变形模型箱、普通刚性箱和圆筒型柔性容器箱 3 种形式，试验中采用普通刚性箱的方式进行。由于模型箱边界上的地震波反射以及体系动态的变化将会给试验结果带来一定的影响，即"模型箱效应"[12]。为能较好地消除这种效应所带来的误差，在开始往模型箱垒入试验材料前，在模型箱的四周及下部都贴上厚的软垫层。岩体相似材料通过控制相似密度，放入模型箱后分层碾压，制作完成后模型如图 2 所示，模型总重量 11.7 t。取制作完成的模型试样进行材料参数直剪试验，得到实际相似材料的参数如表 3 所示。

表 3 模型材料物理力学参数
Table 3 Physical-mechanical parameters of model slope

材料	重度 /(kN·m^{-3})	弹性模量 /MPa	泊松比	黏聚力 /kPa	内摩擦角 /(°)	抗拉强度 /kPa
基岩	23.5	53	0.25	30	39	20*
滑体	23	20	0.30	18	33	9*
软弱夹层	22	6	0.33	5	28.5	3*
桩	25	1.18×10^3	0.2*	弹性材料处理		
锚杆	25	1×10^3*	0.2*	弹性材料处理		

注：带*为经验值。

在材料垒入模型箱并进一步压实达到试验要求后，在模型坡面上布置了 12 个加速度计（8 个水平方向和 4 个垂直方向）和 8 个水平位移计，各监测仪器分别布设在两个坡面上，具体布置如图 3，4 所示。

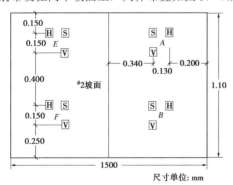

图 3 #2 坡面加速度和位移传感器布置图
Fig. 3 Layout of acceleration and displacement sensors in slope surface

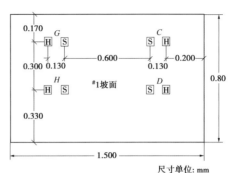

图 4 #1 坡面加速度和位移传感器布置图
Fig. 4 Layout of acceleration and displacement sensors in slope surface

图 3，4 中，H 为水平加速度传感器，V 表竖直加速度传感器，S 为水平位移传感器。加速度计的工作频率 0.1～100 Hz、量程 5g，水平位移传感器记录的是相对于振动台台面的相对位移，分辨率为 0.1 mm。试验选择具有代表性的 Wenchuan Wolong 地震波作为地震响应的激励，输入的双向地震波均取自现场监测数据，其中水平向地震波沿模型坡面方向，据统计资料表明汶川地震时地震动峰值加速度竖向与水平向比值接近 2/3[13]，因此试验竖向加速度峰值按水平向峰值折减 2/3 后加载。为了探讨地震动强度的影响，将每次输入地震波峰值加速度大小进行了调整，从 0.1g 开始逐级施加载，直到 1.0g。将所有的地震波按照时间压缩比为 1∶$\sqrt{20}$ 进行了压缩，压缩后的水平波波形如图 5 所示（竖向与水平向波形接近）。试验开始前先进行白噪声激励的微振试验，初步掌握模型的动力特性及响应规律。各工况信息如表 4 所示。

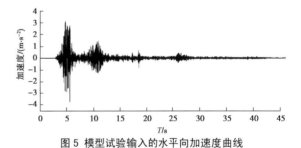

图 5 模型试验输入的水平向加速度曲线
Fig. 5 Input horizontal seismic acceleration-time curve

表 4 输入地震波信息
Table 4 Information of input seismic waves

地震波类型	水平峰值加速度/g	持时/s
Wolong(NE)	0.1, 0.2, 0.3, 0.4, 0.6, 0.7, 0.8, 0.9, 1.0	45.8

2 试验过程现象比较

将通过比较两种支护类型在地震作用下坡体裂缝的发展过程（即边坡的破坏过程），以此来初步探讨相应的破坏机理；通过试验中的位移、加速度监测数据的比较，以此来体现两种支护类型的抗震性能的优劣。

当输入地震波峰值为 0.1g～0.2g 的双向激励时，模型响应并不明显，边坡很稳定，说明在双排抗滑桩支护边坡在基本地震烈度为 8 度[13]的地震动作用下是安全的。当输入波的峰值加速度为 0.3g 时，首先在无锚杆支护侧的坡顶土体开始变得松散，但坡面并没有裂缝产生；当输入的峰值加速度为 0.4g，在上述坡面的坡顶出现了一道细小裂缝，宽度 2～3 mm，长度 45 cm 左右，走向跟坡面的走向一致，而在有锚杆支护侧并没有产生任何裂缝，如图 6 所示。

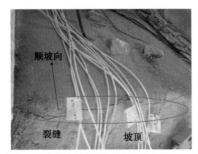

图 6 无锚杆支护侧坡顶破坏状态图(0.4g)

Fig. 6 Failure state on top of slope at no-bolting side after earthquake (0.4g)

当输入地震波峰值为 0.5g 时，靠近坡顶的 #2 坡右侧（无锚杆）的顶部裂缝继续向下扩展，而 #2 坡左侧（锚杆支护）则依然没出现裂缝，试验表明桩+锚杆支护边坡抗震性能要显著优于单一的抗滑桩支护。当峰值为 0.6g 时，在 #2 坡左侧（锚杆支护）坡脚处出现一道裂缝，长度约 30 cm，宽约 2 mm，而在坡顶顶没有裂缝（见图 7）；对于 #2 坡右侧（无锚杆）滑体顺着滑带向下滑移，并且在坡腰又出现一道竖向裂缝（见图 8）。如图 9 所示，当峰值为 0.7g 时，剪切滑移线透过观察窗特别明显，#2 右侧（无锚杆）边坡此时可能已经发生了越顶破坏，但需要对其它监测数据进行进一步论证。

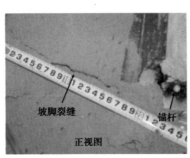

图 7 锚杆支护侧破坏状态图(0.6g)

Fig. 7 Failure state on top of slope at bolting side after earthquake (0.6g)

当输入的峰值为 0.9g 时在 #2 坡左侧的坡顶出现了横向裂缝，宽度约 1～2 mm，即此时锚杆支护侧的坡脚与坡顶均出现了裂缝，边坡体可能发生破坏（见图 10）。当峰值达到 1.0g 时，已有裂缝扩展特别明显，破裂面位置很清晰；基岩也首次出现了细小裂缝（见图 11），倾角约 90°，宽度约 2 mm，跟前面只发生在滑体的浅层裂缝不一样的在于此次产生的是深层裂缝，产生潜在的不稳定因素，它可能诱发更大规模的滑坡。这个试验结果对于揭示四川地区在汶川特大地震后滑坡泥石流等次生灾害频繁发生的原因具有很好的启示作用[14]。

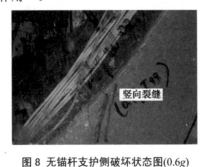

图 8 无锚杆支护侧破坏状态图(0.6g)

Fig. 8 Failure state on top of slope at no-bolting side after earthquake (0.6g)

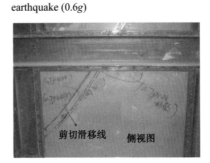

图 9 无锚杆支护侧破坏状态图（0.7g）

Fig. 9 Failure state on top of slope at no-bolting side after earthquake (0.7g)

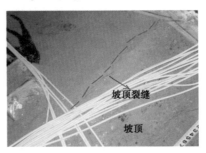

图 10 锚杆支护侧模型坡顶破坏状态图(0.9g)

Fig. 10 Failure state on top of slope at bolting side after earthquake (0.9g)

图 12 为试验完后模型正面破坏状态图，在有锚杆支护一侧坡体比没有一侧累计位移小很多，结构体基本做到了"大震不倒"的要求。当试验完毕后，去除

桩后，滑体沿着软弱夹层处滑下，即与最初假定设想的滑面一致，如图13所示。

图11 地震动后模型侧面破坏状态图(1.0g)

Fig. 11 Final failure state of the slope after earthquake in side view (1.0g)

图12 地震动后模型正面破坏状态图(1.0g)

Fig. 12 Final failure state of slope after earthquake in front view (1.0g)

图13 去除桩后的剩余滑床图(1.0g)

Fig. 13 Sliding bed after pulling piles (1.0g)

3 试验结果分析

3.1 模型边坡坡面加速度响应比较

模型边坡坡面共分两阶，#1和#2坡面分别设置了4个加速度监测点，如图3,4所示，A，B，C，D 4个监测点（试验时A监测点已坏）位于#2坡面，E，F，G，H 4个监测点位于#1坡面，坡面水平地震加速度一定程度上反映了边坡在地震作用下的的动力响应。

从图14可以看出，在无锚杆支护一侧，随着输入地震动峰值的增大，坡面的加速度响应越明显，且监测点的位置越高响应就越大，放大效应越明显。

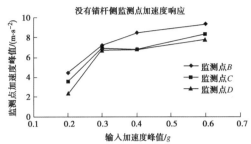

图14 无锚杆支护侧监测点水平峰值加速度响应

Fig. 14 Horizontal acceleration response at monitoring points at no bolting side

图15显示的是在有锚杆支护侧的监测点水平峰值加速度响应情况，也是随着地震动的增加，响应越明显，坡面的加速度响应越明显，且监测点的位置越高响应就越大。同无锚杆支护侧相比，在同一高度的监测点，后者的放大效应要小于前者（如F点与B点，C点与G点）。

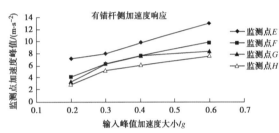

图15 锚杆支护侧监测点水平峰值加速度响应

Fig. 15 Horizontal acceleration response at monitoring points at bolting side

图14,15表明，同一高度的监测点响应的差异并不明显，而且实际输入的地震波与准备工况要求的地震幅值有一定的差别，也不便于互相比较，将监测点响应水平地震波的峰值与实际输入的水平地震波的峰值之比定义为水平加速度PGA放大系数，统计见表5。

表5 各工况下监测点水平PGA放大系数

Table 5 Acceleration amplification at key points under different conditions

输入地震波	监测点PGA放大系数						
	B	C	D	E	F	G	H
0.2g	2.23	1.73	1.22	3.6	2.05	1.7	1.49
0.3g	2.4	2.33	2.27	2.64	2.067	2.117	1.747
0.4g	2.11	1.70	1.68	2.46	1.885	1.61	1.52
0.6g	1.56	1.39	1.30	2.165	1.631	1.38	1.286

从表5可以看出，随着输入地震波输入不同幅值时，各监测点PGA放大系数不同，在输入同种地震波情况下，有锚杆支护一侧比另一侧要小9.1%～23.1%（个别点除外）。通过对比可以得到，锚杆+抗滑桩共同支护在地震动中起到了更好的抗震效果。

3.2 模型边坡坡面位移响应比较

位移监测点位置同加速度监测点位置相同，即#2、

#1坡面分别设置了4个位移监测点 $A\sim H$（图3，4所示），位移测量值为相对于边坡基岩的相对位移。要特别说明的是，振动台试验输入地震波顺序是按照振幅由小到大，逐级输入，故各工况的位移应该是累计值。如图16所示，A 监测点在 $0.6g$ Wenchuan Wolong（NE）作用下（初始时刻位移已调零），在输入地震波峰值时刻附近（图5），位移的动力响应很明显，达到了最大值。随着地震波主能量段的过去，边坡体发生了部分弹性回弹，留下少许永久位移，该位移将会累计到下一段工况中去。

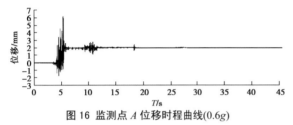

图 16 监测点 A 位移时程曲线(0.6g)

Fig. 16 Displacement time history curve at monitoring points

为了消除上一工况的永久位移对下一试验的影响，将各工程初始时刻监测点位移归零后得到水平峰值相对位移，如图17，18所示（E 监测点已坏）。从两图中比较可知，有锚杆支护一侧监测点的相对峰值位移比没有锚杆支护侧要小 8%～22.9%。

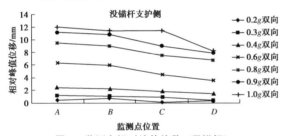

图 17 监测点相对峰值位移（无锚杆）

Fig. 17 Displacement peak values at monitoring points (at no-bolting side)

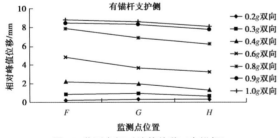

图 18 监测点相对峰值位移（有锚杆）

Fig. 18 Displacement peak values at monitoring points (at bolting side)

将两种支护条件下各监测点在地震动下的累计位移表示见图19，20。比较发现，有锚杆支护侧比无锚杆支护侧的累计位移要小累计永久相对位移要小 14.2%～42.3%，前者能够显著地改善边坡体的抗震性能。

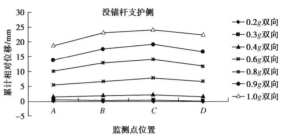

图 19 监测点累计相对位移（无锚杆）

Fig. 19 Displacement accumulated values at monitoring points (at no-bolting side)

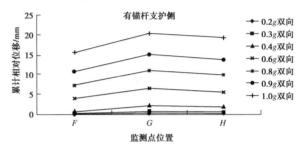

图 20 监测点累计相对位移（有锚杆）

Fig. 20 Displacement accumulated values at monitoring points (at no-bolting side)

4 结 论

基于锚杆—抗滑桩混合支护与只有抗滑桩单一支护形式的振动台对比试验开展了双排抗滑桩的抗震性能研究，主要论证了以下结论：

（1）对于单一的抗滑桩支护边坡而言，由于岩土体的抗拉强度比较低，岩土体很易发生张拉破坏，又加速度响应随着高度的增加有放大效应[15]，在坡顶这种效应往往最明显，因没有锚杆抵抗地震动这种往复荷载的张拉作用，因此坡体一般先在坡顶先产生张拉裂缝（本试验 $0.4g$）。当地震动作用继续增大，拉裂缝向下发展，同时坡体坡腰、坡脚发生剪切滑移，从试验现场通过观察窗可以看到滑体沿着软弱夹层产生明显的划痕，即坡体中下部发生的是剪切破坏，当裂缝贯通时，边坡发生整体破坏。

（2）对于桩+锚杆共同支护的边坡而言，由于有锚杆的抵抗地震拉应力的作用，坡体一般先在坡脚处先产生剪切滑移裂缝（本试验 $0.6g$）。随着地震动作用继续增大，坡顶出现张拉裂缝，剪切滑移裂缝沿着坡体向上发展直到和坡顶的张拉裂缝贯通时,边坡发生整体破坏。

（3）通过对比试验进一步的论证了在地震动作用下边坡的破坏机制是由边坡潜在破裂区上部拉破坏与下部剪切破坏共同组成，而不是单一的剪切滑移破坏[3]。

（4）从试验现象、加速度放大效应系数、相对峰值位、累积位移的对比都可以看出桩—锚杆混合支护下的边坡抗震性能明显优于单一的抗滑桩支护边坡，能够基本做到结构体"大震不倒"的要求。

（5）在罕见的地震动（本试验 1.0g）作用下，可能会导致裂缝向深层（本试验为基岩）发展，引起整个结构体的稳定性下降，当遭遇暴雨等不利条件时，可能诱发更大规模的滑坡，这也是四川地区在汶川地震后滑坡泥石流等次生灾害频繁的一个重要原因。

参考文献：

[1] 张友良, 冯夏庭, 范建海, 等. 抗滑桩与滑坡体相互作用的研究[J]. 岩石力学与工程学报, 2002, 21(6): 839–842. (ZHANG You-liang, FENG Xia-ting, FAN Jian-hai, et al. Study on the interaction between landslide and passive piles[J]. Chinese Journal of Rock Mechanics and Engineering, 2002, 21(6): 839–842. (in Chinese))

[2] 戴自航. 抗滑桩滑坡推力和桩前滑体抗力分布规律的研究[J]. 岩石力学与工程学报, 2002, 21(4): 517–521. (DAI Zi-hang. Study on distribution laws of landslide-thrust and resistance of sliding mass acting on antislide piles[J]. Chinese Journal of Rock Mechanics and Engineering, 2002, 21(4): 517–521. (in Chinese))

[3] 唐芬, 郑颖人, 杨波. 双排抗滑桩的推力分担及优化设计[J]. 岩石力学与工程学报, 2010, 29(1): 3162–3168. (TANG Fen, ZHENG Ying-ren, YANG Bo. Thrust share ratios and optimization design for two-row-anti-slide piles[J]. Chinese Journal of Rock Mechanics and Engineering, 2010, 29(1): 3162–3168. (in Chinese))

[4] 赵尚毅, 郑颖人, 李安洪, 等. 多排埋入式抗滑桩在武隆县政府滑坡中的应用[J]. 岩土力学, 2010, 30(1): 160–164. (ZHAO Shang-yi, ZHENG Ying-ren, LI An-hong, et al. Application of multi-row embedded anti-slide piles to landslide of Wulong county government[J]. Rock and Soil Mechanics, 2010, 30(1): 160–164. (in Chinese))

[5] 罗渝, 何思明, 何尽川. 地震作用下抗滑桩作用机制研究[J]. 长江科学院学报, 2010, 27(6): 26–29. (LUO Yu, HE Si-ming, HE Jin-chuan. Study on interaction between slope and stabilizing pile under seism loading[J]. Journal of Yangtze River Scientific Research Institute, 2010, 27(6): 26–29. (in Chinese))

[6] 于玉贞, 邓丽军. 抗滑桩加固边坡地震响应离心模型试验[J]. 岩土工程学报, 2007, 29(9): 1320–1323. (YU Yu-zhen, DENG Li-jun. Centrifuge modeling of seismic behavior of slopes reinforced by stabilizing pile[J]. Chinese Journal of Geotechnical Engineering, 2007, 29(9): 1320–1323. (in Chinese))

[7] 孔纪名, 孙峰, 陈泽富, 等. 地震荷载作用下抗滑桩嵌固深度的研究[J]. 四川大学学报(工程科学版), 2012, 44(增刊2): 126–131. (KONG Ji-ming, SUN Feng, CHEN Ze-fu, et al. Reasearch on the embedded depth of anti-slide piles reinforced subjected to earthquake load[J]. Journal of Sichuan University (Engineering Science Edition), 2012, 44(S2): 126–131. (in Chinese))

[8] 郑颖人, 叶海林, 黄润秋. 地震边坡破坏机制及其破裂面的分析探讨[J]. 岩石力学与工程学报, 2009, 28(8): 1714–1723. (ZHENG Ying-ren, YE Hai-lin, HUANG Run-qiu. Analysis and discussion of failure mechanism and fracture surface of slope under earthquake[J]. Chinese Journal of Rock Mechanics and Engineering, 2009, 28(8): 1714–1723. (in Chinese))

[9] 中铁二院工程集团有限责任公司地质勘察分院. 河双线特大桥工程地质勘察报告[R]. 成都: 中铁二院工程集团有限责任公司, 2011. (Investigation Branch Courts of China Railway Eeyuan Engineering Group Co., Ltd. Investigation reports of Heihe double-line bridge[R]. Chengdu: China Railway Eeyuan Engineering Group Co., Ltd, 2001. (in Chinese))

[10] IAI Susumu. Similitude for shaking table tests on soil-structurefluid model in 1-g gravitational field[J]. Soils and Foundations, 1989, 29(1): 105–118. (in Chinese))

[11] MEYMAND Philip J. Shaking table scale model tests of nonlinear soil-pile-superstructure interaction in soft clay[D]. California: U C Berkeley. 1998.

[12] CHEN Yue-qing, LU Xi-lin, HUANG Wei. Simulaton method of soil boundary condition in shaking table tests of soil structure interaction[J]. Structural Engineers, 2000(3): 25–30. (in Chinese)

[13] 罗永红. 地震作用下复杂斜坡响应规律研究[D]. 成都: 成都理工大学, 2011. (LUO Yong-hong. Study on complex slopes response law under earthquake action[D]. Chengdu: Chengdu University of Technology, 2011. (in Chinese))

[14] 周德培, 张建经, 汤涌. 汶川地震中道路边坡工程震害分析[J]. 岩石力学与工程学报, 2010, 29(3): 565–576. ZHOU De-pei, ZHANG Jian-jing, TANG Yong. Seismic damage analysis of road slopes in Wenchuan Earthquake[J]. Chinese Journal of Rock Mechanics and Engineering, 2010, 29(3): 565–576. (in Chinese))

[15] SERGIO A Sepu´lveda, WILLIAM Murphy, RANDALL W Jibson, et al. Seismically induced rock slope failures resulting from topographic amplification of strong ground motions: the case of Pacoima Canyon, California[J]. Engineering Geology, 2005, 80: 336–348.

基于颗粒流原理的岩石类材料细观参数的试验研究

丛 宇[1,2]，王在泉[3]，郑颖人[2]，冯夏庭[1]

(1. 中国科学院武汉岩土力学研究所，湖北 武汉 430071；2. 后勤工程学院建筑工程系，重庆 400041；
3. 青岛理工大学理学院，山东 青岛 266033)

摘 要：材料的宏观力学特征与细观参数密切相关，基于颗粒流原理探究两者间的定量相关性，结合大理岩室内加、卸荷试验确定适用于岩石类材料（如大理岩）的细观参数，为细观分析岩石类材料卸荷破坏机理提供依据。结果表明：①平行黏结弹性模量是宏观弹性模量的主要控制因素，两者之间呈线性关系；泊松比与黏结弹性模量间呈多项式关系。材料弹性模量与泊松比的调试应以颗粒黏结弹性模量与平行黏结弹性模量作为主要对象。②平行黏结切向强度均值与平行黏结法向强度均值共同作用改变材料的应力－应变曲线，平行黏结法向强度均值与峰值应力间呈多项式关系；平行黏结切向强度均值与峰值应力间呈对数关系。③颗粒法向强度与切向强度之间的相对关系是裂纹分布多样化的本质原因：平行黏结法向（切向）强度均值与其标准差的比值在 1 附近时，岩样共轭破坏，比值增大或减小均会引起模型破坏面向剪切转变，同时平行黏结切向强度均值或其标准差增大会改变贯通性主破坏面的方向。④摩擦因数增加，岩样次生破坏面减少，但不会改变破坏面的方向。⑤大理岩室内试验的宏观力学特征表明通过正交设计试验可以得到基本合理的细观参数。

关键词：颗粒流；细观参数；正交设计；拉破坏；PFC

中图分类号：TU45　　　**文献标识码**：A　　　**文章编号**：1000－4548(2015)06－1031－10

作者简介：丛　宇(1984－)，男，山东威海人，在站博士后，研究方向为岩石力学及地下工程稳定性方面。E-mail: cuncin@163.com。

Experimental study on microscopic parameters of brittle materials based on particle flow theory

CONG Yu[1,2], WANG Zai-quan[3], ZHENG Ying-ren[2], FENG Xia-ting[1]

(1. Institute of Rock and Soil Mechanics, Chinese Academy of Sciences, Wuhan 430071, China; 2. Department of Civil Engineering, Logistical Engineering University, Chongqing 400041, China; 3. School of Science, Qingdao Technological University, Qingdao 266033, China)

Abstract: The macroscopic mechanical properties of materials are closely related to their microscopic parameters. The quantitative correlation between them is explored based on the theory of particle flow code. The microscopic parameters are confirmed through laboratory tests on marble under loading and unloading, which are suitable for brittle materials (such as marble), so as to provide the foundation for microscopic analysis of the unloading failure mechanism of brittle materials. The results show that: (1) Young's modulus of parallel-bond is the main controlling factor of macroscopic Young's modulus, and there is a linear relationship between them. Poisson's ratio is the polynomial function of Young's modulus of bond. The main objects of debugging materials of Young's modulus and Poisson's ratio are Young's modulis of parallel-bond and contact. (2) The joint action between the mean parallel-bond normal strength and shear strength influences the stress-strain curve of materials, and the mean parallel-bond normal strength is the polynomial function of the peak stress. The relationship between the mean parallel-bond shear strength and the peak stress is a log function one. (3) The essential reason for diversity of crack distribution is the relative relationship between normal strength and shear strength of particles: the failure type is conjugate damage when the ratio of the mean value of parallel-bond normal (shear) strength to the standard deviation is around 1; increase or decrease of the ratio causes the change from conjugate to shear damage, and increase of the mean value or standard deviation of parallel-bond shear strength causes the change of the direction of main failure surface. (4) The secondary failure surface of samples decreases with the increase of friction coefficient, however, the direction of failure surface will not change.

(5) The macroscopic mechanical properties of marble tests show that the basic reasonable microscopic parameters can be obtained through orthogonal tests.

Key words: particle flow; microscopic parameter; orthogonal test; tension shear failure; PFC

0 引　言

岩石类材料破坏机理研究对力学理论、地下工程施工与地质灾害治理等方面都有非常重要的意义。基于非连续介质理论将岩石类材料离散成刚性颗粒组成的计算模型，运用数值试验手段的离散单元法从细观角度研究成为解决岩石类介质破坏机理的重要突破点[1]。许多学者对此均作了有意义的探索：岩石损伤[2-3]、卸荷冲击模型[4-6]、节理岩体破坏机制[7-11]等方面。上述研究突破了传统的连续介质力学研究材料力学行为的限制，但材料的细观与宏观力学特性并不是一一对应的，力学参数的合理确定一直是岩土工程研究的难点。颗粒间复杂多样的联接形式，造就了岩土体复杂的物理力学性质和宏观力学响应，由于当前测试技术的限制，岩土材料颗粒间的力学参数无法通过室内或现场试验准确测定；而通过预先设定参数、模型以及力学行为等的数值计算手段，成为重要的研究方向。

国外学者[12-13]建立了黏性颗粒材料微观参数和宏观参数之间的定性关系。徐金明等[14]将石灰岩离散成刚性颗粒组成的模型，详细介绍了细观参数的含义。尹成薇等[15]基于颗粒流原理展开对砂土材料抗剪强度指标的宏—细观参数相关性研究；赵国彦等[16]、徐小敏等[17]利用数值分析的方法对平行黏结模型中部分细观参数（如颗粒半径比、颗粒刚度比等）对宏观变形参数的影响进行了研究；尹小涛等[18]、陈建峰[19]、周博等[20]利用单轴压缩或双轴数值试验展开颗粒间黏结强度与内摩擦角的研究；刘新荣等[21]建立岩石强度参数与岩石断裂韧度关系的理论模型。

综上所述，岩土材料的宏细观参数力学响应规律值得探索，而由于室内试验和数值试验等研究方法、手段的限制，现有的相关研究成果多偏重于砂土类材料、偏重于定性研究，不多的岩石类材料定量研究侧重于颗粒黏结模型的某一方面，相应理论、概念还需要进一步的完善，因此本文建立离散元数值模型，从宏观力学特征（包括变形参数、应力-应变曲线以及破坏形式等）出发，以期得到岩土材料宏细观参数间的定量关系；同时结合大理岩室内三轴加、卸荷试验，尝试设计正交试验方案，提出适用于岩石类材料（如大理岩）力学分析的细观参数并验证，为卸荷破坏机理的细观分析提供依据。

1 试验方案

1.1 数值试验

数值试验在基于颗粒流计算理论的离散元软件 PFC^{2D} 上完成。为了能较好地反映类岩石材料的力学特征，颗粒间的接触本构采用平行黏结模型。

数值模型长 100 mm，宽 50 mm，通过建立"墙"，从而确定模型的边界。预先设定颗粒的最小半径 0.3 mm 与最大最小颗粒半径比 1.66，颗粒会在最大半径与最小半径之间随机生成，并通过半径扩大法来调整模型内的颗粒分布，如图 1。

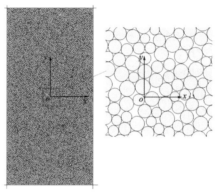

图 1 数值模型图

Fig. 1 Graph of numerical simulation

利用内嵌 Fish 语言通过伺服调节法控制模型的"墙体"运动，从而实现单轴和三轴的数值模拟试验。数值模型初始细观参数：颗粒-颗粒接触模量 E_c 为 20 GPa，颗粒刚度比 k_n/k_s 为 10，平行黏结弹性模量 $\bar{E}_c$ 为 20 GPa，平行黏结刚度比 $\bar{k}_n/\bar{k}_s$ 为 10，颗粒摩擦系数 μ 为 0.4，平行黏结半径乘子 $\bar{\lambda}$ 为 1，平行黏结法向强度均值 $\bar{\sigma}_c$ 为 60 MPa，平行黏结法向强度标准值 $\bar{\sigma}_{cs}$ 为 16 MPa，平行黏结切向强度均值 $\bar{\tau}_c$ 为 65 MPa，平行黏结切向强度标准差 $\bar{\tau}_{cs}$ 为 16 MPa。

1.2 室内试验取样

室内试验在 MTS815.02 型电液伺服岩石力学试验机上完成。试验用岩样同批次取自河南驻马店侵入岩体接触变质带上的大理岩，主要化学成分为 $CaCO_3$，质地细腻光滑，呈浅红色，颗粒细小均匀，粒径一般在 0.05～0.20 mm。按照工程岩体试验方法标准，在实验室内将大理岩岩样加工成直径 50 mm，高 100 mm 的圆柱体，并对试样两端面进行仔细研磨，不平行度为±0.3%，如图 2 所示。

1.3 方案设计

岩石材料宏观力学特征的变化，伴随着材料的细观破坏，探究岩石材料的宏观力学响应，就要弄清相应细观参数的演化规律,因此从表征宏观力学特性的弹性模量、泊松比、应力 - 应变曲线以及破坏形式等因素出发,结合颗粒连接参数,通过细观参数的变化展开对岩石材料宏观力学特性影响的研究,探讨岩石材料宏细观参数间的定量关系。Cundall[22]、赵国彦等[16]通过平行黏结模型的设定来模拟岩石的力学行为,建立了宏细观参数间的定性计算公式:

$$\begin{cases} E = E_c \phi_E \left(\dfrac{k_s}{k_n}, \dfrac{L}{R}, \dfrac{R_{\max}}{R_{\min}} \right), \\ \nu = \phi_\nu \left(\dfrac{k_s}{k_n}, \dfrac{L}{R}, \dfrac{R_{\max}}{R_{\min}} \right), \\ \sigma_c = \sigma_{b,m} \phi_c \left(\dfrac{E_c}{\sigma_{b,m}}, \dfrac{\tau_{b,m}}{\sigma_{b,m}}, \mu, \dfrac{k_s}{k_n}, \dfrac{L}{R}, \dfrac{R_{\max}}{R_{\min}} \right). \end{cases} \quad (1)$$

式中 E 为模型弹性模量;ν 为模型泊松比;σ_c 为模型抗压强度;ϕ_E,ϕ_ν,ϕ_c 分别为弹性模量、泊松比与抗压强度的函数;$\sigma_{b,m}$,$\tau_{b,m}$ 为黏结法向与切向应力;L 为模型高度;$R_{\max}/R_{\min}$ 为模型颗粒最大与最小半径比。本文结合现有研究成果及课题组对 PFC 的使用经验,对上述公式进行修改,进一步展开分析细观参数对宏观参数的影响,具体见 2.1~2.4 节对应的细观参数分析部分。

图 2 试验岩样

Fig. 2 Test samples

在宏细观参数相关性分析的基础上,尝试设计正交设计方案,将室内试验与数值试验相结合,通过室内试验得到大理岩的真实宏观参数,与模型数值模拟预计得到的宏观参数相对照,从而适用于岩石类材料的细观参数。室内试验的具体路径如下:

(1)常规三轴试验:按静水压力条件施加围压至设定值(10,20,30,40 MPa);保持围压不变,以位移速度 0.003 mm/s 施加轴向应力至岩样破坏。

(2)加轴压、卸围压试验:按静水压力条件施加围压至设定值(10,20,30,40 MPa);保持围压不变,逐步提高轴向应力至岩样破坏峰值强度前 80%处;0.003 mm/s 逐步增加轴向应力的同时,0.002 mm/s 逐步卸围压直至试样破坏。

2 宏细观参数间定量关系探讨

2.1 细观参数对变形参数的影响

从宏观角度来看,弹性模量和泊松比是描述研究对象抵抗弹性变形能力的尺度,可以衡量对象产生弹性变形的难易程度;从微观角度看,凡是影响键合强度的因素均会影响到弹性模量和泊松比。根据课题组经验及相关研究成果[23-24],初步得出 E_c,$\overline{E}_c$,k_n/k_s,$\overline{k}_n/\overline{k}_s$,$\overline{\lambda}$ 等细观参数对变形参数产生影响,因此可将式(1)修改为

$$\begin{cases} E = \phi_E \left(\dfrac{k_n}{k_s}, \dfrac{\overline{k}_s}{\overline{k}_n}, \overline{\lambda}, \overline{E}_c, E_c \right), \\ \nu = \phi_\nu \left(\dfrac{k_n}{k_s}, \dfrac{\overline{k}_s}{\overline{k}_n}, \overline{\lambda}, \overline{E}_c, E_c \right). \end{cases} \quad (2)$$

假定 1.1 节中的参数值为初始参数值,分别改变某一个参数而不改变其余参数,比较参数变化对材料宏观力学特征的影响。结果如图 3。

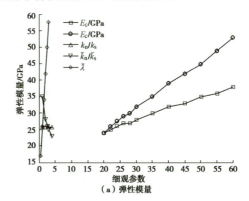

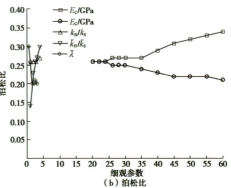

图 3 细观参数与材料变形强度的关系

Fig. 3 Relationship between microparameters and strength of deformation

图 3 中给出细观参数改变引起材料变形强度的变化规律。颗粒与颗粒间的接触模量 E_c 在 26~45 GPa 间变化时,模型宏观弹性模量增长速率呈相对减小—相对增大—相对减小的规律,总体呈线性增加;模型

泊松比可以分为 4 个阶段：$E_c \leq 24$ GPa 时基本保持 0.26 不变；24 GPa$<E_c \leq 35$ GPa 时保持 0.27 不变；35 GPa$<E_c$ 后线性增加，但 $E_c=45$ GPa 时增长速率降低。当 E_c 由 20 GPa 变为 60 GPa 增加 3 倍时，模型的宏观弹性模量从 24 GPa 变化到 38 GPa，增大 1.583 倍；泊松比从 0.26 增大到 0.34，增大 1.308 倍。

当平行黏结弹性模量 $\bar{E}_c$ 同样增大 3 倍时，模型的宏观弹性模量基本呈线性增大，速率高于 E_c 对弹性模量的影响；泊松比则基本呈梯度减小，$\bar{E}_c<45$ GPa 时的减小规律基本与 E_c 对泊松比的增大影响呈对称形，45 GPa$\leq \bar{E}_c \leq 55$ GPa 时则基本保持 0.22 不变，55 GPa$<\bar{E}_c$ 时则减小。从量值看，弹性模量从 24 GPa 变化到 53 GPa，增大 2.208 倍；泊松比反而减小，从 0.26 减小到 0.21，降低 0.808 倍。

当颗粒刚度比 k_n/k_s 逐渐增大初期时，宏观弹性模量与泊松比基本保持不变，分别为 26 GPa，0.26，比值增加到 4 倍时，才变化为 25.6 GPa，0.27。

当平行黏结刚度比 $\bar{k}_n/\bar{k}_s$ 增大 4 倍，弹性模量呈幂函数的形式减小，从 35 GPa 减小到 23 GPa，减小了 0.66 倍；而泊松比则呈指数函数的形式增大，从 0.14 增大到 0.30，增大了 2.14 倍。

当平行黏结半径乘子 $\bar{\lambda}$ 从 0.5 增大到 3.0 时，弹性模量线性增大，增大了 3.39 倍；而 $\bar{\lambda}$ 增大到 1.5 时，泊松比由 0.3 减小到 0.2，之后 $\bar{\lambda}$ 的增长并不会引起泊松比的明显变化，只是在 0.2 附近跳动。

总体来说，k_n/k_s 变化不对模型的弹性模量产生影响；$\bar{k}_n/\bar{k}_s$ 增加会引起弹性模量的降低，而 E_c，$\bar{E}_c$ 及 $\bar{\lambda}$ 增加会引起模型弹性模量的明显增长，但其中 $\bar{k}_n/\bar{k}_s$ 与 $\bar{\lambda}$ 的轻微变化会引起弹性模量过于明显的波动。

同样，k_n/k_s 变化基本不对模型的泊松比产生影响；$\bar{k}_n/\bar{k}_s$ 与 E_c 增加会引起泊松比的增加，而 $\bar{E}_c$ 以及 $\bar{\lambda}$ 增加会引起泊松比的明显减小，但其中 $\bar{k}_n/\bar{k}_s$ 与 $\bar{\lambda}$ 的轻微变化会引起泊松比过于明显的波动。综合考虑，弹性模量与泊松比调试过程中建议 $\bar{\lambda}$ 不要轻易变化，可取固定值 1；$\bar{k}_n/\bar{k}_s$ 需要变化时，尽量采用 0.01 作为变化的量值；以 E_c 与 $\bar{E}_c$ 作为主要的调试对象。

E_c 和 $\bar{E}_c$ 对宏观弹性模量的影响满足

$$E = 0.7028(\bar{E}_c) + 10.48 \quad (R^2 = 0.9987), \quad (3a)$$
$$E = 0.34(E_c) + 17.72 \quad (R^2 = 0.993) 。\quad (3b)$$

E_c 和 $\bar{E}_c$ 对泊松比的影响满足：

$$\nu = -6 \cdot 10^{-10}(\bar{E}_c)^6 + 10^{-7}(\bar{E}_c)^5 - 10^{-5}(\bar{E}_c)^4 - 0.014(\bar{E}_c)^2 + 0.189(\bar{E}_c) - 0.768 \quad (R^2 = 0.99), \quad (4a)$$

$$\nu = 10^{-9}(E_c)^6 - 3 \cdot 10^{-7}(E_c)^5 - 2 \cdot 10^{-5}(E_c)^4 - 0.001(E_c)^3 + 0.027(E_c)^2 - 0.357(E_c) + 2.127 \quad (R^2 = 0.991)。\quad (4b)$$

2.2 细观参数对应力-应变关系的影响

峰值应力为模型应力-应变曲线的主要特征之一。根据课题组经验及相关研究成果[21-22]，讨论 E_c，$\bar{E}_c$，k_n/k_s，$\bar{k}_n/\bar{k}_s$，$\bar{\lambda}$，$\bar{\sigma}_c$ 与 $\bar{\tau}_c$ 等参数对模型峰值应力的影响。对式（1）修改为

$$\sigma_{\max} = \sigma_{b,m}\phi_c\left(E_c, \bar{E}_c, \frac{k_s}{k_n}, \frac{\bar{k}_s}{\bar{k}_n}, \bar{\lambda}, \bar{\sigma}_c, \bar{\tau}_c\right)。 \quad (5)$$

由于不同细观参数的影响程度不同，放在同一量级中分析可能会掩盖部分有效的信息，因此部分细观参数单独进行分析，如图 4。

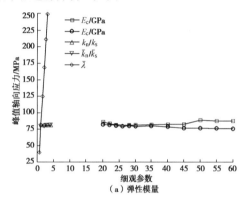

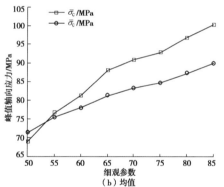

图 4 细观参数与峰值轴向应力的关系

Fig. 4 Relationship between mean value and peak of axial stress

图 4（a）中部分细观参数变化对模型峰值轴向应力的影响表明：E_c，$\bar{E}_c$ 及 $\bar{\lambda}$ 增加会引起模型峰值轴向应力的明显变化：E_c 与 $\bar{E}_c$ 增加到 3 倍时，峰值轴向应力分别增加 7 MPa 与减小 7 MPa 左右，而 $\bar{\lambda}$ 的轻微增长引起峰值轴向应力突变式的增长。k_n/k_s 与 $\bar{k}_n/\bar{k}_s$ 基本不影响模型的峰值轴向应力。

图 4（b）为均值细观参数对峰值应力的影响：$\bar{\sigma}_c$ 增加，模型的峰值轴向应力基本呈分段式增加，55，65，75 MPa 可以作为增长曲线的拐点；平行黏结切向强度均值 $\bar{\tau}_c$ 增加，峰值应力基本呈线性增加，在 65 MPa 时有轻微的波动，不影响总体的增加趋势。从量值看，当 $\bar{\sigma}_c$ 与 $\bar{\tau}_c$ 分别从 50 MPa 增大到 85 MPa 时，

峰值应力分别增加 1.45 倍和 1.26 倍。

总体来看，E_c、$\bar{E}_c$ 对峰值轴向应力的影响过小，而 $\bar{\lambda}$ 对峰值轴向应力的影响则过大，因此建议通过调整 $\bar{\sigma}_c$ 与 $\bar{\tau}_c$ 达到对应力-应变曲线峰值的调整：平行黏结法向强度均值 $\bar{\sigma}_c$ 对峰值应力的影响满足

$$\sigma_{max} = -0.0139\bar{\sigma}_c^2 + 2.7321\bar{\sigma}_c - 32.052$$
$$(R^2 = 0.9914) \quad 。 \tag{6}$$

平行黏结切向强度均值 $\bar{\tau}_c$ 对峰值应力的影响满足

$$\sigma_{max} = 33.274\ln\bar{\tau}_c - 58.166 \quad (R^2 = 0.9949) 。 \tag{7}$$

2.3 细观参数对破坏形式的影响

岩石的微裂隙、自身强度、外部的应力环境等都会影响到试样的破坏形式，而在数值模拟中，试样模拟变得相对理想化，根据前文的结果：峰值应力的调整主要依据 $\bar{\sigma}_c$ 与 $\bar{\tau}_c$，因此研究破坏形式主要考虑平行黏结法向（切向）强度均值与其标准差的比值 $\bar{\sigma}_c/\bar{\sigma}_{cs}$（$\bar{\tau}_c/\bar{\tau}_{cs}$）、平行黏结法向强度均值与切向强度均值的比值 $\bar{\sigma}_c/\bar{\tau}_c$ 和平行黏结法向强度标准差与切向强度标准差的比值 $\bar{\sigma}_{cs}/\bar{\tau}_{cs}$ 的影响，通过不同的组合系统地研究细观参数变化对岩样破坏形式的影响。下文裂纹分布图中黄色区域表示压剪破坏产生的裂纹，而黑色区域表示拉破坏产生的裂纹。

（1）$\bar{\sigma}_c/\bar{\tau}_c$

保持比值 $\bar{\sigma}_c/\bar{\sigma}_{cs}$（$\bar{\tau}_c/\bar{\tau}_{cs}$）不变，保持比值 $\bar{\sigma}_{cs}/\bar{\tau}_{cs}$ 为 16/17.33，同时减小比值 $\bar{\sigma}_c/\bar{\tau}_c$ 时岩样的裂纹分布如图 5 所示。

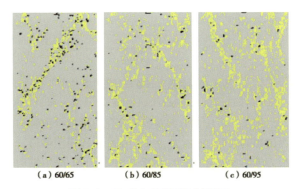

图 5 $\bar{\sigma}_c/\bar{\tau}_c$ 减小对破坏形式的影响

Fig. 5 Influence of decreasing $\bar{\sigma}_c/\bar{\tau}_c$ on failure modes

裂纹分布图 5 表明：$\bar{\sigma}_c/\bar{\tau}_c=60/65$ 时岩样裂纹分布呈现出明显的剪切破坏形式，压剪破坏产生的裂纹形成主贯通破坏面，拉破坏产生的裂纹在主贯通破坏面附近分布密度明显高于岩样其余部位。除主贯通破坏面外，压剪破坏产生的裂纹主要分布在岩样模型的对角附近。

$\bar{\tau}_c$ 增加进而使 $\bar{\sigma}_c/\bar{\tau}_c$ 比值减小，岩样内部的裂纹仍然以压剪破坏产生的裂纹为主，但裂纹的分布出现明显的变化：贯通破坏面的方向发生改变，直接表现出相反的特征；贯通破坏面逐渐增多，不再是唯一的，因而最终可能会出现劈裂的破坏现象；拉破坏产生的裂纹明显减少，压剪破坏产生的裂纹分布密度增加，压剪破坏成为裂纹产生的主因。

（2）$\bar{\sigma}_c/\bar{\tau}_c$ 与 $\bar{\sigma}_{cs}/\bar{\tau}_{cs}$ 同时减小

保持比值 $\bar{\sigma}_c/\bar{\sigma}_{cs}$（$\bar{\tau}_c/\bar{\tau}_{cs}$）不变，$\bar{\sigma}_{cs}=16$ MPa 时，同时减小 $\bar{\sigma}_c/\bar{\tau}_c$ 与 $\bar{\sigma}_{cs}/\bar{\tau}_{cs}$，岩样的裂纹分布图如图 6。

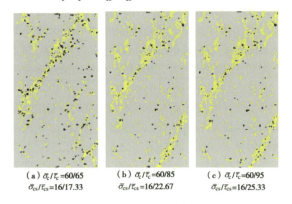

图 6 $\bar{\sigma}_c/\bar{\tau}_c$ 和 $\bar{\sigma}_{cs}/\bar{\tau}_{cs}$ 减小对破坏形式的影响

Fig. 6 Influence of decreasing $\bar{\sigma}_c/\bar{\tau}_c$ & $\bar{\sigma}_{cs}/\bar{\tau}_{cs}$ on failure modes

比值减小，裂纹分布仍然呈现出剪切的破坏形式，压剪破坏依然是裂纹产生的主要原因，但拉破坏引起的裂纹分布逐渐减少；同时贯通性的裂纹破坏面逐渐增多，在岩样模型的端部出现次生的贯通破坏面。究其原因，比值减小是由于 $\bar{\tau}_c$ 与 $\bar{\tau}_{cs}$ 的增大引起的，也就是说图 6 为法向应力一定时（偏小），切向应力增大引起的裂纹分布变化。

保持比值 $\bar{\sigma}_c/\bar{\sigma}_{cs}$（$\bar{\tau}_c/\bar{\tau}_{cs}$）不变，$\bar{\sigma}_{cs}=22$ MPa 时，同时减小 $\bar{\sigma}_c/\bar{\tau}_c$ 与 $\bar{\sigma}_{cs}/\bar{\tau}_{cs}$，岩样的裂纹分布图如图 7。

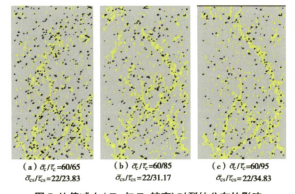

图 7 比值减小（$\bar{\sigma}_{cs}$ 与 $\bar{\tau}_{cs}$ 较高）对裂纹分布的影响

Fig. 7 Influence of decreasing ratio on failure modes (high $\bar{\sigma}_{cs}$ & $\bar{\tau}_{cs}$)

比值高时如图 7（a），压剪破坏产生的裂纹出现

多条贯通破坏面,但对角的剪切型破坏面并没有贯通,贯通的破坏面主要在岩样模型的端部;拉破坏产生的裂纹在模型内部基本均匀分布,没有集中或者贯通。比值减小,压剪破坏产生的裂纹破坏面逐渐向与原有破坏面对称的方向发展,破坏面逐渐贯通形成贯通性的主破坏面,如图7(c)所示,同时拉破坏产生的裂纹逐渐减小,分布密度大大降低。

对比图7与图6,后者中压剪破坏与拉破坏产生的裂纹分布密度均明显高于前者,尤其是拉破坏产生的裂纹;压裂纹产生的主贯通面方向对称;后者的次生裂纹破坏面多于前者。这主要是因为 $\bar{\sigma}_c/\bar{\tau}_c$ 与 $\bar{\sigma}_{cs}/\bar{\tau}_{cs}$ 的比值相同,但图7中 $\bar{\sigma}_c$ 与 $\bar{\tau}_{cs}$ 较高。

(3) $\bar{\sigma}_c/\bar{\tau}_c$ 与 $\bar{\sigma}_{cs}/\bar{\tau}_{cs}$ 同时增加

保持比值 $\bar{\sigma}_c/\bar{\sigma}_{cs}$ ($\bar{\tau}_c/\bar{\tau}_{cs}$) 不变,比值增加的裂纹分布如图8。

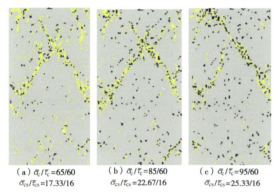

(a) $\bar{\sigma}_c/\bar{\tau}_c$=65/60　　(b) $\bar{\sigma}_c/\bar{\tau}_c$=85/60　　(c) $\bar{\sigma}_c/\bar{\tau}_c$=95/60
$\bar{\sigma}_{cs}/\bar{\tau}_{cs}$=17.33/16　$\bar{\sigma}_{cs}/\bar{\tau}_{cs}$=22.67/16　$\bar{\sigma}_{cs}/\bar{\tau}_{cs}$=25.33/16

图 8 $\bar{\sigma}_c/\bar{\tau}_c$ 和 $\bar{\sigma}_{cs}/\bar{\tau}_{cs}$ 增大的影响

Fig. 8 Influence of increasing $\bar{\sigma}_c/\bar{\tau}_c$ & $\bar{\sigma}_{cs}/\bar{\tau}_{cs}$ on failure modes

压剪破坏产生的裂纹呈共轭型破坏,形成贯通破坏面,拉破坏产生的裂纹主要集中在贯通破坏面附近。比值增大,压剪破坏的裂纹逐渐由共轭型向单剪型转变;拉破坏的裂纹呈明显增多的趋势,贯通破坏面呈现更加集聚的现象。也就是说法向强度与切向强度比值一定时岩样会出现共轭破坏,而如果法向强度均值增加,岩样的破坏形式由共轭破坏向单剪破坏转变,同时拉破坏所占的比重逐渐升高。

总体来看,压剪破坏产生的裂纹是岩样破坏的主要原因,而岩样的破坏形式主要由法向强度与切向强度之间的相对关系决定:比值 $\bar{\sigma}_c/\bar{\tau}_c$ 与 $\bar{\sigma}_{cs}/\bar{\tau}_{cs}$ 在 1 附近(如分别为 65/60,17.33/16)时,岩样破坏呈共轭破坏; $\bar{\sigma}_c$, $\bar{\sigma}_{cs}$ 增大导致比值较高或者 $\bar{\tau}_c$ 与 $\bar{\tau}_{cs}$ 增大导致比值较小时均会引起模型破坏面向剪切转变;同时 $\bar{\sigma}_c$, $\bar{\sigma}_{cs}$ 减小或者 $\bar{\tau}_c$ 与 $\bar{\tau}_{cs}$ 减小均会引起拉破坏产生的裂纹减少,改变拉剪裂纹的分布。

2.4 摩擦因数对宏观性质的影响

细观参数调整分析过程中,摩擦因数 μ 不仅影响材料的宏观参数,还影响材料的破坏形式,为更好地分析 μ 对宏观特征的影响,将其单独分析。μ 变化时,相应宏观参数的具体数值如表1。

表 1 摩擦系数的影响

Table 1 Influence of friction coefficient

μ	弹性模量/GPa	泊松比	峰值应力/MPa
0.1	23.41	0.290	68.68
0.2	24.42	0.280	73.02
0.3	25.41	0.269	77.25
0.4	26.11	0.264	81.60
0.5	26.78	0.256	84.38

如表1中所示, μ 增加,岩样模型的弹性模量与峰值应力基本呈线性增加的趋势,而泊松比则表现为线性减小的趋势。从量值来看, μ 增加 0.4,弹性模量增加 3.37 GPa;泊松比减小 0.034;峰值应力增加 15.7 MPa。宏观参数的增长趋势与相应量值表明,在 μ 参数选取调整过程中,主要考虑其对峰值应力的影响,弹性模量与泊松比的变化较小。

进一步分析 μ 的影响,表1中 μ 增加使得模型材料弹性模量和峰值应力逐渐增加和泊松比逐渐减小,表明 μ 增加会提高材料的强度。图9给出对应模型破坏的裂纹分布: μ 很小(0.1)时,模型在顶部出现压剪破坏裂纹的贯通性破坏面,并且在模型对称面附近出现多条压裂纹形成的次生破坏面;裂纹分布以压剪破坏产生的裂纹为主,拉破坏产生的裂纹主要依附在压裂纹破坏面上。μ 增加,模型的贯通破坏面由模型的角端沿模型的对角线发展,没有改变破坏面的方向;模型裂纹分布以压裂纹形成的主贯通破坏面为主,次生裂纹破坏面裂纹分布明显减少,拉破坏裂纹略微增加。

总体来看,峰值应力与 μ 之间基本呈线性关系; μ 增加会使贯通性破坏面向对角线发展,但不会改变破坏面的方向。

3 大理岩加、卸荷试验验证

3.1 颗粒流细观参数确定

前文系统地研究了细观参数对模型宏观力学特性的影响,给出单个细观参数与宏观特征间的量化关系。由于颗粒流模型中细观参数交叉影响的不确定性及大理岩岩样的离散性,即使给出多个细观参数与特征间的量化关系,也并不可靠,但单个参数间的量化关系可以为参数的选取提供规律性的指导。

鉴于此,采用正交设计的方法,结合大理岩加、卸荷试验,计算寻找出最优组合的大理岩细观参数。基本步骤如下:

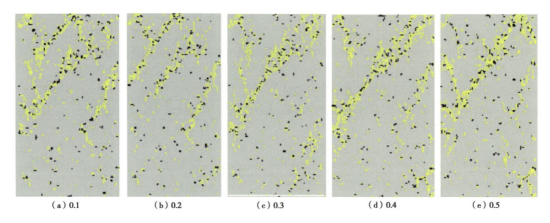

(a) 0.1　　(b) 0.2　　(c) 0.3　　(d) 0.4　　(e) 0.5

图 9 摩擦系数与破坏形式的关系

Fig. 9 Relationship between friction coefficient and failure mode

表 2 细观参数的正交设计表

Table 2 Orthogonal design schemes of microparameters

方案	E_c/GPa	$\bar{E}_c$/GPa	k_n/k_s	$\bar{k}_n/\bar{k}_s$	μ	$\bar{\sigma}_c$/MPa	$\bar{\sigma}_{cs}$/MPa	$\bar{\tau}_c$/MPa	$\bar{\tau}_{cs}$/MPa
1	18	19	1.25	1.25	0.2	55.0	12	57.5	14
2	18	20	1.50	1.50	0.3	57.5	13	60.0	15
3	18	21	1.75	1.75	0.4	60.0	14	62.5	16
4	18	22	2.00	2.000	0.5	62.5	15	65.0	17
5	18	23	2.25	2.25	0.6	65.0	16	67.5	18
…	…	…	…	…	…	…	…	…	…
61	25	23	2.00	1.75	0.7	72.5	12	60.0	20
62	25	24	1.75	2.00	0.6	70.0	13	57.5	21
63	25	25	1.50	1.25	0.9	67.5	14	65.0	18
64	25	26	1.25	1.50	0.8	65.0	15	62.5	19

（1）确定试验指标

将大理岩室内试验的宏观力学特征作为正交设计试验的衡量指标：弹性模量 E、泊松比 ν、黏聚力 c、内摩擦角 φ、峰值轴向应力以及破坏形式等；

（2）挑选因素，选取水平，进行表头设计

依据前文宏–细观参数影响的研究，选定基本影响因素，并初步确定影响模型宏观力学特性的细观参数区间，由于部分因素的影响规律呈非线性，因此每种因素细化为 8 种水平，从而确定九因素八水平的因素水平表，进而依据正交设计原理，确定 $L_{64}(8^9)$ 的正交设计表，部分如表 2 所示。

（3）试验并分析

依据上述正交设计表进行颗粒流模拟试验，以 6 种指标结合的形式来描述试验结果，通过方差分析公式确定各因素对试验指标的影响程度，进而确定合理的细观因素组合。

由于颗粒流模拟结果的离散性，初次正交设计确定的可能只是细观参数区间（即通过方差分析确定最优的两组细观参数组合，从而确定参数区间）。在参数区间内再次进行二次正交设计试验，直至满足试验指标要求。正交设计试验确定的细观参数：颗粒—颗粒接触模量为 23 GPa，颗粒刚度比为 2.63，平行黏结弹性模量为 25 GPa，平行黏结刚度比为 2.73 GPa，颗粒摩擦系数为 0.4，平行黏结半径乘子为 1，平行黏结法向强度均值为 60 MPa，平行黏结法向强度标准差为 16 MPa，平行黏结切向强度均值为 70 MPa，平行黏结切向强度标准差为 16 MPa。

3.2 大理岩宏观力学特征验证

结合大理岩室内加、卸荷试验，对比颗粒流数值模拟与室内试验的宏观力学特性，具体如下：

（1）强度参数

大理岩常规三轴与加轴压、卸围压路径试验的具体结果如表 3。

表 3 为室内试验与数值试验的具体宏观力学数值。E 误差为 0.8%，ν 差值为 0.02。常规三轴试验 c 误差为 1.7%，φ 误差为 0.8%，不同围压下的峰值轴向

应力最大误差也仅仅为 0.9%。同时加轴压、卸围压试验 c 误差为 0.7 MPa，φ 误差为 2%，不同卸荷初始围压的峰值轴向应力误差最大为 3 MPa。

表 3 室内试验与数值模拟结果

Table 3 Results of experiments and numerical simulations

宏观力学指标	围压/MPa	室内试验		数值试验	
		常规三轴	加轴压卸围压	常规三轴	加轴压卸围压
E/GPa	—	27.17	27.17	27.39	27.39
v	—	0.20	0.20	0.22	0.22
c/MPa	—	28.74	27.44	28.25	26.71
φ/(°)	—	21.84	17.42	22.02	17.08
峰值轴向应力/MPa	10	110.00	94.09	109.00	93.60
	20	133.00	110.43	132.00	107.00
	30	149.00	130.74	150.00	129.00
	40	169.00	149.14	169.00	147.00

加轴压、卸围压的误差略微高于常规三轴，但总体来看，常规三轴路径与加轴压、卸围压路径试验的误差还是比较小的，具体的数据表明 3.1 节中的细观参数是可信的。

（2）应力－应变曲线

图 10 为围压 10 MPa 下常规三轴路径数值模拟与室内试验的应力－应变曲线。两条应力－应变曲线很接近，但还是存在着一定的区别：

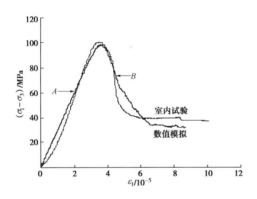

图 10 室内试验和数值模拟的应力－应变曲线

Fig. 10 Stress-strain curves of experiment and numerical simulation

OA 段，岩样由压密阶段进入弹性段：实际岩样内部总存在的微裂隙会影响岩样的强度变化，因而室内试验曲线呈非线性增长；而颗粒流生成的模型相对比较理想，且试验前对模型内颗粒进行重生成压密，施加了内部压力，颗粒间相互接触比较均匀，因而数值试验的应力－应变曲线偏于线性增长，增长斜率微小于室内试验。B 点以后，室内试验的岩样破坏更趋向于突发破坏，岩样的强度迅速降低，而数值试验则相对稳定些。

总体来看，数值模拟与室内试验曲线并非一模一样而是存在一定的区别，但总体规律以及关键参数是一致的，因而颗粒流模拟作为辅助手段有利于室内试验的机理分析，可以说前文确定的细观参数是有效的。

（3）破坏形式

10 MPa 围压加荷试验的破坏形式如图 11。室内试验岩样破坏呈剪切破坏，沿一条 61°左右的主破坏面破坏，主破坏面存在滑移区域［如图 11（a）中椭圆处］；在主破坏面附近存在多条裂隙。而数值试验同样存在一条贯通性的主破坏面，角度在 62°左右，与室内试验近似；破坏面主要由压剪破坏形成，拉破坏基本存于压剪破坏面附近，有多条次要破坏面与主破坏面相连接，分布区域与室内试验相近。常规三轴试验的破坏形式表明现有细观参数用于加荷数值试验模拟是可靠的。

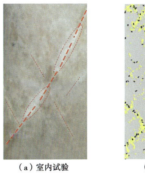 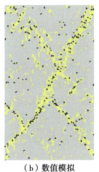

（a）室内试验　　　　（b）数值模拟

图 11 常规三轴试验的破坏形式

Fig. 11 Failure modes of conventional triaxial tests

10 MPa 围压卸荷试验的破坏形式如图 12。室内试验岩样破坏呈剪切破坏，沿一条 51°左右的主破坏面破坏，破坏面干净窄小表明破坏干脆没有破坏面的滑动摩擦，除端部外基本没有次要破坏面。而数值试验同样存在一条贯通性的主破坏面，角度在 55°左右，与室内试验近似；破坏面主要由压剪破坏形成，卸围压条件下贯通破坏面处压剪破坏裂纹狭小，没有图 11 中明显的分布区域，与室内试验符合；拉破坏同样存在于压剪破坏面上，在试样其它部位分布很少。加轴压、卸围压条件下室内试验与数值试验的结果还是比较接近的。

总体来看，通过对大理岩室内试验与颗粒流数值模拟得到的宏观力学特征对比分析，有效验证了颗粒流数值模拟的有效性，前文得到的宏-细观参数间的影响规律及将正交设计方法应用于颗粒流细观参数确定的方法是准确可靠的。

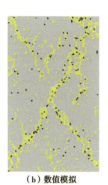

(a) 室内试验　　　　　(b) 数值模拟

图 12 加轴压、卸围压试验的破坏形式
Fig. 12 Failure modes of loading and unloading confining pressure

4 结　论

从宏观力学特征出发，通过大量的 PFC 数值模拟和室内试验，建立岩石类材料宏观力学特征与细观参数之间的定量关系，得到以下 6 点结论。

（1）E_c，$\overline{E}_c$ 增加会引起模型弹性模量的明显增长，$\overline{E}_c$ 是宏观弹性模量的主要控制因素，两者之间呈线性关系。

（2）$\overline{k}_n/\overline{k}_s$ 与 E_c 增加会引起泊松比过于明显的增加，而 $\overline{E}_c$ 增加会引起泊松比的明显减小。泊松比与黏结弹性模量间呈多项式关系。弹性模量与泊松比调试过程中建议 $\overline{\lambda}$ 不要轻易变化，可取固定值 1；$\overline{k}_n/\overline{k}_s$ 需要变化时，尽量采用 0.01 作为变化的量值；以 E_c 与 $\overline{E}_c$ 作为主要的调试对象。

（3）E_c，$\overline{E}_c$ 以及 $\overline{\lambda}$ 增加会引起模型峰值轴向应力的明显变化。k_n/k_s 与 $\overline{k}_n/\overline{k}_s$ 基本不影响模型的峰值轴向应力。$\overline{\tau}_c$ 与 $\overline{\sigma}_c$ 共同作用改变材料的应力–应变曲线，$\overline{\sigma}_c$ 与峰值应力间呈多项式关系；$\overline{\tau}_c$ 与峰值应力间呈对数关系。

（4）从模型裂纹分布来看，压剪破坏产生裂纹是岩样破坏的主要原因，而颗粒法向强度与切向强度之间的相对关系是裂纹分布多样化的本质原因：比值 $\overline{\sigma}_c/\overline{\tau}_c$ 与 $\overline{\sigma}_{cs}/\overline{\tau}_{cs}$ 在 1 附近（如分别为 65/60，17.33/16）时，岩样破坏呈共轭破坏；$\overline{\sigma}_c$，$\overline{\sigma}_{cs}$ 增大导致比值较高或者 $\overline{\tau}_c$ 与 $\overline{\tau}_{cs}$ 增大导致比值较小时均会引起模型破坏面向剪切转变，$\overline{\tau}_c$ 或 $\overline{\tau}_{cs}$ 增大会改变贯通性主破坏面的方向，满足一定组合时模型甚至会出现劈裂现象；同时 $\overline{\sigma}_c$，$\overline{\sigma}_{cs}$ 减小或者 $\overline{\tau}_c$ 与 $\overline{\tau}_{cs}$ 减小均会引起拉破坏产生的裂纹减少，改变拉剪裂纹的分布。

（5）峰值应力与 μ 之间基本呈线性关系；μ 增加模型的次生破坏面减少，但不会改变破坏面的方向。

（6）基于颗粒流模型宏–细观参数相关性分析，尝试通过合理的正交设计试验得到岩石类材料的细观参数，通过室内大理岩常规三轴加荷试验以及加轴压、卸围压试验验证表明文中给出的细观参数基本是可靠的，可以为下一步卸荷破坏机理的细观研究提供依据。

参考文献：

[1] 朱焕春. PFC 及其在矿山崩落开采研究中的应用[J]. 岩石力学与工程学报, 2006, **25**(9): 1927–1931. (ZHU Huan-chun. PFC and application case of caving study[J]. Chinese Journal of Rock Mechanics and Engineering, 2006, **25**(9): 1927–1931. (in Chinese))

[2] 周　健, 杨永香, 刘　洋, 等. 循环荷载下砂土液化特性颗粒流数值模拟[J]. 岩土力学, 2009, **30**(4): 1083–1088. (ZHOU Jian, YANG Yong-xiang, LIU Yang, et al. Numerical modeling of sand liquefaction behavior under cyclic loading[J]. Rock and Soil Mechanics, 2009, **30**(4): 1927–1931. (in Chinese))

[3] BILLAUX D, DEDECKER F, CUNDALL P. A novel approach to studying rock damage: the three-dimensional adaptive continuum/discontimuum code[J]. Rock Engineering, 2004: 723–728.

[4] 杜　鹃. 二维颗粒流程序 PFC^{2D} 特点及其应用现状综述[J]. 安徽建筑工业学院学报, 2009, **17**(5): 68–70. (DU Juan. The overview of characteristics and applications of PFC^{2D}[J]. Journal of Anhui Institute of Architecture & Industry, 2009, **17**(5): 68–70. (in Chinese))

[5] AN B. A study of energy loss during rock impact using PFC^{2D}[D]. Ed Manton: Department of Civil and Environmental Engineering, 2006.

[6] 吴顺川, 周　喻, 高　斌, 等. 卸荷岩爆试验及 PFC^{3D} 数值模拟研究[J]. 岩石力学与工程学报, 2010, **29**(增刊 2): 4082–4088. (WU Shun-chuan, ZHOU Yu, GAO Bin, et al. Study of unloading tests of rock burst and PFC^{3D} numerical simulation[J]. Chinese Journal of Rock Mechanics and Engineering, 2010, **29**(S2): 4082–4088. (in Chinese))

[7] 杨　庆, 刘元俊. 岩石类材料裂纹扩展贯通的颗粒流模拟[J]. 岩石力学与工程学报, 2012, **31**(增刊 1): 3123–3129. (YANG Qing, LIU Yuan-jun. Simulations of crack propagation in rock-like materials using particle flow code[J]. Chinese Journal of Rock Mechanics and Engineering, 2012, **31**(S1): 3123–3129. (in Chinese))

[8] 刘顺桂, 刘海宁, 王思敬, 等. 断续节理直剪试验与 PFC^{2D} 数值模拟的分析[J]. 岩石力学与工程学报, 2008, **27**(9): 1828–1836. (LIU Shun-gui, LIU Hai-ning, WANG Si-jing, et al. Direct shear tests and PFC^{2D} numerical simulation of intermittent joints[J]. Chinese Journal of Rock Mechanics

and Engineering, 2008, **27**(9): 1828–1836. (in Chinese))

[9] 孟云伟, 柴贺军. 颗粒流离散元在滑坡运动过程模拟中的应用[J]. 岩土力学, 2006, **27**(增刊 2): 348–352. (MENG Yun-wei, CHAI He-jun. Application of particle flow code to simulation of movement of landslide[J]. Rock and Soil Mechanics, 2006, **27**(S2): 348–352. (in Chinese))

[10] CAI M, KAISER P K, MARTIN C D. Quantification of rock mass damage in underground excavation from microseismic event monitoring[J]. International Journal of Rock Mechanics and Mining Science, 2001, **38**: 1135–1145.

[11] CAI M, KAISER P K, TASAKA Y, et al. Peak and residual strengths of jointed rock mass and their determination for engineering design[J]. Rock Mechanics, 2007: 259–267.

[12] HUANG H Y. Discrete element modeling of tool rock interaction[D]. Minnesota: University of Minnesota, 1999.

[13] NARDIN A, SCHREFLER B A. Modelling of cutting tool soil interaction part II: macromechanical model and upscaling[J]. Computer Mechanics, 2005, **36**(5): 343–359.

[14] 徐金明, 谢芝蕾, 贾海涛. 石灰岩细观力学特性的颗粒流模拟[J]. 岩土力学, 2010, **31**(增刊 2): 390–395. (XU Jin-ming, XIE Zhi-lei, JIA Hai-tao. Simulation of mesomechanical properties of limestone using particle flow code[J]. Rock and Soil Mechanics, 2010, **31**(S2): 390–395. (in Chinese))

[15] 尹成薇, 梁冰, 姜利国. 基于颗粒流方法的砂土宏-细观参数关系分析[J]. 煤炭学报, 2011, **36**(增刊 2): 264–267. (YIN Cheng-wei, LIANG Bing, JIANG Li-guo. Analysis of relationship between macro-micro-parameters of sandy soil based on particle flow theory[J]. Journal of China Coal Society, 2011, **36**(S2): 264–267. (in Chinese))

[16] 赵国彦, 戴兵, 马驰. 平行黏结模型中细观参数对宏观特性影响研究[J]. 岩石力学与工程学报, 2012, **31**(7): 1491–1498. (ZHAO Guo-yan, DAI Bing, MA Chi. Study of effects of microparameters on macroproperties for parallel bonded model[J]. Chinese Journal of Rock Mechanics and Engineering, 2012, **31**(7): 1491–1498. (in Chinese))

[17] 徐小敏, 凌道盛, 陈云敏, 等. 基于线性接触模型的颗粒材料细-宏观弹性常数相关关系研究[J]. 岩土工程学报, 2011, **32**(7): 991–998. (XU Xiao-min, Ling Dao-sheng, CHEN Yun-min, et al. Correlation of microscopic and macroscopic elastic constants of granular materials based on linear contact model[J]. Chinese Journal of Geotechnical Engineering, 2011, **32**(7): 991–998. (in Chinese))

[18] 尹小涛, 李春光, 王水林, 等. 岩土材料细观、宏观强度参数的关系研究[J]. 固体力学学报, 2011, **32**: 343–351. (YIN Xiao-tao, LI Chun-guang, WANG Shui-lin, et al. Study on relationship between micro-parameters and macro-parameters of rock and soil material[J]. Chinese Journal of Solid Mechanics, 2011, **32**: 343–351. (in Chinese))

[19] 陈建峰, 李辉利, 周健, 等. 黏性土宏细观参数相关性研究[J]. 力学季刊, 2010, **31**(2): 304–309. (CHEN Jian-feng, LI Hui-li, ZHOU Jian, et al. Study on the relevance of macro-micro parameters for clays[J]. Chinese Quarterly of Mechanics, 2010, **31**(2): 991–998. (in Chinese)).

[20] 周博, 汪华斌, 赵文锋, 等. 黏性材料细观与宏观力学参数相关性研究[J]. 岩土力学, 2012, **33**(10): 3171–3178. (ZHOU Bo, WANG Hua-bin, ZHAO Wen-feng, et al. Analysis of relationship between particle mesoscopic and macroscopic mechanical parameters of cohesive materials[J]. Rock and Soil Mechanics, 2012, **33**(10): 3171–3178. (in Chinese))

[21] 刘新荣, 傅晏, 郑颖人, 等. 颗粒流细观强度参数与岩石断裂韧度之间的关系[J]. 岩石力学与工程学报, 2011, **30**(10): 2084–2089. (LIU Xin-rong, FU Yan, ZHENG Ying-ren, et al. Relation between meso-parameters of particle flow code and fracture toughness of rock[J]. Chinese Journal of Rock Mechanics and Engineering, 2011, **30**(10): 2084–2089. (in Chinese))

[22] CUNALL P A. Formulation of a three-dimensional distinct element model: I a scheme to detect and represent contacts in a system composed of many polyhedral blocks[J]. International Journal of Rock Mechanics and Mining Sciences, 1988, **25**(3): 107–116.

[23] Itasca Consulting Group Inc. PFC^{2D} particle flow code in 2 dimensions: fish in PFC^{2D}[M]. Minneapolis: Minnesota, 2004.

[24] Itasca Consulting Group Inc. PFC^{2D} particle flow code in 2 dimensions: theory and background[M]. Minneapolis: Itasca Consulting Group Inc, 2004.

岩土类材料应变分析与基于极限应变判据的极限分析

阿比尔的[1,2]，冯夏庭[1]，郑颖人[2]，辛建平[2]

(1. 中国科学院 武汉岩土力学研究所，湖北 武汉 430071；2. 后勤工程学院 军事土木工程系，重庆 400041)

摘要：推导包括混凝土在内的岩土类摩擦材料在单向和三向受力情况下，弹性与弹塑性压应变与剪应变之间的理论关系；提出采用数值极限分析方法求解岩土类材料极限应变的数值方法，并尝试将单向受力下的极限应变作为单向受力下的岩土类材料破坏的判据，为极限分析提供一种新的破坏判据和方法，可称其为极限应变法，用以求解岩土工程破坏面的位置与形态，以及安全系数与极限承载力。通过土质、岩质边坡和混凝土试件破坏 3 个算例求得相应的破坏面形态与安全系数，计算结果与实际状态和传统算法结果相当吻合，初步表明用极限应变法判断岩土类材料的破坏状态与求解安全系数是可行的，但这只是初步探索，有待更加深入广泛的研究。

关键词：岩土工程；岩土类材料；极限应变；破坏面；数值极限方法；超载法；安全系数
中图分类号：TU 43   **文献标识码**：A   **文章编号**：1000 - 6915(2015)08 - 1552 - 09

STRAIN ANALYSIS AND NUMERICAL ANALYSIS BASED ON LIMIT STRAIN FOR GEOMATERIALS

ABI Erdi[1,2], FENG Xiating[1], ZHENG Yingren[2], XIN Jianping[2]

(1. *Institute of Rock and Soil Mechanics，Chinese Academy of Sciences，Wuhan，Hubei* 430071，*China*;
2. *Department of Architectural Engineering，Logistical Engineering University of PLA，Chongqing* 400041，*China*)

Abstract: The paper discussed the relationship between the compressive strain and the shear strain of frictional geomaterials under uniaxial and triaxial pressure. A numerical method for limit analysis was proposed to solve the ultimate strain of geomaterials. The ultimate strain under uniaxial pressure was proposed to be the criterion of the failure of materials. Thus, the position and shape of the failure surface, the safety factor and the ultimate bearing capacity of geo-slope can be calculated with the proposed method. The shape of failure surface and the safety factor of the soil, rock slope and concrete specimen were simulated and the results were consistent with the actual state and the traditional algorithm. Preliminary results showed that using the ultimate strain to judge the failure state of geomaterials and to obtain the safety factor was feasible.

Key words: geotechnical engineering; geomaterials; limit strain; failure surface; numerical limit analysis method; overload method; safety factor

1 引 言

岩土类材料包括土、岩石和工程材料混凝土，它们都是摩擦材料，其共同特点是具有黏聚力和摩擦力。当前岩土都采用抗剪强度 c，φ 值表示材料在压剪情况下的强度特性，而建筑力学中混凝土采用单轴抗压强度表示强度特性，因而混凝土的强度特

注：本文摘自《岩土力学与工程学报》(2015 年第 34 卷第 8 期)。

性也可采用抗剪强度表示。当前岩土工程中的混凝土有的已经按 c，φ 值来表示混凝土的抗剪强度，只是尚无统一的测试方法和规范[1-5]。从宇等[6-7]通过无摩擦情况下的直剪试验求得 c 值，并按压应力与剪应力的理论关系给出 φ 值。得到了混凝土抗剪强度的试验值(名义值)、标准值与设计值，它们与混凝土规范中抗压强度的试验值、标准值与设计值完全对应，只有较小的差异，其值如表 1 所示，表中列出的抗压强度 σ_c 为规范值。

表 1 混凝土抗剪强度的试验值、标准值、设计值

Table 1 The shear strength values of concrete tests

混凝土强度等级	试验值			标准值			设计值		
	σ_c/MPa	c/MPa	$\varphi/(°)$	σ_c/MPa	c/MPa	$\varphi/(°)$	σ_c/MPa	c/MPa	$\varphi/(°)$
C20	20	2.6	61.1	13.4	2.09	55.34	9.6	1.74	50.24
C25	25	3.2	61.4	16.7	2.57	55.76	11.9	2.13	50.61
C30	30	3.9	61.6	20.1	3.08	55.94	14.3	2.55	50.77
C35	35	4.4	61.9	23.4	3.55	56.26	16.7	2.95	51.18
C40	40	5.0	62.2	26.8	4.03	56.59	19.1	3.34	51.50
C45	45	5.5	62.4	29.6	4.42	56.80	21.1	3.66	51.72
C50	50	6.0	62.5	32.4	4.80	56.98	23.1	3.99	51.94
C55	55	6.5	62.8	35.5	5.21	57.29	25.3	4.33	52.27
C60	60	7.1	62.8	38.5	5.65	57.33	27.5	4.69	52.35

岩土类材料在压力与剪力的作用下通常发生压剪破坏。随着压力的增大，岩土类材料从弹性发展到塑性，最后进入破坏。屈服准则给出了材料从弹性进入塑性的判据，一般采用莫尔－库仑准则；而破坏准则给出材料进入破坏的判据。材料的屈服与破坏是不同的，屈服表明受力后材料的性质发生变化，但它可以继续承载，并充分发挥岩土的自承作用；而破坏表示材料承载力丧失不能继续承载。从力学分析角度，材料从受力到峰值强度，先在某些部位出现裂隙，发生局部破坏；当达到峰值应力和应变时，材料承载力大大丧失，从结构功能上讲，此时结构已经不能继续承载，因而对一般应力－应变曲线，通常将峰值应力对应的峰值应变称为极限应变；但岩土材料破坏是一个渐进破坏过程，此时材料承载力尚未完全丧失，峰值以后材料进入软化阶段，持续变形直至强度完全丧失或者留下部分残余摩擦强度，可称为完全破坏。

如果只研究材料的破坏，而不研究材料的变形与位移，则计算可以简化，不必引入复杂的本构关系，可以采用理想弹塑性模型的极限分析方法，本文着重研究理想塑性下的极限应变。极限应变用于判断金属材料的屈服与破坏具有较好的效果[8-10]；

X. P. Mou 等[11]指出塑性应变的分布和取值影响变形、破坏的模式和位置；也有学者将其运用于岩土力学，如 J. Polàk[12]研究表明微裂纹扩展与塑性应变相关，但相关文献较少。本文详细分析了岩土类材料，在弹性状态下与弹塑性状态下的压应变与剪应变的理论关系，并采用数值方法给出岩土类材料的弹性应变与弹塑性应变，尤其是提出了求解岩土类材料极限应变的方法，并尝试采用基于极限应变判据的极限分析法求解岩土工程的极限承载力、安全系数以及破坏面形态，为岩土工程的极限分析提供了新的途径。本文举例应用基于极限应变判据的极限分析法求解 3 个单向受力下的岩土工程问题，获得了较满意的结果。但这只是初步探索，有待今后深入研究。

2 岩土类材料压应变与剪应变关系

2.1 极限应变概念

极限分析采用理想塑性模型，图 1 中理想塑性材料应力－应变曲线若用应力来表述，则表现为应力不变应变无限增大，此时屈服准则与破坏准则一致，难以判别屈服与破坏。而采用应变表述，刚达到屈服时为材料初始屈服，具有弹性极限应变 γ_y，即材料刚进入塑性时的应变，此时材料不会破坏；但随着塑性发展材料进入破坏，此时应变达到了极限应变 γ_f，即材料达到破坏时的应变。对于一个点来说，极限应变表示理想塑性应力－应变曲线达到破坏条件；但对于整体材料中的一个点来说，虽然材料已局部达到破坏而出现裂缝，但由于受到周围材料的抑制，它仍然会出现更高的应变，直至极限应变贯通，因而它也是材料发生破坏的最低应变值。对于混凝土，建筑力学中不采用剪应变，而采用压应变 ε_f，图 1 中列出了压应力与压应变曲线，剪应变与压应变两者有对应的关系。

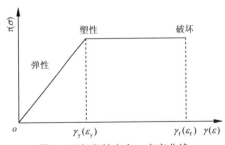

图 1 理想塑性应力－应变曲线

Fig.1 The ideal plastic stress-strain curve

当采用数值方法分析时，材料中某单元达到塑

性极限剪应变时，该单元发生破坏，可作为材料局部破坏或点破坏的判据；当材料在贯通的破坏面上各点剪应变都大于极限剪应变时，则材料发生整体破坏，极限应变区的贯通是材料整体破坏的充要条件。极限剪应变值与材料的强度和变形性质有关，对于混凝土材料同一强度等级的力学性质是固定不变的，因而可以得到一个相应的应变极限值。对于岩土，如果已知其力学性质，同样可通过理论方法和数值方法求出该岩土的极限应变值。

2.2 压应变与剪应变的关系

岩土类材料的压应变与剪应变必然存在相应的关系。依据受力状态，在小变形条件下，岩土类材料应变可分为弹性应变与塑性应变，总应变为弹性应变和塑性应变之和。当岩土类材料不考虑中间主应力时，弹性压应变与剪应变关系应满足应变表述的莫尔-库仑准则(以压为正)[13]：

$$\frac{\varepsilon_1-\varepsilon_3}{2}-\frac{\varepsilon_1+\varepsilon_3}{2}\sin\varphi=\gamma_s\cos\varphi+\frac{3\nu}{1-2\nu}\varepsilon_m\sin\varphi \quad (1)$$

或

$$\left(\cos\theta_\varepsilon+\frac{\sin\theta_\varepsilon\sin\varphi}{\sqrt{3}}\right)\sqrt{J_2'}=\gamma_s\cos\varphi+\frac{1+\nu}{1-2\nu}\varepsilon_m\sin\varphi \quad (2)$$

其中，

$$\gamma_s=c(1+\nu)/E$$
$$\varepsilon_m=(\varepsilon_1+\varepsilon_2+\varepsilon_3)/3$$

式中：ε_1，ε_3 分别为第一、第三主应变；c，φ 为材料剪切强度；E，ν 为弹性模量和泊松比；$\sqrt{J_2'}$ 为应变偏张量第二不变量；θ_ε 为应变洛德角。

常规三轴受力条件下，达到弹性极限状态，由广义虎克定律，弹性极限主应变满足下式：

$$\left.\begin{array}{l}\varepsilon_{1y}=\dfrac{\sigma_1-2\nu\sigma_3}{E}\\[6pt]\varepsilon_{2y}=\varepsilon_{3y}=\dfrac{(1-\nu)\sigma_3-\nu\sigma_1}{E}\end{array}\right\} \quad (3)$$

式中：ε_{1y}，ε_{2y}，ε_{3y} 分别为第一、第二和第三弹性极限主应变。

将式(3)代入式(1)，可求得弹性极限应变：

$$\left.\begin{array}{l}\varepsilon_{1y}=\dfrac{2c\cos\varphi}{E(1-\sin\varphi)}+\dfrac{1+\sin\varphi-2\nu(1-\sin\varphi)}{E(1-\sin\varphi)}\sigma_3\\[6pt]\varepsilon_{3y}=-\dfrac{2\nu c\cos\varphi}{E(1-\sin\varphi)}+\dfrac{1-\sin\varphi-2\nu}{E(1-\sin\varphi)}\sigma_3\end{array}\right\} \quad (4)$$

弹性极限体应变为

$$\Delta V_y=\varepsilon_{1y}+2\varepsilon_{3y}=\frac{1-2\nu}{E}\left(\frac{2c\cos\varphi}{1-\sin\varphi}+\frac{3-\sin\varphi}{1-\sin\varphi}\sigma_3\right) \quad (5)$$

数值分析中一般通用软件都各自假设剪应变，如 FLAC 软件中以 $\sqrt{J_2'}$ 表示剪应变。下文均以 $\sqrt{J_2'}$ 表示剪应变，它与摩擦材料真实剪应变有所不同，但这不影响使用，因为剪应变和极限应变都是在同一假设条件下得到。剪应变的表达式如下：

$$\sqrt{J_2'}=\sqrt{\frac{1}{6}[(\varepsilon_1-\varepsilon_2)^2+(\varepsilon_2-\varepsilon_3)^2+(\varepsilon_1-\varepsilon_3)^2]} \quad (6)$$

而弹性极限剪应变为 $\sqrt{J_{2y}'}=(\varepsilon_{1y}-\varepsilon_{3y})/\sqrt{3}$，将式(4)代入式(6)得

$$\sqrt{J_{2y}'}=\frac{1+\nu}{\sqrt{3}E}\frac{2c\cos\varphi+2\sigma_3\sin\varphi}{1-\sin\varphi} \quad (7)$$

由式(7)可以看出，岩土类材料弹性极限应变随剪切强度、围压的增大而增大。在单向受力条件下，弹性极限压应变可简化得到：

$$\varepsilon_{1y}=\frac{1}{E}\sigma_1=\frac{2c\cos\varphi}{E(1-\sin\varphi)} \quad (8)$$

$$\Delta V_y=(1-2\nu)\varepsilon_{1y}=\frac{2c\cos\varphi(1-2\nu)}{E(1-\sin\varphi)} \quad (9)$$

$$\sqrt{J_{2y}'}=\frac{(1+\nu)\varepsilon_{1y}}{\sqrt{3}}=\frac{2c\cos\varphi(1+\nu)}{\sqrt{3}E(1-\sin\varphi)} \quad (10)$$

式(4)就是常规三轴时弹性极限轴向应变，式(8)是单轴情况下弹性极限轴向应变。

但应变表述的莫尔-库仑公式只能满足弹性条件下的应变关系，即刚进入塑性时的应变关系，因而上述计算式都为弹性应变计算公式。但塑性情况下应变会不断增大，直至破坏，这种情况不能再用应变表述的莫尔-库仑公式，必须另辟蹊径。下面由应变的一般公式[13]给出弹塑性总应变中压应变与剪应变的关系。

若在偏应变平面上取极坐标 r_ε，θ_ε，其矢径 r_ε 为

$$r_\varepsilon=\sqrt{x^2+y^2}=\sqrt{2J_2'}=$$
$$\frac{1}{\sqrt{3}}\left[(\varepsilon_1-\varepsilon_2)^2+(\varepsilon_2-\varepsilon_3)^2+(\varepsilon_3-\varepsilon_1)^2\right]^{\frac{1}{2}} \quad (11)$$

$$\tan\theta_\varepsilon=\frac{y}{x}=\frac{1}{\sqrt{3}}\frac{2\varepsilon_2-\varepsilon_1-\varepsilon_3}{\varepsilon_1-\varepsilon_3}=\frac{1}{\sqrt{3}}\mu_\varepsilon \quad (12)$$

式中：μ_ε 为应变洛德参数。

偏应变平面上的主应变与剪应变 $\sqrt{J_2'}$ 和洛德角 θ_ε 关系[13]为

$$\varepsilon_2-\varepsilon_m=\sqrt{\frac{2}{3}}r_\varepsilon\sin\theta_\varepsilon=\frac{2}{\sqrt{3}}\sqrt{J_2'}\sin\theta_\varepsilon \quad (13)$$

已知 $\varepsilon_m = (\varepsilon_1 + \varepsilon_2 + \varepsilon_3)/3$，代入式(13)，可得到最大剪应变 γ_f：

$$\gamma_f = \varepsilon_1 - \varepsilon_3 = 2(\varepsilon_2 - \varepsilon_3) - 2\sqrt{3}\sqrt{J_2'}\sin\theta_\varepsilon \quad (14)$$

当单向受力时，若考虑为各向同性材料，泊松比为常数，此时 $\varepsilon_2 = \varepsilon_3$，应变 Lode 角 $\theta_\varepsilon = -30°$，代入式(13)有

$$\varepsilon_2 = -\sqrt{\frac{1}{6}}r_\varepsilon + \varepsilon_m = -\frac{1}{\sqrt{3}}\sqrt{J_2'} + \varepsilon_m \quad (15)$$

式(15)是单向受力条件下弹塑性总压应变与总剪应变的普遍关系，同样满足极限破坏状态下的应变关系，故可由下式求解单向受力条件下材料的极限剪应变 $\sqrt{J_{2f}'}$：

$$\sqrt{J_{2f}'} = \frac{\varepsilon_1 - \varepsilon_2}{\sqrt{3}} \quad (16)$$

式(16)为材料极限剪应变的计算公式，但 ε_1 与 $\sqrt{J_{2f}'}$ 关系中尚需知道侧向应变 ε_2。

严格来说上述公式只适用于土体，因为正常固结土体的强度极限线是条直线，c，φ 值固定不变，而混凝土与岩石强度极限线是条曲线，c，φ 值随围压大小而变，因而只适用于围压近似为 0 的情况。

3 数值极限分析求解岩土类材料极限应变

近年国内外极限分析和数值极限分析方法迅速发展[14-21]。鉴于混凝土试件对极限应变的研究最为成熟，下面提出计算模型，通过有限元极限分析给出不同强度等级混凝土的极限应变值，并与已知的混凝土极限应变对比以验证方法的可靠性。这一求解极限应变的方法同样适用于岩土材料。

在 FLAC$^{3D[22]}$ 软件中剪应变以增量的形式表述，在小变形计算中剪应变增量的大小与剪应变十分接近，因此剪应变增量不是当前步的增量值而是剪应变增量的累计值。如上所述，FLAC^{3D} 中定义，$\sqrt{J_2'}$ 为剪应变。

3.1 计算模型与参数

本文采用 FLAC^{3D} 模拟混凝土单轴压缩试验，计算模型按规范[5]中的混凝土立方体试件模拟，尺寸为 150 mm × 150 mm × 150 mm，底面施加约束，顶面施加竖直向下的均布荷载，但不考虑顶面摩擦；C20～C45 六种强度等级混凝土模型，混凝土的 c，φ 值按表 1 试验值取值；按照规范[5]获取弹模 E、泊松比 ν，计算参数详见表 2。计算模型如图 2 所示，其中点 1～12 为关键记录点(单元)。

表 2 混凝土物理学力学参数
Table 2 Physico-mechanical parameters of concrete

混凝土强度等级	弹性模量 E/GPa	泊松比 ν	密度 ρ/(kg·m^{-3})	黏聚力 c/MPa	内摩擦角 φ/(°)
C20	25.5	0.2	2 400	2.6	61.1
C25	28.0	0.2	2 400	3.2	61.4
C30	30.0	0.2	2 400	3.9	61.6
C35	31.5	0.2	2 400	4.4	61.9
C40	32.5	0.2	2 400	5.0	62.2
C45	33.5	0.2	2 400	5.5	62.4

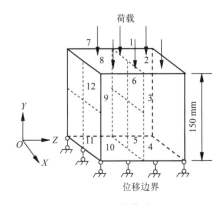

图 2　计算模型
Fig.2　Calculation model

3.2 极限状态的破坏判据

目前，有限元极限分析中判别破坏的判据主要有 3 种：塑性区贯通[13]，但贯通只是必要条件而不是充分条件；围岩内关键点的位移与折减系数的关系曲线突变；计算中迭代求解不收敛等[15]。本文采用数值极限分析中的有限差分超载法，用关键点位移计算是否收敛作为破坏判据，获取极限状态，由此求得极限应变。下面以强度等级 C25 混凝土关键点的位移计算为例，模型中取 5 个关键点：受载面中心点 1 点 Z 向，角点 8 点 Z 向，角点 8 点 X 向，侧面中心点 9 点 X 向，侧边中点 12 点 X 向，具体分布如图 2 所示，分别监测各关键点位移变化。计算过程中不断增加轴向荷载，直至模型达到极限破坏状态，此时的荷载即为极限荷载。关键点的位移收敛曲线如图 3 所示。图 3(a)显示出当荷载为 25.04 MPa 时关键点的位移曲线，此时位移收敛曲线后段明显呈水平直线，表明位移计算收敛，模型未破坏；图 3(b)显示出荷载为 25.05 MPa 时关键点的位移曲线，曲线呈持续增大趋势，表明位移计算不收敛，模型破坏，由此判断 25.04 MPa 为试样的极限荷载，极限荷载与强度等级 C25 混凝土强度一致，验证了计算提供的混凝土抗剪强度参数是准确可靠的。

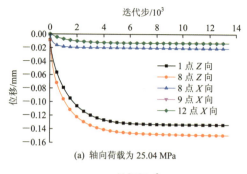

(a) 轴向荷载为 25.04 MPa

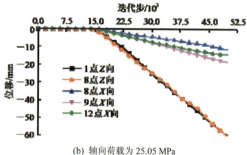

(b) 轴向荷载为 25.05 MPa

图 3 关键点的位移收敛曲线

Fig.3 Time-history curves of key points displacement

3.3 混凝土轴心抗压与抗剪应变数值计算

(1) 弹性应变计算

混凝土弹性应变与变性参数和应力水平有关，呈线性关系，可直接由胡克定律求得，如图 4 所示。而混凝土弹性极限应变可由式(4)～(7)求出，弹性极限应变随剪切强度、围压的增大而增大。

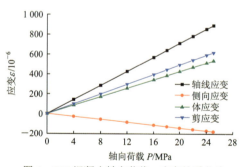

图 4 C25 混凝土轴向荷载-应变关系曲线

Fig.4 Axial loading-strain curves of C25 concrete

(2) 弹塑性应变计算

将混凝土视为理想弹塑性材料，计算同一单轴压力作用下的 1～12 号单元的应变值。对强度等级 C25 混凝土试件，计算结果记录见图 5～7，图中列出了各单元的弹塑性应变值。由图可知，混凝土试块加载到 50%极限荷载左右时 7 单元和 8 单元开始出现塑性变形，随着荷载增加，8 单元的塑性变形发展明显，加载到极限荷载后该单元应变最大并发生破坏，由于该单元位于试件上侧，单元的破坏必

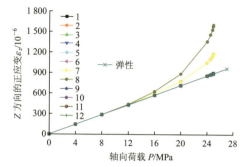

图 5 C25 混凝土轴向荷载-轴向主应变 ε_1 关系曲线

Fig.5 Axial loading-major principal strain curves of C25 concrete

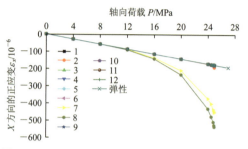

图 6 C25 混凝土轴向荷载-侧向主应变 ε_2 关系曲线

Fig.6 Axial loading-second principal strain curves of C25 concrete

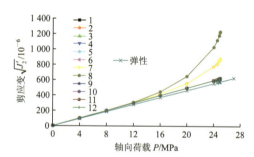

图 7 C25 混凝土轴向荷载-剪应变 $\sqrt{J_2'}$ 关系曲线

Fig.7 Axial loading-shear strain curves of C25 concrete

然导致试件整体破坏。由此可知，该单元应变即为强度等级 C25 混凝土的极限应变。提取该单元的轴向应变 ε_1、侧向应变 ε_2 和剪应变 $\sqrt{J_2'}$ 作为该材料的极限应变(见表 3)，以此类推，表 3 列出了普通混凝土在极限荷载作用下的弹性极限应变和弹塑性极限应变值。

3.4 极限应变计算验证

鉴于当前混凝土结构教材中已列出公认的普通混凝土抗压极限应变，为验证本文计算的正确性，以强度等级 C20～C45 普通混凝土为例进行计算验证。

除采用数值分析方法外，还可通过式(4)～(7)，求得强度等级 C20～C45 普通混凝土的弹性极限压应变与极限剪应变。但混凝土材料弹塑性总剪应变公式

表 3　普通混凝土轴向、侧向和剪应变的极限应变值
Table 3　The limit strain of 150 mm concrete cube

混凝土强度等级	抗压强度/MPa	轴向应变 ε_1 /‰		侧向应变 ε_2 /‰		剪应变 $\sqrt{J_2'}$ /‰	
		ε_{1y}	ε_{1f}	ε_{2y}	ε_{2f}	$\sqrt{J_{2y}'}$	$\sqrt{J_{2f}'}$
C20	20.13	0.79	1.38	−0.158	−0.461	0.548	1.063
C25	25.04	0.90	1.61	−0.179	−0.542	0.621	1.242
C30	30.74	1.03	1.88	−0.206	−0.640	0.712	1.457
C35	35.05	1.12	2.07	−0.223	−0.717	0.773	1.607
C40	40.28	1.24	2.39	−0.249	−0.832	0.861	1.864
C45	44.63	1.34	2.56	−0.267	−0.893	0.926	2.000

[式(16)]还需知道弹塑性主应变，因而无法直接求得，但通过数值分析结果可得出不同强等级度混凝土的极限主应变，由此按下式可给出总压应变 ε_f 与弹性压应变 ε_y 间的关系：

$$\varepsilon_{1f} = \chi_1 \varepsilon_{1y} \tag{17}$$

$$\varepsilon_{2f} = \chi_2 \varepsilon_{2y} \tag{18}$$

将式(17), (18)代入式(16)得到 $\sqrt{J_{2f}'}$ 与主应变的关系如下：

$$\sqrt{J_{2f}'} = \frac{\varepsilon_1 - \varepsilon_2}{\sqrt{3}} = \frac{1}{\sqrt{3}}(\chi_1 \varepsilon_{1y} - \chi_2 \varepsilon_{2y}) \tag{19}$$

表 4 列出不同强度等级混凝土 χ 值。ε_{1f} 值为 ε_{1y} 的 1.85～1.96 倍，混凝土受压破坏时 ε_{2f} 为 ε_{2y} 的 3.00～3.40 倍。不同强度等级混凝土 χ 值代入式(17), (18)求得 $\sqrt{J_{2f}'}$，计算结果见表 4。

表 4　不同强度等级混凝土 χ 值
Table 4　Values of χ under different strength concrete tests

混凝土强度等级	χ_1	χ_2
C20	1.75	2.92
C25	1.78	3.03
C30	1.83	3.11
C35	1.85	3.22
C40	1.93	3.34
C45	1.91	3.34

由表 5 可知，极限应变公式计算结果与数值计算结果一致，同时算出的极限压应变与当前我国通用教材给出的极限压应变非常接近，验证了计算的可靠性。对于剪应变，不同软件有不同的假设，但可以采用下述算例中，用极限剪应变值判别混凝土试件破坏面的位置与形态，与试验破坏面的位置与形态基本接近来间接验证。

表 5　普通混凝土弹塑性极限应变
Table 5　The elastic-plastic limit strains of normal concrete

混凝土强度等级	单轴抗压强度/MPa	ε_{1y} /‰		ε_{1f} /‰			$\sqrt{J_{2y}'}$ /‰		$\sqrt{J_{2f}'}$ /‰	
		数值计算	式(8)	数值计算	式(19)	通用教材	数值计算	式(10)	数值计算	式(21)
C20	20.03	0.79	0.79	1.38	1.37		0.55	0.55	1.06	1.07
C25	25.04	0.90	0.90	1.61	1.60		0.62	0.62	1.24	1.24
C30	30.74	1.03	1.03	1.88	1.88	1.50～2.50	0.71	0.71	1.46	1.46
C35	35.05	1.12	1.12	2.07	2.07		0.77	0.77	1.61	1.61
C40	40.28	1.24	1.24	2.39	2.39		0.86	0.86	1.86	1.87
C45	46.12	1.34	1.34	2.56	2.55		0.93	0.93	2.00	1.99

注：通用教材是指《混凝土结构设计原理》第四版上册[23]。

4　极限应变法在岩土类工程中的应用

当已知材料极限应变时，工程中某单元达到极限应变，表明该单元已破坏，因而它可作为数值极限分析方法中的破坏判据，这一判据比以往其它判据更具有明确的力学意义。岩土工程中某些单元破坏则表明工程发生局部破坏，当极限应变单元贯通时则达到整体破坏，由此可算得安全系数和极限承载力，并能显示破坏面的形态与范围，因此可将这种方法称为极限应变法。

4.1　极限应变在土质边坡中的应用

已知土体力学参数重度 $\gamma = 20$ kN/m³、抗剪强度 $c = 33.9$ kPa 和 $\varphi = 22.6°$、弹性模量 $E = 10$ MPa、泊松比 $\nu = 0.3$。采用 FLAC³ᴰ 软件，按上述方法求得极限剪应变为 1.30%，按此极限应变求某土质边坡破坏面的位置、范围和演化过程，以及边坡安全系数。边坡形状如图 8(a)所示，坡角 45°，参数与上述土体相同。下面将有限元强度折减法与极限应变相结合求边坡破坏面的位置、范围和演化过程，以及安全系数。云图仅显示大于极限剪应变 1.30% 的破坏部分。

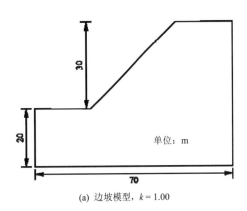

(a) 边坡模型，$k = 1.00$

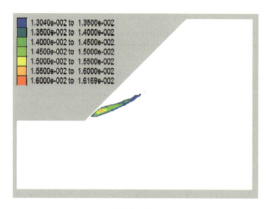

(b) $k = 1.05$

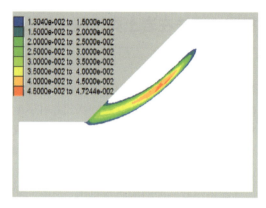

(c) $k = 1.10$

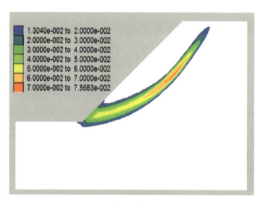

(d) $k = 1.14$

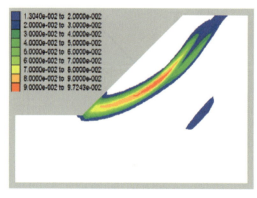

(e) $k = 1.15$

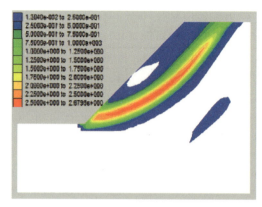

(f) $k = 1.17$

图 8 不同折减系数下的大于极限应变的坡体剪应变云图

Fig.8 Contours of shear strain which are greater than the limit strain under different reduction factors

由图 8 可见,当边坡折减系数 $k = 1.00$,土体剪应变均未达到极限剪应变,未出现破坏。$k = 1.05$ 坡脚下已出现局部破坏,然后随安全系数降低,破坏范围逐渐延伸和增大,直至 $k = 1.15$ 时,极限剪应变贯通,当强度折减到极限应变贯通时,其强度折减系数即为边坡安全系数,由此得安全系数 1.15。采用通常的强度折减法求安全系数时,以位移是否收敛作为判据得到安全系数为 1.16,其误差仅为 9‰。

4.2 极限应变在岩质边坡中的应用

如图 9 所示,该岩质坡体具有 2 组软弱结构面,第一组的倾角为 30°,平均间距 10 m;第二组的倾角为 75°,平均间距 10 m。岩石参数:$c = 10$ MPa,$\varphi = 45°$,$E = 4$ GPa,$v = 0.2$;结构面参数:$c = 40$ kPa,$\varphi = 25°$,$E = 100$ MPa,$v = 0.3$。经计算岩石的极限剪应变为 1.6%;结构面的极限剪应变为 1%,图 10 中只显示对应材料大于极限应变的坡体剪应变云图。

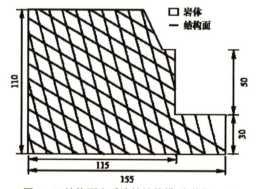

图 9 双结构面岩质边坡计算模型(单位:m)

Fig.9 A bidirectional bedding slope consisting two groups of structure planes(unit:m)

4.3 基于极限应变判别混凝土试件破坏面形态

混凝土立方体试件实际试验时，试件在受压状态下，顶、底部受到横向约束作用，此时混凝土承载力会增大。为了模拟试件在受压过程中的实际破坏状态，必须考虑试件的横向摩擦约束，所以先研究试件的摩擦约束作用，以得到合理的摩擦因数。在摩擦作用下，立方体试件抗压强度增高。以 C25 混凝土试件为例，按照规范[5]，此时立方体抗压强度值应提高为抗压强度试验值除以 0.76，即增至 32.89 MPa。计算中，混凝土端面和钢板间设置接触面，在这一极限荷载作下，调整混凝土端面摩擦角，通过试算得到试件达到破坏时的摩擦角，这个摩擦角反映了顶、底面的真实摩擦。考虑到混凝土端面中间约束大两端约束小，设摩擦角大小从端面中心向边界按 1/10 梯度递减，试算得到端面中心摩擦角为 12°。应用超载法，在侧向摩擦力作用下，不断增大抗压强度，使试件达到破坏，此时抗压强度为 32.90。由表 5 可知，C25 混凝土在单向受力条件下的极限应变为 1.23×10^{-3} 左右。在上述极限状态下，图 11(a)给出剪应变的等值线，由此可按极限剪应变 1.23×10^{-3} 判断出立方体试件破坏面的位置与形态。

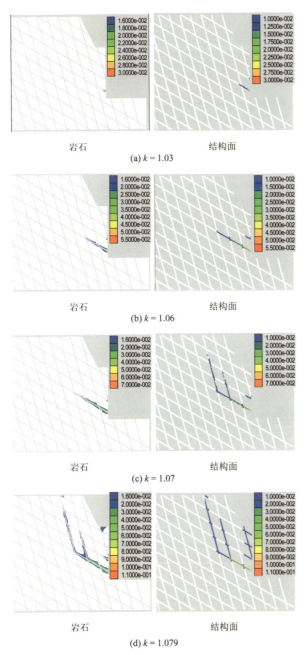

图 10 不同折减系数下的大于极限应变的坡体剪应变云图
Fig.10 Contours of shear strain which are greater than the limit strain under different reduction factors

由图 10 可以看出，当 k = 1.03 时，在结构面上极限应变显示的破坏面从坡脚沿着倾角 30°结构面发展；当 k = 1.07 时，破坏面转向倾角 75°结构面，并逐渐向坡顶发展；当 k = 1.079 时，有 2 条结构面极限应变贯通；可见，由极限应变法得到的安全系数为 1.079。按通常强度折减法，k = 1.08 时，计算不收敛，由此得到安全系数也为 1.079，两者结果相同。从图 10 中还可看出，当 k = 1.079 时，有局部岩石达到极限应变而局部破坏，但未贯通。

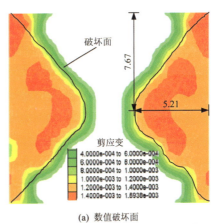

(a) 数值破坏面

(b) 试验破坏面(单位：cm)

图 11 C25 混凝土单轴试验破坏面
Fig.11 Failure surfaces of the uniaxial test of C25 concrete

从图 11 中看出，10 cm 立方体试件破坏面呈 X 形。剪应变增量值从破坏面向试件表面逐渐增大，内侧逐渐减小，破坏面的位置与形态如图 11(b)所示。由图 11(a)看出，数值模拟试件破坏的最深处离上表面 7.7 cm，离侧面平均 5.2 cm；图 11(b)中立方体单轴试验破坏的最深处离上表面 8.23 cm，离右侧面 4.80 cm；数值计算与混凝土试验得到的破坏面基本相似，破坏范围大致相近，较好地模拟了试件的破坏面。

由上述 3 个算例的计算结果可见，极限应变法有望成为极限分析法中的新方法。

5 结 论

(1) 基于应变表述的莫尔-库仑准则，建立了弹性状态下剪应变与压应变的关系。推导了弹塑性条件下的弹塑性总压应变与总剪应变的理论关系，以及单向受力条件下具体计算公式。

(2) 采用数值极限分析方法中的有限差分超载法，提出合理计算模型，可求出岩土类材料的极限荷载和极限应变。给出了单向受力条件下求解岩土类材料极限压应变与剪应变的具体方法。

(3) 尝试将极限应变作为单向受力下岩土类材料的破坏判据。极限应变既可作为局部破坏的判据，也可作为整体破坏的判据，为岩土类材料极限分析提供了一种新的方法——极限应变法。通过土质与岩质边坡以及混凝土试件 3 个算例，求出破坏面的位置和范围，以及相应的安全系数，效果良好，表明极限应变法有望作为极限分析的新方法。但这只是初步尝试，有待今后更加深入和广泛的研究。

参考文献(References)：

[1] HOFBECK J A, IBRAHIM I O, MATTOCK A H. Shear transfer in reinforced concrete[J]. ACI Journal Proceedings, 1969, 66(13): 119 - 128.
[2] ZIA P. Torsional strength of prestressed concrete members[J]. ACI Journal, 1961, 57(4): 1 337 - 1 360.
[3] 施士昇. 混凝土的抗剪强度、剪切模量和弹性模量[J]. 土木工程学报, 1999, 32(2): 47 - 51.(SHI Shisheng. Shear strength, modulus of rigidity and Youngs modulus of concrete[J]. China Civil Engineering Journal, 1999, 32(2): 47 - 51.(in Chinese))
[4] 中华人民共和国国家标准编制组. GB/T50081—2002 普通岩土类材料力学性能试验方法标准[S]. 北京：中国建筑工业出版社, 2003. (The National Standards Compilation Group of People's Republic of China. GB/T50081—2002 Standard for test method of mechanical properties on ordinary concrete[S]. Beijing: China Architecture and Building Press, 2003.(in Chinese))
[5] 中华人民共和国国家标准编写组. GB50010—2010 混凝土结构设计规范[S]. 北京：中国建筑工业出版社, 2011.(The National Standards Compilation Group of People's Republic of China. GB/T50010—2010 Code for design of concrete structures[S]. Beijing: China Architecture and Building Press, 2011.(in Chinese))
[6] 丛宇, 孔亮, 郑颖人, 等. 混凝土材料剪切强度的试验研究[J]. 混凝土, 2015, (5): 40 - 45.(CONG Yu, KONG Liang, ZHENG Yingren, et al. Experimental study on shear strength of concrete[J]. Concrete, 2015, (5): 40 - 45.(in Chinese))
[7] 郑颖人, 朱合华, 方正昌, 等. 地下工程围岩稳定分析与设计理论[M]. 北京：人民交通出版社, 2012: 418 - 421.(ZHENG Yingren, ZHU Hehua, FANG Zhengchang, et al. The stability analysis and design theory of surrounding rock of underground engineering[M]. Beijing: China Communications Press, 2012: 418 - 421.(in Chinese))
[8] ROY M J, KLASSEN R J, WOOD J T. Evolution of plastic strain during a flow forming process[J]. Journal of Materials Processing Technology, 2009, 209(2): 1 018 - 1 025.
[9] WANG H B, WAN M, WU X D, et al. The equivalent plastic strain-dependent Yld2000‑2d yield function and the experimental verification[J]. Computational Materials Science, 2009, 47(1): 12 - 22.
[10] FALESKOG J, BARSOUM I. Tension–torsion fracture experiments—Part I: Experiments and a procedure to evaluate the equivalent plastic strain[J]. International Journal of Solids and Structures, 2013, 50(25/26): 4 241 - 4 257.
[11] MOU X P, PENG K P, ZENG J W, et al. The influence of the equivalent strain on the microstructure and hardness of H62 brass subjected to multi-cycle constrained groove pressing[J]. Journal of Materials Processing Technology, 2011, 211(4): 590 - 596.
[12] POLÀK J. Plastic strain-controlled short crack growth and fatigue life[J]. International Journal of Fatigue, 2005, 27(10): 1 192 - 1 201.
[13] 郑颖人, 孔亮. 岩土塑性力学[M]. 北京：中国建筑工业出版社, 2010: 33 - 37.(ZHENG Yingren, KONG Liang. Geotechnical plastic mechanics[M]. Beijing: China Architecture and Building Press, 2010: 33 - 37.(in Chinese))
[14] ZIENKIEWICZ O C, HUMPHESON C, LEWIS R W. Associated and non-associated viscoplasticity and plasticity in soil mechanical[J]. Geotechnique, 1975, 25(4): 671 - 689.
[15] 郑颖人, 赵尚毅. 有限元强度折减法在土坡与岩坡中的应用[J]. 岩石力学与工程学报, 2004, 23(19): 3 381 - 3 388.(ZHENG Yingren, ZHAO Shangyi. Application of FEM strength reduction in soil slope and rock slope[J]. Chinese Journal of Rock Mechanics and Engineering, 2004, 23(19): 3 381 - 3 388.(in Chinese))
[16] 郑颖人. 岩土数值极限分析方法的发展与应用[J]. 岩石力学与工程学报, 2012, 31(7): 1 297 - 1 316.(ZHENG Yingren. Development and application of numerical limit analysis for geotechnical materials[J]. Chinese Journal of Rock Mechanics and Engineering, 2012, 31(7): 1 297 - 1 316.(in Chinese))
[17] LI A J, MERIFIELD R S, LYAMIN A V. Limit analysis solutions for three-dimensional undrained slopes[J]. Computers and Geotechnics, 2009, 36(8): 1 330 - 1 351.
[18] LIU S Y, SHAO L T, LI H J. Slope stability analysis using the limit equilibrium method and two finite element methods[J]. Computers and Geotechnics, 2015, 63: 291 - 298.
[19] ZHENG H. A three-dimensional rigorous method for stability analysis of landslides[J]. Engineering Geology, 2012, 145: 30 - 40.
[20] ZHENG H, LI X K. Mixed linear complementarity formulation of discontinuous deformation analysis[J]. International Journal of Rock Mechanics and Mining Sciences, 2015, 75: 23 - 32.
[21] 陈祖煜. 土力学经典问题的极限分析上、下限解[J]. 岩土工程学报, 2002, 24(1): 1 - 11.(CHEN Zuyu. Limit analysis for the classic problems of soil mechanics[J]. Chinese Journal of Geotechnical Engineering, 2002, 24(1): 1 - 11.(in Chinese))
[22] 刘波, 韩彦辉. FLAC 原理、实例与应用指南[M]. 北京：人民交通出版社, 2005: 82 - 95.(LIU Bo, HAN Yanhui. FLAC theory, examples and application guide[M]. Beijing: China Communications Press, 2005: 82 - 95.(in Chinese))
[23] 东南大学, 同济大学, 天津大学. 混凝土结构设计原理[M]. 4th ed. 北京：中国建筑工业出版社, 2008: 12 - 21.(Southeast University, Tongji University, Tianjin University. The concrete structure design principle[M]. 4th ed. Beijing: China Architecture and Building Press, 2008: 12 - 21.(in Chinese))

单排与三排微型抗滑桩大型模型试验研究

辛建平[1,2]，唐晓松[1,2,3]，郑颖人[1,2,3]，张 冬[4]

（1. 后勤工程学院 土木工程系，重庆 401311；2. 后勤工程学院 岩土力学与地质环境保护重庆市重点实验室，重庆 401311；
3. 重庆市地质灾害防治工程技术研究中心，重庆 400041；4. 济南军区房管局潍坊办事处，山东 潍坊 261031）

摘 要：为了得到土质边坡中微型抗滑桩的破坏机制及边坡的破坏模式，通过3组大型物理模型试验对单排与三排微型抗滑桩加固黏性土边坡进行了研究。在加载过程中进行了位移和桩体应变的测量，最后进行开挖观察桩体破坏形态。试验结果表明，三排微型桩具有良好的抗滑效果，其承载力较单排桩提高了51.5%，且允许滑体产生较大位移，有效延缓坡体垮塌，适用于应急抢修工程。边坡会在加桩位置向前产生弧形次生滑面，并与预设滑面贯通；对于三排桩，第3排桩前出现桩土脱空区，坡面产生纵向劈裂缝。桩体变形呈S形，发生弯曲变形引起张拉与压剪破坏，而不是岩质边坡中滑面处的受剪断裂破坏。桩身所受最大弯矩分布于滑面以上，对于三排桩，第1排所受弯矩最大，第3排其次，第2排最小。其研究结果对了解微型桩的抗滑和破坏机制具有参考意义。

关 键 词：边坡工程；微型桩；模型试验；破坏机制
中图分类号：TU 473.1+2　　　**文献标识码**：A　　　**文章编号**：1000－7598 (2015) 04－1050－07

Large-scale model tests of single-row and triple-row anti-slide micropiles

XIN Jian-ping[1,2], TANG Xiao-song[1,2,3], ZHENG Ying-ren[1,2,3], ZHANG Dong[4]

（1. Department of Civil Engineering, Logistical Engineering University, Chongqing 401311, China; 2. Chongqing Key Laboratory of Geomechanics & Geoenvironmental Protection, Logistical Engineering University, Chongqing 401311, China; 3. Chongqing Engineering and Technology Research Center of Geological Hazard Prevention and Treatment, Chongqing 400041, China; 4. Housing Management Department of Jinan Military Command, Weifang, Shandong 261031, China）

Abstract: To characterize the failure mechanism of anti-slide micropiles and the failure mode of slope, three sets of large-scale physical model tests were carried out on the soil slopes reinforced by anti-slide micropiles in a single row and three rows. The displacements and the strain of piles during the loading process were measured and the failure pattern through excavating was observed. It is found that the triple-row micropiles behave better in anti-sliding, whose capacity is 51.5% higher than that of the single-row piles, and the sliding body can deform significantly before it completely collapses or fails, implying that the triple-row micropiles are suited to be used for the expedient treatment. Secondary sliding surface which is arch-shaped can be generated in front area of the piles and links to main sliding surface preset; for the three-row piles, pumping area between pile and soil would appear in front of the third row and longitudinal cracks come into being in the slope surface. The pile deformation displays S-shaped. The bending deformation of piles leads to tension-compression and shear failure instead of the fracture failure as at the sliding surface of rock slope. The maximum of bending moment of the pile is located above the sliding surface. For the triple-row micropiles, the bending moment of the first row piles is the largest, then the third row and that of the second row is smallest.

Keywords: slope engineering; micropiles; model test; failure mechanism

1 引 言

微型桩，一般指直径小于300 mm的钻孔加筋灌注桩，但也有文献认为微型桩的直径可以达到400 mm[1]，常以群桩的形式工作。微型桩主要有非开挖施工、施工机具小、受地形影响小、桩位布置灵活、振动小、施工速度快、桩型小节省材料等特点。其作为一种新型抗滑结构，以常规抗滑桩不能替代的优点在边坡加固和滑坡治理，尤其是在一些应急抢修工程中得到了越来越广泛的应用，但目前对于微型桩的抗滑与破坏机制尚缺乏系统全面的认识，理论严重滞后于实际应用。

注：本文摘自《岩土力学》(2015年第36卷第4期)。

Brown等[2]通过有限元软件对水平荷载下桩群的群桩效应进行了数值分析，得出群桩中桩间距为3倍桩径时，微型群桩效应十分明显，当桩距为5倍桩径时，群桩效应几乎可以忽略；陈正等[3]利用有限元软件 ABAQUS 对现场柔性微型桩试验进行数值模拟，数值分析和现场实测结果基本一致；冯君等[4]应用有限元理论建立计算微型桩体系内力和变形的力学模型，并将该模型应用于渝怀铁路顺层岩质边坡加固计算中，取得了较好的效果；阎金凯[5]进行了大型物理模型试验，其模型为一黄土填筑边坡，得到桩心配筋微型桩的破坏模式为发生于滑面附近的受弯破坏，桩周配筋微型桩的破坏模式为发生于滑面附近弯曲与剪切相结合的破坏；胡毅夫等[6]对微型桩加固岩质边坡进行模型试验，得到微型抗滑桩有3种破坏方式：以滑面为转轴的弯曲、前桩在滑面附近的脱空以及在滑面附近的张拉断裂和剪切断裂。还有其他学者也做了该方面的研究[7-13]，如苏媛媛[7]、朱宝龙[12]、梁炯[13]等通过模型试验对微型桩的受力变形与破坏特性进行了研究。

目前微型抗滑桩大型模型试验极少，尤其是对不同类型边坡中桩体及坡体的破坏机制认识尚不明确一致，作者进行了单排和三排微型桩加固黏性土边坡的大型模型试验，主要对土质边坡中微型桩的破坏形式、桩体受力和坡体的破坏模式等方面进行了研究。

2 试验原理

本次试验采用物理模型进行模拟，原型和模型之间相同物理量之比称为相似比，即

$$\lambda_i = \frac{i_p}{i_m} \tag{1}$$

式中：i 代表任一物理量，下标"p"和"m"分别代表原型和模型。

选取几何相似比 λ、密度相似比 λ_ρ 和应变相似比 λ_ε 3 个独立量推导其他物理量相似比。根据试验条件及可操作性，本次试验所取各相关物理量的相似比如表 1 所示：

表 1 各物理量及相似比
Table 1 Physical variables and similarity ratios

符号	物理含义	相似系数	本次试验取值
χ	长度	λ	7
ρ	密度	λ_ρ	1
ε	应变	λ_ε	1
σ	总应力	$\lambda\lambda_\rho$	7
μ	位移	$\lambda\lambda_\varepsilon$	7
EI	抗弯刚度	$\lambda^4\lambda_\rho/\lambda_\varepsilon$	2 401
M	弯矩	$\lambda^3\lambda_\rho$	343

由于本试验主要研究微型桩结构在横向荷载下产生的变形和破坏特征，不考虑桩结构及其周围土体的动力特征，故土体的相似比不是主控因素，可放宽要求，而微型桩应尽量满足相似条件。

3 模型试验设计

3.1 试验装置

试验采用的模型箱水平长度为 6.3 m，其中斜坡部分的长度为 4.3 m，宽度为 0.7 m，高度为 3 m。加载装置为微机控制电液伺服千斤顶。试验装置如图 1 所示。

图 1 试验装置
Fig.1 Experimental setup

3.2 坡体材料

试验模型参照重庆市沙坪坝区某一高 20.5 m 的纯土质边坡。土体类型为红黏土，在同一地点进行原地取样，保证土体性质基本一致，对模型进行人工分层填筑夯实，滑床与滑体土体性质一致。击实后的土体密度为 1.9 g/cm³，含水率为 26%。设置一圆弧形滑带，采用双层塑料膜进行模拟。在坡顶采用一块 135 cm×65 cm×10 cm 混凝土板作为传力装置，对坡体进行局部加载。模型尺寸如图 2 所示。

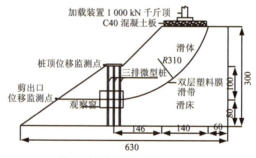

图 2 边坡模型（单位：cm）
Fig.2 Slope model (unit: cm)

3.3 桩体模型

实际工程中微型桩的配筋形式多样，有桩周配

筋、桩心配筋、钢管注浆等形式，本试验采用了比较简单且易于操作的桩心配筋形式。桩体原型为直径为 30 cm，长度为 1 260 cm，桩心配 3ϕ32 钢筋的圆桩，采用 C20 混凝土进行钻孔灌注。根据表 1 中的相似比试验桩体模型直径取 4.5 cm，长取 180 cm。采用 C20 自密实混凝土预制，最大骨料粒径为 5 mm，桩心配 1ϕ8 钢筋，图 3 为预制好的微型桩模型。

试验中除了几何尺寸外，抗弯刚度（EI）作为桩体抗滑的重要参数必须进行合理模拟，但实际中难以同时满足尺寸和材料参数的相似关系。微型桩原型抗弯刚度为 10.206×10^6 N·m^2，按相似比要求微型桩模型抗弯刚度应为 4.25×10^3 N·m^2，而实际抗弯刚度为 4.46×10^3 N·m^2，误差为 5.9%，在合理误差范围内。

如图 4 所示，横向桩间距为 2.6 倍桩径，即 11.7 cm，纵向桩间距为 4 倍桩径，即 18 cm。设有连系梁对桩顶进行纵向的固定，其长为 46 cm，宽为 9 cm，厚为 6 cm。在模型箱一侧设有 75 cm× 45 cm 的有机玻璃观察窗一个，第 6 列微型桩紧贴窗口布置以便在试验过程中进行观察。沿推力方向分别为第 1、2、3 排桩。

载，电脑控制自动加载，精度为 0.01 kN。每加载一次后进行实时测量数据，等数据基本稳定后进行下一级加载，直到破坏为止。各组试验的加载量如表 2 所示。

表 2 试验荷载统计表
Table 2 List of experimental loads

加载次数	加载量/kN		
	无桩	单排桩	三排桩
1	30	50	50
2	60	100	100
3	90	150	150
4	110	180	200
5	130	210	250
6	150	240	300
7	160	270	330
8	170	290	360
9	180	310	390
10	185	330	420
11	190	340	440
12	195	350	460
13	200		480
14			500
15			510
16			520

图 3 桩体模型
Fig.3 Piles model

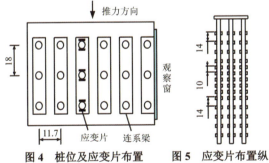

图 4 桩位及应变片布置平面图（单位：cm）
Fig.4 Location of piles and layout of strain gauges (unit: cm)

图 5 应变片布置纵面图（单位：cm）
Fig.5 Strain gauges layout (unit: cm)

3.4 加载设计

本次试验采用 1 000 kN 级千斤顶进行竖向加

4 试验和检测系统

4.1 试验内容

试验分 3 组进行：①无桩边坡破坏试验；②单排桩边坡破坏试验；③三排桩边坡破坏试验。

4.2 模型制作

粘贴钢筋应变片，焊接电线；预制微型桩、连系梁和混凝土板；分层填筑滑床，预留桩位；铺设双层塑料膜模拟滑带；埋入桩体，进行桩位固定；分层填筑滑体；加压混凝土板；安装位移传感器。

4.3 测量系统

单排桩试验时测量了第 3 根桩的钢筋应变和混凝土应变，但由于混凝土强度低很容易破裂，应变片随即失效，所以三排桩试验时只测量了第 3 列桩的钢筋应变。根据数值模拟得知，桩体在滑带附近变形较大，故在滑带附近布置应变片较密，两端较疏。采用 DH3816 数据采集仪采集应变数据，千分表和伸缩位移传感器进行桩顶和剪出口位移的测量。应变片的布置如图 4、5 所示。

5 试验成果分析

5.1 坡体破坏形态

无桩时滑体沿预设滑带整体向前滑移，无其他破坏形式。

单排桩时从观察窗可以看出，桩体向前倾斜，并无裂缝产生，桩前滑体部分产生宽度为 1～2 cm 的斜裂缝，约呈 45°方向，如图 6(a)所示。从图 6(b)可以看出，桩顶位置紧贴桩后产生一条贯通的横向裂缝，开挖后发现此裂缝向下延伸与观察窗看到的斜裂缝贯通，并在桩前滑体部分形成一个明显的弧形次生滑面，如图 6(c)所示。坡体的整体破坏如图 6(d)所示，滑体部分沿预设滑面整体滑出，完全破坏时剪出口位移为 53.7 mm。

桩体刚度小、变形大，随荷载的增大桩后滑体沿预设滑面下滑，但由于桩前滑体较少、抗力较小，使桩体上 1/3 高度范围内位移较大，推挤桩前土体向前滑移形成了破裂面，最终形成一次性弧形滑面，所以破体内发生了两处滑移，但仍以预设滑面为主，坡体滑移示意图如图 8 所示。

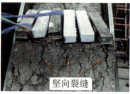
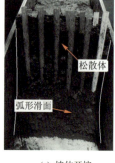

(a) 观察窗　　　　(b) 桩顶坡面

(c) 坡体开挖　　　(d) 整体破坏

图 7　三排桩坡体破坏情况

Fig.7　Failure form of slope with triple-row micropiles

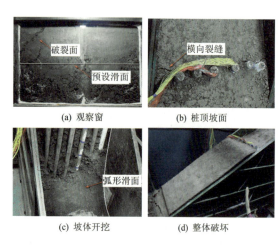

(a) 观察窗　　　　(b) 桩顶坡面

(c) 坡体开挖　　　(d) 整体破坏

图 6　单排桩坡体破坏情况

Fig.6　Failure form of slope with single-row micropiles

从观察窗可以看到，三排桩时数条明显的约呈 45°～60°方向的裂缝，而且裂缝延伸到预设滑面以下，滑带附近的桩体仍然发生倾斜变形，第 3 排桩前出现脱空区，如图 7(a)所示；从桩顶前侧坡面可以看到很多 0.5～1 cm 的竖向裂缝，布桩位置模型箱略有外鼓，如图 7(b)所示，说明微型桩对土体起到了劈裂作用。开挖后发现，在布桩位置前方土体也形成了次生滑面，并与预设滑面贯通，桩体埋深上 1/3 范围内的土体呈松散状态，如图 7(c)所示，松散体剥落后发现次生滑面延伸到第 1 排桩后坡面。坡体的整体破坏如图 7(d)所示，桩顶水平位移为 120.4 mm，剪出口位移为 74.9 mm。与单排桩加固坡体相似，破体内发生了两处滑移破坏，如图 8 所示。

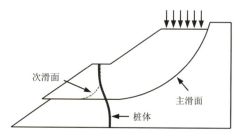

图 8　坡体滑移面示意图

Fig.8　Slip plane of slope

5.2 桩体变形与破坏特点

单排桩桩体变形与破坏形式与 3 排桩一致，故只以 3 排桩为例进行分析。图 9(a)为 3 排桩的桩体变形示意图，直线为桩体原始位置与形状，曲线为桩体破坏后最终的位置与形状。可以看出，桩体在滑面两侧发生弯曲变形，分别发生在滑面以上 50～70 cm 范围内和滑面以下 35～55 cm 范围内，相当于原型在滑面以上 3.5～4.9 m 和滑面以下 2.45～3.85 m 范围内发生弯曲破坏，滑面附近桩体并无破坏，只是向前倾斜。这与苏媛媛[7]对微型桩加固土质边坡的研究结果基本一致，她得出桩体的破坏模式为滑面两侧弯曲变形引起的双塑性铰破坏，而且不同于胡毅夫等[6]得到的微型桩加固岩质边坡的破坏形式，他得到的桩体破坏为滑面附近的张拉断裂和剪切断裂。这说明桩体的破坏形式与坡体材料密切相关，土体弹性模量较小容易发生变形，而岩石弹性模量较大不易发生变形，这也就导致了桩体的破坏形式不同。

开挖后发现滑面以上的破坏程度要比滑面以下严重，第 3 排桩的破坏程度最大，第 1 排其次，第 2 排最小。图 9(b)和图 9(c)为滑面以上桩体的破坏状态，可以看出，桩体的破坏表现为弯曲引起的张拉与压剪破坏；从图 9(a)的观察窗可以看出，滑面附近第 1 排桩的位移最大，第 2 排其次，第 3 排最小，经测量得预设滑面处 3 排桩的位移依次为：第 1 排 12.5 cm，第 2 排 11 cm，第 3 排 10 cm，由此可知，桩体所受推力依次减小。

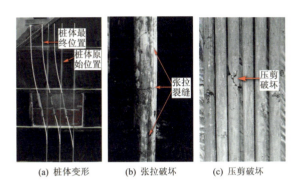

(a) 桩体变形　　(b) 张拉破坏　　(c) 压剪破坏

图 9　桩体变形及破坏
Fig.9　Deformation and failure pile

5.3　桩体弯矩分布

图 10(a)、(b)分别是单排桩在极限荷载为 330 kN 时的弯矩分布图和三排桩在极限荷载为 500 kN 时的弯矩分布图。可以看出，无论是单排桩还是 3 排桩弯矩分布都呈反 S 型，正负弯矩的分界点在滑面下 10~15 cm 处，相当于原型的滑面下 0.7~1.05 m 处；滑面以上的弯矩最大值大于滑面以下的弯矩最大值，单排桩的正负弯矩最大值之比为 1.26，三排桩第 1 排的正负弯矩最大值之比为 5.05，第 2 排为 1.19，第 3 排为 2.14；三排桩中第 1 排所受正弯矩最大，第 3 排其次，第 2 排最小，三者之比为 2.1:1.5:1；第 1、2、3 排的负弯矩相差不大，数值较小；第 1 排正弯矩变化比较剧烈，弯矩较大值分布比较集中，主要在滑面上 20 cm 范围内，相当于原型的滑面上 1.4 m 范围内，第 2 排正弯矩变化比较缓和，分布较广。弯矩的分布形式与苏媛媛[7]4 倍桩径排距时的矩形截面组合桩所得结果类似：滑面以上弯矩前排桩>后排桩>中排桩，且中排桩弯矩分布相对比较均匀。

根据桩体破坏程度判断可知，第 3 排桩所受正弯矩应该最大，这与最终的监测结果不符，而且第 3 排桩的正弯矩分布呈波浪形。此现象可解释如下：

第 3 排桩破坏程度最严重可以归结于开挖方式造成的影响，由于从坡脚开挖，随着桩前抗滑体的

减少，桩体所受推力增大，当桩前土体开挖完之后，第 3 排桩滑面以上不受任何桩前抗力，只受桩后推力，而其本身仍起到抵抗桩后推力的作用，即第 2 排桩和第 1 排仍然受到桩前抗力，所以最终导致开挖后第 3 排桩的破坏程度最大。第 3 排桩滑面以上桩身所受弯矩呈波浪形分布可以解释如下：①在加载初期，桩间土有效地将土压力均匀地从第 1 排传递到第 3 排，随着荷载的增大，滑体位移也逐步增加，由于桩间土受到桩体约束而发生强烈挤压，并产生多条裂缝，不能再均匀地传递土压力；②第 3 排桩前土体具有临空面，土体受桩体推力可自由向前滑移，而桩体由于自身强度和滑床的嵌固作用在滑面附近只发生了倾斜，所以导致第 3 排桩与土体发生了脱空破坏。以上两种原因最终使第 3 排桩身正弯矩呈波浪形分布。

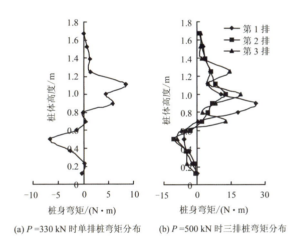

(a) $P=330$ kN 时单排桩弯矩分布　(b) $P=500$ kN 时三排桩弯矩分布

图 10　桩身弯矩分布
Fig.10　Distributions of moment along pile shaft

5.4　坡体位移及承载力

无桩边坡只监测了剪出口位移，单排桩时所用桩顶位移计量程过小，故只采用剪出口的位移数据来对不同工况的坡体位移进行比较分析。然后对三排桩桩顶和剪出口的位移数据进行对比分析。

由图 11(a)荷载-位移曲线可以看出，无桩边坡只有 1 个突变点，其后，位移随荷载的增大而迅速增长。而单排桩和三排桩加固的边坡其荷载-位移曲线有两个突变点，第 2 个突变点后位移的增长速率比第 1 个突变点后的速率更大，所以把第 1 个点定为屈服点，第 2 个点为破坏点。单排桩屈服点对应的荷载为 270 kN，位移为 16.5 mm；三排桩屈服点对应的荷载为 420 kN，位移为 16.7 mm。单排桩破坏点对应的荷载为 330 kN，位移为 53.7 mm；三排桩破坏点对应的荷载为 500 kN，位移为 74.9 mm。

无桩时屈服点和破坏点重合,其对应的荷载为160 kN,位移为9 mm。由以上数据可以看出,加桩后屈服点所对应的位移比无桩时增大了近1倍,而破坏点所对应的位移增大了5～7倍,三排桩比单排桩也有所增大。说明微型桩加固边坡允许滑体发生较大位移,能有效延缓坡体垮塌破坏,适用于应急抢修工程。

按屈服点所对应的荷载来计算,单排桩边坡较无桩边坡承载力提高了68.8%,三排桩边坡较无桩边坡承载力提高了162.5%,而三排桩边坡较单排桩边坡提高了55.6%;按破坏点所对应的荷载来计算,单排桩边坡较无桩边坡承载力提高了106.3%,三排桩边坡较无桩边坡承载力提高了212.5%,而三排桩边坡较单排桩边坡提高了51.5%。可见桩体发生较大变形进入塑性状态能够充分发挥抗滑作用而提高承载力。

由图11(b)可以看出,三排桩桩顶的荷载-位移曲线只有一个明显的突变点,并且在剪出口曲线的屈服点和破坏点之间。所以在用荷载-位移曲线判断坡体屈服时采用剪出口曲线比较合理,判断坡体破坏时采用桩顶曲线比较保守、安全。

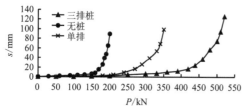

(a) 3 组边坡荷载-位移曲线

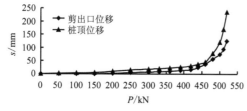

(b) 三排桩边坡荷载-位移曲线

图 11 荷载-位移曲线
Fig.11 Load-displacement curves

6 结 论

(1) 坡体在加桩位置向前产生弧形次生滑面,最终与预设滑面贯通;对于三排桩加固的边坡,第3排桩前出现桩土脱空破坏,坡面产生纵向劈裂缝。

(2) 桩体变形呈S形,主要发生滑面两侧弯曲变形引起的张拉与压剪破坏,滑面附近桩体并无破坏。

(3) 桩体所受弯矩呈S形分布,反弯点在滑面附近,最大弯矩分布于滑面以上;对于三排桩,达到极限荷载时第1排所受弯矩最大,第3排其次,第2排最小。

(4) 三排桩微型桩可有效提高边坡的承载力,具有良好的抗滑效果,允许滑体发生较大位移,可有效延缓坡体垮塌,适用于应急抢险工程。

参 考 文 献

[1] JENSEN WAYNE G. Anchored geo-support systems for landslide stabilization[D]. Laramie: Doctor Dissertation of University of Wyoming, 2001: 10－12.

[2] BROWN D A, SHIE CHINE-FENG. Numerical experiments into group effects on the response of piles to lateral loading[J]. **Computers and Geotechnics**, 1990, 10(3): 211－230.

[3] 陈正, 梅岭, 梅国雄. 柔性微型桩水平承载力数值模拟[J]. 岩土力学, 2011, 32(7): 2219－2224.
CHEN Zheng, MEI Ling, MEI Guo-xiong. Numerical simulation of lateral bearing capacity of flexible micropile[J]. **Rock and Soil Mechanics**, 2011, 32(7): 2219－2224.

[4] 冯君, 周德培, 江南, 等. 微型桩体系加固顺层岩质边坡的内力计算模式[J]. 岩石力学与工程学报, 2006, 25(2): 284－288.
FENG Jun, ZHOU De-pei, JIANG Nan, et al. A model for calculation of internal force of micropile system to reinforce bedding rock slope[J]. **Chinese Journal of Rock Mechanics and Engineering**, 2006, 25(2): 284－288.

[5] 阎金凯. 滑坡微型桩防治技术大型物理模型试验研究[D]. 西安: 长安大学, 2010.

[6] 胡毅夫, 王庭勇, 马莉. 微型抗滑桩双排单桩与组合桩抗滑特性研究[J]. 岩石力学与工程学报, 2012, 31(7): 1499－1505.
HU Yi-fu, WANG Ting-yong, MA Li. Research on anti-sliding characteristics of single double-row and composite anti-slide micropiles[J]. **Chinese Journal of Rock Mechanics and Engineering**, 2012, 31(7): 1499－1505.

[7] 苏媛媛. 注浆微型钢管组合桩加固土质边坡模型试验研究[D]. 青岛: 中国海洋大学, 2010.

[8] 孙树伟, 朱本珍, 马惠民. 框架微型桩结构抗滑特性的模型试验研究[J]. 岩石力学与工程学报, 2010, 29(增刊1): 3039－3044.
SUN Shu-wei, ZHU Ben-zhen, MA Hui-min. Model experimental research on anti-siding characteristics of micropiles with cap beam[J]. **Chinese Journal of Rock Mechanics and Engineering**, 2010, 29(Supp. 1): 3039－3044.

[9] ZHANG L, SILVA F, GRISMALA R. Ultimate lateral resistance to piles in cohesionless soils[J]. **Journal of Geotechnical and Geoenvironmental Engineering**, 2005, 131(1): 78－83.

[10] 张丹丹, 刘小丽, 黄敏, 等. 微型群桩加固岩石滑坡受力特性的有限元分析[J]. 工程地质学报, 2011, 19(增刊): 502－507.
ZHANG Dan-dan, LIU Xiao-li, HUANG Min, et al. Finite element analysis on mechanical characteristics of micropile group for rock slide reinforcement[J]. **Journal of Engineering Geology**, 2011, 19(Supp.): 502－507.

[11] 王唤龙. 微型桩组合抗滑结构受力机理与防腐性研究[D]. 成都: 西南交通大学, 2011.

[12] 朱宝龙, 陈强, 巫锡勇. 微型桩群加固边坡受力特性离心模型试验研究[J]. 四川大学学报(工程科学版), 2012, 44(2): 1－8.
ZHU Bao-long, CHEN Qiang, WU Xi-yong. Centrifugal model test research on mechanical characteristics of micropile groups reinforcing slope[J]. **Journal of Sichuan University (Engineering Science Edition)**, 2012, 44(2): 1－8.

[13] 梁炯, 门玉明, 石胜伟. 滑坡治理微型桩群配筋形式模型试验[J]. 地质灾害与环境保护, 2013, 24(1): 74－79.
LIANG Jiong, MEN Yu-ming, SHI Sheng-wei. A model experiment on the steel reinforcement of micro-pile groups in landslide control[J]. **Journal of Geological Hazards and Environment Preservation**, 2013, 24(1): 74－79.

混凝土材料剪切强度的试验研究

丛 宇[1]，孔 亮[1]，郑颖人[1,2]，阿比尔的[2]，王在泉[1]

(1.青岛理工大学 土木工程学院，山东 青岛 266033；2.后勤工程学院 建筑工程系，重庆 400041)

摘 要：目前在水利、岩土、隧道、石油等工程中混凝土材料处于塑性状态，需要按弹塑性理论来分析计算，因此必须知道衬砌混凝土材料的剪切强度参数，即黏聚力 c 与内摩擦角 φ，但目前国内尚无确定的统一方法和标准。借鉴岩土抗剪强度试验原理，在现有试验设备条件下，提出将直剪试验与单轴抗压试验相结合的方法来测试混凝土的剪切强度。通过对不同强度等级混凝土进行室内试验，得到相应强度等级混凝土剪切强度指标 c、φ 值，同时利用理论公式和有限元超载法对不同等级混凝土剪切强度进行理论与数值验证，结果表明本研究提出的抗剪强度试验方法与剪切强度指标是基本准确可靠的。

关键词：混凝土；直剪试验；三轴试验；抗剪强度；单轴压缩

中图分类号：TU528.01　　**文献标志码**：A　　**文章编号**：1002-3550(2015)05-0040-06

Experimental study on shear strength of concrete

CONG Yu[1], KONG Liang[1], ZHENG Yingren[1,2], A BI Erdi[2], WANG Zaiquan[1]

(1.School of Civil Engineering, Qingdao Technological University, Qingdao 266033, China;
2.Department of Civil Engineering, Logistical Engineering University, Chongqing 400041, China)

Abstract: Concrete in the state of plasticity is needed to analyze by elastic-plastic theory for large engineering project, such as: water conservancy project, tunnel engineering, geotechnical engineering, petroleum engineering, so the shear strength parameters of lining concrete, i.e.cohesion c and internal friction angel φ, have to be known in the design calculation of cavern lining, but there is no unified method and standard so far. Based on the experimental principle of shear strength for geomaterials, a new method combining the direct shear test and uniaxial compression test is put forward to measure the shear strength of concrete under the existing limit conditions.The shear strength indexes of concrete with different strength grade are obtained through laboratory tests.Theoretical analysis and numerical simulation, including excess load method, validate this method's feasibility and results reliability.

Key words: concrete; direct shear test; triaxial test; shear strength; uniaxial compression

0 引言

混凝土作为使用量最大、使用范围最广的工程材料在建筑、水利、交通和国防等领域中广泛应用。在建筑力学与工程中，混凝土按受力形式分为拉、压、弯曲等破坏形式，规范[1]中相应提供了混凝土的抗拉、抗压、抗折等强度。但在广泛使用的弹塑性力学中固体材料的破坏只有拉破坏和剪切破坏，因此需要提供材料的抗拉和抗剪强度。目前在一些工程中，如水利工程、石油工程、岩土工程、隧道工程中，某些情况下混凝土主要处于塑性状态，例如，地下工程与隧道工程中采用复合支护，初衬采用无配筋的喷射混凝土，施工中围岩与初衬混凝土会产生很大的变形。对软弱岩体和土体，即使初衬完成后还需预留10 cm左右的变形量，表明初衬混凝土必然会进入塑性状态。因而需要按弹塑性理论[2-4]来分析混凝土的承载能力与破坏状态。依据力学观点，混凝土属于岩土类摩擦材料，不仅具有黏聚力而且还具有摩擦力，其抗剪强度需要按黏聚力 c 和内摩擦角 φ 值来表示。混凝土作为主要工程材料，掌握其抗剪强度指标十分重要。

由此可见，给出不同强度等级混凝土的抗剪强度(黏聚力 c 与内摩擦角 φ)迫在眉睫。而现有相关规范与标准[1,5-7]，并没有给出剪切强度 c、φ 值指标，且至今尚无测定混凝土抗剪强度统一的标准试验方法[8-11]。因此本研究效仿岩土材料强度试验，依据现有试验条件提出直剪试验与单轴抗压试验相结合的方法，得到不同强度等级混凝土的 c、φ 值。

依据摩尔-库仑强度准则推导出抗压强度与抗剪强度之间存在的理论关系，由此通过理论计算方法和数值分析方法分别验证不同混凝土抗剪强度试验结果的准确性，并通过混凝土抗压强度的标准值和设计值换算出抗剪强度的标准值和设计值。

1 建筑工程中混凝土剪切强度试验

近年来，在建筑力学与工程中也正在探讨混凝土的剪

注：本文摘自《混凝土》(2015年第5期)。

切强度,但把混凝土视作非摩擦材料,用于结构构件计算。通过纯剪确定混凝土的剪切强度,相当于确定摩擦材料中的黏聚力 c 值,适用于建筑结构构件。下面几种试验方法,建立了抗剪强度与抗压强度、抗拉强度之间的关系。试验试件为 150 mm 标准混凝土立方体试件。

(1) 受弯截面最大剪力设计值

混凝土结构设计规范[1]中,给出矩形截面构件的最大剪力设计值与混凝土轴心抗拉强度之间的关系:

$$V \leq 0.7\beta_c f_t b h_0 \quad (1)$$

式中:V——构件斜截面的最大剪力设计值;

β_c——混凝土强度影响系数;

b——截面的宽度;

h_0——截面的有效高度;

f_t——混凝土抗拉强度设计值。

此公式适用于建筑结构中不配置箍筋、弯起钢筋的一般板类受弯构件,结构设计中用以计算其斜截面受剪承载力。按式(1)计算的不同强度等级混凝土剪力计算结果如表 1 中方法一所示。

(2) 矩形梁直接剪切试验

文献[8]指出 Morsh 最先将试件两端支起,跨中通过传压板施加荷载。试件的破坏剪面是由锯齿状裂缝构成,锯齿的两个方向分别由混凝土的抗压和抗拉强度控制,平均抗剪强度的计算式为:

$$\tau_p = k\sqrt{f_c f_t} \quad (2)$$

式中:k——修正系数,取 0.75;

f_t——混凝土抗拉强度;

f_c——混凝土抗压强度设计值。此方法在试验过程中剪应力分布不均匀,抗剪强度结果易受到正压力影响。按式(2)计算的不同强度等级混凝土剪力计算结果如表 1 中方法二所示。

(3) 四点受力等高梁抗剪试验

过镇海[9]等提出四点受力等高梁抗剪试验方法对混凝土进行剪切试验。试件中部设有缺口,避免了试验过程中引起的应力集中现象;通过控制试件的厚度,控制试件破坏的位置。试验给出了混凝土的抗剪强度与立方体抗压强度的关系:

$$\tau = 0.39 f_c^{0.57} \quad (3)$$

按式(3)计算的不同强度等级混凝土剪力计算结果如表 1 中方法三所示。

表 1 不同剪切试验方法计算的混凝土抗剪强度设计值 MPa

剪切试验	不同强度等级混凝土								
	C20	C25	C30	C35	C40	C45	C50	C55	C60
方法一	0.77	0.89	1.00	1.10	1.20	1.26	1.32	1.37	1.43
方法二	2.44	2.92	3.39	3.84	4.29	4.62	4.96	5.28	5.62
方法三	1.42	1.60	1.78	1.94	2.10	2.22	2.34	2.46	2.58
方法四 c/MPa	1.62	1.94	2.26	2.56	2.86	3.08	3.08	3.52	3.74
方法四 φ/(°)	52.60	53.82	54.90	55.91	56.68	57.44	57.44	58.89	59.53

从表 1 中明显可以看出方法一斜截面受剪承载力得到的抗剪强度比较低,建筑结构设计中据此结果对构件配筋以提高构件的抗剪强度,承载力计算主要应用在板、梁等受弯构件中,这种方法不太适用于岩土工程。方法二矩形梁的抗剪强度结果比较高,可能与试件剪应力分布不均匀有关。表中前三种方法都没有考虑混凝土材料内摩擦角 φ 的影响,因此适用于建筑工程结构,同时也可以为岩土与隧道工程中确定混凝土抗剪强度 c 值提供参考。

2 岩土剪切试验方法

岩土类材料作为摩擦材料,其剪切试验得到的剪切强度不仅包括材料的黏聚力 c,还有考虑材料摩擦而得到的内摩擦角 φ。其试验方法主要有三轴试验法和直剪试验法。

(1) 三轴试验

三轴试验以试样破坏面上的法向应力 σ 为横坐标,剪应力 τ 为纵坐标,在横坐标上以 $(\sigma_1 + \sigma_2)/2$ 为圆心,$(\sigma_1 - \sigma_3)/2$ 为半径,在 $\tau - \sigma$ 平面上绘制试样不同围压下的莫尔圆,并绘制出其强度包络线,依据库仑定律 $\tau = c + \sigma\tan\varphi$,即可得到抗剪强度参数 c 和 φ。

(2) 直剪试验

直剪试验是以试件垂直压力为横轴,以抗剪强度为纵轴,绘制抗剪强度-垂直压力的关系曲线,并同样依据库仑定律 $\tau = c + \sigma\tan\varphi$,即可得到抗剪强度参数 c 和 φ。

法向应力不是很大时,土体强度极限曲线基本为线性,有明确的 c、φ 值含义,而岩石强度极限曲线一般为二次曲线或其他曲线,近似视作直线,与实际存在一定误差。

(3) 岩石单轴抗压、抗拉强度换算确定法

依据岩石单轴抗压、抗拉强度可换算得出岩石(岩块)剪切强度,通过试验得到岩石试样的抗压、抗拉强度值,并由此得到单轴抗压强度与单轴抗拉强度两个莫尔圆,对两个莫尔圆作一公切线,从而得到岩石的 c、φ 值。但由于只有两个摩尔圆,且岩石的强度包络线实际并非直线,故这种做法是近似的,一般会使 c 值偏小、φ 值偏大。

假设 $k = \sigma_t/\sigma_c$,σ_t 为抗拉强度,σ_c 为抗压强度,则有:

$$\tan\varphi = \frac{1-k}{2\sqrt{k}} \quad (4)$$

$$c = \frac{\sigma_t}{2\sqrt{k}} = \frac{\sqrt{k}}{2}\sigma_c \quad (5)$$

依据式(4)和(5),即可基于单轴抗压抗拉强度计算岩石(岩块)的剪切强度参数 c、φ。

岩石单轴抗压抗拉强度计算方法也可以为混凝土剪切强度借鉴,采用规范[1]给出的不同强度等级混凝土的抗拉、抗压强度,可以得到混凝土的剪切强度 c、φ 值,计算结果如表 1 中方法四所示。

鉴于当前混凝土材料尚无剪切强度标准试验方法,且混凝土材料与岩土材料类似,两者都是摩擦材料,因此可以借鉴岩土剪切试验方法对混凝土材料进行抗剪强度试验。

3 混凝土剪切试验及结果分析

岩土材料,尤其是岩石(岩块)材料与混凝土材料有一

定的相似性,但岩块比较均匀,而混凝土材料骨料分散,试验离散性较大,因而要求混凝土试件尺寸大于岩石试件尺寸。

在岩土剪切试验中,一般认为三轴试验比较规范,试验结果有较大可靠性,但试验较为复杂、成本高;直剪试验设备要求低,操作简单方便,但由于剪力分布不够均匀,试验结果的离散性较大。鉴于目前尚无混凝土剪切试验的规程,也缺少相应的试验设备,现行的试验方法各部门和各单位都有不同的选取,本研究综合考虑三轴试验与直剪试验的优点,提出将直剪试验与单轴抗压试验相结合的混凝土剪切试验方法,以期利用室内直剪试验,通过数据的处理,达到三轴试验的效果。

3.1 混凝土取样

综合混凝土结构设计规范[1]、普通混凝土力学性能试验方法标准[5]、混凝土强度检验评定标准[6]、混凝土结构工程施工质量验收规范[7]等,并考虑现有试验设备,制备混凝土试验试样。岩土三轴试验中采用的试件尺寸一般为高 100 mm、直径为 50 mm 的标准圆柱体,而混凝土一般采用边长 150 mm 的立方体,因此考虑试验条件限制以及尺寸效应,试件采用边长 100 mm 的立方体。

试件内骨料粒径一般在 25 mm 左右,取样完成后试件在 (20 ± 2) ℃,相对湿度为 95%以上的标准养护室中养护 28 d 后,95%以上试样能满足设计强度要求。制备好混凝土试样与试验设备如图 1。

图 1 试验装置示意图

对同种强度等级混凝土多次重复试验,试验结果采用统计结果。统计的试验实测值与试验名义值会稍有差异,因此对试验值稍作微调,以更接近试验名义值。

3.2 混凝土抗剪强度试验方法

岩土工程中一般认为三轴试验方法结果较好,但缺乏适用于混凝土的试验设备,因此综合现有试验条件,提出将直剪试验与抗压试验相结合的方法来进行不同强度等级混凝土剪切试验,基本思路为:首先采用直剪试验确定试件的 c、φ 值;其次采用单轴受压试验获得试件相应莫尔圆,在已知 c 值的情况下,通过单轴抗压莫尔圆获得 φ 值,以修正直剪试验的 φ 值,提高结果的准确性。具体做法如下:

(1) 对试件施加 0、2、4、6、8 MPa 法向压力,通过混凝土直剪试验得到混凝土的极限强度曲线,强度曲线近似为一条抛物线,抛物线前面一段(法向应力较低时)近似呈直线,由此可以得到直线段与 y 轴的截距和 x 轴的夹角,依据式(6)即可确定混凝土的 c 与 φ 值:

$$\tau = c + \tan\varphi \quad (6)$$

式中:τ——混凝土在不同法向应力下的剪力;

σ——试验中混凝土试样承受的不同的法向应力。

(2) 通过混凝土单轴抗压试验,可以得到混凝土的单轴抗压强度莫尔圆。此时从混凝土直剪试验得出的 c 值出发作莫尔圆切线,由此得出直剪试验 c 值和单轴抗压莫尔圆相结合的 φ 值。φ 值的计算采用式(7):

$$\tan\varphi = \frac{\sigma_c^2 - 4c^2}{4c \cdot \sigma_c} \quad (7)$$

式中:c——混凝土直剪试验得到的 c 值;

σ_c——混凝土单轴抗压强度。

(3) 对比按式(6)与式(7)得到的 φ 值,取两者中较低的 φ 值。

3.3 试验方法实例

(1) 对 C25 强度等级混凝土试件进行三组以上重复试验。试验后混凝土试样如图 2:

图 2 试验完成后 C25 试样照片

混凝土试样由于自身结构原因,离散性很大,剔除试验结果中非常明显的离散值,对可靠的试验结果进行平均,对平均值进行分析。直剪试验的法向应力分别为 0、2、4、6、8 MPa,强度极限曲线近似为一条抛物线,如图 3 中抛物线,回归得抛物线公式为:$\tau = -0.121\,4\sigma^2 + 2.451\,4\sigma + 3.228\,6$;在抛物线前面一段(较低法向应力)时,极限强度曲线基本为一条直线。如果在法向应力 0、2、4 和 6 MPa 的剪应力之间作一条直线,如果直线为 c 值点的切线,由此可以确定 C25 混凝土的 c 与 φ 分别为 3.2 MPa 与 64.5°左右;如果直线取平均线,由此可以确定 C25 混凝土的 c 与 φ 分别为 3.2 MPa 与 61.3°左右。

由混凝土规范[1]可知单轴抗压强度,对于 C25 混凝土 $\sigma_3 = 0$ MPa,$\sigma_1 = 25$ MPa(取立方体试验名义值),作莫尔圆,如图 3 中的圆弧。依据直剪试验结果 c 为 3.2 MPa,由 c 点出发向莫尔圆作切线,如图 3 中的直线,回归得直线公式为:$\tau = 1.84\sigma + 3.2$,也得到 c 与 φ 分别为 3.2 MPa 与 61.3°。

对两种方法得到的 φ 值取小值,由此确定 C25 强度等级混凝土实测的 c 与 φ 分别为 3.2 MPa 与 61.3°。

(2) 采用同样方法对 C30 强度等级混凝土进行试验。直剪试验得到抛物线公式为:$\tau = -0.053\,6\sigma^2 + 2.138\,6\sigma + 3.911\,4$;由直剪试验与单轴抗压强度摩尔圆得到切线,公式为:$\tau = 1.865\sigma + 3.9$;具体结果如图 4 所示。

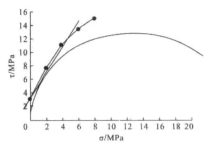

图 3　C25 混凝土直剪试验强度极限与单轴试验极限曲线

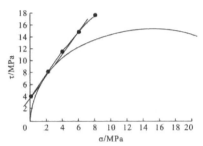

图 4　C30 混凝土直剪试验强度极限与单轴试验极限曲线

表 2 列出了不同强度等级混凝土抗剪强度 c、φ 的试验值。

表 2　不同强度等级混凝土立方体抗剪强度试验实测值与名义值

混凝土强度等级		C20	C25	C30	C35	C40	C45	C50	C55	C60
试验实测值	c/MPa	2.6	3.2	3.9	4.5	5.1	5.6	6.1	6.6	7.2
	φ/(°)	60.1	61.3	61.8	62.2	62.5	62.7	62.9	63.1	63.3
试验名义值	c/MPa	2.6	3.2	3.9	4.4	5.0	5.5	6.0	6.5	7.1
	φ/(°)	61.1	61.4	61.6	61.9	62.2	62.4	62.5	62.8	62.8

表 2 中，混凝土强度等级增大，混凝土的抗剪指标 c、φ 也相应增大。强度等级增大，指标 c 增加的差值比较均匀，但同时指标 φ 的差值逐渐减少。应当指出，本方法是以直剪试验测得的 c 值为依据的，不同材料配合比情况下是否会影响 c 值大小，为此进行了第二种配合比试验。试验结果表明两者相差无几，进一步说明本方法的合理性。

混凝土材料进入塑性后，材料强度会有所降低，结合实际设计、施工经验，混凝土剪切强度指标在具体工程应用中应留有一定的安全度，暂时规定[2] c 值取试验值的 2/3，而 φ 取试验值的 85% 作为设计值，具体结果见表 3。

表 3　不同强度等级混凝土抗剪强度经验设计值

混凝土 c、φ 值		C20	C25	C30	C35	C40	C45	C50	C55	C60
直剪试验与单轴抗压试验法	c/MPa	1.7	2.1	2.6	3.0	3.4	3.7	4.1	4.3	4.7
	φ/(°)	51.1	52	52.5	53	53	53.3	53.6	53.6	53.7

4　混凝土抗剪强度理论与数值验证

4.1　混凝土抗剪强度的理论验证

由于力学的发展前后不一，在适用于杆件与构件的建筑力学中通常以构件的受荷形式来确定材料强度，如抗压强度、抗拉强度、抗折强度等。而在弹塑性力学中，通常以材料破坏的方式来确定材料强度，力学机理上材料剪切破坏是由材料受压引起的，因而材料只有抗拉强度和抗剪强度，没有抗压强度。其实两者只是定义不同，实质是相同的，不过摩擦类材料抗剪强度由黏聚力和摩擦力两部分构成。抗压强度与抗剪强度必然存在相应的力学关系。对于摩擦类材料，依据莫尔-库仑准则，各种应力与 c、φ 值之间必然存在如下关系：

$$\sigma_1 = \frac{1+\sin\varphi}{1-\sin\varphi}\sigma_3 + \frac{\cos\varphi}{1-\sin\varphi}2c \quad (8)$$

$$\tau = c + \sigma\tan\varphi = \frac{\sigma_1 - \sigma_3}{2}\cos\varphi \quad (9)$$

$$\sigma = \frac{\sigma_1 + \sigma_3}{2} - \frac{\sigma_1 - \sigma_3}{2}\sin\varphi \quad (10)$$

$$c = \left[\frac{\sigma_1 - \sigma_3}{2} - \frac{\sigma_1 + \sigma_3}{2}\sin\varphi\right]\frac{1}{\cos\varphi} \quad (11)$$

混凝土抗压试验为单轴压缩试验，即 $\sigma_3 = 0$，因此可以对式 8~11 简化，并用来验证混凝土抗剪强度的准确性。

4.2　混凝土抗剪强度的数值验证

为验证上述方法测得的混凝土剪切强度指标，采用极限分析法中的超载法[2-4]，假定混凝土试样强度参数不变，通过逐级超载试样所受荷载，寻求试样的极限荷载，结合有限差分软件 FLAC[3D] 进行数值验算。通过比较数值验算的极限荷载与试验混凝土强度等级，从而判断试验剪切指标的准确性。

模型按《混凝土结构设计规范》[1] 要求，取为边长 150 mm 的立方体，模型底面施加约束，顶面为自由面，施加竖直向下的均布荷载，如图 5 所示；按照极限分析理论，求解强度问题可将混凝土模型视为理想弹塑性材料，采用理想弹塑性本构模型和莫尔-库仑屈服准则。

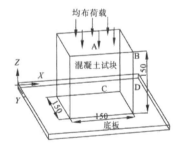

图 5　混凝土验证模型（单位：mm）

模型分别模拟验证 C20~C60 等不同强度等级的混凝土，模型的剪切强度指标 c、φ 值按表 2 试验平均值采用，弹性模量 E 和泊松比 μ、重度 γ 按《混凝土结构设计规范》[1] 取值，如表 4 所示。

只要通过不加法向压力的直剪试验就能得到 c 值，由此求出 φ 值。如果已知混凝土的抗剪强度与抗压强度，那么也可采用上述公式验证剪切强度的准确性。验证计算过程中不断增加轴向荷载，直至模型达到破坏极限状态。破坏极限状态时的荷载为极限荷载，若计算的极限荷载与试验时的混凝土抗压强度相近，表明本研究提出的混凝土抗剪强度指标是合理的。

表4 混凝土模型力学参数

混凝土强度等级	c/MPa	φ/(°)	E/GPa	μ	γ/(kN/m³)
C20	2.6	60.9	25.5	0.2	2 500
C25	3.2	61.3	28.0	0.2	2 500
C30	3.9	61.8	30.0	0.2	2 500
C35	4.5	62.2	31.5	0.2	2 500
C40	5.1	62.5	32.5	0.2	2 500
C45	5.6	62.7	33.5	0.2	2 500
C50	6.1	62.9	34.5	0.2	2 500
C55	6.6	63.1	35.5	0.2	2 500
C60	7.2	63.3	36.0	0.2	2 500

以C25强度等级混凝土的位移突变判据为例，分别取不同监测点位移变化如：受载面中心点A点z向，角点B点z向，角点B点y向，侧面中心点C点y向，侧边中点D点y向，具体分布如图5所示。极限荷载时和破坏时的位移时程曲线如图6与图7所示。

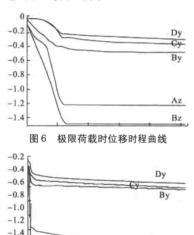

图6 极限荷载时位移时程曲线

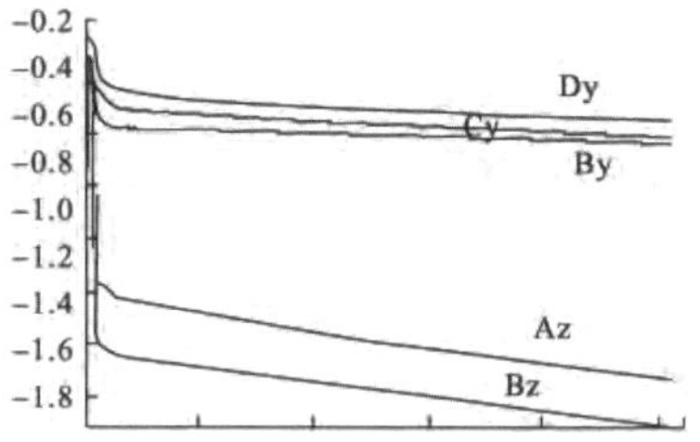

图7 破坏时位移时程曲线

图6为荷载25.01 MPa时监测点的位移变化，位移时程曲线明显呈水平直线，表明计算收敛；而图7为荷载25.02 MPa时监测点的位移呈持续增大趋势，表明计算不收敛。由此判断25.01 MPa为试样的极限荷载。

4.3 理论公式与数值计算验证剪切强度的准确性

利用4.1节中的理论公式与4.2节中的数值方法对上述试验结果进行验证。表5给出不同强度等级混凝土 c、φ 值的理论和数值验证结果。

表5 不同强度等级混凝土抗剪强度验证

混凝土强度等级（即试验值）	c/MPa	φ/(°)	极限荷载 理论解/MPa	极限荷载 数值解/MPa	理论解与数值解误差/%
C20	2.6	60.1	20.03	20.03	0
C25	3.2	61.3	25.02	25.01	0.04
C30	3.9	61.8	31.05	31.05	0
C35	4.5	62.2	36.37	36.36	0.03
C40	5.1	62.5	41.68	41.68	0
C45	5.6	62.7	46.12	46.12	0
C50	6.1	62.9	50.62	50.63	0.02
C55	6.6	63.1	55.19	55.20	0.02
C60	7.2	63.3	60.68	60.68	0

表5中数值解与理论解验证十分一致，误差在0.04%以内，与试验值接近，符合测试规程要求。表明室内试验得出的不同强度等级混凝土的抗剪强度是准确可靠的。由此可以进一步确定直剪试验与单轴抗压试验结合的室内混凝土剪切试验方法。

5 确定不同强度等级混凝土抗剪强度的标准值与设计值

如表3所示，不同强度等级混凝土的抗剪强度设计值是依据试验值结合经验确定的。为获得更为准确的混凝土抗剪强度标准值与设计值，还可采用混凝土规范给定的抗压强度标准值与设计值，通过换算得到不同强度等级混凝土抗剪强度的标准值与设计值。

具体的操作过程是先将抗剪强度折减，使其折减后的抗剪强度采用式(8)算出轴向压力 σ_1，当此值非常接近规范给定的抗压强度标准值或设计值时，就可按此折减系数对 c 与 $\tan\varphi$ 按同一比例进行折减，从而得到折减后的 c、φ 值，此值即为要求的抗剪强度标准值或设计值。最后通过试件的数值模拟验证标准值或设计值的准确性。计算与数值验证结果见表6与表7。

表6 不同强度等级混凝土抗剪强度标准值

混凝土强度等级	剪切强度试验实测值 c/MPa	剪切强度试验实测值 φ/(°)	规范抗压强度标准值	折减值	折减后抗压强度标准值	剪切强度标准值 c/MPa	剪切强度标准值 φ/(°)	数值抗压强度标准值
C20	2.6	60.09	13.4	1.242	13.42	2.09	55.34	13.39
C25	3.2	61.3	16.7	1.243	16.72	2.57	55.76	16.68
C30	3.9	61.8	20.1	1.266	20.12	3.08	55.94	20.11
C35	4.5	62.2	23.4	1.267	23.42	3.55	56.26	23.41
C40	5.1	62.5	26.8	1.267	26.83	4.03	56.59	26.86
C45	5.6	62.7	29.6	1.268	29.63	4.42	56.80	29.65
C50	6.1	62.9	32.4	1.270	32.43	4.80	56.98	32.39
C55	6.6	63.1	35.5	1.266	35.53	5.21	57.29	35.51
C60	7.2	63.3	38.5	1.275	38.54	5.65	57.33	38.56

表7 不同强度等级混凝土抗剪强度设计值

混凝土强度等级	剪切强度试验实测值 c/MPa	剪切强度试验实测值 φ/(°)	规范抗压强度设计值	折减值	折减后抗压强度标准值 σ_1/MPa	剪切强度标准值 c/MPa	剪切强度标准值 φ/(°)	数值抗压强度设计值 σ_1/MPa
C20	2.6	60.09	9.6	1.495	9.62	1.74	50.24	9.61
C25	3.2	61.3	11.9	1.5	11.9	2.13	50.61	11.91
C30	3.9	61.8	14.32	1.529	14.31	2.55	50.77	14.32
C35	4.5	62.2	16.7	1.526	16.74	2.95	51.18	16.74
C40	5.1	62.5	19.1	1.528	19.13	3.34	51.50	19.12
C45	5.6	62.7	21.1	1.529	21.11	3.66	51.72	21.09
C50	6.1	62.9	23.1	1.53	23.12	3.99	51.94	23.13
C55	6.6	63.1	25.3	1.525	25.33	4.33	52.27	25.34
C60	7.2	63.3	27.5	1.534	27.53	4.69	52.35	27.51

对比表6与表7，数值计算抗压强度标准值与折减后抗压强度标准值非常接近，表明换算后的抗剪强度标准值是正确的。应当说明的是，表6与表7中折减系数稍有不同，这是由两者的试验实测抗压强度与试验名义抗压强度之间的差异引起的。

为了验证抗剪强度设计值还可将抗压强度的设计值与抗剪强度的设计值分别代入式(8),公式左面与右面基本相同,其误差小于1%,进一步表明给出的抗剪强度设计值是正确的。同时还可看出抗压强度标准值和设计值相差1.4倍,而抗剪强度c、$\tan\varphi$的标准值与设计值相差1.2倍。

鉴于C25混凝土抗压强度的试验实测值与试验名义值十分接近,由表6可见,此时试验值与标准值相差1.25倍(误差1%以内),按此就可算出立方体抗剪强度试验名义值。表2给出不同强度等级混凝土的立方体抗剪强度试验名义值,它与混凝土抗压强度的名义值相对应。

6 结论

(1)鉴于混凝土与岩土材料均为摩擦类材料,在岩土剪切试验方法原理基础上,依据现有试验设备条件,提出将直剪试验与单轴抗压试验相结合的混凝土剪切试验方法,并将强度极限曲线前段近似视作直线,从而确定混凝土剪切强度指标c、φ值。

(2)导出了混凝土抗压强度与抗剪强度的理论关系,表明混凝土抗压强度由黏聚力与摩擦强度提供。应用极限分析的理论解可以检验c、φ值的准确性。

(3)提出采用数值极限分析方法中的有限元超载法求得极限荷载,亦可检验混凝土c、φ值的准确性。

(4)通过室内试验给出C20~C60等不同强度等级混凝土剪切强度指标c、φ值,并得到了理论解与数值解的验证。

(5)通过混凝土规范给出的混凝土抗压强度标准值与设计值指标换算得到混凝土抗剪强度标准值与设计值。

参考文献:

[1] GB 50010—2010,混凝土结构设计规范[S].北京:中国建筑工业出版社,2011.
[2] 郑颖人,朱合华,方正昌,等.地下工程围岩稳定分析与设计理论[M].北京:人民交通出版社,2012.
[3] 郑颖人,孔亮.岩土塑性力学[M].北京:中国建筑工业出版社,2010.
[4] 郑颖人.岩土数值极限分析方法的发展与应用[J].岩石力学与工程学报,2012,31(7):1297-1316.
[5] GB/T 50081—2002,普通混凝土力学性能试验方法标准[S].北京:中国建筑工业出版社,2003.
[6] GB/T 50107—2010,混凝土强度检验评定标准[S].北京:中国建筑工业出版社,2010.
[7] GB 50204—2002,混凝土结构工程施工质量验收规范[S].北京:中国建筑工业出版社,2002.
[8] 张琦,过镇海.混凝土剪切强度和剪切变形的研究[J].建筑结构学报,1992,13(5):17-24.
[9] 过镇海.钢筋混凝土原理[M].北京:清华大学出版社,1999.
[10] IOSIPESCU N.,NEGOTIA A.A new method for determining the pure shearing strength of concrete[J].Concrete Journal of the Concrete Society,1969,3(3):31-33.
[11] BRESLER B,PISTER K S.Strength of concrete under combined stresses[C].ACI,1958:321-346.

抗滑桩和锚杆联合支护下边坡抗震性能振动台试验研究

赖 杰[1,5] 郑颖人[1,2] 刘 云[3] 李秀地[1] 阿比尔的[2,4]

(1. 后勤工程学院,重庆 401311;2. 重庆市地质灾害防治工程技术研究中心,重庆 400041;
3. 重庆工业职业技术学院,重庆 401120;4. 中科院武汉岩土力学研究所,湖北武汉 430071;
5. 岩土力学与地质环境保护重庆市重点试验室,重庆 401311)

摘要 为研究抗滑桩和锚杆联合支护下边坡的地震响应规律及破坏过程,开展了相应的振动台模型试验。通过输入三种不同地震波,不断增大地震波的峰值,得到了支挡结构的动应力分布规律及加固机理。试验表明:①坡体裂缝的产生对其加速度响应规律影响很大,在裂缝产生后,常规的响应规律将发生突变。②在高烈度地震波作用下,深层次的基岩也会受到一定程度的损伤破坏,深层的破坏可能使得对边坡失稳模式的常规设防(针对滑动面)变得失去意义。③在地震过程中,由于坡体向外滑动,同一锚杆的不同位置发挥最大抗力的时间具有先后顺序,靠近坡面的锚杆段首先达到最大值,依次为后面的自由段、锚固段。④在地震作用较小时,桩后动土压力近似成抛物线分布,桩前动土压力成矩形分布;随着地震作用的增大,靠近滑带处的桩前、桩后动土压力增长较快。试验结果为该支挡形式的抗震设计提供有益的参考。

关键词 抗滑桩和锚杆;地震;振动台试验;裂缝;动土压力

中图分类号: P642 **文献标识码:** A **文章编号:** 1000-131X(2015)09-0096-08

Shaking table text study on anti-slide piles and anchor bars of slope under earthquake

Lai Jie[1,5] *Zheng Yingren*[1,2] *Liu Yun*[3] *Li Xiudi*[1] *Abi Erdi*[2,4]

(1. Logistical Engineering University, Chongqing 401311, China; 2. Chongqing Key Laboratory of Geomechanics & Geoenvironment Protection; Chongqing, 400041, China; 3. Chongqing Industry Polytechnic College, Chongqing, 401120, China; 4. Institute of Rock and Soil Mechanics, Chinese Academy of Sciences, Wuhan 430071, China; 5. Chongqing Engineering and Technology Research Center of Geological Hazard Prevention and Treatment, Chongqing 401311, China)

Abstract: In practice, to make a study on the seismic response and dynamic effects of anti-slide piles and anchor bars, shaking table test was applied. Seismic performance and dynamic stresses distribution of the retaining structure were investigated by, constantly increasing the peak values of input three different earthquake waves. The experimental results indicate that: ① Crack makes a great influence on slope dynamic response; when there are cracks, the traditional dynamic response of the slope would change significantly. ② When high intensity seismic wave is applied, bedrock would get damaged, which leads to the conventional seismic fortification useless. ③ Earthquake would lead to slope sliding, the time for reaching maxium resisting force in different locations of the same anchor bar is not the same, the section near slope surface first, followed by free-field section and anchorage zone. ④ When the input seismic load is low, the distribution of dynamic stress is parabola for soil after pile and rectangle before pile; when the input seismic load gets greater, the dynamic stress near smooth zone grows fast. The test results provide valuable references for aseismic design of this retaining form in slope engineering.

Keywords: anti-slide piles and anchor bars; earthquake; shaking table test; crack; dynamic earth pressure

E-mail: 513516059@qq.com

1 引 言

近年来四川地区相继发生了汶川、芦山地震,地震造成大量的山体滑坡,给人民的生命财产造成了重

注:本文摘自《土木工程学报》(2015 年第 48 卷第 9 期)。

大损失[1]。保障边滑坡抗震安全已经成为我国社会、经济发展的迫切需求。由于锚杆（预应力锚索）和抗滑桩能够与支护坡体形成一个整体，在地震作用下变形能够协调一致，这种支挡结构具有很好的抗震性能，已经在汶川地震中得到了检验[2]。过去对此支挡结构的抗震试验研究集中在单一的抗滑桩或锚杆[3-9]上，两者共同作用的大型动力试验尚未见报道，主要是通过理论推导及数值模拟[10-11]来分析动力特性，由于地震的复杂性，使得计算结果同实际具有较大差异性，锚杆和抗滑桩联合支护的受力情况、抗震性能以及边坡的破坏过程尚缺乏大型试验论证，相关研究难以满足实践的需要。

边坡动力模型试验的方法主要有3种：离心模型试验、爆炸模型试验及振动台模型试验。由于振动台试验能准确输入实际的地震波、较为精确地采集试验数据，在满足相似律条件下能较真实、直观地反映支护边坡的动力响应和破坏机制，尽管存在难以解决重力相似问题，但因试验规模较大，可重复性好，较准确地模拟地震作用而被广大科研人员所应用。本文首次开展了抗滑桩和锚杆联合支护下抗震性能的振动台试验，通过输入汶川、El Centrol、Taft三种地震波，不断地增大地震波的峰值，得到了边坡的锚杆和抗滑桩的受力特点以及边坡的动力响应规律、破坏过程。试验结果为抗滑桩与锚杆的联合支挡结构工程运用提供一定的基础。

2 模型试验基本概况

2.1 试验设备基本情况

试验是在中国地震局工程力学研究所开放试验室的振动台上进行，该振动台为三向电液伺服驱动式，其基本参数为：最大负重30t；在 Z 方向能达到的最大位移为50mm，X、Y方向100mm；振动台台面尺寸为5m×5m；在三个方向的最大速度为50cm/s；最大加速度大小在 Z 方向为 $0.7g$，X、Y 方向为 $1.5g$；试验时 X 向与边坡坡面的倾向一致，Z 为竖直向。振动台的正常工作频率从0.5Hz~50Hz。

2.2 试验相似比的选取

在地下工程的力学模型中常采用定律分析法、量纲分析法和方程分析法这3种方法进行相似关系推导。本次试验采用重力相似律及量纲分析法[12-14]进行推导，选取密度、加速度、长度作为基本控制量，其中 $S_\rho=1$，$S_a=1$，$S_l=20$，其余物理量利用π定理导出，最终得到材料的相似比，具体见表1。

表1 模型主要相似常数

Table 1 The model main similarity constant

物理量	相似关系	相似常数
密度	S_ρ	1
长度	S_l	20
弹性模量	$S_E=S_\rho S_l$	20
应变	$S_\varepsilon=1$	1
加速度	$S_a=S_E/(S_l S_\rho)$	1
内摩擦角	$S_\varphi=1$	1
黏聚力	$S_c=S_\rho S_l$	20
时间	$S_t=S_l(S_\rho/S_E)^{1/2}$	4.472
频率	$S_f=1/S_t$	0.223

2.3 试验模型的设计

试验模型为高度1.8m的双排桩锚杆支护边坡，坡面分为两个，紧挨坡顶的坡面标为2#，两桩之间的坡面标为1#，2#边坡坡率为1∶1.04，1#边坡坡率为1∶1.11，如图1所示。2#坡面共设5排锚杆，锚杆端头设置在坡面上，锚杆水平、竖向间距为0.125m，锚杆的锚固段长度为0.3m，锚杆总长度为0.4~0.59m。第一排桩长0.35m，第二排桩长0.65m，桩的截面尺寸为0.06m×0.08m，桩间距0.25m。

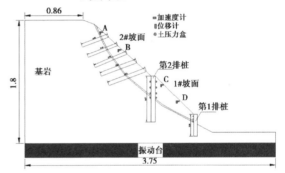

图1 边坡模型坡面图 侧视

Fig.1 Schematic diagram of slope model test side view

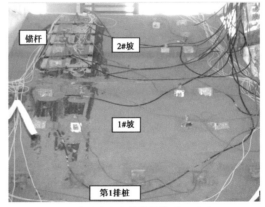

图2 试验前边坡的最终模型 正视图

Fig.2 Final model of slope before experiment front view

试验相似材料采用标准砂、石膏粉、滑石粉、水泥、水为基本材料,按照正交设计,通过在实验室进行相关试验来确定材料参数,最终选择配合比如表2所示。

表2 模型材料配合比
Table 2 The model material mix

模型	材料配合比(%)					
	石英砂	石膏	滑石粉	水泥	水	甘油
软弱夹层	70.5	10	9.1	0	10.2	0.2
上部碎石土	70.5	11.2	7.8	0.05	10.2	0.25
基岩	70.5	12	7	0.13	10.2	0.17

在现阶段的振动台模形试验中,模型箱主要有三种形式:层状剪切变形模型箱、圆筒型柔性容器及普通刚性箱。为减小模型箱边界对入射波的反射,消弱"模型箱效应",本试验中采用普通刚性箱在四周边界加内衬的方式进行[14]。通过控制相似材料相似密度,在放入模型箱后进行分层碾压,制作完成后的模型如图2所示。将制作完成的模型试样进行材料参数试验,最终相似材料的参数如表3所示。

表3 模型材料物理力学参数
Table 3 Physical-mechanical parameters of slope model

材料	重度 (kN·m^{-3})	弹性模量 (MPa)	泊松比	黏聚力 (kPa)	内摩擦角 (°)	抗拉强度 (kPa)
基岩	23.5	53	0.25	30	39	20*
滑体	23	20	0.30	18	33	9*
软弱夹层	22	6	0.33	4	28.5	3*
桩	25	1.18E3	0.2*	弹性材料处理		
锚杆	25	2.0E3	0.2*	弹性材料处理		

注:带*为经验值。

为了研究试验中坡面的加速度及位移响应,在模型坡面上布置了4个垂直方向加速度计、4个水平方向加速度计及4个水平位移计,各监测仪器分别布设在两个坡面上,同一高度处的加速度计及位移计位于坡面的同一位置,用监测点A、B、C、D表示,如图1、图2所示。同时为进一步分析双排桩及锚杆的动力受力情况,分别在桩及锚杆上设置了土压力盒及应变片,具体布置及编号详见图3(监测点A4、A8及B3位于软弱夹层处)、图4所示。

加速度计的工作频率0.1~100Hz,量程5g。水平位移传感器分辨率为0.1mm,记录的是相对于振动台台面的相对位移。试验选择汶川、EI Central、Taft 三种地震波作为地震响应的激励,输入峰值从0.1g开始逐

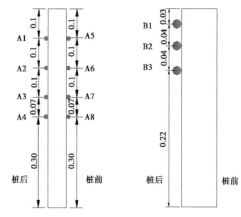

(a)第二排桩土压力盒布置 (b)第一排桩土压力盒布置

图3 土压力盒的布置图
Fig. 3 Layout of soil pressure cell sensors

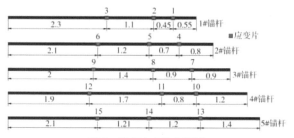

图4 锚杆应变片布置图
Fig. 4 Layout of strain foil on anchor bolt

级施加,直到1.0g,以此来探讨地震加速度峰值大小的影响。输入的双向地震波(XZ向)均来自现场监测数据,其中水平向(X向)为边坡倾向方向。由于统计资料表明地震动峰值加速度竖向与水平向比值接近2/3[15],因此试验竖向加速度峰值按水平向峰值折减2/3后加载。将所有的地震波按照时间压缩比为1:$\sqrt{20}$进行了压缩,压缩后的波形如图5所示,各工况信息如表4所示。

表4 输入地震波信息
Table 4 Information of input seismic waves

工况	地震波类型	地震波加速度峰值(g)	工况	地震波类型	地震波加速度峰值(g)
1	白噪声	0.05g	9	EL Centro	0.4gXZ
2	汶川波	0.2gXZ	10	Taft	0.4gXZ
3	EL Central	0.2gXZ	11	汶川波	0.5gXZ
4	Taft	0.2gXZ	12	汶川波	0.6gXZ
5	汶川波	0.3gXZ	13	汶川波	0.7gXZ
6	EL Central	0.3gXZ	14	汶川波	0.8gXZ
7	Taft	0.3gXZ	15	汶川波	0.9gXZ
8	汶川波	0.4gXZ	16	汶川波	1.0gXZ

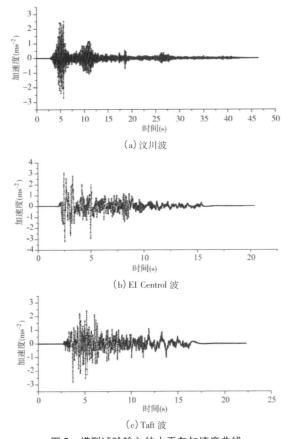

图 5 模型试验输入的水平向加速度曲线

Fig.5 Horizontal seismic acceleration-time curve

3 模型试验现象

当输入地震波峰值为 0.2g～0.3g 的三种地震波时，坡面的响应均不明显，没有看到任何裂缝产生。当峰值为 0.4g 汶川波时，2#坡的坡脚土体出现了一定的松动现象，但并没有产生裂缝。当峰值为 0.6g 汶川波时（见图 6(a)），在 2#坡坡脚处出现一道裂缝，长度约 30cm，宽约 2mm，但坡顶没有产生裂缝。

当输入地震波峰值为 0.9g 时，在 2#坡靠近坡顶的坡面第一次出现一道横向裂缝，裂缝较为细小，宽度约 1～2mm，滑体可能临近破坏。

当输入地震波峰值为 1.0g 汶川波时，原有裂缝扩展明显，破裂面位置更加清晰；基岩也首次出现了宽度约 2mm 的竖向裂缝，如图 6(c) 所示。该裂缝与前面出现在滑体的浅层裂缝并不相同，此次产生的是位于基岩内部的深层裂缝。试验现象表明：在高烈度地震波作用下，深层次的基岩也会受到一定程度的损伤破坏，深层的破坏可能使得我们对边坡失稳模式的常规设防（针对滑动面）变得失去意义，这在抗震设计实践中是危险的，必须引起重视。

(a) 汶川波 0.6g

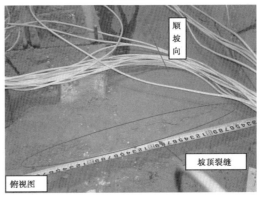

(b) 汶川波 0.9g (俯视图)

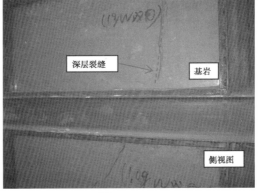

(c) 汶川波 1.0g

图 6 各工况地震后边坡破坏状态图

Fig.6 Failure state diagrams of model after earthquake 1.0g

以上分析呈现了锚杆和抗滑桩联合支护边坡在地震作用下完整的破坏过程：即首先在 2#坡的坡脚产生剪切裂缝，随着地震的增大，裂隙向上发展，同时靠近坡顶的坡面产生竖向裂缝，二者随着地震持续增大可能贯通，形成完整的破裂面，将地震完后各阶段产生的裂缝绘出如图 7 所示。

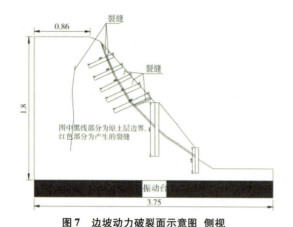

图 7 边坡动力破裂面示意图 侧视
Fig. 7 Dynamic failure surface of slope side view

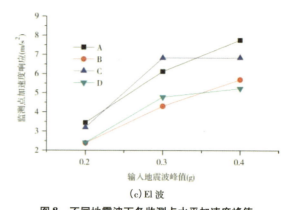

(c) El 波

图 8 不同地震波下各监测点水平加速度峰值
Fig. 8 Peak horizontal acceleration of key points under different seismic wave

4 动力响应分析

4.1 坡面加速度响应

将不同地震波下监测点的加速度峰值进行统计，如图 8 所示。可以看出，随着地震作用的增大，监测点的加速度响应越明显，监测点在坡面上的位置越高，加速度响应越大；但在 0.7g 以后，坡面加速度响应却出现了突变，监测点 C 的加速度大小超过了监测点 A、B，并且还出现了响应加速度下降的情况。加速度响应发生突变的工况同裂缝产生的工况较为吻合，由于地震时边坡破坏是一个渐进的过程，从监测点加速度数据异常可以推断，在 0.7g 以后坡体已经进入该过程。

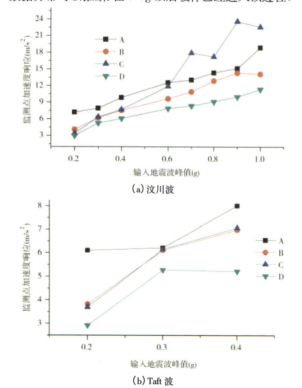

(a) 汶川波

(b) Taft 波

4.2 桩身动应力分布

值得指出的是：由于试验时，输入地震幅值由小到大，位移及桩身动力响应存在一定的累积效应，为避免这种效应带来的影响，本文所列图表的数值大小都为扣除上一步加载工况后的值。

图 9 为峰值时刻不同地震波作用下桩前动土压力分布情况。可以看出，桩后动土压力随着地震作用的增大，响应也越大，其中监测点 A1、A2 的应力水平较低，最大值出现在靠近软弱夹层的测点 A3 附近，桩后动土压力近似成抛物线分布，该分布形式与文献 [4] 的试验结果较为接近。

图 10 为峰值时刻不同地震波作用下桩后动土压力分布情况，图示表明：输入加速度峰值 0.2g~0.3g 时，桩前动土压力近似成矩形分布；随着地震作用的增大，靠近软弱夹层的监测点 A7、A8 的动土压力不断增大，而靠近桩顶部分的 A5、A6 变化很小，桩前抗力最大值在软弱夹层附近（监测点 A8）。

从图 9、图 10 还可以看出：不同地震波作用下，抗滑桩的动土压力响应并不相同（本试验中 Taft 波＞汶川波＞El Centrol 波），因此采用传统的拟静力法进行抗滑桩动力设计是偏于危险的，无法考虑地震波类型的影响；无论是桩前还是桩后，靠近滑带处的动土压力的水平都较高，因此在进行抗滑桩的抗震设计时该部分桩体应进行加强处理，以保证安全。

4.3 锚杆动力响应

将锚杆监测点位置从坡面向内依次定为监测点 1～监测点 15（见图 4）。图 11 为输入地震波峰值 0.6g 时，坡面第一排锚杆的自由段（测点 1、测点 2）与锚固段（测点 3）的轴力时程曲线。可以看出，监测点 1 锚杆轴力峰值出现在 4.78s，监测点 2 的锚杆轴力峰值出现在 5.35s，监测点 3 的锚杆轴力峰值出现在 5.47s，

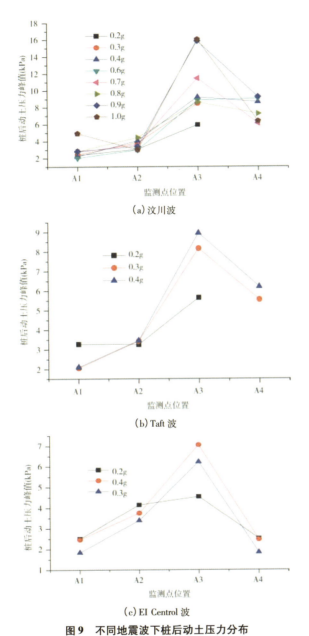

(a) 汶川波

(b) Taft 波

(c) EI Centrol 波

图 9 不同地震波下桩后动土压力分布

Fig. 9 Dynamic soil pressure distribution of key points after pile under different seismic wave

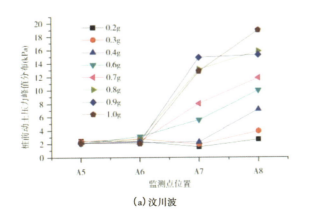

(a) 汶川波

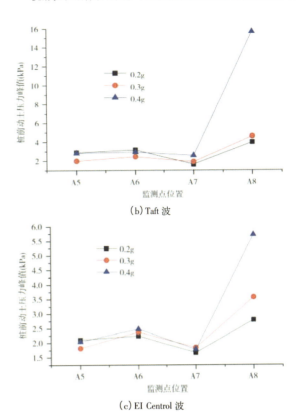

(b) Taft 波

(c) EI Centrol 波

图 10 不同地震波下桩前动土压力分布

Fig. 10 Dynamic soil pressure distribution of key points before pile under different seismic wave

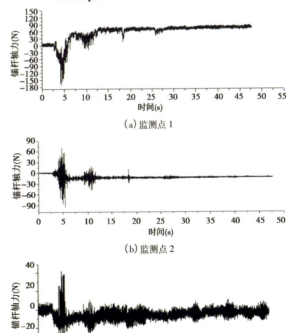

(a) 监测点 1

(b) 监测点 2

(c) 监测点 3

图 11 第一排桩各监测点轴力时程曲线 汶川 0.6g

Fig. 11 Axial force-time curve for monitoring points on the first pile

表5 各排锚杆不同位置处受力峰值统计表

Table 5 Statistical table of the peak force of anchor bolts under different location

地震波类型	第一排监测点位置(N)			第二排监测点位置(N)			第三排监测点位置(N)		第四排监测点位置(N)		第五排监测点位置(N)		
	测点1	测点2	测点3	测点4	测点5	测点6	测点7	测点8	测点11	测点12	测点13	测点14	测点15
Taft 0.2g	22.058	44.296	12.867	23.666	86.114	22.747	65.704	24.854	30.789	77.662	98.861	29.411	33.546
Taft 0.3g	36.304	79.401	17.462	42.048	96.224	19.301	79.55	91.449	41.588	152.747	135.105	30.789	31.249
Taft 0.4g	81.288	121.398	18.841	72.148	130.539	30.099	107.193	91.908	64.565	147.003	165.714	55.604	54.685
El 0.2g	13.556	77.892	14.476	23.207	64.745	16.773	57.552	21.828	22.517	38.141	88.911	24.585	30.471
El 0.3g	44.356	65.434	20.679	25.734	79.211	20.22	72.118	41.219	41.359	42.278	113.506	27.113	28.721
El 0.4g	76.284	109.999	16.084	40.899	90.879	15.395	95.204	78.811	36.993	74.165	151.189	32.857	39.52
汶川0.2g	23.21	18.40	14.48	35.16	29.78	33.09	10.73	59.97	24.82	36.76	89.61	25.96	19.99
汶川0.3g	51.70	26.93	16.31	35.61	83.57	44.58	14.31	98.80	42.28	81.80	147.05	47.79	36.99
汶川0.4g	88.00	47.42	23.21	58.36	98.20	45.04	69.14	101.79	77.20	148.43	143.92	42.05	62.73
汶川0.6g	135.72	95.45	42.05	130.05	63.42	41.59	83.80	165.43	50.55	257.80	152.09	95.13	87.31
汶川0.7g	133.50	115.67	58.82	153.26	55.51	64.106	138.27	248.61	68.24	204.27	166.92	136.02	89.84
汶川0.8g	66.40	126.24	65.26	157.62	53.58	86.85	116.9	213.46	64.57	231.84	199.37	211.39	107.53
汶川0.9g	88.46	137.22	68.70	151.65	40.26	114.43	173.2	174.86	93.06	186.80	213.90	209.32	113.51
汶川1.0g	139.93	115.78	71.69	161.31	74.01	117.41	181.6	258.262	97.26	150.27	275.42	195.76	118.53

注:第三排的测点9及第四排的测点10已坏,EI表示EI Centrol波。

其他锚杆试验数据除少数不同外也有类似的时间先后顺序。此次试验及锚杆-土体动力相互作用理论[14]都表明:由于地震作用下坡面处土体动力响应最为敏感,位移最大,靠近坡面的锚杆段同土体相互作用,变形协调,内力首先达到最大值,随着地震的进行,坡体变形向内发展,靠后的锚杆自由段和锚固段受力也依次达到最大值。

将各排锚杆不同位置处受力峰值进行统计,如表5所示。可以看出,随着地震作用的增强,锚杆的受力一般越来越大,坡面不同位置锚杆、同一锚杆的不同监测点处的轴力并不相同。在三种地震波峰值加速度0.2g~0.4g作用时,滑体尚未破坏,坡面加速度响应随着高度增加存在明显的放大效应,靠近坡顶处锚杆的动力响应更为剧烈,坡面各排锚杆轴力在坡面位置主要呈现两头大中间略小的特点,这和传统支护"强腰固脚"并不一样。在0.6g~1.0g高烈度地震波下,由于裂缝的产生,滑体下滑趋势更加明显,第五排锚杆轴力增长迅速,此时滑体推力主要由处于坡面中下部的锚杆承担。

5 结论

本文开展抗滑桩和锚杆联合抗震性能振动台试验,主要得到了以下结论:

(1)试验现象表明,在高烈度地震波作用下,深层次的基岩也会受到一定程度的损伤破坏,深层的破坏可能使得我们对边坡失稳模式的常规设防(针对滑动面)变得失去意义,这在抗震设计实践中是危险的,必须引起重视。

(2)振动台试验揭示了抗滑桩和锚杆联合支护下边坡在地震作用下的破坏过程:首先在坡脚薄弱处产生剪切裂缝,随着地震的增大,裂隙向上发展,最后坡顶产生裂缝,两者贯通,形成完整的破裂面。同时,坡体裂缝的产生对其加速度响应规律影响很大,在裂缝产生后,常规的响应规律将发生突变。

(3)桩承受的动土压力大小及分布形式受地震加速度峰值大小及桩身位置影响很大。在地震作用较小时,桩后动土压力近似成抛物线分布,桩前动土压力成矩形分布;随着地震作用的增大,靠近滑带处的桩前、桩后动土压力增长较快。

(4)在地震过程中,由于坡体向外滑动,同一锚杆的不同位置发挥最大抗力的时间具有先后顺序,靠近坡面的锚杆段首先达到最大值,依次后面的自由段、锚固段。在较小的地震作用下,坡面各排锚杆的轴力呈现两头大中间略小的特点;当地震作用较高时,中下部锚杆轴力增长迅速,此时滑体推力主要由处于坡面中下部的锚杆承担。

参 考 文 献

[1] 黄润秋,李为乐."5.12"汶川大地震触发地质灾害的发育分布规律研究[J]. 岩石力学与工程学报, 2008, 27(12):2585-2591(Huang Runqiu, Li Weile. Research on development and distribution rules of geohazards induced by Wenchuan earthquake on 12th May, 2008 [J]. Chinese Journal of Rock Mechanics and Engineering, 2008, 27(12):2585-2591(in Chinese))

[2] 周德培,张建经,汤涌. 汶川地震中道路边坡工程震害分析[J]. 岩石力学与工程学报, 2010, 29(3):565-576 (Zhou Depei, Zhang Jianjing, Tang Yong. Seismic damage analysis of road slopes in Wenchuan earthquake [J]. Chinese Journal of Rock Mechanics and Engineering, 2010, 29(3):565-576(in Chinese))

[3] 叶海林,郑颖人,陆新,等. 边坡锚杆地震动特性的振动台试验研究[J]. 土木工程学报, 2011, 44(S1):152-157 (Ye Hailin, Zheng Yingren, Lu Xin, et al. Shaking table test on anchor bars of slope under earthquake [J]. China Civil Engineering Journal, 2011, 44(S1):152-157(in Chinese))

[4] 叶海林,郑颖人,李安洪,等. 地震作用下边坡抗滑桩振动台试验研究[J]. 岩土工程学报, 2012, 34(2):251-257(Ye Hailin, Zheng Yingren, Li Anhong, et al. Shaking table tests on stabilizing piles of slopes under earthquakes [J]. Chinese Journal of Geotechnical Engineering, 2012, 34(2):251-257(in Chinese))

[5] 李荣建. 土坡中抗滑桩抗震加固机理研究[D]. 北京:清华大学, 2008(Li Rongjian. A study on the aseismic reinforcing mechanism of stabilizing piles in soil slope [D]. Beijing:Tsinghua University, 2008(in Chinese))

[6] Satoh H, Ohbo N, Yoshizako K. Dynamic test on behavior of pile during lateral ground flow [C] // Centrifuge 98. Rotterdam:A A Balkema, 1998:327-332

[7] 刘昌清,李想,张玉萍. 双排桩支挡结构振动台模型试验与分析[J]. 土木工程学报, 2013, 46(S2):190-195 (Liu Changqing, Li Xiang, Zhang Yuping. Shaking table test and analysis of double row pile retaining structure [J]. China Civil Engineering Journal, 2013, 46(S2):190-195 (in Chinese))

[8] 杨果林,文畅平. 格构锚固边坡地震响应的振动台试验研究[J]. 中南大学学报:自然科学版, 2012, 43(4):1482-1493(Yang Guolin, Wen Changping. Shaking table test study on dynamic response of slope with lattice framed anchor structure during earthquake [J]. Journal of Central South University:Science and Technology, 2012, 43(4):1482-1493(in Chinese))

[9] 汪鹏程,朱大勇,许强. 强震作用下加固边坡的动力响应及不同加固方式的比较研究[J]. 合肥工业大学学报:自然科学版, 2009, 32(10):1501-1504(Wang Pengcheng, Zhu Dayong, Xu Qiang. Dynamic response of slopes subjected to intense earthquakes and effect comparison between various support modes [J]. Journal of Hefei University of Technology:Natural Science, 2009, 32(10):1501-1504(in Chinese))

[10] 李俊飞. 双排埋入式抗滑桩工作机理分析与研究[D]. 重庆:重庆大学, 2009(Li Junfei. Study on double-row sunken anti-slide piles and their mechanism [D]. Chongqing:Chongqing University, 2009(in Chinese))

[11] 杨明. 桩土相互作用机理及抗滑加固技术[D]. 成都:西南交通大学, 2008(Yang Ming. On mechanism of pile-soil interaction and technique of anti-sliding [D]. Chengdu: Southwest Jiaotong University, 2008 (in Chinese))

[12] Iai S. Similitude for shaking table tests on soil-structure-fluid model in 1g gravitational field [J]. Soils and Foundations, 1989, 29(1):105-118

[13] 林皋,朱彤,林蓓. 结构动力模型试验的相似技巧[J]. 大连理工大学学报, 2000, 40(1):1-8(Lin Gao, Zhu Tong, Lin Bei. Similarity technique for dynamic structural model test[J]. Journal of Dalian University of Technology, 2000, 40(1):1-8(in Chinese))

[14] 杨国香. 地震条件下岩质边坡动力破坏及动力响应规律研究[D]. 北京:中国科学院地质与地球物理研究所, 2011(Yang Guoxiang. Study on failure mechanism and dynamic response rules of rock slope under earthquake [D]. Beijing:Institute of Geology and Geophysics, Chinese Academy of Sciences, 2011(in Chinese))

[15] 罗永红. 地震作用下复杂斜坡响应规律研究[D]. 成都:成都理工大学, 2011(Luo Yonghong. Study on complex slopes response law under earthquake action [D]. Chengdu:Chengdu University of Technology, 2011 (in Chinese))

[16] 段建. 边坡框架锚杆锚固系统力学行为及特性研究[D]. 兰州:兰州大学, 2014(Duan Jian. Study on mechanical behaviors and characteristics of slope anchorage system with frame supporting structure [D]. Lanzhou: Lanzhou University, 2014(in Chinese))

隧洞稳定性影响因素的敏感性分析

李炎延[1,2]　郑颖人[1,3]　康楠[1,2]

(1. 后勤工程学院 军事土木工程系,重庆 401311;2. 岩土力学与地质环境保护重庆市重点实验室,
重庆 401311;3. 重庆市地质灾害防治工程技术研究中心,重庆 400041)

摘　要　本文采用与常见地铁车站尺寸相仿的隧洞作为算例 通过有限元强度折减法计算隧洞的稳定安全系数 按照定量分析数据 采用灰关联分析方法进行了隧洞稳定性影响因素的敏感性分析 综合分析了六种因素对隧洞稳定影响的敏感性 按大小依次为 黏聚力、内摩擦角、高跨比、重度、埋深和固定高跨比时的跨度。研究表明 在隧洞围岩稳定性分级时 除了考虑地质因素以外 还应对隧洞尺寸 如高跨比与跨度等进行考查。此外 还研究了仰拱深度对隧洞二衬结构稳定性的影响 当围岩稳定性等级较高时无需仰拱 而等级很低时要求仰拱有一定深度才能保证结构安全。上述研究为围岩稳定性分级和隧洞优化设计提供了良好的基础。

关键词　隧洞稳定性　敏感性　灰关联分析方法　影响因素

中图分类号　TU457　　　文献标识码　A　　　文章编号　1673-0836　2015　02-0491-08

Sensitivity Analysis on Influencing Factors of Tunnel Stability

Li Yanyan[1,2]　Zheng Yingren[1,3]　Kang Nan[1,2]

1. Department of Military Civil Engineering　Logistical Engineering University　Chongqing 401311　P. R. China　2. Chongqing Key Laboratory of Geotechnical and Geological Environmental Protection　Chongqing 401311　China　3. Engineering Technical Research Center for Prevention and Control of Geological Disasters in Chongqing　Chongqing 400041　P. R. China

Abstract　In this paper　with a tunnel of a size similar to that of a common metro station as an example　the stability safety coefficient of a tunnel is calculated by the method of finite element strength subtraction　by analyzing data quantitatively　the grey relational analysis method is used for sensitivity analysis of the influence factors of tunnel stability　the sensitivity of six factors which influence tunnel stability is analyzed comprehensively　the factor by influence degree is in following order　cohesion　internal friction angle　depth-span ratio　density　buried depth and span of fixed depth-span ratio. Research shows that besides the geological factors　the size of a tunnel such as the depth-span ratio and span should also be considered on the classification of stability of tunnel surrounding rock. In addition　the effect of the depth of inverted arch on the stability of tunnel lining structure is also studied　when the stability classification of surrounding rock is high enough　the inverted arch is not necessary　while certain depth of inverted arch is required to ensure the safety for the structure on lower levels. The research provides a good foundation for the stability classification of surrounding rock and tunnel optimization design.

Keywords　tunnel stability　sensibility　grey relational analysis　influence factors

注：本文摘自《地下空间与工程学报》(2015年第11卷第2期)。

1 引 言

影响地下工程稳定性的因素有多种,它们对围岩分级和结构设计有重要影响,目前,已有一些论文讨论了隧洞稳定性的敏感性分析,聂卫平等[1]采用灰关联分析法基于弹塑性有限元的洞室稳定性的力学参数进行了敏感性分析。王辉等[2]利用位移反分析方法,分析了嘎隆拉隧道深埋地段变形对围岩力学参数的敏感性。黄书龄等[3]提出了敏感度熵权的属性识别综合评价模型,应用于锦屏二级水电站引水隧洞辅助洞围岩模型进行力学参数的敏感性分析。前人的经验和成果有借鉴和启示作用,但目前的研究主要是围绕力学参数的敏感性分析,而缺少隧洞形状和尺寸方面的稳定性分析。综合考虑这几方面因素对于研究和理解围岩的稳定性很有意义。

本文采用与常见地铁车站尺寸相仿的隧洞作为算例,对影响隧洞稳定性的地质因素与工程因素进行全面分析,运用灰关联分析方法进行敏感性分析。首先通过有限元强度折减法[4~6]计算出隧洞的稳定安全系数,因为安全系数是公认的反映工程稳定性最科学的定量指标,然后,将敏感性分析转化为以安全系数为考察对象的单指标多因素的显著性分析,研究了包括围岩力学强度参数(黏聚力、内摩擦角、重度)和隧洞工程参数(埋深[7]、高跨比、跨度)在内的六个参数对隧洞稳定性的影响,找出了影响隧洞稳定性主要因素的排序。此外,还研究了隧洞仰拱深度对二衬结构安全系数的影响。本文研究中没有涉及围岩变形参数(变形模量、泊松比),这是因为这些参数对围岩的位移有很大影响,但并不影响围岩的稳定性。

本文的研究目的除了能依据定量分析弄清各种影响因素对隧洞稳定性的影响外,还有助于隧洞围岩分级中定量考虑洞跨的影响,提升围岩分级的科学性,而当前围岩分级规范中尚未考虑这种影响。

2 灰关联分析的基本原理和方法

灰关联分析是灰色系统理论的一个组成部分,它可以在有限数据资料的情况下,比较精确地寻找各种变化因素(比较因素)与参考因素之间的关联性(以关联度表示),关联度越大,表明比较因素与参考因素的相关性越强。分析的具体步骤是:首先对各因素序列进行数据疏理,使序列具备"可比性"、"可接近性"、"极性一致性",得到灰关联因子空间,然后,获取序列间的差异信息,由此建立差异信息空间,通过差异信息空间建立和差异信息比较测度(灰关联度),并对灰关联度进行排序,最后,得到因子间的序列关系。

2.1 确定比较数据矩阵与参考数据矩阵

以隧洞稳定性各影响因素(黏聚力、内摩擦角、重度、埋深、高跨比和跨度)为比较列 X, $X = (X_1 X_2 \ldots X_6)^T$,相应的隧洞安全系数作为参考列 Y, $Y = (Y_1 Y_2 \ldots Y_6)^T$,其中,列 X, Y 的每个因素都有若干个取值,

$$X_i = (X_i(1) X_i(2) \ldots X_i(6)) \quad (1)$$
$$Y_i = (Y_i(1) Y_i(2) \ldots Y_i(6)) \quad (2)$$

列 X, Y 写为矩阵形式:

$$X = \begin{pmatrix} X_1 \\ X_2 \\ \vdots \\ X_6 \end{pmatrix} = \begin{pmatrix} X_1(1) & X_1(2) & \cdots & X_1(5) \\ X_2(1) & X_2(2) & \cdots & X_2(5) \\ \vdots & \vdots & & \vdots \\ X_6(1) & X_6(2) & \cdots & X_6(5) \end{pmatrix}, \quad (3)$$

$$Y = \begin{pmatrix} Y_1 \\ Y_2 \\ \vdots \\ Y_6 \end{pmatrix} = \begin{pmatrix} Y_1(1) & Y_1(2) & \cdots & Y_1(5) \\ Y_2(1) & Y_2(2) & \cdots & Y_2(5) \\ \vdots & \vdots & & \vdots \\ Y_6(1) & Y_6(2) & \cdots & Y_6(5) \end{pmatrix}. \quad (4)$$

2.2 矩阵的无量纲化

由于上述各个因素的量纲不同且数量级相差较大,不具备可比性,因此必须对 X 和 Y 进行数值变换。通常可采用初值化、均值化、区间相对值化和归一化等方法[8]。若采用区间相对值化,则可得:

$$X'_i = (X'_i(1) X'_i(2) \ldots X'_i(5)), \quad (5)$$

式中:

$$X'_i(j) = \frac{X_i(j) - \min_j X_i(j)}{\max_j X_i(j) - \min_j X_i(j)}。 \quad (6)$$

同时,对参考列 Y_i 也需要进行区间相对值化。这样就对原序列 X_i 和 Y_i 进行了无量纲处理。

2.3 确定矩阵的灰关联差异信息空间

差异信息的求取采用下式:

$$\Delta_{ij} = |Y'_i(j) - X'_i(j)|, \quad (7)$$

从而得到差异序列矩阵 Δ,在差异序列矩阵 Δ 中提取矩阵所有元素的最大值与最小值:

$$\Delta_{max} = \max(\Delta_{ij}); \Delta_{min} = \min(\Delta_{ij})。 \quad (8)$$

2.4 求灰关联系数矩阵与灰关联度

关联分析实质上是点集拓扑的整体比较与距离空间的两点比较的结合,它是有参考系的、有测度的整体比较。通过灰关联度找出各比较点与参考点的距离,通过整体分析找出各因素的差异性和相关性。以关联系数表示比较因素与参考因素的相关性。

关联系数可由下式求出:

$$\gamma_{ij} = \frac{\Delta_{\min} + \xi \Delta_{\max}}{\Delta_{ij} + \xi \Delta_{\max}}, \quad (9)$$

式中:ξ 为分辨系数,其作用是提高关联系数之间差异的显著性,$\xi \in [0,1]$,一般情况下可取 $\xi = 0.5$。

由于关联系数的个数比较多,信息比较分散,不便于比较,因此,常通过计算平均值作为关联度,从而进行影响因素关联性的比较,关联度可通过下式求解:

$$A_i = \frac{1}{n} \sum_{j=1}^{n} \gamma_{ij} 。 \quad (10)$$

关联度为 $[0,1]$ 区间内的变化量。关联度的大小只是因子间相互作用影响的外在表现,关联分析中,序列处理方法不同,其相互之间的关联度也不同,关联度值并不代表影响因素对安全系数贡献的大小,其关联度序列才反映影响因素敏感性的实质。在关联度序列中影响因素的关联度相对越大,说明敏感性越大;反之,则越不敏感。

3 影响隧洞稳定性参数敏感性分析

3.1 计算模型

计算模型如图1所示:结构高跨比0.9;跨度(X向)为20 m;高度(Y向)18 m;埋深30 m。初期支护采用C25标号的混凝土,厚度为0.2 m;二次衬砌采用C30标号的混凝土,厚度为0.5 m。

数值模拟使用Flac2D软件,计算模型采用莫尔-库伦模型,围岩物理特性参数见表1,相当于Ⅲ级围岩强度参数的最低值[4]。

表1 围岩物理特性参数
Table 1 Physical parameters of surrounding rock

弹模 E(GPa)	泊松比 μ	重度 ρ(kN/m^3)	黏聚力 c(MPa)	摩擦角 φ(°)
10.0	0.30	25.0	0.30	30.0

3.2 影响因素分析

采用有限元强度折减法[5]进行该隧洞的稳定

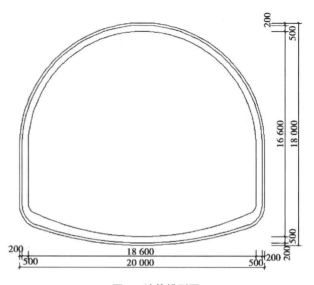

图1 计算模型图
Fig. 1 Calculation model

性分析,得到初衬情况下围岩稳定安全系数为1.97,下面将分别研究黏聚力、内摩擦角、重度、埋深、高跨比以及隧洞跨度(高跨比不变)六个因素对隧洞稳定性的影响。按新奥法的观点,围岩压力主要由隧洞初衬承受,因而这里主要研究初衬后隧洞的稳定性。计算初衬后隧洞安全系数时设定围岩荷载释放率为35%。具体计算方法可见参考文献[4,10～12]。

3.2.1 黏聚力对安全系数的影响

按文献[4]Ⅲ级围岩黏聚力大致在0.3～1.3 MPa范围内变化,表2和图2列出了初衬情况下不同黏聚力的隧洞安全系数。从计算结果可以看出,安全系数随着黏聚力的增加而增大,呈现出明显的线性关系。

表2 不同黏聚力对应的安全系数计算结果
Table 2 Computations of security coefficient of different cohesions

黏聚力 c(MPa)	0.3	0.6	0.9	1.1	1.3
安全系数	1.97	2.94	3.92	4.56	5.21

3.2.2 内摩擦角对安全系数的影响

Ⅲ级围岩内摩擦角在30°～37°变化。表3和图3列出了初衬情况下不同内摩擦角时的隧洞安全系数。从计算结果可以看出,安全系数随着内摩擦角的增加而增大,也呈现出明显的线性关系。

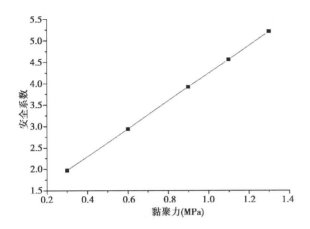

图 2 黏聚力与安全系数的关系

Fig. 2 Relationship between cohesion and security coefficient

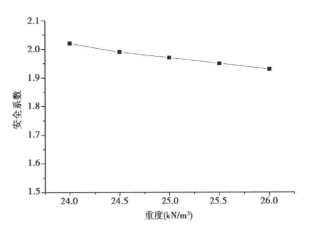

图 4 围岩重度与安全系数的关系

Fig. 4 Relationship between density of surrounding rock and security coefficient

表 3 不同内摩擦角对应的安全系数计算结果

Table 3 Computations of security coefficient of different friction angles

内摩擦角 $\varphi(°)$	30	32	34	36	37
安全系数	1.97	2.03	2.09	2.15	2.18

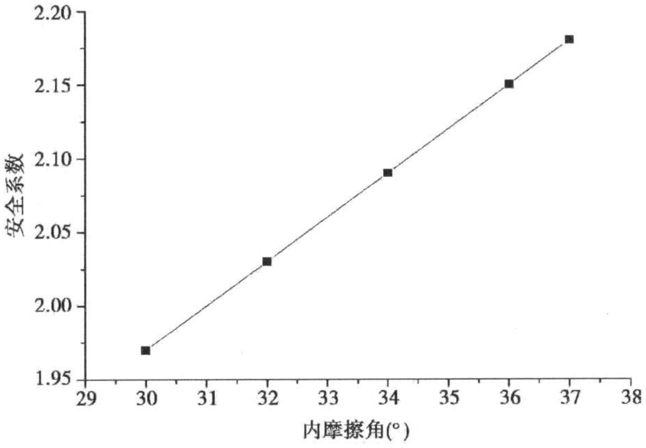

3.2.4 埋深对安全系数的影响

地铁车站一般埋深不大,计算取 10~50 m 的埋深。表 5 和图 5 列出了初衬情况下不同埋深时的隧洞安全系数。从计算结果可以看出,随着埋深的增加,安全系数呈现下降趋势,下降趋势随着埋深的增大而趋于平缓,即埋深越深,影响越小。地铁车站埋深一般在 30 m 以内居多,因而影响是较大的,尤其是 20 m 以内,属浅埋隧洞,影响更大。

表 5 不同埋深对应的安全系数计算结果

Table 5 Computations of security coefficient for different depths

埋深(m)	10	20	30	40	50
安全系数	2.36	2.09	1.97	1.90	1.85

图 3 内摩擦角和安全系数的关系

Fig. 3 Relationship between friction angle and security coefficient

3.2.3 围岩重度对安全系数的影响

一般情况下,围岩的重度变化不大,大致在 24~26 kN/m³ 之间。表 4 和图 4 列出了初衬情况下不同重度时的隧洞安全系数。从计算结果可以看出,安全系数随着重度的增加而减小,近似呈线性关系。

表 4 不同围岩重度对应的安全系数计算结果

Table 4 Computations of security coefficient of different densities

重度(kN/m³)	24	24.5	25	25.5	26
安全系数	2.02	1.99	1.97	1.95	1.93

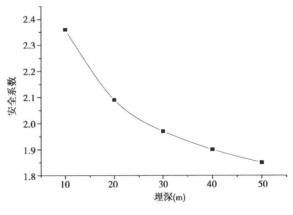

图 5 埋深与安全系数的关系

Fig. 5 Relationship between depth and security coefficient

3.2.5 跨度对安全系数的影响

隧洞跨度、高跨比对隧洞稳定性也有明显影响,我们先研究隧洞高跨比不变的情况下跨度对隧洞稳定性的影响。表 6 和图 6 列出了初衬情况下不同跨度时的隧洞安全系数。图 6 表明下降趋势随着跨度的增大而趋于平缓,即跨度越大,影响越小。地铁区间隧洞跨度一般在 10 m 以下,而车站跨度在 20~30 m 之间,两者相差很大,安全系数也有很大变化,因而在围岩分级中,应当考虑跨度对围岩等级的影响。

表 6 不同跨度对应的安全系数计算结果
Table 6 Computations of security coefficient for different spans

跨度(m)	10	15	20	25	30
安全系数	2.85	2.30	1.97	1.75	1.59

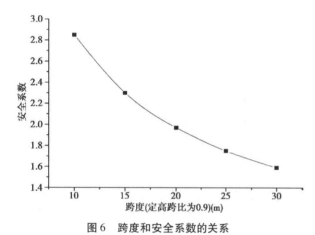

图 6 跨度和安全系数的关系
Fig. 6 Relationship between span and security coefficient

3.2.6 高跨比对安全系数的影响

表 7 和图 7 列出了不同高跨比时(固定高度为 18 m,跨度从 10 m 增加到 30 m)的隧洞安全系数。从计算结果可以看出,随高跨比增大安全系数增大,在高跨比小于 0.9 时,安全系数增长很快,当高跨比大于 0.9 之后,安全系数的增长趋势放缓。高跨比对隧洞稳定性有较大影响,在隧洞尺寸优化时应尽量选用合理的高跨比。

表 7 不同高跨比对应的安全系数计算结果
Table 7 Computations of security coefficient of different depth-span ratios

高跨比	0.6	0.72	0.9	1.2	1.8
安全系数	1.68	1.82	1.97	2.11	2.22

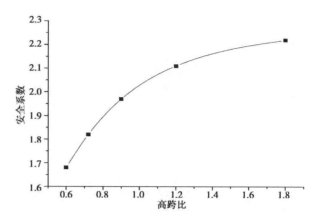

图 7 高跨比与安全系数的关系
Fig. 7 Relationship between depth-span ratio and security coefficient

3.3 六种因素的敏感性分析

根据上述的分析结果,选取各影响参数的变化值作为比较矩阵,相应条件下的安全系数作为参考矩阵,分别建立比较矩阵和参考矩阵。

$$X = \begin{pmatrix} X_1 \\ X_2 \\ \vdots \\ X_6 \end{pmatrix} = \begin{pmatrix} 0.3 & 0.6 & 0.9 & 1.1 & 1.3 \\ 30 & 32 & 34 & 36 & 37 \\ 24 & 24.5 & 25 & 25.5 & 26 \\ 10 & 20 & 30 & 40 & 50 \\ 10 & 15 & 20 & 25 & 30 \\ 0.6 & 0.72 & 0.9 & 1.2 & 1.8 \end{pmatrix},$$

$$Y = \begin{pmatrix} Y_1 \\ Y_2 \\ \vdots \\ Y_6 \end{pmatrix} = \begin{pmatrix} 1.97 & 2.94 & 3.92 & 4.56 & 5.21 \\ 1.97 & 2.03 & 2.09 & 2.15 & 2.18 \\ 2.02 & 1.99 & 1.97 & 1.95 & 1.93 \\ 2.36 & 2.09 & 1.97 & 1.9 & 1.85 \\ 2.85 & 2.3 & 1.97 & 1.75 & 1.59 \\ 1.68 & 1.82 & 1.97 & 2.11 & 2.22 \end{pmatrix}。$$

通过矩阵的无量纲化从而得到差异矩阵:

$$\Delta = \begin{pmatrix} 0 & 0.0006 & 0.0019 & 0.0006 & 0 \\ 0 & 0 & 0 & 0 & 0 \\ 1 & 0.4167 & 0.0556 & 0.5278 & 1 \\ 1 & 0.2206 & 0.2647 & 0.6520 & 1 \\ 1 & 0.3135 & 0.1984 & 0.6230 & 1 \\ 0 & 0.1593 & 0.2870 & 0.2963 & 0 \end{pmatrix},$$

式中:$\Delta_{max} = \max(\Delta_{ij}) = 1$;$\Delta_{min} = \min(\Delta_{ij}) = 0$。取分辨系数 $\xi = 0.5$,通过计算得到灰关联系数矩阵:

$$\gamma = \begin{pmatrix} 1 & 0.9988 & 0.9963 & 0.9988 & 1 \\ 1 & 1 & 1 & 1 & 1 \\ 0.3333 & 0.5455 & 0.9 & 0.4865 & 0.3333 \\ 0.3333 & 0.6939 & 0.6538 & 0.4340 & 0.3333 \\ 0.3333 & 0.6146 & 0.7159 & 0.4452 & 0.3333 \\ 1 & 0.7584 & 0.6353 & 0.6279 & 1 \end{pmatrix},$$

则关联度序列等于：

$A = (0.9988\ 1\ 0.5197\ 0.4897\ 0.4885\ 0.8043)$

最后得到影响大小排序：黏聚力 > 内摩擦角 > 高跨比 > 重度 > 埋深 > 固定高跨比下的跨度。

4 仰拱深度对隧洞稳定性影响

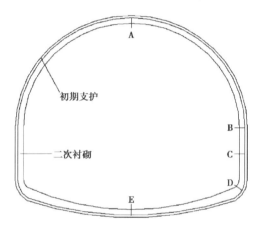

图 8　计算截面位置图

Fig. 8　Position of calculated section

一般Ⅲ级及Ⅲ级以下围岩需设置仰拱，通常在施工隧洞二衬时设置仰拱，二衬结构的受力与仰拱深度有关，下面研究仰拱深度对二衬结构安全系数的影响。二次衬砌采用了等厚度设计，厚度都为 0.5 m，混凝土标号 C35。当围岩释放 90% 荷载后施加二次衬砌。二次衬砌按弹性计算，安全系数的采用见相应规范[13]与文献[4]，当结构偏心受拉控制时，安全系数应不小于 1.4。二次衬砌最危险截面一般在图 8 中 A、B、C、D、E，5 个截面上[12]，因而只计算这 5 个截面上的安全系数。改变仰拱深度，选取四种情况进行研究，分别是仰拱深度 0 m、仰拱深度 1 m、仰拱深度 2 m 和仰拱深度 3 m，然后在Ⅲ、Ⅴ级围岩条件下，分别进行计算，计算参数见表 8。

表 8　围岩参数

Table 8　Parameters of surrounding rock

围岩级别	弹模（GPa）	泊松比	重度（kN/m³）	黏聚力（MPa）	摩擦角（°）
Ⅲ	10.0	0.3	25.0	0.300	30.00
Ⅴ	3.0	0.35	22.5	0.05	30.00

表 9 列出了不同仰拱深度的二次衬砌结构安全系数。经过计算，我们可以分别得到在Ⅲ、Ⅴ级围岩状况下，二次衬砌各截面的安全系数分布状况。Ⅲ级围岩条件下，仰拱深度 0 m 时，最不利截面是墙角 D，安全系数为 4.47；仰拱深度 1 m 时，最不利截面是墙脚 D，安全系数为 9.93；仰拱深度 2 m 时，最不利截面是墙脚 D，安全系数为 13.16；仰拱深度 3 m 时，最不利截面是墙脚 D，安全系数为 14.49。上述计算结果都满足设计要求。Ⅴ级围岩条件下，仰拱深度 0 m 时，最不利截面是墙脚 D，安全系数为 1.16；仰拱深度 1 m 时，最不利截面是墙脚 D，安全系数为 2.06；仰拱深度 2 m 时，最不利截面是墙脚 D，安全系数为 3.20；仰拱深度 3 m 时，最不利截面是墙脚 D，安全系数为 4.15。上述计算结果只有仰拱 0 m 时不满足设计要求。比较可得，其它情况下Ⅴ级围岩的安全系数也远不如Ⅲ级的高。若要减少仰拱深度，需适当增加仰拱厚度。

5 结 论

（1）采用有限元强度折减法，分析了影响隧洞稳定性的六个因素：黏聚力、内摩擦角、重度、埋深、高跨比、固定高跨比为 0.9 时的跨度。利用灰关联分析法，对这六个条件进行了敏感性分析，其影响顺序排列如下：黏聚力 > 内摩擦角 > 高跨比 > 重度 > 埋深 > 固定高跨比下的跨度。研究表明，围岩内摩擦角和黏聚力对隧洞稳定影响最大；隧洞的高跨比、跨度对稳定性也有较大影响，围岩分级中应予考虑；隧洞的埋深浅时有较大影响，尤其是浅埋隧洞，随着埋深的增加影响减小。

（2）研究了仰拱深度对二次衬砌结构安全性的影响。高等级围岩不需要设置仰拱，而低等级围岩需设置仰拱且随仰拱深度增大二衬受力改善。

表9 二次衬砌结构计算结果
Table 9 Calculation results of secondary lining

围岩级别	仰拱深度	衬砌参数	二衬截面位置	弯矩 (kN·m)	轴力 (kN)	轴压比 e	二次衬砌安全系数	安全系数类型
Ⅲ $c=0.3$ MPa $\varphi=30°$	0 m	初衬 C25, 200 mm 二衬 C35, 500 mm	拱顶	0.46	86.70	0.005 4	129.76	受压
			墙顶	7.91	342.80	0.023 1	32.97	受压
			墙中点	33.86	253.40	0.133 6	25.32	受压
			墙脚	73.98	315.10	0.234 8	4.71	受压
			仰拱中点	8.00	19.59	0.408 2	25.21	受拉
	1 m		拱顶	0.56	85.97	0.006 5	130.86	受压
			墙顶	8.33	341.50	0.024 4	32.94	受压
			墙中点	34.64	251.00	0.138 0	24.47	受压
			墙脚	67.60	380.20	0.177 8	9.93	受压
			仰拱中点	3.31	17.09	0.193 6	173.10	受压
	2 m		拱顶	0.40	87.11	0.004 6	129.78	受压
			墙顶	8.47	340.00	0.024 9	33.19	受压
			墙中点	34.05	247.00	0.137 9	24.91	受压
			墙脚	60.86	399.20	0.152 5	13.16	受压
			仰拱中点	1.59	45.82	0.034 6	243.00	受压
	3 m		拱顶	0.49	88.19	0.005 5	127.57	受压
			墙顶	8.28	333.40	0.024 8	33.85	受压
			墙中点	32.77	248.40	0.131 9	26.25	受压
			墙脚	57.81	407.70	0.141 8	14.49	受压
			仰拱中点	1.27	74.48	0.017 0	151.05	受压
Ⅴ $c=0.05$ MPa $\varphi=30°$	0 m		拱顶	2.01	340.10	0.005 9	33.08	受压
			墙顶	34.85	644.50	0.054 1	16.45	受压
			墙中点	112.10	697.20	0.160 8	6.81	受压
			墙脚	292.90	1 233.00	0.237 6	1.16	受压
			仰拱中点	13.40	114.00	0.117 5	64.97	受压
	1 m		拱顶	1.68	358.10	0.004 7	31.57	受压
			墙顶	25.18	650.40	0.038 7	16.99	受压
			墙中点	117.20	706.60	0.165 9	6.30	受压
			墙脚	239.30	1 160.00	0.206 3	2.06	受压
			仰拱中点	20.34	182.30	0.111 6	42.60	受压
	2 m		拱顶	1.76	355.50	0.005 0	31.65	受压
			墙顶	20.36	680.50	0.029 9	16.48	受压
			墙中点	122.90	732.70	0.167 7	5.93	受压
			墙脚	208.80	1 172.00	0.178 2	3.20	受压
			仰拱中点	11.08	236.70	0.046 8	45.78	受压
	3 m		拱顶	1.98	352.50	0.005 6	31.91	受压
			墙顶	15.69	699.30	0.022 4	16.09	受压
			墙中点	126.50	755.70	0.167 4	5.77	受压
			墙脚	189.40	1 215.00	0.155 9	4.15	受压
			仰拱中点	7.77	290.70	0.026 7	38.70	受压

参考文献 References

[1] 聂卫平, 徐卫亚, 周先齐. 基于三维弹塑性有限元的洞室稳定性参数敏感性灰关联分析[J]. 岩石力学与工程学报, 2009, 28(增2): 3 885-3 893. (Nie Weiping, Xu Weiya, Zhou Xianqi. Grey relation analysis of parameter sensitivity of cavern stability based on 3d elastoplastic finite elements[J]. Chinese Journal of Rock Mechanics and Engineering, 2009, 28(Supp.2): 3 885-3 893. (in Chinese))

[2] 王辉, 陈卫忠. 嘎隆拉隧道围岩力学参数对变形的敏感性分析[J]. 岩土工程学报, 2012, 34(8): 1 548-1 553. (Wang Hui, Chen Weizhong. Sensitivity analysis of mechanical parameters to deformation of surrounding rock in Galongla tunnel[J]. Chinese Journal of Geotechnical Engineering, 2012, 34(8): 1 548-1 553. (in Chinese))

[3] 黄书岭, 冯夏庭, 张传庆. 岩体力学参数的敏感性综合评价分析方法研究[J]. 岩石力学与工程学报, 2008, 27(增1): 2 624-2 630. (Huang Shuling, Feng Xiating, Zhang Chuanqin. Study of method of comprehensive evaluation for parameters of constitutive model of rock mass[J]. Chinese Journal of Rock Mechanics and Engineering, 2008, 27(Supp.1): 2 624-2 630. (in Chinese))

[4] 郑颖人, 朱合华, 方正昌, 等. 地下工程围岩稳定分析与设计理论[M]. 北京: 人民交通出版社, 2012. (Zheng Yingren, Zhu Hehua, Fang Zhengchang, et al. The stability analysis and design theory of surrounding rocks of underground engineering[M]. Beijing: China Communications Press, 2012. (in Chinese))

[5] 张黎明, 郑颖人, 王在泉, 等. 有限元强度折减法在公路隧道中的应用探讨[J]. 岩土力学, 2007, 28(1): 97-106. (Zhang Liming, Zheng Yingren, Wang Zaiquan, et al. Application of strength reduction finite element method to road tunnels[J]. Rock and Soil Mechanics, 2007, 28(1): 97-106. (in Chinese))

[6] 郑颖人, 孔亮. 岩土塑性力学[M]. 北京: 中国建筑工业出版社, 2010. (Zheng Yingren, Kong Liang. Geotechnical plastic mechanics[M]. Beijing: China Architecture and Building Press, 2010. (in Chinese)).

[7] 孙辉, 郑颖人, 王在泉, 等. 埋深在围岩分级修正中的应用探讨[J]. 地下空间与工程学报, 2012, 8(1): 94-98. (Sun Hui, Zheng Yingren, Wang Zaiquan, et al. Discussion of depth in the amendment of surrounding rock classification[J]. Chinese Journal of Underground Space and Engineering, 2012, 8(1): 94-98. (in Chinese))

[8] 陈新民, 罗国煜. 基于经验的边坡稳定性灰色系统分析与评价[J]. 岩土工程学报, 1999, 21(5): 638-641. (Chen Xinmin, Luo Guoyu. Based on the experience the grey system analysis and evaluation of the slope stability[J]. Chinese Journal of Geotechnical Engineering, 1999, 21(5): 638-641. (in Chinese))

[9] 郑颖人. 隧洞破坏机理及设计计算方法[J]. 地下空间与工程学报. 2010, 6(增2): 1 521-1 532. (Zheng Yingren. Failure mechanism and design and calculation method for the tunnel[J]. Chinese Journal of Underground Space and Engineering, 2010, 6(Supp.2): 1 521-1 532. (in Chinese))

[10] 郑颖人, 王永甫. 隧道围岩压力理论进展与破坏机制研究[J]. 隧道建设, 2013, 33(6): 423-430. (Zheng Yingren, Wang Yongfu. Evolution of rock mass pressure theory and researches on tunnel failure mechanism[J]. Tunnel Construction, 2013, 33(6): 423-430. (in Chinese))

[11] 郑颖人, 丛宇. 隧道围岩稳定性分析及其判据[J]. 隧道建设, 2013, 33(7): 531-536. (Zheng Yingren, Cong Yu. Analysis on and criteria of stability of surrounding rock of tunnel[J]. Tunnel Construction, 2013, 33(7): 531-536. (in Chinese))

[12] 郑颖人, 阿比尔的, 向钰周. 隧道设计理念与方法[J]. 隧道建设, 2013, 33(8): 619-625. (Zheng Yingren, Abi Erdi, Xiang Yuzhou. Tunnel design idea and tunnel design method[J]. Tunnel Construction, 2013, 33(7): 619-625. (in Chinese))

[13] 中华人民共和国交通部. 公路隧道设计规范(JTG D70—2004)[S]. 北京: 人民交通出版社, 2004. (Ministry of Communications of the People's Republic of China. Code for design of road tunnel (JTG D70—2004)[S]. Beijing: China Communications Press, 2004. (in Chinese))

普氏压力拱理论的局限性

郑颖人　邱陈瑜

(后勤工程学院军事土木工程系,重庆 400041)

摘　要　普氏压力拱理论一直是我国隧道与地下工程设计的力学基础,但学界和工程界对此也有一定质疑,文章试图对此做些探索,以便澄清概念。通过应用有限元极限分析中的强度折减法和模型试验方法,分析了普氏压力拱的真实含意和形成条件,研究了洞跨、围岩强度与压力拱自稳的关系,研究了不同埋深条件下隧洞的破坏机理。结果表明,压力拱理论只在矩形和拱顶平缓以及围岩稳定且埋深不大的隧洞中才能成立;拱形隧洞不会形成压力拱;围岩强度太低,隧洞跨度太大,不会形成自稳的压力拱;围岩稳定性好,隧洞不会破坏,也不会形成压力拱;隧洞埋深较大时,两侧首先发生破坏,压力拱理论不起作用。

关键词　普氏压力拱理论　压力拱　有限元强度折减法　深埋隧洞　浅埋隧洞

中图分类号:U451.2　　**文献标识码:A**

1　引　言

我国地下工程设计中应用基于散体力学的普氏压力拱理论[1~6]。这种理论认为深埋情况下围岩能够自稳,隧洞承受的围岩压力是压力拱下岩土重量引起的松散压力。按此将隧洞划分为深埋与浅埋隧洞,采用不同的设计计算模型计算相应的围岩压力。如果隧洞开挖后,发生贯通至地表的塌落破坏,认为此时尚未形成普氏压力拱,即为浅埋隧洞,并建立了基于散体力学的岩柱理论公式、太沙基(K.Terzaghi,1936)公式等。隧洞达到一定埋深后,则认为隧洞上方一定会形成自稳的压力拱,结构主要承受压力拱下岩土重量,即为深埋隧洞,并建立了基于塌落体假设的普氏(М.М.Протолъяконов,1907)压力拱理论。我国现行的铁路、公路、地铁工程隧道设计规范中都采用压力拱理论,并由此提出了深、浅埋隧洞划分方法和围岩压力计算公式。但上述理论不仅与工程实践,也与基于弹塑性理论的现代隧洞围岩压力理论有很大差异。按这一观点,围岩压力与深度无关,围岩压力在隧洞顶部最大,破坏首先发生在顶部,而实际上围岩压力随深度增大而增大,深埋情况下隧洞侧壁围岩压力最大,破坏首先从两侧开始。因而人们对压力拱理论提出了质疑,例如普氏压力拱是否存在,能否自稳;按压力拱观点划分隧道的深埋与浅埋是否合理等等。这些问题涉及到隧洞的破坏机理和设计计算的基本原理。本文试图对上述问题做些探索,以便澄清概念,提高认识,弄清压力拱理论的真实含义及其局限性,为设计计算提供科学的理论依据。

2　压力拱理论的真实含义及其形成条件

普氏压力拱理论认为,隧洞开挖后,顶部土体会失去稳定而产生坍塌,当塌落到一定程度后,就形成自稳的压力拱,进入新的稳定平衡状态。普氏压力拱理论没有把压力拱画在矩形隧洞上,而是画在拱顶上,如图1中所示的 ABC 拱。普氏假定压力拱形状为二次抛物线形,压力拱高 h_1 取决于隧洞跨度和岩体性质,按经验公式(1)确定:

注:本文摘自《现代隧道技术》(2016 年第 53 卷第 2 期)。

$$h_1 = \frac{a_1}{f} = \frac{a + h\tan(45° - \frac{\varphi}{2})}{f} \quad (1)$$

式中：f 为岩石坚固性系数，又称普氏系数；φ 为围岩内摩擦系数；其它参数见图1。普氏根据不同的岩性给出了相应的普氏系数，或按 $R_c/100$（R_c 为岩石抗压强度）确定普氏系数。我国铁路部门以单线隧道塌方数据统计提出了围岩压力及压力拱高的经验公式，成为隧道设计规范的依据。

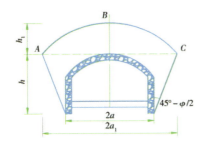

图1 深埋隧洞的压力拱示意

Fig.1 Pressure arch of a deep buried tunnel

按照普氏理论的观点会有以下结论：一是无论围岩强度大小，也无论隧洞的跨度与洞形如何，只要有足够埋深都会在拱顶上形成压力拱，在隧洞顶部发生塌落破坏；即使围岩强度很高、隧洞跨度很小的拱形隧洞，也会在隧洞拱顶上形成压力拱。二是深埋隧洞形成压力拱后，隧洞一定会达到自稳状态；即使围岩强度很低，或者隧洞跨度很大，只要有足够埋深，压力拱就一定自稳。三是深埋隧洞的破坏只发生在拱顶，围岩压力为来自拱顶的松散压力，大小取决于塌落拱下岩体重量，只与隧洞跨度和岩体性质有关，而与隧洞埋深无关。然而实践表明，这些结论只是在一定条件下具有适用性，而在更多的情况下并不符合实际，也不符合当代隧洞围岩力学新理论，表明普氏理论有很大的局限性，不具普遍指导意义。

为了弄清普氏压力拱理论的真实意义，可应用有限元极限法中的强度折减法[7-11]进行分析，因为该方法既具有严格的力学依据，能真实反映实际，又具有可视、动态、定量计算的优点，看得见塑性应变图形，尤其是隧洞破坏时的图形，还能定量算出安全系数。下面以直墙拱形隧洞为例进行分析，围岩为普通土体，物理力学参数见表1。

表1 土体物理力学参数

Table 1 Physical and mechanical parameters of the soil mass

弹性模量/MPa	泊松比	重度/(kN·m^{-3})	粘聚力/kPa	内摩擦角/(°)
40	0.35	18	25	25

为研究不同洞形隧洞对普氏压力拱形成的影响，以埋深20 m、跨度5 m、侧墙高2 m的土体隧洞为例，分别选取拱高0 m，0.5 m，1.5 m 和 2.5 m 进行分析。图2为不同拱高隧洞极限破坏状态时，即安全系数为1时的等效塑性应变云图。为达到破坏状态，当围岩安全系数大于1时，要通过强度折减使安全系数达到1，反之围岩安全系数小于1时，要提高围岩强度使安全系数达到1。图2(a)、(b) 为拱高0 m 和0.5 m 的隧洞，随着隧洞开挖围岩初始应力状态发生变化，由于拱作用，拱顶上压力逐渐向两侧传递，围岩破坏时形成了拱状的破坏面，这就是常说的普氏压力拱。鉴于破坏面具有位移或应变突变的特性，只要在塑性区中找出应变突变点并连成拱状曲线就得到了破坏面[12]，从而得到了普氏压力拱的拱形及拱高。应变突变点也就是应变最大的点，用计算机可以显示这些点的位置，将其连成线就可画出

（a）拱高0m（安全系数0.92）　（b）拱高0.5m（安全系数0.96）　（c）拱高1.5m（安全系数0.99）　（d）拱高2.5m（安全系数0.96）

图2 不同拱高隧洞破坏时等效塑性应变云图

Fig.2 Contour of the equivalent plastic strains in cases of failure for tunnels with different arch heights

破坏面；也可直接依据等效塑性应变图中最大应变点位置画出压力拱线。

普氏压力拱的含义不仅是破坏面的轮廓线，破坏时围岩首先沿压力拱塌落，而且还是隧洞的最佳洞形线，这种洞形受力最佳，自稳性最好，安全系数最高，这就是为什么地下工程必须做成拱顶的道理。从图2(a)、(b)中可以看出普氏压力拱的位置，压力拱高约为3 m，稍大于隧洞半跨。由于采用的围岩强度较低，此时隧洞安全系数分别为0.92和0.96，都不能达到稳定要求。图2(c)、(d)为拱高1.5 m和2.5 m的隧洞，由于拱作用，围岩压力逐渐向两侧传递，在隧洞顶部与两侧都出现塑性区，安全系数分别为0.99和0.96。由图可见，此时隧洞拱顶本身就接近最佳洞形，因而在拱形隧洞的拱顶上方不可能再形成压力拱，破坏面转向两侧。以上分析说明，普氏压力拱形成与隧洞的形状相关，压力拱只存在于矩形或拱顶平缓的隧洞上，拱形隧洞不存在压力拱。在深埋隧洞拱顶上方一定会形成压力拱的观点是错误的，如果拱顶上方都要形成压力拱，那么隧洞必须建造衬砌结构，而实际上人居的黄土洞室和天然的山洞，并无衬砌结构也能自稳。

3 影响压力拱和围岩自稳的因素

3.1 洞跨与压力拱和围岩自稳的关系

压力拱的出现并不能保证隧洞稳定，隧洞能否稳定与围岩强度、洞形（含洞高）、洞跨、埋深等因素有关。为研究洞跨对普氏压力拱形成以及围岩自稳的影响，以埋深20 m、侧墙高2 m、拱高0.5 m的土体隧洞为例，洞跨分别取3 m，5 m和10 m三种情况进行分析。图3为不同洞跨隧洞破坏时的等效塑性应变云图。图3(a)为洞跨3 m的隧洞，对应的矢跨比为1/6，安全系数为1.17，破坏时隧洞拱顶上存在压力拱，但两侧也形成破裂面，很难确定是拱顶还是两侧先破坏；图3(b)为洞跨5 m的隧洞，对应的矢跨比为1/10，图中明显看出拱顶形成压力拱，而侧墙塑性区尚未贯通，可见拱顶先发生破坏，此时隧洞安全系数为0.96，说明隧洞虽然形成了普氏压力拱，但并不能满足自稳要求。如按压力拱形状开挖隧洞，此时压力拱消失，安全系数提高到1.0，如图3(c)所示。图3(d)为洞跨10 m的隧洞，矢跨比为1/20，此时虽然也形成压力拱，但安全系数为0.59，显然不能维持压力拱自稳。如图3(e)所示，即使按压力拱形状开挖，安全系数只能提高到0.75，表明压力拱并不一定都能保证自稳。可见，任何跨度的深埋隧洞都会形成自稳压力拱的观点是不全面的，对于某一强度的围岩，都有一个临界跨度值，当洞跨小于临界跨度时，隧洞围岩满足稳定要求，才可以形成自稳的压力拱；反之，压力拱不能自稳。

3.2 围岩强度与压力拱和围岩自稳的关系

为了研究围岩强度对普氏压力拱形成与自稳的影响，以埋深20 m、跨度3 m、侧墙高2 m、拱高0.5 m的隧洞为例，分别选取老黄土、新黄土、淤泥质土三

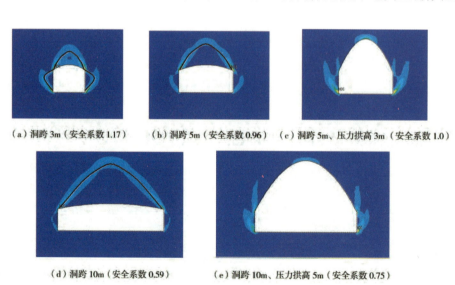

(a) 洞跨3m（安全系数1.17）　　(b) 洞跨5m（安全系数0.96）　　(c) 洞跨5m、压力拱高3m（安全系数1.0）

(d) 洞跨10m（安全系数0.59）　　(e) 洞跨10m、压力拱高5m（安全系数0.75）

图3　不同跨度隧洞破坏时等效塑性应变云图

Fig.3　Contour of the equivalent plastic strains in cases of failure for tunnels with different spans

表 2　土体物理力学参数

Table 2　Physical and mechanical parameters of the soil masses

土体类别	弹性模量/MPa	泊松比	重度/(kN·m⁻³)	粘聚力/kPa	内摩擦角/(°)
老黄土	40	0.35	18	50	25
新黄土	40	0.35	18	23	22
淤泥质土	10	0.35	18	6	10

类不同强度的土体隧洞进行分析,对应的物理力学参数见表2。图4为不同强度土体隧洞破坏时等效塑性应变云图,可以看出,三种隧洞拱顶破坏面的形状相同,因为它们都处于同一破坏状态,但安全系数不同。图4(a)、(b)中隧洞两侧也有明显破坏面,很难判定是拱顶还是两侧先破坏;而图4(c)两侧塑性应变值较小,尚未形成破坏面,拱顶先发生破坏。对于老黄土隧洞,如图4(a)所示,安全系数达到1.64,说明隧洞很稳定,不可能发生坍塌破坏,也不会出现压力拱。这类黄土窑洞能维持长期稳定,可作为人居洞室。对于新黄土隧洞,如图4(b)所示,安全系数为0.95,压力拱不能自稳。尤其是强度很低的淤泥质土隧洞,如图4(c)所示,安全系数只有0.35,说明淤泥质土体根本不可能形成跨度3 m的隧洞,当然也不存在自稳的普氏压力拱。可见,任何强度围岩的深埋隧洞都会形成自稳压力拱的观点是不全面的。压力拱的形成和自稳与围岩强度密切相关,对于相同尺寸与埋深的隧洞,当围岩强度很低时,隧洞不可能成洞,这类隧洞施工时必须同时施作衬砌,如果初衬强度不足就会引起严重安全事故。只有当围岩强度较高时,才会形成自稳的压力拱,再次表明压力拱的形成和自稳是有条件的。

4　随埋深而变的隧洞破坏机理

(a) 老黄土隧洞（安全系数 1.64）　(b) 新黄土隧洞（安全系数 0.95）　(c) 淤泥质土隧洞（安全系数 0.35）

图4　不同强度土体隧洞破坏时等效塑性应变云图

Fig.4　Contour of the equivalent plastic strains in cases of failure for tunnels with different rock strengths

隧洞的破坏形式与埋深密切相关[13,14],为了研究隧洞由浅埋破坏逐渐转向深埋破坏的过程,采用有限元强度折减法对洞跨12 m、侧墙高5 m的矩形隧洞与洞跨12 m、侧墙高5 m、拱高3 m的直墙拱形隧洞进行分析,土体物理力学参数见表3。

表 3　土体物理力学参数

Table 3　Physical and mechanical parameters of the soil mass

弹性模量/MPa	泊松比	重度/(kN·m⁻³)	粘聚力/kPa	内摩擦角/(°)
100	0.3	18	40	22

4.1　矩形隧洞破坏机理

图5示出了不同埋深下矩形隧洞的破坏状况及其安全系数。从图中可以看出,矩形隧洞随埋深增加破坏机理发生改变,可分为三个阶段:埋深0~9 m时,最大塑性应变在隧洞顶部,破裂面从侧墙顶部贯通至地表,属于浅埋破坏。埋深9 m时,拱顶逐渐形成浅埋压力拱,此后破坏不再延伸到地表,为此9~10 m可作为深、浅埋的分界线。从稳定角度看,随埋深增加,安全系数从0.52增大到0.66,表明矩形隧洞埋深越浅越不安全。这是由于随埋深增加,浅埋压力拱逐渐形成并发挥作用,使得安全系数逐渐增大。埋深10~18 m时,拱顶上方浅埋压力拱逐渐消失,与此同时逐渐形成深埋压力拱,即通常所说的普氏压力拱。此时随埋深增加,安全系数基本不变,在0.69~0.7范围内。这是由于深埋压力拱形状不变,对安全系数不产生影响,表明此阶段埋深与安全系数无关,符合普氏压力拱原理。此时破坏发生在隧洞顶部,但破裂面没有贯通至地表,属于深埋拱顶破坏。埋深大于18 m时,随埋深增大侧墙受到的围岩

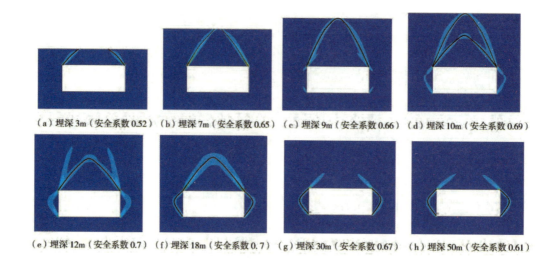

图5 矩形隧洞等效塑性应变云图

Fig.5 Contour of the equivalent plastic strains of a rectangular tunnel

压力越来越大，破坏面转至侧壁，安全系数从0.7降低到0.61，表明埋深越大越不安全。此时压力拱虽然还存在，但它对破坏不起主要作用，隧洞先在两侧破坏，属于深埋两侧破坏。可见，对于矩形隧洞，第一阶段破坏面贯通至地表，属于浅埋，而第二、三阶段破坏面未贯通至地表，属于深埋，因此可以将浅埋压力拱高作为深、浅埋的分界线。第二阶段为深埋拱顶破坏，即形成普氏压力拱，第三阶段为深埋两侧破坏。

为了进一步验证数值模拟结果，利用砂子进行不同埋深隧洞破坏模型试验，模型尺寸为56 cm×15 cm×52 cm (长×宽×高)，四周用钢板约束，在观测方向一侧的钢板中间开一个24 cm×30 cm的方形槽，放入1 cm厚的钢化玻璃，底部开一个8 cm的缺口用于模拟隧洞开挖，模型制作前在砂子中加少量水，使其保持一些粘聚力，隧洞开挖后随着砂子变干，洞周砂子会自行掉落，形成不同的破坏状态。隧洞模型跨度取8 cm(模拟隧洞12 m跨度)，根据数值模拟分析得出的不同埋深隧洞四种破坏模式，分别取埋深4 cm，7 cm，10 cm和20 cm。图6所示为不同埋深隧道破坏试验结果，从中可以看出，埋深4 cm时，隧洞整体坍塌到顶部，为浅埋破坏；埋深7 cm时，隧洞形成高5.8 cm(相当于隧洞8.7 m高度)的浅埋压力拱，拱上部1.2 cm土体没有塌落，说明隧洞刚从浅埋转入深埋，因此可取6 cm作为深浅埋的分界线，大约为3/4隧洞跨度；埋深10 cm时，隧洞形成拱高4 cm的普氏压力拱，为深埋拱顶破坏；埋深20 cm时，破坏发生在两侧墙，为深埋两侧破坏。模型试验结果与数值模拟结果相吻合。

4.2 拱形隧洞破坏机理

图7示出了不同埋深下拱形隧洞的破坏状况及其安全系数。拱形隧洞破坏机理也随埋深而变，可分为两个阶段：埋深0~9 m时，最大塑性应变主要发生在拱顶上部，从拱顶上方贯通至地表，属于浅埋破

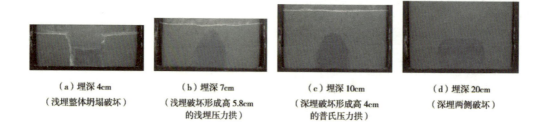

图6 不同埋深隧洞破坏试验

Fig.6 Failure tests for tunnels with different buried depths

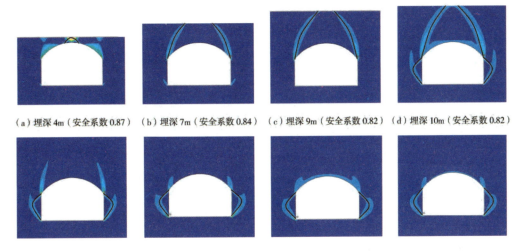

图7 拱形隧洞等效塑性应变云图

Fig.7 Contour of equivalent plastic strains of an arched tunnel

坏。随埋深增加逐渐形成浅埋压力拱,安全系数从0.87逐渐降低到0.82,这是由于埋深增加引起围岩受力增大的量值大于拱作用引起围岩受力减少的量值所致。当埋深10 m以上时,浅埋压力拱逐渐消失,破坏面从拱顶转向侧壁,由浅埋转入深埋,拱顶上部已明显见不到压力拱,再次表明拱形隧洞不存在普氏压力拱,属于深埋两侧破坏。安全系数随埋深增加逐渐降低,相应为0.81,0.78,0.77和0.75,深度越大安全系数越低。可见,对于拱形隧洞,第一阶段破裂面贯通至地表,而第二阶段破裂面未贯通至地表,因此也可以将浅埋压力拱高作为深、浅埋分界线。

由此可见,深埋隧洞的破坏一定发生在拱顶以及围岩压力与隧洞埋深无关的普氏观点并不全面。实际上随着埋深增加,隧洞从拱顶先发生破坏逐渐转移到两侧先发生破坏,虽然拱顶也存在压力拱,但此时对破坏不起主要作用。此外,从稳定安全系数看,也与压力拱理论截然不同,埋深越大,安全系数越小,围岩压力也越大,隧洞更容易发生破坏。埋深增大并不能使隧洞稳定,反而安全性更差。

5 结 论

本文论述了普氏压力拱的真实含意和形成条件,分析了洞跨、围岩强度与压力拱及围岩自稳的关系,研究了不同埋深条件下隧洞的破坏机理,得出了普氏压力拱理论存在局限性。

(1)并不是所有的深埋隧洞都会形成自稳的压力拱。压力拱是否形成,是否自稳,是否起作用都是有条件的。普氏压力拱只是在矩形和拱顶平缓以及围岩稳定与埋深不大的隧洞上才会形成,拱形隧洞不会形成压力拱。

(2)压力拱的形成并不能保证隧洞稳定。隧洞能否自稳与围岩强度、洞形、洞跨、埋深等因素有关。当洞跨超过一定限值后,隧洞安全系数小于1,不能形成自稳的压力拱;围岩强度低时,隧洞同样不会形成自稳的压力拱;而当围岩很稳定时,隧洞不可能发生塌落破坏,也不会出现压力拱。

(3)深埋隧洞的破坏并不是只发生在拱顶,围岩压力并非与埋深无关。随埋深增大围岩压力从拱顶转向两侧,破坏也从拱顶转向两侧。矩形深埋隧洞随着埋深增加,由拱顶破坏转向两侧破坏;拱形深埋隧洞只在两侧破坏;随埋深增加,围岩压力增大,安全系数降低,埋深越大,隧洞越不安全。

参考文献
References

[1] 关宝树. 隧道力学概论[M]. 成都: 西南交通大学出版社, 1993.
GUAN Baoshu. Generality of Tunnel Mechanics[M]. Chengdu: Southwest Jiaotong University Press, 1993.

[2] 孙 均. 地下工程设计理论与实践[M]. 上海: 上海科学技术出版社, 1996.
SUN Jun. Design Theory and Practice of Underground Engineering[M]. Shanghai: Shanghai Scientific & Technical Publishers, 1996.

[3] 王梦恕. 中国隧道及地下工程修建技术[M]. 北京: 人民交通出版社, 2010.
WANG Mengshu. Tunnelling and Underground Engineering Technology in China[M]. Beijing: China Communications Press, 2010.

[4] 于学馥, 郑颖人, 刘怀恒, 等. 地下工程围岩稳定分析[M]. 北京: 煤炭工业出版社, 1983.
YU Xuefu, ZHENG Yingren, LIU Huaiheng, et al. Analysis of Surrounding Rock Stability of Underground Engineering[M]. Beijing: China Coal Industry Publishing House, 1983.

[5] 郑颖人, 朱合华, 等. 地下工程围岩稳定分析与设计理论[M]. 北京: 人民交通出版社, 2012.
ZHENG Yingren, ZHU Hehua, et al. The Stability Analysis and Design Theory of Surrounding Rock of Underground Engineering[M]. Beijing: China Communications Press, 2012.

[6] 徐干成, 白洪才, 郑颖人, 等. 地下工程支护结构[M]. 北京: 中国水利水电出版社, 2002.
XU Gancheng, BAI Hongcai, ZHENG Yingren, et al. Support Structure of Underground Engineering[M]. Beijing: China Water & Power Press, 2002.

[7] ZIENKIEWICZ O. C, HUMPHESON C, LEWIS R. W. Associated and Nonassociated Visco-Plasticity and Plasticity in Soil Mechanics[J]. Geotechnique, 1975, 25 (4): 671–689.

[8] 张黎明, 郑颖人, 等. 有限元强度折减法在公路隧道中的应用探讨[J]. 岩土力学, 2007, 28 (1): 97–101.
ZHANG Liming, ZHENG Yingren, et al. Application of Strength Reduction Finite Element Method to Road Tunnels[J]. Rock and Soil Mechanics, 2007, 28 (1): 97–101.

[9] 孔超, 仇文革, 章慧健, 等. 基于岩石数值极限分析法的洞群围岩稳定性研究[J]. 现代隧道技术, 2013, 50 (6): 66–71.
KONG Chao, QIU Wenge, ZHANG Huijian, et al. A Study of the Rock Mass Stability of a Tunnel Group Based on Numerical Limit Analysis[J]. Modern Tunnelling Technology, 2013, 50 (6): 66–71.

[10] 李健, 谭忠盛. 大断面黄土隧道初期支护与围岩相互作用机理研究[J]. 现代隧道技术, 2013, 50 (3): 79–86.
LI Jian, TAN Zhongsheng. On the Interaction Mechanism of the Primary Support and Rock Mass in a Loess Tunnel with a Large Section[J]. Modern Tunnelling Technology, 2013, 50 (3): 79–86.

[11] 郑颖人, 胡文清, 等. 强度折减有限元法及其在隧道与地下洞室工程中的应用[J]. 现代隧道技术, 2004, 41 (增刊): 359–363.
ZHENG Yingren, HU Wenqing, et al. Strength Reduction FEM and Its Application in Tunnel and Underground Engineering[J]. Modern Tunnelling Technology, 2004, 41 (Supp.): 359–363.

[12] 郑颖人, 邱陈瑜, 等. 关于土体隧洞围岩稳定性分析方法的探索[J]. 岩石力学与工程学报, 2008, 27 (10): 1968–1980.
ZHENG Yingren, QIU Chenyu, et al. Exploration of Stability Analysis Methods for Surrounding Rocks in Soil Tunnel[J]. Chinese Journal of Rock Mechanics and Engineering, 2008, 27 (10): 1968–1980.

[13] 郑颖人. 地下工程破坏机理认知对工程建设风险的影响[J]. 重庆建筑, 2012, 11(9): 5–9.
ZHENG Yingren. Impact of Recognition of Underground Engineering Failure Mechanism on Engineering Construction Risks[J]. Chongqing Architecture, 2012, 11 (9): 5–9.

[14] 郑颖人, 徐浩, 王成, 等. 隧洞破坏机制及深浅埋分界标准[J]. 浙江大学学报(工学版), 2010, 44 (10): 1851–1856.
ZHENG Yingren, XU Hao, WANG Cheng, et al. Failure Mechanism of Tunnel and Dividing Line Standard Between Shallow and Deep Bury[J]. Journal of Zhejiang University(Engineering Science), 2010, 44 (10): 1851–1856.

On the Limitations of Protodyakonov's Pressure Arch Theory

ZHENG Yingren   QIU Chenyu

(Department of Civil Engineering, Logistical Engineering University of PLA, Chongqing 400041)

Abstract   Protodyakonov's pressure arch theory has been a mechanical basis for the design of tunnels and underground works in China, but it has been questioned to some extent by academic and engineering fields. This paper analyzes the real meanings and formation conditions of a pressure arch using the FEM strength reduction method and a model test, researches the relationships among tunnel span, rock mass strength and pressure arch self-stability, and discusses the failure mechanism of tunnels under different buried depths. The results show that: 1) the pressure arch theory is only applicable to rectangular or gentle-vault tunnels with stable surrounding rocks and a shallow buried depth; 2) a pressure arch will not occur in an arched tunnel; 3) a self-stable pressure arch will not occur under very low rock strength and a too large tunnel span; 4) a pressure arch and tunnel failure will not occur in a tunnel with stable surrounding rock; 5) for a tunnel with a great buried depth, the failure first occurs on both sides, so the pressure arch theory is not applicable

Keywords   Protodyakonov's pressure arch theory; Pressure arch; FEM strength reduction method; Deep buried tunnel; Shallow buried tunnel

桩基础承载力室内试验与数值计算研究

刘祥沛[1,3]，董天文[1,2]，郑颖人[1,2]

（1. 后勤工程学院 军事土木工程系，重庆 400041；2. 重庆市地质灾害防治工程技术研究中心，重庆 401311；
3. 岩土力学与地质环境保护重庆重点实验室，重庆 401311）

摘 要：为深入研究桩基础破坏特征，解决桩基础承载机理和破坏条件问题，自行设计桩基础承载力室内试验，对桩顶外力、位移、桩侧摩阻力与桩底反力进行了全方位测试。采用临近桩基破坏时减小加载量的方法，结合数值模拟极限方法分析，在两种方法所得P-s曲线中可以找到陡降的破坏点。两种方法的极限承载力、桩底反力吻合较好，表明室内试验可信，数值极限方法可行。依据以上两种方法，提出了桩基的三点破坏特征：（1）破坏时桩顶位移突变，破坏后有时会有所反弹；（2）破坏时桩底反力突变并出现明显反弹；（3）破坏时桩侧摩阻力出现先降低后增大现象。这些特征表明桩基破坏后桩侧与桩底承载力还将提高，使桩基仍然维持力学平衡状态，表明桩基这种破坏特征与其他基础形式不同。综合桩基础破坏特征，提出应按第一次桩顶位移突变作为控制桩基础承载力的条件。本次研究只是探索，还需现场试验的验证。

关键词：桩基础；破坏机理；承载力；室内试验；数值计算

中图分类号：TU473.1　　**文献标识码**：A　　**文章编号**：1673-0836（2016）03-0719-10

Research on the Failure Characteristics of Pile Foundation by the Laboratory Experiment and Numerical Calculation

Liu Xiangpei[1,3], Dong Tianwen[1,2], Zheng Yingren[1,2]

(1. *Department of Civil Engineering, Logistical Engineering University, Chongqing* 400041, *P.R. China*; 2. *Chongqing Engineering and Technology Research Center of Geological Hazard Prevention and Treatment, Chongqing* 401311, *P.R. China*; 3. *Chongqing Key Laboratory of Geotechnical and Geological Engineering Protection, Chongqing* 401311, *P.R. China*)

Abstract: The bearing characteristics and damage conditions of pile foundation are the base for the establishment of failure mode and the determination of ultimate load. For research on damage characteristics of pile foundation, the external force and displacement of pile head, the friction resistance of pile side and the counter force of pile bottom are determined with the self-designed laboratory experiment on pile foundation bearing capacity. Numerical limit method is carried on to simulate it, the failure point at the steep drop can be seen in the P-s curve in both the test and numerical method if the load is decreased when pile foundation is close to failure. The results of ultimate bearing capacity and counter force from the test and numerical simulation are in good agreement, which show the tests are reliable and the numerical limit methods are feasible. According to the two methods above, three failure characteristics of the pile foundation was gained: 1. during foundation destruction, the displacement of pile top presented mutation, sometimes rebounding occurred after destruction; 2. it would appear mutation of counter force and significant rebound on the pile base; 3. the friction resistance of pile side would increase after decrease on its damage. These characteristics indicate that the bearing capacity of the pile side and the pile bottom can be enhanced after the failure of pile foundation, the

---

注：本文摘自《地下空间与工程学报》（2016年第12卷第3期）。

balance of the pile foundation is still maintained, and the difference between pile foundations and other foundations is revealed. Comprehensive consideration of the failure characteristics of pile foundation, the conditions for controlling the bearing capacity of the pile foundation are proposed based on the first pile top displacement.

Keywords: pile foundation; failure mechanism; bearing capacity; laboratory experiment; numerical calculation

1 引 言

桩基础广泛地应用于房屋建筑工程、水利工程、交通工程等土木工程领域。近年来,在桩基础承载力研究方向开展了大量研究工作[1-7],如赵华明等[1]通过控制桩顶沉降量来确定基桩的桩顶竖向承载力;刘金砺[2]通过群桩试验揭示其在竖向荷载下群桩侧阻力、端阻力、承台土抗力的群桩效应及承载力群桩效应;林本海等[4]研究了桩基础承载性能分析;Zhang等[5]建立指数转移函数用来分析桩土界面的摩擦力;周建方等[6]认为不同失效准则下确定的承载力是不同的。但在桩基础的破坏与承载机理、计算方法等方面仍然存在许多问题和分歧。

承受竖向荷载桩基础,其传力是从上向下逐渐激发桩侧阻力和桩端阻力,进而达到极限承载力。目前,桩基破坏主要使用桩基础静载荷试验的极限荷载判定条件。不论是桩基础载荷试验方法还是数值极限分析方法,都主要是以 P-s 曲线变化特征为基础,分别按照 P-s 曲线出现明显拐点和无明显拐点两种条件提出的。前者陡降型 P-s 曲线可以明确判断桩基破坏,而后者缓变型 P-s 曲线无法判断桩基是否破坏和提供真实的极限承载力。亟需开展桩基础的破坏机理与承载能力的研究,以满足工程设计和检测的需要。

为此,笔者开展了桩基础竖向承压室内模型实验和有限元极限分析仿真研究,一方面验证计算方法的可行性,另一方面研究桩基破坏特征,为提出桩基础的破坏机理和准确判定极限承载力的方法提供依据。

2 试验设备及测试过程

本次试验主要包括加载系统和测试系统两部分。其中,加载系统由反力架、千斤顶组成,测试系统由应变片、称重传感器、土压力盒以及读数装置组成。

2.1 模型箱和模型桩

根据试验规模及边界效应的影响,将模型箱设计为一长方体,长×宽×高为 70 cm×70 cm×100 cm。底板及四周钢板均为 1.5 cm 厚,钢板外设置钢棍,以保证箱体刚度。根据几何相似原理,试验采用原型桩与模型桩的比例为 10∶1,桩长为 90 cm,桩径为 10 cm。试验的模型桩为混凝土桩,采用 C35 混凝土,物理参数见表 1,桩埋置在模型箱中央,如图 1 所示。

表 1 土体和混凝土物理力学参数

Table 1 The parameters of soils and concrete

		第 1 组			第 2 组		
		第1次	第2次	第3次	第1次	第2次	第3次
红黏土	粘聚力/kPa	47	48	43	43.5	44	43
	内摩擦角/(°)	15.5	16	15	16	17	20
标准砂	粘聚力/kPa				5	3	2
	内摩擦角/(°)				26	31	35
C35混凝土	粘聚力/MPa	4.5	4.5	4.5	4.5	4.5	4.5
	内摩擦角/(°)	62.2	62.2	62.2	62.2	62.2	62.2

注:数值计算中混凝土 $E=31.5$ GPa, $\mu=0.2$, $\gamma=24$ kN/m³;红黏土 $E=7$ MPa, $\mu=0.35$, $\gamma=16.5$ kN/m³;标准砂 $E=20$ MPa, $\mu=0.3$, $\gamma=24.25$ kN/m³。

图 1 模型桩图

Fig.1 Model pile

2.2 测试仪器及其埋设

模型试验中所用的测试仪器为应变片,微型土压力传感器,电阻应变称重传感器和百分表。混凝土应变片应沿桩身均匀布置,总共 10 个混凝土应变片,每侧 5 个,以便测量桩身轴力。应变片为浙江台州黄岩测试仪器厂生产,型号为 BX,敏感栅尺寸为 20 mm,图 1 所示为模型桩上间隔 15 cm 的应变片位置。土压力传感器为辽宁丹东市电子仪器厂生产,土压力传感器型号为 BX-1,量程为 3 MPa。土压力盒布置在试桩中央,距离桩底 3 cm 处,3 个土压力盒呈三角形对称分布。

2.3 填土及模型桩埋置

试验分两种情况。一种是桩周填土与桩底填土相同,采用重庆红黏土填筑,每层填土厚 10 cm,用夯锤和砝码夯实。另一种情况桩底填土改用砂土,其上仍然采用重庆红黏土。模型桩埋设完毕之后静置 36 h(大约一天半左右)以上才进行试验,以稳定土体性能。试验采用埋置式来模拟现场非挤土桩的施工,不考虑施工对周围土体产生的影响。

2.4 加载系统和测试过程

本次试验的加载方式采用慢速维持荷载法。采用千斤顶反力系统提供静荷载,其反力系统由反力梁和立柱组成,选用手摇式油压千斤顶。图 2 所示为试验加载过程,图中单位 mm。千斤顶加载过程中需要在反力梁和千斤顶之间放置一称重传感器,传感器应事先应标定,得到荷载-应变标定曲线。百分表用以测量模型桩的位移,采用两块百分表以便减小误差。

先预估各分组试验的承载力,加=载开始时按总荷载的 1/12 进行分级加载。当桩基接近破坏时,分级间距减少,由人工控制。当桩顶沉降稳定时,便开始加下一级荷载。试验中当初次出现沉降量突变,即 P-s 曲线突变,认为桩基达到破坏。本次试验中在桩基破坏后仍然继续进行一定数量的试验。

本次试验分成两组,每组中进行 3 次试验。第 1 组桩侧采用重庆地区典型的红粘土,基底同样采用红粘土,以显示软基础特性;第 2 组试验桩侧仍采用红粘土,但基底改用标准砂,显示硬基础特性。每次试验完毕后取样进行土体物理力学试验,红粘土和标准砂以及混凝土[8]的主要物理参数见表 1。

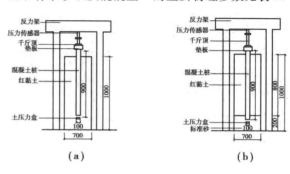

图 2 加载装置示意图(单位:mm)

Fig.2 Loading device diagram

3 模型桩试验结果分析

按照常规试验数据处理方法[9-12],由应变片数据得到不同深度的桩身轴力,按轴力差获得桩侧摩阻力。由压力盒数据得到桩底反力。

3.1 单桩荷载—沉降关系与极限荷载

3.1.1 黏土基底的单桩荷载—沉降关系曲线

图 3 为第 1 组试验所得 P-s 曲线。图 3(a)中,P-s 曲线前半段桩周土体处于弹性变形阶段,位移随载荷增加而成线性增加;当载荷 P = 5.3 kN 时,桩周土体进入塑性阶段,位移增加更快;当荷载 P = 7.9 kN 时,位移突变迅速增大,P-s 曲线几乎平行于 s 轴,表明桩基已经破坏;当荷载 P = 8.1 kN 时,

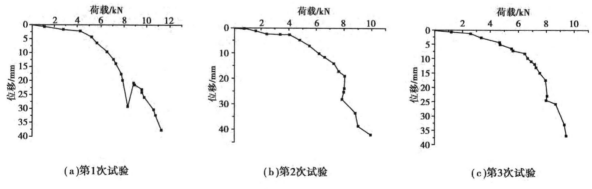

(a)第1次试验　　　　　　(b)第2次试验　　　　　　(c)第3次试验

图 3 红黏土基底桩基础静载荷 P-s 曲线图

Fig. 3 The P-s curve of red clay base

P-s 曲线出现反弹,表明此时基底土被压实,桩端承载力恢复并增大。之后,桩顶位移继续随荷载增加而逐渐增大,直到第 2 次出现突变。当桩顶位移第 1 次出现迅速下降时定义为破坏,因而,此时 P-s 曲线中拐点对应的荷载为极限荷载,由此得到本次试验桩基极限荷载为 7.9 kN。图 3(b) 和图 3(c) 中,P-s 曲线与图 3(a) 基本相同,只是没有出现位移反弹现象,这是因为每次加载量较小造成。两次试验中得到极限荷载为 8 kN 和 7.6 kN。试验完毕后,将上覆土层剥开,轻轻将模型桩移开,可以看到桩周土有明显的划痕,如图 4 所示。

3.1.2 砂土基底的单桩荷载—沉降关系

图 5 为第 2 组试验砂土基底桩基础 P-s 曲线图。曲线图形与图 3(b)、(c) 相似,得到第 1 次、第 2 次、第 3 次试验极限荷载分别为 12.6 kN、12.75 kN、12.84 kN。

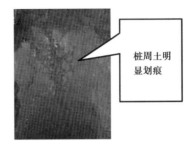

图 4 桩侧土层划痕

Fig. 4 The soil scratch on pile side

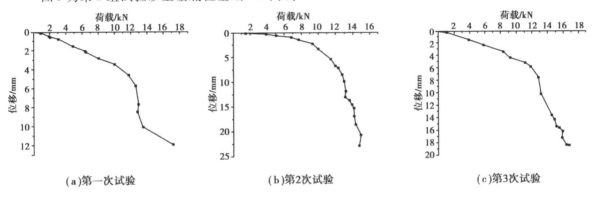

(a)第一次试验　　(b)第2次试验　　(c)第3次试验

图 5 砂土基底桩基础 P-s 曲线图

Fig.5 The P-s curve of standard sand base

试验完成后,将上覆土层剥开,可以发现桩周土有明显的划痕,而且桩底部分砂土挤入上层黏土土体中,如图 6 所示。

图 6 砂土挤入黏土层

Fig.6 Sand squeezed into clay

3.2 桩侧摩阻力分析

3.2.1 桩身轴力分析

由试验中应变片测得不同深度上的桩身应变,由此得到在各级荷载作用下单桩桩身轴力的分布,如图 7 所示为 3 组红黏土基底的结果。可见在同级荷载下,桩身轴力的分布是随着深度的增加而逐渐减小。主要是由于桩顶受竖向荷载后,桩身受压产生向下的位移,桩侧表面受到土的向上摩阻力,从而使桩的轴力随深度降低。

3.2.2 桩侧摩阻力分析

桩身摩阻力可以通过桩上两断面处的轴力之差除以该段的表面积求得。图 8 示出在各级荷载作用下单桩桩侧阻力的分布情况。通过试验可知,桩侧摩阻力随荷载的逐级增加而增加。由图 8 可见,桩侧摩阻力在桩的上部随外荷载和沉降量的增大而增大,桩侧摩阻力增大到一定程度后,其阻力值的变化稍有减小。如果依据测试数据细看桩身轴力的变化,还可发现破坏时摩阻力出现先减小后增大现象。同时可以看到,随着桩顶荷载增加,荷载从上向下传递,即上部土层的摩阻力先于下部发挥作用,随着荷载增加,下部土层的摩阻力才逐渐发挥出来,摩阻力的发挥是个异步的过程。

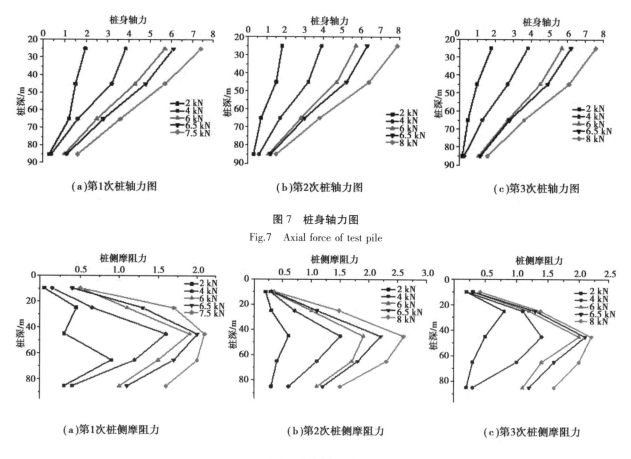

(a) 第1次桩轴力图　　(b) 第2次桩轴力图　　(c) 第3次桩轴力图

图 7　桩身轴力图

Fig.7　Axial force of test pile

(a) 第1次桩侧摩阻力　　(b) 第2次桩侧摩阻力　　(c) 第3次桩侧摩阻力

图 8　桩侧摩阻力

Fig. 8　Shaft resistance of test pile

3.3　桩底反力

从桩底压力盒可以测得桩底反力大小。得到如图 9 所示为 3 组红黏土基底的基底反力-荷载曲线图。从图中可知，基底反力随荷载增大而逐渐增大，当荷载达到极限荷载后，桩基础底部反力迅速下降，随后又突然增大达到第一个峰值。从试验中可以看出桩底反力的变化规律：荷载临近极限荷载时，桩底反力减小直至桩基破坏；同时，桩基破坏后桩底土受压密实，底部土体承压能力反而提高，曲线出现反弹，桩底反力超过破坏前的反力，显示桩基破坏后桩底承载力提高。如果破坏后继续增加荷载，底部土层再次破坏、压实，反力又进一步提高，在一定范围内，随着荷载增大桩端承载力也随之增大。这表明桩基承载力与一般岩土工程不同，具有特殊性，破坏后桩端、桩侧承载力还可提高，致使出现缓变型 P-s 曲线。

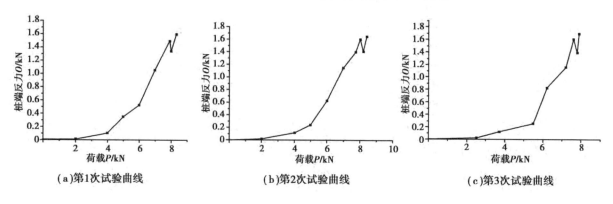

(a) 第1次试验曲线　　(b) 第2次试验曲线　　(c) 第3次试验曲线

图 9　试验得到的基底反力-位移曲线

Fig.9　Resistance force-displacement curve of the base

4 数值极限分析

4.1 按荷载增量法计算极限承载力[13-17]

计算桩基础的极限荷载可采用荷载增量法等数值极限方法，计算出不同载荷条件下的桩顶位移，绘制 P-s 曲线，最后通过传统的极限荷载判定条件判定桩基础的极限荷载。

4.1.1 红黏土基底的计算 P-s 曲线与极限荷载

图 10 示出按荷载增量法得到的 P-s 曲线，由图 10(a) 可知，桩顶位移随着荷载增大而增大，前半段曲线呈线弹性变化；当 $P=5$ kN 时土体进入塑性区，曲线斜率增大；当 $P=7.7$ kN 时，桩顶位移突然下降 10 mm，曲线出现明显拐点，桩基破坏，由此得到桩基础的计算极限荷载为 7.7 kN。同理可得第 2 次、3 次试验计算极限荷载为 7.9 kN 和 7.6 kN。

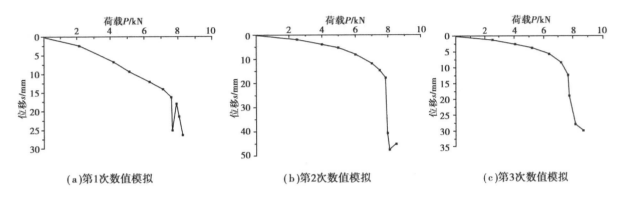

图 10 红黏土基底荷载增量法 P-s 曲线

Fig.10 The P-s curve of red clay

4.1.2 砂土基底的计算 P-s 曲线与极限荷载

图 11 示出砂土基底按荷载增量法得到的 P-s 曲线。与上同理，由图 11 得到，相应第 2 组第 1~3 次试验的计算极限荷载为 12.8 kN、12.9 kN 和 13.1 kN。

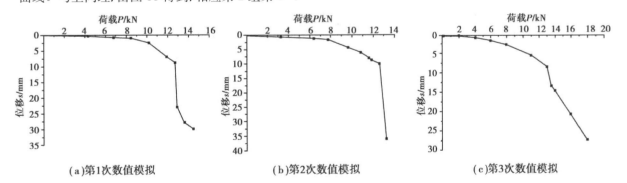

图 11 砂土基底荷载增量法 P-s 曲线

Fig.11 The P-s curve of sand base

4.2 计算桩底反力

图 12 所示为按荷载增量法计算得到的桩底反力-荷载曲线。从图中可以看出，桩底反力随着荷载的增大而增大，当荷载达到极限荷载时，底部反力突然减小，然后又反弹超过原先的反力。与试验一样，反映了桩基础破坏时底部土体先塑性流动，反力降到最小；然后随着桩迅速下沉，底部土体又被压实，致使底部反力恢复并增大，桩端承载力提高。

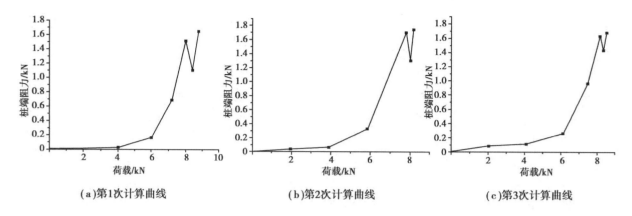

(a) 第1次计算曲线　　(b) 第2次计算曲线　　(c) 第3次计算曲线

图 12　按荷载增量法计算得到的基底反力-荷载曲线

Fig.12　Resistance-displacement curve of the base by incremental load method

5　室内试验与计算结果分析比较

表2与表3所示为红黏土基底与砂土基底的土体强度、实测与计算极限承载力、实测和计算的桩底反力与实测桩侧摩阻力等数值。由表可以看出：

（1）对于不同的基底土体各次试验的桩基极限承载力相近，同时，试验极限承载力也与计算极限承载力相近，砂土基底极限承载力大于红黏土基底极限承载力，由此表明试验与计算都是正确的。

（2）对于不同的基底土体各次试验的桩底反力相近，试验桩底反力与计算极限反力相近（图12），砂土基底的反力大于红黏土基底反力。

（3）试验的极限荷载与桩底反力之差与相应的桩侧摩阻力数值相近。

上述这些结论充分表明本次试验结果是可信的，也验证了数值极限方法的可行性。

表 2　红黏土基底桩基室内试验与计算结果

Table 2　Solutions of testing and calculation for pile in red clay

		第1次	第2次	第3次
试验极限荷载/kN		7.9	8	7.6
计算极限荷载值/kN		7.7	7.9	7.6
桩底反力/kN		1.5	1.6	1.6
计算桩底反力/kN		1.5	1.7	1.65
极限荷载与桩底反力之差/kN		6.4	6.4	6.0
桩侧摩阻力/kN		6.7		6.36
强度参数	粘聚力 c/kPa	47	48	43
	内摩擦角 φ/(°)	15.5	16	14

表 3　砂土基底桩基室内试验与计算结果

Table 3　Solutions of testing and calculation for the pile on sand ground

		第1次	第2次	第3次
极限荷载/kN		12.6	12.75	12.84
计算极限荷载/kN		12.8	12.9	13.1
桩底反力/kN		3.3	3.6	3
计算桩底反力/kN		3.5	3.68	3.2
极限荷载与桩底反力之差/kN		9.3	9.15	9.84
桩侧摩阻力/kN		9.5	9.29	9.8
强度参数	黏土内摩擦角 φ/(°)	16	17	20
	黏土粘聚力 c/kPa	43.5	44	43
	砂内摩擦角 φ/(°)	26	31	35
	砂粘聚力 c/kPa	5	3	2

6　桩基础破坏特征

按一般认识，桩基在加载过程中，桩将荷载由上至下传递。首先桩侧土体发挥桩侧摩阻力，之后桩端阻力开始发挥作用，随着荷载的不断增大，桩侧摩阻力与桩底反力不断增大，直至达到最大值。然后桩基因土体破坏而使承载力降至最低，最终导致桩基础破坏，此时桩顶荷载即为该桩的极限荷载。但从本次试验中却发现如下桩基破坏特征，这些特征表明了桩基破坏机理与承载能力与一般岩土工程不同，有其特殊性。桩基础破坏后在一定范围内仍然能够承载，致使出现缓变型 P-s 曲线。缓变型 P-s 曲线的出现还与试验中加载过程有关，按本次试验与计算方法加载,临近破坏时减少桩顶的每次加载量,是可以找到位移首次突变的破坏点的。

6.1 桩基破坏时位移出现突变并有时有所反弹

从图 3(a) 看出,如果试验中桩顶荷载增量施加合适,则可找到破坏点,破坏时发生明显的桩顶位移突变并有时有所反弹。这种反弹现象的发生是由于破坏时桩端、桩侧阻力快速降低,它使已发生的桩体弹性压缩迅速恢复,同时,破坏后桩底土体被压实,土体强度增大,又使桩端、桩侧阻力快速增大,从而产生桩顶位移反弹现象[图 3(a)]。从表 4 可以明显看出这种现象,加载过程中位移先逐渐增大,然后突然猛增而破坏;如果继续加载,若加载增量合适就会出现位移反弹现象,如图 3(a) 所示。但如果加载时桩顶加载量过大,则会跳过破坏点,显示出缓变型 P-s 曲线;反之,如果桩顶荷载增量过小,更多地表现为位移突变而不见反弹现象,如图 3(b)、(c) 和图 5 所示。

表 4 红黏土基地第一次静载试验中荷载与沉降量关系

Table 4 Loadings vs settlements for pile in red clay during first testing

加载级	荷载/kN	位移/mm	加载级	荷载/kN	位移/mm
0	0	0	8	7.259	14.06
1	1.116	0.69	9	7.753	17.46
2	2.8	1.73	10	7.872	19.97
3	4.256	2.22	11	8.344	29.21
4	5.188	4.35	12	8.831	20.82
5	5.638	6.5	13	8.891	21.43
6	6.516	9.65	14	9.559	23.11
7	7.069	12.39	15	9.784	25.97

6.2 桩基破坏时基底反力出现突变并明显反弹

从图 9 和图 12 可以看出,在桩基础破坏点,受载后桩端地基出现塑性变形,承载力首次达到极小点,从而出现位移突变。与此同时,一方面桩顶继续加载,桩体向下运动;另一方面,因基底地基发生塑性流动,桩端承载力降低,使已发生弹性变形的桩体向下发生弹性恢复,这两个方面将已发生塑性变形的土体重新挤密,基底地基承载力进一步提高,即发生所谓的硬化现象,这导致破坏点后的地基反力突变并出现反弹,此时的基底反力大于破坏时的基底反力,桩端承载力增大。

6.3 桩基破坏时桩侧摩阻力出现先降低后增大现象

桩侧摩阻力是桩与桩周材料相对运动形成的剪切摩阻力。桩顶施加荷载后,荷载从上向下逐步传递,桩体弹性压缩从上向下逐步发展。桩体产生径向膨胀,挤压桩周土体,使桩周土体产生被动土压力,对桩体产生径向压力,也就产生了桩土间的摩擦力。伴随着桩体的下移,桩侧土颗粒发生移动,土粒骨架发生变化,原有的径向压力(被动土压力)有所降低,直到破坏时这种桩侧阻力达到最小,但并不消失。此外,因破坏后桩端基底反力进一步提高,此时桩体径向弹性压缩变形增大,桩周土的被动土压力增大,导致桩侧阻力有一定程度提高,由此出现桩侧摩阻力随桩顶荷载增大出现先减少后增大现象,使桩侧承载力增大。

6.4 桩基础破坏与承载机理分析

分析上述桩基础的破坏特征可以看出,在桩顶荷载作用下,当加载时桩顶荷载增量施加合适、荷载大于桩周阻力时,桩基必然会发生位移突变而破坏。但同时可以看到,位移突变后桩压实桩端下部土体,最终导致桩底与桩侧承载力进一步增高,使破坏后的桩基仍然处于平衡状态,由此表明桩基破坏后承载力会有所提高,这正是桩基破坏机理与承载能力不同于其他岩土工程的特殊点,也是桩基出现缓变型 P-s 曲线的主要原因。

桩基础的传力过程是桩顶荷载和桩侧、桩端阻力平衡的过程。土基中的桩基础,只要桩体不发生破坏,破坏时桩基础的承载力快速减小,但破坏后又快速恢复与增长,并比原有承载力有所提高。由于这一特点,桩基础破坏时刻并不是承载力达到最大值时刻,而是在桩位移首次出现突变时刻,此时地基将产生严重不均匀沉降而导致上部结构破损。此外,还要特别注意试桩时加载量的调控,如果桩顶加载不当,桩基试验中就会出现缓变型 P-s 曲线,找不到破坏点。但只要调整好加载量,正如本次室内试验一样,是可以找到位移首次突变破坏点的,并找到其相应的极限承载力。

最后还应指出,上述桩基础破坏与承载机理分析是基于室内模拟试验和数值极限方法计算提出的,所以只是一种探索性研究,还需要现场试桩试验验证。

7 结 论

(1)通过自行设计的桩基础室内模型试验,测试了桩顶荷载与位移的变化规律;采用桩底压力盒测试了桩底反力;采用应变片测试了桩上的轴力,依据轴力分布获得了桩侧摩阻力,对桩基础的桩顶、桩底、桩侧进行了全方位的监测。

(2)通过室内模型试验,对基底为软土(粘土)和硬土(砂土)中桩基进行了静载试验,获得了桩基的极限承载力、桩侧摩阻力、桩端反力;并通过荷载增量法进行验算。二者吻合较好,表明本次试验可信,计算方法可行。

(3)通过试验可以看出桩基的3点破坏特征。一是破坏时位移突变,并有时会出现反弹;二是破坏时基底反力突变并出现明显反弹;三是破坏时桩侧摩阻力具有先减少后增大的规律。

(4)依据桩基础的破坏特征可以看出,在桩顶荷载作用下,当桩顶荷载增量施加合适、荷载大于桩周阻力时,必然会发生位移突变而破坏。但同时可以看到,位移突变后桩底土体被压实,最终导致桩底与桩侧承载力增高,使破坏后的桩仍然处于平衡状态。表明桩基破坏后承载力会随荷载增大而提高,显示了桩基的破坏机理和承载能力不同于其他岩土工程的特殊性。

(5)桩基承载力除了按位移控制外,还应按桩基首次出现位移突变作为桩基破坏判据,并以此时的承载力为桩基的极限承载力。由试验可以预测,只要试桩时施加的荷载增量合适都可以找到首次出现位移突变的破坏点,因而需要调整当前桩基础静载荷试验的加载方法。

本文依据室内试验与数值计算,探索了桩基础破坏与承载机理,但还需要通过现场试验的验证,才能得到客观的证实。

参考文献(References)

[1] 赵明华,曹文贵,刘齐建,等. 按桩顶沉降控制嵌岩桩竖向承载力的方法[J]. 岩土工程学报, 2004, 26(1): 67-71. (Zhao Minghua, Cao Wengui, Liu Qijian, et al. Method of determination of vertical bearing capacity of rock-socketed pile by the settlement of pile top[J]. Chinese Journal of Geotechnical Engineering, 2004, 26(1): 67-71. (in Chinese))

[2] 刘金砺. 竖向荷载下的群桩效应和群桩基础概念设计若干问题[J]. 土木工程学报, 2004, 37(1): 78-83. (Lin Jinli. Group effects and some problems on the concept design of pile group foundation under vertical load[J]. China Civil Engineering Journal, 2004, 37(1): 78-83. (in Chinese))

[3] 王伟,杨敏,王红雨. 竖向荷载下桩基础的通用分析方法[J]. 土木工程学报, 2006, 39(5): 96-101. (Wang Wei, Yang Min, Wang Hongyu. A general analysis method for pile group under vertical loading[J]. China Civil Engineering Journal, 2006, 39(5): 96-101. (in Chinese))

[4] 林本海,王离. 静压桩承载性能的分析研究[J]. 建筑结构学报, 2004, 25(3): 120-124. (Lin Benhai, Wang Li. Research on bearing capacity mechanism of statically pressed precast concrete piles[J]. Journal of Building Structures, 2004, 25(3): 120-124. (in Chinese))

[5] Zhang C S, Wang Y, Xiao H, et al. Theoretical analysis and numerical simulation of load-settlement relationship of single pile[A]. Recent Advancement in Soil Behavior, in Situ Test Methods, Pile Foundations, and Tunneling[C]. Selected Papers from the 2009 Geo-Hunan International Conference. ASCE, 2009: 126-132.

[6] 周建方,李典庆. 采用不同失效准则的桩基可靠度分析[J]. 岩土力学, 2007, 28(3): 540-544. (Zhou Jianfang, Li Dianqing. Reliability analysis of pile foundations considering different failure criteria[J]. Rock and Soil Mechanics, 2007, 28(3): 540-543. (in Chinese))

[7] 杨桦,杨敏. 荷载传递法研究单桩荷载-沉降关系进展综述[J]. 地下空间与工程学报, 2006, 2(1): 155-159. (Yang Hua, Yang Min. Development of load-transfer method for settlement calculation of single pile[J]. Chinese Journal of Underground Space and Engineering, 2006, 2(1): 155-159(in Chinese))

[8] 丛宇,孔亮,郑颖人,等. 混凝土材料剪切强度的试验研究[J]. 混凝土, 2015(5): 40-45. (Cong Yu, Kong Liang, Zheng Yingren, et al. Experimental study on shear strength of concrete[J]. Concrete, 2015(5): 40-45. (in Chinese))

[9] 王晓炜. 大连地区 75000kN 桩基静载荷试验研究[D]. 大连：大连海事大学, 2014. (Wang Xiaohui. The study on 75 000 kN pile static oading test in Dalian area [D]. Dalian: Dalian Maritime University, 2014. (in Chinese))

[10] 何剑. 后注浆钻孔灌注桩承载性状试验研究[J]. 岩土工程学报, 2002, 24(6): 743-746. (He Jian. Experimental research on vertical bearing properties of base-grouting bored cast-in-placepile [J]. Chinese Journal of Geotechnical Engineering, 2002, 24(6): 743-746. (in Chinese))

[11] 戴国亮, 龚维明, 刘欣良. 自平衡试桩法桩土荷载传递机理原位测试[J]. 岩土力学, 2003, 24(6): 1065-1069. (Dai Guoliang, Gong Weiming, Liu Xinliang. Experimental study of pile-soil load transfer behavior of self-balanced pile [J]. Rock and Soil Mechanics, 2003, 24(6): 1065-1069. (in Chinese))

[12] 周佳锦, 王奎华, 龚晓南, 等. 静钻根植竹节桩承载力及荷载传递机制研究[J]. 岩土力学, 2014, 35(5): 1367-1376. (Zhou Jiajin, Wang Kuihua, Gong Xiaonan. Bearing capacity and load transfer mechanism of static drill rooted nodular piles [J]. Rock and Soil Mechanics, 2014, 35(5): 1367-1376. (in Chinese))

[13] 董天文, 郑颖人. 桩基础双折减系数有限元强度折减法极限分析[J]. 岩土力学, 2011, 32(10): 3148-3154. (Dong Tianwen, Zheng Yingren. Strength reduction of limit analysis finite element method for pile foundation by two reduction-factors [J]. Rock and Soil Mechanics, 2011, 32(10): 3148-3154. (in Chinese))

[14] 董天文, 郑颖人. 基于强度折减法的桩基础有限元极限分析方法[J]. 岩土工程学报, 2010, 32(2): 162-165. (Dong Tianwen, Zheng Yingren. Limit analysis of FEM for pile foundation based on strength reduction [J]. Chinese Journal of Geotechnical Engineering, 2010, 32(2): 162-165. (in Chinese))

[15] 董天文, 郑颖人, 黄连壮. 群桩基础非线性有限元强度折减法极限分析[J]. 土木建筑与环境工程, 2011, 33(1): 65-70. (Dong Tianwen, Zheng Yingren, Huang Lianzhuang. Strength reduction method of nolinear FEM limit analysis for pile group foundation [J]. Journal of Civil, Architectural & Environmental Engineering, 2011, 33(1): 65-70. (in Chinese))

[16] 董天文, 郑颖人, 唐晓松. 强度折减法判定桩基础极限荷载的尖点突变条件[J]. 西南交通大学学报, 2014, 49(3): 373-378. (Dong Tianwen, Zheng Yingren, Tang Xiaosong. Cusp point condition for estimating ultimate load of pile foundation based on strength reduction method [J]. Journal of Southwest Jiaotong University, 2014, 49(3): 373-378. (in Chinese))

[17] Dong Tianwen. The estimated method of ultimately loading of pile foundation based on catastrophe theory [J]. Disaster advances, 2013, 6(4): 10-13.

考虑主应力轴方向的砂土各向异性强度准则与滑动面研究

董 彤[1,2]，郑颖人[1,2]，孔 亮[3]，柘 美[4]

(1. 陆军勤务学院岩土力学与地质环境保护重庆市重点实验室，重庆 401311；2. 重庆市地质灾害防治工程技术研究中心，重庆 400041；
3. 青岛理工大学理学院，山东 青岛 266033；4. 重庆交通大学材料科学与工程学院，重庆 400074)

摘 要：主应力加载方向对土体强度产生影响的根本原因是土体存在各向异性。对于横观各向同性砂土而言，沿不同平面的抗剪强度随该平面与沉积面夹角增大而增大。认为砂土固有各向异性强度与该平面的各向异性参数密切相关，给出了各向异性砂的峰值强度表达式。在 SMP 准则中，各个潜在滑动面上的剪正应力比相同，各向异性砂土的抗剪强度和滑动面位置由强度最低的潜在滑动面所决定。综合考虑主应力轴、滑动面以及沉积面之间的位置关系，得到了砂土的各向异性强度准则。采用福建标准砂进行了一系列定轴剪切试验，系统地观测了定轴剪切试验中试样滑动面的特征。已有试验数据和理论结果的对比表明，各向异性强度准则可以较好地预测各向异性砂土的强度与滑动面位置。

关键词：各向异性；空间滑动面；强度准则；主应力轴方向

中图分类号：TU431　　**文献标识码**：A　　**文章编号**：1000－4548(2018)04－0736－07

作者简介：董 彤(1990－)，男，山东新泰人，博士研究生，主要从事岩土本构关系方面的研究。E-mail: dt0706@126.com。

Strength criteria and slipping planes of anisotropic sand considering direction of major principal stress

DONG Tong[1,2], ZHENG Ying-ren[1,2], KONG Liang[3], ZHE Mei[4]

(1. Chongqing Key Laboratory of Geomechanics and Geoenvironmental Protection, Army Logistical University of PLA, Chongqing 401311, China; 2. Chongqing Engineering and Technology Research Center of Geological Hazard Prevention and Treatment, Chongqing 400041, China; 3. School of Sciences, Qingdao Technological University, Qingdao 266033, China; 4. Institute of Material Science and Engineering, Chongqing Jiao Tong University, Chongqing 400074, China)

Abstract: The effect of directions of the principal stress on the deformation and strength of sand is due to the anisotropy of soils. The shear strength on a certain plane of the cross-isotropic sand is larger when the angle between this plane and the bedding plane is larger. Assuming that the intrinsic anisotropy strength of sand is closely related to the anisotropy parameter of the plane, the peak strength of anisotropic soils is presented. As the shear-normal stress ratio of each potential slipping plane of the SMP criterion is the same, the shear strength and position of the slipping plane are determined by the potential slipping plane with the lowest shear strength. On this basis, an anisotropic strength criterion is proposed by considering the relationship among the principal stress axis, the slipping plane and the bedding plane. A series of shear tests with fixed direction of the major principal stress are carried out using Fujian standard sand in order to systematically observe the slipping plane of the specimens. Comparison between the predicted data and the measured results indicates that the anisotropic model can well reflect the strength and the position of the slipping plane of the anisotropic soils.

Key words: anisotropy; spatially mobilized plane; strength criterion; direction of principal stress

0 引 言

砂土的抗剪强度随主应力轴方向的变化而发生明显的变化[1-14]，这一现象广泛地存在于堤坝、路基、隧道等岩土工程中，其根本原因是天然状态下土体一般具有显著的各向异性[1]。砂土在形成过程中，受重力等外部作用的影响，不规则的颗粒按一定规律进行排列，形成若干沉积面。平行于沉积面的各个平面内力学特性相近，在垂直于沉积面的方向则具有轴对称，即呈现出横观各向同性。因此，在研究砂土的强度特

注：本文摘自《岩石工程学报》(2018 年第 40 卷第 4 期)。

性时，必须综合考虑外部荷载的大小、方向以及材料自身各向异性的影响[13]。

为了揭示颗粒材料沿不同方向发生剪切时的强度变化规律，Atthur等[2]和Tong等[3]分别进行了直剪试验，结果表明，倾斜试样沿特定平面的抗剪强度随沉积面与该平面之间的夹角δ减小而逐渐减小，当沿沉积面进行剪切时，颗粒材料的抗剪强度最低。鉴于工程中土体的主应力方向比其滑动面位置更容易确定，因而，人们更关心大主应力加载方向与抗剪强度之间的关系。通过控制主应力轴方向，蔡燕燕等[4-5]、黄茂松[6]、沈扬等[7]、Lade等[8]、童朝霞[9]、Miura等[10]采用空心圆柱扭剪仪发现土体的抗剪强度随大主应力方向与沉积方向之间的夹角α的增大而先降低后提高，在$\alpha=45°\sim70°$时抗剪强度存在极小值。

在建立可以反映砂土各向异性的强度准则时，一种方法是根据定轴剪切试验结果，直接拟合得到抗剪强度随大主应力方向变化的非线性经验公式[9-10]；另一种方法是假定强度参数（如内摩擦角[11-12]或峰值强度[13-14]）随δ增大而按特定的规律降低，以建立适用于横观各向同性材料的强度准则。大多数已有各向异性强度准则虽然可以描述土体强度随δ的变化规律，但由于所采用的假设仅是对宏观试验现象的简单描述，缺乏对各向异性强度变化的机理分析，导致所建立的各向异性强度准则大都需要引入经验性假设[9-14]，制约了模型的适用范围。

空间滑动面（SMP）理论具有明确的物理意义，很好地描述了主应力轴方向与滑动面之间的位置关系。综合考虑组构张量和应力张量对各向异性强度的影响，本文探讨了不同平面上横观各向同性砂土的各向异性强度。在此基础上，考虑主应力方向、潜在滑动面和沉积面之间的关系，研究了定轴剪切试验中横观各向同性土的各向异性强度随α变化的机理。继而对各向异性强度参数进行修正，建立了能考虑应力加载方向的各向异性强度准则。采用重塑砂土系统地进行主应力轴方向固定的剪切试验，以研究主轴方向不同时滑动面的特征，并结合已有试验研究成果，从强度规律和滑动面位置两方面，对所建立的模型进行验证。

1 考虑主应力轴方向的各向异性强度准则

"固有各向异性强度"（内因）和"强度发挥平面的位置"（外因）共同决定了土体的各向异性强度。土体沿各个方向的内在各向异性强度可以通过沿各个方向的各向异性水平进行衡量；由于砂土存在摩擦性，在发生剪切破坏时，强度发挥平面（即滑移面）的位置取决于主应力轴方向，且与之存在一定的夹角。因此，在建立各向异性强度准则时，必须综合考虑砂土固有各向异性强度的变化规律以及沉积面与滑移面之间的位置关系。

1.1 考虑应力加载方向的各向异性强度准则

沿滑动面（SMP）上砂土剪应力与垂直应力之比τ/σ_N最大[13, 15]，最容易发生滑动。相较于其他已有强度准则，SMP准则的滑动面位置更为明确。各向同性砂土的SMP准则可以写作

$$f(\sigma)=\sqrt{\frac{I_1 I_2-9I_3}{9I_3}}=\tan\varphi \quad 。 \tag{1}$$

对于各向异性材料而言，不仅需要考虑应力的大小，还要考虑主应力加载方向、滑动面以及沉积面位置对强度参数φ的共同影响，故φ不再是一个定值，而是关于滑动面与沉积面夹角δ的函数。各向异性砂土的SMP准则应表述为

$$f(\sigma,\delta)=\sqrt{\frac{I_1 I_2-9I_3}{9I_3}}=\tan\varphi(\delta) \quad 。 \tag{2}$$

将这种考虑了沉积面与空间滑动面之间位置关系的各向异性SMP准则称为DSMP准则。当砂土为各向同性时，强度参数φ为定值，不需要考虑沉积面的方向，此时DSMP准则退化为SMP准则。鉴于砂土各向异性强度随b值变化的模型已经较为完善，本文不再赘述。当$b=0$时，内摩擦角可由峰值强度求得

$$\varphi=\arcsin\left(\frac{3M}{6+M}\right) \quad , \tag{3}$$

式中，M为砂土的各向异性强度，满足$M=q/p$。因此，建立各向异性模型的关键在于确定各向异性材料的峰值强度在各个方向的变化规律。

1.2 砂土的固有各向异性强度

各向异性岩土材料的强度参数依赖于研究平面的位置。在重力和沉积作用下形成的横观各向同性土的颗粒排布具有水平方向的倾向性，为了定量地描述不规则颗粒及粒间孔隙的排布特征，引入组构张量$\boldsymbol{F}$ [17]：

$$F_{ij}=\begin{bmatrix} F_1 & 0 & 0 \\ 0 & F_2 & 0 \\ 0 & 0 & F_3 \end{bmatrix}=\frac{1}{3+\Delta}\begin{bmatrix} 1-\Delta & 0 & 0 \\ 0 & 1+\Delta & 0 \\ 0 & 0 & 1+\Delta \end{bmatrix}, \tag{4}$$

式中，Δ表示颗粒各向异性程度的标量，与颗粒主轴方向密切相关。当$\Delta=0$时，组构张量的主对角元素相同，表明材料沿各个方向的性质相同，即各向同性；当$0<\Delta<1$时，表明颗粒主轴更多地沿沉积面分布；当$\Delta=1$时，所有颗粒的主轴都平行于水平面，此时各向异性程度最大；当$-1\leq\Delta<0$时，颗粒主轴更多地

沿竖直方向,对于岩土材料而言,这种情况较少,一般不予考虑。

由于组构张量是基于微观分析而定义的一个描述材料微结构体特征的状态变量,难以直接从宏观试验现象中得到其确切的表达。为便于建模,通常采用组构张量与应力张量的联合不变量来描述宏观尺度下材料的各向异性力学行为[16]。基于上述思想,高志伟等[17]定义了一个标准化的各向异性参数 A:

$$A = \frac{s_{ij}d_{ij}}{\sqrt{s_{mn}s_{mn}}\sqrt{d_{pq}d_{pq}}} , \quad (5)$$

式中,$s_{ij} = \sigma_{ij} - p\delta_{ij}$,$d_{ij} = F_{ij} - F_{kk}\delta_{ij}/3$,分别为偏应力张量和偏组构张量。$\delta_{ij}$ 为 Kronecker 符号,当 $i = j$ 时,$\delta_{ij} = 1$;否则,$\delta_{ij} = 0$。在空心圆柱扭剪试验中,试样沉积面平行于水平面,对文献[17]的计算结果进行化简,可得土体的各向异性参数与 δ 之间的关系为

$$A = \frac{-3\cos^2\delta + b + 1}{2\sqrt{b^2 - b + 1}} 。 \quad (6)$$

试验表明,峰值强度 M 与 δ 满足近似三角函数的非线性关系[3-10],式(6)表述的各向异性参数可以很好地反映这一现象。材料沿某一方向的峰值应力与该方向的各向异性参数密切相关[17-18],假设二者满足线性关系,可得各向异性材料的峰值强度 M 的计算公式:

$$M = M_{\delta 1} + (M_{\delta 2} - M_{\delta 1})\frac{A - A_{\delta 2}}{A_{\delta 1} - A_{\delta 2}} , \quad (7)$$

其中,δ_1 与 δ_2 为 δ 的任意两个不同的值;$M_{\delta 1}$ 与 $M_{\delta 2}$ 分别为 $\delta = \delta_1$ 与 $\delta = \delta_2$ 时的峰值强度,可以通过试验直接测得。相应地,$A_{\delta 1}$ 与 $A_{\delta 2}$ 分别为 $\delta = \delta_1$ 与 $\delta = \delta_2$ 时的各向异性参数,可以通过式(6)直接计算得到。

以 $\delta_1 = 0°$,$\delta_2 = 90°$,$b = 0$,$M_{\delta 1} = 1$ 为例,图 1 诠释了土体沿不同平面的峰值强度与该平面位置之间的关系。试样沿竖直方向($\delta_2 = 90°$)的峰值强度 $M_{\delta 2}$ 与沿水平方向($\delta_1 = 0°$)的峰值强度 $M_{\delta 1}$ 之比越大,表明土体沿各个方向的峰值强度差异性越大,因此,$M_{\delta 2}/M_{\delta 1}$ 直接反映了横观各向同性土体的各向异性水平。由图 1 可知,随着 $M_{\delta 2}/M_{\delta 1}$ 的不断增大,峰值强度随 δ 的变化越为明显。记 $\delta_1 = 0°$ 时 $M = M_0$;$\delta_2 = 90°$ 时 $M = M_{90}$。对于 M_{90}/M_0 恒定的情况,随着 δ 从 $0°$ 逐渐增大到 $90°$,横观各向异性土体的峰值强度以弦函数形式逐渐增大,与定轴剪切试验所得到的规律一致[2-3]。

1.3 各向异性砂土的实测强度

除直剪试验外,绝大部分土工试验中试样的滑动面与沉积面之间的位置关系均无法直观地确定。在真三轴试验、空心扭剪试验或实际工程中,必须通过主应力大小与方向来间接地确定滑动面的位置,以得到砂土的各向异性强度。

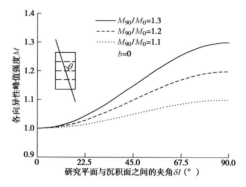

图 1 峰值强度 M 随 δ 的变化关系

Fig. 1 Relationship between M and δ

记 σ_1 垂直于沉积面时,大主应力方向角 $\alpha = 0°$。如图 2 所示,在二维条件下,横观各向异性砂土存在一对潜在滑动面:A 面与 B 面。当大主应力轴相对于沉积面发生转动时,潜在滑动面也以同样的规律转动,潜在滑动面 A,B 与沉积面(水平面)之间的夹角 δ_A 与 δ_B 始终满足:

$$\delta_A = 90° + \beta_A + \alpha , \quad (8)$$
$$\delta_B = 90° - \beta_B + \alpha , \quad (9)$$

式中,β_A,β_B 为潜在滑动面与大主应力方向的夹角,满足:

$$\beta_A = -\beta_B = \arccos\sqrt{\frac{I_3}{\sigma_1 I_2}} 。 \quad (10)$$

由于砂土存在各向异性,潜在滑动面与沉积面夹角不同时,各向异性材料的峰值强度 M 与内摩擦角的取值不同。通常选取沉积面水平的试样($\alpha = 0°$,$b = 0$)与沉积面竖直的试样($\alpha = 90°$,$b = 0$)的三轴剪切强度 M_c 与 M_e 作为一组参数,代入式(7)得到任意 α 下潜在滑动面上的峰值强度值。

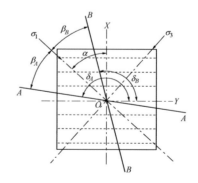

图 2 潜在滑动面与主应力加载方向之间关系

Fig. 2 Relationship between potential SMP sand α

以材料强度参数 $M_c = 1.458$,$M_e = 1.257$ 为例,

图 3 给出了 $b=0$ 时，横观各向同性砂土的强度随大主应力方向的变化规律。由图 3,5 可知，就 A 面而言，当 α 由 $0°$ 逐渐增大时，A 面与沉积面趋于重合，沿 A 面上横观各向同性砂土的强度逐渐降低；当 $\alpha = 90° - \beta_A$ 时，A 面与沉积面平行，A 面上的强度最低，土体最易发生滑动[3, 13]；随着 α 继续增大，A 面逐渐远离沉积面，沿 A 面的强度逐渐增大，直至 A 面垂直于沉积面时，峰值强度达到最大值。与 A 面相似，沿 B 面土的强度也反映了横观各向同性土体固有的剪切强度。DSMP 准则可以很好地描述主应力轴方向发生变化时各向异性砂土的强度变化规律。

如图 3 所示，对于各向异性砂土而言，每个潜在滑动面上的剪正应力比相同，但在不同的潜在滑动面上，材料的强度不同。因此，试样发生破坏时始终沿强度最低的潜在滑动面发生滑动，土的峰值强度也由强度最低的潜在滑动面所决定。当 $\alpha = 0°$ 时，A 面与 B 面的峰值强度均满足 $M = M_c$；在 $0° < \alpha < 90°$ 范围内，虽然 A 面与 B 面上剪正应力比 τ / σ_N 相同且最大，但由于土体沿 A 面的强度小于沿 B 面的强度，因此，土体沿 A 面发生滑动，各向异性强度随 α 先减小再增大，在 $\alpha = 90° - \beta_A$ 时取极小值，这与试验所得规律一致[3-10]；当 $\alpha = 90°$ 时，A 面与 B 面的峰值强度再次相同，均为 M_e；$\alpha \in (90°, 180°)$ 时，土体沿 B 面发生滑动，剪切强度在 $\alpha = 90° + \beta_B$ 时取极小值。图 3 还表明，横观各向同性土体峰值强度以随 α 以 $180°$ 为周期发生变化，相应地 A 面与 B 面也以 $180°$ 为周期交替发生滑动。

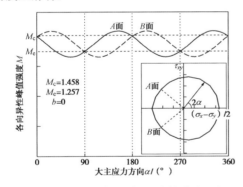

图 3 各向异性强度 M_α 与 α 的关系 ($b=0$)
Fig. 3 Relationship between M_α and α

在图 3 的 $\tau_{xy} - (\sigma_x - \sigma_y)/2$ 坐标下，各向异性材料的峰值强度包络线为一条不规则的封闭曲线：τ_{xy} 为正值时，沿 A 面发生滑动；τ_{xy} 为负值时，沿 B 面发生滑动。曲线的半径（曲线上点到坐标原点的距离）的长度反映了材料的抗剪强度，半径与 $(\sigma_x - \sigma_y)/2$ 轴正方向的夹角为 2α。当 2α 由 $0°$ 逐渐增大到 $180°$ 的过程中，曲线半径先减小后增大。当 $2\alpha = 0°$ 时，半径最大，反映了沉积面水平的三轴试样抗剪强度；当 $2\alpha = 180°$ 时，反映了沉积面竖直的三轴试验抗剪强度；当 $2\alpha = 180° - 2\beta$ 或 $2\alpha = 180° + 2\beta$ 时，半径最小，此时 A 面或 B 面与沉积面平行，抗剪强度最低。综上所述，考虑应力加载方向时，砂土的实际剪切强度始终为各个潜在滑动面上土体强度的最小值，即

$$M = \min(M_A, M_B) \quad (11)$$

式中，M_A 与 M_B 分别为潜在滑动面 A 与 B 的剪切强度。

相应地，定轴剪切试验的滑动面位置也由强度最低的潜在滑动面所决定。

2 试验验证

分别采用日本丰浦砂[9-10]、粗粒土[4-5]以及福建标准砂（本文试验）对本文建立的各向异性强度准则进行验证。一方面验证 M 随 α 的变化规律；另一方面验证由强度准则所预测的滑动面位置的准确性。

2.1 定轴剪切试验方案

试验仪器为 GCTS 公司研发的空心圆柱扭剪仪 HCA-100，所采用的试样尺寸为内径 60 mm×外径 100 mm×高 200 mm。通过独立控制试样所受的轴力 W，扭矩 M_T，内围压 p_i 以及外围压 p_0，能够完成考虑主应力轴方向的复杂应力路径试验。为了研究围压、剪应力、中主应力以及主应力轴方向角对砂土强度的影响，试验由应力体系 p，q，b，α 进行控制：

$$p = (\sigma_1 + \sigma_2 + \sigma_3)/3 , \quad (12)$$
$$q = (\sigma_1 - \sigma_3)/2 , \quad (13)$$
$$b = (\sigma_2 - \sigma_3)/(\sigma_1 - \sigma_3) , \quad (14)$$
$$\alpha = \frac{1}{2}\arctan\left(\frac{2\tau_{z\theta}}{\sigma_z - \sigma_\theta}\right) 。 \quad (15)$$

本文试验采用福建标准砂，室内试验测得其颗粒相对密度 $G_s = 2.643$，最大孔隙比 $e_{max} = 0.907$，粒径尺寸 $d_{50} = 0.31$，不均匀系数 $C_u = 1.548$，$C_c = 1.104$，最小孔隙比 $e_{min} = 0.513$，相应的最小干密度 $\rho_{dmin} = 1.386$ g/cm³，最大干密度 $\rho_{dmax} = 1.747$ g/cm³。采用分层灌砂法制得相对密度 $D_r = 50 \pm 5\%$ 的空心圆柱试样并通入 CO_2，再在反压 $u = 300$ kPa 条件下进行反压饱和，保证饱和后试样的孔压系数 B 均大于 98%。

针对实际工程中砂土所受大主应力方向与沉积方向不平行的现象，在不排水条件下，进行了一系列主应力轴方向固定的不排水剪切试验。在有效等向围压分别为 200 kPa（F2 系列）和 400 kPa（F4 系列）条件下（反压均为 300 kPa）对试样进行固结，再保持围压 p、中主应力系数（$b=0.5$）和大主应力轴方向角 α 不变，只增加 q 直至试样发生破坏，具体加载方案

见表1。

表1 试验方案
Table 1 Test programs

试验编号	应力路径 $\alpha/(°)$	其他参数	试验编号	应力路径 $\alpha/(°)$	其他参数
F200	0		F400	0	
F215	15	p =500	F415	15	p =700
F230	30	kPa,	F422	22.5	kPa,
F245	45	b =0,	F430	30	b =0,
F260	60	q 从0开	F445	45	q 从0开
F267	67.5	始逐渐增	F460	60	始逐渐增
F275	75	大至破坏	F475	75	大至破坏
F290	90		F490	90	

根据文献[18]的计算结果，可以通过偏应力直接确定外荷载加载方式，以严格控制试验的应力路径：

$$P_0 = E\left(p + \frac{4b-2}{3}q\right) + F\left(p + \frac{1-2b}{3}q - q\cos 2\alpha\right), \quad (16)$$

$$P_i = G\left(p + \frac{4b-2}{3}q\right) - H\left(p + \frac{1-2b}{3}q - q\cos 2\alpha\right), \quad (17)$$

$$W = A\left(p + \frac{1-2b}{3}q + q\cos 2\alpha\right) - D, \quad (18)$$

$$M_T = \frac{2}{3}Cq\sin 2\alpha, \quad (19)$$

式中，$A = \pi(r_0^2 - r_i^2)$，$C = \pi(r_0^3 - r_i^3)$，$D = \pi(P_0 r_0^2 - P_i r_i^2)$，$E = (r_0 + r_i)/2r_0$，$F = (r_0 - r_i)/2r_0$，$G = (r_0 + r_i)/2r_i$，$H = (r_0 - r_i)/2r_i$，$r_0$ 与 r_i 分别为空心圆柱试样的外径与内径。

采用灌砂法制样的过程中，砂土颗粒沿水平面的各个方向上沉积作用一致、力学性质相近，而在竖直方向表现出明显的差异性，因而所制得试样为沉积面水平的横观各向同性材料[1, 13]。本文试验以 q/p' 的最大值作为试样的破坏标准，即 $M = (q/p')_{max}$。以试样破坏时的应力状态作为绘制试验应力路径的终止点，图4给出了F2系列试验所测得的应力路径与强度包络线，其形状与图3所示的理论结果大致相同。

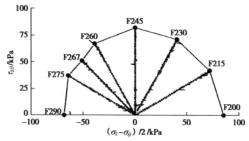

图4 实测应力路径（F2系列）

Fig. 4 Measured stress paths

2.2 各向异性强度准则验证

以 $\alpha = 0°$ 与 $90°$ 时定轴剪切试验的强度作为强度参数 M_c 与 M_e 代入式（7），再采用DSMP模型对不同 α 下土体各向异性强度进行预测，图5给出了 α 变化时 M 的理论值。与试验结果对比发现，砂土的剪切强度明显地依赖于主应力的加载方向。随着 α 从 $0°$ 开始逐渐增大，M 先降低后增大。当 $\alpha = 0°$ 时，抗剪强度最高；当 $\alpha = 60°$ 左右时，抗剪强度达到其极小值。就本文试验而言，在 $\alpha = 90° - \beta_A = 59.8°$ 时取理论上的极小值点，试验中 $\alpha = 60°$ 时强度取最小值，由此可见，DSMP模型很好地预测了强度的最小值即相应的 α 值。其它几组试验的对比验证也得到了相同的结论。此外，图5对不同类型砂土的试验数据与预测结果进行了对比，对比发现尽管不同砂土的力学性质不同，但DSMP准则对各向异性峰值强度均做出了较为准确的预测，展现出较强的适用性。

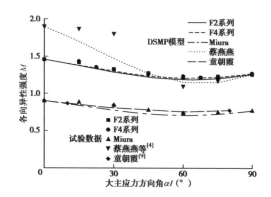

图5 各向异性强度同大主应力方向之间的关系

Fig. 5 Relationship between M and α

2.3 滑动面位置试验验证

为了观察定轴剪切试验中试样滑动面的特征，本文在试验结束后，控制轴向控制器和扭矩控制器的位移保持不变，通过荷载控制模块逐渐降低试样的内围压、外围压和反压。在此过程中，始终保持作用在试样上的有效围压为30 kPa，必要时采用压力/体积控制器对试样施加负压以保持试样破坏时的形态。在有效围压作用下，试样逐渐排水固结。由于剪切带处试样孔隙比较大，相同围压下，局部体应变最为明显，使得试样外侧乳胶膜沿剪切带收缩，继而可以很好地刻画出试样的剪切带。

图6给出了试验得到的试样破坏特征与滑动面位置。试验表明，剪切过程中有效围压越大，试样的剪切带越明显，甚至在局部区域呈现明显的非连续变形。当 $\alpha = 0° \sim 30°$ 时，如图6（a）～（c）所示，试样为压剪破坏，有明显的剪切带，且该滑动面为图中 A 面；当 $\alpha = 45° \sim 67.5°$ 时，试样受扭剪作用最强，发生近似纯扭剪破坏，A 面与水平面（沉积面）夹角

较小，但在基座—试样接触面的影响下，试样端部最容易发生滑动，因此，图 6（d）和（e）中未观测到试样中部有明显的滑动面；当 α=67.5°～90°时，如图 6（f）～（h）所示，试样为拉剪破坏，B 面逐渐显现；当 α=90°时，A 面与 B 面均有所体现，且沿高度方向大致均匀分布。

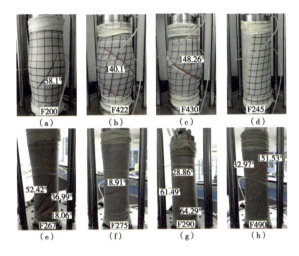

图 6 定轴剪切试验试样滑动面特征

Fig. 6 Slipping planes in F-tests

根据本文模型计算得到各向异性内摩擦角 φ，而后通过式（8）、（9）可分别得到图中 A 面、B 面与沉积面的夹角 δ_A，δ_B 的理论值。图 7 对 δ 的实测值与理论值进行了对比，除了在 α=45°与 67.5°时剪切滑动面的位置不明显外，DSMP 模型很好地预测了定轴剪切试验中砂土的滑动面位置。综合图 6 和图 7 可知，由 DSMP 计算得到的 A 面与 B 面在 α=0°与 90°的定轴剪切试验中强度相同，两组滑动面均可以直接观测到（注：F200 的另一个滑动面在试样背面）。对于其他几组试验，试样的滑动面均为图中的 A 面，这与 DSMP 准则预测结果相一致。

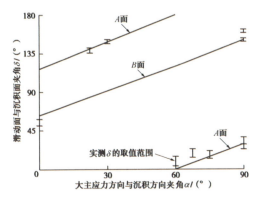

图 7 剪切滑动面与沉积面夹角 δ 的理论与实测值

Fig. 7 Predicted and measured values of δ

3 结 论

与沉积面夹角 δ 越大，该平面上横观各向同性土的峰值强度越大。考虑组构张量与应力张量之间的关系，摒弃强度参数与 δ 线性相关的假设，认为沿不同方向土体峰值强度与各向异性参数密切相关，得到了砂土内部不同位置的峰值强度的计算公式。

在各向同性 SMP 准则的基础上，考虑主应力方向、潜在滑动面以及沉积面位置关系，建立了一个各向异性强度准则，称为 DSMP 准则。各个潜在滑动面上的剪正应力比相同且最大，抗剪强度和滑动面位置由强度最低的潜在滑动面所决定。

随着主应力方向的变化，土体沿潜在滑动面所表现出的抗剪强度也发生变化。当潜在滑动面接近于沉积面时，土体最容易发生破坏，此时大主应力方向角为 45°+φ/2，很好地诠释了定轴剪切试验中土体强度存在极小值的现象。

针对砂土进行了一系列定轴剪切试验，通过对破坏后试样的二次固结，系统地观测了定轴剪切试验中试样滑动面的特征。已有试验数据和模型预测结果的对比表明，模型可以较好地反映各向异性土的定轴剪切强度与滑动面位置。

参考文献：

[1] 董 彤，郑颖人，刘元雪，等. 考虑主应力轴旋转的土体本构关系研究进展[J]. 应用数学和力学, 2013, **34**(4): 327 - 335. (DONG Tong, ZHENG Ying-ren, LIU Yuan-xue, et al. Research progress of the soil constitutive relation considering principal stress axes rotation[J]. Applied Mathematics and Mechanics, 2013, **34**(4): 327 - 335. (in Chinese))

[2] ARTHUR J R F, MENZIES B K. Inherent anisotropy in sand[J]. Géotechnique, 1972, **22**(1): 115 - 128.

[3] TONG Z, FU P, ZHOU S, et al. Experimental investigation of shear strength of sands with inherent fabric anisotropy[J]. Acta Geotechnica, 2014, **9**(2): 257 - 275.

[4] 蔡燕燕，俞 缙，余海岁，等. 加载路径对粗粒土非共轴性影响的试验研究[J]. 岩土工程学报, 2012, **34**(6): 1117 - 1122. (CAI Yan-yan, YU Jin, YU Hai-sui, et al. Experimental study on effect of loading path on non-coaxiality of granular materials[J]. Chinese Journal of Geotechnical Engineering, 2012, **34**(6): 1117 - 1122. (in Chinese))

[5] CAI Y, YU H S, WANATOWSKI D, et al. Non-coaxial behaviour of sand under various stress paths[J]. Journal of Geotechnical & Geoenvironmental Engineering, 2013, **139**(8):

1381 - 1395.

[6] 黄茂松. 土体稳定与承载特性的分析方法[J]. 岩土工程学报, 2016, **38**(1): 1 - 34. (HUANG Mao-song. Analysis methods for stability and bearing capacity of soils[J]. Chinese Journal of Geotechnical Engineering, 2016, **38**(1): 1 - 34. (in Chinese))

[7] 沈扬, 周建, 张金良, 等. 考虑主应力方向变化的原状黏土强度及超静孔压特性研究[J]. 岩土工程学报, 2007, **29**(6): 843 - 847. (SHEN Yang, ZHOU Jian, ZHANG Jin-liang, et al. Research on strength and pore pressure of intact clay considering variation of principal stress direction[J]. Chinese Journal of Geotechnical Engineering, 2007, **29**(6): 843 - 847. (in Chinese))

[8] LADE P V, DYCK E V, RODRIGUEZ N M. Shear banding in torsion shear tests on cross-anisotropic deposits of fine Nevada sand[J]. Soils and Foundations, 2014, **54**(6): 1081 - 1093.

[9] 童朝霞. 应力主轴循环旋转条件下砂土的变形规律与本构模型研究[D]. 北京: 清华大学, 2008. (TONG Zhao-xia. Research on deformation behavior and constitutive model of sands under cyclic rotation of principal stress axes[D]. Beijing: Tsinghua University, 2008. (in Chinese))

[10] MIURA K, MIURA S, TOKI S. Deformation behavior of anisotropic dense sand under principal stress rotation[J]. Soils and Foundations, 1986, **26**(1): 36 - 52.

[11] MATSUOKA H, JUN-ICHI H, KIYOSHI H. Deformation and failure of anisotropic sand deposits[J]. Soil Mechanics and Foundation Engineering, 1974, **32**(11): 31 - 36. (in Japanese))

[12] 张连卫, 张建民, 张嘎. 基于SMP的粒状材料各向异性强度准则[J]. 岩土工程学报, 2008, **30**(8): 1107 - 1111. (ZHANG Lian-wei, ZHANG Jian-min, ZHANG Ga. SMP-based anisotropic strength criteria of granular materials[J]. Chinese Journal of Geotechnical Engineering, 2008, **30**(8): 1107 - 1111. (in Chinese))

[13] 姚仰平, 孔玉侠. 横观各向同性土强度与破坏准则的研究[J]. 水利学报, 2012, **42**(1): 43 - 50. (YAO Yang-ping, KONG Yu-xia. Study on strength and failure criterion of cross-anisotropic soil[J]. Journal of Hydraulic Engineering, 2012, **42**(1): 43 - 50. (in Chinese))

[14] 罗汀, 李萌, 孔玉侠, 等. 基于SMP的岩土各向异性强度准则[J]. 岩土力学, 2009, **30**(增刊2): 127 - 131. (LUO Ting, LI Meng, KONG Yu-xia, et al. Failure criterion based on SMP for anisotropic geomaterials[J]. Rock and Soil Mechanics, 2009, **30**(S2): 127 - 131. (in Chinese))

[15] MATSUOKA H. Stress-strain relationships of sands based on the mobilized plane[J]. Soils & Foundations, 1974, **14**: 47 - 61.

[16] LI X S, DAFALIAS Y F. Constitutive modeling of inherently anisotropic sand behavior[J]. Journal of Geotechnical & Geoenvironmental Engineering, 2002, **128**(10): 868 - 880.

[17] GAO Z, ZHAO J, YAO Y. A generalized anisotropic failure criterion for geomaterials[J]. International Journal of Solids & Structures, 2010, **47**(22/23): 3166 - 3185.

[18] 曹威, 王睿, 张建民. 横观各向同性砂土的强度准则[J]. 岩土工程学报, 2016, **38**(11): 2026 - 2032. (CAO Wei, WANg Rui, ZHANG Jian-min. New strength criterion for sand with cross-anisotropy[J]. Chinese Journal of Geotechnical Engineering, 2016, **38**(11): 2026 - 2032. (in Chinese)).

[19] DONG T, ZHE M. Controlling and realizing of generalized stress paths in HCA test[J]. Electronic Journal of Geotechnical Engineering, 2016(21): 5269 - 5283.

钢材破坏条件与极限分析法在钢结构中的应用探索

郑颖人[1]，王 乐[1]，孔 亮[2]，阿比尔的[3]

(1. 陆军勤务学院军事设施系，重庆 400041；2. 青岛理工大学理学院，山东，青岛 266033；3. 重庆交通大学河海学院，重庆 400074)

摘 要： 该文基于极限应变点破坏的概念提出了钢材的破坏条件，给出了破坏函数与破坏曲面。利用 FLAC^{3D} 软件以钢简支梁为例，尝试将数值极限分析方法中极限应变法应用到钢结构。该方法利用数值极限分析法求取材料的极限应变，将其作为材料点破坏判据。无论受拉或受压均视钢材为弹塑性材料，钢材达到屈服荷载下的弹性极限应变为屈服，达到弹塑性极限应变为破坏。首先对钢梁材料进行直拉试验，得到钢材的力学参数，进而用数值极限方法求得该钢材的极限应变值，然后对简支钢梁进行纯弯试验直至破坏，用 FLAC^{3D} 模拟该试验过程，最后将数值计算结果跟实验结果进行对比验证，结果显示钢梁的破坏形态，极限承载力都吻合较好，初步证明极限应变法可用于钢结构，并对基于极限应变的钢梁破坏标准与现行规范破坏标准进行了比较。

关键词： 破坏条件；点破坏判据；数值极限分析；极限应变法；起裂安全系数；整体稳定安全系数

中图分类号： TG142.1　　**文献标志码：** A　　doi: 10.6052/j.issn.1000-4750.2017.05.ST14

STEEL DAMAGE CONDITION AND APPLICATION OF ULTIMATE ANALYSIS METHOD IN STEEL STRUCTURES

ZHENG Ying-ren[1], WANG Le[1], KONG Liang[2], ABI Erdi[3]

(1. Department of Military Facilities, Army Logistics University of PLA, Chongqing 400041, China;
2. School of Science, Qingdao Technological University, Qingdao, Shandong 266033, China;
3. School of River & Ocean Engineering, Chongqing Jiaotong University, Chongqing 400074, China)

Abstract: In this paper, the failure condition of steel is proposed based on the concept of ultimate strain point failure, and the failure function and damage surface are given. Taking a simply supported steel beam as an example, this paper attempted to apply the ultimate strain method of the numerical limit analysis to steel structures by using FLAC^{3D} software. In the method, the numerical limit analysis was adopted to solve the ultimate strain of materials and regard it as the failure criterion for material points. For both tension and compression, the steel is regarded as an ideal elastic-plastic material. The steel shall yield when it reaches the elastic ultimate strain under the yield load, and shall break under the elastic-plastic ultimate strain. First of all, a direct pulling test was conducted on direct-pulling steel test pieces whose material is the same with the steel beam to obtain the mechanical parameters of the steel material. Furthermore, the numerical limit analysis method was used to determine the ultimate strain of the steel material. Afterwards, a pure bending test was carried out on the simply supported steel beam until it is destroyed. FLAC^{3D} was utilized to simulate the test process. The numerical calculation results were compared with the test results. The results showed satisfying consistence in the failure mode and ultimate load-bearing capacity of the steel beam. It proved that the ultimate strain method can be

注：本文摘自《工程力学》(2018 年第 35 卷第 1 期)。

applied to steel structures and further studies on complicated structures can be conducted. The failure standard of the steel beam based on the ultimate strain is compared with the current specification failure standard.

Key words: failure condition; failure standard; numerical limit method; ultimate strain method; crack initiation safety factor; overall stable safety factor

近年来，极限应变的概念在国际上已有流传，决定材料破坏的不是屈服强度，而是极限应变。国际上有些软件和量测仪器开始以极限应变作为破坏判据；我国的新版《混凝土结构设计原理》教材[1]中研究轴心受压箍筋柱时就明确指出："在破坏时，一般是纵筋先达到屈服强度。此时可继续增加一些荷载，最后混凝土达到极限压应变值，构件破坏"。说明极限应变才是破坏的真正判据，但如何通过计算确定极限应变一直没有解决。最近，阿比尔的、郑颖人等[2]提出了极限应变点破坏准则、极限应变求解方法与基于极限应变的数值极限分析方法，不仅可以求解岩土工程稳定安全系数和极限荷载，而且可以精确得到破坏演化的全过程，包括材料的起裂位置、起裂安全系数、破坏区的位置、形状与范围以及整体稳定安全系数。

基于极限应变的极限分析方法(简称极限应变法)已被应用到岩土工程，取得了理想的效果[2-6]。本文依据极限应变点破坏的概念提出了钢材的破坏条件，给出了破坏函数与破坏曲面；并尝试将极限应变法应用到钢结构工程，钢材的抗剪强度由抗拉屈服强度换算得到，按弹塑性理论进行计算，应用应变来反映钢结构的受力发展过程，并用极限应变破坏条件判断其是否达到破坏状态，由此得到结构的极限承载力以及破坏形态，最后通过钢梁试验验证方法的可行性。

当前塑性力学中人们对材料的屈服及其屈服条件已经有了广泛的共识，通常把材料的应力-应变关系简化为理想弹塑性材料，当材料中任意点的应力达到极限应力(单轴情况下即为屈服极限)或应变达到弹性极限应变时(即开始出现塑性应变时)，其应力和应变所必须满足的条件称为屈服条件。塑性材料的破坏过程必然从弹性进入塑性，然后塑性发展直至破坏，屈服与破坏两者含义不同，不能等同。从极限分析理论中人们已经知道材料的整体破坏条件，但力学上要求的是任意点的破坏条件，而非整体破坏条件。至今塑性力学中尚未见点破坏条件的表达形式，本文尝试对钢材的点破坏条件的力学表达形式进行探索。

关于工程材料的破坏，当前有许多不同的定义，有的以工程材料强度不足，或承载力不足定义为破坏，有的则以工程材料不能正常使用定义为破坏，这种破坏除上述强度不足引起的破坏外，还包括工程材料变形过大而造成的破坏，工程设计通常需要兼顾这两种破坏定义。工程材料的破坏形式有脆性断裂和塑性破坏两种类型，脆性断裂一般是对脆性材料而言，破坏时材料处于弹性状态没有明显的塑性变形，突然断裂。例如硬脆性岩石在单轴压力作用下发生拉破坏，又如铸铁在拉力作用下发生拉伸破坏等。塑性破坏是对塑性材料而言的，破坏时以出现屈服和显著的塑性变形为标志。例如岩土材料在压力作用下发生剪切破坏，软钢在拉力或压力作用下发生剪切破坏等。

对于塑性材料，强度理论中以材料中任意点的应力或应变达到屈服与破坏来定义屈服条件与破坏条件。屈服条件是弹性状态下任意点的应力或应变达到弹性极限状态的条件，破坏条件是塑性状态下任意点应变达到弹塑性极限状态的条件，分别对应塑性力学中的初始屈服条件与最终屈服条件。可见，弹塑性力学强度理论中，屈服条件与破坏条件都是相对材料中一点的应力或应变而言的，而不是指材料的整体屈服与破坏。

由于强度理论中的屈服条件和破坏条件都与应力路径无关，因而可采用不同的应力-应变关系来研究，如传统塑性力学中采用刚塑性模型，但采用理想弹塑性模型最为方便，目前弹塑性力学中都按该模型研究屈服条件。对于初始屈服，弹性阶段应力与应变呈一一对应的线弹性关系，无论用应力表述还是用应变表述都可得到屈服条件。金属符合理想弹塑性材料定义，在应力达到屈服极限和应变达到弹性极限应变时，材料出现初始屈服，因而可由屈服定义直接导出屈服条件。而岩土材料一般是硬软化材料，往往在未达到弹性极限条件时就出现屈服，而后硬化过程中既会出现塑性变形，同时出现弹性变形，这种情况难以按上述屈服定义导出屈服条件。若将其视作理想弹塑性材料，则很容易按定义导出屈服条件，岩土力学中莫尔-库仑条件就是按理想弹塑性材料导出的。

塑性材料受力过程经过弹性到塑性直至破坏，与弹性阶段不同，在塑性阶段应力与应变没有一一对应关系。若视作理想弹塑性材料，塑性阶段应力不变，应力不能反映材料的塑性变化过程，因此无法用应力来表述破坏条件，它只是破坏的必要条件，而非充分条件。但应变随受力增大而不断发展，直至应变达到弹塑性极限应变时该点材料破坏，它反映了材料弹性与塑性阶段的变化全过程，它是破坏的充要条件，因而可用应变导出破坏条件。当前塑性力学中没有导出点破坏条件，常常把屈服条件与破坏条件混为一谈，这显然是不正确的。屈服条件是判断材料从弹性进入塑性的条件，可用弹性力学导出；而破坏条件是判断材料从塑性进入破坏的条件，必须用弹塑性力学才能导出。可见屈服条件与破坏条件不同，屈服表明材料受力后进入塑性，材料性质发生变化，但它可以继续承载，尤其在岩土工程中，希望通过进入塑性以充分发挥岩土的自承作用，减少支护结构的受力。破坏表示材料承载力逐渐丧失，此时进入应变软化阶段，先是工程材料中某些点的承载力降低，如岩土类材料中会显示出局部宏观裂隙，然后裂隙贯通而整体破坏。钢材采用屈服强度，破坏时处于理想塑性阶段，显示出某些点的应变突然快速增大，导致整体变形超出工程允许值而破坏。

传统极限分析中，通常以材料的整体破坏作为破坏判据，即破坏面贯通整个工程而发生整体破坏，所以破坏条件是指材料整体破坏条件，可用来求解材料整体稳定安全系数。但由于整体破坏条件不是任意点的破坏条件，因而不能作为塑性力学中的破坏条件。

1 破坏条件与破坏曲面

1.1 破坏条件与破坏曲面的概念

最近，阿比尔的等提出了应变表述点破坏条件的概念。当物体内某一点开始出现破坏时，应变所必需满足的条件，即弹性与塑性应变都达到极限时的条件叫做破坏条件。本文将其应变空间内的破坏条件形成完整的力学表达式，其解析式称为破坏函数，其图示称为破坏曲面。

图 1 为理想弹塑性材料与硬软化材料的应力-应变关系曲线。理想弹塑性材料在弹性阶段应力与应变呈线性关系，当材料刚达到屈服强度发生屈服，此时的剪应变为弹性极限剪应变 γ_y；材料屈服后并不立即破坏，只有塑性剪应变发展到塑性极限剪应变 γ_f^p 或总剪应变达到弹塑性极限剪应变 γ_f (简称极限应变)的时候才会破坏。由此可见，只要计算中某点的剪应变达到极限剪应变时，该点就发生破坏，因而它可作为点破坏的判据。对于整体结构来说，虽然材料已局部破坏而出现裂缝，但受到周围材料的抑制，该点的应变仍然会增大，因而极限应变也是材料破坏时的最低应变值。

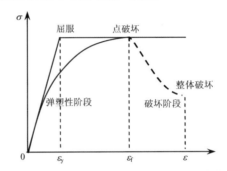

图 1 理想弹塑性材料和硬软化材料的应力-应变曲线
Fig.1 Stress-strain curve of ideal elastic-plastic and hard-softening materials

破坏条件可定义为物体内某一点开始破坏时，应变所必须满足的条件。其物理意义就是材料中某点的剪应变达到极限应变 γ_f 时或某点的塑性应变达到塑性极限应变 γ_f^p 时该点发生了破坏。由图 1 可见，无论是刚塑性材料、理想弹塑性材料还是硬软化材料都具有同一个破坏点，它们的应力与应变都达到了极限状态。正如英国土力学家罗斯科所说，破坏是一种临界状态，达到临界状态就发生破坏，而与应力路径无关。本文将依据理想弹塑性材料由理论导出材料破坏条件。

破坏条件是应变的函数，称为破坏函数，其方程为：

$$F_f(\varepsilon_{ij}) = 0 \tag{1}$$

或

$$F_f(\varepsilon_{ij}、\gamma_f) = 0；F_f(\varepsilon_{ij}、\gamma_y、\gamma_f^p) = 0 \tag{2}$$

式中：γ_y、γ_f^p、γ_f 为弹性极限应变、塑性极限应变、弹塑性极限应变。

对于钢材，有屈服台阶的情况如低碳钢，屈服极限取水平段应力最低点，屈服点是线弹性斜线与屈服极限水平线的交点。在力学上，以此作为理想弹塑性材料屈服极限，如图 2(a)所示。无屈服台阶的情况如合金钢，屈服极限取残余应变为 2‰的点。

其水平线与线弹性斜线的交点作为理想弹塑性材料屈服极限，如图2(b)所示。屈服极限点之前的应变为弹性极限应变，之后的应变为塑性应变。当塑性应变达到塑性极限应变时材料发生点破坏。

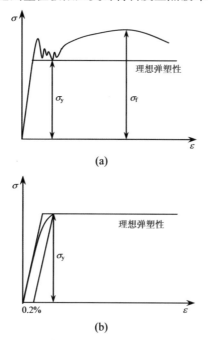

图2　钢材理想弹塑性屈服应变的确定

Fig.2 Determination of ideal elastic plastic yield strain of steel materials

随着材料中破坏点增多，逐渐贯通成整体破坏面时材料发生整体破坏，由此可将达到极限应变的点贯通工程材料作为整体破坏的判据，它是材料整体破坏的充要条件。当前，传统极限分析中和有限元极限分析法中已经各自给出了整体破坏判据，虽然这些整体破坏条件的形式不同，但都可得到相同的整体稳定安全系数。

破坏曲面是破坏点的应变连起来构成的一个空间曲面(图3、图4)，塑性理论指出，塑性材料的初始应力屈服面形状与应变空间中的初始应变屈服面都符合强化模型，对于金属材料，两者形状相同，中心点不动，只是大小相差一个倍数；应变空间中材料的后继屈服面符合随动模型，因而破坏面的形状和大小与初始应变屈服面相同，而屈服面中心点的位置随塑性应变增大而移动(图5、图6)。

破坏面把应变空间分成几种状况：当应变在破坏面上 $\gamma = \gamma_f$ 时处于破坏状态；当 $\gamma_y \leq \gamma < \gamma_f$ 时，应变在破坏面外或屈服面上，处于塑性状态；当应变在破坏面内且 $\gamma < \gamma_y$，此时破坏面即为屈服面，属弹性状态。

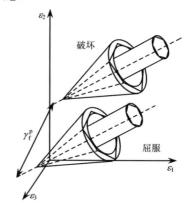

图3　直角坐标中金属与岩土材料的破坏面

Fig.3 Failure surface of rock soil and metal materials in rectangular coordinates

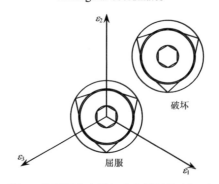

图4　偏平面中金属与岩土材料的破坏面

Fig.4 Failure surface of rock soil and metal materials in deviatoric surface

1.2　金属材料的破坏条件

1) 屈瑞斯卡破坏条件

如上所述，在弹性状态下，应力和弹性应变都在不断增长，无论在应力空间中还是在应变空间中的屈服条件都是强化模型，两者的形状一致。屈瑞斯卡应变屈服条件可由应力屈服条件转化而来，由此得到应变表述的屈瑞斯卡屈服条件 $F_f = \varepsilon_1 - \varepsilon_2 - \gamma_s = 0$。但开始出现塑性应变以后，理想弹塑性材料应力不变，应变不断增长，应变空间中力学模型成为随动模型，屈服面(图5、图6)形状不变，但屈服面中点随塑性应变增大而增大，直至达到塑性极限应变 γ_f^p，由此得到屈瑞斯卡破坏面。因而破坏函数应分别写成两个公式，一个公式示出其破坏面形状与大小，它可按应变屈服条件得到；另一个公式示出破坏面中心距应变屈服面中心的距离，它可由塑性极限应变 γ_f^p 得到。这一概念和做法同样可以推广到各种破坏准则。

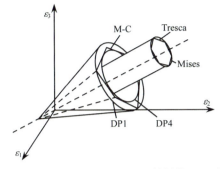

图 5 直角坐标中金属与岩土材料的屈服面
Fig.5 Yield surface of rock soil and metal materials in rectangular coordinates

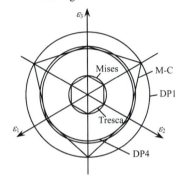

图 6 偏平面中金属与岩土材料的屈服面
Fig.6 Yield surface of rock soil and metal materials in deviatoric surface

屈瑞斯卡破坏面形状与大小为：

$$f' = f = \varepsilon_1 - \varepsilon_2 - \gamma_S = 0 \quad (3)$$

或

$$f' = f = \sqrt{J'_2}\cos\theta_\varepsilon - \frac{\gamma_S}{2} = 0 \quad (4)$$

式中：$\gamma_S = \gamma_y = \dfrac{\tau_y}{G} = \dfrac{1+\nu}{E}\sigma_y$ 为材料的弹性极限剪应变；θ_ε 为应变洛德角，$-30° \leq \theta_\varepsilon \leq 30°$。

破坏面的中点位置可按 γ_f^p 得到，即将屈服面的中点移动 γ_f^p 距离：

$$f''_f = \gamma_0 - \gamma_f^p = 0 \quad (5)$$

式中：$\gamma_f^p = \gamma_f - \gamma_f^e$；$\gamma_0$ 为距应变屈服面中点的距离。

上述式(3)、式(5)组成了屈瑞斯卡破坏函数。

$$f_f = \varepsilon_1 - \varepsilon_3 - (\gamma_y + \gamma_f^p) = \varepsilon_1 - \varepsilon_3 - \gamma_f = 0 \quad (6)$$

破坏面形状与屈服面相同，屈瑞斯卡破坏面为正六角形柱体，偏平面上为一正六角形，破坏面中心距应变屈服面中心 γ_f^p 距离，如图 3、图 4 所示。

破坏面把应变空间分成几种状况：当应变在破坏面上处于破坏状态；当应变在屈服面上和屈服面与破坏面之间 $\gamma_y \leq \gamma < \gamma_f$ 时，处于塑性状态；当应变在破坏面内且 $\gamma < \gamma_y$，此时破坏面即为屈服面，属弹性状态。

2) 米赛斯破坏条件

同上，得到米赛斯破坏条件：

$$f_f = \sqrt{J'_2} - \frac{1}{\sqrt{3}}(\gamma_y + \gamma_f^p) = \sqrt{J'_2} - \frac{1}{\sqrt{3}}\gamma_f = 0$$

(纯拉试验) (7)

$$f_f = \sqrt{J'_2} - \frac{\gamma_y + \gamma_f^p}{2} = \sqrt{J'_2} - \frac{\gamma_f}{2} = 0 \quad (纯剪试验) \quad (8)$$

米赛斯破坏面形状与屈服面相同，破坏面为一圆柱(见图 3、图 4)，偏平面上为一圆形，破坏面中心距应变屈服面中心 γ_f^p 距离。

2 极限应变计算

2.1 极限应变的解析计算

目前尚无求解材料极限应变的方法，钢材、混凝土等材料，一般通过测试来确定极限应变。阿比尔的等在论文中提出了求解极限主应变与剪应变的数值计算方法，具体计算方法详见文献[2]。其基本原理是建立一个合适的立方体模型，采用有限元极限分析中的超载法，在模型顶面上不断加载，并依据整体破坏判据判断其是否达到整体破坏，即增加微小荷载时，模型的计算位移发生突变，或者非线性计算从收敛到不收敛，即可判断发生整体破坏。破坏时施加的总荷载称为极限荷载，此时模型中只有 4 个同类单元发生破坏，破坏单元在极限荷载下的平均主应变与剪应变即为该材料的极限主应变和极限剪应变。

2.2 钢材力学参数测试结果

结合本文钢梁室内试验所用钢材进行研究，为得到数值计算所需钢材的力学参数实测值，先进行了材料的强度试验。所选材料为 45#中碳钢，每种材料各做一组直拉试验，每组三根，试件为圆柱体，实验结果如图 7 所示。

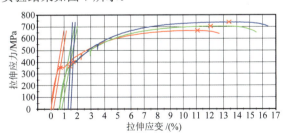

图 7 45#钢拉伸应力-应变曲线(测试单位提供)
Fig.7 45# steel tensile stress-strain curve (provided by testing department)

图 7 和表 1 列出测试部门提供的 45#中碳钢的试验结果。图 7 中 1、2 试样的应力-应变曲线异常表明前两个试件可能存在内部缺陷，测试结果不可用，所以取第 3 个试验结果作为标准。钢材测试单位提供的数据见表 1。按力学定义，拉伸屈服应变是指初始屈服时的应变，即弹性极限应变；拉伸极限应变是弹性极限应变与塑性极限应变之和。测试单位按偏移量 0.2%考虑塑性极限应变，因而拉伸极限应变为 0.39%。

表 1　45#中碳钢拉伸实测数据
Table 1　Steel tensile test data 45# middle-carbon steel

样品材料	拉伸应力/MPa	弹性模量/MPa	屈服应力/MPa	拉伸屈服应变/(%)	拉伸极限应变/(%)(偏移量 0.2%)
45-1	669.02	66223.24	357.11	0.69	11.07
45-2	705.62	58246.71	368.97	0.77	11.42
45-3	740.96	209074.93	403.71	0.39	12.13

表 2　45#中碳钢钢拉伸试验结果
Table 2　Steel tensile test results of 45# middle-carbon steel

样品材料	拉伸应力/MPa	弹性模量/MPa	屈服应力/MPa	拉伸屈服应变/(%)	拉伸极限应变/(%)(偏移量 0.2%)
45#中碳钢	741	209074.93	403.71	0.19	0.39

2.3 钢材极限应变计算

对于矩形截面钢简支梁，在纯弯作用下钢梁是受拉压破坏，所以需要知道钢材的极限拉应变或压应变，由于钢材料的抗拉强度与抗压强度相等，拟通过建立钢立方体块受压模型求其极限压应变。

本文采用 FLAC^{3D} 软件进行计算，对钢材建立 15 mm×15 mm×15mm 的立方体试块，采用莫尔-库仑模型，对于金属材料不考虑摩擦即为屈瑞斯卡准则，六面体网格，单元数量为 20×20×20 个，底部进行全约束，其计算精度可满足工程应用要求。钢材屈服强度采用实测值。依据屈瑞斯卡准则得到抗剪强度为 $\tau = 0.5\sigma_y = 201.86\ \text{MPa}$。数值计算时材料物理力学参数见表 3。

表 3　数值计算时材料物理力学参数
Table 3　Physical-mechanical parameters of material in numerical calculation

材料	弹性模量 E/MPa	泊松比 ν	抗剪强度 c/MPa	内摩擦角 φ/(°)
45#	209074.93	0.3	201.86	0

对模型选取 12 个关键点，位置如图 8 所示。以钢立方体抗压计算为例，关键点的坐标为：1(0.0075, 0.0075, 0.015)、2(0.0075, 0.0, 0.015)、3(0.0075, 0.0, 0.0075)、4(0.0075, 0.0, 0.00)、5(0.0075, 0.0075, 0.00)、6(0.0075, 0.0075, 0.0075)、7(0.0, 0.0, 0.0075, 0.015)、8(0.0, 0.0, 0.015)、9(0.0, 0.0, 0.0075)、10(0.0, 0.0, 0.00)、11(0.0, 0.0075, 0.00)、12(0.0, 0.0075, 0.0075)。读取所有关键点在每一荷载下的轴向压应变，然后进行绘制荷载-应变曲线图，如图 9 所示。

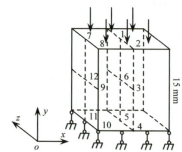

图 8　钢立方体模型关键点标记
Fig.8　Location of key points in steel cube model

由图 9 可以看出左下角 10 号点在加载过程中压应变最大，最先达到破坏，其他单元均未破坏，故取 10 号点单元的平均压应变值为 45#中碳钢的极限压应变。由图 10、图 11 可以看出荷载为 403.71 MPa 时关键点位移呈水平线，表明计算收敛；荷载为 403.72 MPa 时关键点位移呈斜线，计算不收敛。按数值极限法中的超载法可判断极限荷载为 403.71 MPa，计算所得极限压(拉)应变值(弹塑性总应变值)为 4.68‰。由试验和数值计算两种结果可知，45#中碳钢的极限应变误差值为 20%，其原因是由于测试单位试验中以偏移量(塑性极限应变) 2‰来确定极限应变对于中碳钢并不准确。表 4、表 5 列出了不同规格低碳钢与合金钢的极限应变数值计算结果，由表可知钢材的塑性极限应变随极限荷载的提高而提高，而不是一个固定的值，低碳钢的塑性极限主应变为 1.1‰~1.9‰，合金钢的塑性极限

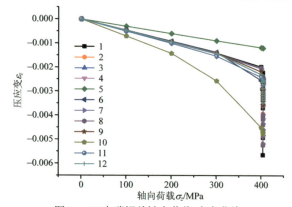

图 9　45#中碳钢关键点荷载-应变曲线
Fig.9　Load-strain curve of 45# low-carbon steel key point

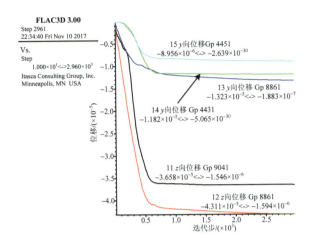

图 10　荷载 403.71 MPa 时关键点位移曲线
Fig.10　Displacement curve of key point when load is 403.71 MPa

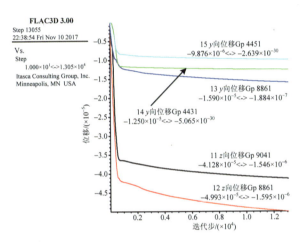

图 11　荷载 403.72 MPa 时关键点位移曲线
Fig.11　Displacement curve of key point when load is 403.72 MPa

表 4　低碳钢的极限应变
(采用 FLAC^{3D}，米赛斯条件纯拉试验求得)
Table 4　Ultimate strain of low-carbon steel (using FLAC^{3D}, obtained by Mises condition pure pulling test)

编号	钢材	E/GPa	ν/1	φ/(°)	c/MPa
1	Q165	201	0.27	0	82.5
2	Q205	201	0.27	0	102.5
3	Q235	201	0.27	0	117.5
4	Q275	201	0.27	0	137.5

编号	极限荷载/MPa	弹性极限主应变 ε_{1y}	弹性极限剪应变 γ_y	极限主应变 ε_{1f}	极限剪应变 γ_f
1	165	0.821×10^{-3}	0.597×10^{-3}	1.999×10^{-3}	1.729×10^{-3}
2	205	0.95×10^{-3}	0.724×10^{-3}	2.451×10^{-3}	2.119×10^{-3}
3	235	1.169×10^{-3}	0.857×10^{-3}	2.801×10^{-3}	2.422×10^{-3}
4	275	1.370×10^{-3}	0.995×10^{-3}	3.273×10^{-3}	2.831×10^{-3}

表 5　合金钢的极限应变(采用 FLAC^{3D}，屈瑞斯卡条件求得)
Table 5　Ultimate strain of alloy steel (using FLAC^{3D}, obtained by Tresca condition)

编号	钢材	E/GPa	ν/1	φ/(°)	c/MPa
1	Q335	206	0.3	0	167.5
2	Q345	206	0.3	0	172.5
3	Q370	206	0.3	0	185
4	Q390	206	0.3	0	195
5	Q400	206	0.3	0	200
6	Q420	206	0.3	0	210
7	Q440	206	0.3	0	220
8	Q460	206	0.3	0	230

编号	极限荷载/MPa	弹性极限主应变 ε_{1y}	弹性极限剪应变 γ_y	极限主应变 ε_{1f}	极限剪应变 γ_f
1	335	1.626×10^{-3}	1.221×10^{-3}	3.959×10^{-3}	3.559×10^{-3}
2	345	1.675×10^{-3}	1.257×10^{-3}	4.077×10^{-3}	3.665×10^{-3}
3	370	1.796×10^{-3}	1.348×10^{-3}	4.367×10^{-3}	3.926×10^{-3}
4	390	1.893×10^{-3}	1.421×10^{-3}	4.596×10^{-3}	4.131×10^{-3}
5	400	1.942×10^{-3}	1.457×10^{-3}	4.718×10^{-3}	4.240×10^{-3}
6	420	2.039×10^{-3}	1.530×10^{-3}	4.957×10^{-3}	4.457×10^{-3}
7	440	2.136×10^{-3}	1.603×10^{-3}	5.185×10^{-3}	4.662×10^{-3}
8	460	2.233×10^{-3}	1.676×10^{-3}	5.413×10^{-3}	4.866×10^{-3}

主应变为 2.3‰~3.2‰；由于实际钢材强度一般会大于名义强度，其相应的塑性极限应变也会适当增大一些。应当注意，表 5 是按屈瑞斯卡条件求得的，若采用米赛斯条件中的纯拉试验公式计算，此时弹性极限剪应变值会增大 $\dfrac{2}{\sqrt{3}}$ 倍。

3　极限分析方法的发展

3.1　传统极限分析法

极限分析法是塑性力学中发展最早、应用最多的方法。主要用于研究工程材料的承载力、破坏与安全问题。而不着重研究材料的位移，所以在传统极限分析中通常把材料简化为刚塑性模型。极限分析需要知道材料的屈服条件，以判断材料是否进入塑性；同时还需要知道材料的破坏条件，以判断材料是否破坏。传统极限分析法中，材料的屈服条件力学上已经基本解决，而点破坏条件尚未解决，所以无法求得工程材料中发生的点破坏。然而，传统极限分析法给出了材料整体破坏条件，当已知材料中整体破坏面时，可以通过破坏面上荷载产生的外力与材料强度发挥的内力平衡或功能的平衡来判断工程材料是否整体破坏。由此可以获得工程整体安全系数。不过，传统极限分析法存在两个明显的缺点：一是需要事先知道整体破裂面，导致应用范围十分有限；二是只能知道材料的整体破坏，而不知道材料破坏的全过程，无法求出材料出现裂缝的位置、形状及其发展过程，更无法知道材料起裂安全系数。

3.2 基于整体破坏的数值极限分析方法[7-11]
（即有限元强度折减法与超载法）

随着数值方法的发展，逐渐兴起了数值分析方法。它既有很广的适应性，又有很好的实用性，但唯独不能求得设计所需工程的整体稳定安全系数。1975 年，Zienkiewicz 等提出了有限元强度折减法与荷载增量法，以非线性计算是否收敛作为整体破坏的判据，求得工程材料的整体安全系数与极限荷载。20 世纪后期，这一方法在国际上得到广泛认可，它是传统极限方法的发展，因而将其统称为数值极限方法。

有限元强度折减法与荷载增量法采用数值解法，通过不断地降低材料强度或增大荷载，使其在数值计算中最终达到破坏状态。这一方法也是基于材料整体破坏的判据，计算从工程正常状态发展到整体破坏状态的瞬间会发出突变的信息，如计算位移或应变发生突变，计算从收敛到不收敛的突变等作为整体破坏的判据，就能获得工程的整体安全系数。从而克服了传统极限分析需要预先知道破坏面的缺点，扩大了应用范围，但尚未解决传统极限分析法中的第二个缺点。

3.3 基于点破坏的数值极限分析方法
（即极限应变法）

依据本文提出的材料点破坏条件，只要数值计算中应变达到材料极限应变时，这些区域就发生了点破坏，工程材料中出现了局部裂隙，但整体结构仍能继续承载。当材料中破坏点增多，逐渐贯通成破坏面时材料发生了整体破坏，由此可将工程材料中形成贯通破坏面作为整体破坏的判据，它是材料整体破坏的充要条件。它不同于屈服面的贯通，屈服面的贯通只是整体破坏的必要条件，而非充分条件。

由上可见，基于点破坏的极限分析方法克服了传统极限分析方法的两个缺点，也不会出现破坏判据的失真。

4 钢梁试验设计与试验结果

为验证极限应变法用于钢结构的可行性，设计矩形截面钢简支梁，分别进行室内试验和数值计算。

4.1 简支钢梁示意图与应变片布置

钢梁为矩形截面，尺寸 $l \times h \times b=1200\,\text{mm} \times 100\,\text{mm} \times 50\,\text{mm}$；如图 12 所示，在梁两端 100 mm 处设支座，中间设置两个尺寸为 40 mm×50 mm×50 mm 的垫块，垫块上施加均布荷载。采取分级加载，直到有应变片开始溢出。

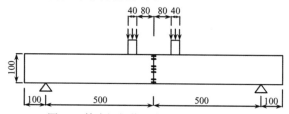

图 12 简支梁加载示意图与应变片布置

Fig.12 Schematic diagram of simple beam loading and strain gauges

如图 12、图 13 所示，在梁中截面处的顶面和底面各贴 2 个钢应变片，侧面以中性面为对称面粘贴 7 个应变片，顶部编号 1、2，底部 10、11，中间侧面 3、4、5、6、7、8、9，其中 9 点位置离底面高度为 $h/20$，8 点位置离底面高度为 $h/6.7$，h 为梁高。

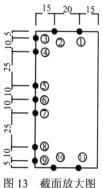

图 13 截面放大图

Fig.13 Cross-section details

4.2 简支钢梁试验结果

采用分级加载：0→ 50→ 100→ 120→ 130→ 140→ 144→ 150→ 158→ 165→ 171→ 177→ 182→ 186→ 192→ 197→ 203→ 208→ 210→ 214→ 217→ 219→ 222→ 225→ 228→ 231→ 23(单位 kN)。

图 14 列出 45#中碳钢梁应变监测点荷载-应变曲线，表 6 列出与计算结果密切相关的测点 8、9、10、11，在各级试验荷载下相应测点的应变值。从图 14 可见，受压区与受拉区测点的应变值基本呈对称分布，与纯弯受力特点相符合。当荷载 150 kN 时，测点 10、11 主应变大于弹性极限应变 0.19%，表明测点经过线弹性阶段进入塑性变形阶段；荷载加到 182 kN 时，测点 8、测点 9 达到弹性极限应变；荷载 197 kN 时测点 10、测点 11 达到极限应变 0.468%；

荷载 203 kN 时测点 8、测点 9、测点 10、测点 11 达到极限应变；因此钢梁底面极限荷载在 197 kN~203 kN 之间。此后，再增大荷载各级测点都发生应变快速增大，变形加剧已不适合承载，表明钢梁已经整体破坏。

我国《钢结构设计规范》(GB50017-2003)[12]大致取截面塑性区发展的深度不超过截面高度的 1/8 作为受弯构件的破坏标准，即当钢梁截面高度的 1/8 处的应力达到屈服应力时定义为破坏。按此标准，8 号测点位置已超过截面高度的 1/8，对 45#钢梁，当荷载 182 kN 时已满足现行规范对钢梁破坏的要求，因此按《钢结构设计规范》规定钢梁已达到破坏状态，其整体破坏的极限荷载为 182 kN。

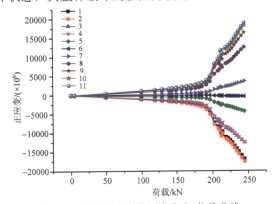

图 14 45#钢梁应变监测点应变-荷载曲线
Fig.14 Strain-load curve of 45# steel monitoring points

表 6 45#中碳钢各级试验荷载下 8、9、10、11 测点应变值
Table 6 Strain values of No. 8, 9, 10 and 11 points in 45# middle-carbon steel under varied levels of test loads

测点	荷载/kN								
	0	50	100	120	130	140	144	150	158
测点 8	0	0.37‰	0.79‰	0.97‰	1.08‰	1.17‰	1.22‰	1.3‰	1.4‰
测点 9	0	0.51‰	1.07‰	1.32‰	1.45‰	1.58‰	1.64‰	1.74‰	1.86‰
测点 10	0	0.57‰	1.18‰	1.45‰	1.6‰	1.75‰	1.83‰	1.98‰	2.19‰
测点 11	0	0.58‰	1.19‰	1.46‰	1.6‰	1.71‰	1.75‰	1.83‰	1.98‰
测点	荷载/kN								
	165	171	177	182	186	192	197	203	208
测点 8	1.51‰	1.62‰	1.8‰	1.98‰	2.2‰	2.7‰	3.55‰	5.52‰	6.3‰
测点 9	1.99‰	2.12‰	2.28‰	2.5‰	2.76‰	3.38‰	4.53‰	7.13‰	8.15‰
测点 10	2.40‰	2.56‰	2.79‰	3.0‰	3.25‰	3.82‰	5.05‰	8.05‰	9.72‰
测点 11	2.17‰	2.34‰	2.57‰	2.8‰	3.13‰	3.91‰	5.16‰	8.28‰	10.06‰
测点	荷载/kN								
	210	214	217	219	222	225	228	231	234
测点 8	6.67‰	7.37‰	7.79‰	8.29‰	8.56‰	8.95‰	9.39‰	10.02‰	10.58‰
测点 9	8.64‰	9.43‰	10.12‰	10.78‰	11.14‰	11.65‰	12.22‰	13.04‰	13.77‰
测点 10	10.61‰	11.37‰	12.12‰	12.51‰	13.06‰	13.70‰	14.61‰	15.42‰	16.23‰
测点 11	10.99‰	11.79‰	12.59‰	13.00‰	13.57‰	14.23‰	15.17‰	16.02‰	16.86‰

4.3 钢梁破坏情况

试验前在钢梁正面画上三条平行白线以便观察钢梁的变形特征。在达到极限荷载后，钢梁变形加剧，加荷区域白线逐渐消失，加至最后一级 234 kN 时，部分应变片溢出，停止加载。钢梁呈现如图 15 的最终变形状态。

图 15 钢梁破坏情况
Fig.15 Development of transformation

5 数值模拟

5.1 数值计算模型

本文使用 FLAC^{3D} 软件，采用莫尔-库仑模型进行计算。钢梁网格划分为 240×5×10，垫块的网格划分为 8×5×5，垫块顶面施加均布荷载。应当指出，垫块的几何尺寸会对数值计算结果产生影响，所以数值模拟的垫块模型尺寸必须与试验垫块尺寸一致。图 16 列出钢梁的网格及其测点位置，测点位置与试验时位置相同，但取消了测点 1 和测点 11。

5.2 计算结果分析

图 17 列出数值计算所得 45#中碳钢梁应变监测点荷载-应变曲线。表7列出与计算密切相关的测点 8、测点 9、测点 10，在关键荷载下相应测点的轴向应变值，表 8 列出关键荷载下钢梁挠度与跨度的比值。

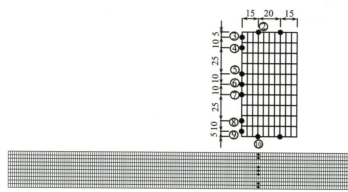

图 16 钢梁的网格划分及其监测点位置
Fig.16 Steel beam grid and positions of monitoring points

表 7 关键荷载下 8、9、10 测点应变计算值
Table 7 Calculated strain value of point 8, 9, 10 under key loads

测点	荷载/kN					
	120	158	177	203.6	212	241
测点 8	1.02‰	1.5‰	1.93‰	3.64‰	4.7‰	75.1‰
测点 9	1.24‰	1.83‰	2.43‰	4.43‰	5.71‰	89.2‰
测点 10	1.31‰	1.94‰	2.58‰	4.69‰	6.03‰	93.7‰

表 8 关键荷载下钢梁挠度值
Table 8 Deflection of steel beam under key loads

荷载/kN	挠度/mm	挠度/梁跨度	荷载/kN	挠度/mm	挠度/梁跨度
120	2.81	1/356	203.6	6.56	1/152
158	3.87	1/258	212	7.51	1/133
177	4.66	1/215	—	—	—

由表 7 和表 8 可知，当荷载 120 kN 时，各测点均处于弹性状态；荷载 158 kN 时，底面 10 测点达到弹性极限应变进入塑性；荷载 177 kN 时，测点 8 达到弹性极限应变进入塑性，表明现行规范方法的极限荷载为 177 kN；203.6 kN 时，底面测点 10 达到极限应变进入破坏，此时挠跨比为 1/152。212 kN 时，测点 8、测点 9、测点 10 达到极限应变进入破坏，可认为钢梁整体破坏，挠跨比 1/133，但此时数值计算已进入破坏阶段，计算数据与实测数据不符合，不宜采用。根据我国《钢结构设计规范》(GB50017-2003)[12]附录 A 中对受弯构件挠度允许值的规定，建议对挠跨比大于 $L/150$ 的构件采用本文所定义的极限荷载作为破坏标准，其值为 203.6 kN。本文方法的极限荷载大于现行规范方法极限荷载 1.150 倍。对挠跨比小于 $L/150$ 的构件继续沿用规范的挠度标准，通过挠度反算极限荷载。

图 18 示出梁 10 测点在数值计算和试验两种情况下的荷载-应变图，由图可明显看出两条曲线破坏前十分接近，都是达到极限应变 4.68‰后进入破坏状态，应变开始急剧增长，说明计算结果和试验结果吻合，也说明钢材极限应变作为破坏判据的可行性。

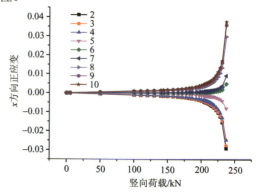

图 17 计算所得钢应变监测点荷载-应变曲线
Fig.17 Calculated strain-load curve of steel monitoring points

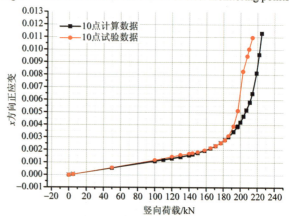

图 18 计算和试验两种情况下测点 10 的荷载-应变图
Fig.18 Load-strain chart of Point 10 under numerical calculation and test

6 钢梁试验与极限应变法计算结果对比

按照钢梁试验与极限应变法计算结果，改变了钢梁计算的现行破坏标准，定义钢梁任意点应变达

到极限应变时进入破坏阶段，这是由于钢梁应变到达极限应变后应变快速增大，致使钢梁大部分区域立即进入破坏。按照上述破坏定义，对45#钢梁，从计算结果看极限荷载为203.6 kN；从试验结果看极限荷载在197 kN，两者结果相近。由此表明极限应变法也适用于钢材。表9列出了钢梁试验与极限应变法计算结果的对比

表9 钢梁试验与极限应变法计算结果的对比
Table 9 Result comparison of steel beam test and ultimate strain method

项目	试验值	数值计算值	误差/(%)
测点10达到弹性极限应变时的荷载/kN	150	158	5.3
测点8达到弹性极限应变时的荷载/kN	182	177	2.7
测点10达到弹塑性极限应变时的荷载/kN	197	203.6	3.4
测点8达到弹塑性极限应变时的荷载/kN	203	212	4.4

7 结论

(1) 基于塑性理论，弹塑性材料先屈服进入塑性，然后塑性发展直至应变达到极限应变而破坏，在当前弹塑性力学中采用理想弹塑性模型情况下，极限应变是材料破坏的真正标志。

(2) 按照钢梁试验与极限应变法计算结果，以极限应变为破坏判据，定义钢梁任意点应变达到极限应变为破坏标准，这是由于到达极限应变点后各点应变快速增大，钢梁整体变形超出工程适用范围。本文方法的极限荷载为203.6 kN，大于现行方法极限荷载1.150倍。

(3) 依据计算提出了低碳钢与合金钢的极限应变值。进行了钢梁试验与数值计算，极限应变法得到的钢梁极限荷载与试验所得的极限荷载基本一致，表明极限应变法用于钢结构计算是可行的。

参考文献：

[1] 李爱群, 王铁成, 颜德姮, 等. 混凝土结构设计原理[M]. 第6版. 北京: 中国建筑工业出版社, 2015: 114−115.
Li Aiqun, Wang Tiecheng, Yan Deheng, et al. Concrete structure design principle [M]. 6th ed. Beijing: China Construction Industry Press, 2015: 114−115. (in Chinese)

[2] 阿比尔的, 冯夏庭, 郑颖人, 等. 岩土类材料应变分析与基于极限应变判据的极限分析[J]. 岩石力学与工程学报, 2015, 34(8): 1552−1560.
Abi Erdi, Feng Xiating, Zheng Yingren, et al. Strain analysis and numerical analysis based on limit strain for geomaterials [J]. Chinese Journal of Rock Mechanics and Engineering, 2015, 34(8): 1552−1560. (in Chinese)

[3] Xin Jianping, ZhengYingren, Wu Yingxiang, Abi Erdi. Analysis of tensile strength's influence on limit height and active earth pressure of slope based on ultimate strain method [J]. Advances in Materials Science and Engineering, Volume 2017, Article ID 6824146, 8 pages.

[4] Xin Jianping, Zheng Yingren, Li Xiudi, Yang Bo. Exploration on safety assessment method based on strain for immersed tube tunnel [J]. Electronic Journal of Geotechnical Engineering, 2016, 21(20): 6755−6770.

[5] Xin Jianping, Zheng Yingren, Abi Erdi, Wang Le. Stability analysis by ultimate strain criterion in slope engineering [J]. Electronic Journal of Geotechnical Engineering, 2016, 21(24): 7893−7905.

[6] 阿比尔的, 郑颖人, 冯夏庭, 向钰周. 极限应变法在圆形隧洞稳定分析中的应用[J]. 应用数学与力学, 2015, 36(12): 1265−1273.
Abi Erdi, Zheng Yingren, Feng Xiating, Xiang Yuzhou. Analysis of circular tunnel stability based on the limit strain method [J]. Applied Mathematics and Mechanics, 2015, 36(12): 1265−1273 (in Chinese)

[7] Zienkiewicz O C, Humpheson C, Lewis R W. Associated and non-associated visco-plasticity and plasticity in soil mechanics [J]. Geotechnique, 1975, 25(4): 671−689.

[8] 郑颖人, 孔亮. 岩土塑性力学[M]. 北京: 中国建筑工业出版社, 2010: 199−201, 351−355.
Zheng Yingren, Kong Liang. Geotechnical plastic mechanics [M]. Beijing: China Architecture & Building Press, 2010: 199−201, 351−355. (in Chinese)

[9] Kamalzadeh A, Mohammadi R K. A simple approach for estimating ultimate curvature of structural steel sections [C]// 5th National Conference on Earthquake & Structure, 2014.

[10] Real E, Arrayago I, Mirambell E, et al. Comparative study of analytical expressions for the modelling of stainless steel behaviour [J]. Thin-Walled Structures, 2014, 83: 2−11.

[11] 郑颖人, 赵尚毅, 李安洪, 等. 有限元极限分析法及其在边坡中的应用[M]. 北京: 人民交通出版社, 2011: 11−17.
Zheng Yingren, Zhao Shangyi, Li Anhong, et al. FEM limit analysis and its application in slope engineering [M]. Beijing: China Communication Press, 2011: 11−17. (in Chinese)

[12] GB 50017-2003, 钢结构设计规范[S]. 北京: 中国建筑工业出版社, 2003.
GB 50017-2003, Specification for steel structure design [S]. Beijing: China Construction Industry Press, 2003. (in Chinese)

岩质隧道围岩稳定分析与分级研讨

郑颖人[1]　阿比尔的[2]

（1.陆军勤务学院，重庆 400041；2.重庆交通大学，重庆 400074）

摘　要：1975年后有限元数值极限方法的出现和计算机的应用和发展，使得工程材料的弹塑性解析计算进入到数值极限计算的新时代。文章所研究的岩质隧道就是采用了这一新方法，即强度折减法与荷载增量法，以及最近提出的极限应变法。为解决岩体隧道围岩力学参数的不确定性，提供较为科学合理的围岩力学参数，必须做好理论、勘察和经验相结合的围岩分级工作。以轨道交通隧道围岩分级为例提升分级的水准，包括强度指标的改进，以定量分级为主的分级方法，合理确定岩体基本质量指标 BQ 值，增加围岩分级数量，制定区间隧道与车站隧道的围岩分级表，定性与定量分级方法的协调与统一。最后，确定围岩自稳能力量化指标，通过反算提出较为科学合理的围岩物理力学参数。

关键词：极限分析法；数值极限分析；轨道交通；隧道围岩分级；岩体基本质量；围岩力学参数

中图分类号：U451　　**文献标识码**：A

1　引　言

地下工程包括隧道、巷道、隧洞、洞室、洞库等多种地下岩土工程，在国内外已有几千年的建造历史，主要依据工程经验和工程类比法来建设工程。从20世纪初，人们逐渐依据力学理论进行稳定分析，最早引入的是压力拱理论，俄罗斯、前苏联与我国一般采用普氏理论，而欧美采用太沙基理论；随着数值分析方法的发展，大致在20世纪70年代前后，欧美国家开始采用有限元数值分析方法进行岩质隧道的稳定性分析，这种方法能考虑岩石的塑性，21世纪初，我国公路部门也开始引入数值计算方法。但上述两种方法都无法确定隧道是否进入整体破坏，因而也无法得到岩土工程中设计所需的工程稳定安全系数。分析其原因是对于承载力控制的，即破坏控制的岩土工程问题，需要采用基于弹塑性强度理论的极限分析方法，这是土力学中传承至今的主要理论方法，而上述两种方法都没有引入极限分析方法，致使两种方法都难以获得定量的理论解答。

土力学中的传统极限分析方法不适用于岩质隧道，1975年英国力学家辛克维兹提出了有限元强度折减法和荷载增量法（超载法）[1,2]，这种极限分析方法，不需要事先知道工程的破坏面，既可以用于土体，也可以用于岩体，是判断岩土工程整体破坏的一种有效方法，因而可以获得岩质隧道整体破坏的稳定安全系数，以作为隧道设计的依据。21世纪初，我们采用强度折减法求解岩质隧道工程，2004年木寨岭公路隧道出现了大变形，我们与铁道部门合作应用强度折减法计算治理工程[3]。2012年《有限元强度折减法在隧道工程中的应用》一文发表在国际岩石力学学会的导报中，这种方法逐渐传至国外。近年来随着对破坏条件认识的提高，我们提出了极限应变法并用于隧道工程[4,5]。当前这两种方法已逐渐在国内外少数工程部门应用。本文所述内容有些已在一些期刊和著作中发表过，但随着近期工程应用的增多，经验的积累和认知的提高，拟对以往的研究成果再进行修正和完善。

注：本文摘自《现代隧道技术》（2022年第59卷第1期）。

2 岩质隧道设计计算的基本理念

岩质隧道设计计算的基本理念大致有四点:(1) 采用合理的隧道围岩稳定分析方法,确保工程安全、适用、环保、经济;(2)要求提供的围岩力学参数准确、可靠;(3)要求充分发挥围岩的自承能力;(4)充分考虑不良围岩的地质因素与环境因素,提出相应设计计算方法,确保隧道工程设计、施工安全。

2.1 隧道工程极限分析法

适用于隧道工程的极限分析法只有有限元极限分析方法,即数值极限分析法,具体方法为强度折减法与基于强度折减的极限应变法[4,5]。因为隧道工程既可能由于岩质围岩受隧道内气体和地下水影响,岩体风化引起围岩强度降低而破坏,也可能由于隧道覆盖层荷载过大而导致围岩承载力不足而破坏,隧道稳定分析方法必须满足上述两种破坏的计算要求。显然,采用荷载增量法只能满足后者的要求,不能满足前者的要求,因而无法使用;而采用强度折减法时,除能满足前者要求外,还能计算在覆盖层荷载作用下由于承载力不足所引起的隧道破坏,从而可求得工程稳定安全系数。由此表明,隧道的极限分析方法只能采用强度折减法及其相应的极限应变法。

2.2 提供可靠的各级围岩力学参数

由于地质构造与岩体结构复杂,隧道长度大,不可能在地质勘测中完全查清隧道全长的裂缝状态,因而无法提供准确的力学参数。另外,由于围岩施工的特殊性,开挖时没有支护,岩体中有不稳定块体(有些是散体),如不能及时支护,施工中极易坍落,造成局部失稳,这也会影响围岩力学参数的准确性。为此,国内外采用同样的方法,都是在少量勘测基础上,通过围岩分级方法,依据分级理论、勘测工作与工程经验综合确定围岩稳定性等级,提供各级围岩的力学参数。本文提供围岩力学参数的方法就是合理确定各级围岩的稳定性,并将隧道围岩稳定性的等级进行合理量化,然后通过强度折减法反算获得各级围岩力学参数。

2.3 依据新奥法原理,通过岩体弹塑性分析,充分发挥围岩自承能力

1960年以后,有限元法的出现使弹塑性计算都可化作简易的常微分方程,解决了弹塑性求解的数学问题;同时计算机的应用使塑性问题非线性计算的精确快速求解成为可能;加上塑性力学的进展,数值极限分析方法的提出,使岩土解析方法进入了弹塑性数值极限分析的新时代。

2.4 充分考虑不良地层的地质因素与环境因素,依据其受力特性研究其相应算法

本文提出的计算方法目前只适用于无不良地质、环境影响的一般地层中。当有不良地质、环境地层时,其计算方法应另行研究。不良地质、环境地层一般包括岩爆、大变形软岩、透水、突水突泥、煤气渗漏、寒区、高原地区、高温地段等多种地层,对这些地层目前尚无可靠而公认的算法,尚需依据各种不良地层的受力和温度等特性形成实用的设计计算理论。

3 三种极限分析方法的简介与隧道工程数值极限分析法

如前所述,对承载力控制的工程问题应采用极限分析法。为适应土木工程的需要,极限分析法正在快速发展,目前已有三种方法。

3.1 传统极限分析法

当前金属材料与土力学中广泛采用的极限分析法,我们将其称为传统极限分析法[5]。20世纪20年代,土力学中提出了土坡稳定分析的瑞典法,建立了极限平衡公式,之后又相继出现了滑移线场法(特征线法)和上、下限法等。传统极限分析方法的提出,是由于当时塑性力学中只有屈服条件,尚无任意点破坏条件,为此提出了传统极限分析方法直接给出材料整体破坏条件,由此获得工程整体稳定安全系数,统称稳定系数。下面以土坡为例(图1),求解稳定安全系数,这种方法需要事先知道破坏面的位置,按破坏面上力或功的平衡确定稳定安全系数(式(1))[6]。按弹性力学导出破裂面上土重引起的下滑力,按塑性力学导出由材料强度提供的破裂面上抗滑力,由此获得力的平衡公式[式(1)],确定边坡稳定安全系数,当 $F \leqslant 1$ 时边坡失稳破坏[6,7]。

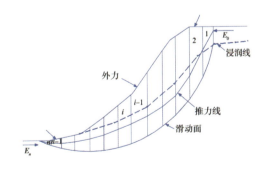

图1 土坡的条分法计算简图

Fig.1 Schematic of soil slope calculation by slice method

$$F = \frac{F_T}{T} \quad (1)$$

式中：F 为稳定安全系数；F_T 为抗滑力；T 为下滑力。

传统极限分析法只适用于均质材料，因而无法用于有裂隙的岩体。这种方法存在两个明显缺点：一是需要事先知道整体破裂面的位置，导致应用范围十分有限；二是无法知道材料破坏的全过程，因而无法求出工程材料首先出现裂缝的位置、大小及其发展过程。这种方法有可能用于土体隧道，但目前尚无研究。

3.2 有限元强度折减法和荷载增量法

1960年后，国际上逐渐兴起了数值分析方法，使力学上弹塑性边值问题计算大为简化，但不能求得工程设计所需的稳定安全系数与极限荷载。辛克维兹等提出的有限元强度折减法与荷载增量法，以非线性计算是否收敛作为整体破坏的判据，求得材料的稳定安全系数与极限荷载。国内学者认识到这种方法本质上是应用数值方法求解极限分析问题，他是传统极限方法的发展，因而将其称为数值极限分析方法或有限元（包括有限元、有限差分、离散元等）极限分析法[8]。近年来，在数值极限分析方法及其工程应用方面得到快速发展，归纳了以塑性区贯通、非线性计算中从收敛到不收敛的突变，以及计算关键点的位移发生突变作为整体破坏的三个判据，但塑性区贯通只是必要条件而非充分条件，他可以验证计算是否正确，但不能判定材料是否破坏。在我国，这一数值极限分析方法在岩土工程中快速推广，突破了许多设计难题，提出了抗滑桩桩长设计、多排桩与埋入式桩设计；求出了隧道的稳定安全系数，提出了各类岩质边坡、超高加筋土挡墙、浅基础与桩基础等稳定分析方法；还提出了地震边坡全动力数值极限分析法，印证了汶川地震显示出的地震作用下边坡发生拉剪组合破坏的机理[8]。

有限元强度折减法与荷载增量法采用量变到质变的突变理论，通过不断地降低材料强度或增大荷载的微小量值，其值应在受力状态的1‰~1%之间，最终使其在数值计算中达到破坏状态，破坏时发出破坏信息，依据破坏判据得知破坏时材料的抗剪强度指标 c'、φ' 值。这种方法与传统极限分析法都是采用了整体破坏条件，只是采用了不同的破坏判据。式(2)为强度折减法求工程稳定安全系数的公式，可知稳定安全系数就是强度折减系数，即原有的材料强度值与破坏时材料强度值之比。

$$F = \frac{c}{c'} = \frac{\tan\varphi}{\tan\varphi'} \quad (2)$$

式中：F 为稳定安全系数，也是强度折减系数；c'、φ' 为破坏时的黏聚力与内摩擦角。

桩基础的强度折减系数与位移的关系曲线如图2所示。实际计算时只需在材料即将破坏时，折减系数的减小控制在受力状态的1%以下，此时破坏时位移会有明显的突变，可确保计算正确。图2中强度折减系数为1.4时位移发生突变，可知其稳定安全系数为1.4，有限元强度折减法与荷载增量法克服了传统极限分析法的第一个缺点，但未解决传统极限分析法中的第二个缺点，无法获得材料破坏的演化过程。

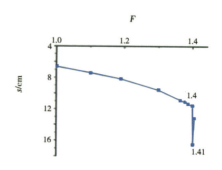

图2　桩基础 F-s 曲线

Fig.2　F-s curve of pile foundation

3.3 极限应变法

理想弹塑性材料与由试验获得的硬-软化材料的应力-应变关系曲线如图3所示。图中，左面为弹塑性阶段应力-应变曲线，弹性段为直线，卸载后变形可恢复；塑性段为曲线，除部分变形可恢复外，其余变形不可恢复[4,5]。这两段曲线强度都在不断提高，承载力充分发挥，一般称为硬化段。右面为破坏阶段应力-应变曲线，应力不断下降，称为破坏段或软化段，他也是破坏时材料的强度损伤阶段。理想弹塑性材料在弹性阶段应力与应变呈线性关系，当任一点的应力达到屈服强度时或剪应变达到弹性极限剪应变 γ_e 时该点发生屈服，但材料屈服只表示材料由弹性进入塑性，并不代表破坏，这说明当前塑性力学中认为屈服就是破坏的观点是不正确的[5]。由理想弹塑性应力-应变曲线可见，只有当应力或应变达到弹性极限，而且塑性应变也要达到塑性极限，这才是材料任意点破坏的充要条件[5]。因而，只有塑性剪应变发展到塑性极限剪应变 γ_P 或总剪应变达到弹塑性极限剪应变 γ_f（简称极限应变）的时候才会破坏。由此可见，只要计算中某点的剪应变达到

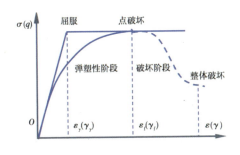

图3 应力-应变曲线
Fig.3 Stress-strain curve

极限剪应变时该点就发生破坏,因而他可作为塑性力学中任意点的破坏判据,即材料破坏条件[4,5]。对于整体结构来说,虽然材料已发生局部破坏而出现明显可见的裂缝,同时由于破坏点的出现,材料强度逐渐下降,导致应力不断降低,体现了破坏段材料的损伤过程,直至裂缝贯通结构整体,工程发生整体破坏。

按上所述,破坏条件可定义为物体内某一点开始破坏时应变所必须满足的条件。其物理意义就是材料中某点的剪应变(或主应变)达到极限剪应变 γ_f(或极限主应变 ε_{1f})时,或者某点的塑性应变达到塑性极限应变 γ_f 时该点发生了破坏。由图3可见,无论是刚塑性材料、理想弹塑性材料还是硬-软化材料都有一个共同的破坏点,该点在弹塑性阶段内应力与应变都达到了极限状态。正如英国土力学家罗斯科等人所说,破坏是一种临界状态,达到临界状态就发生破坏,他与应力路径无关。

极限应变法计算首先要求出模型中各种材料的极限剪应变,然后应用软件中求取应变云图的计算功能,判定材料的哪些部位剪应变达到极限而破坏。由此可获得破坏的全过程,包括破裂面的位置、起裂安全系数与稳定安全系数[4,5]。

下面举一个坡角为45°土坡的简单算例,用极限应变法判定土体的起裂安全系数与稳定安全系数,并示出破裂面。最后分别采用极限应变法、强度折减法与传统极限分析法算出边坡的整体稳定安全系数,并进行比较,以验证极限应变法的可行性。

土坡力学参数:重度 $\gamma=20$ kN/m³,黏聚力 $c=40$ kPa,内摩擦角 $\varphi=20°$,弹性模量 $E=10$ MPa,泊松比 $\nu=0.3$。采用FLAC软件,由后述第5节方法求得土体极限剪应变为1.77%,按此极限应变求某边坡在不同强度折减系数下破坏面的位置、形状及演化过程,并求其起裂安全系数与稳定安全系数[5]。

下面用有限元强度折减法求得坡体在不同折减系数下的剪应变云图,如图4所示(坡角为45°),图中所示云图只显示大于极限剪应变1.77%的破坏面,这是屈服面中的一部分。

由图4可见,当折减系数 $F=0.89$ 时,坡脚刚出现

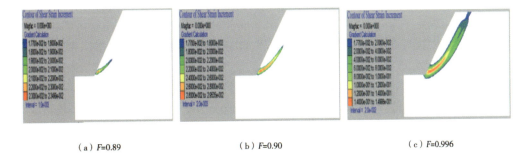

(a) F=0.89　　　　　(b) F=0.90　　　　　(c) F=0.996

图4 不同折减系数下边坡极限剪应变云图
Fig.4 Contours of ultimate shear strain of the slope under different reduction coefficients

局部破坏,由此确定边坡的起裂安全系数为0.89;然后随折减系数的增大,破裂面逐渐延伸和增大,直至 $F=0.996$ 时,破坏面刚好贯通,由此确定边坡稳定安全系数为0.996;当 $F=1.003$ 时计算不收敛,由此确定有限元强度折减法的整体稳定安全系数为1.002,两种不同方法所得安全系数仅相差0.6%。表1列出了起裂系数和3种不同方法算出的边坡稳定安全系数,可知最大误差为0.9%,验证了极限应变法的可靠性。

3.4 隧道工程数值极限分析法

下面采用模型试验和数值分析对深埋隧道的破坏过程进行分析。由于采用强度折减法进行模型试验十分困难,改用了荷载增量法。然后再采用强度折减法求稳定安全系数,并进行比较。

表1 三种不同方法算出的边坡稳定安全系数（极限应变1.77%）

Table 1 Safety factors of slope stability calculated by three different methods (Ultimate strain 1.77%)

起裂系数（极限应变法）	整体稳定安全系数			
	传统极限法（Janbu法）	强度折减法	极限应变法	最大误差/(%)
0.89	1.003	1.002	0.996	0.9

图5所示为模拟直墙拱形隧道加载试验模型，隧道洞跨8 cm，侧墙高8 cm，拱高4 cm，埋深24 cm。材料采用纯石膏，其物理力学参数见表2，采用300 t的压力机对模型进行分级加载，直至模型隧道破坏，以得到隧道起裂极限荷载与整体稳定极限荷载。计

图5 试验模型
Fig.5 Test model

算采用ANSYS软件，通过后述第5节方法，计算该材料的极限剪应变为0.074，求得计算的起裂极限荷载与整体稳定极限荷载[4,5,7,8]。该算例曾做过一些计算，荷载增量极限分析法与极限应变法计算结果有

表2 物理力学参数
Table 2 Physical and mechanical parameters

材料	弹性模量 E/GPa	泊松比 ν	密度 ρ/(kg·m^{-3})	黏聚力 c/MPa	内摩擦角 φ/(°)	极限剪应变（等效塑性应变）
石膏	0.15	0.3	1 800	0.13	30.0	0.074

一定差异，后将模型单元细化，两种方法计算结果基本相同，极限荷载均为75.2 kN。最后还应注意，采用ANSYS软件时计算准则需要进行转换，通常只需转换强度参数即可，可参考文献[5]，这里从略。读者也可采用其他通用软件计算。

图6所示为模型试验与极限应变法计算结果，数值模拟只显示等效塑性应变大于极限应变0.074的破裂区域。从图6(a)可知，当压力为40 kN时，隧道两侧墙底部出现局部掉渣；数值模拟超载法显示，隧道两侧墙底部局部极小范围开始出现大于极限应变的区域，40 kN可作为隧道围岩起裂的极限荷载。而此时强度折减法与超载法相比，显示出很大的破裂区，表明当材料未达到破坏时超载法与强度折减法计算结果有一定的差别，强度折减法比超载法更为安全。从图6(b)可知，当压力为60 kN时，从隧道左侧墙底部开始出现斜向上的小裂缝，同时，洞周两侧也出现一些不连续的细微裂缝，但不是破裂面上明显可见的裂缝，数值模拟显示两侧墙底部出现斜向上延伸的极限应变区，两侧拱肩处也开始出现极限应变区，但未见洞周的细微裂缝。从图6(c)可知，当压力为70 kN时，侧墙底部围岩产生的明显宏观裂缝不断斜向上扩展，同时拱肩处也开始形成斜

向下的裂缝，但裂缝未完全贯通；两种数值模拟方法都显示两侧墙底部和拱肩处的极限应变区不断向围岩内部发展延伸，但两种方法破裂区均没有完全贯通。从图6(d)可知，当压力为77 kN时，隧道侧墙底部产生的裂缝与拱肩处产生的裂缝相互贯通，形成半圆块状剥落，隧道整体破坏；两种数值模拟方法都显示在荷载为75.2 kN时，侧墙底部的极限应变区与拱肩处的极限应变区贯通而破坏，按超载法隧道整体破坏的极限荷载为75.2 kN，强度折减法的稳定安全系数F=1.0，这说明只要达到破坏状态，无论采用超载法还是强度折减法，两者计算结果相同，进一步说明隧道计算采用强度折减法正确可行。表3列出了采用不同方法计算的隧道起裂与整体破坏的极限荷载和稳定安全系数。

4 极限应变的求法

4.1 工程材料极限应变计算

当前，材料的极限应变值需要通过测试得到，我们提出了一种简便的算法[4,5]，只要知道材料的力学参数，就可应用荷载增量法求得极限应变，节省了费用和时间。

应变可分为弹性应变与塑性应变，总应变为弹

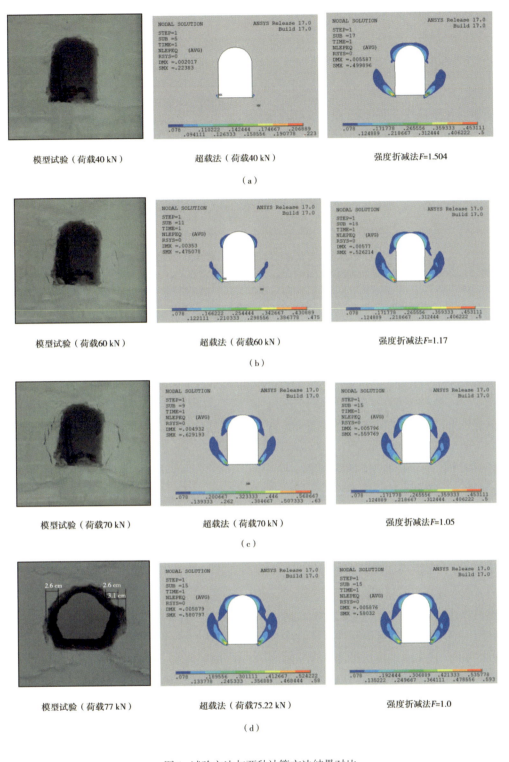

图6 试验方法与两种计算方法结果对比

Fig.6 Result comparison between test method and two calculation methods

性应变和塑性应变之和。弹性状态下，岩土类摩擦材料在平面状态时，弹性主应变与剪应变关系应满足应变表述的摩尔-库仑条件。平面状态下有两种受力状况，单向受力情况下σ_3为0,双向受力情况下σ_3不为0,隧道工程存在上述两种情况。当σ_3不为0时,在图7两侧施加σ_3应力。

数值分析中各种国际通用软件假设剪应变定义有所不同，但这不影响使用，因为剪应变和极限应变都是在同一软件和同一假设条件下计算得到。FLAC软件中以应变偏张量第二不变量$\sqrt{J_2'}$表示剪应变,弹性剪应变的表达式为:

$$\sqrt{J_2'^e}=\sqrt{\frac{1}{6}\left[(\varepsilon_1^e-\varepsilon_2^e)^2+(\varepsilon_2^e-\varepsilon_3^e)^2+(\varepsilon_1^e-\varepsilon_3^e)^2\right]} \quad (3)$$

材料屈服时达到弹性极限状态,由广义胡克定律求得弹性极限应变。单轴受力情况下弹性极限主应变ε_{1y}、ε_{2y}与极限剪应变γ_y都可由计算公式求得[4,5]。

弹塑性情况下不能再用应变表述的摩尔-库仑公式,由应变张量一般公式导出弹塑性总应变中压应变与剪应变的关系。

$$\sqrt{J_{2f}'}=\frac{\gamma_f}{\sqrt{3}}=\frac{\varepsilon_{1f}-\varepsilon_{3f}}{\sqrt{3}} \quad (4)$$

$$\gamma_f=\sqrt{3J_{2f}'}=\varepsilon_{1f}-\varepsilon_{3f} \quad (5)$$

式中:γ_f、ε_{1f}、ε_{3f}为弹塑性剪应变γ与压应变ε_1、ε_3的极限值,对于岩土类材料是剪切强度指标c、φ的函数,应当注意,当采用ANSYS软件计算时c、φ值应进行转换。

式(4)与式(5)中给出的剪应变与主应变都是未知的,难以用解析方法求得极限剪应变与主应变,但可采用数值计算求得。

表3 隧道起裂与整体破坏时的极限荷载和稳定安全系数
Table 3 Ultimate loads and stability safety factors at the time of tunnel crack initiation and overall failure

起裂极限荷载/kN	整体破坏极限荷载/kN			强度折减稳定安全系数F	
	模型试验	荷载增量法	极限应变法	强度折减法	极限应变法
40	77	75.2	75.2	1	1

4.2 混凝土极限应变计算

应用FLAC 3D软件和有限元荷载增量法,由材料参数求出混凝土材料的极限应变[4,5]。混凝土计算模型为单向受力($\sigma_3=0$)模型,取边长150 mm的立方体,底面施加约束,顶面施加竖向单轴荷载,由于给出的c、φ值相当于混凝土棱柱体轴心受压的试验值,计算中不考虑摩擦力。应注意合理划分计算网格,每边划分20格为宜。采用荷载增量法或强度折减法进行计算。计算模型如图7所示,图中点1~12为关键记录点(单元)。混凝土物理学力学参数见表4[9],极限状态的剪应变增量云图见图8。

采用理想弹塑性模型,通过有限元荷载增量法计算,逐渐进行单轴加压直至有限元计算从收敛到不收敛,即达到了试件整体破坏状态。计算单轴压力作用下的1~12号单元的应变值。以混凝土强度

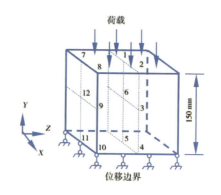

图7 计算模型
Fig.7 Calculation model

等级为C25的试件为例,计算结果记录见图9、图10,图中列出了各单元的弹塑性应变值。由图可知,混凝土试块加载到极限荷载的50%左右时,单元7

表4 混凝土物理学力学参数
Table 4 Physical and mechanical parameters of concrete

混凝土强度等级	弹性模量E/GPa	泊松比ν	密度ρ/(kg·m^{-3})	黏聚力c/MPa	内摩擦角φ/(°)
C20	25.5	0.2	2 400	2.6	60.9
C25	27.5	0.2	2 400	3.2	61.3
C30	30.0	0.2	2 400	3.9	61.8
C35	31.5	0.2	2 400	4.4	61.9
C40	32.5	0.2	2 400	5.0	62.2
C45	33.5	0.2	2 400	5.5	62.4

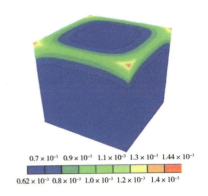

图8 极限状态的剪应变增量云图
Fig.8 Contour of shear strain increment in ultimate state

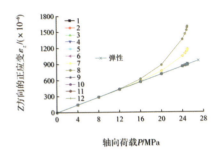

图9 C25混凝土轴向荷载-轴向主应变ε_1关系曲线
Fig.9 Relation curves of axial load and axial principal strain ε_1 of C25 concrete

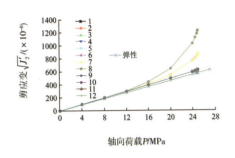

图10 C25混凝土轴向荷载-剪应变$\sqrt{J_2'}$关系曲线
Fig.10 Relation curves of axial load and shear strain $\sqrt{J_2'}$ of C25 concrete

和单元8开始出现塑性变形。随着荷载的增加，单元8的塑性变形发展明显，加载到极限荷载后该单元应变最大，并依据材料整体破坏可确定该单元已经发生破坏，而其他单元均未破坏，说明正是该单元的破坏导致试件整体破坏。由此可知，该单元的应变即为C25混凝土的弹性极限应变，同样可提取该单元破坏时的主应变ε_{1f}和剪应变$\sqrt{J_2'}$作为该材料的极限主应变和极限剪应变(表5)。

由表5可知，普通混凝土的极限压应变在1.38‰~2.56‰之间[4,5]，该计算结果与《混凝土结构设计原理》教材中提供的试验结果1.50‰~2.50‰一致[10]，验证了这一求解方法的可靠性，上述计算方法

表5 普通混凝土轴向、侧向主应变和剪应变的极限应变值
Table 5 Ultimate strain values of axial and lateral principal strains and shear strain of ordinary concrete

混凝土强度等级	抗压强度/MPa	轴向应变ε_1/(‰)		侧向应变ε_2/(‰)		剪应变$\sqrt{J_2'}$/(‰)	
		ε_{1y}	ε_{1f}	ε_{2y}	ε_{2f}	$\sqrt{J_{2y}'}$	$\sqrt{J_{2f}'}$
C20	20.13	0.79	1.38	−0.158	−0.461	0.548	1.063
C25	25.04	0.91	1.63	−0.180	−0.522	0.605	1.260
C30	30.74	1.03	1.88	−0.206	−0.640	0.712	1.457
C35	35.05	1.12	2.07	−0.223	−0.717	0.773	1.607
C40	40.28	1.24	2.39	−0.249	−0.832	0.861	1.864
C45	44.63	1.34	2.56	−0.267	−0.893	0.926	2.000

注：采用FLAC 3D软件，按摩尔-库仑条件。

同样可用于求解岩土材料和钢材的极限应变。岩土材料试件模型可采用当前规范中的试件，或采用立方体试件。对于岩土材料与隧道工程，在双向受力情况下必须考虑σ_3，求极限应变时应在试件的水平方向上加上σ_3应力。

不同数值分析软件中所采用的剪应变表达形式是不同的，如FLAC 3D软件采用剪应变增量(弹性和塑性剪应变之和)$\sqrt{J_2'}$表示剪应变，ANSYS软件中采用等效塑性应变表示，所以不同软件得到的极限剪应变值是不同的，但这并不影响岩土破坏状态

的分析和安全系数的确定，因为在使用同一软件进行分析时剪应变和极限剪应变都是在同一力学参数条件下得到。此外还要注意，采用ANSYS软件的收敛标准不同，算得的极限应变会有所不同，ANSYS软件收敛标准越高算得的极限应变越大，但尽管极限应变值变化较大，而算得的稳定安全系数或极限承载力却相差甚微，不影响计算结果。

5 轨道交通岩质隧道围岩分级和力学参数研究

如上所述，对隧道工程必须结合行业特点和地域特征，做好围岩分级，提供各级围岩可信的力学参数，以适应隧道设计计算的科学合理和应用便利。本文以轨道交通为例进行研究[7]。

5.1 综合考虑围岩稳定性各种因素

围岩分级应综合考虑各种围岩稳定性影响因素，并以隧道的毛洞围岩稳定性作为分级基础，围岩等级体现了一定洞跨的隧道各级围岩稳定性，这一观点已是国内外的共识。地质因素包括岩体完整程度和岩块强度、地下水、结构面性质与产状、应力状态等；工程因素包括洞形、洞跨（洞高）、埋深、重度等。其中，最重要的地质因素是岩体完整程度和岩块强度，这是分级的基本依据；最重要的工程因素是洞跨。实际上，以往隧道等的围岩分级中都已经考虑了洞跨的影响，早期的围岩分级规范都以双线隧道10 m洞跨作为基准，在围岩定性分级中只能针对一种洞跨，所以洞跨的指标一般不会出现在围岩分级表中，而是出现在规范条文说明中。除了多跨度隧道围岩分级外，对同一洞跨的围岩分级，不同围岩等级不应有两种以上的洞跨标准。

5.2 定性与指标结合的分级方法与人为量化分级方法比较

围岩定性分级方法与定量分级方法相比存在三个缺点[7]：一是定性分级只能针对一种洞跨隧道的围岩分级，而定量分级可以对应多个洞跨隧道的围岩分级；二是定性分级难以将围岩分级数量增多，一般只能分为五级，而定量分级取决于评分标准，因而容易将围岩分级数量增多；三是定性分级有可能是围岩等级降低，这是因为定性分级采用岩石坚硬程度与岩体完整性两个指标，例如定性分级中，Ⅰ级围岩岩石坚硬性与岩体完整性均为90分以上为优，对于处在Ⅰ、Ⅱ级围岩之间的岩体，如果两者都取90分，则定为Ⅰ级围岩，若取一个90分，一个89分，则定为Ⅱ级围岩，对处于Ⅰ、Ⅱ级之间的岩体，这是符合实际的，但如果两者都定为89分，按定性分级，围岩定为Ⅲ级，相差两分就使围岩等级相差两级，显然不合理，从而导致围岩等级偏低，而定量分级按分评定等级，不可能出现这种情况。本文以定量分级为准，并使定量与定性方法分级协调一致。

5.3 岩石坚硬程度指标的修正

当前采用岩块强度来反映岩石的坚硬程度是比较科学合理的。对中、小跨度的隧道，国内规范已有较为一致的划分方法，表6列出现有规范分级和本文建议分级的岩石坚硬程度的划分指标[7]。

表6 R_c与岩石坚硬程度的对应关系

Table 6 Corresponding relationship between R_c and rock hardness

坚硬程度	坚硬岩	较坚硬岩	较软岩	软岩	极软岩
现有规范分级 R_c/MPa	>60	60~30	30~15	15~5	<5
建议分级 R_c/MPa	>50(用51)	50~30	30~15	15~4	<4

围岩坚硬程度分级是多年来的继承与不断细化和改进的结果。其实由于强度试件的变更，强度指标已经有了很大变化，如按老试件测得的强度指标为60 MPa，按新试件测得的强度指标约为53 MPa，有了较大的降低。此外以往的分级方法也不尽合理，由表6可以看出，软岩指标的级差为10 MPa，较软岩指标的级差为15 MPa，较坚硬岩指标的级差为30 MPa。从较软岩的指标级差15 MPa，一下跳到较坚硬岩指标的级差30 MPa，级差相差过大，必然会导致在同一等级中坚硬岩岩体质量基本指标BQ值远大于其他岩石，致使同一等级围岩中坚硬岩的BQ分值都远高于其他岩石分值。由此建议对中、小隧道将较坚硬岩指标的级差修改为20 MPa，坚硬岩修正为R_c > 50 MPa，以克服上述缺点。另外，在Ⅰ、Ⅱ、Ⅲ级围岩中岩体的完整性是影响围岩稳定性的主要因素，选用过高的坚硬程度反而会"喧宾夺主"，与实际不符，所以对岩石坚硬程度要有所限制。本文建议对中、小跨度隧道R_c > 50 MPa的坚硬岩按51 MPa计算。K_v按现行规范采用，为安全计，当K_v > 0.75时按0.76计算。

5.4 轨道交通隧道围岩分级及其不同洞跨下BQ值的确定

轨道交通隧道围岩分级与一般交通隧道有所不同,分级方法也应有所区别,下面列出5个不同点[7]:

(1) 针对当地轨道交通有区间隧道和车站隧道两种洞跨,区间隧道洞跨$B \leq 12$ m,车站隧道洞跨在24~27 m之间,为多洞跨隧道(表7)(差别一);对隧道洞跨$B \leq 12$ m区间隧道,沿用国家标准《工程岩体分级标准》中Ⅴ级围岩BQ值≤ 250分的规定,依据强度折减法计算,随着洞跨增大,围岩稳定系数降低,按计算结果,车站隧道围岩稳定性略小于区间隧道围岩稳定性半级左右,相当于降低BQ值为30分(表7),所以车站隧道Ⅴ级围岩BQ值定为≤ 280分(差别二)。

表7 轨道交通隧道围岩基本质量分级
Table 7 Basic quality classifications of surrounding rock in rail transit tunnels

围岩级别		围岩主要定性特征	基本质量指标BQ值	
			区间隧道	车站隧道
Ⅰ		坚硬岩,岩体完整;满足本级BQ值的岩石坚硬程度与岩体完整程度各种组合,如坚硬岩,岩体较完整;较坚硬岩,岩体完整	>469	>499
Ⅱ		坚硬岩,岩体较完整;较坚硬岩,岩体完整;满足本级BQ值的岩石坚硬程度与岩体完整程度各种组合,如坚硬岩,岩体较破碎;较坚硬岩,岩体较完整;较软岩,岩体完整	390~469	420~499
Ⅲ	Ⅲ₁	坚硬岩,岩体较破碎;较坚硬岩,岩体较完整;较软岩,岩体完整;满足本级BQ值的岩石坚硬程度与岩体完整程度各种组合,如坚硬岩,岩体破碎;较坚硬岩,岩体较破碎;较软岩,岩体较完整;软岩,岩体完整	355~389	385~419
	Ⅲ₂		320~354	350~384
Ⅳ	Ⅳ₁	坚硬岩,岩体破碎;较坚硬岩,岩体较破碎;较软岩,岩体较完整;软岩,岩体完整—较完整;满足本级BQ值的岩石坚硬程度与岩体完整程度各种组合,如较坚硬岩,岩体破碎;较软岩,岩体较破碎和破碎;软岩,岩体较破碎;极软岩,岩体完整	286~319	316~349
	Ⅳ₂		251~285	281~315
Ⅴ		较坚硬岩,岩体破碎;较软岩,岩体较破碎;破碎软岩,岩体较破碎—破碎;以及未达到BQ值(250分)的岩体,全部极软岩与极破碎岩	≤250	≤280

(2) 围岩基本质量指标BQ值的确定

围岩分级的评分标准,由于规范降低了坚硬岩R_c的标准,因而与国家标准《工程岩体分级标准》的公式稍有不同,确定围岩基本质量指标BQ值见式(6)(差别三):

$$BQ = 100 + 3.5R_c + 250K_v \quad (6)$$

式中:R_c为岩石坚硬程度;K_v为完整性系数。

国家标准《工程岩体分级标准》中,使用式(6)时应遵守两个限制条件:一是对岩石的R_c过大,而岩体K_v不大时的限制,本文中由于坚硬岩R_c指标降低,不必再引入这一限制公式;二是对岩石的K_v过大,而对岩体R_c不大时的限制,本规定中仍需引入这一限制条件,并为适应本文情况作适当改变,当$K_v > 0.04R_c + 0.44$时,应以$K_v = 0.04R_c + 0.44$和R_c代入计算BQ值。

按公式(6)和上述规定计算BQ值,并规定Ⅲ、Ⅳ级围岩各占70分,Ⅱ级围岩占79分,由此确定Ⅰ级围岩BQ值>469分,Ⅱ级为390~469分,Ⅲ级为320~389分,Ⅳ级为251~319分,Ⅴ级围岩BQ值≤250分。同理可确定车站隧道BQ值。参照重庆市轨道交通隧道围岩基本质量分级表,给出本文建议的轨道交通隧道围岩基本质量分级,见表7。

与国家标准《工程岩体分级标准》相比,本表区间隧道Ⅰ、Ⅱ、Ⅲ级围岩BQ值都会低一级。表中除给出不同洞跨的BQ值外,还给出了各级岩质围岩定性特征,其目的是对定性与定量围岩分级进行协调和统一,并以定量分级为主,补充了当BQ值达到定量分级要求时,定性分级可提高一级(差别四),从而避免了定性分级中围岩等级降低的弊病。

(3) 围岩级数增多

由于采用定量分级方法,分级数量可能有所增多,本文采用7级分级方法,将Ⅲ级与Ⅳ级围岩分别采用Ⅲ₁、Ⅲ₂和Ⅳ₁、Ⅳ₂级(差别五)。

5.5 围岩等级的修正

本文对围岩等级的修正不采用打分的方法,而采用降级的方法,这样较为方便实用。轨道交通一般埋深很浅,受力不大,不必考虑应力状态影响。硬性结构面对BQ值的影响不大,也不予考虑,而软弱面对BQ值的影响很大,依据其含泥、含水状态,一并与地下水影响一起考虑。围岩等级的降低不只是一级,可以降低多级。为节省篇幅,这里从略。

5.6 围岩自稳能力判断与围岩的物理力学参数

(1) 围岩自稳能力及其量化指标

本文规定各级围岩的自稳能力是指隧道洞跨为12 m无衬砌情况下围岩的自稳能力。为获得各级围岩的准确力学参数,对不同等级围岩的稳定性,通过量化方法,给出了各级围岩稳定安全系数量化指标,然后按各级围岩量化指标,采用强度折减法反算得到相应的强度参数,这样得到的围岩强度能符合各级围岩的稳定性,从而得到了较为合理、符合实际的围岩强度。表8列出了轨道交通隧道围岩的自稳能力及其量化指标[7]。

(2) 各级围岩的物理力学参数建议值

采用毛洞跨度为12 m的隧道围岩稳定性的量化指标,通过数值极限分析方法反算得到围岩强度参数。计算结果表明围岩强度参数不随洞跨而变化。

现有国内规范中的围岩力学参数是在20世纪80年代后期由铁路部门专家提出,当前隧道设计计算中用不到相关强度参数,因而未获验证。规范制定时曾做过少量现场岩体力学参数试验,这一参数可以作为今后研究的基础。本文建议的参数在国家规范提供的参数上稍作变动,一是按国家规范提供的Ⅴ级围岩强度参数,经数值极限分析法计算得到的稳定安全系数大于1,这与极不稳定的Ⅴ级围岩的稳定性明显不符,因而需要适当降低Ⅲ$_2$、Ⅳ$_1$、Ⅳ$_2$、Ⅴ级围岩强度参数(表9)。计算时各级围岩的内摩

表8 轨道交通岩质隧道围岩自稳能力
Table 8 Surrounding rock self-stability of rail transit rock tunnel

围岩级别		毛洞跨度为12 m的隧道围岩稳定安全系数	自稳能力
Ⅰ		≥3.5(7.5)	区间与车站隧道,长期很稳定,无掉块
Ⅱ		≥2.4(5.5)	区间与车站隧道,长期稳定,偶有掉块,无塌方
Ⅲ	Ⅲ$_1$	>2.0(3.0)	区间与车站隧道,稳定性好,可发生局部块体掉块
	Ⅲ$_2$	>1.5	区间隧道,稳定性较差,可发生中、小塌方; 车站隧道,基本稳定—不稳定,可发生中、大塌方
Ⅳ	Ⅳ$_1$	>1.25	区间隧道,不稳定,但可暂时稳定,满足正常情况下施工期的要求,可发生中、小塌方,偶发大塌方; 车站隧道,很不稳定,可发生中、大塌方
	Ⅳ$_2$	≥1.0	区间隧道,很不稳定,可发生中、大塌方; 车站隧道,很不稳定—极不稳定,无自稳能力
Ⅴ		<1.0	区间隧道,极不稳定,无自稳能力; 车站隧道,极不稳定,无自稳能力

注:Ⅰ、Ⅱ、Ⅲ$_1$无括号的数据为名义稳定安全系数,括号内数据相当于实际的稳定安全系数。

表9 各级围岩物理力学参数建议值
Table 9 Recommended physical and mechanical parameter values of surrounding rocks with various grades

围岩级别		弹性模量/GPa	泊松比	重度/(kN·m^{-3})	内摩擦角/(°)	黏聚力/MPa
Ⅰ		>33	≤0.20	26~28	>60	>2.1
Ⅱ		16~33	0.20~0.25	25~27	50~60	1.5~2.1
Ⅲ	Ⅲ$_1$	6~16	0.25~0.3	24~26	44~50	1.1~1.5
	Ⅲ$_2$	6~16	0.25~0.3	24~26	39~44	0.6~1.1
Ⅳ	Ⅳ$_1$	1.3~6	0.3~0.35	23~24	33~39	0.2~0.6
	Ⅳ$_2$	1.3~6	0.3~0.35	23~24	27~33	0.1~0.2
Ⅴ		<1.3	>0.35	22~23	<27(24~26)	<0.1(0.05~0.09)

擦角与黏聚力一般都取最小值，V级围岩均可按实际情况，内摩擦角在24°~26°内取值，黏聚力在0.05~0.09 MPa内取值。我们早期对围岩强度的取值偏于保守，随着近年来经验和认知的提高，给出了各级围岩物理力学参数的建议值，如表9所示。

6 结 语

（1）本文提出了岩质隧道设计计算的四点基本理念，最重要的是隧道设计计算应采用数值极限分析方法。当前已是数字化时代，1960年以后，有限元法的出现使弹塑性计算可采用简易的常微分方程，解决了弹塑性求解的数学问题；同时计算机精确快速计算，解决了非线性迭代计算的难题；随着强度折减法和荷载增量法及极限应变法的提出，可求得工程稳定系数和极限荷载，从而使岩土工程设计进入了弹塑性数值极限分析的新时代。

（2）阐述了有限元强度折减法和荷载增量法及极限应变法的原理与方法。这种方法既可用于土体，又可用于岩体，能求解各种复杂岩土工程问题，开拓了隧道工程的设计计算。

（3）由于受环境影响，强度降低，隧道工程的设计需要采用强度折减法，同时当隧道埋深很大，导致围岩承载力不足时，需要采用荷载增量法。本文通过模型试验和上述两种算法的计算，表明在隧洞破坏时，上述两种算法结果一致。因而只需采用强度折减法就能进行隧洞设计。

（4）提出了工程材料极限应变的计算方法，根据岩土的物理力学参数，按计算模型就可求得材料的极限应变。通过对混凝土极限应变的计算，证明了该法的可靠性。

（5）以轨道交通为例，提出了围岩分级方法和力学参数确定方法，指出围岩定性分级方法存在三个缺点，本文采用了人为定量分级的方法，修正了中、小跨度隧道岩石坚硬程度指标，指出轨道交通隧道围岩分级与一般交通隧道的五点不同，给出了围岩分级方法及围岩基本质量指标BQ值的确定方法。采用围岩自稳能力的判断与量化指标，通过数值极限分析方法反算得到较为合理的围岩强度参数，并对当前隧道规范提供的围岩稍作修正。

参考文献
Refernces

[1] ZIENKIEWICZ O C, HUMPHESON C, LEWIS R W. Associated and Non-associated Visco-plasticity and Plasticity in Soil Mechanics [J]. Géotechnique, 1975, 25(4): 671-689.

[2] 郑颖人, 孔亮. 岩土塑性力学[M]. 第2版. 北京: 中国建筑工业出版社, 2019.
ZHENG Yingren, KONG Liang. Geotechnical Plastic Mechanics[M]. 2nd ed. Beijing: China Architecture & Building Press, 2019.

[3] 胡文清, 郑颖人, 钟昌云. 木寨岭隧道软弱围岩段施工方法及数值分析[J]. 地下空间, 2004, 24(2): 194-197.
HU Wenqing, ZHENG Yingren, ZHONG Changyun. Construction Technique and Numerical Simulation Analysis for the Muzhailing Tunnel with Weak Surrounding Rock Mass[J]. Underground Space, 2004, 24(2): 194-197.

[4] 阿比尔的, 冯夏庭, 郑颖人, 等. 岩土类材料应变分析与基于极限应变判据的极限分析[J]. 岩石力学与工程学报, 2015, 34(8): 1552-1560.
ABI ERDI, FENG Xiating, ZHENG Yingren, et al. Strain Analysis and Numerical Analysis Based on Limit Strain for Geomaterials [J]. Chinese Journal of Rock Mechanics and Engineering, 2015, 34(8): 1552-1560.

[5] 郑颖人, 孔亮, 阿比尔的. 强度理论与数值极限分析[M]. 北京: 科学出版社, 2020.
ZHENG Yingren, KONG Liang, ABI ERDI. Strength Theory and Numerical Limit Analysis[M]. Beijing: Science Press, 2020.

[6] 郑颖人. 岩土数值极限分析方法的发展与应用[J]. 岩石力学与工程学报, 2012, 31(7): 1297-1316.
ZHENG Yingren. Development and Application of Numerical Limit Analysis for Geological Materials[J]. Chinese Journal of Rock Mechanics and Engineering, 2012, 31(7): 1297-1316.

[7] 郑颖人, 王永甫. 隧洞围岩稳定分析及其设计方法[J]. 隧道与地下工程灾害防治, 2019, 1(4): 1-12.
ZHENG Yingren, WANG Yongfu. Stability Analysis and Design Method of Tunnel Surrounding Rock[J]. Hazard Control in Tunnelling and Underground Engineering, 2019, 1(4): 1-12.

[8] 郑颖人, 赵尚毅, 李安红, 等. 有限元极限分析法及其在边坡中的应用[M]. 北京: 人民交通出版社, 2011.
ZHENG Yingren, ZHAO Shangyi, LI Anhong, et al. FEM Limit Analysis and Its Application in Slope Engineering[M]. Beijing: Chi-

na Communications Press, 2011.

[9] 丛宇, 孔亮, 郑颖人, 等. 混凝土材料剪切强度的试验研究[J]. 混凝土, 2015(5): 40−45.
CONG Yu, KONG Liang, ZHENG Yingren, et al. Experimental Study on Shear Strength of Concrete[J]. Concrete, 2015(5): 40−45.

[10] 李爱群, 程文瀼, 王铁成, 等. 混凝土结构: 混凝土结构设计原理: 上册[M]. 第6版. 北京: 中国建筑工业出版社, 2016: 114-115.
LI Aiqun, CHENG Wenrang, WANG Tiecheng, et al. Concrete Structure: Concrete Structure Design Principle: Volume I[M]. 6th ed. Beijing: China Architecture & Building Press, 2016: 114−115.

On Stability Analysis and Classification of Surrounding Rocks in Rock Tunnels

ZHENG Yingren[1] ABI Erdi[2]

(1. Army Logistics University, Chongqing 400041; 2. Chongqing Jiaotong University, Chongqing 400074)

Abstract: After 1975, the appearance of finite element numerical limit method and the application and development of computer technology have brought the elastic−plastic analytical calculation of engineering materials into a new era of numerical limit calculation. The new methods, namely, strength reduction method and load increment method, as well as the recently proposed ultimate strain method, are adopted in the rock tunnels studied in this paper. To solve the uncertainty of mechanical parameters of surrounding rock in rock tunnels and provide more scientific and reasonable mechanical parameters of surrounding rock, the surrounding rock classification must be made combining theory, investigation and experience. Taking the surrounding rock classification in rail transit tunnels as an example, the improvement of the classification level includes improving the strength index, mainly adopting the quantitative classification method, reasonably determining the basic index *BQ* value of rock mass quality, increasing the number of surrounding rock classifications, formulating the surrounding rock classification tables for the running tunnel and the station tunnel, and achieving the coordination and unification of qualitative and quantitative classification methods. Finally, the quantitative indexes of surrounding rock self−stability are determined, and the more scientific and reasonable physical and mechanical parameters of surrounding rocks are put forward through back calculation.

Keywords: Limit analysis method; Numerical limit analysis; Rail transit; Classification of tunnel surrounding rock; Basic quality of rock mass; Mechanical parameters of surrounding rock